铸 造 手 册

第 3 卷

铸造非铁合金

第 3 版

中国机械工程学会铸造分会　组编

戴圣龙　主编

机 械 工 业 出 版 社

《铸造手册》共分为铸铁、铸钢、铸造非铁合金、造型材料、铸造工艺和特种铸造6卷出版。本书为第3卷《铸造非铁合金》。

本卷第3版在第2版的基础上，进行了全面的修订，更新了技术标准和工艺规范，增加了部分国外标准资料，完善和补充了铸造非铁合金新的技术内容。本卷共11章，绪论介绍了非铁合金的发展简史、前景与展望；基础知识介绍了非铁合金概念、相图、熔炼基本原理和铸造、物理力学性能测试；铸造铝合金、铸造镁合金、铸造钛合金、铸造铜及铜合金、铸造锌合金、铸造轴承合金、铸造高温合金各章分别详细叙述了各种铸造非铁合金的牌号、化学成分、力学性能、金相组织、应用特点、熔炼与浇注工艺、热处理规范、质量控制和缺陷分析等内容；手册还列举了铸造非铁合金常用的金属材料和非金属材料、熔炼炉等相关资料。附录中列出了铸造铝合金、铸造镁合金、铸造铜合金、铸造锌合金的国际标准、国外主要国家标准和国内外标准对照等资料。

本手册主要供从事铸造工作的技术人员使用，也可以供从事产品设计人员、材料研究的科研人员及高等院校相关专业的师生参考使用。

图书在版编目（CIP）数据

铸造手册．第3卷，铸造非铁合金/戴圣龙主编；中国机械工程学会铸造分会组编．—3版．—北京：机械工业出版社，2011.4（2016.6重印）

ISBN 978-7-111-33638-9

Ⅰ．①铸…　Ⅱ．①戴…②中…　Ⅲ．①铸造-手册②铸造合金-有色金属合金-手册　Ⅳ．①TG2-62②TG29-62

中国版本图书馆CIP数据核字（2011）第034131号

机械工业出版社（北京市百万庄大街22号　邮政编码100037）
策划编辑：余茂祚　责任编辑：余茂祚
责任校对：张莉娟　任秀丽　封面设计：姚　毅
责任印制：常天培
北京京丰印刷厂印刷
2016年6月第3版·第2次印刷
184mm×260mm·47.25印张·4插页·1559千字
3 001—4 500册
标准书号：ISBN 978-7-111-33638-9
定价：168.00元

凡购本书，如有缺页、倒页、脱页，由本社发行部调换

电话服务	网络服务
服务咨询热线：010-88361066	机工官网：www.cmpbook.com
读者购书热线：010-68326294	机工官博：weibo.com/cmp1952
010-88379203	金书网：www.golden-book.com
封面无防伪标均为盗版	教育服务网：www.cmpedu.com

铸造手册第3版编委会

铸造非铁合金卷第3版编委会

铸造手册第2版编委会

顾　　问　陶令桓　周尧和

主任委员　赵立信

副主任委员　房贵如

委　　员　（按姓氏笔画为序）

王君卿　刘兆邦　刘伯操

张伯明　余茂祚（常务）

范英俊　钟雪友　姚正耀

黄天佑

铸造非铁合金卷第2版编委会

主　　编　刘伯操

副 主 编　郎业方　杨长贺

编　　委　王红红　刘金水　程和法

徐玉松　陈荣章

主　　审　翟春泉

第3版前言

建国以来，我国铸造行业获得很大发展，年产量超过3500万t，位居世界第一；从业人员超过300百万人，是世界规模最大的铸造工作者队伍。为满足行业及广大铸造工作者的需要，机械工业出版社于1991年编辑出版了《铸造手册》，2002年出版了第2版，手册共6卷813万字。第2版手册自出版发行以来，先后分别重印4~6次，深受广大铸造工作者欢迎。两院院士、中国工程院副院长师昌绪教授，科学院院士、上海交通大学周尧和教授，科学院院士、机械科学研究院名誉院长雷天觉教授，工程院院士、中科院沈阳金属研究所胡壮麒教授，工程院院士、西北工业大学张立同教授，工程院院士清华大学柳百成教授等许多著名专家、学者都对这套手册的出版给予了高度评价，认为手册内容丰富、数据可靠，具有科学性、先进性、实用性。这套手册的出版发行对跟踪世界先进技术、提高铸件质量、促进我国铸造技术进步起到了积极推进作用，在国内外产生较大影响，取得了显著的社会效益及经济效益。第1版手册1995年获机械工业出版社科技进步（暨优秀图书）一等奖，1996年获中国机械工程学会优秀工作成果奖，1998年获机械工业部科技进步二等奖。

第2版手册出版后的近8年来，科学技术迅猛发展，先进制造技术不断涌现，标准及工艺参数不断更新，特别是高新技术的引入，使铸造行业的产品及技术结构发生很大变化，手册内容已不能适应当前生产实际及技术发展的需要。应广大读者要求，我们对手册进行了再次修订。第3版修订工作由中国机械工程学会铸造分会和机械工业出版社负责组织和协调。

修订后的手册基本保留了第2版风格，仍由铸铁、铸钢、铸造非铁合金、造型材料、铸造工艺、特种铸造共6卷组成。第3版除对第2版已显陈旧落后的内容进行删改外，着重增加了近几年来国内外涌现出的新技术、新工艺、新材料、新设备的相关内容，并以最新的国内外技术标准替换已作废的旧标准，同时采用法定计量单位，修改内容累计达40%以上。第3版手册详细介绍了先进实用的铸造技术，数据翔实，图文并茂，基本反应了21世纪初的国内外铸造领域的技术现状及发展趋势。新版手册将以崭新的面貌为铸造工作者提供一套完整、先进、实用的技术工具书，对指导生产、推进21世纪我国铸造技术进步，使我国从铸造大国向铸造强国转变将发挥积极作用。

按GB/T 229—2007《金属材料夏比摆锤冲击试验方法》规定，材料冲击性功用吸收能量*KV*、*KU*表示，V、U分别代表试样缺口形状。但由于2007年后新制定的一些材料国家标准仍用过去的A_K和a_K，而且脆性材料的冲击试样往往不开缺口，故本手册在各章材料力学性能中仍使用符号A_K和a_K表示。

第3版手册铸造的编写班子实力雄厚，共有来自工厂、研究院所及高等院校40多个单位的110名专家教授参加编写，而且有不少是新起之秀。各卷主编是：

第1卷铸铁　中国农业机械化科学研究院原副院长张伯明研究员。

第2卷铸钢　沈阳铸造研究所所长娄延春研究员。

第3卷铸造非铁合金　北京航空材料研究院院长戴圣龙研究员。

第4卷造型材料　清华大学黄天佑教授。

第5卷铸造工艺　机械科学研究总院院长李新亚研究员。

第6卷特种铸造　清华大学姜不居教授。

本书为《铸造手册》的第3卷铸造非铁合金，编写组织工作得到北京航空材料研究院的大力支持，并在该卷编委会的主持下，经过许多同志辛勤劳动完成的。在主编戴圣龙研究员全面负责的基础上，由副主编王红红研究员、刘金水教授和王英杰高级工程师主持编写工作，并与各编委共同进行各章的审定工作。各章编写分工如下：

第1、2章　大连理工大学：张兴国教授。

第3章　北京航空材料研究院：王英杰高级工程师。

第4章　上海交通大学：丁文江教授、袁广银教授。

第5章　北京航空材料研究院：王红红研究员、王红工程师。

第6章　江苏科技大学：徐玉松教授。

第7章　湖南大学：刘金水教授、张福全教授。

第8章　合肥工业大学：程和法教授、陈翌庆教授、苏勇教授。

第9章　北京航空材料研究院：李青高级工程师。

第10章　北京航空材料研究院：黄敏高级工程师。

第11章　北京航空材料研究院：郎业方研究员；

辽宁锦州电炉有限责任公司：佟勃勇总经理。

本书统稿工作由王英杰、郎业方协助责任编辑余茂祚研究员级高工共同完成。主审为上海大学任忠鸣教授。

本书在编写过程中得到北京航空材料研究院、大连理工大学、江苏科技大学、湖南大学、合肥工业大学、上海交通大学、辽宁锦州电炉有限责任公司、上海大学等单位的大力支持，在此表示感谢。由于编者水平有限，不周之处，在所难免，敬请读者指正。

中国机械工程学会铸造分会

机械工业出版社

第2版前言

建国以来，我国铸造行业获得很大发展，年产量超过千万吨，位居世界第二；从业人员超过百万人，是世界规模最大的铸造工作者队伍。为满足行业及广大铸造工作者的需要，机械工业出版社于1991年编辑出版了《铸造手册》，共6卷610万字。第1版手册自出版发行以来，先后分别重印3~6次，深受广大铸造工作者欢迎。两院院士、中国工程院副院长师昌绪教授，科学院院士、上海交通大学周尧和教授，科学院院士、机械科学研究院名誉院长雷天觉教授，工程院院士、中科院沈阳金属研究所胡壮麒教授，工程院院士、西北工业大学张立同教授等许多著名专家学者都对这套手册的出版给予了高度评价，认为手册内容丰富、数据可靠，具有科学性、先进性、实用性。这套手册的出版发行对跟踪世界先进技术、提高铸件质量、促进我国铸造技术进步起到了积极推进作用，在国内外产生较大影响，取得了显著的经济效益及社会效益。手册1995年获机械工业出版社科技进步（暨优秀图书）一等奖，1996年获中国机械工程学会优秀工作成果奖，1998年获机械工业部科技进步二等奖。

第1版手册出版后的近十年来，科学技术迅猛发展，先进制造技术不断涌现，标准及工艺参数不断更新，特别是高新技术的引入，使铸造行业的产品及技术结构发生很大变化，手册内容已不能适应当前生产实际及技术发展的需要。应广大读者要求，我们对手册进行了修订。第2版修订工作由中国机械工程学会铸造分会和机械工业出版社负责组织和协调。

修订后的手册基本保留了第1版风格，仍由铸铁、铸钢、铸造非铁合金、造型材料、铸造工艺、特种铸造共6卷组成。为我国进入WTO，与世界铸造技术接轨，并全面反映当代铸造技术水平，第2版除对第1版已显陈旧落后的内容应进行删改外，着重增加了近十几年来国内外涌现出的新技术、新工艺、新材料、新设备的相关内容，并以最新的国内外技术标准替换已作废的旧标准，同时采用新的计量单位，修改内容累计达40%以上。第2版手册详细介绍了先进实用的铸造技术，数据翔实，图文并茂，基本反应了20世纪90年代末至21世纪初国内外铸造领域的技术现状及发展趋势。新版手册将以崭新的面貌为铸造工作者提供一套完整、先进、实用的技术工具书，对指导生产、推进21世纪我国铸造技术进步将发挥积极作用。

第2版手册的编写班子实力雄厚，共有来自工厂、研究院所及高等院校40多个单位的109名专家教授参加编写。各卷主编是：

第1卷　铸铁　中国农业机械化研究院副院长张伯明研究员。

第2卷　铸钢　中国第二重型机械集团公司总裁姚正耀研究员级高工。

第3卷　铸造非铁合金　北京航空材料研究院院长刘伯操研究员。

第4卷　造型材料　清华大学黄天佑教授。

第5卷　铸造工艺　沈阳铸造研究所总工程师王君卿研究员。

第6卷　特种铸造　中国新兴铸管集团公司董事长范英俊研究员级高工。

本书为《铸造手册》的第3卷《铸造非铁合金》，编写组织工作得到北京航空材料研究院的大力支持，并在该卷编委会的主持下，经过许多同志辛勤劳动完成的。在主编刘伯操研究员全面负责的基础上，由副主编郎业方研究员、杨长贺教授主持编写工作，并与各编委共同进行各章的审定工作。各章编写分工如下：

第1章、第2章　大连理工大学：杨长贺教授。

第3章 北京航空材料研究院：王英杰工程师、戴圣龙研究员、刘伯操研究员。

第4章 北京航空材料研究院：赵志远研究员。

第5章 北京航空材料研究院：薛志庠研究员、周彦邦研究员、王红红研究员。

第6章 华东船舶工程学院：徐玉松副教授（原洛阳船舶材料研究所）。

第7章 湖南大学：刘金水教授。

第8章 合肥工业大学：程和法副教授、陈翌庆副教授。

第9章 北京航空材料研究院：陈荣章研究员。

第10章 北京航空材料研究院：罗太平高工。

第11章 北京航空材料研究院：郎业方研究员。

附录 北京航空材料研究院：袁成祺高工。

本书统稿工作由陈荣章研究员、郎业方研究员协助责任编辑余茂祚研究员级高工共同完成。主审为上海交通大学翟春泉教授。

本书在编写过程中得到北京航空材料研究院、大连理工大学、华东船舶工程学院、洛阳船舶材料研究所、湖南大学、合肥工业大学、上海交通大学等单位的大力支持，还得到了浙江永康华洋机械有限公司董事长楼海淮和北京航空材料研究院贾泮江工程师、余应梅高工的支持和帮助，在此一并表示感谢。由于编者水平有限，不周之处，在所难免，敬请读者指正。

中国机械工程学会铸造分会编译出版工作委员会

本书常用的量和单位符号

一、物理量单位和符号

名　称	符号	单位	名　称	符号	单位
应力	σ		疲劳裂纹扩展速率	da/dN	mm/周
最大应力	σ_{max}		疲劳极限、疲劳强度极限	σ_D	
最小应力	σ_{min}	MPa	弯曲疲劳极限	σ_{-D}	MPa
平均应力	σ_m		扭转比例极限	τ_P	
临界应力	σ_c		扭转疲劳极限	τ_D	
塑性应变率	ε_p	%	应力循环周	N	
变形率、蠕变率	ε		应力比	R	
抗拉强度	R_m		应变比	R_ε	
抗压强度	R_{mc}		泊松比	μ	
规定非比例压缩强度	R_{pc}		强度系数	η	
上屈服强度	R_{eH}		离散系数（变异系数）	C_V	
下屈服强度	R_{eL}		缺口敏感系数	σ_{bH}/R_m	
屈服强度	$R_{p0.2}$		疲劳缺口系数	K_f	
条件屈服强度	$R_{p0.5}$		理论应力集中系数	K_t	
抗弯强度	σ_{bb}		断后伸长率	A、$A_{11.3}$	%
规定非比例延伸强度	R_p		断面收缩率	Z	
抗剪强度	τ_b		布氏硬度	HBW	
抗扭强度	τ_m		洛氏硬度	HRA	
蠕变强度	$\sigma^{\theta}_{p/t}$、$\sigma^{\theta}_{0.1/100}$		马氏硬度	HM	
疲劳强度	S	MPa	弹性模量	E	
弯曲疲劳强度	S_D		压缩弹性模量	E_c	GPa
疲劳强度极限	S_{-1D}		弹性模量（动）	E_D	
旋转弯曲疲劳强度	S_{PD}		切变模量	G	
疲劳极限	σ_D		样本标准差	S	
抗扭屈服强度	$\tau_{0.3}$		样本均值	X	
持久强度	$\sigma^{\theta}_{\varepsilon t}$		样本数	n	
承载强度	σ_{bru}		密度	ρ	Mg/m³、g/cm³
承载屈服强度	σ_{bry}		热导率	λ	W/(m·K)
缺口抗拉强度	σ_{bH}		电导率	γ	S/m、%IACS
缺口疲劳极限	σ_{DH}		电阻率	ρ	$10^{-6}\Omega\cdot m$
缺口持久强度	σ^{θ}_{tH}		比热容	c	W/(kg·K)
弹性极限	σ_e		温度	t、T、θ	℃、K
疲劳极限	σ^{-}_{-1}		长度	l、L	
蠕变极限、蠕变强度极限	$\sigma^{t}_{0.1/100}$	MPa	宽度	b	cm、mm、m
冲击吸收能量	KU、KV	J	厚度	δ	
线（膨）胀系数	α_l	$10^{-6}/K$	时间	t	s
平面应变断裂、断裂韧度	K_{IC}	$MN/m^{3/2}$	物质的量	n	mol
平面应力断裂	K_C	MPa	摩擦因数	μ	

二、合金铸造方法、变质处理代号

S——砂型铸造

K——壳型铸造

J——金属型铸造

R——熔模铸造

Y——压力铸造

Li——离心铸造

La——连续铸造

F——铸态

B——变质处理

目 录

第1章　绪　　论

1.1　铸造非铁合金的发展简史

1.1.1　铸造铝合金

铸造铝合金是较为年轻的铸造非铁合金。虽然元素铝（Al）在地壳中蕴藏量极大（约占7.5%，比其他非铁金属元素蕴藏量的总和还要多），分布又最广，但是自1855年世界上首次出现铝制的制品以来，铝的使用历史至今才156年。并且，初期的铝十分昂贵，只用来制造首饰。随着铝产量的不断增长及其价格的不断降低，直到20世纪初才出现作为结构材料的铸造铝合金，至今不过100多年。

最早获得工业应用的铸造铝合金属于Al-Cu类铸铝。当1920年欧洲人Pacz发现了金属Na对Al-Si合金的显微组织有变质作用，进而提高其力学性能后，Al-Si类铸铝便成为一种优良的铸造铝合金在世界范围内获得越来越广泛的应用。Al-Mg类铸铝由于熔铸工艺复杂而使用较晚，直至第二次世界大战后，逐步掌握了熔铸工艺，才获得了工业应用。

铸造铝合金是一种典型的铸造轻合金。它密度小，比强度高，还兼具导热性好、耐蚀性优良等许多特殊性能，因此铸造铝合金的科研、生产及应用均获得了飞速的发展。如Al-Si基铸造铝合金，由于具有优良的铸造性能和较好的力学性能，通过采用先进铸造技术，被广泛用来制造气缸缸盖、轮毂、叶轮等许多重要结构的零件，依然是目前产量最大、用处最广的铸造铝合金；共晶型、过共晶型的Al-Si基多元铸造铝合金，由于导热性好、线胀系数小、耐磨性好，已成为铸造活塞的理想材料；具有高强度、高耐热性能的Al-Cu基铸造铝合金以及耐蚀性好、比强度高、密度小的Al-Mg基铸造铝合金等新的铸造铝合金不断出现，使得铸造铝合金已经成为现今产量最大的铸造非铁合金。

我国铸铝工业由于历史原因起步较晚，在建国前，铸铝工业几乎是一片空白。但新中国成立后获得了蓬勃发展。铸造铝合金的新品种及熔铸生产的新技术不断涌现。高强度铸造铝合金等研究成果获得成功应用，并具有国际先进水平。现已能铸造2t以上的大型铝合金铸件，有铸造铝合金国家标准牌号已达26个品种，其年产量已远远超过其他所有各种铸造非铁合金年产量的总和。铸造铝合金现已成为我国国防建设及工农业生产不可缺少的重要的铸造合金材料。

1.1.2　铸造铜合金

我国铜合金的铸造历史悠久，并且技艺高超，已经成为我国作为世界文明古国的重要考证之一。根据考古研究，在河南淅川文化遗址中发现了相当于夏朝的青铜器；在四千多年前的甘肃齐家文化遗址中也发现了红铜器。而后到殷、商时代进入了古代历史上的青铜时期。当时已能铸造出如后母戊大方鼎（见图1-1）这样精美的大型的青铜铸件。商末周初，是古代青铜铸造步入发达的时期，造型雄伟、冶铸精良、花纹细丽而光洁的四羊方尊（见图1-2）以及造型优美、工艺精巧的西周早期风纹卣等青铜铸品已成为当时的代表作。到了春秋战国时代，已是青铜铸造的鼎盛时期。楚之曾国的侯乙，组织生产了大量珍贵的金属器物，以青铜铸造的编钟和尊盘，乃是稀世之宝，如其中的曾侯乙尊、盘两件一套，造型优美，结构玲珑，铸工精细，堪称中国古代青铜器中的极品。东周时期的代表性兵器越王勾践剑（见图1-3），其表面规则地分布着具有约几十微米厚的细枝层的菱形纹饰，极具装饰性。春秋末期铸造出的双金属剑，以韧性好的低锡青铜作中脊合金，以硬度很高的高锡青铜作两刃，做到利剑不断。春秋战国以后，铸造青铜器仍有较大发展。虽然，由于奴隶社会的崩溃而使礼器

图1-1　后母戊大方鼎

（1939年河南安阳出土。带耳高1370mm，器口长1100mm，宽780mm，重875kg，内壁铸铭文“后母戊”三个字）

图 1-2 四羊方尊

（商后期酒器。1938 年湖南宁乡出土。高 583mm，上口每边长 524mm，重 34.5kg，尊的颈部为蕉叶夔文、兽面纹、云雷纹，肩部浮雕出围绕的四条龙，前肩四面以圆雕形式各铸一大卷角羊的前半身，而头、腹部构成器腹四角）

的生产渐少，但是铜镜、铜币、铜钟和铜鼓等四大类铜铸件乃至在整个“铁器时代”长盛不衰。如西汉时期铸造的“透光”镜，不但花纹精细，更奇妙的是，在日光的照射下，镜面的反射光照在墙壁上，竟能把镜背面的花纹、图案、文字等都清晰地显现出来，被国际冶金界誉为“魔镜”。此外，还有秦始皇铜马车、明代喷水鱼洗和龙洗等。举不胜举的实例都充分显示了我国历代青铜铸造的精湛技术水平，青铜铸造业已具有相当的规模，并且无论在合金化、熔炼技术及铸型工艺等方面都已远远走在同时代世界各国的前面。

我国也是使用黄铜历史最早的国家之一。南北朝的炼丹士们已能用炉甘石（碳酸锌矿石）炼得黄铜。建于明代的武当山金殿（见图 1-4），可称其为精美的铸造黄铜代表作。整个金殿从门窗、梁柱、菩萨到香案供桌全部用黄铜铸造，巍然屹立在天柱峰的悬崖峭壁之上，历来被认为是“天上的瑶台金阙”。

然而，我国到建国前，具有悠久历史并且技艺非凡的铸铜业已是奄奄一息，直到建国后才重新获得了迅速发展。铸造铜合金的内涵已发生非常大的变化。如铸造青铜早已不是锡青铜，而产生了诸如铝青铜、

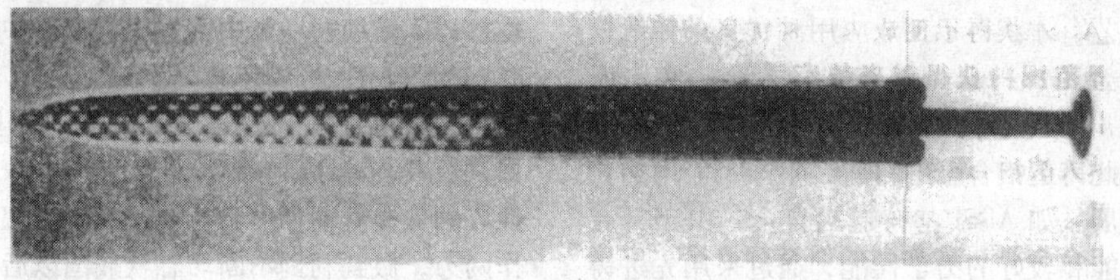

图 1-3 越王勾践剑

图 1-4 武当山金殿

（建于 1416 年。通高 5.5m，宽 5.8m，深 4.2m；二层层面上的八条戗脊上各饰有七个一组的仙人走兽；殿内铜像 1700kg）

铅青铜、铍青铜等一系列具有特殊性能和用途的铸造青铜；铸造黄铜也早已不只是普通黄铜，而产生了诸如铝黄铜、锰黄铜、铁黄铜、硅黄铜、铅黄铜等一系列特殊黄铜；铸造纯铜、铸造白铜在某些专门的部门获得了较快发展和应用。作为结构材料的铸造铜合金，现已发展到 30 多个品种，有的具有优良的力学性能，有的具有很高的耐磨性能，有的具有很高的耐蚀性能，有的具有优良的综合性能而被广泛地应用着。我国铸铜业已发展到一个崭新的水平，已能铸造具有国际先进水平的重达近 30t 的大型铜合金船用螺旋桨，并成为发展军事与民用工业不可缺少的重要领域。20 世纪 90 年代，传统的艺术铸铜大放异彩，例如，我国政府赠送给联合国成立 50 周年庆典礼物的“世纪宝鼎”，已作为中华文化的象征，永远屹立在纽约联合国广场；祖国内地为香港宝莲寺铸造了坐高

26.4m，重达177t的天坛大佛，促使香港大屿岛成为闻名的佛教和旅游胜地；首都北京为迎接21世纪而建造的中华世纪坛的青铜甬道及中华世纪钟将会在世人中产生久远的影响。所有这些铸品，其艺术品位不断提高并在改革开放中产生良好的经济效益和重要的社会价值。近十多年来，中国的铸铜业更是获得巨大的发展，电子、电器行业铜合金及特殊用途的铜合金获得飞速发展，中国铜合金产业在国际上已经占有极为重要的地位。

1.1.3　其他铸造非铁合金

铸造锌合金、铸造巴氏合金的生产历史较长。前者主要适用于压力铸造或重力铸造，用来浇注汽车、拖拉机等机电部门的各种仪表壳体类铸件或各种起重设备、机床、水泵等的轴承，并且近些年来又发展了高强度高耐磨铸造锌合金。后者主要指铸造锡基和铅基合金，它是典型的减磨合金，主要用于浇注双金属轴瓦。

我国铸造镁合金的生产还是解放后的事情，它是随着国防工业发展的需要而发展起来的。在工业应用的铸造合金中，铸造镁合金密度最小，以比强度和疲劳强度高、比弹性模量高著称，并有良好的减磨等性能。因此广泛地应用在交通、3C产业和航空航天领域中。但是，由于镁（Mg）化学活性强，在熔铸工艺过程中极易氧化，甚至燃烧，而且镁的氧化物（MgO）质地疏松，没有保护性能，因此熔铸工艺较为复杂，给铸造生产带来很大困难。但是，由于镁合金具有许多其他合金无法比拟的优点，因此，目前镁合金成为关注的热点，镁合金的铸造技术也获得很大的突破，已经铸造出优质的汽车缸体铸件，应用潜力巨大。

铸造钛合金是目前最年轻的铸造非铁合金结构材料，具有很高的比强度、耐蚀性和耐热性，在工业中应用越来越多，已成为现代工业与科技领域引人注目的新材料。特别是在航空、航天、造船、化工等工业中，钛合金大多用于浇注关键零部件，如飞机、导弹上的重要结构件，小型快艇上的螺旋桨，化学工业中的各种耐蚀泵，乃至医疗用的假肢、假牙和骨架，体育用的高尔夫球头等。它的性能好坏通常决定了产品水平的高低，也有人将钛合金的用量作为一个国家科技水平的标志。但是，由于钛（Ti）的化学活性极强，在熔融条件下几乎能与所有耐火材料起反应，导致熔铸工作十分困难。我国从20世纪60年代开始研究钛合金的精密铸造技术，而且近些年来发展迅速。钛合金从真空自耗电极电弧炉熔炼开始研制，到今天已能成功地应用先进的水冷铜坩埚真空感应凝壳熔炼（ISM）技术。同时已经很好地掌握了永久性铸型和一次性铸型的铸造工艺。

铸造高温合金是第二次世界大战期间随着航空涡轮发动机的出现而发展起来的一种重要结构材料，主要用于燃汽轮机及军工和航空航天领域的热端部件。近些年来，我国的铸造高温合金发展较快，现已有Ni基、Co基和Fe-Ni基三大系列近40个品种，已经成为航空、航天、造船、发电、石化和交通运输等部门的重要结构材料。

1.2　铸造非铁合金的前景与展望

1.2.1　广阔的前景

展望未来，铸造非铁合金生产有广阔的发展前景，主要反映在：

（1）地位日显重要　由于各种铸造非铁合金均有各自的特殊性能，如高强度、高耐蚀性、高耐热性、高耐磨性或优良的其他综合性能，而其中铸造轻合金又有卓著的各种比性能等优点，因此它在许多军事工业乃至民用工业中已经成为不可缺少的结构材料，并且在各国建设中的这种地位显得越来越重要。若没有铝合金、镁合金和钛合金，那么航空、航天等工业是不可能发展的；若没有铜合金，那么造船、化工等部门也很难维持。

（2）产量不断增长　许多非铁金属元素储量丰富，并随着冶炼技术及能力的提高，必将导致其产量不断增长，价格日渐降低，从而促进铸造非铁合金生产的发展；与此同时，随着铸造非铁合金熔铸技术与能力的提高，必然会有力地推动其产量不断扩大。

（3）用途日益扩展　许多铸造非铁合金作为结构材料开始应用时，或因价格昂贵或因开发较晚而只用于军事工业。今天，随着产量的增长和价格的降低，铸造非铁合金材料已经广泛地应用到各种民用工业。可以说，现在从航天、航空、航海，到一般工业、农业，乃至家庭生活用具、体育用品等，到处都有铸造非铁合金铸件，并且其应用范围还在不断扩大。

1.2.2　可望的进展

展望未来，铸造非铁合金必将在已有的基础上获得快速发展，并主要表现在：

1）研制新的高性能（高强韧性、高耐蚀性、高耐热性、高耐磨性或各种高比性能等）的铸造非铁合金，仍然是一个需要不懈攻克的重要课题，并且必将获得新进展。

2）研究新的更加先进的并具特色的熔铸技术，实现优质、低耗、无公害生产仍然是同行的众望，也必将不断取得新进步。

3）以铸造铝合金为代表的铸造轻合金将获得更大的发展。

4）在非铁合金范围内实现以铸代锻方面将有更新更大的发展。

5）铸造非铁合金的艺术铸品生产将是一项既古老又新兴的产业，会有新的作为，产生良好的经济效益和重要的社会价值。

1.2.3 不懈努力，赶超国际先进水平

回顾我国铸造非铁合金的发展状况，人们都会高兴地看到，中华人民共和国成立后，铸造非铁合金生产几乎是在一片废墟的基础上突飞猛进的发展。其产量不断扩大，用途不断拓宽，新材料不断涌现，熔铸工艺不断翻新，推出了一大批科研成果，有的已经在实际生产中获得推广应用，有的已经具有国际先进水平，所有这些都标志着我国非铁合金铸造已经发展到一个崭新的阶段。然而，从总体上讲，我国的非铁合金铸造与世界先进水平相比还有一定的差距。

我国非铁金属资源丰富，非铁合金铸造生产大有发展前途。因此要不畏劳苦，勇于创新，努力攀登铸造技术高峰，在非铁合金铸造领域里赶超国际先进水平。

参 考 文 献

[1] 田长浒，吴坤仪，张闻博．中国铸造技术史：古代卷［M］．北京：航空工业出版社，1995.

[2] A Modern Casting Staff Report：34th Annual Census of World Casting Production-1999［R］. Modern Casting，Vol. 90，No. 12，December2000：30-31.

[3] Grjotheim K and Welch B J. Aluminium Smelte Technology—A Pure and Applid Approach［M］. Alnminium—Verlag Gmbh，1980.

[4] 廉海萍，吴则嘉．2500年前中国青铜兵器表面合金化技术研究［J］．特种铸造及有色合金，1998（5）：56－58.

[5] 谭德睿．中国艺术铸造发展问题漫谈［J］．特种铸造及有色合金，1998（5）：53-55.

[6] 郭景杰，苏彦庆．钛合金ISM熔炼过程热力学与动力学分析［M］．哈尔滨：哈尔滨工业大学出版社，1998.

[7] 李传栻等．中外有色金属及合金铸件标准［M］．北京：机械工业出版社，1995.

[8] 师昌绪，李恒德，周廉．材料科学与工程手册［M］．北京：化学工业出版社，2004.

[9] 中国航空材料编委会．中国航空材料手册［M］.2版．北京：中国标准出版社，2002.

第2章 铸造非铁合金基础知识

2.1 元素的分类、物理性能及铸造非铁合金的概念

2.1.1 元素的分类

元素周期表揭示出自然界物质形成的奥秘。在迄今已发现的112种元素（包括人造元素）中，按其物理化学性质分为惰性元素（He、Ne、Ar、Kr、Xe和Rn，共6种）、非金属元素（B、C、Si、N、P、As、O、S、Se、Te、F、Cl、Br、I、At和H，共16种）和金属元素（其余的元素）。

金属元素根据其外观特征又分为两大类，即：

- 黑色金属元素—Fe、Cr、Mn
- 有色金属元素——黑色金属元素以外的金属元素

由于黑色金属元素是以铁（Fe）为主的3个元素，所以人们常将有色金属元素又称为非铁金属元素。

按着元素的物理化学性质、资源、开发以及生产、应用等情况，又可将非铁金属元素做如下分类：

- 普通金属元素
  - 普通轻金属元素（$\rho \leqslant 4.5 Mg/m^3$）：Al、Mg、Na、Ca、K
  - 普通重金属元素（$\rho \geqslant 4.5 Mg/m^3$）：Cu、Ni、Co、Pb、Zn、Sn、Sb、Bi、Hg、Cd
- 贵金属元素：Au、Ag、Ru、Rh、Pd、Os、Ir、Pt
- 稀有非铁元素
  - 稀有轻金属元素：Li、Be、Cs、Rb
  - 稀有难熔金属元素（熔点在1700℃以上）：W、Mo、Ta、Nb、Ti、Zr、Hf、V、Re
  - 稀散金属元素：Ga、In、Tl、Ge
  - 稀土金属元素：Sc、Y、La系
  - 放射性金属元素：Fr、Ra、Tc、Po、Ac系

目前，工业上较常应用的非铁金属元素仅有十几种。

还应指出，某些非金属元素（如Si、Se、Te、As、B）的性质介于金属与非金属之间，因此有时又称之为半金属元素而被列入非铁金属元素之中。

2.1.2 元素的物理性能（见表2-1）

2.1.3 铸造非铁合金的概念

以一种非铁金属元素为基本元素，再添加一种或几种其他元素所组成的合金称为非铁合金。按着相适应的生产工艺方法，非铁合金可分为：

- 变形非铁合金——适于变形加工制成型材或制品的非铁合金。一般添加元素的含量均较少，高温下能形成单相固溶体，具有良好的变形能力。
- 铸造非铁合金——适于浇注异型铸件的非铁合金。一般添加元素的含量较多，室温下具有二相（或以上）铸态组织的非铁合金，它应具有较好的铸造性能和综合力学性能。
- 粉末冶金用非铁合金——适于先制成合金粉末，然后经过压型、烧结等工艺制成零件。

表2-1 一些元

元素符号	元素名称	原子序数	相对原子质量	原子半径 /×10⁻¹⁰m	晶 型	原子间距（最近的）/×10⁻¹⁰m	密度ρ(20℃)/ g·cm⁻³	熔点 /℃
H	氢	1	1.0079	0.37	六方		0.07(-252℃)	-259.2
He	氦	2	4.00260	0.93	六方		0.15(-269℃)	-271.4
Li	锂	3	6.941	1.515	体心立方	3.039	0.545	180
Be	铍	4	9.0122	1.125	密集立方	2.225	1.85	1284
B	硼	5	10.81	0.97	针状正方	1.75	2.3	2050
				0.97	片状正斜晶			
C	碳	6	12.011	0.77	立方(金刚石)	1.544	2.25(石墨)	5000
				0.77	六方(石墨)			
				0.77	斜方(β石墨)			
N	氮	7	14.0067	0.53	简单立方		0.81(-195℃)	-209.9
O	氧	8	15.9994	0.66	正交		1.13(-181℃)	-218.8
F	氟	9	18.9984	0.68			1.14(-200℃)	-219.6
Ne	氖	10	20.179	1.6	面心立方		1.2(-245℃)	-284.7
Na	钠	11	22.9897	1.855	体心立方	3.715	0.97	97.7
Mg	镁	12	24.305	1.60	密集六方	3.196	1.74	649
Al	铝	13	26.9815	1.428	面心立方	2.862	2.699	660.37
Si	硅	14	28.086	1.08	面心		2.34	1414
				1.175	立方(锆石型)	2.351		
P	磷	15	30.9737		面心		1.82	44.1
S	硫	16	32.06	1.06	正交	2.04	2.05	119
Cl	氯	17	35.453	1.07	单斜		1.5(-33.6℃)	-101
					正方(固态)			
Ar	氩	18	39.948	1.92	面心		1.39(-183℃)	-18.3
K	钾	19	39.098	1.975	面心立方	3.94	0.88	63.5
				2.31	体心立方	4.627		
Ca	钙	20	40.08	1.16	六方		1.53	850
Sc	钪	21	44.9559	1.6383	密集六方		2.992	1539
Ti	钛	22	47.90	1.313	体心立方	2.632	4.51	1660
V	钒	23	50.914	1.246	体心立方	2.498	6.15	1910
Cr	铬	24	51.996	1.13	立方(α)	2.24	7.1	1900
				1.18	立方(β)	2.373		
Mn	锰	25	54.9380	1.29	四方	2.731	7.4	1244
Fe	铁	26	55.847	1.24	体心立方(α)	2.481	7.9	1537
				1.26	面心立方(γ)	2.585		
					体心立方(δ)			
Co	钴	27	58.9332	1.25	密集六方(α)	2.506	8.7	1492
Ni	镍	28	58.71	1.25	面心立方	2.491	8.9	1455

素的物理性能

沸点 /℃	比热容 c (20℃) /J(kg·K)$^{-1}$	熔解热 /(kJ·kg^{-1})	线胀系数 α_l (20℃) /×10^{-6}K^{-1}	热导率 λ (20℃) /W(m·K)$^{-1}$	电阻率 ρ (20℃) /μΩ·cm	电阻温度系数(0℃) /×10^{-3}K^{-1}	标准电极电位 V	标准电极电位 离子价
-252.8	14444.5	62.8	1300(-255℃)	0.1700	—	—	0.000	H^+
-268.9	5233.5	34.5	—	0.139	—			
1329	3307.6	436	56	71.176	9.35	4.6	-3.01	Li^+
2400	1758.5	1088.6	11.57	221.9	3.8	6.7	-1.7	Be^{2+}
			(25~100℃)					
2550	1293.7	—	8.3(20~750℃)	—	1.8×10^{12}(0℃)	—	-0.73	B^{3+}
5000	690.8	—	6.6(石墨)	23.865	1400	0.6~1.2		
	(石墨)							
-195.8	1034.1	26	600(-195℃)	0.0251	—	—	-3.2	N^{2-}
-182.79	912.7	13.8	4100(-195℃)	0.0247	—	—	+0.401	OH^-
-188.1	753.6	42.3	3000(-200℃)	—	—	—	+2.85	F^-
-246.1	—	—	—	0.046				
882	1235.1	115	71	133.98	4.6	5.47	-2.1	Na^+
1105	1046.7	368	26.0(0~100℃)	159.1	3.9	4.1	-2.38	Mg^{2+}
2500	929.5	396	22.41	217.71	2.63	4.23	-1.66	Al^{3+}
3240	795.5(90℃)	1809	6.95	104.67	85×10^3	0.8~1.8		
	678.3(0℃)			(100℃)				
280	741.1	20.9	125(6~40℃)	—	1×10^7(11℃)	-0.456		
444.6	732.7	38.9	64(40℃)	0.2642	2×10^{22}	—	-0.51	S^{2-}
-34.1	485.7	90.4	1500(-34℃)	0.0072	$\geqslant1\times10^9$	—	+1.385	Cl^-
					(-70℃)			
-185.9	523.4	28.1	—	0.17	—	—		
779	741.1	60.7	83	100.48	6.86	5.4	-2.83	K^+
							-2.92	
1350	623.83	217.7	25(0~21℃)	125.6	4.1	3.33	-0.78	Ca^{2+}
	(0~100℃)							
2730	561.03	353.87	—	—	61	—		
3260	523.35	435.43	8.5(25℃)	17.04	19.5	3.97	-1.5	Ti^{2+}
3380	502.42	—	9.12(18~100℃)	30.98(100℃)	13.5	2.8	-0.71	V^{3+}
2665	460.55	401.9	6.2	87.92	260	2.5	-1.05	Cr^{3+}
							-1.18	
2050	481.48	266.7	23	4.98(-192℃)	185	1.7		Mn^{2+}
2875	460.55	274.2	11.7	75.36	9.71	6.0		Fe^{2+}
							-0.44	
							0.04	
2900	41.45	244.5	12.3	69.08	6.24	6.6	-0.27	Co^{2+}
2890	62.8	308.99	12.8	92.11	6.84	5.0~6.0	-0.32	Ni^{2+}

元素符号	元素名称	原子序数	相对原子质量	原子半径 /×10^-10m	晶　型	原子间距（最近的） /×10^-10m	密度ρ(20℃)/ g·cm^-3	熔点 /℃
Nd	钕	60	144.24	1.82	α:密排六方		6.98	α:860
								β:1024
Pm	钷	61	(147)				—	≈1000
Sm	钐	62	150.4		菱形密排六方		7.53	1052
Eu	铕	63	151.96	2.04	体心立方		5.22	1100～1200
Gd	钆	64	157.25	1.8	密排六方		7.96	1312
Tb	铽	65	158.9254	1.77	密排六方		8.33	1450～1500
Dy	镝	66	162.50	1.77	密排六方		8.56	1500
Ho	钬	67	164.9304	1.750	密排六方		8.76	1400
Er	铒	68	167.26	1.75	密排六方		9.16	1500～1550
Tm	铥	69	168.9342	1.74	密排六方		9.35	1550～1650
Yb	镱	70	173.04	1.93	面心立方		7.01	824
Lu	镥	71	174.97	1.73	密排六方		9.74	1650～1750
Hf	铪	72	178.49	1.59	密排六方		13.28	2225
					体心立方			
Ta	钽	73	180.9479	1.425	体心立方	2.86	16.6	3000
W	钨	74	183.85	1.41	体心立方(β)		19.3	3380
Re	铼	75	186.2	1.38	密排六方		21.02	3180
Os	锇	76	190.2	1.35	密排六方		22.5	2700
Ir	铱	77	192.22	1.35	面心立方	1.35	22.4	2454
Pt	铂	78	195.09	1.38	面心立方		21.45	1760
Au	金	79	196.9665	1.45	面心立方		19.28	1063.7
Hg	汞	80	200.59	1.56	菱形		13.546	-38.87
Tl	铊	81	204.37	1.71	密排六方		11.85	≈304
Pb	铅	82	207.2	1.745	面心立方	3.499	11.3	327.4
Bi	铋	83	208.9804	1.56	菱方	3.111	9.8	271.3
Po	钋	84	(209)		α:面心立方		9.4～9.51	α:≈-10
					β:菱形			β:254
At	砹	85	(210)					
Rn	氡	86	(222)		—		9.960×10^{-3}	-71
Fr	钫	87	(223)	2.80	未定			
Ra	镭	88	226.0254	2.35	未定		5.0	960
					四方			
Ac	锕	89	(227)	1.88	面心立方		10.07	1050
Th	钍	90	232.0381	1.80	面心立方		11.7	1700
Pa	镤	91	231					
U	铀	92	230.03	1.38	正交晶系(α)	2.77	19.05	1130
					体心立方(γ)			

（续）

沸点 /℃	比热容 c (20℃) /J(kg·K)$^{-1}$	熔解热 /(kJ·kg^{-1})	线胀系数 α_l (20℃) /×10^{-6}K^{-1}	热导率 λ (20℃) /W(m·K)$^{-1}$	电阻率 ρ (20℃) /μΩ·cm	电阻温度系数(0℃) /×10^{-3}K^{-1}	标准电极电位 V	离子价
	192.59	49.32	7.4	12.98	64.3	1.64		
2890								
≈2700	—	—	—	—	—	—		
1630	175.85	72.39	—	—	88.0	1.48		
≈1430	163.29	69.08	—	—	81.3	4.3		
≈2700	240.32	98.39	8~10	8.79	134.5	1.76		
2530	184.22	102.7	—	—	—	—		
2290	171.66	105.5	8~9	10.05	56.0	1.19		
≈2300	163.29	104.3	—	—	87.0	1.71		
≈2600	167.47	102.6	10.0	9.63	107	2.01		
1700	159.10	109	—	—	79.0	1.95		
1530	146.54	53.2	25	—	30.3	1.30		
1930	154.91	110.1	—	—	79.0	2.4		
5400	146.96	—	5.9	93.37	32.7~43.9	4.43		
6100	142.35	159.1	6.6	54.43	12.5	3.85		
5400	133.98	184.2	4	200.97	5.5	4.82	-1.1	W^{5+}
5630	138.16	27.2	6.7	71.176	19.5	4.81		
5500	129.79	—	5.7~6.57	—	9.66	4.2		
4800~4900	129.37	—	6.58	59.03	4.85	4.1		
4410	132.72	112.6	8.9	69.08	9.2~9.6	3.99		
2530	126.86	67.4	14.2	309.82	2.065	3.5		
356.9	138.16	11.72	182	10.38	94.07	0.99		
1470	129.79	21.1	28.0	38.94	15~18.1	5.2		
1740	129.79	26.2	29.1	34.75	20.6	4.2	-0.126	P^{2+}
1680	142.35	52.3	17.5,11.7	8.37	116	4.2	+0.28	Bi^{2+}
962	—	—	24.4	—	42±10	4.6(α)		
					44±10	7.0(β)		
-61.8	—	—	—	—	—	—		
1140	—	—	—	—	—	—		
3200	—	—	—	—	—	4.23		
3530	117.23	≥82.98	11.3~11.6	39.398	19.1	2.26		
420	117.23	—		26.80	29(α)	2.18~2.76	-0.82	U^{6+}

元素符号	元素名称	原子序数	相对原子质量	原子半径 /×10⁻¹⁰m	晶　型	原子间距（最近的）/×10⁻¹⁰m	密度ρ(20℃)/ g·cm⁻³	熔点 /℃
Cu	铜	29	63.546	1.275	面心立方	2.556	8.9	1084.5
Zn	锌	30	65.38	1.33	密集六方	2.664	7.14	419.5
Ga	镓	31	69.72	2.7	正交		5.91	29.8
Ge	锗	32	72.59	1.314	金刚石立方		5.323	937.2
As	砷	33	74.9216	1.314	菱形		5.73	818（压力下）
Se	硒	34	78.96		α:单斜 β:未定单斜		4.81	γ:209 α:217 β
Br	溴	35	79.904	(1.19)	正交		3.12	-7.2
Kr	氪	36	83.80	1.97	面心立方		3.488×10^{-3}	-157
Rb	铷	37	85.4678	2.50	体心立方		1.532	39
Sr	锶	38	87.62	2.15	α:面心立方 β:密排六方 γ:体心立方		2.60	α:215 β:605 γ:771
Y	钇	39	88.9059	1.81	密排六方		6.07	1450
Zr	锆	40	91.22		密集六方(α)	3.17	6.4	1850
Nb	铌	41	92.9064	1.43	体心立方	2.859	8.6	2468
Mo	钼	42	95.94	1.36	体心立方	2.725	10.2	2625
Tc	锝	43	98.9062	1.36	密排六方		11.46	≈2100
Ru	钌	44	101.07	1.32	密排六方		12.2	2400
Rh	铑	45	102.9055	1.34	面心立方		12.44	1960
Pd	钯	46	106.4	1.37	面心立方		12.16	1552
Ag	银	47	107.868	1.44	面心立方	2.888	10.5	960.8
Cd	镉	48	112.40	1.486	密集六方	2.979	8.65	320.9
In	铟	49	114.82	1.57	正方		7.31	156.61
Sn	锡	50	118.69		立方(α≥13°) 体心正方	2.81 3.022	7.3	231.9
Sb	锑	51	121.75		斜方 α=57°6′	2.903	6.67	630.5
Te	碲	52	127.60	1.43	六方	2.87	6.24	450
I	碘	53	126.9045	(1.36)	正交		4.93	114
Xe	氙	54	131.30	1.09	面心立方		5.495×10^{-3}	-112
Cs	铯	55	132.9054	2.7	体心立方		1.9	28.64
Ba	钡	56	137.34	2.17	体心立方		3.6	710
La	镧	57	138.9055	1.86	密集六方	3.739	6.15	880
Ce	铈	58	140.12	1.81 1.82	α:密排六方 β:面心立方		6.78 6.81	α:380～480 β:804
Pr	镨	59	140.9077	1.824	α:密排六方 β:面心立方		6.78 6.80	α:600 β:935

（续）

沸点 /℃	比热容 c (20℃) /J(kg·K)$^{-1}$	熔解热 /(kJ·kg^{-1})	线胀系数 α_l (20℃) /×10^{-6}K^{-1}	热导率 λ (20℃) /W(m·K)$^{-1}$	电阻率 ρ (20℃) /μΩ·cm	电阻温度系数(0℃) /×10^{-3}K^{-1}	标准电极电位 V	
							V	离子价
2570	385.19	211.85	16.6	393.56	1.673	4.3	+0.52	Cu^{+}
							+0.377	Cu^{2+}
911	383.09	101.28	33	113.04	5.92	4.2	-0.763	Zn^{2+}
2227	330.76	80.2	18.3	29.31	13.7	3.9		
2700	309.82	30.56	5.92	61.13	0.86~52	1.4		
616 升华	323.22	16.1	4.7	58.62	35	3.9		
			4.9	0.237				
684	561.03	68.66	5.5		12	4.45		
58	293.08	67.83	—	—	6.7×10^{7}	—		
-152	—	—	—	0.00879	—	-0.39		
680	335.78	27.2	90	—	11	4.81		
					30.7	3.83		
		104.67	—	—				
1380	736.88							
4600	297.26	192.59	—	14.65	—	—		
4400	276.33	251.2	2.5,14.3	20.93	44.6	4.35	-1.5	Zr^{4+}
4400	272.14(0℃)	288.9	7.02(18℃)	52.335(0℃)	16.25	3.95	-1.1	Nb^{3+}
5550	255.39	292.2	5.35(0~20℃)	146.54	5.7	4.71	-0.2	Mo^{3+}
4600	—	—	—	—	—	—		
4900	238.65	—	9.1	—	7.157	4.49		
4500	247.02(0℃)	—	8.3	87.92	6.02	4.35		
≈3980	244.51	143.2	11.8	70.34	9.1	3.79		
2164	234.46(0℃)	104.67	18.9	418.68(0℃)	1.6	4.29	+0.80	Ag^{+}
765	230.27	55.27	29.8	92.11	7.4	4.24	-0.402	Cd^{2+}
2050	238.65	28.47	33.0	23.86	8.2	4.9		
2750	226.09	60.71	23	66.99	12.8	4.4	-0.1	Sn^{2+}
1675	205.15	160.35	11.4	18.84	42	5.1	+0.1	Sb
990	196.78	133.98	16.8(40℃)	5.86	100×10^{2}	—	-0.92	Te^{4+}
183	217.71	59.45	93	0.435	1.3×10^{15}	—		
-108	0.519	—	—	0.0519	—	—		
690	217.71	15.91	97	—	19.0	4.96		
1700	284.70	—	18(0~100℃)	—	50	—	-2.93	Ba^{2+}
2700	188.4	72.43	5.1	13.82	59(18℃)	2.18	-2.4	La^{3+}
	180.03	35.59	8.0	10.89	75.3	0.87		
2420								
3020	205.15	49.03	5.4	11.72	68	1.71		

本卷所涉及的合金均为铸造非铁合金，并且习惯上按其基本元素分类，如：

- 铸造铝合金
- 铸造镁合金
- 铸造钛合金
- 铸造铜合金
- 铸造锌合金
- ⋮

此外，习惯上还常按其用途将用于浇注滑动轴承的 Sn 基和 Pb 基等合金称为铸造轴承合金；将用于浇注涡轮叶片等高温条件下工作的 Ni 基和 Co 基铸造合金称为铸造高温合金。

2.2　常用非铁合金相图

按照本卷后续各章所涉及的各类非铁合金的顺序为序，将 Al 基、Mg 基、Ti 基、Cu 基、Zn 基、Sn 基、Pb 基、Ni 基、Co 基的合金相图分别绘制如下，其中除 Al 基、Cu 基合金列有部分三元相图外，其余基合金均只列二元相图。在各类合金相图中，以添加元素之元素符号的英文字母顺序为序。

2.2.1　Al 基二元合金相图（见图 2-1 ~ 图 2-45）

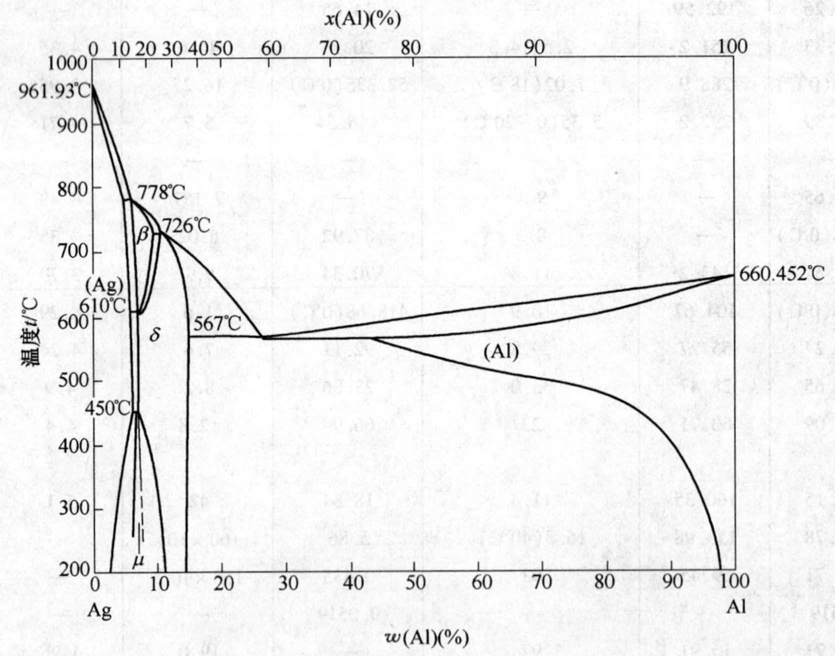

图 2-1　Al-Ag 二元合金相图

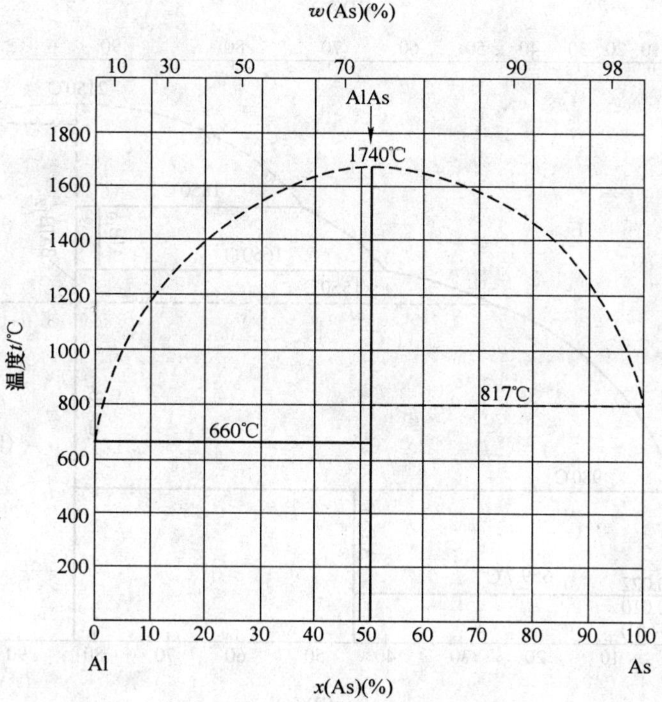

图 2-2 Al-As 二元合金相图

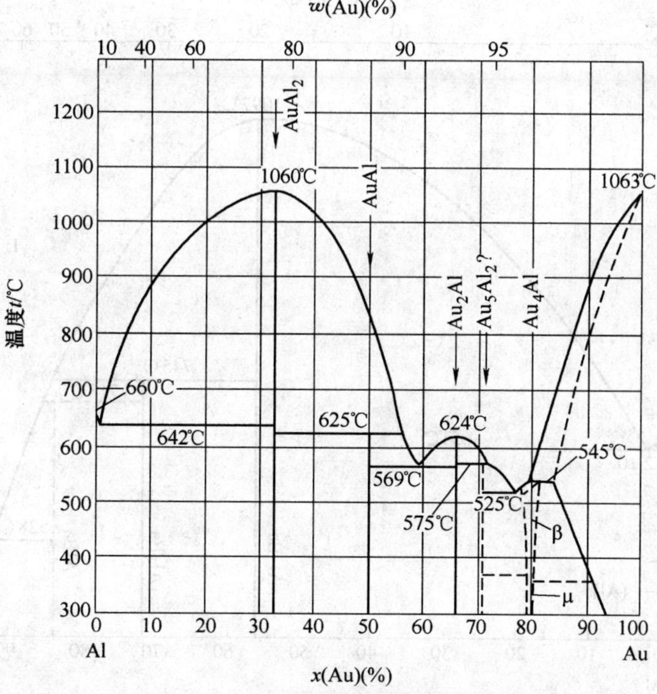

图 2-3 Al-Au 二元合金相图

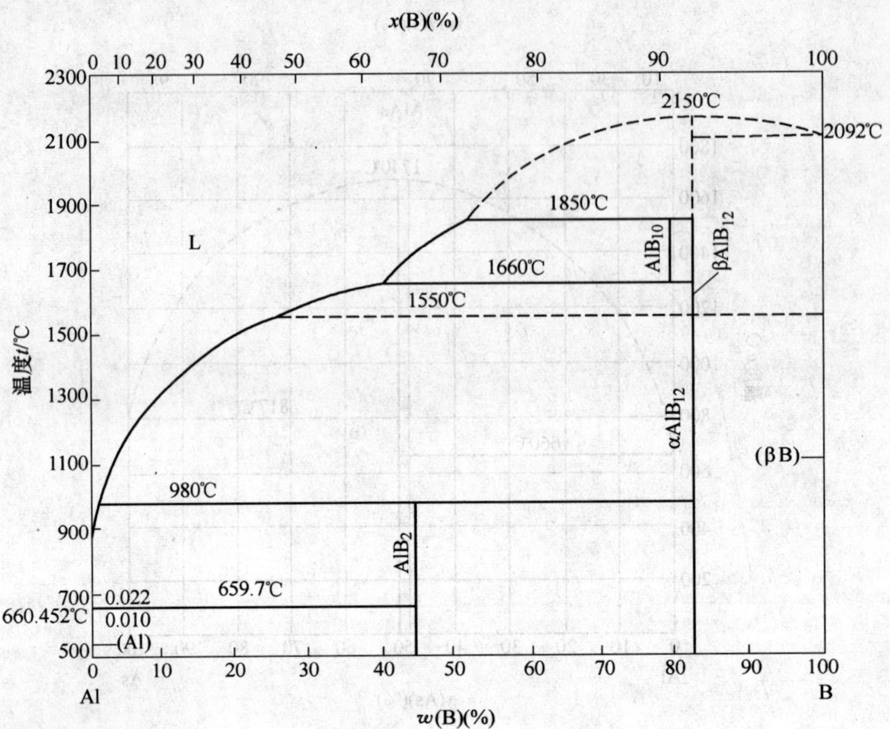

图 2-4　Al-B 二元合金相图

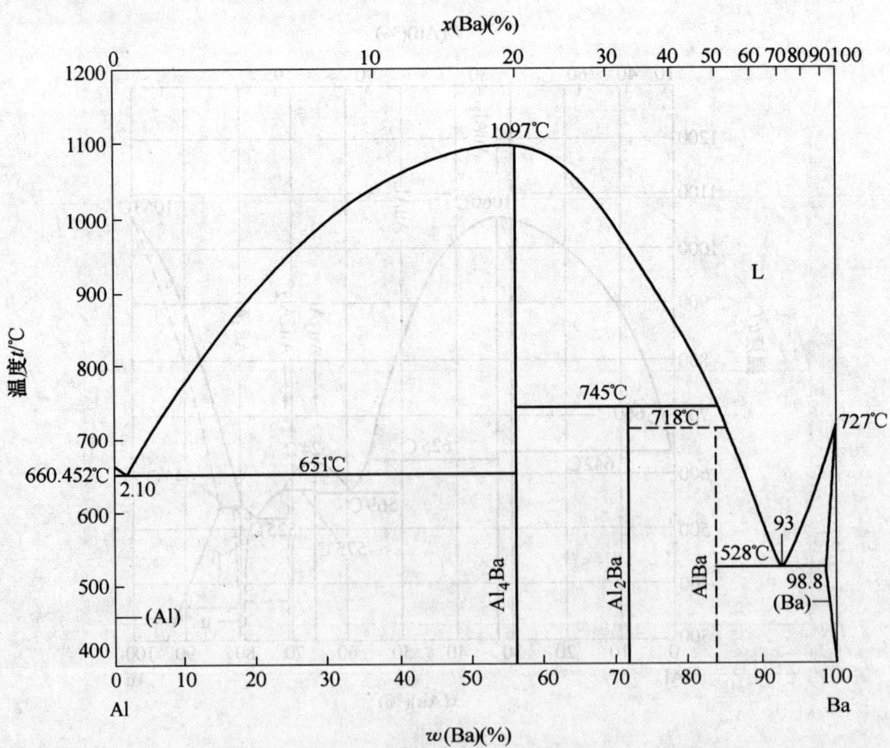

图 2-5　Al-Ba 二元合金相图

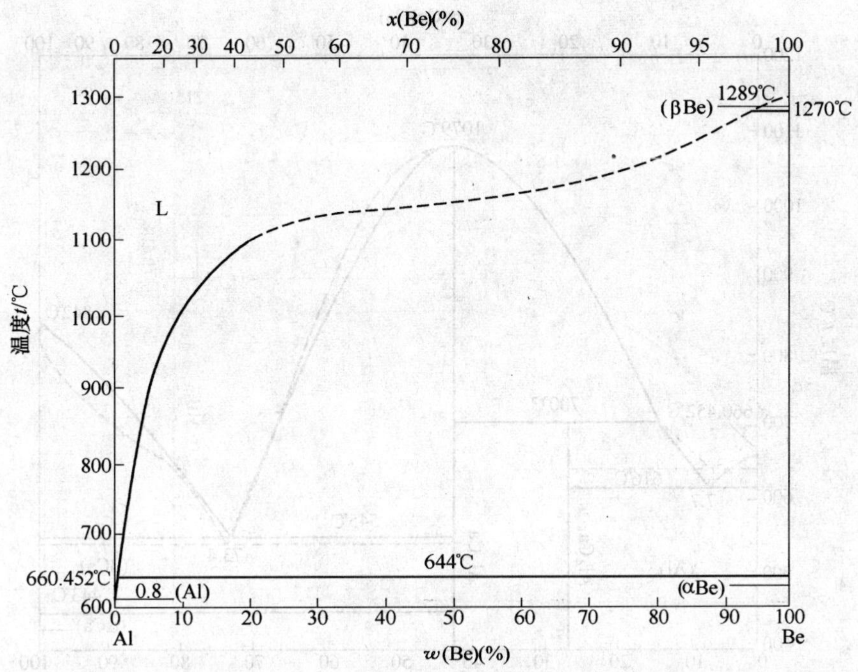

图 2-6　Al-Be 二元合金相图

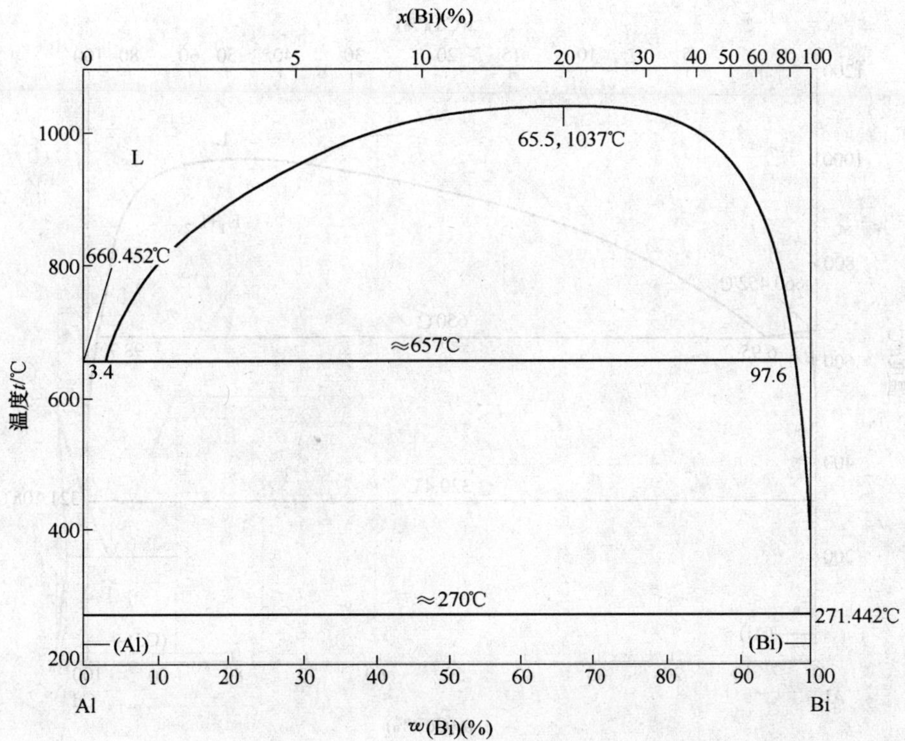

图 2-7　Al-Bi 二元合金相图

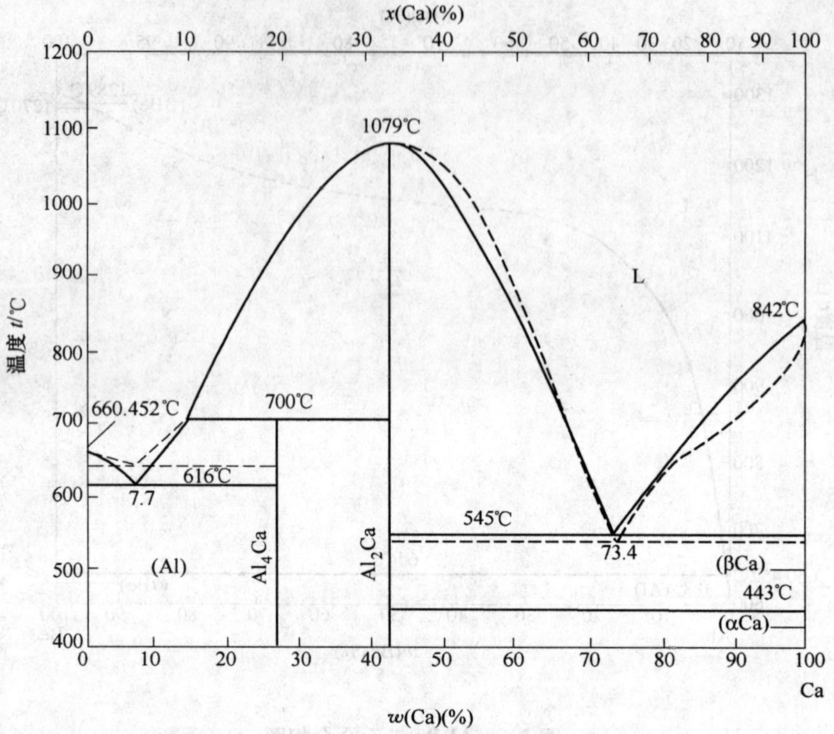

图 2-8　Al-Ca 二元合金相图

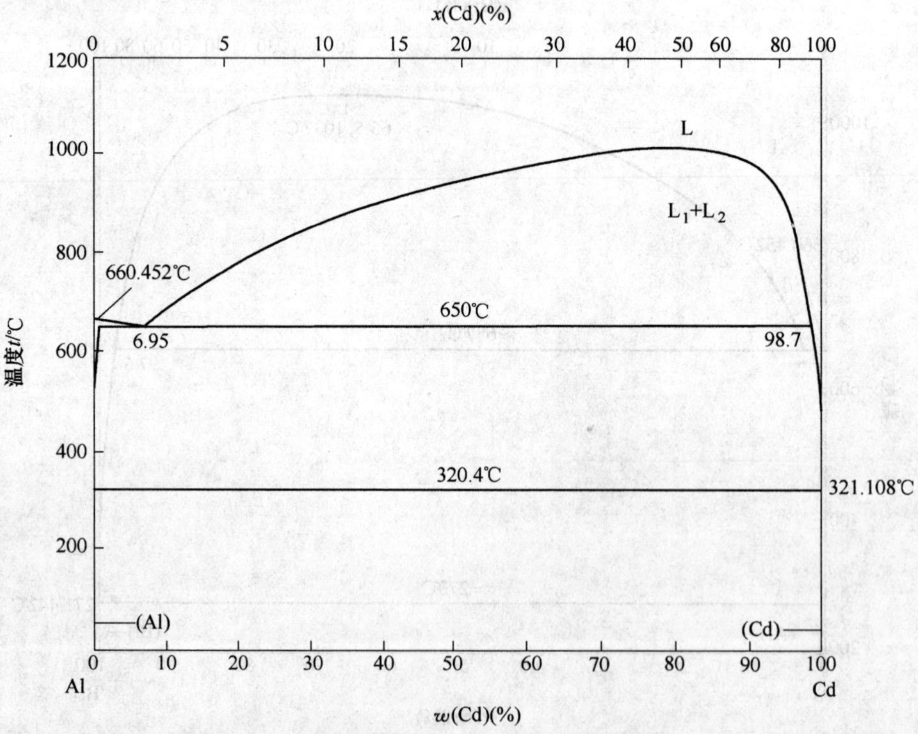

图 2-9　Al-Cd 二元合金相图

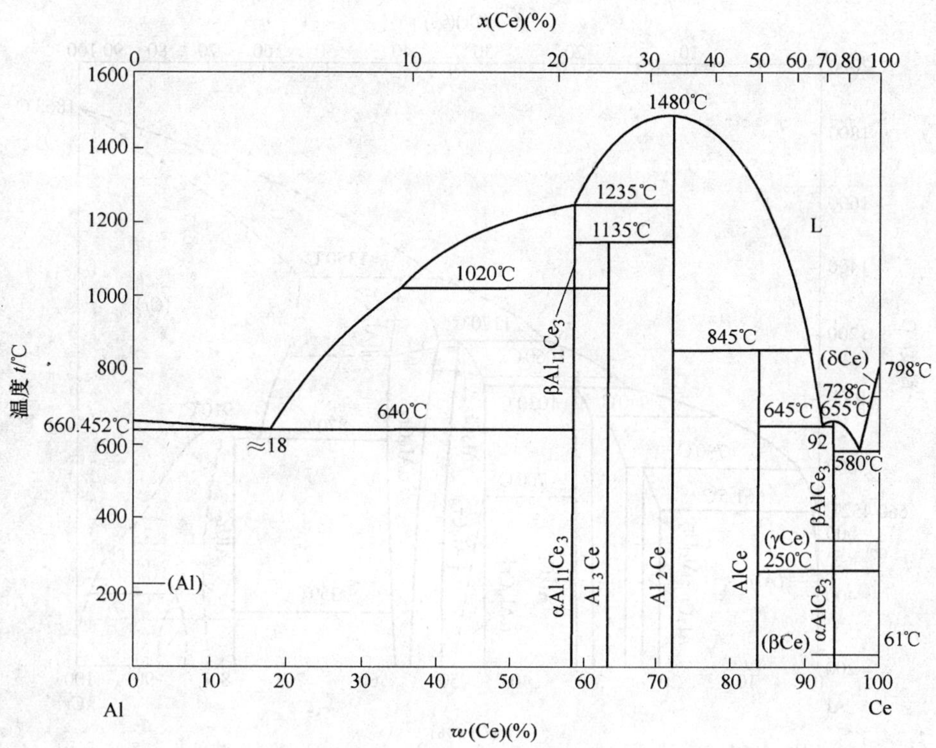

图 2-10　Al-Ce 二元合金相图

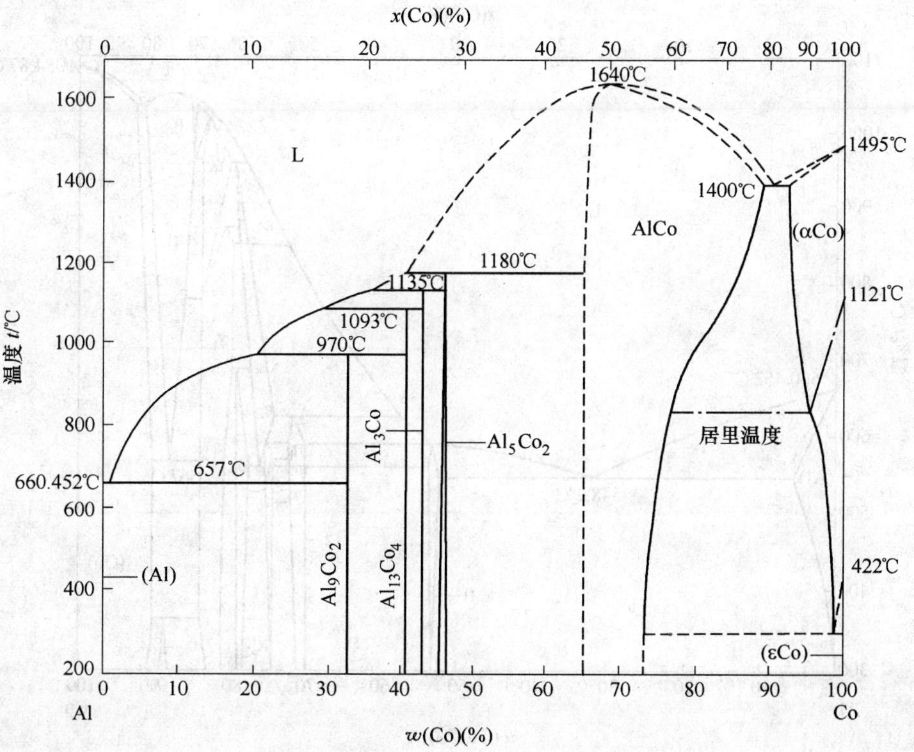

图 2-11　Al-Co 二元合金相图

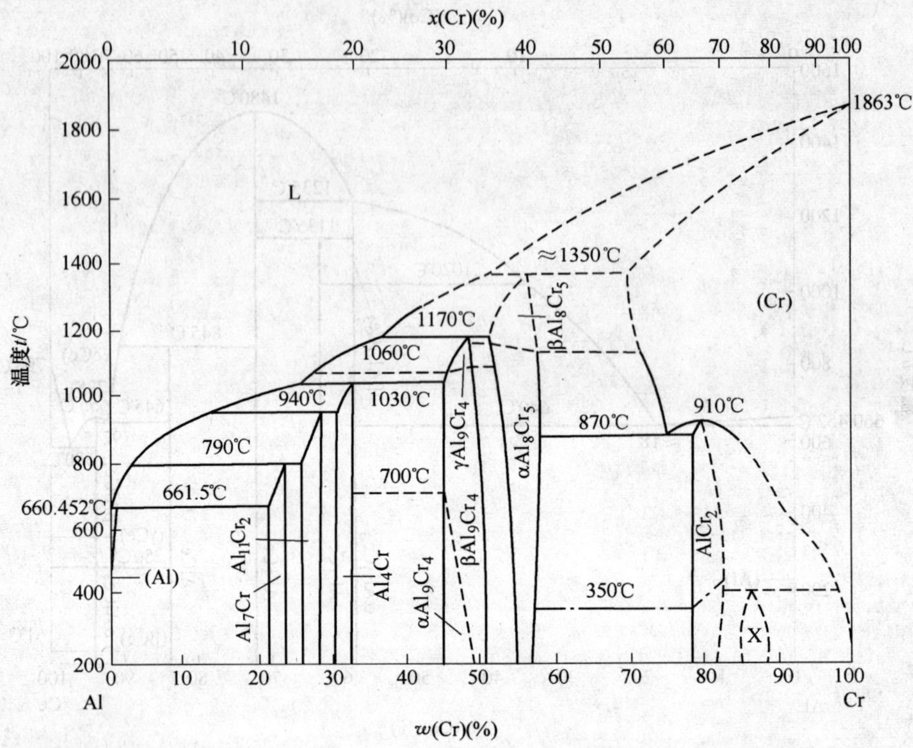

图 2-12　Al-Cr 二元合金相图

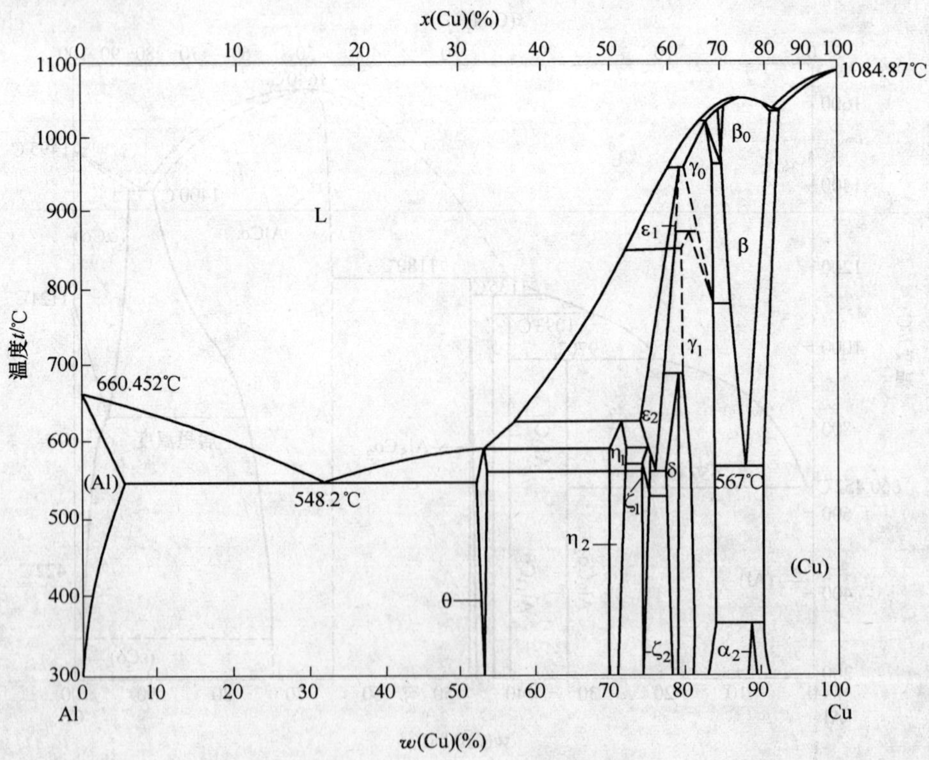

图 2-13　Al-Cu 二元合金相图

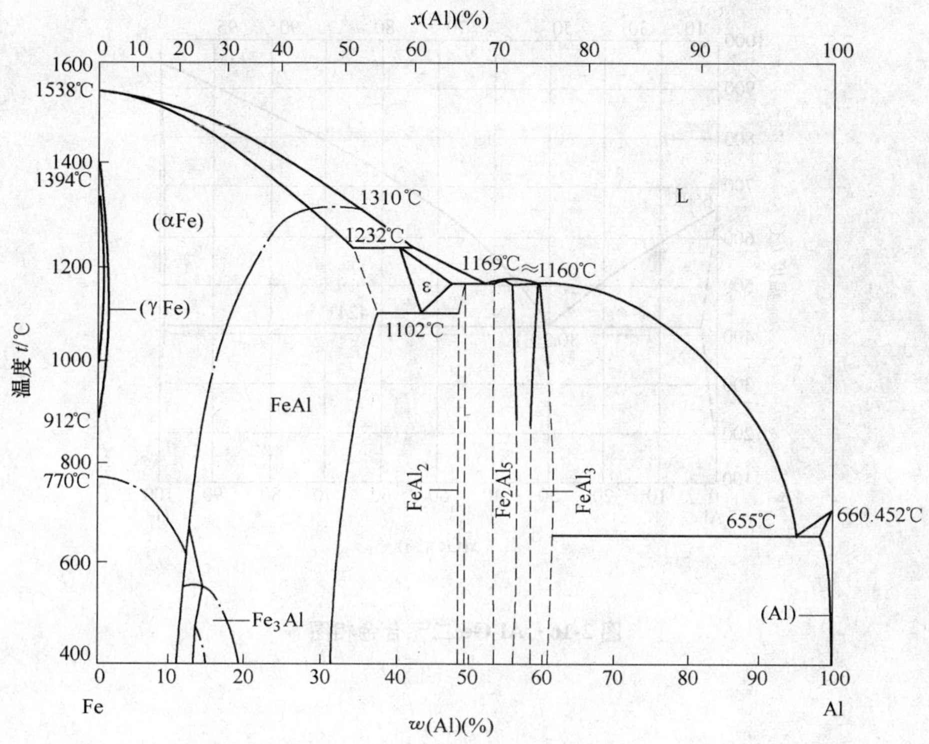

图 2-14　Al-Fe 二元合金相图

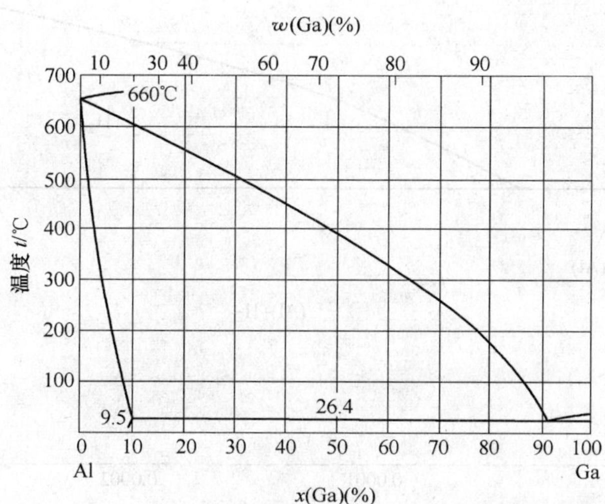

图 2-15　Al-Ga 二元合金相图

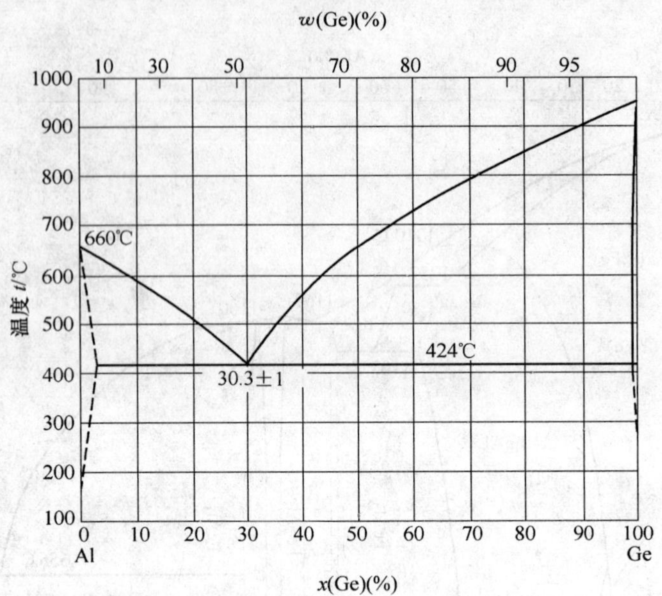

图 2-16　Al-Ge 二元合金相图

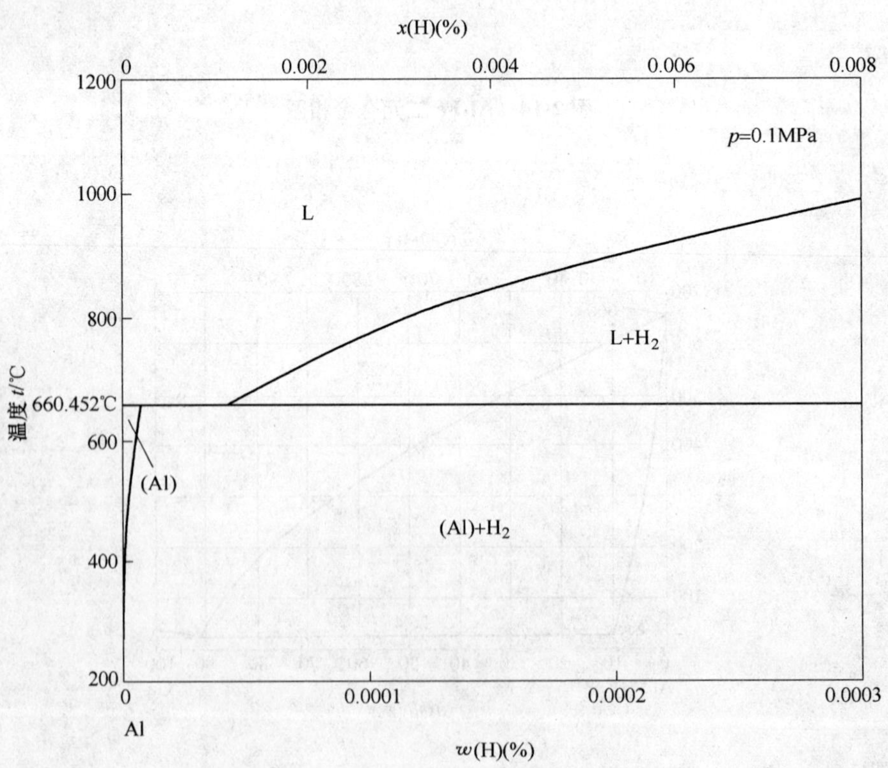

图 2-17　Al-H（Al 侧）二元合金相图

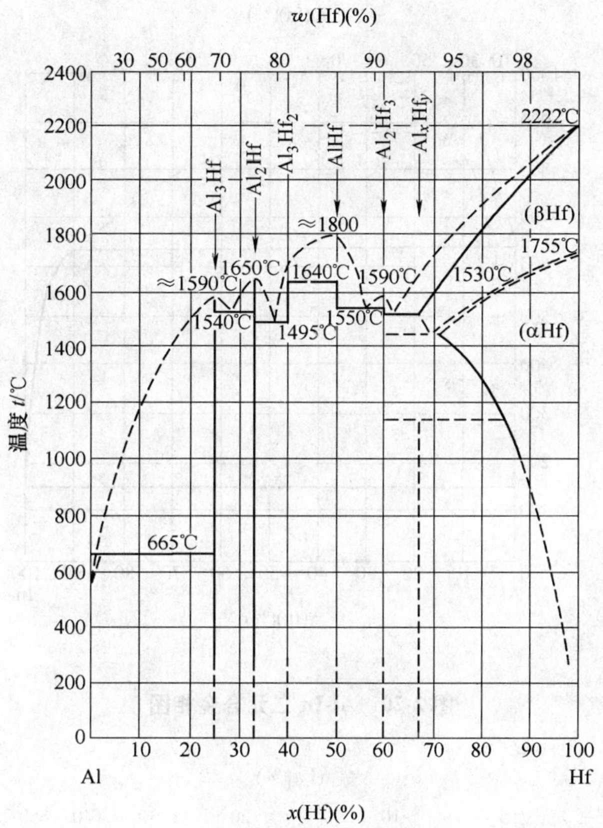

图 2-18　Al-Hf 二元合金相图

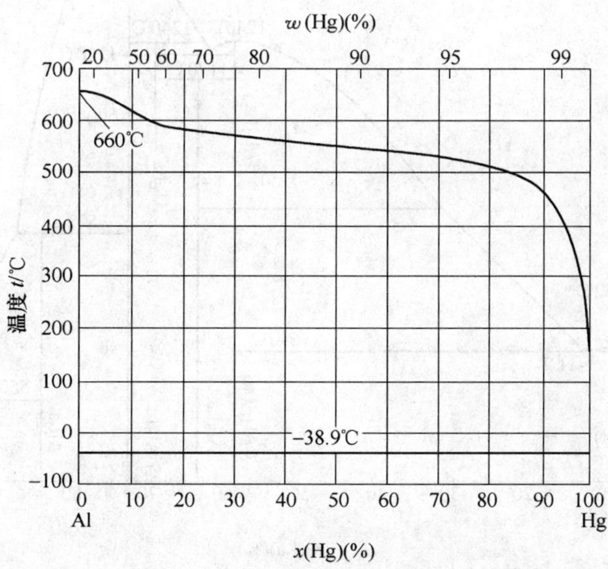

图 2-19　Al-Hg 二元合金相图

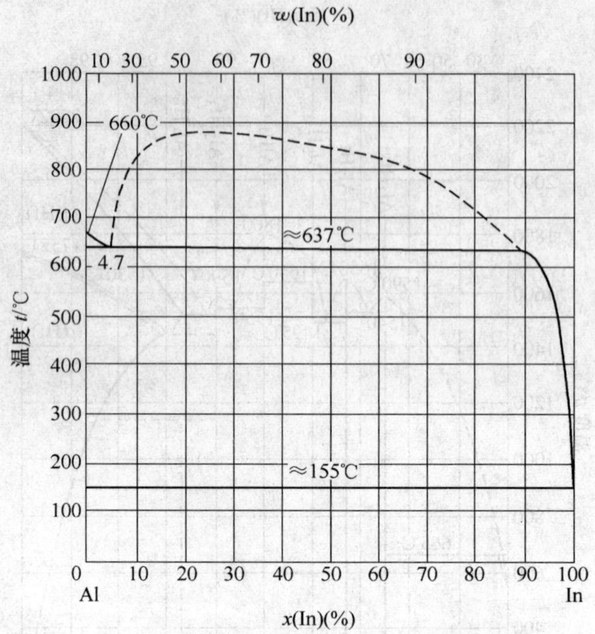

图 2-20　Al-In 二元合金相图

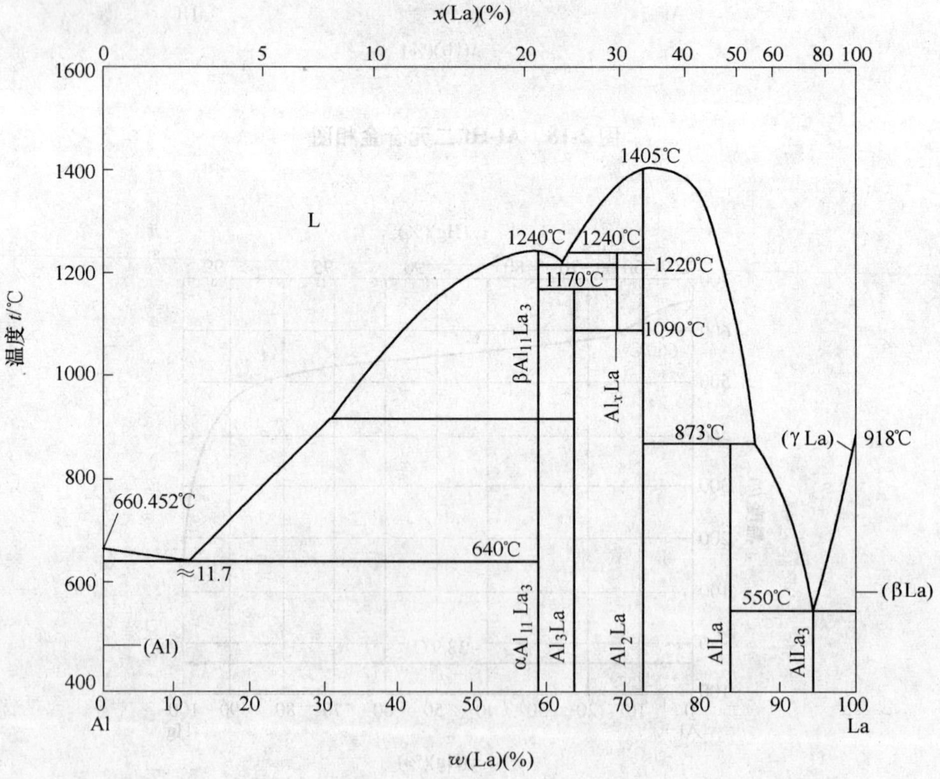

图 2-21　Al-La 二元合金相图

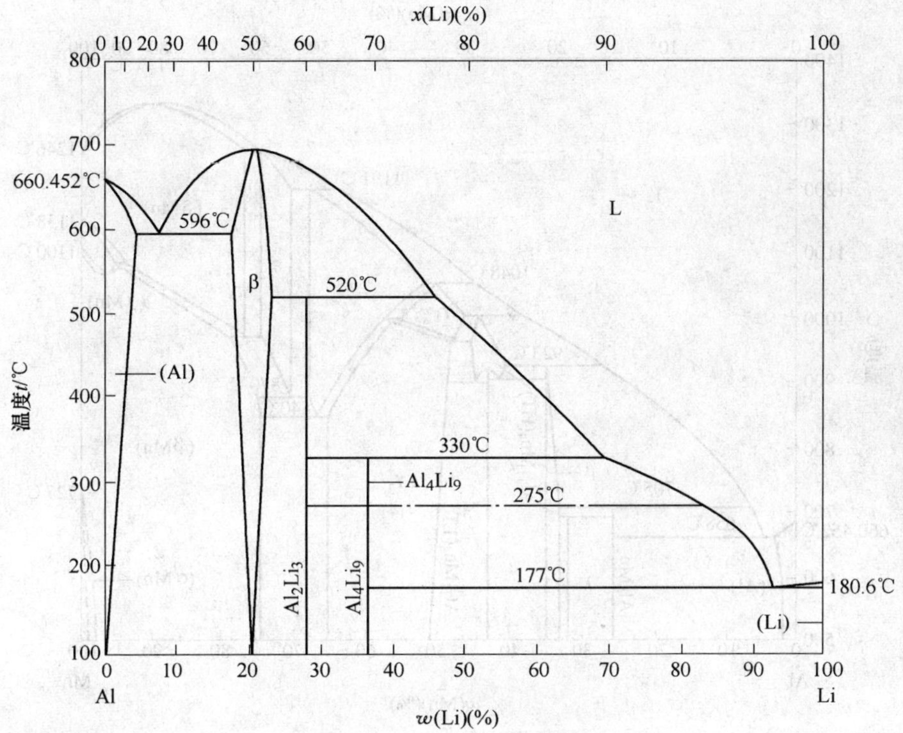

图 2-22　Al-Li 二元合金相图

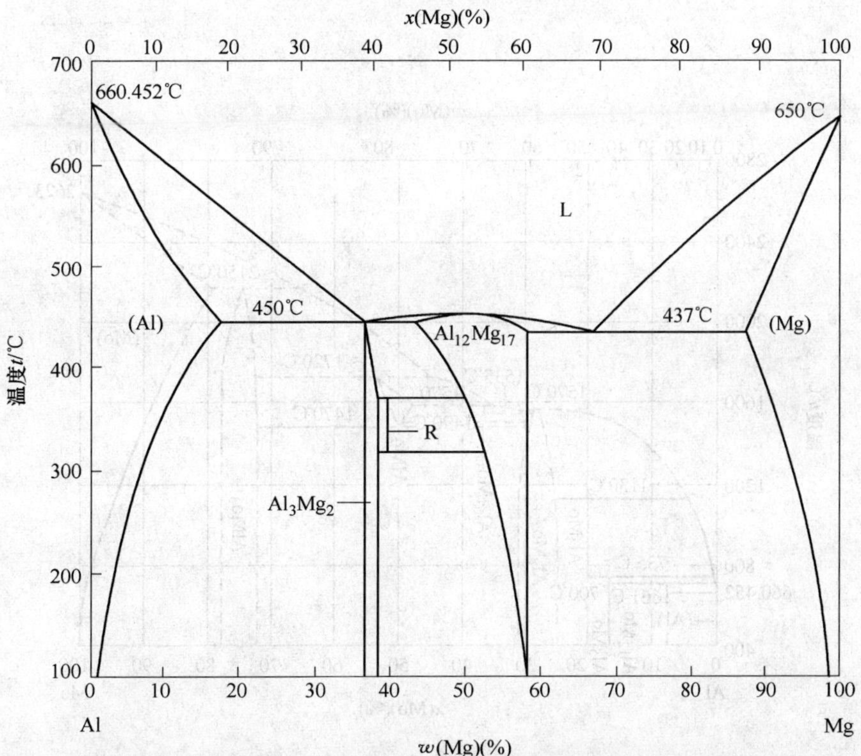

图 2-23　Al-Mg 二元合金相图

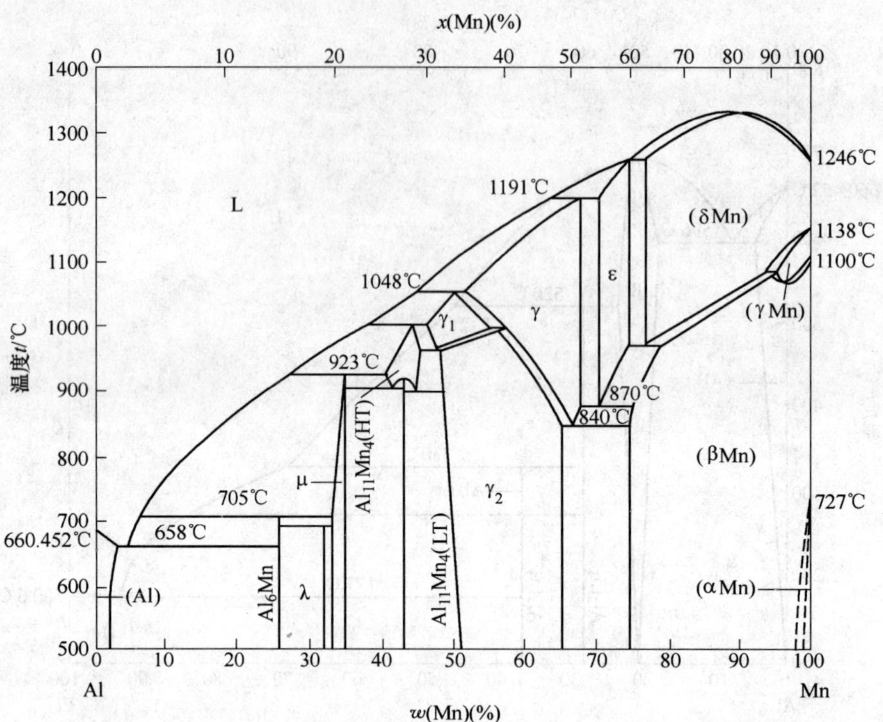

图 2-24　Al-Mn 二元合金相图

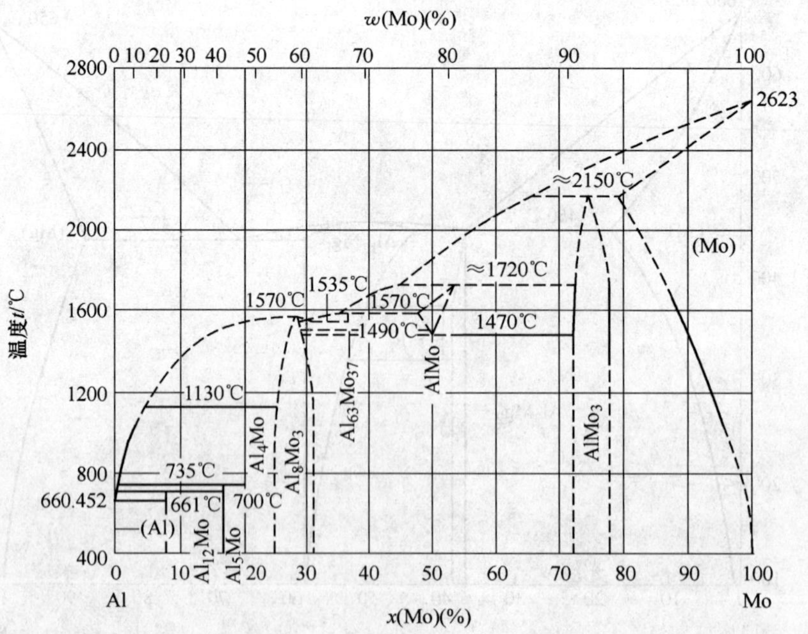

图 2-25　Al-Mo 二元合金相图

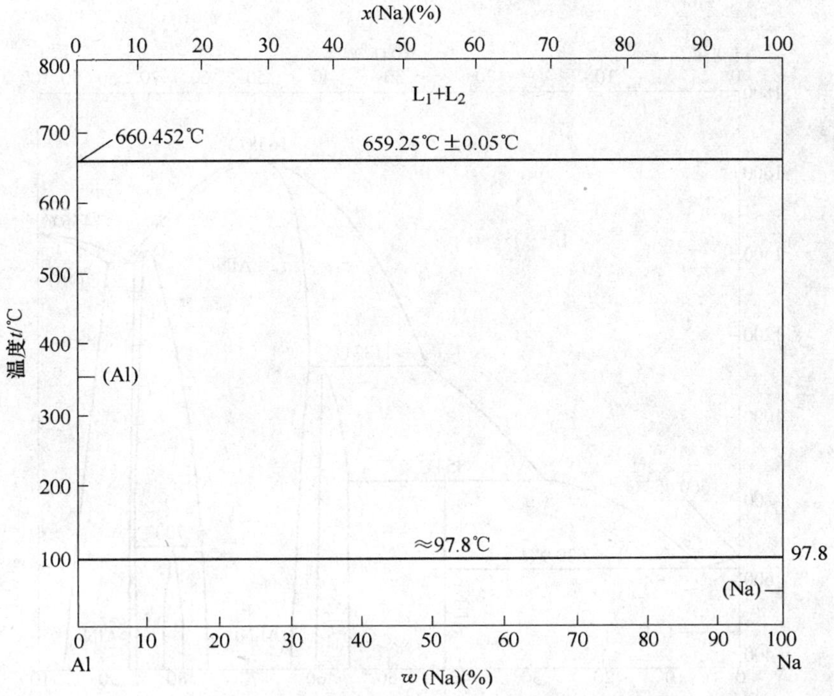

图 2-26　Al-Na 二元合金相图

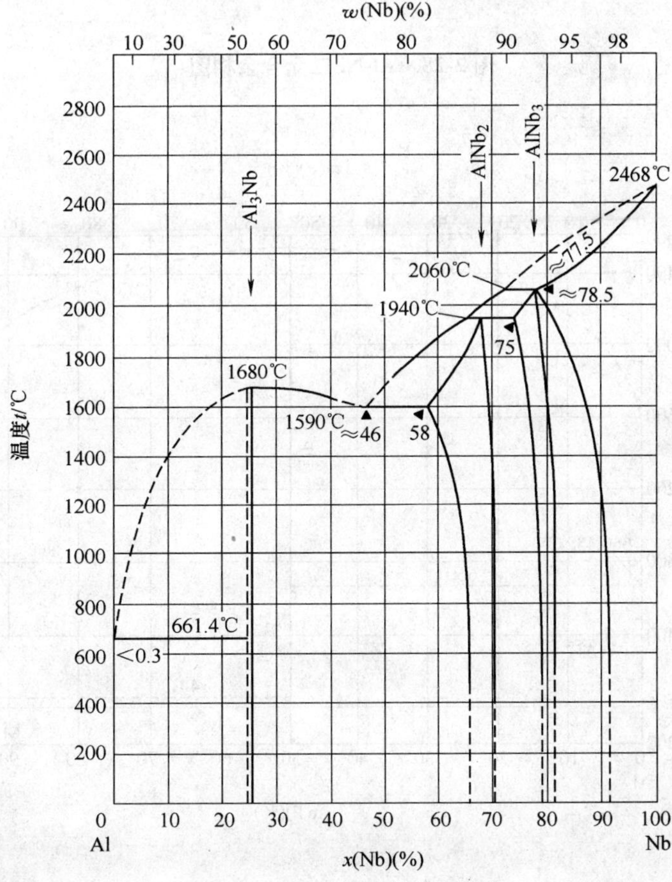

图 2-27　Al-Nb 二元合金相图

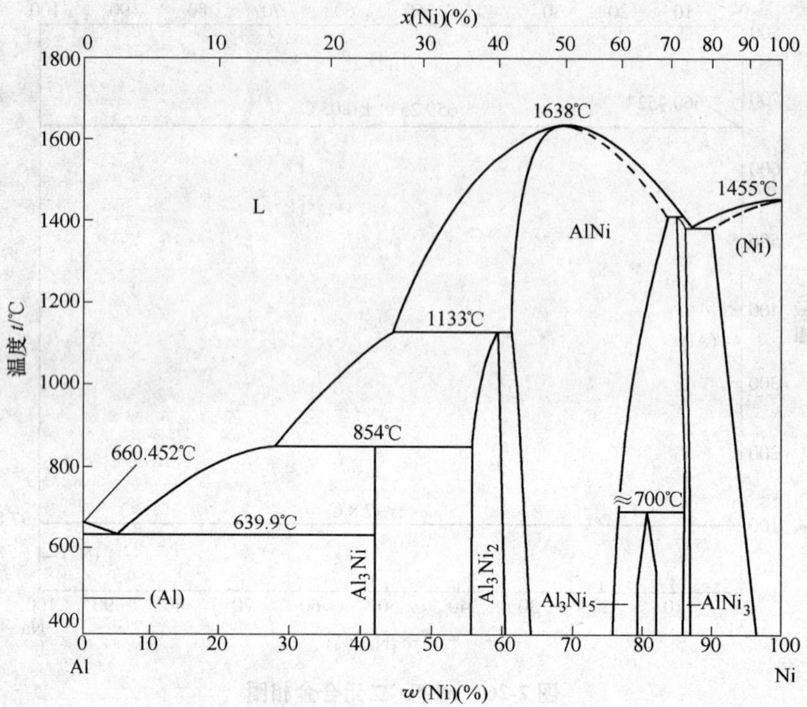

图 2-28　Al-Ni 二元合金相图

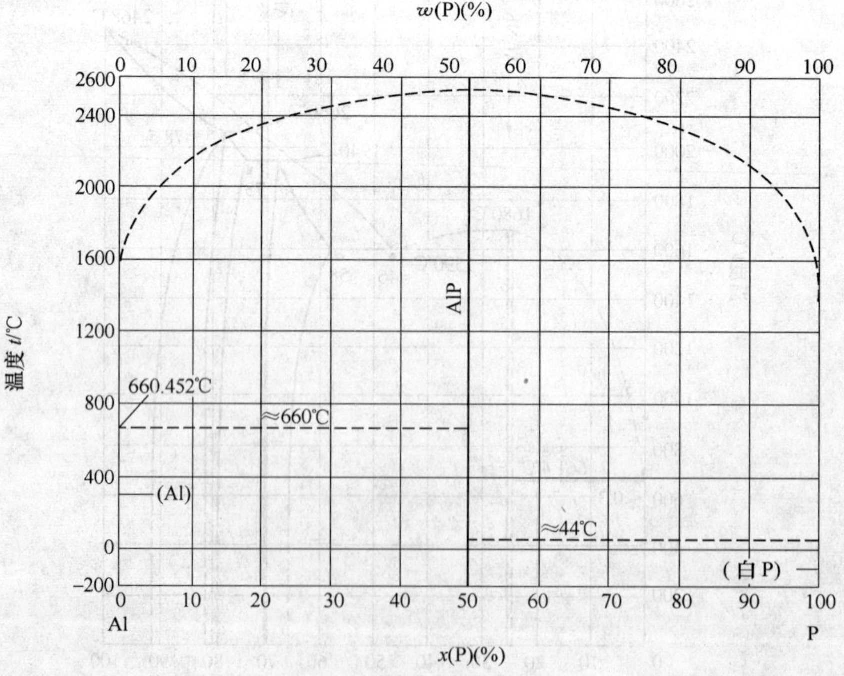

图 2-29　Al-P 二元合金相图

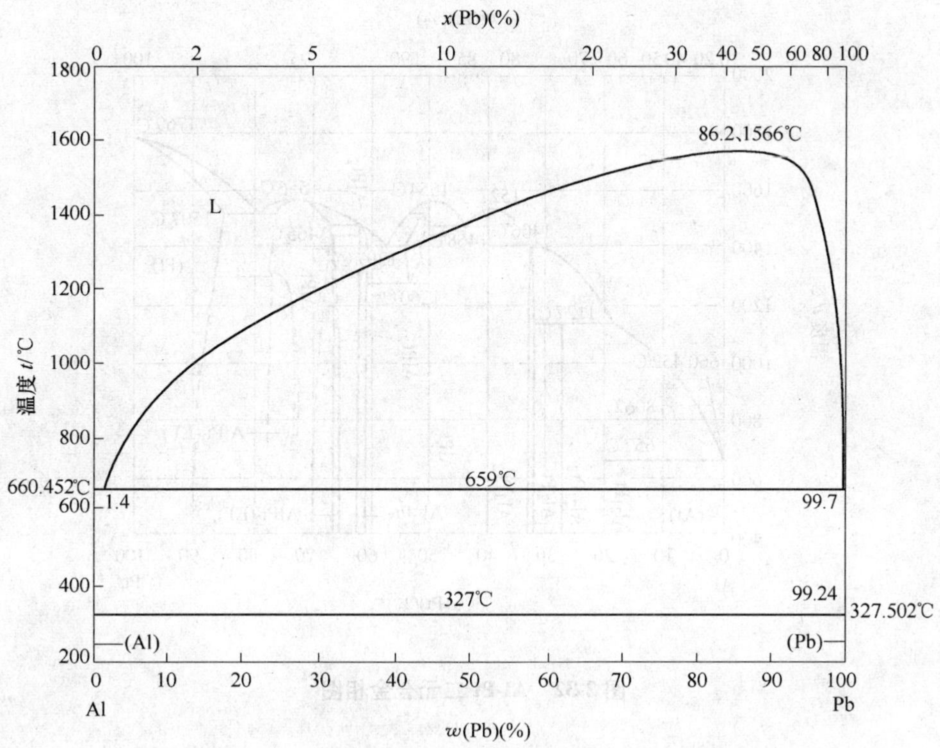

图 2-30　Al-Pb 二元合金相图

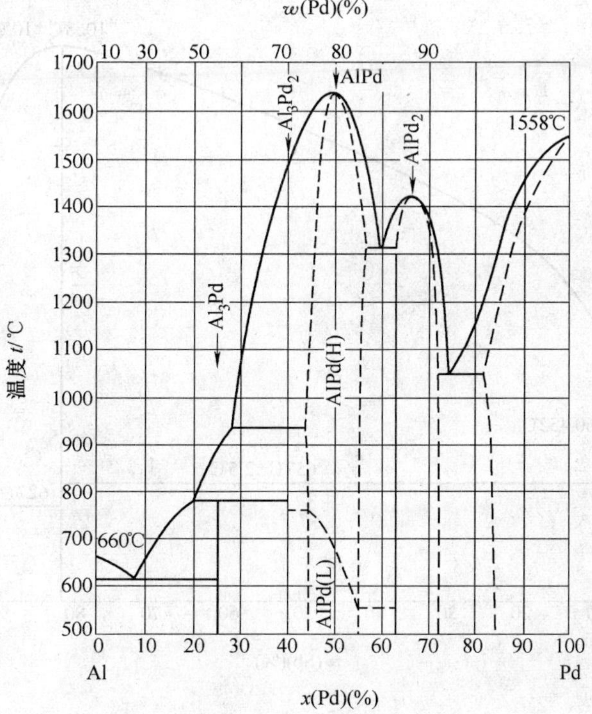

图 2-31　Al-Pd 二元合金相图

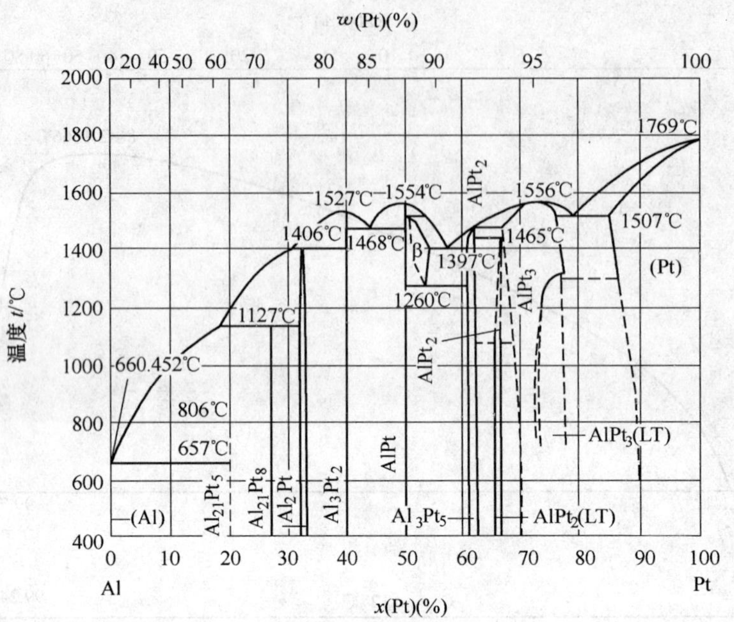

图 2-32　Al-Pt 二元合金相图

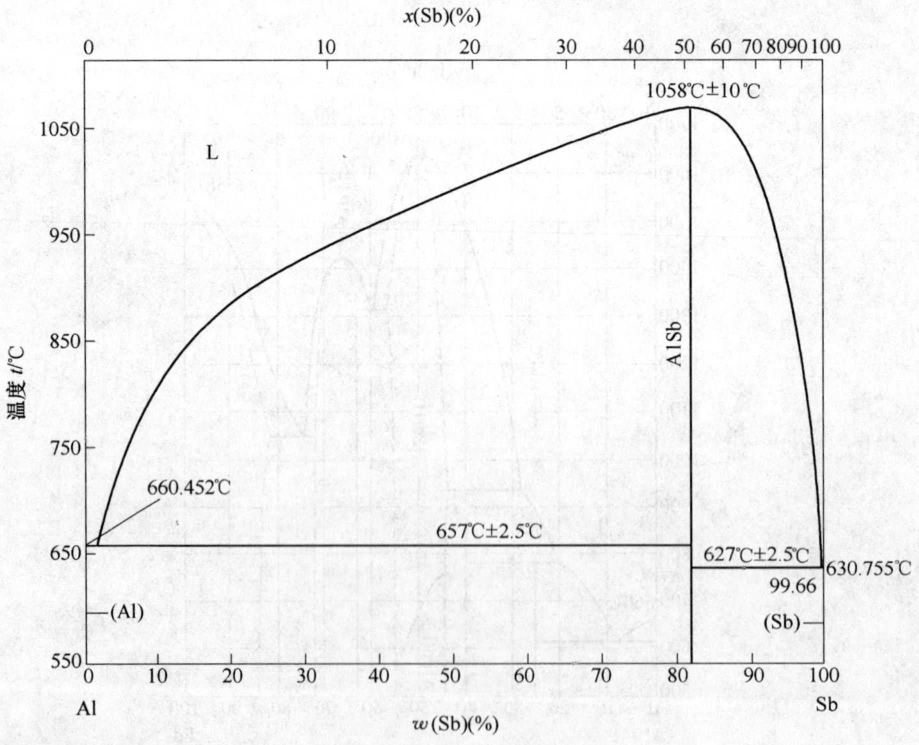

图 2-33　Al-Sb 二元合金相图

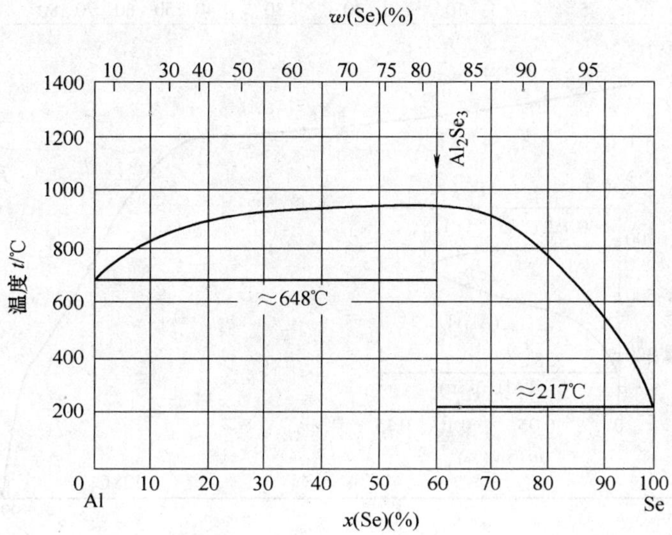

图 2-34 Al-Se 二元合金相图

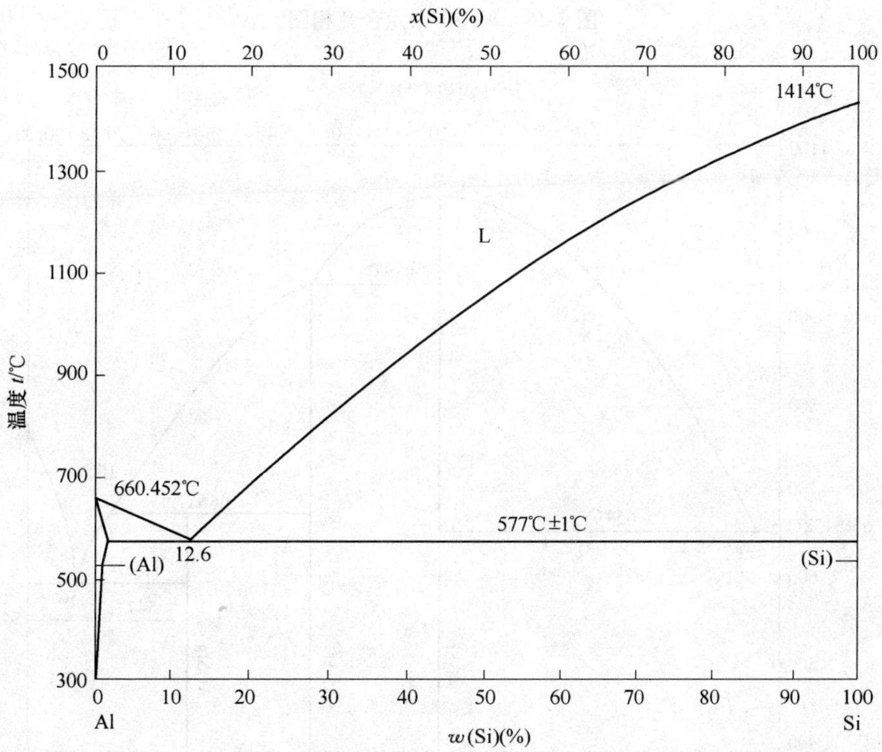

图 2-35 Al-Si 二元合金相图

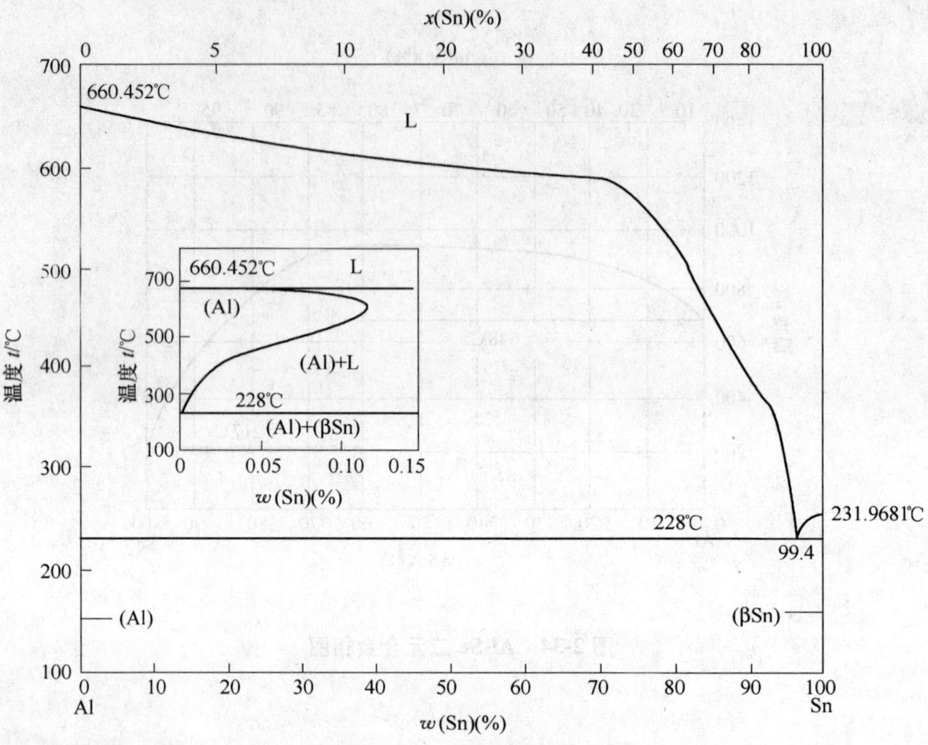

图 2-36　Al-Sn 二元合金相图

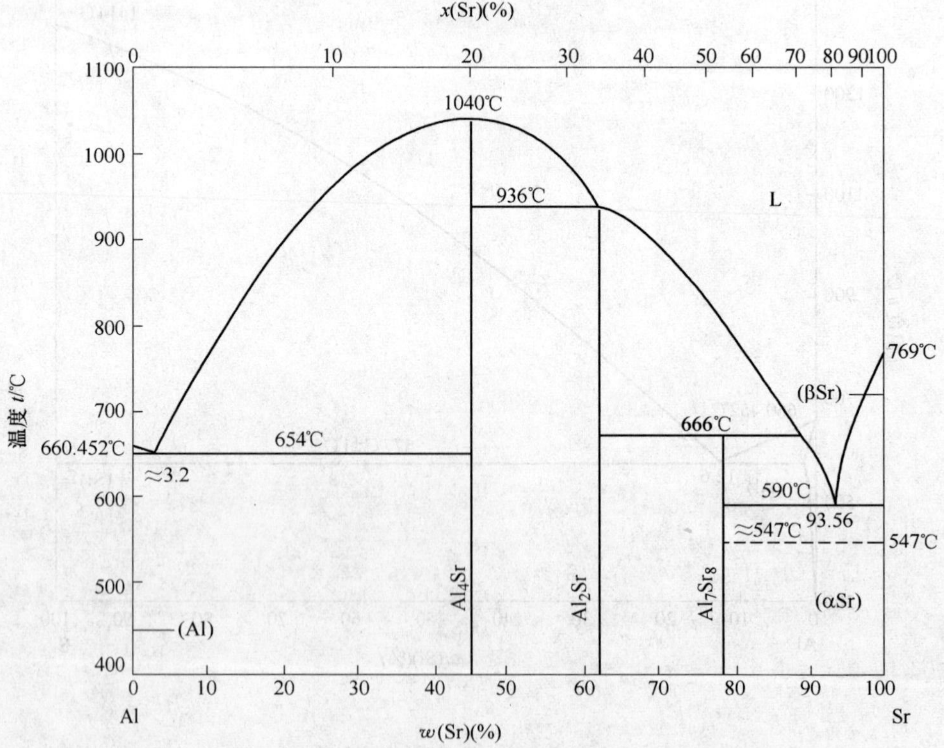

图 2-37　Al-Sr 二元合金相图

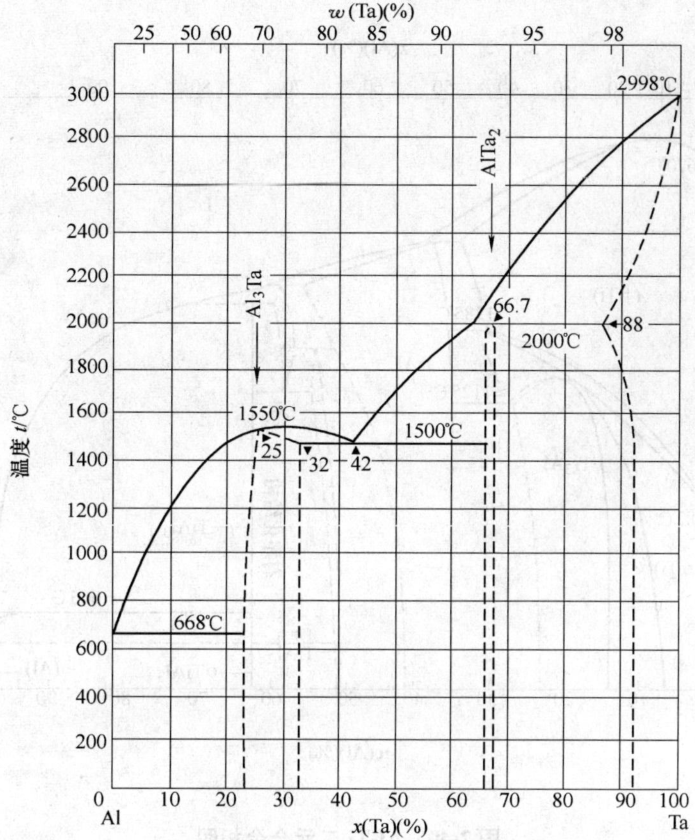

图 2-38　Al-Ta 二元合金相图

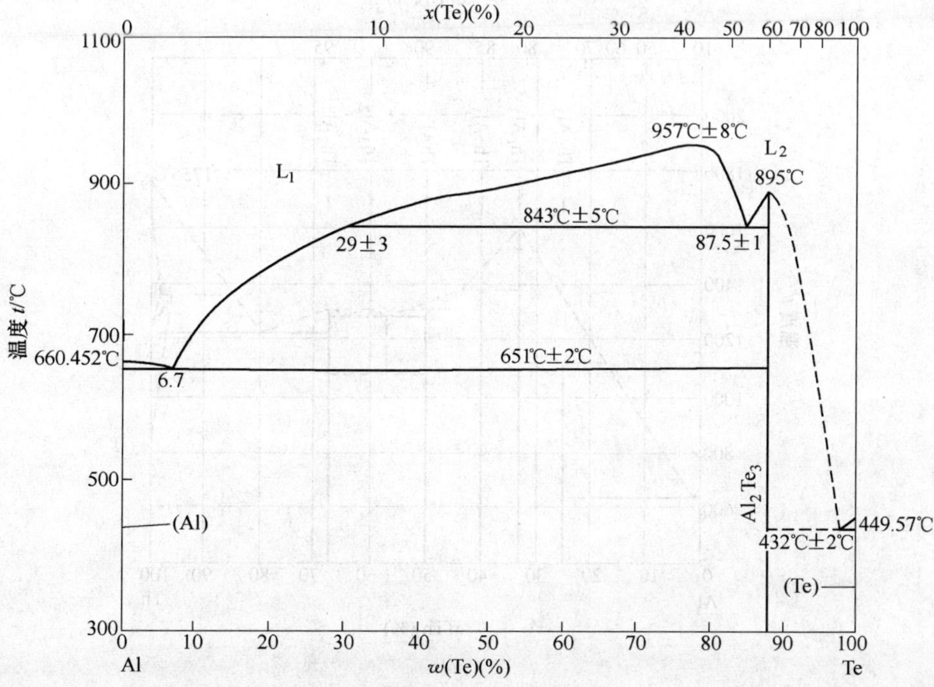

图 2-39　Al-Te 二元合金相图

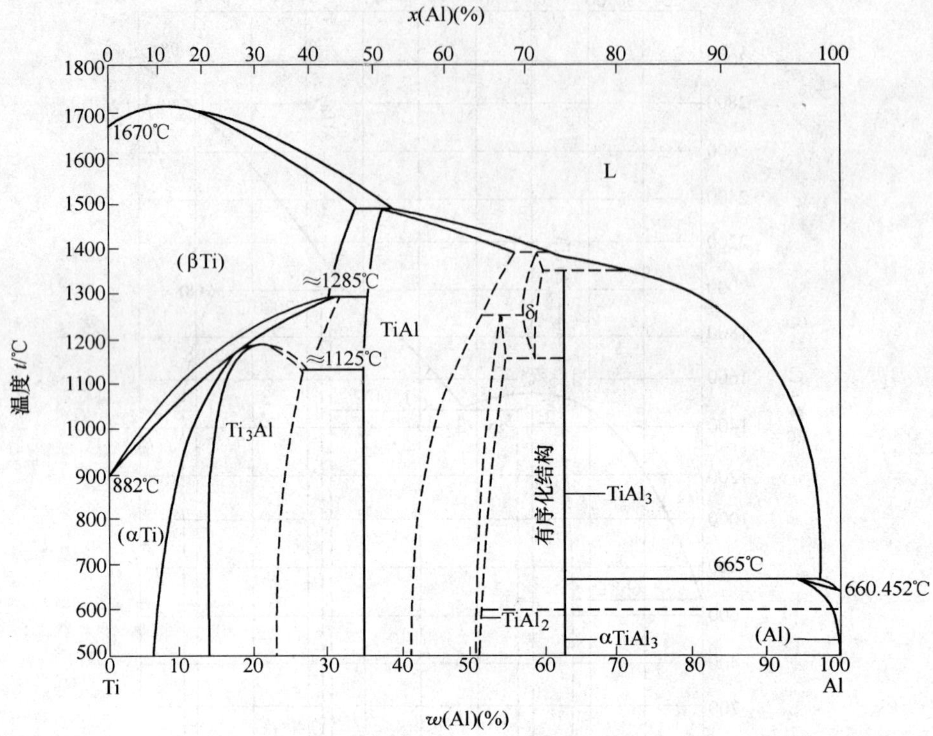

图 2-40 Al-Ti 二元合金相图

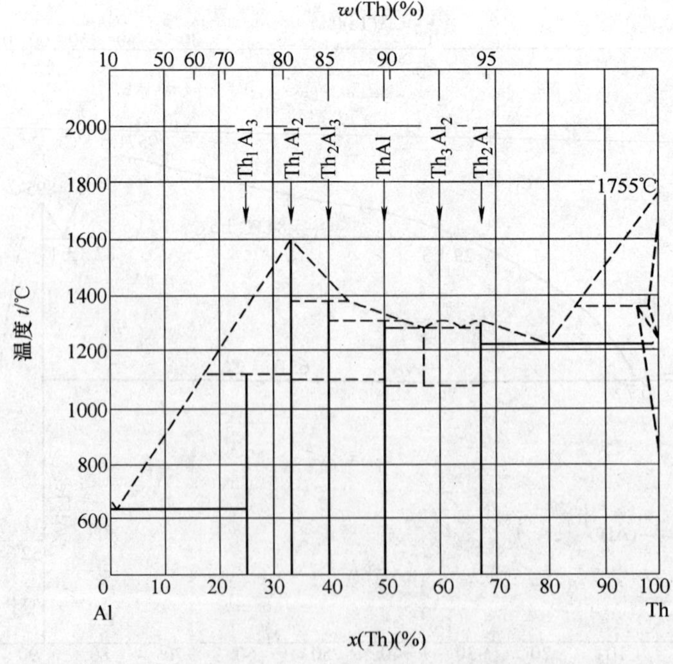

图 2-41 Al-Th 二元合金相图

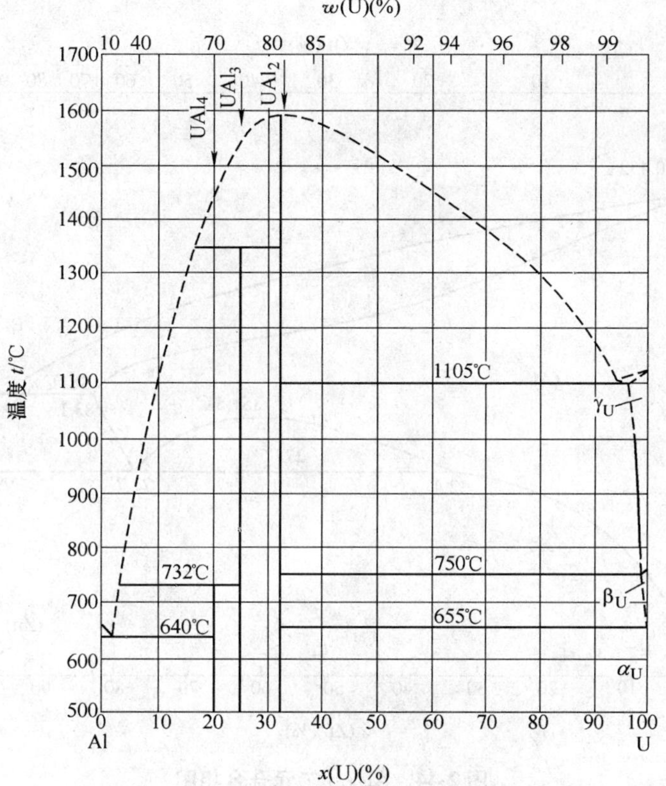

图 2-42　Al-U 二元合金相图

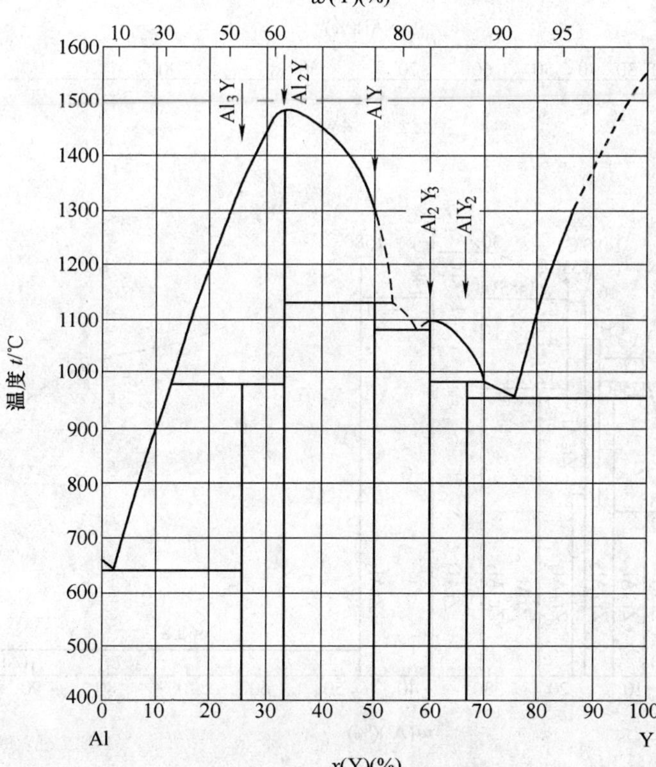

图 2-43　Al-Y 二元合金相图

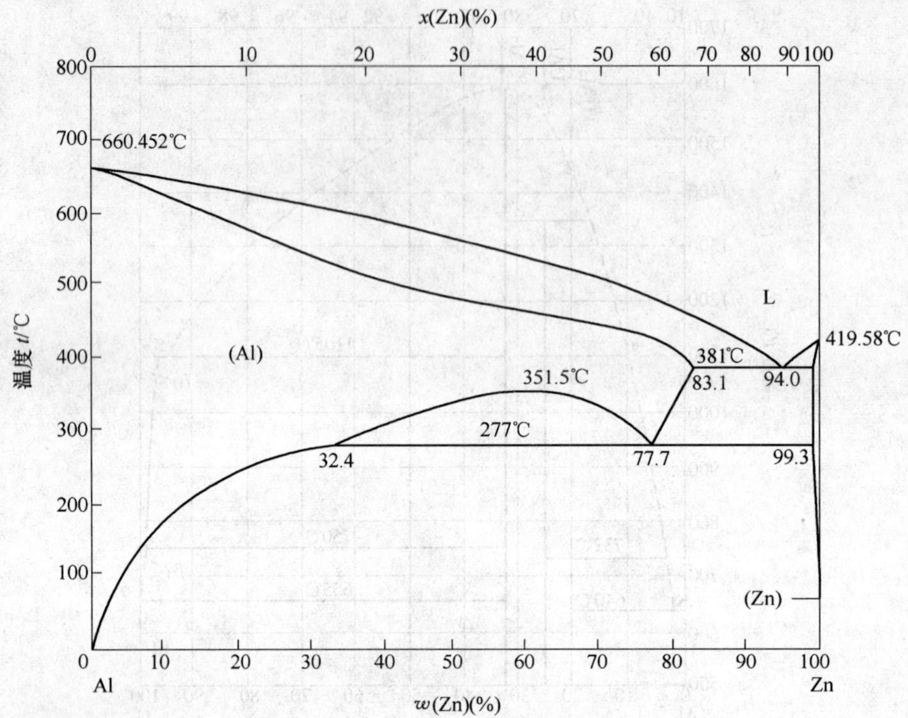

图 2-44　Al-Zn 二元合金相图

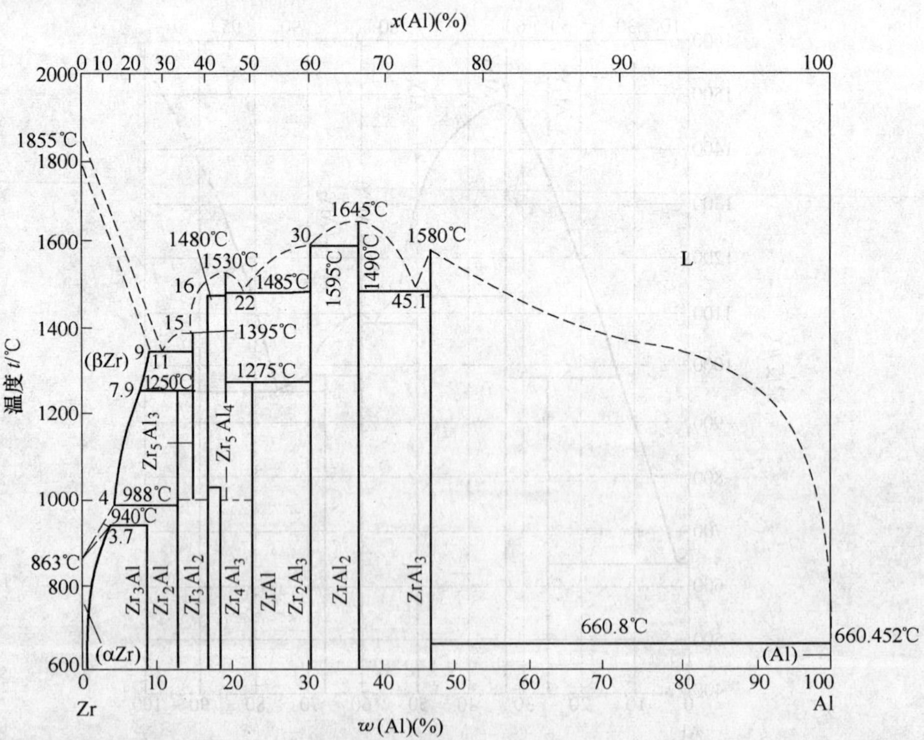

图 2-45　Al-Zr 二元合金相图

2.2.2　Al 基三元合金相图（见图 2-46～图 2-52）

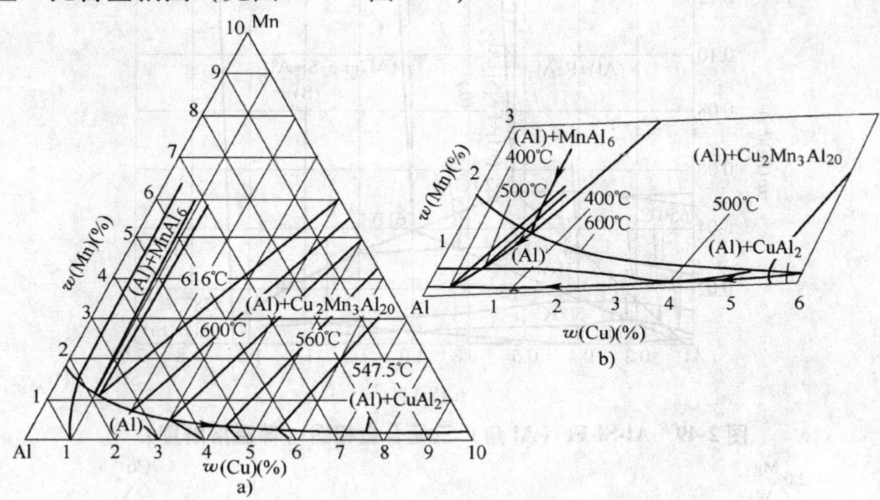

图 2-46　Al-Cu-Mn（Al 角）三元合金相图

a）固相面　b）等温溶解度

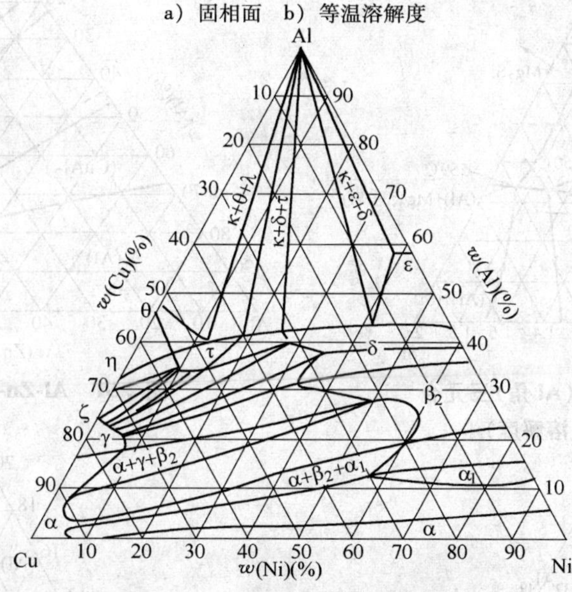

图 2-47　Al-Cu-Ni 三元合金相图

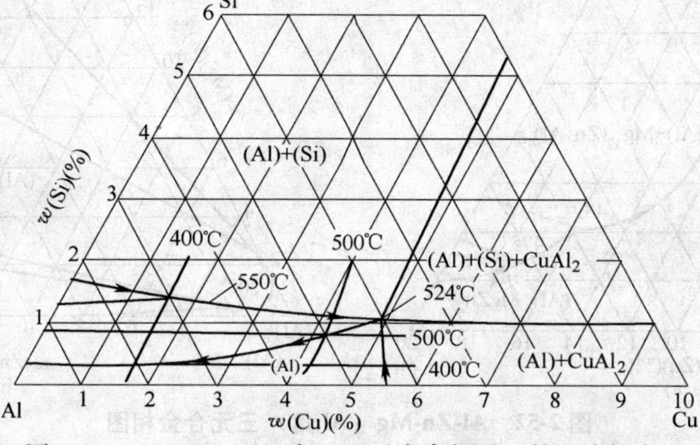

图 2-48　Al-Si-Cu（Al 角）三元合金相图（等温溶解度）

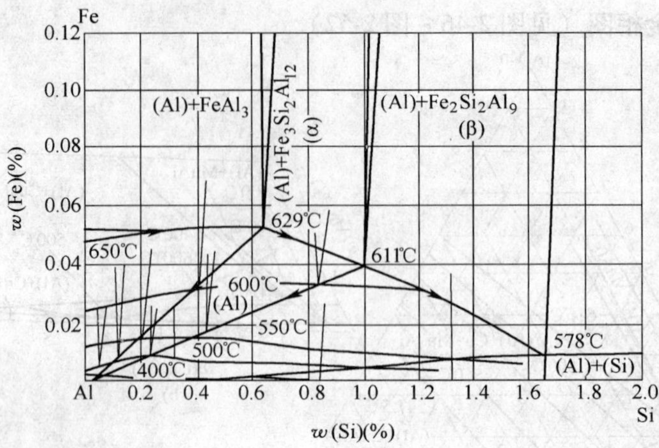

图 2-49　Al-Si-Fe（Al 角）三元合金相图（等温溶解度）

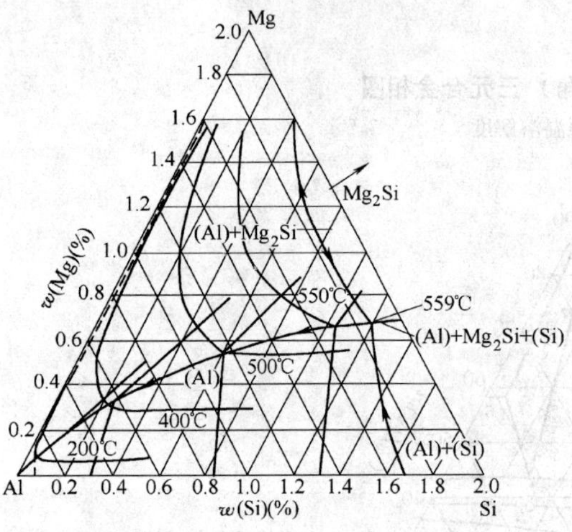

图 2-50　Al-Si-Mg（Al 角）三元合金相图（等温溶解度）

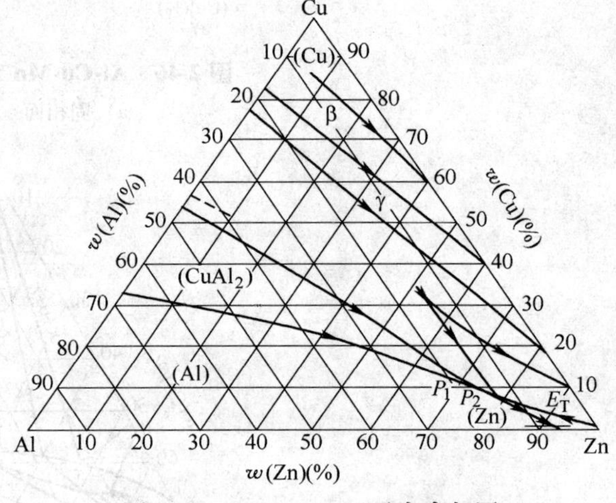

图 2-51　Al-Zn-Cu 三元合金相图

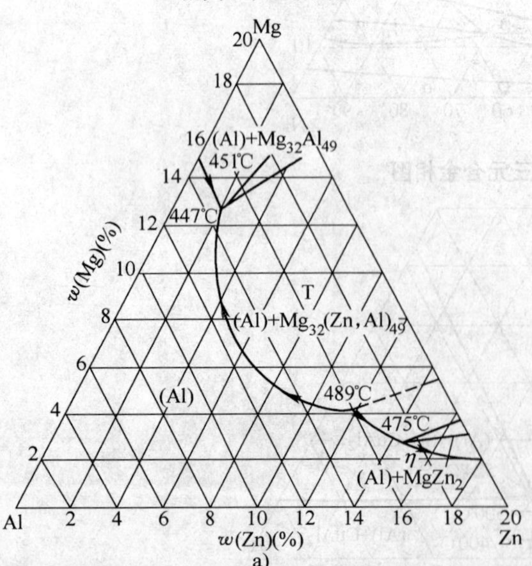

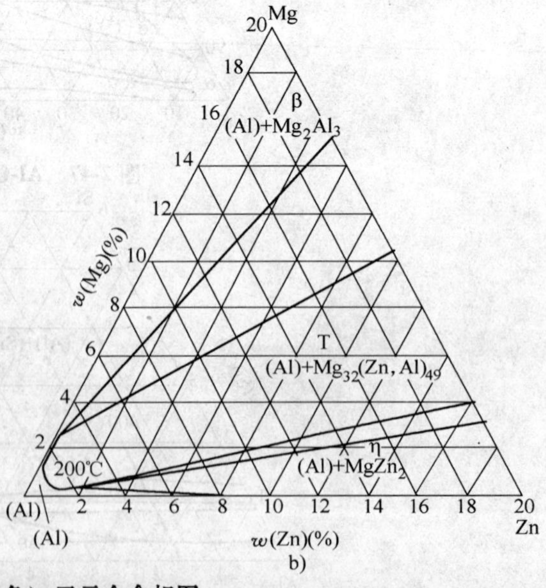

图 2-52　Al-Zn-Mg（Al 角）三元合金相图

a）固相面　b）200℃时的溶解度和各相分布

2.2.3　Mg 基二元合金相图（见图 2-53 ~ 图 2-76）

Al-Mg 二元合金相图见图 2-23。

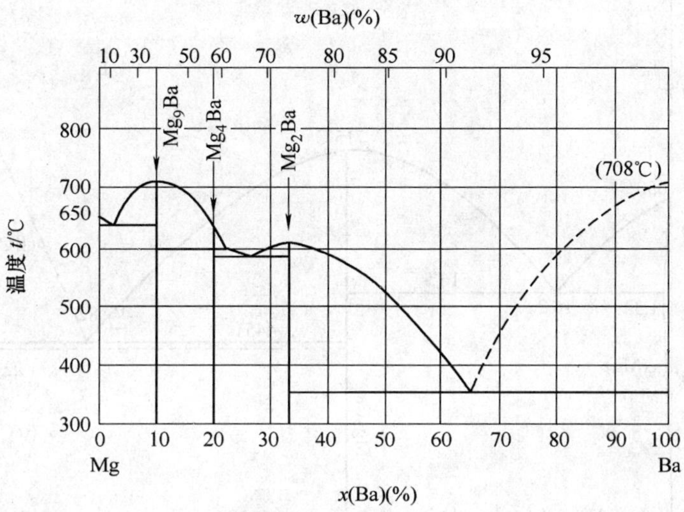

图 2-53　Mg-Ba 二元合金相图

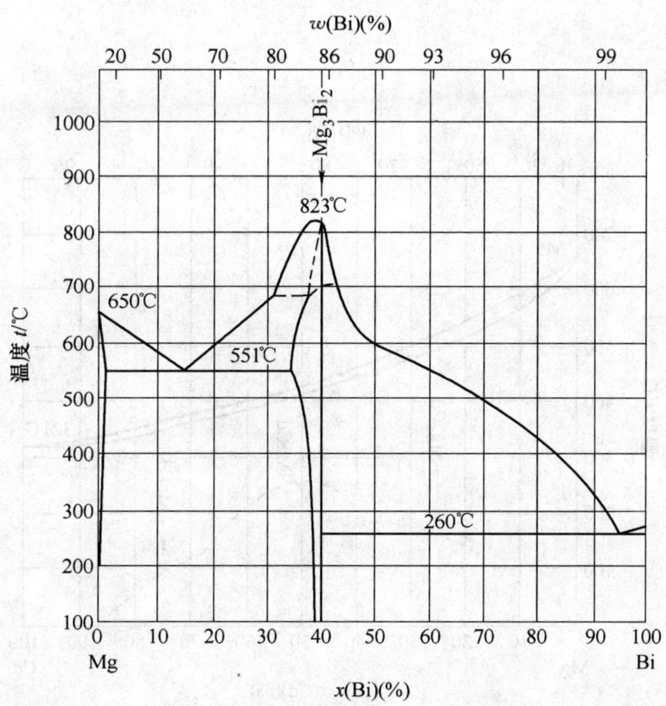

图 2-54　Mg-Bi 二元合金相图

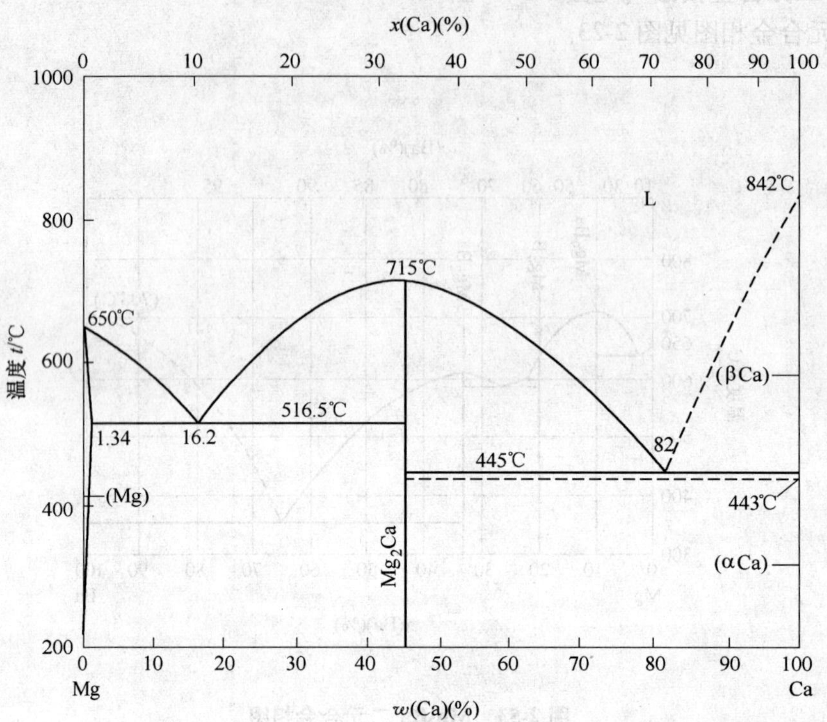

图 2-55　Mg-Ca 二元合金相图

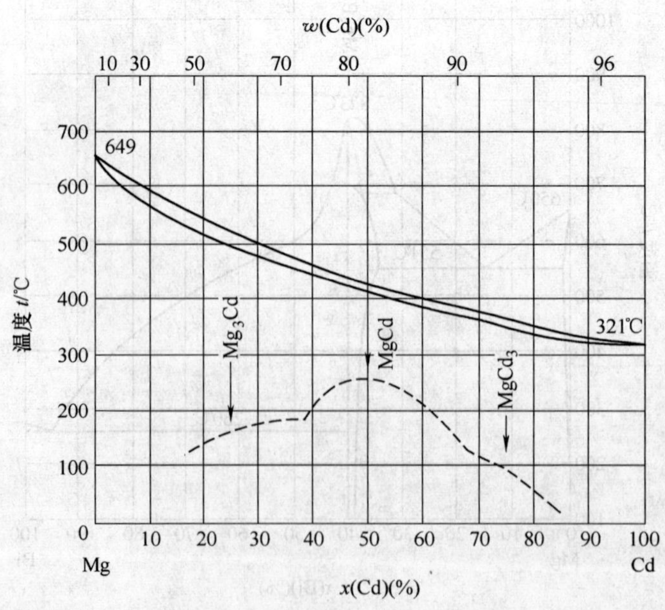

图 2-56　Mg-Cd 二元合金相图

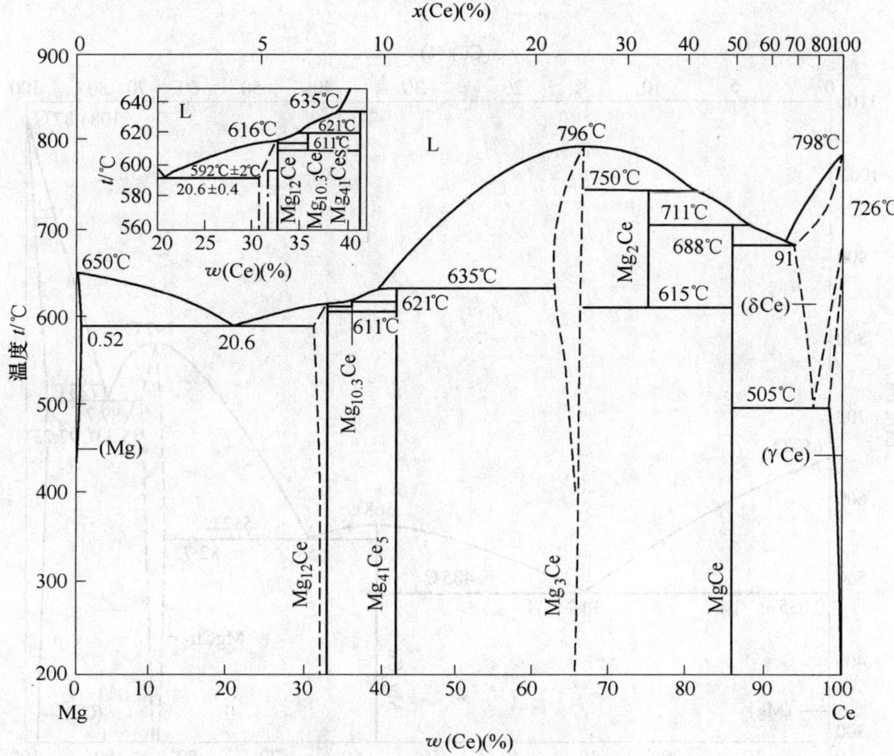

图 2-57 Mg-Ce 二元合金相图

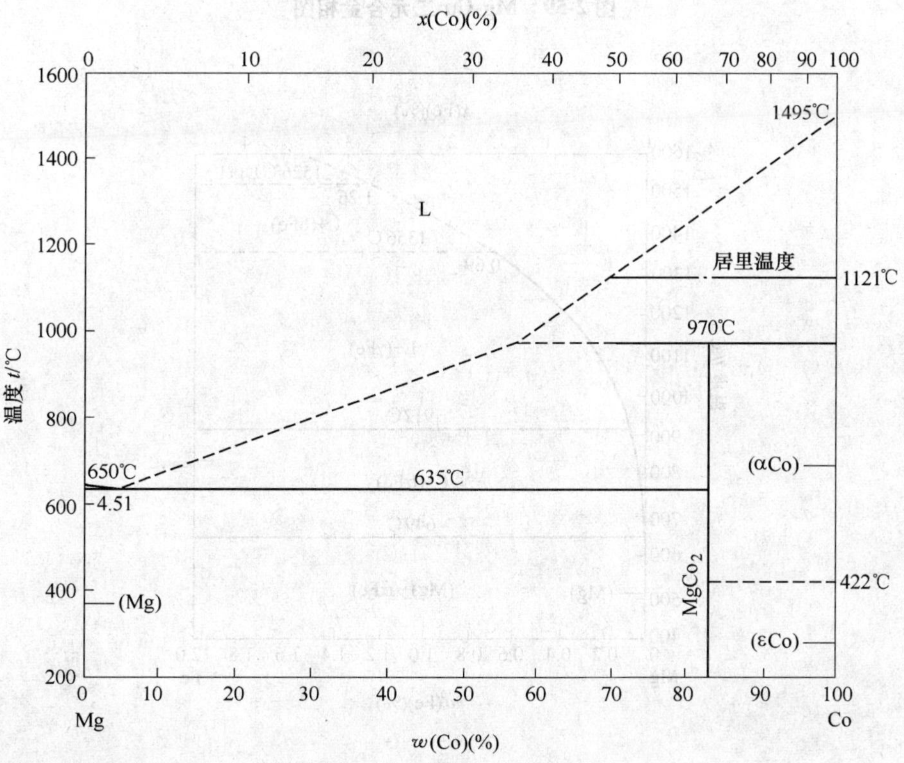

图 2-58 Mg-Co 二元合金相图

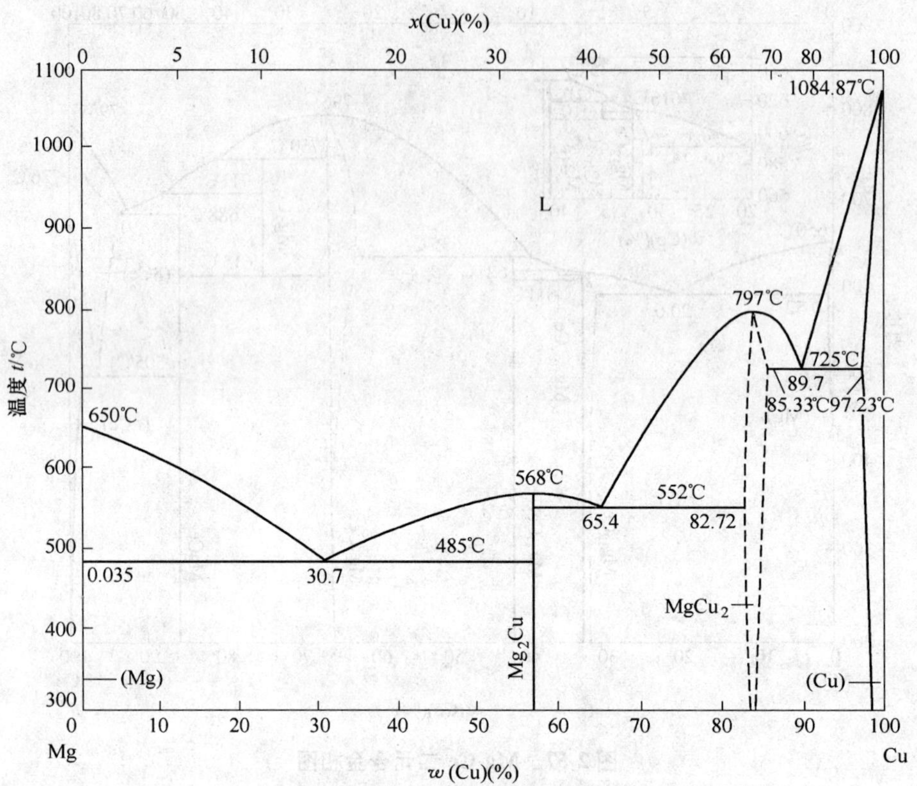

图 2-59　Mg-Cu 二元合金相图

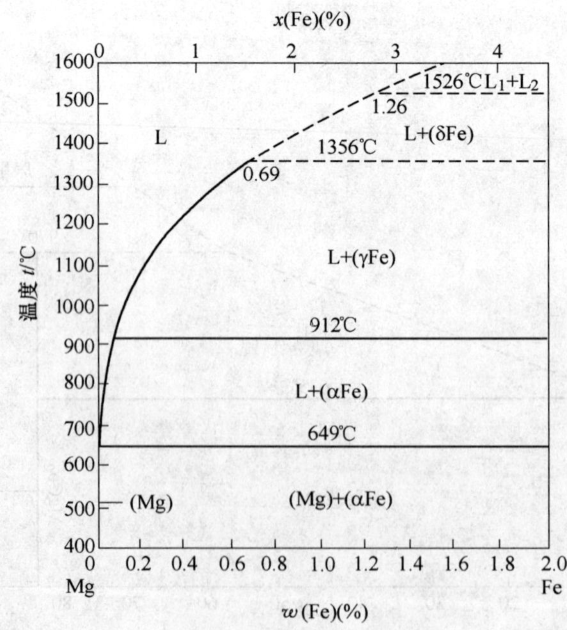

图 2-60　Mg-Fe（Mg 侧）二元合金相图

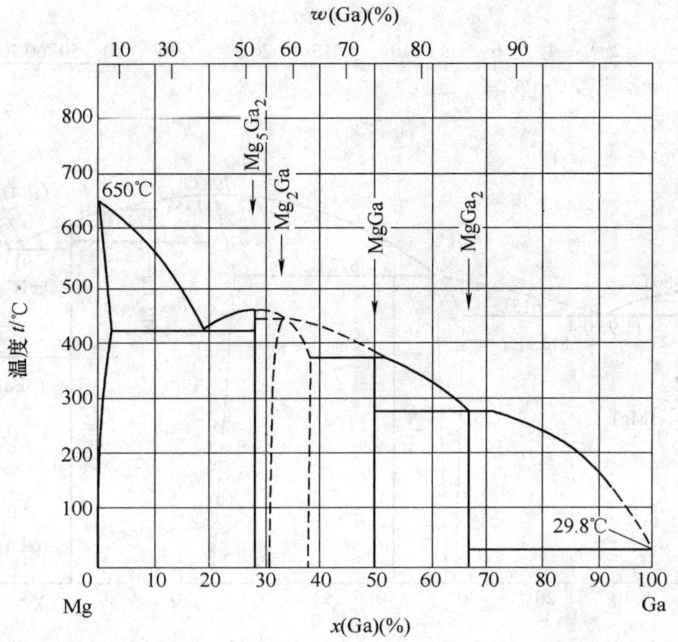

图 2-61 Mg-Ga 二元合金相图

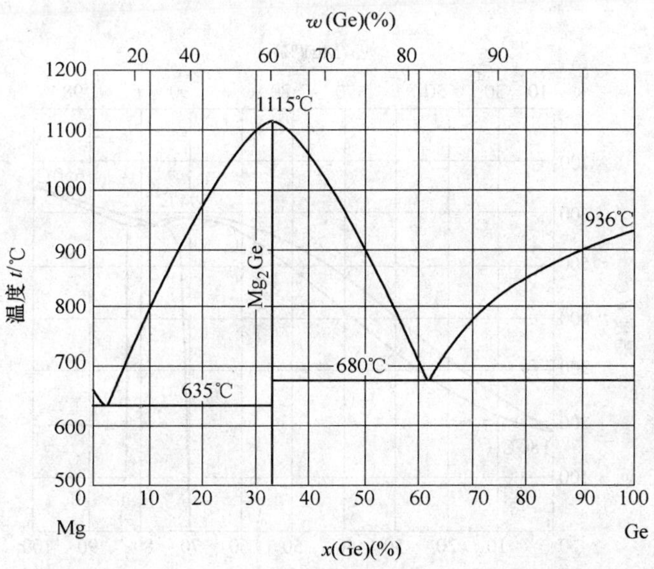

图 2-62 Mg-Ge 二元合金相图

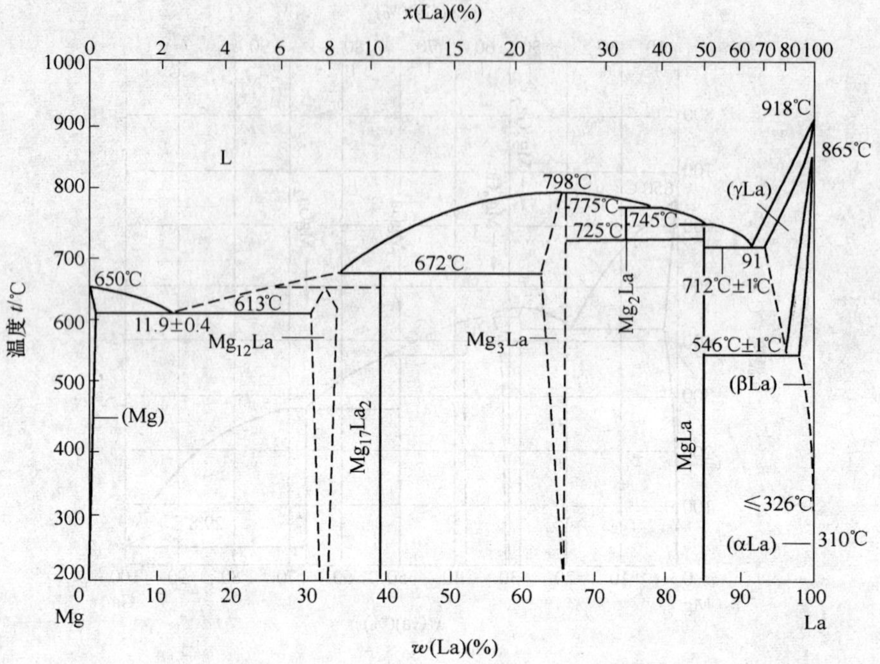

图 2-63　Mg-La 二元合金相图

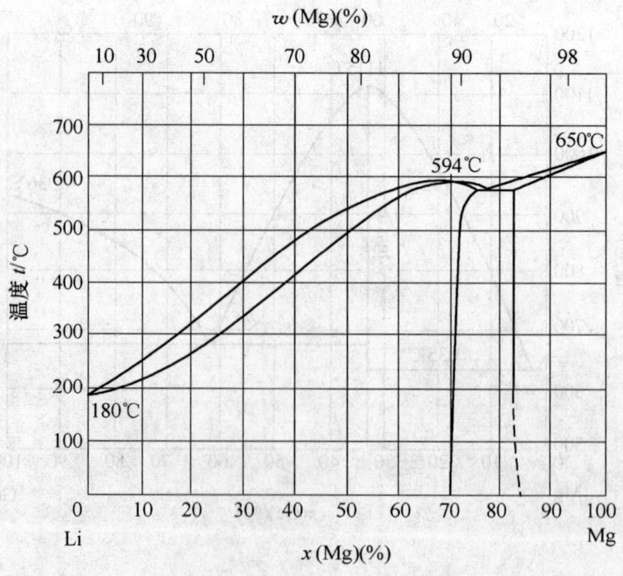

图 2-64　Mg-Li 二元合金相图

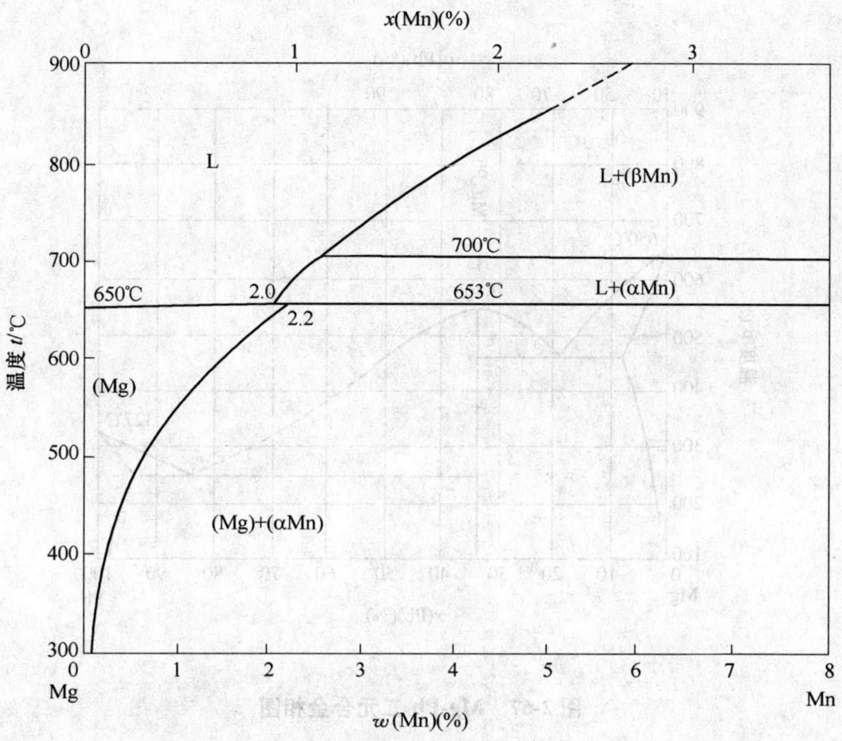

图 2-65　Mg-Mn（Mg 侧）二元合金相图

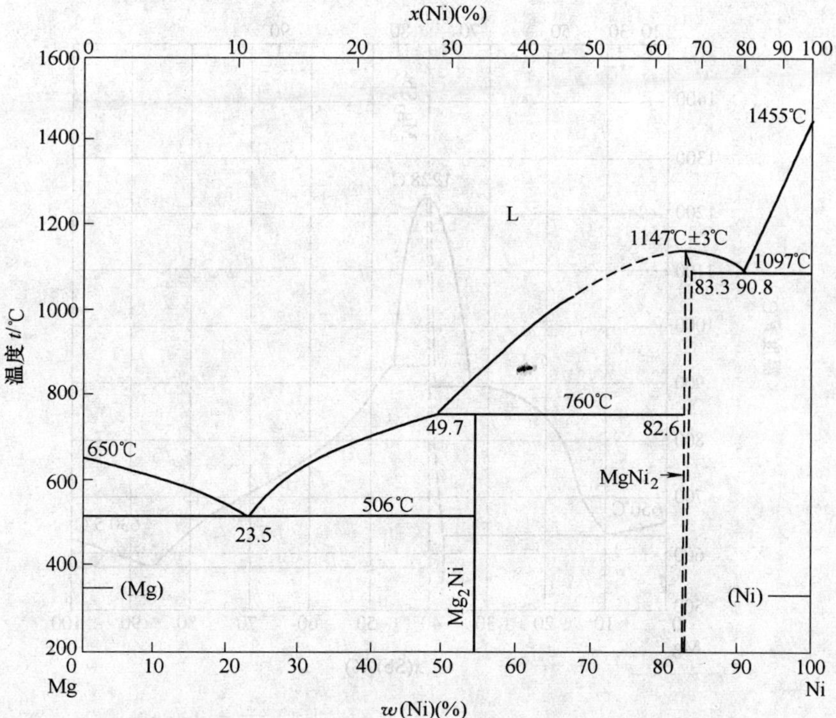

图 2-66　Mg-Ni 二元合金相图

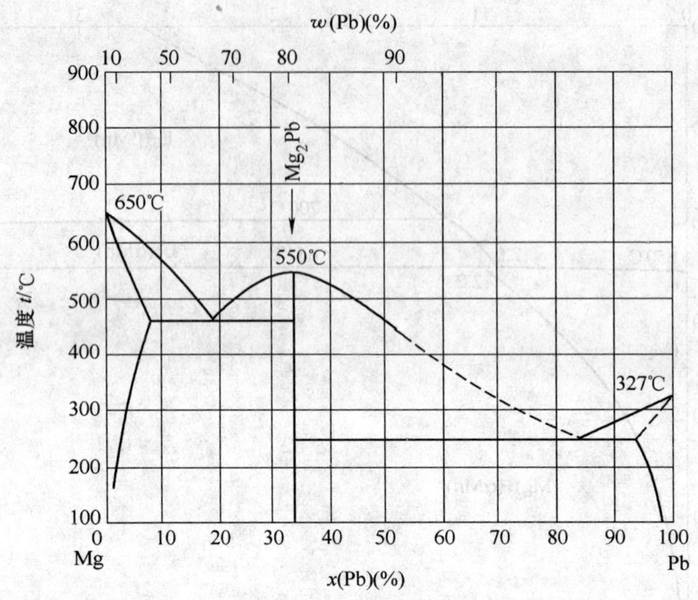

图 2-67　Mg-Pb 二元合金相图

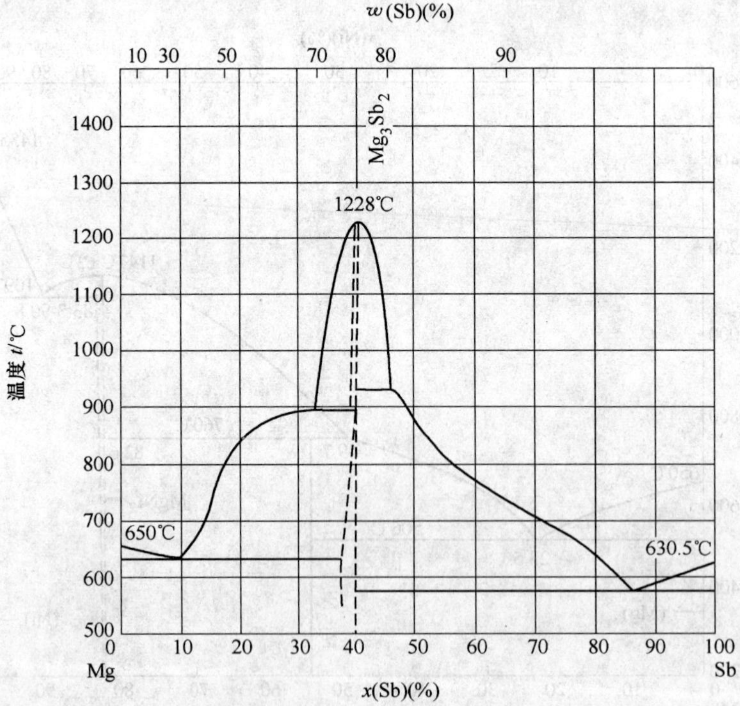

图 2-68　Mg-Sb 二元合金相图

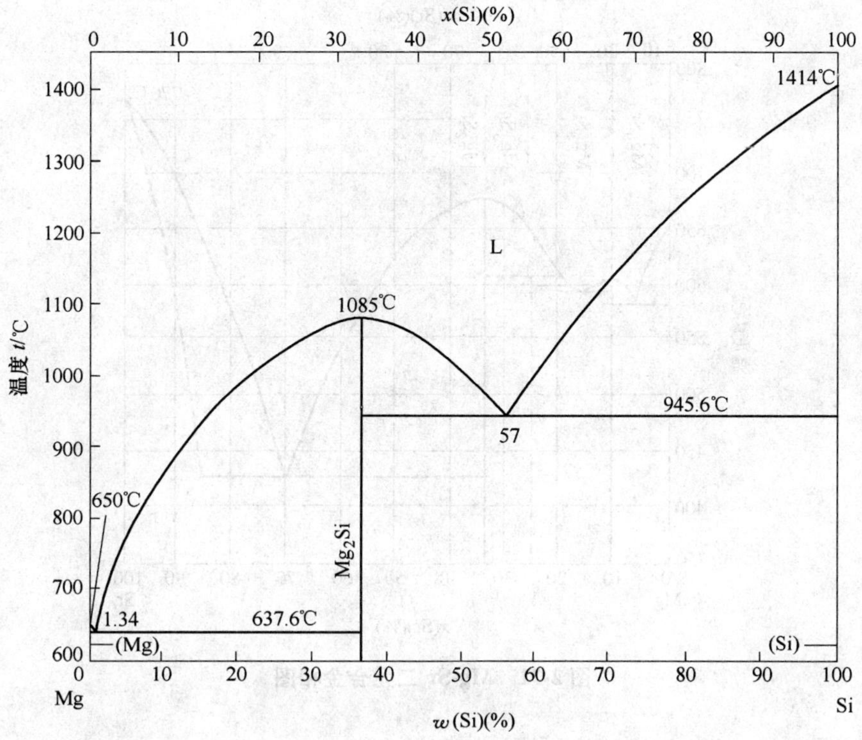

图 2-69　Mg-Si 二元合金相图

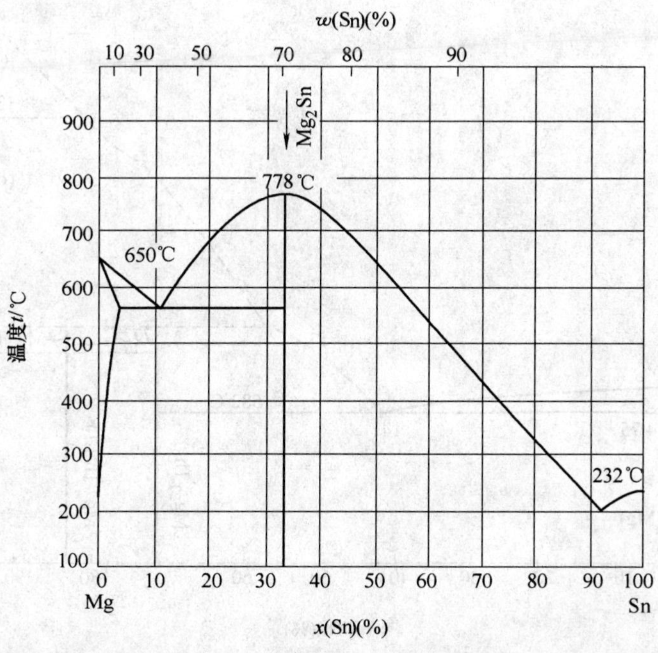

图 2-70　Mg-Sn 二元合金相图

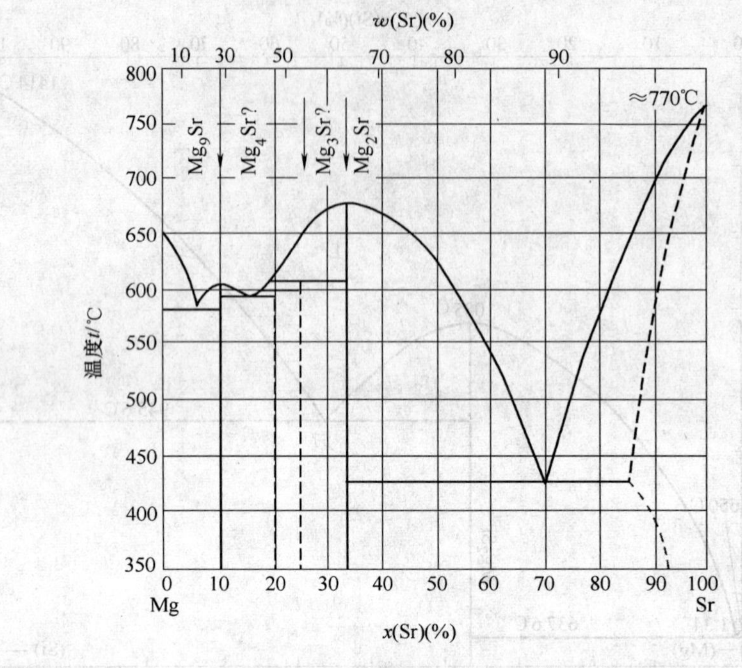

图 2-71　Mg-Sr 二元合金相图

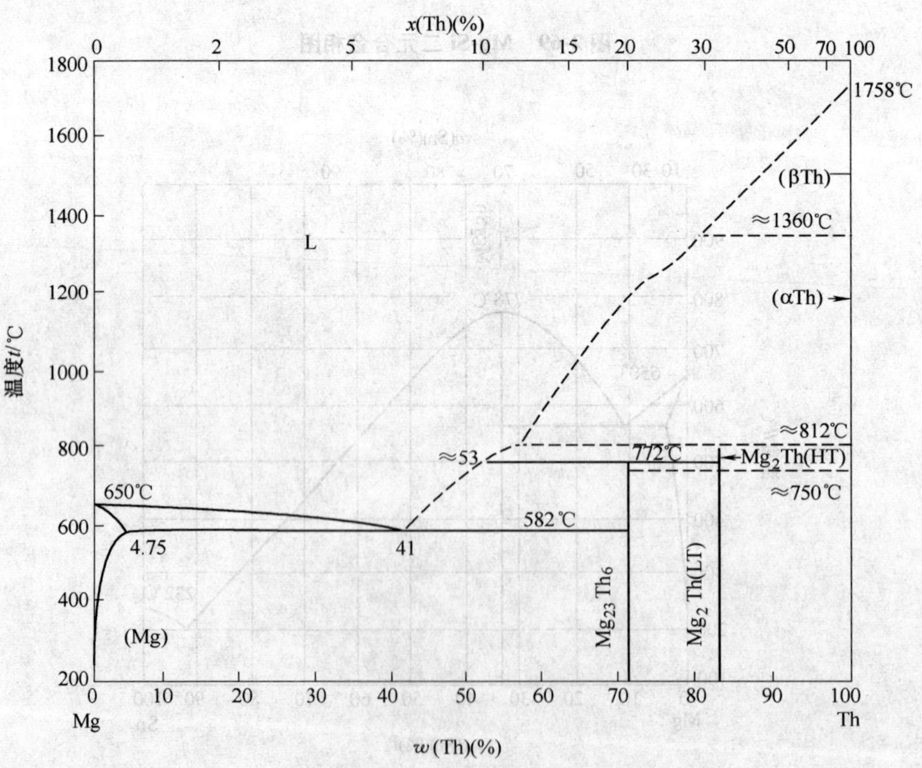

图 2-72　Mg-Th 二元合金相图

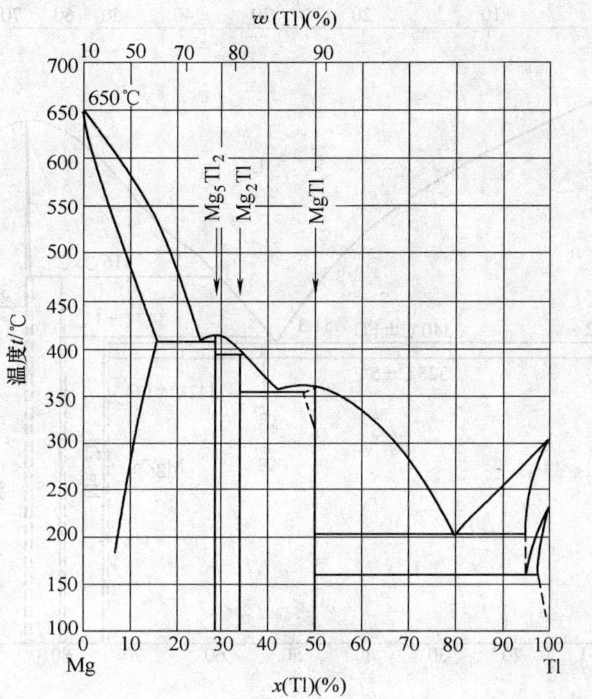

图 2-73　Mg-Tl 二元合金相图

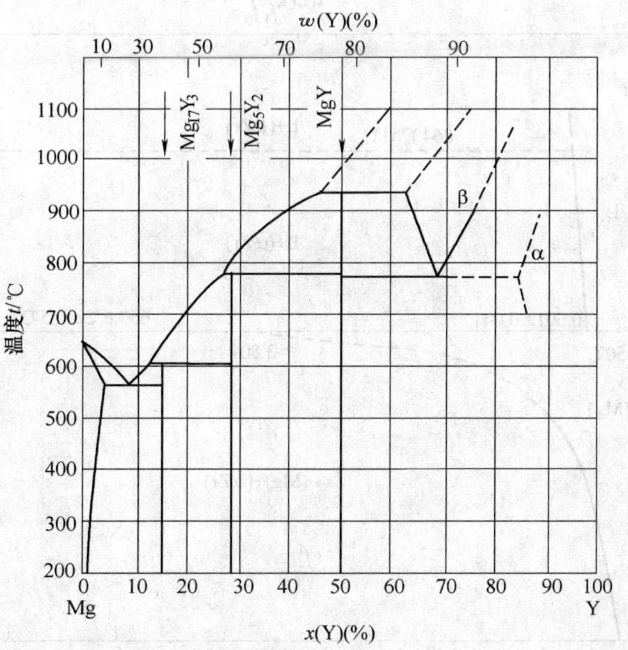

图 2-74　Mg-Y 二元合金相图

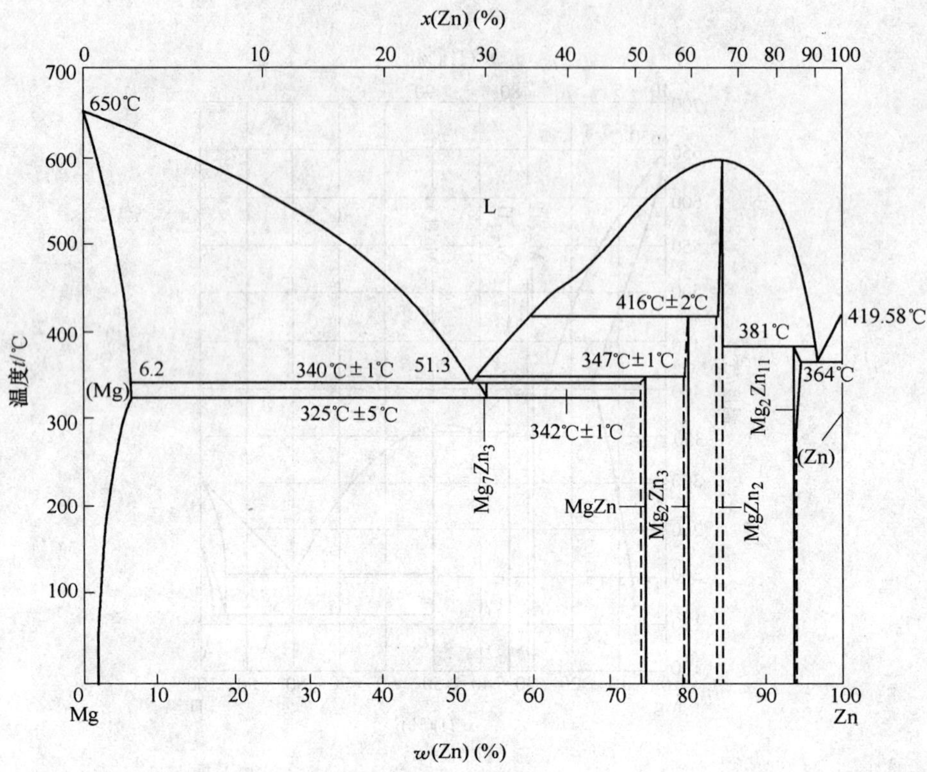

图 2-75　Mg-Zn 二元合金相图

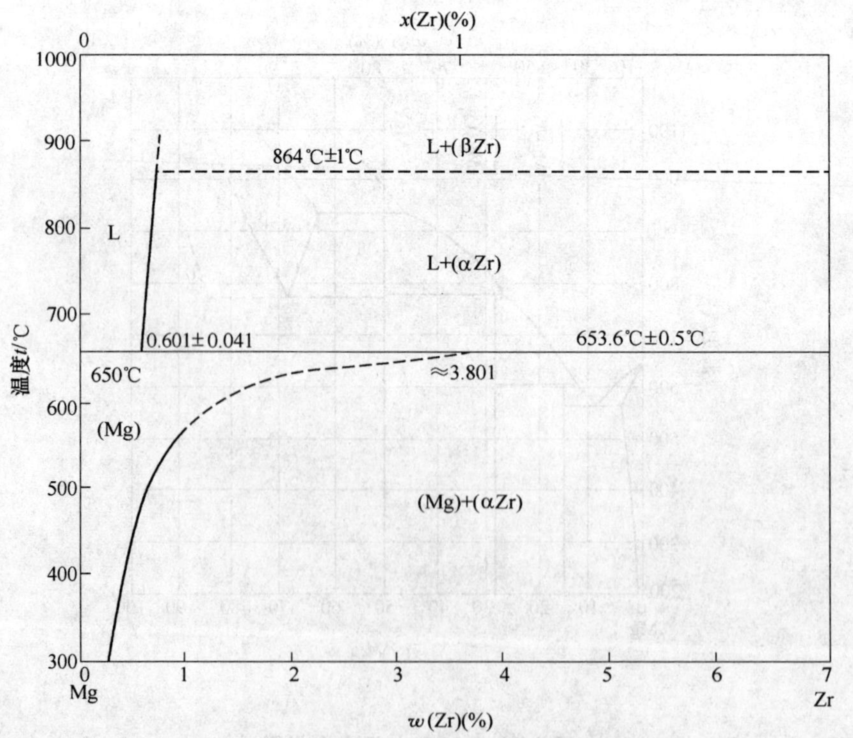

图 2-76　Mg-Zr（Mg 侧）二元合金相图

2.2.4　Ti 基二元合金相图（见图 2-77 ~ 图 2-96）

Al-Ti 二元合金相图见图 2-40。

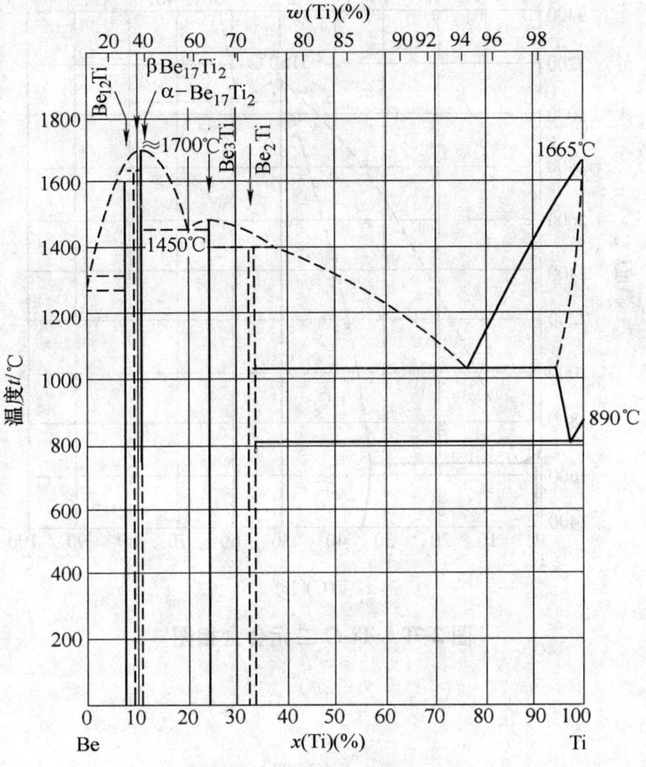

图 2-77　Ti-Be 二元合金相图

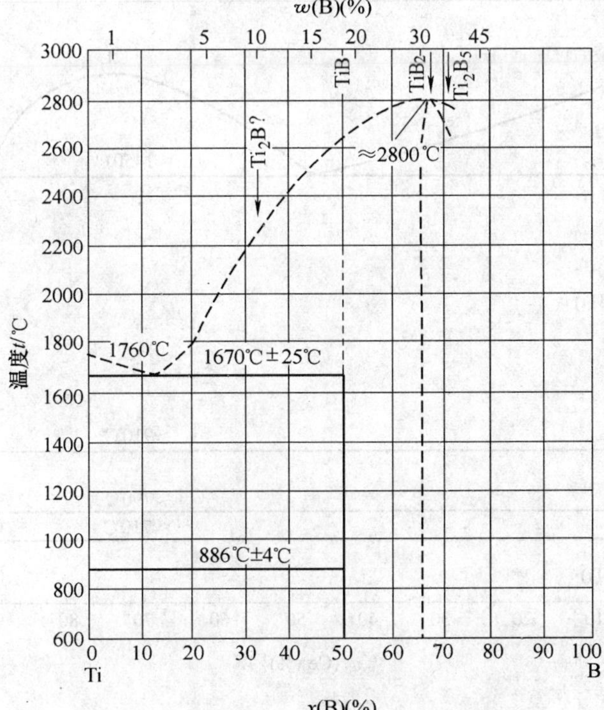

图 2-78　Ti-B 二元合金相图

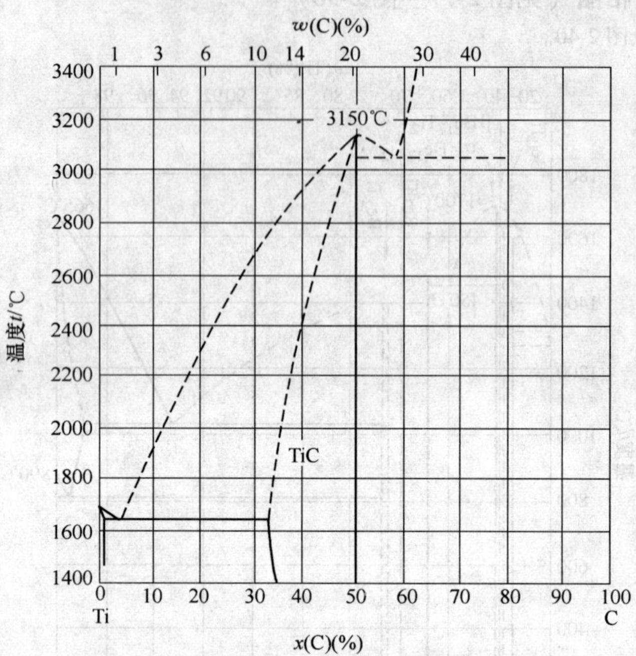

图 2-79 Ti-C 二元合金相图

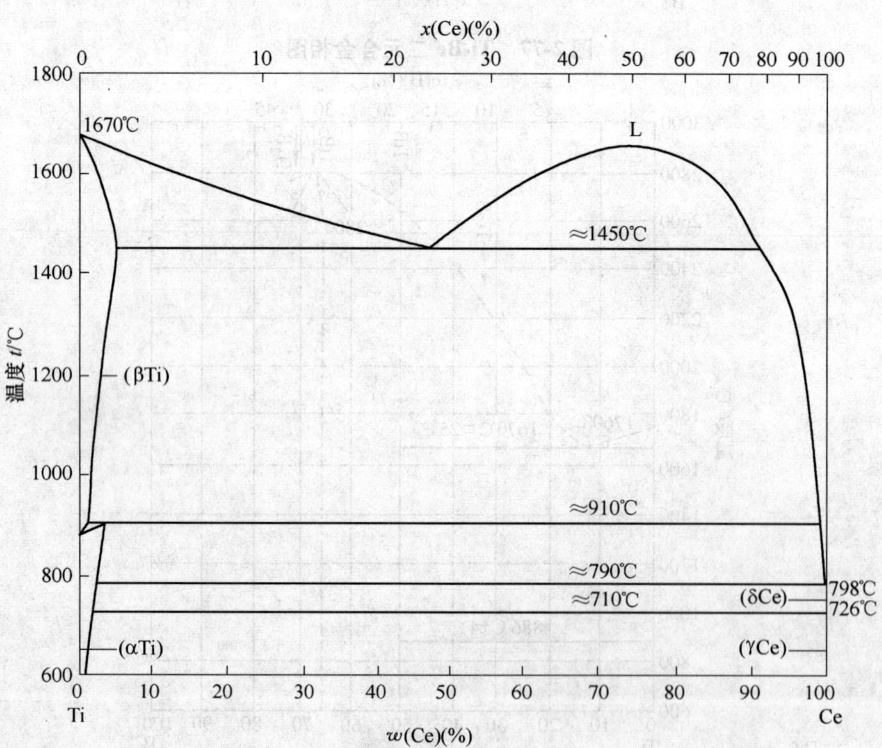

图 2-80 Ti-Ce 二元合金相图

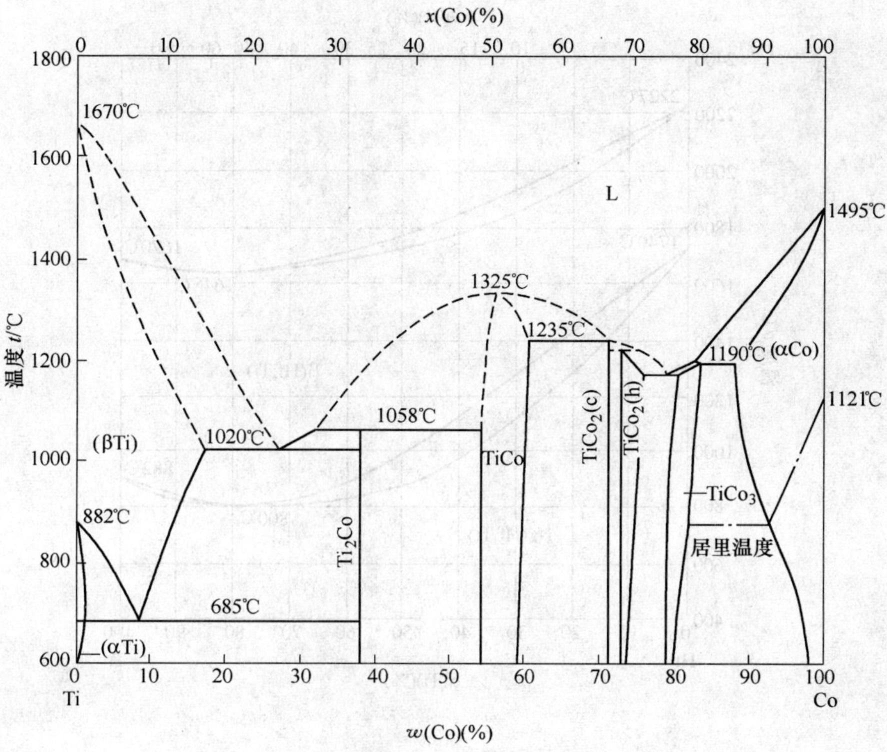

图 2-81　Ti-Co 二元合金相图

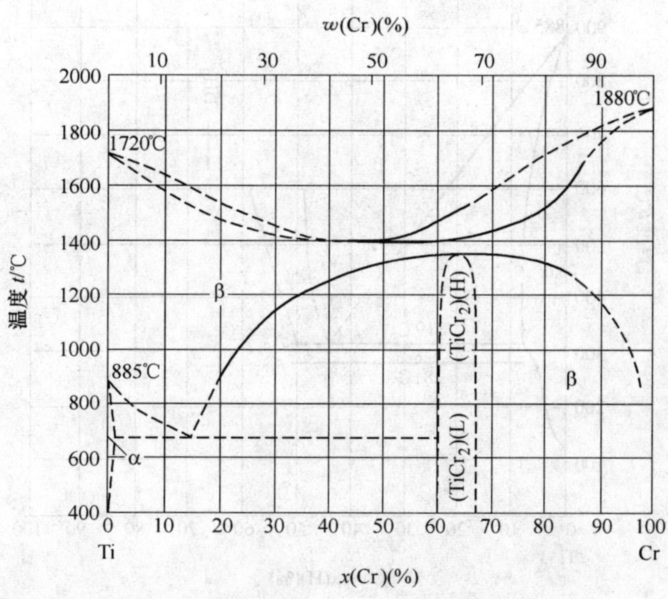

图 2-82　Ti-Cr 二元合金相图

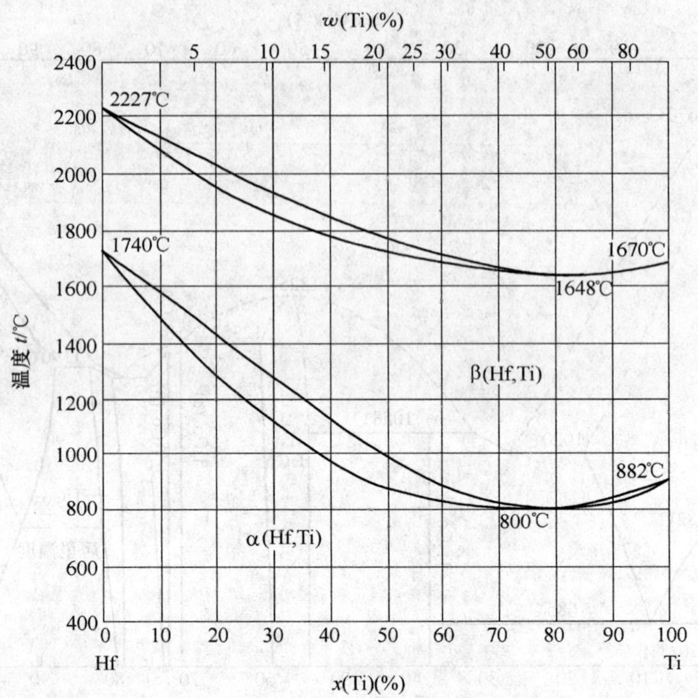

图 2-83　Ti-Hf 二元合金相图

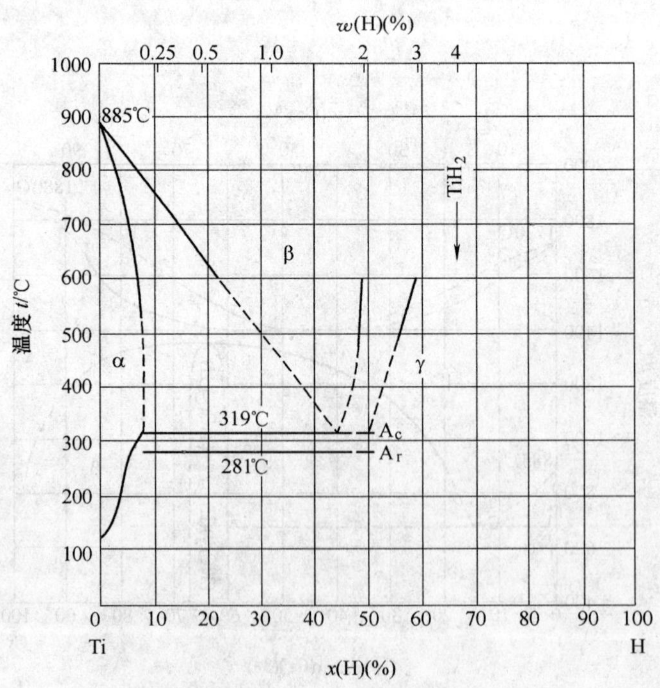

图 2-84　Ti-H 二元合金相图

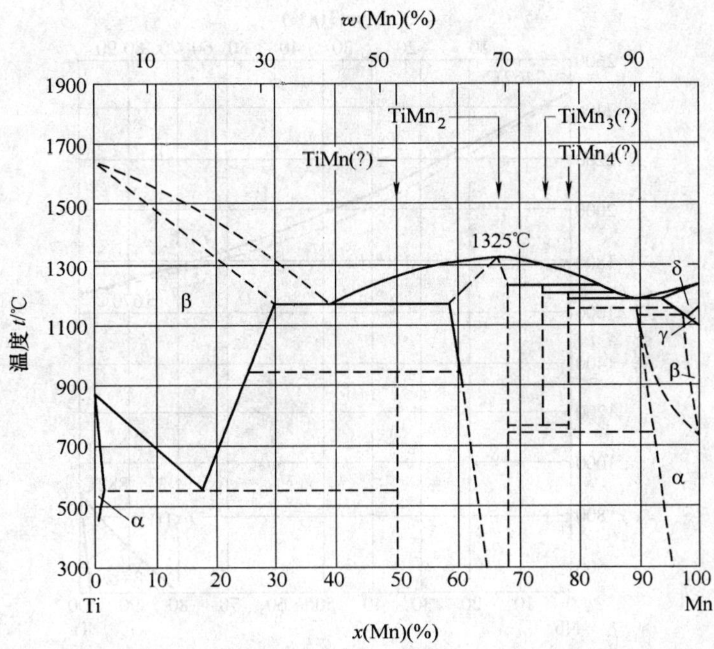

图 2-85　Ti-Mn 二元合金相图

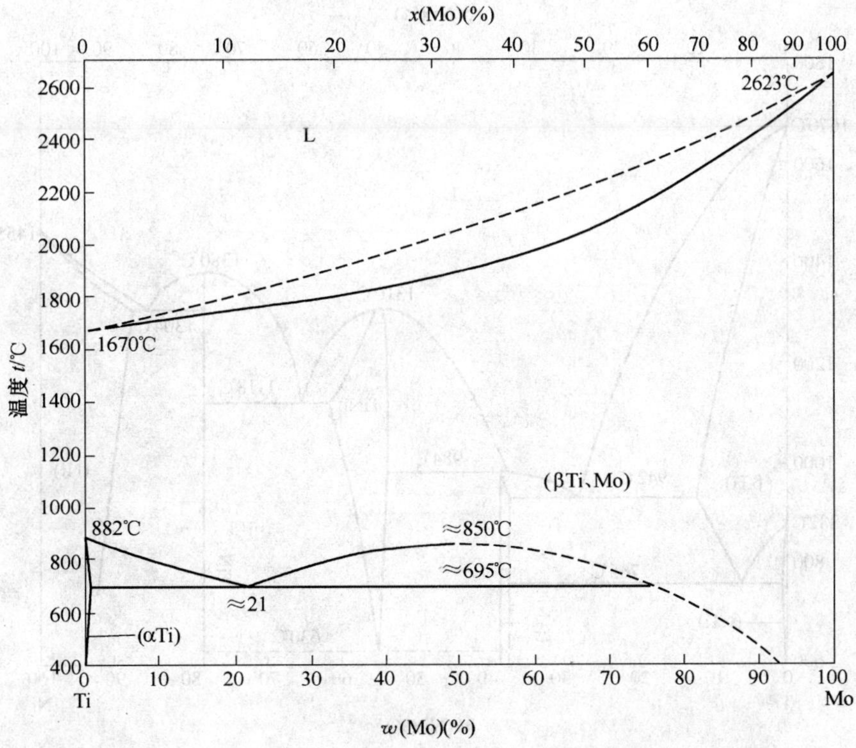

图 2-86　Ti-Mo 二元合金相图

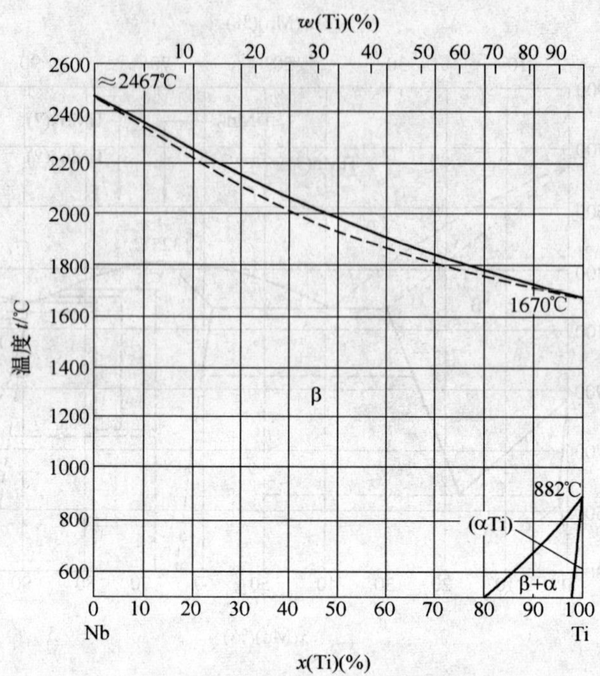

图 2-87　Ti-Nb 二元合金相图

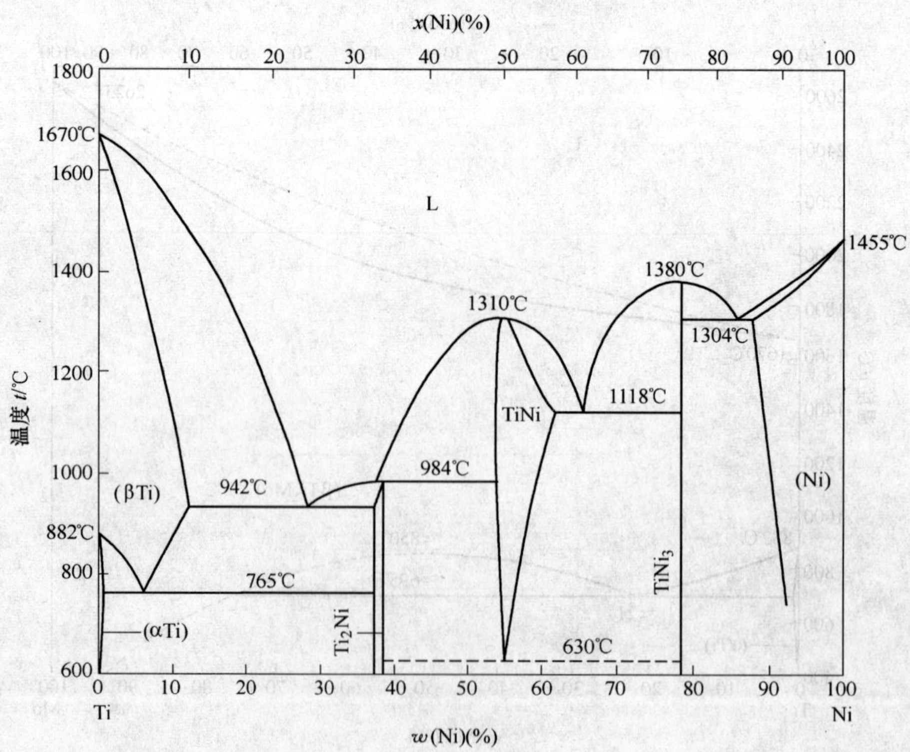

图 2-88　Ti-Ni 二元合金相图

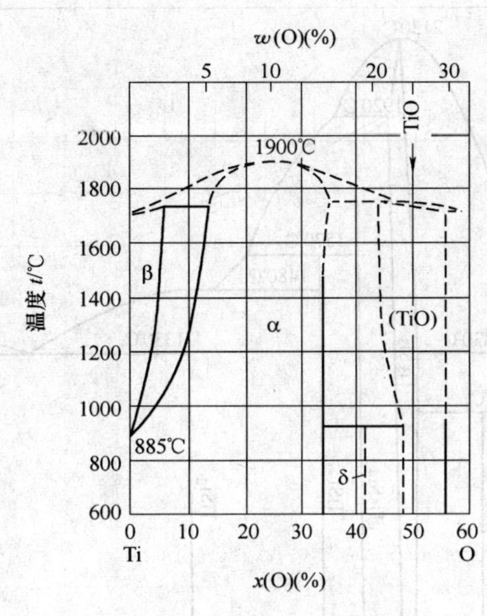

图 2-89 Ti-O 二元合金相图

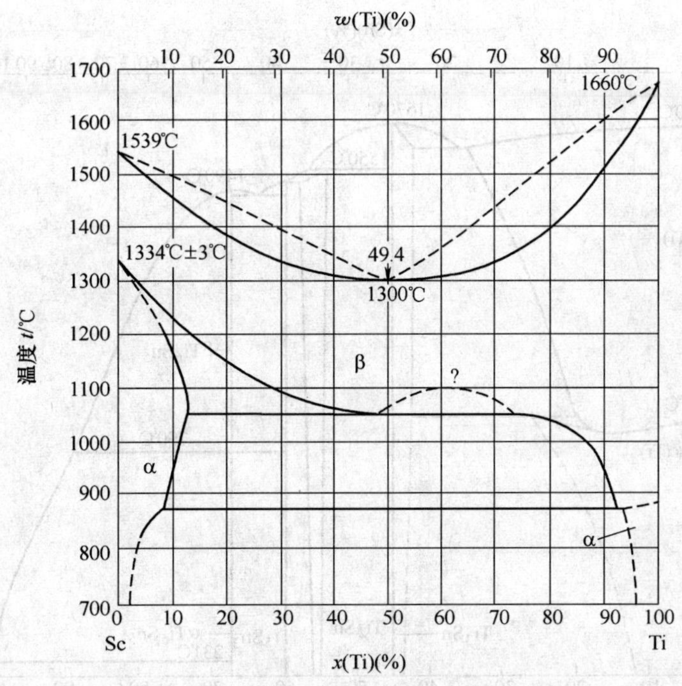

图 2-90 Ti-Sc 二元合金相图

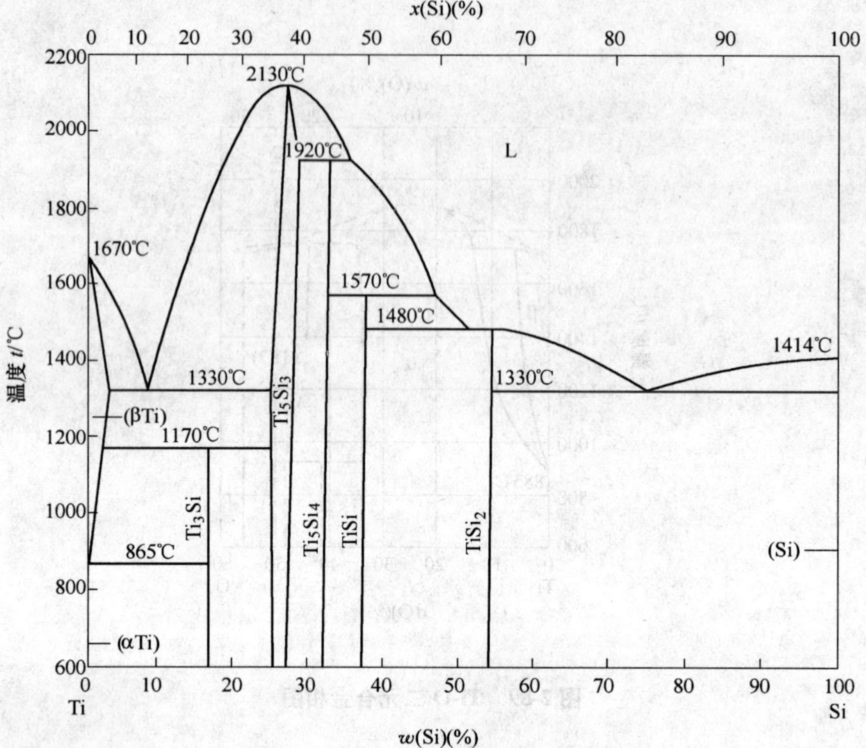

图 2-91　Ti-Si 二元合金相图

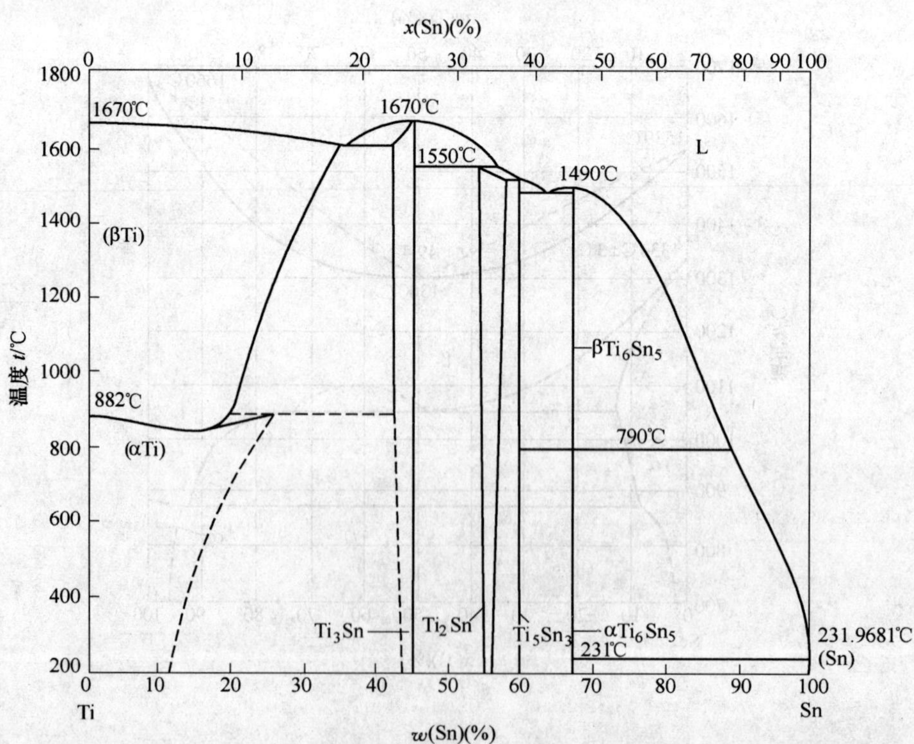

图 2-92　Ti-Sn 二元合金相图

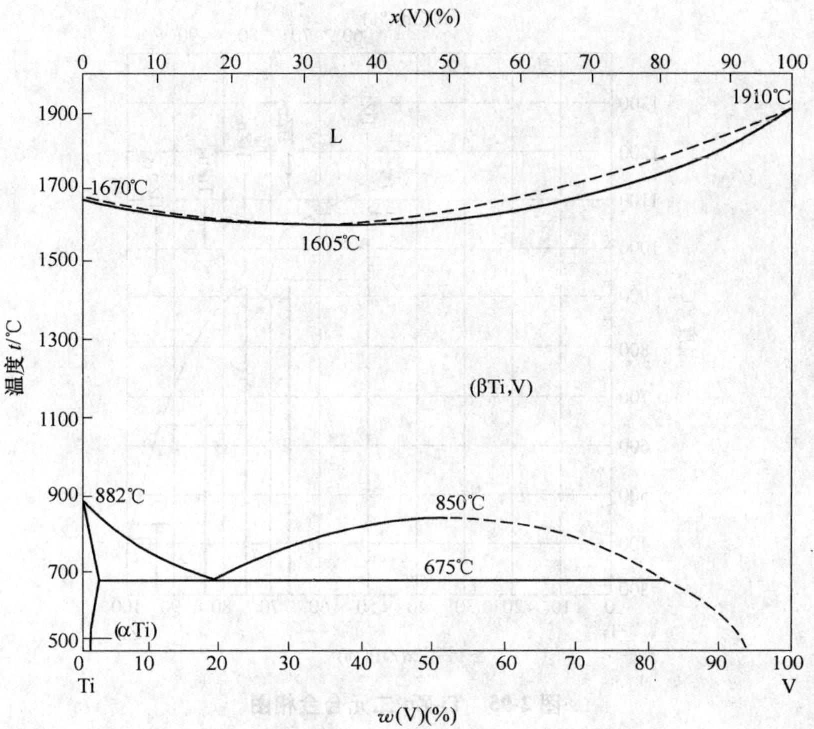

图 2-93　Ti-V 二元合金相图

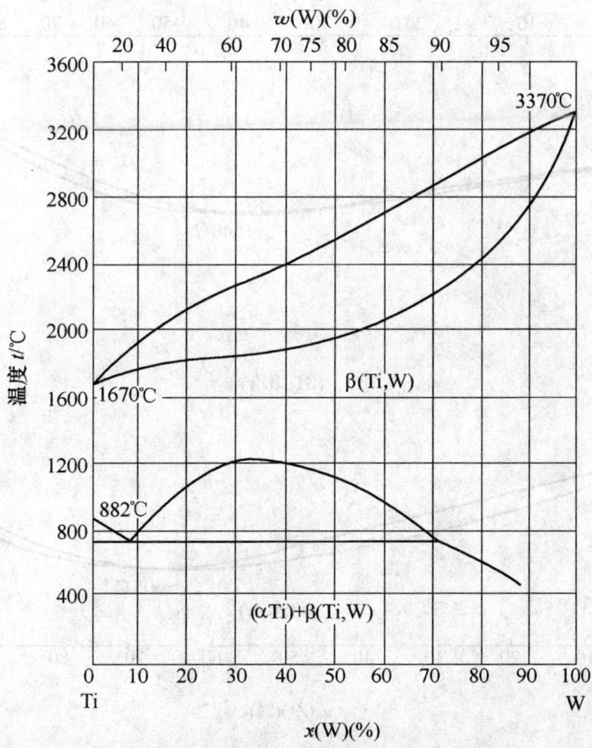

图 2-94　Ti-W 二元合金相图

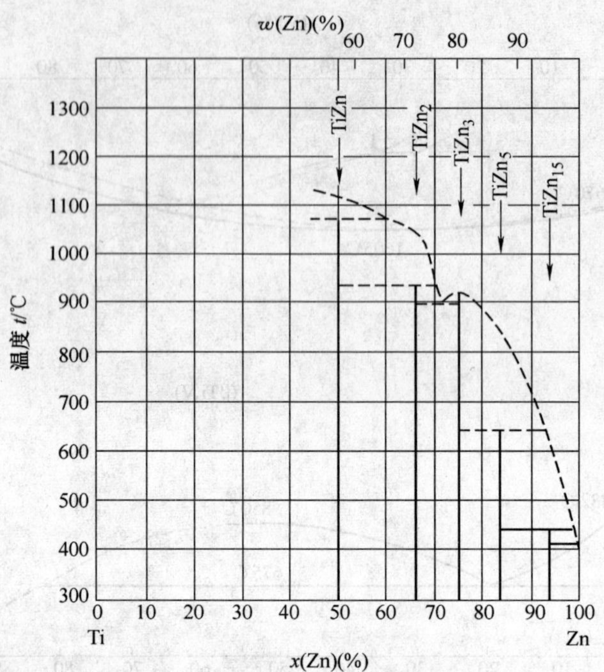

图 2-95　Ti-Zn 二元合金相图

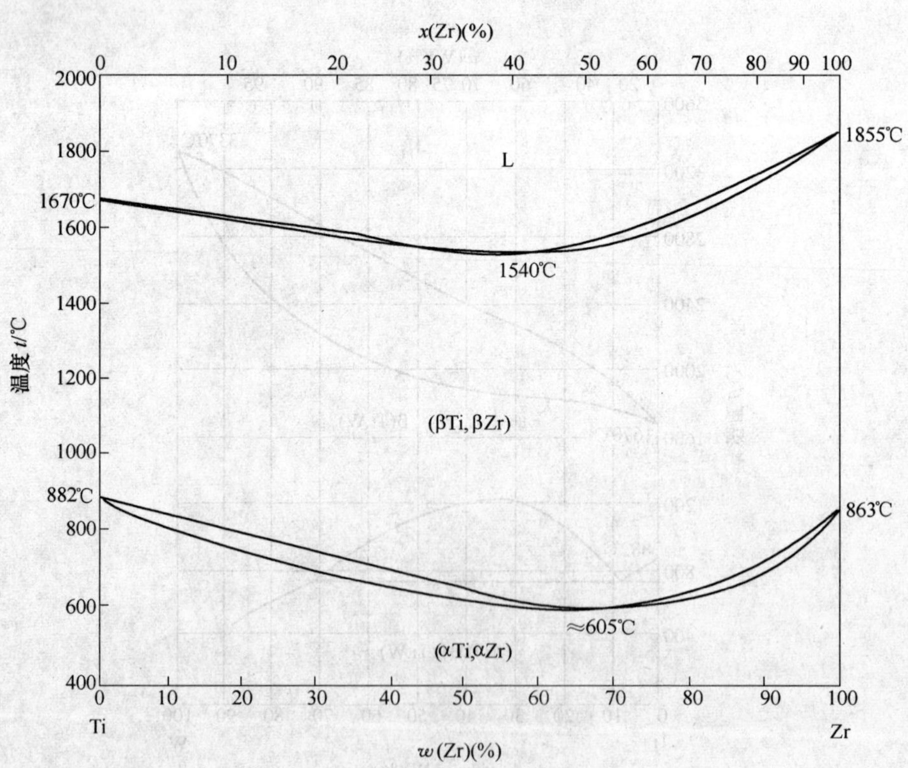

图 2-96　Ti-Zr 二元合金相图

2.2.5　Cu 基二元合金相图（见图 2-97 ~ 图 2-130）

Al-Cu、Mg-Cu 二元合金相图见图 2-13、图 2-59。

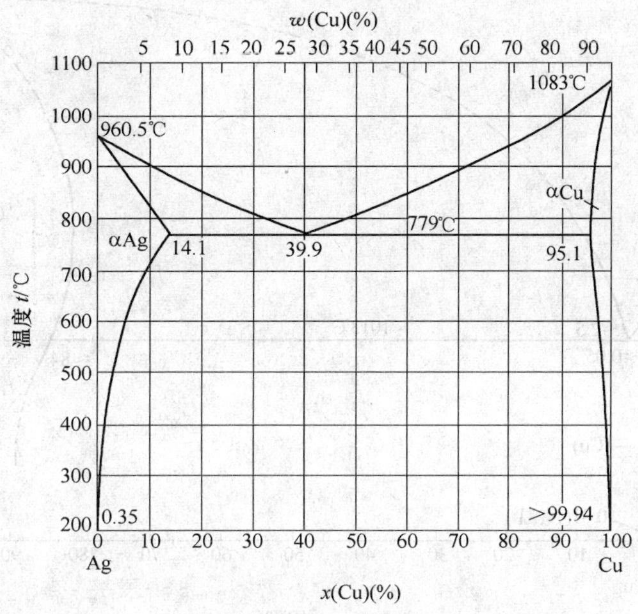

图 2-97　Cu-Ag 二元合金相图

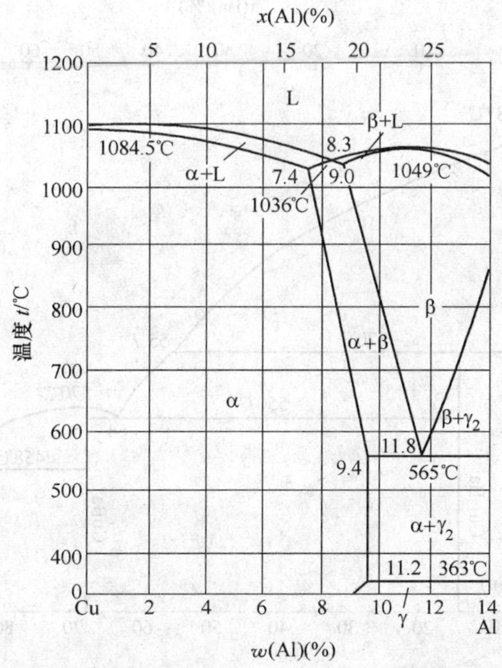

图 2-98　Cu-Al（Cu 侧）二元合金相图

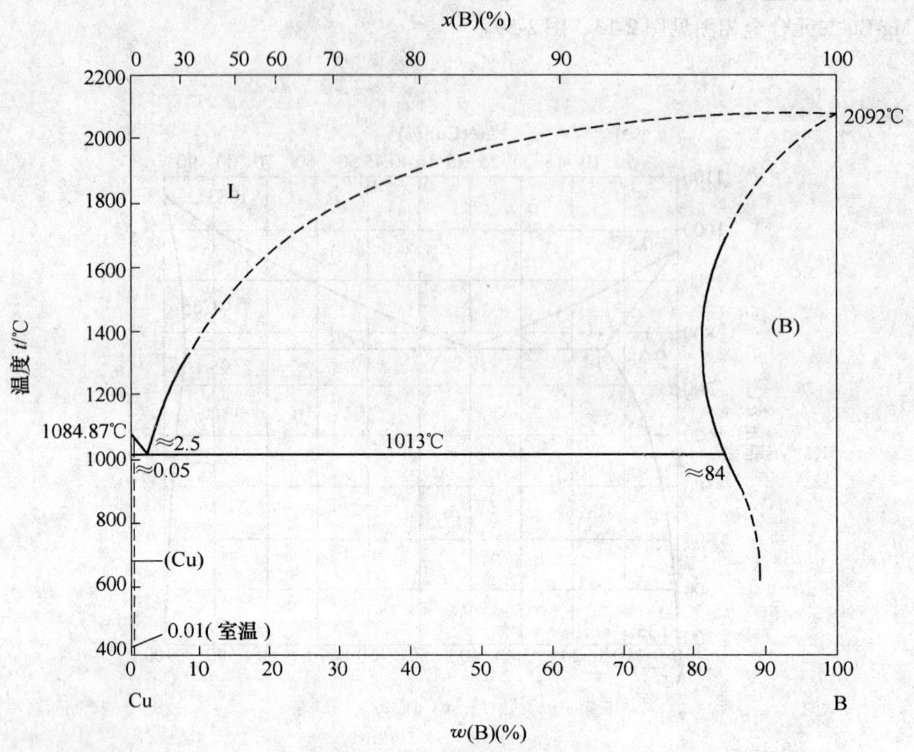

图 2-99　Cu-B 二元合金相图

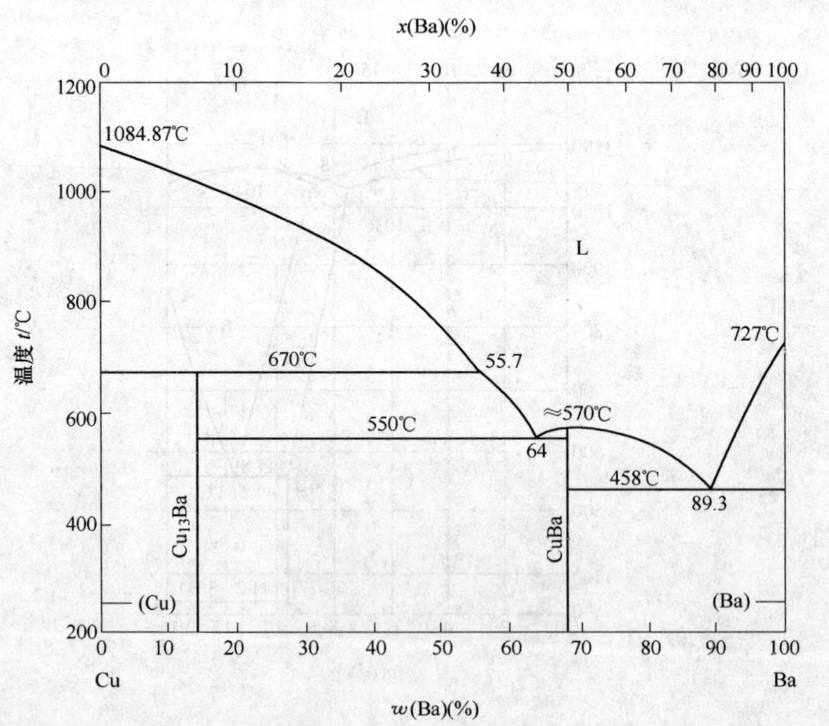

图 2-100　Cu-Ba 二元合金相图

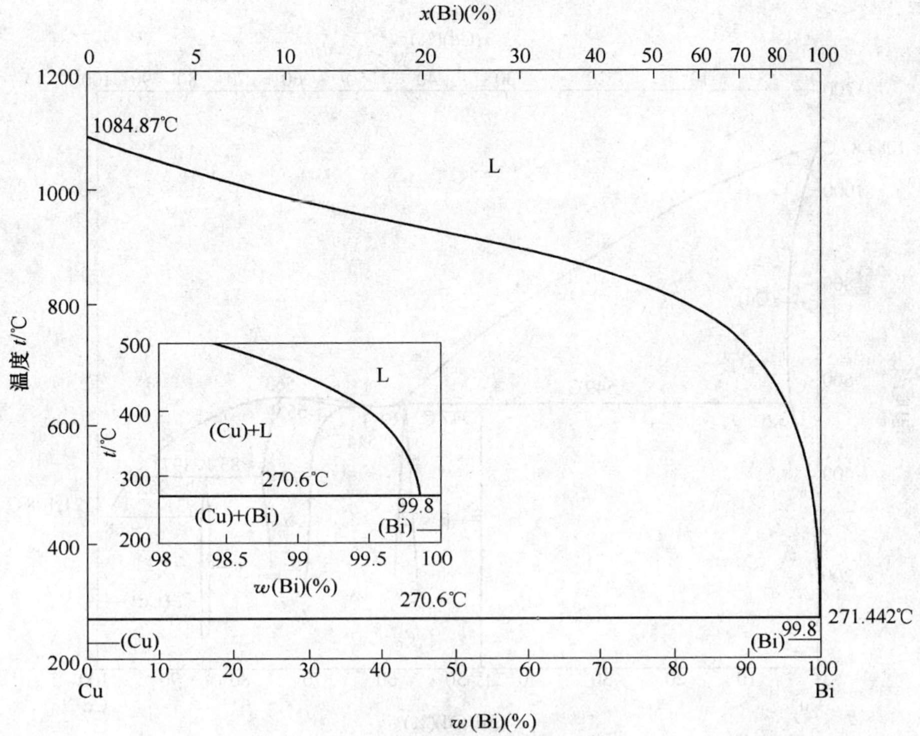

图 2-101　Cu-Bi 二元合金相图

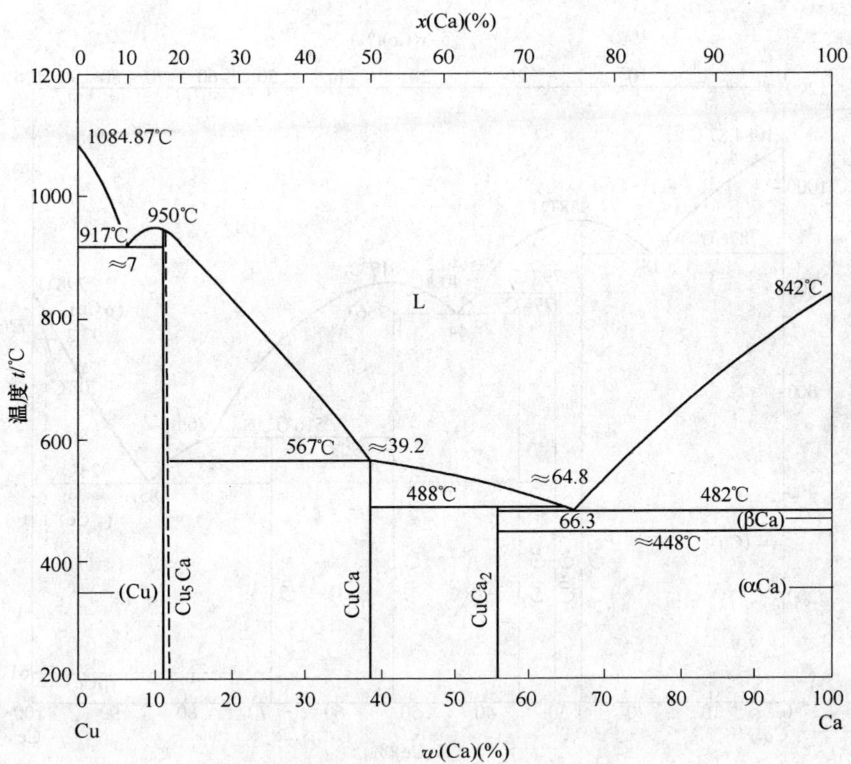

图 2-102　Cu-Ca 二元合金相图

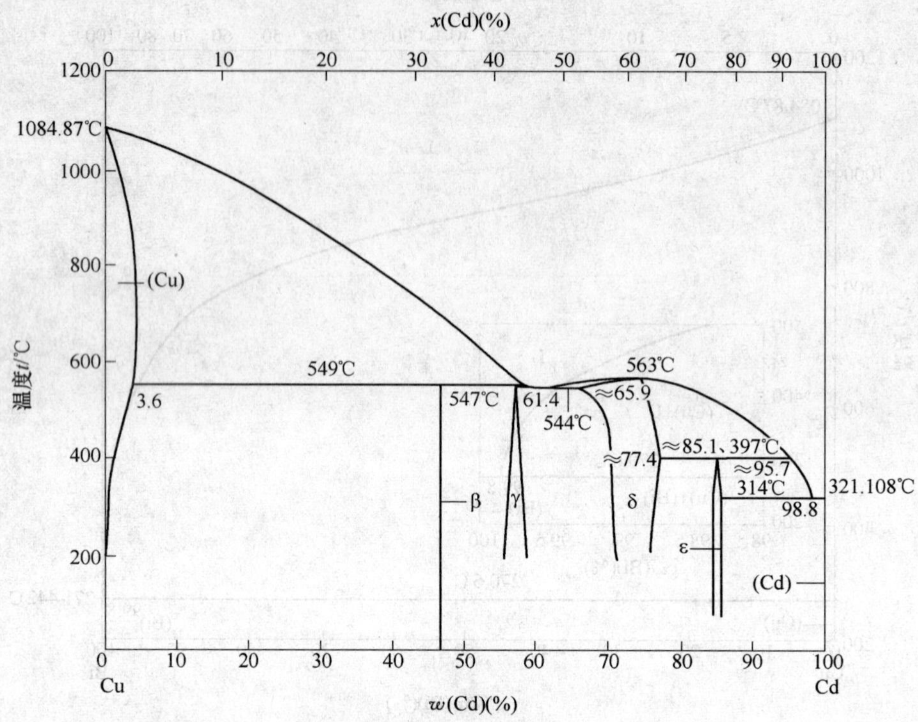

图 2-103　**Cu-Cd** 二元合金相图

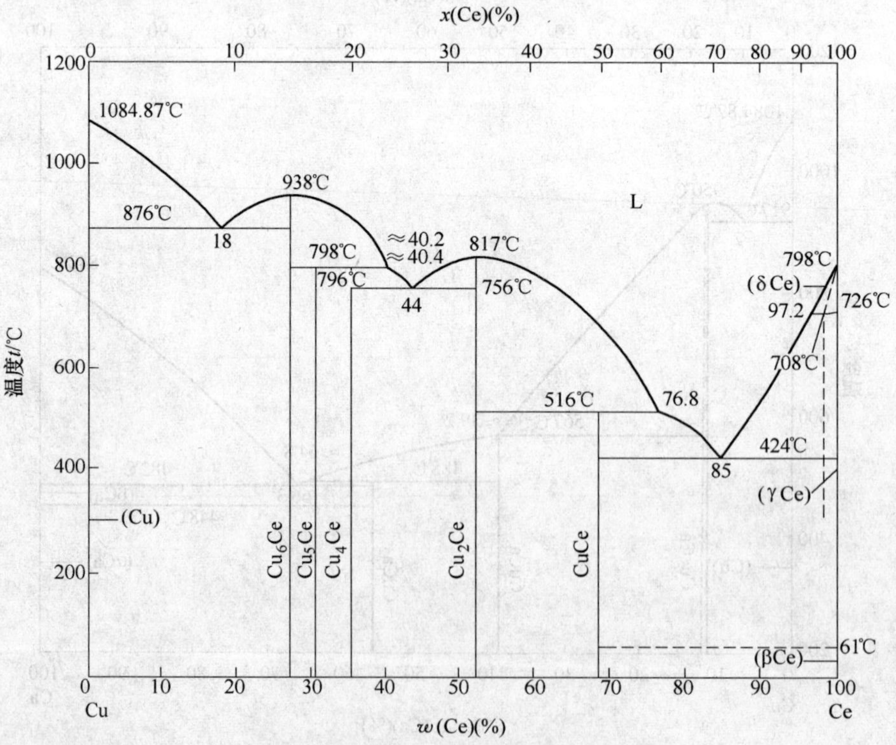

图 2-104　**Cu-Ce** 二元合金相图

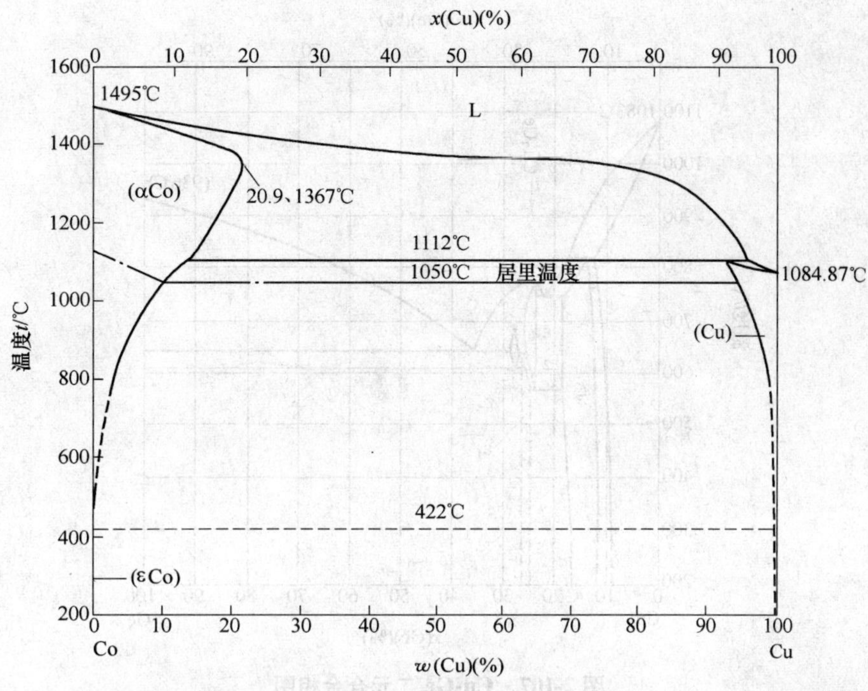

图 2-105　Cu-Co 二元合金相图

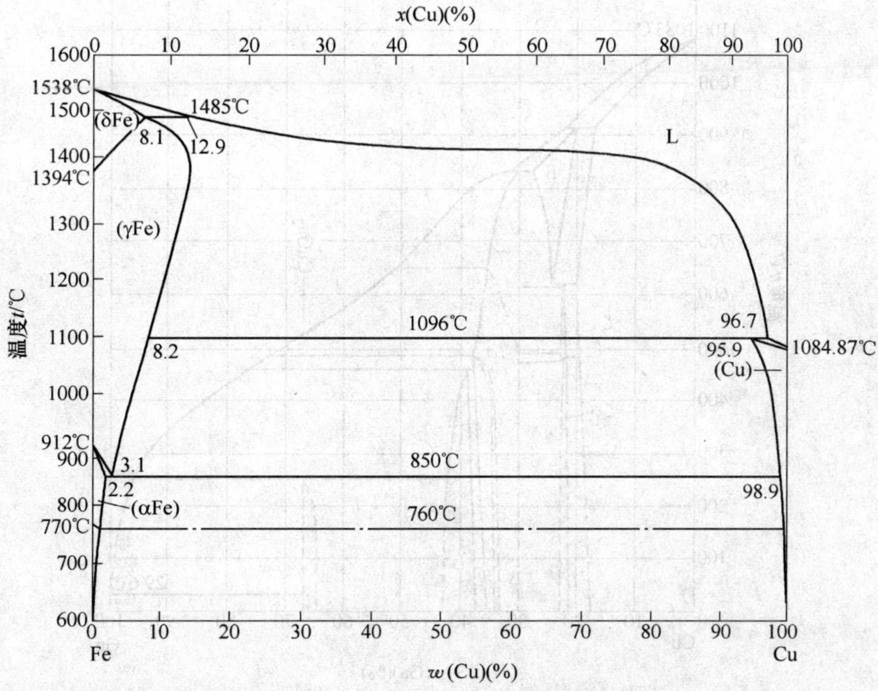

图 2-106　Cu-Fe 二元合金相图

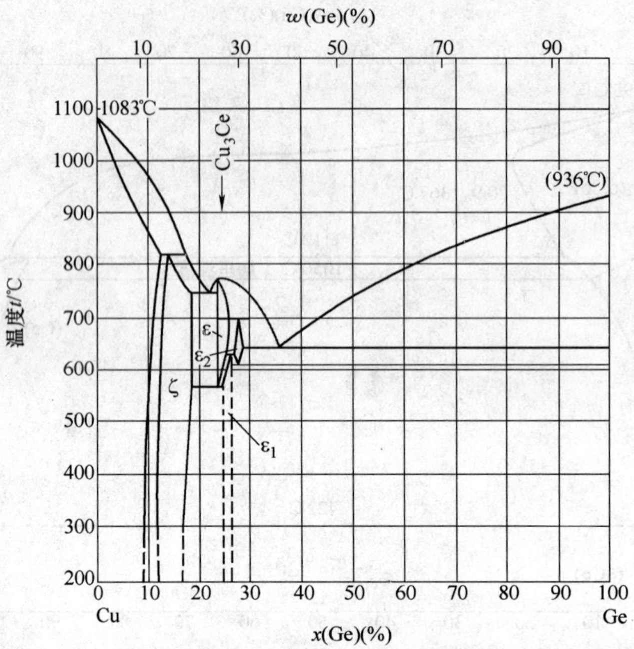

图 2-107　Cu-Ge 二元合金相图

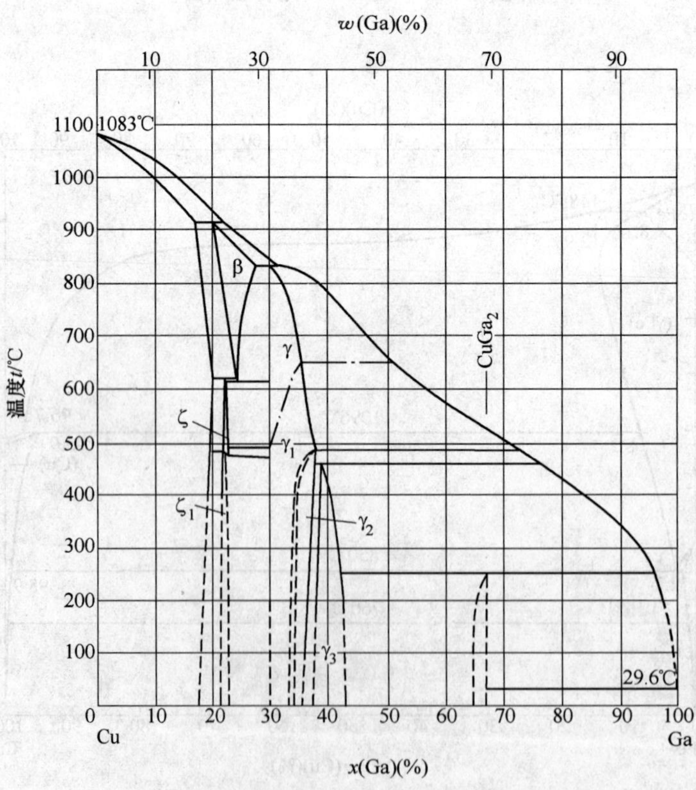

图 2-108　Cu-Ga 二元合金相图

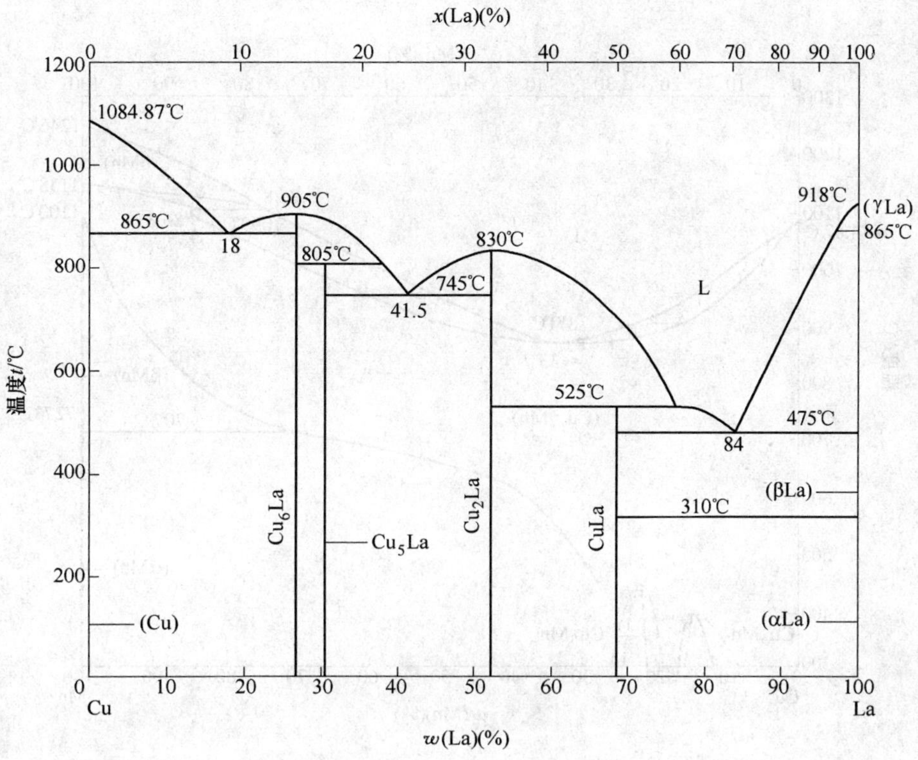

图 2-109　Cu-La 二元合金相图

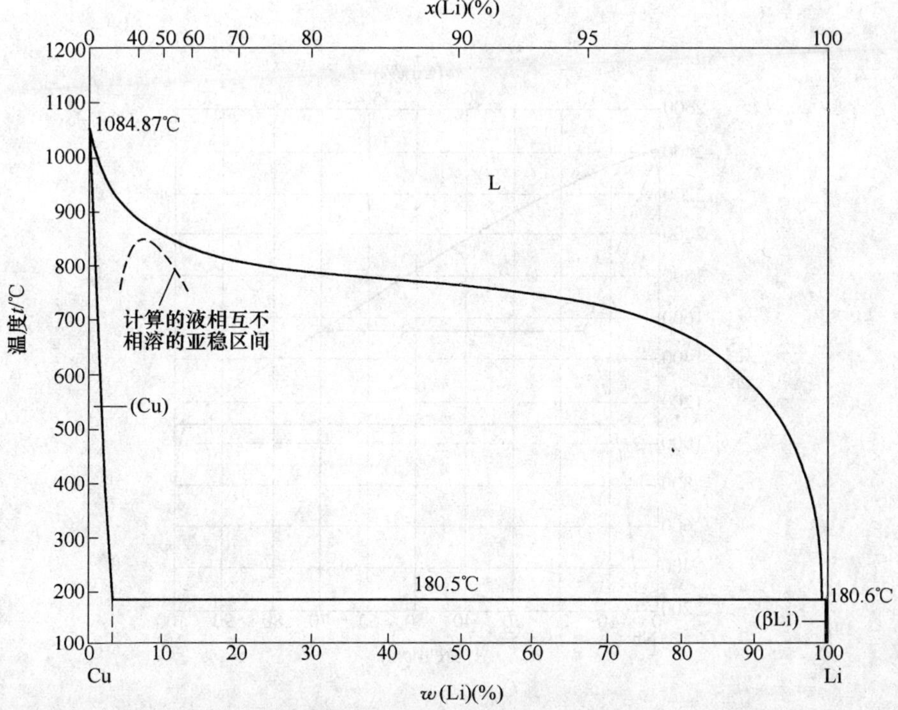

图 2-110　Cu-Li 二元合金相图

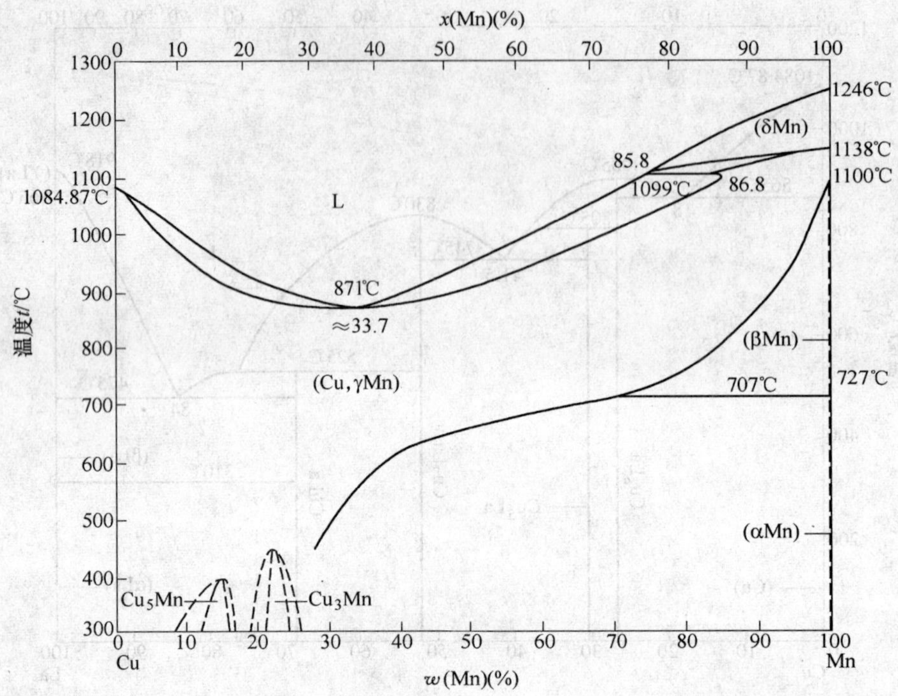

图 2-111　Cu-Mn 二元合金相图

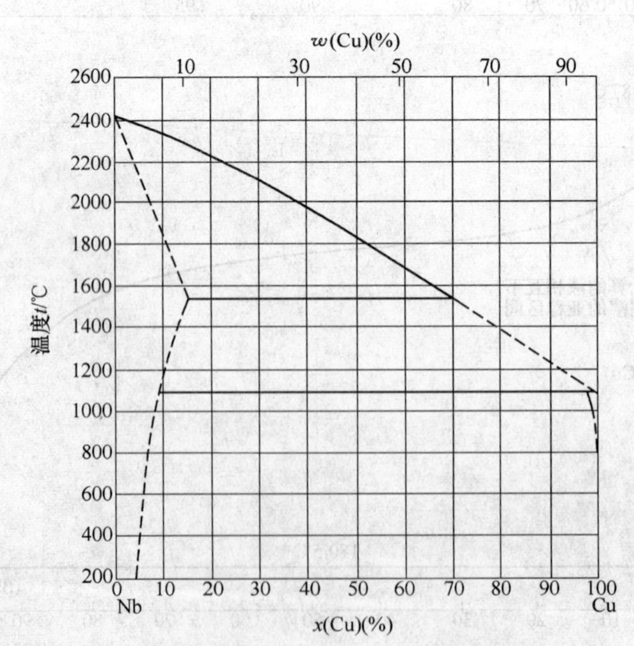

图 2-112　Cu-Nb 二元合金相图

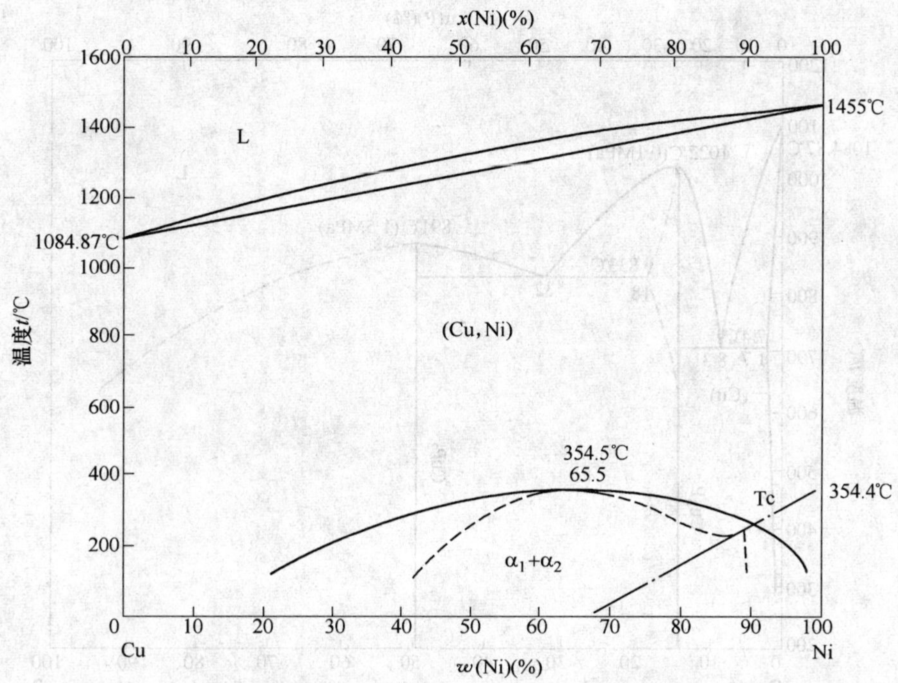

图 2-113　Cu-Ni 二元合金相图

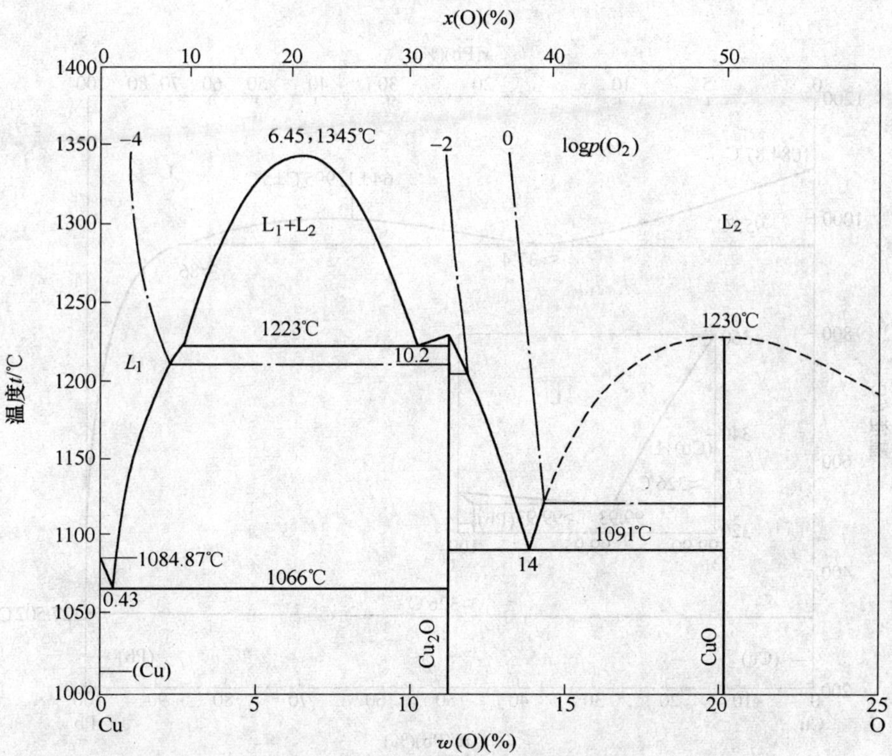

图 2-114　Cu-O（Cu 侧）二元合金相图

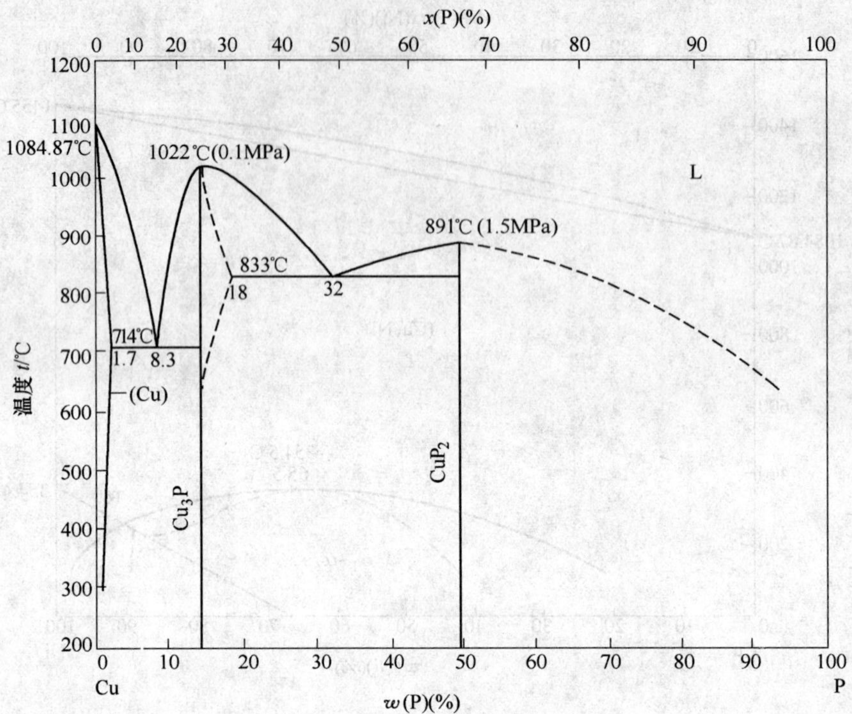

图 2-115　Cu-P 二元合金相图

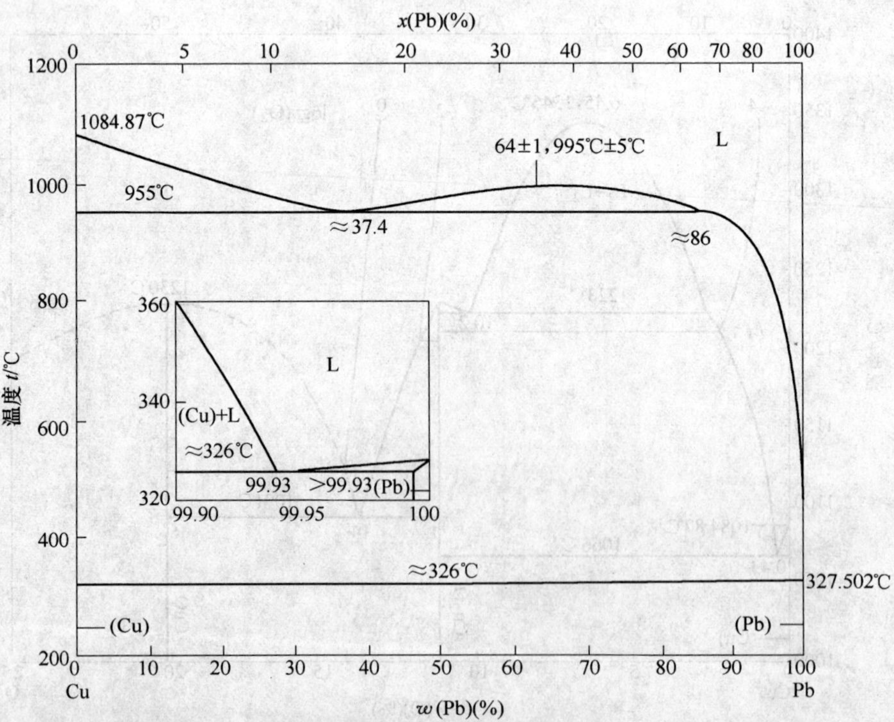

图 2-116　Cu-Pb 二元合金相图

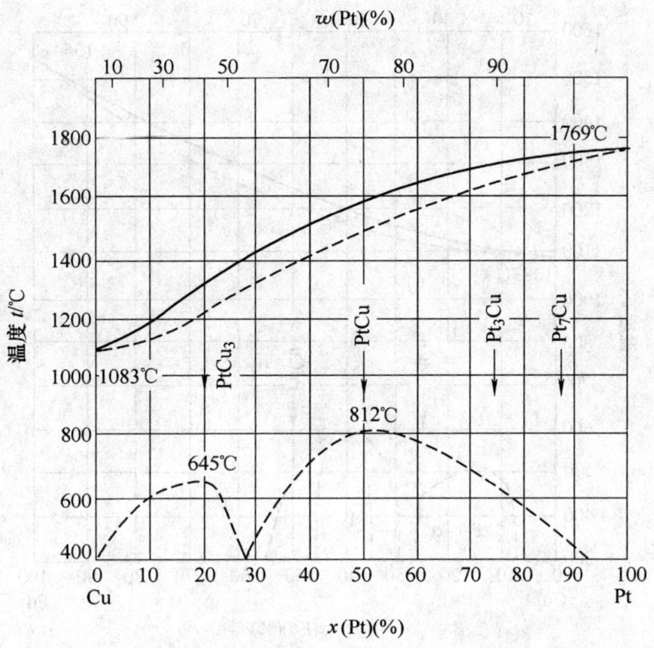

图 2-117　Cu-Pt 二元合金相图

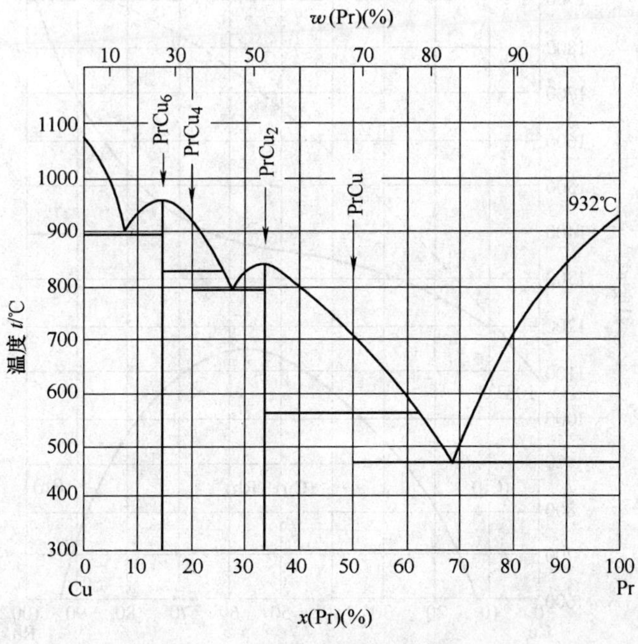

图 2-118　Cu-Pr 二元合金相图

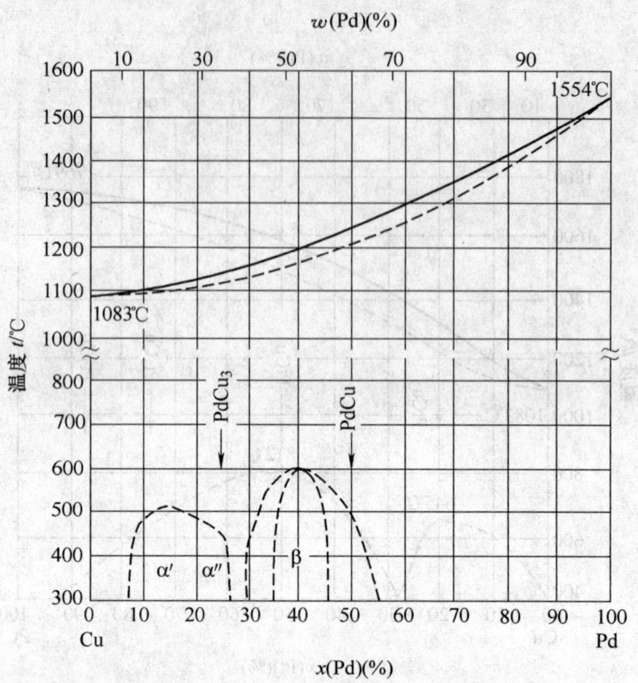

图 2-119 Cu-Pd 二元合金相图

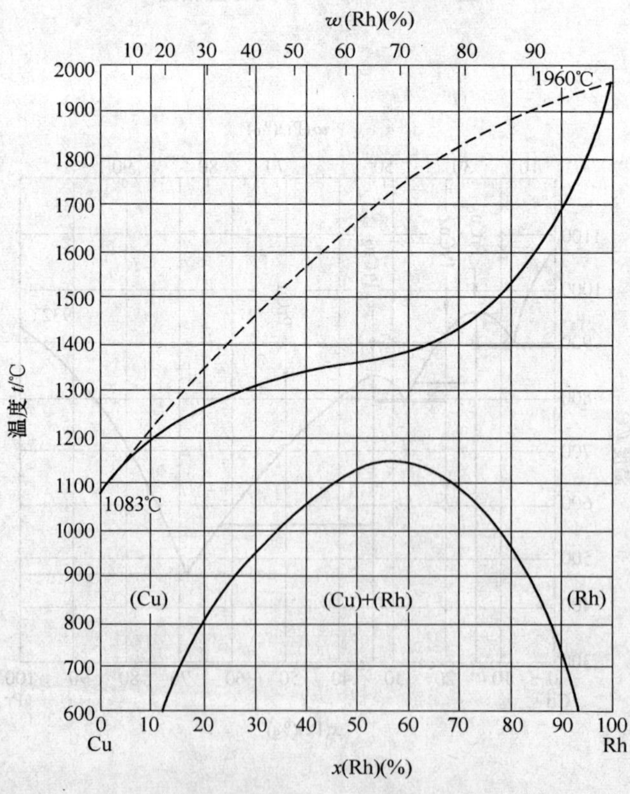

图 2-120 Cu-Rh 二元合金相图

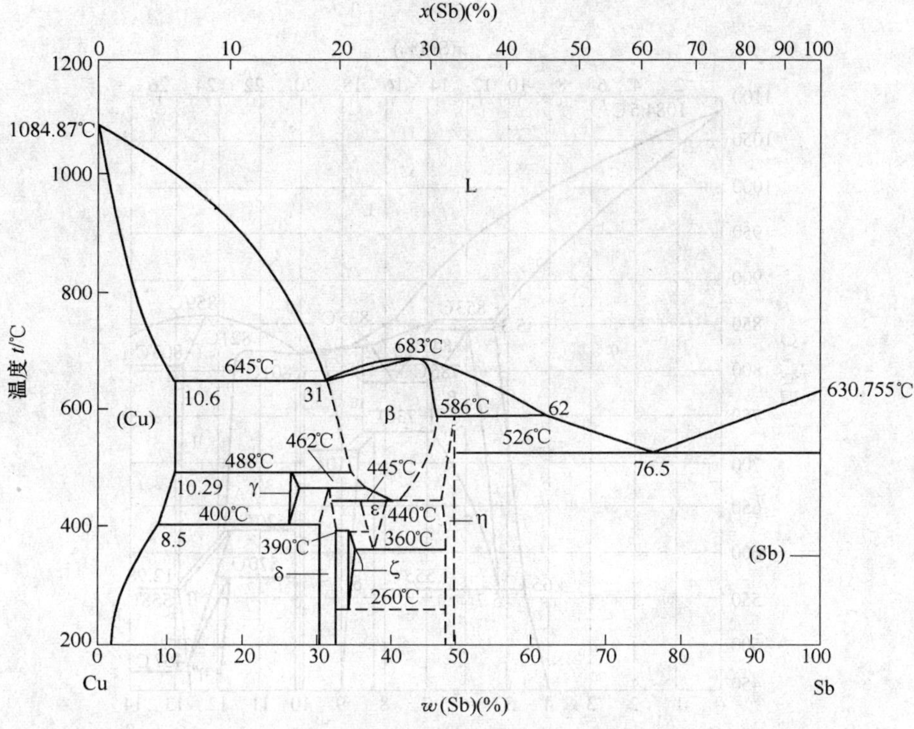

图 2-121　Cu-Sb 二元合金相图

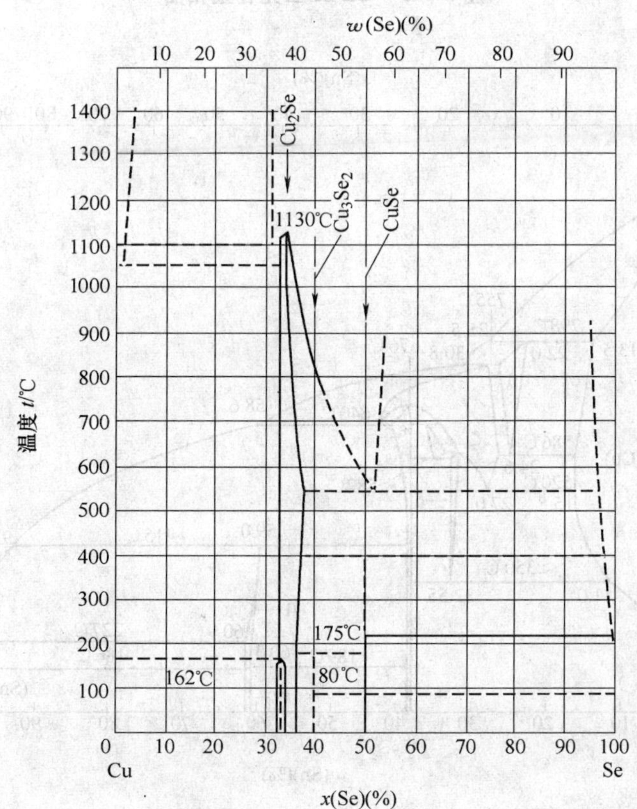

图 2-122　Cu-Se 二元合金相图

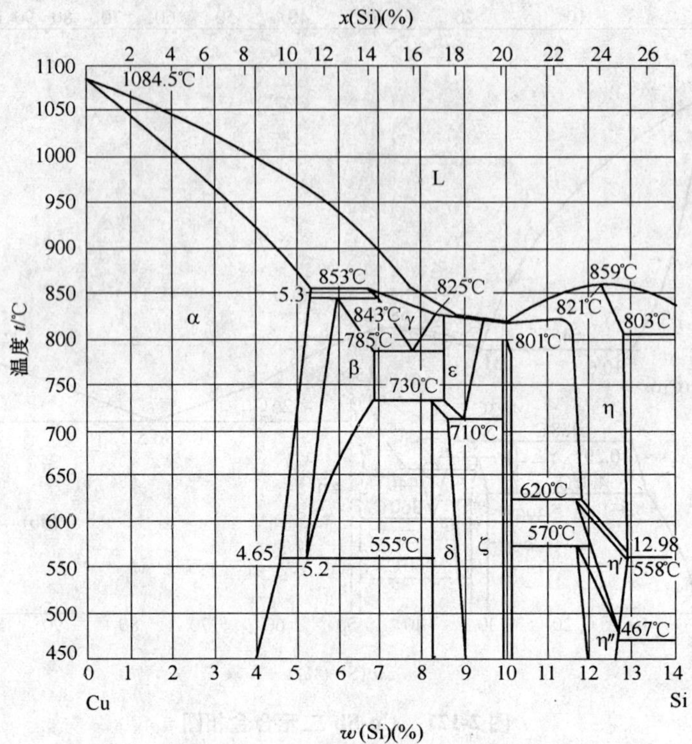

图 2-123　Cu-Si 二元合金相图

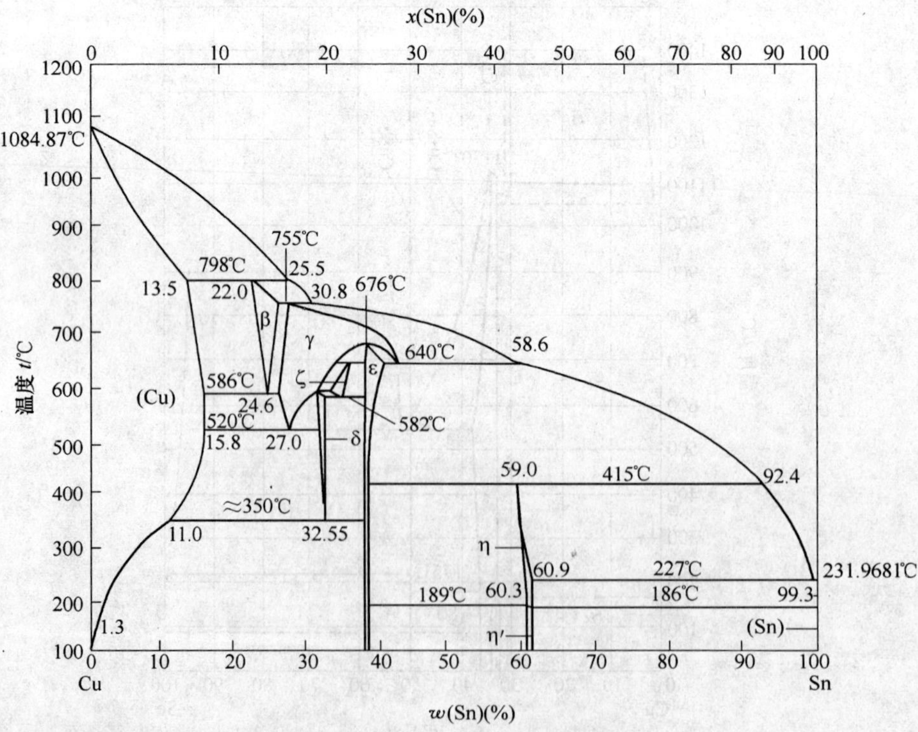

图 2-124　Cu-Sn 二元合金相图

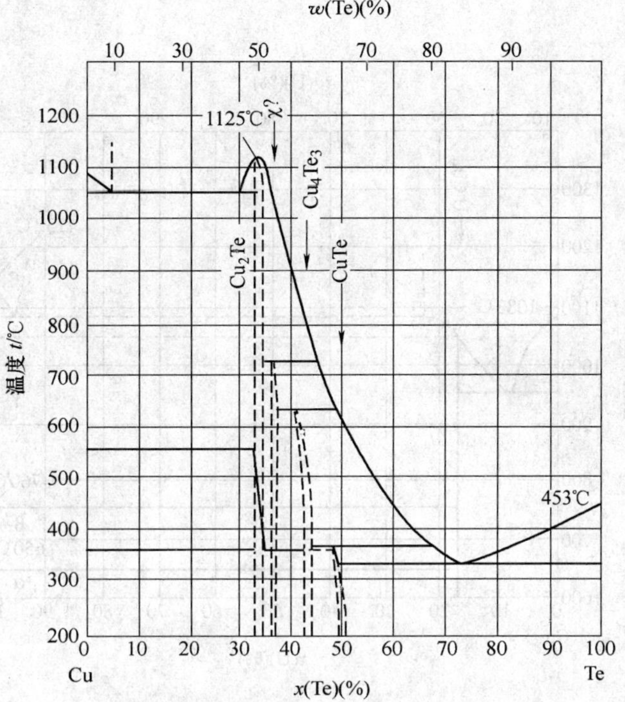

图 2-125　Cu-Te 二元合金相图

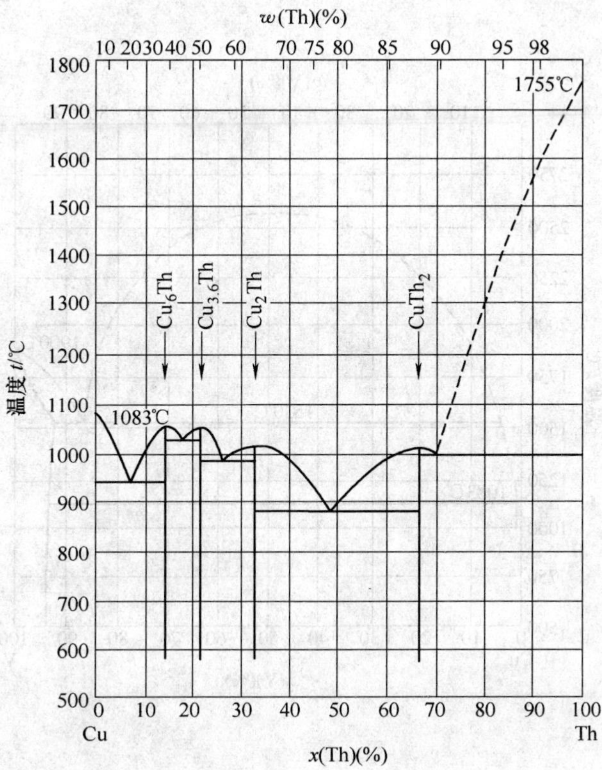

图 2-126　Cu-Th 二元合金相图

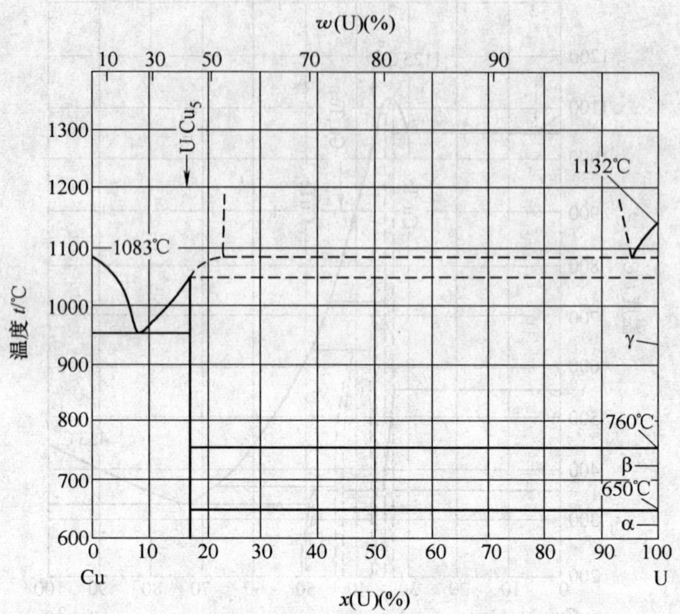

图 2-127　Cu-U 二元合金相图

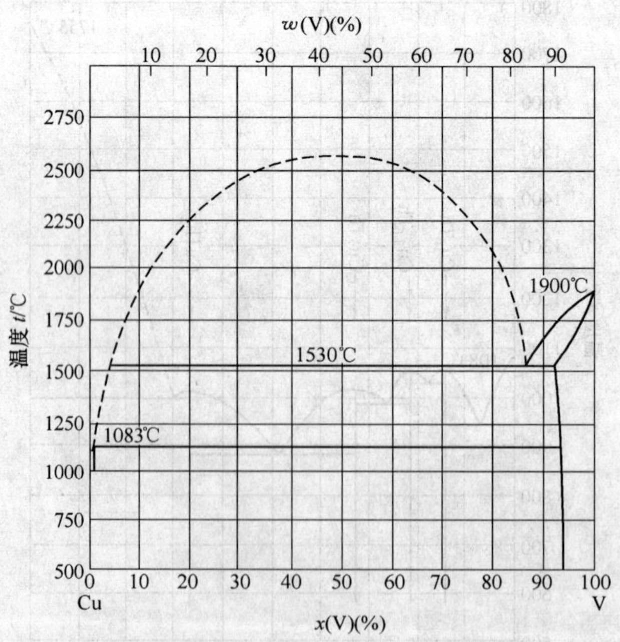

图 2-128　Cu-V 二元合金相图

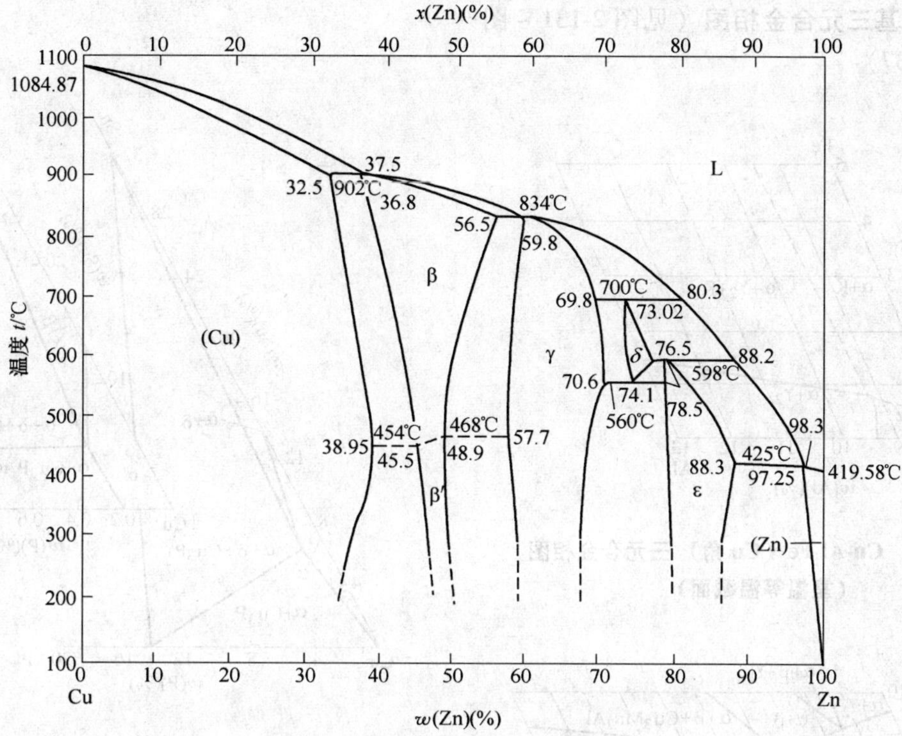

图 2-129　Cu-Zn 二元合金相图

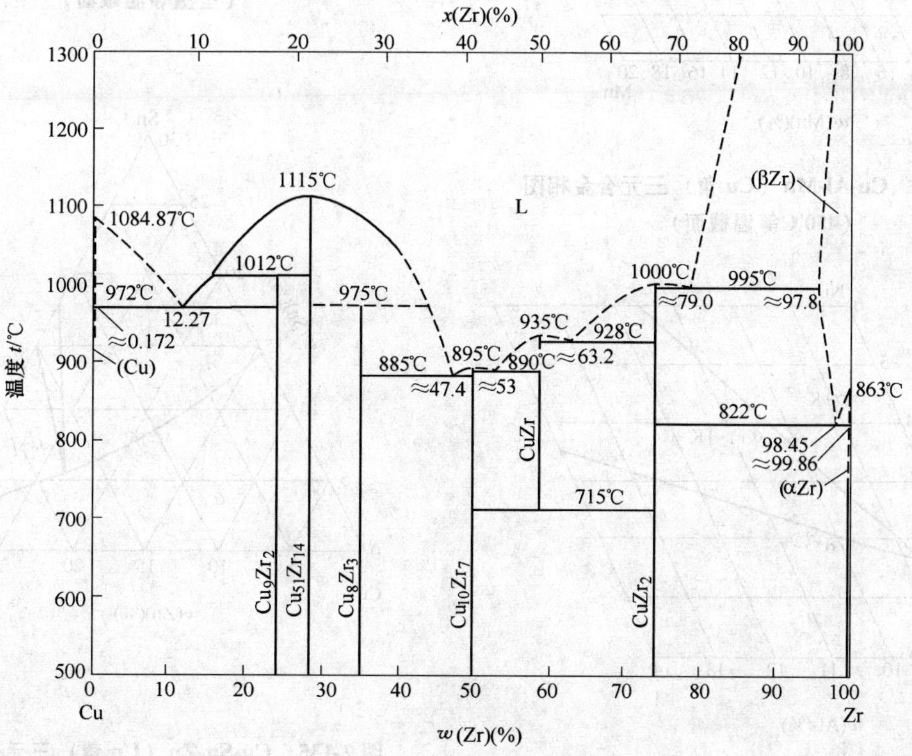

图 2-130　Cu-Zr 二元合金相图

2.2.6　Cu 基三元合金相图（见图 2-131 ~ 图 2-137）

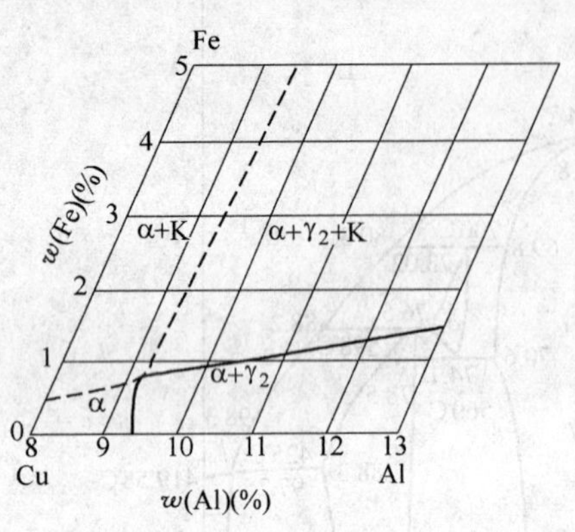

图 2-131　Cu-Al-Fe（Cu 角）三元合金相图（室温等温截面）

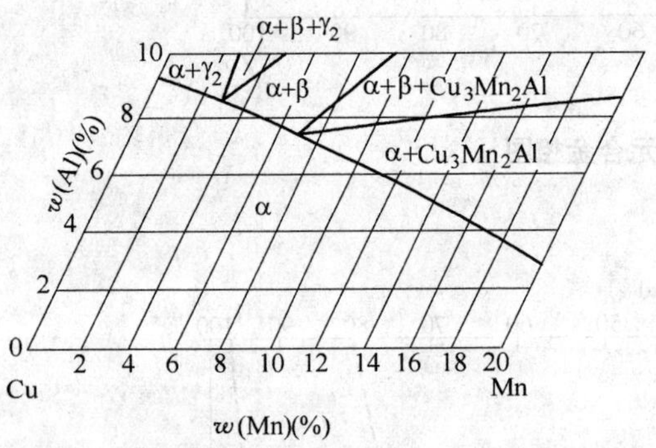

图 2-132　Cu-Al-Mn（Cu 角）三元合金相图（450℃等温截面）

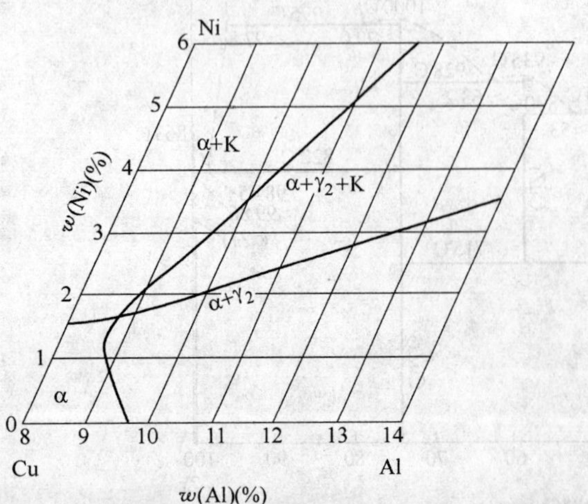

图 2-133　Cu-Al-Ni（Cu 角）三元合金相图

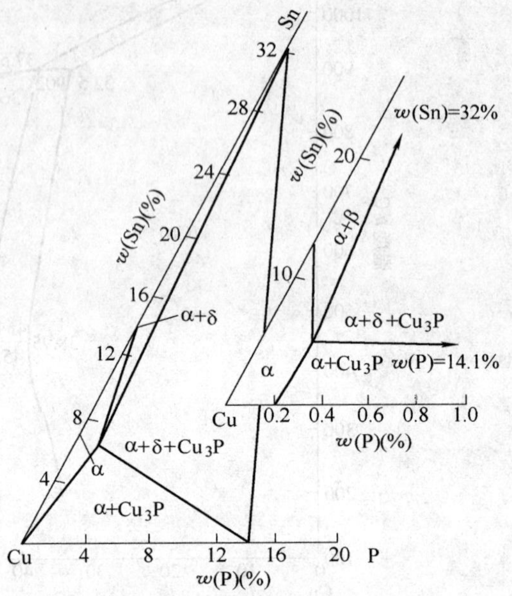

图 2-134　Cu-Sn-P（Cu 角）三元合金相图（室温等温截面）

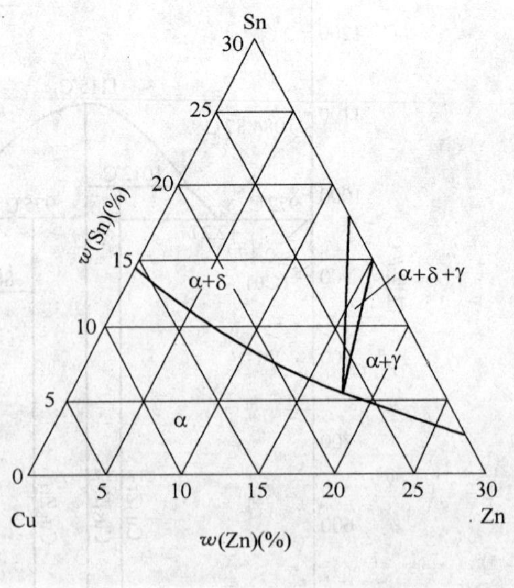

图 2-135　Cu-Sn-Zn（Cu 角）三元合金相图（室温等温截面）

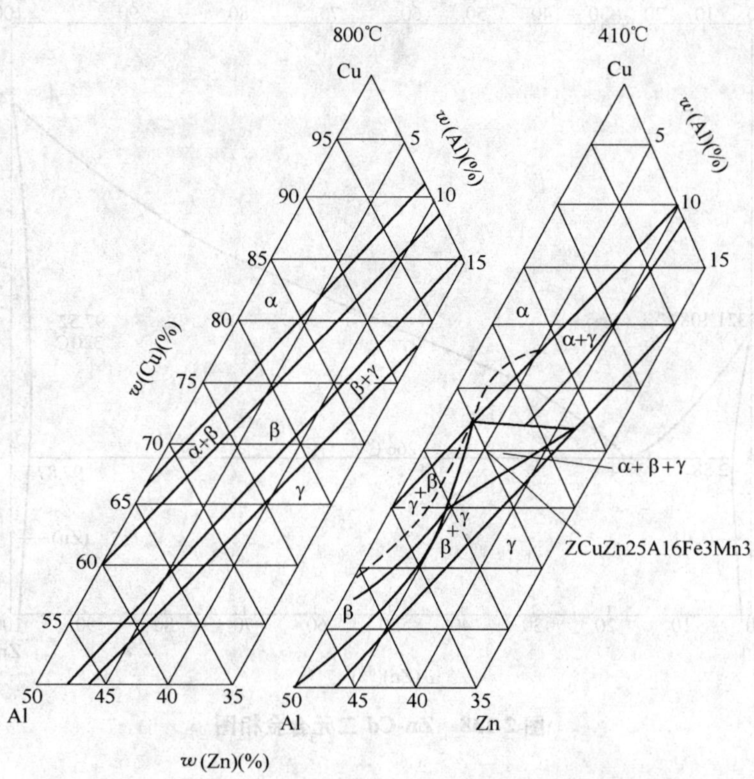

图 2-136　Cu-Zn-Al（局部）三元合金相图（等温截面）

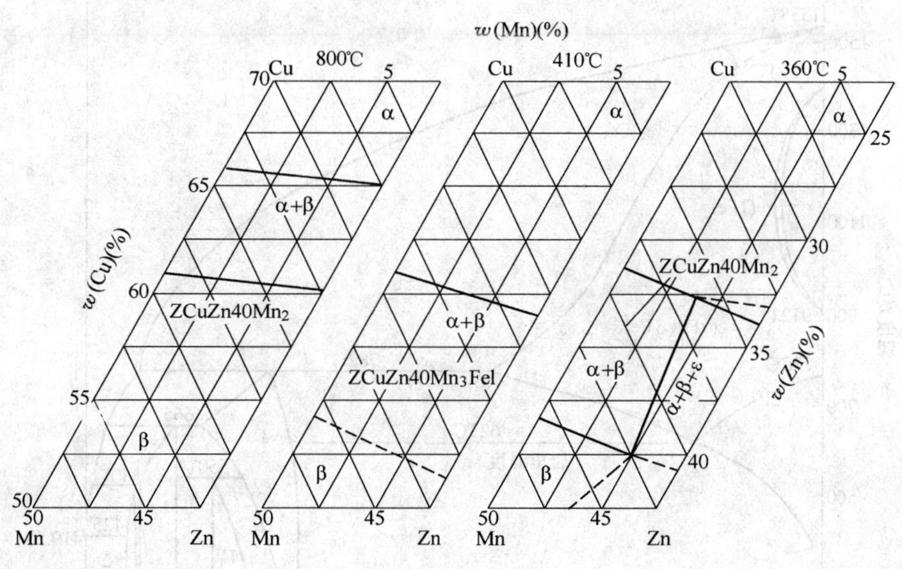

图 2-137　Cu-Zn-Mn（局部）三元合金相图（等温截面）

2.2.7　Zn 基二元合金相图（见图 2-138 ~ 图 2-140）

Al-Zn、Cu-Zn、Mg-Zn 的二元合金相图分别见图 2-44、图 2-129、图 2-75。

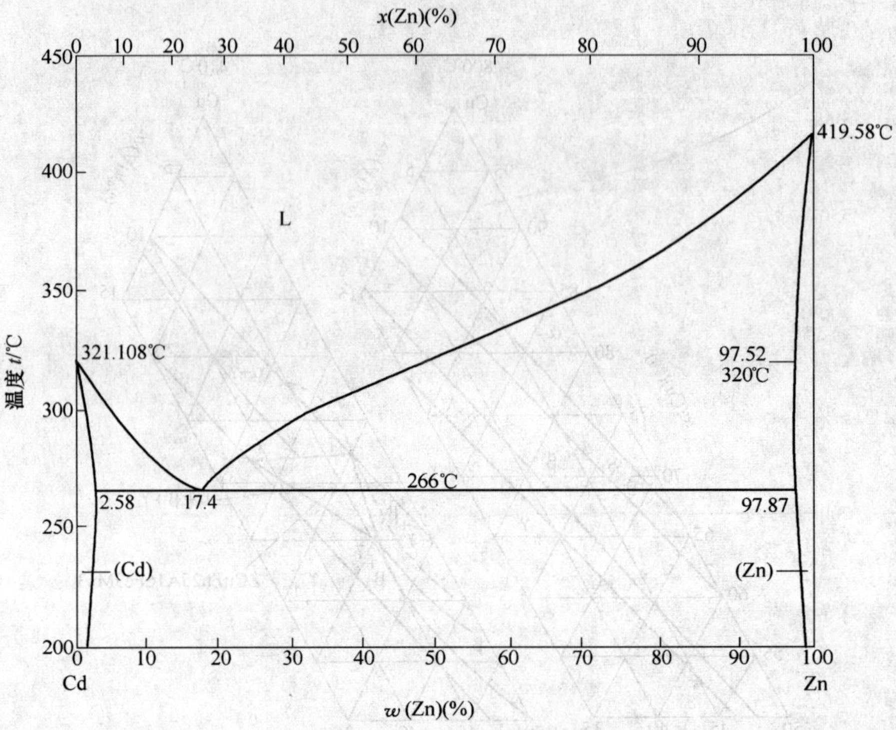

图 2-138 Zn-Cd 二元合金相图

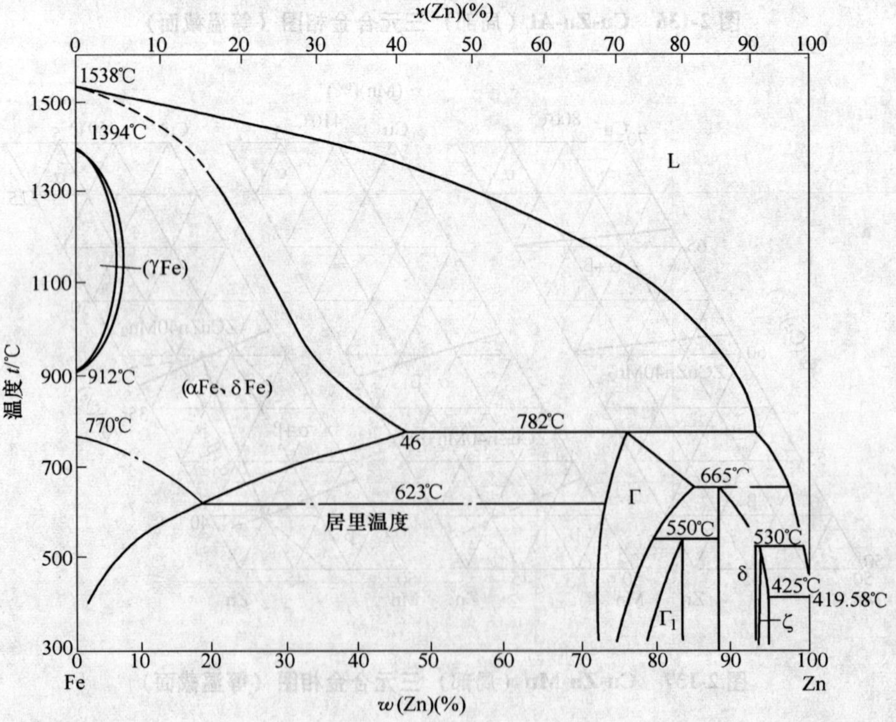

图 2-139 Zn-Fe 二元合金相图

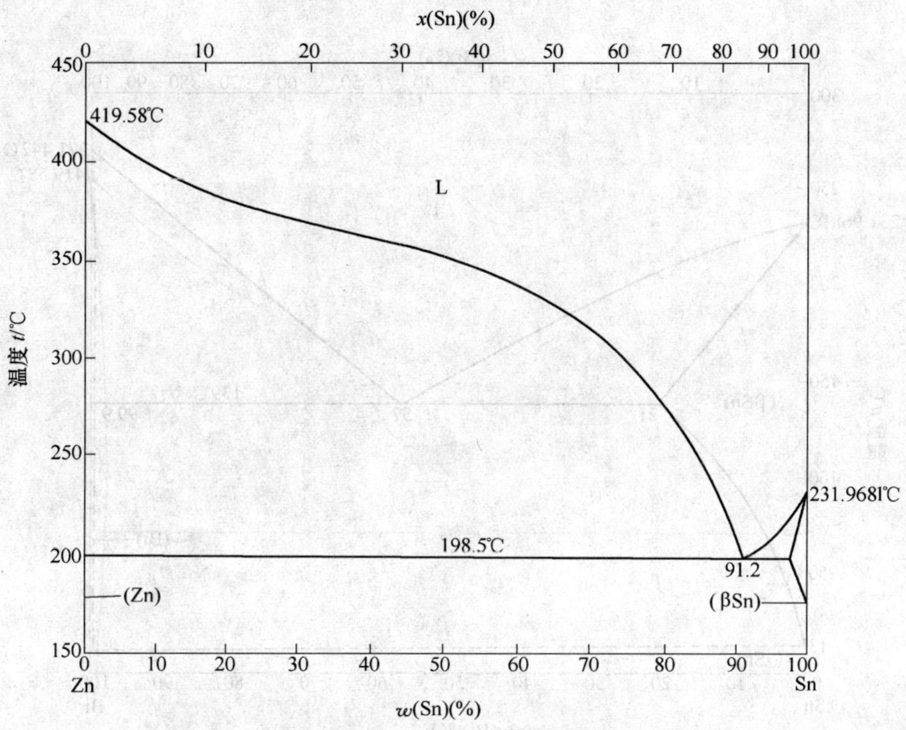

图 2-140　Zn-Sn 二元合金相图

2.2.8 Sn 基二元合金相图（见图 2-141 ~ 图 2-161）

Al-Sn、Cu-Sn、Ti-Sn、Zn-Sn 的二元合金相图分别见图 2-36、图 2-124、图 2-92、图 2-140。

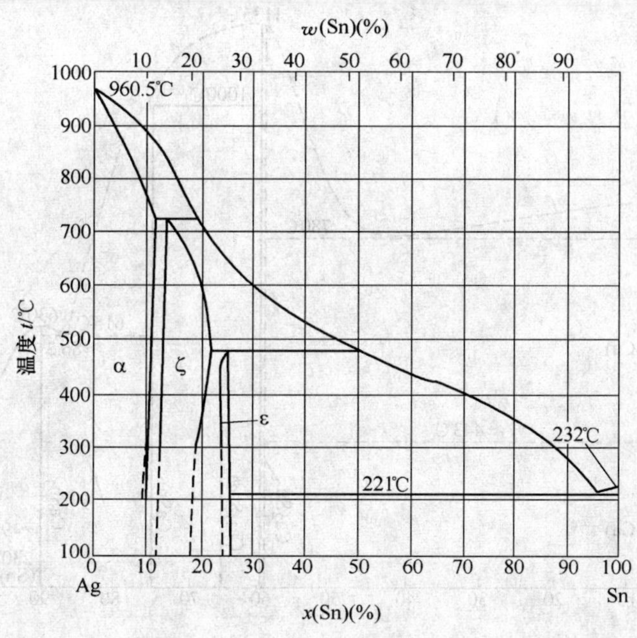

图 2-141　Sn-Ag 二元合金相图

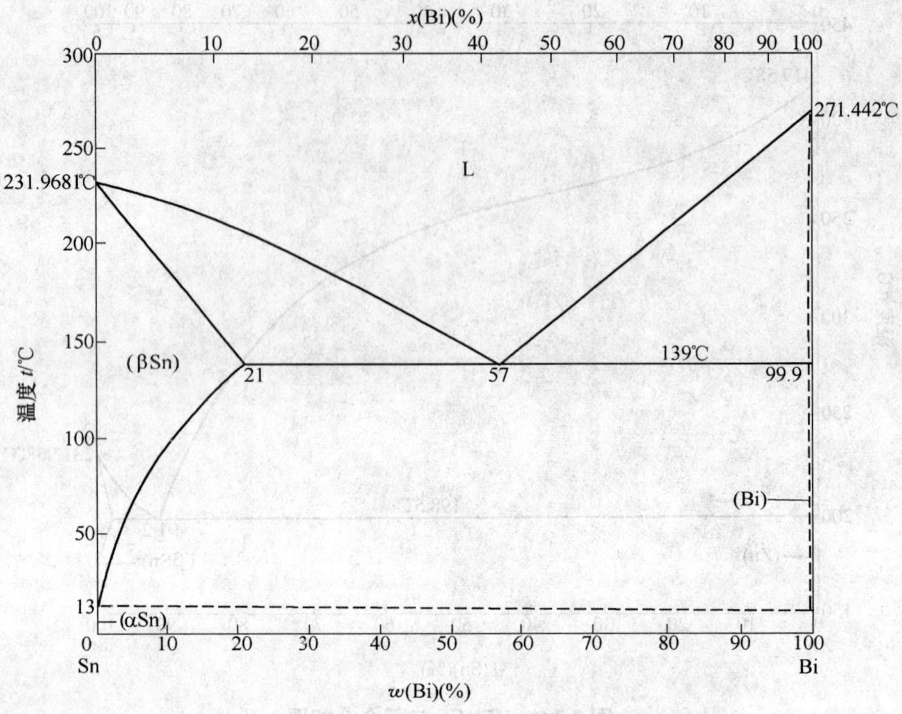

图 2-142　Sn-Bi 二元合金相图

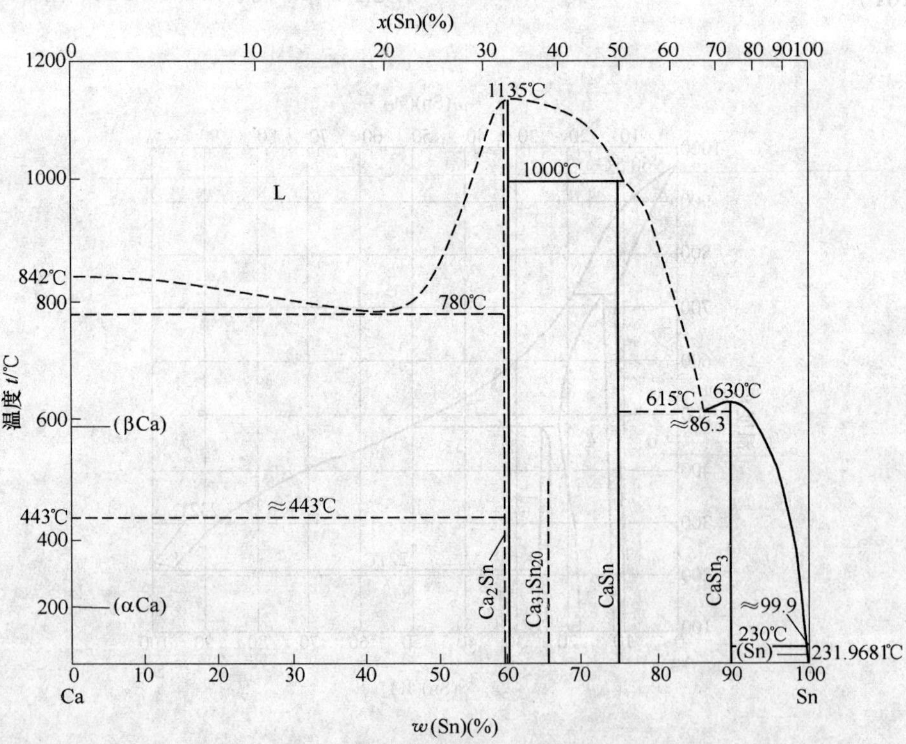

图 2-143　Sn-Ca 二元合金相图

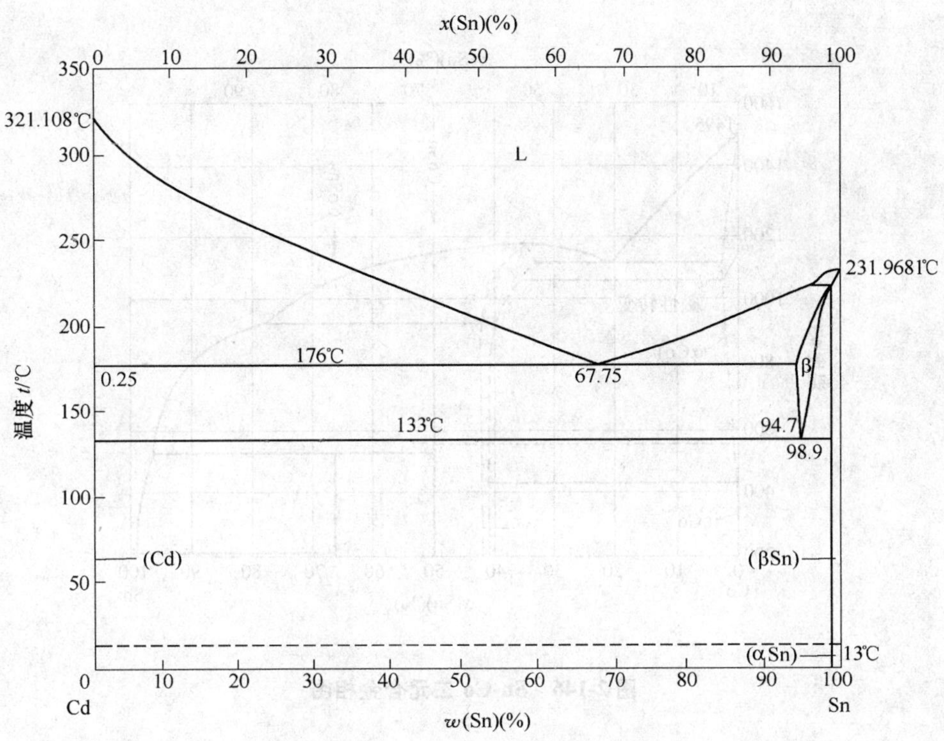

图 2-144　Sn-Cd 二元合金相图

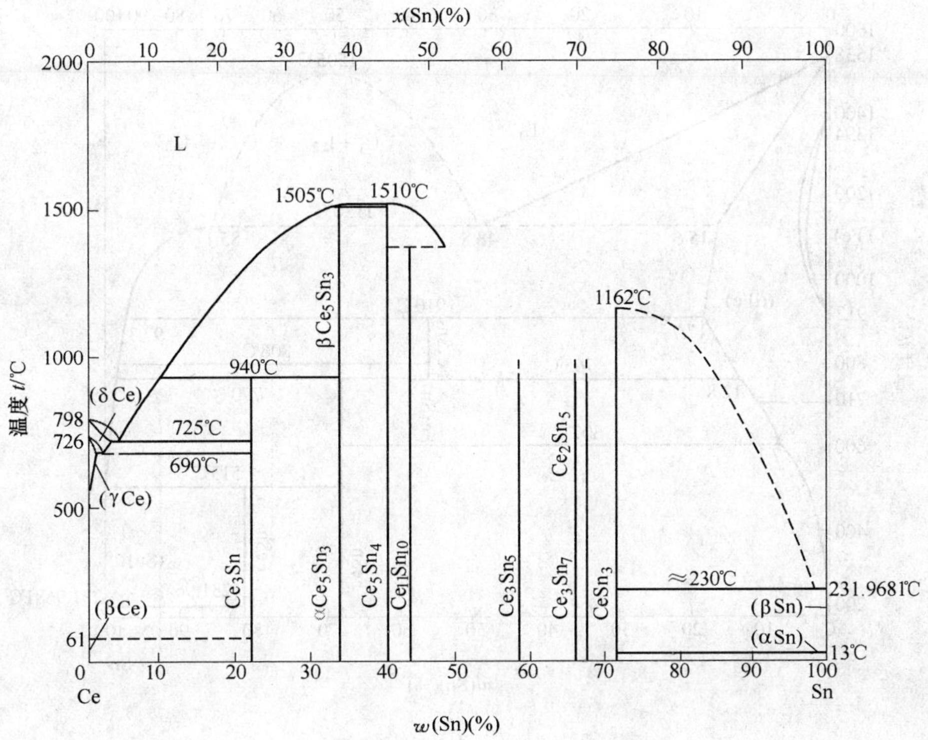

图 2-145　Sn-Ce 二元合金相图

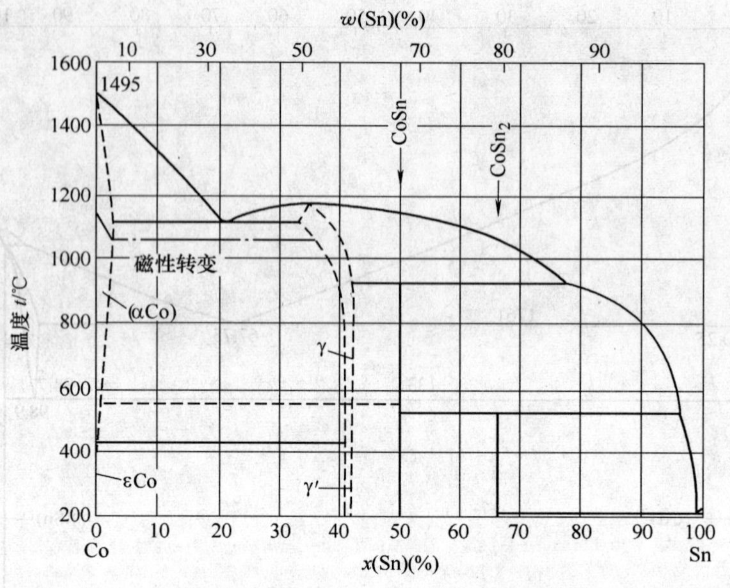

图 2-146　Sn-Co 二元合金相图

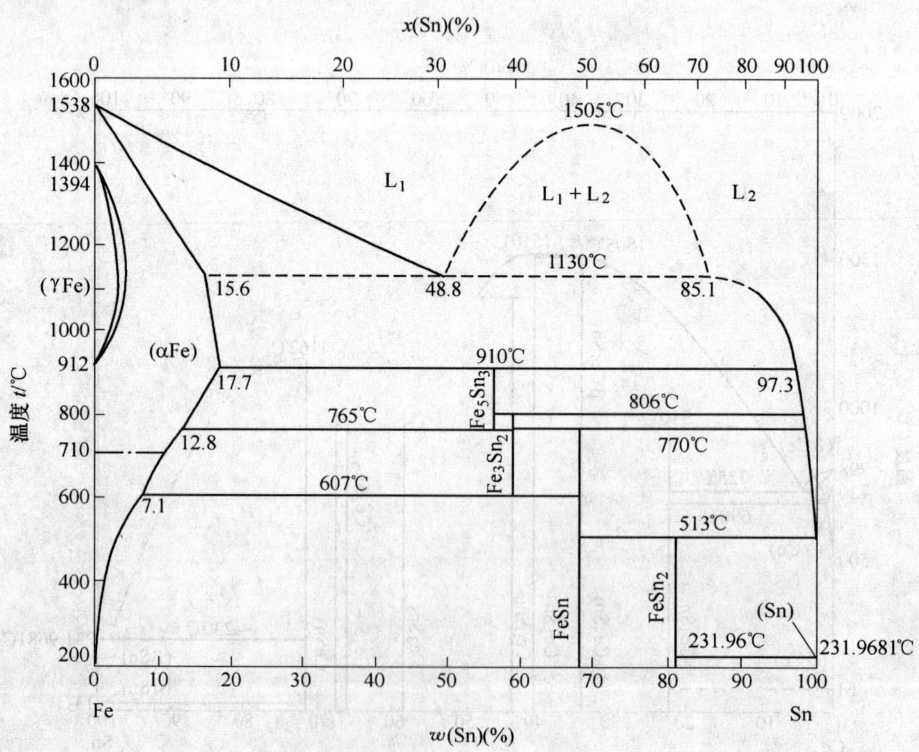

图 2-147　Sn-Fe 二元合金相图

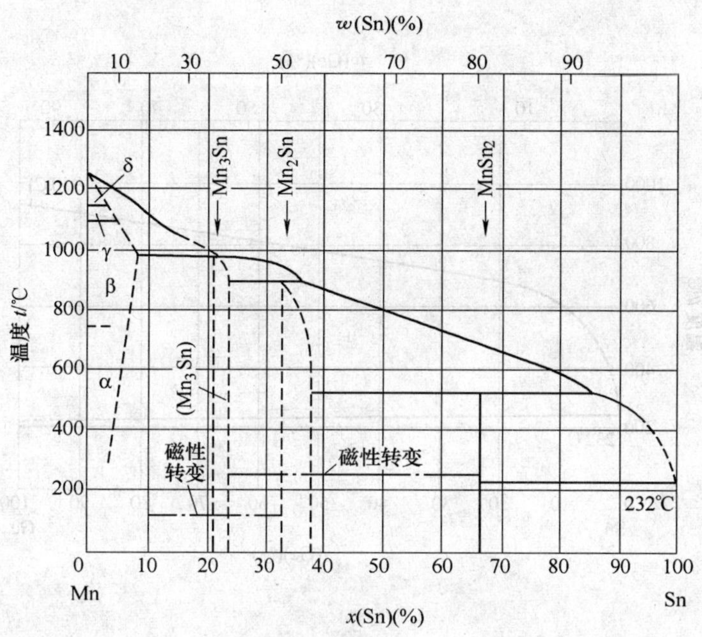

图 2-148　Sn-Mn 二元合金相图

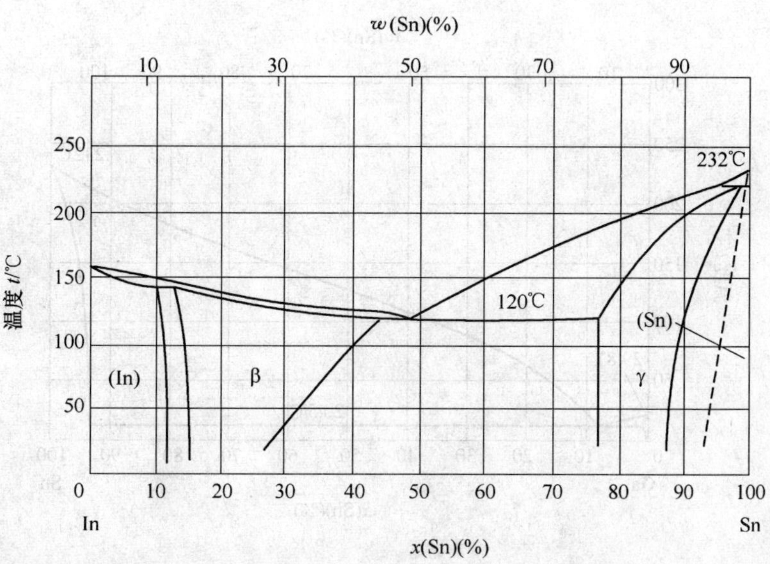

图 2-149　Sn-In 二元合金相图

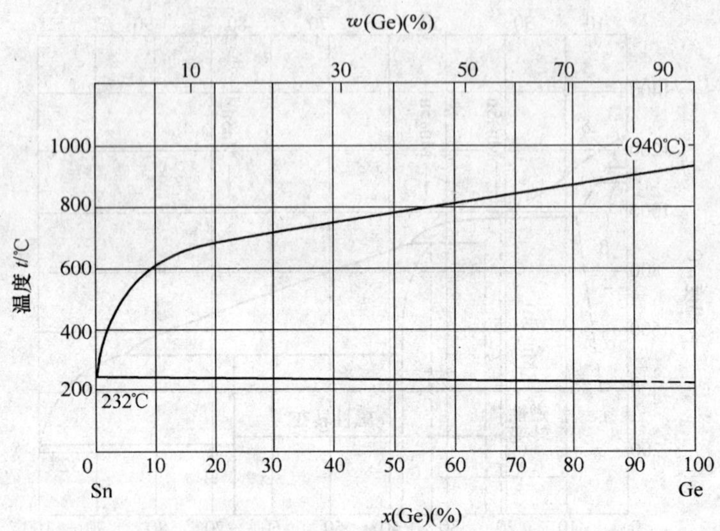

图 2-150 Sn-Ge 二元合金相图

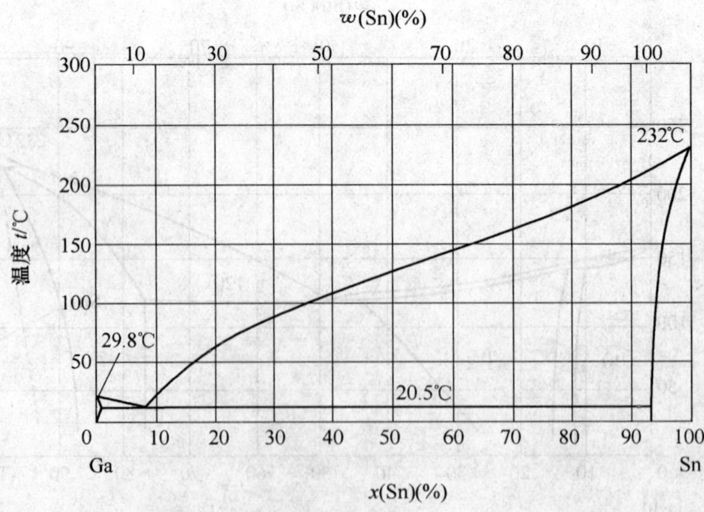

图 2-151 Sn-Ga 二元合金相图

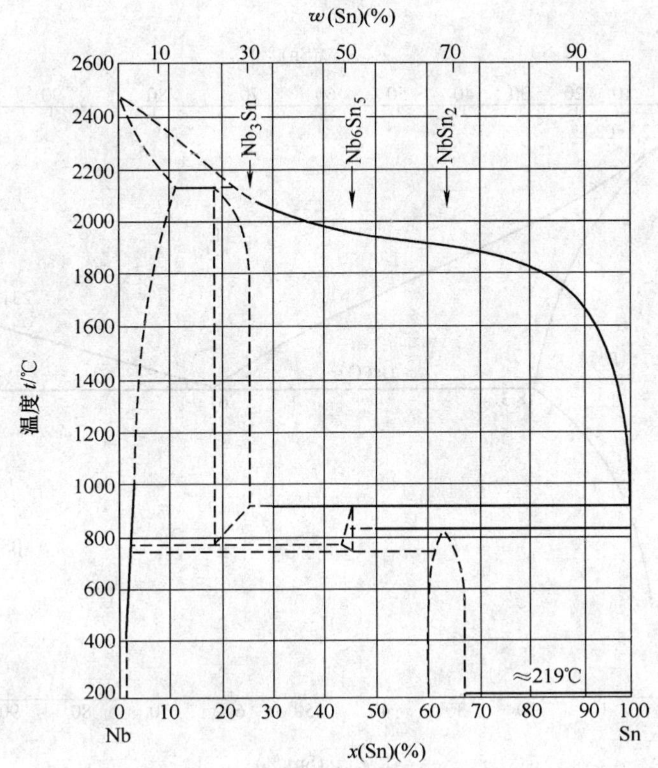

图 2-152　Sn-Nb 二元合金相图

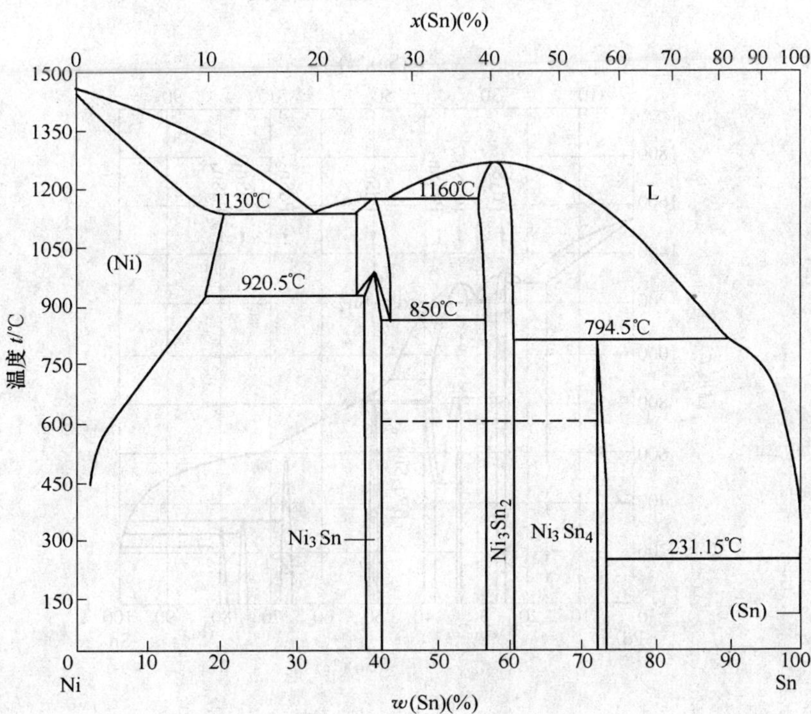

图 2-153　Sn-Ni 二元合金相图

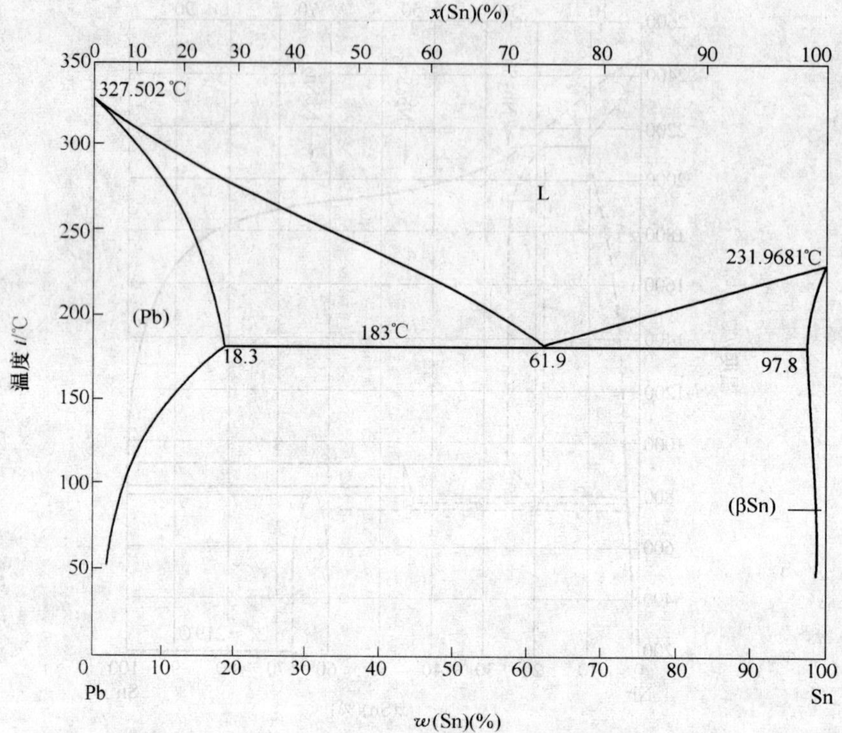

图 2-154　Sn-Pb 二元合金相图

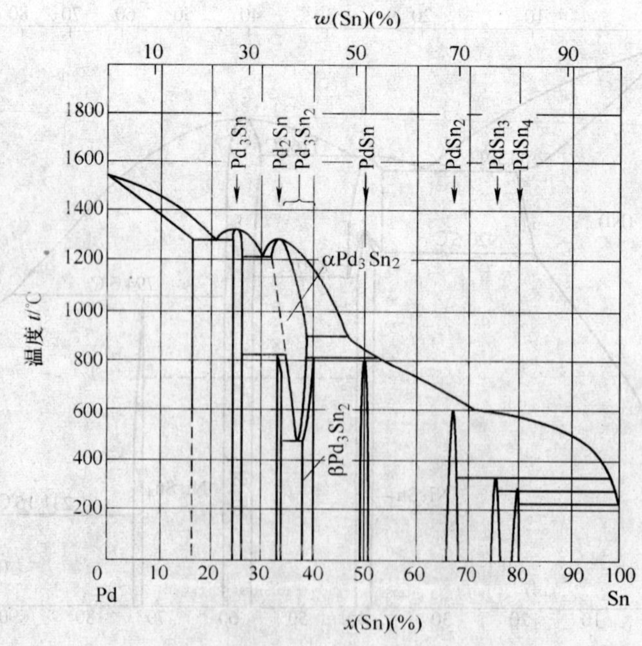

图 2-155　Sn-Pd 二元合金相图

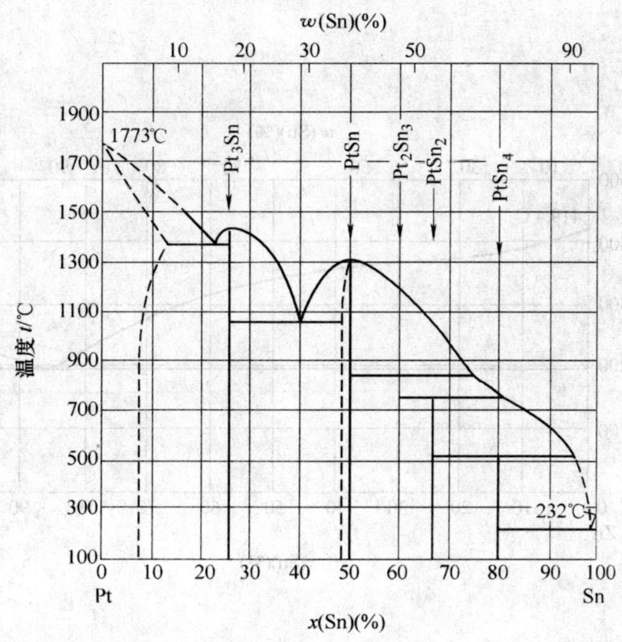

图 2-156　Sn-Pt 二元合金相图

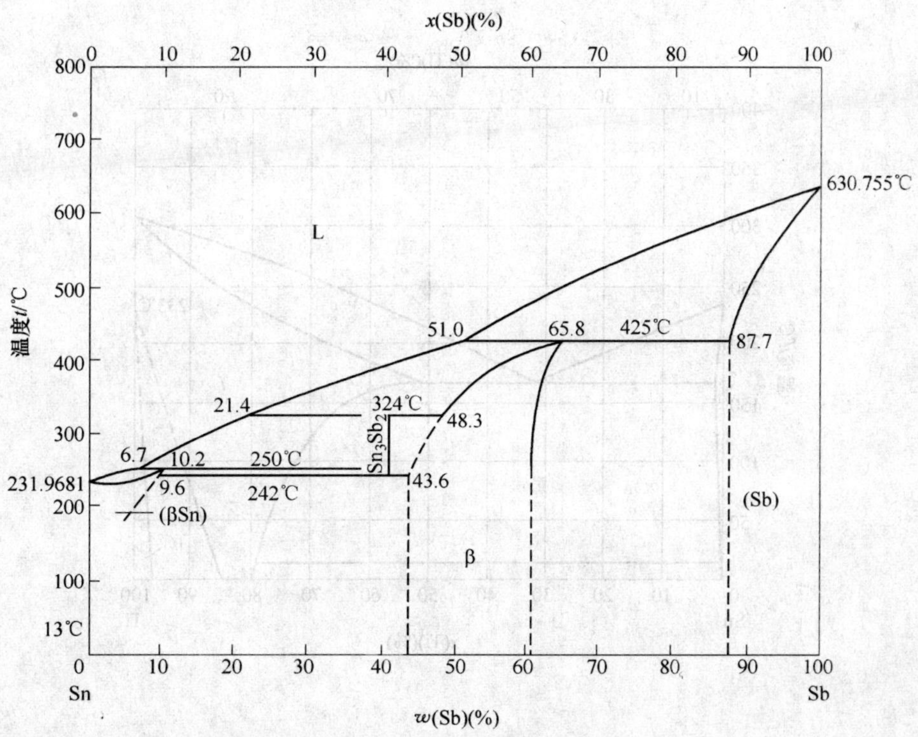

图 2-157　Sn-Sb 二元合金相图

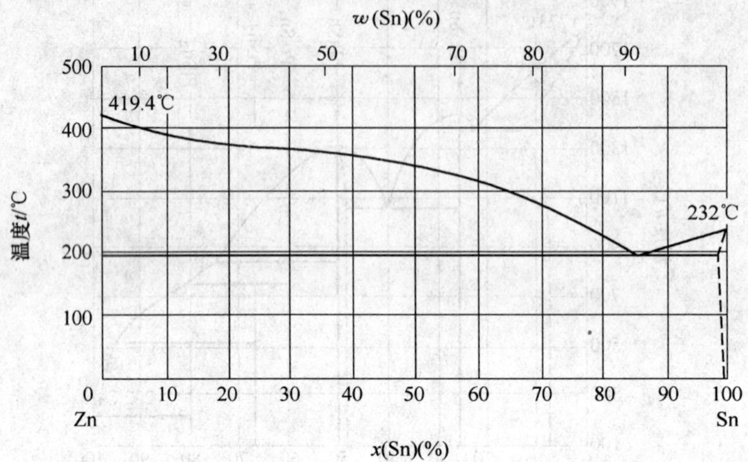

图 2-158　Sn-Zn 二元合金相图

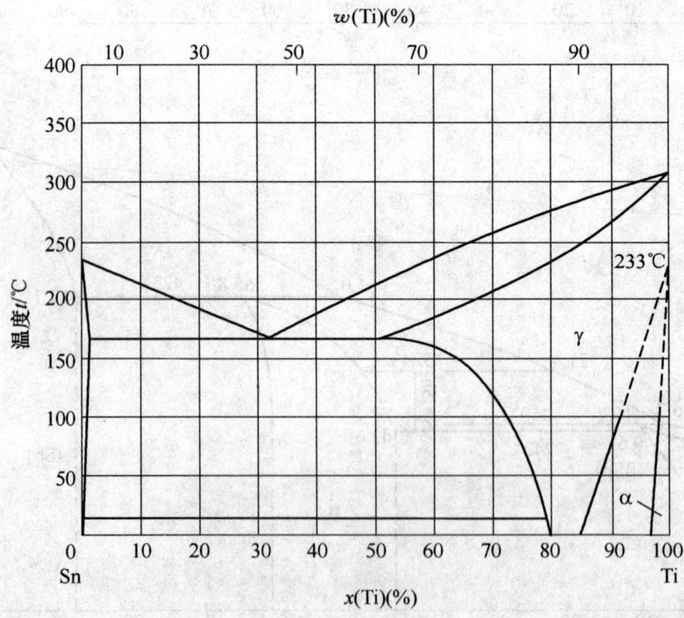

图 2-159　Sn-Ti 二元合金相图

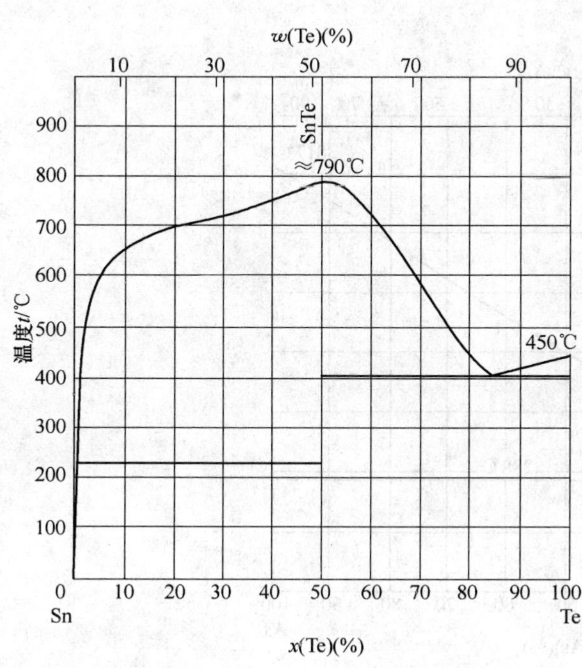

图 2-160　Sn-Te 二元合金相图

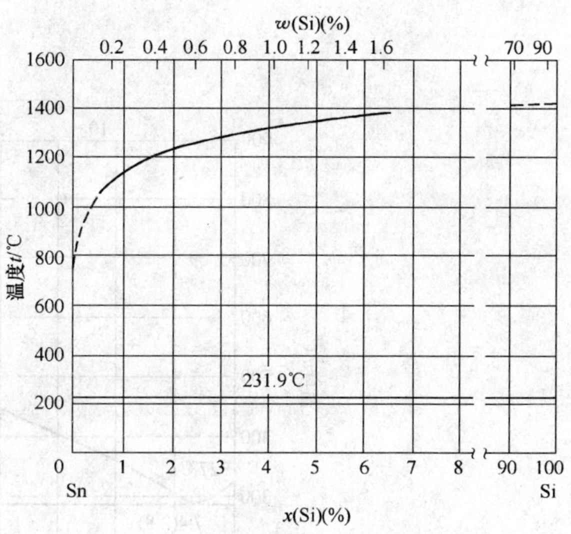

图 2-161　Sn-Si 二元合金相图

2.2.9　Pb 基二元合金相图（见图 2-162 ~ 图 2-178）

Al-Pb、Cu-Pb、Sn-Pb 的二元合金相图分别见图 2-30、图 2-116、图 2-154。

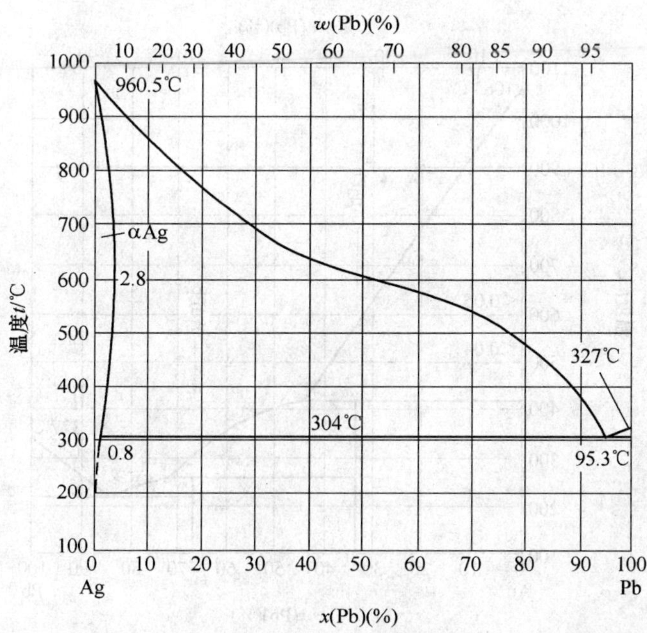

图 2-162　Pb-Ag 二元合金相图

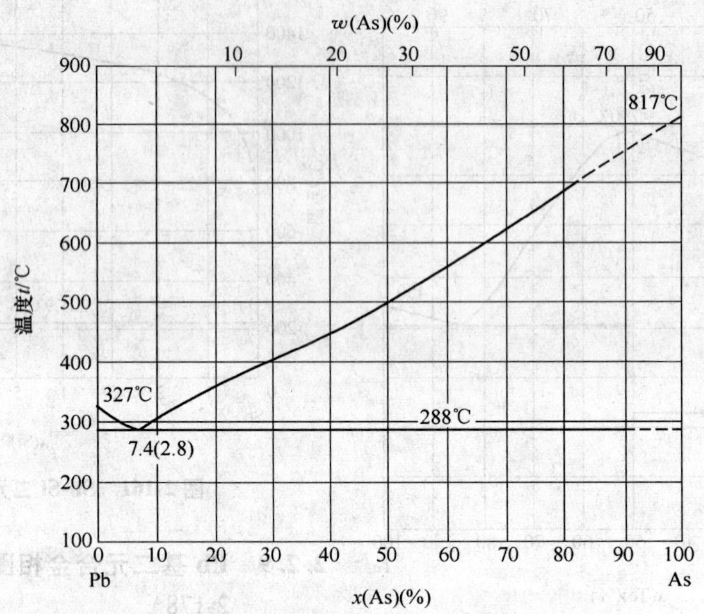

图 2-163　Pb-As 二元合金相图

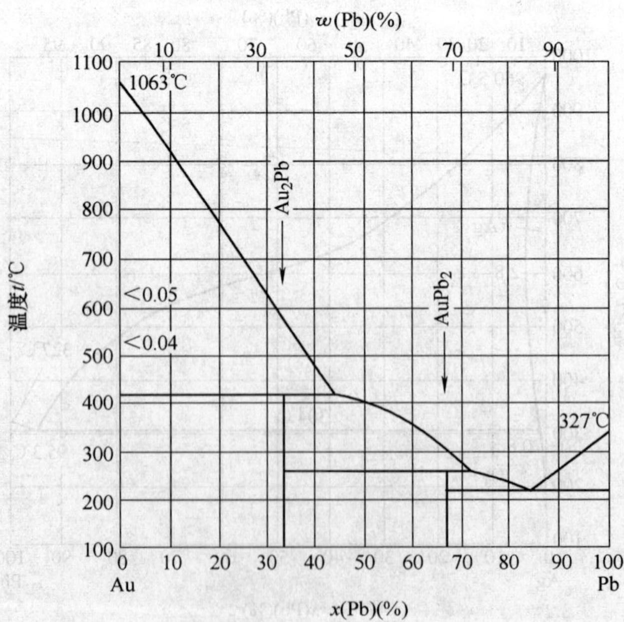

图 2-164　Pb-Au 二元合金相图

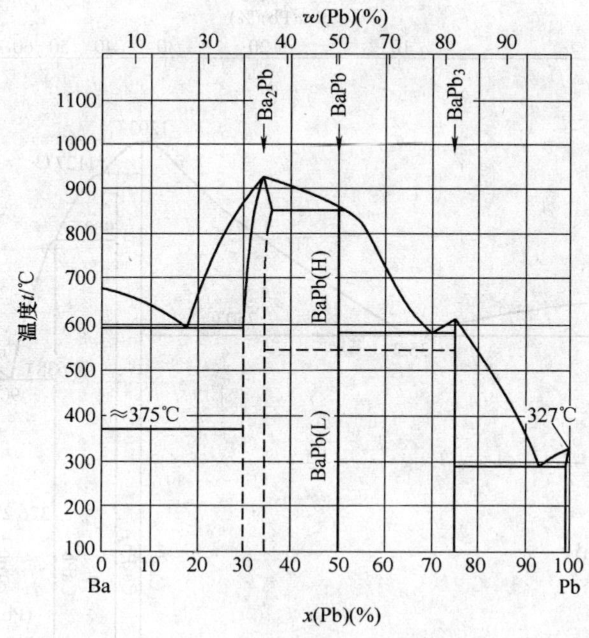

图 2-165　**Pb-Ba** 二元合金相图

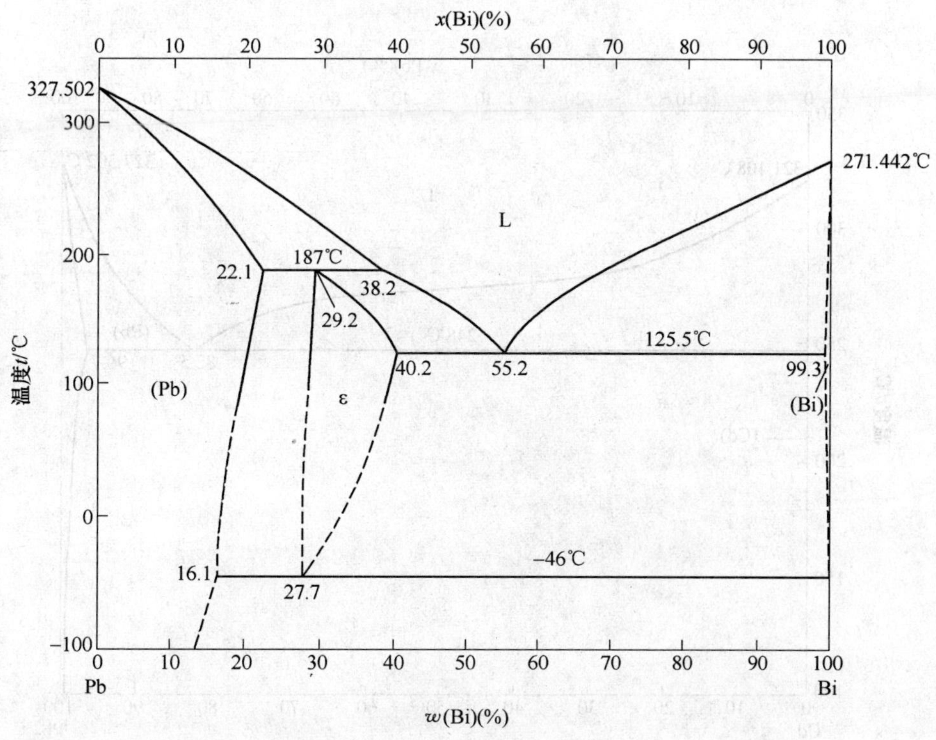

图 2-166　**Pb-Bi** 二元合金相图

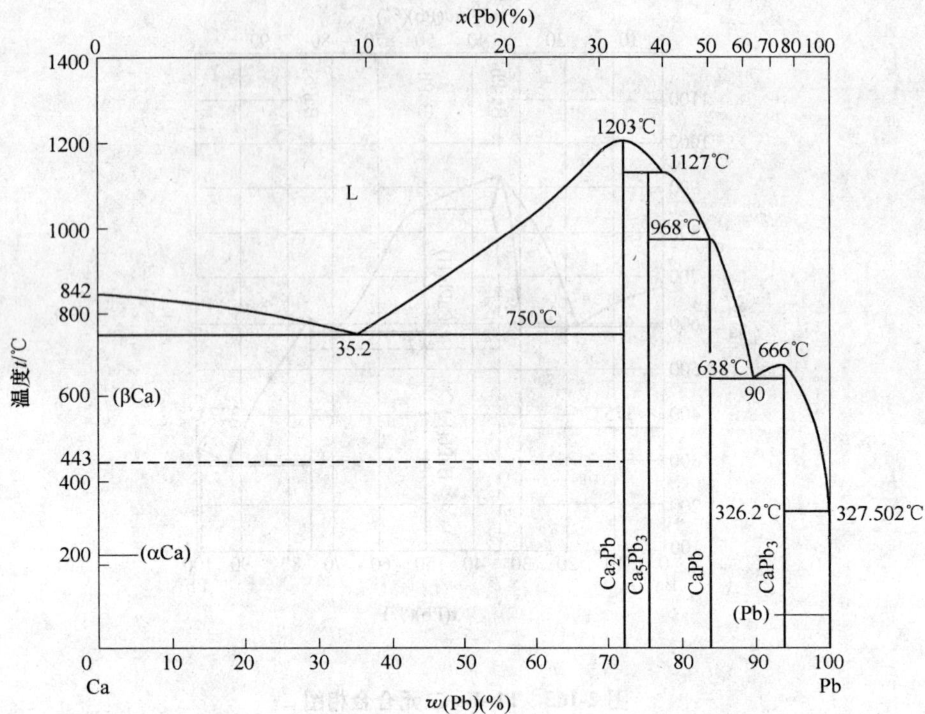

图 2-167　Pb-Ca 二元合金相图

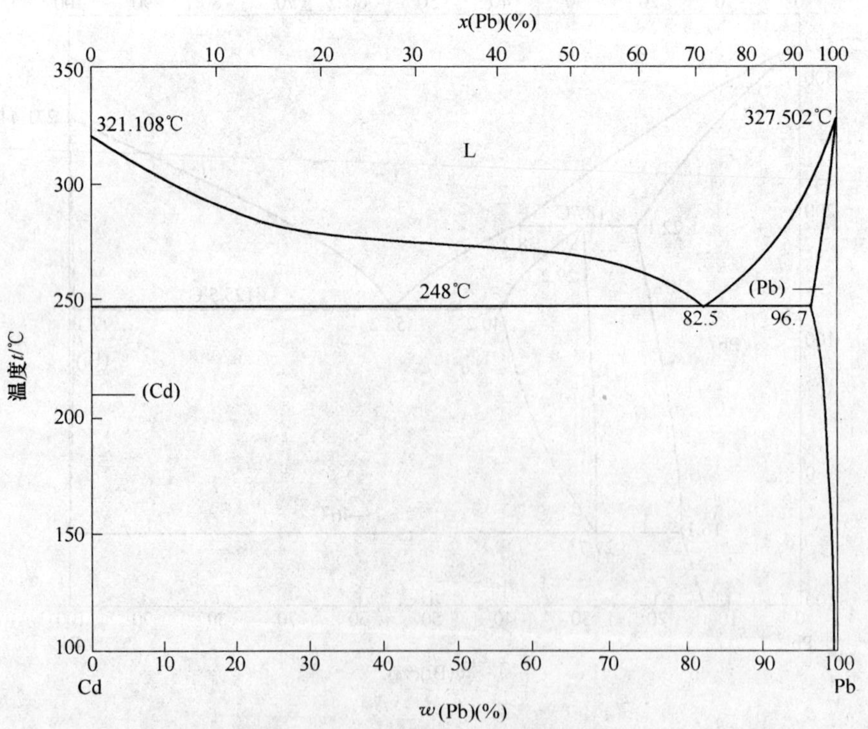

图 2-168　Pb-Cd 二元合金相图

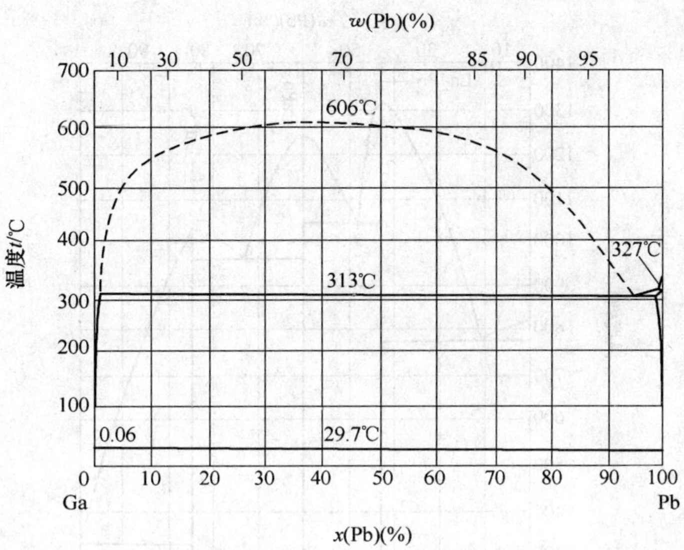

图 2-169　Pb-Ga 二元合金相图

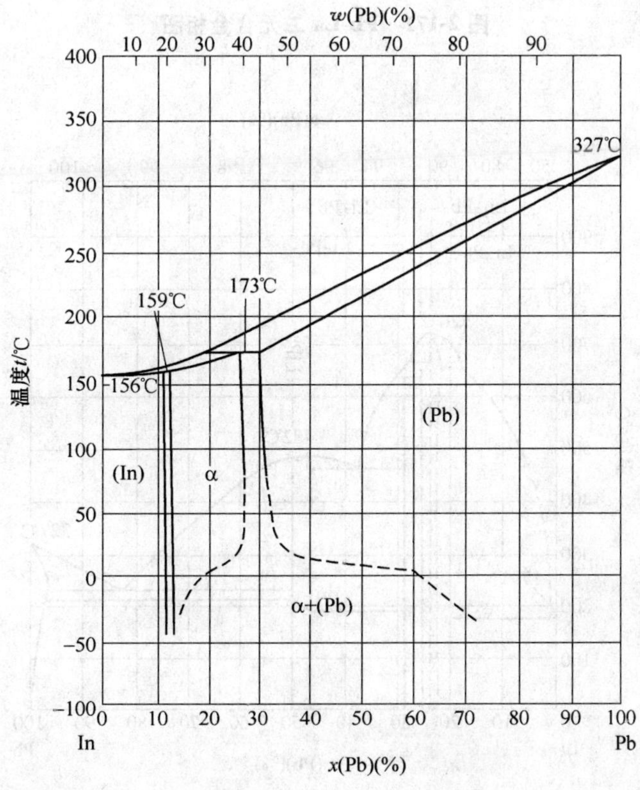

图 2-170　Pb-In 二元合金相图

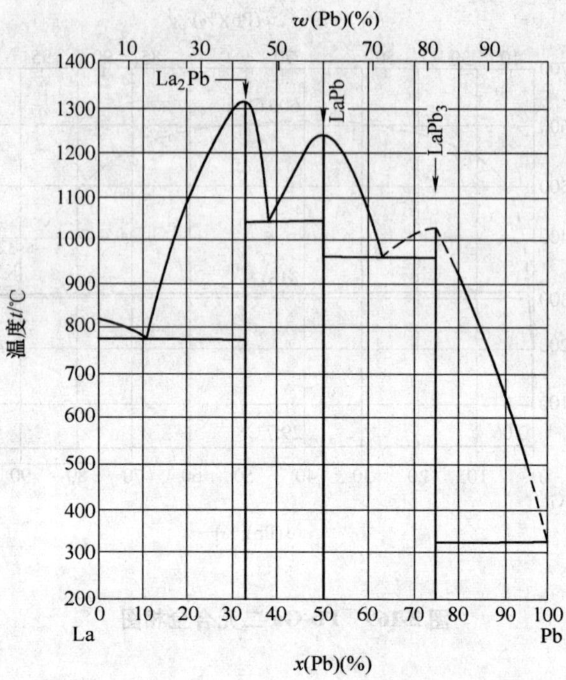

图 2-171　Pb-La 二元合金相图

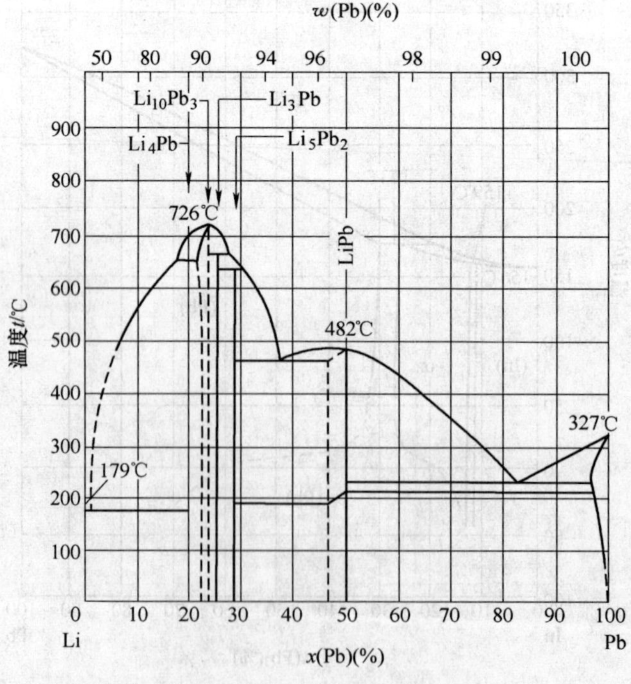

图 2-172　Pb-Li 二元合金相图

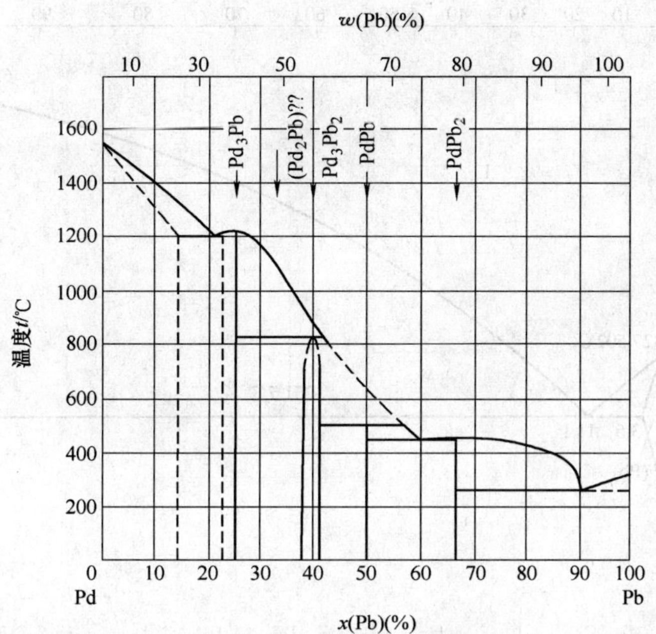

图 2-173　**Pb-Pd** 二元合金相图

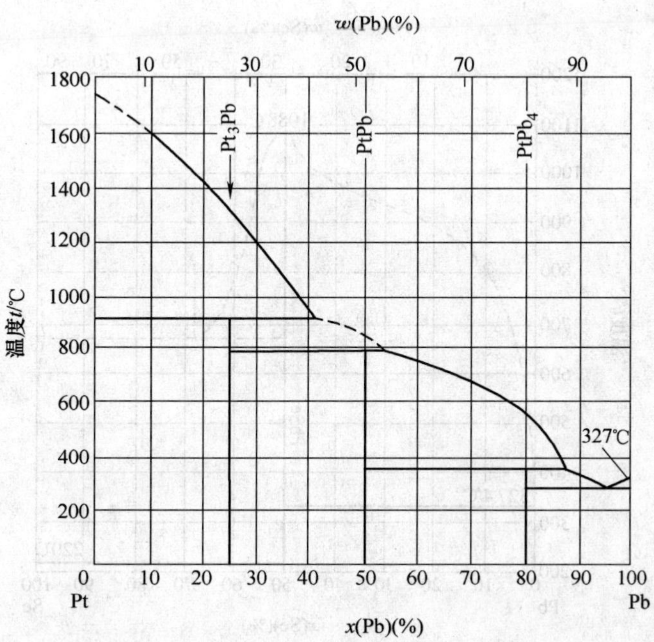

图 2-174　**Pb-Pt** 二元合金相图

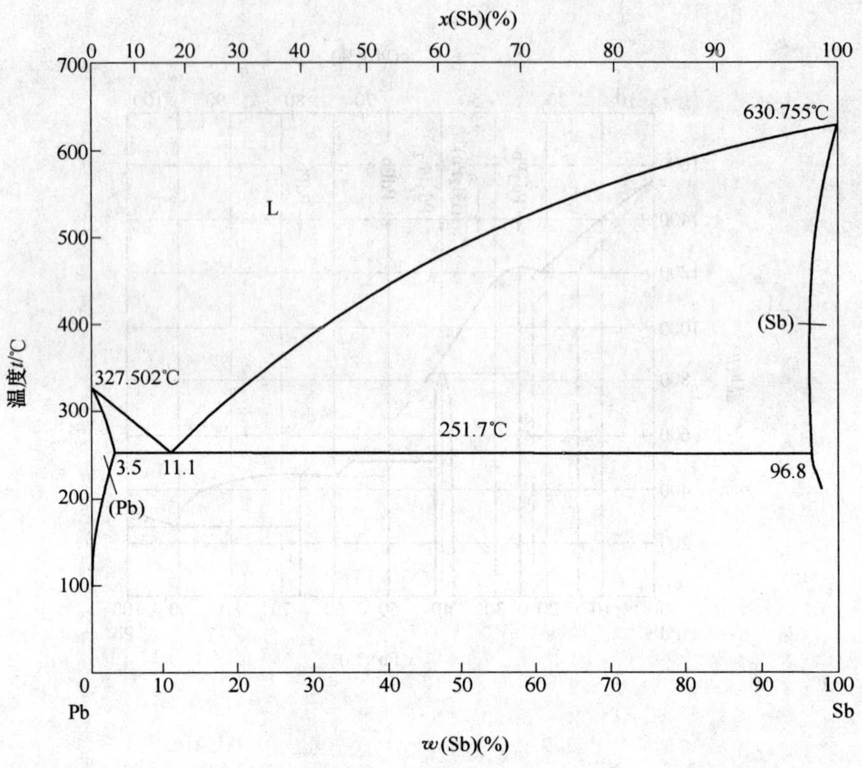

图 2-175　Pb-Sb 二元合金相图

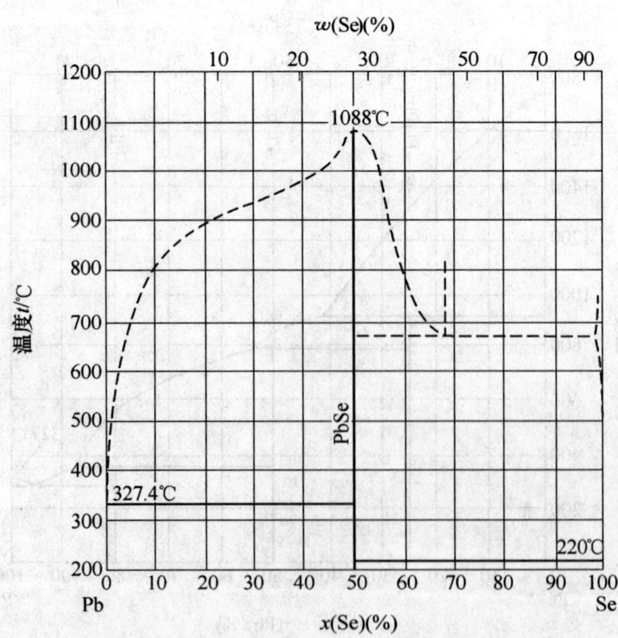

图 2-176　Pb-Se 二元合金相图

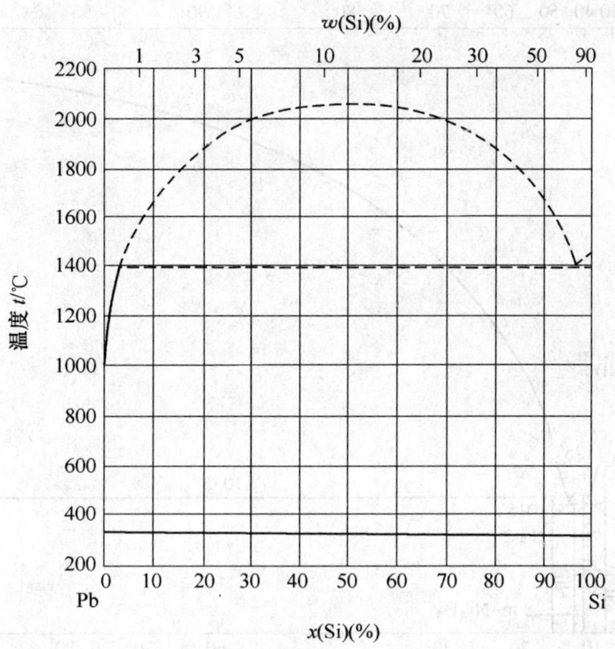

图 2-177　Pb-Si 二元合金相图

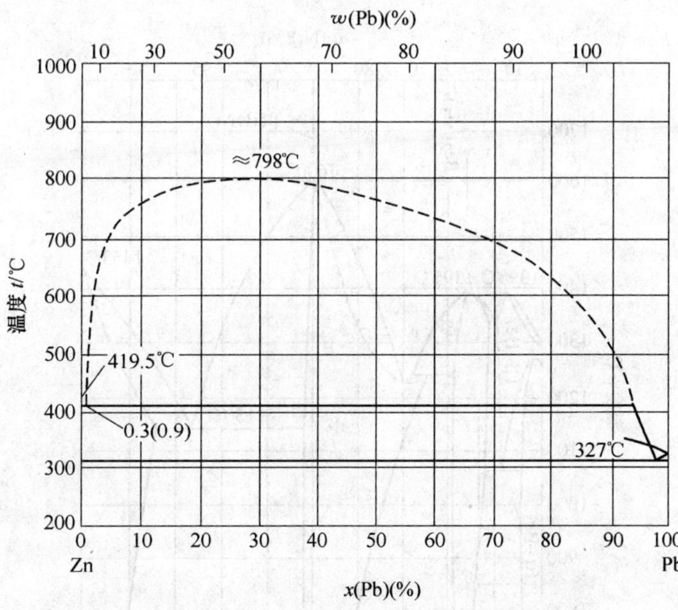

图 2-178　Pb-Zn 二元合金相图

2.2.10　Ni 基二元合金相图（见图 2-179 ~ 图 2-208）

Al-Ni、Cu-Ni、Mg-Ni、Sn-Ni、Ti-Ni 的二元合金相图分别见图 2-28、图 2-113、图 2-66、图 2-153、图 2-88。

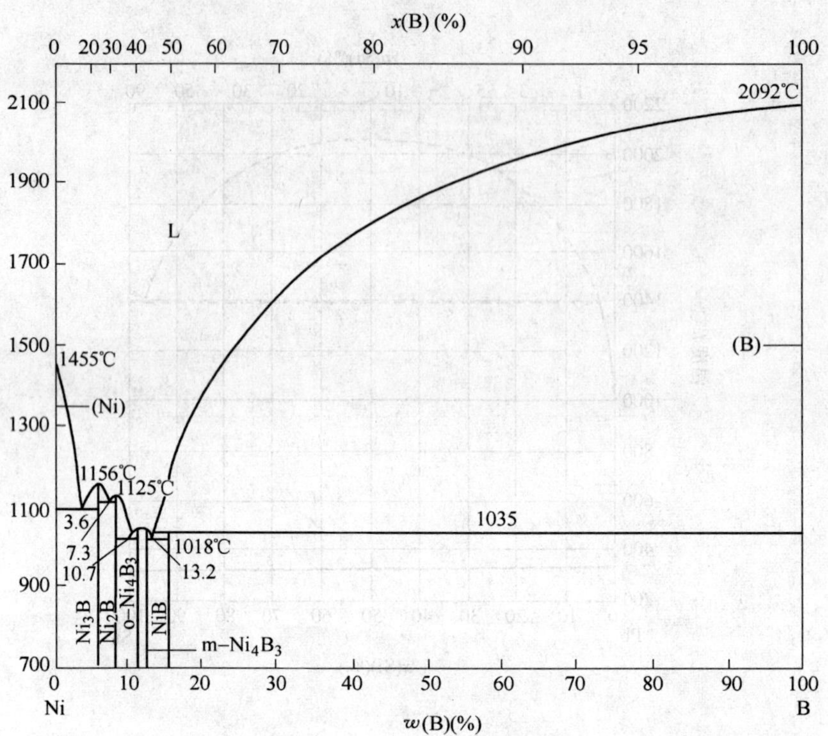

图 2-179　Ni-B 二元合金相图

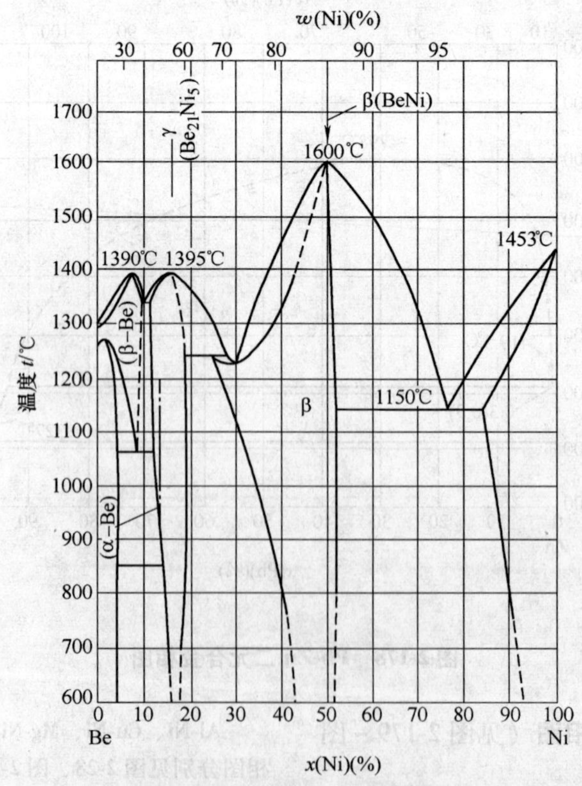

图 2-180　Ni-Be 二元合金相图

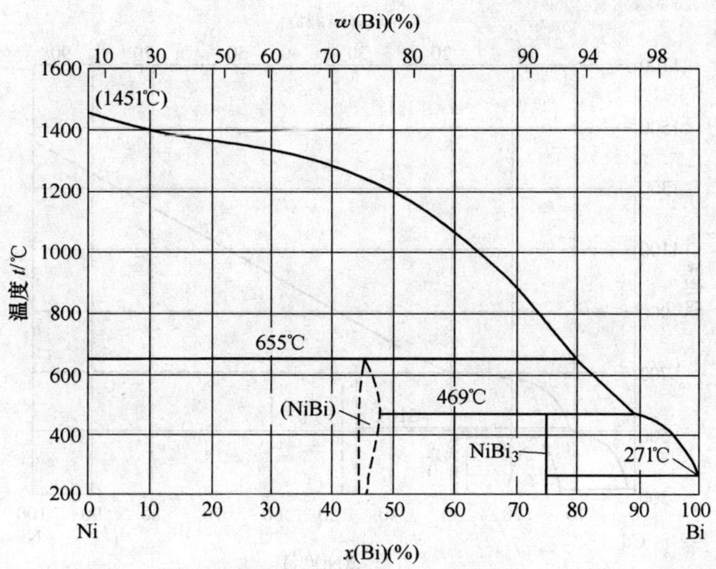

图 2-181　Ni-Bi 二元合金相图

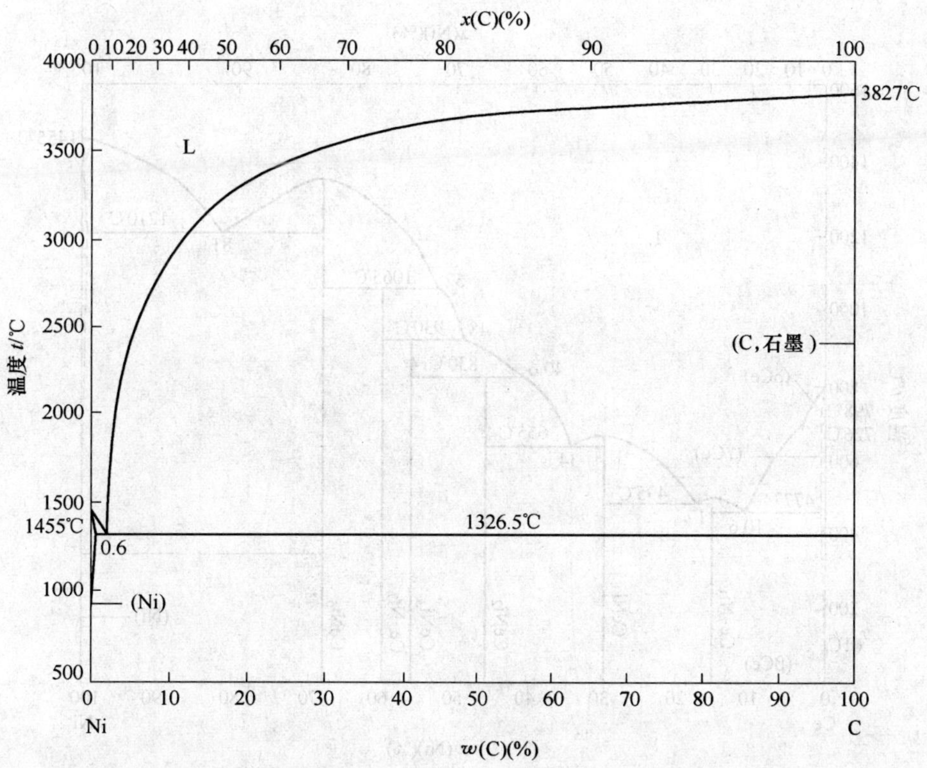

图 2-182　Ni-C 二元合金相图

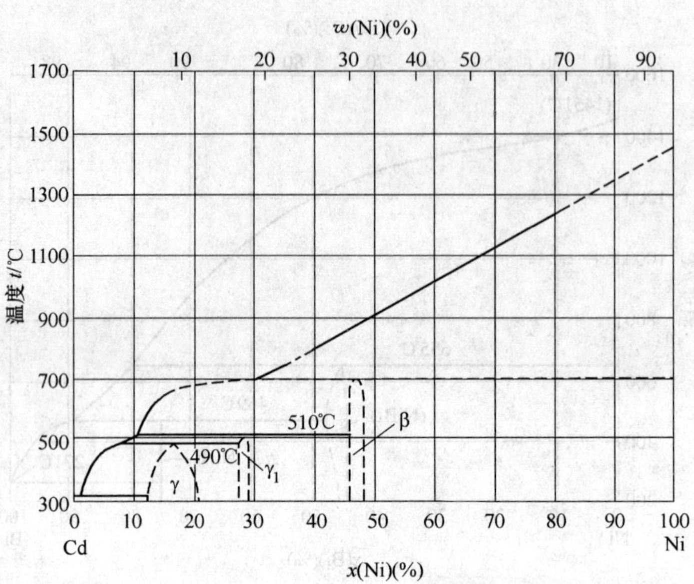

图 2-183　Ni-Cd 二元合金相图

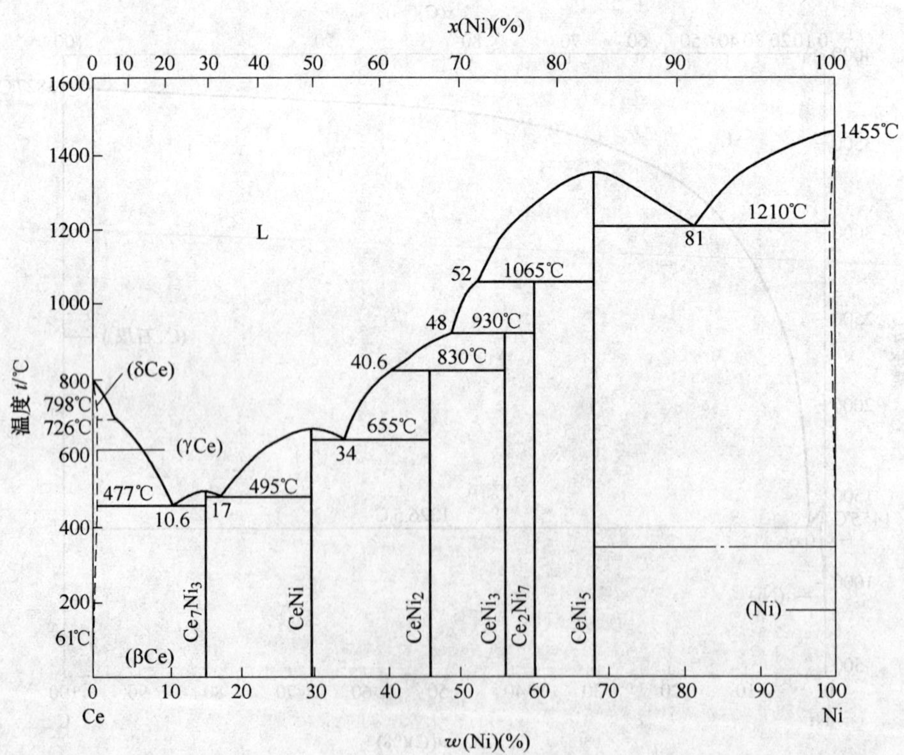

图 2-184　Ni-Ce 二元合金相图

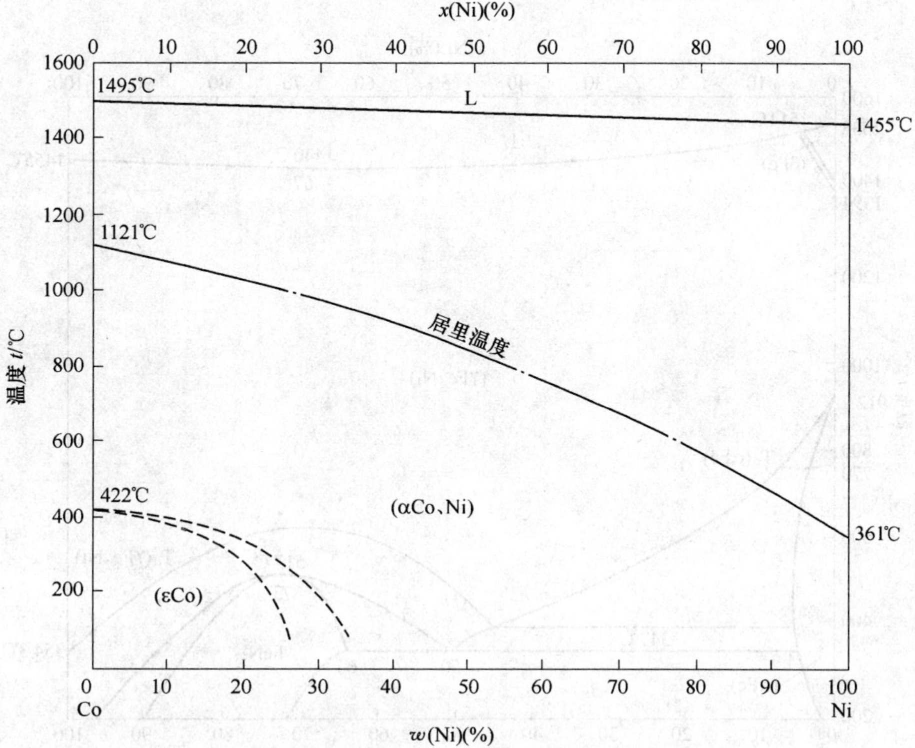

图 2-185　Ni-Co 二元合金相图

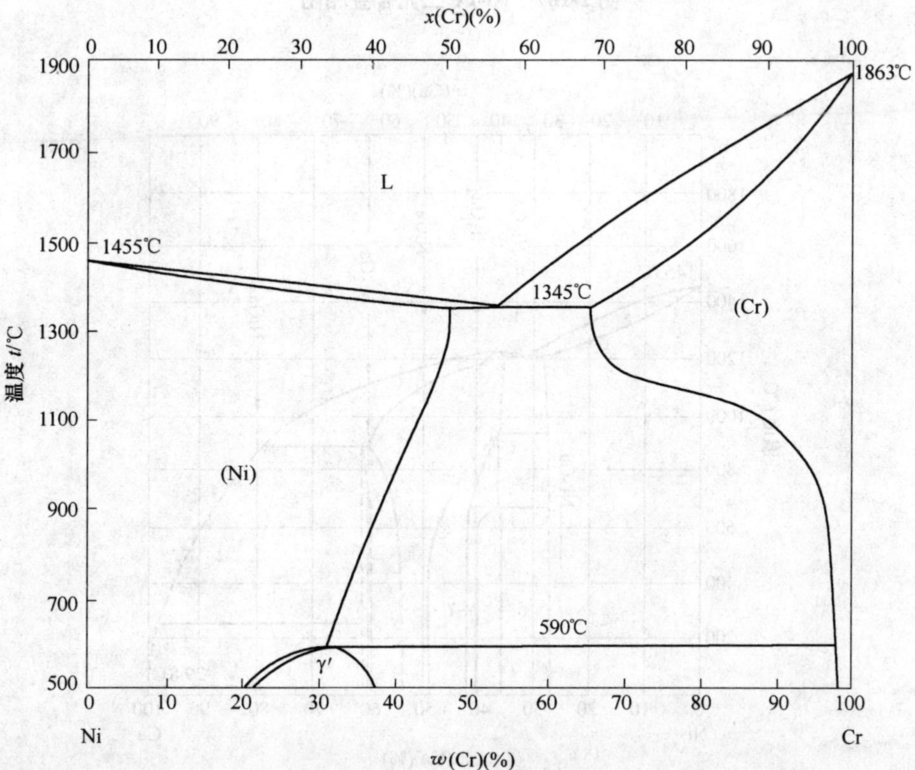

图 2-186　Ni-Cr 二元合金相图

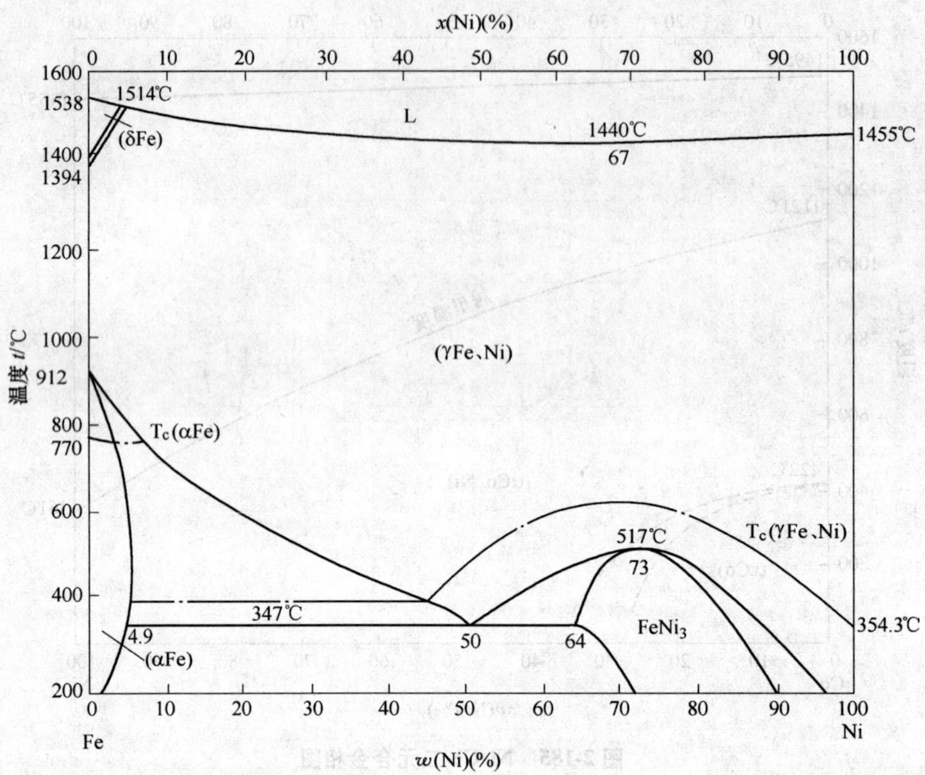

图 2-187　Ni-Fe 二元合金相图

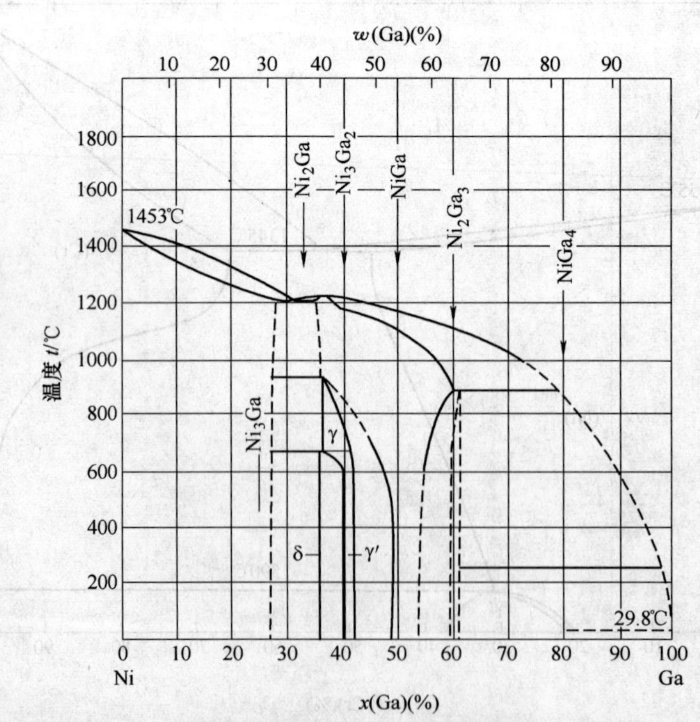

图 2-188　Ni-Ga 二元合金相图

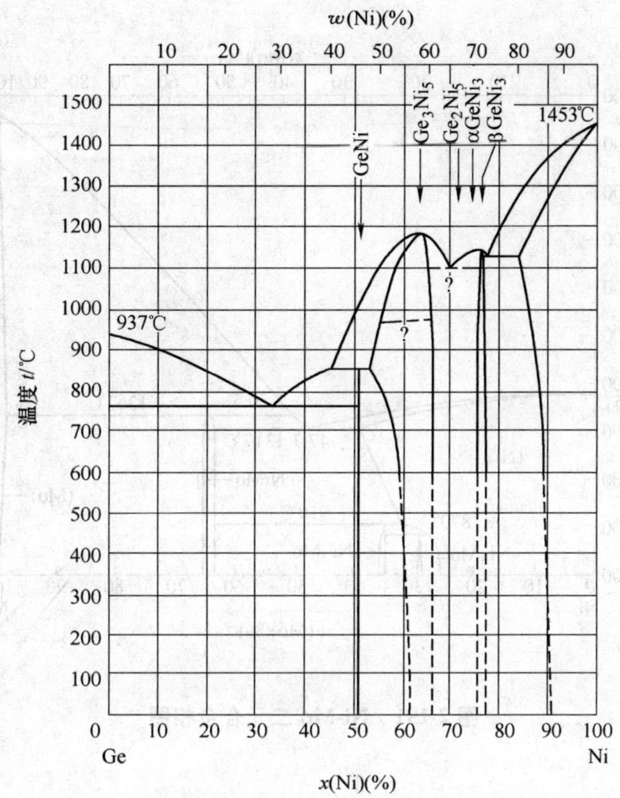

图 2-189　Ni-Ge 二元合金相图

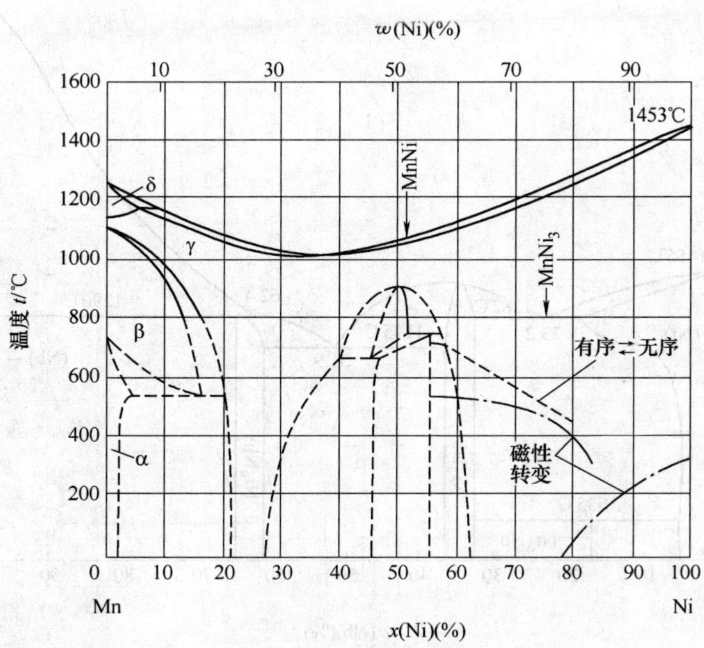

图 2-190　Ni-Mn 二元合金相图

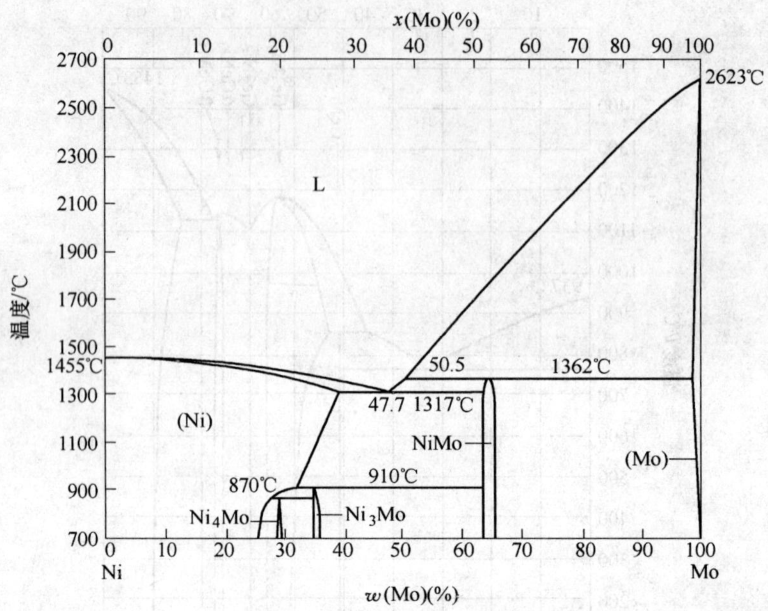

图 2-191　Ni-Mo 二元合金相图

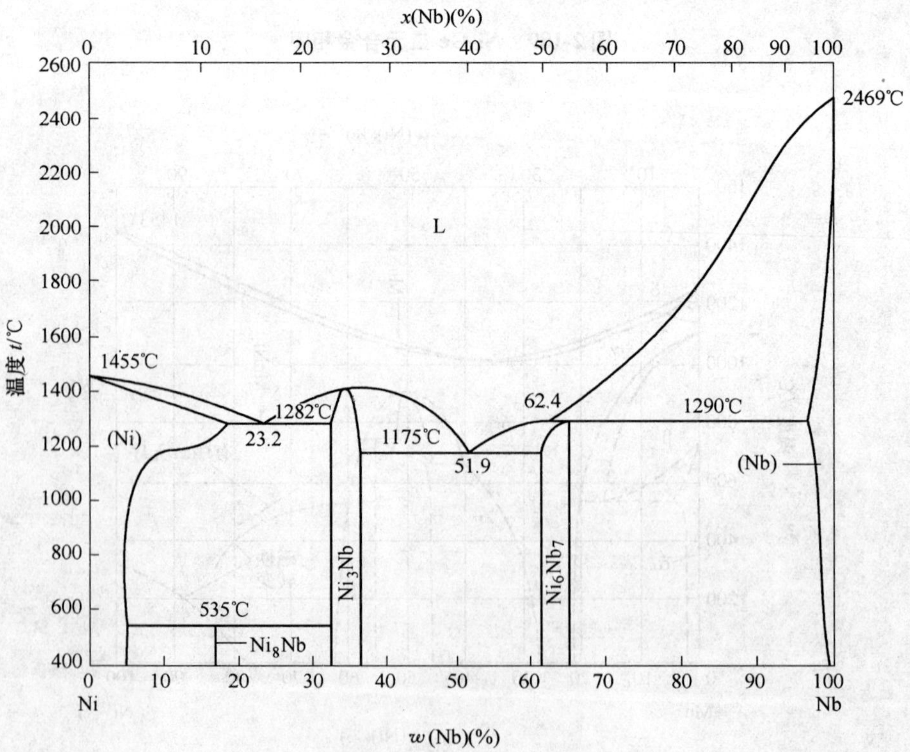

图 2-192　Ni-Nb 二元合金相图

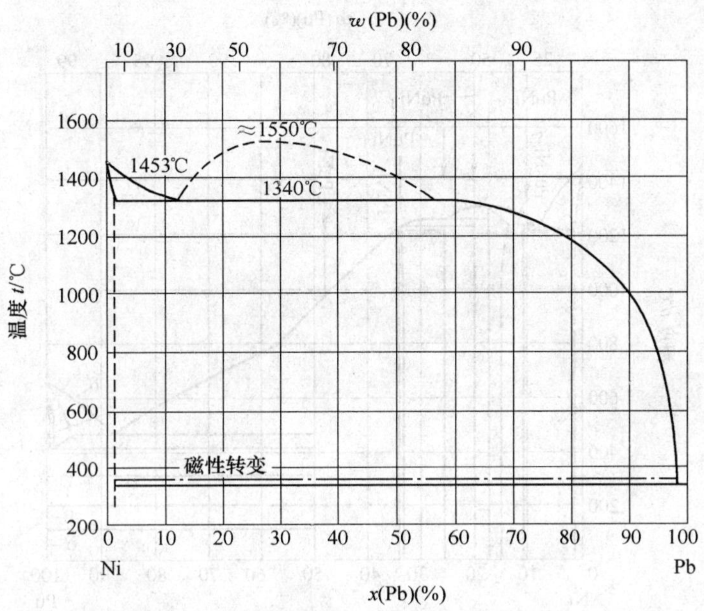

图 2-193　Ni-Pb 二元合金相图

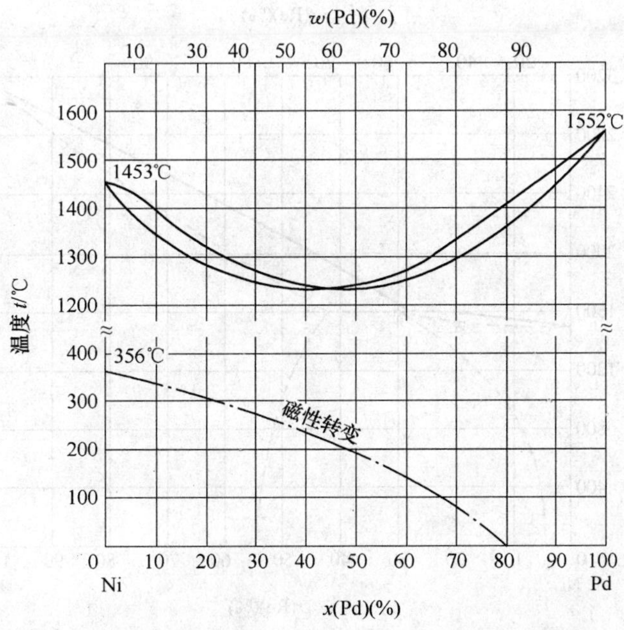

图 2-194　Ni-Pd 二元合金相图

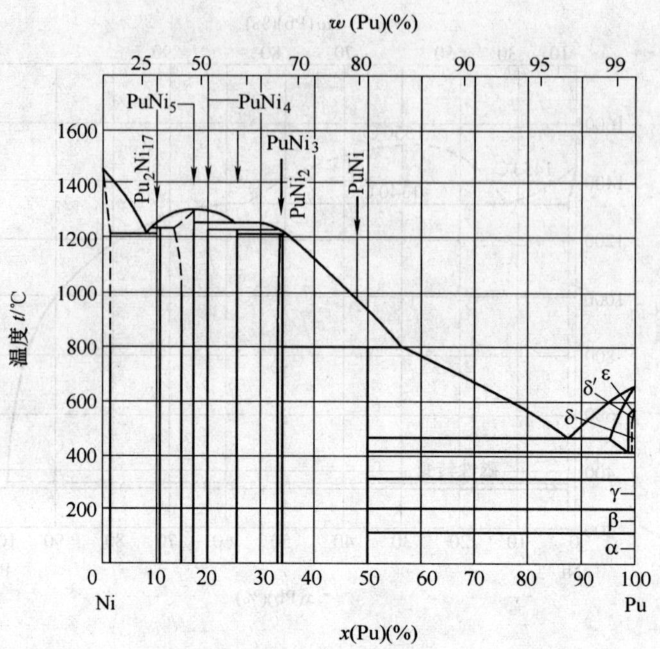

图 2-195　Ni-Pu 二元合金相图

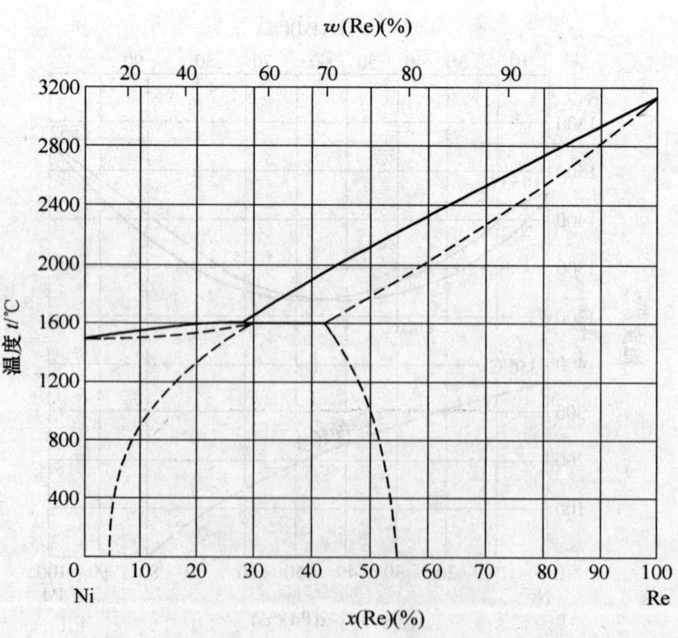

图 2-196　Ni-Re 二元合金相图

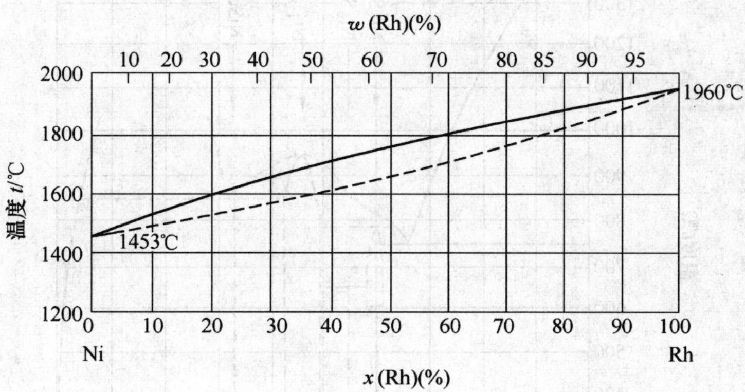

图 2-197　Ni-Rh 二元合金相图

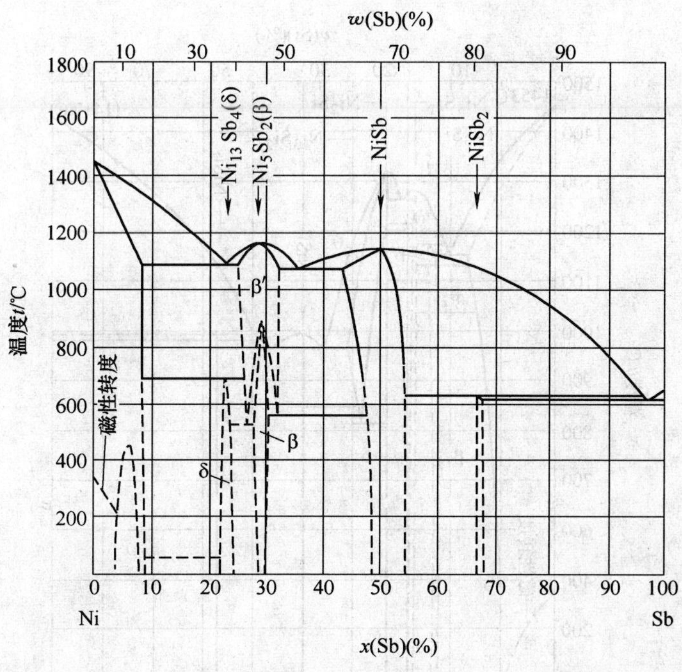

图 2-198　Ni-Sb 二元合金相图

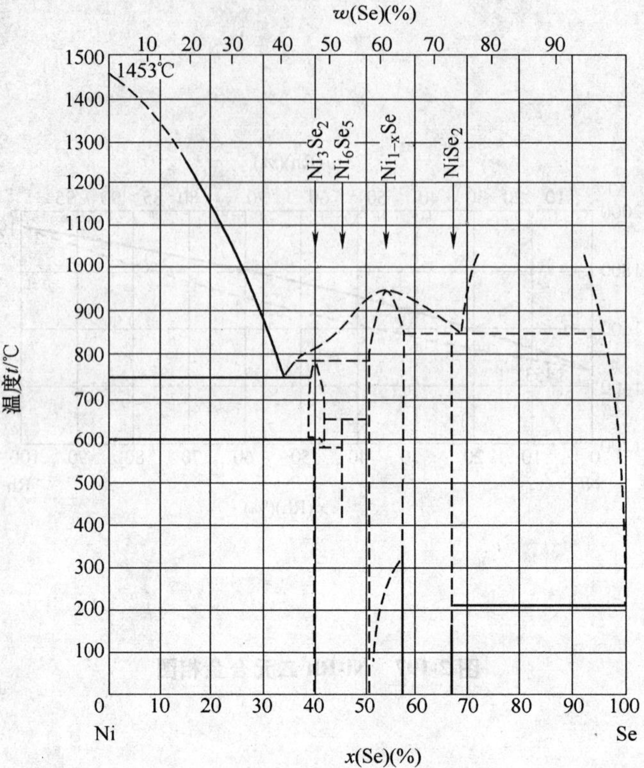

图 2-199　Ni-Se 二元合金相图

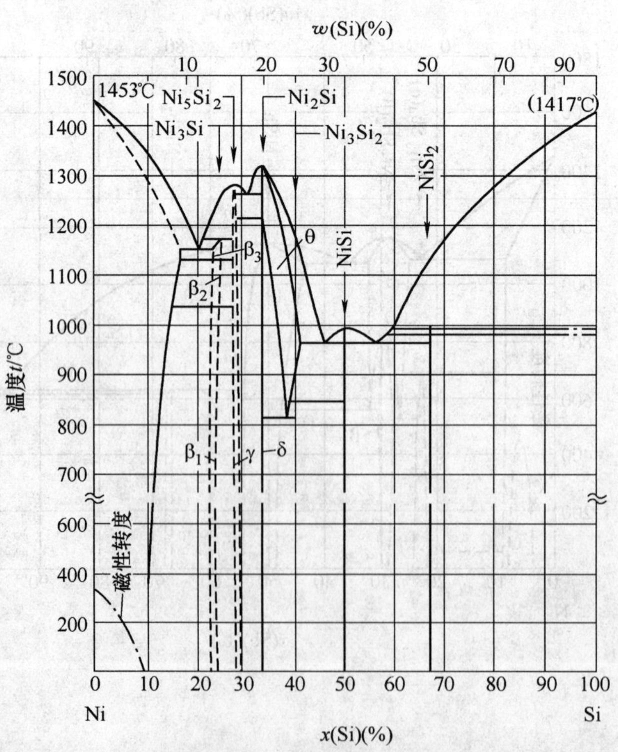

图 2-200　Ni-Si 二元合金相图

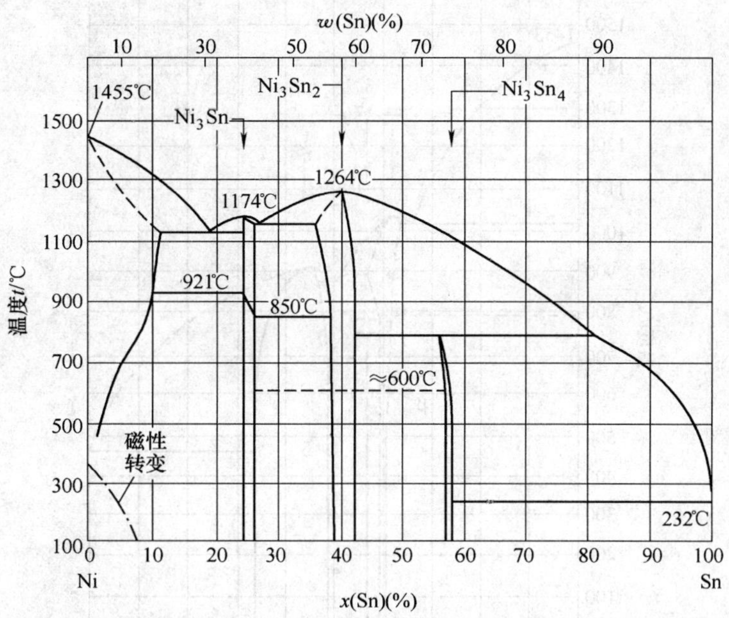

图 2-201　Ni-Sn 二元合金相图

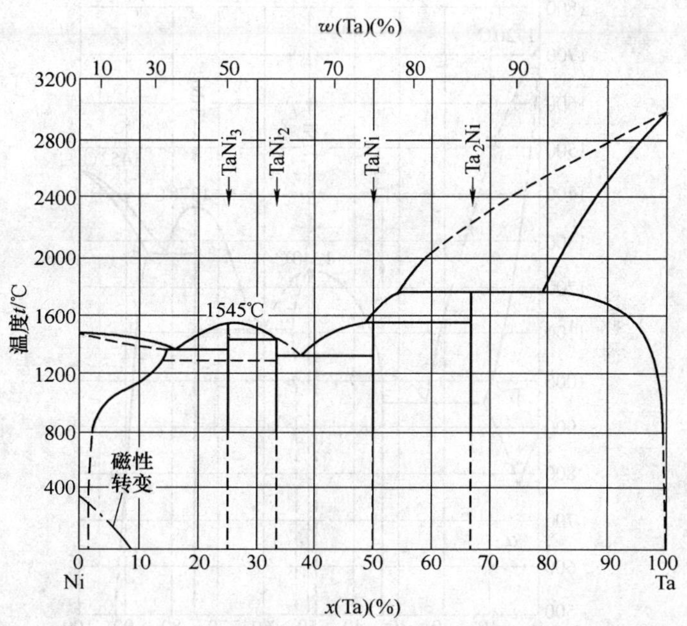

图 2-202　Ni-Ta 二元合金相图

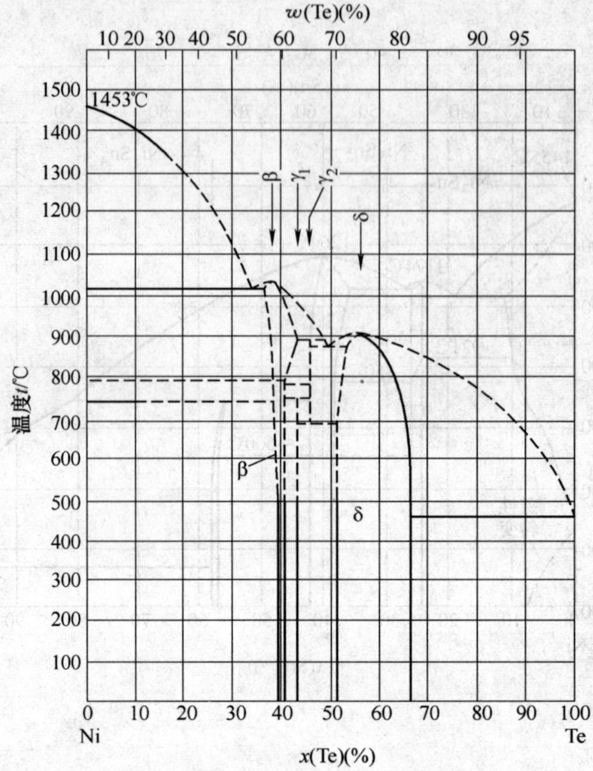

图 2-203　Ni-Te 二元合金相图

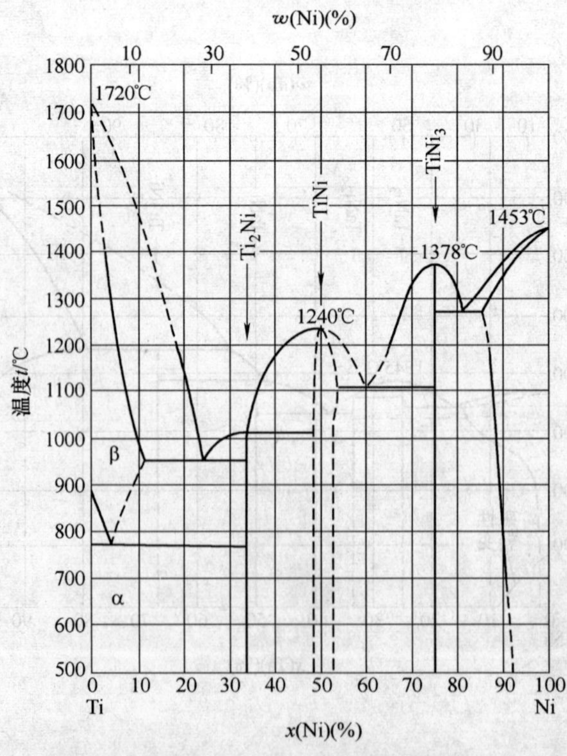

图 2-204　Ni-Ti 二元合金相图

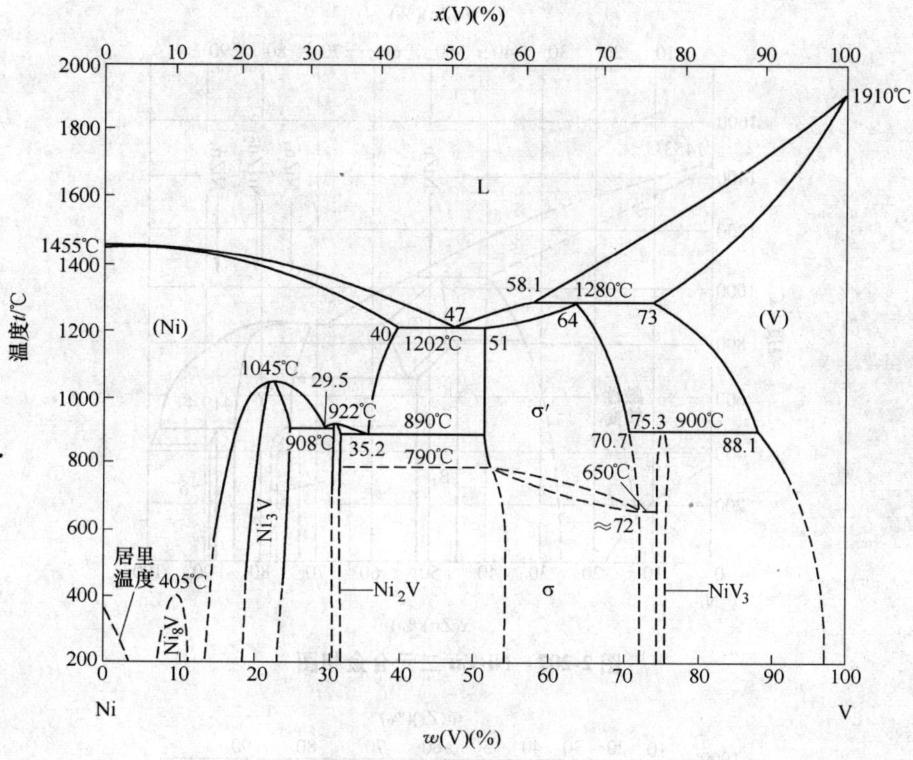

图 2-205　Ni-V 二元合金相图

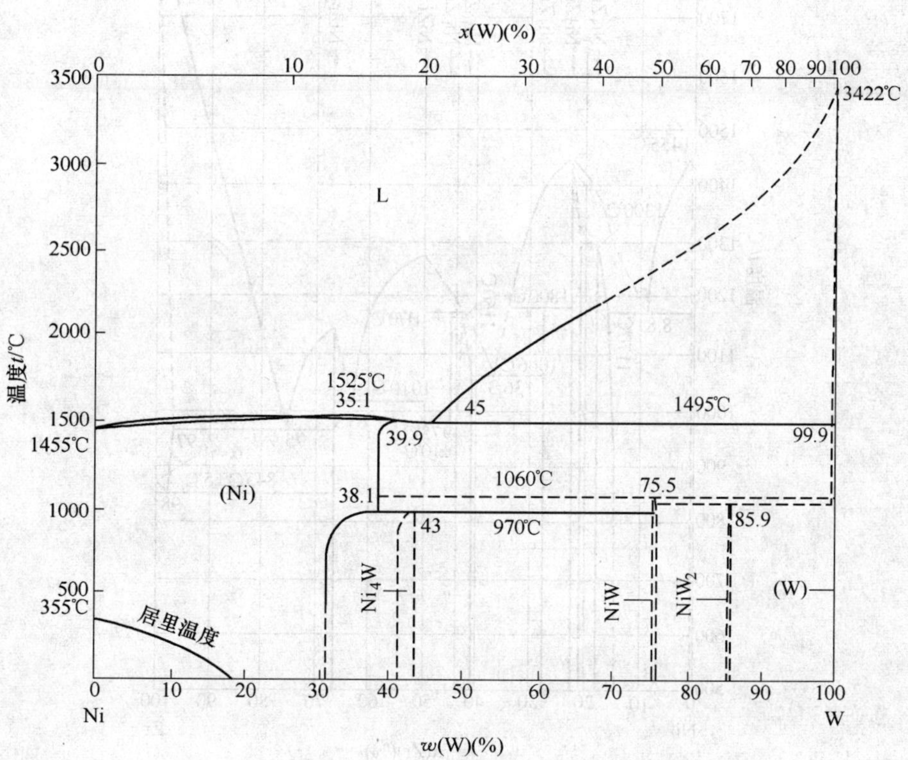

图 2-206　Ni-W 二元合金相图

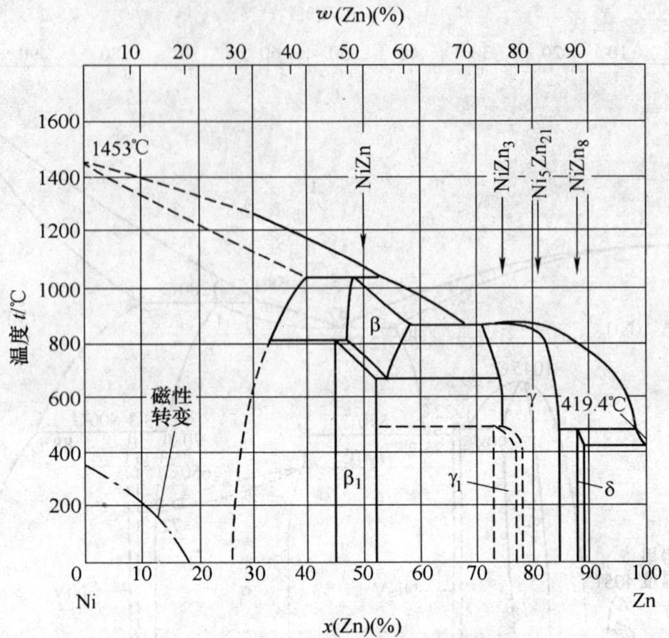

图 2-207　Ni-Zn 二元合金相图

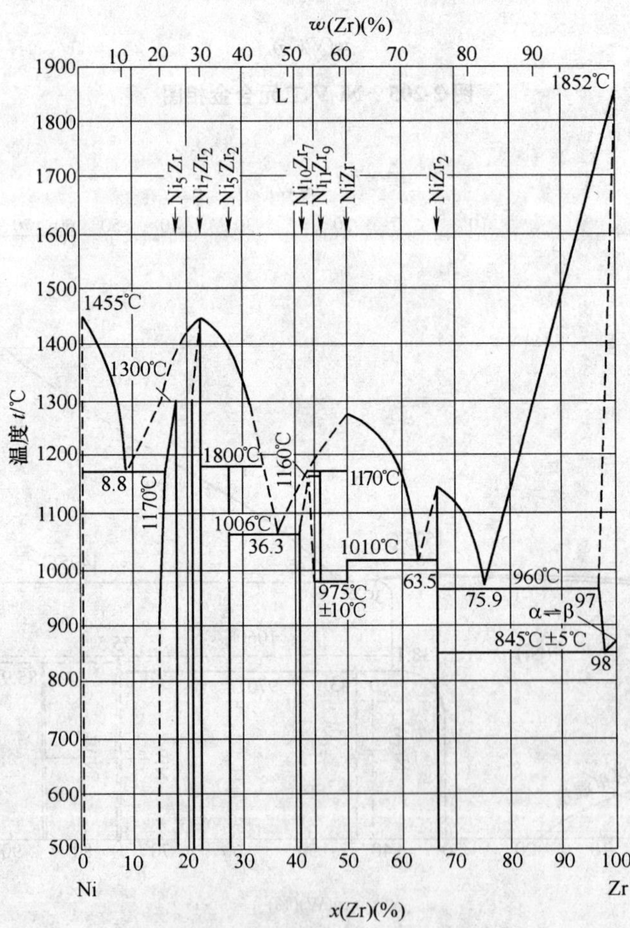

图 2-208　Ni-Zr 二元合金相图

2.2.11　Co 基二元合金相图（见图 2-209 ~ 图 2-215）

Al-Co、Cu-Co、Mg-Co、Ni-Co、Ti-Co 的二元合金相图分别见图 2-11、图 2-105、图 2-58、图 2-185、图 2-81。

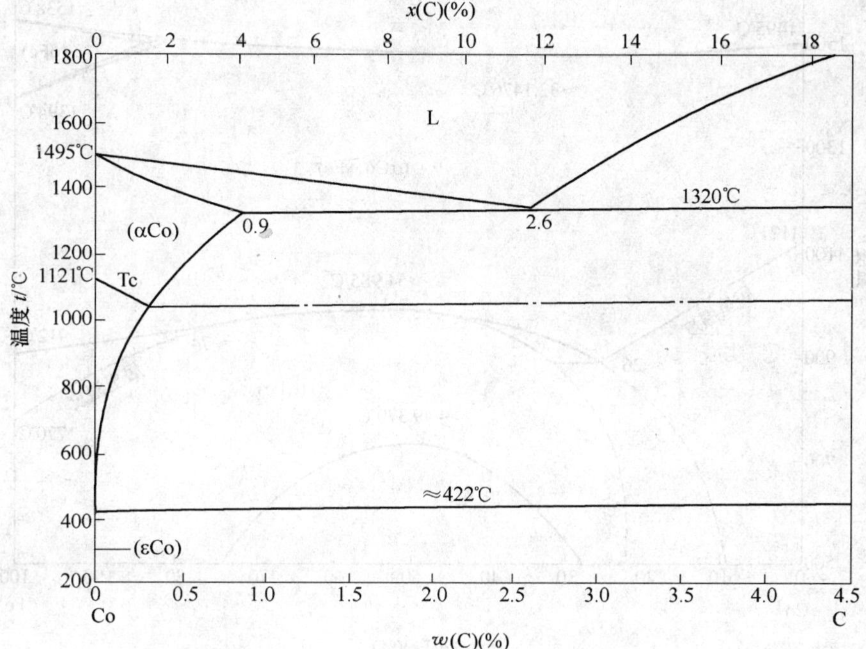

图 2-209　Co-C（Co 侧）二元合金相图

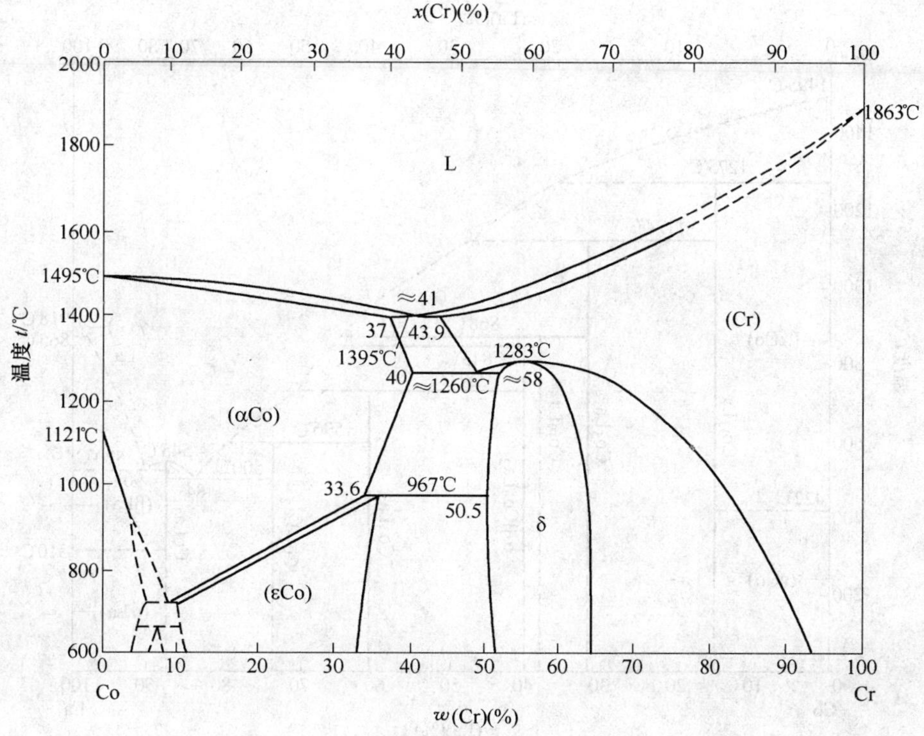

图 2-210　Co-Cr 二元合金相图

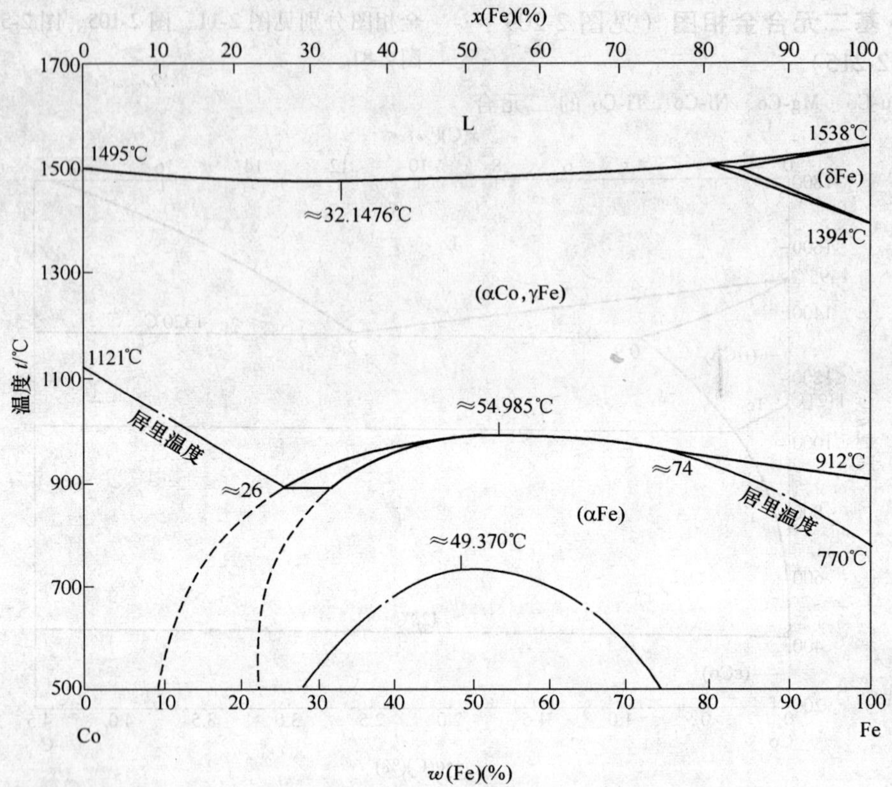

图 2-211 Co-Fe 二元合金相图

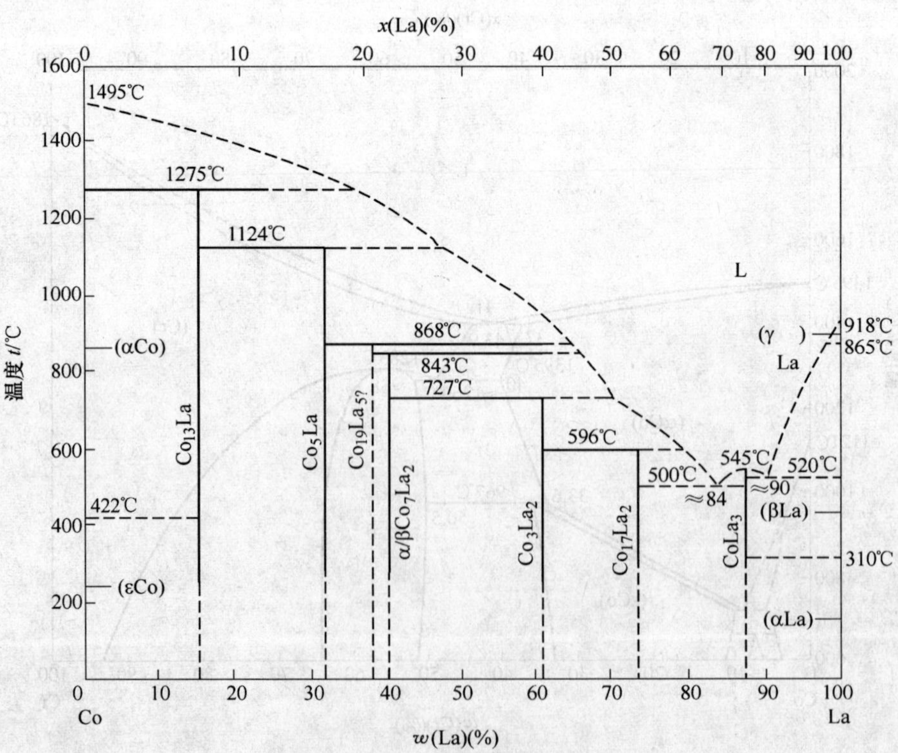

图 2-212 Co-La 二元合金相图

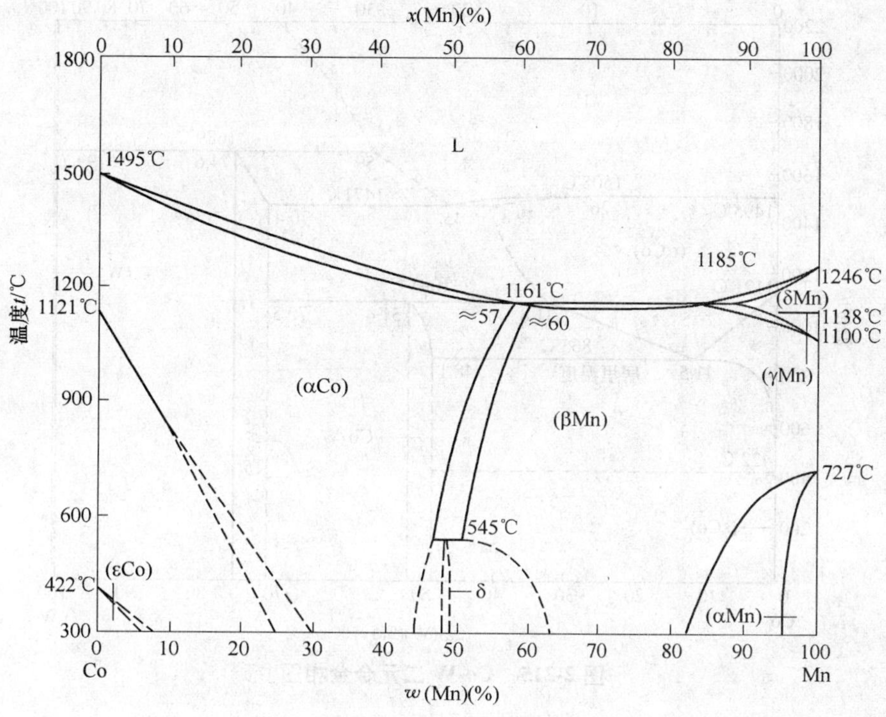

图 2-213　Co-Mn 二元合金相图

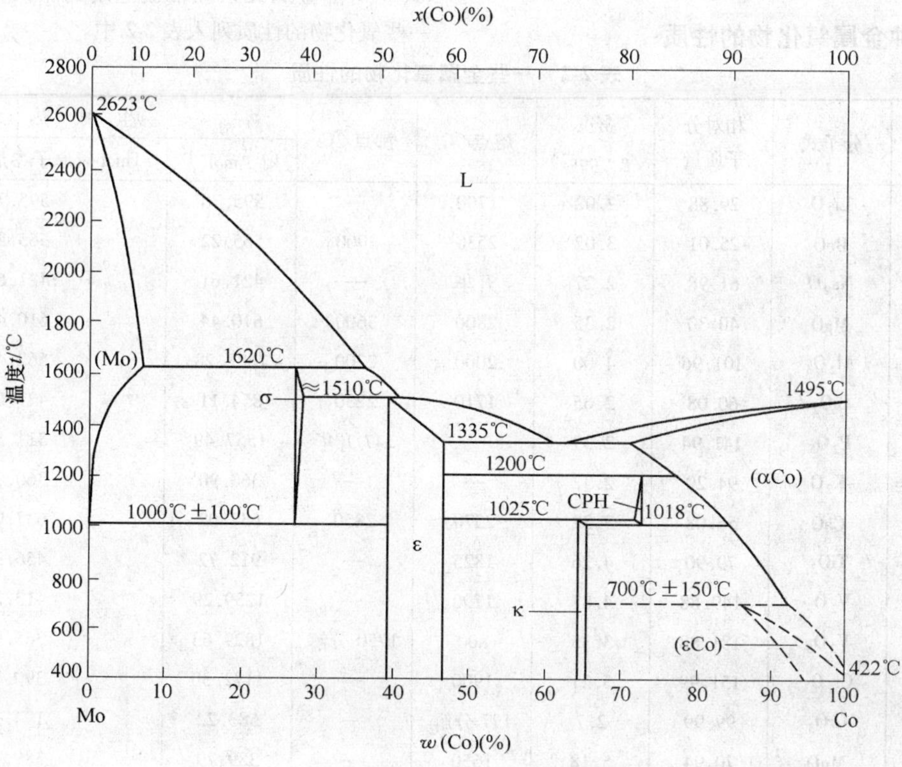

图 2-214　Co-Mo 二元合金相图

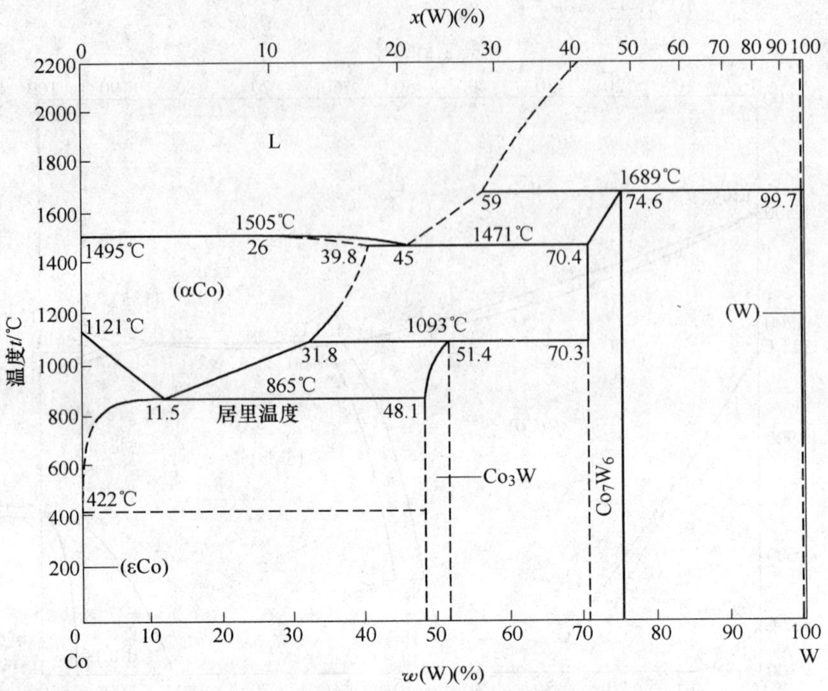

图 2-215　Co-W 二元合金相图

2.3　熔炼过程的物理化学基础与精炼效果的检测

2.3.1　各种金属氧化物的性质

了解一些金属氧化物的基本物化性质对于正确掌握和控制铸造非铁合金的熔炼工艺过程十分重要。Si、P 等非金属元素经常被应用到非铁合金熔炼中。一些氧化物的性质列入表 2-2 中。

表 2-2　一些金属氧化物的性质

氧化物名称	分子式	相对分子质量	密度 /g · cm^{-3}	熔点/℃	沸点/℃	生成热	
						kJ · mol^{-1}	1mol 氧原子参加反应时/kJ
氧化锂	Li_2O	29.88	2.02	1700	—	595.78	595.78
氧化铍	BeO	25.01	3.02	2530	3900	565.22	565.22
氧化钠	Na_2O	61.98	2.27	升华	—	421.61	421.61
氧化镁	MgO	40.30	2.35	2800	3600	610.44	610.44
三氧化二铝	Al_2O_3	101.96	4.00	2000	2200	1687.28	562.41
二氧化硅	SiO_2	60.08	2.65	1710	2230	854.11	427.05
五氧化二磷	P_2O_5	141.94	2.39	—	347 升华	1557.49	311.50
氧化钾	K_2O	94.20	2.32	—	—	360.90	360.90
氧化钙	CaO	56.08	3.32	2570	2850	637.02	637.02
二氧化钛	TiO_2	79.90	4.26	1825	—	912.72	456.36
三氧化二钒	V_2O_3	149.88	4.87	1790	—	1239.29	413.24
五氧化二钒	V_2O_5	181.88	3.35	800	1750 分解	1829.63	365.93
三氧化二铬	Cr_2O_3	151.99	5.21	1900	—	1172.30	390.75
三氧化铬	CrO_3	99.99	2.7	197 分解	—	583.22	194.39
氧化锰	MnO	70.94	5.18	1650	—	389.79	389.79
二氧化锰	MnO_2	86.94	5.03	>230 分解	—	525.02	260.00

（续）

氧化物名称	分子式	相对分子质量	密度 /g·cm^{-3}	熔点/℃	沸点/℃	生成热	
						kJ·mol^{-1}	1mol 氧原子参加反应时/kJ
氧化亚铁	FeO	71.85	5.7	1420	—	270.05	270.05
四氧化三铁	Fe_3O_4	231.54	5.2	1538 分解	—	115.78	278.84
三氧化二铁	Fe_2O_3	159.70	5.12	1560	—	817.26	272.39
氧化钴	CoO	74.93	5.68	1800 分解	—	240.74	240.74
四氧化三钴	Co_3O_4	240.80	6.07	—	—	822.71	205.66
氧化镍	NiO	74.17	7.45	1655	—	246.60	246.60
三氧化二镍	Ni_2O_3	165.42	4.83	—	—	—	—
氧化亚铜	Cu_2O	143.09	6	1235	—	167.05	167.05
氧化铜	CuO	79.55	6.4	1026	—	146.08	146.08
氧化锌	ZnO	81.38	5.6	1800	—	349.01	349.01
氧化锶	SrO	103.62	4.7	2430	—	589.50	589.50
二氧化锆	ZrO_2	123.22	5.73	2700	4300	1080.61	540.31
五氧化二铌	Nb_2O_5	265.81	4.60	1520		1938.91	387.70
二氧化钼	MoO_2	127.94	6.44	—		544.28	272.14
三氧化钼	MoO_3	143.94	4.50	795	1150	755.30	251.75
氧化银	Ag_2O	231.74	7.14	300 分解	—	29.10	29.10
氧化镉	CdO	128.40	7.5	1420	1380 升华	260.42	260.42
氧化锡	SnO	134.69	6.95	1040		284.28	284.28
二氧化锡	SnO_2	150.69	7.0	1627	2250	568.57	284.28
三氧化二锑	Sb_2O_3	291.50	5.67	656	1570	700.87	233.62
四氧化二锑	Sb_2O_4	307.50	6.2	1060 分解	—	817.64	204.40
五氧化二锑	Sb_2O_5	323.50	3.78	450 分解	—	960.28	192.05
氧化钡	BaO	153.34	5.72	1920	2000	557.26	557.26
二氧化钡	BaO_2	169.34	4.96	赤热时分解	—	638.07	319.03
二氧化铈	CeO_2	172.12	7.3	1950	—	977.20	488.60
二氧化钨	WO_2	215.85	12.11	1300	1600 分解	546.38	273.19
五氧化二钨	W_2O_5	447.70	—	—	—	1356.52	271.30
三氧化钨	WO_3	231.85		1473	—	819.36	273.10
氧化亚铅	Pb_2O	430.40	8.34	—	—	214.78	214.78
氧化铅	PbO	223.20	9.53	888	—	220.64	220.64
三氧化二铋	Bi_2O_3	465.96	8.55	860	1900	576.94	192.30
氧化铋	BiO	225.00	7.15	—	—	206.28	206.28

2.3.2　金属液的吸气与除气

2.3.2.1　金属液的吸气特性

各种非铁金属及其合金都有自己的吸收气体特性。为研究这种特性，常将在一定压力和温度条件下，金属液吸收气体的饱和浓度称为该条件下气体在该金属液中的溶解度，并常用每 100g 金属液含有的气体在标准状态下的体积（即 mL/100g）来表示。对于一定的纯金属液或一定成分的合金，其气体溶解度主要受到压力和温度的影响。

由物理化学可知，通常气体在金属液中的溶解是一个化学吸附和扩散过程。对于双原子气体（如氢），气体在金属液中的溶解度与压力、温度的关系可表示为

$$S = K_0 e^{-\frac{\Delta Q}{2RT}} \sqrt{p} \tag{2-1}$$

式中　S——气体在金属液中的溶解度；

p——气体分压力；

T——金属液的热力学温度；

R——摩尔气体常数；

ΔQ——气体溶解热；

K_0——常数。

当金属液温度（T）一定时，则式（2-1）可改写为

$$S = K\sqrt{p} \tag{2-2}$$

式中　K——常数。

即在此情况下，双原子气体在金属液中的溶解度与气体分压力的平方根成正比，符合西华特（Sievert）定律。

当气体分压力一定时，气体在金属液中的溶解度有一个随温度而变化的一般规律。这种规律取决于气体溶解热 ΔQ 的符号。一般金属液的吸气过程为吸热反应，即 $\Delta Q>0$，溶解度随温度的升高而增加。Al、Mg、Cu、Ni 等金属液中氢的溶解度变化均如此，如图 2-216 所示。当金属在固态时，气体的溶解度很小，并且随温度的升高，增加得也很少；当金属达到熔点时，气体的溶解度突然急剧增加，而且达到熔点时的液态金属所溶解的气体要比熔点时的固态金属多很多；当金属全部熔融后，气体的溶解度随温度的继续升高而增加很快。不同的金属具有不同程度的吸气倾向。Al、Ni 等金属在熔炼过程中表现出较大的吸气倾向。显然，如果金属在熔炼中吸收的大量气体在凝固前来不及排出将会导致铸件产生较多的析出性气体缺陷。此外，根据金属凝固期间气体溶质的再分配理论，即便金属液中含有低于溶解度的少量气体，也可能随着凝固的进行而引起液相中气体的不断富集，直至超过气体的溶解度，致使在铸件最后凝固的部位出现析出性气孔缺陷，影响铸件性能。

若气体在金属中的溶解过程是放热反应，即 $\Delta Q<0$ 时，溶解度将随温度的升高而降低。Ti、Zr、Pd、Th 等少数金属溶解氢时就存在这种情形，如图 2-217 所示。

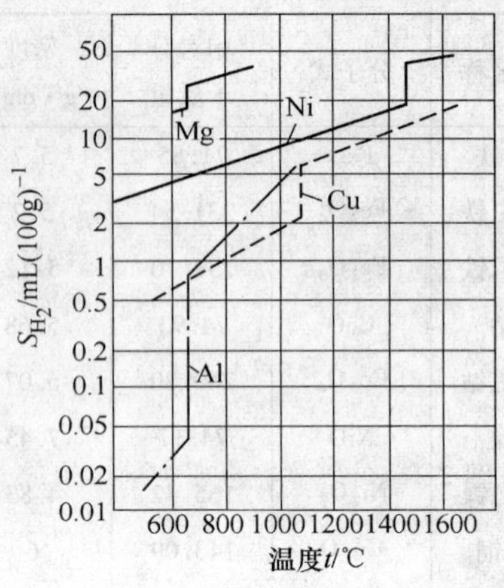

图 2-216　在 0.1MPa 气压下氢在 Al、Mg、Cu、Ni 中的溶解度

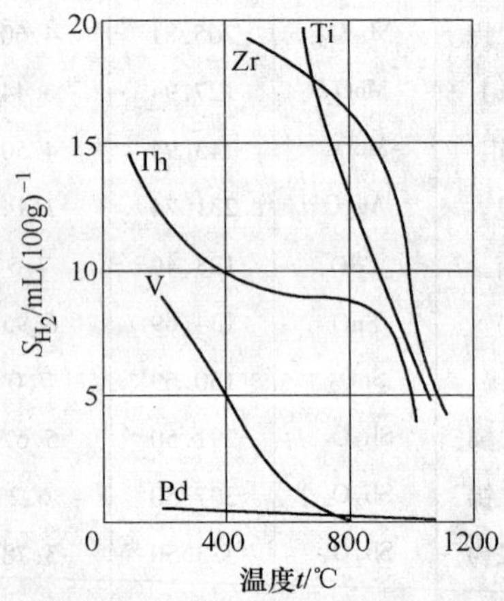

图 2-217　氢在 Ti、Zr、Pd、Th、V 中的溶解度

应该指出，气体在金属中的溶解度与温度的关系还会受到蒸汽压的影响。事实上，虽然多数金属溶解气体的过程是吸热反应，但是气体的溶解度不会随金属液温度的升高而无限度地增加。当气体溶质的浓度升高到能析出凝聚相时便达到了极限溶解度。此后，金属液的温度越接近沸点，气体的溶解度越降低，达到沸点时降低为零，如图 2-218 所示。金属的蒸汽压与温度密切相关，如图 2-219 所示。

Mg、Zn 等金属在其熔炼温度下具有较大的蒸汽压，属于易挥发性金属。Cu、Al 等金属则属于难挥发性金属，在其熔炼温度时具有很小的蒸汽压，并且不会随温度产生较大的变化，故其蒸汽压对气体溶解度的影响不大。

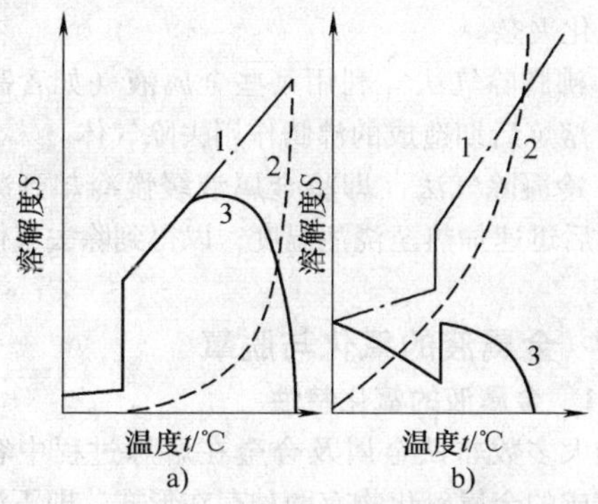

图 2-218 气体在金属中的溶解度

a）难挥发性金属 b）易挥发性金属

1—不考虑金属蒸汽压时的溶解度

2—蒸汽压影响溶解度的减少量

3—受蒸汽压影响后的溶解度

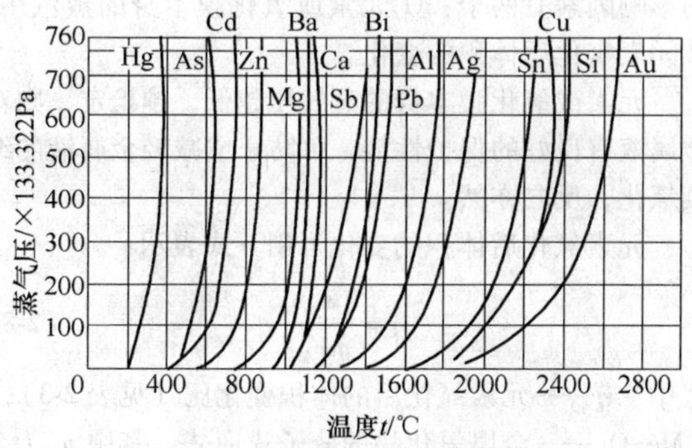

图 2-219 金属的蒸汽压与温度的关系

还应特别指出：①铸造生产中广泛采用的是合金而不是纯金属。合金元素的加入一方面可能使上述溶解特性曲线升高或降低，另一方面由于合金存在液、固二相平衡共存的温度区间，从而改变了溶解特性曲线在熔点处的突变特征。②在生产条件下，金属液的实际含气量还要受到金属液面形成的氧化膜的影响。连续而致密的氧化膜对金属液吸气有保护作用；可是与氢气作用的氧化膜能成为载体，被卷入金属液后便会增加金属液中的含气量。

2.3.2.2 金属液中气体的来源

已有的研究表明，在许多金属液中溶解的气体主要是氢。因此，在这些金属液中的“含气量”常被近似的视为“含氢量”。

通常，金属液中的氢不是来源于炉气组成中的 H_2，这是因为：①大气中氢分压极微，远远低于金属液中的氢分压。②分子态的氢只有离解为原子态的氢才能被金属液吸收。研究还表明，金属中的氢主要来源于金属液和水蒸气的反应。如铝在液态下与水蒸气发生下列反应：

$$2Al_{(液)} + 3H_2O_{(气)} = \gamma(Al_2O_{3(固)}) + 6(H)_{(溶于铝液中)} \tag{2-3}$$

此外，铝锈[$Al(OH)_3$]、油脂也会通过反应成为铝液吸氢的来源。

2.3.2.3 金属液的除气

首先，为了消除金属液因吸气给铸件生产带来的严重危害，从根本上说，应贯彻预防为主的原则，即严防水气及各种油污被带入熔炉，以尽量减少或防止气体进入金属液。为此，熔炼前要认真做好金属炉料、熔剂、坩埚和工具等的准备工作，杜绝水蒸气来源，尽可能快速熔化，避免金属液过热和在高温下长时间停留，熔炼中要尽量减少搅动金属液等。

其次，在金属液出炉前，应对其施行除气处理，以脱除金属液中所吸收的气体。通常，称此工艺为除气精炼或除气净化，常用的方法主要有：

1. 气泡浮游除气法 例如，向铝液内加入氯盐（如 $ZnCl_2$ 等）或氯化物（如 C_2Cl_6 等）或各种低毒（或无毒）的复合盐类精炼剂；或吹入不溶于铝液的惰性气体（如 Ar、N_2 等）或活性气体（如 Cl_2 等）或混合气体［如 N_2-3%～5% Cl_2（体积分数）、N_2-3%～5% CCl_4（体积分数）等］，从而直接或间接（通过化学反应）地在铝液内生成大量的不溶于铝液的气泡（如 $AlCl_3$、C_2Cl_4、Ar、N_2、Cl_2 等气泡），以促使铝液中溶解状态的气体原子向这些气泡扩散，进入其中，形成气体分子，同时伴随着气泡的向上浮游而被去除。

2. 真空除气法 即通过降低金属液面上气体分压力的途径，减少金属液中的气体溶解度，以达到除气的目的。

3. 氧化除气法 对于能溶解氧的金属液，可以通过使金属液增氧的途径来实现除氢的目的，然后再脱氧处理。下面以铜液为例加以说明。

水蒸气［$H_2O_{(气)}$］不能直接溶入铜液，但在熔炼的高温下，水蒸气与铜液发生下列反应：

$$2Cu_{(液)} + H_2O_{(气)} = Cu_2O_{(溶入铜液中)} + 2H_{(溶入铜液中)} \tag{2-4}$$

反应式（2-4）产生的氢以原子态［H］溶入铜液中，而生成的 Cu_2O 能直接溶入铜液中，即相当于氧以原子态［O］溶于铜液中。因此式（2-4）可以写成

$$H_2O_{(气)} = 2[H] + [O] \tag{2-5}$$

当反应式（2-5）达到平衡时，满足下式

$$K = \frac{[H]^2[O]}{p_{H_2O(气)}} \tag{2-6}$$

式中 K——平衡常数，取决于铜液温度；

$p_{H_2O(气)}$——炉气中水蒸气分压力；

[H]——铜液中的含氢量；

[O]——铜液中的含氧量。

显然，当铜液温度、水蒸气分压一定时，即当 K、$p_{H_2O(气)}$一定时，则由式（2-6）得

$$[H]^2[O]=常数 \tag{2-7}$$

于是［H］与［O］间存在一种相互制约的平衡关系，如图2-220所示。所谓氧化法除气，就是利用这种平衡关系，先有意识地使铜液增氧，以达到铜液除氢的目的；然后再对铜液进行脱氧处理，从而获得无氢无氧的铜液。

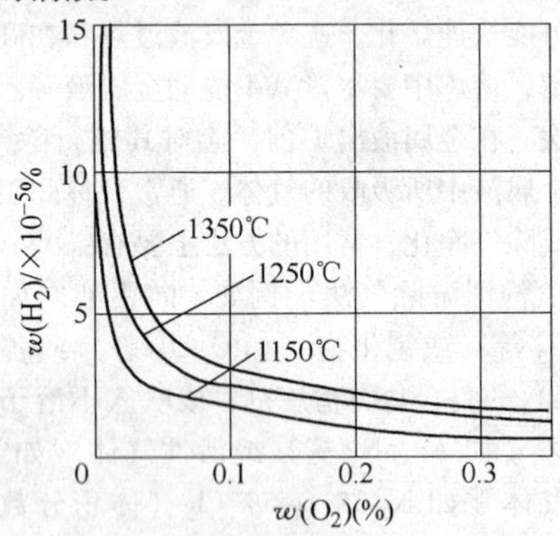

图2-220 铜液中氢和氧的平衡关系

通过造成氧化性炉气氛，或加入氧化性熔剂，或吹入压缩空气等方法均可实现铜液的氧化除气。但这种除气方法仅能在熔炼纯铜或不含活泼元素的铜合金时实施。对含活泼元素的铜合金，只能在加活泼元素之前对铜液进行增氧去氢，并再经脱氧处理后方能加入活泼元素，否则会导致活泼元素的烧损并在铜液中产生氧化夹杂。

4. 沸腾除气法 利用某些金属液（如含高锌的黄铜）熔炼后期造成的沸腾作用去除气体。

5. 冷凝除气法 即将金属液缓慢冷却到凝固温度，然后迅速加热至浇注温度，以得到除去气体的金属液。

2.3.3 金属液的氧化与脱氧

2.3.3.1 金属液的氧化特性

绝大多数非铁金属及合金在熔炼过程中容易氧化，生成的金属氧化物有两种存在形式，即不溶于金属液中和直接溶于金属液中。

1. 生成不溶性金属氧化物 在熔炼过程中，熔融金属与炉气中的氧反应而生成不溶于原金属液的金属氧化物时，此金属氧化物将以氧化膜的形式覆盖于金属液面。氧化膜的性质将控制着氧化过程，其主要的影响因素有两个：①元素或氧化膜本身的蒸汽压。②元素氧化后体积的变化。

元素或氧化膜本身的蒸气压越低，越稳定，则对金属液有良好的保护性能，可防止或减轻金属液的继续氧化，反之亦然。

元素氧化后体积的变化可用下式表示：

$$\eta=\frac{V_{Me_mO_n}}{mV_{Me}} \tag{2-8}$$

式中 η——元素氧化后的体积变化比（见表2-3）；

Me_mO_n——金属氧化物的分子式通式，其中 m 为金属原子（Me）的数目，n 为氧原子（O）的数目；

$V_{Me_mO_n}$——1mol 金属氧化物的体积；

V_{Me}——1mol 金属原子的体积。

表2-3 某些金属的 η 值

金属元素	Be	Na	Mg	Al	Si	K	Ca	Ti	Ni	Zn	Sn	Pb
η	1.70	0.58	0.78	1.27	1.88	0.45	0.65	1.77	1.50	1.57	1.33	1.27

当 $\eta<1$ 时，说明所生成的金属氧化物的体积小于氧化反应所消耗掉的金属的体积，这说明氧化膜是疏松的。氧就可以通过氧化膜的缝隙直接达到金属液，这样，氧化膜对金属液就没有保护作用，因此金属液的氧化速度不变，或者与时俱增。Mg、Ca、Na、K 等元素在液态下的氧化均属此种类型。

当 $\eta>1$ 时，氧化膜中产生压应力。由于氧化膜的抗压强度比抗拉强度大，在较高的压力下氧化膜也不致破裂，因此氧化膜是致密而连续的，使氧与金属液的接触受到氧化膜的限制。随着氧化膜的增厚，氧化速度迅速降低，这对金属液的继续氧化有很好的抑制作用。例如，Al、Zn、Sn 等金属液，当表面形成了氧化膜后，氧化过程就变得缓慢起来，以致于不再向深层氧化。但当 $\eta\gg1$ 时，压应力过大，氧化膜会发生局部破裂而降低其保护作用。

应该指出，合金液与纯金属液不同，合金液还含有其他合金元素，其中与氧亲和力最大的元素优先氧化并控制着氧化过程。譬如，当纯铝熔化时，由于 Al_2O_3 膜致密而连续（$\eta_{Al}>1$），因此随着 Al_2O_3 保护膜的形成，氧化过程很快减慢；但当熔炼 Al-Mg 合金时，因 Mg 对氧的亲和力比 Al 对氧的亲和力大，Mg 优先氧化，所生成的 MgO 膜又是不致密的（$\eta_{Mg}<$

1），不但起不到保护作用，反而使合金液剧烈氧化，以致在熔炼中必须采取特殊的防氧化措施。又如，熔炼锌黄铜时，当加入对氧亲和力较大的元素 Al 时，由于表面上形成致密的 Al_2O_3 保护膜，即使含铝量不高（如铝的质量分数仅为 0.5%），就可大大减轻 Zn 的蒸发和氧化损失。

元素与氧亲和力的大小一般用其氧化物的生成热（见表 2-2）或分解压来判断。氧化物的生成热越大，分解压越小，该元素与氧的亲和力就越大。根据与氧亲和力的大小，可将常见的合金元素按从大到小的顺序排列为：Be→Mg→Al→Ce→Ti→Si→Mn→Cr→Zn→Ni→Cu。还应指出，无论所生成的金属氧化膜对金属液的继续氧化有无抑制作用，在熔炼过程中因搅拌操作等原因将其卷入金属液时，就会成为金属液中的非金属夹杂物，从而导致铸件中产生氧化夹杂物缺陷。同时，如前所述，这些氧化夹杂物往往会成为氢的载体，使金属液增氢。因此，如不能去除存在于金属液中的氧化夹杂物，势必为铸件生产带来极大危害。

2. 生成直溶性金属氧化物　纯铜的熔炼是这种情形的典型代表，现以此为例加以说明。

在熔炼纯铜的高温条件下，铜液与炉气中的氧接触，铜液表面很容易进行下列氧化反应：

$$4Cu + O_2 = 2Cu_2O \quad (2\text{-}9)$$

反应后生成了氧化亚铜 Cu_2O。这种金属氧化物的特点有：①能直接溶解于金属液中。②具有较高的分解压，易于使活泼的合金元素氧化。

当 Cu_2O 在铜液表面生成后，便按 Cu-O 二元相图（见图 2-114）所示的规律不断溶解于铜液中。随着温度的降低，Cu_2O 和 α 相在 1066℃时形成（α + Cu_2O）共晶体，并分布于晶界（见图 2-221）。这种沿晶界分布的低熔点共晶体会给纯铜带来热脆性。如果铜液中含氢，则在凝固阶段 Cu_2O 与氢会同时大量析出，并在晶界处迅速产生以下反应：

$$Cu_2O + H_2 = 2Cu + H_2O\uparrow \quad (2\text{-}10)$$

在凝固过程中，反应式（2-10）所产生的水蒸气的压力随晶间压力的增大而增加，一方面会导致凝固时铸件膨胀，组织疏松并产生大量气孔；另一方面导致晶间产生大量显微裂纹，使纯铜变脆，即所谓“氢脆”。

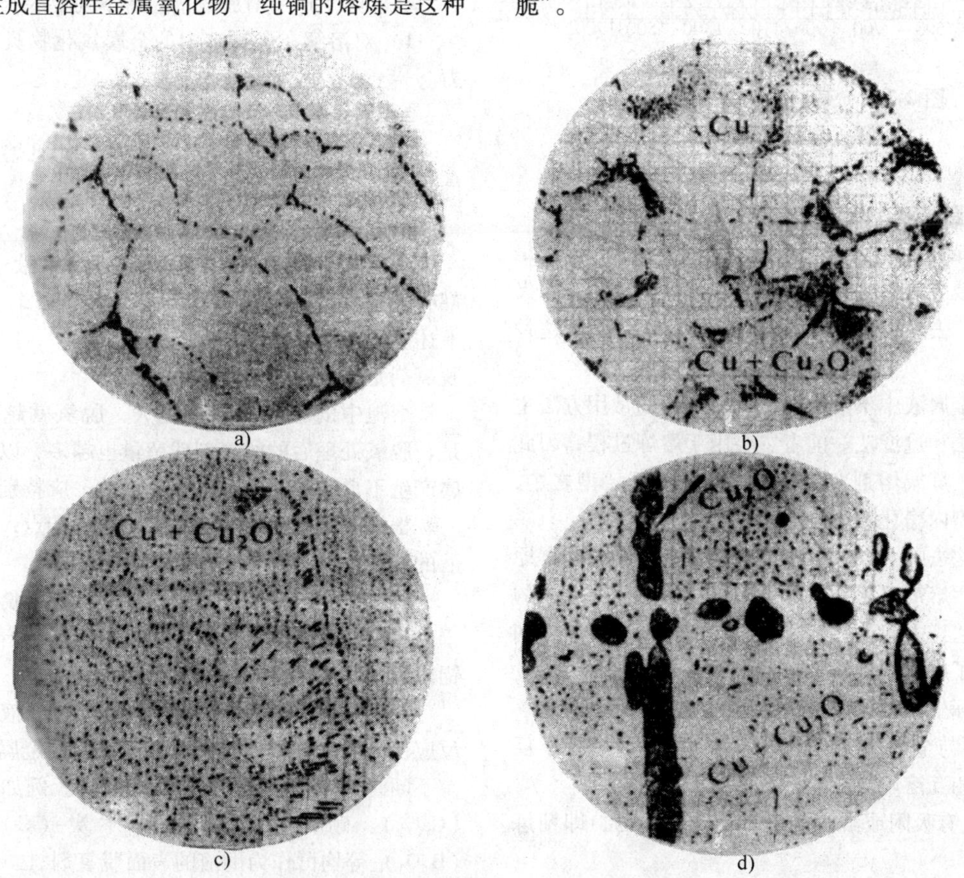

图 2-221　含微量氧的纯铜的显微组织

a）$w(O) = 0.05\%$　b）$w(O) = 0.15\%$　c）$w(O) = 0.39\%$　d）$w(O) = 0.50\%$

不同的氧化物分解压相差很大（见图2-222），而其中 Cu_2O 的分解压又较高，因此，在铜液中溶解的大量 Cu_2O 未被除去之前加入活泼的合金元素（如Al、Si等）时，Cu_2O 会很快地将铜液中的合金元素氧化，生成不溶性的稳定的氧化物（如 Al_2O_3、SiO_2 等）悬浮弥散于铜液中，形成冶金缺陷，给铸件质量带来严重危害。

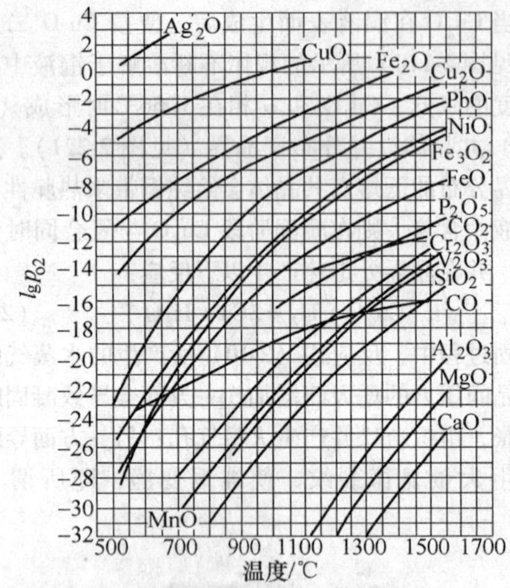

图2-222 某些金属氧化物的分解压与温度的关系

2.3.3.2 金属液中金属氧化物的去除

1. 生成不溶性金属氧化物 此种情形下，就是去除金属液中的氧化夹杂物，也称为金属液的去除夹杂物净化。去除铝液中的 Al_2O_3 等夹杂物就属于这种情形。

去除金属液中不溶性的氧化夹杂物的常用方法主要有熔剂法和过滤法。前者主要用于熔炼过程，因此也称熔剂精炼或熔剂净化；后者多数用于铸型之中，因此也称型内净化或过滤净化。

熔剂法去除金属液中不溶性氧化夹杂物的基本原理是，利用熔剂吸附和溶解金属液中的氧化夹杂物的能力，以达到去除这些氧化夹杂物的目的。当然，同时也去除了所吸附的氢。

在实际生产中对熔剂应有下列要求：

1）不与金属液发生相互作用，既不产生化学反应，也不相互溶解。

2）具有吸附或溶解金属氧化物的能力，即精炼能力。

3）熔点应略低于金属的熔炼温度，熔炼时能很好的起覆盖作用，浇注时容易结壳，以便扒除。

4）密度应与金属液有显著差别，以便于上浮和去除。

5）来源容易，价格便宜。

为了满足上述这些要求，生产中常用的熔剂多为多元盐类的混合物。当然，还应指出，气泡浮游等除氢净化方法在去除金属液中的氧化夹杂物方面也有一定的作用。

2. 生成直溶性金属氧化物 此种情形下，所谓去除金属氧化物，就是使金属液脱氧，也就是使溶解在金属液中的氧化物还原的过程。对铜液而言，即是使铜液中的 Cu_2O 还原的过程。其脱氧的基本原理是，在金属液中加入一种与氧的亲和力比该金属与氧的亲和力更大的元素，或者说是加入一种其氧化物的分解压比该金属氧化物分解压更小的元素，通过化学反应，将金属氧化物中的金属还原出来，而生成的脱氧产物上浮至液面并被排除。加入金属液中能使金属氧化物还原的这种物质，称为脱氧剂。如以Me代表金属，R代表脱氧剂，则脱氧反应可写成如下通式：

$$MeO + R \rightarrow Me + RO \qquad (2\text{-}11)$$

在实际生产中对脱氧剂应有下列要求：

1）对溶解在金属液中的金属氧化物具有脱氧能力。

2）对金属液无危害。

3）脱氧产物应不溶于金属液，而且熔点低，密度小，易于凝聚、上浮和排除。

4）来源广泛，价格便宜。

根据脱氧原理，虽然许多元素对铜液中的 Cu_2O 都有还原作用（见图2-222），但是能比较好地满足上述要求的脱氧剂并不多。铸铜熔炼中，广泛应用的脱氧剂是磷（P）。

熔池中的脱氧剂浓度越大，脱氧就越完全。但是，脱氧处理后的脱氧剂残留量也越多，以致会对金属产生不良影响，这也是不允许的，应特别注意。

根据脱氧剂的性质及脱氧反应的特点，常将金属液的脱氧剂分为3种类型：

1）可溶于金属液的脱氧剂。加入的脱氧剂能溶于金属液中并使脱氧反应在整个熔池内进行，如磷和铝都是可溶于铜液的脱氧剂。

2）表面脱氧剂。脱氧剂不溶于金属液中，脱氧反应仅在金属液面上进行，金属液内的金属氧化物只有不断地向界面扩散才能完成脱氧。例如，碳化钙（CaC_2）、硼化镁（Mg_3B_2）、木炭（C）和硼酐（B_2O_3）等均可作为铜液的表面脱氧剂。

3）沸腾脱氧剂。所加入的脱氧剂与氧作用后产生不溶于金属液的还原性气体。由于这种气体产生后立即上升并在参加脱氧反应的同时引起金属液激烈的沸腾，故称为沸腾脱氧剂。熔炼纯铜时常用的青木就属于这种脱氧剂。

2.3.4　精炼效果的检测方法

许多铸造非铁合金在熔炼过程中都容易吸气、氧化，因此，准确地检测其含气量和氧化夹杂物的含量对控制其冶金质量是至关重要的。在这方面，铝及铝合金的含气量和氧化夹杂物含量的检测具有代表性，现介绍如下：

2.3.4.1　含气量的检测方法

如前所述，铝及铝合金中的含气量，常被近似地视为含氢量。含氢量的检测方法较多，这里仅介绍生产现场或实验室适用的减压凝固试样法、第一气泡法和 Telegas 法（常压凝固试样法放在第 3 章的铸造铝合金的熔炼和浇注中介绍）。

1. 减压凝固试样法　顾名思义，此法所浇注的试样是在减压条件下凝固的，因此也称减压凝固试验法（国外称 Straube-PfeifferTest）。减压凝固试验装置如图 2-223 所示。试验时，取 100g 左右的铝液倒入预热的小坩埚内，随即将小坩埚迅速放入真空室内的绝热支架上，密封真空室之后立即开动真空泵抽出室内的空气，造成真空（通常，取剩余压力为 0.65 ~ 6.5kPa）。试样在真空室内停留片刻（大约 1min 左右）后开始凝固；溶解在铝液中的气体开始析出，同时在试样内部形成气泡，并在试样的表面上可以看到凸起现象。具体衡量铝液中含氢量的方法有三种。

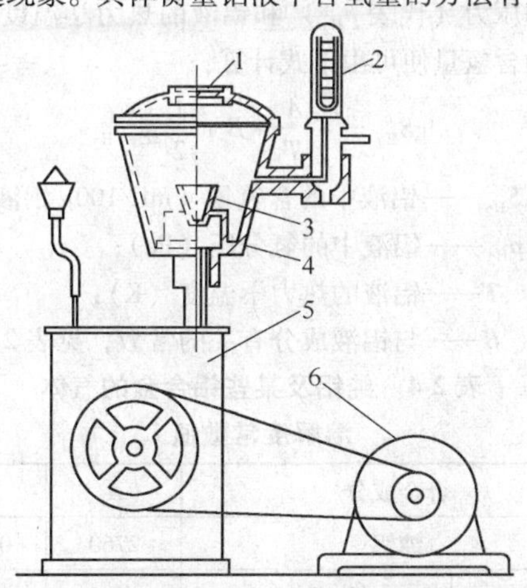

图 2-223　减压凝固试样法检测铝液含氢量的试验装置简图

1—窥视孔　2—真空计　3—小坩埚　4—真空室　5—真空泵　6—电动机

1）从真空室的顶盖上的窥视孔直接观察铝液在凝固过程中气体析出的情况以及凝固表面的状态，并将此情形分成若干个等级，以便大体上评估铝液中的含氢程度。

2）取出已凝固的试样，将它沿垂直面切成两半，将一半制成宏观磨片，用以确定气泡的数量、尺寸以及在整个截面上分布的情况，从而求得气泡所占的面积，并以气泡面积与总断面积之比来表示试样的孔隙度。在实际生产条件下，可以根据孔隙度的不同，制订若干个标准等级，用以衡量铝液中含氢量的大小。

3）对减压凝固试样进行改进。在保证凝固条件不变（浇注温度、压力不变）的情况下，用标准形状的铸型（见图 2-224）代替小坩埚，保证了严格的顺序凝固和良好的补缩，结果更加可靠。试样凝固后，切去冒口，然后分别在空气和蒸馏水中称出重量并按下式求出试样的相对密度 d

$$d = \frac{W_a}{W_a - W_w} \tag{2-12}$$

式中　W_a——试样在空气中的重量（g）；

W_w——试样在水中的重量（g）。

一般情况下，d 越大，铝液含氢量越少，铝液质量也就越好。

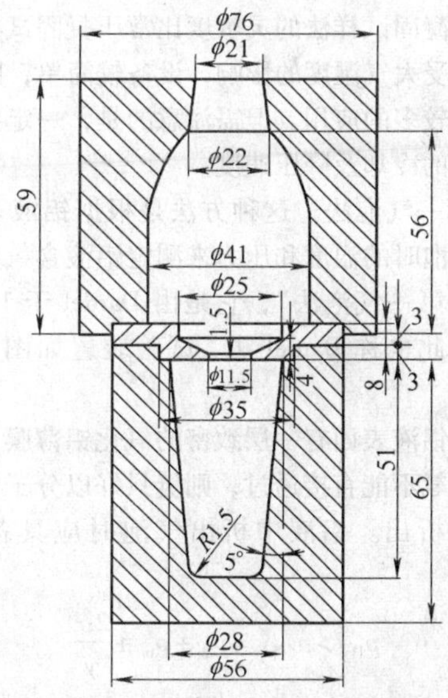

图 2-224　标准形状的减压凝固试样铸型（上部为冒口，下部为试样）

这个方法的可靠性取决于冷却速度和减压速度。因此，试样的温度和压力的下降速度通常需在同一条件下进行。这个方法还受铝液纯净程度和有无气泡成核作用的介质的影响。如在用过滤方法得到的洁净的铝液中，即便气体含量高，也难以形成气泡。其结果破坏了密度和氢含量的相互关系，使表观气体含量降低了。由于过滤法显著地抑制了铝液中气泡的形成，因此，对于不含有夹杂物而且氢含量又在0.3mL/100g以下的铝液，则难以测得正确的结果。为了提高灵敏度，有的在测定的铝液中添加含有Al_2O_3的试料，并在一边振动一边减压的条件下使其凝固，这样即使对含氢量为0.1mL/100g的铝液也能测得正确的结果。

采用减压凝固试样法检验时，对一定体积的试样，也可根据下式计算铝液的含氢量：

$$S_H = [(W_0 - W_1)/W_1]K_S \tag{2-13}$$

式中 S_H——铝液中氢含量（mL/100g）；

W_0——不含气体的试样重量（g）；

W_1——已凝固试样的重量（g）；

K_S——常数，

$K_S = (100T_1p_2)/D_0T_2p_1$

T_1——热力学温度（K）；

T_2——凝固温度（K）；

p_1——标准大气压（101325Pa）；

p_2——减压凝固时的压力（Pa）；

D_0——不含气体的试样密度（Mg/m^3）。

减压凝固试样法的灵敏度比常压凝固试样法高得多，也不受大气湿度的影响，设备较简单，因此在生产中获得较多的应用。但需注意的是，一定要仔细控制好铝液的冷却及降压速度。

2. 第一气泡法　这种方法是根据铝液表面冒出第一个气泡时的温度和压力来测定铝液含氢量的，所以称为“第一气泡法”，它是由Dardel于1948年发明的，因此也称Dardel法。试验装置如图2-225所示。

由于铝液表面有一层致密的氧化铝薄膜，使溶于铝液中的氢不能直接透过，则氢只好以分子状态气泡的形式而析出。铝液中析出气泡时应具备如下条件：

$$p_{H_2} > p_{(外)} = p_{at} + p_m + \frac{2\sigma}{\gamma} \tag{2-14}$$

式中 p_{H_2}——铝液中的氢分压；

$p_{(外)}$——施加在铝液中氢气泡上的外部压力；

p_{at}——铝液上方的大气压力；

p_m——作用在氢气泡上的铝液静压力；

$\frac{2\sigma}{\gamma}$——铝液内产生氢气泡的附加压力，其中σ为铝液的表面张力，γ为氢气泡的半径。

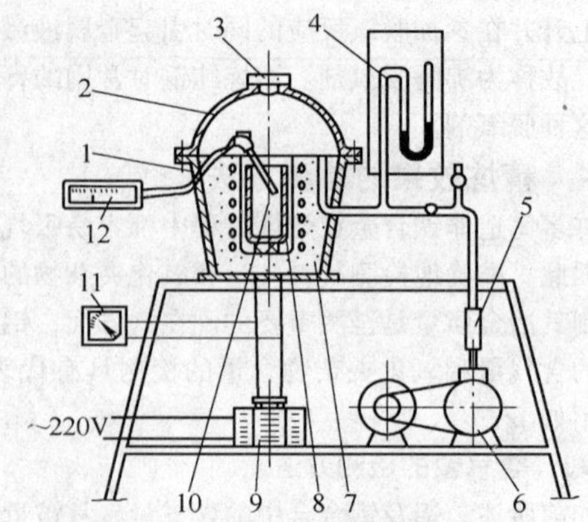

图2-225　第一气泡法检测铝液含氢量的试验装置简图

1—真空罐底座　2—真空罐上盖　3—观察孔　4—压力计　5—真空胶皮管　6—真空泵　7—电阻炉　8—坩埚　9—调压变压器　10—热电偶　11—电压表　12—测温表

当在铝液面析出第一批气泡时，作用在液面处氢气泡上的铝液静压力$P_m=0$，而附加压力$2\sigma/\gamma$可以忽略不计（气泡借助于氧化物成核），因此可以认为此时存在如下关系：

$$p_{H_2} \approx p_{(外)} = p_{at} \tag{2-15}$$

由此还可以认为，突破铝液表面氧化膜而冒出第一个气泡时，铝液中的氢分压p_{H_2}等于铝液上方大气压力p_{at}。于是，通过试样装置的窥视孔观察在抽真空过程中铝液表面何时冒出第一个气泡并同时测取此刻真空室内的压力（代表p_{H_2}）和铝液的热力学温度T，铝液中的含氢量便可由下式计算：

$$\lg S_{H_2} = -\frac{A}{T} + B + \frac{1}{2}\lg p_{H_2} \tag{2-16}$$

式中 S_{H_2}——铝液中的含氢量（mL/100g铝液）；

p_{H_2}——铝液中的氢分压（Pa）；

T——铝液的热力学温度（K）；

A、B——与铝液成分有关的常数，见表2-4。

表2-4　纯铝及某些铝合金的气体溶解度常数值

合金成分		A	B
纯铝		2760	0.294
Al-Si	Al+Si2%	2800	0.286
	Al+Si4%	2950	0.408
	Al+Si6%	3000	0.428
	Al+Si8%	3050	0.448
	Al+Si10%	3070	0.458
	Al+Si16%	3150	0.498

（续）

合金成分		A	B
Al-Cu	Al + Cu2%	2950	0.398
	Al + Cu4%	3050	0.438
	Al + Cu6%	3100	0.438
	Al + Cu8%	3150	0.438
Al-Mg	Al + Mg3%	2695	0.438
	Al + Mg6%	2620	0.508

注：有%的数字为质量分数。

由于含氢量是根据公式计算而不是直接测得的，所以第一气泡法属于间接测氢法。

第一气泡法的测试装置简单，操作容易，可以实现快速测定。但是，根据使用经验，较难判断第一个气泡。对于氧化夹杂物较低的铝液（如 Al_2O_3 的质量分数小于0.016%时），析出气泡开始滞后，当100g铝液中含氢量小于0.1mL时，测量灵敏度也很小。因此，此法尚需改进。

3. Telegas法　此法也称气体遥测法。它是Ransley等人于1957年发明的。根据其原理已研制出各种仪器并应用于生产与科研中。

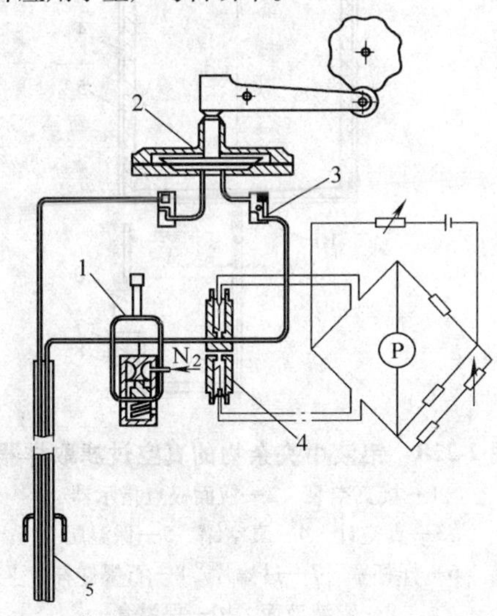

图2-226　Telegas法测氢装置的原理图

1—气体导入阀　2—循环泵　3—球形阀
4—热导析气计　5—氢气捕集器（探头）

图2-226是Telegas法装置的原理图。其原理是基于这样的考虑：假定铝液中的氢为均匀分布的，若在铝液中提供一个自由表面，那么氢就会在这个表面上以 $2H \rightarrow H_2$ 的形式析出。对于平衡状态，溶解的氢与其压力的关系符合前述公式（2-16），即

$$\lg S_{H_2} = -\frac{A}{T} + B + \frac{1}{2}\lg p_{H_2}$$

这里，p_{H_2} 被视为在铝液内提供的自由表面上所生成含氢气泡的氢分压。显然，测出 p_{H_2} 和铝液的热力学温度 T，便可知道铝液中的含氢量。

为了测定 p_{H_2}，向铝液内循环通入一定体积的惰性气体（Ar或 N_2），则溶于铝液中的氢便向通入的循环载气内扩散，并经一定时间后气泡内氢分压与铝液内的氢含量（也可称氢分压）达到平衡。为此，可利用循环泵使一定量的惰性气体通过铝液进行循环，达到平衡后，便可通过热导析气计测出平衡氢分压 p_{H_2}，同时测出铝液温度 T，再根据式（2-16）和表2-4就可计算出铝液的含氢量。

Telegas法可以简单而迅速地求出铝液中含氢量的真值，而不受夹杂物的多少和氢含量低等因素的限制，因此受到国内外的普遍重视。

应用这种直接测氢法的典型仪器是美国铝业公司研制的Telegas测氢仪。该仪器已有原型和Ⅱ型两种，其精度均为±10%，灵敏度和重现性都很好。原型仪器检测的氢含量需经查表或计算得出，不便携带。Ⅱ型仪器采用小型微处理机控制仪器的操作并自动进行数据处理，只需输入铝合金牌号，即可直接显示并打印出氢含量检测结果，而且，Ⅱ型便于携带。20世纪80年代以来，我国有关企业先后引进Telegas的原型和Ⅱ型测氢仪。实践表明，虽然该仪器操作简便，工作可靠，但由于这两种仪器使用的探头（即Telegas探头，也称氢气捕集器）使用寿命短（20～30次）以及进口价格昂贵等原因，难以在国内推广应用。

在20世纪80年代初我国根据Telegas原理，就研制了SQH-2型炉前测氢气相色谱仪等测氢仪，并在许多厂家获得成功应用。20世纪90年代初以来，国内又有HDA（Hydrogen Determination for Aluminium）型、XGQ-O1型等测氢仪问世，有的已成为与美国TelegasⅡ型等效的快速测氢仪。检测时，待显示仪表读数稳定后，通过小型可编程序计算机的操作便可自动显示对应牌号的铝液含氢量。有的仪器已成功地实现铝液的在线式测氧和氢，及时监控铝液质量。该仪器及其探头的价格仅为国外同类产品的1/10左右。

2.3.4.2　氧化夹杂物含量的检测方法

由于铝液中氧化夹杂物含量少、局部偏析和偶然混入等原因而使铝液缺乏均一性，因此很难评价整个熔体被氧化夹杂物污染的程度。铝液中氧化夹杂物的检测技术开发与研究较晚，但国外文献报道的方法却名目繁多，如化学分析法、金相分析法、中子活化

法、过滤浓缩法、超声波法等，这里仅对污染度测定法、溴-甲醇法和真空过滤取样法分别加以介绍。

1. 污染度测定法　在轧制铝锭时，随着变形度的增加，氧化夹杂物严格地沿金属流动方向分布，同时由于变形，氧化夹杂物被压扁，沿水平方向掰开断口后，每一块氧化膜所占的面积也增大，这样，可见的氧化膜的数量也就增加了。

根据这一现象，制订了测定第一类氧化夹杂物（较大块的夹杂物）的方法，即浇注一定尺寸的试样，加热后经过足够的变形，然后沿变形方向打开断口，测定断口的单位面积上氧化夹杂物的数目和面积，即可获得氧化夹杂物的污染度 η

$$\eta = S_{夹}/S_{样} \quad (2\text{-}17)$$

式中　$S_{夹}$——试样断面上氧化夹杂物所占面积（cm^2）；

$S_{样}$——试样断面面积（cm^2）。

测定氧化夹杂物用的工艺试样见图2-227。

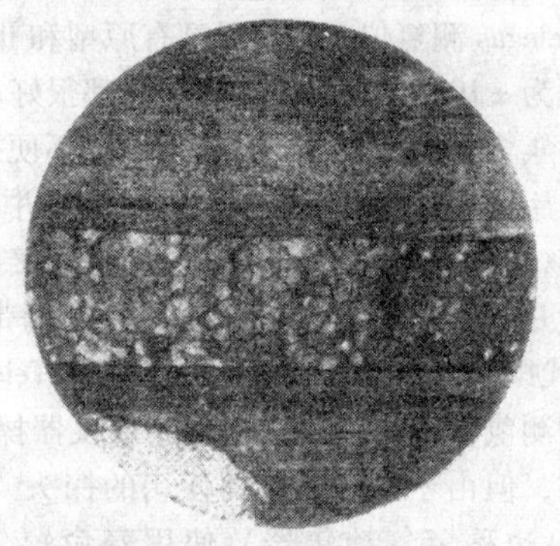

图2-227　测定铝中氧化夹杂物的工艺试样

这种方法很适用于变形铝及铝合金中判断第一类氧化夹杂物的含量。但对第二类氧化夹杂物（即微细、弥散的氧化夹杂物）仍不能测定。

2. 溴-甲醇法　第二类氧化夹杂物很小，即使磨制样品没有脱落，也难用显微镜加以分辨，因此只能用化学分析方法检测。溴-甲醇法即属于一种化学分析方法，其基本原理是，在一定温度下，将试样溶解于溴-甲醇溶液中，Al和其他合金元素（Si除外）皆生成溴化物并溶解于甲醇之中，而Si和 Al_2O_3 等氧化物不溶解于甲醇溶液；过滤分离并充分洗涤后，将残渣和滤纸一起烘干，灰化，称重并扣除Si量和滤纸重量，则得出氧化夹杂物含量。

但是，应该指出，此法分析时间较长，有毒性，所得的数据是一、二类氧化夹杂物在铝及其合金中的分布情况。

3. 真空过滤取样法　真空过滤取样法是美国ANACONDA铝业公司（Anaconda Aluminun Corporation）在20世纪80年代初公布的铝液中氧化夹杂物取样法，不仅适用于间歇式铸造条件下的夹杂物取样检测，而且也适用于间歇式半连续或连续铸造生产条件下的夹杂物取样检测。

真空过滤取样装置如图2-228所示。取样时将此装置置于图中所示位置，其工作原理是，让一定量的铝液在真空作用下，经过细孔过滤片和弯管进入真空罐内，夹杂物便由于过滤片在初瞬间的深床过滤机制，以及随后迅速建立起来的滤饼过滤机制而富集在过滤片的上表面；然后取出石墨样杯，再将过滤片及凝固在其上的浓缩铝样一起取出；最后将过滤片连同浓缩有夹杂物的铝样一起切取并制备金相试样。采用金相观察或定量金相分析来评价铝液中夹杂物的含量。由于通过真空过滤取样法使铝样中的夹杂物含量得到浓缩，从而提高定量金相分析的准确性；由于抽取的是一定量的铝液，从而便于比较不同净化工艺去除夹杂物的能力。

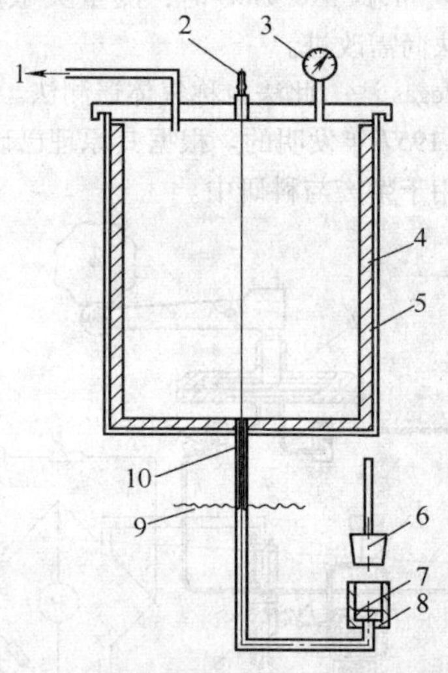

图2-228　铝液中夹杂物的真空过滤取样器

1—接真空泵　2—液面极点指示器　3—真空计　4—真空罐　5—保温层　6—样杯塞　7—过滤片　8—石墨样杯　9—铝液液面　10—保温套

真空过滤取样装置的基本结构参数是，过滤片采用多孔石墨，直径约为 ϕ22mm；鹅颈式弯管采用无镀层铁管，内径约为 ϕ9.5mm；真空罐为焊接钢结构，内部尺寸约为 ϕ130mm×180mm；选用约80kPa真空度的小型便携式真空泵。

采用该法取样时的基本工艺参数是，初始真空度约为50kPa，标准操作真空度约为70kPa；取样器在5

~15min 内充满，充满后的试样总重量约为 3.6kg；过滤片的过滤参数（滤过的金属液体积 cm^3/过滤片的过滤面积 cm^2，简写为 cm）约 135cm；金相检验时，可按常规制备试样；观察时采用较低的放大倍数（如 50 倍），即可观察估量夹杂物总量；辨别个别细节时，可用较大的放大倍数（如 400 ~800 倍）。

此法试验的关键在于过滤片的选择、真空度的控制、装置的预热与保温等。

2.4　合金的铸造性能及其测试

合金的铸造性能是指合金在铸造生产过程中表现出的工艺性能，它是一个综合性的概念，通常指合金在铸造生产工艺过程中所表现的流动性的好坏、收缩的大小、以及热裂、应力等倾向的大小等特性。不同的铸造非铁合金，由于其物理化学性能及结晶过程特点的不同，其铸造性能也各不相同。在铸造生产中，必须认真地掌握合金的铸造性能，并针对其特点制订合理的熔炼与铸造规范，才能有效地防止铸造缺陷，而获得优质铸件。

本节仅介绍合金铸造性能的常用测试方法。

2.4.1　流动性

合金的流动性是指液体合金本身的流动能力，是合金的铸造性能之一，它与合金的成分、温度、杂质含量及其物理性能有关。

纯金属和共晶成分合金在固定的温度下凝固，已凝固的固体层从铸件表面逐层向中心推进，与未凝固的液体之间界面分明，而且固体层内表面比较光滑，对液体的流动阻力小，直至析出较多的固相时，才停止流动，所以此类合金液流动时间较长，流动性好。对于具有较宽结晶温度范围的合金，其结晶温度范围越宽，铸件断面上存在的液固两相区就越宽，枝晶也越发达，阻力越大，合金液停止流动就越早，流动性就越不好。通常，在铸造铝合金中，Al-Si 合金的流动性好；在铸造铜合金中，黄铜比锡青铜的流动性好，就是这个道理。

结晶潜热是估量纯金属和共晶成分合金流动性的一个重要因素。凝固过程中释放的潜热越多，则使其保持液态的时间就越长，流动性就越好。因此，当将具有相同过热度的六种纯金属浇入冷的金属型中时，就会出现 Al 的流动性最好，Pb 的流动性最差，Zn、Sb、Cd、Sn 依次居中的情况。对于结晶温度范围宽的合金，结晶潜热对流动性似乎影响不大，但对于初生晶为非金属相，并且合金在液相线温度以下以液-固混合状态，在不大的压力下流动时，非金属相的结晶潜热可能是一个重要影响因素。例如，在相同过热度下的 Al-Si 合金的流动性在共晶成分处并非最大值，而在过共晶区里出现一段继续增加的现象，就是由于此时初生晶为块状非金属相 Si，且其结晶潜热大的缘故。

合金的比热容和密度越大，热导率越小，则在相同的过热度下，保持液态的时间越长，流动性就越好，反之亦然。此外，合金的流动性还受液体合金的粘度、表面张力等物理性能的影响。

流动性好的合金，充填铸型的能力强。在相同的铸造条件下，良好的流动性，有利于合金液良好地充满铸型，以得到形状、尺寸准确，轮廓清晰的致密铸件，有利于使铸件在凝固过程期间产生的缩孔得到合金液的补缩，有利于使铸件在凝固末期受阻而出现的热裂得到合金液的充填而弥合。因此，合金具有良好的流动性有利于防止浇不到，补缩不足及热裂等缺陷的产生。

当然，还应指出，在实际生产中，当合金牌号一定（即合金液本身的流动能力一定）的情况下，除加强熔炼工艺控制（如加强去气、除渣处理）外，采取改善铸型工艺和适当提高浇注温度的办法，可有效提高合金液充填铸型的能力。

在讨论合金液流动性时，常将合金液在凝固过程中（即凝固温度区间）停止流动的温度称为零流动性温度，将合金液加热至零流动性温度以上同一过热度时所测得的流动性称为真正流动性，将在同一浇注温度下所测得的流动性称为实际流动性（见图 2-229）。但在一般情况下，零流动性温度很难确定，故无特殊说明时，所说流动性均指实际流动性。

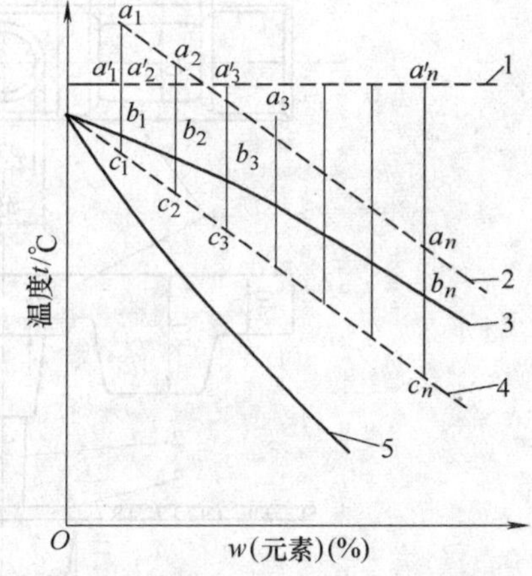

图 2-229　各种流动性的示意图

1—实际流动性的浇注温度线　2—真正流动性的浇注温度线（指过热度相同：$a_1c_1 = a_2c_2 = \cdots = a_nc_n$）　3—液相线　4—零流动性线　5—固相线

测试铸造非铁合金的流动性方法很多，按试样的形状可以分为：螺旋试样、水平直棒试样、楔形试样和球形试样等。前两种是等截面试样，以合金液的流动长度表示其流动性：后两种是等体积试样，以合金液未充满的长度或面积表示其流动性。流动性试样所用的铸型分为：砂型和金属型。在对比某种合金和经常生产的合金的流动性时，应该明确规定测试条件，采取同样的浇注温度（或同样的过热度）和同样的铸型，否则对比就没有意义。

测定铸造非铁合金的流动性时，最常采用的是螺旋试样法。此法又可分为标准法和简易法。标准法采用同心三螺旋流动性测试装置（试样形状及尺寸见图2-230，铸型的合型图见图2-231）；简易法采用单螺旋流动性测试装置（试样形状及尺寸见图2-232，铸型的合型图见图2-233）。试样铸型的基本结构包括外浇道、直浇道和使合金液沿水平方向流动的具有倒梯形断面的螺旋线形沟槽。沟槽中每隔50mm有一个凹点，用以直接读出螺旋线的长度。

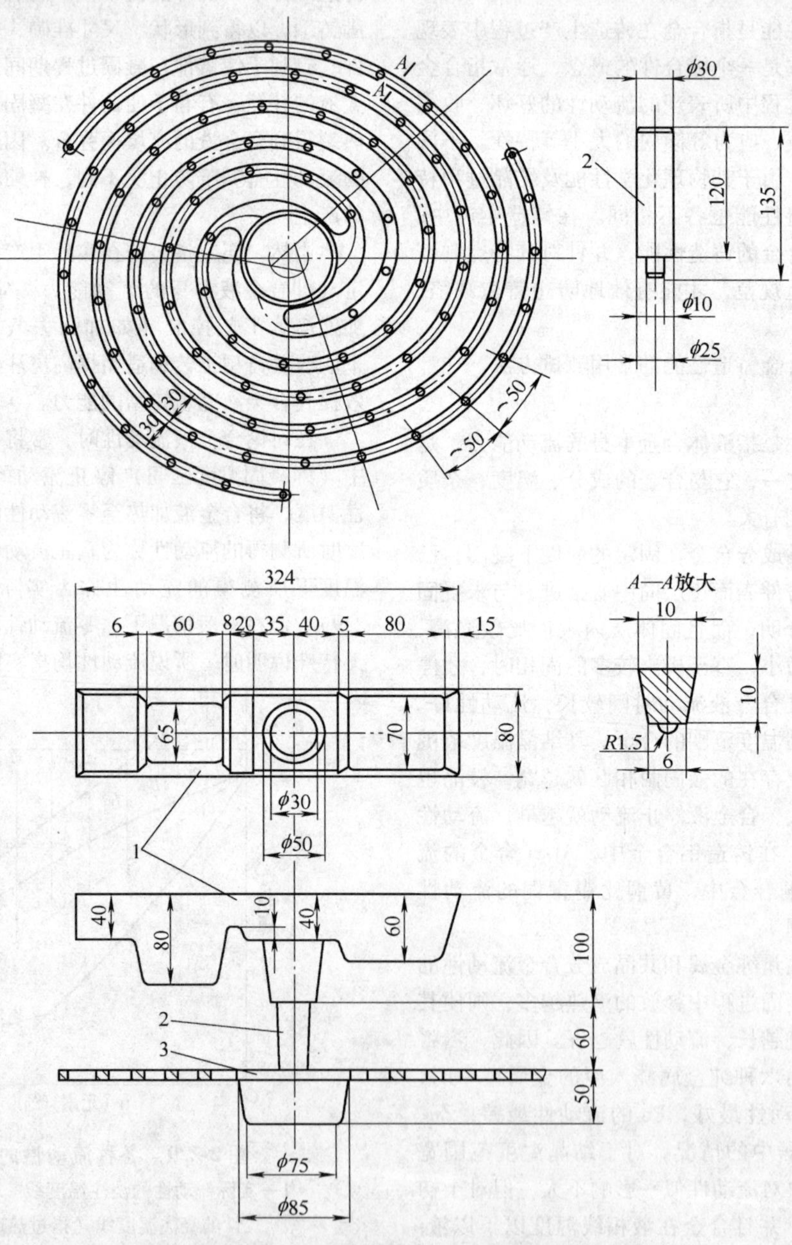

图2-230　同心三螺旋流动性试样形状及尺寸

1—外浇道模样　2—直浇道模样　3—同心三螺旋模样

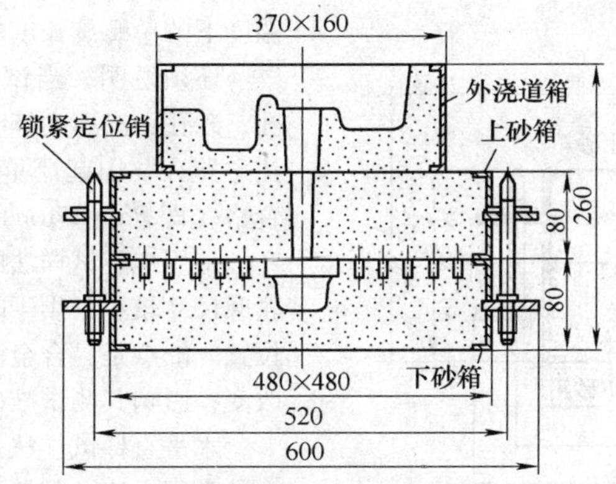

图 2-231　标准法测定合金流动性的铸型合型图

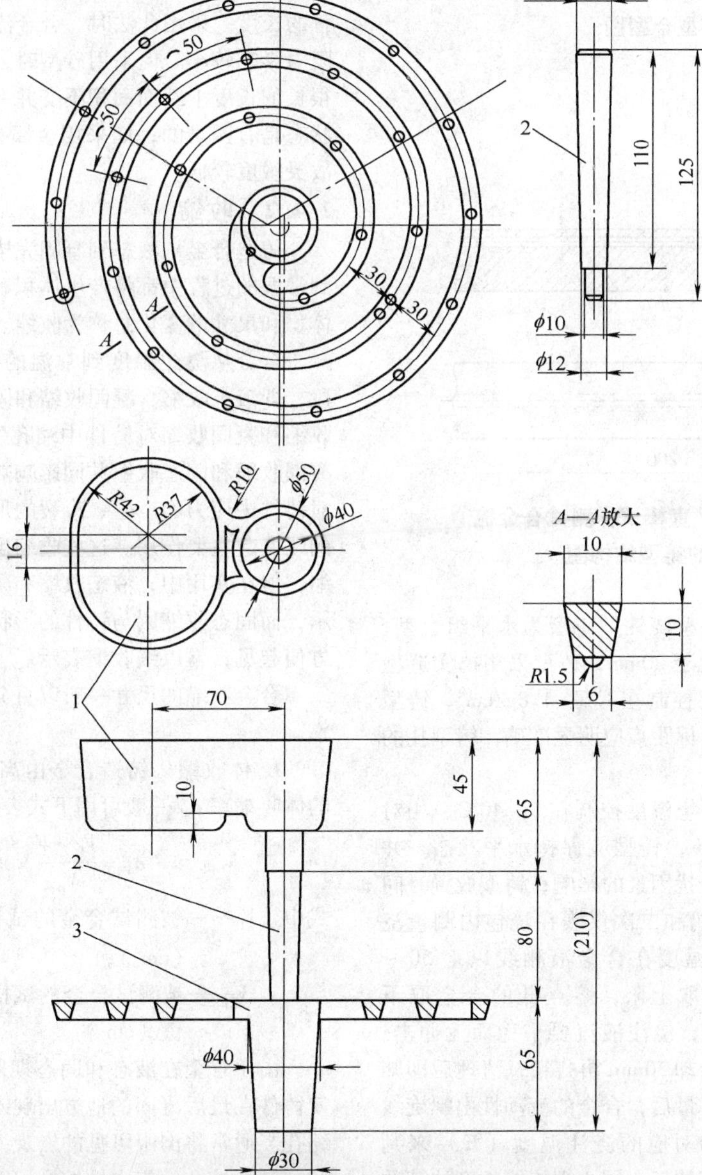

图 2-232　单螺旋流动性试样形状及尺寸

1—外浇道模样　2—直浇道模样　3—单螺旋模样

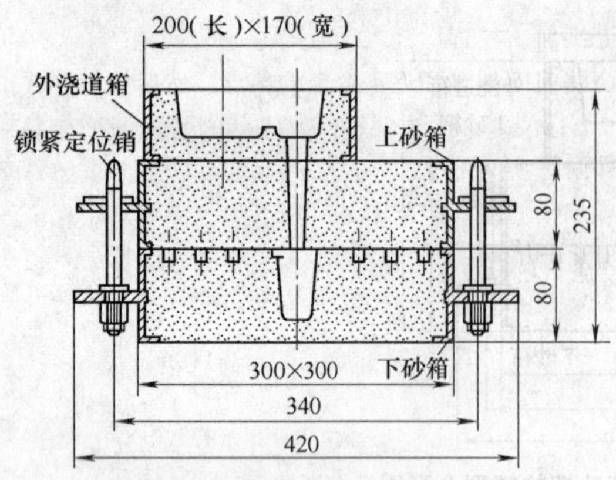

图 2-233 简易法测试合金流动性的铸型合型图

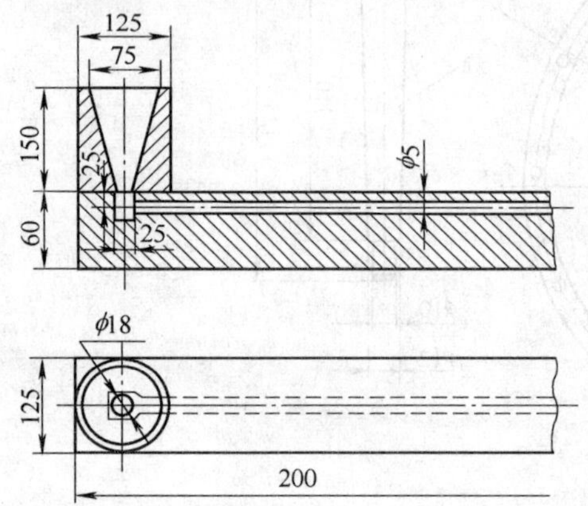

图 2-234 水平直棒试样测试合金流动性的铸型结构图

通常，试样采取湿型浇注，铸型为水平组合型，铸型的最小吃砂量应大于 20mm，铸型采用捣实造型方法成型，砂的紧实度控制在 1.6 ~ 1.8g/cm³，铸型型腔表面应光滑完整，标距点应明显准确，铸型扎的排气孔不得穿透型腔。

在测试过程中，环境温度控制在 5 ~ 40℃，相对湿度控制在 30% ~ 85%；铸型应保持水平状态，并须避开磁场、振动等干扰因素的影响；铸型放置时间不超过 1h；采用热电偶和二次仪表在浇包内测量浇注温度，并控制浇注温度在合金液相线以上 50 ~ 90℃（熔点高的合金取上限，熔点低的合金取下限）；测温后立即浇注，浇注液流要平稳而无冲击；试样浇注后需经自然冷却 30min 再打箱；清理后即知浇成的螺旋试样长度。最后，合金的流动性由螺旋线的流动长度（mm）和对应的浇注温度（℃）来判定。标准法以每次测试的三个同心螺旋线长度的算数平均值为测试结果；简易法以三次同种合金相同浇注温度下的单螺旋长度的算术平均值为测试结果。

还须说明，当试样产生缩孔、缩陷、夹渣、气孔、砂孔、浇不到等明显铸造缺陷时；当试样由于浇注“跑火”引起严重飞边时；当试样表面粗糙度不合格（即 $Ra>25\mu m$）时，其测试结果应视为无效。

采用螺旋试样法的优点是，试样型腔较长，而其轮廓尺寸较小，烘干时不易变形，浇注时易保持水平位置。缺点是，合金液的流动条件和温度条件随时在改变，影响其测试准确度。

水平直棒试样法是测试铸造非铁合金流动性的另一种常用方法，其铸型结构见图 2-234，一般多采用金属型。试验时将合金液浇入铸型中并测量合金液流程的长度。采用此法时，合金流动方向不变，故流动阻力影响较小。但采用砂型时，型腔很长，要保持在很长的长度上断面面积不变并在浇注时处于完全水平状态是有困难的；如采用金属型，其型温难以控制，故灵敏度较低。

2.4.2 收缩

铸造合金从液态到凝固完毕，以及随后继续冷却到常温的过程中都将产生体积和尺寸上的变化，这种体积和尺寸的变化总称为收缩。

合金从浇注温度到常温的收缩通常分为三个阶段，即液态收缩、凝固收缩和固态收缩。合金的液态收缩和凝固收缩对铸件中缩孔的大小有决定性影响；凝固收缩和固态收缩共同影响热裂的形成；固态收缩对铸件中应力的产生、冷裂的形成以及铸件形状尺寸的改变起主要作用。这些收缩虽然实质上都是体积收缩，但在实用中，液态收缩和凝固收缩常以体收缩表示，而固态收缩因与铸件的形状和尺寸关系很大，为方便起见，常以线收缩表示。

合金收缩的尺寸一般以百分数来表示，称为收缩率。

1. 体收缩　铸造合金由高温 t_0 降低到温度 t 时的体收缩率 a_V 一般可用下式表示：

$$a_V=\frac{V_0-V}{V_0}\times 100\% \tag{2-18}$$

式中　V_0——被测试合金的试样在高温 t_0 时的体积（cm^3）；

V——被测试合金的试样降低至温度 t 时的体积（cm^3）。

由于合金在液态和固态期间产生体收缩的结果，使铸件在最后凝固的地方出现宏观或显微孔洞，统称缩孔。通常将肉眼可见的宏观缩孔，分为集中性缩孔和分散性缩孔。集中性缩孔（也常简称缩孔）、容积大而集中，多分布在铸件上部或断面较厚（热节）

处等最后凝固的部位；分散性缩孔（也常简称缩松），细小而分散，常产生在铸件轴心处和热节处。而显微缩孔，多分布在晶粒边界上和树枝状晶的树叉内，一般难以用肉眼分辨，很难与显微气孔区别，往往两者又同时发生。

缩孔与缩松是铸件的重大缺陷，其产生的基本条件是合金的液态收缩及凝固收缩远大于固态收缩。通常，合金的凝固温度范围越小，则越易形成集中缩孔；反之，易形成缩松。正因为这个道理，通常黄铜铸造时，产生集中缩孔的倾向大，而锡青铜铸造时，易产生缩松，较难满足气密性试验的要求。在实际生产中，通常在铸造工艺设计时，采取各种工艺措施，促使铸件按顺序凝固，并设法使铸件在液态及凝固期间的体收缩及时得到合金液的补给，从而使其缩孔与缩松集中到铸件外部的冒口中。有时，对易产生缩松的合金铸件采取同时凝固原则，以促使缩松高度弥散、细小分布，减弱其危害作用。

为了能够计算铸件所需要的补缩合金量，确定冒口尺寸并正确制订铸造工艺，防止因合金收缩而产生的缺陷，就需知道铸造合金的体收缩率。测定合金体收缩率的方法很多，这里仅介绍用补缩垂直铸件法来测定合金的液态及凝固期间的体收缩率。

补缩垂直铸件法测试装置见图 2-235。试验时，合金液经补缩冒口 1 浇入型腔 4。浇注时将浇注漏斗插入易割冒口片 2 的中心孔内并随液面上升而往上提。易割冒口片 2 的作用是将冒口与铸件分开。当型

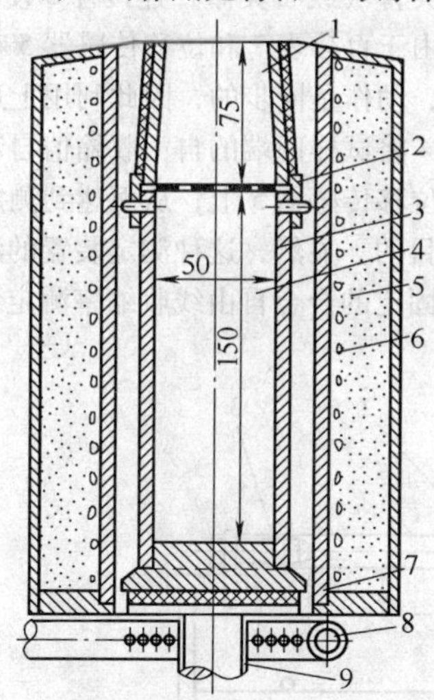

图 2-235　补缩垂直铸件法测定合金在液态及凝固期间的体收缩的装置示意图

1—补缩冒口　2—易割冒口片　3—金属型　4—型腔　5—电热管式炉　6—加热器　7—底板　8—冷却水管　9—螺杆

腔充满后，往冒口浇入重量可知的合金液。金属型 3 在浇注前应加热到近于合金的熔点，然后放入管式炉 5 中进行浇注。为了使铸件顺序凝固，铸型被充满后立即向铸型底部喷冷却水，然后转动螺杆 9 把铸件从管式炉中慢慢地拉出来，一面下降一面喷水，保证铸件所有收缩都由冒口补给。完全凝固后，按易割冒口片位置切除冒口，称出铸件及冒口的重量，则铸件的液态及凝固收缩量 ΔV（cm^3）等于冒口消耗于补缩铸件的体积，即

$$\Delta V=\frac{W_{浇}-W_{冒}}{\rho}=\frac{\Delta W}{\rho} \tag{2-19}$$

式中　$W_{浇}$——浇入补缩冒口的合金液重量（g）；

$W_{冒}$——铸件凝固后切下的冒口实际重量（g）；

ρ——合金的密度（g/cm^3）；

ΔW——补缩给铸件的合金液重量（g）。

铸件的液态及凝固期间的体收缩率 a_V 为

$$a_V=\frac{\Delta V}{V_{铸}}\times100\%=\frac{\Delta W/\rho}{W_{铸}/\rho}\times100\%=\frac{\Delta W}{W_{铸}}\times100\% \tag{2-20}$$

式中　$V_{铸}$——铸件体积（cm^3）；

$W_{铸}$——铸件重量（g）。

铸造生产中有时还可以用测定铸件缩孔容积的方法来掌握或对比合金的体收缩特性。但具体做法不一，多用浇注锥形试样法。

应该说明的是，合金形成缩孔的程度不仅取决于合金本身的性质，而且还与合金过热的程度有关。同样是一种合金，过热度大时，缩孔大；过热度小时，缩孔小。因此在作测试时需要明确规定所要对比的两种合金（新研制的合金和经常生产的合金）是在同样的过热度下还是在同样的浇注温度下进行的测试，否则两者对比也就失去意义。

2. 线收缩　铸造合金自温度 t_0 降至温度 t 时的线收缩率 a_l，一般可用下式表示：

$$a_l=\frac{L_0-L}{L_0}\times100\% \tag{2-21}$$

式中　L_0——被测试合金的试样在温度 t_0 时的长度（mm）；

L——被测试合金的试样降至温度 t 时的长度（mm）。

显然，在其他条件相同时，合金的线收缩率越大，则产生裂纹和应力的倾向越大，冷却后形状尺寸的改变也越大。但是，铸件在铸型内收缩时，往往由于受到摩擦阻碍（铸件表面与铸型表面之间有摩擦力）、热阻碍（铸件各部分因冷却速度不一致而产生的阻碍）、机械阻碍（铸型的突出部分或型芯的阻

碍）等作用不能自由收缩，故通常将铸件在这些阻力作用下实际产生的收缩称为受阻收缩，而只将形状简单（如圆柱形铸件）收缩时受阻极小的铸件的收缩近似地视为自由收缩。受阻收缩总小于自由收缩。在生产中，为弥补铸件尺寸的实际收缩量，便在制作模样时采用相应的铸造收缩率 $\varepsilon_{铸}$，并常用下式表示：

$$\varepsilon_{铸}=\frac{L_{模}-L_{件}}{L_{模}}\times 100\% \tag{2-22}$$

式中　$L_{模}$——模样尺寸（mm）；

$L_{件}$——铸件尺寸（mm）。

对于不同的合金，因其线收缩率不同，应采取不同的铸造收缩率；而对于同种合金铸造的不同铸件，或同一铸件的不同部位，因其收缩时受阻程度不同，往往也需采取不同的铸造收缩率。

图 2-236 示出了测定合金自由线收缩率常用模样的形状和尺寸；图 2-237 给出了试样铸型示意图。测试时，试样的左端固定，右端可以自由移动，此端与一根石英棒连接。采用机械测量法（如百分表等）或非电量电测法测量石英棒的位移即可测定出铸造非铁合金的自由线收缩率。测试系统的综合精度不得低于 1.5%，空载时测试系统的最大机械静摩擦阻力不得大于 0.588N。采用非电量电测法时，测试系统可由位移传感器（一次仪表）、记录仪表（二次仪表）组成，通过自动记录仪表还可记录出合金自由线收缩率随时间变化的动态曲线。

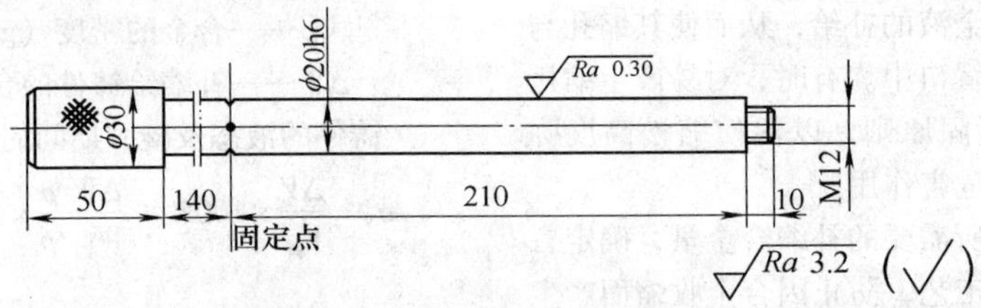

图 2-236　测定合金自由线收缩率的模样形状及尺寸

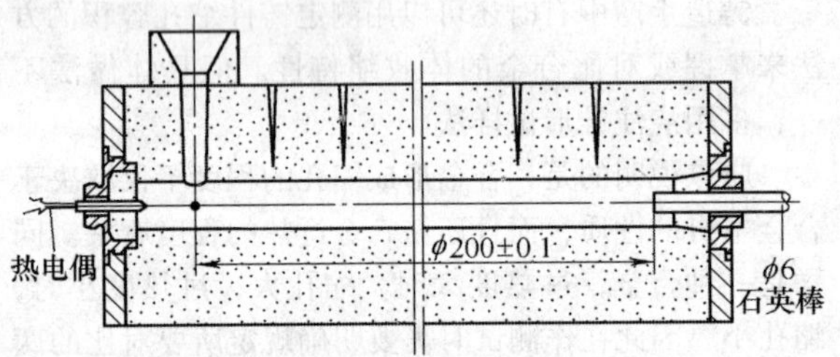

图 2-237　测定合金自由线收缩率的试样铸型示意图

图 2-238 给出试样两端呈自由收缩状态的合金自由线收缩率的测定装置示意图。其工作原理是，直浇道棒 1 设在试样 2 的中点处，试样两端呈自由收缩状态。当测试时，在合金液浇入试样型腔之后，随着合金液的冷却凝固，试样右端的收缩通过石英管（或石英棒）连接杆 3 使传递件 4 向左移动，试样左端的收缩通过石英管（或石英棒）连接杆 8 使移动支架 6 向右移动。由于百分表 7 和位移传感器 5 都安装在移动支架 6 上，动作是同步的，因此利用上述动作原理通过传递件 4 将试样两端的自由收缩值自动地叠加到百分表 7 和位移传感器 5 上，从而达到测定合金自由线收缩率的目的。显然，这种测定装置的测试结果要比试样一端固定的合金自由线收缩率测定装置更接近于真实值。

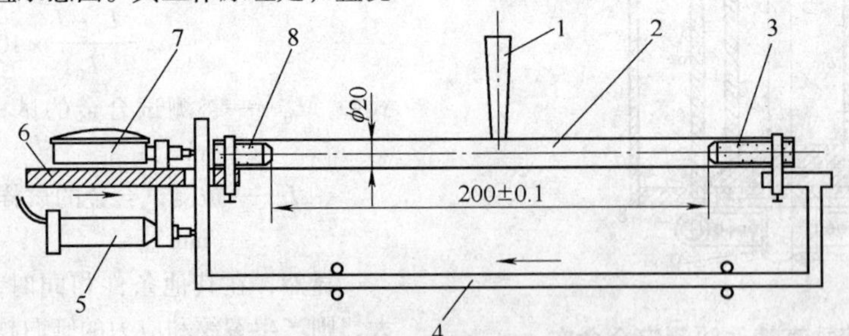

图 2-238　试样两端呈自由收缩状态的合金自由线收缩率测定装置示意图

1—直浇道棒　2—试样　3、8—连接杆
4—传递件　5—位移传感器　6—移动支架　7—百分表

测定铸造非铁合金自由线收缩率时，通常试样采用湿型铸造；铸型为水平整体型；铸型径向吃砂量为 40～50mm；铸型最好采用定量造型方法成型，砂型紧实度控制在 1.50～1.65g/cm^3；标距内的型腔表面应光滑完整，起模应有导向装置：铸型应扎出气孔，但不得穿透型腔。

测试过程中，环境温度控制在 10～30℃，相对湿度控制在 30%～85%；测试前仪器须校正，应保持试样处于水平状态收缩；测试中仪器须避开磁场、振动等干扰因素的影响；浇注前传感器应处于相对机械“零位”，记录仪应处于相对标定“零位”；试样应在造型完毕后 2h 内浇注；采用热电偶和二次仪表在浇包内测量浇注温度，浇注温度控制在合金液相线以上 50～80℃；浇注合金时不允许冲击连接杆和传感器；浇注后的试样始终处于自然冷却状态，砂箱外表最高温度不大于 80℃，底座最高温度不大于 35℃，测试终止温度不得高于环境温度。

处理测试数据时，同一牌号合金，若测试的两次数据间差值小于其算术平均值的 3% 时，该平均值可定为测试结果；若超过 3% 时，需进行第三次测试，其最大数据与最小数据间差值小于三次数据的算术平均值的 5%，则该平均值可定为测试结果。否则需重新测试。此外，试样有缩孔、缩陷、夹渣、气孔、浇不到等明显铸造缺陷者和试样表面粗糙度检验不合格者（即 $Ra > 25\mu m$ 者），其测试结果应视为无效。

2.4.3　热裂

合金的热裂是指合金在高温状态形成裂纹倾向的大小，它是某些非铁合金铸件常见的铸造缺陷之一。

通常，热裂的外形曲折而不规则，多沿晶界产生。裂口的表面往往被强烈氧化，无金属光泽。按其在铸件上的位置，热裂又常分为外裂和内裂。外裂从铸件表面不规则处、尖角处、截面厚度有变化处以及其他类似的可以产生应力集中的地方开始，逐渐延伸到铸件内部，表面较宽内部较窄，有时还会贯穿整个铸件断面。内裂产生于铸件内部最后凝固的地方，一般不会延伸至铸件表面，其裂口表面很不平滑，常有很多分叉，氧化程度较外裂轻些。

通常认为，合金的热裂是在凝固过程中产生的，即在大部分合金已经凝固，但在枝晶间还有少量液体时产生的。这时，合金的线收缩量大，而合金的强度又低，如铸型阻碍其收缩，铸件将产生较大的收缩应力作用于热节处，当热节处的应变量大于合金在该温度下的允许应变量时，即产生热裂。

合金热裂倾向的大小，决定于合金的性质。一般来说，合金凝固过程中开始形成完整的枝晶骨架的温度与凝固终了的温度之差越大，以及在此期间合金的收缩率越大，则合金的热裂倾向就越大。譬如，铸造用的 Al-Cu 合金、Al-Mg 合金，一般都比铸造 Al-Si 合金的热裂倾向大。

但是，对于同一种合金，铸件是否产生热裂，往往取决于铸型阻力、铸件结构、浇注工艺等因素。在铸件冷凝过程中，凡能减少其收缩应力，提高合金高温强度的途径，都将有助于防止热裂的产生。因此，在实际生产中，通常采取增加铸型的退让性、改进铸型结构、改进合金引入铸型的部位以及合理设置加强肋和冷铁等有效措施来避免热裂产生。

铸造非铁合金热裂倾向的大小通常采用热裂倾向测定仪进行测试。对于轻合金还可以采用热裂环法测试。

1. 热裂倾向测定仪测试　在特定的试样结构尺寸条件下，利用测力元件造成试样凝固收缩时受阻以建立拉应力，测取合金发生热裂时拉应力（N）、该力值对应的合金温度（℃）以及观测热裂试样的模样形状及尺寸见图 2-239，测定仪结构简图见图 2-240，铸型合型图见图 2-241。

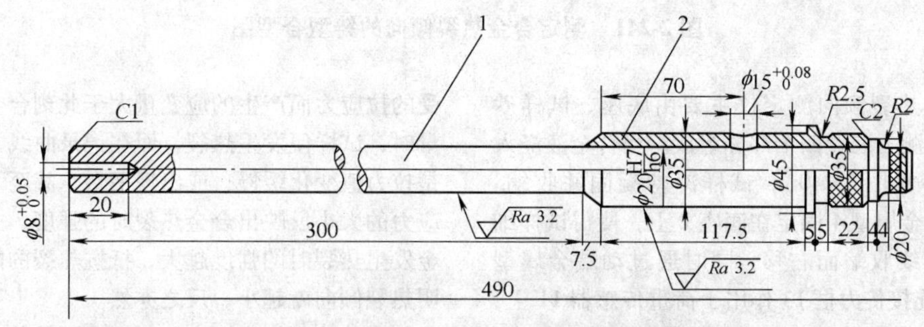

图 2-239　合金热裂试样的模型形状及尺寸

1—试样模芯　2—试样模套

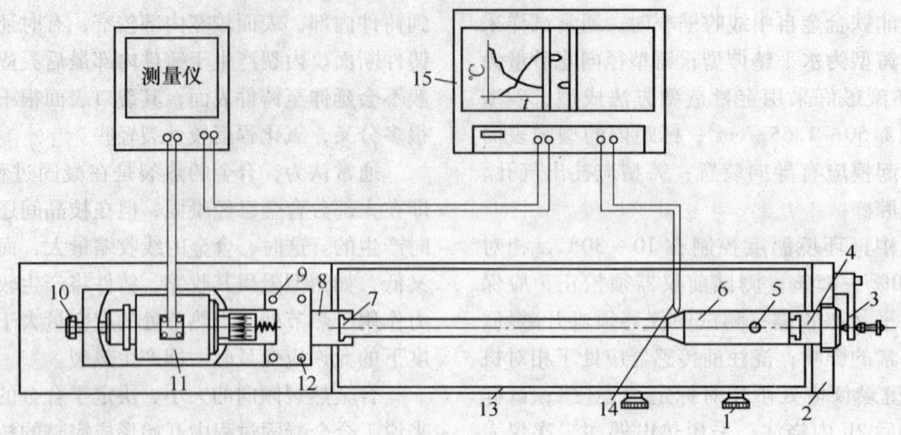

图 2-240　合金热裂倾向测定仪结构图

1—锁紧杆　2—底座　3—锁紧销　4—静端金属型　5—浇口　6—试样粗端　7—试样细端　8—动端金属型　9—插销　10—预紧螺杆　11—荷重传感器　12—冷却管　13—传力框　14—测温热电偶　15—X-Y 函数记录仪

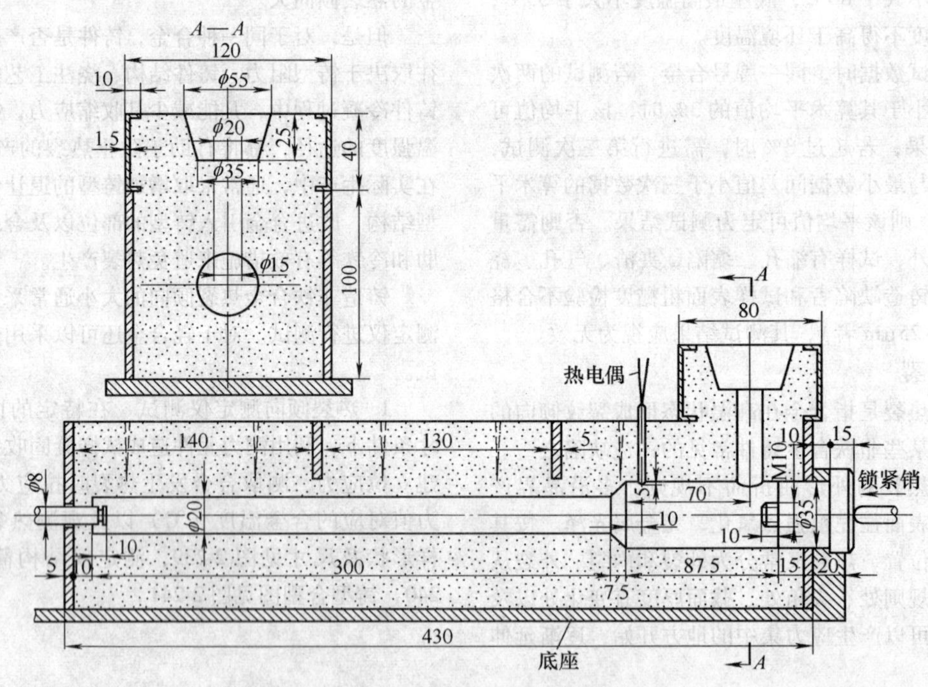

图 2-241　测定合金热裂倾向的铸型合型图

这种合金热裂倾向测定仪主要由底座、试样砂箱、连接件及测力装置四个部分组成。当合金液浇入浇口 5 以后（见图 2-240），试样冷却凝固并收缩。由于右侧静端金属型 4 固定在底座 2 上，使得试样细端 7 由于试样线收缩而右移，同时通过动端金属型 8、插销 9 和连接传力框 13 作用于荷重传感器 11 上，而传感器 11 固定在底座 2 上，从而使试样受到拉力。其拉力的大小采用非电量电测法测出，即由传感器输出信号，通过记录仪自动记录出动态曲线。当试样所受的拉应力而产生的应变量大于此刻合金的允许应变量时，试样便发生热裂，而在记录曲线上反映出的则是拉力值变化缓慢，或出现平台，甚至下降。这时拉应力的大小反映出合金热裂时的强度。一般说来，合金发生热裂时的强度越大，抵抗热裂的能力越强，说明热裂倾向就越小，反之亦然。

合金热裂倾向测定仪用测力元件传感器的精度为 0.5 级，连接件的长度小于或等于 50mm，采用水冷。仪器的测试系统综合误差不得大于 1.5%，测力轴线上要求装配时的同轴度小于或等于 0.15mm。

试样采用湿型铸造，铸型为水平整体型，铸型径向吃砂量应大于 35mm；采用捣实造型方法成型，砂型紧实度控制在 1.6～1.8g/cm³；铸型型腔表面光滑完整，铸型上需扎出气孔，但不能穿透型腔；模样相对砂箱要定位准确，不允许产生松动等现象；试样两端砂型要保证密封，严防“跑火”。

测试过程中，环境温度控制在 5～40℃，相对湿度控制在 30%～85%；测试仪器须先校水平，保持试样处于水平状态，并在测试中应使仪器避开磁场、振动等干扰因素的影响。浇注前，记录仪处于相对标定“零位”，试样造型完毕后 3h 内浇注；采用热电偶和二次仪表在浇包内测量浇注温度，浇注温度控制在合金液相线以上 50～90℃（熔点高的合金取上限，熔点低的合金取下限）。试样浇注后处于自由冷却状态，仪器测力元件自身温度不得高于 50℃，试样温度点在热节圆的直径上，试样冷却到合金固相线以下 200℃时终止测试过程。

合金热裂倾向的动态曲线一般可分为三类（见图 2-242），在其上出现特征点的热裂数值即为所测热裂力的数值，其数据处理按下式进行：

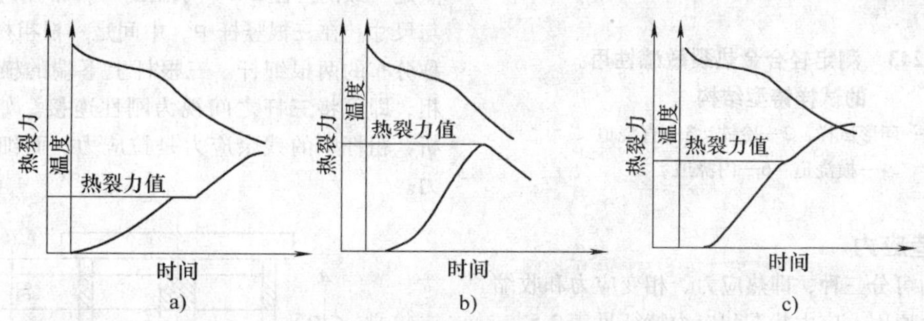

图 2-242　合金热裂倾向动态曲线中热裂力特征点的确定

a）类型Ⅰ　b）类型Ⅱ　c）类型Ⅲ

$$\overline{F} = \frac{\sum F_i}{n} \quad (2\text{-}23)$$

$$\delta = \frac{\sum |F_i - \overline{F}|}{n} \quad (2\text{-}24)$$

$$\Delta = \frac{\delta}{F} \times 100\% \quad (2\text{-}25)$$

式中　$\overline{F}$——热裂力算术平均值（N）；

F_i——第 i 次测试的热裂力（N），$i = 1, 2, 3 \cdots$

$\sum F_i$——i 次测试热裂力的算术和（N）；

n——测试次数；

δ——算术平均误差绝对值（N）；

Δ——算术平均误差相对值（%）。

当测试两次数据的算术平均相对误差小于或等于 15%时，则将该平均值定为测试结果，若超过 15%时，则需进行第三次测试。三次数据的算术平均相对误差小于 15%时，则测试结果有效，以三次测试的算术平均值为测试结果，否则重做。

热裂力对应的温度用各次测得的热裂力相对应的温度（℃）表示。

试样冷却到环境温度以后，仔细落砂，目测试样裂纹大小，并以透裂（试样彻底断裂开而成为两段）、明显环裂（可见明显圆环形裂纹，但芯部尚呈连接状态）、断续环裂（断续的，但明显的沿圆周形成裂纹）、微裂（局部有裂纹，裂纹长小于半圆周长）、不裂（未发现裂纹）5 种状态表示。当试样产生缩孔、缩陷、夹渣、气孔、砂孔、浇不到等明显铸造缺陷时；当裂纹发生在过渡段以外以及试样圆柱表面的粗糙度不合格时（即 $Ra > 25\mu m$ 时），其测试结果应视为无效。

2. 热裂环法测试　这是一种测定轻合金热裂敏感性的方法。试验所用的试样铸型结构见图 2-243，即在砂型中造两个厚 5mm、直径 ϕ108mm 的圆盘型腔，并在各自的中心分别安置钢芯，其尺寸的大小及变化决定了热裂环的宽度在 5～42.5mm 间变化，间隔为 2.5mm。在对着内浇道的外型中安置冷铁，以使环在内浇道对面或附近，即在合金最后凝固的这些部位形成热裂。试验时，应依合金的性质和成分选取钢芯的适当尺寸，并逐次增大钢芯尺寸进行浇注试验，以首先出现热裂纹的环的宽度代表合金的热裂倾向，其值越大，对热裂越敏感。

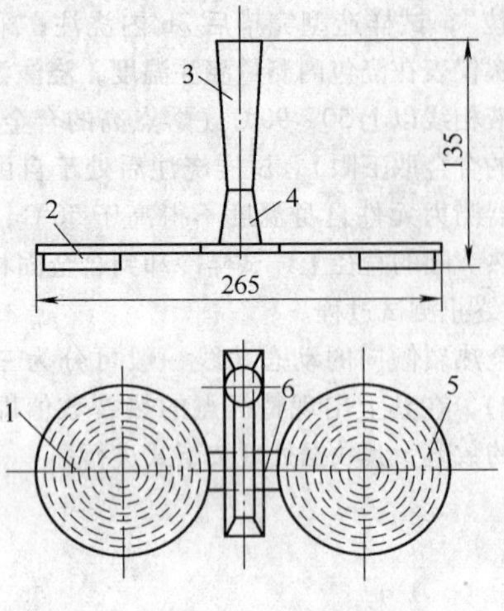

图 2-243　测定轻合金热裂敏感性用的试样铸型结构

1、5—环形试样　2—冷铁　3—直浇道　4—横浇道　6—内浇道

2.4.4　铸造应力

铸造应力可分三种，即热应力、相变应力和收缩应力。其产生原因、应力状态和应力特征见表 2-5。

显然，铸造应力（$\sigma_{铸}$）是热应力（$\sigma_{热}$）、相变应力（$\sigma_{相}$）和收缩应力（$\sigma_{缩}$）三者的代数和，即

$$\sigma_{铸} = \sigma_{热} + \sigma_{相} + \sigma_{缩} \tag{2-26}$$

铸件冷却过程中所产生的铸造应力，如超过该温度下合金的屈服强度，将产生残余变形：如超过其抗拉强度，将产生断裂；如在弹性强度范围内，以残余应力的形式存在于铸件中（主要指$\sigma_{热}$、$\sigma_{相}$），则会降低设计强度。此外，带有残余应力的铸件会在使用或存放过程中发生变形，破坏机器应有的精度。

常用铸造铝合金因导热性好，冷却过程中又没有同素异构转变，故其铸件中存在残余铸造应力的情况较少。但某些铜合金铸件存在残余铸造应力的情况要多些。

通过退火热处理的方法，可使残余铸造应力大部分消除。

为了估计铸件中残余应力的大小和热处理后应力消除的程度，常采用应力框试验。

应力框的具体形状和尺寸不一，但其基本构造特点是一致的。图 2-244 示出的一种常用应力框的形状与尺寸。在三根竖杆中，中间是一根粗杆，两边是对称分布的两根细杆。三根杆上下端的横向连接杆很粗，即可将三杆之间视为刚性连接。如表 2-5 所分析，粗杆中的残余应力是拉应力，而细杆中受压应力。

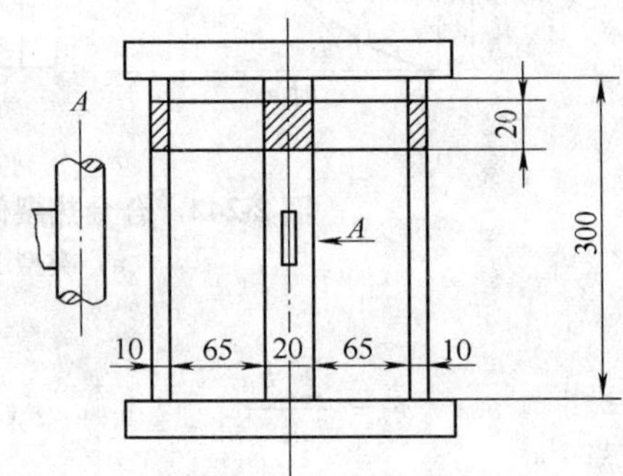

图 2-244　应力框的形状与尺寸

表 2-5　铸造应力分析

分类	产生原因	应力状态		应力特征
		薄壁处	厚壁处	
热应力	由于铸件上相连接的各部分的断面厚度不同,冷却时收缩的时间先后不一致所引起的	压应力	拉应力	通常是残余应力
相变应力	由于有些合金在凝固后的冷却过程中发生相变,因而伴随有体积的变化,并引起铸件尺寸也跟着发生变化的结果	对于相变时发生膨胀的合金		因发生相变的温度不同而可以是临时或残余应力
		拉应力	压应力	
收缩应力	由于铸件收缩时受到铸型或型芯的阻碍所引起的	拉应力	拉应力	是临时应力,即铸件打箱后自行消除,但常常是造成热裂的原因

测定应力框中应力大小时（见图 2-245），首先用游标卡尺测量粗杆中间凸块的两端面间距离，得 l_1（mm）；然后用钢锯将中间粗杆从凸块的中间部分锯开，则杆中拉应力即随之完全消除（此时两边的两根细杆中的压应力当然也完全消除），这样凸块两端面间的距离自然会比原来增大一些，测量增大的距离，得 l_2（mm），这样就可近似地推算出在中间粗杆中的拉应力的大小，即等于为了将中间粗杆上凸块的

两端面间距离由 l_2 缩短至 l_1 所需加的拉应力。在弹性变形中，应力与应变的关系已由胡克定律得出

$$\sigma = E\varepsilon \tag{2-27}$$

式中　σ——应力值（MPa）；

ε——应变值；

E——合金的弹性模量（MPa）。

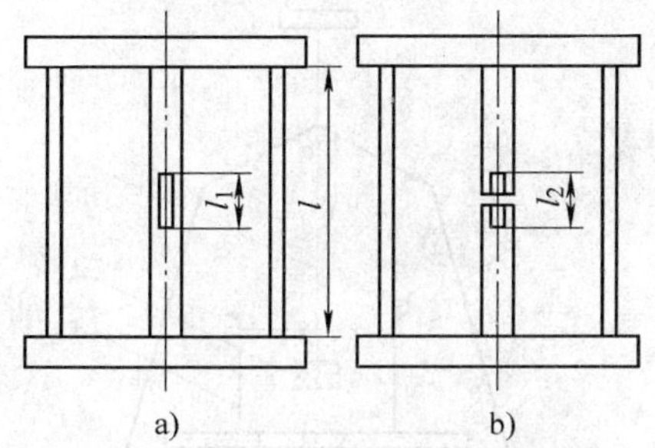

图 2-245　应力框的中间粗杆锯开前后的变化示意图

a）锯开前　b）锯开后

应变值 ε 可根据如上测得数据计算出来，即

$$\varepsilon = \frac{l_2 - l_1}{l} \tag{2-28}$$

式中　l——粗杆长度（mm）。

因此，当已知合金的弹性模量 E 的数值时，便可求得应力值。其应力值为 σ_2，这样便可计算出应力消除的程度，即

$$\sigma = E\frac{l_2 - l_1}{l} \tag{2-29}$$

也即间接地求得了应力框中的应力值。

当需要测定热处理（退火）对消除铸造应力的效果时，应该随铸件一起浇注出两批（每批至少3个，以便求其平均值）应力框试件。其中一批应力框试件不经退火处理即行锯开，按照上述方法在锯开前后进行凸块端面距离的测量并计算出其应力值，设其值为 σ_1；另一批应力框试件随同铸件一起进行退火处理，然后再按上述方法测量和计算出

$$铸造应力消除程度 = \frac{\sigma_1 - \sigma_2}{\sigma_1} \times 100\% \tag{2-30}$$

应该指出，铸件的结构形状和应力框试件的结构形状有很大的差别。因此，采用这种方法来测定铸件中的应力和通过退火处理消除应力的程度只是一个极为粗略的估计。

更精确地测定铸造应力的方法是采用拉压力传感器的电测法。其基本原理是，把测应力的试件与测力元件铸合在一起，在试件凝固后的冷却过程中，变化的应力和最终的残余应力都通过测力元件把信号送到自动记录仪表（二次仪表）上，从而可以测定合金建立铸造应力的动态过程及残余应力的大小。代表性的测定仪为通用框形合金动态应力测定仪，其结构如图 2-246 所示。测试时合金液通过浇道 5 浇入 E 形应力框 4，E 形应力框 4 的两侧杆（10mm × 20mm × 300mm）与中间粗杆（20mm × 20mm × 300mm）的右端通过横杆（20mm × 20mm × 180mm）结合成一体，E 形应力框 4 的左端由连接套 2、连接杆 8 连接到传感器 9 上，最后把力作用到受力框 1 左端。因为应力框侧杆和中间杆的截面不等，所以它们凝固冷却的时刻有先有后，存在温差，最终在两侧杆产生压应力，中间杆产生拉应力。通过拉压力传感器将电信号输送到记录仪，同时记录侧杆与中间杆的温度、应力曲线。据此，可以计算出被测合金试件的应力值及温度曲线在整个测试过程中的相互关系，进而分析不同合金铸造应力的形成特点。

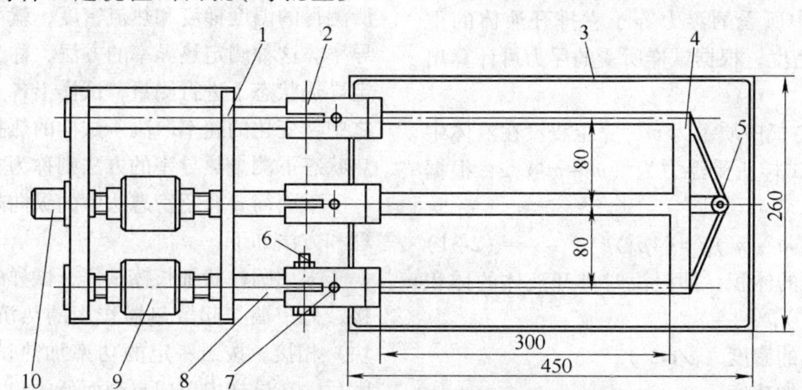

图 2-246　通用框形合金动态应力测定仪结构示意图

1—受力框　2—连接套　3—砂箱　4—E 形应力框　5—浇道
6—连接螺杆　7—脱模孔　8—连接杆　9—传感器　10—卸载螺母

2.5 合金的物理性能及其测试

合金的物理性能是金属材料的基础性能，它由材料的化学成分、组织结构和加工过程决定。物理性能包括导电性、密度、热膨胀、热传导、热辐射、热容、磁性等。下面简要介绍电阻、密度、热导率、线胀系数的测试方法。

2.5.1 电阻

电阻的测量方法较多，有直接读数的伏安法、单电桥法、双电桥法、电位差计法等，另外还有直接读取电导率的涡流法。

表2-6所示是常用测试电阻的电桥型号和精度级别。数字显示电桥是新一代产品，与数字万用表同样稳定可靠。数字微欧计是凯尔文电桥的更新换代产品，适用于对直流低电阻做精密测试。行业中广泛使用的是QJ型系列直流电桥，测试范围宽，精度高，可连接成单、双两种测量电路。

表2-6 各种测量电阻电桥的型号和精度级别表

序号	型　号	测量范围	精度级别
1	Q19直流单双臂电桥	双:10μΩ~100Ω 单:100Ω~1.11110MΩ	0.05
2	QJ36直流单双臂电桥	双:1μΩ~100Ω 单:100Ω~1.111110MΩ	0.02
3	QJ48比较式电桥	1mΩ~10kΩ	0.002
4	Q149a直流单臂电桥	1Ω~1.11110MΩ	0.05

2.5.2 密度

根据密度的定义，测量密度需先测量试样的质量和体积。质量采用天平测量，而体积采用流体静力学法即借助阿基米德原理（Archimed）进行。

试样在液体中所受的浮力等于它排开液体的重量。已知液体的密度，根据试样所受的浮力可计算出浸入液体的体积。

假定试样在空气中质量为m，完全浸没在液体中的质量为m'，则试样所受浮力为$(m-m')g$，根据阿基米德原理：

$$(m-m')g=(V\rho_0)g \qquad (2\text{-}31)$$

式中 V——试样的体积，即浸没时排开液体的体积(cm^3)；

ρ_0——液体的密度(g/cm^3)；

g——重力加速度。

由上式可得

$$V=(m-m')/\rho_0$$

则试样密度为

$$\rho=m/V=m\rho_0/(m-m')$$

测量密度的装置如图2-247所示。试样和吊丝在液体中称得的质量为m_1，不含试样的空吊丝在液体中质量为m_0，两次称量吊丝的浸没长度有所不同，如果忽略其差异，则试样在液体中的质量$m'=m_1-m_0$。对于质量不超过30g的试样，用一般头发丝可以充当吊丝，在工业测量中其质量可以忽略不记，即$m'=m_1$。

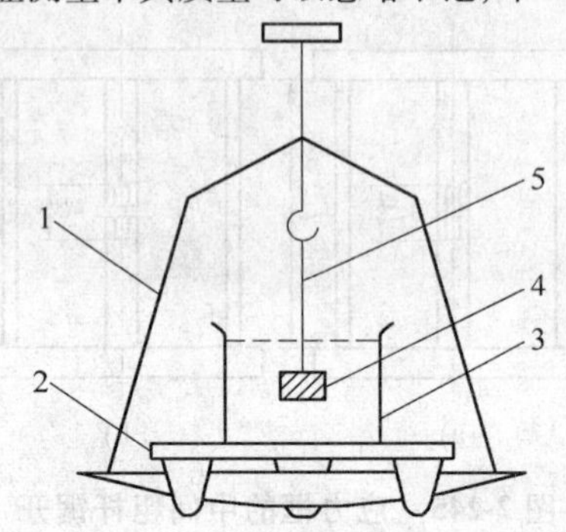

图2-247 试样在液体中的称量示意图

1—秤盘 2—托架 3—容器 4—试样 5—吊丝

称量前应检查天平是否符合要求，严格按照说明书进行操作。试样表面不应有孔洞、缝隙和油污，必要时用酒精等有机溶剂清洗处理。纯水的温度应采用经过鉴定的温度计测量，其精度一般应精确到0.1℃。称量过程中试样表面不得出现气泡，否则将导致密度测量值偏低。

2.5.3 热导率

热导率的测量方法较多，不同温度范围和不同热导率范围需要不同的测量方法，主要分为稳态法和非稳态法两大类。在稳定导热状态下，试样上各点温度稳定不变，温度梯度和热流密度也都稳定不变，根据所测得的温度梯度和热流密度，就可计算出材料的热导率。这种测定热导率的方法，称为稳态法。在不稳定导热状态下进行测量，试样上各点的温度处于变化之中，变化的速率取决于试样的热扩散率，在这种导热状态下测量热导率的方法则称为非稳态法。

下面简要介绍稳态法中的纵向热流法。其测量原理和方法如下：

采用圆柱状细长棒试样，试样的一端与加热器相接，另一端与起散热器作用的热沉（良导热的金属块）相接。按照一定的功率加热试样，经过一段时间后，在试样内形成自高而低的稳定的温度分布。假定热量从试样的高温端向低温端传导时没有侧向热损失，则任一横断面处有相同的热流速率。

按照公式$Q/t=\lambda S(T_1-T_2)/L$，只要测得Q/t、

试样断面积 S 和 $(T_1 - T_2)/L$，就可以计算出试样的热导率 λ（不考虑热流与温度梯度方向）。

试样端一般采用电阻加热器加热，采取热防护使加热的热量全部进入试样，则热流速率 Q/t 就等于加热功率 W。所求得的热导率，对应于 T_1、T_2 范围内的某一个等效温度。

纵向热流法测量过程中的关键技术要点是防止侧向热损和保证加热器的良好防护，因此要求合理设计测量装置；另一个技术要点是保证温度梯度的精确测量。

2.5.4　线胀系数

测量线胀系数的仪器称为膨胀仪，测量的关键在于精确测量指定温度范围内的热膨胀量。常用的线胀系数测量方法如下：

待测试样一般做成 $\phi(3\sim5)\text{mm}\times(30\sim50)\text{mm}$ 的杆状，试样的一端与石英传动杆相接，并一起放在石英管里，利用千分表直接测量试样的膨胀量。将石英管放入炉子内，使传动杆的另一端接触千分表，试样和传感器及千分表要保持良好接触。通电加热，使试样受热膨胀，经传动杆传递，在千分表上计量。根据千分表的计量数据算出试样由温度 t_1 变化到 t_2 时的平均线胀系数。

主要技术要点是试样温度测量和千分表测膨胀伸长量的精度。

常用的机械膨胀仪有立式和卧式两种，结构都比较简单，测量方法简便、成本低，应用比较普遍。

2.6　材料拉伸性能及其测试

2.6.1　拉伸性能

国标 GB/T 10623—2008《金属材料　力学性能试验术语》和 GB/T 24182—2009《金属力学性能试验　出版标准中的符号及定义》中规定拉伸试验是标准拉伸试样在静态轴向拉伸力不断作用下，以规定的拉伸速度拉至试样断裂，并在拉伸过程中连续记录力与伸长量，从而求出其强度判据和塑性判据的力学性能试验。

为了拉伸试验时获得更多的有关材料性能的信息，在目前的国内外新标准中除了断后伸长率 A 和断裂总伸长率 A_t 外又增加了屈服点延伸率 A_e、最大力总伸长率 A_{gt} 及最大力非比例伸长率 A_g。

通常在材料屈服开始（上屈服强度）以前已产生小量塑性变形，上屈服强度以前的微量塑性变形归在屈服阶段内的塑性变形范围是比较合理的。因此，将屈服点延伸率定义为：试样从屈服开始至屈服阶段结束（加工硬化开始）之间标距的伸长与原始标距的百分比。定义屈服点延伸率的意义是，这一性能判据可用来表征屈服阶段的长短。定义最大力非比例伸长率 A_g 的意义是，A_g 与材料的硬化指数 n 相关。当材料硬化规律遵从 Hollomon 定律（$R_p = k\varepsilon^n$ 时，式中 k 为强化系数）时，存在下列关系：

$$n = \ln(1 + A_g) \tag{2-32}$$

对大多数金属材料均遵从 Hollomon 定律，n 在金属材料冷变形成型工艺中是一个重要参量，通过测定 A_g 可大致估算 n 值。此外，当达到最大应力下的总伸长率的弹性部分所占的比例小于 10% 时，可用最大力总伸长率 A_{gt} 代替 A_g 来计算 n 值。

在拉伸试验中需测定的强度性能判据通常有下列 5 种：

1. 规定非比例延伸强度（R_p）　试样标距部分的非比例伸长达到规定的原始标距百分比时的应力。表示此应力的符号应附以脚注说明。例如 $R_{p0.01}$、$R_{p0.05}$ 和 $R_{p0.2}$ 分别表示规定非比例延伸率为 0.01%、0.05% 和 0.2% 时的应力。

2. 规定总延伸强度（R_t）　试样标距部分的总伸长（弹性伸长加塑性伸长）达到规定的原始标距百分比时的应力。表示此应力的符号应附以脚注说明。例如，$R_{t0.5}$ 表示规定总延伸率为 0.5% 时的强度。

3. 规定残余延伸强度（R_r）　试样卸除拉伸力后，其标距部分的残余伸长达到规定的原始标距百分比时的应力。表示此应力的符号应附以脚注说明。例如，$R_{r0.2}$ 表示规定残余延伸率为 0.2% 时的强度。

4. 屈服强度　对于呈现屈服现象的材料，试样在拉伸试验过程中力不增加（保持恒定）仍能继续伸长时的应力。如力发生下降，则应区分为上屈服强度 R_{eH}、下屈服强度 R_{eL}。

（1）上屈服强度（R_{eH}）　试样发生屈服力而首次下降前的最大应力。

（2）下屈服强度（R_{eL}）　当不计初始瞬时效应屈服阶段中的最小应力。

5. 抗拉强度（R_m）　试样拉断过程中最大力所对应的应力。

在拉伸试验过程中需测定的塑性性能判据通常有下列 5 种。

1. 屈服点延伸率（A_e）　试样从屈服开始至屈服阶段结束（应变硬化开始）之间标距的伸长与原始标距的百分比。试验时通常是根据试验机自动记录的力—伸长曲线，利用图解法计算求得。

2. 最大力总伸长率（A_{gt}）　试样拉伸到最大力时标距的总伸长与原始标距的百分比。总伸长包括弹性伸长和塑性伸长。

3. 最大力非比例伸长率（A_g）　试样拉到最大力时标距的非比例伸长与原始标距的百分比。非比例伸长为力—伸长曲线上力与伸长不成线性比例关系部分的伸长，包括滞弹性伸长、蠕变伸长和塑性伸长。

4. 断后伸长率（A）　试样拉断后，标距的伸长与原始标距的百分比。

当应用标距为试样直径 5 倍的短比例试样时，所测得的伸长率以 A 表示；当用标距为直径 10 倍的长比例试样时，所测得的伸长率以 $A_{11.3}$ 表示。A 值大于 $A_{11.3}$ 值，通常 $A=(1.2\sim1.5)A_{11.3}$，应优先采用 A。

应用定标距试样时，断后伸长率应附以该标距的脚注，如定标距为 100mm 或 200mm 时，则分别以 A_{100mm} 或 A_{200mm} 表示。

断后伸长率一般在试样拉断后测量，先将试样断裂部分在断裂处紧密对接在一起，尽量使其轴线位于一直线上，如拉断处形成缝隙，则此缝隙应计入试样拉断后的标距内。测量断后标距时，如拉断处到最邻近标距端点的距离大于原始标距的 1/3 时，采用直测法测量；如拉断处到最邻近标距端点处的距离小于或等于原始标距的 1/3 时，则采用移位法进行测量。

5. 断面收缩率（Z）　试样拉断后，缩颈处横断面积的最大缩减量（S_0-S_u）与原始横断面积 S_0 的百分比。测量时，先测缩颈处最小横断面积 S_u。对于圆柱形试样，在缩颈最小处两个相互垂直的方向上测量其直径（需要时，应将试样断裂部分在断裂处对接在一起），用两者的平均值计算；对于矩形试样，用缩颈处的最大宽度乘以最小厚度求得，然后按下式计算 Z：

$$Z=\frac{S_0-S_u}{S_0} \tag{2-33}$$

对于薄板、带材试样、圆管材全断面试样、圆管材纵向弧形试样或其他复杂横断面试样，以及直径小于 3mm 的试样，通常不测定断面收缩率。

2.6.2　拉伸试验速度

拉伸试验速度对性能判据的测定有一定影响，而且随试样材料和试验条件而异。由于弹性变形以声速的量级速度进行，从而可认为弹性变形在金属受力后瞬间完成，因此拉伸试验变形速度对弹性变形阶段的性能判据并无影响。金属的塑性变形在一定环境条件下是应力、应变和时间的函数，明显受变形速度的影响，从而使塑性变形阶段的性能判据具有较大的速度敏感性。拉伸速度对性能判据影响的大致趋向是，强度性能判据随拉伸速度的增加而增大；塑性性能判据随拉伸速度的增加而减小。拉伸试验速度对试验结果的影响总是存在的，不可能找到某一速度区间对任何材料及性能判据无影响。因此，在国家拉伸试验方法标准中对拉伸试验速度作出如表 2-7 所示的规定。

表 2-7　规定的应力速率范围

弹性模量 E /N · mm^{-2}	应力速率/N · mm^{-2} · s^{-1} 最小	最大
<150000	2	20
≥150000	6	60

表 2-7 中规定的应力速率范围，是指拉伸试验速率应在此范围内选择，"最大"和"最小"是范围的上、下限，并不是试验机控制速率允许波动的上、下限。

2.6.3　拉伸试样

拉伸试样是指样坯经机加工或不经机加工而提供拉伸试验用的一定尺寸的样品。

拉伸试样的形状和尺寸应根据试验材料的形状及其用途便于安装引伸计和形成轴向均匀应力状态等原则来确定。拉伸试样的形状一般有圆柱形、平板形和圆管形。为了形成单向应力状态，试样的纵向尺寸要比横向尺寸大得多；为了形成均匀应力状态，试样头部的过渡弧半径 r 通常应使 $r\geqslant1.5d$（d 为圆形横断面试样平行长度的直径）；为了夹紧试样和使试样对中，试样头部一般机械加工成螺纹状。

为了防止试样的尺寸效应影响测定的拉伸性能判据，按国家标准 GB/T 228—2002 规定，标准拉伸试样的直径参照表 2-8 选择，并建议两种比例试样，即

长比例试样：$L_0=11.3\sqrt{S_0}$

短比例试样：$L_0=5.65\sqrt{S_0}$

式中，L_0 为试样原始标距；S_0 为试样平行长度部分的原始横断面积。

为了正确测定试样的拉伸性能判据，试样表面应光滑而无缺陷，其表面粗糙度应满足图 2-248 中规定的要求；试样各部分的尺寸偏差应满足表 2-8 和表 2-9 的规定。

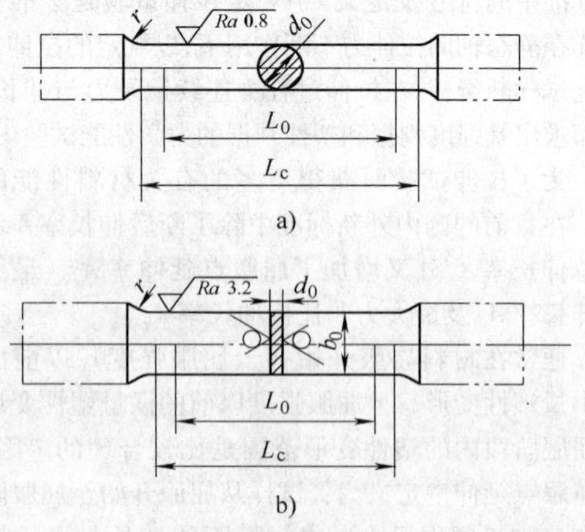

图 2-248　拉伸试样的形状及表面粗糙度要求

a）圆柱形试样　b）平板形试样

表 2-8 圆柱形横断面比例试样

d/mm	r/mm	$K=5.65$			$K=11.3$		
		L_0/mm	L_c/mm	试样编号	L_0/mm	L_c/mm	试样编号
25	≥0.75d	5d	≥$L_0+d/2$ 仲裁试验： L_0+2d	R1	10d	≥$L_0+d/2$ 仲裁试验： L_0+2d	R01
20				R2			R02
15				R3			R03
10				R4			R04
8				R5			R05
6				R6			R06
5				R7			R07
3				R8			R08

注：1. 如相关产品标准无相关具体规格，优先采用 R02、R04 或 R07 试样。

2. 试样总长度取决于夹持方法，原则上 $L_t > L_c + 4d$。

3. 如相关产品标准无具体规定，优先采用比例系数 $K=5.65$ 的比例试样。

表 2-9 矩形横断面比例试样

b/mm	r/mm	$K=5.65$			$K=11.3$		
		L_0/mm	L_c/mm	试样编号	L_0/mm	L_c/mm	试样编号
12.5	≥12	$5.65\sqrt{S_0}$	≥$L_0+1.5\sqrt{S_0}$ 仲裁试验： $L_0+2\sqrt{S_0}$	P07	$11.3\sqrt{S_0}$	≥$L_0+1.5\sqrt{S_0}$ 仲裁试验： $L_0+2\sqrt{S_0}$	P07
15				P08			P08
20				P09			P09
25				P10			P010
30				P11			P011

注：如相关产品标准无具体规定，优先采用比例系数 $K=5.65$ 的比例试样。

2.6.4 引伸计

引伸计是拉伸试验时装卡在试样上用来测量其变形的装置。

引伸计的种类很多，在力学性能测试中有光学式、机械式及电测式三种。目前广泛采用的是电测式引伸计。电测式引伸计一般有差动变压器式位移传感器和应变式位移传感器，前者多用于高温或介质环境中。

引伸计及位移传感器在使用前应利用标定器进行标定，即测定引伸计的伸长示值与标定器给定的真实伸长的关系。标定时，所测定的引伸计伸长示值与标定器给定位移量关系曲线的斜率即为伸长放大倍数。标定器给定的位移量与引伸计标距（引伸计测量试样伸长时所使用试样部分的长度）和引伸计伸长示值乘积之比称为标定系数。将标定系数乘以引伸计伸长示值即可得出相应的应变。引伸计的应变示值减去标定器给定的应变值之差即为应变示值误差。

表 2-10 给出了引伸计的分级及其标距相对误差、分辨力、系统相对误差和最大允许值。

表 2-10 引伸计的分级

引伸计分级	引伸计的分级（最大值）					标定器（最大值）			
	标距相对误差	分辨力[①]		系统误差[①]		分辨力[①]		系统误差[①]	
	qL_t（%）	读数的百分数 r/L_1（%）	绝对值 $r/\mu m$	相对误差 q（%）	绝对误差 $(L_1-L_t)/\mu m$	相对值（%）	绝对值 $/\mu m$	相对误差（%）	绝对误差 $/\mu m$
0.2	±0.2	0.10	0.2	±0.2	±0.6	0.05	0.10	±0.06	±0.2
0.5	±0.5	0.25	0.5	±0.5	±1.5	0.12	0.25	±0.15	±0.5
1	±1.0	0.50	1.0	±1.0	±3.0	0.25	0.50	±0.3	±1.0
2	±2.0	1.0	2.0	±2.0	±6.0	0.5	1.0	±0.6	±2.0

注：对于小标距（≤25mm）和小应变，用户宜选用级别较高一级的引伸计。

① 取其中较大者。

引伸计按其精度不同而分成四个等级，各级精度要求见表2-10所列。对于不同试验项目应选用表2-11中不同等级的引伸计。拉伸试验同样可按表2-11选用。

表 2-11 不同测试项目选用的引伸计级别

测试项目	允许使用的最低级别
R_m、A_{gt}、A_g、A_t、A	2级
R_t、R_p、R_r、R_{eH}、R_{eL}、A_e	1级

2.6.5 高温拉伸试验

高温拉伸试验是在室温以上的高温下进行的拉伸试验。高温拉伸试验时，除考虑应力和应变外，还要考虑温度和时间两个参量。温度对高温拉伸性能影响很大，因此对温度的控制要求很严格。试样一般采用电炉加热，炉子工作空间要有足够的均热带，用仪表进行自动控制温度。金属高温拉伸试验时对试验温度偏差及温度梯度要求见表2-12。

表 2-12 炉膛均热带温度偏差及温度梯度

规定温度 θ/℃	θ_i 与 θ 的允许偏差/℃	温度梯度/℃
$\theta \leqslant 600$	±3	3
$600 < \theta \leqslant 800$	±4	4
$800 < \theta \leqslant 1000$	±5	5

注：指示温度 θ_i 是指在试样平行长度表面上所测量的温度。

高温拉伸试样为了保证轴向加力和减小夹头尺寸便于安装引伸计。圆柱形试样头部应采用螺纹联接；平板状试样头部应采用销钉联接。高温引伸计通常有三个部分，即与试样凸肩相连的夹持部分、将试样变形传到炉外的引伸杆和在炉外进行变形测量的变换器。

通常采用热电偶作为温度传感器检测试样温度。热电偶的热端用石棉绳捆绑紧贴试样工作表面；冷端引出炉外而置于冰水中或零点补偿装置内，其温度偏差不应超过±0.5℃。高温拉伸试验时温度测量仪器的精度不应低于0.1级，温度记录仪的精度不应低于0.5%。

高温拉伸试验时，试样施力的时间，即拉伸速度对拉伸性能有显著影响。为此，高温拉伸试验时必须将试样的拉伸速度控制在规定范围内。在国家标准中规定，测定非比例抗拉强度和屈服强度时，屈服期间试样标距内应变速率应在（0.001～0.005）/min范围内，尽量保持某个恒定值。在不能控制应变速率的情况下应调节应力速率，使在弹性范围内应变速率保持于0.003/min之内，但应力速率不应超过300MPa/min。仲裁试验采用中间应变速率。屈服后或不测规定非比例拉伸强度和屈服强度时，应变速率在（0.02～0.20）/min之间保持恒定。

金属材料的高温拉伸试验所规定的性能指标与常温拉伸试验时基本相同，但一般是测定抗拉强度、屈服强度、断后伸长率和断面收缩率四大性能指标。

2.6.6 低温拉伸试验

低温拉伸试验是在室温以下的低温下进行的拉伸试验。低温拉伸试验时，试样及上、下夹头均浸入充满气态或液态制冷剂的低温拉伸槽中，也可采用细孔喷射制冷法使试样冷却。试验时试样应在相应的冷却温度下保持足够长的时间，使用液体冷却介质时，保持时间应不少于 5min；采用气体冷却介质时，保持时间应不少于 15min。

测量低温介质温度通常采用低温温度计、低温热电偶及相关的自动记录指示仪。

低温拉伸试验时的制冷剂通常有冰、固体二氧化碳（干冰）、液氮、液氨、液氢等，调温剂通常采用氯化钠、氯化钙、氯化按、乙醇、三氯甲烷、石油醚等。

低温拉伸试验时，试样标距内的温度偏差及温度梯度可参照表 2-13 执行。

表 2-13 低温拉伸时试样标距内允许的温度偏差和温度梯度

冷却介质	温度偏差/℃	温度梯度/℃
液体介质	±1	1
气体介质	±0.5	1.5

金属低温拉伸试验时通常是测定抗拉强度、断后伸长率、断面收缩率等性能指标。

参 考 文 献

[1] 中国机械工程学会铸造学会．铸造手册：第 3 卷，铸造非铁合金[M]．2 版．北京：机械工业出版社，2002.

[2] 铸造有色合金手册编写组编．铸造有色金属合金手册[M]．北京：机械工业出版社，2001.

[3] 陆文华，李隆盛，黄良余．铸造合金及其熔炼[M]．北京：机械工业出版社，1996.

[4] Massalski T B. Binary Alloy Phase Diagrams [M]. 2nded. Vol. 1 ~ 3. America: William W. Scott, Jr., 1996: 9-3503.

[5] Brandes E A. Smithells Metals Reference Book [M]. 6thed. London, Boston: Butterworth & Co (Publishers) Ltd, 1983: 11. 1-457.

[6] 日本铸物协会．铸物便览[M]．4 版．东京：丸善株式会社，1986. 1179-1201.

[7] 安阁英．铸件形成理论[M]．北京：机械工业出版社，1990.

[8] 杨长贺，高钦．有色金属净化[M]．大连：大连理工大学出版社，1989.

[9] Anderson D A, Granger D A and Stevens J G. Telegas Ⅱ for On-line Measurement of Hydrogen in Aluminum Alloy Melts [N]. Light Metal Age, December 1989, Vol. 47, No. 11/12: 5-10.

[10] 铸造工程师手册编写组．铸造工程师手册[M]．北京：机械工业出版社，1997.

[11] 武恭，姚良均．铝及铝合金材料手册[M]．北京：科学出版社，1994.

[12] 王祝堂，田荣璋．铝合金及其加工手册：第 2 卷[M]．长沙：中南大学出版社，2000.

[13] 师昌绪，李恒德，周廉．材料科学与工程手册[M]．北京：化学工业出版社，2008.

[14] 中国航空材料手册编委会．中国航空材料手册[M]．2 版．北京：中国标准出版社，2002.

[15] 高强．最新有色金属金相图谱大全[M]．北京：冶金工业出版社，2005.

[16] 日本金属学会．金属数据手册[M]．东京：日本丸善株式会社，2004.

第3章 铸造铝合金

铝的密度小，塑性高，具有优良的电性能和热性能，表面有致密的氧化膜保护，耐腐蚀性能好。铝在地壳中的蕴藏量大，据统计，地壳中铁占4.7%（质量分数，下同），铝占7.5%。目前铝已经成为非铁金属中生产量最大的金属。

铸造铝合金是在纯铝的基础上加入其他金属或非金属元素，不仅能保持纯铝的基本性能，而且由于合金化及热处理的作用，使铝合金具有良好的综合性能。铝及铝合金的研究和应用得到了很大的发展，在工业上占有越来越重要的地位，大量用于军事、工业、农业和交通运输等领域，也广泛用作建筑结构材料、家庭生活用具和体育用品等。

铸造铝合金一般分为以下四个系列：

Al-Si合金　该系合金又称为硅铝明，一般Si含量（质量分数，下同）为4%～22%。Al-Si合金具有优良的铸造性能，如流动性好、气密性好、收缩率小和热裂倾向小，经过变质和热处理之后，具有良好的力学性能、物理性能、耐腐蚀性能和中等的机加工性能，是铸造铝合金中品种最多，用途最广的一类合金。

Al-Cu合金　该系合金中Cu含量为3%～11%，加入其他元素使室温和高温力学性能大幅度提高。例如，ZL205A（T6）合金的标准性能抗拉强度为490MPa，是目前世界上强度最高的铸造铝合金之一；ZL206、ZL207和ZL208合金具有很高的耐热性能。ZL207中添加了混合稀土，提高了合金的高温强度和热稳定性，可用于350～400℃下工作的零件，缺点是室温力学性能较差，特别是断后伸长率很低。Al-Cu合金具有良好的切削加工和焊接性能，但铸造性能和耐腐蚀性能较差。这类合金在航空产品上应用较广，主要用作承受大载荷的结构件和耐热零件。

Al-Mg合金　该系合金中Mg含量为4%～11%，密度小，具有较高的力学性能，优异的耐腐蚀性能，良好的切削加工性能，加工表面光亮美观。该类合金熔炼和铸造工艺较复杂，除用作耐蚀合金外，也用作装饰用合金。

Al-Zn合金　Zn在Al中的溶解度大，当Al中加入Zn的质量分数大于10%时，能显著提高合金的强度，该类合金自然时效倾向大，不需要热处理就能得到较高的强度。这类合金的缺点是耐腐蚀性能差，密度大，铸造时容易产生热裂，主要用做压铸仪表壳体类零件。

本章的合金牌号主要是列入我国国家标准和航空工业标准的合金，所引用的数据来自生产和研究单位，同时引用了大量国外数据。一些国外常用的合金如美国的201.0（KO-1）、206.0和俄罗斯的ВАЛ10等以及一些铸造铝合金先进技术如铸造铝锂合金、铸造铝基复合材料、半固态铸造、泡沫铝等在本章中也进行了简单介绍。

文中的热处理状态代号以我国的状态代号为主，同时介绍了部分国外典型的热处理状态。欧盟、美国、日本等采用的热处理状态基本与国际标准化组织（ISO）的热处理状态相同，T5、T51等相当于我国的T1，T6相当于我国的T5和T6，F、T4和T7状态与我国的热处理状态意义相同，文中带两位或三位数字的热处理状态为明显改善合金某些特性（如力学性能或耐腐蚀性能等）的热处理状态，如T61、T71等代号的热处理状态与T6、T7状态的固溶热处理制度相同，不同的是时效热处理的温度和时间，使铸件满足特定的力学性能或耐腐蚀性能要求。

3.1　合金及其性能

3.1.1 Al-Si合金

在这类合金中Si是主要合金化元素，Si可以改善合金的流动性、降低热裂倾向、减少疏松和提高气密性。这类合金具有好的耐腐蚀性能和中等的机械加工性能，具有中等的强度和硬度，但塑性较低。按合金中的Si含量多少，该系合金可分为共晶铝硅合金（ZL102、YL102、ZL108和ZL109）、过共晶铝硅合金（ZL117和YL117）和亚共晶铝硅合金（其余合金）。

ZL102是典型的二元共晶铝硅合金，合金中Si含量为10%～13%，该合金具有优良的铸造性能，但力学性能和切削加工性能较差。为了改善ZL102合金的室温和高温拉伸性能，加入一定量的Mg、Cu和Mn，成为ZL108合金，热膨胀系数小，耐磨性能好。ZL109也是共晶铝硅合金，与ZL108合金相比，降低了Cu含量，提高了Mg含量，并且用Ni代替Mn，合金具有更好的耐热性。ZL108和ZL109合金广泛地用做内燃机活塞。YL102主要用做压铸合金。

亚共晶铝硅合金中属Al-Si-Mg系的合金有：ZL101、ZL101A、YL101、ZL104、YL104、ZL114A、ZL115和ZL116。这类合金在成分上的主要区别是，ZL104合金加入了Mn，ZL115合金加入了Zn和Sb，ZL116合金加入了Ti和Be，ZL101A和ZL114A合金是用高纯度的精铝做原材料，减少杂质含量。这类合金具有良好的铸造性能，中等的力学性能和良好的抗腐蚀性能，在工业中应用广泛。属于Al-Si-Cu系的合金有：ZL105、ZL105A、ZL106、ZL110、ZL111、ZL107、YL112和YL113，前五个合金含有Mg，后三个合金无Mg，但Cu含量偏高，此外在ZL106和ZL111合金中还加入了少量的Mn和Ti，ZL110合金的Cu含量高，Mg含量低。Al-Si-Cu系合金具有良好的铸造性能，中等的力学性能，抗腐蚀性能与Al-Si-Mg系合金相比较差，YL112和YL113合金主要用做压铸合金，其他合金用于砂型铸造、金属型铸造和精密铸造等。

过共晶铝硅合金中Si的质量分数一般超过15%。美国的390.0合金、德国的KS281.1合金和我国的YL117合金中Si含量为18%左右；我国的ZL117合金、德国的KS280和俄罗斯的АЛ26合金中Si的质量分数为21%左右；德国的KS282合金中Si的质量分数为24%左右。这类合金随着Si的质量分数的增加，密度减小，热膨胀系数降低，硬度、耐磨性和体积稳定性相应提高，主要用作活塞材料，其主要缺点是难于机加工，对刀具的要求严格。

3.1.1.1　合金牌号

表3-1列出了我国国家标准和航空工业标准中的合金以及国际标准和国外标准中相近的Al-Si合金牌号或代号。

3.1.1.2　化学成分（见表3-2和表3-3）

3.1.1.3　物理性能

Al-Si合金的物理性能见表3-4。Al-Si合金的线胀系数和密度与Si含量的关系分别见图3-1和图3-2。Al-Si合金的密度与温度的关系见图3-3。

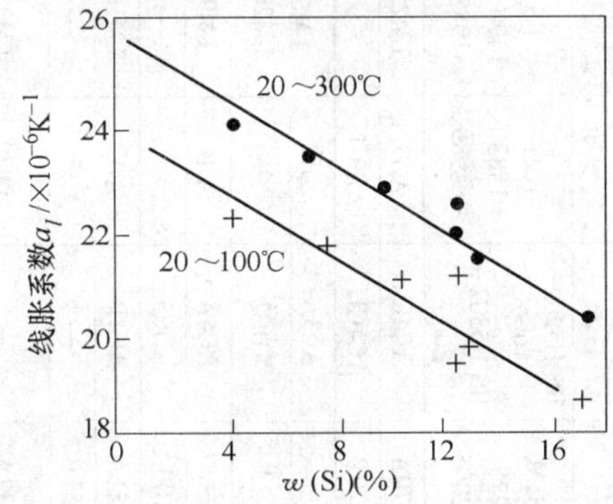

图3-1　Si含量对Al-Si合金线胀系数的影响

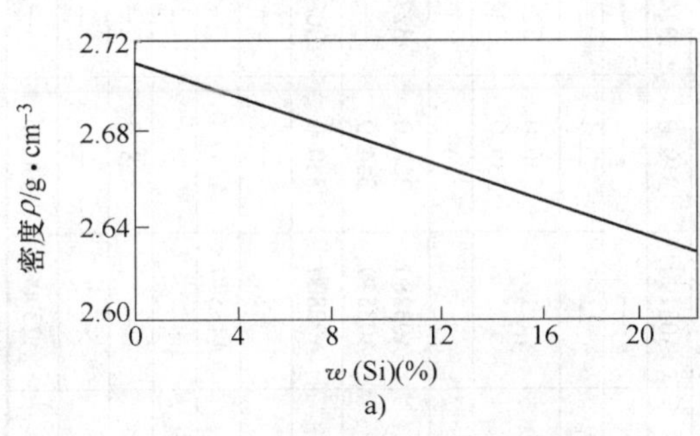

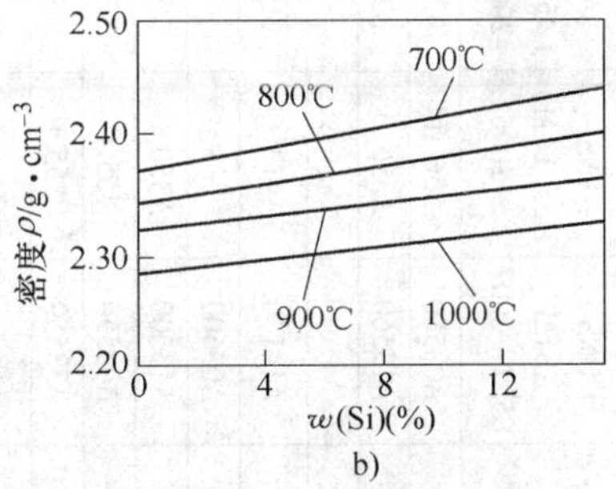

图3-2　Si含量对Al-Si系合金密度的影响

a）固态　b）液态

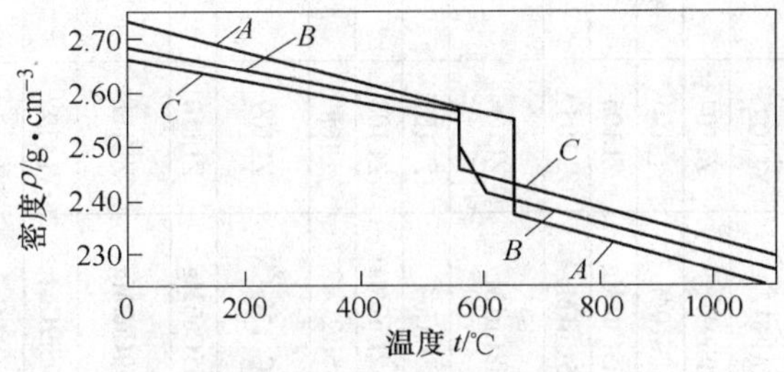

图3-3　Al-Si合金的密度与温度的关系

A—w(Si)=0.2%　B—w(Si)=7.8%　C—w(Si)=11.6%

表 3-1 Al-Si 合金牌号及代号

合金牌号	合金代号	相近国际牌号	相近国外牌号或代号									
			美国				日本	俄罗斯	原欧洲国家原标准③			欧洲标准
GB/T 1173—1995		ISO3522—2006(E)	UNS ASTM E527—2007	ANSI H35.1(M) —2006	SAE J 452—2003	ASTM B275 —2005	JIS H5202—1999 JIS H5302—2006	гост 1583 —1989	BS 1490—1988	NF A57-702 —1981 NF A57-703 —1984	DIN 1725-2 —1986 DIN 1725-2 Bb. 1—1986	EN 1706 —1998
ZAlSi7Mg	ZL101	AlSi7Mg	A03560	356.0	323	SC70A	AC4C	AЛ9	LM25	A-S7G	G-AlSi7Mg	AC-42000
ZAlSi7MgA	ZL101A	AlSi7Mg0.3	A13560	A356.0	336	SC70B	AC4CH	AЛ9-1	—	A-S7G03		AC-42100
ZAlSi12	ZL102	AlSi12(a)	—	—	—	—	AC3A	AЛ2	LM6 LM20	A-S13	G-AlSi12	AC-44200
YZAlSi12	YL102①	AlSi12(Fe)	A14130	A413.0	305	S12A	ADC2	—		—	—	AC-44300
ZAlSi9Mg	ZL104	AlSi10Mg	A03600	—	—	—	AC4A	AЛ4	LM9	A-S9G	G-AlSi10Mg	AC-43400
YZAlSi10Mg	YL104①	AlSi10Mg(Fe)	A13600	A360.0	309	SG100A	ADC3	—	—	—	—	AC-43000
ZAlSi5Cu1Mg	ZL105	AlSi5Cu1Mg	A03550	355.0	322	SC51A	AC4D	AЛ5	LM16	—	G-AlSi5(Cu)	AC-45300
ZAlSi5Cu1MgA	ZL105A	AlSi5Cu1Mg	A33550	C355.0	335	SC51B	—	AЛ5-1	—	—	—	AC-45300
ZAlSi8Cu1Mg	ZL106	AlSi5Cu3	A03280	328.0	327	SC82A	—	AЛ32	LM27	—	—	AC-45400 AC-46400
ZAlSi7Cu4	ZL107	AlSi6Cu4	A03190	319.0	326	SC64D	AC2B	—	LM21	A-S5UZ	G-AlSi6Cu4	AC-45000
ZAlSi12Cu2Mg1	ZL108	AlSi12(Cu)	—	—	—	SC122A	AD12	AЛ25	LM2 LM13	—	—	—
YZAlSi12Cu2	YL108①	AlSi12Cu1(Fe)	—	—	—	—	—	—		—	—	—
ZAlSi12Cu1Mg1Ni1	ZL109	—	A03360	336.0 339.0	321 334	SN122A	AC8A	AЛ30		A-S12UNG	—	AC-48000
ZAlSi5Cu6Mg	ZL110	—		—		CS74A	—	AЛ10B	LM12	—	G-AlSi(Cu)	—
ZAlSi9Cu2Mg	ZL111	—	A03280 A03540	328.0 354.0	327 —	SC82A SC92A	—	AK9M2 AЛ4M	—	—	G-AlSi8Cu3	AC-46400
YZAlSi9Cu4	YL112①	AlSi8Cu3	A03800	380.0	308	SG84B	AC4B, ADC11	—	—	—	—	AC-46200
YZAlSi11Cu3	YL113①	—	—	—	—	—	ADC12	—	—	—	—	AC-46100
ZAlSi7Mg1A	ZL114A	AlSi7Mg0.6	A13570	A357.0	—	—	—	—	—	A-S7G06	—	AC-42200
ZAlSi5Zn1Mg	ZL115	—	—	—	—	—	—	—	—	—	—	—
ZAlSi8MgBe	ZL116	—	—	358.0	—	—	—	AЛ34	—	—	—	—
ZAlSi20Cu2RE	ZL117②	—	—	—	—	—	—	—	—	—	—	—
YZAlSi17Cu5Mg	YL117①	—	A23900	B390.0④	—	SC174B	AC9B, ADC14	—	LM30	—	—	—

① 为 GB/T 15115—2009，下同。
② 为 HB 962—2001，下同。
③ 欧盟各国家标准基本统一为欧洲标准委员会（EN）标准，但各国的原标准仍在习惯性的使用，本手册列出对应合金牌号。
④ 为 ASTM B85/B85M—2009 合金代号。

表3-2 Al-Si合金的化学成分（质量分数,%）

（GB/T 1173—1995，GB/T15115—2009）

合金牌号	合金代号	主要元素						
		Si	Cu	Mg	Mn	Ti	其他	Al
ZalSi7Mg	ZL101	6.5～7.5	—	0.25～0.45	—	—	—	余量
ZalSi7MgA	ZL101A	6.5～7.5	—	0.25～0.45	—	0.08～0.20	—	余量
YZAlSi10Mg	YL101	9.0～10.0	—	0.45～0.65	—	—	—	余量
ZAlSi12	ZL102	10.0～13.0	—	—	—	—	—	余量
YZAlSi12	YL102	10.0～13.0	—	—	—	—	—	余量
—	ZL103[①]	4.5～6.0	1.5～3.0	0.3～0.7	0.3～0.7	—	—	余量
ZAlSi9Mg	ZL104	8.0～10.5	—	0.17～0.35	0.2～0.5	—	—	余量
YZAlSi10Mg	YL104	8.0～10.5	—	0.30～0.50	0.2～0.5	—	Fe0.5～0.8	余量
ZAlSi5Cu1Mg	ZL105	4.5～5.5	1.0～1.5	0.4～0.6	—	—	—	余量
ZAlSi5Cu1MgA	ZL105A	4.5～5.5	1.0～1.5	0.4～0.55	—	—	—	余量
ZAlSi8Cu1Mg	ZL106	7.5～8.5	1.0～1.5	0.3～0.5	0.3～0.5	0.10～0.25	—	余量
ZAlSi7Cu4	ZL107	6.5～7.5	3.5～4.5	—	—	—	—	余量
ZalSi12Cu1Mg1	ZL108	11.0～13.0	1.0～2.0	0.4～1.0	0.3～0.9	—	—	余量
ZAlSi12Cu1Mg1Ni1	ZL109	11.0～13.0	0.5～1.5	0.8～1.3	—	—	Ni0.8～1.5	余量
ZAlSi5Cu6Mg	ZL110	4.0～6.0	5.0～8.0	0.2～0.5	—	—	—	余量
ZAlSi9Cu2Mg	ZL111	8.0～10.0	1.3～1.8	0.4～0.6	0.10～0.35	0.10～0.35	—	余量
YZAlSi9Cu4	YL112	7.5～9.5	3.0～4.0	—	—	—	—	余量
YZAlSi11Cu3	YL113	9.6～12.0	2.0～3.5	—	—	—	—	余量
ZAlSi7Mg1A	ZL114A	6.5～7.5	—	0.45～0.6	—	0.10～0.20	Be0.04～0.07[②]	余量
ZAlSi5Zn1Mg	ZL115	4.8～6.2	—	0.4～0.65	—	Zn1.2～1.8	Sb0.1～0.25	余量

（续）

合金牌号	合金代号	主要元素						
		Si	Cu	Mg	Mn	Ti	其他	Al
ZAlSi8MgBe	ZL116	6.5 ~ 8.5	—	0.35 ~ 0.55	—	0.10 ~ 0.30	Be0.15 ~ 0.40	余量
ZAlSi20Cu2RE1	ZL117	19 ~ 22	1.0 ~ 2.0	0.4 ~ 0.8	0.3 ~ 0.5	—	RE0.1 ~ 1.5	余量
YZAlSi17Cu5Mg	YL117	16.0 ~ 18.0	4.0 ~ 5.0	0.50 ~ 0.70	—	—	—	余量

① 该合金为GB 1173—1974标准代号，由于部分企业还在使用，本手册列出了其成分和性能。

② 在保证合金力学性能的前提下，可以不加Be。

表3-3　Al-Si合金杂质限量（质量分数,%）

（GB/T 1173—1995，GB/T 15115—2009）

合金牌号	合金代号	杂质限量 ≤														
		Fe		Cu	Mg	Zn	Mn	Ti	Zr	Ti + Zr	Be	Ni	Sn	Pb	杂质总和	
		S	J												S	J
ZAlSi7Mg	ZL101	0.5	0.9	0.2	—	0.3	0.35	—	—	0.25	0.1	—	0.01	0.05	1.1	1.5
ZAlSi7MgA	ZL101A	0.2	0.2	0.1	—	0.1	0.10	—	0.20	—	—	—	0.01	0.03	0.7	0.7
YZAlSi10Mg	YL101	Y1.0		0.6	—	0.4	0.35	—	0.4	—	—	0.5	0.15	0.10	—	—
ZAlSi12	ZL102	0.7	1.0	0.30	0.10	0.1	0.5	0.20	—	—	—	—	0.01	—	2.0	2.2
YZAlSi12	YL102	Y1.0		1.0	0.10	0.40	0.35	—	—	—	—	0.5	0.15	0.10	—	—
—	ZL103	0.6	1.2	—	—	0.3	—	—	—	—	—	—	0.01	0.05	1.2	1.8
ZAlSi9Mg	ZL104	0.6	0.9	0.1	—	0.25	—	—	—	0.15	—	—	0.01	0.05	1.1	1.4
YZAlSi10Mg	YL104	Y1.0		0.3	—	0.30	—	—	—	—	—	0.10	0.01	0.05	—	—
ZAlSi5Cu1Mg	ZL105	0.6	1.0	—	—	0.3	0.5	—	—	—	—	—	0.01	0.05	1.1	1.4
ZAlSi5Cu1MgA	ZL105A	0.2	0.2	—	—	0.1	0.1	—	—	—	—	—	0.01	0.05	0.5	0.5
ZAlSi8Cu1Mg	ZL106	0.6	0.8	—	—	0.2	—	—	—	—	—	—	0.01	0.05	0.9	1.0
ZAlSi7Cu4	ZL107	0.5	0.5	—	0.1	0.3	0.5	—	—	—	—	—	0.01	0.05	1.0	1.2
ZAlSi12Cu2Mg1	ZL108	—	0.7	—	—	0.2	—	0.20	—	—	—	0.3	0.01	0.05	—	1.2
ZAlSi12Cu1Mg1Ni1	ZL109	—	0.7	—	—	0.2	0.2	—	—	—	—	—	0.01	0.05	—	1.2
ZAlSi5Cu6Mg	ZL110	—	0.8	—	—	0.6	0.5	—	—	—	—	—	0.01	0.05	—	2.7
ZAlSi9Cu2Mg	ZL111	0.4	0.4	—	—	0.1	—	—	—	—	—	—	0.01	0.05	1.0	1.0
YZAlSi9Cu4	YL112	Y1.0		—	0.10	2.90	0.50	—	—	—	—	0.50	0.15	0.10	—	—
YZAlSi11Cu3	YL113	Y1.0		—	0.10	2.90	0.50	—	—	—	—	0.30	—	0.10	—	—
ZAlSi7Mg1A	ZL114A	0.2	0.2	—	0.1	—	0.1	0.1	—	0.20	—	—	0.01	0.03	0.75	0.75
ZAlSi5Zn1Mg	ZL115	0.3	0.3	0.1	—	—	0.1	—	—	—	—	—	0.01	0.05	0.8	1.0
ZAlSi8MgBe	ZL116	0.60	0.60	0.3	—	0.3	0.1	—	0.20	B0.10	—	—	0.01	0.05	1.0	1.0
ZAlSi20Cu2RE1	ZL117	—	1.0	—	—	0.1	—	0.2	0.1	—	—	—	0.01	0.05	—	—
YZAlSi17Cu5Mg	YL117	Y1.0		—	—	1.40	0.50	0.20	—	—	—	0.10	—	0.10	—	—

表3-4 Al-Si合金的物理性能

合金代号	密度 ρ/ $g \cdot cm^{-3}$	固相线及液相线温度/℃	电阻率 ρ/ $\times 10^{-6}\Omega \cdot m$	电导率 γ/ %IACS①	热导率 $\lambda/W \cdot m^{-1} \cdot K^{-1}$					线胀系数 $\alpha_l/\times 10^{-6} \cdot K^{-1}$			比热容 $c/J \cdot kg^{-1} \cdot K^{-1}$			
					25℃	100℃	200℃	300℃	400℃	20~100℃	20~200℃	20~300℃	100℃	200℃	300℃	400℃
ZL101	2.68	557~613	0.0457	39	150.7	154.9	163.3	167.47	167.5	21.5	22.5	23.5	879	921	1005	—
ZL101A	2.68	557~613	—	40	150.7	154.9	163.3	167.5	167.5	21.5	22.5	23.5	879	921	1005	—
ZL102	2.65	577~600	0.0548	39	154.91	167.47	167.47	167.47	167.47	21.1	22.1	23.3	837	879	921	1005
YL102	2.66	574~582	—	31	121	—	—	—	—	—	21.4	—	—	—	—	—
ZL104	2.63	555~595	0.0468	37	113	154.9	159.1	159.1	154.9	21	22	23	754	796	837	921
YL104	2.63	557~596	—	29	113	—	—	—	—	—	22	—	—	—	—	—
ZL105	2.71	546~621	0.0462	36	159.1	163.3	167.5	175.9	—	22.4	23	24	837	963	1047	1130
ZL105A	2.71	546~621	—	39	159.1	163.3	167.5	175.9	—	22.4	23	24	837	963	1047	1130
ZL106	2.73	552~596	—	30	121	—	—	—	—	21.4	—	23.2	—	—	—	—
ZL107	2.80	516~604	—	27	109	—	—	—	—	21.5	23	23.5	963	—	—	—
ZL108	2.68	—	—	—	159.1	—	—	—	—	—	—	—	—	—	—	—
ZL109	2.71	538~566	0.0595	29	117	—	—	—	—	18.9	20	20.9	—	—	—	—
ZL110	2.89	—	—	—	—	—	—	—	—	22.3	23.3	25.4	—	—	—	—
ZL111	2.71	552~596	0.0595	32	128	—	—	—	—	20.9	21.5	22.9	963	—	—	—
YL112	2.72	538~593	0.075	27	108.8	—	—	—	—	21.2	22.0	22.5	963	—	—	—
YL113	2.73	558~571	—	23	92	—	—	—	—	20.8	—	22.1	—	—	—	—
ZL114A	2.68	557~613	—	40	152	—	—	—	—	21.6	22.6	23.6	963	—	—	—
ZL116	2.66	557~596	—	39	150.7	—	—	—	—	21.4	—	23.4	—	—	—	—
ZL117	2.65	—	—	—	—	—	—	—	—	—	17.7	—	—	—	—	—
YL117	2.73	505~650	—	27	134	—	—	—	—	18	—	—	—	—	—	—

① %IACS为国际标准退火铜标准的百分数，为英制单位，由于习惯原因本章仍列出，国际法定单位为“兆西（门子）每米”，代号为“MS/m”，换算关系为：1%IACS = 0.580046MS/m，其中 $1S = 1\Omega^{-1}$，下同。

3.1.1.4 力学性能

1. 技术标准规定的力学性能 国家标准规定的Al-Si合金单铸试样的力学性能见表3-5；航空工业标准规定的力学性能见表3-6；航空优质铸件标准规定的力学性能见表3-7；常用国外铸造铝合金标准规定的力学性能见表3-8。一般砂型和金属型铸造采用ϕ12mm的单铸试样，熔模铸造采用ϕ6mm的单铸试样测定力学性能。

表3-5 Al-Si合金国家标准性能（GB/T 1173—1995）

合金牌号	合金代号	铸造方法	热处理状态	抗拉强度 R_m/MPa	断后伸长率 A(%)	硬度HBW
				≥		
ZAlSi7Mg	ZL101	S、R、J、K	F	155	2	50
		S、R、J、K	T2	135	2	45
		JB	T4	185	4	50
		S、R、K	T4	175	4	50
		J、JB	T5	205	2	60
		S、R、K	T5	195	2	60
		SB、RB、KB	T5	195	2	60
		SB、RB、KB	T6	225	1	70
		SB、RB、KB	T7	195	2	60
		SB、RB、KB	T8	155	3	55
ZAlSi7MgA	ZL101A	S、R、K	T4	195	5	60
		J、JB	T4	225	5	60
		S、R、K	T5	235	4	70
		SB、RB、KB	T5	235	4	70
		JB、J	T5	265	4	70
		SB、RB、KB	T6	275	2	80
		JB、J	T6	295	3	80
ZAlSi12	ZL102	SB、JB、RB、KB	F	145	4	50
		J	F	155	2	50
		SB、JB、RB、KB	T2	135	4	50
		J	T2	145	3	50
—	ZL103①	S	F	140	0.5	65
		J	F	170	0.5	65
		S,J	T1	170	—	70
		S,J	T2	150	1	65
		S	T5	220	0.5	75
		J	T5	250	0.5	75
		S,J	T7	210	1	70
		S,J	T8	180	2	65
ZAlSi9Mg	ZL104	S、J、R、K	F	145	2	50
		J	T1	195	1.5	65
		SB、RB、KB	T6	225	2	70
		J、JB	T6	235	2	70

（续）

合金牌号	合金代号	铸造方法	热处理状态	抗拉强度 R_m/MPa	断后伸长率 A(%)	硬度 HBW
				≥		
ZAlSi5Cu1Mg	ZL105	S、J、R、K	T1	155	0.5	65
		S、R、K	T5	195	1	70
		J	T5	235	0.5	70
		S、R、K	T6	225	0.5	70
		S、J、R、K	T7	175	1	65
ZAlSi5Cu1MgA	ZL105A	SB、R、K	T5	275	1	80
		J、JB	T5	295	2	80
ZAlSi8Cu1Mg	ZL106	SB	F	175	1	70
		JB	T1	195	1.5	70
		SB	T5	235	2	60
		JB	T5	255	2	70
		SB	T6	245	1	80
		JB	T6	265	2	70
		SB	T7	225	2	60
		J	T7	245	2	60
ZAlSi7Cu4	ZL107	SB	F	165	2	65
		SB	T6	245	2	90
		J	F	195	2	70
		J	T6	275	2.5	100
ZalSi12Cu1Mg1	ZL108	J	T1	195	—	85
		J	T6	255	—	90
ZAlSi12Cu1Mg1Ni1	ZL109	J	T1	195	0.5	90
		J	T6	245	—	100
ZAlSi5Cu6Mg	ZL110	S	F	125	—	80
		J	F	155	—	80
		S	T1	145	—	80
		J	T1	165	—	90
ZAlSi9Cu2Mg	ZL111	J	F	205	1.5	80
		SB	T6	255	1.5	90
		J、JB	T6	315	2	100
ZAlSi7Mg1A	ZL114A	SB	T5	290	2	85
		J、JB	T5	310	3	90
ZAlSi5Zn1Mg	ZL115	S	T4	225	4	70
		J	T4	275	6	80
		S	T5	275	3.5	90
		J	T5	315	5	100

（续）

合金牌号	合金代号	铸造方法	热处理状态	抗拉强度 R_m/MPa	断后伸长率 A(%)	硬度 HBW
				≥		
ZAlSi8MgBe	ZL116	S	T4	255	4	70
		J	T4	275	6	80
		S	T5	295	2	85
		J	T5	335	4	90

注：JB—金属型铸造变质处理；

SB—砂型铸造变质处理；

RB—熔模铸造变质处理；

KB—壳型铸造变质处理；

S、R、K—三个符号就是我国的标准符号，该表格全部为我国标准数据。

① 该合金为 GB/T 1173—1974 标准代号，由于现在还有企业在使用该合金，本手册列出其成分和标准性能。

表 3-6　Al-Si 合金航空工业标准性能（HB 962—2001）

合金牌号	合金代号	铸造方法	热处理状态	抗拉强度 R_m/MPa	断后伸长率 A(%)	硬度 HBW
				≥		
ZAlSi7Mg	ZL101	S. R. J	F	160	2	50
		S. R. J	T2	140	2	45
		S. R	T4	180	4	50
		J	T4	190	4	50
		S. R	T5	200	2	60
		J	T5	210	2	60
		SB. RB	T6	230	1	70
		SB. RB	T7	200	2	60
		SB. RB	T8	160	3	55
ZAlSi7MgA	ZL101A	S. R	T6	230	3	75
		J	T6	270	3	75
ZAlSi12	ZL102	SB. RB. JB	F	150	4	50
		J	F	160	2	50
		Y	F	200	2	60
		SB. RB. JB	T2	140	4	50
		J	T2	150	3	50
ZAlSi9Mg	ZL104	S. R. J	F	150	2	50
		Y	F	220	2	65
		J	T1	200	1.5	70
		Y	T1	230	1.5	70
		SB. RB	T6	230	2	70
		J	T6	240	2	70
ZAlSi5Cu1Mg	ZL105	S. J	T1	160	—	65
		S. R	T5	230	1	70
		J	T5	250	1	70
		S. R. J	T7	200	1	65

（续）

合金牌号	合金代号	铸造方法	热处理状态	抗拉强度 R_m/MPa	断后伸长率 A(%)	硬度 HBW
				≥		
ZAlSi5Cu1MgA	ZL105A	SB. R	T5	280	1.0	80
		J. JB	T5	300	1.5	80
ZAlSi8Cu3	ZL112	J	F	220	1	85
		Y	F	280	1	90
ZAlSi11Cu2	ZL113	J	F	190	1	85
		Y	F	270	1	90
ZAlSi7Mg1A	ZL114A	J	T6	300	4	80
ZAlSi8MgBe	ZL116	S	T4	260	4.0	70
		J	T4	280	6.0	80
		S	T5	300	2.0	85
		J	T5	340	4.0	90
ZAlSi20Cu2RE1	ZL117	J	T6	220	—	130
		J	T7	200	—	120

表 3-7　Al-Si 合金航空工业优质铸件标准性能（HB 5480—1991）

合金代号及状态	力学性能级别	抗拉强度 R_m/MPa	屈服强度 $R_{p0.2}$/MPa	断后伸长率 A(%)
		≥		
ZL101A T6 （A356.0 T6）	1	260	190	5
	2	280	200	3
	3	310	230	3
	10	260	190	5
	11	230	180	3
	12	220	150	2
ZL105A T6 （C355.0 T6）	1	280	210	3
	2	300	230	3
	3	340	270	2
	10	280	210	3
	11	250	200	1
	12	240	190	1
ZL114A T6 （A357.0 T6）	1	300	240	3
	2	320	270	5
	10	260	190	5
	11	280	210	3
	12	300	240	3

注：1. 力学性能级别1、2、3代表铸件指定区域，10、11、12代表铸件非指定区域。

2. 表中所列力学性能适合于任何铸造工艺，即特种铸型、金属型和带冷铁的砂型。

3. 括号内的编号和状态为美国 AMS A 21180 标准。

表3-8　常用国外铸造铝合金标准性能

合金代号	铸造方法①	状态②	抗拉强度 R_m/MPa	屈服强度 $R_{p0.2}$/MPa	断后伸长率 A(%)	硬度 HBW	标准编号
			≥				
201.0	S	T7	415	345	3.0	—	ASTM B26/B26M—2009
	S,K	T6	415	345	5.0	115~145	SAE J452—2003
		T7	415	345	3.0	115~145	
A201.0	—	T7				—	ASTM B686/686M—2008 AMS A21180—1999③
		设计指定部位切取1	415	345	3		
		设计指定部位切取2	415	345	5		
		任意部位切取10	415	345	3		
		任意部位切取11	386	330	1.5		
206.0	S,K	T4	275	165	8.0	—	SAE J452—2003
354.0	—	设计指定部位切取1	325	250	3	—	ASTM B686/686M—2008
		设计指定部位切取2	345	290	2		
		任意部位切取10	325	250	3		
		任意部位切取11	295	230	2		
355.0	S	T6	220	140	2.0	80	ASTM B26/B26M—2009
		T51	170	125	—	65	
		T71	205	150	—	75	
	S	T51	170	125	—	50~80	AMS J542—2003
		T6	220	140	2.0	65~95	
		T7	240	—	—	—	
		T71	205	150	—	60~90	
	K	T51	186	—	—	75	ASTM B108/B108M—2003
		T62	290	—	—	105	
		T7	248	—	—	90	
		T71	234	186	—	80	
	K	T51	185	—	—	60~90	AMS J452—2003
		T6	255	—	1.5	75~105	
		T62	290	—	—	90~120	
		T7	250	—	—	70~100	
		T71	235	185	—	65~95	
C355.0	S	T6	250	170	2.5	—	ASTM B26/ B26M—2009
	S	T6	250	170	2.5	—	SAE J452—2003
		T61	250	205	1.0	70~100	
	K	T61					ASTM B108/B108M—2003
		单铸	276	207	3.0	85~90	
		指定部位切取	276	207	3.0	—	
		非指定部位切取	255	207	1.0	85	

（续）

合金代号	铸造方法[①]	状态[②]	抗拉强度 R_m/MPa	屈服强度 $R_{p0.2}$/MPa	断后伸长率 A(%)	硬度 HBW	标准编号
			≥				
C355.0	K	T61	275	205	3.0	75～105	SAE J452—2003
	S,K,L	T6 单铸 切取、附铸	 255 241	 207 193	 1 2	 — —	AMS 4215G—2001
	—	设计指定部位切取 1 设计指定部位切取 2 设计指定部位切取 3 任意部位切取 10 任意部位切取 11 任意部位切取 12	285 305 345 285 255 240	215 230 275 215 205 195	3 3 2 3 1 1	—	ASTM B686/686M—2008
356.0	S	F T6 T7 T51 T71	130 205 215 160 170	65 140 — 110 125	2.0 3.0 — — 3.0	55 70 75 60 60	ASTM B26/B26M—2009
	S	F T51 T6 T7 T71	130 160 205 215 170	 110 140 200 125	2.0 — 3.0 — 3.0	40～70 45～75 55～85 60～90 45～75	AMS J452—2003
	K	F T6 T71	145 228 172	69 152 —	3.0 3.0 3.0	— 85 70	ASTM B108/B108M—2003
	K	F T51 T6 T7 T71	145 170 230 170 170	— — 150 — —	3.0 — 3.0 3.0 3.0	40～70 55～85 65～95 60～90 60～90	AMS J452—2003
A356.0	S	T6 T61	235 245	165 180	3.5 1.0	80 —	ASTM B26M—2009
	S	T6 T7 T71	235 220 180	165 205 130	3.5 — 4.0	55～85 — —	AE J452—2003
	K	T61 单铸 指定部位切取 非指定部位切取	 262 228 193	 179 179 179	 5.0 5.0 3.0	 80～90 — —	ASTM B108/B108M—2003

（续）

合金代号	铸造方法①	状态②	抗拉强度 R_m/MPa	屈服强度 $R_{p0.2}$/MPa	断后伸长率 A(%)	硬度 HBW	标准编号
			≥				
A356.0	K	T6	230	150	5.0	65~95	SAE J452—2003
		T61	255	180	5.0	70~100	
	—	设计指定部位切取1	260	195	5	—	ASTM B686/686M—2008
		设计指定部位切取2	275	205	3		
		设计指定部位切取3	310	235	3		
		任意部位切取10	260	195	4		
		任意部位切取11	230	185	3		
		任意部位切取12	220	150	2		
357.0	K	T6	310	—	3.0	—	ASTM B108/B108M—2003
	K	T6	310	—	3.0	75~105	SAE J452—2003
A357.0	—	T61P					AMS4219E—2001
		附铸	283	221	3.0	—	
		切取	262	207	2	—	
	K	T61					ASTM B108/ B108M—2003
		单铸	310	248	3.0	100	
		指定部位切取	317	248	3.0	—	
		非指定部位切取	283	214	3.0	—	
	K	T61	310	250	3.0	85~115	SAE J452—2003
	—	设计指定部位切取1	310	240	3	—	ASTM B686/686M—2008
		设计指定部位切取2	345	275	5		
		任意部位切取10	260	195	4		
		任意部位切取11	285	215	3		
E357.0	—	T6					AMS 4288—2006
		单铸、指定部位切取	345	276	3	—	
		非指定部位切取	310	248	2	—	
F357.0	—	T6					AMS 4289—2006
		单铸、附铸	283	221	3	—	
		切取	262	207	2	—	

① 铸造方法符号采用美国标准符号，S—砂型铸造，K—金属型铸造，L—精密铸造。

② 热处理状态采用美国标准符号，具体意义见表3-140。

③ C355.0，A356.0 和 A357.0 合金的 AMS A21180 标准性能请参考表3-7。

2. 室温力学性能

（1）Al-Si 合金的室温典型性能见表3-9。

（2）应力-应变曲线　ZL101、ZL101A、ZL114A 和 ZL116 合金应力-应变曲线见图3-4~图3-7。

（3）成分对拉伸性能的影响　Si 含量对 Al-Si 合金力学性能的影响见图3-8。Mg 含量对 Al-Si 合金力学性能的影响见表3-10。Fe 含量对 Al-Si 合金拉伸性能的影响见表3-11。Cu 和 Si 含量对 Al-Si 合金力学性能的影响见表 3-12。化学成分对 ZL101 合金力学性能的影响见图 3-9 和表 3-13。化学成分对 ZL101A（T5）合金拉伸性能的影响见表 3-14。Fe 含量对 ZL104 合金拉伸性能的影响见图 3-10。Cu 含量对 ZL105 合金拉伸性能的影响见表 3-15。Cu 含量对 ZL106 合金力学性能的影响见图 3-11。Be 和 Fe 元素对 ZL116 合金力学性能的影响见图 3-12。稀土（RE）含量对 ZL117(T6)合金拉伸性能的影响见表 3-16。

表 3-9　Al-Si 合金室温典型性能

合金代号	铸造方法	热处理状态	抗拉强度 R_m/MPa	屈服强度 $R_{p0.2}$/MPa	断后伸长率 A（%）	抗压屈服强度 $R_{pc0.2}$/MPa	硬度 HBW	抗剪强度 τ_b/MPa	旋转弯曲疲劳强度 S_{PD}/MPa	弹性模量 E/GPa
ZL101	S	F	165	125	6.0	—	—	—	—	—
		T1	170	140	2.0	145	60	140	55	72.4
		T4	200	110	4	—	55	150	45	70
		T5	220	120	4	—	—	—	—	—
		T6	225	165	3.5	170	70	180	60	72.4
		T7	235	205	2.0	215	75	165	60	72.4
	J	F	180	125	5.0	—	—	—	—	—
		T1	185	140	2.0	—	—	—	—	—
		T5	230	140	4	—	70	—	—	—
		T6	275	185	5.0	185	90	220	90	72.4
		T7	225	165	5.0	185	70	170	75	72.4
ZL101A	S	F	160	90	7.0	—	—	—	—	—
		T1	180	125	3.0	—	—	—	—	—
		T6	260	195	6.0	—	70	—	—	—
	J	T6	285	205	12.0	—	80	—	—	—
ZL102	SB	F	175	80	6.0	—	55	125	40	68.6
YL102	Y	F	215	115	1.8	—	—	—	—	—
ZL104	S	T6	255	195	4.0	—	70	—	—	68.6
ZL105	S	F	160	85	3.0	—	—	—	—	—
		T1	195	160	1.5	165	65	150	55	70
		T6	240	170	3.0	180	80	195	60	70
		T7	260	250	0.5	160	85	195	70	70
	J	T1	205	165	2.0	165	75	165	—	70
		T6	295	185	4.0	185	90	235	70	70
		T7	275	205	2.0	205	85	205	70	—
ZL105A	S	T6	270	200	5.0	—	85	—	—	—
	J	T6	330	195	10.0	—	90	—	—	—
ZL107	S	F	185	125	2.0	130	70	150	70	74
		T5	205	180	1.5	185	80	165	75	74
		T6	245	165	2.0	170	80	200	75	74
	J	F	185	125	2.0	130	70	150	70	—
		T6	275	185	3.0	185	95	—	—	—

（续）

合金代号	铸造方法	热处理状态	抗拉强度 R_m/MPa	屈服强度 $R_{p0.2}$/MPa	断后伸长率 A（%）	抗压屈服强度 $R_{pc0.2}$/MPa	硬度 HBW	抗剪强度 τ_b/MPa	旋转弯曲疲劳强度 S_{PD}/MPa	弹性模量 E/GPa
ZL109	J	T1	250	195	—	195	105	195	95	—
		T6	325	295	—	295	125	250	—	—
ZL111	J	T6	380	285	6.0	290	100	260	115	—
YL112	Y	F	330	165	3.0	—	80	215	145	71
YL113	Y	F	325	170	1.0	—	80	205	145	71
ZL114A	S	T6	315	250	3.0	240	85	285	85	—
	J	T6	345	275	10.0	275	85	295	110	—
ZL116	S	T4	280	—	5.0	—	75	—	—	—
		T5	330	280	3.0	—	90	—	75	76
	J	T4	300	—	7.0	—	85	—	—	—
		T5	360	—	5.0	—	95	—	—	—
ZL117	J	T6	255~305	—	0.4~1.0	—	130~150	—	—	—
		T7	235~295	—	0.3~0.8	—	120~130	—	—	—
YL117	Y	F	317	250	<1.0	—	120	—	140	—

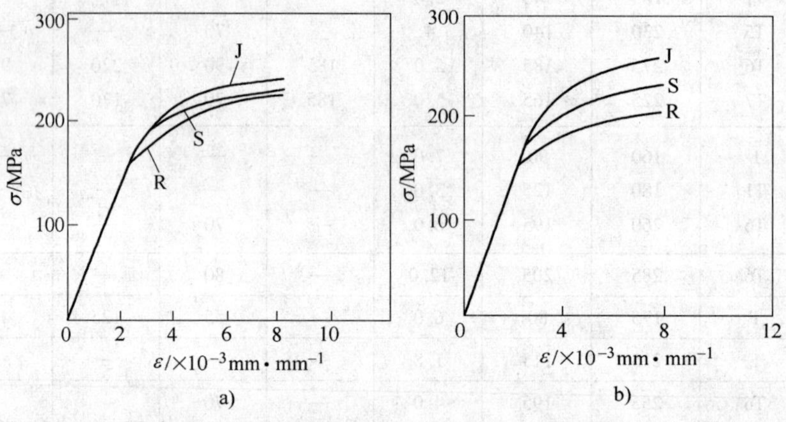

图3-4 ZL101A（T5）合金应力-应变曲线

a）拉伸 b）压缩

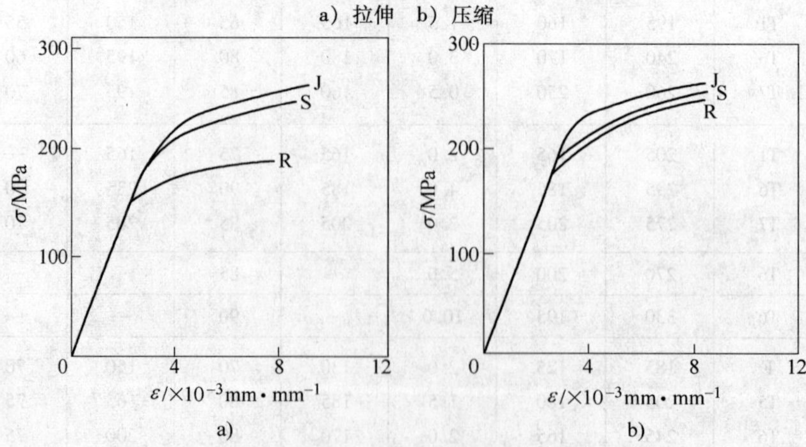

图3-5 ZL114A（T6）合金应力-应变曲线

a）拉伸 b）压缩

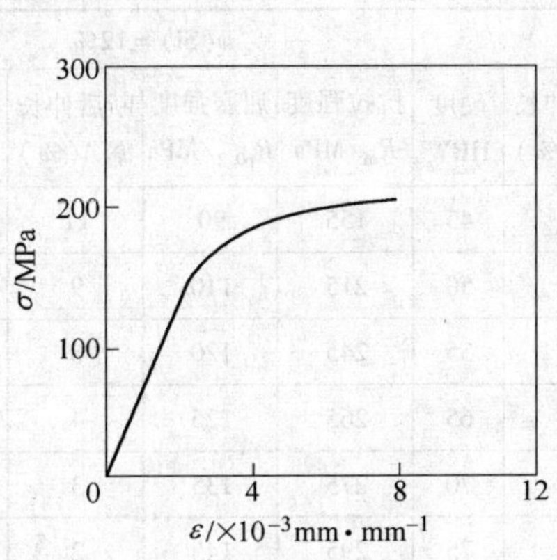

图 3-6　ZL101（S. T5）合金拉伸应力-应变曲线

图 3-7　ZL116（T5）合金拉伸应力-应变曲线

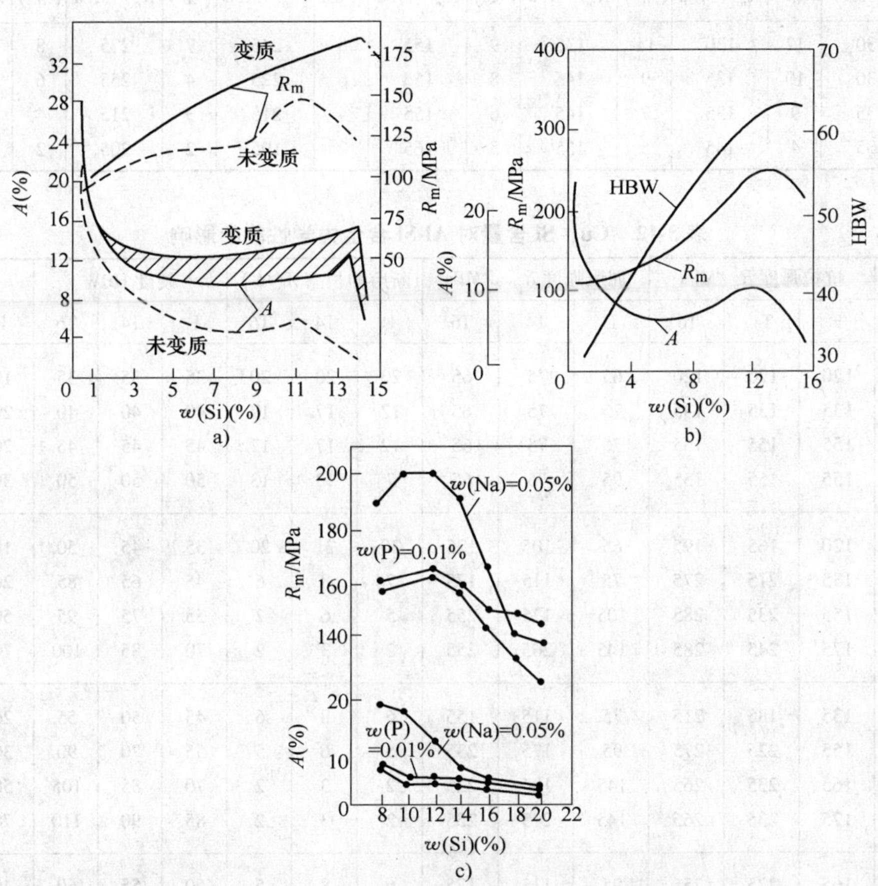

图 3-8　Si 含量对 Al-Si 合金力学性能的影响

a）砂型铸造　b）金属型铸造　c）高 Si 含量合金用 Na 和 P 变质

表 3-10　Mg 含量对 Al-Si 合金力学性能的影响

w(Mg)(%)	w(Si) = 7%				w(Si) = 9%				w(Si) = 12%			
	抗拉强度 R_m/MPa	屈服强度 $R_{p0.2}$/MPa	断后伸长率 A(%)	硬度 HBW	抗拉强度 R_m/MPa	屈服强度 $R_{p0.2}$/MPa	断后伸长率 A(%)	硬度 HBW	抗拉强度 R_m/MPa	屈服强度 $R_{p0.2}$/MPa	断后伸长率 A(%)	硬度 HBW
0.0	135	70	12	40	145	90	11	45	155	90	11	50
0.1	145	80	10	50	165	110	9	50	215	110	9	50
0.2	165	90	8	55	225	120	6	55	245	120	6	55
0.3	195	110	6	60	255	125	4	65	265	125	4	65
0.4	225	125	4	65	275	135	3	70	275	135	3	70
0.5	265	135	3	70	295	145	2	75	295	145	2	75

表 3-11　Fe 含量对 Al-Si 合金拉伸性能的影响

w(Fe)(%)	w(Si) = 3%, T6		w(Si) = 5%, T6		w(Si) = 7%, T6		w(Si) = 9%, T6		ZL101, T6		ZL104, T6		ZL105, T5	
	抗拉强度 R_m/ MPa	A (%)	抗拉强度 R_m/ MPa	A (%)	抗拉强度 R_m/ MPa	A (%)	抗拉强度 R_m/ MPa	A (%)	抗拉强度 R_m/ MPa	A (%)	抗拉强度 R_m/ MPa	A (%)	抗拉强度 R_m/ MPa	A (%)
0.25	130	12	130	11	135	9	155	8	245	7	275	8	255	4
0.50	130	10	135	9	145	8	155	6	225	4	255	6	245	3
0.75	135	9	135	7	145	6	155	4	215	3	215	4	215	2
1.00	135	4	145	5	155	3	165	2	195	2	205	2	205	1.5

表 3-12　Cu、Si 含量对 Al-Si 合金力学性能的影响

质量分数(%)		抗拉强度 R_m/MPa			屈服强度 $R_{p0.2}$/MPa			断后伸长率 A(%)			硬度 HBW			ΔR_m[①]/MPa		
Si	Cu	F	T4	T6	F	T4	T6	F	T4	T6	F	T4	T6	F	T4	T6
2	0	120	120	120	65	75	65	20	20	20	35	35	35	10	0	0
5	0	135	135	135	75	75	65	12	17	17	40	40	40	20	20	20
7	0	155	155	155	75	75	65	12	17	17	45	45	45	20	20	20
10	0	155	155	155	95	75	65	7	13	13	50	50	50	30	30	20
0	2	120	165	195	65	105	125	20	21	20	35	45	50	10	10	30
0	4	135	215	275	75	115	175	7	8	6	45	65	85	20	20	80
0	7	155	235	285	105	175	255	5	6	2	55	75	95	50	60	100
0	10	175	245	285	145	205	255	2	3	2	70	85	100	70	70	90
2	2	135	185	215	75	115	155	6	8	6	45	50	55	20	20	40
2	4	155	225	275	95	175	235	5	6	5	55	70	90	30	40	90
2	7	165	235	265	145	195	225	2	3	2	70	85	105	50	60	80
2	10	175	235	265	145	215	255	2	3	2	85	90	110	70	70	90
5	2	165	225	255	95	115	175	6	8	5	50	55	60	40	40	60
5	4	175	245	305	125	205	255	3	6	4	70	75	95	40	50	90
5	7	185	245	275	146	215	245	2	3	2	85	90	110	60	60	80
5	10	195	255	285	185	215	285	1	3	2	85	90	110	80	70	100

（续）

质量分数(%)		抗拉强度 R_m/MPa			屈服强度 $R_{p0.2}$/MPa			断后伸长率 A(%)			硬度 HBW			ΔR_m①/MPa		
Si	Cu	F	T4	T6	F	T4	T6	F	T4	T6	F	T4	T6	F	T4	T6
7	2	175	235	265	105	115	175	5	8	5	65	70	70	40	50	70
7	4	185	255	315	145	205	235	2	6	4	75	80	100	40	50	70
7	7	195	255	285	185	215	225	1	3	2	85	90	110	60	60	60
7	10	195	255	285	185	235	245	1	3	2	95	95	115	80	80	80
10	2	185	235	265	125	145	175	5	7	5	70	75	75	70	60	70
10	4	195	265	315	145	175	255	2	6	4	80	85	105	70	70	70
10	6	205	265	295	185	205	265	1	3	2	90	95	115	80	70	60

① 在海水中浸泡 50 天前后样品的抗拉强度差。

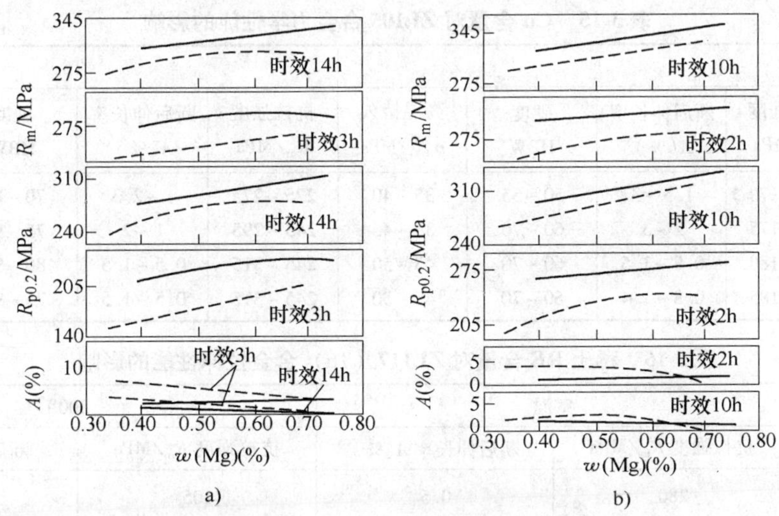

图 3-9　Mg 含量对 ZL101 合金砂型铸造力学性能的影响

a）T4 + 160℃时效　b）T4 + 175℃时效

——铝冷铁　- - 钢冷铁

表 3-13　化学成分对 ZL101 合金力学性能的影响

w(Mg)	w(Si)	w(Fe)	F			T6		
	%		抗拉强度 R_m/MPa	断后伸长率 A(%)	硬度 HBW	抗拉强度 R_m/MPa	断后伸长率 A(%)	硬度 HBW
0.1	6.6	0.30	145	8	40	155	7	45
0.11	7.0	0.34	155	10	40	165	8	45
0.19	6.9	0.36	175	9	45	195	7	65
0.24	6.8	0.24	165	7	60	225	5	75
0.27	6.6	0.30	155	7	60	235	6	75
0.27	7.0	0.31	175	7	60	235	5	80
0.30	7.0	0.54	—	—	—	265	2.0	90
0.30	7.0	0.67	—	—	—	275	2.0	95
0.30	7.0	0.85	—	—	—	275	1.5	55
0.30	7.8	0.26	175	8	100	255	5	80
0.35	7.0	0.31	165	6	45	265	5	80
0.6	7.0	0.17	195	3	55	—	—	—
0.6	7.0	0.35	—	—	—	305	5	90
0.6	7.8	0.26	195	6	60	315	5	100

表 3-14 化学成分对 ZL101A（T5）合金拉伸性能的影响

w(Mg)	w(Si)	w(Ti)	w(Fe)	抗拉强度 R_m/MPa	屈服强度 $R_{p0.2}$/MPa	断后伸长率 A(%)
%						
0.24	6.84	0.10	<0.1	300	230	11.0
0.32	7.13	0.20	<0.1	320	265	7.3
0.42	7.19	0.17	<0.1	335	280	7.0
0.39	7.26	0.20	<0.1	325	255	7.4
0.32	7.13	0.20	<0.1	320	265	7.3
0.32	6.71	0.09	0.09	315	265	7.6
0.38	7.26	0.15	0.22	310	240	4.9
0.39	7.26	0.20	<0.1	320	240	8.4

注：T5——540℃/8h + 160℃/6h。

表 3-15 Cu 含量对 ZL105 合金力学性能的影响

w(Cu)(%)	F				T6			
	抗拉强度 R_m/MPa	断后伸长率 A(%)	硬度 HBW	高温持久 σ_{100}^{300}/MPa	抗拉强度 R_m/MPa	断后伸长率 A(%)	硬度 HBW	高温持久 σ_{100}^{300}/MPa
1.2	155 ~ 170	1.5 ~ 3	50 ~ 55	35 ~ 40	225 ~ 275	1 ~ 2.3	70 ~ 80	30
1.5	160 ~ 175	2 ~ 3	60 ~ 70	35 ~ 45	245 ~ 295	1 ~ 2	75 ~ 90	30 ~ 35
2.0	160 ~ 180	0.8 ~ 1.5	60 ~ 70	45 ~ 50	245 ~ 315	0.5 ~ 1.5	80 ~ 90	35 ~ 40
2.5	165 ~ 185	0.8 ~ 1.4	60 ~ 70	45 ~ 50	245 ~ 315	0.5 ~ 1.5	75 ~ 90	40

表 3-16 稀土 RE 含量对 ZL117（T6）合金拉伸性能的影响

w(RE)(%)	室温		300℃	
	抗拉强度 R_m/MPa	断后伸长率 A(%)	抗拉强度 R_m/MPa	断后伸长率 A(%)
0	280	0.5	105	2.5
0.62	290	0.6	110	2.5
1.13	280	0.6	115	1.5
1.64	265	0.4	125	1.0
2.12	245	0.5	130	0.5

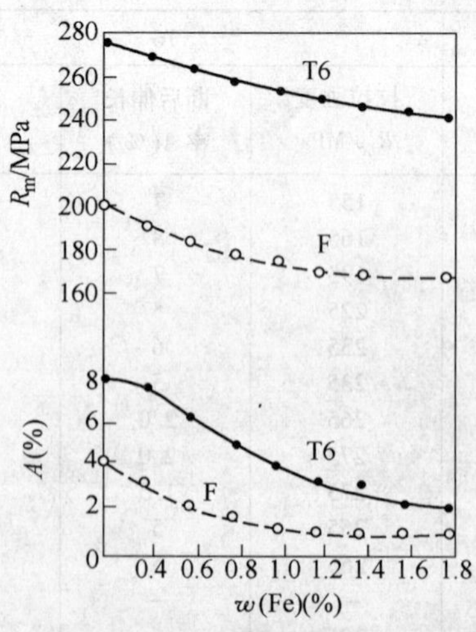

图 3-10 Fe 含量对 ZL104 合金力学性能的影响

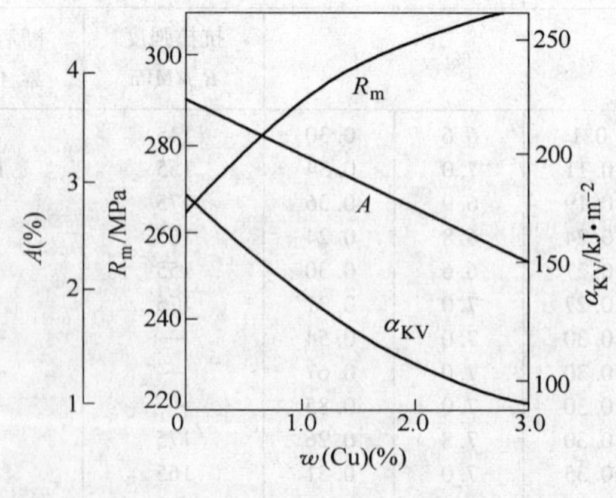

图 3-11 Cu 含量对 ZL106 合金力学性能的影响

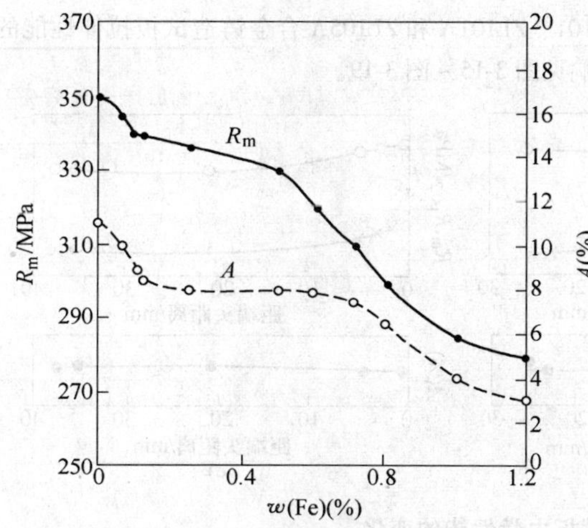

图 3-12 Fe 含量对 ZL116（ST5）合金力学性能的影响

（4）铸造试样直径对合金拉伸性能的影响（见图 3-13 和表 3-17） 随铸造试样直径的增大，合金的抗拉强度和断后伸长率下降表明合金对于壁厚的敏感性，ZL102 合金的敏感性小，ZL101、ZL104 和 ZL105 合金的壁厚效应较大。

表 3-17 铸造试样直径对 Al-Si 合金拉伸性能的影响

合金代号	热处理状态	试样直径/mm	抗拉强度 R_m/MPa	断后伸长率 A(%)
ZL101	T4	15	195	5.4
		30	165	2.5
		45	145	1.8
		60	135	1.4
ZL104	T6	15	215	4.0
		30	205	3.5
		45	175	2.3
		60	145	1.0
ZL104B	T6	15	255	5.0
		30	215	4.0
		45	185	2.2
		60	165	2.0
ZL102	F	15	175	15.1
		30	165	12.8
		45	165	9.7
		60	145	7.4
ZL105	F	15	195	—
		30	155	—
		45	125	—
		60	115	—
	T5	15	205	3.2
		30	185	1.5
		45	175	1.2
		60	155	0.8

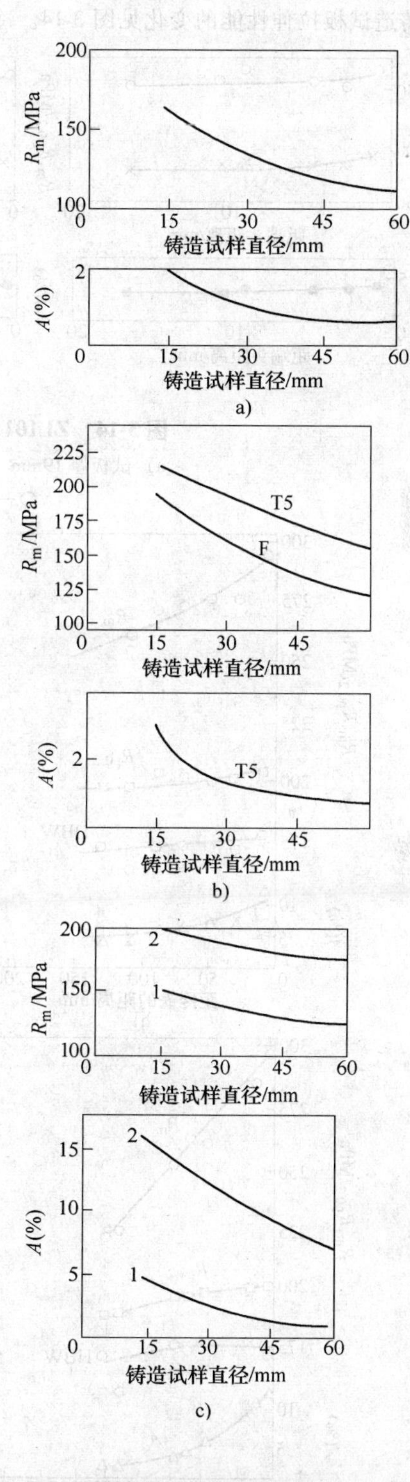

图 3-13 铸造试样直径对合金力学性能的影响
a）ZL102 合金 F 状态 b）ZL101 合金 c）ZL105 合金
1—未变质 2—变质

（5）冷铁对 Al-Si 合金性能的影响 ZL101 合金端冒口铸造试板拉伸性能的变化见图 3-14。冷铁对 ZL101、ZL101A 和 ZL105A 合金铸造试板拉伸性能的影响见图 3-15～图 3-19。

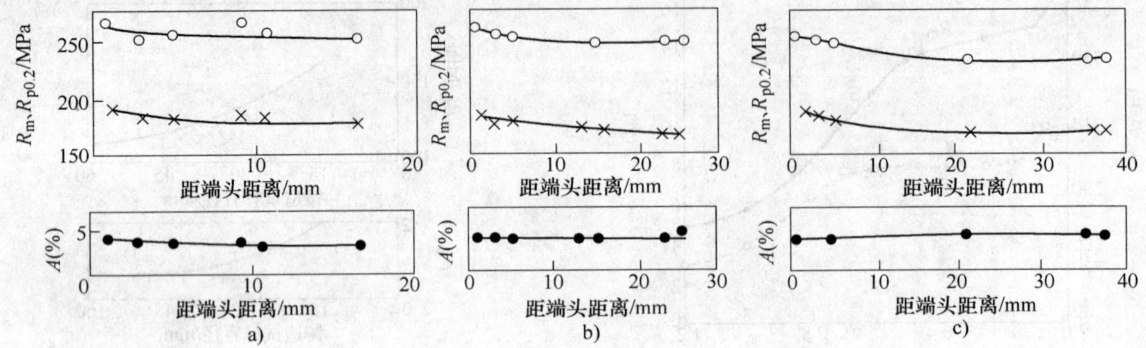

图 3-14 ZL101 合金端冒口试板力学性能的变化

a）试板厚 19mm b）试板厚 25mm c）试板厚 38mm

○—R_m ×—$R_{p0.2}$ ●—A

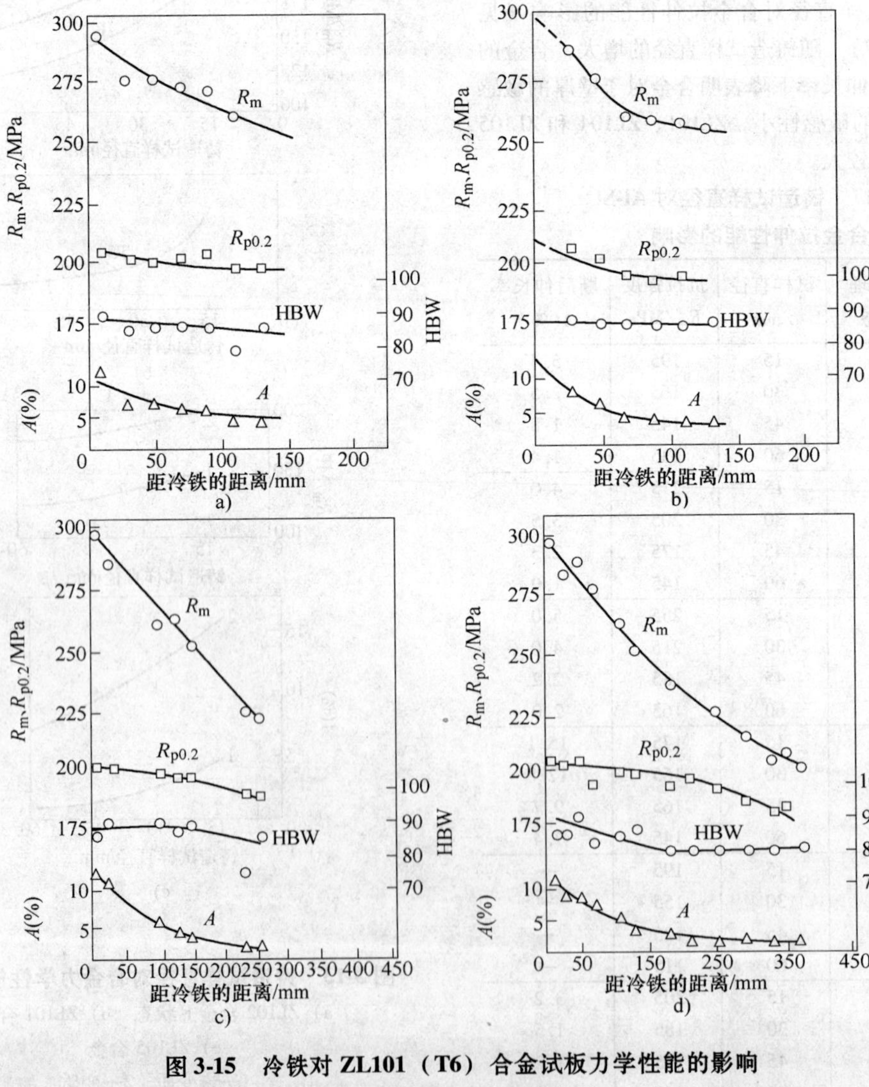

图 3-15 冷铁对 ZL101（T6）合金试板力学性能的影响

a）试板厚 19mm b）试板厚 12.5mm c）试板厚 25mm d）试板厚 38mm

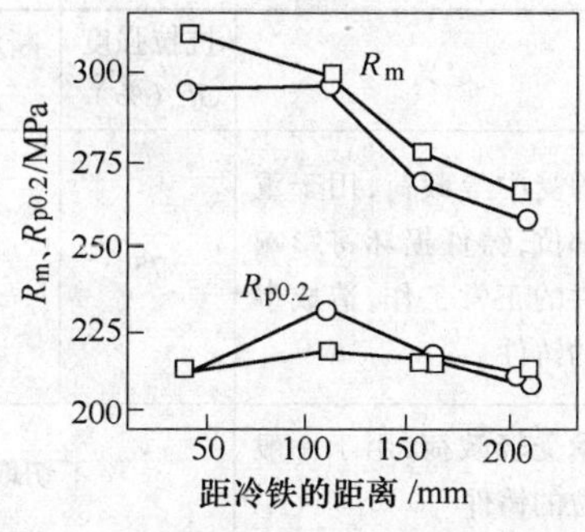

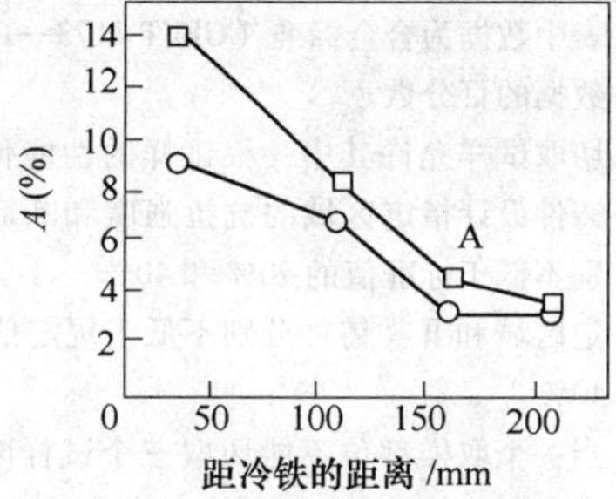

图 3-16 冷铁对 ZL101A（T6）合金试板力学性能的影响

—□—试板厚 12.5mm

—○—试板厚 25mm

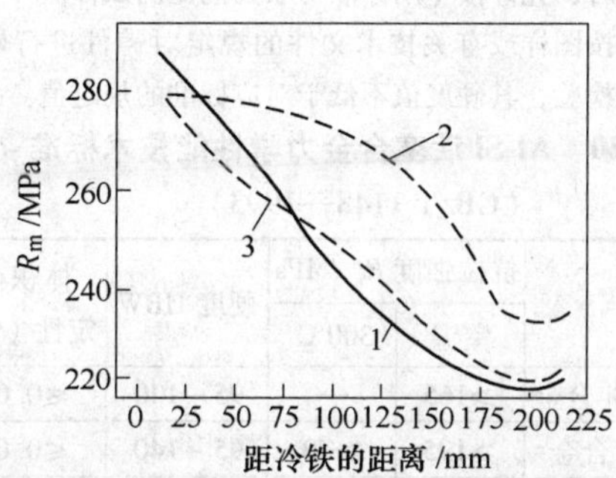

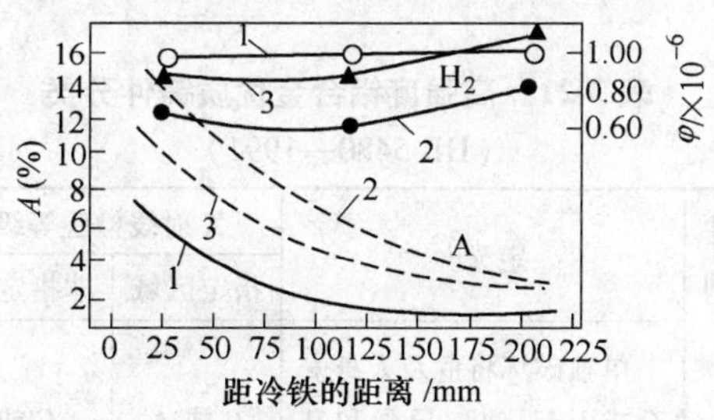

图 3-17 冷铁对 ZL101A（T6）合金力学性能和氢含量的影响

1—未精炼 2—有效精炼

3—精炼不充分

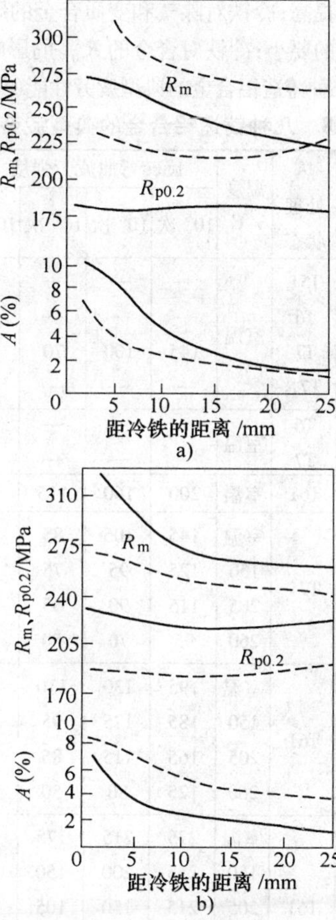

图 3-18 冷铁对 ZL101A（T6）合金与 ZL105A（T6）合金力学性能的影响

a）—ZL101A – – –ZL105A

b） – – –ZL101A 变质 —ZL105A

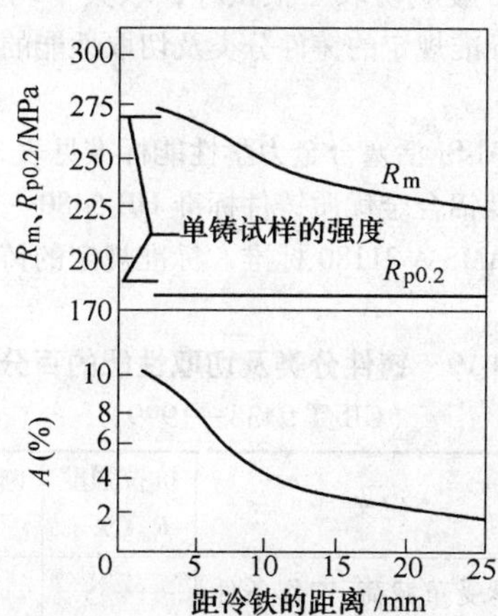

图 3-19 冷铁对用 N_2 除气的 ZL101A（T6）合金力学性能的影响

由以上数据可见，加冷铁可以使试板的抗拉强度和断后伸长率提高；冷铁对除气和变质合金的影响比未变质和未除气的要小；冷铁对合金的 $R_{p0.2}$ 的影响不大。

（6）几种铸造铝合金的典型疲劳性能（见表3-18）。

表3-18 几种铸造铝合金的典型疲劳性能

合金代号[①]	铸造方法	热处理状态	温度/℃	旋转弯曲疲劳强度 S_{PD}/MPa				
				10^5 次	10^6 次	10^7 次	10^8 次	5×10^8 次
356	S	T51	室温	—	—	—	—	55
		T6		—	—	—	—	60
		T7		145	100	70	65	65
		T71		—	—	—	—	60
	J	T6	室温	—	—	—	—	90
		T7		—	—	—	—	75
A356	J	T61	室温	200	160	115	95	90
355	S	T71	室温	145	105	85	75	70
			150	125	95	75	70	65
			205	115	90	65	50	50
			260	95	70	50	35	30
C355	J	T61	室温	195	130	110	100	95
			150	185	125	95	85	85
			205	165	115	85	70	60
			260	125	80	50	40	35
354	J	T61	室温	275	215	175	145	135
			150	255	200	150	115	110
			205	215	150	105	70	60
			260	140	95	60	60	40
			315	75	95	40	40	30

① 为美国合金代号和热处理状态代号。

（7）铸件切取试样性能 从铸件上切取试样，每个部位一般应切取三根试样，取其平均值为检测值。国家标准规定的铸件分类及切取性能的百分数见表3-19。

铸造Al-Si活塞合金力学性能标准见表3-20。

高强度铝合金优质铸件标准HB 5480—1991等效采用美国AMS A 21180标准，标准规定的铸件分类见表3-21。

表3-19 铸件分类及切取性能的百分数

（GB/T 9438—1999）

铸件类别	定义	抗拉强度 R_m(%)	断后伸长率 A(%)
Ⅰ	承受重载荷，工作条件复杂，用于关键部位，铸件损坏将危及整机安全运行的重要铸件	75	50
Ⅱ	承受中等载荷，用于重要部位，铸件损坏将影响铸件的正常工作，造成事故的铸件	75	50
Ⅲ	承受轻载荷，用于一般部位的铸件	不切取	

注：1. 表中数据为合金标准（GB/T 1173—1995）性能数据的百分数。
2. 切取试样允许其中一根试样的性能偏低，Ⅰ类铸件设计指定区域的抗拉强度和断后伸长率分别不低于标准值的70%和40%，Ⅰ类铸件非指定区域和Ⅱ类铸件分别不低于规定值的65%和40%。
3. 当一个取样部位不能切取三个试样时，抗拉强度和断后伸长率均不得小于表3-19中的规定值。
4. 当设计部门或用户要求Ⅰ类铸件切取试样的力学性能高于上述要求时，应取得制造厂家的同意。
5. 铸件上切取试样应选用GB/T 228—2002中不小于6mm的短试样，当不能切取不小于6mm试样时，允许按专用标准切取其他比例试样。
6. 按图样或有关技术文件的规定对铸件进行硬度检验，其硬度值不低于对应标准的规定值。

表3-20 Al-Si活塞合金力学性能技术标准

（GB/T 1148—1993）

材料	抗拉强度 R_m/MPa		硬度HBW	体积稳定性（%）
	室温	300℃		
亚共晶Al-Si合金	≥165	—	95～140	≤0.03
共晶Al-Si合金	≥195	≥70	95～140	≤0.03
过共晶Al-Si合金	≥195	≥85	95～140	≤0.02

表3-21 高强度铝合金优质铸件分类

（HB 5480—1991）

铸件类别	定义[①]	X射线检验等级[②]	
		指定区域	非指定区域
Ⅰ	单独破坏将危及人身安全或引起飞机、导弹和其他装备破坏的铸件	B或A	C或B
Ⅱ	单独破坏将会引起重大操作故障及飞机、导弹和其他重要结构失效的铸件	C或B	C

（续）

铸件类别	定义①	X射线检验等级②	
		指定区域	非指定区域
Ⅲ	不属于Ⅰ类和Ⅱ类而且安全因数等于或小于200%的铸件	C	D
Ⅳ	不属于Ⅰ类和Ⅱ类而且安全因数大于200%的铸件	D	

① 美国AMS-STD-2175标准定义的铸件类别与此相似。

② X射线检验等级：A级为关键部位使用铸件的高应力区域；B级为关键部位使用铸件的优质级别或安全因数小的铸件指定区域；C级为一般部位使用铸件的优质级别或安全因数中等的铸件指定区域；D级为承受低应力的铸件或铸件区域。

按美国标准AMS A 21180生产铸件用合金的设计性能（S——数据为标准性能）见表3-22和表3-23。表中指定区域切取试样的力学性能分为1、2和3类；非指定区域切取试样的力学性能分为10、11和12三类。按美国ASTM铸件标准生产铸件用合金的设计性能见表3-24。ASTM标准规定铸件切取试样的抗拉强度应不小于标准数据的75%；断后伸长率应不小于标准数据的25%。

3. Al-Si合金高温和低温下的力学性能

1）Al-Si合金低温和高温下的力学性能见表3-25和图3-20～图3-27。

表3-22　A356.0-T6和C355.0-T6设计性能

合金代号、状态及分类	A356.0-T6						C355.0-T6					
	1	2	3	10	11	12	1	2	3	10	11	12
抗拉强度 R_m/MPa	260	275	310	260	230	220	285	305	345	285	255	240
屈服强度 $R_{p0.2}$/MPa	195	205	235	195	185	150	215	230	275	215	205	195
抗压屈服强度 $R_{pc0.2}$/MPa	195	205	235	195	185	150	215	230	275	215	205	195
抗剪强度 τ_b/MPa	185	195	215	185	160	150	200	215	240	200	180	165
承载强度 σ_{bru}/MPa，e/D① = 1.5	365	385	435	365	315	310	395	425	485	395	360	340
e/D = 2.0	470	495	560	470	405	400	510	545	620	510	460	435
承载屈服强度 σ_{bry}/MPa，e/D = 1.5	310	330	370	310	300	240	345	365	440	345	330	310
e/D = 2.0	345	370	420	345	340	275	385	405	495	385	440	310
断后伸长率（%）	5	3	3	5	3	2	3	3	2	3	1	1
弹性模量 E/GPa	71.7						69.6					
压缩弹性模量 E_c/GPa	72.4						71.0					
切变模量 G/GPa	26.9						26.5					
泊松比 μ	0.33						0.33					
密度 ρ/g·cm^{-3}	2.68						2.71					
比热容 c/J·kg^{-1}·K^{-1}	963（100℃）						963（100℃）					
热导率 λ/W·m^{-1}·K^{-1}	152（25℃）						152（25℃）					
线膨胀系数 α_l/×10^{-6}·K^{-1}	21.4（20～100℃）						22.3（20～100℃）					

① e/D = 边距/孔距，下同。

表 3-23　354.0-T6 和 A357.0-T6 设计性能

合金代号、状态及分类	354.0-T6				A357.0-T6			
	1	2	10	11	1	2	10	11
抗拉强度 R_m/MPa	325	345	325	300	310	345	260	285
屈服强度 $R_{p0.2}$/MPa	250	290	250	230	240	275	195	215
抗压屈服强度 $R_{pc0.2}$/MPa	250	290	250	230	240	275	195	215
抗剪强度 τ_b/MPa	230	240	230	205	215	240	185	200
承载强度 σ_{bru}/MPa, $e/D=1.5$	455	485	455	415	435	485	365	395
$e/D=2.0$	585	625	585	530	560	620	470	510
承载屈服强度 σ_{bry}/MPa, $e/D=1.5$	400	460	400	365	385	44	310	345
$e/D=2.0$	450	525	450	405	435	495	345	385
断后伸长率（%）	3	2	3	2	3	5	5	3
弹性模量 E/GPa	73.1				71.7			
压缩弹性模量 E_c/GPa	74.5				72.4			
切变模量 G/GPa	27.6				26.9			
泊松比 μ	0.33				0.33			
密度 ρ/g·cm^{-3}	2.71				2.68			
比热容 c/J·kg^{-1}·K^{-1}	963(100℃)				963(100℃)			
热导率 λ/W·m^{-1}·K^{-1}	128(25℃)				152(25℃)			
线膨胀系数 α_l/×10^{-6}·K^{-1}	20.8(20～100℃)				21.6(20～100℃)			

表 3-24　356.0-T6 和 355.0-T6 设计性能

合金代号及状态	356.0-T6，砂型	356.0-T6，熔模和金属型	355.0-T6，金属型
抗拉强度 R_m/MPa	205	230	255
屈服强度 $R_{p0.2}$/MPa	140	150	160
抗压屈服强度 $R_{pc0.2}$/MPa	140	150	160
抗剪强度 τ_b/MPa	172	170	180
断后伸长率（%）	3	3	1.5
弹性模量 E/GPa	71.0		71.0
压缩弹性模量 E_c/GPa	71.0		71.0
切变模量 G/GPa	26.5		26.5
泊松比 μ	0.33		0.33
密度 ρ/g·cm^{-3}	2.68		2.71
比热容 c/J·kg^{-1}·K^{-1}	963(100℃)		963(100℃)
热导率 λ/W·m^{-1}·K^{-1}	152(25℃)		152(25℃)
线膨胀系数 α_l/×10^{-6}·K^{-1}	21.4(20～100℃)		22.3(20～100℃)

表3-25 Al-Si合金低温和高温典型力学性能

合金代号	铸造方法	热处理状态	性能	温度/℃								
				-178	-80	-28	24	100	150	205	260	315
ZL101	S	T6	抗拉强度 R_m/MPa	275	240	225	225	220	160	85	55	30
			屈服强度 $R_{p0.2}$/MPa	195	170	165	165	165	140	60	35	20
			断后伸长率 A(%)	3.5	3.5	3.5	3.5	4.0	6.0	18.0	35.0	60.0
		T7	抗拉强度 R_m/MPa	275	240	225	235	205	160	85	55	30
			屈服强度 $R_{p0.2}$/MPa	220	200	195	205	195	140	60	35	20
			断后伸长率 A(%)	3.0	3.0	3.0	2.0	2.0	6.0	18.0	35.0	60.0
	J	T6	抗拉强度 R_m/MPa	330	275	270	275	205	145	85	55	35
			屈服强度 $R_{p0.2}$/MPa	220	195	185	185	170	115	65	35	30
			断后伸长率 A(%)	5.0	5.0	5.0	5.0	6.0	10.0	30.0	55.0	50.0
		T7	抗拉强度 R_m/MPa	275	240	235	225	185	145	85	50	30
			屈服强度 $R_{p0.2}$/MPa	205	180	170	165	160	115	60	35	20
			断后伸长率 A(%)	6.0	6.0	6.0	5.0	10.0	20.0	40.0	55.0	70.0
ZL101A	J	T6	抗拉强度 R_m/MPa	—	—	—	285	—	145	85	55	30
			屈服强度 $R_{p0.2}$/MPa	—	—	—	205	—	115	60	35	20
			断后伸长率 A(%)	—	—	—	10.0	—	20.0	40.0	55.0	70.0
YL102	Y	F	抗拉强度 R_m/MPa	360	310	305	295	255	220	165	90	50
			屈服强度 $R_{p0.2}$/MPa	160	145	145	145	140	130	105	60	35
			断后伸长率 A(%)	1.5	2.0	2.0	2.0	5.0	8.0	15.0	29.0	35.0
YL104	Y	F	抗拉强度 R_m/MPa	—	—	—	315	295	235	145	75	45
			屈服强度 $R_{p0.2}$/MPa	—	—	—	165	165	160	90	45	30
			断后伸长率 A(%)	—	—	—	5.0	3.0	5.0	14.0	30.0	45.0
ZL105	S	T1	抗拉强度 R_m/MPa	225	200	200	195	195	165	95	70	40
			屈服强度 $R_{p0.2}$/MPa	195	180	170	160	150	130	70	35	20
			断后伸长率 A(%)	1.0	1.5	1.5	1.5	2.0	3.0	8.0	16.0	36.0
		T6	抗拉强度 R_m/MPa	405	360	—	240	240	225	115	70	40
			屈服强度 $R_{p0.2}$/MPa	325	285	—	170	170	170	90	35	20
			断后伸长率 A(%)	2.0	4.0	—	3.0	2.0	1.5	8.0	16.0	36.0
		T7	抗拉强度 R_m/MPa	305	285	270	260	—	—	—	—	—
			屈服强度 $R_{p0.2}$/MPa	260	250	240	250	—	—	—	—	—
			断后伸长率 A(%)	2.0	2.0	2.0	0.5	—	—	—	—	—
	J	T1	抗拉强度 R_m/MPa	255	240	215	205	195	160	105	70	40
			屈服强度 $R_{p0.2}$/MPa	185	170	165	165	165	140	70	35	20
			断后伸长率 A(%)	1.0	1.5	1.5	2.0	3.0	40	19.0	33.0	38.0
		T6	抗拉强度 R_m/MPa	410	350	—	295	275	220	130	70	40
			屈服强度 $R_{p0.2}$/MPa	365	310	—	185	185	170	90	35	20
			断后伸长率 A(%)	3.0	4.0	—	4.0	5.0	10.0	20.0	40.0	50.0
		T7	抗拉强度 R_m/MPa	315	270	260	250	225	200	130	70	40
			屈服强度 $R_{p0.2}$/MPa	260	235	225	215	200	180	90	35	20
			断后伸长率 A(%)	1.5	2.0	2.5	3.0	4.0	8.0	20.0	40.0	50.0

（续）

合金代号	铸造方法	热处理状态	性能	温度/℃								
				−178	−80	−28	24	100	150	205	260	315
ZL105A	J	T6	抗拉强度 R_m/MPa	385	345	330	315	295	260	95	50	30
			屈服强度 $R_{p0.2}$/MPa	255	235	235	235	235	240	70	40	20
			断后伸长率 A(%)	7.0	7.0	7.0	6.0	6.0	10.0	40.0	60.0	70.0
ZL107	S	F	抗拉强度 R_m/MPa	235	205	200	185	—	—	—	—	—
			屈服强度 $R_{p0.2}$/MPa	220	180	170	125	—	—	—	—	—
			断后伸长率 A(%)	1.0	1.0	1.0	2.0	—	—	—	—	—
		T5	抗拉强度 R_m/MPa	255	235	225	205	—	—	—	—	—
			屈服强度 $R_{p0.2}$/MPa	240	205	205	180	—	—	—	—	—
			断后伸长率 A(%)	0.5	1.0	1.0	1.5	—	—	—	—	—
ZL109	J	T1	抗拉强度 R_m/MPa	295	275	260	250	240	215	180	125	70
			屈服强度 $R_{p0.2}$/MPa	270	235	215	195	170	150	105	70	30
			断后伸长率 A(%)	1.0	1.0	1.0	0.5	1.0	1.0	2.0	5.0	10.0
ZL111	J	T6	抗拉强度 R_m/MPa	470	405	395	380	345	325	290	195	90
			屈服强度 $R_{p0.2}$/MPa	390	295	290	285	285	275	270	170	85
			断后伸长率 A(%)	6.0	6.0	6.0	6.0	6.0	6.0	6.0	16.0	29.0
YL112	Y	F	抗拉强度 R_m/MPa	405	340	340	330	310	235	165	90	50
			屈服强度 $R_{p0.2}$/MPa	205	165	165	165	165	150	110	55	30
			断后伸长率 A(%)	2.5	2.5	3.0	3.0	4.0	5.0	8.0	20.0	30.0
YL113	Y	F	抗拉强度 R_m/MPa	—	—	—	325	315	260	180	95	50
			屈服强度 $R_{p0.2}$/MPa	—	—	—	170	170	165	125	60	30
			断后伸长率 A(%)	—	—	—	1.0	1.0	2.0	6.0	25.0	45.0
ZL114A	S	T6	抗拉强度 R_m/MPa	—	—	—	315	—	205	90	50	—
			屈服强度 $R_{p0.2}$/MPa	—	—	—	250	—	195	70	40	—
			断后伸长率 A(%)	—	—	—	3.0	—	3.0	24.0	30.0	—
	J	T6	抗拉强度 R_m/MPa	—	—	—	345	—	215	85	50	—
			屈服强度 $R_{p0.2}$/MPa	—	—	—	275	—	200	60	40	—
			断后伸长率 A(%)	—	—	—	10.0	—	11.0	29.0	—	—
ZL116	S	T5	抗拉强度 R_m/MPa	—	—	—	330	280	260	230	180	110
			屈服强度 $R_{p0.2}$/MPa	—	—	—	270	—	—	—	—	—
			断后伸长率 A(%)	—	—	—	2	4	4.5	5	5	5.5
	J	T5	抗拉强度 R_m/MPa	—	—	—	360	—	280	250	200	—
			屈服强度 $R_{p0.2}$/MPa	—	—	—	315	—	215	150	125	—
			断后伸长率 A(%)	—	—	—	7.0	—	8.0	13.0	—	—
ZL117	J	T7	抗拉强度 R_m/MPa	—	—	—	235～285	—	—	185～235	—	110～130
			断后伸长率 A(%)	—	—	—	0.5～0.6	—	—	0.6～1.0	—	1.1～2.5

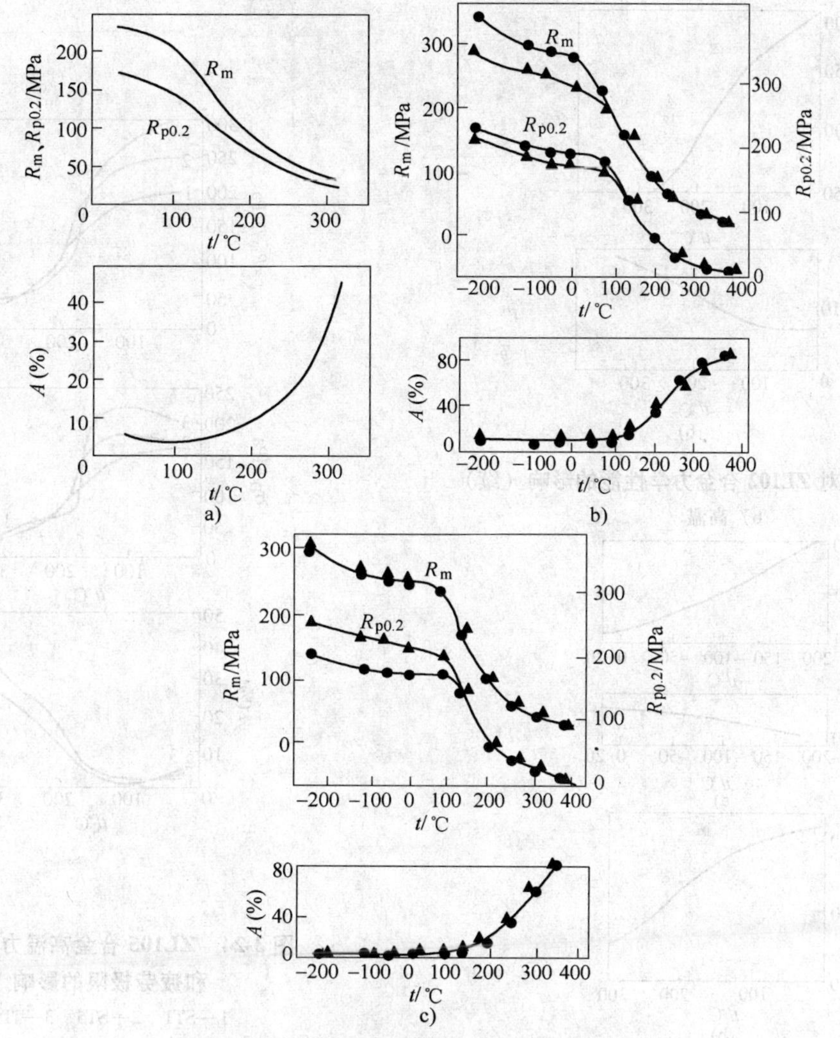

图 3-20　ZL101 合金低温和高温力学性能

a）ST5　b）●JT6　▲JT7　c）●ST6　▲ST7

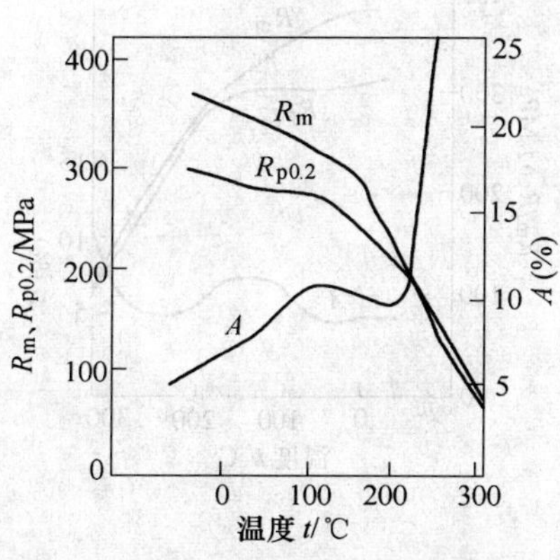

图 3-21　ZL101A（T6）合金低温和高温力学性能

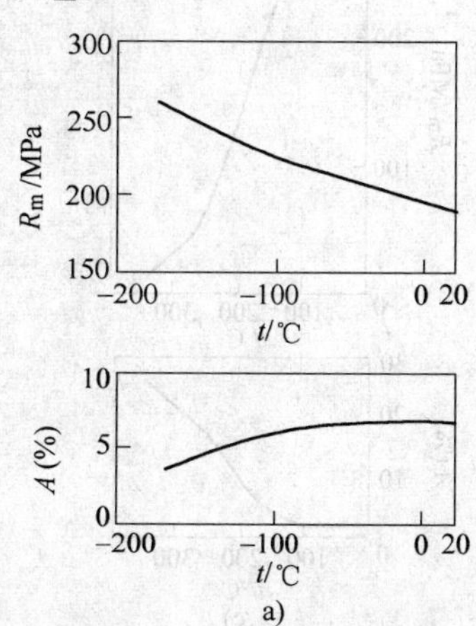

图 3-22　温度对 ZL102 合金力学性能的影响

a）低温

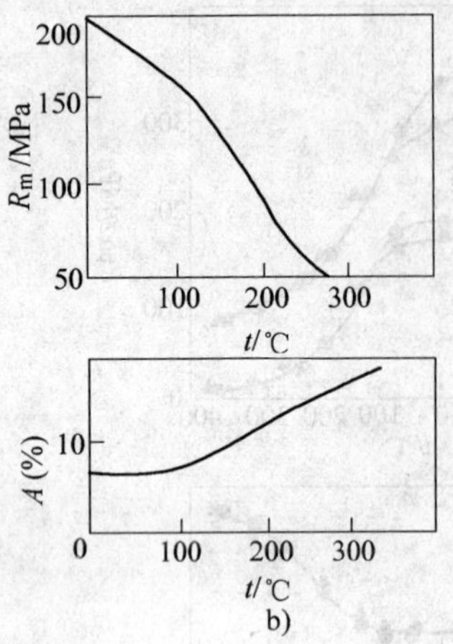

图 3-22　温度对 ZL102 合金力学性能的影响（续）
b）高温

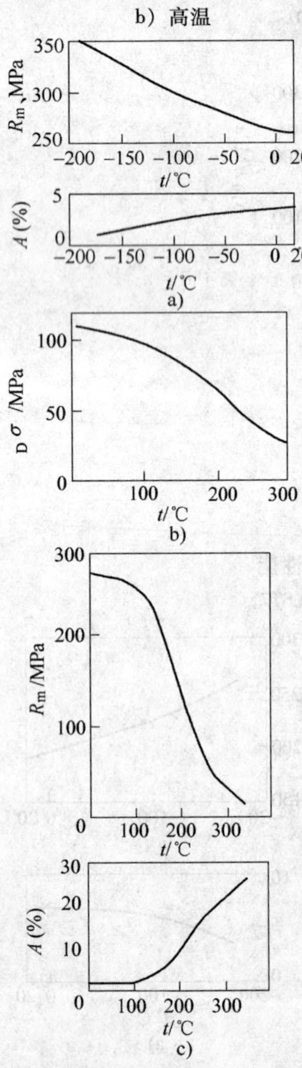

图 3-23　温度对 ZL104（T6）合金力学性能和疲劳极限的影响
a）低温拉伸　b）高温疲劳　c）高温拉伸

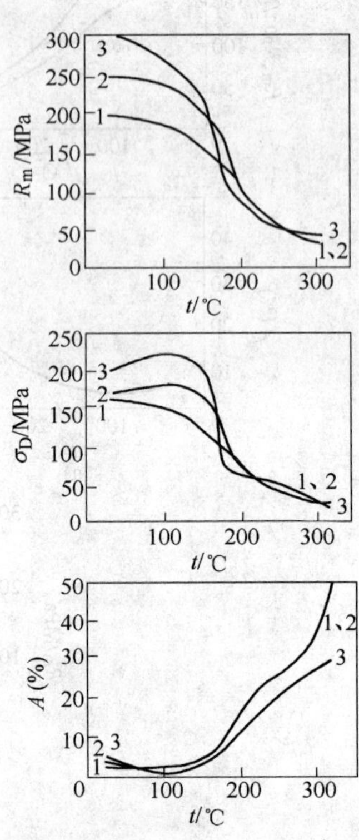

图 3-24　ZL105 合金高温力学性能和疲劳极限的影响
1—ST1　2—ST5　3—JT5

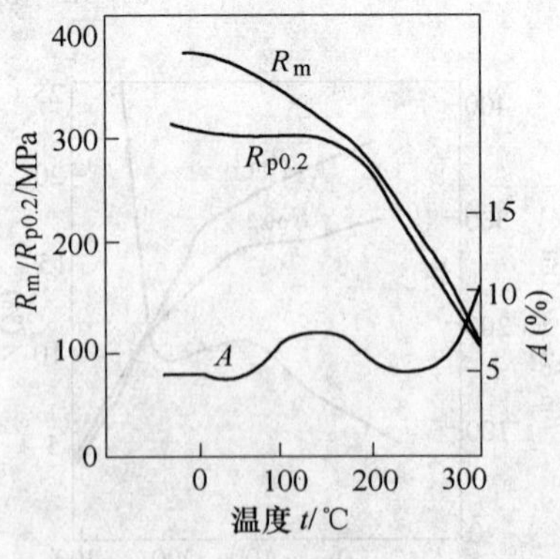

图 3-25　ZL105A（T7）合金高温力学性能

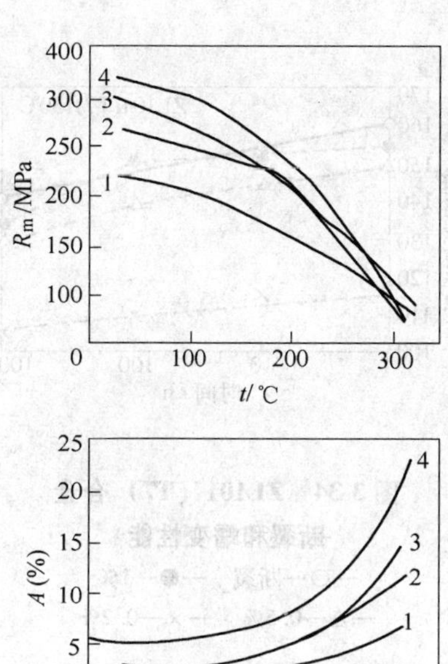

图 3-26　ZL106 合金的高温力学性能

1—S　2—ST5

3—JT2　4—JT5

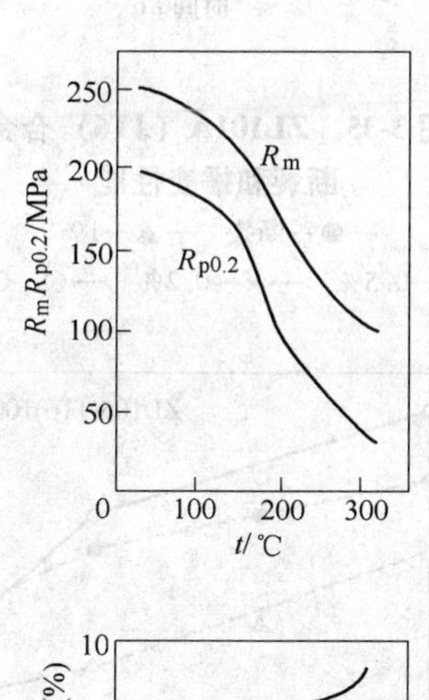

图 3-27　ZL109 合金的高温力学性能

2）经过高温稳定化后 Al-Si 合金的高温力学性能见图 3-28 ~ 图 3-33。

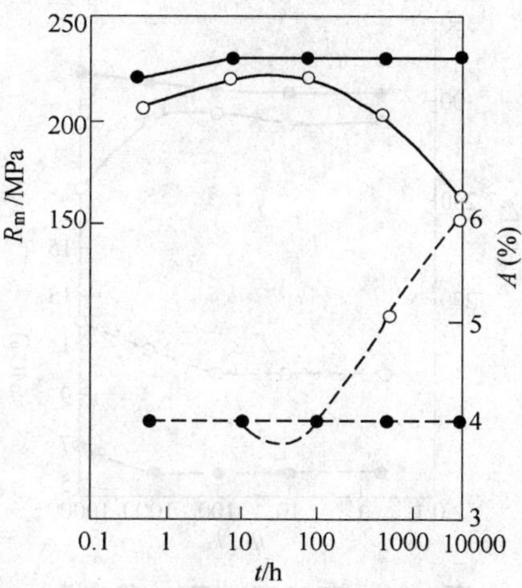

图 3-28　ZL101（ST6）合金稳定化后的高温力学性能

—●—100℃　—○—150℃

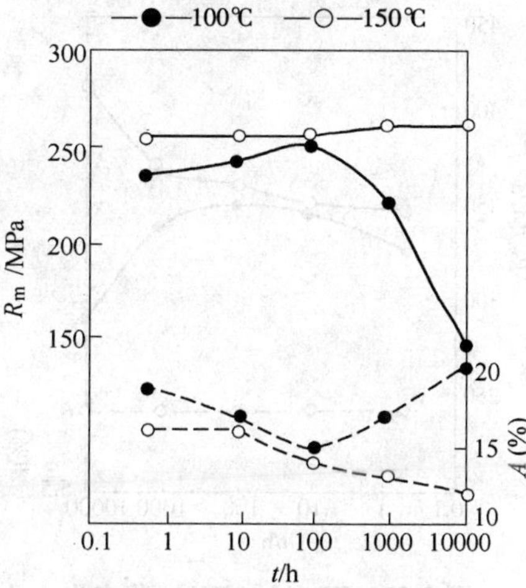

图 3-29　ZL101A（JT6）稳定化后的高温力学性能

—○—100℃　—●—150℃

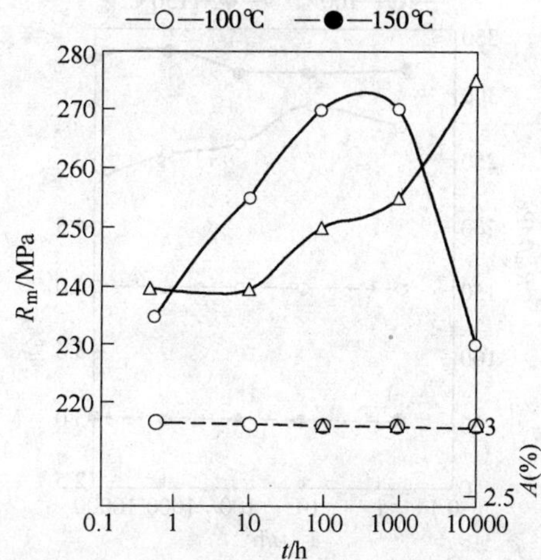

图 3-30　ZL105（ST6）稳定化后的高温力学性能

—○—100℃　—△—150℃

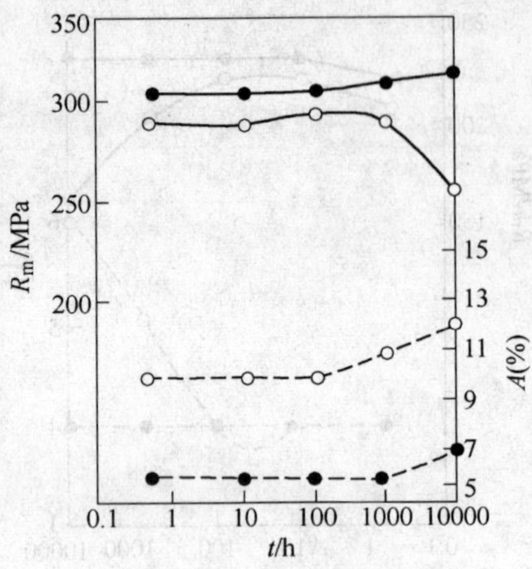

图 3-31　ZL105A（T6）稳定化后的高温力学性能

—●—100℃　—○—150℃

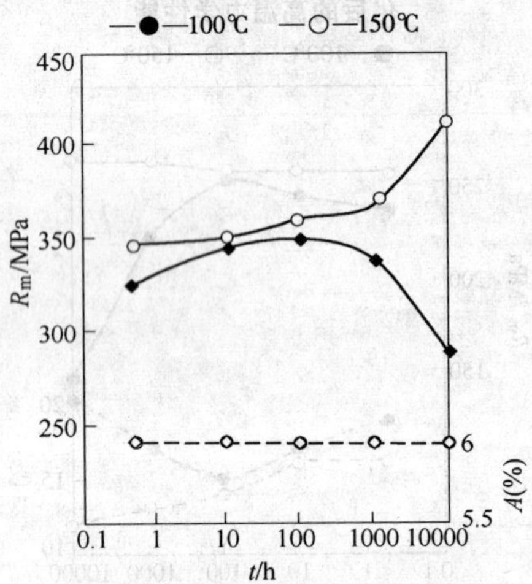

图 3-32　ZL111（JT6）稳定化后的高温力学性能

—○—100℃　—◆—150℃

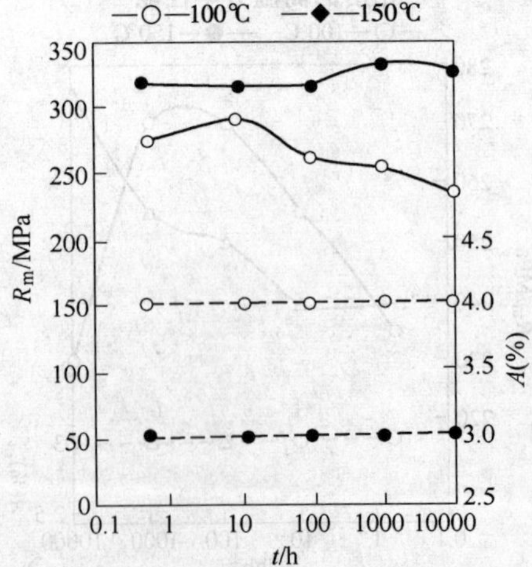

图 3-33　YL112（F）稳定化后的高温力学性能

—●—100℃　—○—150℃

3）Al-Si 合金断裂和蠕变性能见图 3-34～图 3-39。

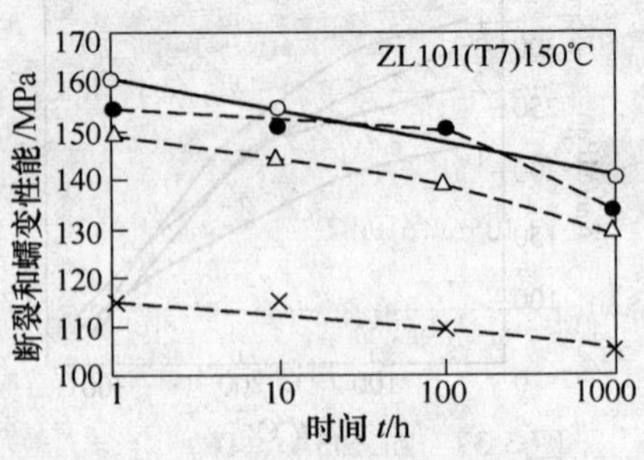

图 3-34　ZL101（T7）合金断裂和蠕变性能

—○—断裂　—●—1%

—△—0.5%　—×—0.2%

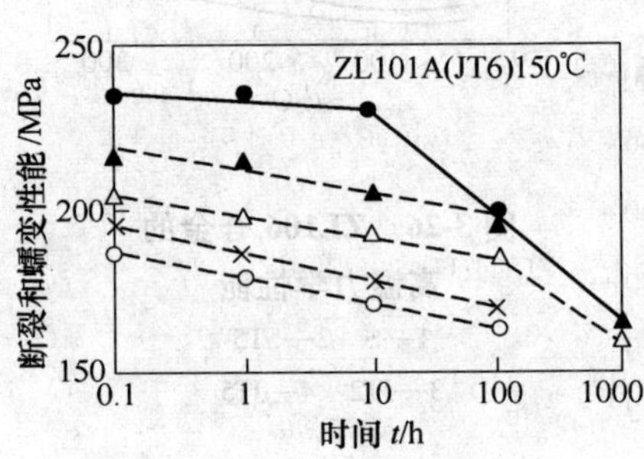

图 3-35　ZL101A（JT6）合金断裂和蠕变性能

—●—断裂　—▲—1%

—△—0.5%　—×—0.2%　—○—0.1%

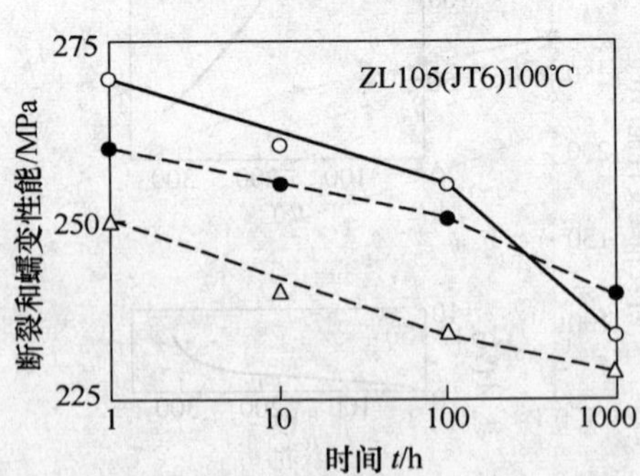

图 3-36　ZL105（JT6）的断裂和蠕变性能

—○—断裂　—●—1%

—△—0.5%

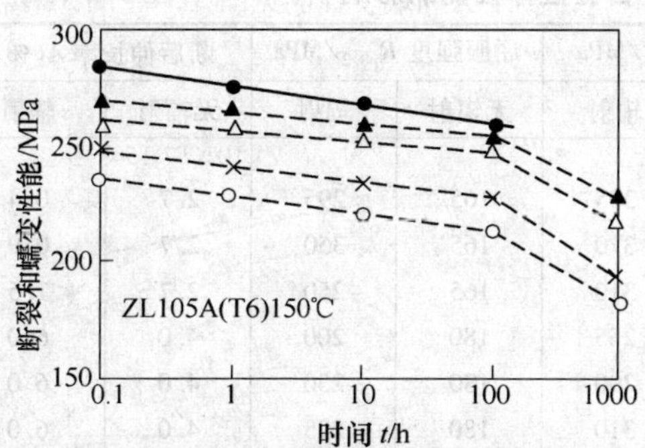

图3-37 ZL105A（T6）合金断裂和蠕变性能

—●—断裂 —▲—1%
—△—0.5% —×—0.2% —○—0.1%

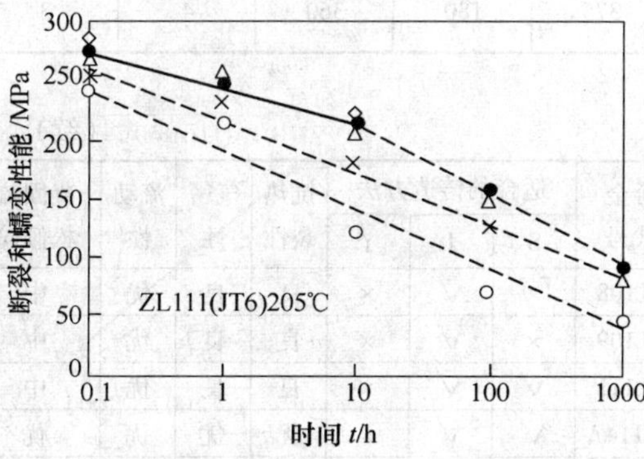

图3-38 ZL111（JT6）合金断裂和蠕变性能

—◇—断裂 —●—1%
—△—0.5% —×—0.2% —○—0.1%

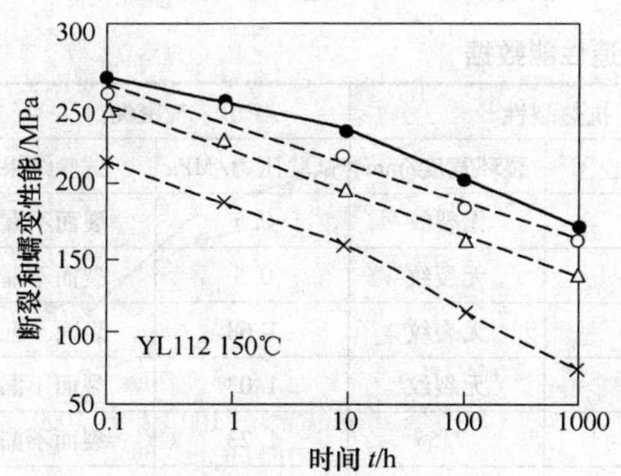

图3-39 YL112（F）合金断裂和蠕变性能

—●—断裂 —○—1%
—△—0.5% —×—0.2%

4）ZL105合金和ZL116合金的高温持久性能见表3-26和表3-27。

表3-26 ZL105合金高温持久性能

热处理状态	温度/℃	应力/MPa	持续时间/h
F	300	60	0.5～5
		50	30～60
		40	80～100
		30	200～300
T6	300	60	加载时破坏
		50	15～30
		40	40～60
		30	150～200

表3-27 ZL116（ST5）合金的高温持久性能极限

温度/℃	150	200	250	300
应力 σ_{100}/MPa	220	120	40	20

4. 辐射对几种合金拉伸性能的影响　辐射对ZL101和ZL101A合金拉伸性能的影响见表3-28。中子辐射总剂量为 $5\times10^{16}\ n/\text{cm}^2$ 时，ZL101A合金在-216℃下应力-应变曲线见图3-40。

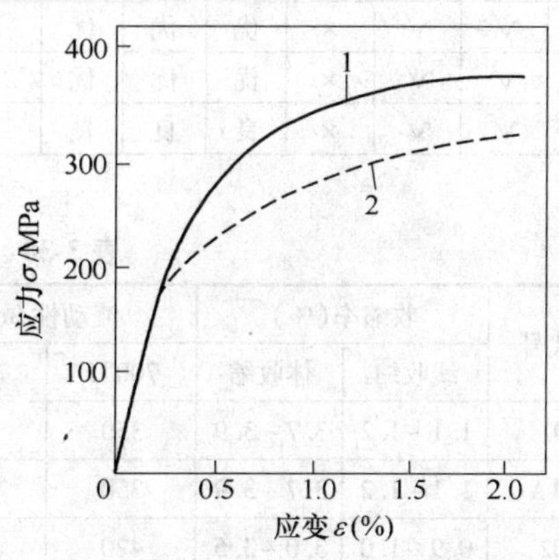

图3-40 ZL101A合金在-216℃下应力-应变曲线

1—大于1MeV中子辐射下 2—无辐射

3.1.1.5 工艺性能

1. 铸造性能（见表3-29和表3-30）Si含量与合金气密性和流动性的关系见图3-41。

表3-28 辐射对ZL101和ZL101A合金拉伸性能的影响

合金代号	辐射温度/℃	积累中子剂量/ n①·cm^{-2}	抗拉强度 R_m/MPa		屈服强度 $R_{p0.2}$/MPa		断后伸长率 A(%)	
			无辐射	辐射	无辐射	辐射	无辐射	辐射
ZL101	—	2.4×10^{20}	225	305	165	295	2.7	0.4
	—	7.2×10^{20}	225	370	165	350	2.7	0.9
	—	2.6×10^{21}	225	310	165	250	2.7	1.5
	50	2.04×10^{19}	230	255	180	200	4.0	6.0
	50	1.22×10^{20}	230	290	180	230	4.0	6.0
	50	5.59×10^{20}	230	310	180	295	4.0	6.0
	50	9.84×10^{20}	230	375	180	360	4.0	3.0
ZL101A	50	2.0×10^{19}	230	255	180	200	4	6
	50	1.2×10^{20}	230	290	180	230	4	6
	50	5.6×10^{20}	230	315	180	290	4	6
	50	9.8×10^{20}	230	375	180	360	4	3

① n—能量不小于1MeV的中子剂量。

表3-29 Al-Si合金的铸造性能

合金代号	适合的铸造方法			抗热裂性	气密性	流动性	凝固疏松倾向
	S	J	Y				
ZL101	√	√	√	优	优	优	优
ZL101A	√	√	×	优	优	优	优
ZL102	×	×	√	优	良	优	优
ZL104	√	√	√	优	优	优	优
ZL105	√	√	×	优	优	优	优
ZL105A	√	√	×	优	优	优	优
ZL106	√	√	×	优	优	优	优
ZL107	√	√	×	良	良	良	良

（续）

合金代号	适合的铸造方法			抗热裂性	气密性	流动性	凝固疏松倾向
	S	J	Y				
ZL108	×	√	×	良	良	优	中
ZL109	×	√	×	良	良	优	中
ZL111	√	√	×	良	良	优	中
ZL114A	√	√	×	优	优	优	优
ZL115	√	√	×	良	良	优	良
ZL116	√	√	×	优	优	优	优
YL117	×	×	√	中	中	优	中

注："√"表示适合于此种铸造，"×"表示不适合，下同。

表3-30 Al-Si合金的铸造性能数据

合金代号	收缩率(%)		流动性/mm		抗热裂性①		气密性	
	线收缩	体收缩	700℃	750℃	浇注温度/℃	裂环宽度/mm	试验压力/MPa	试验结果
ZL101	1.1~1.2	3.7~3.9	350	385	713	无裂纹	0.5	裂而不漏
ZL101A	1.1~1.2	3.7~3.9	350	385	713	无裂纹	0.5	裂而不漏
ZL102	0.9~1.0	3.0~3.5	420	460	677	无裂纹	1.68	裂而不漏
ZL104	1.0~1.1	3.2~3.4	360	395	698	无裂纹	1.03	裂而不漏
ZL105	1.15~1.2	4.5~4.9	344	375	723	7.5	1.23	裂而不漏
ZL105A	1.15~1.2	4.5~4.9	344	375	723	7.5	1.23	裂而不漏
ZL106	1.2~1.3	6.2~6.5	360	400	730	12	0.6	漏水
ZL114A	1.1~1.2	4.0~4.5	345	380	715	无裂纹	1	裂而不漏
ZL116	1.1~1.2	4.0~4.6	340	380	710	无裂纹	1	裂而不漏

① 抗热裂性的测量是在金属型芯的砂型中浇铸各种宽度的环，有热裂时形成裂缝，环越窄，热裂倾向性越小。

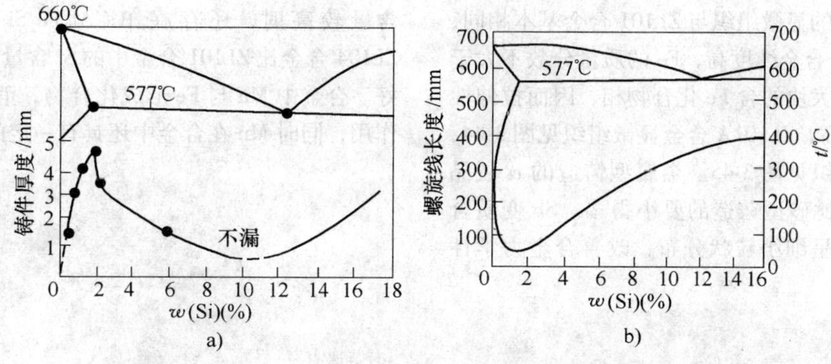

图3-41　Si含量与Al-Si合金气密性和流动性的关系

a）气密性　b）流动性

2. 焊接性能和机加工性能（见表3-31）

表3-31　铸造Al-Si合金的焊接性能和机加工性能

合金代号	气焊	氩弧焊	切削加工性	抛光性
ZL101	优	优	中	中
ZL101A	优	优	中	中
ZL102	较差	较差	较差	差
ZL104	较差	良	中	中
ZL105	优	优	中	中
ZL105A	优	优	中	中
ZL106	良	良	中	较差
ZL107	良	良	中	较差
ZL108	较差	中	较差	较差
ZL109	较差	中	较差	较差
ZL111	中	中	较差	较差
ZL112Y	较差	较差	中	中
ZL113Y	较差	较差	中	中
ZL114A	优	优	中	中
ZL115	优	优	中	中
ZL116	优	优	中	中
ZL117	较差	较差	差	差
YL117	较差	较差	差	差

3.1.1.6　显微组织

1. ZL101和ZL101A　成分（质量分数，下同）为Si = 7.1%、Mg = 0.24%、Fe = 0.15%的ZL101合金砂型铸态显微组织见图3-42，由Al-Si-Mg相图（见图2-50）知合金相组成为α固溶体、（α + Si）共晶体和Mg_2Si。Na变质后的组织见图3-43，初生α固溶体呈树枝状结晶，共晶体中的Si呈细小圆形质点。Mg的主要作用是与Si形成Mg_2Si相，固溶处理时溶入α基体，时效析出，使晶体点阵发生畸变，强化合金，提高抗拉强度。当合金中Fe含量较高时，会形成β(Al_9Fe_2Si)相和$Al_8FeMg_3Si_6$相，使拉伸性能降低，特别是断后伸长率减小。

图3-42　ZL101合金显微组织　×200

状态：砂型铸造，未热处理

组织特征：α固溶体和共晶体中的针片状Si

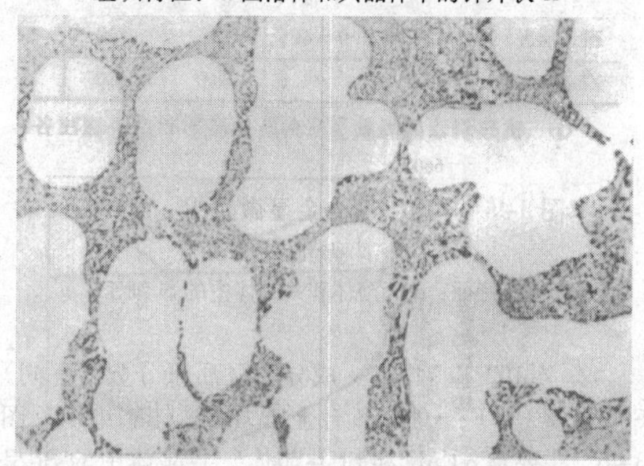

图3-43　ZL101合金显微组织　×200

状态：砂型铸造，Na变质，未热处理

组织特征：α固溶体和共晶体中的Si呈圆形质点

ZL101A 合金的显微组织与 ZL101 合金基本相同，不同的是 ZL101A 合金纯度高，Fe 的质量分数不大于 0.2%，不会形成大块的含 Fe 化合物相，因而拉伸性能比 ZL101 合金高，ZL101A 合金显微组织见图 3-44，Sb 变质合金的组织见图 3-45。金属型铸造的 α 枝晶网及共晶 Si 质点比砂型铸造的要小得多。Sb 变质合金的共晶体中 Si 呈细小粒状分布，改善合金力学性能。

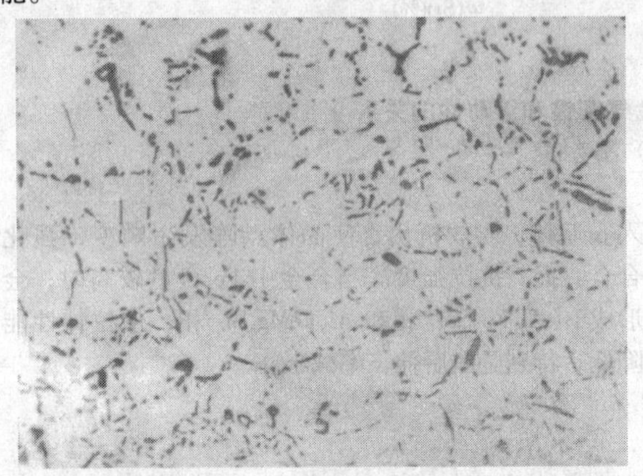

图 3-44 ZL101A 合金显微组织 ×200

状态：金属型铸造，未变质

组织特征：α 固溶体和共晶体中的针片状 Si

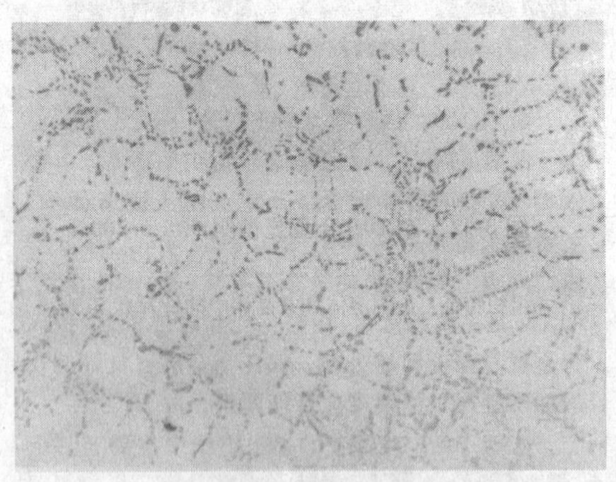

图 3-45 ZL101A 合金显微组织 ×100

状态：金属型铸造，Sb 变质

组织特征：α 固溶体和共晶体中的 Si 细密

2. ZL102 和 YL102 成分为（质量分数，下同）Si = 11.8%、Fe = 0.25% 合金压力铸造铸态组织见图 3-46，主要是 α(Al) 和 Si 共晶体，共晶体中的 Si 呈点状和针状，此外还可以看到少量的块状初生 Si 相。

3. ZL104 该合金砂型变质 T6 状态的组织见图 3-47，主要是 α、共晶 Si 和 Mg_2Si。在铸态下，当 Fe 含量较高时，还存在 β（Al_9Fe_2Si）及 AlFeMnSi。ZL104 合金比 ZL101 合金中的 Si 含量高，铸造性能更好。合金中 Mn 与 Fe 形成化合物，消除了 Fe 的有害作用，同时 Mn 在合金中还具有一定的强化效果。

图 3-46 YL102 合金显微组织 ×400

状态：压力铸造，未热处理

组织特征：α 和（α + Si），Si 呈点状或针片状，初生 Si 呈块状或片状

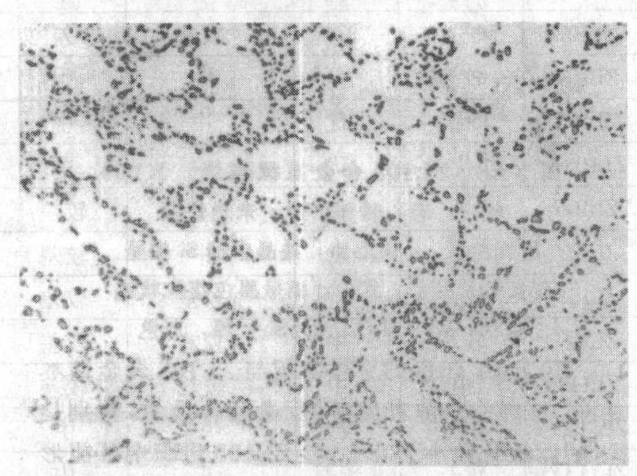

图 3-47 ZL104 合金显微组织 ×160

状态：砂型铸造，变质处理，T6 处理

组织特征：α 和 α + Si 共晶体中的 Si 呈点状

4. ZL105 和 ZL105A 成分（质量分数，下同）为 Si = 5.0%、Cu = 1.5%、Mg = 0.5%、Fe 小于 0.1% 的 ZL105 合金砂型铸态的显微组织见图 3-48，合金中主要相：α、Si、Al_2Cu 和 W($Al_xCu_4Mg_5Si_4$)。在不平衡状态下结晶，Mg 含量处于上限，Cu 含量处于下限时，存在 Mg_2Si。其中 W 相的强化效果最佳，在 250 ~ 300℃ 时，耐热性最好。Mg_2Si 与 Al_2Cu 比较，前者室温强化效果好，后者耐热性好，它们的数量取决于 Cu 和 Mg 质量分数的比值，比值为 2.1 时，组织中的 Mg_2Si 完全消失，比值大于 2.1 时出现 Al_2Cu，一般保持在 2.5 左右的比例。Cu 和 Mg 的总

量过少，强化效果小，而总量过大，又使合金的塑性变差，故一般（Cu + Mg）含量为1.5%～2.0%，其中Mg含量为0.6%左右，Cu含量为1.4%左右，Cu和Mg含量质量比在2.2左右时，室温和高温的抗拉强度达到最大值。

ZL105A合金的显微组织与ZL105合金基本相同，不同的是前者纯度高，杂质含量少，特别是Fe的含量小于0.2%，ZL105组织中可能形成一些杂质相，如β($Al_9Fe_2Si_2$)相和Al_8FeMg_3Si相，因此ZL105A合金的拉伸性能比ZL105合金要高。

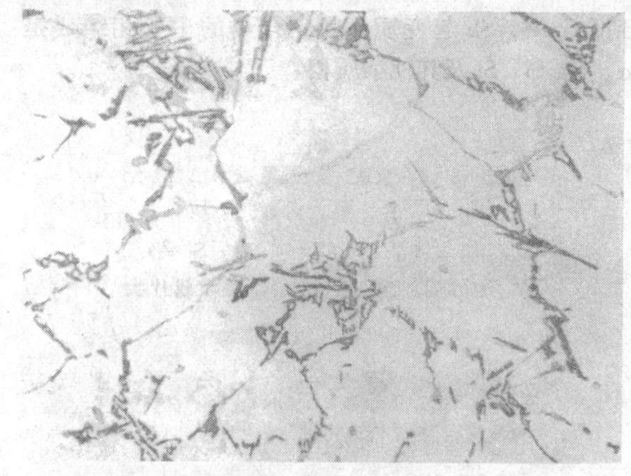

图3-48　ZL105合金显微组织　×200

状态：砂型铸造，未热处理

组织特征：α固溶体，共晶体的Si相呈深灰色片片状，Al_2Cu相呈黑色花纹状或粒状，W($Al_xCu_4Mg_5Si_4$)相，灰色

5. ZL106　该合金与ZL105合金的主要区别在于Si含量（质量分数，下同）提高了3%，并加入了Mn，因此组织上共晶Si增多，保证合金具有优良的铸造性能。Mn增加了α固溶体的稳定性，使合金的高温性能得到改善。Mg和Cu主要是形成Mg_2Si和Al_2Cu，固溶处理时溶入α固溶体中，时效过程中析出，使合金强化。Cu和Mg还能在一起形成W($Al_xMg_5Si_4Cu_4$)，提高合金的高温力学性能。ZL106合金的显微组织主要是由α、Si、W、Al_2Cu和Mg_2Si组成，当Fe含量高时，还会出现含Fe的化合物相。

6. ZL107　该合金是典型的Al-Si-Cu三元合金（相图见图2-48），合金显微组织见图3-49，金属型T5状态合金中Al_2Cu完全溶入固溶体中，主要组织是共晶Si和α。合金中Si与α、Al_2Cu形成二元或三元共晶，使合金具有良好的铸造性能。Al_2Cu是主要强化相，固溶强化和时效析出，提高合金抗拉强度和屈服点，保证合金具有良好的切削加工性能，但耐腐蚀性能降低。

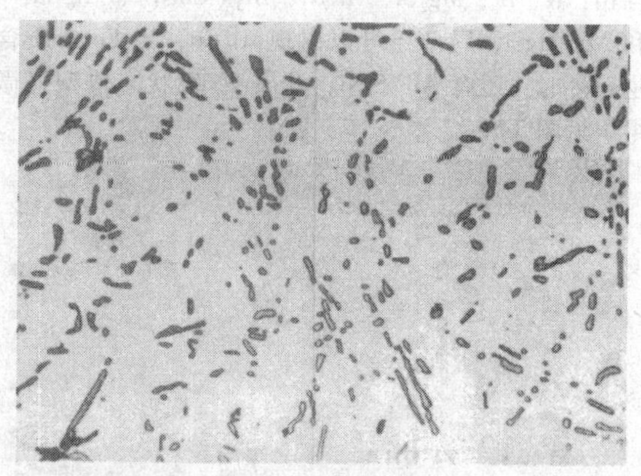

图3-49　ZL107合金显微组织　×200

状态：金属型铸造，T5处理

组织特征：α固溶体，共晶体中的Si相呈灰色针片状，Al_2Cu相完全溶入α基体

7. ZL108　该合金的显微组织中主要有如下几种相：α、Si、Mg_2Si、Al_2Cu和AlFeMnSi，金属型铸态显微组织见图3-50。如果合金加P进行变质处理，还会出现块状的初生Si。Cu和Mg的作用是形成Al_2Cu和Mg_2Si，使合金显著强化，但含量过高使塑性降低。Cu还能提高高温性能，但降低耐腐蚀性。Mn主要形成AlFeMnSi，减小Fe的有害作用，同时提高耐热性。

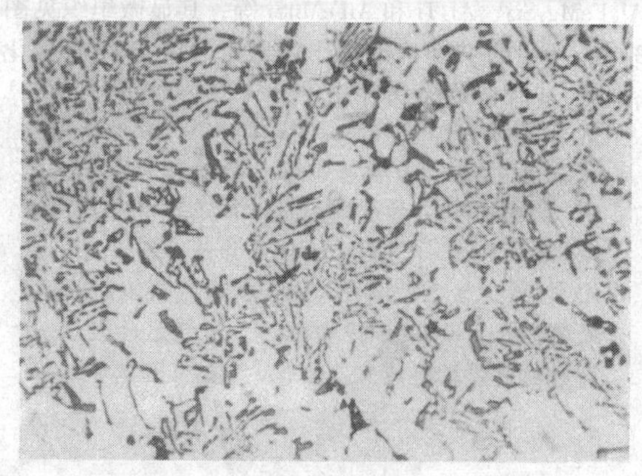

图3-50　ZL108合金显微组织　×200

状态：金属型铸造，未热处理

组织特征：α呈白色，α+Si中Si呈针片状，Mg_2Si呈黑色骨骼状，Al_2Cu呈灰白色，AlFeMnSi呈浅灰色骨骼状

8. ZL109　与ZL108合金相比，该合金降低了Cu含量，提高了Mg含量，加入了较高量的Ni代替Mn。合金的相组成复杂，在铸态组织中可见到以下

各相：α、Si、Mg_2Si、Al_3Ni、$Al_3(CuNi)$、Al_6Cu_3Ni和AlFeMgSi，局部还可以出现Al_2Cu，当Fe杂质含量较多时，还有AlFeSiNi，金属型T6状态典型显微组织见图3-51。

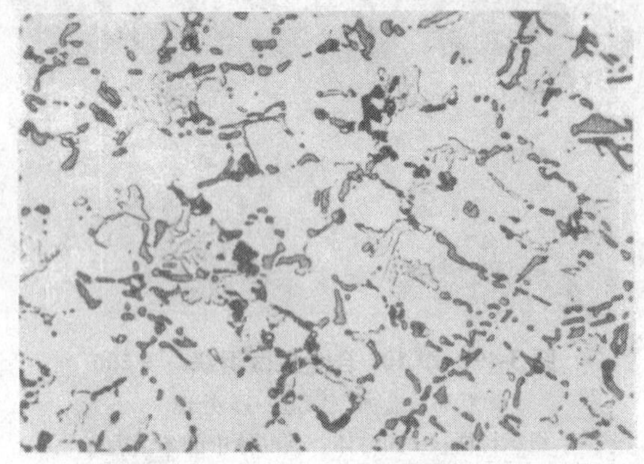

图3-51 ZL109合金显微组织 ×200

状态：金属型铸造，T6处理

组织特征：α呈白色，α+Si呈深灰色针片状，AlFeMgSiNi是浅灰色骨骼状，Mg_2Si呈黑色骨骼状

9. ZL110 该合金主要相组成为：α、Si、Mg_2Si和Al_2Cu。

10. ZL111 该合金成分复杂，相组成也多，除α固溶体外，还有Al_2Cu、Mg_2Si、$W(Al_xMg_5Cu_4Si_4)$、$Al_8FeMg_3Si_6$、Al_3Ti和AlFeMnSi等，其显微组织见图3-52。少量的Ti可以细化合金组织。Mn与Fe形成化合物，抵消Fe的有害作用。

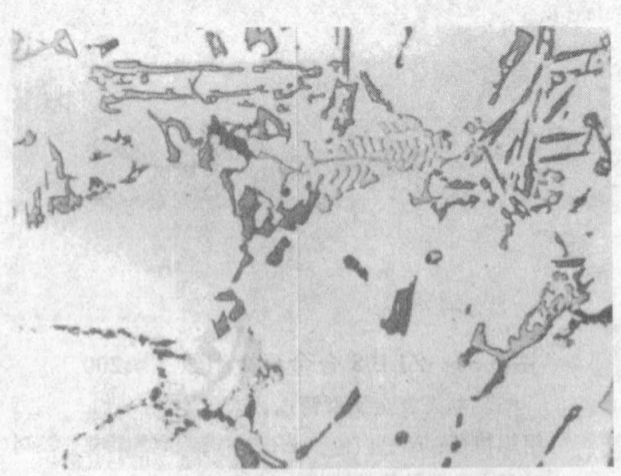

图3-52 ZL111合金显微组织 ×200

状态：砂型铸造，未热处理

组织特征：α固溶体，共晶Si呈深灰色，Mg_2Si呈黑色，AlFeMnSi相呈骨骼状，灰色不显相界的骨骼状是$Al_8FeMg_3Si_6$相

11. YL112和YL113 两种合金属于Al-Si-Cu系的压铸合金，后者Si含量比前者略高。合金主要相组成是α、Si和Al_2Cu，此外还形成AlCuFeSi四元化合物。

12. ZL114A 合金的主要相组成是，α、(α+Si)共晶、Mg_2Si和Al_3Ti。固溶处理时，Mg_2Si溶入，而Al_3Ti量少而不易见到，合金显微组织见图3-53，它由α固溶体和针状或片状的Si组成。Sb变质组织见图3-54，Sr变质组织见图3-55。

13. ZL115 Mg形成Mg_2Si起强化作用，Zn固溶到合金中，Sb起变质作用。合金的主要相组成是：α、Mg_2Si、Si及其他杂质相。

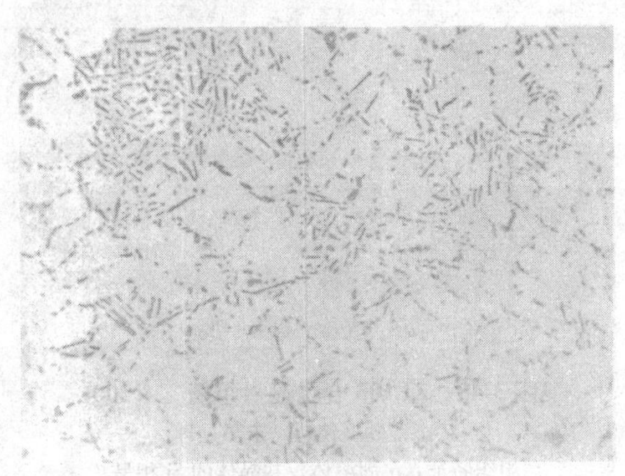

图3-53 ZL114A合金显微组织 ×100

状态：金属型铸造，T5，未变质

组织特征：α固溶体和(α+Si)，共晶体中的Si呈针片状

图3-54 ZL114A合金显微组织 ×100

状态：金属型铸造，T5，Sb变质

组织特征：α固溶体，共晶体中的Si呈粒状分布

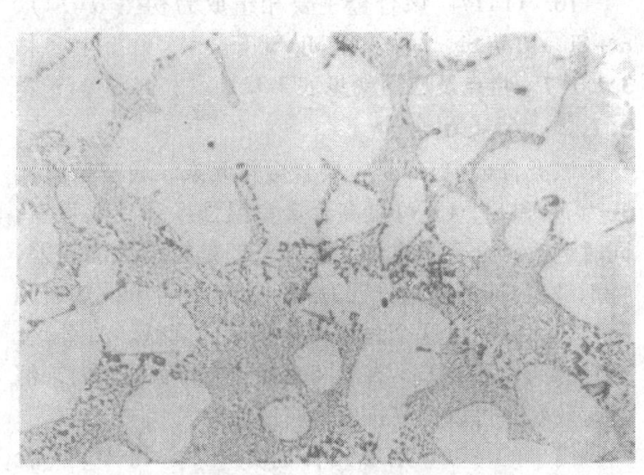

图 3-55　ZL114A 合金 Sr 变质显微组织　×200

状态：砂型铸造，T5，Sr 变质

组织特征：α 固溶体，共晶硅

14. ZL116　该合金在 ZL101 合金基础上加入 Be 并提高 Mg 含量，允许较高的 Fe 含量。Be 的作用是与 Fe 形成化合物，使针状 Fe 相变成团状，同时改变合金时效过程的相变特征，强化合金，Be 的氧化物在合金液表面形成非常致密的氧化膜，减少合金液氧化和 Mg 元素的烧损，但铍含量高时合金有晶粒粗大倾向，Ti 细化合金组织。合金的主要相组成为：α、Si、Mg_2Si 和 Al_3Ti 等，当 Fe 含量高时，合金中含有 Be-Fe 相，砂型 T5 状态显微组织见图 3-56，图 3-57 为合金变质组织。

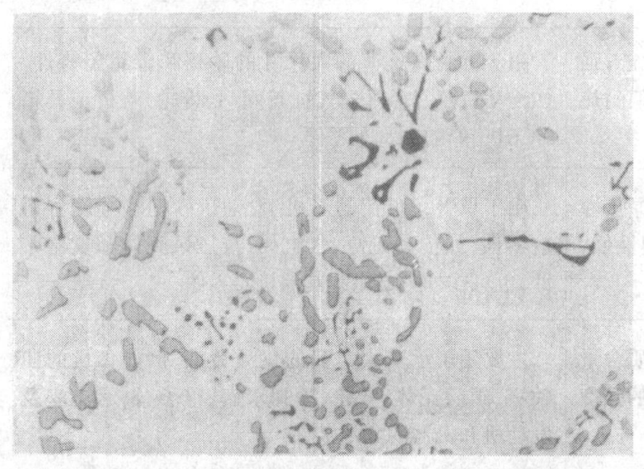

图 3-56　ZL116 合金显微组织　×200

状态：砂型铸造，T5

组织特征：α 固溶体，共晶 Si，

Be-Fe 相呈黑色

15. ZL117　该合金为耐磨铸造铝合金，合金元素数量多，组织结构复杂，主要相组成为：α(Al)、α + Si、初晶 Si、$Cu_2Mg_8Si_6Al_5$、$Al_7(MnFeSi)_3$、$Al_2(SiCu)_2RE$和 Al_2Cu。ZL117 合金金属型铸造，未变质组织见图 3-58，P 变质组织见图 3-59。两图对比可见，变质后的初生 Si 变得细小，有利于切削加工。ZL117 合金中初生 Si 的显微硬度很高，为 1000 ~ 1300 HV，而 Al 的显微硬度为 60 ~ 100 HV，因此该合金是一种软基体上分布着硬质点的理想耐磨材料。合金中 Mn 与 Fe 形成化合物，消除 Fe 的有害作用。RE 提高合金的耐热性，由于形成针状的 $Al_2(SiCu)_2RE$相，阻碍扩散和滑移，使热稳定性提高。

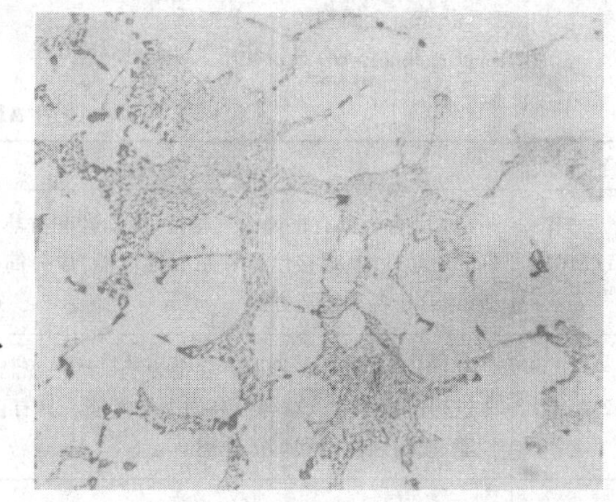

图 3-57　ZL116 合金变质显微组织　×200

状态：砂型铸造，Sr 变质，T5

组织特征：α 固溶体加（α + Si）

共晶，共晶 Si 呈细小颗粒状

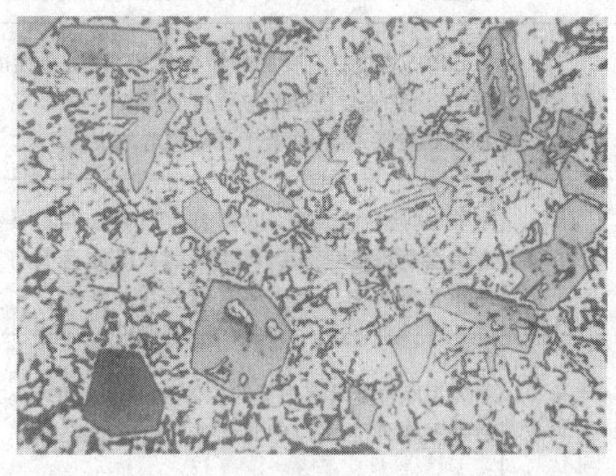

图 3-58　ZL117 合金显微组织　×100

状态：金属型铸造，未变质

组织特征：共晶体 α + Si，初生 Si 相呈块状

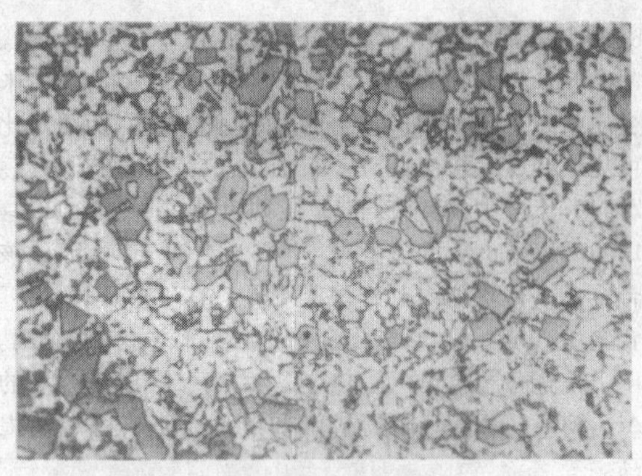

图 3-59　ZL117 合金显微组织　×100
状态：金属型铸造，P 变质
组织特征：共晶体 α + Si，初生 Si 相呈块状

16. YL117　该合金主要相组成为初生 α（Al）、α + Si、初晶 Si、Al_2Cu 和 Mg_2Si 等。

3. 1. 1. 7　特点及应用（见表 3-32）

3. 1. 2　Al-Cu 合金

该类合金中 Cu 是主要合金化元素，通常杂质元素为 Fe 和 Si，Cu 可提高合金室温强度和高温强度，同时也改善合金的机加工性能。但是铸造性能较差，特别是当 Cu 的质量分数为 4% ~5% 时合金的热裂倾向性最大，超过这个含量时热裂倾向降低。Al-Cu 合金耐腐蚀性能较差，有晶间腐蚀和应力腐蚀倾向，但过时效状态可以提高抗应力腐蚀性能。

简单的 Al-Cu 系二元合金有 ZL202 和 ZL203 合金。

表 3-32　铸造 Al-Si 合金的特点及应用

合金代号	合 金 特 点	应　　用
ZL101	ZL101 合金具有很好的气密性、流动性和抗热裂性能，有好的力学性能、焊接性能和耐腐蚀性能，成分简单，容易铸造，适合于各种铸造方法	用于承受中等负荷的复杂零件，如飞机零件、仪器、仪表壳体、发动机零件、汽车及船舶零件、气缸体、泵体、制动鼓和电气零件
ZL101A	ZL101A 合金是以 ZL101 合金为基础严格控制杂质含量，改进铸造技术可以获得更高的力学性能。具有良好的铸造性能、耐腐蚀性能和焊接性能	用于铸造各种壳体零件，如飞机的泵体、汽车变速箱、燃油箱的弯管、飞机配件、货车底盘及其他承受大载荷的零件
ZL102 YL102	ZL102 合金具有最好的抗热裂性能和很好的气密性，以及很好的流动性，不能热处理强化，拉伸强度低，适于浇注大的薄壁复杂零件，YL102 主要适合于压铸	用于承受低负荷形状复杂的薄壁铸件，如各种仪表壳体、汽车机匣、牙科设备、活塞等
ZL104	ZL104 合金具有极好的气密性、流动性和抗热裂性能，强度高，耐腐蚀性能、焊接性能和切削加工性能良好。但耐热强度低，易产生细小的气孔，铸造工艺较复杂	用于承受高负荷的大尺寸的砂型和金属型铸件，如传动机匣、气缸体、气缸盖阀门、带轮、盖板工具箱等飞机、船舶和汽车零件
ZL105	ZL105 合金具有良好的拉伸性能高、铸造性能和焊接性能，切削加工性能和耐热强度比 ZL104 合金好，但塑性低，腐蚀稳定性不高，适合于各种铸造方法	用于承受大负荷的飞机、发动机砂型和金属型铸造零件，如传动机匣、气缸体、液压泵壳体和仪器零件，也可作轴承支座和其他机器零件
ZL105A	ZL105A 合金是在 ZL105 合金基础上降低 Fe 等杂质含量的合金，其铸造特点与 ZL105 基本相同，但具有更高的强度和断后伸长率，适合于各种铸造方法	主要用于承受大负荷的优质铸件，例如飞机的曲轴箱、阀门壳体、叶轮、冷却水套、罩子、轴承支座及发动机和机器的其他零件
ZL106	ZL106 合金具有中等的拉伸性能，良好的流动性能，满意的抗热裂性能，适于砂型铸造和金属型铸造	用于形状复杂承受静载荷的零件，要求气密性高和在较高温度下工作的零件，如泵体和水冷气缸头等
ZL107	ZL107 合金适用于砂型铸造和金属型铸造，具有很好的气密性、流动性和抗热裂性能，以及好的拉伸性能和切削加工性能	典型用途是制造柴油发动机的曲轴箱、钢琴用板片和框架、油盖和活门把手，气缸头及打字机框架

（续）

合金代号	合 金 特 点	应　用
ZL108	ZL108合金铸造性能良好,强度高,热膨胀系数小及耐磨性能好,高温性能也令人满意,一般用于金属型铸造	主要用做内燃发动机活塞及起重滑轮等
ZL109	ZL109合金适合于金属型铸造,具有极好的流动性,很好的气密性和抗热裂性能,好的高温强度和低温膨胀系数	典型的用途是做带轮、轴套和汽车活塞及柴油机活塞,也可做起重滑车及滑轮
ZL110	ZL110合金具有中等的力学性能和好的耐热性能,适用于砂型和金属型铸造,合金密度大,热膨胀系数大	用于制造内燃机活塞、油嘴、油泵等零件,但由于合金热膨胀系数大,活塞有“冷敲热拉”现象
ZL111	ZL111合金具有很好的气密性和抗热裂性及极好的流动性,高的强度,好的疲劳性能和承载能力,容易焊接并且耐腐蚀性好,适于砂型,金属型和压力铸造	制造形状复杂承受高载荷的零件,主要用于飞机和导弹铸件
YL112	YL112是压铸合金,具有好的铸造性能和力学性能,很好的流动性、气密性和抗热裂性	常用来制作齿轮箱、空冷气缸头、无线电发报机的机座、割草机罩子及气动刹车铸件
YL113	YL113合金具有极好的流动性,很好的气密性和抗热裂性,主要用于压铸	典型用途是制作带轮、活塞和气缸头等
ZL114A	ZL114A合金具有很高的力学性能和很好的铸造性能,即很高的强度、好的韧性和很好的流动性、气密性和抗热裂性,能铸造复杂形状的高强度铸件,适合于各种铸造方法	用于高强度优质铸件,制造飞机和导弹仓体等承受高载荷的零件
ZL115	ZL115合金适合于砂型和金属型铸造,具有良好的铸造性能和较高的力学性能,如高的强度和硬度及很好的断后伸长率	主要用来制作波导管、高压阀门、飞机挂架和高速转子叶片等
ZL116	ZL116合金适合于砂型和金属型铸造,具有良好的气密性,流动性和抗热裂性,还具有高的力学性能,属于高强度铸造铝合金	典型的应用包括波导管、高压阀门、液压管路、飞机挂架和高速转子叶片等制作
ZL117	ZL117是过共晶Al-Si合金,具有很好的耐磨性、低的热膨胀系数和好的高温性能,同时还具有好的铸造性能,适合于金属型铸造	常用来制作发动机活塞、刹车块、带轮、泵和其他要求耐磨的部件
YL117	YL117合金相当于美国的B390.0合金,是美国应用较广的过共晶Al-Si压铸合金,具有特别好的流动性、中等的气密性和好的抗热裂性,特别是具有高的耐磨性和低的热膨胀系数	主要用来制作发动机机体、刹车块、带轮、泵和其他要求耐磨的零件

复杂的Al-Cu合金主要可以分为两大类：高强度铸造铝合金和耐热铸造铝合金。高强度铸造铝合金有ZL201、ZL201A、ZL204A、ZL205A、ZL209和美国的201.0(KO-1)、206.0以及俄罗斯的ВАЛ10合金等。ZL201合金是在ZL203合金的基础上加入Mn和Ti获得的，再提高纯度，减少Fe和Si等杂质含量便获得ZL201A合金。在ZL201A合金的基础加入Cd获得ZL204A合金，再改变成分，加入微量的Zr、V、B得到ZL205A合金。在ZL205A合金的基础上加入少量的RE，并采用低纯度原材料获得ZL209合金。201.0是Al-Cu-Ag-Mg合金，206.0是Al-Cu-Mg-Ti合金，都是高纯度铸造铝合金，具有高的综合力学性能，201.0合金还具有好的高温性能。以上这些合金中，ZL205A(T6)合金抗拉强度最高，技术标准

(HB 962—2001)规定 R_m≥490MPa。

耐热铸造铝合金有 ZL206、ZL207 和 ZL208。ZL206 合金是在高 Cu 合金的基础上加入 RE、Mn 和 Zr。ZL207 是 Al-RE-Cu-Si-Mn-Mg-Zr 合金，ZL208 是 Al-Cu-Ni-Co-Zr-Sb-Ti 合金。这些合金形成复杂的化合物相，存在于晶界，阻止晶格滑移而提高耐热稳定性，其工作温度最高可达 400℃。

3.1.2.1 合金牌号（见表 3-33）

3.1.2.2 化学成分（见表 3-34 和表 3-35）

3.1.2.3 物理及化学性能

1. 物理性能 物理性能见表 3-36。201.0 合金的电导率和力学性能的关系见表 3-37。

表 3-33 Al-Cu 合金牌号对照表

合金牌号	合金代号	相近国际牌号	相近国外牌号或代号									
			美国				日本	俄罗斯	原欧洲国家标准			欧洲标准
GB/T 1173—1995			UNS	ANSI	SAE	ASTM	JIS	гост	BS	NF	DIN	EN
ZAlCu5Mn	ZL201	—	—	—	—	—	—	АЛ19	—	—	—	—
ZAlCu5MnA	ZL201A	—	—	—	—	—	—	—	—	—	—	—
ZAlCu10	ZL202①	—	—	—	—	—	—	—	LM12	—	—	—
ZAlCu4	ZL203	AlCu4Ti	A02950	295.0	38	C4A	—	АЛ7	—	—	G-AlCu4Ti	AC-21100
ZAlCu5MnCdA	ZL204A	—	—	—	—	—	—	—	—	—	—	—
ZAlCu5MnCdVA	ZL205A	—	—	—	—	—	—	—	—	—	—	—
ZAlCu8RE2Mn1	ZL206②	—	—	—	—	—	—	—	—	—	—	—
ZAlRE5Cu3Si2	ZL207	—	—	—	—	—	—	АДР-1		—	—	—
ZAlCu5Ni2CoZr	ZL208②	—	—	—	—	—	—	—	RR 350⑤	AU5N K2V	—	—
ZAlCu5MnCdVRE	ZL209③	—	—	—	—	—	—	—	—	—	—	—
AlCu4AgMgMn	201.0④	—	A02010	201.0	382	CQ51A	—	—	—	—	—	—
AlCu4MgTi	206.0④	AlCu4MgTi	A02060	—	—	—	AC1B	—	—	A-U5 GT⑥	G-AlCu4TiMg	AC-21000

注：国外合金引用标准参考表 3-1 注。

① GB 1173—1986 合金代号。

② 为 HB 962—2001 标准合金。

③ 北京航空材料研究院标准 Q/6S 590—1987 合金。

④ 为美国合金代号。

⑤ 为英国 R. R. 公司合金。

⑥ 为法国宇航标准 AIR 3380/C 合金。

表 3-34 Al-Cu 合金的化学成分（质量分数,%）

（GB/T 1173—1995）

合金牌号	合金代号	主要元素					
		Cu	Mg	Mn	Ti	其他元素	Al
ZAlCu5Mn	ZL201	4.5~5.3	—	0.6~1.0	0.15~0.35	—	余量
ZAlCu5MnA	ZL201A	4.8~5.3	—	0.6~1.0	0.15~0.35	—	余量
ZAlCu10	ZL202①	9.0~11.0	—	—	—	—	余量
ZAlCu4	ZL203	4.0~5.0	—	—	—	—	余量
ZAlCu5MnCdA	ZL204A	4.6~5.3	—	0.6~0.9	0.15~0.35	Cd0.15~0.25	余量

（续）

合金牌号	合金代号	主要元素					
		Cu	Mg	Mn	Ti	其他元素	Al
ZAlCu5MnCdVA	ZL205A	4.6~5.3	—	0.3~0.5	0.15~0.35	Cd0.15~0.25 V0.05~0.3 Zr0.05~0.2 B0.005~0.06	余量
ZAlCu8RE2Mn1	ZL206③	7.6~8.4	—	0.7~1.1	—	RE1.5~2.3 Zr0.10~0.25	余量
ZAlRE5Cu3Si2	ZL207	3.0~4.0	0.15~0.25	0.9~1.2	—	Ni0.2~0.3 Zr0.15~0.25 Si1.6~2.0 RE4.4~5.0②	余量
ZAlCu5Ni2CoZr	ZL208③	4.5~5.5	—	0.2~0.3	0.15~0.25	Ni1.3~1.8 Zr0.1~0.3 Co0.1~0.4 Sb0.1~0.4	余量
ZAlCu5MnCdVRE	ZL209④	4.6~5.3	—	0.3~0.5	0.15~0.35	Cd0.15~0.25 V0.05~0.3 Zr0.05~0.2 B0.005~0.06 RE ~0.15	余量
AlCu4AgMgMn	201.0⑤	4.0~5.2	0.15~0.55	0.20~0.50	0.15~0.35	Ag0.40~1.0	余量
AlCu4AgMgMn	A201.0⑥	4.0~5.0	0.15~0.35	0.20~0.40	0.15~0.35	Ag0.40~1.0	余量
AlCu4MgTi	206.0⑤	4.2~5.0	0.15~0.35	0.20~0.50	0.15~0.35	—	余量
AM45Кд	ВАЛ10⑦	4.5~5.1	—	0.35~0.8	0.15~0.35	Cd0.07~0.25	余量

① GB 1173—1986 合金成分。
② 混合稀土含各种稀土总质量分数不小于98%，其中含铈的质量分数约45%。
③ 为 HB 962—2001 标准成分。
④ 北京航空材料研究院标准 Q/6S 590—1987 合金。
⑤ 201.0 为美国 ASTM B26/B26(M)—2009 合金代号和成分，206.0 为 SAE J452—2003 代号和成分。
⑥ 为美国 ASTM B686/B686—2008 和 AMS A21180 合金代号和成分。
⑦ 为俄罗斯 ГОСТ1583—1989 成分。

表 3-35 Al-Cu 合金杂质限量（质量分数,%）（GB/T 1173—1995）

合金牌号	合金代号	杂质限量 ≤											
		Fe		Si	Mg	Zn	Mn	Zr	Ni	Sn	Pb	杂质总和	
		S	J									S	J
ZAlCu5Mn	ZL201	0.25	0.3	0.3	0.05	0.2	—	0.2	0.1	—	—	1.0	1.0
ZAlCu5MnA	ZL201A	0.15	—	0.1	0.05	0.1	—	0.15	0.05	—	—	0.4	—
ZAlCu10	ZL202	1.0	1.2	1.2	0.3	0.8	—	—	0.5	—	—	2.8	3.0
ZAlCu4	ZL203	0.8	0.8	1.2	0.05	0.25	0.5	—	—	0.01	0.05	2.1	2.1
ZAlCu5MnCdA	ZL204A	0.12	0.12	0.06	0.05	0.1	—	0.15	0.05	—	—	0.4	—
ZAlCu5MnCdVA	ZL205A	0.15	0.15	0.06	0.05	—	—	—	0.01	—	—	0.3	0.3
ZAlCu8RE2Mn1	ZL206	0.5	—	0.3	0.2	0.4	—	0.05	—	—	—	0.15	
ZAlRE5Cu3Si2	ZL207	0.6	0.6	—	—	0.2	—	—	—	—	—	0.8	0.8
ZAlCu5Ni2CoZr	ZL208	0.5	—	0.3	—	—	—	—	—	—	—	—	—
ZAlCu5MnCdVRE	ZL209	0.3	0.3	0.4	0.05	—	—	—	—	—	—	—	—
AlCu4AgMgMn	201.0	0.15		0.10	—	—	—	—	—	其他每个0.05 其他总0.1			
AlCu4AgMgMn	A201.0	0.1		0.05	—	—	—	—	—	其他每个0.03 其他总0.1			
AlCu4MgTi	206.0	0.15		0.10	—	—	—	—	—	其他每个0.05 其他总0.1			
AM45Кд	ВАЛ10	0.15	0.15	0.20	0.05	0.1	—	0.15	—	—	—	0.60	0.60

表 3-36　Al-Cu 合金的物理性能

合金代号	热处理状态	密度/g·cm^{-3}	熔化温度范围/℃	电阻率 ρ/×10^{-6}Ω·m	电导率 γ/%IACS	热导率 λ /W·m^{-1}·K^{-1}				线胀系数 α_l /×10^{-6}·K^{-1}			比热容 c /J·kg^{-1}·K^{-1}			
						25℃	100℃	200℃	300℃	20~100℃	20~200℃	20~300℃	100℃	200℃	300℃	400℃
ZL201	T4	2.78	548~650	0.0595	—	113.0	121.4	134.0	146.5	19.51	21.87	—	837.4	963.0	1046.7	1130.4
ZL201A	T5	2.83	548~650	—	—	—	127.7	148.6	171.7	23.36	23.76	26.4	879	1122	733	—
ZL202	T6	2.80	—	—	—	—	—	—	—	23	—	—	837.4	921.1	1004.8	1088.6
ZL203	T5	2.80	548~650	0.0433	35	154.9	163.3	171.7	175.9	23	—	—	837.4	921.1	1004.8	1088.6
ZL204A	T6		544~633	—	—	—	—	—	—	—	—	—	—	—	—	—
ZL205A	T5 T6 T7	2.82	544~633	—	25	105 113 117	117 121 130	130 138 151	142 155 168	22.6 21.9 —	24.0 23.0 —	27.6 25.9 —	888 888 —	913 903 —	934 925 —	— — —
ZL206	T7	2.90	542~631	0.0649	—	154.9	—	—	196.8	20.6	22.8	23.9	—	—	—	—
ZL207	T1	2.80	—	0.053	—	96.3	—	—	113	23.6	—	26.7	—	—	—	—
ZL209	T6	2.82	544~633	—	—	113	—	—	—	21.9	23.6	25.9	—	—	—	—
201.0	T6	2.78	535~650	0.054	—	121.4	—	—	—	19.2	22.7	24.7	921	—	—	—
206.0	T4	2.80	542~650	—	—	121	—	—	—	19.3	—	—	921	—	—	—
ВАЛ10	—	2.81	548~650	0.058	—	122	130	142	151	25.1	25.8	26.6	879	942	1020	1090

表 3-37　201.0 合金的电导率和力学性能

热处理状态	时效	电导率 γ/%IACS	硬度 HBW	抗拉强度 /MPa
F	—	30.0	85	185
T4	室温 5 天	26.5	105	365
T6	155℃　5h	28.7	135	450
	10h	28.5	135	450
	15h	29.2	140	470
	20h	29.4	140	485
	30h	29.5	140	490
T7	188℃　5h	32.0	145	450

注：A201.0 合金固溶处理：535℃/16h 淬火介质为水。

2. 耐腐蚀性能

1）几种主要合金经腐蚀后的强度损失见表 3-38。应力腐蚀性能见表 3-39。

表 3-38　Al-Cu 合金的强度损失

合金代号	热处理状态	R_m 损失（%）		
		腐蚀时间 90d	腐蚀时间 180d	腐蚀时间 168h
ZL201	T4	9.4	14	—
	T5	15.5	19	
ZL201A	T5	19	15	—
ZL204A	T5	—	—	6.4

（续）

合金代号	热处理状态	R_m 损失（%）		
		腐蚀时间 90d	腐蚀时间 180d	腐蚀时间 168h
ZL205A	T5 T6 T7	—	—	5.2 7.2 8.3
ZL206	T6	—	—	9.2

注：ZL201 和 ZL201A 的试验用 NaCl 质量分数为 3% 的水溶液；ZL204A、ZL205A 及 ZL206 合金用 NaCl 质量分数为 3% 加 H_2O_2 质量分数为 0.1% 水溶液。

表 3-39 Al-Cu 合金的拉伸应力腐蚀性能

合金代号	热处理状态	$K=\frac{\sigma}{R_{p0.2}}$	试验应力 σ/MPa	断裂时间/h
ZL201A	T5	0.7	185	90,146,187
ZL204A	T5	0.7	255	51,78,50,72,7
ZL205A	T5	0.7	215	4.5, 6, 45.5, 2.5,15.5
	T6	0.625	245	73.5, 120, 74.5,71.5
	T7	0.625	245	362.5, 251.5, 242,296,227

（续）

合金代号	热处理状态	$K=\frac{\sigma}{R_{p0.2}}$	试验应力 σ/MPa	断裂时间/h
ZL205A 喷漆	T5	0.7	215	>720, >720, >720, >720
	T6	0.7	275	>720, >720, >720, >720
	T7	0.7	275	>720, >720, >720, >720

注：ZL201A（T5）合金试验液为质量分数为 3% 的 NaCl，其他合金还加入了质量分数为 0.5% 的 H_2O_2。

由表中数据可见，ZL205A(T7)具有好的抗应力腐蚀性能，无应力腐蚀倾向；ZL205A(T5、T6、T7)的试样喷锶黄环氧树脂漆后，抗应力腐蚀性能大大提高。ZL205A(T7)合金按美国标准方法 FED 151 D 823 进行，施加 275MPa 应力，经 1000h 不裂。

2）Al-Cu 合金在 T4 状态下无晶间腐蚀倾向，但在 T5、T6 状态下有晶间腐蚀倾向。

3.1.2.4 力学性能

1. 技术标准规定的性能 国家标准力学性能见表 3-40。航空工业标准力学性能见表 3-41 和表 3-42。A201.0 合金优质铸件的标准力学性能见表 3-43。按美国 AMS A 21180 生产铸件时 A201.0 合金铸件设计性能见表 3-44。

表 3-40 Al-Cu 合金国家标准力学性能（GB/T 1173—1995）

合金牌号	合金代号	铸造方法	热处理状态	抗拉强度 R_m/MPa	断后伸长率 A(%)	硬度 HBW
				≥		
ZAlCu5Mn	ZL201	S,J,R,K	T4	290	8	70
		S,J,R,K	T5	330	4	90
		S	T7	310	2	80
ZAlCu5MnA	ZL201A	S,J,R,K	T5	390	8	100
ZAlCu10	ZL202①	S,J	F	104	—	50
		S,J	T6	163	—	100
ZAlCu4	ZL203	S,R,K	T4	190	6	60
		J	T4	200	6	60
		S,R,K	T5	210	3	70
		J	T5	220	3	70
ZAlCu5MnCdA	ZL204A	S	T6	435	4	100
ZAlCu5MnCdVA	ZL205A	S	T5	435	7	120
		S	T6	465	3	140
		S	T7	455	2	130

（续）

合金牌号	合金代号	铸造方法	热处理状态	抗拉强度 R_m/MPa	断后伸长率 A(%)	硬度 HBW
				≥		
ZAlRE5Cu3Si2	ZL207	S	T1	165	—	75
		J	T1	175	—	75
AlCu4AgMgMn	201.0②	S	T7	415	3	—
AlCu4MgTi	206.0②	S,J	T4	275	8.0	—
AM45Кд	ВАЛ10③	S,R	T4	330	10.0	70
		J	T4	320	12.0	80
		S,R	T5	400	7.0	90
		J	T5	440	8.0	100
		S,R	T6	430	4.0	110
		J	T6	500	4.0	120
		S	T7	330	5.0	90

① 为 GB 1173—1986 标准性能。

② 201.0 为美国 ASTM B26/B26（M）—2009 性能，206.0 为 SAE J452—2003 性能。

③ 为俄罗斯 ГОСТ1583—1989 性能。

表 3-41 Al-Cu 合金航空工业标准力学性能（HB 962—2001）

合金牌号	合金代号	铸造方法	热处理状态	抗拉强度 R_m/MPa	断后伸长率 A(%)	硬度 HBW
				≥		
ZAlCu5Mn	ZL201	S,R	T4	290	8	70
		S,R	T5	330	4	90
ZAlCu5MnA	ZL201A	S,R	T5	390	8	100
ZAlCu4	ZL203	S	T4	200	6	60
		J	T4	210	6	60
		S	T5	220	3	70
		J	T5	230	3	70
ZAlCu5MnCdA	ZL204A	S	T6	440	4	100
ZAlCu5MnCdVA	ZL205A	S	T5	440	7	120
		S	T6	490	3	140
		R	T6	470	3	120
		S	T7	470	2	130
ZAlCu8RE2Mn1	ZL206	S	T5	250	2	90
		S	T6	300	1	100
		S	T8	240	1	80
ZAlRE5Cu3Si2	ZL207	S	T1	170	—	75
		J	T1	180	—	75
ZAlCu5Ni2CoZr	ZL208	S	T7	220	1	—
—	ZL209①					

① 北京航空材料研究院标准 Q/6S 590—1987 合金。

表3-42　ZL205A 合金优质铸件标准力学性能（HB 5480—1991）

状态	力学性能级别	1	2	10	11	12
T5	抗拉强度 R_m/MPa	370	400	370	350	330
	屈服强度 $R_{p0.2}$/MPa	240	260	240	220	220
	断后伸长率 A(%)	4	4	4	3.5	3.5
T6	抗拉强度 R_m/MPa	420	450	420	390	370
	屈服强度 $R_{p0.2}$/MPa	310	340	310	290	290
	断后伸长率 A(%)	3	3	3	2	2
T7	抗拉强度 R_m/MPa	400	430	400	370	350
	屈服强度 $R_{p0.2}$/MPa	320	350	320	300	300
	断后伸长率 A(%)	3	2	3	1.5	1.5

表3-43　A201.0-T7 合金优质铸件的标准力学性能（AMS A 21180）

力学性能级别	1	2	10	11
抗拉强度 R_m/MPa	415	415	415	385
屈服强度 $R_{p0.2}$/MPa	345	345	345	330
断后伸长率 A(%)	3	5	3	1.5

表3-44　A201.0 合金铸件的设计性能

热处理状态	T6		T7	
分类	1	10	2	11
抗拉强度 R_m/MPa	415	385	415	385
屈服强度 $R_{p0.2}$/MPa	345	330	345	330
抗压屈服强度 $R_{pc0.2}$/MPa	350	340	—	—
抗剪强度 τ_b/MPa	255	240	—	—
承载强度 σ_{bru}/MPa, $e/D=1.5$	620	580	—	—
$e/D=2.0$	795	740	—	—
承载屈服强度 σ_{bry}/MPa, $e/D=1.5$	530	510	—	—
$e/D=2.0$	620	595	—	—
断后伸长率 A(%)	5	3	3	1.5
弹性模量 E/GPa	71			
压缩弹性模量 E_c/GPa	73.8			
切变模量 G/GPa	27.6			
泊松比 μ	0.33			
密度 ρ/g·cm^{-3}	2.79			
比热容 c/J·kg^{-1}·K^{-1}	921(100℃)			
热导率 λ/W·m^{-1}·K^{-1}	121(25℃)			

2. 室温力学性能

（1）室温典型力学性能（见表3-45和表3-46）

表3-45　Al-Cu 合金的典型力学性能（1）

合金代号	铸造方法	热处理状态	抗拉强度 R_m/MPa	屈服强度 $R_{p0.2}$/MPa	断后伸长率 A(%)	抗压屈服强度 $R_{pc0.2}$/MPa	硬度 HBW	抗剪强度 τ_b/MPa	旋转弯曲疲劳强度 S_{PD}/MPa
ZL201	S	T4	325	160	10	—	90	—	70
		T5	360	215	5.0	—	100	—	70
ZL201A	S	T4	365~370	—	17~19	—	100	—	—
		T5	440~470	255~305	8~15	275~285	120	—	90
ZL202	S	F	165	105	1.5	—	—	—	—
		T6	285	270	0.5	295	115	220	60
	J	T6	330	250	—	250	140	250	62
ZL203	S	T4	220	110	8.5	115	60	180	50
		T6	250	165	5.0	170	75	205	50
ZL204A	S	T5	440	395	5.2	—	140	340	70~90
ZL205A	S	T5	480	345	13	—	140	345	90
		T6	510	430	7	—	150	345	85
		T7	495	455	3.4	—	140	—	—
ZL206	S	T6	365	305	1.8	—	135	265	85

（续）

合金代号	铸造方法	热处理状态	抗拉强度 R_m/MPa	屈服强度 $R_{p0.2}$/MPa	断后伸长率 A(%)	抗压屈服强度 $R_{pc0.2}$/MPa	硬度 HBW	抗剪强度 τ_b/MPa	旋转弯曲疲劳强度 S_{PD}/MPa
ZL207	S	F	170	—	1.0	—	85	—	—
		T1	190	—	0.5	—	90	—	—
	J	F	195	—	1.6	—	85	—	—
		T1	215	—	1.3	—	85	—	—
ZL208	S	T7	290	210	1.8	—	—	—	—
ZL209	S	T6	485	445	2.5	—	150	330	—
A201.0	S	T6	460	380	5.0	430	135	280	—
		T7	495	450	6	—	—	—	—
	J	T6	460	365	9.0	—	—	—	—
	R 模温 315℃	T6	385	340	4.0	—	—	—	—
206.0	S	T4	352	248	7	262	—	276	—
		T7	435	345	11.7	370	—	255	—
	J	T4	427	262	17.0	283	—	290	—
		T7	434	345	11.7	372	—	255	—
ВАЛ10	S,R	T4	320	—	12	—	70	—	—
		T5	420	300	9	—	90	—	90
		T6	460	320	5	—	110	—	80
	J	T4	340	—	14	—	80	—	—
		T5	460	360	10	—	100	—	—
		T6	520	390	6	—	120	300	120

注：A201.0，206.0 合金断后伸长率的标距为 50mm。

表 3-46　Al-Cu 合金的典型力学性能（2）

合金代号	铸造方法	热处理状态	弹性模量 E/GPa	切变模量 G/GPa	扭转比例极限 τ_p/MPa	抗扭屈服强度 $\tau_{0.3}$/MPa	抗扭强度 τ_m/MPa	冲击韧度 α_{KU}/kJ · m^{-2}
ZL201	S	T4	68.6	24.5	—	—	—	216
		T5	68.6	25.5	—	—	—	78
ZL201A	S	T5	68.6 ~ 69.6	27.5 ~ 28.4	155	195	355	147 ~ 245
ZL202	S	T6	74	—	—	—	—	—
ZL203	S	T4,T6	69	—	—	—	—	—
ZL204A	S	T5	68.6	27.5	—	265	390	78
ZL205A	S	T5	67.6	26.5	205	245	420	126
		T6	67.6	26.5	275	305	430	82
		T7	68.6	—	—	—	—	54
ZL206	S	T6	75.5	28.0	145	215	255	18
A201.0	S	T6	71	23	—	—	—	21.7J①
206.0	S	T7	70	—	—	—	—	9.5J①

（续）

合金代号	铸造方法	热处理状态	弹性模量 E/GPa	切变模量 G/GPa	扭转比例极限 τ_p/MPa	抗扭屈服强度 $\tau_{0.3}$/MPa	抗扭强度 τ_m/MPa	冲击韧度 α_{KU}/kJ · m^{-2}
ВАЛ10	S, R	T5	70	—	—	—	—	120
		T6	70	—	—	—	—	—
	J	T5	70	—	—	—	—	100
		T6	70	27	—	—	—	200

① 冲击吸收功 A_{KV} 值，即夏氏 V 形缺口试样测定的数据。

（2）应力-应变曲线 201.0 合金 T6 状态的应力-应变曲线见图 3-60。ZL205A（T5）合金挂梁铸件上切取试样的拉伸应力-应变曲线见图 3-61。

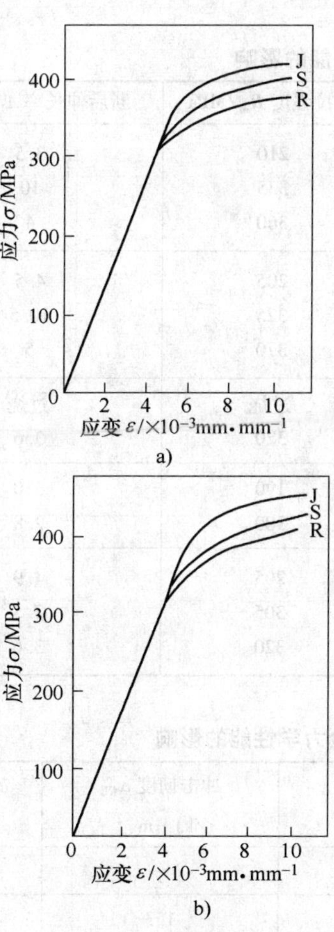

图 3-60 A201.0（T6）合金的应力-应变曲线

a）拉伸 b）压缩

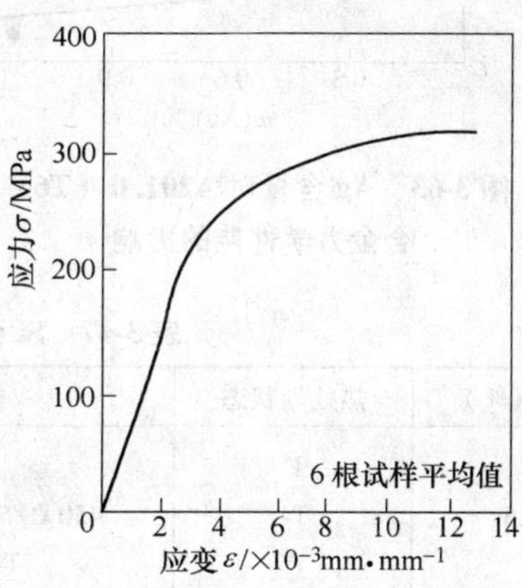

图 3-61 ZL205A（T5）合金挂梁铸件切取试样的应力-应变曲线

（3）合金成分对力学性能的影响 Si 含量对 ZL201 合金拉伸性能的影响见表 3-47。Cu 含量对 ZL201A 合金力学性能的影响见表 3-48。Fe 含量对 ZL201A 合金力学性能的影响见图 3-62。Cd 含量对 ZL204A 合金拉伸性能的影响见表 3-49。Zr、V、B 含量对 ZL205A 合金力学性能的影响见表 3-50。Ag 含量对 201.0 合金力学性能的影响见图 3-63。Mg 含量对 201.0 合金力学性能的影响见图 3-64。

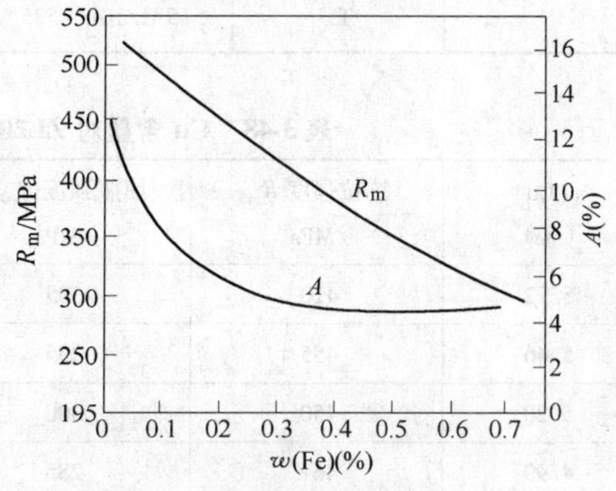

图 3-62 Fe 含量对 ZL201A（T5）合金力学性能的影响

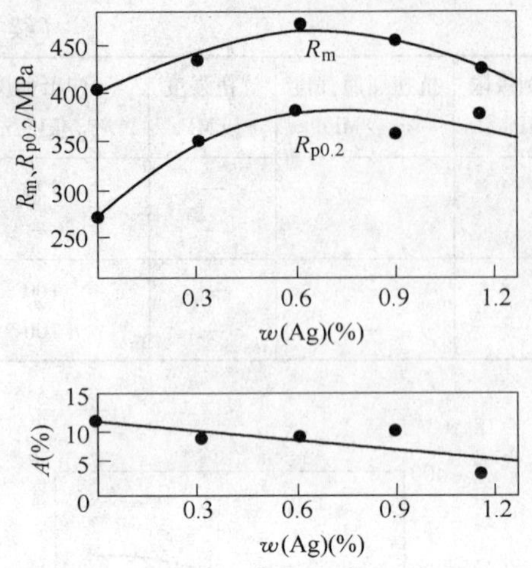

图 3-63　Ag 含量对 A201.0（T6）合金力学性能的影响

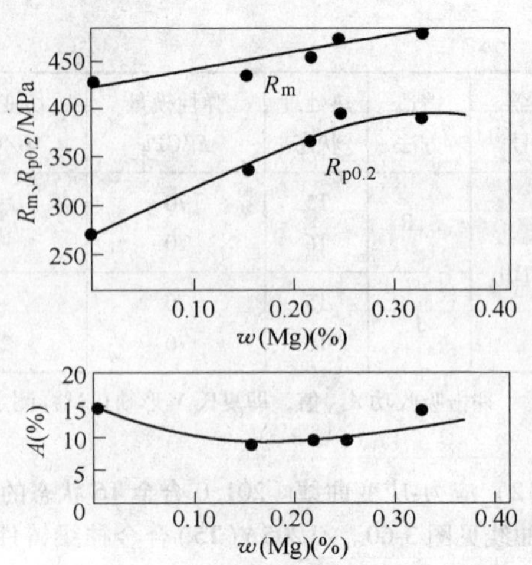

图 3-64　Mg 含量对 A201.0（T6）合金力学性能的影响

表 3-47　Si 含量对 ZL201 合金拉伸性能的影响

w(Si)(%)	热处理状态	热处理制度	抗拉强度 R_m/MPa	断后伸长率 $A_{11.3}$(%)
0.15	F	—	210	3.5
	T4	450℃/5h + 535℃/5h 淬水	335	10
	T5	T4 + 175℃/3h	360	4
0.30	F	—	205	4.5
	T4	450℃/5h + 535℃/5h 淬水	325	10.5
	T5	T4 + 175℃/3h	370	5
0.75	T4	450℃/5h + 535℃/5h 淬水	过烧	过烧
	T5	515℃/10h + 535℃/5h + 175℃/3h	320	3.6
1.0	F	—	190	3.0
	T5	515℃/10h + 535℃/5h + 175℃/3h	300	2.8
1.5	F	—	205	1.9
	T4	515℃/10h + 535℃/5h 淬水	305	7.5
	T5	515℃/10h + 535℃/5h + 17℃/3h	320	3.6

表 3-48　Cu 含量对 ZL201A（T5）状态合金力学性能的影响

w(Cu)(%)	抗拉强度 R_m/MPa	屈服强度 $R_{p0.2}$/MPa	断后伸长率 A(%)	冲击韧度 α_{KU}/kJ·m^{-2}	硬度 HBW
5.72	410	305	4.2	—	—
5.46	455	295	9.5	153	125
5.20	450	300	10.5	196	125
4.99	461	285	14	—	—
4.75	440	265	15	245	115

表3-49　Cd含量对ZL204A合金拉伸性能的影响

w(Cd)(%)	0.00	0.10	0.25	0.30	0.40	0.50	0.60
抗拉强度 R_m/MPa	445	465	490	485	485	500	470
屈服强度 $R_{p0.2}$/MPa	280	360	420	400	400	405	400
断后伸长率 A(%)	13	6.3	7.3	6.4	6.2	6.5	5.1

表3-50　Zr、V、B含量对ZL205A合金拉伸性能的影响

试样形式	w(Zr)(%)	w(V)(%)	w(B)(%)	抗拉强度 R_m/MPa	断后伸长率 A(%)
φ12mm单铸试样	0.0	0.0	0.0	490	4.0
	0.09	0.0	0.0	505	6.5
	0.11	0.0	0.0	515	7.6
	0.14	0.0	0.0	500	7.0
	0.13	0.12	0.0	515	6.7
	0.15	0.21	0.0	525	6.0
	0.14	0.25	0.0	520	6.7
	0.20	0.29	0.0	505	7.4
φ10mm加工试样	0.0	0.0	0.0	490	5.4
	0.10	0.20	0.0	530	4.5
	0.20	0.20	0.02	540	6.9

(4) 冷铁对拉伸性能的影响　铝、铁、铜和石墨四种不同的冷铁对ZL205A(T5)合金拉伸性能的影响见表3-51，可见石墨的激冷效果是最好的。铝冷铁对ZL205A(T5)合金不同厚度的铸板拉伸性能的影响见表3-52。冷铁对201.0合金力学性能的影响见图3-65。

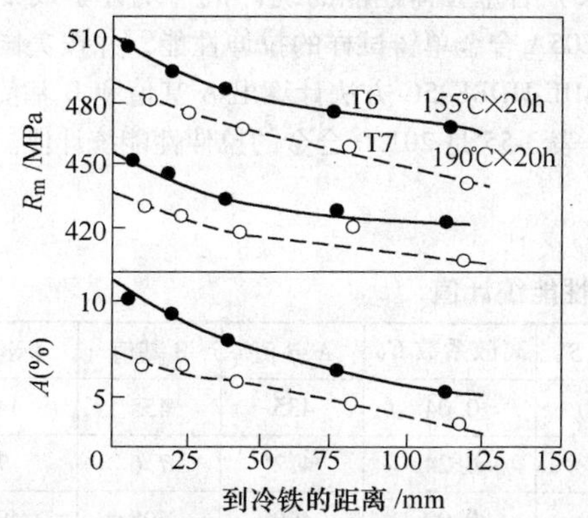

图3-65　冷铁对A201.0合金力学性能的影响

—●—T6　- - ○ - - T7

表3-51　四种不同的冷铁对ZL205A合金拉伸性能的影响

冷铁材料	切取试样距冷铁端距离/mm	抗拉强度 R_m/MPa	屈服强度 $R_{p0.2}$/MPa	断后伸长率 A(%)
铝	10	470	365	10.5
	25	455	335	13.5
	40	445	325	14.0
	80	445	330	10.3
	150	445	350	11.0
铁	10	470	315	14.3
	25	465	340	11.0
	40	445	315	13.7
	80	435	320	11.4
	150	435	305	11.6
铜	10	470	365	12.6
	25	445	305	16.2
	40	425	295	13.4
	80	425	280	13.0
	150	435	285	12.8
石墨	10	480	345	14.8
	25	455	315	15.0
	40	445	305	14.4
	80	440	315	12.8
	150	445	310	13.1

注：1. 冷铁尺寸为70mm×70mm×170mm，试板尺寸为20mm×170mm×155mm。
2. 表中数据为四个试样的平均值。

表3-52　铝冷铁对ZL205A合金不同厚度的铸板拉伸性能的影响

试板厚度 δ/mm	切取试样距冷铁端距离/mm	抗拉强度 R_m/MPa	屈服强度 $R_{p0.2}$/MPa	断后伸长率 A(%)
10	10	480	315	16.9
	25	465	325	16.5
	40	465	340	15.7
	80	465	330	13.8
	150	445	310	13.8
20	10	470	350	12.2
	25	460	330	15.2
	40	450	325	14.8
	80	450	345	9.4
	150	445	290	14.3

（续）

试板厚度 δ/mm	切取试样距冷铁端距离/mm	抗拉强度 R_m/MPa	屈服强度 $R_{p0.2}$/MPa	断后伸长率 A(%)
30	10	465	325	13.3
	25	455	320	12.2
	40	425	280	14.7
	80	410	305	6.9
	150	450	370	6.4
40	10	425	275	12.7
	25	445	305	11.0
	40	420	290	10.4
	80	405	280	10.4
	150	415	310	9.0

注：1. 冷铁尺寸为 70mm×70mm×170mm，试板尺寸为 δmm×170mm×155mm。

2. 表中数据为四个试样的平均值。

（5）铸造工艺对合金力学性能的影响　浇注温度对 ZL201 合金和 ZL205A 合金力学性能的影响见图 3-66。表 3-53 列出了不同铸造方法对 201.0 合金力学性能的影响。

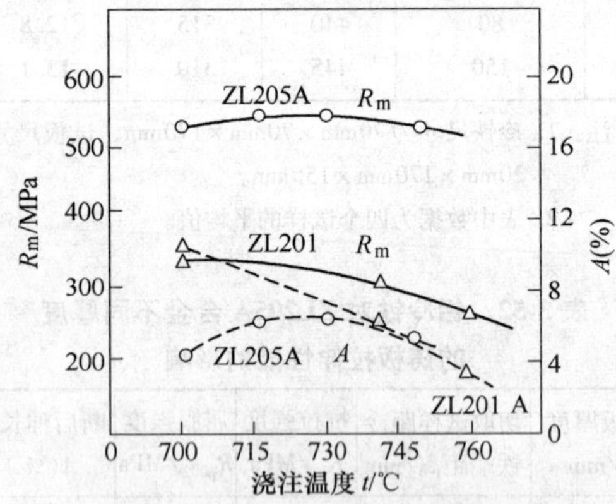

图 3-66　浇注温度对 ZL201 合金和 ZL205A 合金力学性能的影响

表 3-53　不同铸造方法对 201.0 合金力学性能影响

力学性能	热处理状态	铸造方法 J	S	R
抗拉强度 R_m/MPa	T6	450	395	360
	T7	440	385	345
	T43	405	355	275
屈服强度 $R_{p0.2}$/MPa	T6	400	370	350
	T7	405	375	345
	T43	250	245	225
抗压屈服强度 $R_{pc0.2}$/MPa	T6	435	395	380
	T7	430	405	375
	T43	270	265	240
抗剪强度 τ_b/MPa	T6	290	265	260
	T7	275	255	245
	T43	270	255	240
断后伸长率 A(%)	T6	7.3	1.0	2.0
	T7	6.3	1.7	0.8
	T43	21.0	8.0	7.3
断面收缩率 Z(%)	T6	10.8	3.4	1.8
	T7	8.1	1.7	1.3
	T43	20.7	9.5	5.9
维氏硬度 HV	T6	153	152	148
	T7	145	150	136
	T43	135	133	128

注：表中的数据是合金的平均性能。

T6——固溶处理后于 155℃时效 20h。

T7——固溶处理后于 188℃时效 5h。

T43——固溶处理后于 155℃时效 0.5h。

（6）合金拉伸性能的统计值　统计了成批生产中 ZL205A 合金单铸试样的拉伸性能，并按美国军用手册 MIL-HDBK-5G 方法计算出 A 基值和 B 基值见表 3-54。表 3-55 是 201.0 合金的拉伸性能统计值。

表 3-54　ZL205A 合金拉伸性能统计值

热处理状态	拉伸性能	最小值	最大值	均值 $\overline{X}$	标准差 S	离散系数 C_V	A 基值	B 基值	标准值
T5	R_m/MPa	445	520	480	1.720	0.04	435	455	440
	A(%)	7.2	19.6	12.1	2.952	0.24	4.2	7.6	7
T6	R_m/MPa	490	540	520	1.112	0.02	490	505	490
	A(%)	2.9	10.1	6.7	1.530	0.23	2.6	4.4	3

（续）

热处理状态	拉伸性能	最小值	最大值	均值 $\overline{X}$	标准差 S	离散系数 C_V	A基值	B基值	标准值
T7	R_m/MPa	470	525	505	1.264	0.02	470	485	470
	A(%)	2.0	7.0	4.5	1.104	0.25	1.6	2.9	2

注：1. 表中数据是由100个以上试样所得。
2. A基值是至少有99%的数据均落于其上的数值，置信度95%。B基值是指至少有90%的数据均落于其上的数值，置信度95%，下同。
3. 标准值是HB 962—2001中规定值。

表3-55 201.0（T6）合金拉伸性能统计值

序号	拉伸性能	试验次数	最小值	最大值	均值 $\overline{X}$	标准差 S	A基值	B基值	标准值
Ⅰ组	R_m/MPa	156	330	485	445	3.378	385	410	415
	$R_{p0.2}$/MPa	156	295	440	375	4.537	305	325	345
	A(%)	155	2.6	16.6	8.1	2.488	1.6	4.4	4.0
Ⅱ组	R_m/MPa	130	370	475	435	2.894	385	405	415
	$R_{p0.2}$/MPa	130	295	410	365	2.909	315	335	345
	A(%)	130	1.0	16.0	7.5	2.574	0.7	3.6	4.0

（7）铸件上切取试样的拉伸性能　表3-56列出了201.0合金阶梯试样不同部位上切取试样的拉伸性能。

表3-56 201.0合金阶梯试样不同部位切取试样的拉伸性能

截面厚度/mm	抗拉强度 R_m/MPa		屈服强度 $R_{p0.2}$/MPa		断后伸长率 A(%)	
	T6	T7	T6	T7	T6	T7
3.25	460	440	345	385	14.0	7.8
6.25	445	435	360	390	11.3	6.3
9.5	450	450	275	395	12.5	7.5
12.5	450	435	385	390	10.0	6.5
18.75	450	430	390	385	9.7	6.3
平均	450	440	370	390	11.5	6.9

（8）疲劳及断裂性能　ZL201A合金的低周疲劳（静疲劳）性能见表3-57。ZL204A合金和ZL205A合金的周期疲劳性能见表3-58。201.0合金的疲劳曲线见图3-67。201.0合金T6状态的等寿命曲线及轴向疲劳性能见图3-68和图3-69。

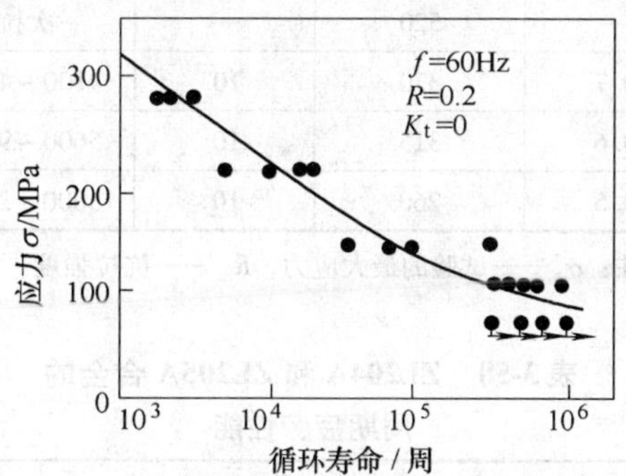

图3-67 201.0合金的疲劳曲线

f—频率　R—应力比　K_t—应力集中系数

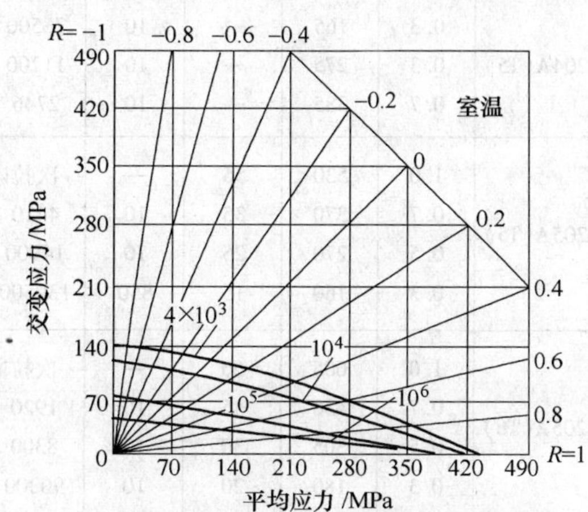

图3-68 A201.0（T6）合金等寿命曲线

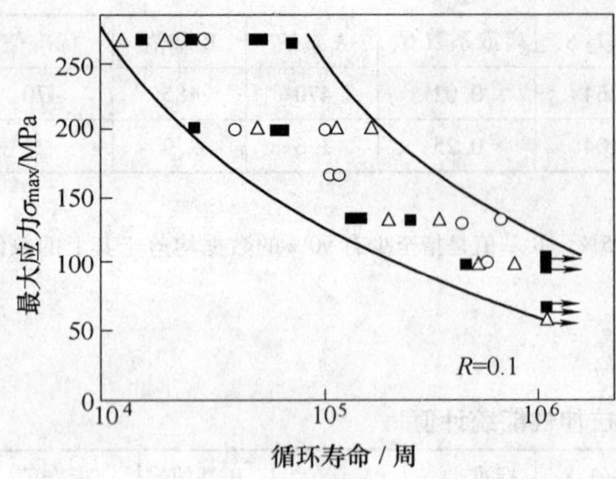

图 3-69　A201.0（T6）合金轴向疲劳性能
■—室温　△—150℃　○—260℃

表 3-57　ZL201A（T5）合金的低周疲劳性能

$K=\dfrac{\sigma_{n\max}}{R_m}$	最大应力 σ_{max}/MPa	频率/次 · min^{-1}	循环次数/次
—	520	—	一次拉断
0.7	370	10	4100 ~ 4600
0.6	315	10	5600 ~ 9400
0.5	260	10	15000 ~ 21000

注：σ_n——试验的最大应力，R_m——抗拉强度，下同。

表 3-58　ZL204A 和 ZL205A 合金的周期疲劳性能

合金代号及状态	$K=\dfrac{\sigma_n}{R_m}$	最大应力/MPa	最小应力/MPa	频率/次 · min^{-1}	循环次数/次
ZL204A(T5)	0.3	165	—	10	76500
	0.3	275	—	10	11200
	0.7	385	—	10	2746
ZL205A(T5)	1.0	530	55	—	一次拉断
	0.7	370	35	10	4410
	0.5	270	25	10	14900
	0.3	160	15	850	139500
ZL205A(T6)	1.0	605	60	—	一次拉断
	0.7	430	45	10	1920
	0.5	305	30	10	8300
	0.3	180	20	10	90300

ZL205A 合金的平面应变断裂韧度 K_{IC} 的测定是用三点弯曲试样，其 T5、T6、T7 状态的 K_{IC} 值见表 3-59。

表 3-59　ZL205A 合金的断裂韧度

热处理状态	抗拉强度 R_m/MPa	屈服强度 $R_{p0.2}$/MPa	断裂韧度 K_{IC}/MPa · $m^{0.5}$
T5	470	380	40.4
T6	470	350	38.8
T7	485	415	29.3

注：试样是从加冷铁的砂型铸造厚板上切取的。

（9）稳定化性能　201.0(T6) 合金片状试样在高温稳定化后的室温力学性能见图 3-70 ~ 图 3-73。表 3-60 为 ВАЛ10 合金高温稳定化后的力学性能。

3. 高温和低温力学性能

（1）高温瞬时拉伸性能（见表 3-61）及低温瞬时拉伸性能（见表 3-62）

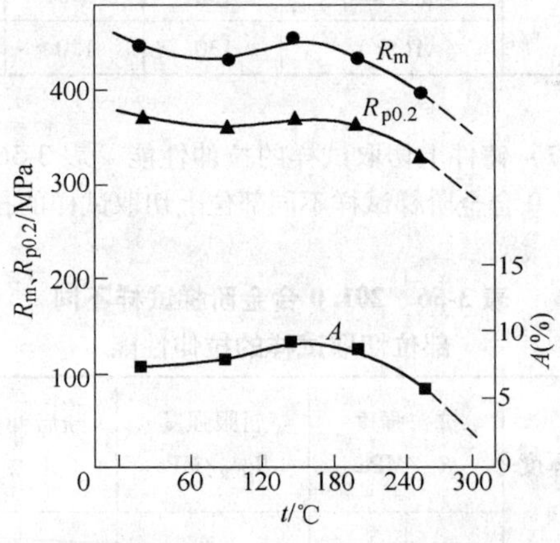

图 3-70　A201.0（T6）合金高温稳定化 0.5h 的室温力学性能

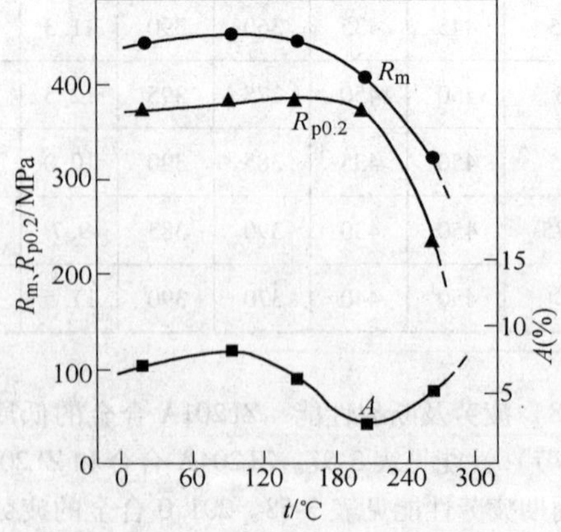

图 3-71　A201.0（T6）合金高温稳定化 10h 的室温力学性能

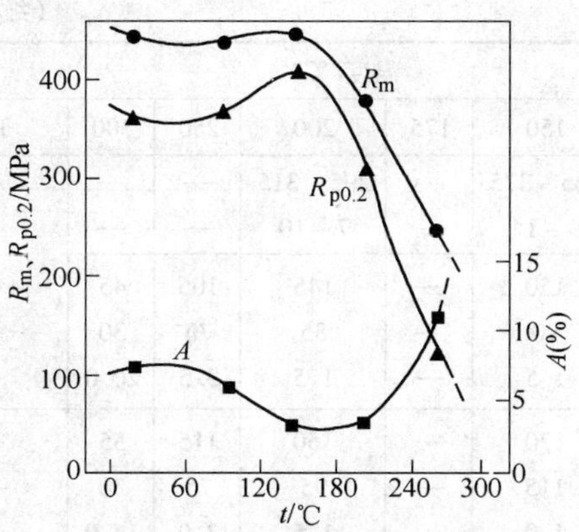

图 3-72　A201.0（T6）合金高温稳定化 100h 的室温力学性能

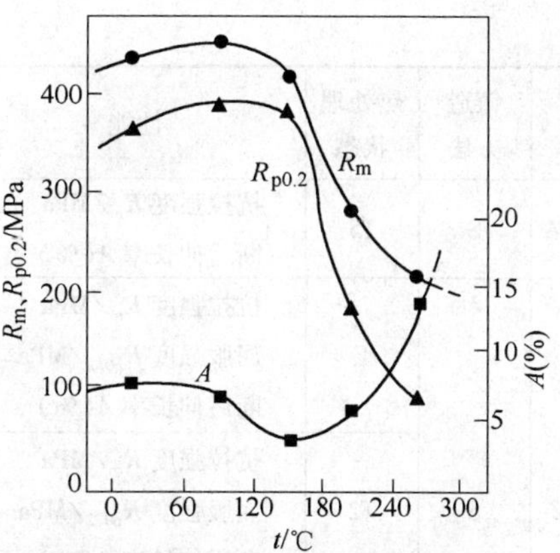

图 3-73　A201.0（T6）合金高温稳定化 1000h 的室温力学性能

表 3-60　ВАЛ10 合金高温稳定化后的力学性能

铸造方法	热处理状态	加热温度/℃	保温时间/h	冷却至 20℃ 的性能		试验温度下的性能	
				R_m/MPa	A(%)	R_m/MPa	A(%)
S φ12mm 单铸试样	T5	未加热		420	9	—	—
		150	0.5	—	—	370	5
			100	460	2.5	400	4
			500	450	3	380	5.5
			1000	430	3	360	6.5
			2000	400	3	340	7
		200	0.5	—	—	340	6
			100	380	5.5	250	6
			500	360	5	230	7
			1000	350	5	230	7
			2000	340	5	230	8
		250	0.5	—	—	250	6
			100	340	5.5	200	7
			500	320	6	190	8
			1000	315	6	180	8
			2000	310	6	180	8
		300	0.5	—	—	170	7
			100	300	7	140	8

表 3-61　Al-Cu 合金高温瞬时拉伸性能

合金代号	铸造方法	热处理状态	性能	温度/℃							
				24	100	150	175	200	250	300	350
ZL201	S	T4	抗拉强度 R_m/MPa	335	320	305	285	275	215	150	—
			断后伸长率 A(%)	12.0	12.2	8.0	9.5	7.5	6.5	10.0	—

（续）

合金代号	铸造方法	热处理状态	性能	温度/℃							
				24	100	150	175	200	250	300	350
ZL201A	S	T5	抗拉强度 R_m/MPa	—	—	365~375	—	295~315	—	—	—
			断后伸长率 A(%)	—	—	9~14	—	7~10	—	—	—
ZL202	S	F	抗拉强度 R_m/MPa	165	—	150	—	145	105	45	—
			屈服强度 $R_{p0.2}$/MPa	105	—	90	—	85	70	30	—
			断后伸长率 A(%)	1.5	—	1.5	—	1.5	3.5	20.0	—
		T2	抗拉强度 R_m/MPa	185	—	170	—	150	115	55	—
			屈服强度 $R_{p0.2}$/MPa	140	—	115	—	95	75	30	—
			断后伸长率 A(%)	1.0	—	1.0	—	1.5	3.0	14.0	—
		T6	抗拉强度 R_m/MPa	285	270	250	—	165	115	60	—
			屈服强度 $R_{p0.2}$/MPa	275	260	240	—	115	75	35	—
			断后伸长率 A(%)	0.5	0.5	1.0	—	2.0	6.0	14.0	—
ZL203	S	T4	抗拉强度 R_m/MPa	220	205	195	—	105	60	30	—
			屈服强度 $R_{p0.2}$/MPa	110	105	140	—	60	40	20	—
			断后伸长率 A(%)	8.5	5.0	5.0	—	15.0	25.0	75.0	—
		T6	抗拉强度 R_m/MPa	250	235	195	—	105	60	30	—
			屈服强度 $R_{p0.2}$/MPa	165	160	140	—	60	40	20	—
			断后伸长率 A(%)	5.0	5.0	5.0	—	15.0	25.0	75.0	—
ZL204A	S	T5	抗拉强度 R_m/MPa	480	—	395	—	325	230	155	—
			屈服强度 $R_{p0.2}$/MPa	395	—	340	—	290	205	130	—
			断后伸长率 A(%)	5.2	—	3.8	—	2.6	2.5	3.1	—
ZL205A	S	T5	抗拉强度 R_m/MPa	480	—	380	—	345	255	165	—
			断后伸长率 A(%)	13	—	10.5	—	4	3	3.5	—
		T6	抗拉强度 R_m/MPa	510	—	415	—	355	240	175	—
			断后伸长率 A(%)	7	—	10.5	—	4	3	3.5	—
		T7	抗拉强度 R_m/MPa	495	—	400	—	345	—	—	—
			断后伸长率 A(%)	3.4	—	5.5	—	4.5	—	—	—
ZL206	S	T6	抗拉强度 R_m/MPa	365	—	—	—	315	225	160	125
			屈服强度 $R_{p0.2}$/MPa	310	—	—	—	270	185	120	95
			断后伸长率 A(%)	1.8	—	—	—	1.9	3.2	6.2	9.3
ZL208	S	T7	抗拉强度 R_m/MPa	—	—	—	—	—	135	85	50
ZL209	S	T6	抗拉强度 R_m/MPa	—	—	—	—	340	275	—	—
			断后伸长率 A(%)	—	—	—	—	2.4	2.4	—	—
201.0	—	T6	抗拉强度 R_m/MPa	—	—	379	—	248	152	69	—
			屈服强度 $R_{p0.2}$/MPa	—	—	359	—	228	131	62	—
			断后伸长率 A(%)	—	—	6	—	9	19	39	—
		T7	抗拉强度 R_m/MPa	—	—	414	—	269	110	62	—
			屈服强度 $R_{p0.2}$/MPa	—	—	372	—	228	90	55	—
			断后伸长率 A(%)	—	—	9	—	16	25	48	—

（续）

合金代号	铸造方法	热处理状态	性能	温度/℃							
				24	100	150	175	200	250	300	350
A201.0	S	T7	抗拉强度 R_m/MPa	460	—	380	—	325	195	140	—
			屈服强度 $R_{p0.2}$/MPa	430	—	360	—	310	185	130	—
			断后伸长率 A(%)	4.5	—	6.0	—	9.0	14.0	12.0	—
	J	T6	抗拉强度 R_m/MPa	440	—	380	—	—	235	145	—
			屈服强度 $R_{p0.2}$/MPa	380	—	365	—	—	235	140	—
			断后伸长率 A(%)	6.5	—	15.0	—	—	16.0	16.0	—
BAЛ10	S	T4	抗拉强度 R_m/MPa	320	—	—	300	320	280	170	—
			断后伸长率 A(%)	12	—	—	10	8	8	7	—
		T5	抗拉强度 R_m/MPa	420	—	370	360	340	250	170	—
			屈服强度 $R_{p0.2}$/MPa	300	—	330	—	310	210	—	—
			断后伸长率 A(%)	9	—	5	4	6	6	7	—
		T6	抗拉强度 R_m/MPa	460	—	—	370	340	300	170	—
			屈服强度 $R_{p0.2}$/MPa	320	—	—	—	300	250	—	—
			断后伸长率 A(%)	5	—	—	4	4	4	6	—
	J	T4	抗拉强度 R_m/MPa	340	—	—	320	320	280	170	—
			断后伸长率 A(%)	14	—	—	7	8	4	7	—
		T5	抗拉强度 R_m/MPa	460	—	—	380	360	300	170	—
			屈服强度 $R_{p0.2}$/MPa	360	—	—	—	—	—	—	—
			断后伸长率 A(%)	10	—	—	9	8	8	10	—
		T6	抗拉强度 R_m/MPa	520	—	—	420	350	300	180	—
			屈服强度 $R_{p0.2}$/MPa	390	—	—	—	310	250	—	—
			断后伸长率 A(%)	6	—	—	7	7	4	10	—

表 3-62　Al-Cu 合金低温瞬时拉伸性能

合金代号	铸造方法	热处理状态	性　能	温度/℃						
				−269	−253	−196	−80	−70	−40	−28
ZL201	S	T4	抗拉强度 R_m/MPa	—	—	—	—	300	—	—
			断后伸长率 A(%)	—	—	—	—	10.0	—	—
ZL204A	S	T5	抗拉强度 R_m/MPa	—	—	—	—	490	485	—
			断后伸长率 A(%)	—	—	—	—	6.5	4.7	—
ZL205A	S	T5	抗拉强度 R_m/MPa	—	—	—	—	500	480	—
			断后伸长率 A(%)	—	—	—	—	8	8	—
		T6	抗拉强度 R_m/MPa	—	—	—	—	520	510	—
			断后伸长率 A(%)	—	—	—	—	3	3	—
ZL209	S	T6	抗拉强度 R_m/MPa	—	—	—	—	—	460	—
			断后伸长率 A(%)	—	—	—	—	—	1.5	—

（续）

合金代号	铸造方法	热处理状态	性　能	温度/℃						
				-269	-253	-196	-80	-70	-40	-28
201.0	J	T6	抗拉强度 R_m/MPa	—	—	—	450	—	—	—
			屈服强度 $R_{p0.2}$/MPa	—	—	—	365	—	—	—
			断后伸长率 A(%)	—	—	—	7.0	—	—	—
	S	T7	抗拉强度 R_m/MPa	640	640	615	530	—	—	510
			屈服强度 $R_{p0.2}$/MPa	560	545	460	485	—	—	600
			断后伸长率 A(%)	7	8	8	6	—	—	6
ВАЛ10	J	T6	抗拉强度 R_m/MPa	—	—	—	—	530	—	—
			断后伸长率 A(%)	—	—	—	—	7	—	—

（2）高温持久和高温蠕变性能　Al-Cu 合金的高温持久性能见表 3-63。201.0 合金的蠕变断裂性能见表 3-64。ВАЛ10 合金的持久强度和蠕变极限见表 3-65。ZL208 合金的蠕变性能见图 3-74。

表 3-63　Al-Cu 合金的高温持久性能

（单位：MPa）

合金代号	热处理状态	σ_{100}^{200}	σ_{100}^{250}	σ_{100}^{300}	σ_{100}^{350}	σ_{100}^{400}
ZL201	T4	120	80	50	—	—
ZL201A	T5	165	—	80	—	—
ZL204A	T5	100	65	—	—	—
ZL205A	T5	90	70	—	—	—
	T6	80	70	—	—	—
ZL206	T7	—	135	90	50	—
ZL207	T1	155	125	80	—	40
ZL208	T7	—	135	90	50	—
ВАЛ10	T5	100	75	40	—	—
	T6	100	75	—	—	—

表 3-64　201.0（ST7）合金的蠕变断裂性能

温度/℃	承受应力时间/h	断裂应力 σ/MPa	下列变形率的蠕变应力/MPa			
			1.0%	0.5%	0.2%	0.1%
150	10	395	385	385	365	360
	100	350	350	345	340	325
	1000	310	310	310	305	285
175	1	—	—	—	345	330
	10	330	325	315	310	295
	100	290	290	285	270	260
	1000	240	240	240	235	—

（续）

温度/℃	承受应力时间/h	断裂应力 σ/MPa	下列变形率的蠕变应力/MPa			
			1.0%	0.5%	0.2%	0.1%
205	1	290	290	285	275	270
	10	270	260	260	250	220
	100	230	230	220	205	170
	1000	170	170	170	—	—
230	10	—	—	—	185	165
	100	165	165	160	—	—
260	1	—	—	—	—	145
	10	145	140	140	125	—

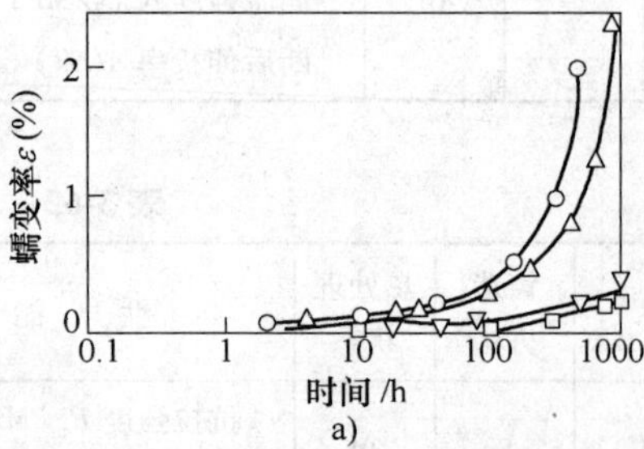

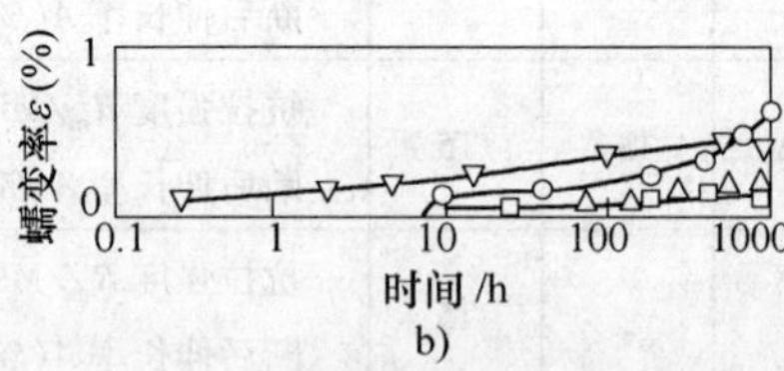

图 3-74　ZL208 合金的蠕变性能

a）316℃　—○—52MPa　—△—48MPa　—▽—28MPa　—□—24MPa

b）260℃　—○—97MPa　—▽—83MPa　—△—55MPa　—□—55MPa

表 3-65　ВАЛ10 合金的持久强度和蠕变极限

铸造方法	热处理状态	试验温度/℃	持久强度				蠕变极限			
			σ_{100}	σ_{500}	σ_{1000}	σ_{2000}	$\sigma_{0.2/100}$	$\sigma_{0.2/500}$	$\sigma_{0.2/1000}$	$\sigma_{0.2/2000}$
			MPa							
S	T5	150	230	190	185	180	150	120	100	90
		200	100	100	90	80	70	50	40	35
		250	75	7	50	4	50	35	30	25
		300	4	3	20	—	25	—	—	—

3.1.2.5　工艺性能

Al-Cu 合金属于固溶体型合金，凝固范围宽，铸造性能差，如流动性、抗热裂性能及气密性都差。其定性说明见表 3-66；定量说明见表 3-67。Cu 含量对 Al-Cu 合金流动性的影响见图 3-75；Cu 含量对 Al-Cu 合金气密性的影响见图 3-76。

铸造 Al-Cu 合金的焊接和机械加工性能定性说明见表 3-68。用氩弧焊对焊厚度为 10mm 的 ZL205A 合金铸板，其拉伸性能的变化见表 3-69。ZL207 合金经氩弧焊对焊后抗拉强度变化不大，未经对焊的试板抗拉强度为 265MPa，经对焊后的试板抗拉强度为 250MPa。

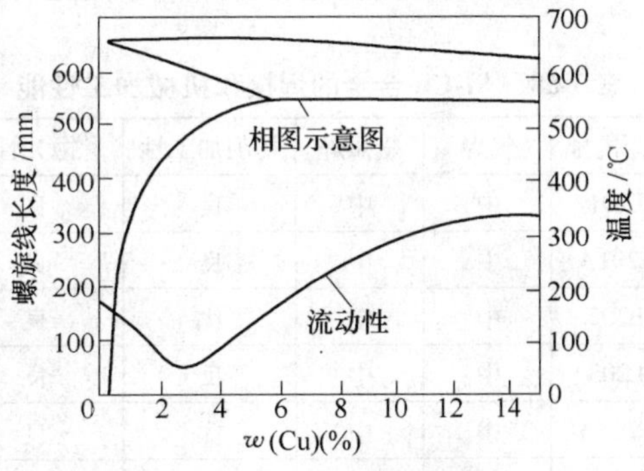

图 3-75　Cu 含量对 Al-Cu 合金流动性的影响

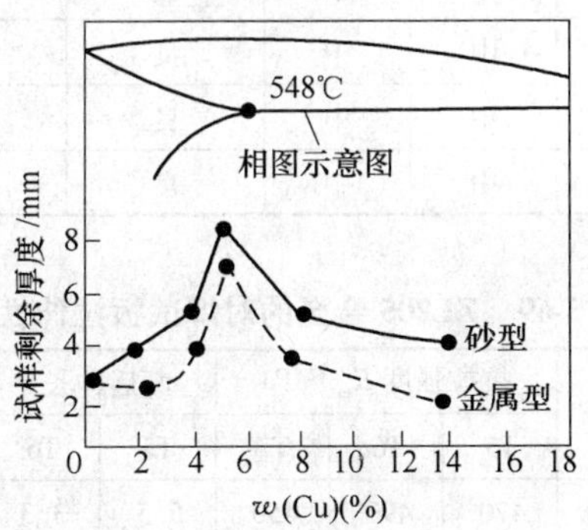

图 3-76　Cu 含量对 Al-Cu 合金气密性的影响

表 3-66　Al-Cu 合金的铸造性能

合金代号	适合的铸造方法		抗热裂性	气密性	流动性	疏松倾向
	S	J				
ZL201	✓	×	中	中	中	中
ZL201A	✓	×	中	中	中	中
ZL202	✓	✓	良	良	良	良
ZL203	✓	×	中	中	中	中
ZL204A	✓	×	中	中	中	中
ZL205A	✓	×	中	中	中	中
ZL206	✓	✓	中	中	中	中
ZL207	✓	✓	良	良	良	良
ZL208	✓	✓	中	中	中	中
ZL209	✓	×	中	中	中	中
201.0	✓	×	中	中	中	中
206.0	✓	×	中	中	中	中

注：✓为适合的铸造方法，×为不适合的铸造方法。

表 3-67　Al-Cu 合金铸造性能数据

合金代号	收缩率(%)		流动性/mm		抗热裂性		气密性	
	线收缩率	体收缩率	700℃	750℃	浇注温度/℃	裂环宽度/mm	试验压力/MPa	试验结果
ZL201	1.3	—	165	—	710	37.5	0.6	漏水
ZL201A	1.3	—	165	—	710	37.5	—	—

（续）

合金代号	收缩率(%)		流动性/mm		抗热裂性		气密性	
	线收缩率	体收缩率	700℃	750℃	浇注温度/℃	裂环宽度/mm	试验压力/MPa	试验结果
ZL202	1.25~1.35	6.3~6.9	240	260	720	14.5	0.85	裂而不漏
ZL203	1.35~1.45	6.5~6.8	163	190	746	35	1	漏水
ZL204A	1.3	—	155	—	710	37.5	—	—
ZL205A	1.3	—	245	—	710	25	—	—
ZL206	1.1~1.2	—	285	—	710	25~27.5	—	—
ZL207	1.2	—	360	—	700	不开裂	—	—
BAЛ10	1.25	—	245	—	—	—	—	—

注：抗热裂性的测量是在金属型芯的砂型中浇注各种宽度的环，有热裂时形成裂缝，环越窄，热裂倾向性越小。

表 3-68　Al-Cu 合金的焊接和机械加工性能

合金代号	气焊	氩弧焊	切削加工性	抛光性
ZL201	中	中	良	良
ZL201A	中	中	良	良
ZL202	中	中	优	良
ZL203	中	中	良	良
ZL204A	中	中	优	良
ZL205A	中	中	优	良
ZL206	中	中	良	良
ZL207	中	中	中	良
ZL208	中	中	良	良
ZL209	中	中	良	良
201.0	中	中	良	良
206.0	中	中	良	良

表 3-69　ZL205 合金的对焊试板拉伸性能

试样形式	抗拉强度 R_m/MPa			断后伸长率 A(%)		
	T5	T6	T7	T5	T6	T7
未焊试板	470	490	450	5.5	3.3	2.5
对焊试板	460	490	450	3.8	3.7	2.3

3.1.2.6　显微组织

1. ZL201　ZL201 合金组织见图 3-77 和图 3-78，铸造状态主要相为 α、θ(Al_2Cu)呈白色花纹状、T($A_{12}Mn_2Cu$)呈黑色片状和枝叉状，此外还可能见到片状的 Al_3Ti 和针状的 Al_7Cu_2Fe。固溶处理时，Al_2Cu 溶入固溶体，初生 T 存在于枝晶间呈枝叉状或片状，而在固溶体中析出细小弥散的二次 T($Al_{12}Mn_2Cu$)质点。固溶处理时，Cu 溶入 α 固溶体使晶格扭曲提高力学性能，人工时效时沉淀析出，依温度和时间的长短，形成 GP 区、θ″或 θ′相，使合金的强度大大提高。Mn 形成 T 相，初生 T 相以网状分布在 α 晶界上，高温下稳定，阻碍晶粒的滑移。二次 T 相呈弥散分布，阻碍了原子的扩散，提高高温和室温力学性能。Ti 的作用是形成 Al_3Ti，作为外来结晶核心而细化晶粒提高力学性能。

ZL201A 合金的显微组织与 ZL201 合金组织相同，但一般不含 Fe、Si 杂质相。

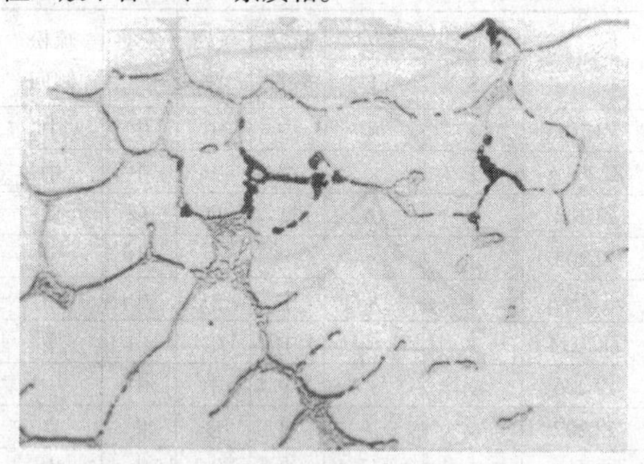

图 3-77　ZL201 合金显微组织　×200

状态：砂型铸造，未热处理

组织特征：α 固溶体，θ(Al_2Cu) 相呈白色花纹状，T($Al_{12}Mn_2Cu$) 相呈黑色

2. ZL202　ZL202 合金主要相组成为 α 和 θ(Al_2Cu)，θ 存在于枝晶之间，改善合金的耐热性能。

3. ZL203　ZL203 合金砂型铸造、铸态主要相组成为 α、θ(Al_2Cu)和 N(Al_7Cu_2Fe)，见图 3-79。花纹状的为 θ，N 呈针状。Cu 的作用是形成 θ 相，提高室温和高温强度，但铸造性能变差，耐腐蚀性能降低。

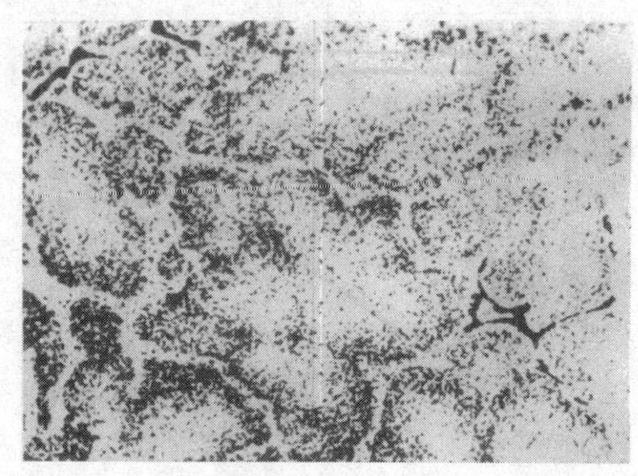

图 3-78　ZL201 合金显微组织　×200

状态：砂型铸造，T4 处理

组织特征：α 固溶体，初生 T($Al_{12}Mn_2Cu$)相呈黑色片状在枝晶间，二次 T($Al_{12}Mn_2Cu$)呈黑色点状

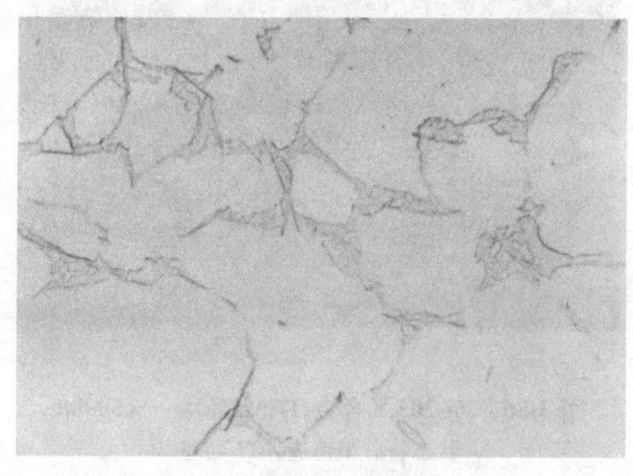

图 3-79　ZL203 合金显微组织　×200

状态：砂型铸造，未热处理

组织特征：α 固溶体，共晶：α + θ(Al_2Cu) + N(Al_7Cu_2Fe)分布在枝晶间，θ 相呈花纹状，N 相呈针状

4. ZL204A　此合金是在 ZL201A 合金基础上加入 Cd 而获得，适合于砂型铸造。铸态下的金相组织为 α、θ(Al_2Cu)、T($Al_{12}Mn_2Cu$)、Al_3Ti 和 Cd。固溶处理后，θ 基本溶解完全，Cd 基本溶解完全，固溶体中析出点状的二次 T，初生 T 相不参与相变，Al_3Ti 不参与相变，Ti 细化晶粒提高力学性能，Cd 起时效强化作用，加速 GP 区的形成和 θ′相的析出。其合金组织见图 3-80 和图 3-81。

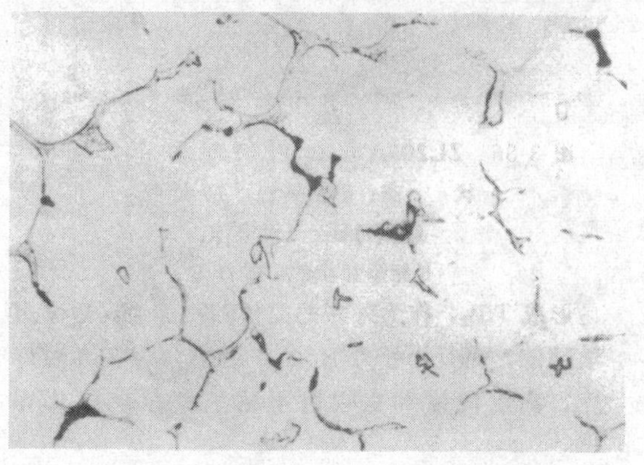

图 3-80　ZL204A 合金显微组织　×100

状态：砂型铸造，未热处理

组织特征：α 固溶体，θ 相呈白色花纹状，T 相呈黑色，Al_3Ti 呈白色条块状

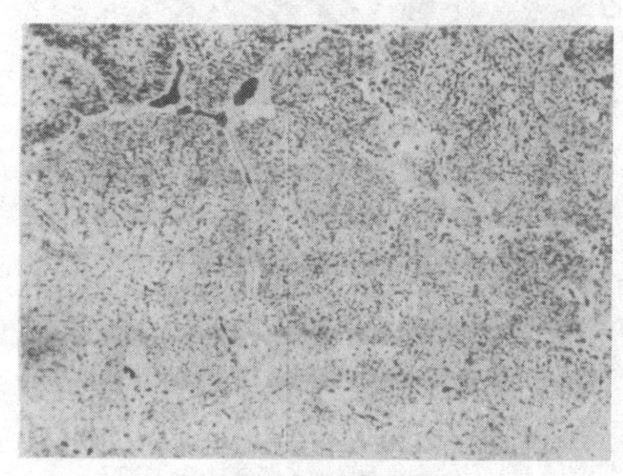

图 3-81　ZL204A 合金显微组织　×200

状态：砂型铸造，T5 处理

组织特征：α 固溶体，初生 T($Al_{12}Mn_2Cu$)相呈黑色枝叉状，二次 T($Al_{12}Mn_2Cu$) 相呈黑色点状，θ(Al_2Cu)相溶解完全

5. ZL205A　ZL205A 合金铸态组织为 α 固溶体、θ(Al_2Cu)、T($Al_{12}Mn_2Cu$)、Al_3Ti、Cd、Al_3Zr、Al_7V、TiB_2。固溶热处理时，θ 和 Cd 相溶入 α 固溶体中，而二次 T 相呈弥散小质点析出，其余相不参与相变。合金的典型组织见图 3-82 和图 3-83。合金中的 Cu 与 Al 形成 θ 相起固溶强化和弥散硬化作用，其人工时效的析出物见图 3-84、图 3-85 和图 3-86。T5 状态时析出大量的条状 θ″相和少量的 GP 区，T6 状态时析出大量的 θ″相和少量的片状 θ′相，T7 状态时主要析出片状的 θ′相。

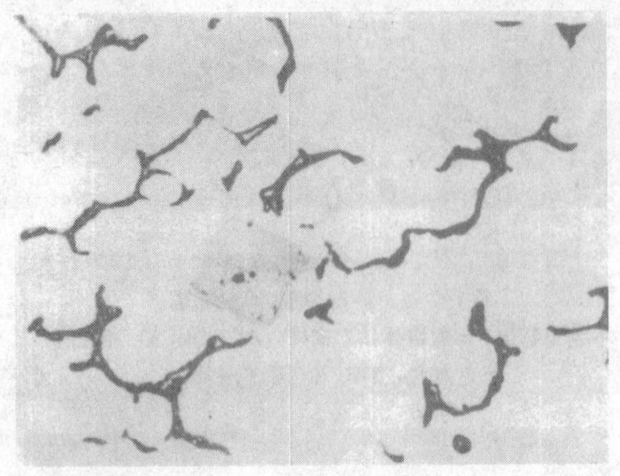

图 3-82 ZL205A 合金显微组织 ×200

状态：砂型铸造，未热处理

组织特征：α 固溶体，共晶：θ(Al_2Cu) + α + Cd 相；呈黑色，$ZrAl_3$ 相呈灰色块状，$TiAl_3$ 呈灰白色条状

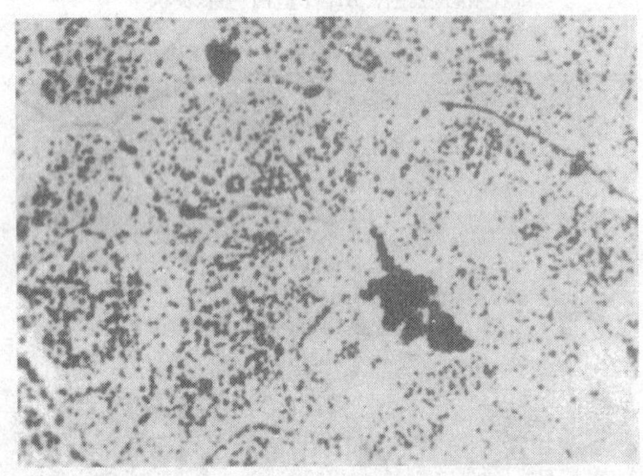

图 3-83 ZL205A 合金显微组织 ×200

状态：砂型铸造，T6 处理

组织特征：α 固溶体，二次 T($Al_{12}Mn_2Cu$) 相呈黑色点状，TiB_2 相呈黑色葡萄状

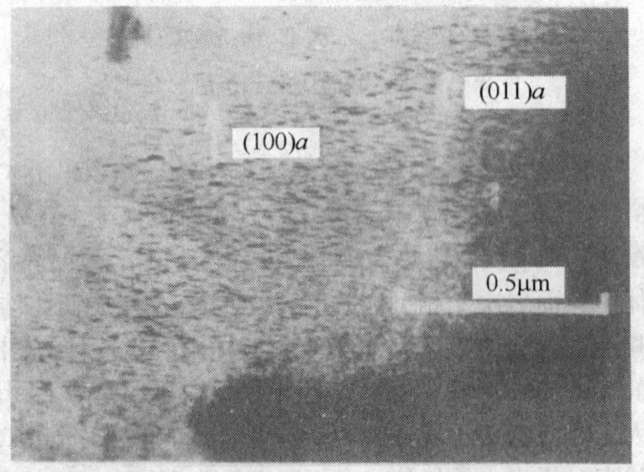

图 3-84 ZL205A 合金 TEM 照片 ×45000

状态：砂型铸造，T5 处理

组织特征：α 固溶体，θ″相呈黑色条状，少量 GP 区

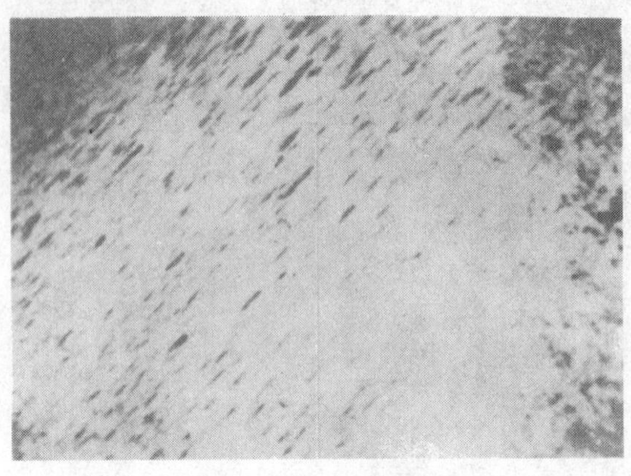

图 3-85 ZL205A 合金 TEM 照片 ×45000

状态：砂型铸造，T6 处理

组织特征：α 固溶体，θ″相呈黑色条状，θ′相为黑色片状

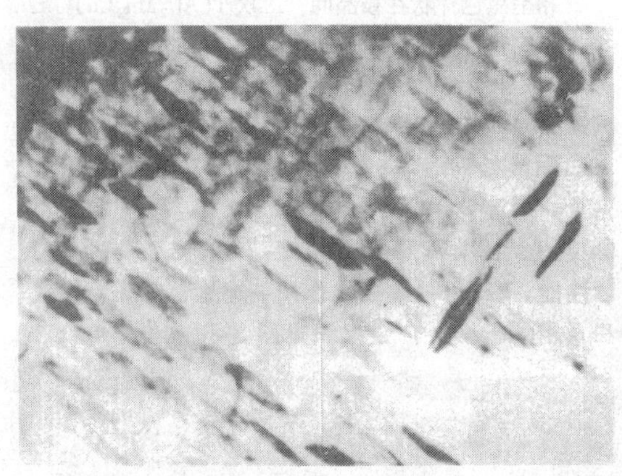

图 3-86 ZL205A 合金 TEM 照片 ×50000

状态：砂型铸造，T7 处理

组织特征：α 固溶体，θ′相呈片状的形式分布

合金中 Mn 与 Al、Cu 形成 T 相，固溶处理时呈弥散质点析出，产生组织上的不均匀性而提高合金室温和高温强度。Ti 和 Al 生成 Al_3Ti 相，细化晶粒，Cd 起时效强化作用，加速人工时效，即加速 GP 区和 θ′的形成，提高抗拉强度和屈服强度。Zr 和 V 与 Al 能分别生成 Al_3Zr 和 Al_7V，既细化晶粒提高合金的力学性能，又能在晶粒内部形成稳定的显微不均匀性而强化合金。B 的作用是形成 TiB_2，作为外来的晶核细化晶粒，提高力学性能，而且由于 TiB_2 的作用使合金在高温熔炼、高温浇注和重熔时不减小其晶粒细化作用。

6. ZL206 ZL206 合金铸态下的组织主要有白色 α 固溶体，亮灰色的 Al_2Cu，晶界上骨骼状的

Al_3CuCe、Al_8Cu_4Ce 和 $Al_{24}Cu_8Ce_3Mn$，棕色条块状 $Al_{16}Cu_4Mn_2Ce$。固溶处理析出二次 $T_{Mn}(Al_{20}Cu_2Mn_3)$，此外还可以看到 Al_3Zr，见图3-87和图3-88。该合金高温强化相主要是由RE与Cu、Mn等形成的难熔的稳定金属间化合物，这些化合物在高温下可以阻碍原子扩散和晶粒之间的滑移。Cu、Mn和Fe的固溶、沉淀和弥散析出也是高温下强化基体的主要因素。

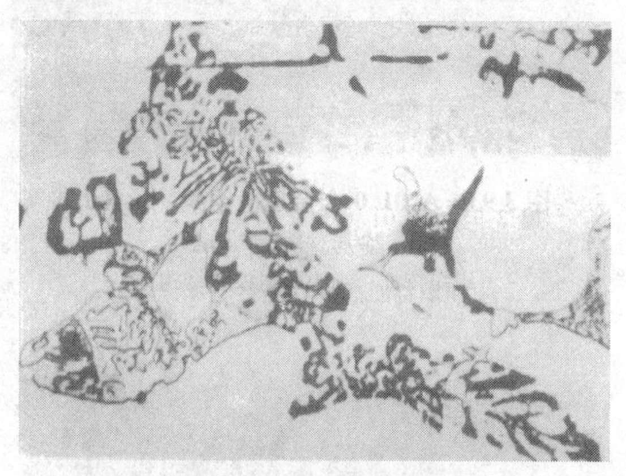

图3-87　ZL206合金显微组织

状态：砂型铸造，未热处理

组织特征：α固溶体，Al_2Cu 相为亮灰色，枝晶间的骨骼状化合物为：$Al_3CuCe+Al_8Cu_4Ce+Al_{24}Cu_8Ce_3Mn$，$Al_{16}Cu_4Mn_2Ce$ 为黑色

图3-88　ZL206合金显微组织

状态：砂型铸造，T6处理

组织特征：α固溶体，骨骼状化合物为 $Al_3CuCe+Al_8Cu_4Ce+Al_{24}Cu_8Ce_3Mn$，黑色相为 $Al_{16}Cu_4Mn_2Ce$，$T_{Mn}(Al_{20}Cu_2Mn_3)$ 为黑色点状

7. ZL207　ZL207合金在T1状态下的组织为α固溶体中大量的细针状相为含Ce、Cu、Si和少量的Ni、Fe的复杂化合物，有时可见到骨骼状的AlFeMnSi相和黑色六方形的 Al_4Ce 相，T1状态的典型组织见图3-89。合金中RE的主要作用是与其他元素形成复杂化合物，以网状形式分布在晶界上，具有很好的热强性，而化合物本身结晶点阵复杂，在α固溶体中溶解度变化很小，高温下稳定。

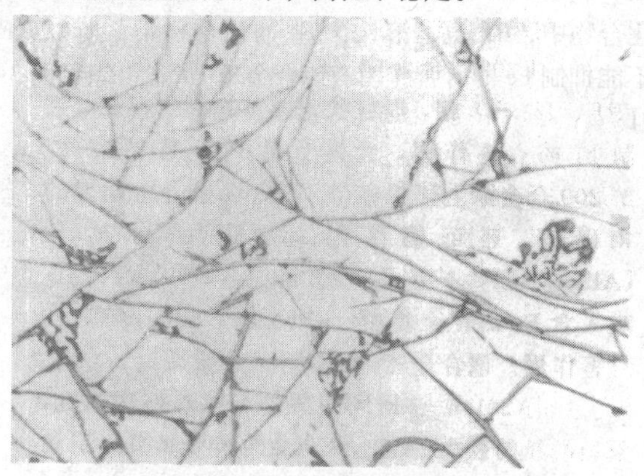

图3-89　ZL207合金显微组织　×400

状态：金属型铸造，T1处理

组织特征：α固溶体，条状相为含Ce、Cu、Si及少量Ni、Fe化合物，AlFeMnSi相呈灰色骨骼状

8. ZL208　ZL208合金的主要相组成为α、θ(Al_2Cu)、$Al_3(CuNi_2)_2$、$Al_4(NiCoFeMn)$、AlSb和 $Al_3(TiZr)$ 等。其T7状态时的显微组织见图3-90。在固溶处理后，θ相溶入，时效处理后沉淀析出不同的富Cu相。上述的金属间化合物分布在晶界和枝晶间，阻碍位错运动，阻止晶格滑移，提高合金耐热性。

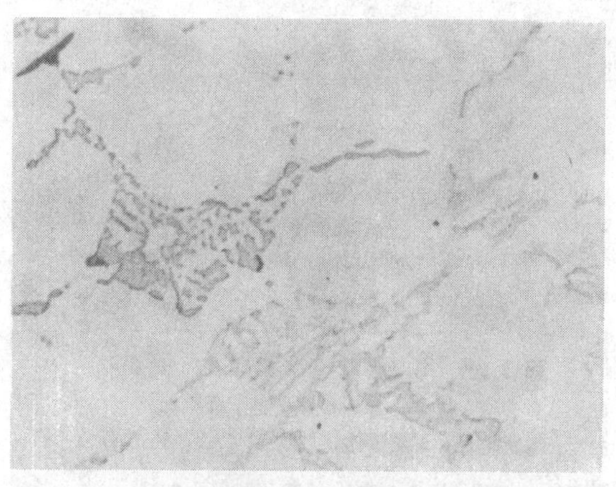

图3-90　ZL208合金显微组织　×320

状态：砂型铸造，T7处理

组织特征：α固溶体，$Al_3(CuNi)_2$ 呈骨骼状，$Al_4(NiCoCuFeMn)$ 呈放射状，AlSb呈条状

9. ZL209 ZL209 合金中 RE 主要作用是形成 Al_4(RE、Ti、Si)相，以粒状无棱角的形式存在，抑制 Si 的有害作用，允许合金中 Si 含量提高。ZL209 合金除上述相和与 ZL205A 合金中相似的相以外，还可能存在 $Al_7(CuFeMnSi)_3$ 和 $(AlSi)_3Ti$。Fe 不溶入含 RE 的化合物中，RE 也不溶入含 Fe 的化合物中，所以 RE 不能抑制 Fe 的有害作用。该合金 T6 状态组织见图 3-91。

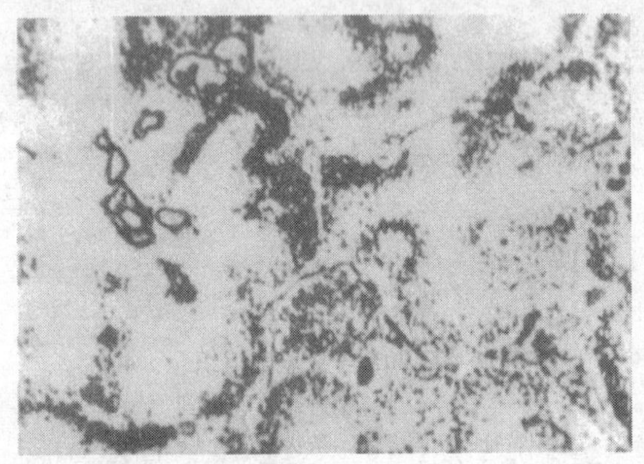

图 3-91 ZL209 合金显微组织 ×200

状态：砂型铸造，T6

组织特征：α 固溶体，二次 $T(Al_{12}Mn_2Cu)$ 相呈黑色点状，$AlCe_4$ 相数量少不易见到，块状为 Al_3Ti 相

10. 201.0 201.0 合金中，Mn 可以提高固溶热处理温度，限制晶粒的长大。201.0 合金的典型组织见图 3-92，图 3-93 和图 3-94。

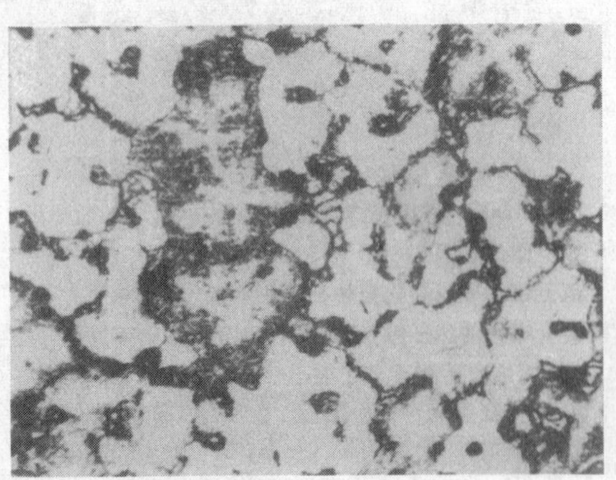

图 3-92 A201.0 合金显微组织 ×100

状态：砂型铸造，铸态

组织特征：α 固溶体，枝晶间为共晶组成物，晶界附近有 Al-Cu-Mn 相析出物

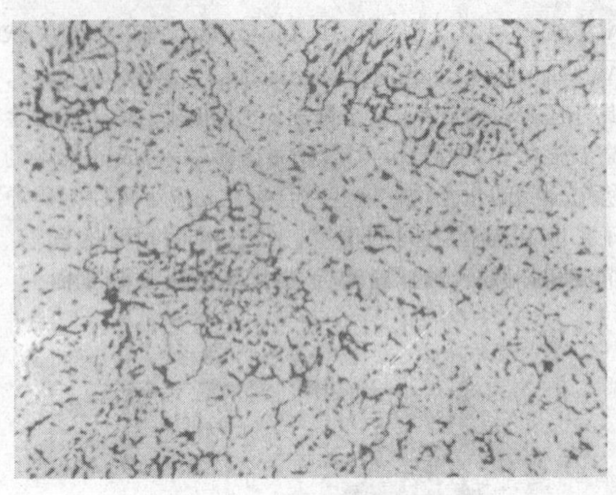

图 3-93 A201.0 合金显微组织 ×100

状态：金属型铸造，铸态

组织特征：细小的树枝状结构

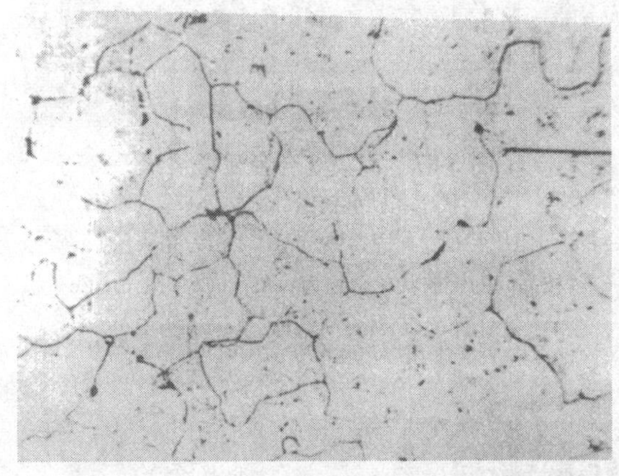

图 3-94 A201.0 合金显微组织 ×100

状态：砂型铸造，T4 处理

组织特征：α 固溶体，细小的黑色质点是 Al-Cu-Mn 沉淀，化合物溶解完全

11. 206.0 206.0 合金与 201.0 合金的组织结构基本相类似。

12. ВАЛ10 ВАЛ10 合金铸态组织为 α、$\theta(Al_2Cu)$、$T(Al_{12}Mn_2Cu)$、Al_3Ti 和 Cd。固溶处理后，θ 相和 Cd 溶解，同时析出点状的二次 T，初生 T 相和 Al_3Ti 不参与相变。Ti 细化晶粒提高力学性能，Cd 起时效强化作用，加速 GP 区的形成和 θ′ 相的析出。

3.1.2.7 特点及应用

Al-Cu 系铸造铝合金具有良好的综合力学性能，如高的强度，很好的延性和塑性，高温性能好，易切削加工。缺点是铸造性能较差，特别是热裂倾向性大，一般用于砂型铸造承受大载荷的结构零件。Al-Cu 系铸造合金的特点及应用见表 3-70。

表3-70　铸造铝铜合金的特点及应用

合金代号	合金特点	应　用
ZL201	ZL201合金室温和高温下的拉伸性能较高，塑性及冲击韧度好，焊接性能和切削加工性能良好，但铸造性能较差，有热裂倾向，耐腐蚀性低，适于砂型铸造	用于175～300℃和T1状态下工作的飞机零件和高强度的其他附件，如支臂、副油箱、弹射内梁和特设挂梁等
ZL201A	ZL201A是在ZL201合金的基础上减少Fe和Si等杂质含量，具有很高的室温和高温拉伸性能和好的切削加工及焊接性能，但铸造性较差，适于砂型铸造	用于室温承受高载荷零件和在175～300℃下工作的发动机零件
ZL202	ZL202合金具有较好的高温强度，高的硬度和好的耐磨性，还具有较好的抗热裂性能、流动性和气密性，但耐腐蚀性能较差，适于砂型和金属型铸造	主要是制造汽车活塞、仪表零件，轴瓦、轴承盖和气缸头等
ZL203	ZL203合金具有较好的高温强度，良好的焊接性能和切削加工性能，但是铸造性能和抗腐蚀性能不好，适用于砂型铸造	用于制造曲轴箱，后轴壳体及飞机和卡车的某些零件
ZL204A	ZL204A合金是高纯高强度铸造铝合金，具有很高的室温强度和好的塑性，好的焊接性能和很好的切削加工性，但铸造性能较差，适于砂型铸造	用于制造承受大载荷的零件，如挂梁、支臂等飞机和导弹上的零件
ZL205A	ZL205A合金是一种高纯高强度铸造铝合金，是目前世界上使用强度最高的合金，具有好的塑性、韧性和耐腐蚀性能，易焊接，切削加工性能特别好，但铸造性能较差，适合于砂型和熔模铸造，简单零件也可金属型铸造	主要用于制造承受高载荷零件，如各种挂梁、轮毂、框架、肋、支臂、叶轮、架线滑轮、导弹舵面及某些气密性零件
ZL206	ZL206合金是Al-Cu系耐热铸造铝合金，具有最好的耐热强度和高的室温强度，其水平与英国的RR350和俄罗斯的АЛ33合金相当，可采用砂型铸造中等复杂程度的零件	适用于制造在250～350℃下长期工作并要求良好综合力学性能的航空及其他产品零件
ZL207	ZL207合金是含稀土耐热铸造铝合金，具有极好的高温力学性能，与俄罗斯的АДР1合金相似，具有良好的铸造性能，好的焊接性能和满意的切削加工性能，但室温抗拉强度较低	用于制造在350～400℃下长期工作的耐热零件，例如用作飞机空气分配器的壳体、弯管和活门
ZL208	该合金相当于20世纪60年代英国研制的RR350合金，是高强耐热铸造铝合金，具有最高的耐热强度，但室温力学性能较低。合金工艺性能稳定，固溶处理时不易过烧，淬透性能好，铸造性能较差，适用于砂型铸造	用于制造各种承受高温（250～350℃）的发动机零件，如机匣、缸盖等
ZL209	ZL209合金具有很高的抗拉强度和屈服强度，良好的焊接性能和切削加工性能，但断后伸长率和铸造性能较差，主要适用于砂型铸造	用于制造承受高载荷的零件，代替一部分铸钢零件，如输电线路上的架线滑轮等

（续）

合金代号	合金特点	应　用
201.0	201.0合金是美国电子专利公司的一个专利合金，商业名称为“KO-1”具有很高的抗拉强度和中等的断后伸长率，优良的高温性能和切削加工性能，焊接性能良好，T7状态具有最佳的抗应力腐蚀性能，但铸造性能较差，T5、T6状态时耐腐蚀性能不好，适于砂型、金属型和熔模铸造	主要应用于制造需要高的抗拉强度、屈服强度和中等韧性的零件，作为优质铸件而大量用于宇航和民用产品上，例如叶轮、摇臂、连杆、导弹舵面、气缸、气缸头、活塞、泵体、齿轮箱构件和起落架铸件等
206.0	该合金具有很高的抗拉强度和屈服强度，中等的断后伸长率，好的高温强度和切削加工性能，满意的焊补性能，铸造性能较差，T6状态时有应力腐蚀倾向	主要用于制造汽车和宇航及航空产品上，要求室温和高温下具有高强度的铸件，如齿轮箱、气缸头、叶轮等
ВАЛ10	该合金是俄罗斯标准中的高强铸造铝合金，为高纯合金，具有较高的室温强度和好的塑性，好的焊接性能和很好的切削加工性，但铸造性能较差，适于砂型铸造	用于制造承受大载荷的零件，如挂梁、支臂等飞机和导弹上的零件

3.1.3　Al-Mg合金

Al-Mg合金主要有ZL301、ZL303和ZL305。其主要优点是由于Mg的加入而具有优良的力学性能，高的强度、好的延性和韧性，耐腐蚀性能好和切削加工性能好。主要缺点是铸造性能差，特别是熔炼时容易氧化和形成氧化夹渣，需要采用特殊的熔炼工艺。Mg含量高的这类合金有自然时效倾向，即自然停放时，随着时间的增长强度提高，断后伸长率下降。

3.1.3.1　合金牌号（见表3-71）

3.1.3.2　化学成分（见表3-72和表3-73）

3.1.3.3　物理及化学性能

1. 物理性能　物理性能见表3-74表3-75，Mg含量对Al-Mg合金密度和线胀系数的影响见图3-95和图3-96。

表3-71　Al-Mg合金牌号对照表

合金牌号	合金代号	相近国际牌号	相近国外牌号或代号									
			美国				日本	俄罗斯	原欧洲国家标准			欧洲标准
GB/T 1173—1995			UNS	ANSI	SAE	ASTM	JIS	ГОСТ	BS	NF	DIN	EN
ZAlMg10	ZL301	AlMg9	A05200	520.0	324	G10A	AC7B	АЛ8 АЛ27	LM10	A-G10Y4	G-AlMg10	AC-51200
ZAlMg5Si	ZL303	AlMg5(Si)	—	—	—	GS42A	AC4CH	АЛ13	LM5	—	G-AlMg5Si	AC-51400
ZAlMg8Zn1	ZL305	—	—	—	—	—	—	—	—	—	—	—

注：国外合金引用标准参考表3-1注。

表3-72　Al-Mg合金的化学成分（质量分数，%）
（GB/T 1173—1995，GB/T 15115—2009）

合金牌号	合金代号	主要元素						
		Si	Mg	Zn	Mn	Ti	其他	Al
ZAlMg10	ZL301	—	9.5~11.0	—	—	—	—	余量
YZAlMg5Si1	YL302	—	7.60~8.60	—	—	—	—	余量
ZAlMg5Si	ZL303①	0.8~1.3	4.5~5.5	—	0.1~0.4	—	—	余量
ZAlMg8Zn1	ZL305	—	7.5~9.0	1.0~1.5	—	0.1~0.2	Be 0.03~0.1	余量

① HB 5012—1986中的ZL303Y合金成分与此合金基本相同。

表3-73　Al-Mg合金杂质限量（质量分数，%）（GB/T 1173—1995）

合金牌号	合金代号	杂质限量 ≤														
		Fe			Si	Cu	Zn	Mn	Ti	Zr	Be	Ni	Zn	Pb	杂质总和	
		S	J	Y											S	J
ZAlMg10	ZL301	0.3	0.3	—	0.30	0.1	0.15	0.15	0.15	0.20	0.07	0.05	0.01	0.05	1.0	1.0
YZAlMg5Si1	YL302	—	—	1.1	0.35	0.25	0.15	0.35				0.15	0.15	0.10	1.0	1.0
ZAlMg5Si	ZL303	0.5	0.5	1.3	—	0.1	0.2	—	0.2	—	—	—	—	—	0.7	0.7
ZAlMg8Zn1	ZL305	0.3	—	—	0.20	0.1	—	0.1	—	—	—	—	—	—	0.9	—

表3-74　Al-Mg合金的物理性能（1）

合金代号	密度 ρ /g·cm^{-3}	线胀系数 α_l/×10^{-6}·K^{-1}			比热容 c/J·kg^{-1}·K^{-1}			
		20~100℃	20~200℃	20~300℃	100℃	200℃	300℃	400℃
ZL301	2.55	24.5	25.6	27.3	1046.7	1046.7	1088.6	—
ZL303	2.60	20	24	27	963.0	1004.8	1048.7	1130.4

表3-75　Al-Mg合金的物理性能（2）

合金代号	固相线及液相线温度/℃	热导率 λ/W·m^{-1}·K^{-1}					电阻率 ρ/×10^{-6}Ω·m	电导率 γ/%IACS
		25℃	100℃	200℃	300℃	400℃		
ZL301	452~604	92.1	96.3	100.5	108.9	113.0	0.0912	21
ZL303	550~650	125.6	129.8	134.0	138.2	138.2	0.0643	—

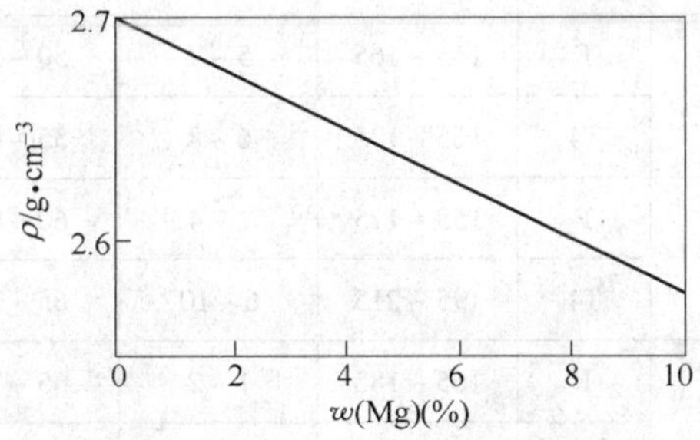

图3-95　Mg含量对Al-Mg合金密度的影响

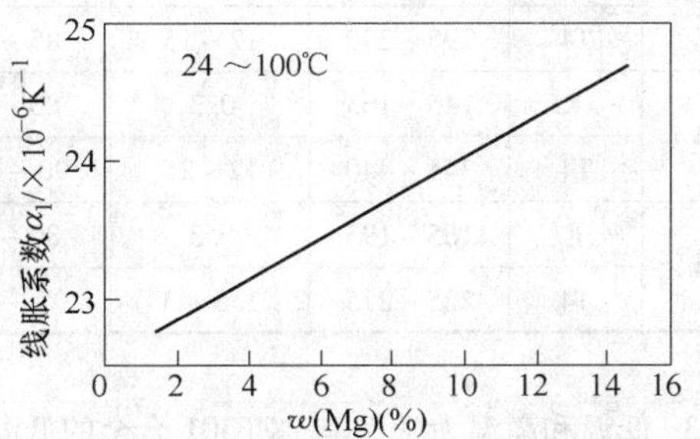

图3-96　Mg含量对Al-Mg合金线胀系数的影响

2. 耐腐蚀性能　Al-Mg合金是铸造铝合金中耐腐蚀性能最好的一类合金，尤其是耐电化腐蚀的能力强。在固溶状态，Mg全部溶解，合金成为单一的α固溶体，整个铸件构成一个等位体，在腐蚀介质中不易发生电化腐蚀。即使组织中存在Mg_2Al_3时，其电极电位较基体Al更低，在腐蚀介质中，形成铝基体为阴极，Mg_2Al_3为阳极的许多微电池，Mg_2Al_3被腐蚀，铸件表面形成单一的α固溶体，腐蚀过程中断。

ZL301合金在弱碱溶液、海水中耐腐蚀性比纯铝和其他铝合金高。在硝酸铵、氨、氢氧化钙、明矾、过氧化氢、硫化氢、硫化铵、硫化钾、碳酸铵、碳酸钾、碳酸镁等溶液中（20℃）以及在潮湿的大气中，具有与纯铝相近的耐腐蚀性能。ZL303合金的耐腐蚀性能接近ZL301合金。ZL305合金由于加入了Zn，使析出相呈不连续分布，显著提高了合金的耐腐蚀性能。

3.1.3.4　力学性能

1. 国家标准规定的性能（见表3-76）

2. 室温力学性能

（1）典型力学性能（见表3-77）。

表 3-76 Al-Mg 合金国家标准性能（GB/T 1173—1995）

合金牌号	合金代号	铸造方法	热处理状态	抗拉强度 R_m/MPa	断后伸长率 A(%)	硬度 HBW
				≥		
ZAlMg10	ZL301	S、J、R	T4	280	9	60
ZAlMg5Si	ZL303①	S、J	F	150	1	55
		Y		200	2	65
ZAlMg5Si	ZL303	S、J、R、K	F	145	1	55
ZAlMg8Zn1	ZL305	S	T4	290	8	90

① 为 HB962—2001 标准性能。

表 3-77 Al-Mg 合金室温典型力学性能

合金代号	铸造方法	热处理状态	抗拉强度 R_m/MPa	屈服强度 $R_{p0.2}$/MPa	断后伸长率 A(%)	硬度 HBW	旋转弯曲疲劳强度 S_{PD}/MPa	弹性模量 E/GPa	冲击韧度 α_{KU}/kJ·m^{-2}
ZL301	S	T4	295	165	11	70	50	68.6	98
ZL303	S	F	165	100	3	65	—	66	—
	J	F	195	—	—	70	—	—	—
ZL305	S	T4	300	—	9		—	—	—

（2）成分对拉伸性能的影响　Si 含量对 Al-Mg 合金拉伸性能的影响见表 3-78。Mg 含量对 Al-Mg 合金力学性能的影响见表 3-79。成分和热处理对 Al-Mg 合金力学性能的影响见表 3-80。

表 3-78 Si 含量对 Al-Mg 合金拉伸性能的影响

w(Si)	w(Mg)	w(Fe)	抗拉强度 R_m/MPa	断后伸长率 A(%)
	%			
0.15	5	0.2	185	8
1.15	5	0.2	195	6
1.6	5	0.2	175	4
2.2	5	0.2	165	2
0.15	9	0.2	215	10
0.70	9	0.2	195	6
1.20	9	0.2	185	5
0.15	11	0.2	345	12
0.70	11	0.2	255	7
1.70	11	0.2	215	2
0.15	13	0.2	390	18
0.70	13	0.2	345	9
1.15	13	0.2	275	4
1.70	13	0.2	215	1.8

表 3-79 Mg 含量对 Al-Mg 合金力学性能的影响

w(Mg)(%)	热处理状态	抗拉强度 R_m/MPa	断后伸长率 A(%)	硬度 HBW
5	F	145~165	5~7	50~55
	T4	165~175	6~8	55~60
7	F	155~175	2~4	60~65
	T4	195~215	6~10	65~70
9	F	165~185	1~2	65~70
	T4	195~245	8~12	70~80
11	F	155~165	0.5	75~80
	T4	295~390	12~15	85~95
13	F	145~165	0.3	80~85
	T4	345~440	12~25	90~100
14	F	165~195	0.3	80~85
	T4	225~275	1.5~3	95~105

3. 低温和高温力学性能　ZL301 合金的低温和高温拉伸性能见表 3-81。ZL301 合金的高温拉伸性能和 ZL303 合金的高温力学性能见图 3-97 和图 3-98。

表 3-80 Mg 含量和热处理对 Al-Mg 合金力学性能的影响

w(Mg)(%)		1.3	3.3	5.3	7.2	9.0	10.7	12.4	13.6	14.4
淬火	抗拉强度 R_m/MPa	115	145	155	185	215	355	375	295	345
	屈服强度 $R_{p0.2}$/MPa	70	85	105	135	145	185	195	205	215
	断后伸长率 A(%)	17	5	5	4	7	20	20	10	9
	冲击韧度 α_{KU}/kJ · m^{-2}	206	217	176	157	167	235	255	147	78
淬火 + 自然时效	抗拉强度 R_m/MPa	115	145	155	185	225	395	420	345	420
	屈服强度 $R_{p0.2}$/MPa	65	85	105	125	145	215	265	265	295
	断后伸长率 A(%)	16	6	5	4	6	20	13	3	6
	冲击韧度 α_{KU}/kJ · m^{-2}	225	235	186	147	186	88	49	39	20
淬火 + 自然时效 1 年 + 人工时效 80℃/2h	抗拉强度 R_m/MPa	115	145	155	185	215	375	365	315	365
	屈服强度 $R_{p0.2}$/MPa	70	85	105	135	145	185	195	215	215
	断后伸长率 A(%)	17	7	4	4	5	27	25	9	13
	冲击韧度 α_{KU}/kJ · m^{-2}	265	216	137	176	147	265	294	157	88

表 3-81 ZL301 合金低温和高温拉伸性能

合金代号	热处理状态	拉伸性能	温度/℃						
			−196	−70	室温	150	205	260	315
ZL301	T4	抗拉强度 R_m/MPa	240	295	330	240	150	105	75
		屈服强度 $R_{p0.2}$/MPa	225	205	180	130	85	55	30
		断后伸长率 A(%)	1.2	7.7	16.0	16	40	55	70

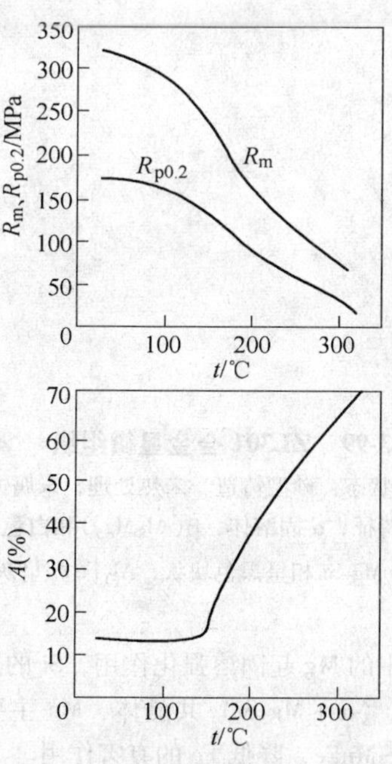

图 3-97 ZL301 合金的高温力学性能

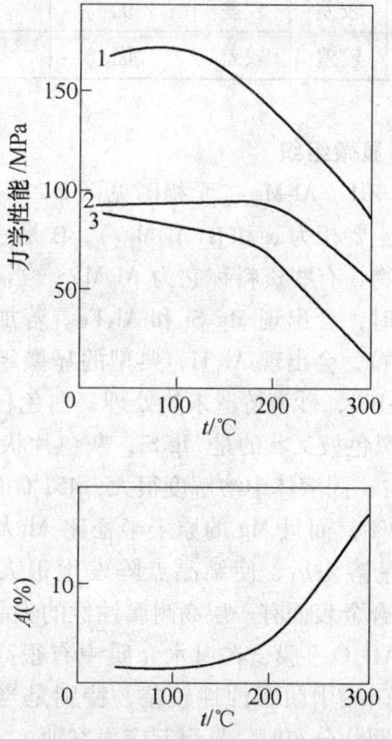

图 3-98 ZL303 合金高温力学性能

1—R_m 2—$R_{p0.2}$ 3—蠕变极限（25 ~ 35h 内的变形速度 5×10^{-4}%/h）

3.1.3.5 工艺性能

1. 铸造性能（见表3-82和表3-83）

表3-82 Al-Mg合金的铸造性能

合金代号	适合的铸造方法			抗热裂性	气密性	流动性
	S	J	Y			
ZL301	✓	✓	×	中	较差	中
YL302	×	✓	✓	好	中	中
ZL303	✓	✓	✓	中	较差	中
ZL305	✓	×	×	中	较差	中

注：✓为适合的铸造方法，×为不适合的铸造方法。

表3-83 Al-Mg合金铸造性能参数

合金代号	收缩率(%)		流动性/mm	抗热裂性		气密性	
	线收缩	体收缩	700℃	浇注温度/℃	裂环宽度/mm	试验压力/MPa	试验结果
ZL301	1.30~1.35	4.8~5.0	325	755	22.5	0.7	漏水
YL302	1.0~1.3	6.7	—	—	—	—	—
ZL303	1.25~1.30	—	300	720	16	1	裂而不漏

2. 焊接和机械加工性能（见表3-84）

表3-84 铸造Al-Mg合金的焊接性能和机械加工性能

合金代号	气焊	氩弧焊	切削加工性	抛光性
ZL301	较差	较差	优	优
ZL303	较差	较差	优	优
ZL305	较差	较差	优	优

3.1.3.6 显微组织

1. ZL301 Al-Mg二元相图见图2-23。该合金铸造状态下主要相为α和β(Al_8Mg_5)，β是一种成分可变的化合物，有些资料称它为Al_3Mg_2。当有Fe和Si杂质存在时，会出现Mg_2Si和Al_3Fe。若加入少量的Ti细化晶粒，会出现Al_3Ti。典型的显微组织见图3-99和图3-100，砂型铸造未热处理，白色枝晶网络状的是β，黑色枝叉状的是Mg_2Si，灰色片状是Al_3Fe。

Mg在α固溶体中溶解度很大，451℃时质量分数可达14.9%，而且Mg的原子半径比Al大13%，所以Mg大量溶入后，使结晶点阵发生很大扭曲。Mg的加入使合金表面有一层高耐腐蚀性的尖晶石($Al_2O_3 \cdot MgO \cdot XR_nO_m$)膜，在海水介质中有很高的耐腐蚀性，但在硝酸中耐腐蚀性较差，特别是当β相析出在晶界呈网状分布时，易引起应力腐蚀。

2. ZL303 根据结晶过程，铸态组织中应为α、Mg_2Si和β(Al_8Mg_5)，但是由于Mg含量低，β相很难发现。当有杂质Fe存在时，有AlFeMnSi，其典型组织见图3-101，黑色骨骼状是Mg_2Si，灰色骨骼状是AlFeMnSi。

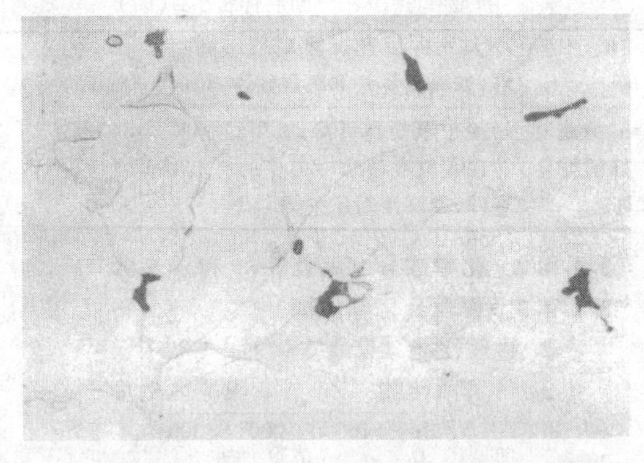

图3-99 ZL301合金显微组织 ×200

状态：砂型铸造，未热处理，未腐蚀

组织特征：α固溶体，β(Al_8Mg_5)相白色呈枝晶网络，Mg_2Si相呈黑色块状，Al_3Fe相呈灰色片状

合金中的Mg起固溶强化作用，Si的质量分数为1%时生成（α+Mg_2Si）共晶体，Mn主要形成四元化合物AlSiMnFe，降低Fe的有害作用。

3. ZL305 Mg溶入α固溶体中，Zn能同时溶入α固溶体和β相中，形成[$Mg_{32}(AlZn)_{49}$]化合物，抑制 Mg 原子的扩散，阻滞了 β 相的析出，抑制了 Al-Mg 合金的自然时效。β 相呈不连续分布，显著地提高了合金的耐应力腐蚀性能。Be 可以提高合金液表面膜的致密度，防止铝液的氧化、吸气，同时减少 Mg 元素的烧损。Be 含量过多会使晶粒变粗，降低合金塑性，增大热裂倾向，加入 Ti 可以细化晶粒。

ZL305 合金在砂型铸态下的主要金相组织为 α、Al_8Mg_5、Mg_2Si、Al_3Ti、Al_3Fe 和 [Mg_{32} ($AlZn$)$_{49}$] 等。

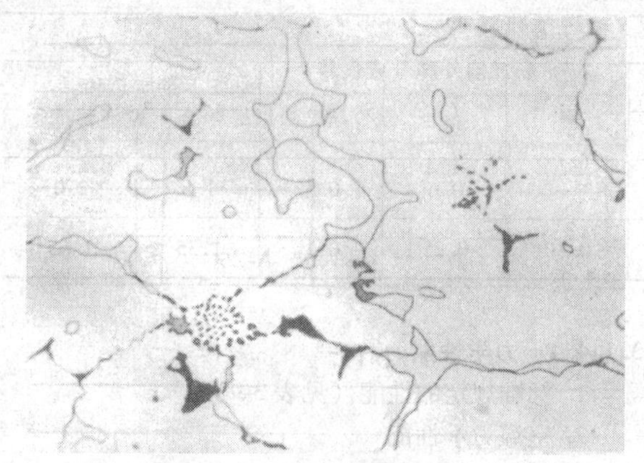

图 3-100　ZL301 合金显微组织　×200

状态：砂型铸造，未热处理，HF0.5%浸蚀

组织特征：α 固溶体，β(Al_8Mg_5)呈白色，Mg_2Si 呈黑色块状或叉状，Al_3Fe 呈灰色片状

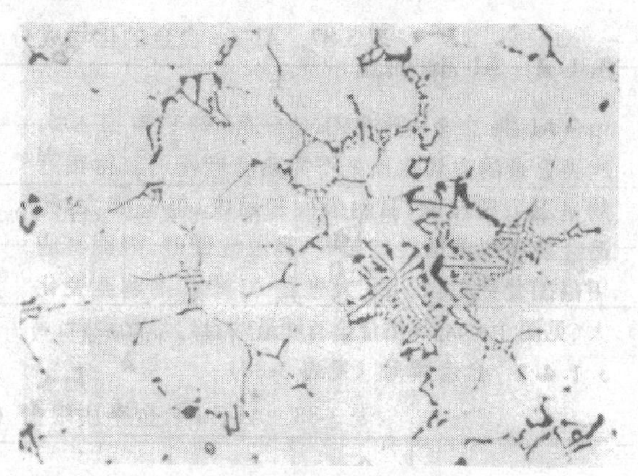

图 3-101　ZL303 合金显微组织　×200

状态：砂型铸造，未热处理

组织特征：α 固溶体，Mg_2Si 相呈黑色骨骼状，AlFeMnSi 相呈灰色骨骼状

3.1.3.7　特点及应用（见表 3-85）

3.1.4　Al-Zn 合金

Al-Zn 合金主要有 ZL401、ZL401Y 和 ZL402。这类合金的主要优点是不需热处理便可获得很好的室温力学性能，好的强度和韧度，但密度大，铸造性能和耐腐蚀性能较差，高温性能差，因而其应用范围受到限制。Zn 元素在 Al 中的溶解度变化大（见图 2-44）。该类合金有明显的自然时效倾向。

3.1.4.1　合金牌号（见表 3-86）

3.1.4.2　化学成分（见表 3-87 和表 3-88）

表 3-85　铸造 Al-Mg 合金的特点及应用

合金代号	合金特点	应　用
ZL301	ZL301 合金具有高的强度，很好的断后伸长率，极好的切削加工性能和耐腐蚀性能，焊接性好，能阳极化，抗振，缺点是有显微疏松倾向，铸造困难	用于制造承受高负荷，工作温度在 150℃以下，并在大气和海水中工作的耐腐蚀性高的零件，如框架、支座、杆件和配件
ZL303	ZL303 合金耐腐蚀性好，焊接性能好，有良好的切削加工性能，易抛光，铸造性能尚可，拉伸性能较低，不能热处理强化，有形成缩孔的倾向，广泛用于压铸	用于制造在腐蚀作用下的中等负荷零件或在寒冷大气中以及工作温度不超过 200℃的零件，如海轮零件和机器壳体
ZL305	该合金主要是在 Al-Mg 合金加入 Zn，抑制自然时效，提高了强度和耐应力腐蚀能力，具有好的综合力学性能，降低了合金的氧化、疏松和气孔倾向	用于制造承受高负荷，工作温度在 100℃以下，并在大气或海水中工作的要求耐腐蚀性高的零件，如海洋船舶中的附件

表 3-86　Al-Zn 合金牌号对照表

合金牌号	合金代号	相近国际牌号	相近国外牌号或代号						
			美国				俄罗斯	原法国标准	欧洲标准
GB/T 1173—1995			UNS	ANSI	SAE	ASTM	ГОСТ	NF	EN
ZAlZn11Si7	ZL401	—	—	—	—	—	АЛ11	—	—
ZAlZn6Mg	ZL402	AlZn5Mg	A07120	712.0	310	D612	—	A-Z5G	AC-71000

注：国外合金引用标准参考表 3-1 注。

表3-87 Al-Zn合金的化学成分（质量分数,%）（GB/T 1173—1995）

合金牌号	合金代号	主要元素					
		Si	Mg	Zn	Ti	其他	Al
ZAlZn11Si7	ZL401	6.0~8.0	0.1~0.3	9.0~13.0①	—	—	余量
ZAlZn6Mg	ZL402	—	0.5~0.65	5.0~6.5	0.15~0.25	Cr 0.4~0.6	余量

① 在HB 962—2001中，ZL401合金Zn的质量分数为7.0%~12.0%。

表3-88 Al-Zn合金杂质限量（质量分数,%）（GB/T 1173—1995）

合金牌号	合金代号	杂质限量 ≤							
		Fe			Si	Cu	Mn	杂质总和	
		S	J	Y				S	J
ZAlZn11Si7	ZL401	0.7	1.2	1.3	—	0.6	0.5	1.8	2.0
ZAlZn6Mg	ZL402	0.5	0.8	—	0.30	0.25	0.1	1.35	1.65

3.1.4.3 物理及化学性能

1. 物理性能（见表3-89）

2. 耐腐蚀性能 Zn与α固溶体的电位差大(0.90V)，Al-Zn合金耐腐蚀性能较差。

3.1.4.4 力学性能

1. 标准规定的性能（见表3-90）

2. 室温力学性能

（1）典型性能（表3-91）

表3-89 Al-Zn合金的物理性能

合金代号	密度ρ/g·cm^{-3}	固相线及液相线温度/℃	25℃时热导率λ/W·m^{-1}·K^{-1}	电阻率ρ/×10^{-6}Ω·m	电导率γ/%IACS	线膨胀系数α_l/×10^{-6}·K^{-1}			比热容c/J·kg^{-1}·K^{-1}
						20~100℃	20~200℃	20~300℃	100℃
ZL401	2.95	545~575	—	—	—	24.0	25.5	27.0	—
ZL402	2.81	570~615	138	0.0493	40	23.6	—	25.6	963

表3-90 Al-Zn合金标准性能（GB/T 1173—1995）

合金牌号	合金代号	铸造方法	热处理状态	抗拉强度R_m/MPa	断后伸长率A(%)	硬度HBW
				≥		
ZAlZn11Si7	ZL401	S、R、K	T1	195	2	80
		J	T1	245	1.5	90
		S	F①	200	2	80
		J	F①	230	1	90
		Y①	F	220	2	75
ZAlZn6Mg	ZL402	J	T1	235	4	70
		S	T1	215	4	65

① 为HB 962—2001标准数据。

表 3-91 Al-Zn 合金室温典型性能

合金代号	铸造方法	热处理状态	抗拉强度 R_mMPa	屈服强度 $R_{p0.2}$/MPa	断后伸长率 A(%)	硬度 HBW	旋转弯曲疲劳强度 S_{PD}/MPa	冲击韧度 α_{KV}/J	弹性模量 E/GPa
ZL401	S、R	T1	215	100	3	65	65	—	69
	J	T1	255	—	5	70	—	—	
ZL402	S	T1	240	170	9	70	60	—	71
	J	T1	220	150	4	75	—	27～40	—

（2）成分对拉伸性能的影响 Zn 含量对 Al-Zn 合金力学性能的影响见图 3-102。

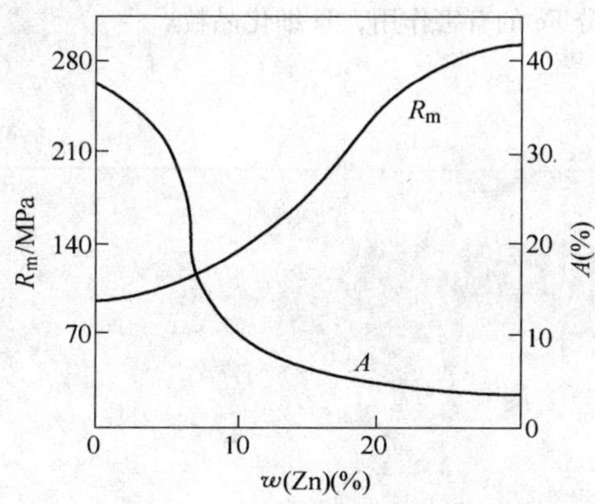

图 3-102 Zn 含量对 Al-Zn 合金力学性能的影响

3. 低温和高温力学性能 ZL401 和 ZL402 合金的低温和高温拉伸性能见表 3-92。图 3-103 和图 3-104 分别是 ZL401 和 ZL402 合金的高温力学性能。

3.1.4.5 工艺性能

1. 铸造性能 Al-Zn 合金属于固溶体型合金，铸造性能比较差，其定性和定量说明见表 3-93。

2. 焊接性能和机械加工性能（见表 3-94）

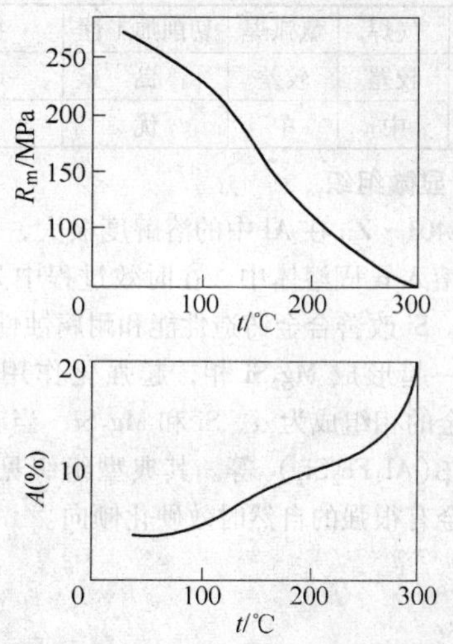

图 3-103 ZL401 合金高温力学性能

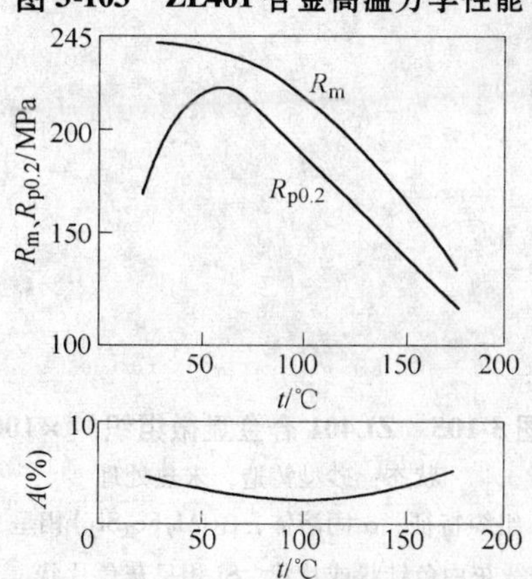

图 3-104 ZL402 合金高温力学性能

表 3-92 Al-Zn 合金低温和高温拉伸性能

合金代号	热处理状态	拉伸性能	温度/℃ -70	室温	79	120	150	175	205	260	315
ZL401	T1	抗拉强度 R_m/MPa	—	165	—	—	165	—	90	50	35
ZL402	F	抗拉强度 R_m/MPa	265	345	235	205	135	135	—	—	—
		屈服强度 $R_{p0.2}$/MPa	—	245	210	175	115	115	—	—	—
		断后伸长率 A(%)	5	9.0	3.0	2	6	6	—	—	—

表 3-93　Al-Zn 合金的铸造性能

合金代号	收缩率(%)		适合于铸造方法			抗热裂性	气密性	流动性
	线收缩	体收缩	S	J	Y			
ZL401	1.2~1.4	4.0~4.5	✓	✓	✓	良	较差	良
ZL402	—	—	✓	✓	×	中	中	良

表 3-94　铸造 Al-Zn 合金的焊接性能和机械加工性能

合金代号	气焊	氩弧焊	切削加工性	抛光性
ZL401	较差	较差	良	良
ZL402	中	中	优	良

3.1.4.6　显微组织

1. ZL401　Zn 在 Al 中的溶解度极大，铸造时 Zn 过饱和地溶入 α 固溶体中，在时效过程中 Zn 以弥散质点析出。Si 改善合金铸造性能和耐腐蚀性，并与加入的 Mg 一起形成 Mg_2Si 相，起强化作用。铸态下 ZL401 合金的相组成为 α、Si 和 Mg_2Si，当有 Fe 杂质时，形成 β($Al_9Fe_2Si_2$) 等。其典型组织见图 3-105。ZL401 合金有很强的自然时效硬化倾向。

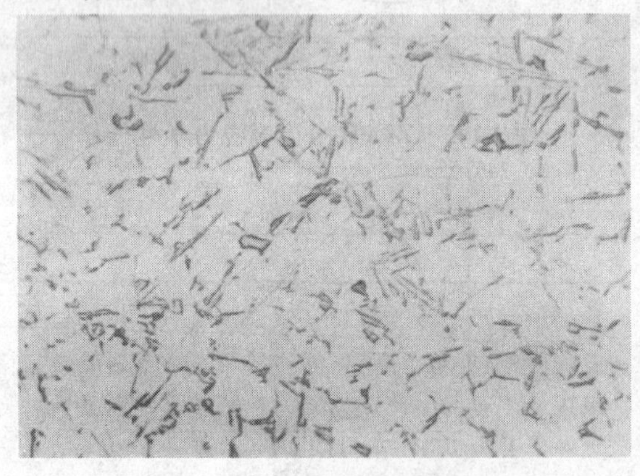

图 3-105　ZL401 合金显微组织　×100

状态：砂型铸造，未热处理

组织特征：α 固溶体，β($Al_9Fe_2Si_2$)相呈灰白色针状或片状，Si 相呈灰色片状

2. ZL402　当 ZL402 合金中含有少量杂质 Fe 和 Si 时在铸态下的相组成为 α、Al_7Cr、Al_3Ti、Mg_2Si 和 $Al_{12}(CrFe)_3Si$ 等，按 Al-Zn-Mg 三元相图（见图 2-52），ZL402 合金中不会存在 Mg_2Zn 和 $Al_2Mg_3Zn_3$。ZL402 合金的典型显微组织见图 3-106。合金中的 Mg、Zn 起固溶强化作用，Cr 与 Fe 形成化合物，消除部分 Fe 的有害作用，Ti 细化晶粒。

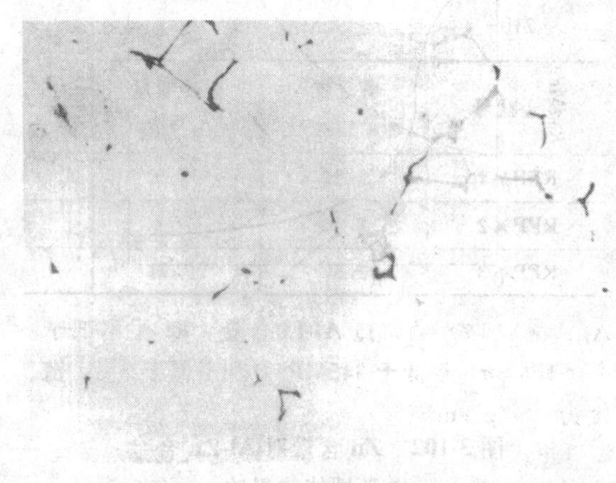

图 3-106　ZL402 合金显微组织　×160

状态：砂型铸造，未热处理

组织特征：α 固溶体，Mg_2Si 相呈黑色枝叉状，$Al_{12}(CrFe)_3Si$ 呈浅灰色骨骼状

3.1.4.7　特点及应用（见表 3-95）

表 3-95　铸造铝锌合金的特点及应用

合金代号	合金特点	应用
ZL401	铸造性能中等，缩孔和热裂倾向较小，有良好的焊接性能和切削加工性能，铸态下强度高，但塑性低，密度大，耐腐蚀性较差	用于制造各种压力铸造零件，工作温度不超过 200℃ 结构形状复杂的汽车和飞机零件
ZL402	铸造性能中等，好的流动性，中等的气密性和抗热裂性，切削加工性能良好，铸态下拉伸性能和冲击强度较高，但密度大，熔炼工艺复杂	主要用于制造农业设备、机床工具、船舶铸件、无线电装置、氧气调节器、旋转轮架和空气压缩机活塞等

3.1.5 其他铸造铝合金

3.1.5.1 Al-Li 合金

Al-Li 合金的主要优点是密度小，弹性模量高，可以减轻结构重量，增加构件的刚度 10% ~15%，此外还可以减低疲劳裂纹扩展速率，但铸造铝锂合金的研究和使用还很少。图 3-107 是 A201.0、A356.0 合金中 Li 含量与密度和弹性模量的关系。

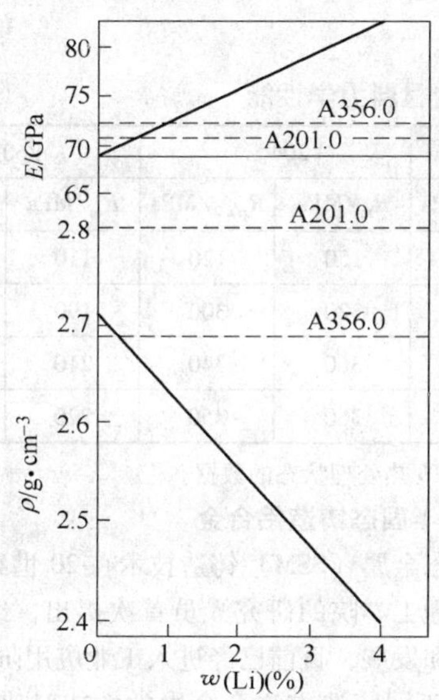

图 3-107　合金中 Li 含量与密度 ρ 和弹性模量 E 的关系

国外研究的 3 个铸造 Al-Li 合金：RPP ×1、RPP ×2 和 RPP ×3 密度和弹性模量列入表 3-96。

表 3-96　合金的密度和弹性模量

合金代号	密度 ρ/g · cm⁻³	弹性模量 E /GPa	与下列合金比重量减轻(%)		与下列合金比刚度增加(%)	
			A356.0	201.0	A356.0	201.0
RPP ×1	2.52	79.3	6.2	9.9	9.5	11.7
RPP ×2	2.60	79.3	3.1	6.9	9.5	11.7
RPP ×3	2.57	77.91	4.1	7.9	7.6	9.9

图 3-108 列出了 3 种合金在欠时效、峰值时效和过时效的 R_m、$R_{p0.2}$ 的关系，并与 A356.0 合金的标准性能相对比。图 3-109 是 RPP ×1 和 RPP ×2 热等静压（HIP）对力学性能的影响。

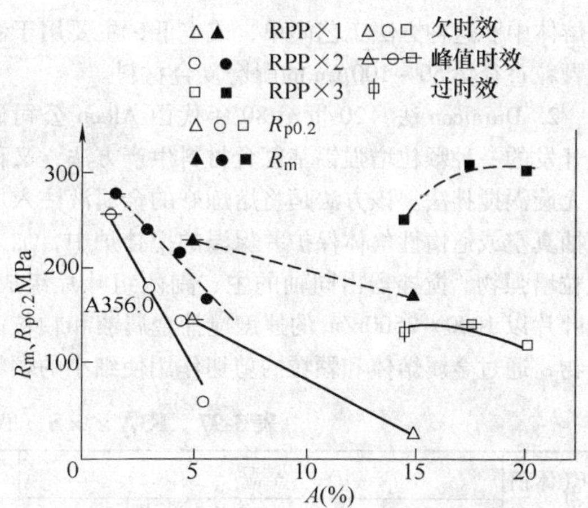

图 3-108　三个 Al-Li 合金的力学性能

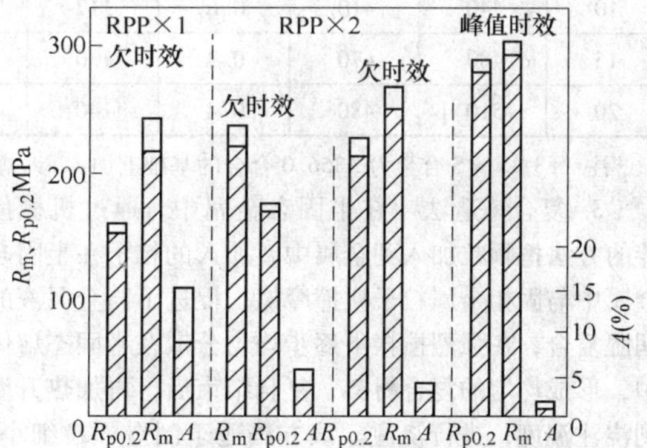

图 3-109　RPP ×1 和 RPP ×2 合金热等静压（HIP）对力学性能的影响

上述 3 种合金已经进行过熔模精密铸造试验，合金与造型材料不反应，铸件具有很好的外表质量。研究的目标是生产一种力学性能相当于 201.0(T7) 的铸造 Al-Li 合金，即 R_m 不低于 410MPa，$R_{p0.2}$ 不低于 345MPa，A 不低于 3%，密度为 2.45g/cm³。

3.1.5.2 铸造铝基复合材料

铸造铝基复合材料具有高比强度、高比模量、耐磨、耐高温、低膨胀系数、低密度和优良的高温蠕变和疲劳强度等特征，是目前主要投入工业应用的金属基复合材料（MMC）。Al 基复合材料的增强添加物主要有 SiC、TiC、Al_2O_3 和 C 颗粒、晶须或纤维。金属液搅拌铸造法是现在工业采用的主要的生产颗粒增强铝基复合材料的方法之一，分为以下三种工艺：

1. 旋涡法　利用高速旋转的搅拌器的桨叶搅动（速度约 500 ~ 1000r/min）金属熔体，使其强烈流动，并形成以搅拌旋转轴为对称中心的旋涡，将颗粒加到旋涡中，依靠旋涡的负压抽吸作用，颗粒进入金属熔体中。这种方法工艺简单，成本低，主要用于制造颗粒直径为 50～100μm 的耐磨复合材料。

2. Duralcon 法　20 世纪 80 年代由 Alcon 公司研究开发的一种颗粒增强铝基复合材料生产方法，又称为无旋涡搅拌法。该方法是将熔炼好的金属液注入可以抽真空或通惰性气体保护并保温的搅拌炉中，加入颗粒增强物。搅拌器由同轴的主、副两组叶片组成，主叶片以 1000～2500r/m 的速度搅拌金属液和颗粒混合物，通过金属熔体和颗粒的剪切作用使细小的颗粒均匀的分散在熔体中，并与金属液基体润湿复合，副叶片沿坩埚壁以小于 100r/m 的速度将粘附在坩埚壁上的颗粒剥离后带入金属熔体中。这种方法可以有效防止金属液吸气，铸锭气孔率小于 1%，组织致密，颗粒分布均匀，是目前工业规模生产铝基复合材料的主要方法。加拿大铝业公司的 Dural 铝基复合材料公司利用此方法生产的铝基复合材料已经超过万吨，表 3-97 是该公司生产的 F3A××S 合金的力学性能数据。

表 3-97　F3A××S（T6）铸造铝基复合材料力学性能

SiC(体积分数,%)	室温				149℃		204℃		260℃	
	R_m/MPa	$R_{p0.2}$/MPa	A(%)	E/GPa	R_m/MPa	$R_{p0.2}$/MPa	R_m/MPa	$R_{p0.2}$/MPa	R_m/MPa	$R_{p0.2}$/MPa
0	392	290	6.0	109	240	210	150	120	110	—
10	440	410	0.6	117	370	340	320	300	190	180
15	480	470	0.3	130	410	390	360	340	210	200
20	510	480	0.4	140	430	400	360	350	220	210

注：F3A××S 合金为 A356.0 合金的基础上加入 SiC 颗粒，表中数据为 T6 热处理状态的数据。

3. 复合铸造法　在半固态金属中，通过机械搅拌的方法把颗粒加入到金属中，加入的粒子在半固态金属中与固相金属粒子碰撞摩擦，促进了与金属液的润湿复合，在强烈搅拌下逐步均匀分散在半固态熔体中，形成均匀的复合材料，复合结束后，再加热升温到浇注温度，进行浇注。该方法适于制造颗粒细小，体积分数高〔40%～60%〕的颗粒增强或晶须、短纤维增强铝基复合材料。

铸造铝基复合材料主要应用于航空航天结构件、精密构件、机载、星载电子元器件的封装、活塞、曲轴轮、连杆、自行车框架和高尔夫球头等。

3.1.5.3　半固态铸造铝合金

半固态金属（SSM）铸造技术在 20 世纪 70 年代初由麻省理工学院的研究人员首次提出，经过 30 多年的研究和发展，目前已经进入工业应用阶段。表 3-98 列出了不同铸造方法合金力学性能对比，常用的半固态铝合金铸造原材料制备方法和成形工艺见表 3-99 和表 3-100。与传统的金属液态成形工艺相比，半固态金属铸造技术有以下优点：成形温度低、铸件致密、加工余量少、节约能源、延长模具使用寿命等。

表 3-98　半固态铸造合金力学性能

合金代号	铸造方法	热处理状态	抗拉强度 R_m/MPa	屈服强度 $R_{p0.2}$/MPa	断后伸长率 A(%)	硬度 HBW
ZL101A	金属型	T6	262	186	5	80
	半固态	F	220	110	14	60
		T6	320	240	12	105
ZL114A	金属型	T6	359	296	5	110
	半固态	F	220	115	7	75
		T6	320	260	9	115

表 3-99　常用半固态铝合金铸造原材料制备工艺

工艺方法	特　点
机械搅拌法	金属液凝固过程中进行强烈的搅拌，使普通铸造易于形成的树枝晶被打碎形成颗粒状的非枝晶结构和小尺寸的晶粒组织

（续）

工艺方法	特　点
电磁搅拌法	金属液在以一定温度凝固过程中，施加电磁场，在金属液中产生电磁搅拌，破坏枝晶组织，形成均匀的球状组织
连续铸造法	熔化的金属液通过一个冷却器进入垂直连续铸造机，金属液在冷却器中一边冷却，一边流动破碎枝晶组织，最终在铸造机中形成均匀细小组织的半固态铸锭
超声法	金属液在坩埚中冷却到一定温度，在坩埚外侧施加超声波，破坏枝晶组织，形成半固态组织

表 3-100　常用半固态铝合金铸造成形工艺

成形方法	工　艺	特　点	应　用
流变铸造	将金属液从液相到固相冷却过程中进行强烈的搅动，在一定的固相分数下压铸或挤压成形	此方法生产的半固态金属浆液的保存和输送技术复杂，工程应用受到很大限制	手机壳体，笔记本电脑壳体等
触变铸造	将预先制造的半固态合金锭坯重新加热到半固态进行压铸或挤压成形	此方法工艺简单、易于实现自动生产，是工程应用的主要半固态铸造方法	轿车气缸头、压缩机活塞、轮毂、摩托车整体车身、汽车转向臂等
射铸	经过破碎的合金锭进入一个螺旋搅拌加热装置，使得材料在螺旋器中边搅拌边加热，最后半固态组织的料经出口直接进入压铸机成形铸件	此方法不需要预先制造半固态预制合金锭，可以连续生产	笔记本电脑壳体、电子产品外壳等薄壁铸件

3.1.5.4　铸造泡沫铝合金

泡沫铝材是利用固体表面特性产生特殊作用的新型金属功能材料。泡沫铝的孔隙率（体积分数）一般为 40% ~90%，具有一系列的优良性能：密度 180 ~480kg/m^3，约为铝密度的 1/10；有很高的吸收冲击能的能力；泡沫铝的高阻尼特性（$Q^{-1}=0.025$）高于其他阻尼合金如 Zn-Al（$Q^{-1}=0.0087$）；耐高温、防火性能强，是一种不可燃的材料，同时，在受热状态下不会释放有毒的气体；抗腐蚀、耐热性强；消声性能好、热导率低，电磁屏蔽性高、电阻大、有过滤能力与毛细管现象，易加工，可进行涂装表面处理等。泡沫铝的典型应用见表 3-101。但泡沫铝由于其高的制造成本和低的成品率限制了它的使用。

表 3-101　泡沫铝的典型应用

性能特征	用　途
声吸收性能	工厂、公路、铁路等防声墙，机械防声屏，消声隔离等
轻质结构材料	汽车、高速列车、建筑构造物、家具等的结构件，室内外装修
电磁波屏蔽性能	电子仪器壳体，机器人，建筑墙壁
高孔隙率	气体或液体过滤器，通气孔，透气性构件，热交换器
吸收冲击能	汽车构件
高阻尼性	航空大功率发动机减振，设备共振消除，可移动战斗雷达及导弹减振部件，有毒物质的储存设备和放射性物质的生产设备

3.2　熔炼和浇注

3.2.1　金属炉料

3.2.1.1　金属（参见第 10 章）

配制铝合金用金属材料的技术要求见表 3-102。

表3-102 配制铝合金用金属材料的技术要求

材料名称	技术标准	材料牌号
铝锭	GB/T 1196—2008，YS/T 275—2008	Al99.50以上
镁锭	GB/T 3499—2003	Mg9980以上
阴极铜	GB/T 467—1997	Cu-CATH-2以上
金属锰	YB/T 051—2003	DJMnD以上
电解镍	GB/T 6516—1997	Ni99.90以上
锌锭	GB/T 470—2008	Zn99.95以上
镉锭	YB/T 72—2005	Cd99.95以上
纯铁	GB/T 9971—2004	YT-1以上
海绵钛	GB/T 2524—2002	HTi-4以上
铍	YS/T 221—1994(2005)	Be-02
海绵钛	GB/T 2524—2002	0级以上
海绵锆	YS/T 397—2007	HZr-1
银锭	GB/T 4135—2002	IC-Ag99.90以上
混合稀土	GB/T 4153—2008	194025C以上
硅	GB/T 2881—2008	Si-1

3.2.1.2 中间合金

1. 铝基中间合金锭的化学成分（见表3-103和表3-104）

2. 铝基中间合金锭的配制工艺参数（见表3-105）

表3-103 高纯度铝基中间合金锭化学成分（质量分数,%）（HB5371—1987）

名称	牌号	Cu	Mn	Si	Ti	Zr	V	B	Fe	Mg	其他		合金锭特性
											单个	总量	
Al-Cu中间合金	AlCu50A	48~52	—	0.04	—	—	—	—	0.08	0.05	0.05	0.15	脆性
Al-Si中间合金	AlSi12A	—	—	11~13	—	—	—	—	0.10	0.05	0.05	0.15	—
Al-Mn中间合金	AlMn10A	—	9~11	0.04	—	—	—	—	0.08	0.05	0.05	0.15	—
Al-Ti中间合金	AlTi5A	—	—	0.06	4~6	—	—	—	0.08	0.05	0.05	0.15	易偏析
Al-Zr中间合金	AlZr4A	—	—	0.05	—	3~5	—	—	0.08	0.05	0.05	0.15	易偏析
Al-V中间合金	AlV4A	—	—	0.12	—	—	3~5	—	0.12	0.05	0.05	0.15	易偏析
Al-Ti-B中间合金	AlTi4BA	—	—	0.12	3~5	—	—	0.6~1.2	0.08	0.05	0.05	0.15	易偏析

注：1. 中间合金锭牌号带“A”的为高纯度中间合金锭。
2. 仅有一个数值的为成分控制上限。
3. 凡列有数值范围的元素和Fe元素为每种中间合金的必检元素。

表3-104 铝基中间合金锭化学成分（质量分数,%）（HB5371—1987）

牌号	Cu	Si	Mg	Mn	Ti	Ni	Cr	Fe	Zn		其他		Al	熔化温度③/℃	特性
											单个	总量			
AlCu50	48~52	0.2	—	—	—	—	—	0.3	0.1	—	0.10	0.20		570~600	脆
AlSi26	0.1	24~28	—	—	—	—	—	0.3	—	—	0.15	0.40		—	—
AlSi24①	0.20	22.0~26.0	0.40	0.35	0.1	0.20	0.1	0.45	0.2	Pb0.10 Sn0.10	—	—	余量	700~800	脆
AlSi20①	0.20	18.0~21.0	0.40	0.35	0.1	0.20	0.1	0.35	0.2	Pb0.10 Sn0.10	—	—		640~700	脆
AlSi12	Cu+Zn0.15	11.0~13.0	—	0.3	0.15	—	—	0.5	—	—	0.10	0.30		560~620	—
AlMg10	0.1	—	10.0~11.0	0.15	0.15	—	—	0.2	0.1	Zr0.2 Be0.05	0.05	0.15		—	—

（续）

牌号	Cu	Si	Mg	Mn	Ti	Ni	Cr	Fe	Zn		其他		Al	熔化温度③/℃	特性
											单个	总量			
AlMn10	—	0.2	—	9～11	—	—	—	0.3	—	—	0.10	0.30	余量	770～830	—
AlTi5	—	0.2	—	—	4.0～6.0	—	—	0.3	0.1	—	0.15	0.40		1050～1100	易偏析
AlTi4①	—	0.2	—	—	3.0～5.0	—	—	0.3	0.1	—	—	—		1020～1070	易偏析
AlB3①	0.1	0.2	—	—	—	—	—	0.4	0.1	B2.5～3.5	—	—		800	韧
AlB1①	0.1	0.2	—	—	—	—	—	0.3	0.1	B0.5～1.5	—	—		800	韧
AlNi10	—	0.2	—	—	—	9～11	—	0.3	—	Pb0.1	0.15	0.40		680～730	—
AlCr2	—	0.2	—	—	—	—	2.0～3.0	0.3	0.1	—	0.10	0.30		900～1000	易偏析
AlZr4	—	0.2	—	—	—	—	—	0.3	0.1	Zr3.0～5.0 Pb0.1	0.15	0.40		800～850	易偏析
AlV4	—	0.2	—	—	—	—	—	0.3	—	V3.0～5.0	0.15	0.40		—	易偏析
AlSb4	—	0.2	—	—	—	—	—	0.3	—	Sb3.0～5.0	0.15	0.40		660	易偏析
AlFe20	—	0.2	—	—	—	—	—	18～22	—	—	0.15	0.40		1020	—
AlTi4B	—	0.2	—	—	3.0～5.0	—	—	0.3	0.1	B0.6～1.2	0.15	0.40		—	易偏析
AlTi5B1①	0.02	0.20	0.02	0.02	4.5～6.0	0.04	0.02	0.3	0.03	B0.9～1.2 Zr0.02	—	—		800	易偏析
AlRE10	—	0.2	—	—	—	—	—	0.3	0.1	RE②9～11	0.10	0.30		—	—
AlBe3	—	0.2	—	—	—	—	—	0.25	0.1	Be2.0～4.0	0.10	0.30		820	—
AlSr5①	0.01	—	0.05	—	—	—	—	0.2	0.05	Sr4.0～6.0 Ca 0.05	—	—		680～750	韧
AlSr10①	0.1	—	0.1	—	—	—	—	0.2	0.1	Sr9.0～11.0 Ca 0.1	—	—		780～850	韧
AlCo5	—	0.2	—	—	—	—	—	0.3	0.1	Co4.0～6.0	0.15	0.40		—	易偏析

（续）

牌号	Cu	Si	Mg	Mn	Ti	Ni	Cr	Fe	Zn		其他		Al	熔化温度③/℃	特性
											单个	总量			
Al—RE—1④	0.01	0.13	0.03	—	—	—	—	0.20	—	RE0.05～0.12 Ga0.03	—	—	余量	—	—
Al—RE—2④	0.01	0.13	0.03	—	—	—	—	0.20	—	RE0.13～0.20 Ga0.03	—	—		—	—
Al—RE—3④	0.01	0.13	0.03	—	—	—	—	0.20	—	RE0.21～0.30 Ga0.03	—	—		—	—

注：1. 表中元素含量为范围的为合金化元素，只有一个数值的为成分控制上限。

2. 表中合金成分以 HB 5371—1987 为基准，企业生产时可以参考 YS/T 282—2000。

3. 主要组元和 Fe、Si 为必检元素，其他元素可定期分析。

① 为 YS/T 282—2000 合金锭代号。

② RE 为混合稀土总质量分数不少于98%，铈元素的质量分数不少于45%的混合稀土。

③ 熔化温度为 YS/T 282—2000 参考值。

④ YS/T 309—1998 合金锭代号。

表 3-105　铝基中间合金的配制工艺参数

牌号	配料（质量分数，%）	原材料	料块大小/mm	加入温度/℃	浇注温度/℃
AlSi12(A)	Si10.5～13.5	结晶硅	10～15	750～850	680～760
AlCu50(A)	Cu45～55	电解铜	≈100×100	850～950	700～750
AlMn10(A)	Mn9～11	金属锰或电解锰	10～15	900～1000	850～900
AlNi10	Ni9～11	电解镍	≈100×160	850～900	750～800
AlBe3	Be2～3	金属铍	5～10	1000～1100	750～850
AlTi5(A)	Ti4～6	二氧化钛或海绵钛	二氧化钛粉 海绵钛5～10	1000～1200	900～950
AlTi4B(A)	Ti3～5 B1～1.5	二氧化钛或氟钛酸钾 氟硼酸钾或硼砂	粉状 粉状	1100～1200	900～1000
AlZr4(A)	Zr3～5	氟锆酸钾	粉状	1000～1200	900～950
AlV4(A)	V3～5	金属钒或钒铝合金	10～15	1100～1200	950～1000
AlFe20	Fe19～21	金属铁	≈100×160	1000～1100	850～950
AlCr2	Cr2～3	金属铬	10～15	1100	900～910
AlRE10	RE10	混合稀土	—	700～720	800～880

3. 中间合金的技术要求

1）同一炉次的中间合金锭的成分（质量分数，下同）波动范围最大不超过2%。对于中间合金锭主要组元含量（质量分数）80%以下的易偏析元素成分波动范围不大于1%。

2）易偏析合金锭厚度为25mm±5mm，脆性合金锭形状规格由供需双方商定。

3）合金锭表面应整洁，无腐蚀斑与油污，对于铝锆、铝钛、铝钛硼等以盐类物质为配料的中间合金锭，允许表面有轻微的熔渣和非金属夹杂物。

4）合金锭断口组织应均匀，不得有熔渣和明显的偏析。

5）每块合金锭上均应标明中间合金的名称（或牌号）、炉号及浇注序号，脆性合金应按炉次分装并在包装物上注明中间合金锭的名称和炉批号。

3.2.1.3　铸造铝合金锭

1. 铸造铝合金锭的化学成分（见表3-106、表3-107和表3-108）

表 3-106 铸造铝合金锭化学成分（GB/T 8733—2007）

序号	合金牌号	对应 ISO 3522：2006(E)的合金类型	质量分数(%)														原合金代号
			Si	Fe	Cu	Mn	Mg	Ni	Zn	Sn	Ti	Zr	Pb	其他杂质①单个	其他杂质①合计	Al②	
1	201Z.1	AlCu	0.30	0.20	4.5 ~ 5.3	0.6 ~ 1.0	0.05	0.10	0.20	—	0.15 ~ 0.35	0.20	—	0.05	0.15	余量	ZLD201
2	201Z.2		0.05	0.10	4.8 ~ 5.3	0.6 ~ 1.0	0.05	0.05	0.10	—	0.15 ~ 0.35	0.15	—	0.05	0.15		ZLD201A
3	201Z.3		0.20	0.15	4.5 ~ 5.1	0.35 ~ 0.8	0.05	—	—	Cd:0.07 ~0.25	0.15 ~ 0.35	0.15	—	0.05	0.15		ZLD210A
4	201Z.4		0.05	0.13	4.6 ~ 5.3	0.6 ~ 0.9	0.05	—	0.10	Cd:0.15 ~0.25	0.15 ~ 0.35	0.15	—	0.05	0.15		ZLD204A
5	201Z.5		0.05	0.10	4.6 ~ 5.3	0.30 ~ 0.50	0.05	B:0.01 ~0.06	0.10	Cd:0.15 ~0.25	0.15 ~ 0.35	0.05 ~ 0.20	V:0.05 ~0.30	0.05	0.15		ZLD205A
6	210Z.1		4.0 ~ 6.0	0.50	5.0 ~ 8.0	0.50	0.30 ~ 0.50	0.30	0.50	0.01	—	—	0.05	0.05	0.20		ZLD110
7	295Z.1		1.2	0.6	4.0 ~ 5.0	0.10	0.03	—	0.20	0.01	0.20	0.10	0.05	0.05	0.15		ZLD203
8	304Z.1	AlSiMgTi	1.6 ~ 2.4	0.50	0.08	0.30 ~ 0.50	0.50 ~ 0.65	0.05	0.10	0.05	0.07 ~ 0.15	—	0.05	0.05	0.15		—
9	312Z.1	AlSi12Cu	11.0 ~ 13.0	0.40	1.0 ~ 2.0	0.30 ~ 0.9	0.50 ~ 1.0	0.30	0.20	0.01	0.20	—	0.05	0.05	0.20		ZLD108
10	315Z.1	(AlSi5ZnMg)	4.8 ~ 6.2	0.25	0.10	0.10	0.45 ~ 0.7	Sb:0.10 ~0.25	1.2 ~ 1.8	0.01	—	—	0.05	0.05	0.20		ZLD115
11	319Z.1	AlSi5Cu	4.0 ~ 6.0	0.7	3.0 ~ 4.5	0.55	0.25	0.30	0.55	0.05	0.20	Cr:0.15	0.15	0.05	0.20		—

（续）

序号	合金牌号	对应 ISO 3522：2006(E)的合金类型	质量分数(%) Si	Fe	Cu	Mn	Mg	Ni	Zn	Sn	Ti	Zr	Pb	其他杂质① 单个	其他杂质① 合计	Al②	原合金代号
12	319Z.2	AlSi5Cu	5.0～7.0	0.8	2.0～4.0	0.50	0.50	0.35	1.0	0.10	0.20	Cr:0.20	0.20	0.10	0.30	余量	—
13	319Z.3	AlSi5Cu	6.5～7.5	0.40	3.5～4.5	0.30	0.10	—	0.20	0.01	—	—	0.05	0.05	0.20	余量	ZLD107
14	328Z.1	AlSi9Cu	7.5～8.5	0.50	1.0～1.5	0.30～0.50	0.35～0.55	—	0.20	0.01	0.10～0.25	—	0.05	0.05	0.20	余量	ZLD106
15	333Z.1	AlSi9Cu	7.0～10.0	0.8	2.0～4.0	0.50	0.50	0.35	1.0	0.10	0.20	Cr:0.20	0.20	0.10	0.30	余量	—
16	336Z.1	AlSiCuNiMg	11.0～13.0	0.40	0.50～1.5	0.20	0.9～1.5	0.8～1.5	0.20	0.01	0.20	—	0.05	0.05	0.20	余量	ZLD109
17	336Z.2	AlSiCuNiMg	11.0～13.0	0.7	0.8～1.3	0.15	0.8～1.3	0.8～1.5	0.15	0.05	0.20	Cr:0.10	0.05	0.05	0.20	余量	—
18	354Z.1	AlSi9Cu	8.0～10.0	0.35	1.3～1.8	0.10～0.35	0.45～0.65	—	0.10	0.01	0.10～0.35	—	0.05	0.05	0.20	余量	ZLD111
19	355Z.1	AlSi5Cu	4.5～5.5	0.45	1.0～1.5	0.50	0.45～0.65	Be:0.10	0.20	0.01	Ti+Zr:0.15	—	0.05	0.05	0.15	余量	ZLD105
20	355Z.2	AlSi5Cu	4.5～5.5	0.15	1.0～1.5	0.10	0.50～0.65	—	0.10	0.01	—	—	0.05	0.05	0.15	余量	ZLD105A
21	356Z.1	AlSi5Cu	6.5～7.5	0.45	0.20	0.35	0.30～0.50	Be:0.10	0.20	0.01	Ti+Zr:0.15	—	0.05	0.05	0.15	余量	ZLD101
22	356Z.2	AlSi7Mg	6.5～7.5	0.12	0.10	0.05	0.30～0.50	0.05	0.05	0.01	0.08～0.20	—	0.05	0.05	0.15	余量	ZLD101A
23	356Z.3	AlSi7Mg	6.5～7.5	0.12	0.05	0.05	0.30～0.40	—	0.05	—	0.10～0.20	—	—	0.05	0.15	余量	—

（续）

序号	合金牌号	对应 ISO 3522：2006(E)的合金类型	质量分数(%)													原合金代号
			Si	Fe	Cu	Mn	Mg	Ni	Zn	Sn	Ti	Zr	Pb	其他杂质① 单个	其他杂质① 合计	Al②	
24	356Z.4	AlSi7Mg	6.8～7.3	0.10	0.02	0.02	0.30～0.40	Sr：0.020～0.035	0.10	—	0.10～0.15	Ca：0.003	—	0.05	0.15	余量	—
25	356Z.5	AlSi7Mg	6.5～7.5	0.15	0.20	0.05	0.30～0.45	—	0.10	—	0.10～0.20	—	—	0.05	0.15	余量	—
26	356Z.6	AlSi7Mg	6.5～7.5	0.40	0.20	0.6	0.25～0.40	0.05	0.30	0.05	0.20	—	0.05	0.05	0.15	余量	—
27	356Z.7	AlSi7Mg	6.5～7.5	0.15	0.10	0.10	0.50～0.65	—	—	—	0.10～0.20	—	—	0.05	0.15	余量	ZLD114A
28	356Z.8	AlSi7Mg	6.5～8.5	0.50	0.30	0.10	0.40～0.6	Be：0.15～0.40	0.30	0.01	0.10～0.30	Zr：0.20 B：0.10	0.05	0.05	0.20	余量	ZLD116
29	A356.2	AlSi7Mg	6.5～7.5	0.12	0.10	0.05	0.30～0.45	—	0.05	—	0.20	—	—	0.05	0.15	余量	—
30	360Z.1	AlSi10Mg	9.0～11.0	0.40	0.03	0.45	0.25～0.45	0.05	0.10	0.05	0.15	—	0.05	0.05	0.15	余量	—
31	360Z.2	AlSi10Mg	9.0～11.0	0.45	0.08	0.45	0.25～0.45	0.05	0.10	0.05	0.15	—	0.05	0.05	0.15	余量	—
32	360Z.3	AlSi10Mg	9.0～11.0	0.55	0.30	0.55	0.25～0.45	0.15	0.35	—	0.15	—	0.10	0.05	0.15	余量	—
33	360Z.4	AlSi10Mg	9.0～11.0	0.45～0.9	0.08	0.55	0.25～0.50	0.15	0.15	0.05	0.15	—	0.15	0.05	0.15	余量	—
34	360Z.5	AlSi10Mg	9.0～10.0	0.15	0.03	0.10	0.30～0.45	—	0.07	—	0.15	—	—	0.03	0.10	余量	—

（续）

序号	合金牌号	对应 ISO 3522：2006(E)的合金类型	质量分数(%)											其他杂质①		Al②	原合金代号
			Si	Fe	Cu	Mn	Mg	Ni	Zn	Sn	Ti	Zr	Pb	单个	合计		
35	360Z.6	AlSi10Mg	8.0～10.5	0.45	0.10	0.20～0.50	0.20～0.35	—	0.25	0.01	Ti+Zr：0.15	—	0.05	0.05	0.20	余量	ZLD104
36	360Y.6	AlSi10Mg	8.0～10.5	0.8	0.30	0.20～0.50	0.20～0.35	—	0.10	0.01	Ti+Zr：0.15	—	0.05	0.05	0.20	余量	YLD104
37	A360.1	AlSi10Mg	9.0～10.0	1.0	0.6	0.35	0.45～0.6	0.50	0.40	0.15	—	—	—	—	0.25	余量	—
38	A380.1	AlSi9Cu	7.9～9.5	1.0	3.0～4.0	0.50	0.10	0.50	2.9	0.35	—	—	—	—	0.50	余量	—
39	A380.2	AlSi9Cu	7.5～9.5	0.6	3.0～4.0	0.10	0.10	0.10	0.10	—	—	—	—	0.05	0.15	余量	—
40	380Y.1	AlSi9Cu	7.5～9.5	0.9	2.5～4.0	0.6	0.30	0.50	1.0	0.20	0.20	—	0.30	0.05	0.20	余量	YLD112
41	380Y.2	AlSi9Cu	7.5～9.5	0.9	2.0～4.0	0.50	0.30	0.50	1.0	0.20	—	—	—	—	0.20	余量	—
42	383.1	AlSi9Cu	9.5～11.5	0.6～1.0	2.0～3.0	0.50	0.10	0.30	2.9	0.15	—	—	—	—	0.50	余量	—
43	383.2	AlSi9Cu	9.5～11.5	0.6～1.0	2.0～3.0	0.10	0.10	0.10	0.10	0.10	—	—	—	—	0.20	余量	—
44	383Y.1	AlSi9Cu	9.6～12.0	0.9	1.5～3.5	0.50	0.30	0.50	3.0	0.20	—	—	—	—	0.20	余量	—
45	383Y.2	AlSi9Cu	9.6～12.0	0.9	2.0～3.5	0.50	0.30	0.50	0.8	0.20	—	—	—	0.05	0.30	余量	YLD113
46	383Y.3	AlSi9Cu	9.6～12.0	0.9	1.5～3.5	0.50	0.30	0.50	1.0	0.20	—	—	—	—	0.20	余量	—
47	390Y.1	AlSi17Cu	16.0～18.0	0.9	4.0～5.0	0.50	0.50～0.65	0.30	1.5	0.30	—	—	—	0.05	0.20	余量	YLD117

（续）

序号	合金牌号	对应 ISO 3522：2006(E)的合金类型	质量分数(%)													原合金代号
			Si	Fe	Cu	Mn	Mg	Ni	Zn	Sn	Ti	Zr	Pb	其他杂质① 单个	其他杂质① 合计	Al②	
48	398Z.1	AlSi20Cu	19 ~ 22	0.50	1.0 ~ 2.0	0.30 ~ 0.50	0.50 ~ 0.8	RE:0.6 ~1.5	0.10	0.01	0.20	0.10	0.05	0.05	0.20	余量	ZLD118
49	411Z.1	AlSi(11)	10.0 ~ 11.8	0.15	0.03	0.10	0.45	—	0.07	—	0.15	—	—	0.03	0.10		—
50	411Z.2	AlSi(11)	8.0 ~ 11.0	0.55	0.08	0.50	0.10	0.05	0.15	0.05	0.15	—	0.05	0.05	0.15		—
51	413Z.1	AlSi(12)	10.0 ~ 13.0	0.6	0.30	0.50	0.10	—	0.10	—	0.20	—	—	0.05	0.20		ZLD102
52	413Z.2	AlSi(12)	10.5 ~ 13.5	0.55	0.10	0.55	0.10	0.10	0.15	—	0.15	—	0.10	0.05	0.15		—
53	413Z.3	AlSi(12)	10.5 ~ 13.5	0.40	0.03	0.35	—	—	0.10	—	0.15	—	—	0.05	0.15		—
54	413Z.4	AlSi(12)	10.5 ~ 13.5	0.45 ~ 0.9	0.08	0.55	—	—	0.15	—	0.15	—	—	0.05	0.25		—
55	413Y.1	AlSi(12)	10.0 ~ 13.0	0.9	0.30	0.40	0.25	—	0.10	—	—	0.10	—	0.05	0.20		YLD102
56	413Y.2	AlSi(12)	11.0 ~ 13.0	0.9	1.0	0.30	0.30	0.50	0.50	0.10	—	—	—	0.05	0.30		—
57	A413.1	AlSi(12)	11.0 ~ 13.0	1.0	1.0	0.35	0.10	0.50	0.40	0.15	—	—	—	—	0.25		—
58	A413.2	AlSi(12)	11.0 ~ 13.0	0.6	0.10	0.05	0.05	0.05	0.05	0.05	—	—	—	—	0.10		—
59	443.1	AlSi(5)	4.5 ~ 6.0	0.6	0.6	0.50	0.05	Cr:0.25	0.50	—	0.25	—	—	—	0.35		—
60	443.2	AlSi(5)	4.5 ~ 6.0	0.6	0.10	0.10	0.05	—	0.10	—	0.20	—	—	0.05	0.15		—

（续）

序号	合金牌号	对应 ISO 3522：2006(E)的合金类型	质量分数(%)													原合金代号
			Si	Fe	Cu	Mn	Mg	Ni	Zn	Sn	Ti	Zr	Pb	其他杂质① 单个	其他杂质① 合计	Al②	
61	502Z.1	AlMg(5Si)	0.8～1.3	0.45	0.10	0.10～0.40	4.6～5.6	—	0.20	—	0.20	—	—	0.05	0.15	余量	ZLD303
62	502Y.1	AlMg(5Si)	0.8～1.3	0.9	0.10	0.10～0.40	4.6～5.5	—	0.20	—	—	0.15	—	0.05	0.25	余量	YLD302
63	508Z.1	AlMg(8)	0.20	0.25	0.10	0.10	7.6～9.0	Be:0.03～0.10	1.0～1.5	—	0.10～0.20	—	—	0.05	0.15	余量	ZLD305
64	515Y.1	AlMg(3)	1.0	0.6	0.10	0.40～0.6	2.6～4.0	0.10	0.40	0.10	—	—	—	0.05	0.25	余量	YLD306
65	520Z.1	AlMg(10)	0.30	0.25	0.10	0.15	9.8～11.0	0.05	0.15	0.01	0.15	0.20	0.05	0.05	0.15	余量	ZLD301
66	701Z.1	AlZnSiMg	6.0～8.0	0.6	0.6	0.50	0.15～0.35	—	9.2～13.0	—	—	—	—	0.05	0.20	余量	ZLD401
67	712Z.1	AlZnMg	0.30	0.40	0.25	0.10	0.55～0.70	Cr:0.40～0.6	5.2～6.5	—	0.15～0.25	—	—	0.05	0.20	余量	ZLD402
68	901Z.1	AlMn	0.20	0.30	—	1.50～1.70	—	RE:0.03	—	—	0.15	—	—	0.05	0.15	余量	ZLD501
69	907Z.1	AlRECuSi	1.6～2.0	0.50	3.0～3.4	0.9～1.2	0.20～0.30	0.20～0.30	0.20	RE:4.4～5.0	—	0.15～0.25	—	0.05	0.20	余量	ZLD207

注：1. 表中含量有上下限者为合金元素；含量为单个数值者为最高限；“—”为未规定具体数值。

① “其他杂质”一栏系指表中未列出或未规定具体数值的金属元素。

② 余量是指铝的质量分数为 100% 与质量分数等于或大于 0.010% 的所有元素含量总和的差值。

表3-107 砂型、金属型、熔模铸造铝合金锭化学成分（质量分数,%）（HB 5372—1987）

合金锭代号	硅	铜	镁	锰	镍	钛	锆	锌	锡	铅	铍	镉	稀土				铁	其他		铝
																		单个	总量	
ZLD101	6.5~7.5	0.2	0.30~0.45	0.5	—	0.15	钛+锆 0.15	0.2	0.01	0.05	—	—	—				0.4	0.05	0.15	余量
ZLD101A	6.5~7.5	0.10	0.30~0.45	0.05	0.05	0.20	—	0.05	0.01	0.05	—	—	—				0.12	0.05	0.10	
ZLD102	10.0~13.0	0.30	0.1	0.5	—	—	0.1	0.1	—	—	—	—	—				0.6	0.10	0.40	
ZLD104	8.0~10.5	0.30	0.20~0.35	0.2~0.5	—	0.15	钛+锆 0.15	0.2	0.01	0.05	—	—	—				0.4	0.05	0.15	
ZLD105	4.5~5.5	1.0~1.5	0.50~0.65	0.5	—	0.15	钛+锆 0.15	0.2	0.01	0.05	—	—	—				0.4	0.05	0.15	
ZLD105A	4.5~5.5	1.0~1.5	0.50~0.65	0.05	—	0.20	—	0.05	0.01	0.05	—	—	—				0.13	0.05	0.10	
ZLD114A	6.5~7.5	0.10	0.55~0.75	0.10	—	0.08~0.25	—	0.10	—	—	0.05	—	—				0.15	0.05	0.10	
ZLD116	6.5~8.5	0.3	0.40~0.60	0.1	—	0.10~0.30	0.20	0.2	0.01	0.05	0.15~0.40	—	—	硼 0.10			0.4	0.05	0.15	
ZLD117	19~22	1.0~2.0	0.5~0.8	0.3~0.5	—	0.2	0.1	0.1	0.01	0.05	—	—	0.6~1.5				0.5	0.05	0.40	
ZLD201	0.2	4.5~5.3	0.05	0.6~1.0	0.1	0.15~0.35	0.2	0.2	—	—	—	—	—				0.20	0.05	0.15	

(续)

合金锭代号	硅	铜	镁	锰	镍	钛	锆	锌	锡	铅	铍	镉	稀土				铁	其他		铝
																		单个	总量	
ZLD201A	0.05	4.8~5.3	0.05	0.6~1.0	0.05	0.15~0.35	0.15	0.1	—	—	—	—	—				0.10	0.05	0.10	余量
ZLD203	1.0	4.0~5.0	0.03	0.1	—	0.2	—	0.2	0.01	0.01	—	—	—				0.5	0.10	0.40	
ZLD204A	0.05	4.6~5.3	0.05	0.6~0.9	0.05	0.15~0.35	0.15	0.1	—	—	—	0.15~0.25	—				0.10	0.05	0.10	
ZLD205A	0.05	4.6~5.3	0.05	0.3~0.5	0.05	0.15~0.35	0.05~0.20	0.05	—	—	—	0.15~0.25	—	硼0.01~0.06	钒0.05~0.30		0.10	0.05	0.10	
ZLD207	1.6~2.0	3.0~3.4	0.20~0.30	0.9~1.2	0.2~0.3	—	0.15~0.25	0.2	—	—	—	—	4.5~5.5				0.4	0.05	0.15	
ZLD208	0.3	4.5~5.5	—	0.2~0.3	1.3~1.8	0.15~0.25	0.1~0.3	—	—	—	—	—	钴+锑 0.6	钴0.1~0.4	锑0.1~0.4	锑+锆 0.5	0.4	0.05	0.15	
ZLD301	0.3	0.1	9.8~11.0	0.15	—	0.15	0.2	0.1	—	—	0.05	—	—				0.2	0.05	0.15	
ZLD303	0.8~1.3	0.1	4.8~5.5	0.1~0.4	—	0.2	—	0.2	—	—	—	—	—				0.3	0.05	0.15	
ZLD401	6.0~8.0	0.5	0.20~0.35	0.5	—	—	—	7.5~12.0	—	—	—	—	—				0.6	0.10	0.20	

注：1. 合金锭代号中“Z”“L”“D”分别为汉语拼音字“铸”“铝”“锭”的第一个字母，代号后附A的合金锭为高纯度合金锭。
2. 合金锭中有上下限数值的主要组元及铁、硅、镁非主要组元为必检元素，其他元素可定期分析。
3. 稀土为混合稀土总质量分数不少于98%，含铈质量分数不少于45%的混合稀土金属。
4. 化学成分中仅有一个数值的为成分控制上限。

表3-108 压铸用铝合金锭化学成分（质量分数,%）（GB/T 8733—2000）

合金锭代号	镁	硅	铜	锰	锌	铁	锆	钛	锡	铅	镍	其他单个杂质	其他杂质总和	铝
ZLD102Y	0.1	10.0～13.0	0.3	0.4	0.1	0.9	0.1	—	—	—	—	0.05	0.15	余量
ZLD104Y	0.2～0.35	8.0～10.5	0.3	0.2～0.5	0.1	0.7	锆+钛 0.15	0.15	0.01	0.05	—	0.05	0.15	
ZLD112Y	0.3	7.5～9.5	2.5～4.0	0.6	1.0	0.7	—	0.2	0.2	0.3	0.5	0.05	0.15	
ZLD113Y	0.3	9.6～12.0	2.0～3.5	0.5	0.8	0.7	—	—	0.2	—	0.5	0.05	0.15	
ZLD303Y	4.6～5.5	0.8～1.3	0.1	0.1～0.4	0.2	0.9	—	—	—	—	—	0.05	0.15	
ZLD401Y	0.05	6.0～8.0	0.5	0.4	9.5～12.0	0.9	—	—	—	—	—	0.05	—	

注：1. “Y”为汉语拼音“压”的第一个字母。

2. 确定压铸铝合金锭成分的依据是HB5012—1986《铝合金压铸件》。

3. 有上下限数值的主要组元及铁为必检元素，其他元素可定期分析。

4. 为避免ZL401合金压铸件裂纹，本表ZLD401Y合金锭不加镁。

5. 化学成分仅有一个数值的为成分控制上限。

2. 铸造铝合金锭的技术要求

1）合金锭表面应整洁、无油污、无腐蚀斑、无熔渣及非金属夹杂物。

2）合金锭断口组织应致密，无严重偏析、缩孔、熔渣及非金属夹杂物。

3）对于高纯度合金锭及有特殊质量要求的合金锭，可以根据需要测定气体含量和进行低倍组织检查。

4）合金锭每块重量相差应在10%以内。

5）合金锭每块均应用钢印标示批号（或炉号）及合金锭代号。

6）合金锭应按炉号包装。

3.2.1.4 回炉料

回炉料的分级、技术要求和最大回用量见表3-109。

表3-109 回炉料的分级、技术要求和最大回用量

级别	分类	技术要求	每炉最大回用量（质量分数,%）
一级	1. 不因杂质含量超标而报废的铸件 2. 金属型铸件的浇冒系统 3. 砂型铸件冒口	分析成分后使用	80
二级	1. 砂型铸件浇道 2. 坩埚低料 3. 因为化学成分报废的铸件	重熔、精炼并分析成分	60
三级	溅屑和碎小的废料		30

注：1. 对铸件有特殊要求时（如针孔度等），回炉料用量酌情减少。

2. 当各级回炉料搭配使用时，回炉料总量不超过80%，其中三级回炉料不多于10%，二级回炉料不多于40%。

3. I类铸件不允许用二级和三级回炉料。

3.2.2 熔炼用工艺材料

3.2.2.1 熔炼用工艺材料（参见第10章）

铝合金熔炼用工艺材料技术要求见表3-110。

表3-110 铝合金熔炼用工艺材料技术要求

材料名称	技术标准	技术要求
氧化锌	GB/T 3494—1996	ZnO-X2以上
氧化镁	HG/T 3607—2007	I类
二氧化钛	YB/T 322—1994(2005)	—

（续）

材料名称	技术标准	技术要求
氯化锌	HG/T 2323—2004	优等品
工业盐（氯化钠）	GB/T 5462—2003	优级
氯化钾	GB/T 7118—2008	一级以上
氯化镁	QB/T 2605—2003	白色
氯化锰	HG/T 3816—2006	I类一等品
氟化钠	YS/T 517—2006	一级
氟化钾	HG/T 2829—2008	优等品
氟化铝	GB/T 4292—2007	AF-0
碳酸钙	HG/T 2226—2000	优等品
碳酸镁	HG/T 2959—2000	优等品
碳酸钠	GB 210.1—2004	优等品
硝酸钾	GB/T 1918—1998	一等品以上
硅酸钠（水玻璃）	GB/T 4209—2008	优等品
氟锆酸钾	—	98%以上
氟硼酸钾	GB/T 22667—2008	
氟钛酸钾	GB/T 22668—2008	
氟硅酸钠	GB 23936—2009	一等品以上
滑石粉	GB 15342—1994	优等品
六氯乙烷	HG/T 3261—2002	优等品
四氯化碳	GB/T 4119—2008	优等品
冰晶石	GB/T 4291—2007	CH-0，CM-0
工业十水合四硼酸二钠（硼砂）	GB/T 537—2009	
工业氯酸钠	GB/T 1618—2008	I类
氯酸钾	GB/T 752—2006	一等品以上
光卤石	—	氧化镁≤2%，不溶物≤1.5%，水分≤2% 氯化镁44%～52%，氯化钾36%～46%

注：表中百分数均指质量分数。

3.2.2.2 熔剂

1. 精炼剂

（1）熔炼铝合金时常用的精炼剂（见表3-111）。

表3-111 铝合金常用的精炼剂

名称	特点	适用范围
氯气	对铸件针孔要求高时采用，但设备复杂，对厂房和设备腐蚀严重	针孔度要求严格的铸件
六氯乙烷	不吸潮、无需重熔、腐蚀性小、易于保存，可以广泛代替氯盐精炼剂	各种铸造铝合金通用
四氯化碳	精炼效果好，同时对合金有晶粒细化作用	Al-Si合金
氯化锰	使用前在100～120℃烘烤2～4h，并保存在100～130℃的干燥箱中	适用于Al-Cu系合金
氯化锌	使用前重熔并保存在100～130℃的干燥箱中	适用于含Zn合金或对Zn杂质要求不严的合金
钡熔剂或光卤石	先进行除水重熔处理，对坩埚工具等设备有腐蚀，熔炼除渣不彻底，易造成熔剂夹渣	主要用于ZL301等Al-Mg合金熔炼的除渣精炼
惰性气体	氮气或氩气，成本低，无污染	适用于各种合金，尤其Sr变质合金
成品精炼剂	为盐类熔剂配制，可以直接使用，有变质和晶粒细化作用	根据说明使用

（2）精炼剂的成分和配制方法 铸造铝合金精炼剂用六氯乙烷时，需加入适当的添加剂，以延缓反应速度提高精炼效果。含有添加剂的六氯乙烷精炼剂的成分和配制方法见表3-112。几种无毒精炼剂的配方成分见表3-113。

表3-112 六氯乙烷精炼剂的成分和配制方法

成分	配比	配制方法
$C_2Cl_6+TiO_2$	2∶1 3∶2	1. 将添加剂（Na_2SiF_6或TiO_2）在300～400℃烘烤3～4h 2. 冷却后与六氯乙烷均匀混合 3. 压成密度为$1.8g/cm^3$的圆饼，每块重50～100g，放在干燥器内备用 4. 也可以用铝箔分包成50～100g的小包使用
$C_2Cl_6+Na_2SiF_6$	3∶1 1∶1 3∶2	

2. 变质剂 铝合金常用钠盐变质剂见表3-114。

3. 覆盖剂及其他熔剂 铝合金和铝中间合金熔炼常用覆盖剂及其他熔剂见表3-115。

表 3-113　几种无毒精炼剂的配方成分（质量分数,%）

编号	配方								用量[①](%)
	$NaNO_3$	KNO_3	石墨粉	C_2Cl_6	Na_3AlF_6	Na_2SiF_6	NaCl	耐火砖粉	
1	34	—	6	4	—	—	24	32	0.3
2	—	40	6	4	—	—	24	26	0.3
3	34	—	6	—	20	—	10	30	0.3
4	—	40	6	4	20	20	10	—	0.3
5	36	—	6	—	—	—	28	30	0.5

注：无毒精炼剂容易向合金液中引入杂质质点，在使用过程中应注意。

① 为占炉料总量的质量分数。

表 3-114　铝合金常用钠盐变质剂

名称	质量分数(%)				熔点/℃	适用范围
	氟化钠	氯化钠	氯化钾	冰晶石		
二元变质剂	67	33	—	—	730	适用于 ZL102 合金
三元变质剂	25	62	13	—	700	适用于 ZL101,ZL105、ZL104 合金
一号通用变质剂	60	25	—	15	850	浇注温度为 740~760℃的共晶铝硅合金
二号通用变质剂	40	45	—	15	750	浇注温度为 740~760℃的共晶及亚共晶铝硅合金
三号通用变质剂	30	50	10	10	710	浇注温度为 700~740℃的共晶及亚共晶铝硅合金

表 3-115　铝合金和铝中间合金熔炼常用覆盖剂及其他熔剂

<table>
<tr><th>组分及其质量分数(%)</th><th>配制方法及要求</th><th>适用范围</th></tr>
<tr><td>Na_3AlF_6(100)</td><td>烘烤脱水</td><td>铝钛中间合金熔炼覆盖剂</td></tr>
<tr><td>KCl(40)+BaCl(60)</td><td>混合均匀后熔化,浇注成10mm厚度的锭子,然后破碎成粉状,保存在110~150℃待用</td><td>铝铍中间合金、铝铬中间合金熔炼覆盖剂,高熔炼温度用覆盖剂</td></tr>
<tr><td>NaCl(50)+KCl(50)</td><td rowspan="8">各组分在200~300℃烘烤3~5h,混合后在150℃保存待用</td><td>一般合金熔炼覆盖剂</td></tr>
<tr><td>NaCl(39)+KCl(50)+CaF_2(4.4)+Na_3AlF_6(6.6)</td><td>重熔废料</td></tr>
<tr><td>CaF_2(15)+$NaCO_3$(85)</td><td>重熔废料(覆盖用)</td></tr>
<tr><td>NaCl(60)+CaF_2(20)+NaF(20)</td><td>重熔废料(搅拌用)</td></tr>
<tr><td>NaCl(63)+KCl(12)+Na_2SiF_6(25)</td><td>熔制活塞铝合金</td></tr>
<tr><td>$MgCl_2$(14)+KCl(31)+$CaCl_2$(44)+CaF_2(11)</td><td rowspan="2">铝镁合金熔炼熔剂</td></tr>
<tr><td>$MgCl_2$(67)+NaC(18)+CaF_2(10)+MgF_2(15)</td></tr>
<tr><td>$MgCl_2$·KCl(光卤石)(100)</td><td rowspan="2">铝镁合金熔炼熔剂</td></tr>
<tr><td>$MgCl_2$·KCl(80)+CaF_2(20)</td><td rowspan="4">缓慢升至100℃保温,脱水后升温到660~680℃,熔化浇注,破碎后置于密封容器中待用</td></tr>
<tr><td>NaF(65)+NaCl(35)</td><td rowspan="2">真空精炼覆盖剂</td></tr>
<tr><td>NaF(40)+NaCl(45)+$NaAlF_6$(15)</td></tr>
</table>

3.2.2.3 涂料

铸造铝合金常用的坩埚、工具和锭模涂料见表3-116。

表3-116 坩埚、工具和锭模涂料

代号	组 分	配方(质量分数,%)	适用范围
T—1	耐火水泥 锆砂 苏打 水(温度大于40℃)	27.8 16.7 27.8 27.7	坩埚
T—2	白垩粉 水玻璃(密度1.45~1.55g/cm³) 水	22.2 2.8 74	浇注工具
T—3	滑石粉 水玻璃 水	20~30 6 余量	坩埚、锭模及浇注工具
T—4	氧化锌 水玻璃 水	10~20 3~5 余量	坩埚、锭模及浇注工具
T—5	耐火粘土 滑石粉 水玻璃 水	5~10 5~10 3~6 余量	坩埚、浇注工具
T—6	石墨粉 硅砂 耐火粘土 水玻璃	50 30 20 适量	铸铁坩埚涂料

3.2.3 熔炼及浇注工艺

3.2.3.1 铸造铝合金的炉料计算(配料)

1. 典型的铝合金熔炼炉料计算程序实例(见表3-117)

2. 简化计算 对于批量稳定生产的企业，由于各种合金锭、中间合金、纯金属和回炉料的质量稳定，炉料简化计算见表3-118。

表3-117 炉料计算程序实例

程 序	举 例
1. 确定熔炼要求 合金牌号 所需合金液的重量 所用的炉料(各种中间合金成分,回炉料用量 P 等)	1. 熔制ZL104合金80kg 根据具体情况选定的配料计算成分(均质量分数,下同)为:Si9%,Mg0.27%,Mn0.4%,Al90.33%,杂质Fe应不大于0.6%,其他杂质从略 炉料:中间合金,各种新金属料,回炉料 Al-Si中间合金:Si12%,Fe0.4% Al-Mn中间合金:Mn10%,Fe0.3% 镁锭:Mg99.8% 铝锭:Al99.5%,Fe0.3% 回炉料:$P=24$kg(占炉料总重的30%):Si9.2%,Mg0.27%,Mn0.4%,Fe0.4%
2. 确定元素的烧损量 E	2. 各元素的烧损量 E_{Si}1%,E_{Mg}20%,E_{Mn}0.8%,E_{Al}1.5%
3. 计算包括烧损在内的100kg炉料内各元素的需要量 Q $Q=\frac{100\text{kg}\times\alpha}{1-E}$ α—元素化学成分(质量分数)	3. 100kg炉料中,各种元素的需要量 Q $Q_{Si}=\frac{100\text{kg}\times 9\%}{1-E_{Si}}=9.09\text{kg}$ $Q_{Mn}=\frac{100\text{kg}\times 0.4\%}{1-E_{Mn}}=0.40\text{kg}$ $Q_{Mg}=\frac{100\text{kg}\times 0.27\%}{1-E_{Mg}}=0.34\text{kg}$ $Q_{Al}=\frac{100\text{kg}\times(100\%-9\%-0.4\%-0.27\%)}{1-E_{Al}}=91.7\text{kg}$

(续)

程序	举例
4. 根据熔制合金的实际重量 W,计算各元素的需要量 A: $A=\frac{W}{100}Q$	4. 熔制80kg合金实际所需元素量 A $A_{Si}=\frac{80}{100}\times Q_{Si}=7.27kg$ $A_{Mg}=\frac{80}{100}\times Q_{Mn}=0.27kg$ $A_{Mn}=\frac{80}{100}\times Q_{Mg}=0.32kg$ $A_{Al}=\frac{80}{100}\times Q_{Al}=73.37kg$
5. 计算在回炉料中各元素的含有重量 B	5. 24kg回炉料中所有元素重量 B $B_{Si}=24kg\times 9.20\%=2.21kg$ $B_{Mg}=24kg\times 0.27\%=0.07kg$ $B_{Mn}=24kg\times 0.4\%=0.1kg$ $B_{Al}=24kg\times 90.16\%=21.64kg$
6. 计算应补加的新元素重量 C: $C=A-B$	6. 应补加的新元素重量 C $C_{Si}=A_{Si}-B_{Si}=7.27kg-2.21kg=5.06kg$ $C_{Mg}=A_{Mg}-B_{Mg}=0.27kg-0.07kg=0.20kg$ $C_{Mn}=A_{Mn}-B_{Mn}=0.32kg-0.1kg=0.22kg$
7. 计算中间合金加入量 D: $D=\frac{C}{F}$ (F 为中间合金中元素的质量分数) 中间合金中所带入的铝量 $Al_M=D-C$	7. 相应于新加入的元素量应补加的中间合金量 $D_{Al\text{-}Si}=\frac{C_{Si}}{12\%}=5.06kg\times\frac{100}{12}=42.17kg$ $D_{Al\text{-}Mn}=\frac{C_{Mn}}{10\%}=0.22kg\times\frac{100}{10}=2.2kg$ 中间合金中所带入的铝量 $Al_{Al\text{-}Si}=42.17kg-5.06kg=37.11kg$ $Al_{Al-Mn}=2.2kg-0.22kg=2.08kg$
8. 计算应加入的纯铝 Al_C	8. 应补加入的纯铝量 $Al_C=A_{Al}-(B_{Al}+Al_{Al\text{-}Si}+Al_{Al\text{-}Mn})=73.37kg-(21.64kg+37.11kg+2.08kg)$ $=12.54kg$
9. 计算实际的炉料总重量 W	9. 实际的炉料总重量 $W=Al_C+D_{Al\text{-}Si}+D_{Al\text{-}Mn}+C_{Mg}+P$ $=12.54kg+42.17kg+2.2kg+0.2kg+24kg=81.11kg$
10. 核算杂质含量 u(以Fe为例)	10. 炉料中的Fe含量 $u=Al_C\times 0.3\%+D_{Al\text{-}Si}\times 0.4\%+D_{Al\text{-}Mn}\times 0.3\%+P\times 0.4\%$ $=12.54kg\times 0.3\%+42.17kg\times 0.4\%+2.2kg\times 0.3\%+24kg\times 0.4\%=0.309kg$ 炉料中的Fe的质量分数为 $u_{Fe}=\frac{0.309}{80}\times 100\%=0.39\%$

表3-118　铝合金配料简化计算

程　序	计算方法
1. 确定炉料重量	根据铸件和浇注系统计算浇注金属量，并根据3.2.3.8节工艺要求确定熔化金属量，即炉料总量
2. 确定配料成分	根据经验考虑各元素的烧损因素，确定合金的配料成分
3. 计算中间合金用量	$中间合金重量=\dfrac{炉料总量\times该元素配料成分-回炉料重量\times该元素回炉料成分}{该元素中间合金成分}$
4. 计算纯铝	纯铝加入量=炉料总量-回炉料重量-各种中间合金和纯金属总量
5. 核算杂质	$杂质元素成分=\dfrac{回炉料\times杂质成分+\Sigma(中间合金或纯金属\times杂质成分)}{炉料总量}$ 核算杂质元素满足标准要求，该炉合金配料即可以使用，如果杂质元素超过限量，应调整配料组成，减少杂质含量高的炉料使用量，进行重新配料计算

3.2.3.2　金属炉料的准备

配制合金用的各种金属炉料（纯金属、铝合金锭、铝中间合金和回炉料），必须在装炉前进行下列准备工作：

1）炉料的化学成分、表面状态和其他质量指标必须经过检验，检查是否符合规定的材料牌号及其技术标准的要求。

2）金属炉料经过破碎、压断、切割后的块度应符合表3-119要求。

表3-119　金属炉料的规格

名　称	规格要求
合金锭	3.2.1.3节
中间合金	3.2.1.2节
回炉料	3.2.1.4节
纯铝锭	根据熔炼炉的容量使用整块铝锭或切碎使用
纯镁锭	锯断成能放入压罩的小块
结晶硅	根据熔炼炉的大小破碎后过20号筛，粉状不用
电解铜	切割成面积小于150mm×150mm的小块
金属锰	切割成面积大约10mm×10mm的小块
电解镍	切割成面积小于100mm×100mm的小块
锌锭	根据熔炼炉容量切成小块
金属铍	除去油脂后切碎
金属钛	破碎或加工成直径为5~10mm的小块

3）金属炉料应清洁，不得带有泥沙、芯骨、油污、水分、过滤网和镶嵌件等。

4）金属炉料在装炉前需要预热，预热一般为350~450℃下保温2~4h。Zn、Mg及RE在200~250℃下保温2~4h。在保证坩埚涂料完整和充分预热的情况下，除Zn、Mg、Sr、Cd及RE等易熔材料外的炉料允许随炉预热。

3.2.3.3　工艺材料的准备

熔炼用精炼剂和变质剂的准备见表3-120。其他熔剂的准备见表3-115。

表3-120　熔炼用精炼剂和变质剂的准备

名　称	准备要素	用　途
六氯乙烷	1. 按规定用量称重，与处理后的添加剂混合均匀 2. 置于压模内压制成 ϕ50mm×(20~30)mm的圆饼，密度为1.8g/cm³，或用铝箔分包 3. 保存于密封的干燥器中，使用前置于熔炉旁预热	精炼剂
氯化锰	1. 铺于不锈钢盘内，厚度约10mm 2. 120~140℃烘烤6~8h呈粉红色 3. 压成团块 4. 使用前于120~140℃烘烤2~4h	精炼剂

（续）

名　称	准备要素	用　途
氯化锌	1. 铺于不锈钢盘或陶瓷容器内 2. 在370～400℃的炉中熔化，熔化开始氯化锌溶液剧烈沸腾和冒烟，冒白烟转变成冒黄烟，直到溶液表面不再冒泡 3. 将熔好的氯化锌在干净的容器内浇成薄片 4. 保存在150～200℃的恒温箱内待用	精炼剂
氟硅酸钠	1. 平铺于不锈钢盘内，厚度约10mm 2. 在烘箱内于350～400℃烘烤2～4h 3. 冷却后按规定用量与六氯乙烷混合后压成块，或用铝箔分包，保持干燥待用	添加剂
二氧化钛	1. 平铺于不锈钢盘内厚度约10mm 2. 在烘箱内于400～500℃烘烤3～4h 3. 冷却后按规定用量与六氯乙烷混合后压成块，或用铝箔分包，保持干燥待用	添加剂
氯气、氮气、氩气	1. 使用前应经过浓硫酸干燥器和氯化钙干燥器进行脱水处理 2. 干燥箱内应清洁无锈迹，氯化钙装入前应在300～400℃烘烤1h 3. 浓硫酸、氯化钙应根据实际情况定期更换（一般1～2月）	精炼剂
四氯化碳	1. 将泡沫耐火砖或石棉绳烘烤脱水，以铝箔包好，上留一小孔 2. 将称量好后的四氯化碳自小孔缓慢注入，然后封闭小孔	精炼剂
钠盐变质剂	1. 烘烤法 （1）在不锈钢盘内铺平 （2）在300～400℃烘烤3～4h （3）将结成的硬块粉碎并用40号筛过筛，放在干燥器内备用 （4）使用前称重，置于炉边预热待用 2. 熔融法 （1）将混合后的盐在坩埚熔化 （2）升温使其沸腾至无气泡及无烟时搅拌均匀，浇入预热的锭模内 （3）凝固后粉碎，放在干燥器内备用 （4）使用前称重，置于炉边预热待用	变质剂

3.2.3.4　熔炼浇注设备和工具

1. 常用的熔炼浇注工具

1）浇勺（容量0.5～1kg）。其结构及尺寸见图3-110和表3-121。

2）浇包（容量0.5～7kg）。其结构及尺寸见图3-111a及表3-122。浇包（容量8～20kg）。其结构及尺寸见图3-111b及表3-123。

表3-121　浇勺尺寸

容量/kg	D/mm	B/mm	R/mm	d/mm
0.5	100	115	5	8
1	125	140	7	10

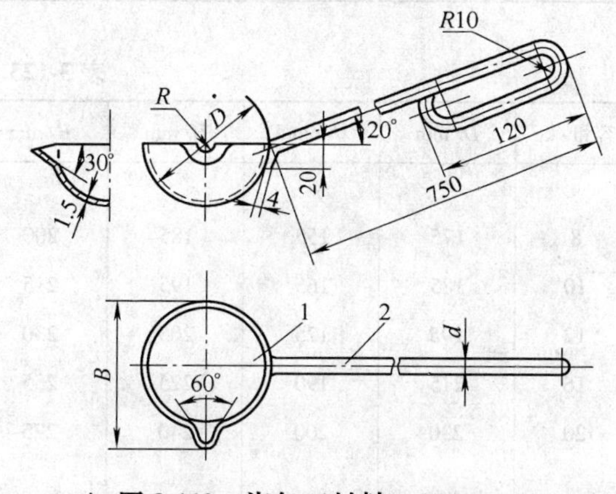

图3-110　浇勺（材料：Q235A）

1—勺　2—手柄

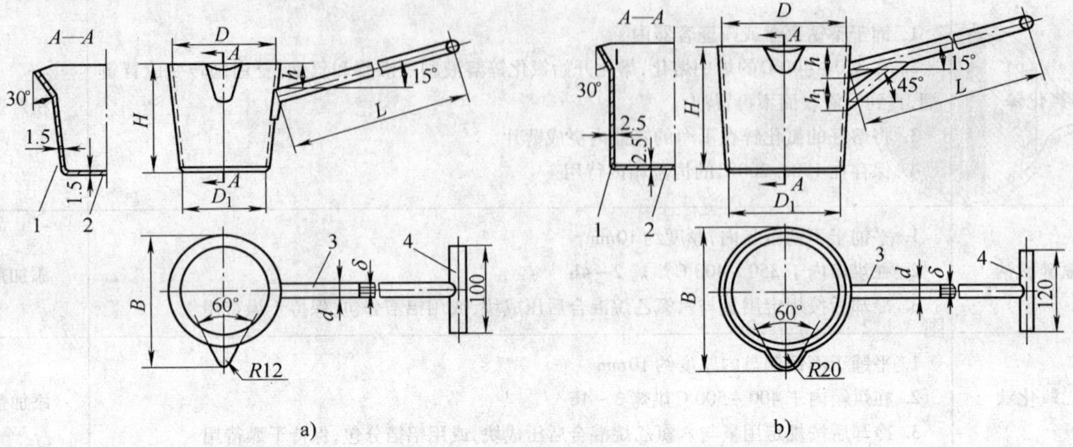

图3-111 浇包

1—外壳 2—底 3—手柄 4—把手

表3-122 浇包尺寸

容量/kg	D/mm	D_1/mm	H/mm	h/mm	B/mm	d/mm	δ/mm	L/mm
0.5	70	55	75	15	85	15	2	800
1	90	70	95	20	105	15	2	800
1.5	100	75	105	25	115	15	2	800
2	110	95	115	30	130	15	2	800
2.5	120	100	125	35	140	15	2	800
3	125	105	130	40	145	15	2	800
3.5	130	110	140	45	150	18	2.5	1000
4	140	120	150	50	165	18	2.5	1000
5	150	130	160	55	175	18	2.5	1000
6	160	140	165	60	185	18	2.5	1000
7	165	145	170	65	190	18	2.5	1000

表3-123 浇包尺寸

容量/kg	D/mm	D_1/mm	H/mm	B/mm	h/mm	h_1/mm	d/mm	δ/mm	L/mm
8	175	155	185	200	60	65	20	2.5	1200
10	185	165	195	215	60	70	20	2.5	1200
12	195	175	205	230	65	70	20	2.5	1300
16	215	190	225	255	70	75	25	3	1300
20	230	200	240	275	75	80	25	3	1300

3）过滤浇包结构见图 3-112。

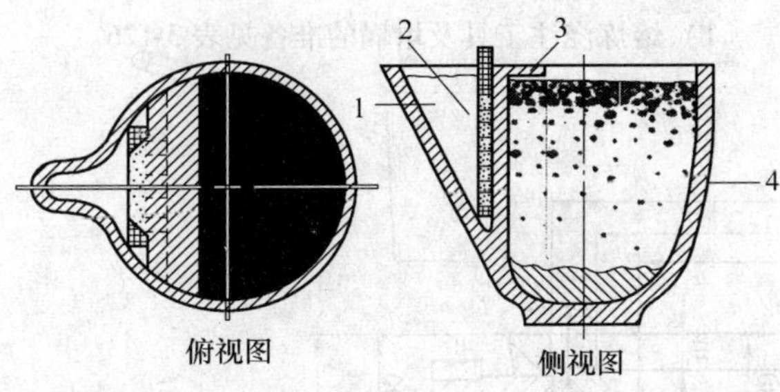

图 3-112　过滤浇包

1—干净合金液　2—挡板

3—过滤器　4—坩埚

4）撇渣勺结构及尺寸见图 3-113 及表 3-124。

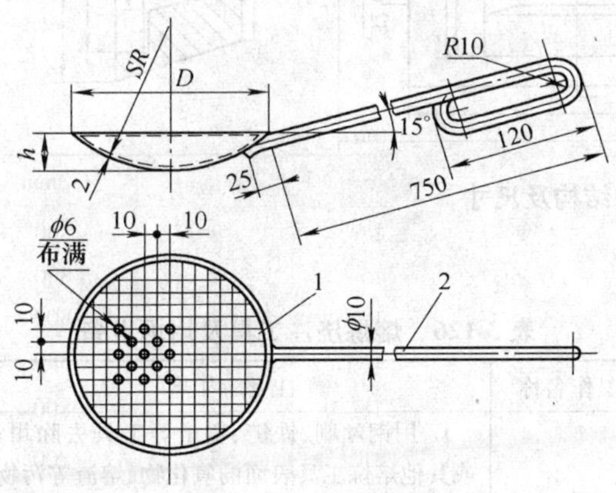

图 3-113　撇渣勺

1—圆盘（材料：20）

2—手柄（材料：Q235A）

表 3-124　撇渣勺尺寸

D/mm	120	150
h/mm	20	25
SR/mm	100	125

5）精炼钟形罩的结构及尺寸见图 3-114 及表 3-125。

表 3-125　钟形罩的尺寸

D/mm	60	80
H/mm	80	100

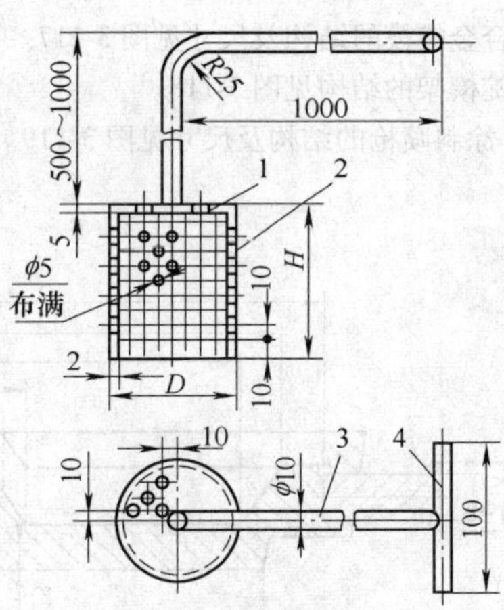

图 3-114　钟形罩

1—罩盖（材料:20）　2—罩体（材料:20）

3—弯杆（材料:Q235A）　4—手柄（材料:Q235A）

6）变质处理压罩的结构及尺寸见图 3-115。

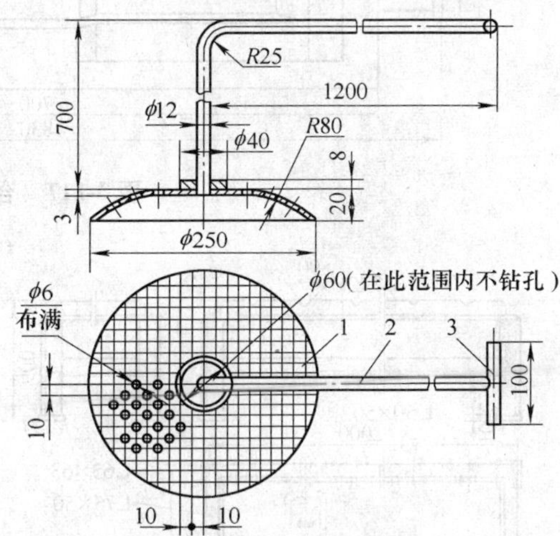

图 3-115　压罩

1—罩（材料：20）　2—弯杆（材料：Q235A）

3—手柄（材料：Q235A）

7）中间合金锭模的尺寸见图 3-116。

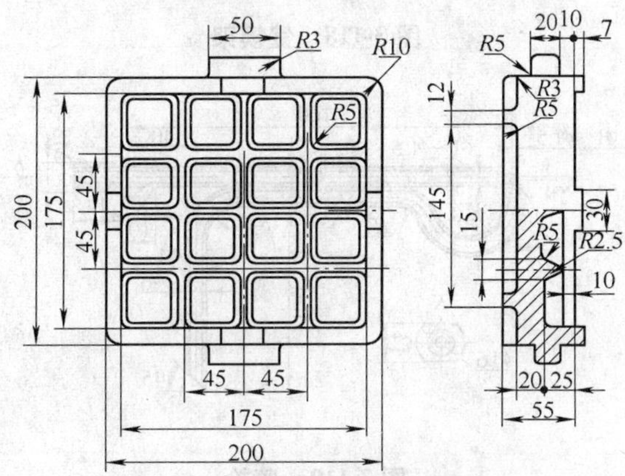

图 3-116　锭模（材料：HT200）

8）合金锭模的结构及尺寸见图3-117。

9）锭模架的结构见图3-118。

10）涂料喷枪的结构及尺寸见图3-119。

2. 熔化炉的选择（参见第11章）

3. 熔炼浇注工具及坩埚的准备

1）熔炼浇注工具及坩埚的准备见表3-126。

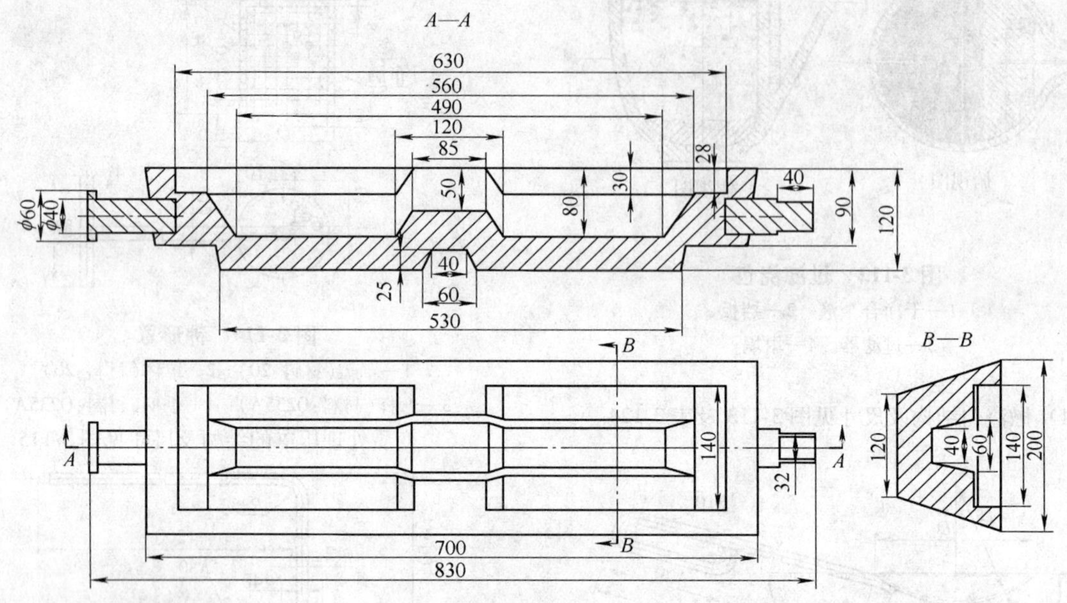

图3-117 合金锭模的结构及尺寸

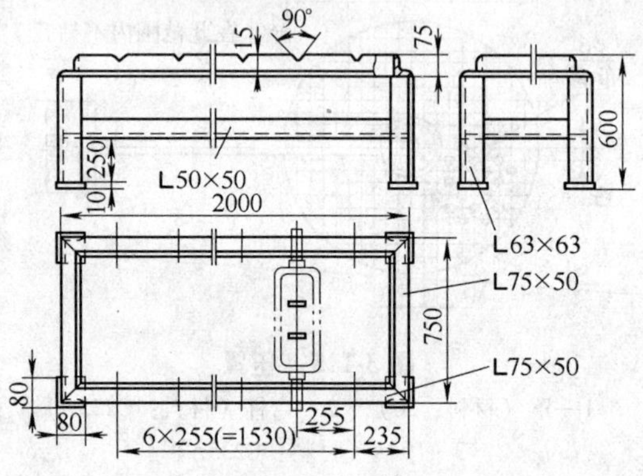

图3-118 锭模架

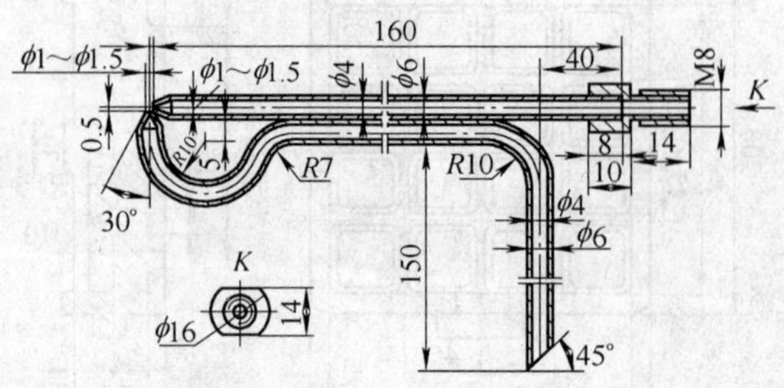

图3-119 喷枪

表3-126 熔炼浇注工具及坩埚准备

工作名称	工作内容
清理	1. 用钢丝刷、铁铲、錾子等工具去除坩埚或其他熔炼工具表面的氧化物、熔渣等污物 2. 喷砂处理 3. 检查坩埚，不应有裂纹、穿孔和明显的变形等
预热	预热至200～300℃，坩埚或其他工具呈暗红色
涂料	1. 在坩埚和工具表面均匀喷涂涂料，涂料厚度0.5～1.5mm，坩埚底部稍厚 2. 喷涂涂料发现脱落，应清理干净后重新喷涂 3. 涂料后坩埚和工具要继续加热至550℃以上使用，或氧化锌型涂料呈淡黄色后使用 4. 连续熔炼同一牌号合金，允许每两炉次喷涂坩埚一次

2）铸铁坩埚建议渗铝后使用，以提高使用寿命。铸铁坩埚外表面喷砂，除去锈和油污，预热至150～250℃，平稳压入温度为840～860℃，铁含量

（质量分数）为6%～8%的铝铁合金液中，保温45～60min，提出冷却，然后在渗铝层表面涂一层厚0.5～1mm的涂料（见表3-116），自然干燥24h放在炉内加温至1000℃±20℃，保温5h后随炉冷却至600℃以下。

3）石墨坩埚的准备。采用石墨坩埚熔化中间合金、高纯度合金，新的石墨坩埚在使用前可按图3-120的曲线进行焙烧，以去除坩埚的水分并防止炸裂。旧石墨坩埚使用前应预热至250～300℃。

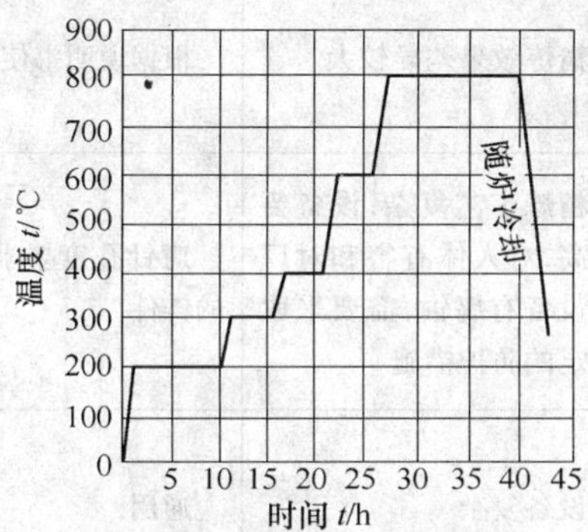

图3-120　石墨坩埚焙烧时间—温度曲线

3.2.3.5　精炼

1. 常用精炼方法　铝合金在熔炼过程中，熔体中存在气体（主要是氢）、非金属夹杂物及其他金属杂质等，容易导致铸件气孔、夹杂、针孔、裂纹，材料力学性能降低等缺陷。要求在100g铝铸件中，一般用途的铸件含氢量在0.15～0.20cm^3，航空航天及军用铸件的含氢量在0.1cm^3以下。铸造中采用精炼工艺和过滤等去除合金中有害的夹杂和气体。

常用的铸造铝合金精炼方法有熔剂、气体和真空等方法。

1）熔剂精炼法。精炼熔剂一般为含氯化合物，如氯化锌（$ZnCl_2$）、氯化锰（$MnCl_2$）、六氯乙烷（C_2Cl_6）、四氯化碳（CCl_4）和氟利昂（F_{12}）等。主要是利用这些物质中的氯（Cl）与合金液中的铝（Al）反应形成氯化铝（$AlCl_3$），氯（Cl）与合金液中的氢（H）反应形成氯化氢（HCl），以气泡形式浮出合金液过程中，吸附合金液中的非金属夹杂和氢。

2）气体精炼法。铸造铝合金气体精炼使用的气体主要包括惰性气体和活性气体两种。

①铝合金精炼用惰性气体与熔融的铝及溶解的氢不起化学反应，也不溶解于铝中，一般采用氮气或氩气。惰性气体吹入铝液后，形成许多细小的气泡。气泡在从熔体中通过的过程中，熔体中的氧化夹杂被吸附在气泡的表面上，熔体中的氢向气泡中扩散，并夹杂和氢随气泡上浮到熔体表面被带出合金，达到净化熔体的精炼作用。高温下氮和铝液反应形成氮化铝，氮气精炼温度一般控制在710～720℃。镁和氮易生成氮化镁，因此铝镁系合金不希望用氮气精炼。

②铝合金精炼活性气体主要是氯气。氯气本身不溶于铝中，但氯与铝以及铝液中的氢和铝迅速发生形成HCl和$AlCl_3$（沸点183℃）都是气态，不溶于铝液，它和未参加反应的氯一起形成气泡上浮，吸附夹杂和氢，达到精炼合金的作用。氯气对铝合金液的精炼净化效果比氮气效果好，工程上一般采用氮气与氯气的混合（体积混合比例9∶1）气体精炼铝合金。氯气精炼显著降低钠变质效果，一般变质在氯气精炼后进行。氯气精炼会导致合金铸锭结晶组织粗大。工程上还使用混合气体加熔剂粉末的精炼工艺，夹带熔剂的气泡进入熔体后，粉状熔剂熔化，以液体熔剂膜的形式包围着气泡表面，提高了气泡表面的活性，加强了吸附除渣和吸氢能力，显著提高精炼效果。

3）真空精炼法。真空精炼根据气体溶解度与其分压的平方根关系，在真空下溶解在铝液中的氢有强烈的析出倾向，形成气泡，在上浮过程中吸附非金属夹杂并带出铝合金液，使铝合金液得到净化。

常用精炼方法比较（见表3-127）。

2. 常用的精炼工艺参数（见表3-128）

3. 气体精炼设备结构（见图3-121）

表3-127　常用精炼方法比较

精炼方法	精炼剂	操作方法	优点	缺点	适用范围
熔剂(含氯化合物)	六氯乙烷	钟罩压入	精炼效果好，操作方便，设备简单，精炼剂不吸湿，易于保存	反应剧烈，不易控制。成本高，污染环境	铸造铝合金通用精炼剂，特别适合于Al-Cu合金
	氯化锌		操作方便，设备简单，价格便宜	吸湿性强，精炼效果差，锌元素污染部分合金	废料重熔及二次合金精炼，质量要求低的铸件

（续）

精炼方法	精炼剂	操作方法	优点	缺点	适用范围
熔剂（含氯化合物）	氯化锰	钟罩压入	操作方便，设备简单，价格便宜，吸湿性较氯化锌小	烘烤不适当，会降低精炼效果，精炼后合金液中残留有锰元素	含锰的铝合金
	氟利昂	专用设备	精炼效果好	设备复杂，有污染	通用
	四氯化碳	钟罩压入或使用设备	除气效果好，同时对合金有晶粒细化作用	合金中 Mg 的损耗大，设备复杂	ZL101 合金使用效果好
	成品精炼剂	钟罩压入	使用方便，污染低，成本低，一些精炼剂有变质和晶粒细化的作用	精炼效果差异较大	根据说明书使用
气体	氯气	专用设备	精炼效果非常好	精炼工艺复杂，设备要求高，对人体有害和对厂房设备有腐蚀，需要采取一定的防护措施	对针孔度要求极严格的铸件
	氯气＋氮气或氩气	专用设备	精炼效果好，可以减轻氯气对人体的损害和对厂房设备的腐蚀	设备复杂	通用
	氮气或氩气	专用设备	精炼效果好，成本低，无污染，设备简单	—	特别用于锶变质合金的精炼，为推荐采用的精炼技术
	气体＋熔剂	专用设备	精炼效果好，质量稳定，无污染		通用
真空	静态真空	将熔体置于4kPa以下的真空环境中	精炼效果好，不污染合金液	铝液表面致密氧化膜降低精炼效果，可以在熔体表面撒上一层熔剂，明显提高精炼效果	通用
	静态真空加电磁搅拌	将熔体置于真空下，同时进行电磁搅拌	对熔体施加电磁搅拌，可以提高熔体深层的除气速度	设备复杂，Na、Mg、Zn等易挥发元素的烧损增加	有特殊要求的铸件，如针孔度要求严格、厚大铸件等
	动态真空	将熔体置于真空下，然后向炉内喷射熔体	最大限度的去除合金液中的气体	设备复杂，工艺要求严格	

表 3-128　常用的精炼工艺参数

精炼剂	适用合金	精炼剂用量（质量分数，%）	精炼温度/℃	精炼时间/min	静置时间/min	备　注
六氯乙烷＋二氧化钛	Al-Cu、Al-Si	0.5～0.7	700～730	10～12	10～15	—
六氯乙烷＋氟硅酸钠	ZL101、ZL104、ZL105	0.5～0.8	710～750	10～12	10～15	—

（续）

精炼剂	适用合金	精炼剂用量（质量分数，%）	精炼温度/℃	精炼时间/min	静置时间/min	备　注
氯化锌	ZL104、ZL101 一般合金	0.25 0.15~0.2	710~720 690~710	5~8 5~8	8~10 8~10	—
氯化锰	ZL201	0.2~0.3	710~730	5~8	5~10	—
氯气	ZL105	15~20Pa	680~700	10~15	5~10	—
氯气+氮气或氩气	通用	15~20Pa	710~720	10~15	5~10	—
氮气或氩气	通用	15~20Pa	700~720	15~20	5~10	—
光卤石或氟化钙	Al-Mg合金	2~4	660~680	搅拌至合金液面呈镜面，熔渣与合金液分离	—	含Be、Ti合金
光卤石（或钡熔剂）	Al-Mg合金	1~2	680~700		—	不含Be、Ti合金
四氯化碳	Al-Si合金 Al-Cu合金	0.2~0.3	690~710 700~720	7~10	10~15	—
真空精炼	Al-Si合金 Al-Cu合金	真空度：剩余压力小于4kPa	750~800	10~15	—	为了增加精炼效果，可以在合金液表面撒二元或三元熔剂

注：1. 铸件针孔度要求严格、炉料质量差及潮湿季节，精炼剂用量偏上限。

2. 压铸合金可以在低于表列精炼温度的下限20℃精炼。

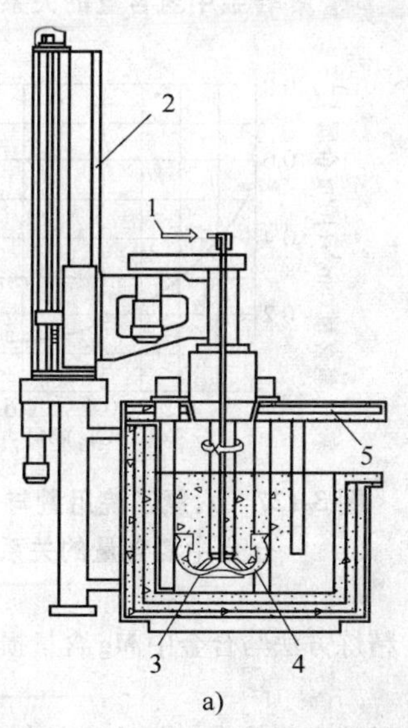

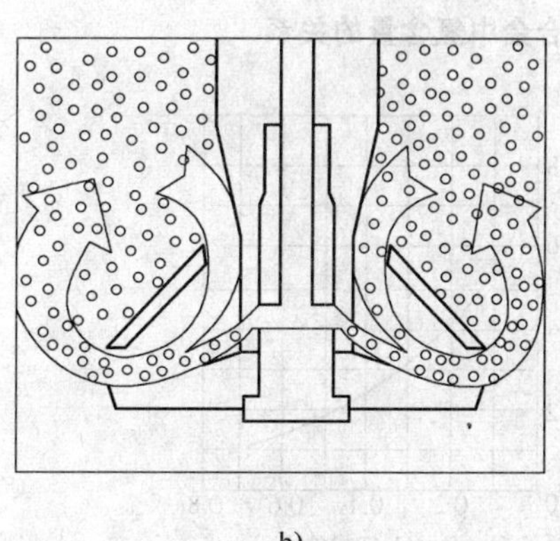

图3-121　气体精炼设备结构

a）气体精炼设备结构示意图　b）喷嘴结构示意图

1—惰性气体　2—升降装置　3—旋转喷嘴　4—挡板　5—出液口

4. 常用精炼方法与合金中含气量的关系（见图 3-122 ~ 图 3-127）

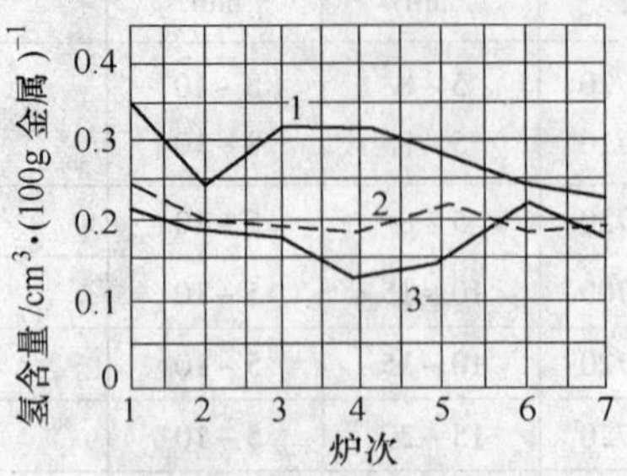

图 3-122　不同精炼剂精炼后 ZL101 合金中的氢含量

1—用量 w（$ZnCl_2$）为 0.25%

2—用量 w（C_2Cl_6）为 0.6%

3—用量 $w(C_2Cl_6)$75% + $w(Na_2SiF_6)$25%，总计为 0.6%

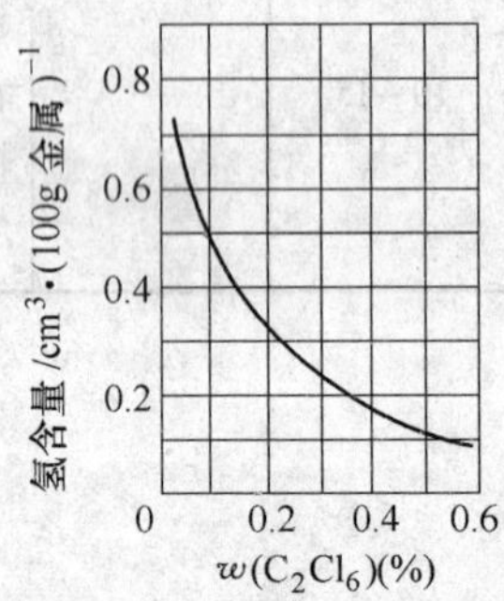

图 3-123　六氯乙烷用量与 ZL101 合金中氢含量的关系

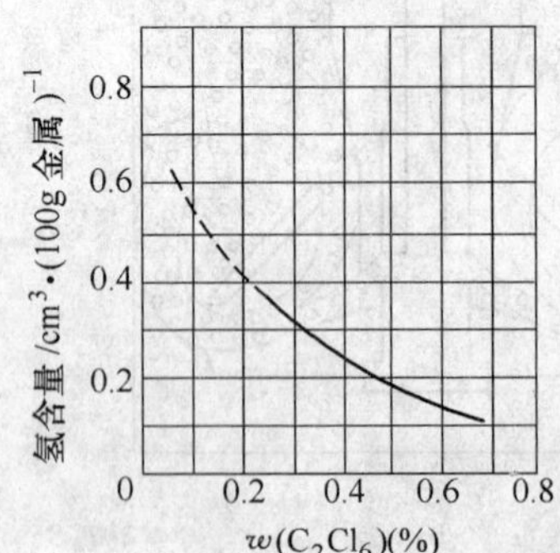

图 3-124　六氯乙烷用量与 ZL105 合金中氢含量的关系

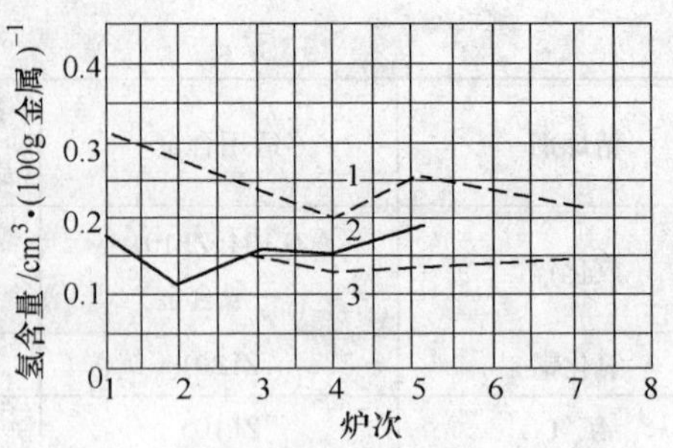

图 3-125　不同精炼剂精炼后 ZL104 合金中的氢含量

1—$w(ZnCl_2)$ = 0.25%　2—$w(C_2Cl_6)$ = 0.6%

3—[$w(C_2Cl_6)$50% + $w(Na_2BF_4)$25% + $w(NaF)$25%] = 0.6%

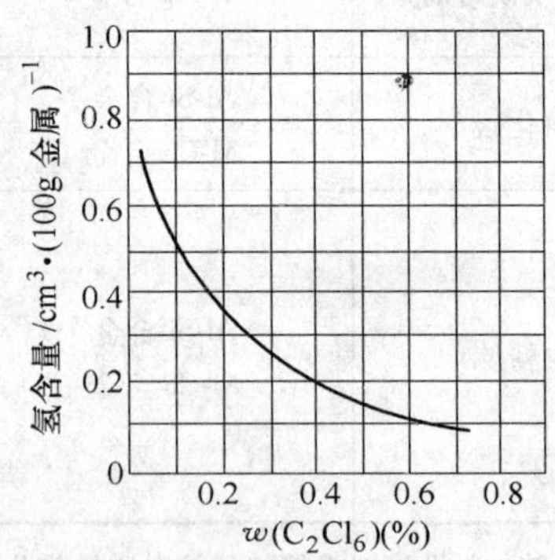

图 3-126　六氯乙烷用量与 ZL104 合金中氢含量的关系

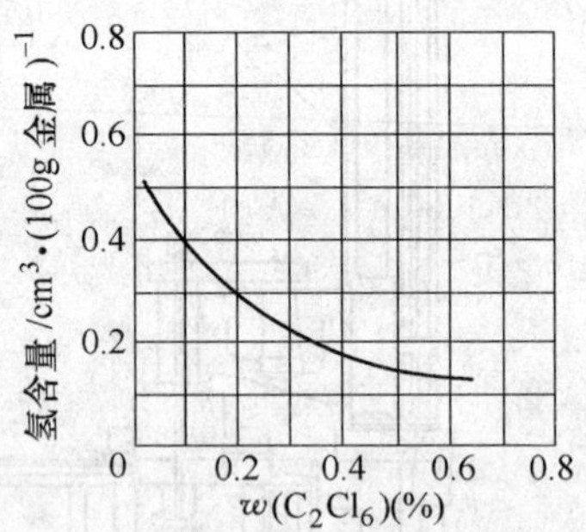

图 3-127　六氯乙烷用量与 ZL201 合金中氢含量的关系

5. 精炼方法与合金中 Mg 含量损耗的关系（见表 3-129）

6. 过滤净化技术　铝合金熔体过滤技术配合精炼成为得到高纯净度铸件和铸锭的有效手段。目前广泛采用的铝合金熔体过滤器主要有陶瓷纤维编织网、陶瓷过滤器、泡沫过滤器和金属网等。

表3-129　精炼方法与合金中Mg含量损耗的关系（质量分数,%）

精炼剂	合金代号	Mg			备　注
		配料成分	精炼后成分	损耗量(%)	
氯化锌	ZL101 ZL104 ZL105	0.4 0.28 0.5	0.35 0.24 0.45	10~15	第二次精炼损耗约为10%
六氯乙烷	ZL101 ZL104 ZL105	0.4 0.35 0.56	0.32 0.26 0.49	20~25	—
六氯乙烷50% 二氧化钛50%	ZL105	0.6	0.48	20	
六氯乙烷75% 氟硅酸钠25%	ZL105	0.6	0.46	23	—
四氯化碳	ZL101	0.44	0.32	27	—
惰性气体	ZL116	0.50	0.46	8~10	—

注：数据为电阻坩埚炉熔炼数据。

3.2.3.6　变质剂和变质处理

1. 钠（Na）变质　钠变质主要用于亚共晶铝硅系合金，在合金熔体中加入质量分数为0.015%的钠对合金液有明显的变质效果，钠变质后的合金液浇注铸件后，Na元素残留质量分数一般在0.002%左右。铸造铝合金钠变质一般使用钠盐混合物，先将配制好的钠盐变质剂在300~400℃下预热，然后将预热后的变质剂撒在合金液面上，保持10~12min，此时应不断地打碎硬壳使气体排出，然后用压勺将碎壳压入合金液内约3~5min，深度为100~150mm。取出压勺撇渣，如熔渣过稀可用适量的（约100~200g）经充分预热至300~400℃的氟化钠、氟化钙或冰晶石造渣。钠盐变质处理在清理熔渣后就可以达到最佳效果，变质效果会随着时间的延长而降低，一般钠盐变质有效熔体的使用时间在45min以内。钠盐变质处理效果受工艺参数影响而波动很大。常用钠盐变质工艺参数见表3-130。

表3-130　常用钠盐变质工艺参数

变质剂名称	变质剂用量（占合金液的质量分数,%）	变质处理温度/℃	二次变质的变质剂用量(占剩余合金液的质量分数,%)
二元	1~2	800~810	0.5~1.0
三元	2~3	725~740	0.5~1.0
通用一号	1~2	800~810	0.5~1.0
通用二号	2~3	750~780	0.5~1.0
通用三号	2~3	710~750	0.5~1.0

2. 锶（Sr）变质　亚共晶铝硅合金中加入质量分数为0.02%~0.10%的Sr可以获得与钠变质同样的效果，且具有长效变质作用，变质作用有效时间可达6~7h，但Sr变质合金液有30~45min的孕育期。Sr可以以多种形式加入到熔体中，工程上一般采用铝锶中间合金进行变质处理。常用的铝硅合金变质用Sr合金有AlSr90、AlSr5、AlSr10、AlSr10Ti1和AlSr10Si14等。AlSr5、AlSr10和AlSr10Ti1合金在熔体中熔化缓慢，会沉入合金液底部，使用时应持续搅拌10min左右。AlSr10Si14合金密度低，浮于合金液表面，应采用钟罩等工具压入合金液中。

Sr的重熔再生能力通常在90%以上，Sr变质合金重熔仍有变质效果，如果金属中残留质量分数为0.008%的锶元素，就可以产生明显的变质效果，重熔合金应适当减少变质剂加入量。Sr变质合金的吸气倾向提高，含氯精炼熔剂会显著降低Sr的变质效果，应采用惰性气体精炼工艺对Sr变质合金进行精炼。Sr变质与Na变质实际上可以同时使用。

3. 锑（Sb）变质　在合金中加入质量分数为0.15%~0.3%的Sb可以得到长效变质的效果，Sb变质一般不受保温时间、精炼和重熔的影响，可作为永久变质剂。用Sb的质量分数为5%~8%的铝锑中间合金将Sb加到合金中。加Sb变质的合金对铸造凝固速度敏感，如凝固冷却速度低或铸件壁厚较大时会降低变质效果。Sb会与合金中的Mg形成Mg_3Sb_2化合物降低了Mg的强化作用。Sb变质与Na、Sr不相容，经钠变质的合金再加Sb会形成Na_3Sb使晶粒变粗，性能变坏。部分Sb化合物有毒，Sb变质合金不能用于制造与食物和药品等接触的产品。

4. 磷（P）变质 P对过共晶铝硅合金有一定的变质作用。过共晶铝硅合金变质主要是改变初生Si的尺寸和形状，在熔体中，P与Al形成高熔点且与Si晶体结构相似的AlP_3颗粒，可作为出生硅晶核。过共晶铝硅合金磷变质的加入形式一般有磷铜合金、铝磷化合物、硅磷化合物、镁磷化合物、赤磷或氯化磷（PCl_3、PCl_5）复合变质剂等。氯化磷在162℃升华，可以通过氯气、氮气等载体吹入熔体中。磷变质合金重熔仍有变质效果。磷与钠、锶产生反应，抵消彼此的变质作用，不能同时使用。

5. 其他变质方法 稀土金属（RE）对铸造Al-Si合金具有一定的变质作用，合金中加入质量分数为0.1%～1.5%的RE可以产生变质效果，RE变质具有长效性和重熔性。铋（Bi）可作为铝硅合金长效变质剂。工程上采用$AlBi_5$中间合金形式加入，Bi的加入量为合金液质量分数的0.2%～0.8%。Bi的密度为Al的4倍，在合金液中易产生偏析。Bi变质不能获得完全变质的作用，只适用于不重要的铸件。碲（Te）有良好的变质和细化αAl枝晶的作用，加入量为合金质量分数的0.1%左右，Te变质的孕育期为40min，具有长效变质作用，重熔后也保持其变质作用。钡（Ba）是一种铝硅合金长效变质剂，加入量为合金液质量分数的0.05%～0.08%，工程上以Al-Si-Ba中间合金的形式加入。Te和Ba变质对铸件冷却速度敏感，缓冷铸件变质效果差。S对过共晶合金也有一定的变质作用。近年来成品变质剂的使用日益广泛，这种成品变质剂使用方便但效果差别较大，其处理工艺参照产品说明书。

3.2.3.7 晶粒细化

常用的铝及铝合金晶粒细化剂有中间合金细化剂、粉状盐类细化剂等，见表3-131。

表3-131 常用铸造铝合金晶粒细化剂

种类	系 列	成分(质量分数)	状 态	规 格
中间合金形式细化剂	Al-Ti	Al-3% Ti Al-6% Ti Al-10% Ti	Waffle锭	1～22kg
	Al-3Ti-B	Al-3% Ti-1% B Al-3% Ti-0.6% B Al-3% Ti-0.2% B	Waffle锭丝	1～22kg ϕ8～10mm
	Al-5Ti-B	Al-5% Ti-1% B Al-5% Ti-0.6% B Al-5% Ti-0.2% B	Waffle锭丝	1～22kg ϕ8～10mm
	Al-Ti-C	—	—	—
	Al-Sr	Al-3.5% Sr Al-10% Sr	Waffle锭	1～22kg
	Al-Ti-B-Sr	Al-5% Ti-1% B-1.5% Sr	Waffle锭	1～22kg
粉状盐类细化剂	氟盐	K_2TiF_6	粉末	
	混合盐	57% K_2TiF_6 + 23% KBF_4 + 20% C_2Cl_6	粉剂、片剂	
	混合盐	41% K_2TiF_6 + 29% KBF_4 + 22% NaCl + 8% Al(粉末)	粉剂、片剂	

3.2.3.8 熔炼工艺

1. 铝硅合金的典型熔炼工艺（见表3-132）

2. 铝铜合金的典型熔炼工艺（见表3-133）

3. 铝镁合金的典型熔炼工艺（见表3-134）

3.2.3.9 浇注工艺（见表3-135）

表 3-132　铝硅合金的典型熔炼工艺

工序	ZL101	ZL104
加料熔化	1. 未重熔的回炉料和重熔的回炉料 2. 纯铝 3. 铝硅中间合金 4. 熔化后搅拌均匀 5. 680 ~ 700℃时加 Mg	1. 未重熔的回炉料和重熔的回炉料 2. 纯铝、铝硅和铝锰中间合金 3. 熔化后搅拌均匀 4. 680 ~ 700℃时加 Mg
精炼	1. 按 3.2.3.5 工艺精炼 2. 静置 15 ~ 20min 3. 撇渣	1. 按 3.2.3.5 工艺精炼 2. 静置 15 ~ 20min 3. 撇渣
变质	根据需要按 3.2.3.6 要求进行变质处理	根据需要按 3.2.3.6 要求进行变质处理
浇注	按铸件工艺要求进行浇注	按铸件工艺要求进行浇注

表 3-133　铝铜合金的典型熔炼工艺

工序	ZL201	ZL205A
加料熔化	1. 加入回炉料，合金锭，纯铝、铝锰和铝钛中间合金 2. 熔化后加入铝铜中间合金并轻微搅拌 3. 升温至 740 ~ 750℃ 4. 搅拌 3 ~ 5min	1. 加入回炉料，合金锭，纯铝、铝锰、铝钒和铝锆中间合金 2. 熔化后加入铝铜、中间合金和金属镉 3. 熔化后在 740 ~ 750℃加入 Al-Ti-B 中间合金 4. 搅拌 10 ~ 15min
精炼	1. 710 ~ 720℃用六氯乙烷二氧化钛精炼剂精炼 2. 静置 10 ~ 15min 3. 按工艺要求调整温度	1. 710 ~ 730℃用六氯乙烷二氧化钛精炼剂精炼 2. 静置 10 ~ 15min 3. 按工艺要求调整温度
浇注	1. 浇注前轻微搅拌 2. 按铸件工艺要求浇注	1. 浇注前轻微搅拌 2. 按铸件工艺要求浇注

表 3-134　铝镁合金的典型熔炼工艺

工序	含铍、钛的铝镁合金	不含铍、钛的铝镁合金
加料熔化	1. 加入铝锭、铝铍、铝钛及其他中间合金 2. 第一批炉料熔化后撒入 2% ~ 4% 的覆盖剂（光卤石或氟化钙） 3. 装入大块的回炉料和合金锭 4. 炉料全部熔化后于 690 ~ 700℃将熔剂壳打破加 Mg	1. 加入铝锭 2. 熔化后加入 5% ~ 6% 的光卤石熔剂覆盖于液面 3. 装入回炉料和合金锭 4. 熔化后于 690 ~ 700℃时加 Mg
精炼	于 660 ~ 680℃加入精炼剂并将熔剂压入合金液面之下，加以搅拌、至熔剂与金属分离，金属液表面呈镜面	于 660 ~ 680℃将 1% ~ 2% 的光卤石或钡熔剂撒入，并搅拌至熔剂与金属分离，液面呈镜面
浇注	调整温度按铸件工艺要求浇注	调整温度按铸件工艺要求浇注

表3-135 浇注工艺参数

合金代号	坩埚底部金属剩余量	保温浇注时间/h	总熔化时间/h	浇注温度/℃	备注
ZL101、ZL102 ZL104、ZL105	150~200mm	2~3	4~6	680~760	—
ZL201	金属总重量的15%~20%	1~2	4~6	700~750	—
ZL203	150~200mm	2~3	4~6	700~760	—
ZL205A	150~200mm	1~2	4~6	700~750	—
ZL301 ZL303	金属总重量的15%~20%	2~3	4~6	680~740	采用有挡板的浇包浇注
ZL401	150~200mm	2~3	4~6	700~780	—

3.2.4 炉前检查

3.2.4.1 温度

铝合金熔炼常用测温仪表有指针型、数字型、电位差计、大型圆图自动平衡记录调节仪和便携测温仪表等。铸造铝合金熔炼一般使用K型热电偶，为准确地控制合金液温度，经常在熔化炉炉膛（电炉丝和坩埚外壁之间）内装一根热电偶，由仪表自动控制炉膛温度。另用一根热电偶插在合金液中在精炼、浇注等工序准确地测定合金液的温度。热电偶需装钢保护套管，炉膛控温热电偶常用不锈钢保护套管，合金液测温热电偶常用碳钢保护套管并在套管表面喷涂涂料。热电偶延长部分需要使用对应的补偿导线连接，不能使用普通导线。

3.2.4.2 气体含量㊀

1. 减压凝固检查方法（参见第2章中2.3.4.1）

2. 常压凝固检查方法　合金液精炼静置后，炉前在石墨（或陶瓷、砂型等）模中浇注 ϕ80mm × 20mm 的圆饼形试样。在试样凝固过程中观察凝固表面上气泡析出情况以判断精炼的效果。浇注试样前石墨模应在300~350℃预热。

3. 炉前测氢仪（见表3-136）

表3-136 炉前测氢仪

型号	测量范围/cm³(100g 金属)⁻¹	灵敏度/cm³(100g 金属)⁻¹	分析时间/min	特点
SQH-1	0.02~1.0	0.01	<5	—
MHS-806	~2	0.01	3~5	—
HYSCAN	~1.99	0.01	<5	—
ALUSPEED	0.05~9.99	0.01	<1	可以测氢、测密度、测熔渣，具有体积小，反应快、成本低等优点
CHAPEL	0~9.99	±0.015	<2s	具备连续和间隔测氢功能，多点同步测量，需要探头
ALSCAN	0~9.99	0.01	3~5	铝熔体直接测氢

3.2.4.3 力学性能

为检验合金的力学性能，可浇注力学性能单铸试样、附铸试样或进行铸件切取试验。试样和浇注系统的尺寸见图3-128~图3-133。对于有硬度要求的铸件，可以采用现场便携硬度计进行硬度测量。现场硬度计具有不破坏铸件、适用范围广、成本低和测试精度高、测量范围宽等特点，特别适合于一些大型铸件的硬度检测。

㊀ 本章中氢含量单位使用 cm^3/100g 金属和质量分数两种单位，cm^3/100g 金属的意义为每100g金属中含有气体在标准状态下的体积，其换算关系为：$1cm^3$/100g 金属 = 0.0000896%。

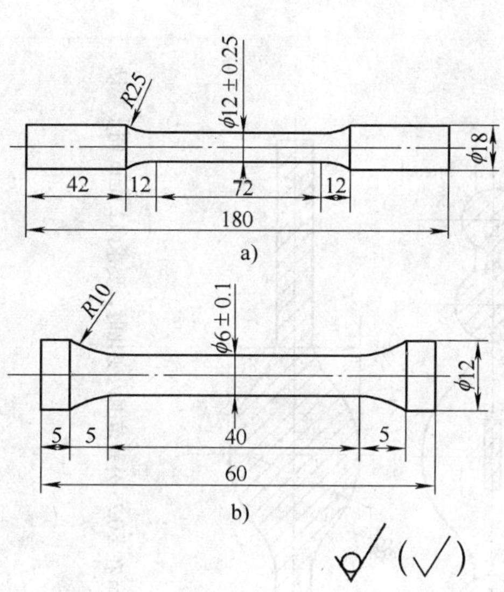

图 3-128　铝合金拉伸试验铸造试样

a）砂型和金属型　b）熔模精密铸造

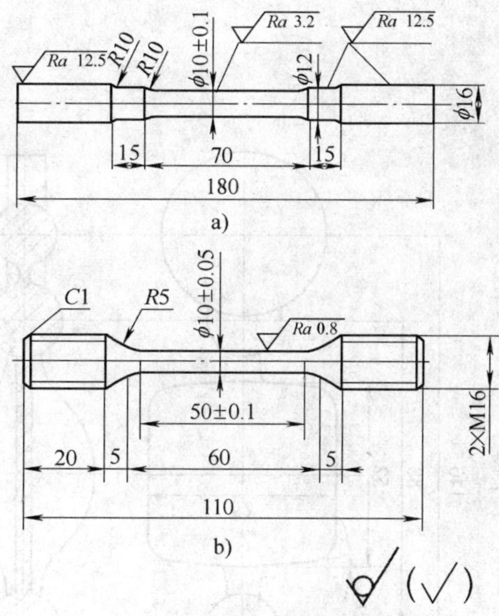

图 3-129　铝合金拉伸试验加工试样

a）光滑卡头试样　b）螺纹卡头试样

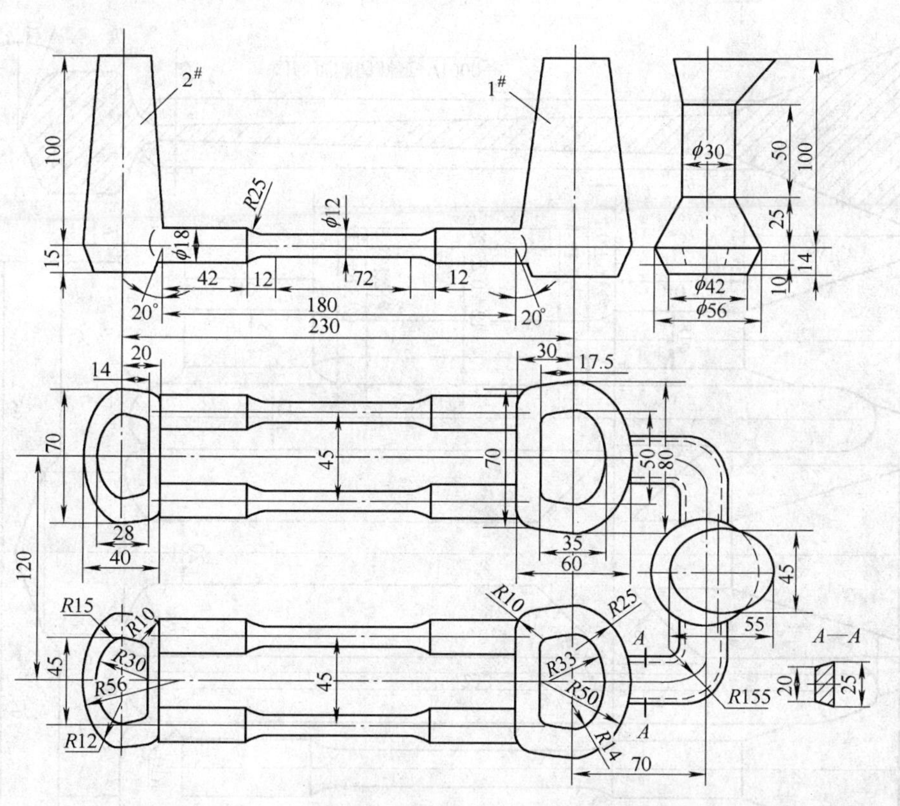

图 3-130　砂型铸造试样浇注系统结构及尺寸

注：Al-Si 系合金允许用全部 2 号冒口。

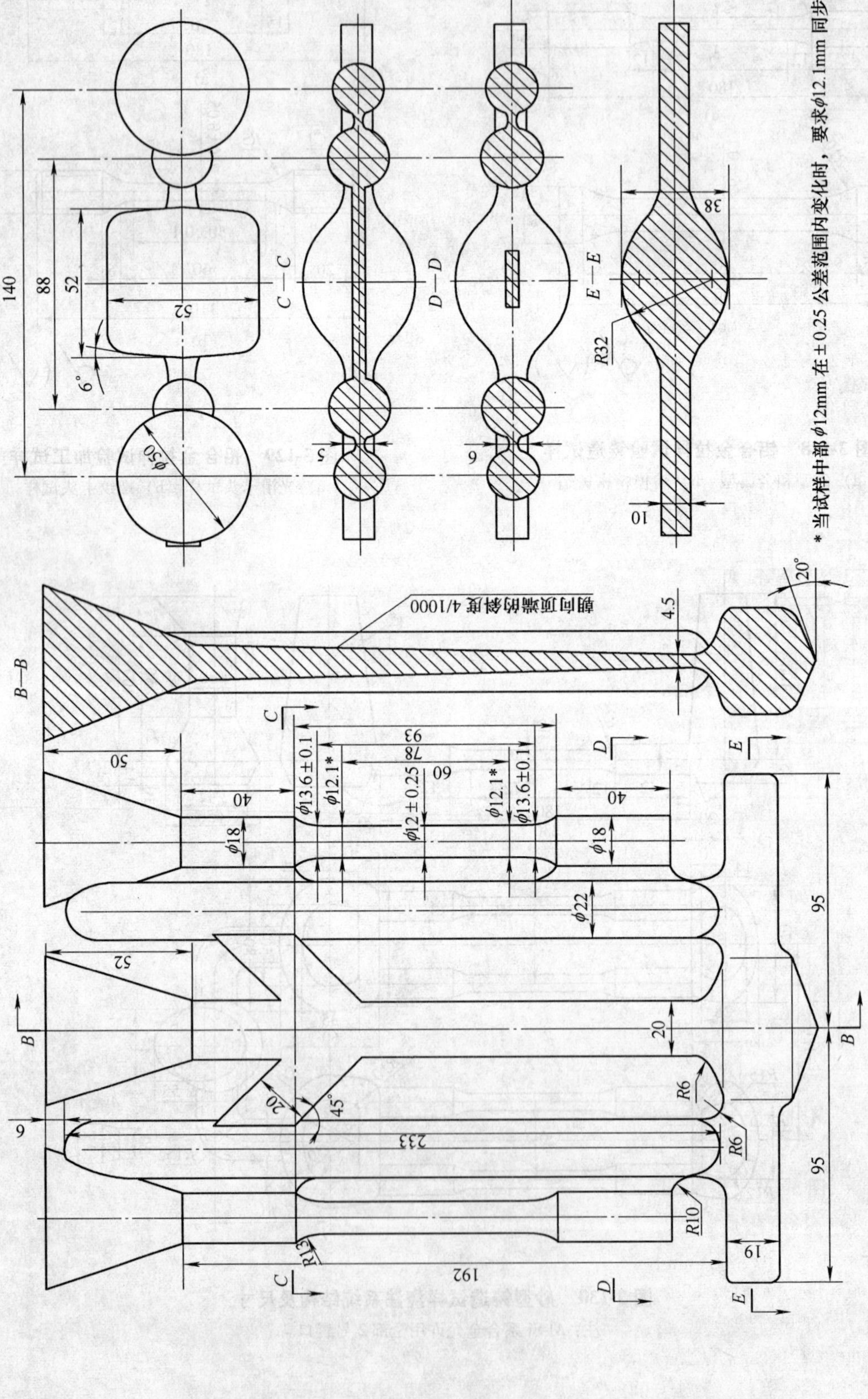

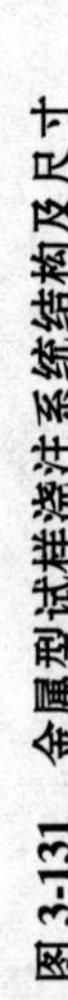

* 当试样中部 ϕ12mm 在 ±0.25 公差范围内变化时，要求 ϕ12.1mm 同步变动。

图 3-131 金属型试样浇注系统结构及尺寸

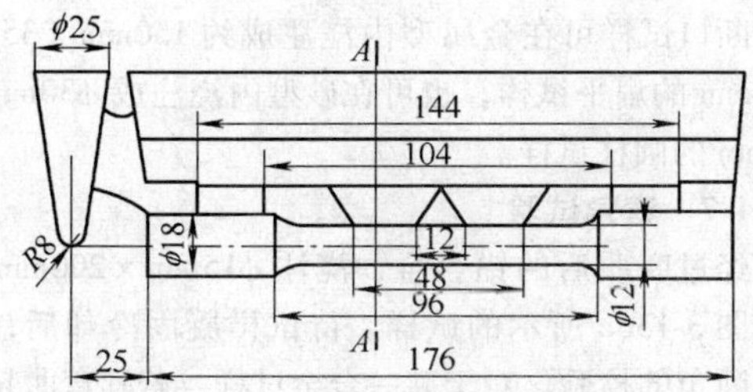

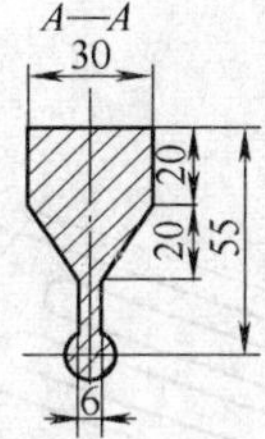

图 3-132 金属型试样浇注系统

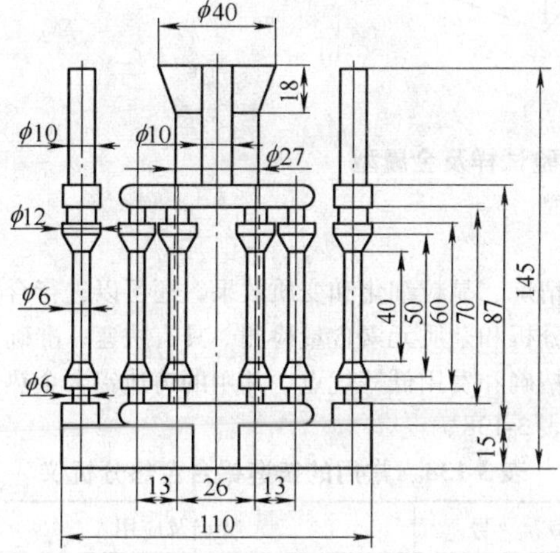

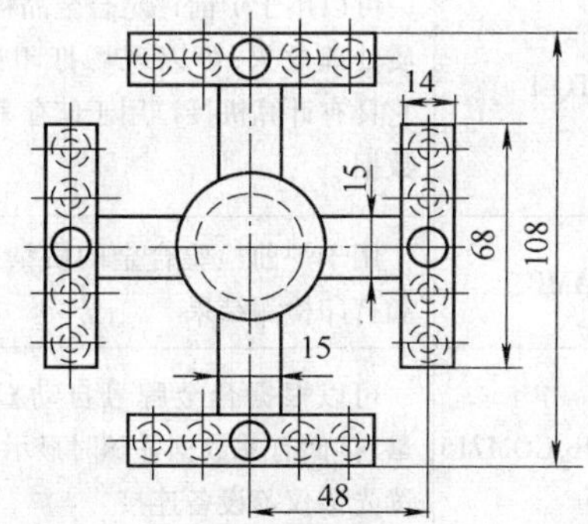

图 3-133 熔模铸造试样浇注系统结构及尺寸

3.2.4.4 晶粒度

炉前快速检测晶粒度装置见图 3-134。钢环直径一般为 75mm 或 25mm，放置于多孔轻质耐火材料上，将金属液浇注凝固后，可以显示晶粒度，也可以采用碱液腐蚀加强晶粒显示效果。

a)

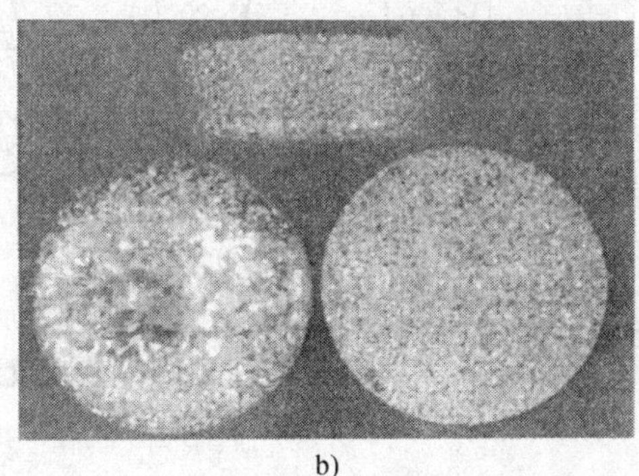

b)

图 3-134 晶粒度检测装置

a）检测装置 b）试样

3.2.4.5 化学成分

常用的炉前合金成分检测方法有直读光谱仪、化学分析和热分析法等。为控制合金的化学成分，应每炉浇注化学成分分析试样，在作化学分析时，应车（或钻）成切屑进行分析。化学分析试样通常在金属模内浇注，浇注温度通常选 700～730℃为宜，合金成分光谱分析试样见图 3-135。小炉熔炼时（炉料重量小于 60kg）可浇注一个试样，大炉熔炼时（炉料重量 100kg 以上）可浇注两个或三个试样。浇注一个试样应在精炼静置后，铸件浇注前浇注；浇注两个试样应在铸件浇注到最后几个铸件前再浇 1 个试样；浇注 3 个试样时可在浇注铸件分开始、中间和最后各浇注一个试样。

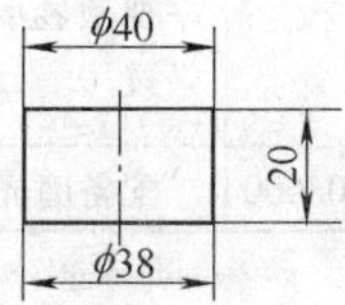

图 3-135 合金成分光谱分析试样

3.2.4.6　断口

断口检查常用于炉前检查 Al-Si 合金的变质效果。变质效果良好时断口呈银白色，断口平整，组织细小呈丝绒状；变质过度断口呈青灰色有闪亮的白点，断口不平整，组织粗大；变质不足时，断口呈暗灰色，有 Si 的亮点，晶粒粗大。

断口检查也用于检查含钛合金的晶粒细化效果及有无粗大的片状 Al_3Ti 化合物。有时炉前还通过断口检查以判断精炼除渣的效果。

断口试样可在金属型内浇注成约 150mm × 35mm × 25mm 的扁平试样，也可在砂型内浇注成 ϕ30mm × 150mm 的圆柱试样。

3.2.4.7　弯角试验

经过变质后的铝合金，浇注 ϕ15mm × 200mm 试样或图 3-136a 所示的试样。待试样凝固冷却后，进行折断角的检验。对于某一合金试样，若其弯曲超过规定角度，而且断面组织致密，呈银白色，则表明变质效果良好。

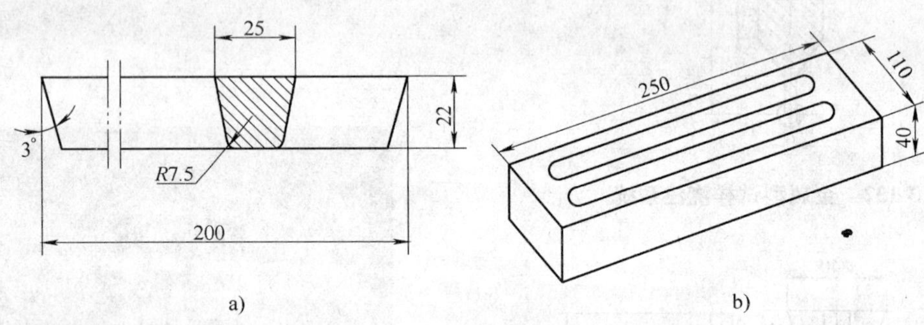

图 3-136　变质效果检验弯角试验试样及金属型

a）试样　b）金属型

3.2.4.8　金相

1. 常规金相分析　通过在铸件指定区域切取试样，进行磨平、抛光、浸蚀后，用肉眼直接观察或在金相显微镜下进行组织观察和分析，以评定铸件的组织。

2. 现场金相仪　现场金相仪较传统的金相分析方法具有快捷、方便等特点。几种现场金相仪见表 3-137。

表 3-137　几种现场金相仪

型号	放大倍数	特点及应用
XJB 系列	50 ~ 640	可以直接观察，也可以接数字照相机或通过微型计算机进行图像拍摄和定性、定量分析
DSM 型	25 ~ 800	可以配 135 型照相机进行直接金相拍摄，也可以接高分辨率视频显示系统或小型现场记录仪
XH 系列	100/400/500/600	配备磨光装置和照相系统

3.2.4.9　其他现代分析技术

1. 热分析技术　热分析法可以在炉前检测合金液的精炼、晶粒细化和变质效果，还可以进行合金液成分分析和杂质元素含量检测，具有快速、准确、简便、精确和费用低等优点。常用的铸造铝合金热分析仪见表 3-138。

表 3-138　常用的铸造铝合金热分析仪

型　号	特点及应用
DTQ-1	可以用于炉前评定合金晶粒细化和变质处理效果，可以现场打印试验结果。它具有计算机接口用于储存和分析检测数据
SAMP	用于炉前检验合金的质量，可以显示和打印检测结果
TA700SR，COM715	可以根据合金牌号自动显示合金质量，存储有关数据并随时显示，可以与直读光谱仪等设备连接
TA7604	炉前测定合金变质状况，晶粒细化的数据及与合金组织相关的各种热分析数据。它具有计算机接口，全自动测量，可以与 EXCEL 等直接交换数据，进行数据统计和处理

2. A型速测仪　ZFB-A型铸造铝合金速测仪可以快速测量合金的变质效果，以及抗拉强度、断后伸长率和硬度等力学性能的新型铸造铝合金炉前检测仪器。它具有检测速度快、体积小、抗干扰能力强等特点。

3.3　热处理

3.3.1　热处理工艺分类及状态符号意义

3.3.1.1　热处理工艺分类及原理

铝合金铸件的热处理是指按某一热处理规范，控制加热温度、保温时间和冷却速度，改变合金的组织，其主要目的是提高力学性能，增强耐腐蚀性能，改善加工性能，获得尺寸的稳定性。铝合金铸件的热处理工艺可以分为以下四类：

1. 退火处理　将铝合金铸件加热到较高的温度，一般约为300℃左右，保温一定的时间后，随炉冷却到室温的工艺称为退火。在退火过程中固溶体发生分解，第二相质点发生聚集，可以消除铸件的内应力，稳定铸件尺寸，减少变形，增大铸件的塑性。

2. 固溶处理　把铸件加热到尽可能高的温度，接近于共晶体的熔点，在该温度下保持足够长的时间，并随后快速冷却，使强化组元最大限度的溶解，这种高温状态被固定保存到室温，该过程称为固溶处理。固溶处理可以提高铸件的强度和塑性，改善合金的耐腐蚀性能。固溶处理的效果主要取决于下列三个因素：

（1）固溶处理温度　温度越高，强化元素溶解速度越快，强化效果越好。一般加热温度的上限低于合金开始过烧温度，而加热温度的下限应使强化组元尽可能多地溶入固溶体中。为了获得最好的固溶强化效果，而又不使合金过烧，有时采用分级加热的办法，即在低熔点共晶温度下保温，使组元扩散溶解后，低熔点共晶不存在，再升到更高的温度进行保温和淬火。固溶处理时，还应当注意加热的升温速度不宜过快，以免铸件发生变形和局部聚集的低熔点组织熔化而产生过烧。固溶热处理的淬火转移时间应尽可能地短，一般应不大于15s，以免合金元素的扩散析出而降低合金的性能。

（2）保温时间　保温时间是由强化元素的溶解速度来决定的，这取决于合金的种类、成分、组织及铸造方式和铸件的形状及壁厚。铸造铝合金的保温时间比变形铝合金要长得多，通常由试验确定，一般的砂型铸件比同类型的金属型铸件要延长20%～25%。

（3）冷却速度　淬火时给予铸件的冷却速度越大，使固溶体自高温状态保存下来的过饱和度也越高，从而使铸件获得高的力学性能，但同时所形成的内应力也越大，使铸件变形的可能性也越大。冷却速度可以通过选用具有不同的热容量、导热性、蒸发潜热和粘滞性的冷却介质来改变，为了得到最小的内应力，工件可以在热介质（沸水、热油或熔盐）中冷却。

为了保证铸件在淬火后，同时具有高的力学性能和低的内应力，有时采用等温淬火的办法，即把经固溶处理的铸件淬入200～250℃的热介质中保温一定时间，把固溶处理和时效处理结合起来。

3. 时效处理　将固溶处理后的铸件加热到某一温度，保温一定时间后出炉，在空气中缓慢冷却到室温的工艺称为时效。如果时效强化是在室温下进行的称为自然时效；如果时效强化是在高于室温并保温一段时间后进行称为人工时效。时效处理进行着过饱和固溶体分解的自发过程，从而使合金基体的点阵恢复到比较稳定的状态。

时效温度和时间的选择取决于对合金性能的要求、合金的特性、固溶体的过饱和程度以及铸造方法等。人工时效可分为三类：不完全人工时效，完全人工时效和过时效。不完全人工时效是在采用比较低的时效温度或较短的保温时间，获得优良的综合力学性能，即比较高的强度，良好的塑性和韧性，但耐腐蚀性能可能比较低。完全人工时效是采用较高的时效温度和较长的保温时间，获得最大的硬度和最高的抗拉强度，但断后伸长率较低。过时效是在更高的温度下进行，这时合金保持较高的强度，同时塑性有所提高，主要是为了得到好的耐应力腐蚀性能。为了得到稳定的组织和几何尺寸，时效应该在更高的温度下进行。过时效根据使用要求通常也分为稳定化处理和软化处理。

时效处理时，合金元素沉淀的过程大多需要经过以下四个阶段：

（1）形成G-PI区　固溶体点阵内原子重新组合，出现溶质原子的富集区，伴随着点阵畸变程度增大，提高合金的力学性能，降低合金的导电性。

（2）形成G-PII区　合金元素的原子以一定比例进行偏聚形成G-PII区，为形成亚稳相作准备，合金的强度进一步提高。

（3）形成亚稳相　亚稳相也称过渡相，该相与基体呈共格联系，大量的G-PII区和少量的亚稳相相结合，使合金得到最高的强度。

（4）形成第二相质点和第二相质点的聚集　亚稳相转变为稳定相，细小的质点分布在晶粒内部，较粗大的质点分布在晶界，还相继发生第二相质点的聚集，点阵畸变剧烈地减弱，显著地降低合金的强度，提高合金的塑性。

上述几个阶段不是截然分开的，有时是同时进行的，低温时效第一、二阶段进行的程度要大些，高温时效，第三、四阶段进行得强烈些。

4. 循环处理　冷热循环处理（T9）工艺，见表 3-139。

表 3-139　冷热循环处理（T9）工艺

序号	规范名称	温度/℃	时间/h	冷却转移形式
GJB 1695A—2009				
1	正温处理	135～145	4～6	空冷
	负温处理	≤－50	2～3	在空气中回复到室温
	正温处理	135～145	4～6	随炉冷至≤60℃取出空冷
2	正温处理	115～125	6～8	空冷
	负温处理	≤－50	6～8	在空气中回复到室温
	正温处理	115～125	6～8	随炉冷至室温
QJ 1703A—1998				
1	正温处理	130±5	3～6	空冷后或直接转入负温
	负温处理	≤－50	2～3	直接或室温停留后转入正温
	正温处理	130±5	3～6	炉冷或空冷
2	正温处理	120±5	3～6	空冷后或直接转入负温
	负温处理	≤－50	2～3	直接或室温停留后转入正温
	正温处理	120±5	3～6	空冷后或直接转入负温
	负温处理	≤－50	2～3	直接或室温停留后转入正温
	正温处理	120±5	3～6	炉冷或空冷
3	正温处理	100±5	4～6	空冷后或直接转入负温
	负温处理	≤－196	2	空气中回复到室温后转入正温
	正温处理	100±5	4～6	炉冷或空冷

经循环处理的铸件，由于多次加热和冷却引起固溶体点阵收缩和膨胀，使各相的晶格发生了少许位移，使第二相质点处于更加稳定的状态，从而提高铸件尺寸的稳定性，适于精密零件的制造。

铝合金在低温下没有脆性断裂的倾向，随着温度的降低，力学性能有某些变化，强度有所提高，但塑性却降低得很少，所以有时为了减小或消除铸件内应力，可将铸造或淬火后的铸件，冷却到－50℃、－70℃或更低的温度，保持 2～3h，随后在空气或热水中加热到室温，或者是接着进行人工时效，这种工艺称冷处理。

3.3.1.2　热处理状态代号及意义

我国铸造铝合金热处理状态以及相近的国外铸造产品热处理状态代号见表 3-140。

表 3-140　铸造铝合金热处理状态及代号

我国的热处理状态（GJB 1695A—2009）				相近的国外状态代号①			
类　别	代号	用　途	备　注	ISO②	英国原标准	德国原标准	法国原标准
人工时效	T1	对湿砂型、金属型特别是压铸件，由于冷却速度较快有部分固溶效果。人工时效可以提高强度、硬度、改善切削加工性能	1. 在湿砂型或金属型铸造时，有固溶过度的铸件采用人工时效可以强化铸件，改善铸件性能 2. 通过 T1 处理后的铸件可以得到表面粗糙度值小的加工表面 3. T1 处理可以提高 ZL104、ZL105 等合金的强度	T5	TE	.8X③	YX④1
退火	T2	消除铸件在铸造和加工过程中产生的应力，提高尺寸稳定性以及合金的塑性	根据合金的种类及铸件的使用要求，选择适合的退火工艺规范	O	TS	—	—

（续）

我国的热处理状态（GJB 1695A—2009）				相近的国外状态代号①			
类　别	代号	用　途	备　注	ISO②	英国原标准	德国原标准	法国原标准
固溶处理加自然时效	T4	通过加热、保温及快速冷却实现固溶强化以提高合金的力学性能，特别是提高塑性及常温抗腐蚀性能	因为固溶处理后到使用要经过较长时间，所以实际上是固溶处理加自然时效	T4	TB TB7	.4X③	YX④2
固溶热处理加不完全人工时效	T5	固溶处理后进行不完全人工时效，时效是在较低的温度和较短的时间下进行，进一步提高合金的强度和硬度	合金保持有高的塑性，但耐腐蚀性能下降，特别是晶间腐蚀倾向增强	T6	TF	.6X③	YX④4
固溶热处理加完全人工时效	T6	可获得最高的抗拉强度，但塑性有所下降。时效在较高的温度和较长的时间下进行	合金耐腐蚀性能降低				
固溶热处理加稳定化处理	T7	提高铸件组织和尺寸稳定性及合金的抗腐蚀性，主要用于较高温度下工作的零件，稳定化温度可以接近于铸件的工作温度	人工时效是在高于T6的温度下进行，提高合金抗应力腐蚀性能，合金还保持较高的力学性能	T7	TF7	.9X③	YX④5 ~ YX④8
固溶热处理加软化处理	T8	固溶处理后采用高于稳定化处理的温度，获得高塑性和尺寸稳定化好的铸件	软化回火温度高于稳定化回火温度，铸件尺寸稳定，合金塑性提高但强度降低	—			—
冷热循环处理	T9	充分消除铸件内应力及稳定尺寸，用于高精度铸件	冷却和加热的温度及循环次数取决于零件工作的条件和合金的性质，经机械加工后的零件承受循环热处理（冷却到－70℃有时到－196℃，然后再加热到350℃或其他温度）数次便可	—			—
铸造状态	F⑤	—	—	F	M	.0X③	YX④0
自然时效	—	从铸造浇注后高温状态，控制冷却速度，然后进行自然时效	部分提高铸件的综合力学性能，降低铸件热处理成本	T1	—	—	—

① 国内外对应的热处理状态为相近，不一定完全相同。

② 现在ISO（ISO 3522—2006）、欧盟（EN 1706—1998）、美国（ASTM B917—2005，ANSI H35.1/H35.1M—2009）、日本（JIS H0001—1998）等的热处理状态基本相同，表中列为通用规范，但有些国家的作废标准规范由于习惯仍在采用，本表对应列出。

③ “X”代表一位阿拉伯数字，表示热处理状态大系列（第一位数字）的细分，在.0X中，X表示铸造方法，如1表示砂型铸造，2表示金属型铸造，5表示压铸。

④ “X”代表一位阿拉伯数字，表示铸件的铸造方法，如“2”代表砂型铸件，“3”代表金属型铸件。

⑤ 铸造状态不属于热处理状态，为了进行对比，在此表中列出。

3.3.2 热处理设备及仪表

3.3.2.1 热处理用炉

1. 铝合金用热处理炉（见表3-141）

表3-141 铝合金用热处理炉

类型	型号	最高工作温度/℃	应用	特点
箱式电阻炉	RX7系列、RX9系列	700~900	固溶	占地面积小，成本低，工作容积大
井式电阻炉	RJ3系列、RJ6系列、RJ9系列	300~900	时效	重量轻、保温性好、升温快
台车式电阻炉	RT4系列、RT5系列、RT6系列、RT7系列、RT9系列、JL系列、NS系列	400~900	退火 时效	操作方便、工作容积大、适合于大型工件加热

井式电阻炉占地面积小，生产效率高，风扇安装方便，淬火槽可在电阻炉附近，靠炉外机械保证淬火速度，应用广泛。

2. 热处理炉特点 铝合金铸件固溶处理的温度接近于低熔点共晶组分的熔点，要求固溶处理和时效处理的温度波动范围窄，一般为±5℃（Ⅱ类），有时甚至±3℃（Ⅰ类），所以对热处理用炉有以下要求：

1）加热炉的每个加热区至少有两只热电偶，一只接记录仪表，安放在有效加热区，另一只接控温仪表。其中至少一个仪表应具有报警功能并接报警装置。

2）热处理炉易于准确达到工作温度，并且调节温度方便，一般均设有自动调温和控温装置，以保证工作温度控制在规定误差范围之内。

3）炉内应安装空气强制循环的风扇，以保证工作室中各处温度均匀和提高热效率。

4）工作室内应设置使铸件和加热元件隔开的装置，以避免铸件局部过烧和加强气体循环。

5）加热炉必须定期检验有效加热区，并在明显位置悬挂带有有效加热区示意图的检验合格证。加热炉只能在有效加热区检验合格的有效期内使用。

6）现场使用的温度测量和控制系统，在正常使用状态下应定期作系统检验，检验时，检测热电偶与记录仪表热电偶的热端应靠近。检验应在加热炉处于热稳定状态下进行。

3.3.2.2 淬火槽及淬火介质

1. 淬火槽

1）淬火槽应设在加热炉附近，一般不超过1.5m，或者设在具有活动底的加热炉的下面，以保证尽可能短的转移时间。

2）淬火槽应设有加热装置和循环装置，以保证水的加热和水温均匀。

3）淬火槽应有足够的容量，以使淬火铸件迅速全部浸入水中，并使铸件得到迅速而均匀的冷却。

4）由于淬火槽不断污染，淬火槽中的水应当经常进行全部或部分更换。淬火槽应有槽盖。

2. 淬火介质 淬火介质的冷却速度越高，铸件淬火越激烈，α固溶体的过饱和程度就越大，因而铸件的力学性能也就越高。按照冷却速度的降低程度，淬火介质可按以下顺序排列：干冰和丙酮的混合物（-68℃）、冰水、室温下的水、加热到80~90℃的水、沸水，经雾化过的水、油，加热到200~220℃的油、空气。采用冰水以及干冰和丙酮混合物进行冷却时，合金的淬火最为强烈，而在静止空气中的冷却速度是最小的。淬火介质冷却速度越大，铸件残留应力越高，这种残留应力有可能引起铸件开裂，所以要根据铸件的复杂程度和合金特性选择不同冷却能力的淬火介质。如铝镁系合金要采用沸水或加热的油为淬火介质，避免铸件开裂。现在也有一些成品的淬火介质可以供选择使用，这些介质可以根据需要调整其冷却速度等技术参数。常用铝合金淬火介质见表3-142。

3.3.2.3 仪表及热电偶

1. 常用的铝合金热处理用仪表有电子长图记录仪、圆图自动平衡记录调节仪和可编程温度控制仪表等，特别是现在新型热处理炉基本采用可编程自动控温仪表和自动记录仪。

2. 热处理仪表及热电偶的技术要求

1）加热炉应配有自动记录、自动测温-控温和自动报警、断电的装置和仪表，以保证炉膛内温度的均匀和对温度的准确控制。

2）Ⅰ类炉的控温精度为±1℃，记录表指示精度不低于0.2%，记录纸刻度不大于2℃/mm，仪表检定周期为3个月，并出具误差合格证；Ⅱ类炉的控温精度为±1.5℃，记录表指示精度不低于0.5%，记录纸刻度不大于4℃/mm，仪表检定周期为半年，并出具误差合格证。

3）热电偶一般采用K型Ⅰ等或Ⅱ等，偶丝直径最大为2.0mm，头部不带套管，最好使用偶丝直径为0.5~1.0mm的热电偶，以便减小温度的波动。热电偶的检定周期为三个月至半年，检定应出具带有误差的合格证。

4）现场系统校验用的标准电位差计精度应不低于0.05级，分辨力不低于1μV，检定周期为半年。

3.3.3　热处理工艺参数及操作

3.3.3.1　热处理工艺参数

铸件在不同的工作条件下对性能的要求不同，因此对于同一种合金的铸件常常采用不同的热处理工艺以满足使用性能的要求。各种铸造铝合金不同热处理工艺参数列入表3-143和表3-144。

表3-142　常用铝合金淬火介质

名称	型号	技术条件	冷却性能/℃·s^{-1}	特点及用途
水	—	—	177(在30℃时)	通用、廉价
油	—	—	90~110(在50℃时)	主要适用于Al-Mg合金
有机淬火介质	CL—1	外观:淡黄色至黄色粘稠均匀液体 逆熔点:80~87℃ 密度:1.0857~1.1234g/cm^3 折光n:1.4138~1.4450 粘度y_{38}:≥154MPa·s 临界冷却速度(450~260℃):≥260℃/s 凝固温度:-27℃	冷却能力介于水和油之间	1. 可以与水以任何比例互溶,其浓度不同,冷却速度也不同,故可以调整冷却能力 2. 清洗性能良好,淬火后工件表面光洁,无污染,不需再清洗而且无害无毒。该淬火介质还具有防锈能力,耐寒性能好
水基淬火介质	AQ25-1	外观:半透明浅黄色液体 密度:1.078(15℃)g/cm^3 比热:0.95J/(kg·K)(质量分数15%的水溶液) 热导率:0.546W/(m·K)(质量分数15%的水溶液) 粘度:原液300MPa·s±20MPa·s 质量分数10%的水溶液1.90MPa·s	冷却能力介于水和油之间	无油烟,不燃烧,可以任意比例与水混合,调整其冷却参数。该淬火介质不易老化变质,使用寿命长

表3-143　铸造铝合金热处理工艺参数（GJB1695A—2009）

序号	合金牌号	合金代号	热处理状态	固溶处理					时效处理		
				温度/℃	保温时间/h	冷却介质	介质温度/℃	最长转移时间/s	温度/℃	保温时间/h	冷却方式
1	ZAlSi7Mg	ZL101	T2	—	—	—		—	290~310	2~4	空冷或随炉冷
			T4	530~540	2~6	水	20~100	25	室温	≥24	空冷
			T5	530~540	2~6	水	20~100	25	145~155	3~5	空冷
			T6	530~540	2~6	水	20~100	25	195~205	3~5	空冷
			T7	530~540	2~6	水	20~100	25	220~230	3~5	空冷
			T8	530~540	2~6	水	20~100	25	245~255	3~5	空冷
2	ZAlSi7MgA	ZL101A	T4	530~540	6~18	水	20~100	25	室温	≥24	空冷
			T5	530~540	6~18	水	20~100	25	150~160	3~10	空冷
			T6	530~540	6~18	水	20~100	25	170~180	4~8	空冷
3	ZAlSi12	ZL102	T2	—	—	—	—	—	290~310	2~4	空冷或随炉冷
4	ZAlSi9Mg	ZL104	T1	—	—	—	—	—	170~180	3~17	空冷
			T6	530~540	2~6	水	20~100	25	170~180	8~15	空冷

（续）

序号	合金牌号	合金代号	热处理状态	固溶处理					时效处理		
				温度/℃	保温时间/h	冷却介质	介质温度/℃	最长转移时间/s	温度/℃	保温时间/h	冷却方式
5	ZAlSi5Cu1Mg	ZL105	T1	—	—	—	—	—	175~185	5~10	空冷
			T5	520~530	3~5	水	20~100	25	170~180	3~10	空冷
			T6	520~530	3~5	水	20~100	25	195~205	3~10	空冷
			T7	520~530	3~5	水	20~100	25	220~230	3~10	空冷
6	ZAlSi5Cu1MgA	ZL105A	T5	520~530	3~10	水	20~100	25	170~180	5~10	空冷
			T6	520~530	6~18	水	20~100	25	150~160	10~12	空冷
7	ZAlSi8Cu1Mg	ZL106	T1	—	—	—	—	—	175~185	3~5	空冷
			T5	510~520	5~12	水	60~100	25	145~155	3~5	空冷
			T6	510~520	5~12	水	60~100	25	170~180	3~10	空冷
			T7	510~520	5~12	水	60~100	25	225~235	6~8	空冷
8	ZAlSi7Cu4	ZL107	T6	510~520	8~10	水	60~100	25	160~170	6~10	空冷
9	ZAlSi12Cu2Mg1	ZL108	T1	—	—	—	—	—	190~210	10~14	空冷
			T6	510~520	3~8	水	60~100	25	175~185	10~16	空冷
			T7	510~520	3~8	水	60~100	25	200~210	6~10	空冷
10	AlSi12Cu1-Mg1Ni	ZL109	T1	—	—	—	—	—	200~210	6~10	空冷
			T6	495~505	4~6	水	60~100	25	180~190	10~14	空冷
11	ZAlSi5Cu6Mg	ZL110	T1	—	—	—	—	—	190~210	8~14	空冷
12	ZAlSi9Cu6Mg	ZL111	T6	分段加热 500~510 515~525	 4~6 6~8	水	60~100	25	170~180	5~8	空冷
13	ZAlSi7Mg1A	ZL114A	T5	535~545	4~16	水	20~100	25	155~165	4~8	空冷
			T6	535~545	8~20	水	20~100	25	165~175	5~10	空冷
14	ZAlSi5Zn1Mg	ZL115	T4	535~545	10~12	水	60~100	25	室温	≥24	空冷
			T5	535~545	10~12	水	60~100	25	145~155	3~5	空冷
15	ZAlSi8MgBe	ZL116	T4	530~540	8~16	水	20~100	25	室温	≥24	空冷
			T5	530~540	8~16	水	20~100	25	170~180	4~16	空冷
16	ZAlSi20Cu1RE1	ZL117	T6	505~515	4~8	水	60~100	25	175~185	4~8	空冷
			T7	505~515	4~8	水	60~100	25	205~215	3~8	空冷
17	ZAlCu5Mn	ZL201	T4	分段加热 525~535 535~545	 5~9 5~9	水	20~100	20	室温	≥24	空冷
			T5	分段加热 525~535 535~545	 5~9 5~9	水	20~100	20	170~180	3~5	空冷
			T7	分段加热 525~535 535~545	 5~9 5~9	水	20~100	20	190~200	3~6	空冷

（续）

序号	合金牌号	合金代号	热处理状态	固溶处理					时效处理		
				温度/℃	保温时间/h	冷却介质	介质温度/℃	最长转移时间/s	温度/℃	保温时间/h	冷却方式
18	ZAlCu5MnA	ZL201A	T4	分段加热 525~535 538~548	 5~9 5~9	水	20~100	20	室温	≥24	空冷
			T5	分段加热 525~535 538~548	 5~9 5~9	水	20~100	20	170~180	3~6	空冷
19	ZAlCu4	ZL203	T4	510~520	10~16	水	20~100	25	室温	≥24	空冷
			T5	510~520	10~15	水	20~100	25	145~155	2~4	空冷
20	ZAlCu5MnCdA	ZL204A	T6	533~543	10~18	水	20~60	20	170~180	3~5	空冷
21	ZAlCu5MnCdVA	ZL205A	T5	533~543	10~18	水	20~60	20	150~160	8~10	空冷
			T6	533~543	10~18	水	20~60	20	170~180	4~6	空冷
			T7	533~543	10~18	水	20~60	20	185~195	2~4	空冷
22	ZAlCu8RE2Mn1	ZL206	T5	532~542	10~15	水	20~100	20	145~155	2~4	空冷
			T6	532~542	10~15	水	20~100	20	170~180	4~6	空冷
			T8	532~542	10~15	水	20~100	20	分段时效 170~180 295~305	 4~6 3~5	空冷
23	ZAlRE5Cu3Si2	ZL207	T1	—	—	—	—	—	195~205	5~10	空冷
24	ZAlCu5Ni2CoZr	ZL208	T7	535~545	4~6	水	70~100	20	210~220	15~17	空冷
25	ZAlCu5MnTiA	ZL210A	T4	540~550	10~14	水	20~100	25	室温	≥24	空冷
				分段加热 530~540 540~550	 5~9 5~9	水	20~100	20	室温	≥24	空冷
			T5	540~550	10~14	水	20~100	20	150~160	3~8	空冷
				分段加热 530~540 540~550	 5~9 5~9	水	20~100	20	150~160	3~8	空冷
			T6	540~550	10~14	水	20~100	20	165~175	6~10	空冷
				分段加热 530~540 540~550	 5~9 5~9	水	20~100	20	165~175	6~10	空冷
26	ZAlMg10	ZL301	T4	425~435	12~20	沸水或热油	油50~100	25	室温	≥24	空冷
27	ZAlMg5Si1	ZL303	T1	—	—	—	—	—	170~180	4~6	空冷
			T4	420~430	15~20	沸水或热油	油50~100	25	室温	≥24	空冷

（续）

序号	合金牌号	合金代号	热处理状态	固溶处理					时效处理		
				温度/℃	保温时间/h	冷却介质	介质温度/℃	最长转移时间/s	温度/℃	保温时间/h	冷却方式
28	ZAlMg8Zn1	ZL305	T4	分段加热 430 ~ 440 485 ~ 495	8 ~ 10 6 ~ 8	沸水或热油	油 50 ~ 100	25	室温	≥24	空冷
29	ZAlZn11Si7	ZL401	T1	—	—	—	—	—	195 ~ 205	5 ~ 10	空冷
30	ZAlZn6Mg	ZL402	T1	—	—	—	—	—	175 ~ 185	8 ~ 10	空冷

表 3-144 常用国外铸造铝合金热处理工艺参数

合金代号	热处理状态及铸造方法	固溶处理			时效处理		
		加热温度/℃	保温时间/h	冷却介质及温度/℃	加热温度/℃	保温时间/h	冷却介质
201.0 A201.0	T7	分段 515 ±5 527 ±5	2 14 ~ 20	水 65 ~ 100	188 ±5	5	空气
206.0	T4	分段 513 ±5 527 ±5	2 12	水 65 ~ 100	—	—	—
	T7	分段 513 ±5 527 ±5	2 12	水 65 ~ 100	199 ±5	4 ~ 8	空气
355.0	T51	—	—	—	227 ±5	7 ~ 9	空气
	T6	527 ±5	4 ~ 12	水 65 ~ 100	154 ±5	2 ~ 5	空气
	T62(J)	527 ±5	4 ~ 12	水 65 ~ 100	171 ±5	14 ~ 18	空气
	T7	527 ±5	4 ~ 12	水 65 ~ 100	227 ±5	7 ~ 9	空气
	T71	527 ±5	4 ~ 12	水 65 ~ 100	246 ±5	3 ~ 6	空气
C355.0	T6(S)	527 ±5	12	水 65 ~ 100	154 ±5	3 ~ 5	空气
	T61	527 ±5	6 ~ 12	水 65 ~ 100	154 ±5	10 ~ 12	空气
356.0	T51	—	—	—	227 ±5	7 ~ 9	空气
	T6	538 ±5	4 ~ 12	水 65 ~ 100	154 ±5	2 ~ 5	空气
	T7(S、R)	538 ±5	12	水 65 ~ 100	204 ±5	3 ~ 5	空气
	T71(S、R)	538 ±5	12	水 65 ~ 100	246 ±5	2 ~ 4	空气
	T71(J)	538 ±5	4 ~ 12	水 65 ~ 100	227 ±5	7 ~ 9	空气
A356.0	T6(S、R)	538 ±5	12	水 65 ~ 100	154 ±5	2 ~ 5	空气
	T61(S、R)	538 ±5	12	水 65 ~ 100	165 ±5	6 ~ 12	空气
	T61(J)	538 ±5	6 ~ 12	水 65 ~ 100	154 ±5	6 ~ 12	空气
A357.0	T61	538 ±5	10 ~ 12	水 65 ~ 100	154 ±5	8	空气
ВАЛ10	T4	545^{+3}_{-5}	10 ~ 14	水 20 ~ 100	—	—	—

3.3.3.2　热处理工艺参数对某些合金力学性能的影响（见图 3-137 ~ 图 3-152）

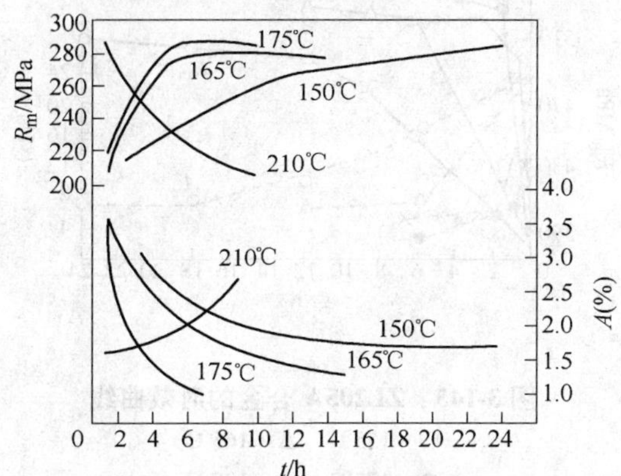

图 3-137　ZL101 合金的时效对力学性能的影响

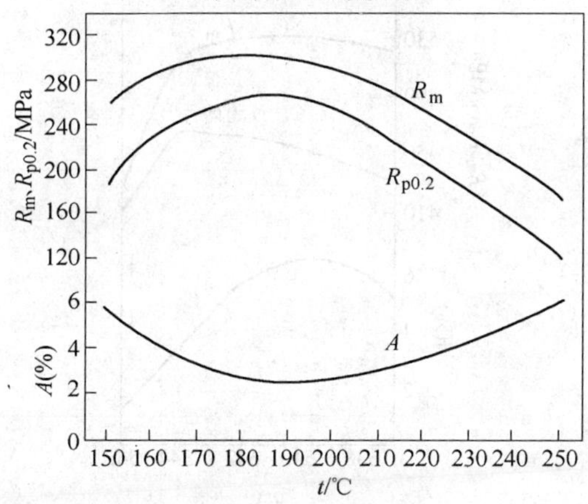

图 3-138　时效温度对 ZL101A 合金力学性能的影响

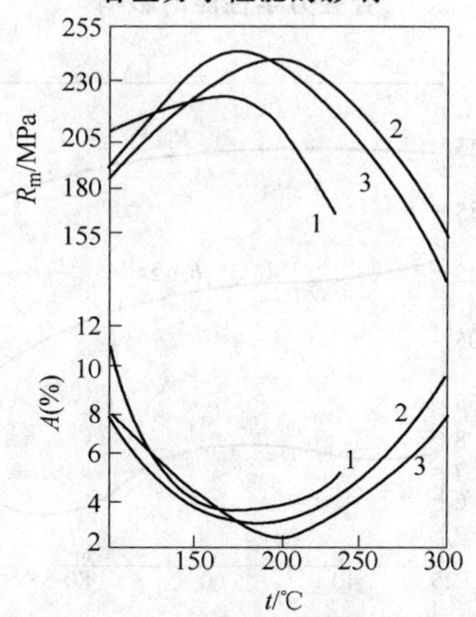

图 3-139　不同热处理工艺对 ZL104 合金力学性能的影响

1—等温淬火　2—回火 3h　3—回火 6h

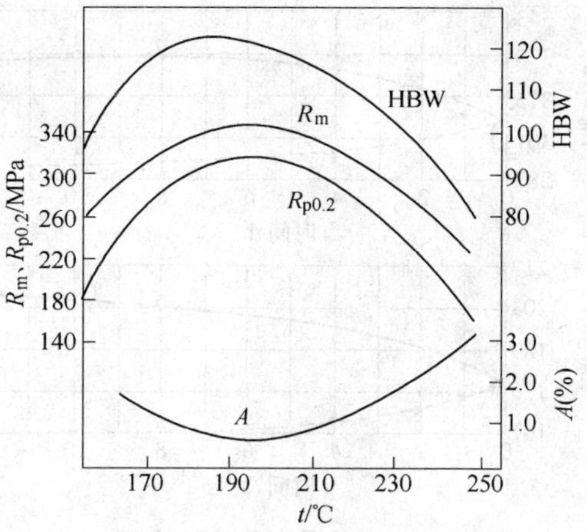

图 3-140　时效温度对 ZL105 合金力学性能的影响

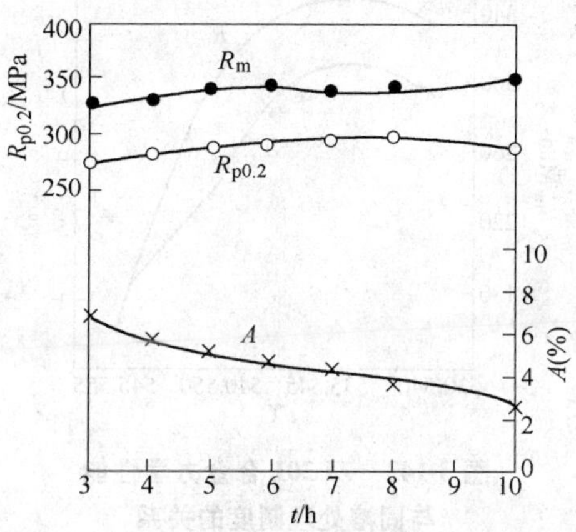

图 3-141　ZL116 合金的时效（175℃）对力学性能的影响

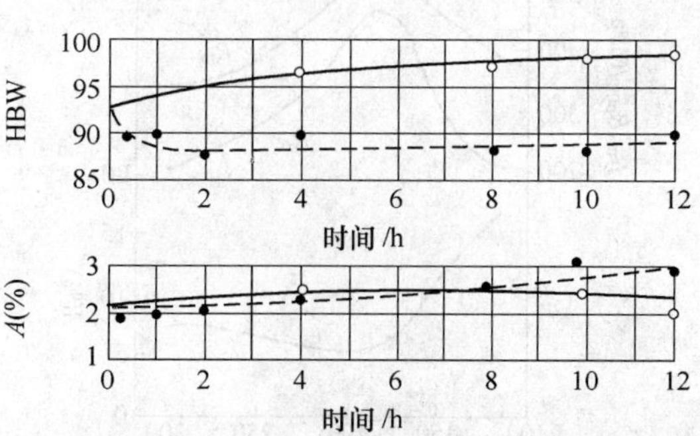

图 3-142　时效温度和时间对 ZL112 压铸合金性能的影响

—○— 170℃　--●-- 225℃

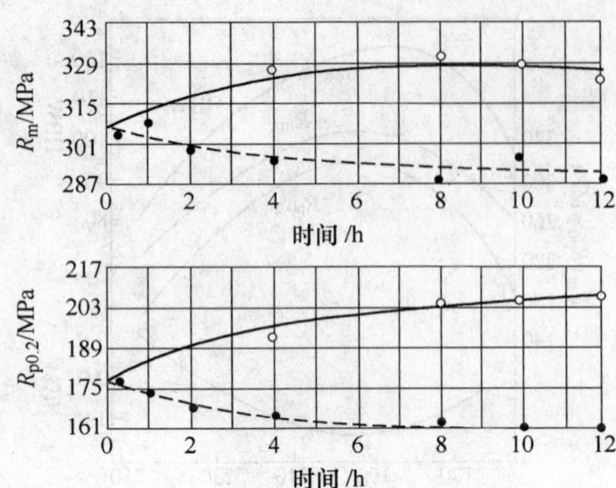

图 3-142　时效温度和时间对 ZL112 压铸合金性能的影响（续）
—○— 170℃　--●-- 225℃

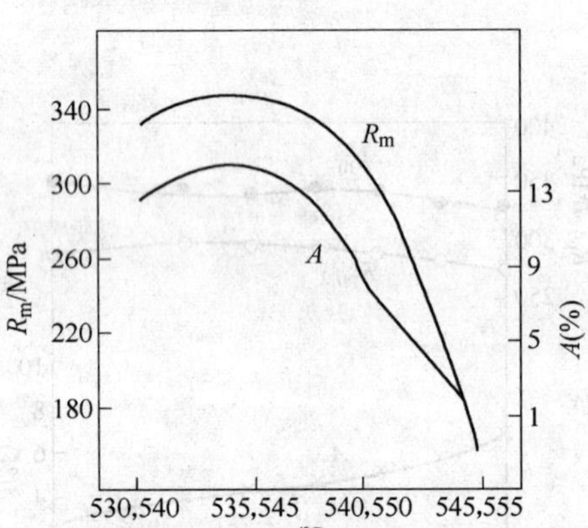

图 3-143　ZL201 合金力学性能与固溶处理制度的关系

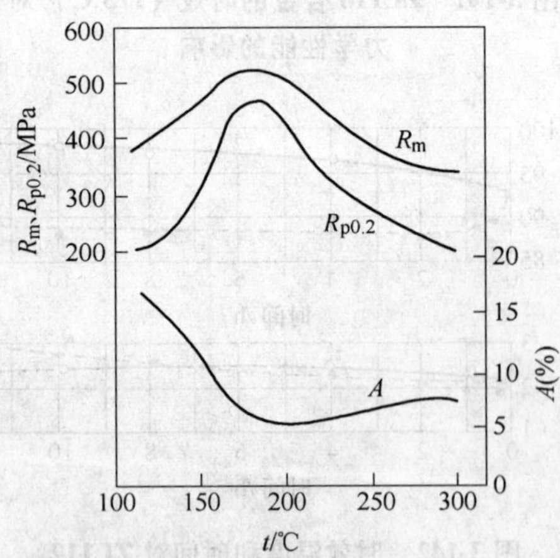

图 3-144　时效温度对 ZL204A 合金力学性能的影响

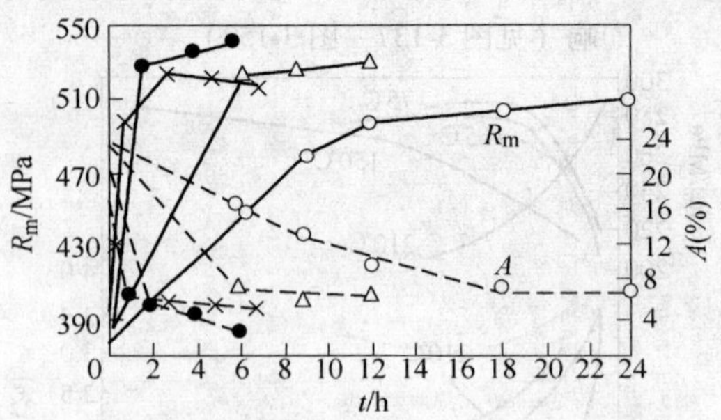

图 3-145　ZL205A 合金的时效曲线
○—155℃　△—165℃
●—175℃　×—190℃

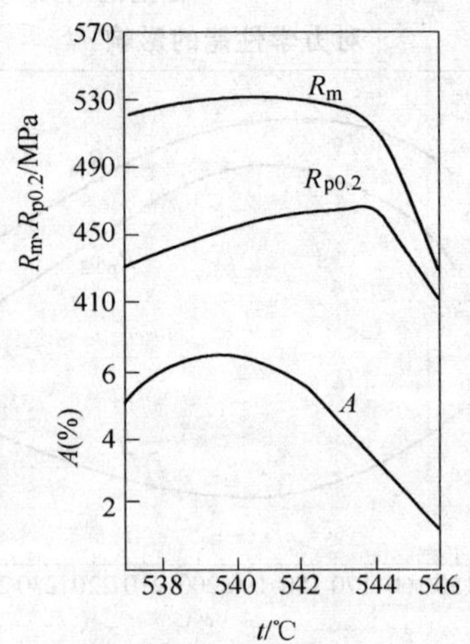

图 3-146　固溶处理温度对 ZL205A 合金力学性能的影响

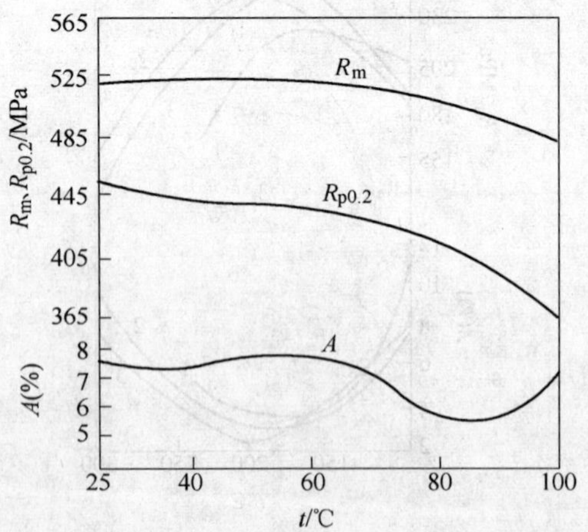

图 3-147　淬火水温对 ZL205A 合金力学性能的影响

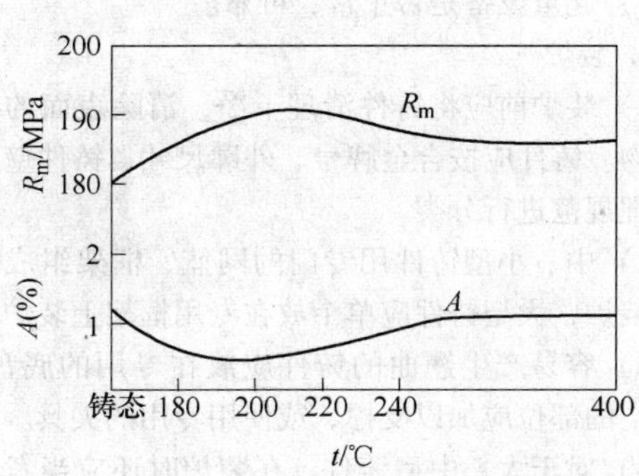

图 3-148　时效温度对 ZL207 合金力学性能的影响

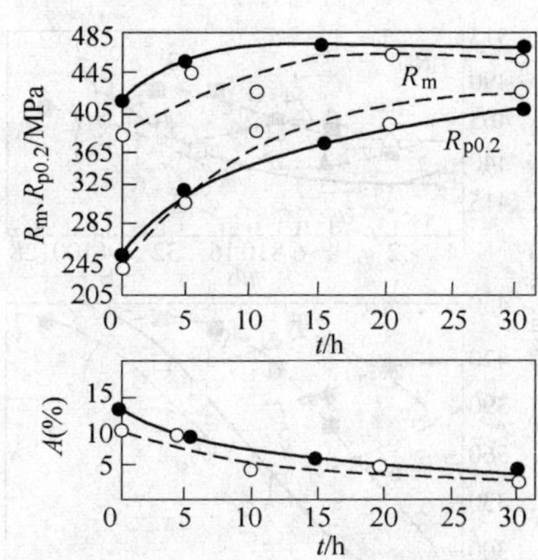

图 3-149　固溶处理温度对 A201.0 合金力学性能的影响

—○— 538℃/16h + 155℃　—●— 525℃/16h + 155℃

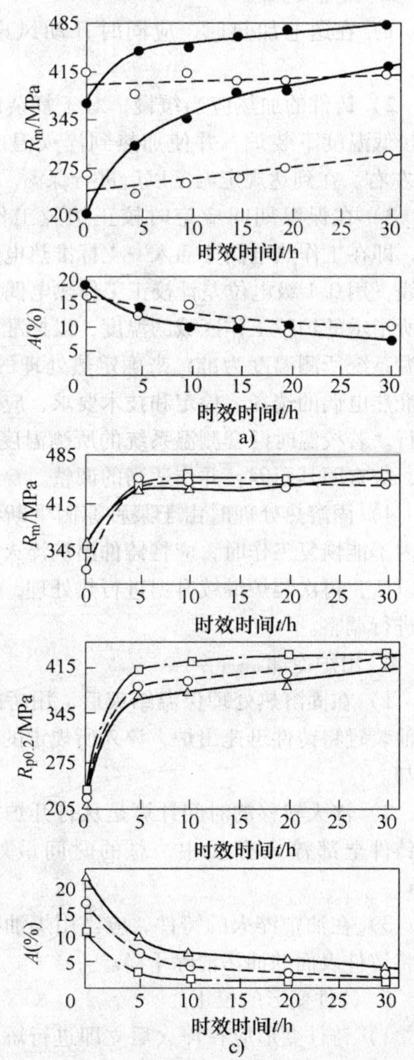

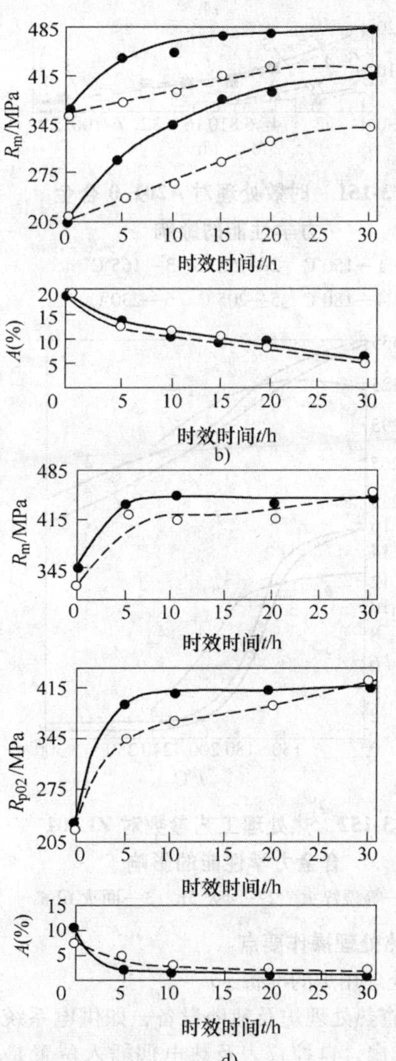

图 3-150　合金元素和时效制度对 201.0 合金力学性能的影响

a）535℃ ×16h +154℃　—○— w(Ag) = 0　—●— w(Ag) = 0.60%　b）527℃ ×16h +177℃　—○— w(Mg) = 0　—●— w(Mg) = 0.25%　c）535℃ ×16h +154℃　—△— w(Cu) = 4.3%　—○— w(Cu) = 4.7%　—□— w(Cu) = 5.0%　d）527℃ ×16h +177℃　—○— w(Mn) = 0.30%　—●— w(Mn) = 0

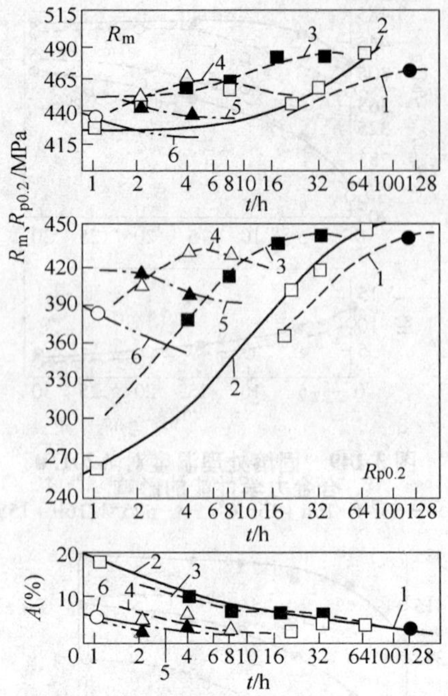

图 3-151　时效处理对 A201.0 合金力学性能的影响

1—150℃　2—155℃　3—165℃
4—180℃　5—205℃　6—230℃

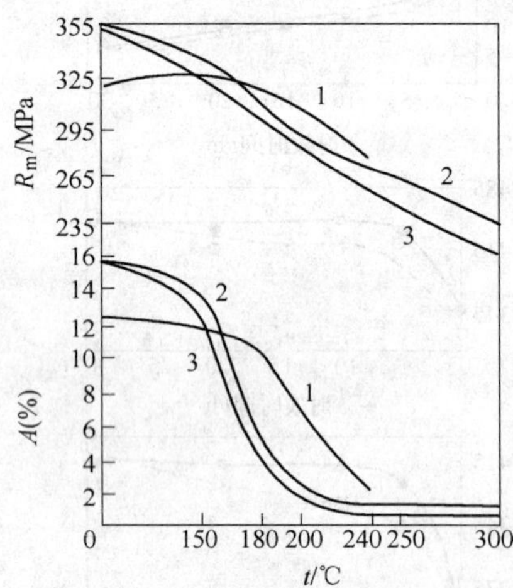

图 3-152　热处理工艺参数对 ZL301 合金力学性能的影响

1—等温淬火　2—回火 3h　3—回火 6h

3.3.3.3　热处理操作要点

1. 热处理用炉的准备

1）检查热处理炉及辅助设备，如供电系统、空气循环用风扇，自控仪表及热电偶插入位置是否正常、合格。

2）检查在正常工作条件下，炉膛各处温差是否在规定范围（如 ±5℃）之内。

3）起重设备是否正常、可靠。

2. 装炉

1）装炉前应将铸件清理干净，清除表面的油污和脏物。铸件应按合金牌号、外廓尺寸、铸件壁厚及热处理规范进行分类。

2）中、小型铸件用专门的网篮、框架组成一批一起装炉，大型铸件应单个放在专用框架上装炉。

3）容易产生翘曲的铸件应放在专用的底盘上，其悬空的部位应加以支撑，或使用专用的夹具。

4）对于大、中型铸件，在装炉时还应当考虑到合理的淬火方法。

5）检查铸件质量的单铸或附铸试棒，应同铸件同炉热处理。

3. 加热及保温

1）在送电加热时，应同时开动风扇和控温仪表。

2）铸件的加热应当缓慢，对于复杂铸件，最好在较低温度下装炉，并使加热到淬火温度的时间为 2h 左右，在到达规定温度以后进行保温。

3）在保温期间应定时校正炉膛工作区域的温度，即在工作热电偶旁插入一支标准热电偶，接上补偿线，用 0.1 级电位差计校正工作热电偶及其测温系统所指示的炉膛工作区域的温度，以标准热电偶及其测温系统所测温度为准，来确定热处理的加热温度。标准热电偶的选择、检定和技术要求，应按有关规程进行。若校温时两套测温系统的所测温度差超过 3℃时，应查明其原因，并作适当的调整。

4）固溶热处理时由于某种原因中断保温，在短期内不能恢复工作时，应将铸件出炉淬火，在排除故障以后，再次装炉继续升温进行热处理，其保温时间应进行调整。

4. 出炉冷却

1）在固溶热处理保温结束后，用桥式起重机或其他装置将铸件迅速出炉，淬入所规定的冷却介质中冷却。

2）淬火转移的时间计算是从打开炉门开始计算到铸件全部淬入介质中，总的时间最好不应超过 15s。

3）在油中淬火的铸件，应当用煤油、汽油或木屑将铸件表面的油污清除干净。

5. 铸件变形的校正

1）铸件变形应在淬火后立即进行矫正，矫正模具和工具应在淬火前准备好。

2）根据铸件的特点和变形的具体情况，选择相应的矫正方法，矫正时用力不宜过猛，要缓慢均匀。

6. 时效

1）需进行人工时效的铸件，应按工艺在室温保持一定时间或淬火后尽快时效。

2）人工时效装炉炉温不得超过时效温度。

3）将自控仪表定温，然后送电加热，开动风扇。加热到规定温度后，按规定时间保温。

4）时效热处理保温时间到后，断开电源，按处理规范让铸件出炉空冷。

7. 重复热处理　当热处理的铸件力学性能不符合要求时，可进行重复热处理，其保温时间可酌情缩短，次数不得超过两次。

8. 技术安全和其他

1）进行热处理操作时，操作者不得离开现场，切实注意观察温度和设备运转情况，穿戴好防护用品，做好原始记录。

2）在装炉和出炉前必须切断电源。

3.3.4 热处理质量控制

3.3.4.1 质量检查项目

1. 目视　观察工件的表面状况，目的在于发现是否有共晶体的析出物引起的表面起泡、氧化变黑以及翘曲变形和裂纹等。

2. 尺寸　检查热处理后铸件的变形程度。检查铸件尺寸是否符合图样上所规定的尺寸精度等级。

3. 荧光　检查铸件热处理后以及矫直以后的表面裂纹。裂纹在荧光灯照射下以亮线或亮带的形式显示出来，而铸造缺陷如：气孔、缩孔、夹渣和疏松则呈现发亮的不规则的或圆形的堆积物。

4. 射线　检查铸件热处理后内部裂纹。

5. 力学性能检查　检查单铸试棒、附铸试棒或从铸件上切取试样的拉伸性能，即抗拉强度和断后伸长率是否符合技术标准要求，其他力学性能检验根据供需双方的协议进行。

6. 金相　从试棒或铸件上切取试样，检查热处理是否过烧和强化相是否溶解完全等。

3.3.4.2 热处理缺陷及消除方法

铝合金铸件热处理常见缺陷的产生原因及消除方法见表3-145。

表3-145　热处理缺陷及其消除方法

缺陷类型	特　征	形成原因	消除方法
力学性能不合格：热处理后铸件力学性能不符合标准或技术条件的规定	退火状态断后伸长率 A 偏低；固溶处理状态抗拉强度和 A 不合格，时效后抗拉强度和 A 不合格	1. 铸件退火时，退火温度偏低或保温时间不足，或冷却速度太快 2. 固溶处理时，温度过低或保温时间不够或淬火转移时间过长或淬火水温过高 3. 不完全人工时效和完全人工时效温度偏高或时间过长而造成抗拉强度高而断后伸长率 A 不合格，温度低而时间短使抗拉强度低而 A 偏高 4. 合金化学成分的偏差，如主要成分偏上限	1. 再次退火，提高温度，或延长保温时间，或严格随炉冷却 2. 将固溶温度提高到上限范围，或延长保温时间，尽量缩短淬火转移时间，或在保证淬火不变形不开裂的情况下降低淬火水温或更换淬火介质 3. 再次固溶处理后调整时效的温度和时间 4. 根据具体化学成分，重复热处理时调整热处理规范，并对下批铸件调整化学成分
淬火不均匀：由于铸件壁厚差或淬火方向不合理引起铸件淬火后组织和性能不均匀	铸件不同部位具有不同的力学性能，如厚大部位拉伸性能低，硬度低，甚至不合格	铸件局部加热和冷却不均，如厚大部位和薄小的部位加热和冷却不一，厚大部位热透慢，冷却慢	1. 重新进行热处理，使厚大部位处于炉内的高温区，或延长保温时间 2. 使厚大部位先下水冷却 3. 更换冷却介质 4. 铸件上涂涂料，使得均匀加热和冷却
变形：热处理过程中铸件处于高温时铸件支撑不合理或淬火后残余应力引起的铸件变形	热处理及随后的机械加工中铸件出现的形状变化和尺寸变化	1. 加热速度过快 2. 冷却太激烈 3. 壁厚差大 4. 装料不当，下水方式不对	1. 降低升温速度 2. 更换冷却介质或提高介质温度 3. 厚壁或薄壁部位涂涂料 4. 采用适当夹具，选择正确的下水方向 5. 淬火后立即对铸件进行矫正

（续）

缺陷类型	特　征	形成原因	消除方法
裂纹：铸件在热处理过程中出现穿透或不穿透的裂纹	经热处理后的铸件上出现裂纹，或者肉眼可见，或者荧光灯检验发现，其断口一般有氧化现象	1. 加热速度过快 2. 淬火冷却太激烈 3. 壁厚差大 4. 装料方法不对 5. 化学成分不正确，如ZL205A合金Cd含量偏高	1. 降低升温速度 2. 更换冷却介质，或提高介质温度，或采用等温淬火 3. 壁厚或壁薄部位涂涂料 4. 采用适当夹具，选择正确的下水方向 5. 选择最合适的化学成分
过烧：由于加热温度过高使铸件表层严重氧化，晶界或枝晶间低熔点相熔化的现象	铸件表面有由于局部熔化所产生的结瘤；力学性能，特别是断后伸长率下降；金相组织中出现复熔物等	1. 低熔点杂质元素含量偏高，如Al-Cu合金中的Si和Mg偏高 2. 不均匀地加热和加热过快，使工件局部加热温度超过过烧温度 3. 炉内工作区的温度局部超过过烧温度 4. 测量和控温仪表失灵，使炉温过高	1. 选用合格炉料 2. 选用合理的升温速度 3. 分段加热 4. 定期校测炉内各加热区的温度，使之不大于±5℃，个别偏高的部位不予装料 5. 定期校正仪表，保证测温和控温准确无误
腐蚀：淬火后腐蚀性介质残留在铸件表面引起铸件局部腐蚀	盐浴处理铸件表面上，特别是在铸件有疏松的部位出现腐蚀斑点	1. 熔融盐的氯化物过高 2. 处理后，硝盐未洗干净	1. 保证氯离子含量不超过规定 2. 清洗干净铸件

3.3.4.3　过烧及回复

1. 典型的过烧显微组织　铸造铝合金当固溶处理温度超过低熔点共晶温度时造成铸件的局部组织融化称之为“过烧”。合金的过烧组织见图3-153～图3-164。

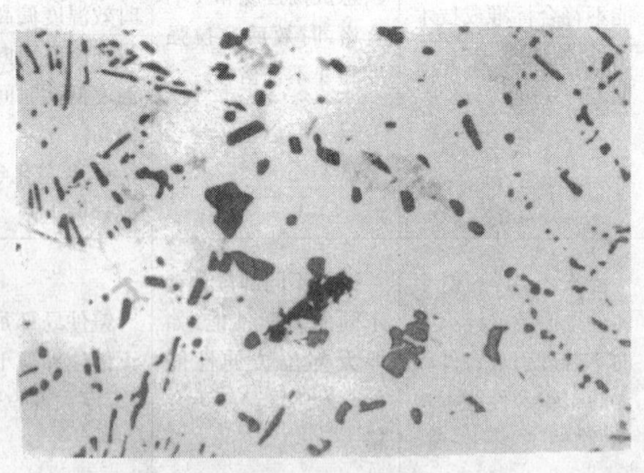

图3-154　ZL107合金过烧组织　×200

特征：局部出现共晶复熔球，Si相明显变粗

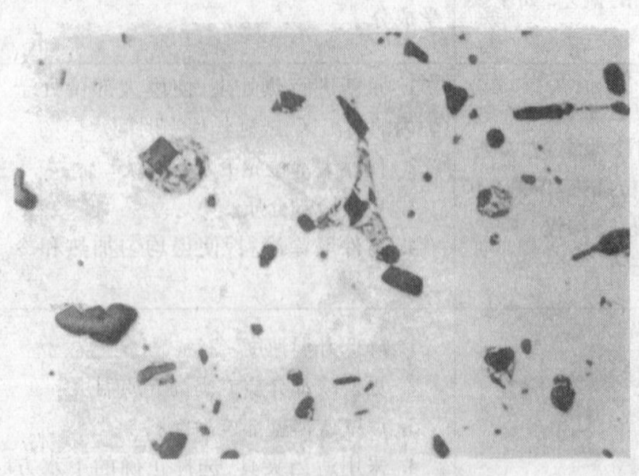

图3-153　ZL101合金严重过烧组织　×160

特征：圆形和三角形共晶复熔物，Si相聚集长大

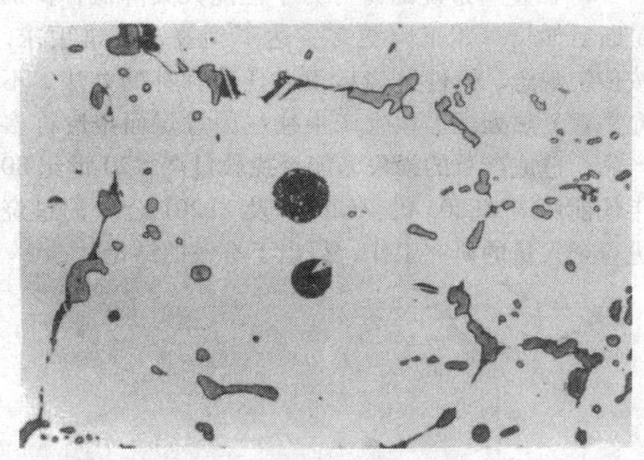

图 3-155　ZL101 合金过烧组织　×200

特征：局部共晶复熔物，Si 相变粗

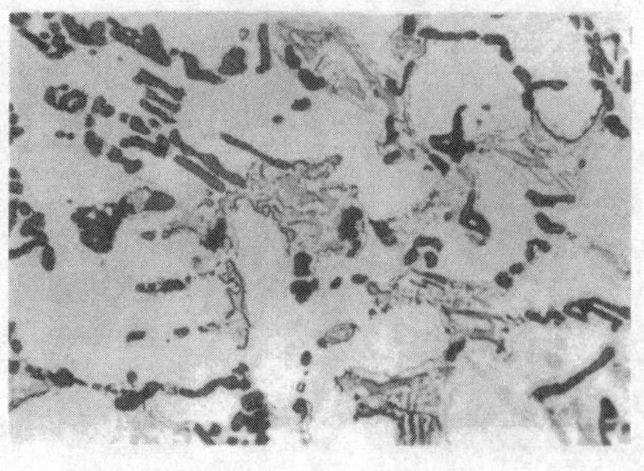

图 3-158　ZL109 合金过烧组织　×200

特征：局部出现共晶复熔物，Si 相聚集变粗

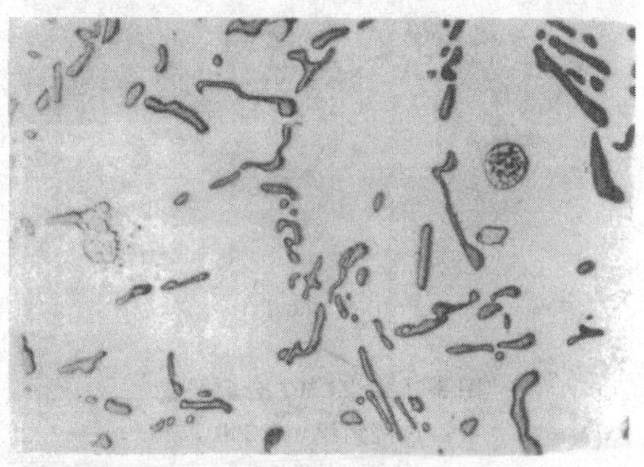

图 3-156　ZL108 合金过烧组织　×200

特征：共晶复熔较严重，Si 相聚集长大成粗大块状和粒状

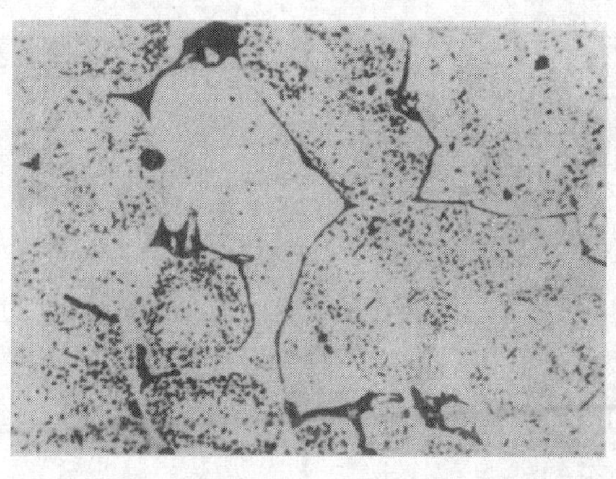

图 3-159　ZL201 合金严重过烧组织　×200

特征：晶界折线，空白区，三角及圆形复熔物、晶界熔化

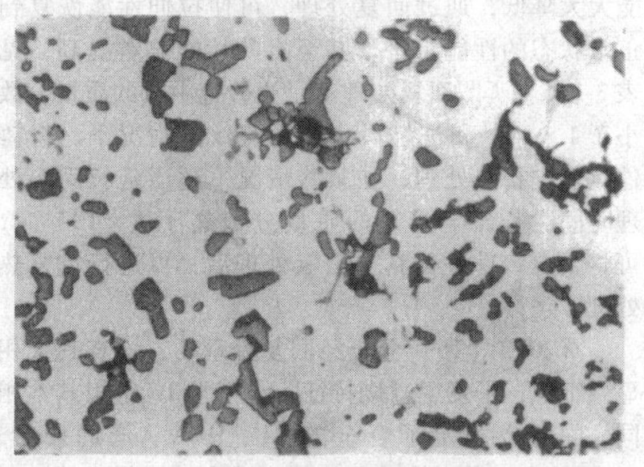

图 3-157　ZL105 合金严重过烧组织　×160

特征：共晶复熔及熔化晶界，Si 相球化并聚集变粗

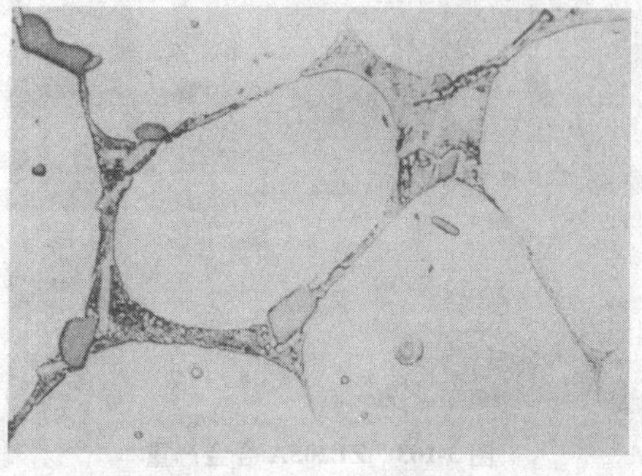

图 3-160　ZL205A 合金过烧组织　×200

特征：圆形黑色的孔洞和大块的空白区

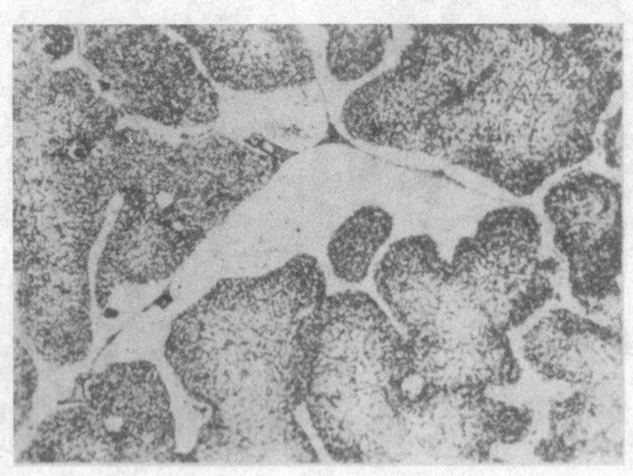

图 3-161　ZL203 合金严重过烧组织　×200

特征：三角形及圆形复熔物，晶界熔化，Si 相变粗

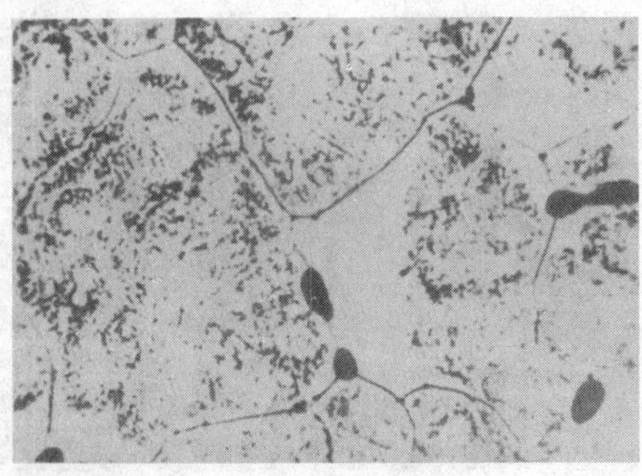

图 3-162　ZL204A 合金过烧组织　×200

特征：晶界上出现三角形复熔物及大片空白区

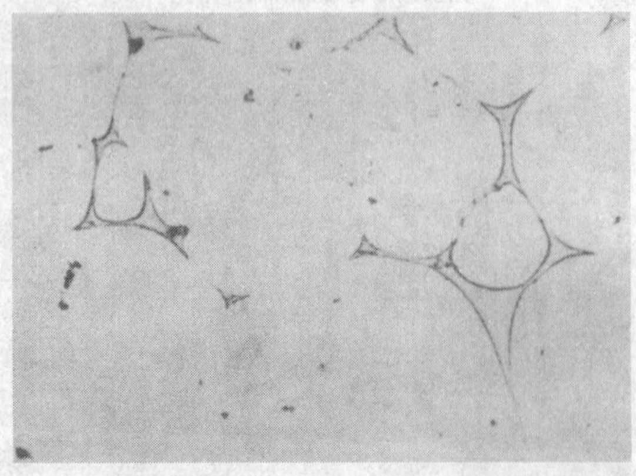

图 3-163　ZL205A 合金严重过烧组织　×200

特征：晶界上有三角形共晶复熔物

2. 回复　过烧的铸件力学性能大大降低，特别是断后伸长率 A 下降更多，达不到技术标准要求。按传统观念，铸件过烧后没有任何弥补的办法，不允许重复热处理。在生产中往往因过烧而报废许多产品，造成严重的损失。能否挽救过烧，20 世纪 80 年代前后对 ZL205A、ZL204A 及 ZL201 合金的过烧进行了大量的研究工作，得出了有益的结论。

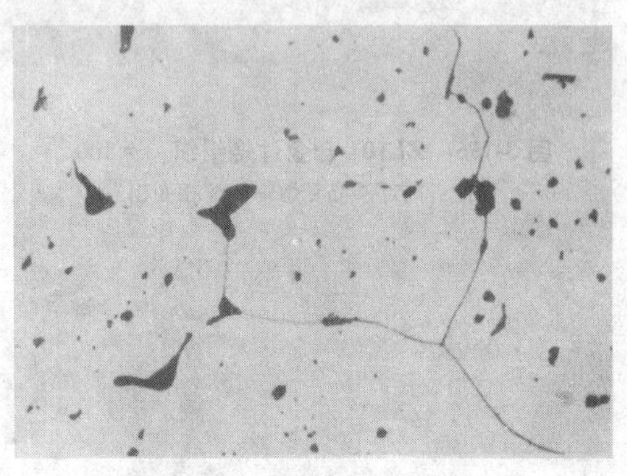

图 3-164　ZL301 合金严重过烧组织　×200

特征：晶界熔化，$\alpha(Al) + Mg_2Si$ 共晶复熔、聚集和球化

ZL205A、ZL204A、ZL101 合金过烧后，拉伸性能大大降低，通过回复处理，可使拉伸性能恢复到正常状态的性能水平，甚至有的性能略有提高，见表 3-146。所谓回复处理就是当合金中氢的质量分数小于 1×10^{-7} 和过烧后不产生裂纹的情况下，将铸件重复进行热处理，在某些情况下适当延长固溶处理时间。若合金中氢的质量分数高于 1×10^{-7} 时，可将合金铸件进行真空去氢处理后，再进行重复热处理。

ZL205A（T6）合金经回复处理后，检查其金相显微组织，未发现过烧特征，与正常 T6 组织基本相同，同时也测定了合金的 KV、HBW、低周疲劳、200℃的高温瞬时拉伸及拉伸应力腐蚀性能，并与正常 T6 处理状态对比，无明显差异，其冲击值还略高。

表 3-146　Al-Cu 合金过烧和回复的拉伸性能

合金代号及状态	试样形式	$w(\mathrm{Cu})$(%)	热处理制度	抗拉强度 R_m/MPa	屈服强度 $R_{p0.2}$/MPa	断后伸长率 A(%)
ZL205A T6	单铸试样加工成 ϕ10mm	4.85	过烧①	500	—	2.6
			正常 T6	525	455	7.2
			回复	535	480	6.3
		5.10	过烧②	465	—	1.3
			正常 T6	525	460	4.0
			回复	550	465	6.2
		5.33	过烧②	455	—	1.2
			正常 T6	520	475	3.9
			回复	535	480	4.4
	单铸试样 ϕ12mm	4.91	过烧③	505	—	2.4
			正常 T6	510	—	4.4
			回复	535	—	5.5
ZL204A T6	单铸试样加工成 ϕ10mm	4.9	过烧④	455	405	2.5
			正常 T6	495	390	10.0
			回复	520	420	7.0
ZL201A T4	单铸试样 ϕ12mm	4.9	过烧⑤	285	—	9.5
			正常 T4	335	—	15.5
			回复	320	—	13.2

① 538℃保温 14h 再升温到 555℃，保温 4h 淬火，然后在 175℃ ±5℃时效 4h。
② 538℃保温 14h 再升温到 545℃，保温 4h 淬火，然后在 175℃ ±5℃时效 4h。
③ 544℃保温 6h 淬入室温水，然后在 175℃ ±5℃时效 4h。
④ 540℃保温 14h 再升温到 545℃，保温 3h 淬火，再于 175℃ ±5℃时效 3h。
⑤ 560℃保温 2h 淬入 82℃水中。

3.4 质量控制和铸造缺陷

3.4.1 质量控制项目和方法

3.4.1.1 化学成分分析方法（表 3-147）

3.4.1.2 力学性能

1. 铸件的分类　根据工作条件、用途以及在使用过程中如果损坏所能造成的危害程度，铸件分为三类，见表 3-19。

2. 力学性能检验（见表 3-148）

3.4.1.3 表面和内在质量检验（见表 3-149）

表 3-147　化学成分分析方法

项目	检验方法	标　准
炉前分析	1. 在下列情况下采取炉前分析：连续熔炼，合金化学成分要求严格，合金中某些元素成分不易掌握 2. 使用炉前直读光谱仪或热分析方法 3. 在分析成分不合格时及时调整成分至合格为止 4. 在合金精炼后浇注化学成分分析试样	GB/T 7999—2007

（续）

项目	检验方法	标　准
常规分析	1. 使用单铸的化学成分试样或在铸件的浇冒系统上取化学分析试样 2. 小炉（50kg 以下）可以在浇注中间取样，大炉（100kg 以上）应在浇注前、中、后期各取1～2个试样 3. 在保证分析精度的情况下，允许用其他的方法测定合金的成分 4. 合金化学成分第一次分析不合格，允许重新取样分析，第二次分析不合格，则铸件报废	GB/T 20975—2008 HB/Z 5218—2004
仲裁分析	对合金的成分分析有疑问时，应以化学分析结果为准	

表3-148　力学性能检验

检验内容	检验规则
1. Ⅰ类铸件除用单铸试样（或附铸试样）检验力学性能外，还应按供需双方商定的比例，从铸件的指定部位和非指定部位切取试样检验力学性能。切取试样部位由用户在图样中规定，无明确规定时，由铸件生产厂确定 2. Ⅱ类、Ⅲ类铸件用单铸试样或附铸试样检验力学性能 3. 一般情况下，硬度不作检验，当设计有要求时，进行硬度试验 4. 对小于10kg 或不便于切取拉伸试样的Ⅰ类铸件，可检验铸件的硬度，抽检比例由供需双方商定	1. 单铸试样检验力学性能，首次送检一根，性能合格则该炉合金力学性能合格，否则，再取两根重新送检，如两根都合格则该炉合金性能合格，否则不合格 2. 热处理状态单铸试样送检不合格，允许重复热处理后重新送检，但重复热处理一般不超过两次 3. 单铸试样带铸皮进行检验，也允许车削为直径10mm±0.1mm 试样送检 4. 当肉眼发现试样存在铸造缺陷时或由于试验本身故障造成检验结果不合格，可以不计入检验次数中，更换试样重新送检 5. 每炉合金不论浇注何种铸型铸件，都允许用砂型单铸试样检验合金力学性能 6. 硬度试块可取自拉伸试样卡头端，硬度检验与拉伸性能检验同时进行，且验收方法一致 7. 铸件切取性能试验应符合表3-19 规定 8. 同熔炼炉次同热处理状态铸件，不同热处理炉次中已经在一个热处理炉次中检验合格，则另一热处理炉次中该熔炼炉次铸件可按同热处理炉次中任一熔炼炉次的合格试样交付。如果单铸试样或附铸试样不合格，需从铸件上切取试样时，应从该热处理炉次的各个熔炼炉次中随机或按供需双方商定的方法选取铸件，切取试样测定力学性能 9. 铸件切取性能抽检不合格时，可加倍抽检，如果加倍抽检试样都合格，则该批铸件力学性能合格，否则不合格。不合格铸件允许重新热处理后取样检验，但只允许重复热处理二次。每次热处理后，若单铸试样不合格，铸件切取试样力学性能合格，则该熔炼炉次铸件合格

表3-149　铸件表面和内在质量检验

检验方法	超声波探伤	工业CT	X射线探伤	渗透探伤	工业内窥镜	表面粗糙度测试仪
缺陷部位	内在质量	内在质量	内在质量	表面开口	内表面	表面
缺陷种类	裂纹类、孔洞类和夹杂类	孔洞类、夹杂类	孔洞类、夹杂类、裂纹类	裂纹类、穿透疏松	内孔的形状、表面质量	表面粗糙度

（续）

检验方法	超声波探伤	工业CT	X射线探伤	渗透探伤	工业内窥镜	表面粗糙度测试仪
检验速度	较快	较快	慢	慢	快	快
优点	轻便、穿透力强，易于实现自动化，灵敏度高，能够准确判定缺陷的位置、形状、大小等	准确可靠，可以准确确定缺陷的位置、形状等	适用范围广，检测准确	方便、简单，成本低，设备要求低	方便，无须破坏铸件检验铸件内孔质量	简单易用
缺点	使用范围小，难以检测小、薄和复杂铸件。探伤时需要耦合剂和标准样片等	设备昂贵，检测费用高	设备昂贵，射线对身体有害	铸件检测前后需要清洗，判断缺陷的经验性要求高	设备成本高，操作复杂	需要根据测量参数更换探头
有关标准	HB/Z 59—1997	—	GB/T 11346—1989 HB/Z 60—1996 HB 6578—1992 HB 5395—1988 HB 5396—1988 HB 5397—1988	HB/Z 61—1998 GB/T 18851—2008	—	GB/T 6060.1—1997 GB/T 15056—1994

3.4.1.4 气密性

要求气密性的铸件应按图样或专用技术文件的规定对铸件逐个进行气密性检验。不合格时可按专用技术文件进行浸渗处理（参考3.5.6节内容）。

3.4.1.5 金相组织

1. 低倍检验 用来检查铸件宏观组织和某些铸造缺陷如疏松、针孔等。低倍检验一般是在铸件指定区域切取试样，经平整、磨光和腐蚀后，用肉眼或低倍放大镜对试样进行检查。低倍检查按GB/T 10851《铸造铝合金针孔》，HB 963《铝合金铸件》，GB/T 9438《铝合金铸件技术条件》、JB/T 7946.3《铸造铝合金针孔》和GB/T 10852《铸造铝铜合金晶粒度》等进行。常用的低倍浸蚀剂见表3-150。

表3-150 常用的低倍浸蚀剂

配 比	用 法	用 途
质量分数为10%～15% NaOH水溶液	溶液加热至60～80℃，浸入试样1～2min，试样表面形成黑膜，然后在30%～50%硝酸溶液中清洗，除去黑膜	铸件针孔度显示和含Cu合金晶粒度显示
45mL盐酸 15mL硝酸 15mL氢氟酸 25mL水	用配置好的浸蚀剂擦拭试样或试样浸入浸蚀剂15～20s，然后用水清洗	铝合金晶粒度显示
5mL盐酸 25mL硝酸 5g氯化铁	室温浸入试样，表面形成棕色膜后在质量分数为30%～50%硝酸溶液中清洗，除去棕色膜	铝合金细晶粒显示
5mL盐酸 5mL硝酸 10mL氢氟酸 380mL水	室温浸入试样3～5min，表面形成黑膜后在20%～30%硝酸溶液中清洗，除去黑膜	一般铝合金晶粒度显示
150～160g氯化铜 1000mL水	试样先在质量分数为5～10%的氢氟酸水溶液中轻度浸蚀，然后在氯化铜溶液中浸蚀形成黑膜，在质量分数为50%的硝酸溶液中去除黑膜	含Si合金的晶粒度显示

（续）

配　比	用　　法	用　　途
50mL 盐酸 25mL 硝酸铁 25mL 水	擦拭试样表面形成黑膜，在流水中清洗后在质量分数为 25% 硝酸中去除黑膜	含 Si 合金的晶粒度显示

2. 显微分析　显微分析是用于检验铸件的高倍组织和某些铸件缺陷，如过烧、晶粒粗大、变质不足或变质过度等。显微分析试样从铸件指定区域切取，经磨平、抛光后直接或经过浸蚀后在显微镜下观察分析，显微组织一般使用体积分数为 0.5% 氢氟酸水溶液或混合酸水溶液进行铸造铝合金试样的高倍浸蚀。铸件显微分析标准参考 GB/T 10849《铸造铝硅合金变质》和 GB/T 10850《铸造铝硅合金过烧》等。

3.4.2 常见的铸造缺陷（见表 3-151）

表 3-151　常见的铸造缺陷

名　　称	特　　征	形成原因	防止方法及修补
气孔	1. 气孔主要呈梨形、圆形或椭圆形 2. 孔壁表面光滑，带有金属光泽 3. 大多存在于铸件皮下，大气孔单独存在，小气孔成群出现 4. 油烟气孔呈油黄色	1. 合金液浇注时被卷入的气体在合金液凝固后以气孔的形式存在于铸件中 2. 金属与铸型反应后在铸件表皮下生成皮下气孔 3. 合金液中的夹渣或氧化皮上附着的气体被混入合金液后形成气孔	1. 浇注时防止空气卷入 2. 合金液在进入型腔前先经过过滤网以去除合金中的夹渣、氧化皮和气泡 3. 更换铸型材料或加涂料层防止合金液与铸型发生反应 4. 在允许焊补部位将缺陷清理干净后进行焊补
针孔	1. 均匀的分布在铸件的整个断面上的析出性小孔（直径小于 1mm） 2. 凝固快的部位孔小数量少，凝固慢的部位孔大数量多 3. 在共晶合金中呈圆形孔洞，在凝固间隔宽的合金中呈长形孔洞 4. 在 X 光底片上呈小黑点，在断口上呈互不连接的乳白色小凹点	合金在液体状态下溶解的气体（主要为氢），在合金凝固过程中自合金中析出而形成的均布形式的孔洞	1. 合金液体状态下彻底精炼除气 2. 在凝固过程中加大凝固速度防止溶解的气体自合金中析出 3. 铸件在压力下凝固，防止合金液溶解的气体析出 4. 炉料、辅助材料及工具应干燥
缩孔和缩松	1. 铸件凝固过程由于补缩不良形成的孔洞 2. 缩孔相对集中，形状极不规则，孔壁粗糙并带有枝晶状，常出现在铸件最后凝固部位 3. 缩松细小而分散地出现在铸件的断面上 4. 铸件缩孔和缩松引起气密性试验的渗漏	1. 铸件冒口位置和尺寸与热节不配套，不能有效补缩引起的缩孔 2. 同时凝固的铸件厚大部位不能有效获得补缩引起缩松	合理设计铸件浇冒系统和浇注位置，尽量保证铸件顺序凝固和冒口充分补缩，可以减轻缩孔和缩松产生

（续）

名　称	特　征	形成原因	防止方法及修补
疏松（显微缩松）	1. 呈海绵状的不紧密组织，严重时呈缩孔 2. 孔的表面呈粗糙的凹坑，晶粒大 3. 断口呈灰色或浅黄色，热处理后为灰白、浅黄或灰黑色 4. 多在热节等铸件缓慢凝固部位产生，分布在枝晶间或枝晶内 5. 在X光底片上呈云雾状，荧光检查时呈密集的小亮点	1. 合金液除气不干净形成气体性疏松 2. 最后凝固部位补缩不足 3. 铸型局部过热、水分过多、排气不良	1. 保持合理的凝固顺序和补缩 2. 炉料洁净 3. 在疏松部位放置冷铁 4. 在允许焊补的部位可将缺陷部位清理干净后焊补
夹杂	由涂料、造型材料、耐火材料等混入合金液中而形成的铸件表面或内部的与基体金属成分不同的质点	1. 外来物混入合金液并浇注入铸型 2. 精炼效果不良 3. 铸型的内腔表面的外来物或造型材料剥落	1. 仔细精炼并注意扒渣 2. 熔炼工具涂层附着牢固 3. 浇注系统及型腔应清理干净 4. 炉料应保持清洁 5. 表面夹杂可打磨去除，必要时可进行焊补
冷隔	1. 铸件上穿透或不穿透性的，边缘呈圆角状的裂缝 2. 多出现在远离浇口的宽大薄壁部位，金属汇合部位以及冷铁和芯撑等激冷部位	1. 金属液浇注温度太低 2. 金属液充型流程太长 3. 壁厚太薄 4. 冷铁或芯撑冷却能力太强	1. 适当提高浇注温度 2. 调整浇冒系统位置，减小合金液流程 3. 适当加大薄壁铸件的壁厚 4. 减少冷铁或芯撑尺寸
夹渣	1. 氧化夹渣以团絮状存在于铸件内部，断口呈黄色或灰白色，无光泽 2. 熔剂夹渣呈暗褐色点状，夹渣清除后呈光滑表面的孔洞，在空气中暴露一段时间后，有时出现腐蚀特征 3. 一般存在于铸件上部或浇注死角部位	1. 精炼变质处理后除渣不干净 2. 精炼变质后静置时间不够 3. 浇注系统不合理，二次氧化皮卷入合金液中 4. 精炼后合金液搅动或被污染	1. 严格执行精炼变质浇注工艺要求 2. 浇注时应使金属液流平稳地注入铸型，采用过滤技术 3. 炉料应保持清净，回炉料处理及使用量应严格遵守工艺规程
裂纹	1. 铸件凝固后在较低的温度下产生的裂纹称冷裂。冷裂纹一般有金属光泽，常穿过晶粒延伸到整个断面 2. 铸件在凝固后期或凝固后在较高的温度下形成的裂纹称热裂。热裂纹断面呈氧化特征，无金属光泽，多产生在热节区尖角内侧，厚薄断面交汇处，常和疏松共生，热裂纹沿晶粒边界产生和发展，外形曲折无规则 3. 由于铸件补缩不当、收缩受阻或收缩不均匀而产生的裂纹称缩裂，一般出现在铸件刚凝固后	1. 铸件各部分冷却不均匀 2. 铸件凝固和冷却过程受到外界阻力而不能自由收缩，内应力超过合金强度而产生裂纹	1. 尽可能保持顺序凝固或同时凝固，减少内应力 2. 细化合金组织 3. 选择适宜的浇注温度 4. 增加铸型和型芯的退让性

（续）

名　称	特　征	形成原因	防止方法及修补
偏析	1. 用肉眼或低倍放大镜可见的化学成分不均匀性称宏观偏析 2. 用显微镜或其他仪器方能确定的显微尺度范围内的化学成分不均匀性称微观偏析，分为枝晶偏析和晶界偏析	1. 宏观偏析一般是由于熔炼过程中某些元素的化合物因密度与基体不同沉淀或上浮 2. 合金凝固过程中由于溶质再分配引起某些元素或低熔点物质在晶界或枝晶间富集导致微观偏析	1. 宏观偏析可以通过适当缩短合金属的停留时间，浇注时充分搅拌合金液，在合金液中加入阻碍初晶浮沉的元素，降低浇注温度或加快凝固速度等方法减弱 2. 晶粒细化、提高冷却速度和均匀化热处理可以减轻微观偏析
外渗豆	1. 铸件表面上形成豆粒状的凸起物 2. 金相检查一般为低熔点共晶富集区	当铸件中心部位尚未凝固时，铸件表面收缩中心未凝固的液相穿透表面相层渗出而生成	1. 适当降低浇注温度 2. 适当提高铸型的冷却能力 3. 延长开型时间
金相组织不合格	1. 晶粒粗大 2. 变质不足或变质过度 3. 其他有金相要求的项目不合格	1. 晶粒细化不充分 2. 变质处理孕育期短或停留时间太长，变质剂使用量不合适	1. 采用科学合理的晶粒细化和变质工艺 2. 炉前检测并及时调整合金质量
化学成分不合格	主要元素含量超过上限或低于下限，杂质元素超过允许的上限含量	1. 中间合金或预制合金成分不均匀或成分分析误差过大 2. 炉料计算或配料称量错误 3. 熔炼操作失当，易氧化元素烧损过大 4. 熔炼搅拌不匀、易偏析元素分布不均	1. 炉前分析成分不合格时可适当进行调整 2. 最终检验不合格时可会同设计和使用部门协商处理
力学和物理性能不合格	铸件强度、硬度、断后伸长率以及耐热、耐蚀、耐磨和电性能等不符合技术条件规定	合金成分不合格、金相不合格或热处理不合适等因素	根据需要调整合金成分、热处理等

3.5　表面处理

3.5.1　机械精整

机械精整是对铸件进行边缘和表面修整，改善铸件外观的平整面，使铸件表面和边缘光滑，消除尖角应力集中，提高铸件使用寿命。机械精整还可以使铸件表面处于高应力状态，显著提高铸件疲劳抗力。常用机械精整工艺见表 3-152。

表 3-152　常用机械精整工艺

工艺方法	用　途
磨光、抛光和刷光	装饰性表面精整，改善功能性边缘和表面的状况，改进零件的形状和公差；清理表面鳞片、氧化膜、锈蚀等

（续）

工艺方法	用途
喷砂	去除油污、飞边、毛刺并能够有效的改进表面状态，起到倒角和表面硬化效果；产生细粒度无光装饰性表面
滚光精整	去毛刺，使边角圆弧化，除锈，去氧化皮，改善表面应力状态

喷砂是将磨料喷射到铸件表面，去除表面缺陷，形成均匀的无光表面。喷砂具有速度高、成本低的优点，通过调整喷砂距离、角度、压力、速度和磨料种类等参数，可以得到不同效果的铸件表面。

3.5.2 阳极氧化

3.5.2.1 各类阳极氧化的性能、特点及应用范围（见表3-153）

3.5.2.2 主要阳极氧化工艺（见表3-154）

表3-153 各类阳极氧化的性能、特点及应用

类型	性能	特点	应用范围
硫酸阳极化	1. 膜厚约为3～15μm 2. 膜层多孔，孔隙率为35% 3. 膜层脆，不导电，脱水后绝缘性能提高，热辐射能力高 4. 可以有机染料着色，也可电解着色：黄、红、蓝、黑、绿、咖啡色	为了提高耐腐蚀性，孔隙可用四种方法封闭：①重铬酸盐封闭，为黄色，耐腐蚀性高。②聚合物进行二次封闭，大大提高耐腐蚀性。③沸水封闭，保持本色。④高压蒸汽封闭	1. 铝合金零件防护 2. 零件着色 3. 要求光亮外观和一定耐磨性铸件 4. w(Cu)＞4%的铝合金的防护 5. 形状简单的对接气焊零件
铬酸阳极化	1. 膜厚约为3μm，不透明 2. 膜厚致密，呈灰色或乳白色 3. 染色能力不好，粘结力中等	1. 对合金的疲劳强度影响小 2. 可以显露缺陷和晶粒组织 3. 对零件尺寸和表面粗糙度影响小 4. 溶液的腐蚀性小	1. 对疲劳性能要求较高的零件 2. 要求检查铸加工工艺质量的零件 3. 气孔率超过三级的铸件 4. Al-Si合金的防护 5. 精密零件的防护 6. 对接气焊零件或需胶接的零件 7. 检查晶粒度的零件 8. 蜂窝结构面板的防护
草酸阳极氧化	1. 膜层厚度6～39μm 2. 孔隙直径大 3. 膜呈灰色至深灰色 4. 可以染色，但成本高	1. 电绝缘性最好，浸漆后可耐300～500V电压 2. 膜层耐腐蚀性好 3. 阳极氧化后使零件尺寸加大	1. 要求有较高的电绝缘性能的精密仪器、仪表零件 2. 要求有较高硬度和良好的耐磨性的仪器、仪表零件
硬质阳极氧化	1. 膜层厚可达50μm以上 2. 硬度高，可达300HV 3. 膜层脆性大	1. 电绝缘性好 2. 耐磨性、耐热性、耐腐蚀性好 3. 使疲劳强度降低 4. 零件尺寸增加	1. 要求具有高硬度的耐磨零件 2. 耐气流冲刷的零件 3. 要求绝缘的零件 4. 瞬时经受高温的零件
磷酸阳极氧化	膜层薄，孔隙小，孔径大	1. 适于胶粘，有较高的粘结能力 2. 适于做电镀前底层 3. 防水性能好	1. 胶接的铝合金防护 2. 铝合金电镀的底层

表 3-154　主要阳极氧化工艺

阳极氧化类型	阳极化工艺		备　注
硫酸阳极氧化	硫酸/$g \cdot L^{-1}$工业级	180～220	阴极材料用铅板，阴阳极面积比为 1∶10 左右
	温度/℃	13～26	
	电压/V	13～22	
	电流密度/$A \cdot m^{-2}$	100～200	
	氧化时间/min	40	
铬酸阳极氧化	铬酐(Cr_3O)/$g \cdot L^{-1}$工业级	30～50	阴极材料用铅板，阴阳极板面积比为 1∶(3～10)
	温度/℃	34±2	
	电压/V	40	
	电流密度/$A \cdot m^{-2}$	30～60	
	时间/min	40～60	
	溶液 pH 值	0.5～0.8	
草酸阳极氧化	草酸/$g \cdot L^{-1}$化学纯 ($H_2C_2O_4 \cdot 2H_2O$)	40～50	阴极材料用碳精棒，阴阳极面积比为 1∶(5～10)
	温度/℃	15～21	
	电压/V	0～40,40～70,70～90,90～110,110	
	时间/min	5,5,5,15,90	
	电流密度/$A \cdot m^{-2}$	100～300	

3.5.2.3　阳极氧化的填充和着色工艺见表 3-155

表 3-155　阳极氧化的填充和着色工艺

项目	工　艺	
填充	重铬酸钾($K_2Cr_2O_7$)/$g \cdot L^{-1}$工业级	45～55
	温度/℃	90～98
	pH 值	4.5～6.5
	时间/min	15～25
着色	染料/$g \cdot L^{-1}$	0.5～10
	pH 值	5.2～6.2
	时间/min	10～20
	黑色:酸性黑	
	红色:酸性大红或直接大红	
	蓝色:酸性天蓝或酸性深绿	
	绿色:酸性绿	
	金色:茜素黄/$g \cdot L^{-1}$	0.5
	茜素红/$g \cdot L^{-1}$	5
无色	热水温度/℃	90～98
	pH 值	4.5～6.5
	时间/min	15～25

3.5.3　镀层

镀层可以起到装饰、防锈、耐磨和改善铸件焊接特性等。铝合金的镀层主要有镀铬、镀镍、镀铜等。镀铬是为了提高耐磨性；镀镍是为了便于焊接；镀铜是为了导电和改善铝铜合金铸件的铜钎焊性能。铸件表面镀铜、镀银后，经过化学处理，能生成硫化物、铜绿等仿古色调膜层，用于制造工艺品。

3.5.3.1　镀铬层的特性

外观光亮、硬度高、耐热性好、耐磨性好、化学安定性好。厚度变化为 1μm 到几百微米。

3.5.3.2　镀铬层的种类

1. 硬铬层　硬度高达 500～1000HV，耐磨。

2. 乳白铬　孔隙少，耐热好，耐磨好。

3. 松孔铬层　松孔多能够吸收润滑油，使铬层在高温、高压下工作时具有良好的耐磨性，应用于活塞环和气缸套。

4. 黑铬镀层　具有黑色而无光泽，耐磨性最好，镀层与底层结合力好。

5. 装饰镀铬层　具有极好的反光性而做装饰用，为了提高耐腐蚀性，可先镀铜、镍底层再镀铬。

3.5.3.3　镀铬的使用范围

1）要求耐磨的零件可镀硬铬。

2）修复磨损零件的尺寸可镀硬铬。

3）要求黑色外观的零件可镀黑铬。

4）识别标记可采用黑铬层。

5）装饰性防护。

3.5.4　化学抛光和电解抛光

化学抛光是利用化学方法，在一定的温度下，把铸件置于抛光液中，进行化学反应，以得到光亮平整的铸件表面。电解抛光是利用电化学原理，抛光件设置为阳极，配以合适的阴极，在外加电场的作用下，使铝铸件表面达到光亮平整的效果。化学抛光和电解抛光用于蚀刻、整平、镜面抛光和精加工等。

3.5.5　化铣

化铣是用化学的方法去除工件需要加工掉的金属，以达到加工成型的特种工艺方法。其特点是将工件不需要加工的部分用保护涂料保护，将加工部分暴露在化学铣切腐蚀溶液中，进行有选择的腐蚀，用以减轻结构重量，完成工件加工。

3.5.6　修补

3.5.6.1　焊补

1）铸件焊补必须严格按标准和技术条件进行。

2）铸件焊补一般使用与基体相同的填充金属，也可以由供需双方协商采用其他填充金属。

3）允许用焊补的方法修复任何缺陷，除设计部门规定不允许焊补的部位外，其他部位只要便于焊补、打磨和检验均可焊补。

4）凡经焊补的铸件应在焊补部位标记，或在有关技术文件中标注在示意图上，以备检验。

5）采用氩弧焊焊补铸件时，经扩修后允许焊补的面积、深度、个数和间距一般应符合表3-156规定。特殊情况下的焊补，由制造方和购买方协商制订专用技术条件。

表3-156　焊补面积、深度、个数和间距规定（GB/T 9438—1999）

铸件种类	铸件表面积/cm^2	焊补面积,不大于/cm^2	焊补处数,不大于/个	焊补最大深度/mm	一个铸件上焊补总处数/个
小型件	<1000	10	3	—	3
中型件	1000～3000	10	3	—	5
		15	2	—	
	3000～6000	10	4	—	10
		15	3	—	
		20	2	10	
		25	1	8	
大型件	>6000	10	4	—	13
		15	4	—	
		20	3	10	
		25	2	8	

6）同一焊补部位焊补次数不得超过三次。焊区边缘间距不得小于两相临焊区直径之和。

7）以热处理状态供应的铸件，焊补后需要按原规定状态进行热处理，并检验力学性能。当焊区面积小于2cm^2，焊区间距不小于100mm，经购买方同意，焊后可以不进行热处理，但一个铸件上不得多于五处。ZL301和ZL305合金铸件焊后一律按原状态进行热处理。

8）用肉眼或10倍以下放大镜、荧光等检验焊补表面质量，检验面积不小于焊补面积的2倍，焊区内不得有裂纹、缩孔、未焊透和未熔合等缺陷。

9）对焊区进行无损检测，检测面积不小于焊区面积的2倍，Ⅰ类铸件焊补部位全部检查，Ⅱ类铸件根据用户要求按一定比例抽检，焊区内不得有裂纹、未焊透和分层等内部缺陷，在任一焊区内允许有最大直径不大于2mm，且不超过壁厚1/3的气泡和夹渣三个（边距不小于10mm，直径小于0.5mm的分散气泡和夹渣不计）。面积不大于2cm^2且不能用射线检查的焊区，经用户同意可以不进行射线检验。

3.5.6.2　浸渗

浸渗处理的目的是为了提高铸件致密性和耐腐蚀性能，适用于铸件上存在与表面连通的细小孔洞类缺陷，特别是提高压铸件的气密性的有效方法。常用的浸渗处理方法见表3-157。浸渗所用的原材料见表3-158。典型浸渗处理工艺过程见表3-159。

经浸渗处理的铸件在机械加工过程中可能导致铸件的气密性降低，允许在机械加工后对铸件进行浸渗处理，但铸件总的浸渗处理不得超过3次。

表 3-157 常用浸渗处理方法

浸渗处理方法	工艺要点	压力/MPa	时间/min	特点及用途
真空-压力法	1. 将铸件装入容器中，密封容器的工作室，对铸件进行真空处理 2. 向工作室中注入浸渗剂至完全浸没铸件，然后向容器内充入干燥的压缩空气 3. 减压并排出浸渗剂，取出铸件	0.01 0.4～0.6	10～30 30～60	处理效果稳定，工艺简单通用，适用于小型大批量地处理铸件
压热渗透法	1. 根据工艺参数加热浸渗剂 2. 将铸件装入带浸渗剂的容器中，密封容器，然后向容器内充入干燥的压缩空气 3. 减压并排出浸渗剂，取出铸件	0.4～0.7	30～60	
浸渗剂注入铸件法	1. 利用专用的工装密封铸件的内腔和孔 2. 向铸件空腔中注入浸渗剂 3. 向铸件内腔加压 4. 去除压力	0.4～0.7	15～30	适用于有相对封闭内腔的中型铸件
真空吸注法	1. 将铸件置于带浸渗剂的容器中 2. 利用专用的工装密封铸件的内腔和孔 3. 用真空泵将铸件内腔中的空气抽出 4. 去除真空	10^{-5}～10^{-8}	15～30	
局部浸渍法	1. 针对铸件的局部区域设置专用吸嘴，在对应部位的另一侧安放盛浸渗剂的容器 2. 依靠吸嘴抽真空，使浸渗剂浸入铸件 3. 去除真空	10^{-5}～10^{-8}	15～30	适用于大型铸件的局部区域处理
超声波浸渍法	1. 将铸件放入装有浸渗剂的超声波浴槽中或将浸渗剂涂在铸件需要浸渗处理的部位 2. 开动超声发生器，磁致伸缩器通过浴槽底的振动片或波导管将声振荡传递给浸渗剂	—	—	设备复杂
刷涂法	1. 将铸件装入烘箱中在60～80℃加热 2. 用刷子把浸渗剂涂刷在铸件需要处理的部位，在空气中凉干，然后在涂第二层	—	30	设备简单，操作方便，但处理效果较差

表 3-158 铝合金浸渗处理用原材料

序号	材料牌号或名称	技术条件	特点及用途	备 注
1	Y00-1 清油	ZBG 51011，HGZ 2-565	浸渗剂	粘度大，在加热状态下使用，对铸件无腐蚀，固化物耐水、耐油、耐腐蚀
2	L06-3 沥青烘干底漆	ZBG 51031，HG 2-586		
3	亚麻籽油	GB/T 8235		密度0.927～0.937g/cm³，pH值≤4
4	HX—1型	—		密度1.4g/cm³，水玻璃型无机浸渗剂，性能稳定
5	WZ—1型	—		水玻璃型无机浸渗剂，性能稳定

（续）

序号	材料牌号或名称	技术条件	特点及用途	备　注
6	LJS 硅酸盐型	—	浸渗剂	pH 值 11.5～12.5，表面张力 0.05～0.06N/m²，密度 1.30～1.35g/cm³
7	WJJ8021 型	—	浸渗剂	pH 值 11.0～12.0，表面张力 0.034～0.048N/m²，密度 1.28～1.30g/cm³
8	天然干性油	—	浸渗剂	—
9	氧化干性油	—	浸渗剂	—
10	厌氧的合成物	—	浸渗剂	粘度小，渗透力强，常温固化，使用温度小于150℃
11	溶剂油	GB 1922	稀释和清洗剂	—
12	汽油或煤油	GB 1787，GB 484，GB 253	稀释和清洗剂	—
13	丙酮	GB/T 6026，GB/T 686	稀释和清洗剂	—
14	松节油	GB/T 12901	稀释和清洗剂	Z 级以上
15	NY-200 油漆溶解油	GB 1922	稀释和清洗剂	—
16	清洗剂	—	清洗剂	—

表 3-159　典型浸渗处理工艺过程

工　序	工艺要点	作　用
配制浸渗剂	1. 根据工艺要求把浸渗剂稀释到 18～30s 的使用粘度 2. 用 0.6～0.7mm 的筛子过滤浸渗剂	调整浸渗剂的粘度适合于浸渗剂渗入铸件
铸件在浸渗前的准备	1. 将铸件预先进行除油、清洗干净 2. 根据工艺要求预热铸件	除去不利于浸渗剂渗入铸件的油污、锈渍等和可能与浸渗剂发生反应的物质
浸渗	参照表 3-157 对铸件进行浸渗处理	使浸渗剂渗入铸件缺陷部位
整修	清洗铸件表面的残余浸渗剂	去除多余无用的浸渗剂
烘干	1. 将浸渗处理的铸件装入烘箱内，根据工艺要求加热至 200～300℃，保温 30～60min 2. 取出铸件，进行气密性试验	使渗入铸件的浸渗剂固化，充填缺陷，提高铸件的致密性

3.5.6.3　填补

用金属填补剂（铸工胶）修补铸件表面的砂眼、气孔等铸造缺陷或加工后的表面缺陷修复铸件。金属填补剂一般是金属粉末为主要填充物，配合黏接剂填充到铸件的缺陷部位。修复后的铸件与本体颜色一致，可以加工，具有强度高、耐腐蚀和成本低等特点。也可以用腻子修补不重要表面的缺陷。

3.5.7　涂漆

3.5.7.1　表面处理

涂漆前常常进行表面处理，主要有阳极氧化和化学氧化两种方法。涂漆前的表面处理除本身具有良好的耐腐蚀性外，还对油漆具有良好的吸附能力，故常用做油漆的基层。经浸渗处理的铸件，为了确保漆涂层具有满意的附着力，一般在涂漆前需要对铸件进行化学处理。

3.5.7.2　底漆

底漆的作用是与面漆配套使用，提高铸件的耐腐蚀性。底漆的种类主要有锌黄油基底漆、锌黄醇酸底漆、锌黄丙烯酸底漆、锌黄纯酚醛底漆和锌黄环氧酯底漆。

3.5.7.3　面漆

用于铝合金的面漆主要有油基漆、醇酸漆及环氧漆。环氧漆应用最为广泛，环氧漆分为环氧氨基漆、环氧硝基磁漆和环氧硝基无光磁漆。

3.5.7.4　铝合金铸件用涂层系统（见表 3-160）

表3-160 铝合金铸件用涂层系统

序号	表面处理	涂层系统	干燥工艺		涂层特征
			温度/℃	时间/h	
1	化学氧化或阳极氧化	喷涂一层H06-2锌黄环氧酯底漆	室温 或60~80	24~36 4~3	附着力良好，防护性能优于醇酸底漆，可在120℃以下长期使用
2		1. 喷涂一层H06-2锌黄环氧酯底漆 2. 喷涂一层H04-2环氧硝基瓷漆	室温 或60~80 或100~120 室温 60~80	≥24 4~3 2~1.5 ≥4 3~2	防护性能好，结合力强，易于施工，但耐侯性较差，适用于内部，可在120℃以下长期使用
3		1. 喷涂一层H06-2锌黄环氧酯底漆 2. 喷涂一层H04-10环氧硝基无光磁漆	室温 或60~80 或100~120 室温 60~80	≥24 4~3 2~1.5 ≥4 3~2	

3.5.8 喷丸与抛丸

喷丸强化和抛丸强化工艺是利用是高速运动的弹丸流对金属表面的冲击而产生塑性循环应变层，由此导致该层的显微组织发生有利的变化并使表层引入残余压应力场，表层的显微组织和残余压应力场是提高金属铸件的疲劳断裂和应力腐蚀（含氢脆）断裂抗力的两个强化因素，其结果使铸件的可靠性和耐久性获得提高。

3.5.8.1 喷丸强化工艺参数

喷丸强化工艺参数系指弹丸材料、弹丸尺寸、弹丸硬度、弹丸速度、弹丸流量、喷射角度、喷射时间、喷嘴数目和喷嘴至铸件表面的距离等。与喷丸有关的代号和符号及其意义见表3-161。

3.5.8.2 被喷丸铸件的要求

1）铸件喷丸一般在热处理和机械加工后进行。

2）待喷丸铸件表面应清洁、干燥无油污，必要时可以采用ZB43002净洗剂或技术条件规定的其他净洗剂清洗待喷铸件。

3）铸件规定喷丸区的所有锐边和尖角应按规定倒圆。

4）检查待喷铸件表面，如果发现喷丸可能被掩盖的缺陷时，应停止进行。

5）禁止喷丸区应采取适当的方法保护。

6）铸件的无损检测应在喷丸前进行，经主管部门同意，也可以在喷丸后进行无损检测。

7）除图样规定外，铸件应在不受外力的自由状态进行喷丸处理。

表3-161 与喷丸有关的代号和符号及其意义（HB/Z 26—1992）

弹丸种类		图样标注	
代号①	意 义	符号	意 义
BZ	玻璃丸②	S（三角形框）	喷丸区
CW	切制钢丝弹丸	M（六边形框）	非喷丸区或禁止喷丸区
ZG	铸钢弹丸③	A（方框）	任意喷丸区

① 代号后的数字表示弹丸名义尺寸，如BZ10表示名义尺寸为0.1mm的玻璃弹丸。

② 玻璃丸应符合GSB Q34001的规定。

③ 铸钢弹丸硬度45~52HRC或55~62HRC，其他技术条件应符合GB/T 6484的规定。

8）喷丸结束后，撤去铸件表面的保护，清除铸件表面的弹丸和粉尘。

9）图样无专门注明时，喷丸后的铸件表面不允许以任何切削方式进行表面去层加工。经冶金和工艺部门同意，对于有装配要求的部位，只能用珩磨或研磨工艺对喷丸表面进行去层加工，去层深度不超过残余压应力层深度的 1/5。

10）禁止采用喷丸以外的其他方法对喷丸铸件进行校形。

11）铸件喷丸区不允许进行硬度试验。

3.5.8.3 喷丸对两种合金性能影响

ZL201A 合金用 ϕ0.5mm 的玻璃丸作喷射材料，使用压缩空气的喷射压力为 0.4MPa，喷射时间为 120s，旋转弯曲的疲劳强度 S_{PD} 由不喷丸的 100MPa 提高到 130MPa，强化效果为 30%。

ZL205A（T5）合金使用 ϕ0.5 ~ ϕ0.7mm 的铸铁丸作喷射材料，在循环次数大于 1×10^7 次下，其三点弯曲疲劳性能 σ_{-1} 由不喷丸的 125MPa 提高到 175MPa，强化效果为 40%。

参 考 文 献

[1] 中国机械工程学会铸造分会. 铸造手册：3 卷，铸造非铁合金[M]. 2 版. 北京：机械工业出版社，2002.

[2] J Gilbert Kaufmam, Elwin L. Rooy. Aluminum Alloy Castings: Properties, Processes, and Applications [M]. USA: ASM International, 2004.

[3] Vadim S Zolotorevsky, Nikdai A. Belov, Michael V. Glazoff. Casting Aluminium Alloys [M]. ELSEVIER, 2007.

[4] John Campbell. Castings [M]. ELSEVIER, 2003.

[5] John R. Brown. Foseco Ferrous Foundryman's handbook [M]. Feseco International Ltd, 2000.

[6] ASM. ASM Handbook: Volume 2, Properties and Selection: Nonferrous Alloys and Special-Purpose Materials [M]. ASM International, 1992.

[7] John M (Tim) Holt, Chuck Gibson, C Y Ho. Structural Alloys Handbook [M]. USA: CINDAS/Purdue University, 1996.

[8] J. R. Davis. Metals Handbook Desk Edition, Second Edition [M]. Asm International Handbook Committee, 1998.

[9] Mondolfo L F. Aluminum Alloys Structure and Properties. [M]. London: Butter Worths, 1976.

[10] ICI. Investment Casting Handbook. [M]. USA, 1997.

[11] 杨长贺，高钦. 有色金属净化[M]. 大连：大连理工大学出版社，1989.

[12] 中国铸造协会. 熔模铸造手册[M]. 北京：机械工业出版社，2000.

[13]《中国航空材料手册》编辑委员会. 中国航空材料手册 3 卷：[M]. 2 版. 北京：中国标准出版社，2002.

[14] 范顺科. 袖珍世界有色金属牌号手册[M]. 北京：机械工业出版社，2000.

[15] K. H. 马图哈，等. 非铁合金的结构与性能[M]. 丁道云等，译. 北京：科学出版社，1999.

[16] 龚磊清，金长庚. 铸造铝合金金相图谱[M]. 长沙：中南工业大学出版社，1987.

第4章　铸造镁合金

镁是最轻的金属结构材料，其密度仅相当于铝的2/3，钢的1/4。同时镁合金还具有比强度、比刚度高，导热导电性能好、阻尼减振、电磁屏蔽、易于加工成形和容易回收等优点，在汽车、电子通信、纺织工业、航空航天和国防军事等领域具有及其重要的应用价值和广阔的应用前景，被誉为“21世纪绿色工程材料”。自19世纪末叶到20世纪，由于人类文明的快速进步，金属材料的消耗与日俱增，金属矿产资源逐渐趋于枯竭。镁是地球上储量最丰富的元素之一，在地壳表层金属矿的资源含量为2.3%，位居常用金属的第三位，此外在盐湖及海洋中镁的含量也十分可观，如海水中镁含量达2.1×1015t，可以说取之不尽、用之不竭。因此，在很多金属趋于枯竭的今天，加速镁合金材料在各个行业的应用是实现可持续发展的重要措施之一。

目前，铸造镁合金应用最广泛的领域在汽车工业，其用做汽车零部件具有如下的优势：①提高燃油经济性，降低废气排放。据测算，汽车所用燃料的60%消耗于汽车自重，汽车每减重10%，耗油约减少7%。②重量减轻可以增加车辆的装载能力和有效载荷，同时改善制动和加速性能。③可以改善车辆的噪声、振动现象。此外，镁合金在受外力作用时容易产生较大的变形，这一特性能使受力构件的应力分布更为均匀。在一定场合下，除有利于避免过高的应力集中外，在弹性范围内，当受冲击载荷时，所吸收的能量比铝大一半。镁合金的这种特性与其低弹性模量有关，即弹性形变功与弹性模量成反比。因此，镁合金适宜于铸造受猛烈碰撞的零件如汽车轮毂等。此外，采用镁合金压铸件具有一次成形的优势，可将原来多种部件组合一次成形，从而显著提高生产率，同时达到减少装配误差及部件间的摩擦和振动，降低车辆噪声等。

镁合金零部件运动惯性低，应用到高速运动零部件上时效果尤为明显。另外，由于镁合金密度低，适合应用到需要运动和搬运的零部件上，同时制备同一零件时壁厚可以增大，满足了零件对刚度的要求，简化了常规零件增加刚度的复杂结构（如肋等）制造工艺。此外，镁合金的高减振性能使其在飞机和导弹的电子舱结构上获得应用；其对X射线和热中子的低透射阻力使得镁合金特别适用于X射线机框和核燃料盒等。镁合金还长期被用于制造各种军事装备，如迫击炮座和导弹舱体等。

镁合金具有优良的切削加工性能，其切削速度可远高于其他金属。切削掉一定量金属所需的功率，如以镁合金为1，则铝合金为1.8，铸铁为3.5，低碳钢为6.3。另一个突出的特点是不需要磨削和抛光、不使用切削液即可得到光洁的表面。

此外，镁合金铸件在受冲击及摩擦时不会起火花。

镁在潮湿空气及水（尤其是海水）中的化学性不稳定；与大多数无机酸的相互作用剧烈，但不与苛性碱溶液起作用；对硒酸、氟化物、氢氟酸作用稳定，能生成不溶性盐；在汽油、煤油、润滑油中也很稳定。镁合金在干燥空气中有良好的耐腐蚀性能，在普通工业气氛中的耐蚀能力接近于中碳钢，而在盐雾严重的海洋性气氛中则比铝合金低，但明显高于中碳钢。镁铸件在经过表面处理后能在大气条件下长期使用。近期发展并应用的高纯镁合金具有极低的铁、镍等杂质含量，所以有高的耐腐蚀性能；这类镁合金在耐蚀性方面优于美国的380压铸铝合金，比铝-锌-镁系压铸合金好得多。

由于镁在液态下的剧烈氧化和燃烧，所以镁合金必须在熔剂覆盖下或保护气氛中熔炼。浇注零件时，为了避免氧化燃烧以及与造型材料本身和造型材料中的水分相互作用，必须在型砂成分中添加保护剂。常用的保护剂有氟化物（氟硼酸铵、酸性氟化铵等）、硫磺、硼酸、菱镁矿、烷基磺酸钠等。芯砂中常用的阻化剂为硫磺和硼酸。

镁合金铸件的固溶热处理也需要在二氧化硫、二氧化碳或六氟化硫等气体保护下进行。扩散和分解过程的缓慢是镁固溶体的特点，所以镁合金在固溶处理和时效的需要保持较长的时间。同样的原因，铸造镁合金的淬火一般只需要在空气或人工气流中进行。

镁合金在铸造工艺方面具有较大的适应性。除砂型铸造外，根据各类合金的特性和零件的要求，可以采用金属型铸造、压力铸造、壳型铸造、石膏型铸造、低压铸造以及冷凝树脂砂型铸造等，几乎所有特种铸造工艺都可以铸造。铸件中的细小油路通道，可以采用预先在铸型中放置特种玻璃管和金属丝编织套等，然后再从铸件中除去的方法而获得；也可以采用直接在铸件中埋设不锈钢管的方法获得。

鉴于镁合金上述的性能特点，以及近年来随着资源的不断枯竭、环保和安全所需，铸造镁合金在汽车、摩托车、电子产品、纺织机械、国防军工领域的开发应用不断扩大。

4.1 合金及其性能

铸造镁合金按合金系可分为以下三类：

(1) 镁-铝系合金 ZMgAl8Zn(ZM5)、ZMgAl10Zn(ZM10)，AZ91A、AM60A、AS41A 等。

(2) 镁-锌-锆系合金 ZMgZn5Zr（ZM1）、ZMgZn4RE1 Zr（ZM2）、ZMgZn8AgZr（ZM7）。

(3) 镁-稀土金属-锆系合金 ZMgRE3ZnZr（ZM3）、ZMgRE3Zn2Zr（ZM4）、ZMgRE2ZnZr（ZM6）。

后两类合金均含有晶粒细化元素锆，故常称为含锆镁合金，而第一类则称为含铝镁合金。

4.1.1 镁-铝系合金

4.1.1.1 合金牌号（见表4-1）

表4-1 镁-铝系合金的相近牌号对照

合金牌号	国际标准	美国	欧洲	英国	俄罗斯	德国	法国
ZMgAl8Zn (ZM5)	MgAl8Zn MgAl9Zn	AZ81A —	MCMgAl8Zn1 MC65120	MAG1 3L122	МЛ5	G-MgAl8Zn1(AZ81) G-MgAl9Zn1(AZ91)	G-A8Z G-A9Z
ZMgAl10Zn (ZM10)	MgAl9Zn	AM100A	MCMgAl9Zn1(A) MC21120	MAG3 3L125	МЛ6	G-MgAl9Zn1(AZ91)	G-A9Z
—	—	AZ91A① AZ91B AZ91D	—	MAG7	—	GD-MgAl9Zn1 (AZ91)	G-A9Z1
—	—	AM60A① AM60B	MCMgAl6Mn MC21230	—	—	GD-MgAl6 (A6)	G-A6
—	—	AS41A① AS41B	MCMgAl4Si MC21320	—	—	GD-MgAl4Si (AS41)	G-A4S1

① AZ91A、AZ91B、AZ91D、AM60A、AM60B、AS41A 和 AS41B 是推荐使用的美国压铸合金。其中 AZ91D、AM60B、AS41B 为高纯镁合金。

4.1.1.2 化学成分

ZM5 和 ZM10 的化学成分见表4-2，压铸镁合金 AZ91A、AM60A、AS41A 等化学成分见表4-3。杂质元素为所允许的上限含量。

表4-2 ZMgAl8Zn 和 ZMgAl10Zn 的化学成分①（质量分数，%）（GB/T 1177—1991）

合金牌号	合金代号	Al	Zn	Mn	Si	Cu	Fe	Ni	杂质总量
ZMgAl8Zn	ZM5	7.5~9.0	0.2~0.8	0.15~0.5	0.30	0.20	0.05	0.01	0.50
ZMgAl10Zn	ZM10	9.0~10.2	0.6~1.2	0.1~0.5	0.30	0.20	0.05	0.01	0.50

① 可加入铍，但铍的质量分数不大于0.002%。

表4-3 压铸镁合金的化学成分（质量分数，%）（ASTM B94—2007）

合金牌号	Al	Zn	Mn	Mg	Si	Ni	Cu	Fe	其他杂质
AZ91A	8.3~9.7	0.35~1.0	0.13~0.50	余量	0.50	0.03	0.10	—	—
AZ91B	8.3~9.7	0.35~1.0	0.13~0.50		0.50	0.03	0.35	—	—
AZ91D	8.3~9.7	0.35~1.0	0.15~0.50①		0.10	0.002	0.030	0.005①	0.02
AM60A	5.5~6.5	0.22	0.13~0.6		0.50	0.03	0.35	—	—
AM60B	5.5~6.5	0.22	0.24~0.6①		0.10	0.002	0.010	0.005①	0.02
AS41A	3.0~5.0	0.12	0.20~0.50		0.50~1.5	0.03	0.06	—	—
AS41B	3.0~5.0	0.12	0.35~0.7①		0.50~1.5	0.002	0.02	0.0035①	0.02

注：当出现单个值时，表示的是允许的最大值。

① 在合金 AS41B，AM60B，AZ91D 中任何锰的最小值与铁的最大值不相符时，那么锰与铁的比率均分别不应超过0.010，0.021 和0.032。

4.1.1.3 物理和化学性能

1. 物理性能（见表 4-4）

2. 耐腐蚀性能　合金耐腐蚀性能，除与使用和设计等因素有关外，还与合金中某些杂质元素密切相关。随着铁、铜或镍等杂质元素含量增加，其耐腐蚀性能下降，其中尤以铁为甚。

4.1.1.4 力学性能

1. 技术标准规定的性能　镁-铝系合金单铸试样的力学性能见表 4-5；铸件上切取试样的力学性能见表 4-6。

表 4-4　镁-铝系合金的物理性能

物理性能	ZM5	ZM10	AZ91B	AM60A	AS41A
熔化温度范围					
液相线/℃	600	600	595	615	620
固相线/℃	430	440	470	540	565
比热容 c(20℃)/kJ(kg·K)$^{-1}$	1.05	1.05	1.05	—	1.02
线胀系数 $\alpha_l \times 10^{-6}$K^{-1}					
20～100℃	26.8	26.1	26	25.6	26.1
20～200℃	28.1	27.3	—	—	—
20～300℃	28.7	27.7	—	—	—
热导率 λ/W·(m·K)$^{-1}$	78.5	78.5	72	61	68
密度 ρ(20℃)/Mg·m^{-3}	1.81	1.81	1.81	1.79	1.77
电阻率 ρ/nΩ·m					
F	150	150	170	—	—
T4	175	175	—	—	—
T6	151.5	140	—	—	—

表 4-5　镁-铝系合金单铸试样的力学性能（GB/T 1177—1991）

合金牌号	合金代号	试样形式	热处理状态	抗拉强度 R_m/MPa	屈服强度 $R_{p0.2}$/MPa	断后伸长率 A(%)
				≥		
ZMgAl8Zn	ZM5	砂型单铸	F	145	75	2
			T4	230	75	6
			T6	230	100	2
ZMgAl10Zn	ZM10		F	145	85	1
			T4	230	85	4
			T6	230	130	1

表 4-6　镁-铝系合金铸件上切取试样的力学性能（GB/T 13820—1992）

合金牌号	合金代号	取样部位	铸造①方法	取样部位厚度/mm	热处理状态	抗拉强度② R_m/MPa		屈服强度② $R_{p0.2}$/MPa		断后伸长率② A(%)	
						平均值	最小值	平均值	最小值	平均值	最小值
ZMgAl8Zn	ZM5	Ⅰ类铸件指定部位	S	≤20	T4	175	145	70	60	3.0	1.5
					T6	175	145	90	80	1.5	1.0
				>20	T4	160	125	70	60	2.0	1.0
					T6	160	125	90	80	1.0	—
			J	无规定	T4	180	145	70	60	3.5	2.0
					T6	180	145	90	80	2.0	1.0

（续）

合金牌号	合金代号	取样部位	铸造①方法	取样部位厚度/mm	热处理状态	抗拉强度② R_m/MPa		屈服强度② $R_{p0.2}$/MPa		断后伸长率② A(%)	
						平均值	最小值	平均值	最小值	平均值	最小值
ZMgAl8Zn	ZM5	Ⅰ类铸件非指定部位；Ⅱ类铸件	S	≤20	T4	165	130	—	—	2.5	1.5
					T6	165	130	—	—	1.0	—
				>20	T4	150	120	—	—	1.5	—
					T6	150	120	—	—	1.0	—
			J	无规定	T4	170	135	—	—	2.5	1.5
					T6	170	135	—	—	1.0	—
ZMgAl10Zn	ZM10	无规定	S、J		T4	180	150	70	60	2.0	—
					T6	180	150	110	90	0.5	—

① S表示砂型铸造；J表示金属型铸造，当铸件某一部分的两个主要散热面在砂芯中成型时，按砂型铸件的性能指标选取。

② 平均值系指铸件上取三根试样的平均值，最小值系指三根试样中允许有一根低于平均值，但不低于该最小值。

2. 室温性能

1）镁-铝系合金的室温力学性能见表4-7。ZM5合金室温时的条件拉伸曲线见图4-1和图4-2；ZM10合金室温时的条件拉伸曲线见图4-3。

表4-7 镁-铝系合金的室温力学性能

合金代号	热处理状态	抗拉强度 R_m	比例极限 $R_{p0.01}$	屈服强度 $R_{p0.2}$	断后伸长率 $A_{11.3}$	断面收缩率 Z	硬度 HBW	冲击韧度 a_K /kJ·m^{-2}	抗压强度 R_{mc}	抗压屈服强度 $\sigma_{pc0.2}$	承载强度 σ_{bru}	承载屈服强度 σ_{bry}	抗扭强度 τ_m	抗扭屈服强度 $\tau_{0.3}$	抗剪强度 τ_b
		MPa			%				MPa						
ZM5	F	157	—	93	3	4	50	—	—	—	415	275	118	—	—
	T2①	147	—	78	5	6	60	20	275	—	—	—	113	—	118
	T4	245	29	83	9	15	62	49	358	—	415	305	152	39	132
	T6	250	44	118	4	8.5	78	29	333	—	515	360	167	59	137
ZM10	F	157	—	108	1.5	2.5	—	—	—	—	—	—	—	—	—
	T4	245	—	98	5	12	—	29	314	—	—	—	167	—	137
	T6	255	—	137	1	3	—	15	373	—	—	—	172	—	142
AZ91B	F	220	—	160	3	—	63	—	—	160	—	—	—	—	140
AM60A	F	220	—	130	8	—	55	—	—	130	—	—	—	—	—
AS41A	F	210	—	140	6	—	60	—	—	140	—	—	—	—	—

① T2—退火。

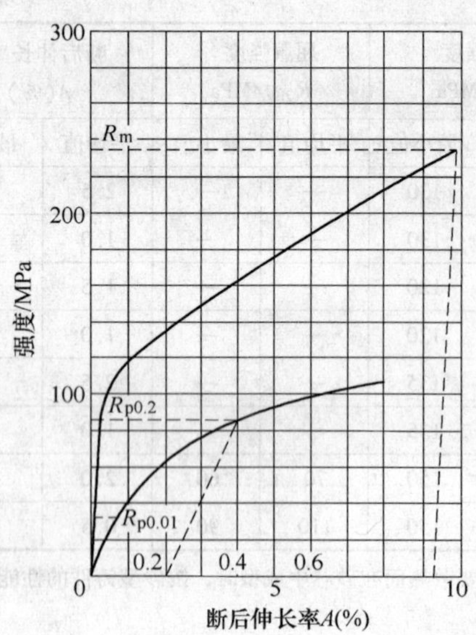

图 4-1　ZM5 合金室温时的条件拉伸曲线

（砂型铸造，T4 状态）

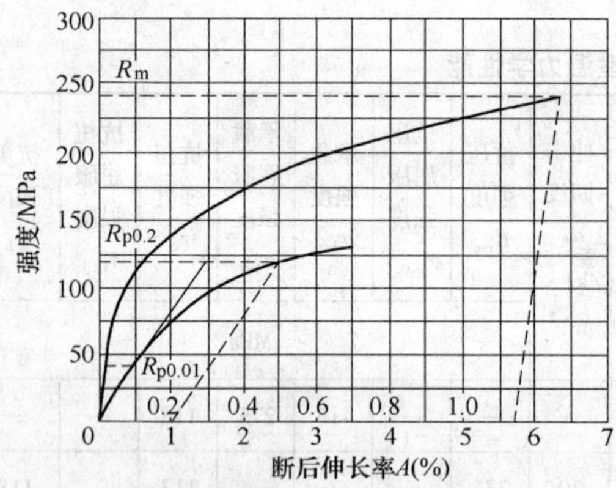

图 4-2　ZM5 合金室温时的条件拉伸曲线

（砂型铸造，T6 状态）

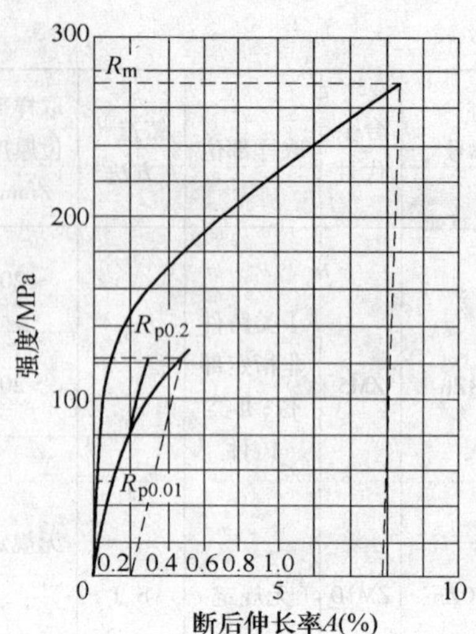

图 4-3　ZM10 合金室温时的条件拉伸曲线

（砂型铸造，T6 状态）

2）按技术标准检验批量生产 ZMgAl8Zn（ZM5）合金单铸试样力学性能的统计值见表 4-8，铸件上切取试样的力学性能统计值见表 4-9。

表 4-8　ZM5 单铸试样的力学性能统计值

铸造方式	热处理状态	抗拉强度 R_m MPa							
		A①基值	B②基值	样本均值 $\overline{X}$	最小值	最大值	标准差 S	离散系数 C_V	样本数 n
砂型单铸	T4	215	230	254	215	283	14.8	0.058	240

铸造方式	热处理状态	断后伸长率 A %					
		样本均值 $\overline{X}$	最小值	最大值	标准差 S	离散系数 C_V	样本数 n
砂型单铸	T4	11.3	4.2	18.0	2.54	0.224	240

① 具有 95% 置信度，99% 概率的安全强度。

② 具有 95% 置信度，95% 概率的安全强度。

表 4-9　ZM5 合金铸件切取试样的力学性能统计值

铸造方式	热处理状态	抗拉强度 R_m MPa						屈服强度 $R_{p0.2}$ MPa					
		样本均值 $\overline{X}$	最小值	最大值	标准差 S	离散系数 C_V	样本数 n	样本均值 $\overline{X}$	最小值	最大值	标准差 S	离散系数 C_V	样本数 n
砂型铸件	T4	240	168	287	30	0.125	54	106	87	130	9.51	0.09	53

铸造方式	热处理状态	断后伸长率 A %						断面收缩率 Z %					
		样本均值 $\overline{X}$	最小值	最大值	标准差 S	离散系数 C_V	样本数 n	样本均值 $\overline{X}$	最小值	最大值	标准差 S	离散系数 C_V	样本数 n
砂型铸件	T4	7.9	2.8	15.1	3.1	0.39	42	8.3	3.3	14.4	2.8	0.34	42

3）ZM5 合金铸件壁厚对力学性能的影响见表 4-10。

3. 低温性能　镁-铝系合金的低温力学性能见表 4-11；ZM5 合金的缺口敏感性系数见表 4-12。

表 4-10　ZM5 合金铸件的壁厚对力学性能的影响

热处理状态	铸件壁厚或截面直径 /mm	抗拉强度 R_m/MPa	抗拉强度保存率 (%)	断后伸长率 A(%)	断后伸长率保存率 (%)
T4	15	250	100	10	100
	30	211	84	6	60
	45	172	68.5	4.5	45
	60	137	55	2.5	25

表 4-11　镁-铝系合金的低温力学性能

合金代号	热处理状态	试验温度 /℃	抗拉强度 R_m MPa	断后伸长率 $A_{11.3}$	断面收缩率 Z	冲击韧度 a_K/kJ · m^{-2}
				%		
ZM5	T6	-40	226	4	6	29
		-70	245	4	6	29
		-196	245	2	4	29
ZM10	F	-70	152	1	1.5	10
	T4		265	5	8.5	29
	T6		270	1	2.5	10

表 4-12　ZM5 合金的缺口敏感性系数

热处理状态	载荷形式	试验温度/℃	缺口敏感性系数
T4	静力	20	0.9
		-70	—
		-196	—
T6	静力	20	0.85
		-70	0.85
		-196	0.85

4. 疲劳性能　镁-铝系合金的疲劳强度极限见表 4-13；ZM5 合金不对称拉伸时的静力疲劳性能见图 4-4。

5. 弹性性能　合金的弹性模量、切变模量和泊松比见表 4-14。

表 4-13　镁-铝系合金的疲劳强度极限

合金代号	热处理状态	试验温度/℃	疲劳极限(光滑) σ_D	疲劳极限(缺口)① σ_{-1D}	疲劳寿命 N/周
			MPa		
ZM5	F	20	83	69	5×10^7
	T4	20	98	78	
		150	39	25	
	T6	20	83	69	
ZM10	F	20	83	69	5×10^7
	T4		93	74	
	T6		83	69	
AZ91B	F	20	97	—	5×10^8
AM60A			59	—	1×10^8
AS41A			59	—	

①　缺口半径为 0.75mm。

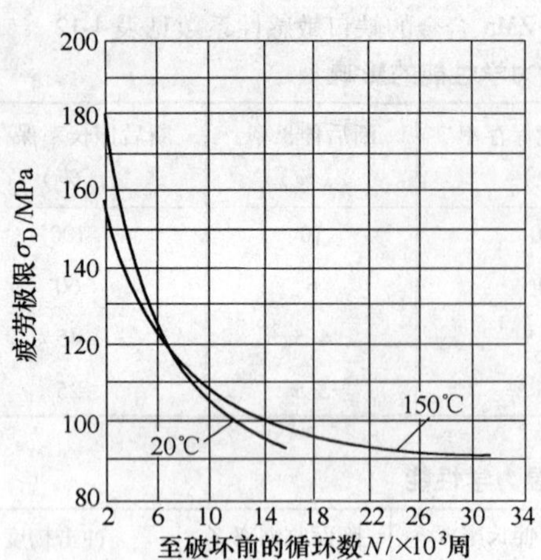

图 4-4 ZM5 合金不对称拉伸时的静力疲劳性能

$b/d=5$ b—试样宽度

d—试样孔径 $R=0.1$

表 4-14 镁-铝系合金的弹性性能

合金	热处理状态	弹性模量 E	切变模量 G	泊松比 μ
		GPa		
ZM5	F	45	17	0.35
	T2	45	17	0.35
	T4	45	17	0.35
	T6	45	17	0.35

（续）

合金	热处理状态	弹性模量 E	切变模量 G	泊松比 μ
		GPa		
ZM10	F	45	17	0.35
	T4	45	17	0.35
	T6	45	17	0.35
AZ91B	F	45	17	0.35
AM60A	F	45	—	0.35
AS41A	F	45	—	0.35

4.1.1.5 工艺性能

1. 铸造性能 ZM5 和 ZM10 有良好的流动性。合金液凝固时形成显微疏松的倾向较大，铸件的气密性较差。为了提高铸件的气密性，可以采用浸渗处理。两种合金的铸造性能见表 4-15。

压铸合金（AZ91A、AM60A、AS41A）的工艺性能见表 4-16。

2. 焊接性能 ZM5 合金可用氩弧焊进行焊补。焊后应消除应力（见 4.3 镁合金铸件的热处理一节）。

3. 切削性能 镁合金具有优良的切削加工性能，可以在比加工其他结构金属大的进刀量和高的进给速度下以极高的速度切削加工。其切削掉一定量的金属所需要的功率低于加工其他任何普通的金属，见表 4-17。切削加工时，常不需磨削和抛光即可得到 0.1μm 的表面粗糙度值。所有镁合金的切削性能均无明显差异。

表 4-15 镁-铝系合金的铸造性能

合金	铸造温度/℃	流动性(棒长)/mm	热裂倾向(环宽)/mm	线收缩率(%)
ZM5	690 ~ 800	290	30 ~ 35	1.2 ~ 1.3
ZM10	690 ~ 800	335	25 ~ 30	1.1 ~ 1.2

表 4-16 压铸合金的工艺性能（ASTMB94—2007）

合金	抗冷缺陷①	气密性	抗热裂性	切削加工	电镀	表面处理	高温强度
AZ91B	*B*②	*B*	*B*	*A*	*B*	*B*	*D*
AM60A	*C*	*A*	*B*	*A*	*B*	*A*	*C*
AS41A	*D*	*A*	*A*	*A*	*B*	*A*	*B*

① 形成冷隔、冷裂、未充满纤维状区、旋涡等冷缺陷的抗力。

② 级别评定仅供参考。*A*—好，*B*—良，*C*—中，*D*—差。

表 4-17　不同金属切削加工时所需的相对功率

金　属	镁　合　金	铝　合　金	黄　铜	铸　铁	低　碳　钢	镍　合　金
相对功率	1.0	1.8	2.3	3.5	6.3	10.0

4.1.1.6　显微组织

ZM5 合金的铸态组织由 αMg 固溶体和晶界不连续的呈网状分布的 $Mg_{17}Al_{12}$ 块状化合物组成。由于组织高度偏析，化合物也分布于晶粒的枝晶网之间。化合物的尺寸、数量和形状与凝固时的冷却速度有关。固溶处理后，化合物溶入固溶体中，其组织则由具有轮廓分明的晶粒和在某些晶界交接处的少量块状化合物的残留所组成。如果冷却缓慢，晶界上就可能出现某些片状沉淀物。时效处理会引起固溶体的分解，从而沉淀出细小的魏氏体组织；在 165℃或更高温度下进行时效处理，晶界上会出现较粗的片状沉淀物。图 4-5 为 ZM5 合金在 3 种状态下的显微组织。

ZM10 的显微组织与 ZM5 相似，不同的是，因铝和锌含量较高而有较多的化合物。

在金属补缩不足的部位，有时会在晶界处出现疏松（显微孔洞）。

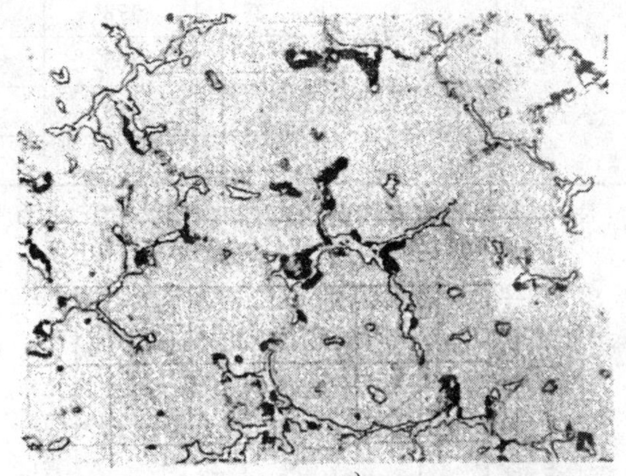

a)

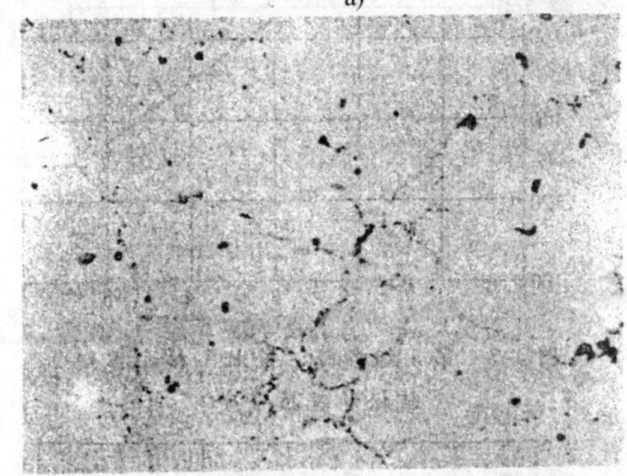

b)

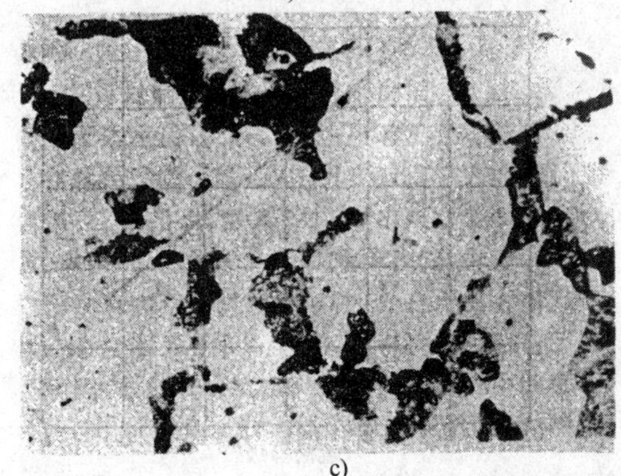

c)

图 4-5　ZM5 合金的显微组织　×200
a）铸态　b）T4 状态　c）T6 状态

4.1.1.7　疏松对 ZM5 合金力学性能的影响

镁-铝-锌系合金由于其树枝状凝固的特点，疏松以大致相互平行并一般垂直于铸件表面呈层状出现。当疏松的程度严重时，层与层相互靠拢，直至成堆出现，难以区分。

ZM5 合金具有较高的疏松倾向，即使采用工艺方法也难以完全消除。因此在铸件生产过程中，在保证满足产品技术要求的前提下，常允许存在一定程度的疏松。

疏松可以用断口或金相方法来发现，但需破坏铸件。而射线检验方法能在不损坏铸件的情况下获得良好的检验结果。

不同铸件壁厚和不同严重程度的疏松的射线检验结果与力学性能的关系如下：

根据零件的壁厚范围，将铸件壁厚分为 3 组：

第 1 组：4 ~ 10mm

第 2 组：>10 ~ 20mm

第 3 组：>20 ~ 30mm

根据射线照片上疏松的严重程度，对疏松进行分级。第 1、2 组各分为 5 级，第 3 组分为 3 级。各组、级疏松的力学性能是用砂型铸造试板经固溶处理后从中切取的扁平试样测得的。

1）第 1 组各级“条状”疏松横向和纵向排列的力学性能见表 4-18 和图 4-6、图 4-7。

表 4-18 第 1 组“条状”疏松的力学性能

铸造方法	热处理状态	显微疏松等级	条状横向排列				条状纵向排列	
			抗拉强度 R_m	屈服强度 $R_{p0.2}$	断后伸长率 A	弹性模量 E	抗拉强度 R_m	断后伸长率 A
			MPa		（%）	/GPa	/MPa	（%）
S	T4	1	198	88	5.5	41.2~42.2	—	—
		2	178	—	4.2	—	—	—
		3	165	84	3.3	41.2~42.2	223	8.0
		4	153	—	2.6	—	214	6.3
		5	131	75	1.9	40.2~41.2	162	3.1

注：疏松的严重程度等级；1 为轻微，3 为中等，5 为严重，2 和 4 分别介于 1、3 和 3、5 之间。后同。

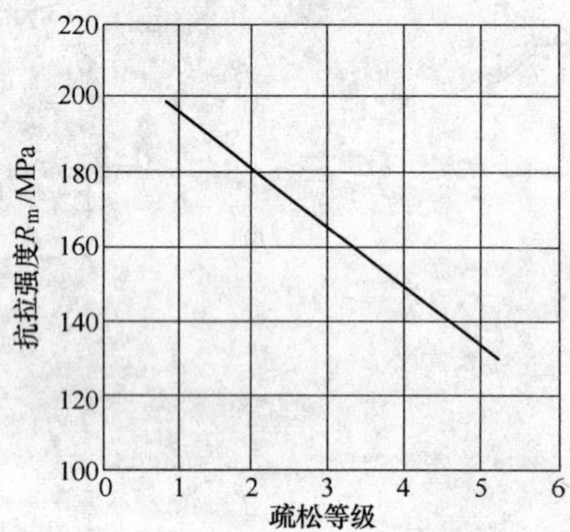

图 4-6 第 1 组各级“条状”横向排列疏松的抗拉强度

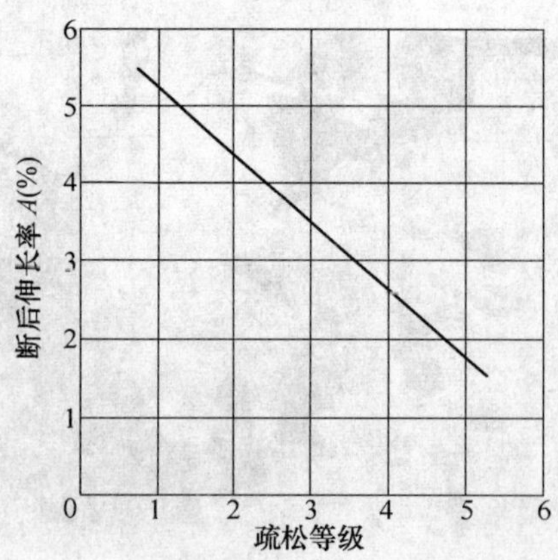

图 4-7 第 1 组各级“条状”横向排疏松的断后伸长率

2）第 2 组各级“条状”疏松横向排列的力学性能见表 4-19 和图 4-8、图 4-9。

表 4-19 第 2 组“条状”疏松的力学性能

铸造方法	热处理状态	疏松等级	条状横向排列	
			抗拉强度 R_m/MPa	断后伸长率 A（%）
S	T4	1	176	3.1
		2	166	2.7
		3	157	2.6
		4	145	2.1
		5	127	1.6

注：疏松的严重程度等级：1 为轻微，3 为中等，5 为严重。

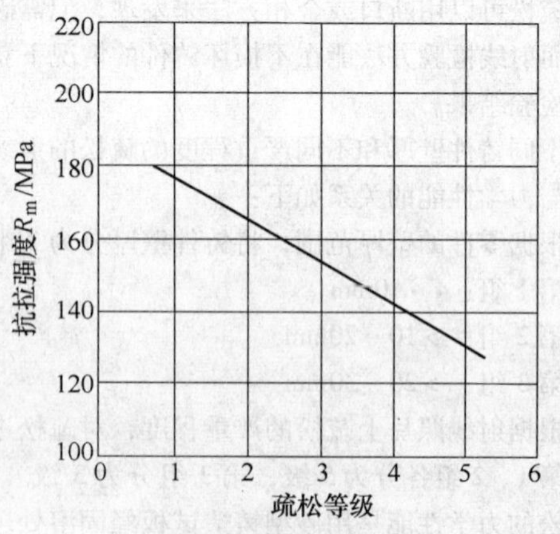

图 4-8 第 2 组各级“条状”横向排列疏松的抗拉强度

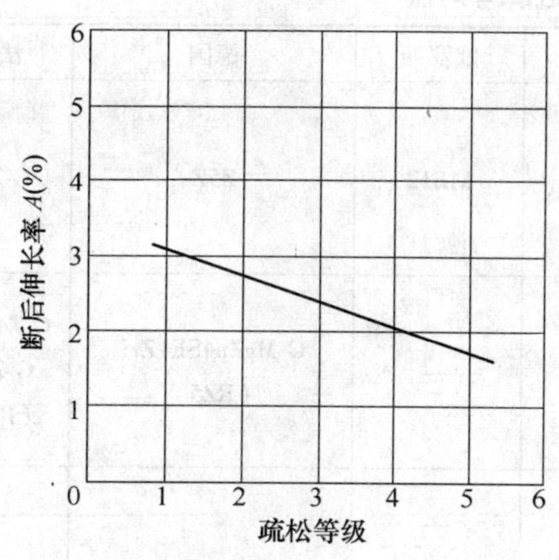

图 4-9　第 2 组各级"条状"横向排列疏松的断后伸长率

3）第 3 组各级"云状"疏松的力学性能见表 4-20，图 4-10。

表 4-20　第 3 组各组"云状"疏松的力学性能

铸造方法	热处理状态	疏松等级	云状	
			抗拉强度 R_m/MPa	断后伸长率 A（%）
S	T4	1	153	1.5
		2	144	1.5
		3	127	1.4

注：疏松的严重程度等级：1 为轻微，2 为中等，3 为严重。

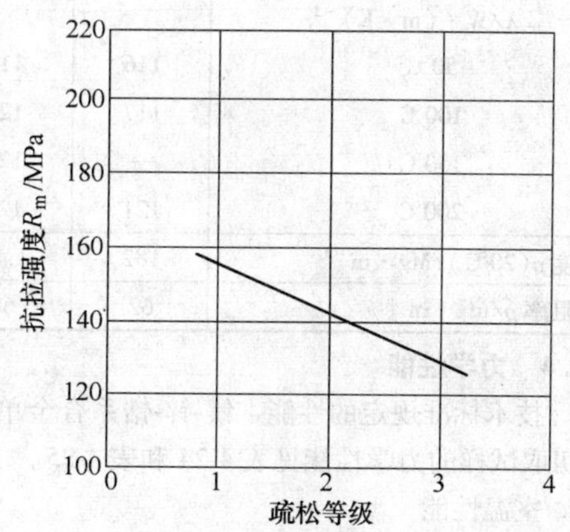

图 4-10　第 3 组各级"云状"疏松的抗拉强度

4.1.1.8　特点和用途

ZM5 和 ZM10 合金适用于砂型和金属型铸造，也可以用压力铸造及其他特种铸造工艺生产铸件。合金具有良好的流动性、焊接性，热裂倾向低，但疏松倾向较大；固溶处理后具有较高的抗拉强度、塑性和中等屈服强度；后经时效处理则使塑性降低，屈服强度提高。合金可在铸态（F）、固溶处理（T4）以及固溶处理后接人工时效（T6）等状态下使用，可以制造受力构件的一般用途的铸件。与其他各系合金相比，该合金不含稀土金属和锆，是两种较为价廉的镁合金。但因 ZM5 和 ZM10 合金有较高的疏松倾向和壁厚敏感性等缺点，或受工作温度限制等原因，有些铸件则可以用含稀土的镁合金如 ZM6 或 ZM2 来代替。

AZ91A、AM60A 和 AS41A 是适用于压力铸造的合金，一般在铸态（F）下使用。AZ91B 是最常用的压铸镁合金；AM160A 适用于制造汽车轮毂和其他要求高伸长率、高韧度以及屈服强度和抗拉强度综合力学性能好的铸件。AS41A 合金在 175℃以下的抗蠕变性能优于 AZ91B 和 AM60A 合金，并有良好的抗拉强度、屈服强度和伸长率等综合力学性能。AZ91D、AM60B 和 AS41B 是高耐蚀的高纯合金。

镁-铝系合金已广泛用于制造飞机、发动机和附件的结构件和一般用途的铸件。在民用工业方面，镁-铝系合金可用于制造手机及便携式计算机外壳、数码相机等便携式电子产品铸件、壁挂式大屏幕电视机载体、框架；汽车发动机的曲轴箱、气缸盖、液压泵和过滤器壳体以及汽车离合器壳体、驾驶盘、坐椅框架、车门框架和轮毂等；摩托车的曲轴箱、变速箱、轴承座、液压泵座等。在手工工具方面，可以制造如电钻、伐木油锯、电刨、剪草机等的壳体零件；安装高压线用的工具如线盘、止推环和棘轮式扳子等。在电机制造业方面，可用于制造端盖、法兰盘、底座、外壳、出线盒盖和风扇等。纺织机中的主经轴和法兰盘等。其他方面，如可制造印刷机和卷烟机中的零件。在日用品方面，如可制造吸尘器外壳和保护罩、打字机、计算机、手机、望远镜。电影放映机、照相机、复印机等中的零件。另外，用这类合金制造防护海水中使用（如船舶）和埋藏在土壤中的设施（如煤气管道、石油管道）等金属结构用的牺牲阳极，也可得到满意的结果。

4.1.2　镁-锌-锆系合金

4.1.2.1　合金牌号（见表 4-21）

4.1.2.2　化学成分

镁-锌-铝系合金的化学成分见表 4-22。杂质元素为所允许的上限含量。

表 4-21 镁-锌-锆系合金的相近牌号对照

合金牌号	国际标准	美国	欧洲	英国	俄罗斯	德国	法国
ZMgZn5Zr（ZM1）	MgZn5Zr	ZK51A	—	MAG-4（Z5Z）ZL127	MЛ12	Z5Z	G-Z5Z
ZMgZn4RE1Zr（ZM2）	MgZn4REZr	ZE41A	MgZn4RE1Zr Mg35110	MAG-5（RZ5）ZL128	—	G-MgZn4SE1Zr1（RZ5）	G-Z4TRZr G-Z4Tr（RZ5）
ZMgZn8AgZr（ZM7）	—	—	—	—	—	—	—

表 4-22 镁-锌-锆系合金的化学成分①（质量分数，%）（GB/T 1177—1991）

合金牌号	合金代号	Zn	RE②	Zr	Ag	Cu	Ni	杂质总量
ZMgZn5Zr	ZM1	3.5～5.5	—	0.5～1.0	—	0.10	0.01	0.30
ZMgZn4RE1Zr	ZM2	3.5～5.0	0.75～1.75	0.5～1.0	—	0.10	0.01	0.30
ZMgZn8AgZr	ZM7	7.5～9.0	—	0.5～1.0	0.6～1.2	0.10	0.01	0.30

① 可加入铍，但铍的质量分数不大于0.002%。

② RE为铈的质量分数不小于45%的铈混合稀土金属。

4.1.2.3 物理和化学性能

1. 物理性能 镁-锌-锆系合金的物理性能见表4-23。

2. 耐腐蚀性能 合金的耐腐蚀性能，除与使用和设计等因素有关外，还与合金中的某些杂质元素密切相关。ZM1和ZM2都含有锆，锆与合金中的杂质如铁、硅、镍等均能形成高熔点的金属化合物并从镁中沉淀出来（沉入坩埚底部），从而使合金纯度得以提高，消除了这些杂质对合金耐腐蚀性的有害影响。此外，锆还能剧烈细化晶粒，又进一步提高合金的抗腐蚀能力。

表 4-23 镁-锌-锆系合金的物理性能

物理性能	ZM1	ZM2
熔化温度范围		
液相线/℃	550	525
固相线/℃	640	645
比热容 c/kJ·(kg·K)$^{-1}$		
20～100℃	967	964
20～200℃	1022	1005
20～300℃	—	1043

（续）

物理性能	ZM1	ZM2
线胀系数 α_l/×10^{-6}K^{-1}		
20～100℃	25.8	25.8
20～200℃	26.2	26.2
20～300℃	—	27.2
热导率 λ/W·(m·K)$^{-1}$		
50℃	116	117
100℃	117	121
150℃	—	126
200℃	121	126
密度 ρ(20℃)/Mg·m^{-3}	182	1.85
电阻率 ρ/nΩ·m	62	60

4.1.2.4 力学性能

1. 技术标准规定的性能 镁-锌-锆系合金单铸和铸件切取试样的力学性能见表4-24和表4-25。

2. 室温性能

1）ZM1和ZM2的室温力学性能见表4-26。

2）按技术标准检验批量生产的ZM1合金单铸试样力学性能统计结果见表4-27。

表4-24　镁-锌-锆系合金单铸试样的力学性能（GB/T 1177—1991）

合金牌号	合金代号	热处理状态	试验温度/℃	抗拉强度 R_m/MPa	屈服强度 $R_{p0.2}$/MPa	断后伸长率 A(%)
				≥		
ZMgZn5Zr	ZM1	T1	室温	235	140	5
ZMgZn4RE1Zr	ZM2	T1	室温	200	135	2
			200	110	—	—
ZMgZn8AgZr	ZM7	T4	室温	265	—	6
		T6		275	—	4

注：采用砂型单铸试样。

表4-25　镁-锌-锆系合金铸件切取试样的力学性能（GB/T 13820—1992）

合金牌号	合金代号	取样部位	铸造①方法	取样部位厚度/mm	热处理状态	抗拉强度 R_m/MPa 平均值②	抗拉强度 R_m/MPa 最小值	屈服强度 $R_{p0.2}$/MPa 平均值②	屈服强度 $R_{p0.2}$/MPa 最小值	断后伸长率 A(%) 平均值②	断后伸长率 A(%) 最小值
ZMgZn5Zr	ZM1	无规定	S、J	规定	T1	205	175	120	100	2.5	—
ZMgZn4RE1Zr	ZM2		S		T1	165	145	100	—	1.5	—
ZMgZn8AgZr	ZM7	Ⅰ类铸件指定部位	S		T4	220	190	110	—	4.0	3.0
					T6	235	205	135	—	2.5	1.5
		Ⅱ类铸件指定部位，Ⅱ类铸件			T4	205	180	—	—	3.0	2.0
					T6	230	190	—	—	2.0	—

① S表示砂型铸造；J表示金属型铸造，当铸件某一部分的两个主要散热面在砂型中成型时，按砂型铸件的性能指标选用。

② 平均值系指铸件上取三根试样的平均值，最小值系指三根试样中允许有一根低于平均值，但不低于该最小值。

表4-26　ZM1和ZM2合金的室温力学性能

合金代号	热处理状态	抗拉强度 R_m	比例极限 $R_{p0.01}$	屈服强度 $R_{p0.2}$	断后伸长率 $A_{11.3}$	断面收缩率 Z	硬度 HBW	冲击韧度 a_{KU}/kJ·m^{-2}	抗压强度 R_{mc}	抗压屈服强度 $R_{pc0.2}$	承载强度 σ_{bru}	承载屈服强度 σ_{bry}	抗扭强度 τ_m	扭转比例极限 $\tau_{p0.015}$	抗扭屈服强度 $\tau_{0.3}$	抗剪强度 τ_b
		MPa			%				MPa							
ZM1	T1	277	102	175	7.5	9.4	62	39	—	147	485	350	186	49	93	152
ZM2	T2	230	102	152	6.2	6.7	62	24	345	140	485	395	196	—	—	171

表4-27　ZM1合金单铸试样力学性能统计结果

铸造方式	热处理状态	抗拉强度 R_m								断后伸长率 A					
		MPa						离散系数 C_V	样本数 n	%				离散系数 C_V	样本数 n
		A①基值	B②基值	样本均值 $\overline{X}$	最小值	最大值	标准差 S			样本均值 $\overline{X}$	最小值	最大值	标准差 S		
砂型单铸	T1	220	235	260	226	292	15.5	0.06	198	7.34	3.3	11.3	1.65	0.22	198

① 具有95%置信度，99%概率的安全强度。

② 具有95%置信度，95%概率的安全强度。

3. 高温力学性能　ZM1 和 ZM2 合金的高温力学性能见表 4-28。ZM2 合金在各种温度下的典型应力-应变曲线见图 4-11。

4. 低温性能　ZM1 合金的低温力学性能见表 4-29。

5. 高温持久和蠕变性能　ZM1 和 ZM2 合金的高温持久和蠕变强度极限见表 4-30。

6. 疲劳性能　ZM1 和 ZM2 合金的疲劳强度极限见表 4-31。

7. 弹性性能　ZM1 和 ZM2 合金的弹性模量、切变模量和泊松比见表 4-32。

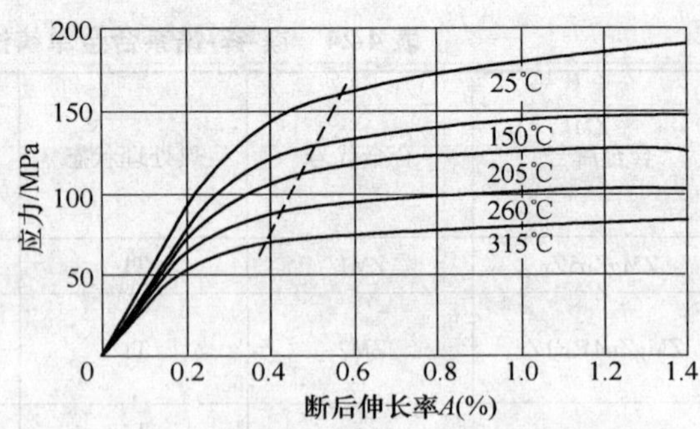

图 4-11　ZM2 合金在不同温度下的典型应力-应变曲线（单铸试样）

表 4-28　ZM1 和 ZM2 合金的高温力学性能

合金代号	热处理状态	试验温度/℃	抗拉强度 R_m	屈服强度 $R_{p0.2}$	断后伸长率 $A_{11.3}$
			MPa		(%)
ZM1	T1	100	215	161	12.7
		125	194	146	13.7
		150	172	142	15.9
		175	143	123	—
		200	124	111	15.1
		250	91	82	—
ZM2	T1	100	—	—	—
		150	174	134	26.0
		200	145	120	32.8
		250	119	104	34.7

表 4-29　ZM1 合金的低温力学性能

合金代号	热处理状态	试验温度/℃	抗拉强度 R_m	屈服强度 $R_{p0.2}$	断后伸长率	冲击韧度
			MPa		A(%)	a_{KU}/kJ·m^{-2}
ZM1	T1	-70	245	196	2.0	39

表 4-30　ZM1 和 ZM2 合金的持久和蠕变强度极限

合金代号	热处理状态	试验温度/℃	持久强度极限 $\sigma_{-1/100}$	蠕变强度极限 $\sigma^t_{0.2/100}$	蠕变强度极限 $\sigma^t_{0.2/1000}$
				MPa	
ZM1	T1	100	—	55	45
		150	78	34	25
		200	39	21	12
		250	20	—	—
ZM2	T1	93	—	76	68
		149	—	68	63
		175	103	—	—
		204	83	41	23
		260	—	12	7

注：0.2/100 和 0.2/1000 分别为 100h 和 1000h 的总伸长为 0.2%。总伸长等于原始伸长加蠕变伸长。

表 4-31　ZM1 和 ZM2 合金的疲劳强度极限

合金代号	热处理状态	试验温度/℃	疲劳强度极限 S_{-1D}/MPa	疲劳寿命 N/周
ZM1	T1	20	74	2×10^7
ZM2	T1	20	118	2×10^7
		150	97	10^5
			85	5×10^5
			80	10^6
			73	5×10^6
			69	10^7
			65	5×10^7
ZM2	T1	200	93	10^5
			74	5×10^5
			69	10^6
			62	5×10^6
			59	10^7
			54	5×10^7

表 4-32　ZM1 和 ZM2 合金的弹性性能

合金代号	热处理状态	试验温度/℃	弹性模量 E/GPa	切变模量 G/GPa	泊松比 μ
ZM1	T1	20	42	17	0.35
		150	34	—	—
		200	30	—	—
		250	25	—	—
ZM2	T1	20	42	17.6	0.35
		100	41	—	—
		150	40	—	—
		200	38	—	—
		250	33	—	—
		300	24	—	—

4.1.2.5　工艺性能

1. 铸造性能　ZM1 和 ZM7 具有良好的流动性，但疏松倾向大。ZM2 的铸造性能由于稀土金属的作用而大为改善；在其成分范围内，当锌含量低、稀土金属含量高时，铸造性能更好。这类合金的铸造特性见表 4-33。

2. 焊接性能　ZM1 合金焊接性能差，一般不宜焊补；ZM2 合金可用氩弧焊焊接。ZM2 合金在成分范围内，当锌含量低，稀土金属含量高时，合金有好的焊接性能；反之，则较差。焊后应消除应力（见 4.3 镁合金铸件热处理一节）。ZM7 合金难以焊补。

表 4-33　ZM1 和 ZM2 合金的铸造性能

合金代号	铸造温度/℃	流动性(棒长)/mm	疏松倾向	热裂倾向(环宽)/mm	线收缩率(%)
ZM1	705 ~ 815	182	较大	25 ~ 27.5	1.5
ZM2	675 ~ 815	170	较小	22.5	1.5

3. 切削性能　同 ZM5 合金。

4.1.2.6　显微组织

ZM1 合金的铸态组织中，除 αMg 固溶体外，晶界分布有少量 MgZn 块状化合物；晶界和富锌区中分布有微粒状的 MgZn 化合物，常有可见的晶内偏析。时效处理后，晶内析出沉淀物。当铸件的厚大部位冷却缓慢时，有可能出现 Zn_3Zr_2 化合物的密度偏析。ZM1 合金 T1 状态的显微组织见图 4-12。

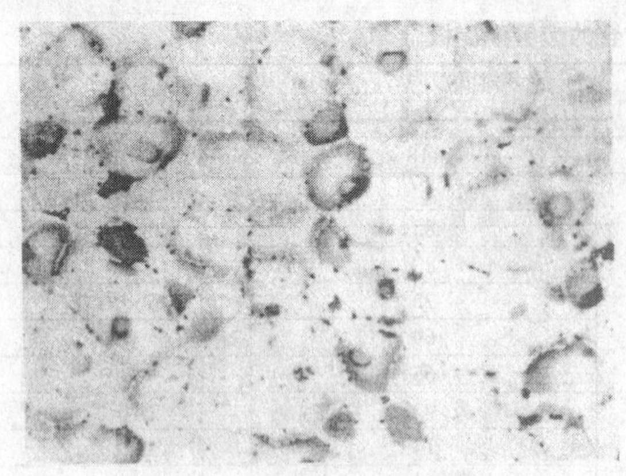

图 4-12　ZM1 合金 T1 状态的显微组织　×200

ZM2 合金的显微组织与 ZM4 相似。铸态组织由 αMg 固溶体和沿晶界分布的断续网状共晶所组成。330℃时效 4h 后，晶内析出细小的沉淀物。

4.1.2.7　特点和应用

ZM1 是一种镁-锌-锆系砂型铸造合金，具有高的抗拉强度、屈服强度和塑性，但铸造时热裂倾向较大而且难以焊补。该合金的疏松倾向较大，不宜用来铸造耐高压的零件。推荐用于小型或形状简单、断面均匀的受力零件。该合金在未经固溶处理的人工时效状态（T1）下使用。

ZM2 是在 ZM1 成分的基础上添加混合稀土金属以改进铸造和焊接性能的一种合金。ZM2 具有较高的强度和中等塑性。ZM2 的高温力学性能和疲劳强度明显高于 ZM1。该合金容易铸造并易焊接，疏松倾向低，铸件致密性高。该合金在无预先固溶处理的人工时效状态（T1）下使用。

ZM7 合金有高的室温抗拉强度、屈服强度和良好的塑性，但因含银而且铸造时疏松倾向大和难以焊补。合金在 T4 和 T6 状态下使用。

ZM1 合金已用于多种飞机的机轮铸件，并可广泛用于形状简单的各种受力构件。该合金的晶粒细化程度与合金中的溶解锆含量密切相关，而晶粒细化程度又直接影响合金的力学性能，所以熔炼技术和温度控制是极为重要的。

ZM2 合金已用于涡轮喷气发动机的前支承壳体及盖、飞机电机壳体、液压泵壳体等零件。合金的锆含量与 ZM1 中的一样直接影响到合金的力学性能。在规定成分范围内，低锌、高稀土的合金具有较好的铸造和焊接性能，但拉伸性能较低；反之，高锌、低稀土合金的拉伸性能较高，而铸造和焊接性能较差。

4.1.3　镁-稀土金属-锆系合金

4.1.3.1　合金牌号（见表 4-34）

4.1.3.2　化学成分（见表 4-35）

表 4-34　镁-稀土金属-锆系合金的相近牌号对照

合金牌号	国际标准	美国	欧洲	英国	俄罗斯	德国	法国
ZMgRE3ZnZr (ZM3)	—	EK41A	—	—	МЛ11	—	—
ZMgRE3Zn2Zr (ZM4)	MgRE3Zn2Zr	EZ33A	MgRE3Zn2Zr MC65120	MAG6 (ZRE1) 2L126	МЛ11	G-MgSE3Zn2Zr1 (ZRE1)	G-TR3Z2Zr G-Tr3Z2 (ZRE1)
ZMgRE2ZnZr (ZM6)	—	—	—	—	МЛ10	—	—

表 4-35　镁-稀土金属-锆系合金的化学成分（质量分数,%）

合金牌号	合金代号	技术标准	化学成分①					
			RE	Zn	Zr	Cu ≤	Ni ≤	杂质总量 ≤
ZMgRE3ZnZr	ZM3	GB/T 1177—1991	2.5～4.0②	0.2～0.7	0.4～1.0	0.10	0.01	0.30
ZMgRE3Zn2Zr	ZM4		2.5～4.0②	2.0～3.0	0.5～1.0	0.10	0.01	0.30
ZMgRE2ZnZr	ZM6		2.0～2.8③	0.2～0.7	0.4～1.0	0.10	0.01	0.30

① 可加入铍，但铍的质量分数不大于 0.002%。

② RE 为含铈的质量分数不小于 45% 的铈混合稀土金属，其中的稀土总质量分数不少于 98%。

③ 含钕的质量分数不小于 85% 的钕混合稀土金属，其中的钕 + 镨的质量分数不少于 95%。

4.1.3.3 物理和化学性能

1. 物理性能 镁-稀土金属-锆系合金的物理性能见表4-36。

表4-36 镁-稀土金属-锆系合金的物理性能

物理性能	ZM3	ZM4	ZM6
熔化温度范围			
液相线/℃	645	645	640
固相线/℃	590	545	550
比热容 c/J(kg·K)$^{-1}$			
20~50℃	—	896	—
20~100℃	1038	1005	904
20~150℃	—	1038	—
20~200℃	1047	1097	980
20~250℃	—	1147	—
20~300℃	1089	1122	1034
线胀系数 α_l/×10^{-6}K^{-1}			
20~100℃	23.6	23.90	23.2
20~150℃	—	24.99	—
20~200℃	25.1	25.76	25.4
20~250℃	—	26.27	—
20~300℃	25.9	26.72	26.0
热导率 λ/W(m·K)$^{-1}$			
50℃	—	96	—
100℃	—	100	130
150℃	—	106	—
200℃	—	110	142
250℃	—	114	—
300℃	117	116	147
密度 ρ(20℃)/Mg·m^{-3}	1.80	1.82	1.77
电阻率 ρ/nΩ·m	73	70	84

2. 耐腐蚀性能 ZM3、ZM4和ZM6合金都含有锆。锆除了细化晶粒外，还可消除杂质的有害作用，因而大大提高合金的耐腐蚀能力。ZM4和ZM6合金经100h喷雾腐蚀和交替腐蚀后的强度损失见表4-37。为对比起见，同时列出ZM5合金的数据。

4.1.3.4 力学性能

1. 技术标准规定的性能 镁-稀土金属-锆系合金的单铸试样和铸件切取试样的室温力学性能见表4-38。单铸试样的高温力学性能见表4-39。

表4-37 镁-稀土金属-锆系合金的耐腐蚀性能

合金代号	热处理状态	试验前的性能		喷雾腐蚀试验后的性能①			交替腐蚀试验后的性能①		
		抗拉强度 R_m/MPa	断后伸长率 $A_{11.3}$(%)	抗拉强度 R_m/MPa	断后伸长率 $A_{11.3}$(%)	强度损失(%)	抗拉强度 R_m/MPa	断后伸长率 $A_{11.3}$(%)	强度损失(%)
ZM1	T1	149	—	144	—	3.6	141	—	5.5
ZM6	T6	251	7.4	239	5.2	4.7	242	5.7	3.6
ZM5	T4	276	13.7	249	9.6	9.8	244	8.9	11.6

① 时间为100h。

表4-38 镁-稀土金属-锆系合金的室温力学性能

合金牌号	合金代号	技术标准	GB/T 1177—1991			GB/T 13820—1992					
		试样形式	砂型单铸			铸件切取					
		力学性能	抗拉强度 R_m/MPa	屈服强度 $R_{p0.2}$/MPa	断后伸长率 A(%)	抗拉强度 R_m/MPa		屈服强度 $R_{p0.2}$/MPa		断后伸长率 A(%)	
						平均值①	最小值②	平均值①	最小值②	平均值①	最小值②
		热处理状态	≥								
ZMgRE3ZnZr	ZM3	F,T2	120	85	1.5	105	90	—	—	1.5	1.0
ZMgRE3Zn2Zr	ZM4	T1	140	95	2	120	100	90	80	2.0	1.0
ZMgRE2ZnZr	ZM6	T6	230	135	3	180	150	120	100	2.0	1.0

① 从铸件上切取的三个试样的平均值。

② 从铸件上切取的三个试样中，允许有一个低于平均值，但不得低于最小值。

表4-39 镁-稀土金属-锆系合金的高温力学性能（GB/T 1177—1991）

合金代号	热处理状态	试验温度/℃	抗拉强度 R_m/MPa ≥	蠕变强度极限 $\sigma^t_{0.2/100}$/MPa ≥
ZM3	F、T2	200	—	50
		250	110	25
ZM4	T1	200	—	50
		250	100	25
ZM6	T6	250	145	30

2. 室温力学性能

1）室温力学性能见表4-40。

2）按技术标准检验批量生产的ZM6合金单铸试样的力学性能统计值见表4-41，铸件切取试样的力学性能统计值见表4-42。

表4-40 镁-稀土金属-锆系合金的室温力学性能

合金代号	热处理状态	抗拉强度 R_m/MPa	比例极限 $R_{p0.01}$/MPa	屈服强度 $R_{p0.2}$/MPa	断后伸长率 $A_{11.3}$(%)	断面收缩率 Z(%)	硬度HBW	冲击韧度 a_{KV}/kJ·m^{-2}	抗压强度 R_{mc}/MPa	压缩比例极限 $R_{pc0.01}$/MPa	压缩屈服强度 $R_{pc0.2}$/MPa	抗扭强度 τ_m/MPa	扭转比例极限 $\tau_{p0.015}$/MPa	抗扭屈服强度 $\tau_{0.3}$/MPa	抗剪强度 τ_b/MPa
ZM3	F	137	52	96	2.7	3.5	55	25	304	39	98	—	—	—	118
ZM4	T1	149	64	99	3.2	4.7	58	—	—	—	110	161	—	—	—
ZM6	T6	251	81	142	7.4	—	70	49	—	—	139	191	69	99	—

表4-41 ZM6合金单铸试样的力学性能统计值

铸造方式	热处理状态	抗拉强度 R_m/MPa A基值	B基值	均值 $\overline{X}$	最小值	最大值	标准差 S	离散系数 C_V	样本数 n
砂型单铸	T6	215	230	248	226	283	13.3	0.054	115

铸造方式	热处理状态	屈服强度 $R_{p0.2}$/MPa 均值 $\overline{X}$	最小值	最大值	样本标准差 S	离散系数 C_V	样本数 n	断后伸长率 A(%) 均值 $\overline{X}$	最小值	最大值	标准差 S	离散系数 C_V	样本数 n
砂型单铸	T6	151	138	171	8.0	0.056	23	6.2	3.0	9.8	1.56	0.25	114

表4-42 ZM6合金铸件切取试样的力学性能统计值

铸造方式	热处理状态	抗拉强度 R_m/MPa 均值 $\overline{X}$	最小值	最大值	样本标准差 S	离散系数 C_V	样本数 n	屈服强度 $R_{p0.2}$/MPa 均值 $\overline{X}$	最小值	最大值	标准差 S	离散系数 C_V	样本数 n
砂型铸件	T6	255	224	279	14.2	0.056	42	142	132	158	5.7	0.040	39

铸造方式	热处理状态	断后伸长率 A(%) 均值 $\overline{X}$	最小值	最大值	样本标准差 S	离散系数 C_V	样本数 n	断面收缩率 Z(%) 均值 $\overline{X}$	最小值	最大值	样本标准差 S	离散系数 C_V	样本数 n
砂型铸件	T6	5.9	2.5	9.1	1.75	0.295	38	8.0	4.7	10.7	1.42	0.178	33

3）ZM3 合金长期加热后的室温力学性能见表4-43。ZM4 和 ZM6 合金长期加热后的室温力学性能分别见图4-13 和表4-44。

4）ZM6 合金铸件壁厚对力学性能的影响见表4-45。

3. 高温性能

1）镁-稀土金属-锆系合金的高温力学性能见表4-46。

2）ZM6 长期加热后的高温力学性能见表4-47；ZM4 长期加热后的高温力学性能见图4-14。

4. 低温性能 ZM6 合金的低温力学性能见表4-48，缺口敏感性系数见表4-49。ZM14 合金的低温力学性能见图4-15。

5. 高温持久和蠕变性能 镁-稀土金属-锆系合金的高温持久强度极限和蠕变强度极限见表4-50。

6. 疲劳性能 镁-稀土金属-锆系合金的疲劳强度极限见表4-51。

7. 弹性性能 镁-稀土金属-锆系合金的弹性模量、切变模量和泊松比见表4-52。

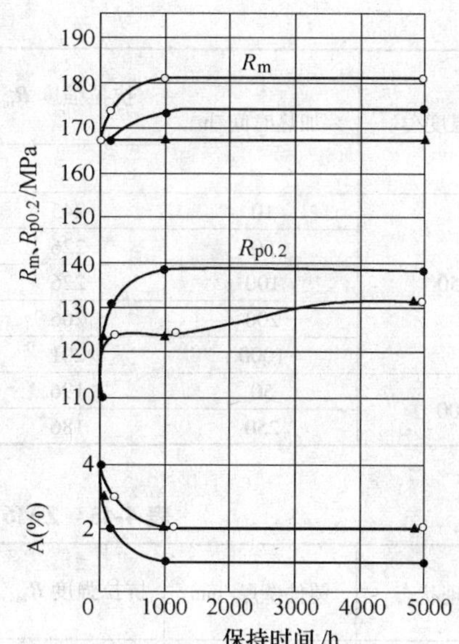

图4-13 ZM4 合金长期加热后的室温力学性能

—●—205℃ —▲—260℃ —○—315℃

表4-43 ZM3 合金长期加热后的室温力学性能

合金代号	热处理状态	加热温度/℃	加热时间/h	抗拉强度 R_m	屈服强度 $R_{p0.2}$	断后伸长率 A（%）	抗拉强度 R_m 保存率（%）
				MPa			
ZM3	F	20	—	152	—	3	100
		200	100	142	93	3.5	93
			500	132	88	3.5	87
			1000	132	83	4	87

表4-44 ZM4 和 ZM6 合金长期加热后的室温力学性能

加热温度/℃	加热时间/h	抗拉强度 R_m	屈服强度 $R_{p0.2}$	断后伸长率 A(%)	抗拉强度 R_m 保存率	屈服强度 $R_{p0.2}$ 保存率
		MPa			%	
20	—	245	147	5.0	100	100
100	1000	245	147	5.0	100	100
125	1000	245	147	5.0	100	100
	30000	245	147	5.0	100	100
150	100	245	147	5.0	100	100
	1000	245	147	5.0	100	100
	2500	235	142	5.5	97	97
	30000	235	142	5.5	97	97
200	10	245	147	5.0	100	100
	100	245	147	5.0	100	100
	200	226	147	5.0	92	100
	1000	221	132	5.0	90	90

（续）

加热温度/℃	加热时间/h	抗拉强度 R_m	屈服强度 $R_{p0.2}$	断后伸长率 A(%)	抗拉强度 R_m 保存率	屈服强度 $R_{p0.2}$ 保存率
		MPa			%	
250	10	245	147	5.0	100	100
	50	226	127	5.5	92	90
	100	226	127	5.0	92	90
	200	206	108	5.0	85	74
	1000	201	98	5.0	83	66
300	50	196	98	7.0	80	66
	250	186	98	7.0	76	66

表4-45 ZM6合金铸件壁厚对力学性能的影响

热处理状态	铸件壁厚/mm	抗拉强度 R_m/MPa	抗拉强度 R_m 保存率(%)	断后伸长率 A(%)	断后伸长率 A 保存率(%)
T6	10	248	100	12.7	100
	20	242	97.6	12.7	100
	30	236	95.2	11.4	90
	50	235	94.9	11.2	88

表4-46 镁-稀土金属-锆系合金的高温力学性能

合金代号	热处理状态	试验温度/℃	抗拉强度 R_m	比例极限 $R_{p0.01}$	屈服强度 $R_{p0.2}$	断后伸长率 $A_{11.3}$	断面收缩率 Z	硬度 HBW
			MPa			%		
ZM3	F	100	151	—	84	7.0	8.2	—
		150	140	—	67	13.0	22.0	—
		200	146	—	69	14.3	29.1	30
		250	147	—	72	15.0	32.2	28
		300	107	—	56	26.7	68.4	26
ZM4	T1	100	148	46	85	4.0	4.5	—
		150	156	42	73	20.0	20.9	—
		200	141	44	67	23.9	37.2	—
		250	132	45	63	31.4	55.2	—
		300	94	27	53	25.0	74.8	—
ZM6	T6	100	203	76	130	10.9	—	—
		150	196	70	129	9.4	—	—
		200	193	69	126	16.7	—	—
		250	162	65	121	13.3	—	—
		300	109	33	79	22.2	—	—

表 4-47　ZM6 合金长期加热后的高温力学性能

试验温度/℃	试验温度下加热时间/h	抗拉强度 R_m	屈服强度 $R_{p0.2}$	断后伸长率 $A_{11.3}$(%)	抗拉强度 R_m 保存率	屈服强度 $R_{p0.2}$ 保存率
		MPa			%	
125	0.5	221	132	11.0	100	100
	20000	225	135	10.0	100	100
	30000	208	142	7.5	94	100
150	0.5	212	132	11.2	100	100
	2500	191	133	13.9	90	100
	30000	191	133	11.7	90	100
200	0.5	204	132	17.7	100	100
	100	159	—	20.8	77	—
	1000	155	108	16.0	71	82
	2500	155	107	30.0	71	81
250	0.5	186	123	18.6	100	100
	10	132	—	23.5	72	—
	100	124	75	24.1	67	61
	1000	108	—	22.8	58	—
	2500	108	75	18.8	58	61

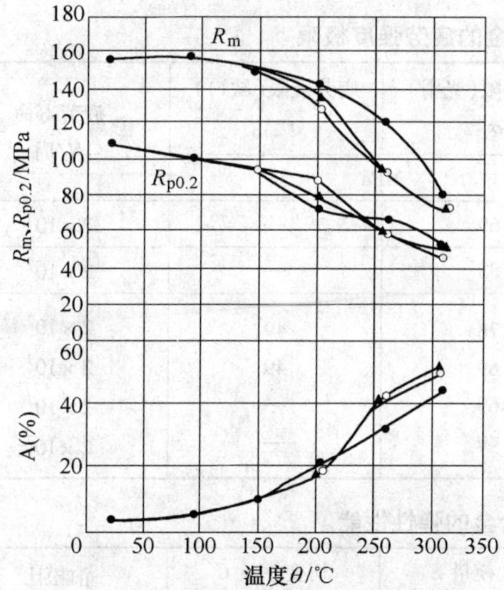

图 4-14　试验温度下保温时间对 ZM4 合金高温力学性能的影响

—●—10min　—▲—100h　—○—1000h

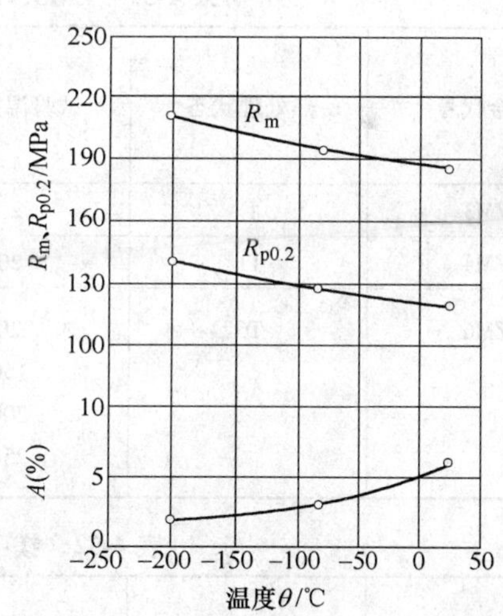

图 4-15　ZM4 的低温力学性能

表 4-48　ZM6 合金的低温力学性能

合金代号	热处理状态	试验温度/℃	抗拉强度 R_m	抗拉强度(缺口) R_{mH}	断后伸长率 A (%)	冲击韧度 a_K/kJ·m^{-2}
			MPa			
ZM6	T6	20	265	255	6	49
		−70	294	289	5	39
		−196	314	284	4	39

表 4-49　ZM6 合金的缺口敏感性系数

合金代号	热处理状态	载荷形式	试验温度/℃	缺口敏感性系数
ZM6	T6	静力	-196	0.89
			-70	0.96
			20	1.0
			200	1.2
			250	1.2

表 4-50　镁-稀土金属-锆系合金的持久和蠕变强度极限

合金代号	热处理状态	试验温度/℃	持久强度极限 σ_{100}^{t}	蠕变极限 $\sigma_{0.2/100}^{t}$
			MPa	
ZM3	F	250	74	49
ZM4	T1	200	108	59
		250	59	29
ZM6	T6	200	137	96
		250	78	37
		300	29	—

表 4-51　ZM3、ZM4 和 ZM6 合金的疲劳强度极限

合金代号	热处理状态	试验温度/℃	疲劳极限（光滑）σ_D	疲劳极限（缺口）σ_{-1D}	疲劳寿命 N/周
			MPa		
ZM3	F	20	69	—	2×10^7
ZM4	T1	20	83	—	2×10^7
ZM6	T6	20	78	49	2×10^7
		150	69	49	2×10^7
		200	69	—	2×10^7
		250	49	—	2×10^7

表 4-52　镁-稀土金属-锆系合金的弹性性能

合金代号	热处理状态	试验温度/℃	弹性模量 *E*	切变模量 *G*	泊松比 μ
			GPa		
ZM3	F	20	44	16	0.31
		200	38	—	—
		250	33	—	—
ZM4	T1	20	43	16	0.35
		100	39	—	—
		150	39	—	—
		200	39	—	—
		250	38	—	—
		300	32	—	—

(续)

合金代号	热处理状态	试验温度/℃	弹性模量 E	切变模量 G	泊松比
			GPa		μ
ZM6	T6	20	43.4	16	0.33
		100	40.3	—	—
		150	39.1	—	—
		200	38.3	—	—
		250	36.8	—	—
		300	34.2	—	—

4.1.3.5　工艺性能

1. 铸造性能　镁-稀土金属-锆系合金的铸造性能见表4-53。这些含稀土金属的镁合金均有良好的铸造性能，疏松倾向和壁厚敏感性低。

表4-53　镁-稀土金属-锆系合金的铸造性能

合金代号	铸造温度/℃	流动性(棒长)/mm	热裂倾向(环宽)/mm	线收缩率(%)
ZM3	720~800	300	12.5~15	1.3~1.5
ZM4	705~815	300	12.5~15	1.3~1.4
ZM6	720~800	260	20	1.3~1.5

2. 焊接性能　ZM3、ZM4和ZM6合金均可用氩弧焊进行焊补，焊补工艺性能良好。

3. 切削性能　同ZM5合金。

4.1.3.6　显微组织

ZM3合金的铸态组织由αMg固溶体和分布在晶界上的块状化合物组成，见图4-16。退火处理后，化合物以小质点形式自晶内析出。ZM4合金的显微组织与ZM3相似；经170~250℃时效后，晶内无可见沉淀物。经340℃处理后，晶内出现化合物沉淀，但是对力学性能无明显影响。

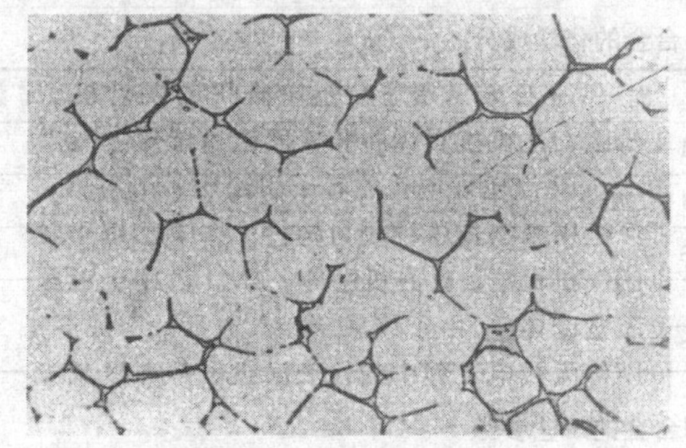

图4-16　ZM3合金的铸态显微组织　×200

ZM6合金的铸态组织由αMg固溶体和晶界分布的块状化合物 Mg_{12}（Nd，Zn）组成。固溶处理使大部分化合物溶入基体，仅有少量残留于晶界，同时可见晶内点状沉淀物。时效虽使析出相稍有增多，但组织上无明显差异。经过分析，晶内的点状沉物为 Mg_{12}（Nd，Zn）、ZrH_2 和αZr等。图4-17为ZM6合金在T6状态下的显微组织。

镁-稀土金属-锆系合金的铸态组织随锆含量的增高而变细。锆含量越高，化合物存在于枝晶内的倾向就越小。

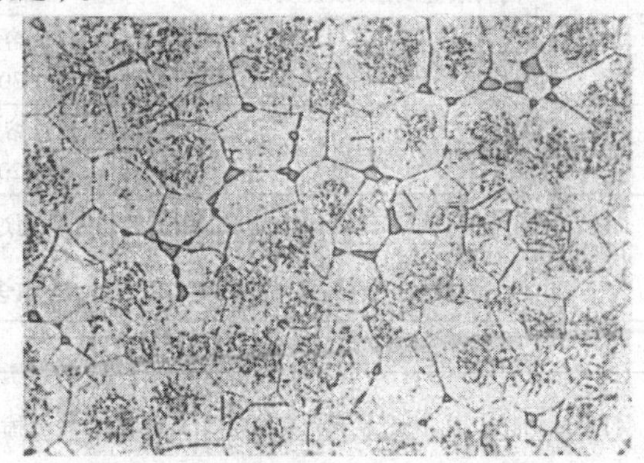

图4-17　ZM6合金在T6状态下的显微组织　×200

4.1.3.7　特点和应用

以稀土金属为主要合金元素的铸造镁合金，由于在200~300℃具有高的强度和抗蠕变性能而受到重视。我国稀土金属资源丰富，已经发展了多种含稀土金属的铸造镁合金，其中的ZM3、ZM4和ZM6三种合金已在生产中应用多年。

ZM3和ZM4合金是以铈混合稀土金属为主要合金元素的两种不同锌含量的合金。由于稀土金属的作用，合金在200~250℃下保持良好的持久和抗蠕变性能，但室温强度低于其他各系镁合金。这两种合金适用于在150~250℃范围内长期工作或室温下要求气密性的铸件。ZM3通常是在铸态（F）或退火（T2）状态下使用，而ZM4则在人工时效（T1）状态下使用。

ZM6 合金是以钕为主要合金元素的高强度耐热镁合金。由于钕在镁中具有较大的固溶度，所以合金在固溶处理后接人工时效（T6）的状态下，除有优于 ZM3、ZM4 的高温性能外，还兼有高的室温力学性能和中等塑性。

ZM6 合金已用于制造直升机的发动机后减速机匣、飞机机翼翼肋和液压恒速装置支架，以及 30 万 kW 汽轮发电机的转子引线压板等零件，并可广泛用来制造各种受力构件。ZM3 已用于制造发动机压气机机匣、离心机匣等。ZM4 已用于制造液压恒速装置壳体等。由于该系合金具有高的阻尼容量，可用作无线电工程中的仪表底盘和外壳以减少振动的有害影响。

4.2 熔炼和浇注

4.2.1 原材料与回炉料

金属材料、非金属材料与辅助材料见第 10 章。

1. 各种牌号镁合金的回炉料均可作为本身合金的炉料组成部分 回炉料的分级和用途见表 4-54。

2. 含锆的镁合金和含铝的镁合金两者回炉料的鉴别 当生产多种牌号的镁合金铸件时，各种合金，尤其是含锆和含铝的镁合金的回炉料不得相混。如有混料现象，可用表 4-55 所述方法加以鉴别。

4.2.2 中间合金

1. 中间合金的化学成分（见表 4-56）

2. 中间合金的配制工艺参数（见表 4-57）

表 4-54 镁合金回炉料的分级和应用

级 别	组 成	应 用
一 级	废铸件、冒口、干净的横浇道和坩埚内剩余金属液(或锭块)	不需经过重熔，经清理、吹砂后直接用于配制合金。在炉料中的用量，可达总重量的 80%；在特殊情况下可用至 100%，但不允许多于两次周转
二 级	小块废料，直浇道和脏的浇冒口	重熔成铸锭并经化学分析后可用于配制合金。但用量不超过炉料总重量的 30%
三 级	溅出物、镁屑重熔锭等	重熔成铸锭并经化学分析后可用于配制合金。但用量不超过炉料总重量的 20%

注：同时使用二级和三级回炉料时，用量的总和不超过炉料总重量的 30%。

表 4-55 含锆和含铝的镁合金的鉴别方法

处理方法	颜 色	合金类别
打磨回炉料表面，使之显露光亮的金属表面，然后滴上稀盐酸	黑 色	含锆镁合金
	白 色	含铝镁合金
打磨回炉料表面，使之显露光亮的金属表面，先滴上一滴稀盐酸，然后滴加体积分数为 3% 的双氧水	黄色泡沫	含稀土金属镁合金
	灰黑色沉淀	含铝镁合金

表 4-56 镁合金用中间合金的化学成分

名 称	合金牌号	标 准	主要组元的含量(质量分数,%)
铝-锰中间合金	AlMn10	HB5371—1987	Mn9 ~ 11
铝-铍中间合金	AlBe3	HB5371—1987	Be2 ~ 4
镁-锆中间合金	—	Q/6S93—1980	Zr≥25
镁-钕中间合金	MgNd-30	—	Nd≥30
	MgNd-25		Nd≥25

表 4-57 配制常用中间合金的工艺参数

名 称	成分范围(质量分数,%)	原 材 料	料块尺寸/mm	加入温度/℃	浇注温度/℃
铝-锰中间合金	Mn9 ~ 11	金属锰或电解锰	10 ~ 15	900 ~ 1000	850 ~ 900
铝-铍中间合金	Be2 ~ 3	金属铍	5 ~ 10	1000 ~ 1200	900 ~ 950

4.2.3　熔剂

1. 熔剂的化学成分和应用（见表 4-58）
2. 熔剂的配制
1）熔剂的配料成分见表 4-59。
2）熔剂的配制工艺见表 4-60。

表 4-58　熔剂的化学成分和应用

牌　号	主要成分(质量分数,%)						杂质(质量分数;%)				应　用
	氯化镁	氯化钾	氯化钡	氟化钙	氧化镁	氯化钙	氯化钠 + 氯化钙	不溶物	氧化镁	水	
光卤石	44 ~ 52	36 ~ 46	—	—	—	—	7	1.5	2	2	洗涤熔炼及浇注工具,配制其他溶剂
RJ-1	40 ~ 46	30 ~ 40	5.5 ~ 8.5	—	—	—	8	1.5	1.5	2	洗涤熔炼及浇注工具,配制其他溶剂,镁屑重熔用熔剂
RJ-2	38 ~ 46	32 ~ 40	5 ~ 8	3 ~ 5	—	—	8	1.5	1.5	3	熔炼 ZM5、ZM10 合金用作覆盖和精炼
RJ-3	34 ~ 40	25 ~ 36	—	15 ~ 20	7 ~ 10	—	8	1.5		3	有挡板坩埚熔炼 ZM5、ZM10 合金时用作覆盖
RJ-4	32 ~ 38	32 ~ 36	12 ~ 15	8 ~ 10	—	—	8	1.5	1.5	3	ZM1 合金精炼和覆盖
RJ-5	24 ~ 30	20 ~ 26	28 ~ 31	13 ~ 15	—	—	8	1.5	1.5	2	ZM1、ZM2、ZM3、ZM4 和 ZM6 合金覆盖和精炼
RJ-6		54 ~ 56	14 ~ 16	1.5 ~ 2.5	—	27 ~ 29	8	1.5	1.5	2	ZM3、ZM4 和 ZM6 合金精炼
JDMF	65 ~ 75	10 ~ 20	1 ~ 10 碳酸盐发泡剂	1 ~ 15	1 ~ 10	3 ~ 5	11 ~ 40	1.5	1.5	2	熔炼 ZM5、ZM10 合金用作覆盖和精炼,比 RJ-2 有更好的除渣和保护效果
JDMJ	45 ~ 60	20 ~ 30	3 ~ 5	3 ~ 5	—	3 ~ 5	20 ~ 26	1	1.5	2	

表 4-59　熔剂的配料成分（质量分数,%）

熔剂牌号	光卤石	RJ-1	氯化钡	氯化钾	氟化钙	氯化钙	氧化镁
RJ-1	93	—	7	—	—	—	—
RJ-2	88	—	7	—	5	—	—
	—	95	—				
RJ-3	75	—	—	—	17.5	—	7.5
RJ-4	76	—	15	—	9	—	—
	—	82	9				
RJ-5	56	—	30	—	14	—	—
	—	60	26				
RJ-6	—	—	15	55	2	28	—
JDMF	70 氯化镁	3 碳酸盐发泡剂(可以是碳酸镁、碳酸钙、碳酸锶等)	15 氯化钠	15	5	3 ~ 5	3
JDMJ	55 氯化镁	1 碳酸盐发泡剂	3 ~ 5	24	13	3 ~ 5	—

表4-60　熔剂的配制工艺

熔剂牌号	配置方法	备　注
光卤石	将光卤石装入坩埚，升温至750～800℃备用	定时清理坩埚底部熔渣并补充新料
RJ-1	按表4-59配料，装入坩埚，升温至750～800℃，保持至沸腾停止，搅拌均匀，浇注成块	冷却后装入密闭容器中备用。RJ-1通常由溶剂厂供应
RJ-2	将RJ-1熔剂和氟化钙装入球磨机混磨成粉状，用20～40号筛过筛	RJ-1熔剂中水的质量分数超过3%时，必须经650～700℃重熔至沸腾停止，浇注成块后再次球磨成粉
RJ-3	按表4-59配料，装入球磨机混磨成粉状，用20～40号筛过筛	配好的熔剂应装入密闭容器中备用
RJ-4 RJ-5 RJ-6	按表4-59配料，除氟化钙外，均装入坩埚，升温至750～800℃，保持至沸腾停止，搅拌均匀，浇注成块。破碎后与氟化钙一起装入球磨机混磨成粉状，用20～40号筛过筛	配好的熔剂应装入密闭容器中备用
JDMF JDMJ	将符合使用要求的原材料按表4-63配料，混合均匀，投入反射炉内（绝对不允许用铁坩埚熔制）。升温至750～780℃，在此温度保持剧烈沸腾停止（约30min），搅拌5min，浇入用高铝耐火砖砌成的冷却容器中。待溶剂凝固后，放入粉碎机粉碎，过筛后，在3h内完成包装。每炉溶剂出炉前应先测定熔点，将熔点控制在：覆盖剂为380～400℃；精炼剂为410～430℃的范围内，如熔点不合格，酌情补加相应的原材料	JDMF、JDMJ镁合金专用覆盖剂和精炼剂

注：氟化钙可采用质量分数不低于92%的粉状氟石（精选矿）代替。

4.2.4　熔炼前的准备工作

4.2.4.1　配料

1. 各种铸造镁合金的推荐配料成分　见表4-61。

2. 炉料的组成　配料的推荐采用表4-62的炉料组成。

3. 铸造镁合金的炉料计算　以配制ZM5合金250kg炉料为例，假设炉料成分（质量分数）为Al＝8%，Zn＝0.5%，Mn＝0.4%，其余为镁。炉料化学成分和计算程序实例见表4-63和表4-64。

表4-61　各种铸造镁合金的配料成分（质量分数，%）

合金代号	铝	锌	锰	铈混合稀土	钕	镁-锆中间合金	镁
ZM1	—	4.5	—	—	—	3.5～10	余量
ZM2	—	4.5	—	1.2	—	3.5～10	余量
ZM3	—	0.4	—	3.2	—	3.5～10	余量
ZM4	—	2.5	—	3.2	—	3.5～10	余量
ZM5	8～8.5	0.5	0.3	—	—	—	余量
ZM6	—	0.4	—	—	2.6	3.5～10	余量
ZM10	9.5	0.9	0.3	—	—	—	余量

注：1. 为减少镁合金的氧化燃烧，配料中允许加入质量分数不大于0.002%的铍。
2. 配料中的镁-锆中间合金的加入量（质量分数），可根据生产经验：新料按7%～10%，回炉料按3.5%～5%。
3. 钕以镁-钕中间合金的形式加入，钕的质量分数为25%～40%：钕是指钕的质量分数不少于85%的钕混合稀土金属，其中的钕加入总的质量分数不少于95%。
4. ZM5合金中铝的配料成分：对于大型厚壁铸件应取下限；对于薄壁铸件应取上限。

表4-62　炉料的组成（质量分数，%）

新　料	一级回炉料	二级回炉料	三级回炉料
20～40	40～80	0～30	0～20

注：同时采用二级和三级回炉料时，其总和不应超过整个炉料重量的30%。

表 4-63　炉料组成和其化学成分（质量分数,%）

炉料组成	加入量	化学成分			
		Al	Zn	Mn	Mg
一级回炉料	20	8	0.4	0.35	91.25
二级回炉料	20	8.4	0.45	0.4	90.75
三级回炉料	10	8.5	0.5	0.45	90.55
铝-锰中间合金	—	90	—	10	—

表 4-64　炉料计算程序实例

计算程序	炉料中各元素的成分（质量分数）和加入量							
	Al		Zn		Mn		Mg	
	成分（%）	加入量/kg	成分（%）	加入量/kg	成分（%）	加入量/kg	成分（%）	加入量/kg
1. 计算 250kgZM5 合金炉料中各元素的加入量	8	20	0.5	1.25	0.4	1.0	91.1	227.75
2. 计算各级回炉料中各元素的加入量								
加入 20%（50kg）一级回炉料	8	4	0.4	0.2	0.35	0.175	91.25	45.625
加入 20%（50kg）二级回炉料	8.4	4.2	0.45	0.225	0.4	0.2	90.75	45.375
加入 10%（25kg）三级回炉料	8.5	2.125	0.5	0.125	0.45	0.113	90.55	22.638
三种回炉料中各元素合计含量	—	10.325	—	0.550	—	0.488	—	113.638
3. 计算铝-锰中间合金（$w(\mathrm{Mn})=10\%$）加入量	—	4.608	—	—	—	0.512	—	—
4. 计算炉料中应补加各元素的加入量	—	5.067	—	0.713	—	—	—	114.11
合金中的锌由加入纯锌补充	—	—	—	0.713	—	—	—	—
不足的铝由加入纯铝补充	—	5.067	—	—	—	—	—	—
不足的镁由加入纯镁补充	—	—	—	—	—	—	—	114.11
5. 验算结果	—	20	—	1.25	—	1.0	—	227.75

4.2.4.2　炉料及熔炼用辅助材料的准备

1. 炉料的准备（见表 4-65）

表 4-65　炉料的准备

名称	准备要求
纯镁	1. 镁锭启封、除去污垢 2. 对于锈蚀严重的镁锭应喷砂处理 3. 预热至 150℃以上
回炉料	1. 喷砂处理，注意清理废铸件中空部分的积砂 2. 表面有严重锈蚀、熔剂夹杂和残留燃烧痕迹的回炉料需经重熔 3. 预热至 150℃以上

2. 非金属辅助材料的准备（见表 4-66）

4.2.4.3　设备、坩埚与工具的准备

1. 工作前的检查　每班在开始工作前必须检查熔炼炉和仪表的电器部分是否正常，仪表是否处在有效的使用期内。

2. 金属熔炼工具的准备（见表 4-67）

3. 工具用涂料

1）涂料的配制成分见表 4-68。

2）涂料的配制工艺见表 4-69。

4. 坩埚的准备（见表 4-70）　旧坩埚可继续使用的最小壁厚见表 4-71。

5. 常用的熔炼浇注工具

1）熔炼镁合金用的带挡板和不带挡板的焊接钢坩埚见图 4-18，其主要尺寸见表 4-72。

2）浇注镁合金用的浇包见图 4-19，其主要尺寸见表 4-73。

3）撇渣勺（精炼勺）见图 4-20，其主要尺寸见表 4-74。

4）变质处理用的钟形罩见图 4-21。

5）熔剂铲见图 4-22，其主要尺寸见表 4-75。

表 4-66　非金属辅助材料的准备

名　称	准备要求
熔　剂	1. 各种覆盖熔剂和精炼熔剂在使用前应在 120～150℃干燥 1h 以上 2. 洗涤熔剂（光卤石或 RJ-1 熔剂）需升温至 780～800℃，熔剂量不应少于坩埚体积容量的 80% 3. 洗涤熔剂应经常清理其积沉的熔渣，根据熔剂的消耗和洗涤能力添加新熔剂 4. 洗涤熔剂一般在连续熔炼 20 炉合金后，坩埚中的熔剂要全部更新。洗涤能力尚可时，最多不超过 30 炉
变质剂	1. 菱镁矿在使用前应破碎至 10mm 左右的小块并在 120～150℃温度下烘烤 1h 以上 2. 六氯乙烷需压实成圆柱状团块（压实后的假密度为 1.8Mg/m³）
防燃剂	1. 硫磺粉和硼酸在使用前应将结块打碎 2. 按 1∶1 比例混合均匀，用 40 号筛过筛后保存于密闭容器内备用

表 4-67　金属熔炼工具的准备

工序名称	工作内容
清　理	用钢丝刷、铁铲或錾子等清理工具表面上的熔渣、氧化物等污物
洗　涤	钟形罩、搅拌勺、浇包等在使用之前必须在熔剂坩埚内洗涤干净并预热至亮红色
涂　料	光谱试样模、断口试样模、锭模在使用之前应预热并喷涂涂料

表 4-68　涂料的配料成分（质量分数，%）

涂料牌号	白垩粉	石墨粉	硼　酸	水玻璃	水
TL4	33	11	11	—	100
TL8	12	—	1.5	2	100

表 4-69　涂料的配制工艺

涂料牌号	配制方法	备　注
TL-4	1. 称料后，先将硼酸倒入热水（60℃左右）槽内，搅拌至全部溶解 2. 将白垩粉和石墨粉干混均匀 3. 将上述混合料加入硼酸水溶液中，搅拌均匀 4. 配制好的涂料应置于有盖容器中备用	1. 涂料的存放期一般不超过 24h 2. 使用前搅拌均匀 3. 如有结块或沉淀，应将其过滤
TL-8	1. 称料后，先将水玻璃和硼酸倒入热水（60℃左右）槽内，搅拌至全部溶解 2. 将白垩粉加入水玻璃＋硼酸溶液中，搅拌均匀 3. 配制好的涂料应置于有盖容器中备用	1. 涂料的存放期一般不超过 24h 2. 使用前搅拌均匀 3. 如有结块或沉淀，应将其过滤

表 4-70　坩埚的准备

工序名称	工作内容
新坩埚的准备	1. 坩埚焊缝须经射线检验，观察其是否有裂缝、未焊透等缺陷 2. 坩埚内盛煤油进行渗透检查，检查其是否渗漏 3. 用熔剂洗涤，清理后使用
旧坩埚的准备	1. 认真清理检查，如坩埚体严重变形、法兰边翘曲应报废 2. 检查焊缝，如有渗漏现象应报废 3. 用专门检查厚度的量具测量坩埚体壁厚，可用的局部最小壁厚参见表 4-71

注：新坩埚在使用前建议进行渗铝处理，以提高其使用寿命。

表 4-71　旧坩埚可继续使用的最小壁厚

（单位：mm）

坩埚容量/kg	使用温度 800℃以下	使用温度 800℃以上
150	5	6
200	5	6
250	6	7
300	6	7
350	7	8

表 4-72　钢坩埚的主要尺寸　（单位：mm）

容量/kg	D	D_1	D_2	H	C	M	h
35	292	255	420	450	150	40	70
50	325	268	450	550	215	45	70
75	380	331	510	600	225	50	70
100	425	353	550	650	240	55	70
150	475	413	660	700	250	70	100
200	520	438	700	760	270	80	100
250	550	467	730	840	285	85	100
300	590	494	740	870	300	90	100

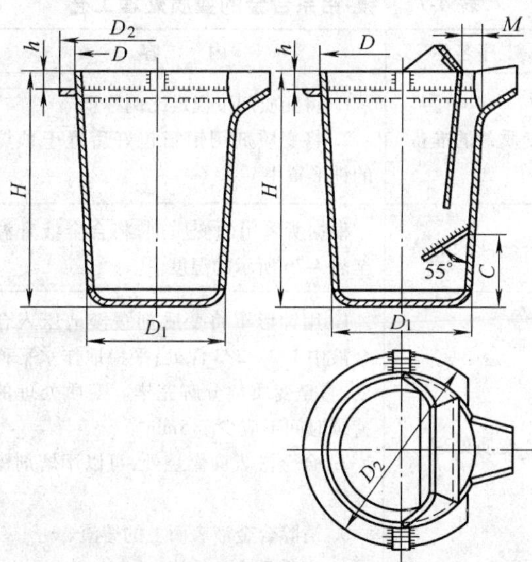

图 4-18　熔炼镁合金用的带挡板和不带挡板的焊接钢坩埚

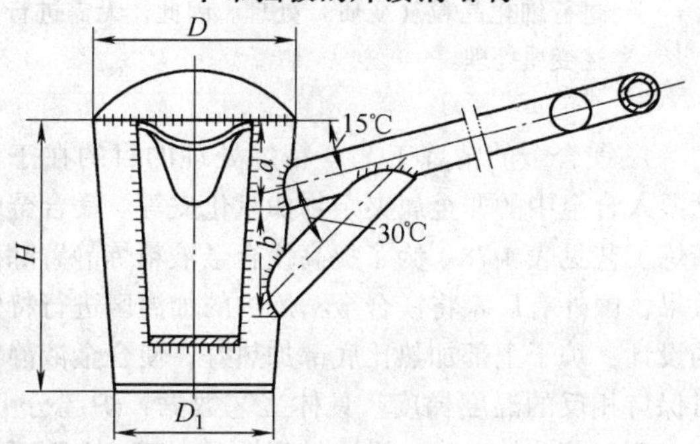

图 4-19　浇注镁合金用的浇包

表 4-73　浇包的主要尺寸

（单位：mm）

浇包容量/kg	D	D_1	H	a	b
2	100	80	180	45	55
4	130	120	190	45	55
6	160	130	210	45	60
8	185	145	215	45	60
10	200	160	235	50	70
12	210	170	240	50	70
16	225	195	265	60	75
18	240	200	275	65	75
20	245	205	290	70	80

表 4-74　撇渣勺的主要尺寸

（单位：mm）

h	L	d
15	500	10
15	1000	10
15	1500	10
20	1000	14
20	1500	14
20	2000	14

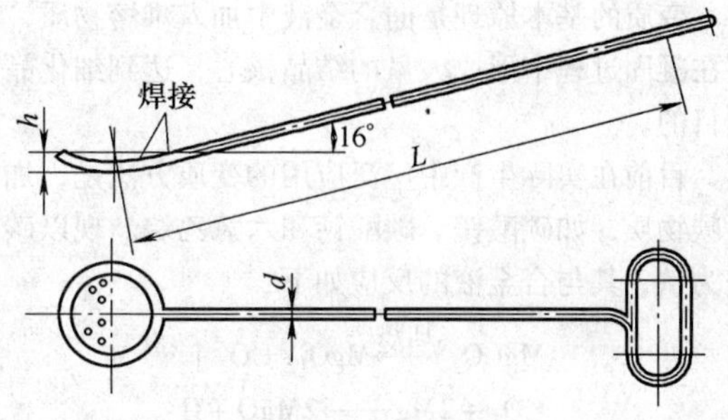

图 4-20　撇渣勺（精炼勺）

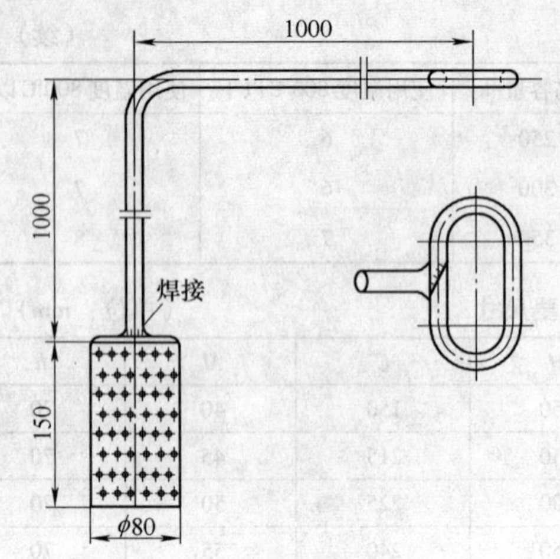

图 4-21　变质处理用的钟形罩

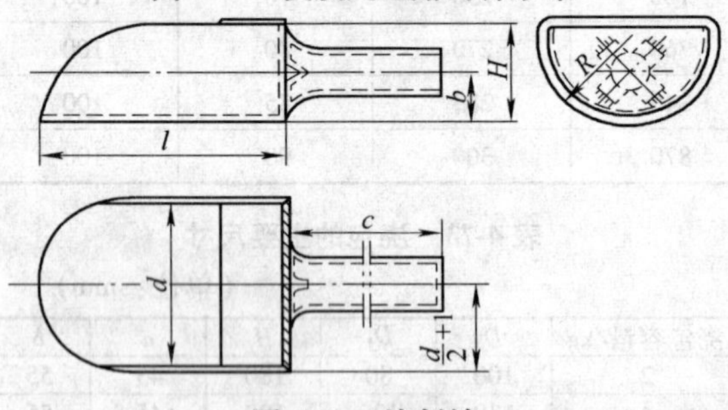

图 4-22　熔剂铲

表 4-75　熔剂铲的主要尺寸

（单位：mm）

H	b	c	d	R	l
50	25	500	90	45	130
80	40	700	125	62.5	200
110	55	1200	160	80	260

4.2.5　镁合金的熔炼

4.2.5.1　变质处理和精炼处理

1. 镁-铝-锌系合金的变质处理原理　变质处理的目的是为了细化镁合金的晶粒，从而提高其力学性能。

变质的基本原理是向合金液中加入难熔物质，以便在凝固过程中形成大量的结晶核心，达到细化晶粒的目的。

目前在实际生产中广泛应用的变质方法是，加入含碳物质，如碳酸镁、碳酸钙和六氯乙烷。现以碳酸镁为例，其与合金液的反应如下：

$$MgCO_3 \xrightarrow{加热} MgO + CO_2 \uparrow$$

$$CO_2 + 2Mg \longrightarrow 2MgO + C$$

$$3C + 4Al \longrightarrow Al_4C_3$$

合金液内产生的大量细小而难熔的 Al_4C_3 质点呈悬浮状态并在凝固过程中起结晶核心作用。

2. 镁-铝系合金的变质剂及其用量和处理温度（见表 4-76）

表 4-76　镁-铝系合金的变质剂及其用量和处理温度

变质剂	用量（占炉料质量分数的%）	处理温度/℃
碳酸镁或菱镁矿	0.25～0.5	710～740
碳酸钙（白垩）	0.5～0.6	760～780
六氯乙烷	0.5～0.8	740～760

注：1. 菱镁矿在使用前应破碎成约 10mm 的小块。
2. 碳酸镁或菱镁矿的最小用量为 0.5kg。
3. 碳酸钙在使用前应磨碎，过 20 号筛。

3. 镁-铝系合金的变质处理工艺（见表 4-77）

表 4-77　镁-铝系合金的变质处理工艺

工序名称	内　容
变质剂的准备	1. 将变质剂按规定比例称重 2. 将变质剂用铝箔包好后置于预热的钟形罩中
合金液的准备	根据所采用的变质剂，将合金液升温至表 4-76 所示的温度
变质处理	1. 用钟形罩将变质剂缓慢地压入合金液中 1/2～2/3 深处；平稳地作水平移动，直至变质剂分解完毕。变质处理的持续时间不应少于 5min 2. 合金液表面燃烧处，可以用熔剂覆盖熄灭 3. 清除合金液表面上的熔渣 4. 变质后准备精炼

注：ZM1、ZM2、ZM3、ZM4 和 ZM6 合金采用锆对合金进行细化晶粒（变质）处理。因此，无需进行上述变质处理。

4. 镁合金的精炼工艺　精炼处理的目的在于清除混入合金中的非金属夹杂物如氧化皮等。镁合金的精炼工艺见表 4-78。为了提高镁合金液精炼静置除渣效果，国外有厂家将镁合金精炼炉的加温区进行特别的设计：炉子上部加热比底部加热好，使合金液静置时保持相反的温度梯度。具体工艺数据：炉膛分上、中、下三部分加热带，设法做到炉子内部由上而下温度依次递减 30°C/m。可取得的效果是，降低 Fe、

Cu、Ni等含量，减少溶剂夹杂。

4.2.5.2 熔炼工艺

1. 镁-锌-锆系和镁-稀土金属-锆系合金的熔炼工艺（见表4-79）

2. 镁-铝系合金的熔炼工艺（见表4-80）

表4-78 镁合金的精炼工艺

工 序	内 容
合金液的准备	将合金液温度调整至：ZM5和ZM10为710～740℃，ZM1、ZM2、ZM3、ZM4和ZM6为750～760℃
精炼处理	1. 将搅拌勺(或搅拌器)沉入金属液中2/3深处 2. 激烈地由上至下垂直搅拌合金液4～8min，直至合金液呈现镜面光泽为止 3. 在搅拌过程中，应往金属液面均匀而不断地撒上精炼熔剂。熔剂的消耗量约为炉料质量分数的1.5%～2.5% 4. 停止搅拌，清除浇嘴、挡板(指有挡板坩埚)、坩埚壁和合金液表面上的熔剂，再撒一层覆盖熔剂

表4-79 镁-锌-锆系和镁-稀土金属-锆系合金的熔炼工艺

序 号	工序名称	内 容	备 注
1	装料、熔化	1. 将坩埚预热至暗红色，在坩埚壁和底部撒上适量的熔剂 2. 加入预热的镁锭、回炉料，升温熔化 3. 在炉料上撒上适量的熔剂	
2	合金化	1. 升温至720～740℃后加入锌 2. 继续升温至780～810℃，分批而缓慢地加入镁-锆中间合金和稀土金属(指含稀土的镁合金) 3. 全部熔化后，捞底搅拌2～5min，使合金均匀化	镁-锆中间合金应预热至300～400℃ 搅拌时尽量不要破坏金属液表面，以减少氧化
3	断口检查	1. 浇注断口试样 2. 检查断口晶粒度	如断口的晶粒度不合格，可酌情补加质量分数为1%～3%的镁-锆中间合金，再自工序2重复
4	精炼	1. 将合金液温度调整至750～760℃ 2. 精炼4～8min	按表4-78要求进行
5	浇注	1. 将合金液升温至780～810℃ 2. 静置10～20min，必要时再一次检查断口 3. 降至浇注温度进行浇注	

表4-80 镁-铝系合金的熔炼工艺

序 号	工序名称	内 容	备 注
1	装料、熔化	1. 将坩埚预热至暗红色，在坩埚壁和底部撒上适量的覆盖熔剂 2. 加入预热的回炉料、镁锭、铝锭，升温熔化	
2	合金化	1. 升温至700～720℃ 2. 加入中间合金和锌，熔化后搅拌均匀	
3	炉前成分分析	1. 浇注光谱分析试样 2. 进行炉前光谱分析	成分不合格时，可以在调整成分后，重新取样分析

（续）

序号	工序名称	内容	备注
4	变质处理	1. 将合金液升温至变质处理温度 2. 变质处理	按表4-76和表4-77进行
5	精炼处理	1. 除渣后调整合金液温度至710～740℃ 2. 精炼5～8min	按表4-78要求进行
6	断口检查	1. 合金液升温至760～780℃静置10～20min 2. 浇注断口试样 3. 检查断口	断口如不合格，允许重新进行变质和精炼
7	浇注	降至浇注温度进行浇注	应在1h内浇完，否则要重新检查断口，合格后方可继续浇注。如断口不合格，允许重新进行变质和精炼处理

4.2.6 浇注工艺

1. 用浇包舀取合金液的浇注工艺（见表4-81）
2. 有挡板坩埚的浇注工艺（见表4-82）

表4-81 用浇包舀取合金液的浇注工艺

序号	工序名称	内容	备注
1	测量合金液的温度	用带套管的热电偶，在熔剂坩埚内洗涤后，测量合金液的温度	如不符合浇注温度的要求，需进行调整
2	洗涤浇包	将浇包在熔剂坩埚内洗涤成亮红色，取出后滴净熔剂	—
3	舀取合金液	1. 用浇包底推开合金液表面上的熔剂层，用宽口平稳地舀取合金液 2. 从浇包嘴沿坩埚壁倒回少许合金液 3. 舀取合金液后，坩埚和浇包的液面如有燃烧处，应撒以硫磺＋硼酸混合物	1. 勿使熔剂进入浇包 2. 应尽量减少连续舀取的次数
4	浇注铸型	1. 浇注前，先从浇包嘴倒出少许合金液至预热过的备用铸模内 2. 浇注铸型 3. 浇注时，保持液流平稳，不可中断，浇口应保持充满状态 4. 浇注过程中，应不断地向液流表面和浇口杯内撒硫磺＋硼酸混合物 5. 浇注后，浇包内应剩余容量为10%合金液，将其浇入锭模 6. 如浇注过程超过1h，应重新检查断口 7. 每浇一个铸型，均需从工序2做起	浇注时，浇包嘴应尽量靠近浇口杯不允许从浇包的宽口反浇铸型 如断口不合格，ZM5和ZM10需要重新进行变质处理，其他合金则进行再次加锆处理

注：1. 一包浇注两个或两个以上的铸型时，在浇完第一个铸型后，浇包必须保持倾斜状态，不应回复至浇注前的垂直位置。

2. 坩埚内的合金液最后剩余量应不少于坩埚容量的15%～20%（含锆合金）或10%～15%（含铝合金）。

表4-82　有挡板坩埚的浇注工艺

序　号	工序名称	内　容	备　注
1	从炉内提出坩埚	1. 将坩埚从炉膛内提出，置入回转式的浇包套内，平稳地吊运至浇注场地 2. 清除浇嘴和挡板上的熔渣等杂物 3. 合金液面燃烧处应撒以阻燃剂	禁止使用熔剂
2	测量合金液温度	将带套管的热电偶在熔剂坩埚内洗涤后测量合金液的温度	如不符合浇注温度的要求，需进行调整
3	浇注铸型	1. 浇注前先从浇嘴内倒出少许合金液 2. 浇注铸型 3. 浇注时，保持液流平稳，不可中断，浇口杯内保持充满2/3以上的合金液 4. 浇注过程中，应不断地向液流表面、浇口杯和坩埚内撒以阻燃剂	合金液可倒入事先准备好的浇包或锭模中 浇注时浇包嘴应尽量靠近浇口杯

注：1. 如同一坩埚连续浇注几个铸型时，在浇完上一个铸型后，坩埚的吊运应维持原来的倾斜状态，并保持平稳，以免合金液发生“浑浊”。

2. 浇注后，坩埚内的合金液剩余量应不少于坩埚容量的15%～20%（含锆合金）或10%～15%（含铝合金）。

3. 镁合金低压浇铸工艺（见表4-83）　镁合金浇铸过程中易氧化、充型过程中容易出现紊流，镁合金凝固区间较大易出现疏松等，一些要求较高的铸件可采用低压浇注方式制备。低压浇注充型平稳，在压力下结晶，可获得致密度高、力学性能好的铸件。表4-83给出了某军品型号壳体零件（见图4-23）的低压浇铸工艺。

表4-83　镁合金低压浇注工艺

序　号	工序名称	内　容	备　注
1	坩埚密封	1. 当合金液温度调整至755～770℃后，将石棉绳放于坩埚顶部的密封槽内，将清理后的盖板置于坩埚上，用螺栓将盖板紧固于熔炼炉之上。将进气气管插入盖板上的进气孔 2. 在盖板中心部位的升液管放置孔上放一块直径与孔直径相同的石棉板，以防止升液管和盖板的接触面漏气	应将螺栓拧紧，以防止漏气
2	升液管固定	1. 将硫磺粉洒于合金液表面，然后用扒渣工具将合金液表面的覆盖剂层扒掉，露出明亮的合金液，再在露出的合金液表面洒硫磺粉，以防止其燃烧 2. 将从保温炉中取出的升液管（加热温度400～500℃）安装于盖板中心部位的升液管放置孔内，将保护气体从升液管的顶部插入，以保护升液管内的合金液 3. 升液管放置5～10min后，用热电偶测量升液管内合金液的温度，当温度达到浇注温度（725～750℃）后，准备进行浇注 4. 清理升液管内壁以及升液管内合金液的表面，使合金液的表面呈镜面，然后洒入硫磺粉或通保护气进行保护	升液管内壁涂刷涂料，其中涂料成分为w(MgO)=10%，w(膨润土)=5%，w(硼酸)=1%，w(水)=84%
3	铸型固定	1. 将加热到温及配好箱的砂型置于盖板之上，升液管要与砂型上的直浇道对齐。然后将重物块压于砂箱之上，以防止砂型在低压浇注过程中出现晃动 2. 砂箱放置完毕后，将排气气管插入盖板上的排气孔上	

（续）

序　号	工序名称	内　容	备　注
4	升压充型、保压及卸压	1. 升压充型（升压时间：10～0s；充型压力：9.8～29.6kPa），充型后进行保压（保压压力为58.8～78.5kPa；保压时间为30s～6min）。保压完毕后，进行卸压 2. 卸压后，将砂箱用桥式起重机吊走。重复步骤3～4工序，直到浇注完毕	固定坩埚内留下20%左右的合金液作为下一次熔化的一类回炉料或浇注成锭

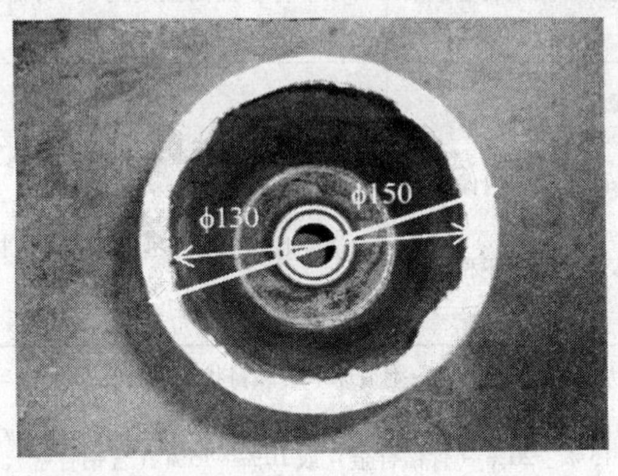

a)

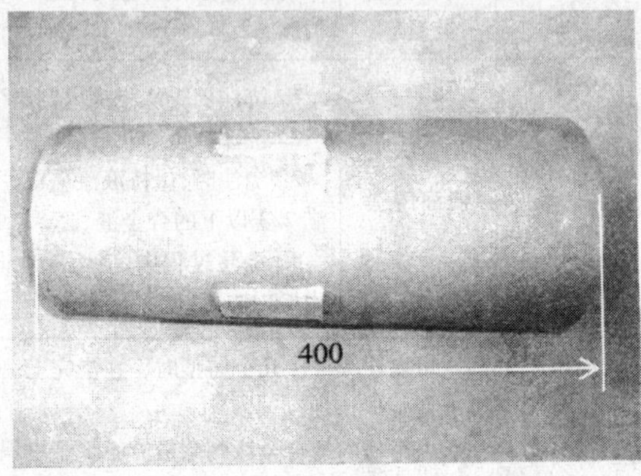

b)

图 4-23　镁合金低压铸造件

a）断面　b）侧面

4.2.7　熔炼浇注安全技术

熔融状态的镁在空气中剧烈氧化和燃烧。因此，镁合金的熔炼一般采用熔剂覆盖工艺，并严格遵守操作规程。

熔炼工作场地应保持干燥、整洁、通风良好、道路畅通。地面用铸铁板铺成，不准使用混凝土地面。因镁液落到混凝土地面上时，与混凝土内所含水分相互作用而可能引起爆炸。

熔炉底部应备有坩埚渗漏时应用的安全装置。坩埚装料不得超过其容量的90%，以免操作时溢出。熔炼镁合金所用熔剂都是吸水性的，所以熔炼工具大都粘附有上次操作时残留的潮湿熔剂。因此，工具、热电偶等在侵入合金液进行操作之前，必须预热干燥并在熔剂洗涤坩埚中洗涤干净并加热至亮红色；炉料、光谱试样模、断口模及锭模等在使用前也必须预热，保证干燥作业。

如果通过使用潮湿工具将水分带入熔融金属，或合金液浇入未预热烘干的锭模中，由于下列原因，引起严重的爆炸危险：

1）镁的密度小，因而较其他熔融金属更易外溅。

2）熔融的镁与水反应产生氢，氢又重新和空气中的氧化合，增加爆炸的猛烈程度。

3）爆炸飞溅成小滴的镁液能着火、燃烧并放出高的热量。

为防止坩埚穿孔，每次使用前应严格检查。熔炼过程中，炉内冒出熔剂气化的黄色烟雾或白色氧化镁烟雾是坩埚已漏的迹象。

如坩埚穿漏不甚严重，对于固定式坩埚应该用手提式浇包迅速将合金液舀出浇入锭模；对于带挡板的坩埚，则立即将坩埚从炉内吊出，将合金浇入锭模。如穿漏严重，则不应取出坩埚，在可能的情况下用浇包舀出合金液，浇注成锭。炉中或坩埚中剩余的金属液用熔剂覆盖。

在任何情况下严禁用水灭火。一般的泡沫、干粉或二氧化碳等类型灭火剂也扑不灭镁的燃烧，使用这些灭火剂只能加速镁的燃烧并引起爆炸。因此，只能使用表4-84所列专用灭火剂灭火。

表 4-84　熔炼工作场地常用的灭火剂

灭火剂分类	名　称	用　途
通用灭火剂	熔炼镁合金的熔剂：粉状光卤石、RJ-1、RJ-2、RJ-3、JDMF等	用于一切火源
局部有效灭火剂	干砂、干燥的石墨粉、干菱苦土、粉状氧化镁、镁合金铸造用砂	用于局部小火源，但不能用于坩埚灭火

必须注意，燃烧着的镁能使二氧化硫分解，使二氧化碳还原而继续燃烧并放出大量热。严禁用砂子来扑灭镁液和熔化坩埚中镁的燃烧。同样，禁止用砂来扑灭坩埚烧穿时流入炉膛内的镁的燃烧。因为火源相当大时，二氧化硅会与燃烧的镁反应，放出大量的热并促使镁燃烧加剧。

此外，镁合金熔炼时会逸出大量有害气体，因此熔炼工作场地必须有良好的通风设施。

4.3 热处理

镁合金铸件热处理的目的是在不同程度上改善其力学性能，如抗拉强度、屈服强度、伸长率或塑性、硬度和冲击韧度等。有些热处理是为了减少铸件的铸造内应力或淬火应力和在高温下工作时的生长倾向，从而达到稳定尺寸的目的。

镁合金能否由热处理来强化，即提高其力学性能，取决于合金中各组元在固溶体中的溶解度是否随温度而发生变化。

镁合金热处理的特点是，镁固溶体的扩散和分解过程缓慢，因此在固溶处理和时效时需要保持较长的时间。

4.3.1 热处理状态和选择

1. 热处理状态及符号（见表4-85）

2. 常用热处理状态（见表4-86）

表4-85 镁合金铸件的热处理状态及符号

热处理状态	符号	用途
铸态	F	不经热处理，适用于ZM3、ZM5、ZM10合金铸件
无固溶处理的人工时效处理或稳定化	T1	提高铸态铸件的屈服强度和硬度；消除内应力和生长倾向。适用于ZM1、ZM2、ZM4合金铸件
退火	T2	消除内应力。适用于ZM3、ZM5、ZM10合金铸件
固溶处理	T4	将铸件加热至340～565℃范围保温后，接着适当地冷却。能提高抗拉强度、伸长率或塑性和冲击韧度，但会稍微降低屈服强度和硬度。适用于ZM5、ZM6和ZM10合金铸件
固溶处理后接人工时效	T6	固溶处理（T4）后，加热到120～260℃范围保温一定时间，能显著提高屈服强度和硬度，对抗拉强度略有影响，并会降低塑性和冲击韧度 在时效温度选择适当时，也会达到部分消除及降低某些合金在高温条件下工作时的生长倾向。适用于ZM5、ZM6和ZM10合金铸件

表4-86 铸造镁合金常用热处理状态

合金代号	热处理状态
ZM1	T1
ZM2	T1
ZM3	F、T2
ZM4	T1
ZM5	F、T2、T4、T6
ZM6	T6
ZM10	F、T2、T4、T6

4.3.2 热处理工艺参数及影响

1. 热处理工艺参数

1）ZM1、ZM2、ZM3、ZM4和ZM6合金的热处理规范（见表4-87）。

2）ZM5和ZM10合金的热处理工艺。ZM5合金和ZM10合金的热处理工艺见表4-88。ZM5合金另一种热处理规范见表4-89。

2. 各种因素对热处理的影响（见表4-90）

表4-87 ZM1、ZM2、ZM3、ZM4和ZM6合金的热处理规范

合金代号	热处理状态	固溶处理			时效处理			退火		
		加热温度/℃	保温时间/h	冷却介质	加热温度/℃	保温时间/h	冷却介质	加热温度/℃	保温时间/h	冷却介质
ZM1	T1	—	—	—	175±5	12	空气	—	—	—
					218±5	8				
ZM2	T1	—	—	—	325±5	5～8	空气	—	—	—

（续）

合金代号	热处理状态	固溶处理			时效处理			退火		
		加热温度/℃	保温时间/h	冷却介质	加热温度/℃	保温时间/h	冷却介质	加热温度/℃	保温时间/h	冷却介质
ZM3	F	—	—	—	—	—	—	—	—	—
	T2	—	—	—	—	—	—	325±5	3~5	空气
ZM4	T1	—	—	—	200~250	5~12	空气	—	—	—
ZM6	T6	530±5	12~16	空气	200±5	12~16	空气	—	—	—

注：ZM2合金在低锌、高稀土含量情况下，可采用(330±5)℃×2h+(175±5)℃×16h或(330±5)℃×2h+(140±5)℃×48h热处理工艺制度，这可使合金性能稍有改善。

表4-88 ZM5和ZM10合金的热处理规范（HB 5462—1990）

合金代号	铸件组别	热处理状态	固溶处理					时效		
			加热第一阶段		加热第二阶段		冷却介质	加热温度/℃	保温时间/h	冷却介质
			加热温度/℃	保温时间/h	加热温度/℃	保温时间/h				
ZM5	Ⅰ	T4	370~380	2	410~420	14~24	空气	—	—	—
		T6	370~380	2	410~420	14~24	空气	170~180	16	空气
								195~205	8	
	Ⅱ	T4	370~380	2	410~420	6~12	空气	—	—	—
		T6	370~380	2	410~420	6~12	空气	170~180	16	空气
								195~205	8	
ZM10	—	T4	360~370	2~3	405~415	18~24	空气	—	—	—
		T6	360~370	2~3	405~415	18~24		185~195	4~8	空气

注：Ⅰ组系指壁厚大于12mm和壁厚虽小于12mm，但局部厚度大于25mm的砂型铸件，其余均为Ⅱ组。

表4-89 ZM5合金的另一种热处理规范

铸件组别	热处理状态	固溶处理					时效处理		
		第一阶段		第二阶段		冷却介质	加热温度/℃	保温时间/h	冷却介质
		加热温度/℃	保温时间/h	加热温度/℃	保温时间/h				
—	T2	—	—	—	—	—	350（退火）	2~3	空气
Ⅰ	T4	415±5	8~16	—	—	空气	—	—	—
	T6	415±5	8~16	—	—	空气	175±5或200±5	16或8	空气
Ⅱ	T4	360±5	3	420±5	13~21	空气	—	—	—
	T6	360±5	3	420±5	13~21	空气	175±5或200±5	16或8	空气

（续）

铸件组别	热处理状态	固溶处理					时效处理		
		第一阶段		第二阶段					
		加热温度/℃	保温时间/h	加热温度/℃	保温时间/h	冷却介质	加热温度/℃	保温时间/h	冷却介质
Ⅲ	T4	360±5	3	420±5	21~29	空气	—	—	—
	T6	360±5	3	420±5	21~29	空气	175±5 或 200±5	16 或 8	空气
Ⅳ	T4	415±5	8~16	—	—	空气	—	—	—
	T6	415±5	8~16	—	—	空气	175±5 或 200±5	16 或 8	空气

注：1. Ⅰ组——壁厚不大于 10mm，砂型或壳型铸造，安装边和凸台等厚大部分的厚度或直径在 20mm 以下，这些厚大部分用冷铁冷却的铸件。

Ⅱ组——壁厚为 10~20mm，砂型或壳型铸造，厚大部分厚度为 40mm，用冷铁冷却的铸件。

Ⅲ组——壁厚大于 20mm，砂型或壳型铸造，厚大部分大于 40mm 的铸件。

Ⅳ组——所有的金属型铸件。

2. 按 T4 状态热处理的Ⅱ组和Ⅲ组铸件允许加热到（415±5）℃，在这种情况下，采用一级加热，保温时间取接近上限值。

3. 不带砂芯的小型金属型铸件的固溶处理的加热时间取 6h。

4. 防止晶粒长大的处理：(415±5)℃×6h，(350±5)℃×2h，(415±5)℃×10h。

5. 升温到加热温度所需时间不计入保温时间之内。在两阶段处理时，升温至第二阶段加热温度的时间计入第二阶段保温时间之内。

表 4-90　各种因素对热处理的影响

变化因素	对热处理的影响
截面厚度	厚截面铸件应延长其固溶处理时间，应在切开铸件最厚部分测定截面中心的显微组织来鉴别
加热温度和时间	镁合金的力学性能随表 4-87~表 4-89 中推荐的热处理时间和温度而变化。固溶处理时还要考虑到铸件下凹变形问题
装炉状态	零件必须清洁，无打磨粉尘和细屑，这对固溶处理的温度较高时特别重要。炉内装载不应使炉中空气循环受到干扰，否则会造成加热不均而影响热处理质量

4.3.3　热处理用保护气氛

1. 保护气氛的应用　镁合金在空气中的燃点为 400℃以上，但燃烧的难易程度还与材料本身的尺寸和形状有关。因此，固溶处理的温度超过 400℃时，必须采用保护气氛，以阻止铸件表面氧化和燃烧。

2. 保护气氛的种类和选用（见表 4-91）某些惰性气体如氩、氦等也可用作镁合金热处理的保护气氛，但因价格高而不实用，所以工厂实际使用中以加硫铁矿为主。

4.3.4　热处理质量控制

1. 铸件的装炉温度　镁-铝-锌系合金 ZM5 和 ZM10 固溶处理时，应在接近于 260℃时装炉，然后缓慢升至所要求的温度，以免共晶化合物被熔化而形成熔孔。从 260℃升至固溶温度所要求的时间取决于装载量和铸件的化学成分、尺寸、重量和截面厚度，一般 2h 为典型时间。

表 4-91 镁合金热处理用保护气氛

保护气氛	来源	用量（体积分数，%）	可使用的最高温度/℃	优缺点
SO_2	瓶装气体	0.7（至少0.5）	≈565（条件是合金未发生熔化）	每单位体积的价格较高，但炉内气氛浓度要求低（约为 CO_2 的 1/6），因此瓶装气体的成本仍较低 由于有腐蚀性硫酸的形成，因此要求经常清理炉子、更换控制件和夹具等
	硫铁矿（块状）	0.5～1.5kg/m^3 炉膛		价格低廉，使用方便。其余同上
CO_2	瓶装气体	3	≈510	要求浓度较高，但是可以在同一炉内同时处理镁和铝合金铸件。无臭，不污染环境
	煤气燃料炉的循环已燃气体制备的气氛	5	≈540	成本低。其余同瓶装气体
SF_6+CO_2	瓶装气体	0.5～1.5 的 SF_6，其余为 CO_2	≥600	价格较 SO_2 或 CO_2 高，但无毒和无腐蚀性

时效处理时则可以在处理温度下装炉。

2. 热处理温度的控制　镁合金热处理时要求严格的温度控制，因此热处理炉的温控应准确、均匀，炉子的密封性要良好。固溶处理温度的最大允许偏差为 ±5℃。

3. 铸件变形的控制　镁合金铸件在固溶热处理温度下刚性大量下降，可能因铸造应力的释放而翘曲，或因自身重量而下凹或因其他原因而偏离铸件原来的形状或尺寸。翘曲或变形在很大程度上受铸件尺寸、形状和截面厚度的影响。因此，要根据这些因素和对尺寸控制的严格程度，采用支承方式或在热处理架上选择适当的安放位置来减轻或消除变形。有时需要用专门的夹具来保持铸件的正确形状。上述所有措施都不应妨碍铸件周围的热循环。

采用夹具等措施虽能减少铸件的翘曲和变形，但对某些铸件在固溶处理后仍然需要矫正。矫正应在固溶处理之后，时效处理之前进行。

4. 淬火介质　铸造镁合金在固溶处理后的淬火一般在静止空气中进行；对于装载量大而密或截面较厚的铸件，则应采用人工气流。某些要求提高力学性能的 ZM6 合金铸件可试用 60～95℃水淬。

5. 热处理炉　镁合金铸件的固溶和时效处理应在有循环气流的炉中进行，一般采用电加热。固溶处理时因炉内含有保护气体（CO_2、SO_2 或 SF_6），故炉子应保持密封并具有引入保护气体的进气口。炉内必须装有足够的热电偶，以便连续而完整地测量炉温。热源必须屏蔽良好，以免零件受辐射而产生局部过热。

6. 热处理缺陷及其消除方法（见表 4-92）

7. 热处理效果的评定（见表 4-93）

表 4-92 热处理缺陷及其消除方法

名称	说明	形成原因	预防措施
变形	铸件在固溶处理后发生翘曲、下垂或因其他原因而偏离铸件原来的形状或尺寸	固溶处理期间缺少支撑和热分布不均匀	薄截面、长跨度铸件要有支撑；对形状复杂的铸件，则要采用夹具和成形支架。一般可采用适当的放置位置来消除

（续）

名　称	说　明	形成原因	预防措施
熔孔	共晶熔化，有时伴随有晶界氧化造成的空洞（共晶熔化，除非极为严重，一般不影响力学性能，而空洞则降低性能）	固溶处理温度超过推荐温度，或加热至热处理温度的速度过快 炉温与指示温度不一致或炉内各区域的温度不均匀	ZM5 和 ZM10 合金在 260℃ 时装炉，然后在 2h 以上逐渐加热至固溶温度 控制固溶温度不超过规定的温度，并检查炉温，保证精确度为 ±5℃
表面氧化	铸件表面上有灰黑色粉末，也可能有焊口状凹坑和空洞，空洞还可能延伸到铸件内部	热处理时未采用保护气氛或保护气氛不足。情况严重时能导致零件局部变弱，甚至会在炉内着火燃烧	热处理炉内导入（体积分数）$SO_2$0.5%～1.5%或$CO_2$3%～5% 保证炉膛清洁、干燥和密封
晶粒畸形长大	出现不规则的大晶粒，四周围绕正常的细晶粒区。在机械加工后的表面上，有可见的光亮斑点。粗晶区的抗拉强度至少会降低 50%	Mg-Al-Zn 系合金铸件的个别部位（有冷铁部位）在凝固时急速冷却。在应力梯度和热处理温度下保持的时间太长致使晶界组织完全溶解	采用防止晶粒畸形长大的热处理规范，见表 4-89 选择合适的冷铁

表 4-93　热处理效果的评定

名　称	使用方法	备　注
硬度	在热处理后的零件上进行，无需采用专门试样	通常用布氏硬度计测定，测定值仅作为研究材料热处理效果的参考。由于与硬度对应的强度性能指标太分散，所以不能用它计算强度
拉伸试验	能更精确地评定镁合金的热处理效果。要采用专门的试样，一般用单独铸造不经加工的试样。然而，从铸件上切取的试样更能代表铸件的真实性能	试样的尺寸、形状和浇注形式见本章 4.5 节图 4-24
显微组织	从铸件上切取试样，制备金相试样检验显微组织	评定合金中块状化合物的残留量、沉淀物、晶粒度和熔孔等

4.3.5　焊后热处理

铸件的焊后热处理的目的在于：

1）消除内应力。

2）恢复铸件或焊区被改变了的力学性能。

镁合金铸件原则上可在任何热处理状态下进行焊补，但 ZM5 和 ZM10 合金应在焊前进行固溶处理，以免造成焊区的晶粒畸形生长。焊后不要求固溶处理的 Mg-Al 系合金铸件应在 260℃ 进行 1h 消除应力的处理，以免发生应力腐蚀及开裂的可能性。

焊补用的焊条合金成分原则上要与铸件的成分一致。

推荐的镁合金铸件的焊后热处理规范见表 4-94。

表 4-94　镁合金铸件焊后热处理常用规范

合金代号	焊　条	热处理状态		焊后热处理
		焊　前	焊后要求	
ZM1	ZM1 或 ZM4	F 或 T1	T1	330℃×2h+175℃×16h
ZM2	ZM2 或 ZM4	F 或 T1	T1	330℃×2h 或 330℃×2h+175℃×16h
ZM4	ZM4	F 或 T1	T1	345℃×2h[①]或 220℃×5h
ZM5	ZM10	T4	T4	415℃×0.5h[②]
		T4 或 T6	T6	415℃×0.5h[②]+215℃×4h 或 170℃×16h

① 345℃×2h 处理会使合金蠕变强度稍有下降。

② 应使用保护气氛。

4.3.6　热处理安全技术

镁及其合金的燃烧是在出现熔融金属时开始，随着放出大量的热，促使金属进一步熔化和着火。

镁合金热处理时着火危险性最大的是固溶处理，但燃烧的难易程度还与材料本身的尺寸和形状有关。细小颗粒与粉尘状态的镁合金极易燃烧或爆炸。机械加工和锯切时产生的细屑较大，着火的危险程度也低于粉末，但切屑一旦加热到燃点以上就容易燃烧。因此镁合金在装炉之前，首先必须清除粉尘、毛刺、碎屑、油污或其他杂质并保持干燥。在热处理装炉之前，宜将工件吹砂或用铬酸盐进行化学氧化处理。

热处理炉本身必须同样防止上述污染，炉膛内应除尽氧化皮并彻底干燥。装炉工作应小心地进行，勿使铸件从架上掉到遮热板上。炉中只能装一种合金铸件。加热和升温必须严格按推荐的热处理规范进行。

由于镁合金固溶处理的温度接近其固相线，因此炉内任何部分超过此温度就可能引起着火。为降低这种着火危险，炉内应保持推荐的保护气氛含量。当使用二氧化硫作为保护气氛时，含量不宜过高，因二氧化硫的体积分数超过 1.0% 时，对加热器电阻丝是不利的。

只要遵守表 4-95 所列的安全操作规则，可防止热处理炉内镁合金铸件发生燃烧的危险。

表 4-95　镁合金热处理安全操作规则

序号	安全操作规则	备　　注
1	保持热处理炉的控制系统处于良好工作状态	应按 GJB 509A—1995 的规定进行定期和随炉检验
2	严格管理装炉的铸件，避免混淆不同的合金	不同的合金具有不同的熔点
3	拒绝装入表面带有镁合金切屑、细粉、脏物和油污的铸件	
4	炉内保持所推荐的保护气氛浓度	按表 4-91 的要求

如果设备运行不正常、操作粗心或失误，铸件有可能在炉内发生燃烧。炉内铸件燃烧的特征是，从炉内漏出白烟和炉温上升。此时应将炉子立即断电，必要时也应将其他炉子断电。火势不大、炉温缓慢升高（450～500℃）时，则容许打开炉门，迅速将铸件从炉内移出，并用干砂或熔剂等灭火剂消灭燃烧源。若铸件在炉内燃烧猛烈，炉温急剧上升，已不可能将铸件从炉内移出时，则不应打开炉门而应堵塞炉子所有不严之处，使炉内铸件的燃烧因空气不足而自行熄灭。当炉温降至 250～300℃ 时，才可打开炉盖，取出铸件。个别燃烧的铸件可用灭火剂扑灭。

在任何情况下禁止用水来灭火。一般的泡沫、干粉或二氧化碳等类型灭火剂也扑不灭镁的燃烧。应用这些灭火剂只能加速镁的燃烧并可能引起爆炸。

必须注意，燃烧着的镁能使二氧化碳分解，使二氧化碳还原而继续燃烧并放出大量的热。

镁的燃烧只能用隔绝空气和不与燃烧着的镁起反应的材料覆盖的方法来扑灭。

镁合金热处理现场应备有下列常用的灭火剂：

1）石墨粉。

2）干砂。

3）未氧化的干燥铸铁屑。

4）熔炼用熔剂。

灭火人员除了用正常的安全设备灭火外，在扑灭镁火时还要戴有色眼镜，以防镁燃时发出强烈白光损伤眼睛。

4.4　铸造镁合金表面处理

4.4.1　化学氧化处理

镁是负电性最高的金属之一，在潮湿空气和水（尤其是海水）中的化学性是不稳定的，与大多数无机酸相互作用剧烈。镁的氧化膜是不致密的，不能保护内部金属不再受腐蚀。普通镁合金在工业气氛中的耐蚀性与中碳钢相近，只有在干燥空气中才能耐腐蚀；对硒酸、氟化物和氢氟酸的作用稳定；不与苛性碱溶液相互作用；在汽油、煤油和润滑油中也很稳定。

除采用适当的铸造工艺外，镁铸件经过表面防护处理后能在大气条件下长期使用。

镁合金铸件的表面保护通常采用化学氧化处理，在表面上形成厚 0.5～3μm 的防护膜。此膜与油漆结合良好，但容易被划伤和擦伤，故一般用它作工序间的防护和装饰。成品件在化学氧化处理后进行喷漆。

铸型必须在浇注后两昼夜内清砂，然后在 4 昼夜内进行化学氧化处理。铸件在经过清理和精整后进行热处理。不需要热处理的铸件则送交化学氧化处理。

铸件热处理后应于 7 昼夜内进行重复氧化处理。氧化处理后的铸件在氧化膜未受破坏的情况下，保存期限不超过一个月，否则应进行油封。

4.4.4.1　化学氧化处理的工艺流程

1）铸件在送往热处理之前，可按表 4-96 工艺流程进行处理。

2）铸件在交货之前可按表 4-97 工艺流程进行处理。

表 4-96　化学氧化处理的工艺流程（一）

序　号	名　称	溶　液	用　途
1	喷砂处理	—	清除铸件表面上的杂质
2	冷水洗涤	流动自来水	清除铸件表面上的残留物
3	酸处理	酸处理溶液	清除难溶于水的盐类物质
4	冷水洗涤	流动自来水	清除铸件表面上残留的酸溶液
5	化学氧化	氧化溶液	在铸件表面上形成防护膜，以提高耐腐蚀能力
6	冷水洗涤	流动自来水	清除铸件表面上残留的氧化溶液
7	热水洗涤	流动热水	清除铸件表面上残留的氧化溶液
8	干燥	用压缩空气吹干或在(60 ± 10)℃温度烘 20 ~ 30min	干燥铸件

表 4-97　化学氧化处理的工艺流程（二）

序　号	名　称	溶　液	用　途
1	喷砂处理或化学除油	化学除油溶液	清除铸件表面上的杂质和油污
2	热水洗涤	60 ~ 80℃流动热水	清除表面上残留的除油剂和杂质，经喷砂处理的铸件可免去本工序
3	冷水洗涤	流动自来水	—
4	酸处理	酸处理溶液	清除表面上难溶于水的盐类物质
5	冷水洗涤	流动自来水	清除表面上的酸溶液
6	化学氧化	氧化溶液	在铸件表面上形成保护膜以提高耐腐蚀能力
7	冷水洗涤	流动自来水	清除铸件表面上残留的氧化溶液
8	填充	填充溶液	增加氧化膜的致密性以提高耐腐蚀能力
9	热水洗涤	60 ~ 80℃流动热水	清除铸件表面上残留的填充液
10	干燥	用压缩空气（最好用 40 ~ 50℃的热压缩空气）吹干或在(60 ± 10)℃烘干 20 ~ 30min	干燥铸件
11	检验	—	检验膜层质量
12	油封	—	—

注：为了不影响油漆与化学氧化膜之间的结合力，氧化后需要涂漆的铸件应在 24h 内进行。

4.4.1.2　各种溶液的配制和使用

1. 化学除油　根据零件特点，可选用表 4-98 中的任一除油溶液除油。

2. 酸处理（见表 4-99）

3. 化学氧化处理（见表 4-100）

4. 填充处理　为了提高膜层的耐蚀性，在化学氧化后可进行填充处理。填充处理溶液的成分和处理规范见表 4-101。

表 4-98　化学除油溶液的配制和使用

溶液号	成　分		处理规范		用　途
			温度/℃	时间/min	
1	苛性钠(NaOH) 磷酸钠($Na_3PO_4 \cdot 12H_2O$) 水玻璃	10 ~ 25g/L 40 ~ 60g/L 20 ~ 30g/L	70 ~ 90	10 ~ 30	铸件除油

（续）

溶液号	成 分		处理规范		用 途
			温度/℃	时间/min	
2	磷酸钠（$Na_3PO_4 \cdot 12H_2O$） 碳酸钠（$Na_2CO_3 \cdot 10H_2O$） 水玻璃	40～60g/L 40～60g/L 10～30g/L	60～90	5～15	带铜套、铝套、钢、铁、镀锌及镀镉件等的组合件，采用下限配方

注：所有成分均为工业纯。

表4-99 酸处理溶液的配制和使用

溶液号	成 分		处理规范		用 途
			温度/℃	时间/min	
1	硝酸（HNO_3 密度 $\rho = 1.42Mg/m^3$）	20～50g/L	室温	0.5～1	1. 仅适用于铸件毛坯 2. 对铸件腐蚀速度快，反应强烈，要严格控制时间
2	铬酐（CrO_3）	150～250g/L	室温	10～15	此溶液不影响铸件尺寸精度

注：所有成分均为工业纯。

表4-100 各种化学氧化处理溶液的配制和使用

名 称	成 分		处理规范		用 途	备 注
			温度/℃	时间/min		
氟化钠法	氟化钠（NaF）	30～50g/L	15～35	10～30	高精度零件及带有铜、铝衬套等组合件	此法为常温氧化，所获膜层有较高的电阻，氧化后不影响铸件尺寸
重铬酸钾-硫酸锰法	重铬酸钾（$K_2Cr_2O_7$） 硫酸铵[$(NH_4)_2SO_4$] 硫酸镁（$MgSO_4 \cdot 7H_2O$） 硫酸锰（$MnSO_4 \cdot 5H_2O$） pH值	30～60g/L 25～45g/L 10～20g/L 7～10g/L 4～5	80～90	10～20	高精度零件和带有铜套、铝套、钢铁以及镀锌、镀镉件的组合件	温度较高，所获膜层的耐腐蚀能力高，氧化后尺寸精度不受影响。重复氧化时，可不退除旧的氧化膜
重铬酸钠-硫酸锰法	重铬酸钠（$Na_2Cr_2O_7 \cdot 2H_2O$） 硫酸镁（$MgSO_4 \cdot 7H_2O$） 铬酐（CrO_3） 硫酸锰（$MnSO_4 \cdot 5H_2O$） pH值	120～170g/L 40～75g/L 0.5～1g/L 40～75g/L 2～4	80～沸腾	10～20		
硝酸法	重铬酸钾（$K_2Cr_2O_7$） 氯化铵（NH_4Cl） 硝酸（HNO_3 密度 $1.42Mg/m^3$）	40～55g/L 0.75～1.25g/L 65～85g/L	70～80	0.5～2	仅适用于铸件毛坯件的氧化	此法的氧化时间短，对铸件尺寸的影响较大 允许用氯化钠代替氯化铵

注：1. 为了防止产生气袋，在氧化过程中应不断地翻动铸件。

2. 氧化时铸件应与槽体绝缘，以防止铸件产生电偶腐蚀。

3. 所有溶液的成分均为工业纯。

表4-101　填充处理溶液的成分和处理规范

溶液号	成　分		处理规范		用　途
			温度/℃	时间/min	
1	重铬酸钾($K_2Cr_2O_7$)	40~50g/L	90~100	15~20	提高膜层的致密度
2	重铬酸钾($K_2Cr_2O_7$)	100~150g/L	90~100	20~40	提高膜层的致密度用于氟化法氧化后的铸件

4.4.1.3　化学氧化溶液的调整

各种化学氧化法溶液的维护和调整见表4-102。

表4-102　各种化学氧化法溶液的维护和调整

序　号	名　称	维护和调整
1	氟化钠法溶液	注意保持溶液清洁，防止杂质特别是氯离子被带入溶液。溶液温度要控制在规定范围内，根据分析结果或氧化能力添加氟化钠
2	硝酸法溶液	溶液中的硝酸是影响质量的主要因素。硝酸含量过低时，膜层发暗；过高则发亮、光滑并带彩虹色。因此应根据氧化能力和分析结果调整硝酸含量
3	重铬酸钾-硫酸锰，重铬酸钠-硫酸锰法溶液	因氧化温度高，溶液不稳定，所以需要经常用化学纯硫酸（或铬酐）来调整pH值，使其在规定范围内，并需要经常加水以保持溶液的工作面；挂灰太多时，应更换溶液

4.4.1.4　各种溶液的检验

为了保证铸件化学氧化处理的质量，应根据溶液容量、生产量、氧化膜的质量等具体情况，按表4-103中的要求检验溶液。

表4-103　各种溶液的分析项目和周期

序　号	名　称	项　目	周　期
1	化学除油溶液	总碱度	2~4周
2	酸处理溶液	1. 硝酸	2~4周
		2. 铬酐	2~4周
		SO_4^{2-}	按需要
3	氟化钠法溶液	氟化钠	1~2周
		杂质：Cl^- <1g/L	按需要
4	重铬酸钾-硫酸锰法溶液	重铬酸钠、硫酸锰、硫酸铵	1~2周
		杂质：Cl^- <1g/L	按需要
5	重铬酸钠-硫酸锰法溶液	重铬酸钾、硫酸锰、硫酸铵	1~2周
		杂质：Cl^- <1g/L	按需要
6	硝酸法溶液	重铬酸钾、氯化铵、硝酸	1~2周
7	填充溶液	重铬酸钾	1~2周
		杂质：Cl^- <1g/L　SO_4^{2-} <1.5g/L	按需要

4.4.1.5　氧化膜的常见缺陷及返修

1. 氧化膜层常见缺陷的产生原因及排除方法（见表4-104）

2. 膜层的退除

1）铸造毛坯一般容差较大，允许用吹砂方法退除旧的氧化膜层。

2）容差小的铸件可在表4-99酸处理溶液中或用适当的机械方法退除旧氧化膜层。采用黑色氧化时，可不退除旧氧化膜层。

3. 膜层的局部氧化法 铸件在生产周转过程中，由于搬运、打磨小面积焊补等造成的局部氧化膜擦伤或脱落时，可按表4-105进行返修。

表4-104 化学氧化法常见缺陷的产生原因及排除方法

方法	缺陷	产生原因	排除方法
氟化钠法	局部无膜层,表面发花、膜层薄	氧化前预处理不良,产生气袋	仔细除油,改善装挂,氧化过程中经常翻动铸件
	铸件表面产生细小黑色斑纹	溶液中氯离子大于1g/L	更换溶液
		铸件与正电位金属接触	铸件应与正电位金属绝缘
	膜层疏松,脱落	氧化时间过长,温度过高	按规定工艺条件进行氧化
重铬酸钾-硫酸锰,重铬酸钠-硫酸锰法	膜层疏松、脱落	酸度过高,浓度过大,氧化时间过长	按规定工艺条件进行氧化
	膜层变薄或难以氧化	溶液陈旧或酸度过低	调整或更换溶液
	铸件表面有黑色挂灰	溶液陈旧,酸度过高,氧化时分解出二氧化锰沉淀	更换或调整溶液
硝酸法	膜层发暗	硝酸含量低	添加硝酸
		铸件与正电位金属接触	避免铸件与正电位金属接触
	膜层发亮,带彩虹色	硝酸含量过高	调整溶液

表4-105 膜层的局部氧化法

工序	名称	内容	备注
1	配制局部氧化溶液	溶液成分：氧化镁（MgO）8～9g 铬酐（CrO_3）45g 硫酸（H_2SO_4 密度 $\rho=1.84Mg/m^3$） 0.6～1mL 蒸馏水 1L	所有组分均为工业纯
2	表面预处理	1. 用汽油或工业酒精除去待氧化表面上的油污 2. 用玻璃砂纸(200～280号)打磨至露出基体金属 3. 用清洁的布块擦净 4. 再用浸过汽油或酒精的布块擦净表面并晾干	
3	局部氧化处理	1. 用棉纱或棉花浸沾上述局部氧化溶液,在预处理后的表面上反复擦拭30～45s 2. 用干净的湿棉花团擦去残留的氧化溶液 3. 用干净的棉花或布块擦干	该处理在室温下进行
4	干燥	用压缩空气吹干	

4.4.1.6 化学氧化膜的耐腐蚀性检验

1. 化学氧化膜的检验（见表4-106）

2. 氧化膜的耐蚀时间 对于不同的镁合金和所采用的不同化学氧化方法，其耐腐蚀性检验的时间均应不低于表4-107的规定。

表4-106 化学氧化膜的检验

工序	名称	内容	注
1	配制检验溶液	检验溶液的成分： 高锰酸钾 $KMnO_4$ 0.05g 硝酸 HNO_3（密度 $\rho=1.4Mg/m^3$）5mL 蒸馏水 95mL	1. 所有组分均为化学纯 2. 溶液应密闭保存，有效使用期限为一周
2	清理表面	1. 用蘸有酒精的棉花球擦拭铸件上被检部位，除去油污 2. 干燥	直接从处理槽中取出的铸件，不必除油
3	检验	1. 将上述溶液滴1~2滴于被检表面上，同时按动秒表，观察溶液变色时间 2. 此时间不低于表4-107的规定	溶液变色是指由紫红色变为无色

表4-107 氧化膜耐腐蚀性的时间标准

化学氧化方法	试验温度/℃	耐腐蚀性检验的时间/s			
		ZM1	ZM2	ZM3	ZM5
硝酸法	15	—	—	22	43
	20	—	—	20	40
	25	—	—	18	37
	30	—	—	15	32
	35	—	—	14	28
	40	—	—	12	14
氟化钠法	15	25	32	—	30
	20	12	15	—	14
	25	11	13	—	13
	30	7	13	—	12
	35	6	12	—	10
	40	6	12	—	8
重铬酸钠-硫酸锰法	15	20	—	27	37
	20	20	—	22	35
	25	13	—	15	32
	30	11	—	12	30
	35	10	—	9	30
	40	7	—	7	9
重铬酸钾-硫酸锰法	15	—	—	22	37
	20	—	—	19	35
	25	—	—	14	26
	30	—	—	14	26
	35	—	—	13	26
	40	—	—	11	16

4.4.2 阳极氧化

阳极氧化是一种在金属和合金上产生一层厚而且稳定的氧化物膜层的电解工艺。这种膜层可用于提高油漆在金属上的附着力，作为染色的前提条件或作为一种钝化处理。为了获得耐磨和耐蚀膜层，必须对阳极氧化膜层进行封孔。这可以通过将水合碱性金属物沉积进入孔隙来密封多孔的氧化物膜层。还可以通过在热水中煮沸、蒸汽处理、重铬酸盐封孔和油漆封孔等来完成。阳极氧化膜层不适合于单独作为铸造镁合金最终使用的表面处理膜层，但是，它们能为腐蚀保护体系提供极好的油漆基底。表4-108给出了某些已公开的铸造镁合金阳极氧化处理工艺及其工艺变量对涂层的影响情况。

在对镁合金腐蚀与防护机理的系统研究基础上，开发出了膜层附着力和耐腐蚀性能优良的镁合金超声场等离子体电解液氧化技术和镁合金高压（≥400V）无火花阳极氧化技术。

镁合金超声场等离子体电解液氧化技术的工艺特点是氧化时在电解液中施加超声场，氧化速度快，膜层均匀致密，附着力好。膜层横截面显微硬度可达700HV，膜层厚度5～40μm，膜层封孔后中性盐雾试验1000h达9级。电解液配方不含六价铬（Cr^{6+}）离子，环保性能好，成本低，稳定性好。

镁合金高压无火花阳极氧化技术是指镁合金在作阳极氧化处理时，在一定配方的电解液里，在一定的电参数（如电流密度）下，氧化电压可以高达400V而在镁合金工件表面不产生火花放电，氧化膜层厚度为5～20μm。通常的镁合金阳极氧化工艺在250V以下即会在工件表面产生明显可见的火花放电。该技术的主要特点是膜层致密、附着力好，横截面显微硬度可达700HV，电解液配方不含六价铬（Cr^{6+}）离子，环保性能好，成本低，稳定性好。这两种技术已在镁合金便携式计算机壳体、电动汽车镁合金零件等产品上获得应用，取得良好的经济效益。

表4-108 一些铸造镁合金阳极氧化处理工艺

阳极氧化工艺	溶液成分或条件	推荐范围	超出推荐范围的操作影响	
			太低	太高
Dow17 （The Dow Chemical Company专利工艺）	二氟化氢铵/$g \cdot L^{-1}$	300.8～451.2	局部点蚀	不溶解
	重铬酸钠/$g \cdot L^{-1}$	53～120	薄涂层	不经济
	85%磷酸/$g \cdot L^{-1}$	53～105.2	软涂层	不经济
	氟化物杂质max	3%	软涂层	软涂层
	电流密度/$A \cdot dm^{-2}$	0.5～5	在液态侵袭	点蚀或烧毁
	温度/℃	71～82	无涂层	没问题
HAE	氢氧化钾/$g \cdot L^{-1}$	105～190	点蚀、烧毁、不均匀	点蚀、烧毁、粗糙
	氟化钾/$g \cdot L^{-1}$	15.0～150.4	多斑点、不均匀	不经济
	磷酸三钠/$g \cdot L^{-1}$	15.0～225.6	浅、深区域	不均匀
	氢氧化铝/$g \cdot L^{-1}$	7.5～53	涂层硬度降低	硬的粗糙涂层
	锰酸钾/$g \cdot L^{-1}$	3.7～22.5	浅棕色涂层	深棕色粗糙涂层
	电流密度/$A \cdot dm^{-2}$	0.5～5	低速率	不均匀性降低
	温度/℃	25～38	低速率	耐腐蚀能力降低
Cr-22	铬酸/$g \cdot L^{-1}$	22.5～30.0	不均匀浅涂层	深色涂层
	氢氟酸/$g \cdot L^{-1}$	15.0～26.5	低压不均匀涂层	浅色涂层
	磷酸/$g \cdot L^{-1}$	38.3～76.7	不均匀涂层	不经济浅色涂层
	pH	6.0～6.5	不均匀涂层	不经济
	电流密度/$A \cdot dm^{-2}$	1.0～3.0	低速率	深色涂层
	温度/℃	74～93	耐腐蚀能力降低	深色涂层

4.5 质量控制和常见的铸造缺陷

4.5.1 质量控制项目和方法

为了以最经济的成本获得质量上符合有关技术规范、图样和文件要求的铸件，不仅需要熟练地掌握铸件的生产工艺，而且还要了解铸件的质量检验。

本节着重介绍合金的化学成分、力学性能、铸件内部质量和工艺检验等几个方面。

1. 化学成分的检验（见表4-109）

2. 力学性能的检验

1）单铸试样和铸件切取试样的拉伸试验见表4-110。

2）单铸试样特殊性能的检验见表4-111。

3）测定合金力学性能用的单铸试样应在砂型中铸造并带铸造表皮进行试验，其尺寸和形式见图4-24。

4）实验室用镁合金力学性能测试用金属型铸造模具。该金属型模具相对于目前仅有的镁合金砂型铸造试样标准（GB/T 1177—1991），具有结构简单、加工容易，工作量小，耗材少等优点，且克服了砂型铸件易存在显微疏松，氧化夹杂，热裂纹等缺陷，适合在高等院校、厂矿、企业等实验室进行镁合金力学性能、耐腐蚀性能等取样用（见图4-25）。

表4-109 化学成分的检验

项　目	内　容	要　求	备　注
化学分析或光谱分析	1. 每一熔炼炉次合金都必须检查其基本组元和主要杂质 2. 含锆合金的杂质可定期检查（连续生产下不应超过一个月）	1. 化学成分应符合GB/T 1177—1991的规定 2. 第一次分析不合格时，允许重新取样分析 3. 第二次分析不合格时，该熔炼炉次所浇铸件全部报废	1. 当原材料的来源改变时，应对合金的杂质进行全面分析 2. 测得的值遇界限时，允许修约

表4-110 单铸和铸件切取试样的拉伸试验

项　目	内　容	要　求	备　注
拉伸试验	Ⅰ类铸件 1. 必须测定与铸件同熔炼炉次的单铸试样的力学性能，数量为3个 2. 当设计部门在图样上指定切取试样的部位时，在连续生产情况下，同图号的铸件：大件一般不多于20件，中小件不多于50件，应抽一件检验所指定的试样切取部位的力学性能 3. 铸件切取试样应为3个（或3的倍数） d=6mm试样（按GB/T 228—2002） Ⅱ类铸件 必须测定与铸件同熔炼炉次的单铸试样的力学性能 Ⅲ类铸件 一般不检验力学性能	1. 同一炉次送检一根，测定其力学性能符合技术标准的要求，视为合格 2. 单铸试样第一次试验不合格时，再取2个试样进行试验 3. 如第二次的性能仍不合格时，则从有代表性的铸件上切取3个试样进行试验 4. 切取试样的平均值和最小值应符合技术标准的要求 5. 第三次热处理后，铸件切取试样的性能仍不合格时，则该熔炼炉次的铸件报废	1. 铸件图上没有规定切取部位时，则由检验部门确定 2. 铸件上如不能切取d=6mm圆形试样时，允许切取板形比例试样 3. 试样断口上因有目视可见夹渣、气孔等缺陷而不合格时，应补充试样重新试验 4. 测得的性能值遇界限值时，允许修约

表4-111 单铸试样特殊性能的检验

项　目	内　容	要　求	注
特殊力学性能试验	1. 高温力学性能 2. 高温持久性能 3. 高温蠕变性能	高温力学性能可按GB/T 1177—1991附录A由设计部门和冶金部门协商后，在专用技术文件中规定	测得的数值遇界限值时，允许修约

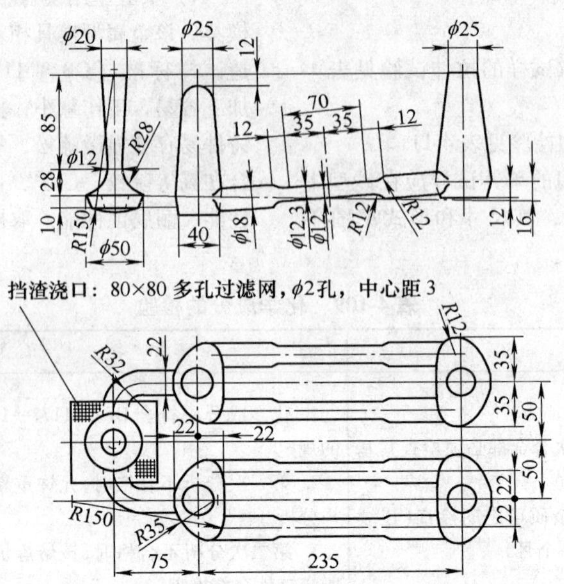

图 4-24　砂型单铸试样及其浇冒口系统（GB/T 1177—1991）

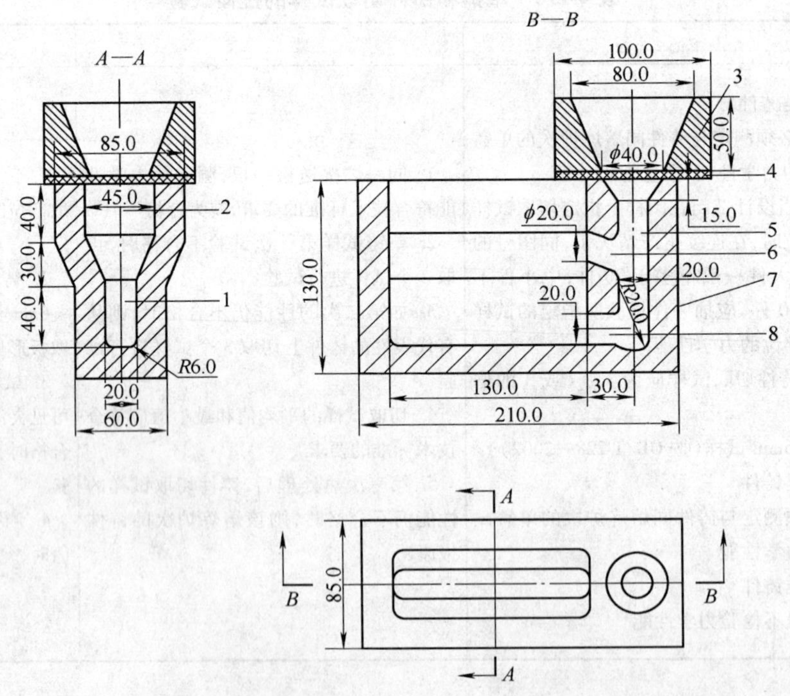

图 4-25　镁合金力学性能试样金属型模具系统

1—力学性能、耐腐蚀性能取样部位（切取成片状或圆柱状拉伸试样）　2—冒口补缩部位　3—浇口杯　4—过滤网或陶瓷过滤块　5—直浇道　6—上内浇道　7—模具　8—下内浇道

3. 铸件的内部质量和气密性试验（见表 4-112）

4. 工艺检验　工艺检验的目的是对批量生产的铸件进行全面检查，以便及时采取措施，保证产品质量。经试生产、定型并转入批量生产的铸件，在连续

生产时，至少一季度应进行一次工艺检验。停产半年以上又恢复生产时，首批铸件应进行工艺检验。

工艺检验的项目包括：

1）全面分析合金的化学成分。

2）从铸件上切取试样，测定力学性能。

3）铸件全面射线检验。

4）荧光或煤油渗透检验。

5）断口检查。

6）金相检验，等等。

冶金部门和检验部门可根据铸件类别和具体的生产情况，商定部分检验项目。

4.5.2　常见的缺陷和防止方法

镁合金铸件中常见的缺陷有疏松、缩孔、气孔、裂纹（热裂、冷裂）、冷隔、欠铸、夹砂、夹杂（氧化皮、熔剂等）、偏析等。本节将叙述与合金本身有直接关系的某些缺陷。

1. 冷隔（见表 4-113）

2. 夹杂（见表 4-114）

表 4-112　铸件内部质量和气密性试验

项　目	内　容	要　求	备　注
1. 射线检验	按图样规定进行。各类铸件的检验部位和比例由设计部门和冶金部门根据铸件类别和生产情况规定	1. 铸件的内部气孔、夹杂等缺陷按技术标准规定 3. 疏松按 HB 967—1970 或 ASTM E155—1985 射线照片评定 3. 射线检验不合格时，应取双倍铸件。其中仍有不合格时，则该批铸件应全部检验	内部气孔、夹杂可参照加工后表面的要求进行检验
2. 气密性试验	凡要求气密性的铸件，应按图样的要求进行	当试验不合格时，允许进行浸渗处理，然后再进行试验	浸渗处理的次数，不应超过 3 次

表 4-113　冷　隔

特　征	原　因	防止方法
合金液流被氧化皮隔开而未熔合为一体。严重时成为欠铸。常出现在铸件的顶壁上、薄的水平或垂直面上、厚薄转接处或薄肋条上	1. 浇注温度过低，合金液流动性差 2. 型腔排气不良，阻碍合金液的流动 3. 直浇道、横浇道或内浇道的面积不够，合金液充填的速度缓慢或流动的距离太远 4. 型芯错位或移动，使某一部位的壁厚明显变薄 5. 浇注时合金液流中断或不稳定	1. 适当提高浇注温度和金属型温度 2. 增加铸型、型芯的排气能力 3. 合理选择浇注系统的位置、数量和面积 4. 增加铸件某一部位的厚度 5. 保持合金液流平稳、均匀而无紊流地进入铸型

表 4-114　夹　杂

特　征	原　因	防止方法
	氧化皮	
断口呈深灰、黑和浅黄色而不规则的点或小块状存在于铸件内部，外形上呈薄片、皱皮或团絮状，有时还带有少量的熔剂。薄壁铸件则常露于表面	1. 合金熔炼过程中因生成氧化物而造成的夹杂。主要原因是炉料不清洁，熔剂不干燥，精炼作用不完全，浇注前的静置时间不够以及熔炼操作不当 2. 浇注过程中因形成氧化皮而造成。主要原因是浇注系统设计不合理，浇注时合金剧烈氧化或产生涡流以及浇注操作不当 3. 铸型本身原因。主要是砂型及型芯烘烤不良，保护剂不足，合型后停放时间过长，型砂过湿，砂型捣得太实等	1. 保持炉料清洁、熔剂干燥，仔细精炼，充分静置并往合金中加入少量铍 2. 正确设计浇注系统，采用过滤器，起动坩埚要平稳，正确浇注，避免氧化和燃烧。浇注时不断撒以硫黄、硼酸防护剂或喷以保护气氛 3. 造型操作要正确，控制型砂水分，砂芯要干透，控制好合型时间

（续）

特　征	原　因	防止方法
	熔剂夹杂	
1. 大块熔剂夹杂在铸件内呈水滴状，常与熔渣同时出现。细小熔剂夹杂呈分散状，经过一段时间后在铸件表面上或断口上呈暗色斑点 2. 表面上的大块熔剂夹杂在出型后呈暗褐色，而细小熔剂则难以被发现 3. 熔剂夹杂一般分布在浇注系统和内浇道附近或铸件下部。机械加工暴露出熔剂的表面在空气中停留一段时间后呈暗色斑点，然后在斑点上出现白色粉末（"长毛"）	1. 违反精炼和静置的规定 2. 熔剂的成分、配制、保管不当 3. 未遵守浇包在坩埚中舀取合金液的规定而将熔剂搅入合金液内，坩埚中剩留的合金液过少 4. 可提式坩埚中的熔剂未清理干净，出炉时不平稳，浇注后剩留的合金液过少 5. 浇包未洗涤干净，洗涤熔剂的使用次数太多，变脏以及温度太低 6. 浇注系统设计不良	1. 应遵守合金的熔炼规范和浇包在坩埚中舀取合金液的规定，两次舀取合金液之间的时间间隔不少于4min 2. 使用合格的熔剂并定期检查 3. 浇注前仔细清除坩埚周围边缘和可提式坩埚浇嘴上的熔剂 4. 吊出坩埚时要平稳，坩埚中要剩留规定比例的合金液 5. 熔剂坩埚的温度不低于780℃，浇包和工具洗净后要滴净所有的熔剂 6. 采用合理的浇注系统
	反应后的砂夹杂	
该缺陷存在于含锆的合金铸件中，呈"不均匀分布的点状偏析"，即轮廓极为分明，直径约1mm的圆形亮区，常带有比中心还亮的亮圈显示于射线照片上	被卷入的砂粒同熔融的含锆合金起反应后生成的单个缺陷 1. 舂砂太软 2. 型砂湿强度低 3. 内浇道太少、太狭窄，致使合金液的进口速度太高 4. 浇注温度高	1. 使用有足够湿强度的型砂和型芯砂 2. 砂型的紧实度要合适，并要仔细去除型面上和浇注系统内的浮砂 3. 采用合适的浇注系统和适宜的浇注温度 4. 砂型装配好后应在较短的时期内进行浇注

3. 疏松和缩孔（见表4-115）

表4-115　疏松和缩孔

特　征	原　因	防止方法
疏松是金属枝晶间或晶界孔洞。分布在铸件补缩不良的部位，用肉眼无法分辨但在显微镜下可看到成片的小孔 在断口上呈淡黄、灰色或黑色。射线照相检验时在底片上呈羽毛状或海绵状暗区。一般在铸件内部，有时穿透整个壁厚，造成铸件气密性不合格 缩孔是金属不致密的宏观缩松，可用肉眼分辨。分布在铸件内部，露出表面后则呈虫蛀状，所以又称为"虫蛀状疏松"	1. 凝固过程中补缩不良 （1）浇注系统和冒口设置不当 （2）冷铁位置和厚度不当 （3）铸件形成毛刺、飞翅等 （4）引入合金液的位置不当 （5）铸件局部过热和金属型温度过高 （6）浇注温度过高 2. 合金中气体含量多促使疏松形成和加剧 （1）炉料、熔剂潮湿 （2）回炉料等表面腐蚀 （3）铸型通气不良 3. 某些合金本身的结晶间隔大，如ZM1、ZM5，疏松倾向性大 4. 变质或加锆细化合金不够，合金的结晶组织粗大，加剧和促使疏松的形成	1. 正确使用冒口、冷铁，使铸件顺序凝固 2. 向冒口内导入热合金液、加大冒口等以延缓冒口的冷却 3. 开设冷却肋或冷却刺 4. 改变零件的局部结构，消除热节部位，使之有利于顺序凝固 5. 适当降低硬模温度，按顺序凝固原则调整涂料 6. 使内浇道均匀分布于铸型上，在某些情况下，在内浇道对面放置冷铁 7. 适当降低合金的浇注温度 8. 炉料应干燥并清洁 9. 变质良好 10. 型砂的水分要适当，铸型的排气要畅通

4. 偏析（见表4-116）

表4-116 镁合金的偏析

特 征	原 因	防止方法
1. 产生于稀土镁合金铸件中。在射线照片上的特征类似于疏松、热裂、缩管等缺陷的亮区	1. 含锆镁合金中的共晶偏析(共晶富集) 这种偏析是当合金凝固期间形成疏松、热裂、缩管等缺陷后，又被邻近富有稀土金属一类高X射线密度的合金元素的共晶液体所充填	1. 与排除疏松、热裂、缩孔等缺陷的方法相同 在缺陷被共晶液体完全填满的情况下虽对铸件的力学性能无明显影响，但其临界工艺状态应引起注意
2. 主要产生在铸件较薄的断面处，在射线照片上显示出暗色的扩散线条，其形状与铸件表面上可见的流痕相符	2. 含锆镁合金中的流线(共晶贫缺) 型腔一部分被合金液所充填并在与来自另一股金属流相遇之前凝固，然后已凝固的前沿部分熔化后再开始凝固。这样，在贴近凝固前沿的合金成分中缺少高射线密度的合金元素	2. 情况严重时是一冷隔，因此其排除方法与冷隔相同。一般情况下可以不采取措施
3. 一般分布在铸件的厚大部分。在射线照片上呈白色，可以与基体相融合的一些白色扩散斑点相连而形成斑纹状，甚至云状	3. 密度(比重)偏析 液相线以上沉淀出的质点的凝聚，出现在铸件厚大截面处的较低部位。在Mg-Zn-Zr合金中是Zn-Zr化合物；在Mg-Al合金中是Mn化合物。除合金成分外，尚有以下因素： (1) 浇注温度过高 (2) 铸件厚大部分冷却太慢 (3) 金属型温度过高，局部涂料太厚	3. 偏析的存在说明凝固条件不良 (1) 在冷却较慢的部位安放冷铁 (2) 降低浇注温度，缩短铸件的凝固时间 (3) 适当降低金属型的工作温度并控制涂料厚度
4. 化学氧化处理后的铸件表面上出现由灰色至黑色的不规则形状或斑点 刚出型的铸件上出现部分微蓝色	4. 镁-铝系合金中的反偏析 (1) 合金中铝含量增高，生成反偏析的程度增大 (2) 合金晶粒粗大 (3) 冷却快，温度梯度大 (4) 合金中含有Si、Be(质量分数大于0.05%)等杂质	1. 变质良好，则晶粒细小 2. 适当提高金属型的工作温度 3. 降低杂质含量 4. 反偏析不严重时，可用普通机械方法除掉表皮层

5. 热裂（见表4-117）

表4-117 热 裂

特 征	原 因	防止方法
铸件上出现的直或曲折裂隙(穿通裂纹)、裂口(非穿通裂纹)。热裂纹处的断口被强烈氧化而呈深灰色或黑色，无金属光泽，并沿晶界裂开	1. 采用了热裂倾向大的合金 2. 合金中有促使形成裂纹的杂质 3. 合金变质不好或变质失效使晶粒粗大 4. 铸件形状不合理，如有尖角、截面剧变等 5. 铸件个别部位的收缩受阻 6. 浇注系统设置不当，造成局部过热 7. 冷铁放置不当 8. 铸件出箱清砂过早	1. 细化合金组织 2. 防止含铝和含锆合金相混，控制铍的添加量 3. 改善零件设计，消除尖角，使厚薄截面均匀过渡 4. 减少铸件收缩时的阻力，提高铸型和型芯的退让性 5. 尽可能使铸件顺序凝固 6. 降低浇注温度 7. 正确放置冷铁

6. 燃烧（见表 4-118）

表 4-118　燃　烧

特　征	原　因	防止方法
1. 类型有瘤块状燃烧、流纹状燃烧、穿透燃烧 2. 部位：铸件厚大部位及内浇道附近、冒口根部、薄砂芯且有尖角处 3. 形貌：通常表面带黑斑,木菌样结疤,严重时表面呈灰白色粉末。燃烧处断口处有黑色斑点,X 光透视类似疏松,但轮廓比疏松清楚	1. 铸型表面保护不足 2. 造型材料中混有易燃杂物 3. 浇注时燃烧的合金液进入型腔	1. 型砂、芯砂中去除易燃杂物并加入足量的保护剂 2. 浇注系统设计要合理,避免局部过热 3. 冷铁要清理干净,并彻底烘干 4. 金属型浇注过程中要喷保护溶剂 5. 浇注过程中要保护镁液不被燃烧,铸型中的可燃气体及时排出

参 考 文 献

[1] 中国机械工程学会铸造分会. 铸造手册第 3 卷：铸造非铁合金[M]. 2 版. 北京：机械工业出版社，2002.

[2] 丁文江. 镁合金科学与技术[M]. 北京：科学出版社，2007.

[3] Ding Wenjiang, Fu Penghuai, Peng Liming, Jiang Haiyan, Zeng Xiaoqing. Study on the microstructure and mechanical property of high strength Mg-Nd-Zn-Zr alloy [J]. Materials Science Forum, 2007(546-549), 433-436.

[4] R. Brown. Magnesium alloys and their applications materials: Materials Week-Munich[J]. Germany: Light Metal Age, 2001.

[5] G. Y. Yuan, Z. L. Liu, Q. D. Wang, W. J. Ding. Microstructure refinement of Mg-Al-Zn-Si alloys[J]. Materials Letters, 56(2002): 53-58.

[6] I. J. Polmear. Light Metals, Metallurgy of the light Metals[M]. 3rd ed. London: Arnold, 1995.

[7] L. L. Rokhlin. Advanced Magnesium Alloys with Rare-earth Metal Additions[M]. London: Taylor and Francis, 2003.

[8] E. M. Gutman, Ya. B. Unigovski, A. Eliezer, E. Abramov, E. Aghion. Processing effect on mechanical properties of die-cast magnesium alloys [J]. Mat. Tech & Adv. Perf. Mat., 2001, 16. 2:110-141.

[9] G L Song, A Atrens. Corrosion mechanisms of magnesium alloys[J]. Advanced Engineering Materials, 1999, 1:11-32.

[10] 张永君，严川伟，王福会，等. 镁的应用及其腐蚀与防护[J]. 材料保护，2002(4)：56.

[11] 袁广银，丁文江. 镁合金金属型铸造模具. 中国，CN200720070727. 2[P]. 2008-03-05.

第5章 铸造钛合金

钛在地壳中的储藏量极其丰富。在所有元素中，钛的储量占第九位；在常用金属元素中仅次于铝、铁和镁，居第四位。我国钛资源储量约占世界的1/4。由于钛的活性高，分离提取困难，一直到20世纪50年代才成为具有工业意义的重要金属结构材料。我国海绵钛的生产能力居世界第五位。钛的密度小、强度高、韧性好、无磁性、熔点高、热膨胀系数低并具有优异的耐腐蚀和耐生物侵蚀的能力。钛及其合金已广泛应用于航空、航天、航海、军械、石油化工、造纸、酸碱工业、体育器械以及医疗器械等领域。

钛在熔融状态下几乎能与所有的耐火材料起反应，导致钛的熔炼浇注工艺和造型工艺发展缓慢。第一个钛铸件是1949年由Kroll采用非自耗电极电弧炉熔炼并浇注出来的，但其设备和工艺方法不适合工业生产。1950年由Beal等人在进行真空自耗电极电弧炉熔炼的试验时，发现大熔池能保持可供浇注铸件用的一定数量的熔融钛。于是，在1956～1960年间，美国矿业局研究出了真空电弧凝壳熔铸法，从1964年起，正式用于生产商业钛铸件。随着铸造钛合金材料和铸造工艺的研究以及设备的不断更新，钛及其合金铸件的生产获得了飞快的发展，目前已能生产700kg重的钛铸件，精密钛铸件的质量也达到了铸钢件的水平。但是，由于钛的提炼、熔铸和废料回收等工艺比较复杂，因此钛铸件的成本较高，推广应用受到一定的限制。

5.1 合金及其性能

钛及其合金一般按退火状态下的相组成分为α、α+β、β三种类型。铸造合金具有较好的抗拉强度和断裂韧度，持久强度极限和蠕变极限接近于变形合金，只因组织粗大，其塑性比变形合金约低40%～45%，而且疲劳强度也较低。但是，钛合金铸件经过热等静压处理后，其强度、塑性基本不变，疲劳性能显著提高。

5.1.1 合金牌号（见表5-1）

5.1.2 合金化学成分（见表5-2）

表5-1 国内外铸造钛合金牌号和代号

类型	名义成分(质量分数,%)	中国①		美国	俄罗斯	德国	日本
		合金牌号	合金代号				
α合金	纯钛	ZTi1	ZTA1	C-2	BT1Л	G-Ti2	KS 50-C
		ZTi2	ZTA2	C-3	—	G-Ti3	KS 50-LFC
		ZTi3	ZTA3	—	—	G-Ti4	KS 70-C
		—	—	—	—		
	Ti-0.2Pd	—	—	Ti-Pd7B		G-Ti2Pd	—
		—	—	Ti-Pd8A		G-Ti3Pd	—
		—	—	Ti-Pd-16		—	—
		—	—	Ti-Pd-17		—	—
		—	—	Ti-Pd-18		—	—
						G-Ti4Pd	
	Ti-5Al	ZTiAl4	ZTA5	—	BT5Л		
	Ti-5Al-2.5Sn	ZTiAl5Sn2.5	ZTA7	C-5	—	G-TiAl5Sn2.2	KS115AS-C
近α合金	Ti-6Al-2Sn-4Zr-2Mo	ZTiAl6Sn2Zr4Mo2	ZTC6	Ti6242	—	G-TiAl6Sn2Zr4Mo2	—
	Ti-6Al-2Zr-1Mo-1V	ZTiAl6Zr2Mo1V1	ZTA15	—	BT20Л	—	—

（续）

类型	名义成分（质量分数，%）	中国[①]		美国	俄罗斯	德国	日本
		合金牌号	合金代号				
近α合金	Ti-6Al-5Zr-0.7Mo-1V-0.3Cr-0.2Sn	—	—	—	BT21Л	—	—
	Ti-5.5Al-3.5Sn-3Zr-1Nb-0.3Mo-0.3Si	—	—	—	—	G-TiAl5.5Sn3.5Zr3-Nb1MoSi	—
α+β合金	Ti-5Al-5Mo-2Sn-0.25Si-0.2Ce	ZTiAl5Mo5Sn2Si0.25Ce0.02	ZTC3	—	—	—	—
	Ti-6Al-4V	ZTiAl6V4	ZTC4	C-5	BT6Л	G-TiAl6V4	KS130AV-C
	Ti-6Al-6V-2Sn		—	Ti662	—	—	—
	Ti-6Al-2.5Mo-2Cr-0.4Fe-0.2Si	—	—	—	BT3-1Л	—	—
	Ti-6.5Al-3.5Mo-2Zr-0.3Si	—	—	—	BT9Л	—	—
	Ti-4Al-3Mo-1V	—	—	—	BT14Л	—	—
	Ti-5.5Al-3Mo-1.5V-0.8Fe-1Cu-0.5Sn-3.5Zr	—	ZTC5	—	—	—	—
	Ti-6Al-2Sn-4Zr-2Mo	—	ZTC6	Ti6242	—	—	—
	Ti-5Al-2.5Fe	—	—	—	—	G-TiAl5Fe2.5	—
	Ti-6Al-4.5Sn-2Nb-1.5Mo	ZTiAl6Sn4.5Nb2Mo1.5	ZTC21	—	—	—	—
	Ti-6Al-5Zr-0.5Mo-0.5Si	—	—	—	—	G-TiAl6Zr5Mo0.5Si	—
	Ti-6Al-2Sn-4Zr-2Mo-0.5Si	—	—	—	—	G-TiAl6Sn2Zr4Mo2Si	—
β合金	Ti-15V-3Cr-3Al-3Sn	—	—	Ti-15-3	—	G-Ti15Cr3Al3Sn	—
	Ti-15Mo-5Zr	—	—	—	—	—	KS130MZ-C
	Ti-32Mo	ZTiMo32	ZTB32	—	—	—	—
	Ti-3Al-8V-6Cr-4Mo-4Zr	—	—	Ti-38-6-44 (βC)	—	—	—

① 中国标准 GB/T 6614—1994 和 GB/T 15073—1994。

表 5-2 国外铸造钛合金化学成分（质量分数，%）

类型	牌号（代号）	合金元素							杂质限量≤							
		Al	Mo	Sn	V	Zr	Si	Pd	Fe	Si	C	N	H	O	其他	
															单个	总量
α合金	C-2	—	—	—	—	—	—	—	0.20	—	0.10	0.05	0.015	0.40	0.10	0.40
	C-3	—	—	—	—	—	—	—	0.25	—	0.10	0.05	0.015	0.40	0.10	0.40
	C-6	4.00 ~ 6.00	—	2.0 ~ 3.0	—	—	—	—	0.50	—	0.10	0.05	0.015	0.20	0.10	0.40
	Ti-Pd7B	—	—	—	—	—	—	≥0.12	0.20	—	0.10	0.05	0.015	0.40	0.10	0.40
	Ti-Pd8A	—	—	—	—	—	—	≥0.12	0.25	—	0.10	0.05	0.015	0.40	0.10	0.40

（续）

类型	牌号(代号)	合金元素							杂质限量≤							
		Al	Mo	Sn	V	Zr	Si	Pd	Fe	Si	C	N	H	O	其他	
															单个	总量
α合金	Ti-Pd16	—	—	—	—	—	—	0.04 ~ 0.08	0.30	—	0.10	0.03	0.0150	0.18	0.10	0.40
	Ti-Pd17	—	—	—	—	—	—	0.04 ~ 0.08	0.20	—	0.10	0.03	0.0150	0.25	0.10	0.40
	Ti-Pd18	—	—	—	—	—	—	0.04 ~ 0.08	0.25	—	0.10	0.05	0.0150	0.15	0.10	0.40
	BT5Л	4.1 ~ 6.2	—	—	—	—	—	—	0.30	0.2	0.18	0.05	0.01	0.21	—	0.30
近α合金	G-TiAl6S-2Zr4Mo2Si	5.5 ~ 6.5	1.8 ~ 2.2	—	—	3.6 ~ 4.4	0.06 ~ 0.12	—	0.25	0.12	0.10	0.05	0.015	0.20	—	—
	BT20Л	5.5 ~ 7.5	0.5 ~ 2.0		—	—	—	—	0.30	0.15	0.15	—	—	0.15	—	0.30
	Ti-6242	5.5 ~ 6.5	1.5 ~ 2.2	1.5 ~ 2.2	—	3.6 ~ 4.4	—	—	0.25	—	0.05	—	—	0.20	0.10	0.40
α+β合金	BT6Л	5.4 ~ 6.8	—	—	3.5 ~ 5.3	—	—	—	—	—	0.12	0.05	0.01	0.16	—	—
	BT3-1Л	5.3 ~ 7.0	2.0 ~ 3.0	—	—	≤0.5	0.15 ~ 0.4	Cr0.8 ~ 2.3	0.2 ~ 0.7	—	0.15	0.05	0.015	0.18	—	0.30
	BT9Л	5.6 ~ 7.0	2.8 ~ 3.8	—	—	0.8 ~ 0.2	0.2 ~ 0.35	—	0.30	—	0.15	0.05	0.015	0.15	—	0.30
	BT14Л	4.3 ~ 6.3	2.5 ~ 3.8	—	0.9 ~ 1.9	≤0.3	—	—	0.60	0.15	0.12	0.05	0.015	0.15	—	0.30
	C-5	5.5 ~ 6.75		—	3.5 ~ 4.5	—			0.40		0.10	0.05	0.015	0.25	0.1	0.40
	G-TiAl6V4	5.5 ~ 6.75	3.5 ~ 4.5	—	—	—	—	—	0.40	—	0.10	0.05	0.015	0.25	—	0.40
	G-TiAl5Fe25	4.5 ~ 5.5	—	—	—	—	—	Fe≤3.0	—	—	0.10	0.05	0.015	0.30	—	0.40
	G-TiAl6Zr5-Mo0.5Si	5.7 ~ 6.3	0.25 ~ 0.75	—	—	—	—	—	0.20	—	0.10	0.05	0.015	0.30	—	0.40

5.1.3 物理和化学性能

1. 物理性能 铸造钛合金物理性能见表5-3；试验温度对纯钛及其合金物理性能的影响见图5-1～图5-3。钛及其合金均无磁性，在1592A/m磁场强度下的磁导率$\mu=1.0005\mathrm{H/m}$。

表 5-3 铸造钛合金物理性能

物理性能	温度/℃	α合金				近α合金		α+β合金						β合金
		ZTA1	ZTA2	ZTA3	ZTA7	ZTC6	ZTA15	ZTC3	ZTC4	ZTC5	BT31π	BT9π	BT14π	ZTB32
密度 ρ/Mg · m^{-3}	20	4.505	4.505	4.505	4.42	4.54	4.456	4.60	4.40	4.43	4.43	4.49	4.50	5.69
熔化温度/℃	—	1640 ~ 1671	1640 ~ 1671	1640 ~ 1671	1540 ~ 1650	1588 ~ 1698	—	≈1700	1560 ~ 1620	1540 ~ 1580	1560 ~ 1600	1560 ~ 1620	1590 ~ 1650	—
电阻率 $\rho/\times10^{-6}\Omega\cdot m$	20	0.54	0.54	0.54	1.38	—	1.74	1.61	1.62	1.71	1.69	1.69	1.61	1.00
比热容 c/J · $(kg\cdot K)^{-1}$	20	527	527	527	503	528	527	—	—	699	—	—	—	—
	100	544	544	544	545	539	542	507	733	552	565	544	501	—
	200	621	621	621	566	557	565	—	557	766	—	—	—	—
	300	669	669	669	587	599	583	540	574	796	—	—	—	—
	400	711	711	711	628	602	607	—	590	816	691	668	623	—
	500	753	753	753	670	602	627	586	607	841	—	—	—	—
	600	837	837	837	—	607	646	—	628	862	795	—	—	—
线胀系数 $\alpha_l/\times10^{-6}K^{-1}$	20 ~ 100	8.00	8.00	8.00	8.50	9.18	9.88	9.10	8.90	7.38	9.50	7.60	7.80	11.20
	20 ~ 200	8.60	8.60	8.60	8.80	9.43	10.12	9.40	9.30	8.50	—	—	—	13.30
	20 ~ 300	9.10	9.10	9.10	9.10	9.63	10.40	9.40	9.50	8.70	—	—	—	14.30
	20 ~ 400	9.30	9.30	9.30	9.30	9.80	10.55	9.50	9.50	9.20	—	—	—	15.30
	20 ~ 500	9.40	9.40	9.40	9.50	9.97	10.57	9.60	—	—	10.30	9.60	8.70	15.20
	20 ~ 600	9.80	9.80	9.80	9.60	10.11	10.56	9.70	—	—	—	—	—	15.30
	20 ~ 700	10.20	10.20	10.20	—	10.39	10.65	9.90	—	—	—	—	—	15.70
	20 ~ 800	—	—	—	—	—	10.70	10.10	—	—	—	10.5	—	16.20
	20 ~ 900	—	—	—	—	—	10.66	10.50	—	—	—	—	—	16.70
	20 ~ 1000	—	—	—	—	—	10.59	10.80	—	—	—	—	—	17.30
热导率 λ/W · $(m\cdot K)^{-1}$	20	16.3	16.3	16.3	8.8	—	6.0	—	—	8.37	8.0	7.1	8.7	—
	100	16.3	16.3	16.3	9.6	7.10	6.7	8.4	8.8	9.46	8.8	8.4	9.5	—
	200	16.3	16.3	16.3	10.9	8.08	7.7	9.6	10.5	11.4	10.1	9.6	10.8	—
	300	16.7	16.7	16.7	12.2	9.53	8.6	10.9	11.3	12.73	11.3	11.3	12.1	—

（续）

物理性能	温度/℃	α合金			近α合金			α+β合金						β合金
		ZTA1	ZTA2	ZTA3	ZTA7	ZTC6	ZTA15	ZTC3	ZTC4	ZTC5	BT31π	BT9π	BT14π	ZTB32
热导率 λ/W·(m·K)$^{-1}$	400	17.1	17.1	17.1	13.4	11.0	9.7	12.6	12.1	14.19	12.6	12.6	13.4	—
	500	18	18	18	14.7	12.8	10.9	14.2	13.4	15.53	14.2	14.6	14.3	—
	600	—	—	—	15.9	14.8	12.1	15.9	14.7	17.38	15.5	16.3	16.0	—
	700	—	—	—	17.2	16.9	13.4	—	15.5	—	18.0	18.0	16.8	

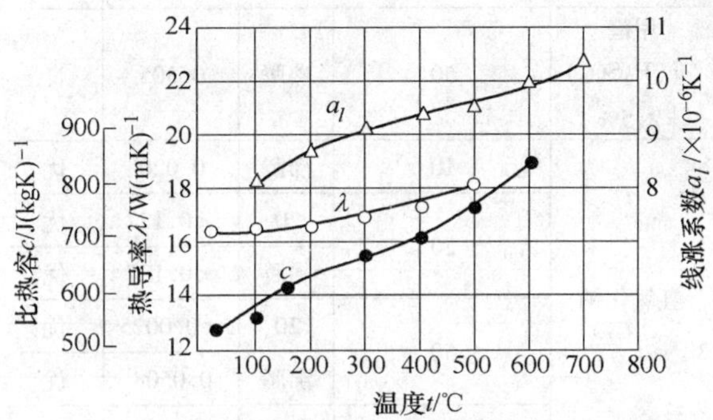

图 5-1　试验温度对工业纯钛物理性能的影响

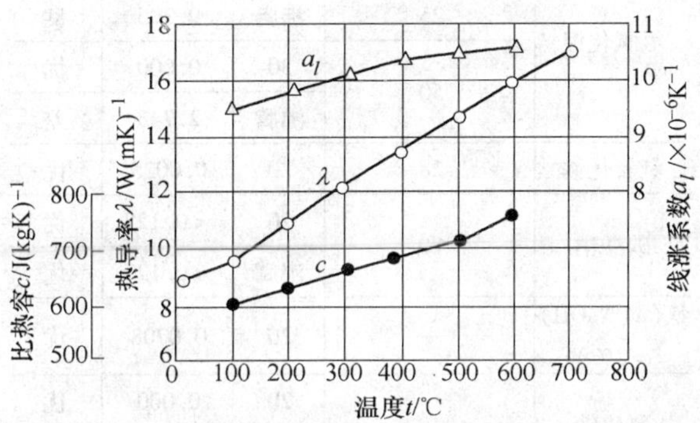

图 5-2　试验温度对 ZTA7 合金物理性能的影响

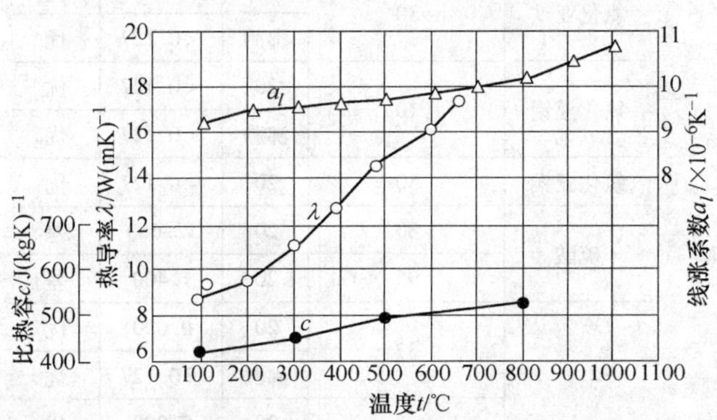

图 5-3　试验温度对 ZTC3 合金物理性能的影响

2. 抗氧化能力　钛及其合金在500℃以下的空气介质中加热时，可形成一层厚度为几十纳米的致密氧化膜，能阻止氧向金属内部扩散。在 800℃ 以上时，氧化膜分解，氧原子进入金属晶格，氧含量的增加使金属变脆。表 5-4 为工业纯钛在不同温度的空气介质中加热半小时后的氧化膜厚度。表 5-5 为钛在不同温度下加热所生成的氧化膜颜色。

合金元素钼、钨和锡能降低钛的氧化速度，而锆则提高氧化速度。

合金的热处理状态对表面氧化也有影响。热处理强化状态的合金比退火状态的氧化更加严重。

表 5-4　不同温度下钛的氧化膜厚度

温度/℃	厚度/mm
320 ~ 539	极薄
649	0.005
704	0.0076
760	<0.025
816	<0.025
871	<0.025
927	<0.051
982	<0.051
1038	0.102
1093	0.356

表 5-5　不同温度下钛的氧化膜颜色

温度/℃	颜　色
200	银白色
300	淡黄色
400	金黄色
500	蓝色
600	紫色
700 ~ 800	红灰色
900	灰色

钛及其合金应避免在低温下与液态或气态氧接触，若新生表面与它接触，尤其是受到冲击时，会发

生强烈的氧化反应。

3. 耐腐蚀性能　钛及其合金对大部分化学介质都有极好的耐腐蚀性能。但四种无机酸（氢氟酸、盐酸、硫酸和正磷酸）、四种热浓有机酸［草酸、甲酸、三氯（代）乙酸和三氟（代）乙酸］以及腐蚀性极强的氯化铝对钛及其合金都有严重的腐蚀作用。在这些介质中，除氢氟酸外，加入氧化剂如硝酸，可降低其腐蚀程度，甚至不起腐蚀作用。工业纯钛在有机酸、无机酸、有机化合物、碱溶液和盐溶液中的耐腐蚀性分别列于表 5-6 中。

表 5-6　工业纯钛在不同溶液中的耐腐蚀性

介质	溶液浓度(质量分数,%)	温度/℃	腐蚀速度/$mm \cdot a^{-1}$	耐腐蚀等级[①]
醋酸	100	20	0.000	优
		沸腾	0.000	优
蚁酸	50	20	0.000	优
草酸	5	20	0.127	良
		沸腾	29.390	差
	10	20	0.008	优
乳酸	10	20	0.000	优
		沸腾	0.033	优
	25	沸腾	0.028	优
甲酸	10	沸腾	1.270	良
	25	100	2.440	差
	50	100	7.620	差
丹宁酸	25	20	<0.127	优
		沸腾	<0.127	优
柠檬酸	50	20	<0.127	优
		沸腾	<0.127	优
硬脂数	100	20	<0.127	优
		沸腾	<0.127	优
盐酸	1	20	0.000	优
		沸腾	0.345	良
	5	20	0.000	优
		沸腾	6.530	差
	10	20	0.175	良
		沸腾	40.870	差
	20	20	1.340	差
	35	20	6.660	差

（续）

介质	溶液浓度(质量分数,%)	温度/℃	腐蚀速度/$mm \cdot a^{-1}$	耐腐蚀等级[①]
硫酸	5	20	0.000	优
		沸腾	13.01	差
	10	20	0	良
	60	20/–	—	差
甲醛	37	沸腾	0.127	良
甲醛 ($w(H_2SO_4)$=2.5%)	50	沸腾	0.305	良
氢氧化钠	10	沸腾	0.020	优
	20	20	<0.127	优
		沸腾	<0.127	优
	50	20	<0.0025	优
		沸腾	0.0508	优
	73	沸腾	0.127	良
氢氧化钾	10	沸腾	<0.127	优
	25	沸腾	0.305	良
	50	30	0.000	优
		沸腾	2.743	差
氢氧化铵	28	20	0.0025	优
碳酸钠	20	20	<0.127	优
		沸腾	<0.127	优
氨($w(NaOH)$=2%)	—	20	0.0708	优
氯化铁	40	20	0.000	优
		95	0.002	优
氯化亚铁	30	20	0.000	优
		沸腾	<0.127	优
氯化亚铝	10	20	<0.127	优
		沸腾	<0.127	优
氯化亚铜	50	20	<0.127	优
硫酸	80	20	32.660	差
	95	20	1.400	差
硝酸	37	20	0.000	优
		沸腾	<0.127	优
	64	20	0.000	优
		沸腾	<0.127	优
	95	20	0.0025	优

（续）

介质	溶液浓度（质量分数，%）	温度/℃	腐蚀速度/mm·a^{-1}	耐腐蚀等级①
磷酸	10	20	0.000	优
		沸腾	6.400	差
	30	20	0.000	优
		沸腾	17.600	差
	50	20	0.097	优
铬酸	20	20	<0.127	优
		沸腾	<0.127	优
硝酸+盐酸	1:3（质量比）	20	0.004	优
		沸腾	<0.127	优
	3:1（质量比）	20	<0.127	优
硝酸+硫酸	7:3（质量比）	20	<0.127	优
	4:6（质量比）	20	<0.127	优
苯（含微量HCl、NaCl）	蒸气或液体	80	0.0005	优
四氯化碳	蒸汽（或液体）	沸腾	0.005	优
四氯乙烯（稳定）	100%蒸汽或液体	沸腾	0.0005	优
四氯乙烯（含H_2O）	100%蒸汽或液体	沸腾	0.0005	优
三氯甲烷	100%蒸汽或液体	沸腾	0.0003	优
三氯甲烷（H_2O）		沸腾	0.127	良
三氯乙烯	蒸汽（或液体）	沸腾	0.00254	优
三氯乙烯（稳定）	99	沸腾	0.00254	优
氯化亚铜	50	沸腾	<0.127	优
氯化铵	10	20	<0.127	优
		沸腾	0.000	优
氯化钙	10	20	<0.127	优
		沸腾	0.000	优
氯化铝	25	20	<0.127	优
		沸腾	<0.127	优
氯化镁	10	20	<0.127	优
		沸腾	<0.127	优
氯化镍	5~10	20	<0.127	优
		沸腾	<0.127	优

（续）

介质	溶液浓度（质量分数，%）	温度/℃	腐蚀速度/mm·a^{-1}	耐腐蚀等级①
氯化钡	20	20	<0.127	优
		沸腾	<0.127	优
硫酸铜	20	20	<0.127	优
		沸腾	<0.127	优
硫酸铵	20℃饱和	20	<0.127	优
		沸腾	<0.127	优
硫酸钠	50	20	<0.127	优
		沸腾	<0.127	优
硫酸亚铝	20饱和	20	<0.127	优
		沸腾	<0.127	优
硫酸亚铜	10	20	<0.127	优
		沸腾	<0.127	优
	30	20	<0.127	优
		沸腾	<0.127	优
硝酸银	11	20	<0.127	优

① 优—腐蚀速率小于0.127mm/s；良—腐蚀速率0.127~1.27mm/s；差—腐蚀速率大于1.27mm/s。

有些无水化学试剂如甲醇和四氧化氮对钛的应力腐蚀断裂很敏感，但加入微量的水后可抑制其反应。然而在N_2O_4中有质量分数0.4%~0.8%的NO和在发烟硝酸中含有质量分数低于1.5%的水和质量分数10%~20%的NO_2时，NO能使金属产生裂纹并发生剧烈的反应。

干燥的氯化钠在高温下对钛及其合金的应力腐蚀比较敏感。当其在温度高于230℃下清洗钛铸件时，应使用不含氯的清洗剂。

ZTA7钛合金对热盐应力腐蚀比较敏感，在人造海水的环境中，于316℃和207MPa应力下暴露100h就能产生应力腐蚀。

β型钛合金（如ZTB32合金）在高温下可耐各种腐蚀介质（如硫酸、盐酸和蚁酸）的腐蚀。但在500℃以上加热时氧化非常剧烈。

美国、俄罗斯、德国和日本等把含有微量钯的钛合金广泛当作耐腐蚀合金使用，主要用于制造化学工业部门中耐酸介质的结构件和转动件。钛钯铸造钛合金耐腐蚀速率列于表5-7。

4. 电化学腐蚀　在与大多数金属构成的原电池系统中，钛及其合金的电位属于高价正电位，因此当其他金属或合金与其接触时首先被腐蚀。

5. 氢脆 钛极易从酸溶液、腐蚀液和加热时的高温气氛中吸收氢，从而产生氢脆。当钛及其合金中的氢含量达到一定量后将大大提高缺口敏感性，从而急剧降低缺口试样的冲击韧度等性能。钛及其合金的氢质量分数一般应小于0.015%。

表5-7 钛-钯合金的腐蚀速率

介质	溶液浓度（质量分数，%）	温度/℃	腐蚀速率/mm·a^{-1}
氯化铝	10	100	<0.0025
	25	100	0.025
氯化钙	62	154	无
	73	177	无
氯气，湿的	—	室温	轻度腐蚀
氯气，水饱和		室温	<0.025
铬酸	10	沸腾	轻度腐蚀
铬化铁	30	沸腾	轻度腐蚀
甲酸	50	沸腾	0.076
盐酸，H_2 饱和	1-15	室温	<0.0025
	20	室温	0.102
	25	室温	0.279
	1	70	0.076
	5	70	0.076
	10	70	0.178
	15	70	0.330
	20	70	1.55
	25	70	4.29
	3	190	0.025
	5	190	0.102
	10	190	8.89
	15	190	41.1
盐酸，空气饱和	1或5	70	<0.025
	10	70	0.050
	15	70	0.152
氯化钠，海水	10	190	<0.025
硫酸，N_2 饱和	5	室温	<0.025
	10	室温	0.025
	40	室温	0.029
	60	室温	0.864
	80	室温	16.4
	95	室温	1.73

（续）

介质	溶液浓度（质量分数，%）	温度/℃	腐蚀速率/mm·a^{-1}
硫酸，N_2 饱和	5	70	0.152
	10	70	0.254
	40	70	2.21
	60	70	4.67
	80	70	5.74
	96	70	1.57
	1	190	0.127
	5	190	0.127
	10	190	1.50
	20	190	9.02
硫酸，O_2 饱和	1	190	0.127
	5	190	0.076
	10	190	0.127
	20	190	1.50
	30	190	62.0
盐酸，空气饱和	20	70	0.660
	25	70	1.98
盐酸，O_2 饱和	3	190	0.127
	5	190	0.127
	10	190	9.34
盐酸，处 Cl_2 饱和	3或5	190	<0.025
	10	190	29.0
盐酸	5	沸腾	0.178
	10	沸腾	0.813
	15	沸腾	6.78
	20	沸腾	19.6
盐酸 + 5g/L $FeCl_3$	10	沸腾	0.279
盐酸 + 16g/L $FeCl_3$	10	沸腾	0.076
盐酸 + 16g/L $FeCl_3$	10	沸腾	0.076
	20	沸腾	2.87
盐酸 + 16g/L $CuCl_3$	10	沸腾	0.127
	20	沸腾	3.17
硝酸	30	190	2.39
	30	250	轻微侵蚀
	65	沸腾	0.66
	65	190	轻微侵蚀
	65	250	轻微侵蚀

（续）

介　质	溶液浓度（质量分数，%）	温度/℃	腐蚀速率/mm · a^{-1}
硝酸，原色	60	沸腾	0.394
磷酸	10	沸腾	0.147
氯化钠，海水	—	93	0.000
硫酸，Cl_2 饱和	1 或 5	190	<0.025
	10	190	0.05
	20	190	0.38
	30	190	77.7
硫酸，空气饱和	5	70	0.08
	10	70	0.10
	40	70	0.94
	60	70	10.0
	80	70	11.4
	96	70	2.1
硫酸	5	沸腾	0.05
	10	沸腾	1.5
	20	沸腾	5.3

（续）

介　质	溶液浓度（质量分数，%）	温度/℃	腐蚀速率/mm · a^{-1}
硫酸 +0.5g/L $Fe_2(SO_4)_3$	10	沸腾	0.18
硫酸 +16g/L $Fe_2(SO_4)_3$	10	沸腾	<0.025
	20	沸腾	0.15
硫酸 +40g/L $Fe_2(SO_4)_3$	40	沸腾	2.2
硫酸 +$w(CuSO_4)$15%	15	沸腾	0.64
硫酸 +$w(CuSO_4)$0.01%	30	沸腾	27.7
硫酸 +$w(CuSO_4)$0.05%	30	沸腾	33.3
硫酸 +$w(CuSO_4)$0.50%	30	沸腾	2.01
硫酸 +$w(CuSO_4)$1.0%	30	沸腾	1.75

5.1.4　力学性能

1. 国内外技术标准规定的铸造钛合金室温力学性能（见表 5-8）

2. 几种铸造钛合金室温力学性能

几种钛合金的典型室温力学性能见表 5-9。

ZTC4 钛合金单铸试样室温力学性能统计值见表 5-10。

表 5-8　国内外技术标准规定的铸造钛合金室温力学性能

合金代号	技术标准	状态	R_m	$R_{p0.2}$	A	Z	a_{KV} /kJ · m^{-2}	HBW
			MPa		%			
			≥					≤
ZTA1	GB/T 6614—1994	退火	345	275	20	—	—	210
	GJB 2896A—2007	退火或 HIP	345	275	12	—	—	
ZTA2	GB/T 6614—1994	退火	440	370	13	—	—	235
ZTA3	GB/T 6614—1994	退火	540	470	12	—	—	245
ZTA5	GB/T 6614—1994	退火	590	490	10	—	—	270
	GJB 2896A—2007	退火或 HIP	590	490	10	—	—	—
ZTA7	GB/T 6614—1994	退火	795	725	8	—	—	335
	GJB 2896A—2007	退火或 HIP	760	700	5	12	—	—
ZTA15	GJB 2896A—2007	退火或 HIP	885	785	5	12	—	—
ZTC3	GJB 2896A—2007	退火或 HIP	930	835	4	8	—	—
ZTC4	GB/T 6614—1994	退火	895	825	6	—	—	365
	GJB 2896A—2007	退火或 HIP	835 (890)	765 (820)	5 (5)	12 (10)	—	—
ZTC5	GJB 2896A—2007	退火或 HIP	1000	910	4	8	—	—
ZTC6	GJB 2896A—2007	退火或 HIP	860	795	5	10	—	—

（续）

合金代号	技术标准	状态	R_m	$R_{p0.2}$	A	Z	a_{KV} /kJ · m^{-2}	HBW
			MPa		%			
			≥					≤
ZTC21	GB/T 6614—1994	退火	980	850	5	—	—	350
ZTB32	GB/T 6614—1994	退火	795	760	2	—	—	260
C-2	ASTM B367—2006	650℃空冷	345	275	15	—	—	210
C-3	ASTM B367—2006	650℃空冷	450	380	12	—	—	235
C-5	ASTM B367—2006	650℃空冷	895	825	6	—	—	365
C-6	ASTM B367—2006	650℃空冷	795	725	8	—	—	335
Ti-Pd7B	ASTM B367—2006	650℃空冷	345	275	15	—	—	210
Ti-Pd8A	ASTM B367—2006	650℃空冷	450	380	12	—	—	235
Ti-Pd16	ASTM B367—2006	650℃空冷	345	275	15	—	—	210
Ti-Pd17	ASTM B367—2006	650℃空冷	240	170	20	—	—	235
Ti-Pd18	ASTM B367—2006	650℃空冷	620	483	15	—	—	365
BT3-1Л	OCT1 90060—1992	铸态	932	815	4	8	—	—
BT5Л	OCT1 90060—1992	铸态	686	617	6	14	294	—
BT6Л	OCT1 90060—1992	铸态	882	794	5	10	245	—
BT9Л	OCT1 90060—1992	铸态	930	813	4	8	196	—
BT14Л	OCT1 90060—1992	铸态	883	785	5	12	—	—
BT20Л	OCT1 90060—1992	铸态	882	784	5	12	274	—
G-Ti2	DIN 17865—1990	铸态	350	280	20	—	—	—
G-Ti2Pd	DIN 17865—1990	铸态	350	280	20	—	—	—
G-Ti3	DIN 17865—1990	铸态	450	350	15	—	—	—
G-Ti3Pd	DIN 17865—1990	铸态	450	350	15	—	—	—
G-Ti4	DIN 17865—1990	铸态	550	485	10	—	—	—
G-Ti4Pd	DIN 17865—1990	铸态	550	485	10	—	—	—
G-TiAl6Sn2Zr4Mo2Si	DIN 17865—1990	铸态	900	830	5	—	—	—
G-TiAl6V4	DIN 17865—1990	铸态	900	830	5	—	—	—
G-TiAl6Zr5Mo0.5Si	DIN 17865—1990	铸态	920	850	5	—	—	—
G-TiAl5Fe2.5	DIN 17865—1990	铸态	830	725	5	—	—	—

表 5-9　几种钛合金的典型室温力学性能

合金代号	弹性模量 E	压缩弹性模量 E_c	切变模量 G	抗拉强度 R_m	屈服强度 $R_{p0.2}$	拉伸比例极限 $R_{p0.01}$	断后伸长率 $A_{11.3}$	断后伸长率 A	断面收缩率
	GPa			MPa			%		
ZTC4	114	117	44	920	856	775	7.8	—	17.3
ZTC3	112(120)①	—	45	1133	932	796	8	—	12
ZTC5	119	—	44.15	1050	950	—	—	4	8
ZTC6	—	—	—	996	889	—	—	5.5	14.5
BT3-1Л	112	—	—	971	814	618	—	4	8
BT9Л	107	—	—	1010	785	637	—	4	12
BT14Л	111	—	—	932	785	588	—	7	15
BT20Л	106	—	—	961	834	637	—	8	20

（续）

合金代号	抗压强度 R_{mc}	抗压屈服强度 $R_{pc-0.2}$	抗扭强度 τ_m	扭转比例极限 $\tau_{0.3}$	扭转比例极限 $\tau_{0.01}$	冲击韧度 a_{KV} /kJ · m^{-2}	泊松比 μ	缺口抗拉强度与抗拉强度之比 σ_{bH}/R_m	轴向加载疲劳极限 σ_{-1}	轴向加载缺口疲劳极限 σ_{-1H} ②
	MPa								MPa	
ZTC4	1020	869	707	544	494	321	0.29	—	226③	196
ZTC3	—	—	836	614	534	195	0.25	—	196④	—
ZTC5	—	—	913	686	525	360	0.35	1.49	490⑤	—
ZTC6⑥	—	—	—	—	—	447⑦	—	—	—	—
BT3-1Л	—	—	—	—	—	300	—	1.4	216④	—
BT9Л	—	—	—	—	—	250	—	—	177④	—
BT14Л	—	—	—	—	—	340	—	—	265④	—
BT20Л	—	—	—	—	—	300 ~400	—	1.45	216	—

① 动弹性模量 E_D。

② 理论应力集中系数 $K_t=2$，$N=2\times10^7$。

③ 疲劳寿命 $N=10^7$。

④ 理论应力集中系数 $K_t=1$，$N=10^7$。

⑤ 热等静压处理。

⑥ 固溶＋时效。

⑦ V 形试样。

表 5-10　ZTC4 合金室温拉伸性能统计值

抗拉强度						断后伸长率 A	断面收缩率 Z
样本均值 $\bar{X}$	最小值	最大值	样本标准差 S	离散系数 C_V	样本数 n	%	
R_m/MPa							
940	892	993	31.4	0.03	30	9.1	21.9

ZTC4（Ti-6Al-4V）合金应力-应变曲线见图 5-4。

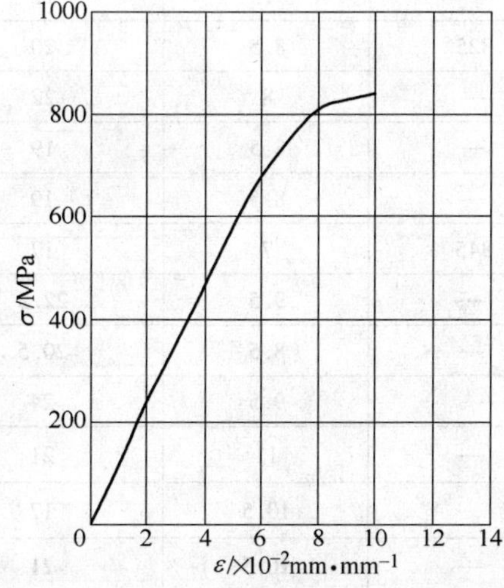

图 5-4　ZTC4（Ti-6Al-4V）合金应力-应变曲线

ZTA15（Ti6Al2Zr1Mo1V）合金应力-应变曲线见图 5-5。

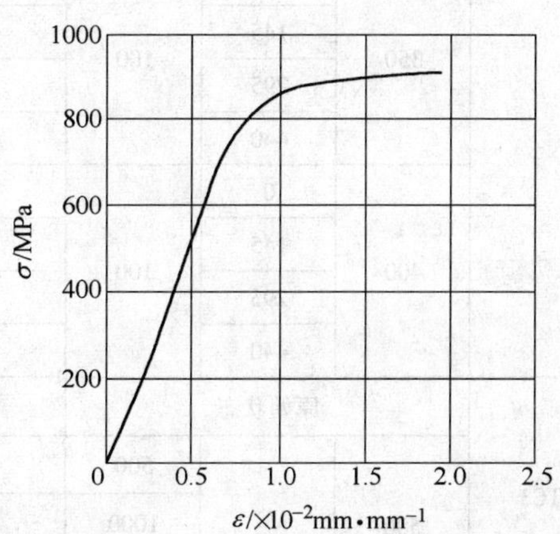

图 5-5　ZTA15（Ti6Al2Zr1Mo1V）合金应力-应变曲线

氧含量对 ZTC4（Ti-6Al-4V）合金室温力学性能的影响见图 5-6。

ZTC4 和 ZT3 合金无应力和加应力热暴露后的室温力学性能见表 5-11。缺口抗拉强度和敏感系数见表 5-12。

3. 高温力学性能（见表 5-13）

4. 高温持久和蠕变性能

1）持久和蠕变极限（见表 5-14）。

2）ZTC4 合金的应力-蠕变变形曲线（见图 5-7）。

5. 疲劳性能

1）ZTC4 钛合金室温缺口试样旋转弯曲疲劳曲线见图 5-8；轴向加载疲劳强度极限见表 5-15。

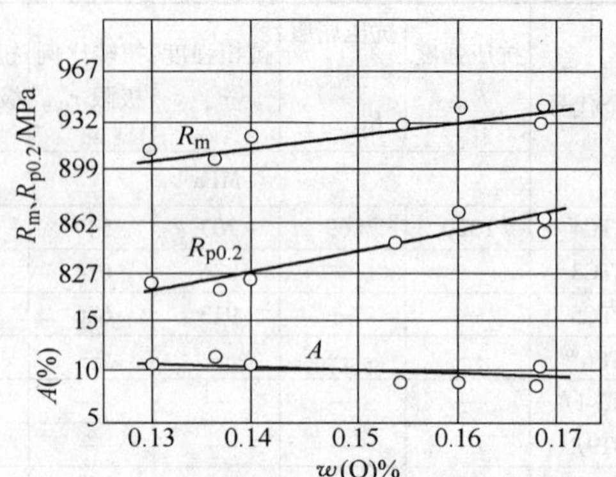

图 5-6　氧含量对 ZTC4（Ti-6Al-4V）合金室温力学性能的影响

表 5-11　无应力和加应力热暴露后的室温力学性能

合金代号	热暴露条件			抗拉强度 R_m	屈服强度 $R_{p0.2}$	断后伸长率 A	断面收缩率 Z
	温度 θ/℃	强度/MPa	时间 t/h	MPa		%	
ZTC4	原始状态			940	870	9	22
	200	0	100	910	850	8	20
		145		885	—	9	22
		295		895	—	8.5	19
		440		895	—	9	24
	300	0	100	915	850	9	25.5
		145		885	—	8	17
		295		895	—	9	22
		440		890	—	9.5	22
	350	0	100	885	825	8.5	20
		145		890	—	8	22
		295		875	—	8.5	19
		440		895	—	8.5	19
	400	0	100	895	845	7	17
		145		890	—	9.5	22.5
		295		890	—	8.5	20.5
		440		895	—	9.5	24
ZTC3	原始状态			1005	—	11	21
	500	—	500	980	—	10.5	17
			1000	1000	—	10.5	21
			2000	1020	—	10.5	17.5

表 5-12　室温缺口抗拉强度和敏感系数

合金代号	理论应力集中系数 K_t	倾斜角 /(°)	缺口抗拉强度 σ_{bH}/MPa	强度系数 η (%)	σ_{bH} 与 R_m 之比值	σ_{bH} 与 $R_{p0.2}$ 之比值
ZTC4	2.5	0	1460	—	1.5	—
	3.5	0	—	—	—	1.6
	4.6	0	1200	—	—	—
		4	1059	12	—	—
		8	729	39	—	—
ZTC3	2.1	0	1490	—	1.49	—
	3.1	0	1470	—	1.47	—
	3.8	0	1470	—	1.47	—
	5.0	0	1460	—	1.46	—
	4.6	0	1380	—	—	—
		4	873	37	—	—
		8	563	59	—	—

表 5-13　高温力学性能

合金代号	试验温度 /℃	弹性模量 E	动弹性模量 E_D	抗拉强度 R_m	屈服强度 $R_{p0.2}$	拉伸比例极限 $R_{p0.01}$	断后伸长率 $A_{11.3}$	断后伸长率 A	断面收缩率 Z
		GPa		MPa			%		
ZTC4	300	—	—	785	618	481	6	13	13
	350	96	—	—	—	—	—	—	—
	400	—	—	750	587	452	6	—	15
	450	—	—	719	580	431	6	—	18
	500	—	—	685	553	405	6	—	20
	550	—	—	647	510	367	7	—	23
ZTC3	200	—	114	—	—	—	—	—	—
	300	101	110	776	623	506	8	—	14
	400	93	101	724	580	471	—	—	15
	450	91	98	714	572	456	8	—	14
	500	87	94	686	565	457	6	—	13
	550	82	94	666	547	424	11.5	—	26.5
ZTC5	300	—	—	918	759	—	—	8.2	18.3
	350	—	—	905	738	—	—	8.4	20.8
BT3-1Л	400	—	—	716	569	—	—	9	18
	450	90	—	668	510	343	—	10	20
	500	86	—	618	490	294	—	10	20
BT9Л	150	89	—	765	588	333	—	4	15
	300	88	—	667	510	324	—	4	15
	400	86	—	637	471	314	—	4	15

（续）

合金代号	试验温度/℃	弹性模量 E	动弹性模量 E_D	抗拉强度 R_m	屈服强度 $R_{p0.2}$	拉伸比例极限 $R_{p0.01}$	断后伸长率 $A_{11.3}$	断后伸长率 A	断面收缩率 Z
		GPa		MPa			%		
BT9Л	450	84	—	618	441	294	—	4	15
	500	80	—	559	431	275	—	4	15
	550	78	—	539	392	245	—	4	15
	600	76	—	490	392	216	—	4	20
BT14Л	300	95	—	618	510	382	—	8	20
	400	93	—	539	451	324	—	8	20
BT20Л	200	—	—	755	—	—	—	8	30
	300	—	—	657	—	—	—	10	34
	350	95	—	618	481	314	—	10	35
	400	—	—	598	—	—	—	10	35
	450	—	—	579	—	—	—	12	35
	500	—	—	549	431	284	—	12	35

表 5-14　持久和蠕变极限

合金代号	温度/℃	持久强度极限 σ_{100}①	σ_{200}	σ_{300}	σ_{500}	σ_{100}	蠕变极限 $\sigma_{0.2/100}$	$\sigma_{0.2/500}$	$\sigma_{0.2/1000}$
		MPa							
ZTC4	200	608	—	—	—	—	—	—	—
	300	569	—	—	—	—	—	—	—
	350	539	—	—	—	—	392	—	—
	400	510	—	—	—	—	343	—	—
	450	—	—	—	—	—	215	—	—
ZTC3	400	686	—	—	—	—	530	—	—
	450	647	—	—	—	—	471	—	—
	500	588	569	549	—	—	294	—	—
	550	402	—	—	—	—	—	—	—
	600	226	—	—	—	—	—	—	—
ZTC5	300	800	—	—	—	—	—	—	—
BT3-1Л	400	706	—	—	667	—	461	373	—
BT9Л	300	637	—	—	—	—	490	—	—
	400	608	—	—	—	—	471	—	—
	450	588	—	—	539	—	—	—	—
	500	490	—	—	422	—	275	196	—
	550	343	—	—	—	—	196	98	—
BT5Л	300	392	—	—	392	—	—	—	—
	400	343	—	—	—	—	275	—	—
BT14Л	300	588	—	—	—	559	461	—	421
BT20Л	350	588	—	—	559	—	441	—	—
	500	422	—	—	327	—	157	—	—

①　下脚标为时间（h），如 σ_{100} 为100h时的持久强度极限，余同。

表 5-15　ZTC4 合金轴向加载疲劳强度极限

理论应力集中系数 K_t	应力比 R	频率 f/Hz	疲劳寿命 N/周	疲劳极限 σ_D/MPa	试样状态
1	0.1	133	10^7	196	退火
1	0.1	130	10^7	490	热等静压
2.3	0.1	126	10^7	167	退火

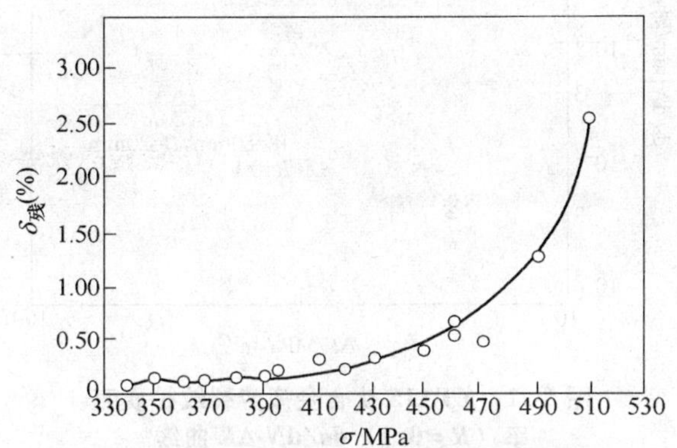

图 5-7　ZTC4 合金应力-蠕变变形曲线

σ—蠕变变形　$\delta_{残}$—曲线试验

条件：温度 350℃，时间 100h

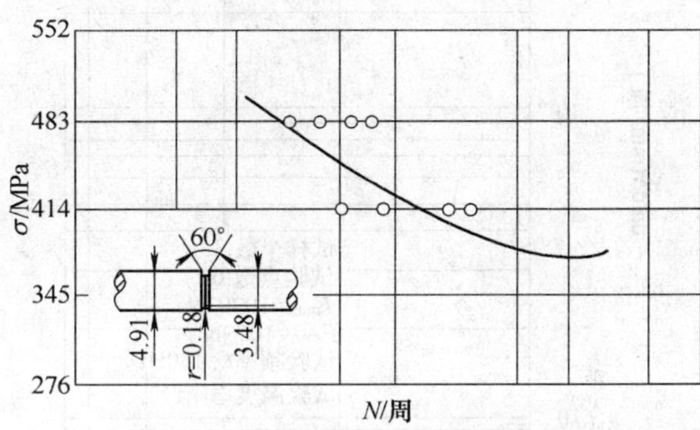

图 5-8　ZTC4 合金室温缺口试样旋转弯曲疲劳曲线

抗拉强度 R_m = 892MPa，理论应力集中系数 K_t = 2，应力比 R = −1，频率 f = 50Hz

2）ZTC4 钛合金退火与热等静压状态的疲劳裂纹扩展速率见图 5-9。

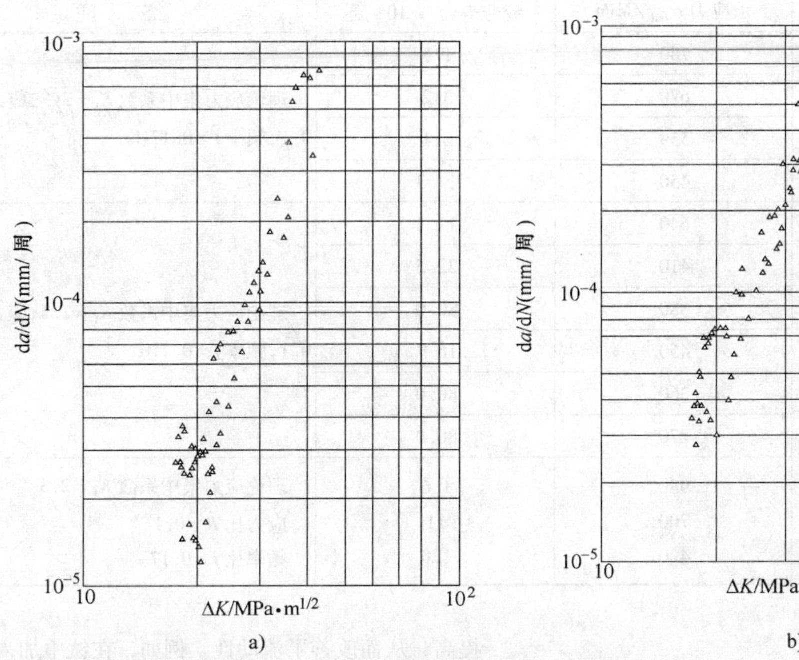

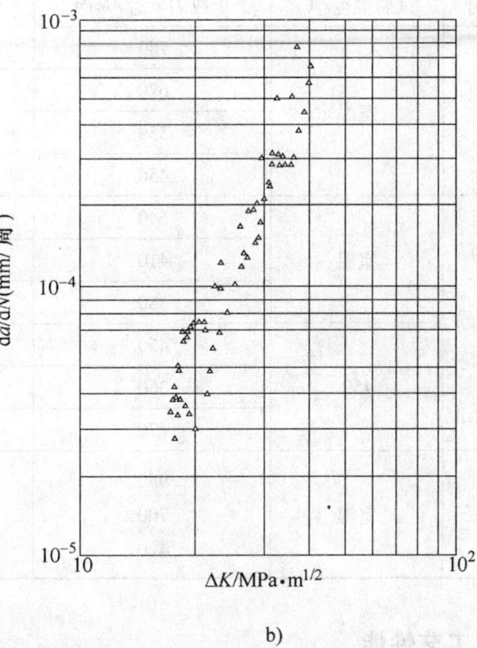

图 5-9　ZTC4 钛合金退火与热等静压状态疲劳裂纹扩展速率（R = 0.1）da/dN—ΔK 曲线

a）退火状态　b）HIP 状态

屈服强度 $R_{p0.2}$ = 837MPa，理论应力集中系数 K_t = 1，频率 f = 50Hz

3）ZTC5 钛合金疲劳裂纹扩展速率见图 5-10。

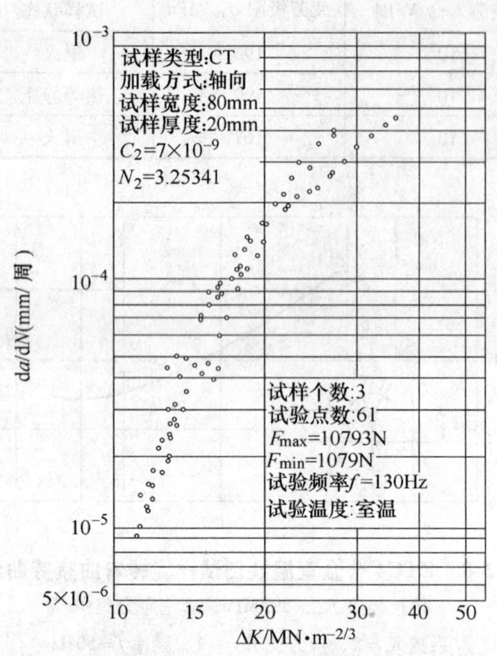

图 5-10　ZTC5 钛合金疲劳裂纹扩展速率（$R=0.1$）da/dN—ΔK 曲线

4）ZTA15 钛合金疲劳裂纹扩展速率见图 5-11。

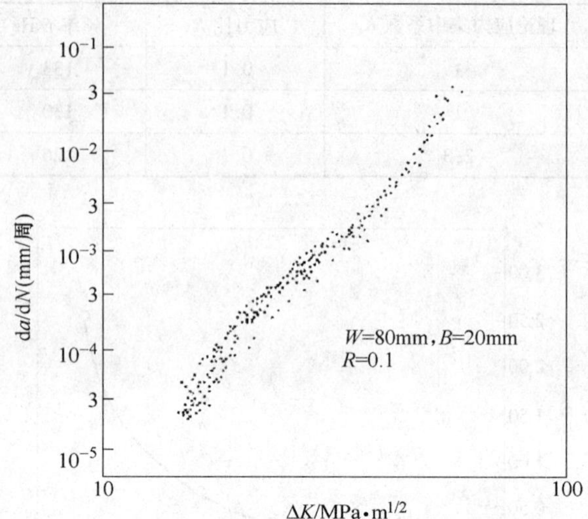

图 5-11　ZTA15 钛合金疲劳裂纹扩展速率（$R=0.1$）da/dN-ΔK 曲线

屈服强度 $R_{p0.2}=837$MPa，理论应力集中系数 $K_t=1$，频率 $f=10$Hz　R—应力比　W—宽度　B—厚度

5）ZTC4、ZTC3 和 ZTC5 钛合金恒应力低周疲劳性能见表 5-16。

表 5-16　恒应力低周疲劳性能

合金代号	试验温度/℃	正应力 σ_{max}/MPa	疲劳寿命 $N/10^3$ 周	备　注
ZTC4	室温	780	1.5	理论应力集中系数 $K_t=2.3$，应力比 $R=0.1$，频率 $f=0.17$Hz
		670	3.2	
		559	6.1	
		450	17.3	
ZTC3	室温	640	11.2	理论应力集中系数 $K_t=2.4$，应力比 $R=0.1$，频率 $f=0.2$Hz
		410	22.5	
		380	80.0	
	450	450	16.7	
		360	80.0	
		270	80.0	
ZTC5	室温	980	1.6	理论应力集中系数 $K_t=2.3$ 应力比 $R=0.1$ 频率比 $f=0.17$
		700	11	
		420	120	

5.1.5　工艺性能

5.1.5.1　铸造性能

钛合金中添加合金元素会增大结晶温度范围，使流动性变差。但是随着铝含量的增加，结晶热有显著提高，从而改善了流动性。例如，在钛中加入质量分数为 10% 的 Al，结晶热由 327J/g 提高到 435J/g。ZTB32 钛合金因含有质量分数为 31% ~35% 的 Mo，结晶温度范围较大，流动性差，不适用于铸造薄壁零件。添加元素含量对合金流动性的影响见图 5-12。

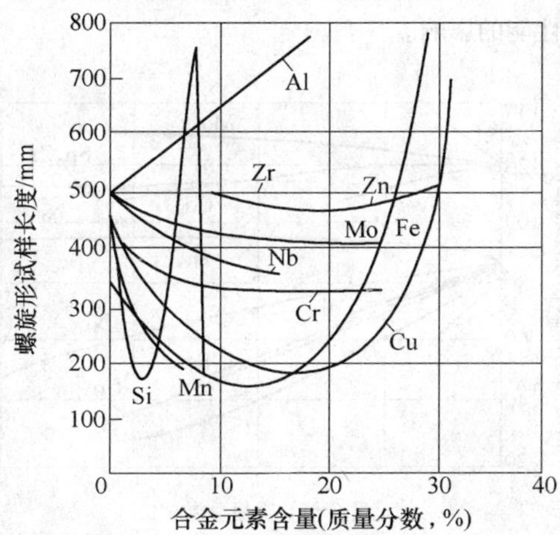

图 5-12　合金元素含量对流动性的影响

铸型材料及其预热温度对钛的流动性也有影响，见表 5-17 和表 5-18。表 5-19 示出造型材料的湿润角。

表 5-17　工业纯钛在不同铸型中的流动性

铸 型 材 料	电熔刚玉	镁砂	致密石墨
螺旋形试样长度/mm	210	370	410

表 5-18　加工石墨型预热温度对工业纯钛流动性的影响

铸型预热温度/℃	210	210	400
螺旋形试样长度/mm	410	420	445

表 5-19　造型材料的湿润角

造型材料	二氧化锆	电熔刚玉	镁砂	石墨	
				20℃	800℃
湿润角/(°)	135	120	107	90	0

工业纯钛中的集中缩孔的体积分数为 1% 左右，当添加元素质量分数达 10% 时，集中缩孔的体积分数为 0.5% ~1.5%。

结晶温度范围宽的合金铸件的凝固过程中所形成的缩孔，通常被剩余液体中的气体填充而形成气缩孔。钛合金铸件形成气缩孔的倾向性较大。

随着结晶温度范围的增大，合金中分散性缩松的体积也增大。钛合金的结晶温度范围对铸件缩松的影响见图 5-13。

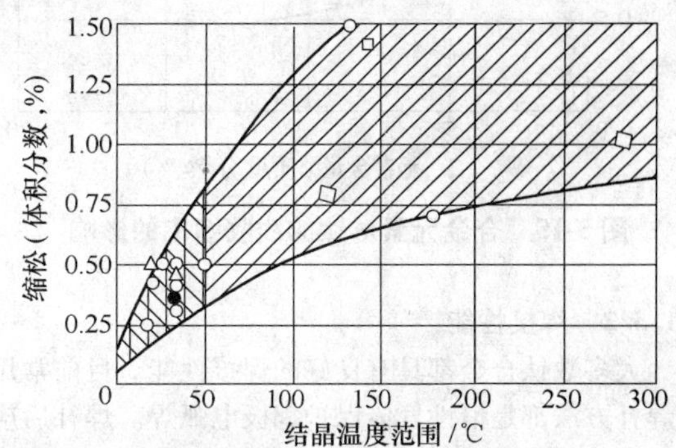

图 5-13　钛合金的结晶温度范围对铸件缩松的影响

○—Al　△—Zr　□—Fe　●—Si　◇—Cu

工业纯钛的线收缩率为 1.0% ~1.1%。钛合金的线收缩率随铝含量的提高而增加，例如，BT5Л 钛合金的线收缩率为 1.45% ~1.6%。钛合金的结晶温度范围与线收缩率的关系见图 5-14；合金元素对钛的线收缩率的影响见图 5-15。

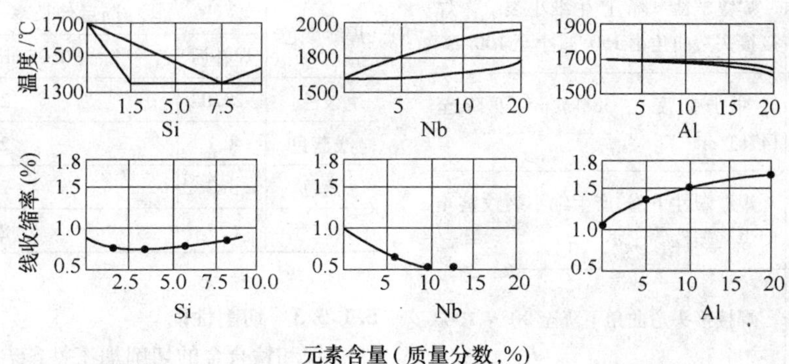

图 5-14　钛合金的结晶温度范围与线收缩率的关系

由于凝壳炉融化金属的过热度较低，所以在钛合金铸件中容易形成冷隔。冷隔深度一般在 0.1 ~1mm 范围内。

钛合金的弹性模量和线膨胀系数小，高温下的强度较高，因而抗热裂性好。

铸件表面产生冷裂的原因与浇注过程中钛液和铸

型互相反应或铸件表面和间隙中的气体杂质起反应形成“α层”有关。铸件表面的“α层”很脆，极易产生表面冷裂。

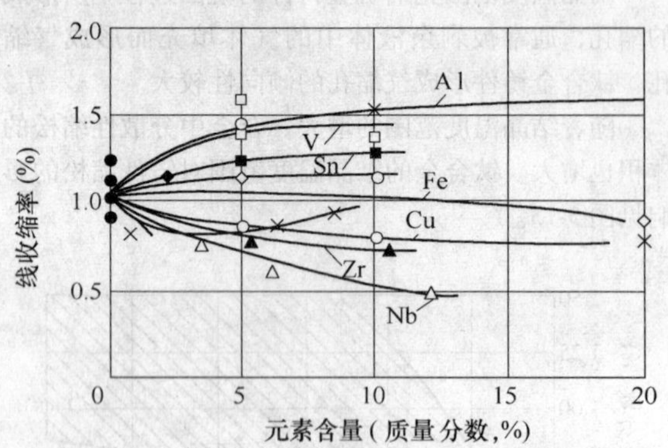

图 5-15 合金元素对钛的线收缩率的影响

5.1.5.2 焊接性能

大多数钛合金都具有良好的焊接性能。目前常用的焊补方法都是惰性气体保护钨极电弧焊。焊补后应进行消除残余应力的热处理。钛的焊接性能主要取决于作为间隙元素的有害杂质（N、O、H和C）的含量。氮、氧、氢、碳的含量（质量分数）应不超过下列的允许极限：氮0.04%、氧0.15%、氢0.005%~0.008%、碳0.10%。表5-20列出间隙元素对工业纯钛焊接性能的影响。

表 5-20 间隙元素对工业纯钛焊接性能的影响

间隙元素	含量(质量分数,%)	焊接接头的力学性能
O	由0.15增至0.38	焊缝塑性下降,产生细小裂纹。焊接接头弯曲角由180°减小至100°
H	由0.01增至0.05	冲击韧度由588kJ/m² 下降至147kJ/m²
N	由0.13增至0.24	焊缝塑性下降,产生细小裂纹甚至使焊缝塑性等于零
C	由0.10增至0.28	焊接接头弯曲角下降至90°~100°

各种合金元素对钛合金焊缝和热影响区的塑性均有不同程度的影响。含β稳定元素的合金焊缝的塑性比含α稳定元素的合金低得多。β稳定元素对焊缝塑性的影响按以下顺序一次降低：Cr、Fe、Mn、W、Mo和V，并在焊缝和焊缝附近区域形成弥散而脆性的α′相。图5-16和表5-21为合金元素对钛合金焊接力学性能的影响。

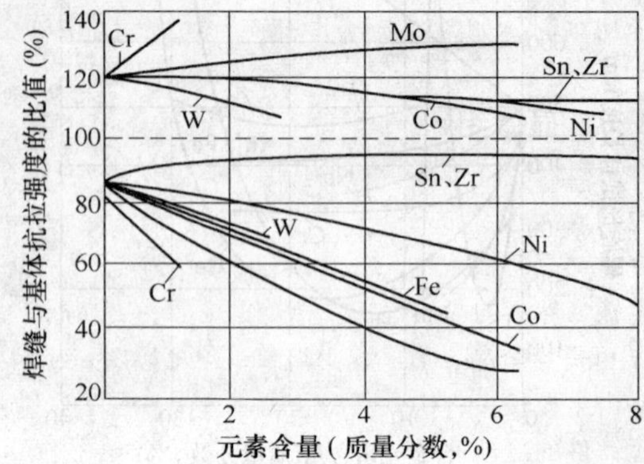

图 5-16 合金元素对钛的焊接力学性能的影响

表 5-21 合金元素对钛合金焊接力学性能的影响

合金元素	含量(质量分数,%)	焊接接头的力学性能
α稳定元素Al	3	弯曲角由120°降到60°~70°
β稳定元素V	3	弯曲角由180°降到35°~90°

根据焊缝表面颜色可以初步判定金属表面被沾污的程度。这一很薄的表面层会导致焊缝塑性显著下降。表5-22列出表面层对钛合金焊缝塑性的影响。

表 5-22 表面层对钛合金焊缝塑性的影响

焊缝颜色	断后伸长率 A(%)	
	焊补后	除去0.05mm厚的表面层后
银色	29.0	29.0
浅蓝色	8.7	27.5
蓝色	8.0	27.5
紫红色	6.7	21.0

5.1.5.3 切削性能

钛和钛合金的切削加工性能与耐热结构钢相似。由于钛的热导率低，所以刀具的使用寿命短，零件容易被烧伤。

可以使用镶有K30钨钴硬质合金刀片的车刀。退火状态的钛合金铸件在车削时切削深度为0.63~2.5mm，切削速度为45~65m/min，进给量为0.13~0.25mm/r。切削冷却液可采用质量分数为5%的亚硝酸钠的水溶液或 1∶30 水溶性油的乳状水基冷却液。加工钛合金时切勿使用氯化油作为润滑剂或切削液，因为氯化残留物会使零件产生应力腐蚀开裂。另外，高速切削时，如果冷却液不充分，切削可能着火燃烧。

5.1.6　显微组织

α 型合金铸态显微组织中通常都有 β 晶界，晶内由片状 α 组成，成一定位相排列。片状 α 组织是在晶变重结晶时构成的，金属冷却时 α 相首先在 β 晶界生核，然后向晶内生长。相变重结晶速度快时，片状 α 可贯穿全晶，形成魏氏组织；冷却慢时，α 相可在晶内生核长大，构成网篮状组织。α 片的大小，取决于铸件的冷却速度与合金元素的含量。位相相同而并排生长的片状 α 构成片状 α 集束。一个晶粒内有数个按一定位相排列的片状 α 集束被称为亚晶。在晶相显微镜下可以比较清晰的观察到钛合金中片状 α 间的边界，但纯钛中的片状 α 间的边界往往显示不出来，常常只能见到亚晶，称之为锯齿状组织。图 5-17 示出 α 型铸造钛合金的显微组织特征。

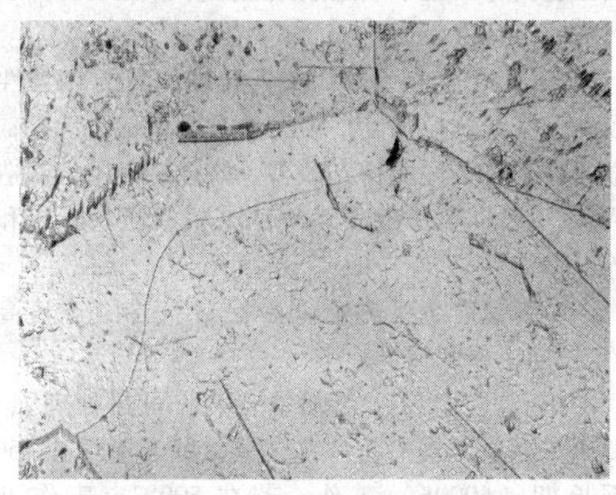

图 5-17　α 型钛合金的显微组织

α + β 型钛合金的铸态金相组织与单相 α 型合金一样，都以片状 α 为特征。在 α + β 型合金组织片状 α 按一定位相排列，基体为 β 相。原始的 β 晶界非常清晰，边界主要由大小不同的 α 相构成。铸态组织受铸件冷却条件的影响：冷却速度慢时片状 α 变得又宽又短，在晶粒内部形成粗大网篮状组织；冷却速度快时，片状 α 变得长而尖，甚至形成针状马氏体组织。α + β 型合金中的片状 α 比 α 型合金中的稍细。随着合金元素的增加，由于相变重结晶时合金元素含量高的合金的扩散系数下降，所以元素浓度也变得不均匀，片状 α 也将变得更细。图 5-18 示出 α + β 型钛合金的显微组织。

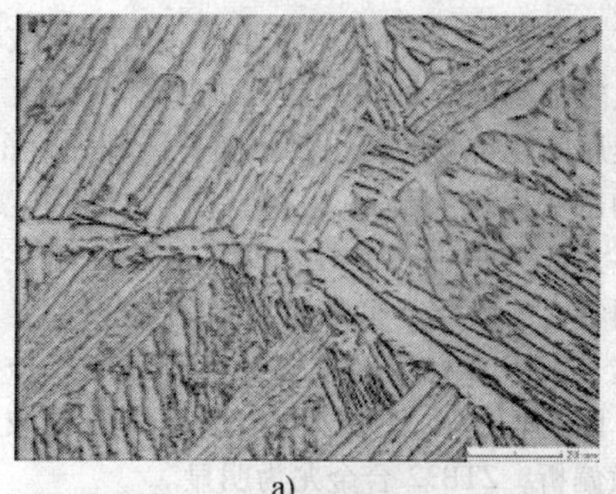

a)

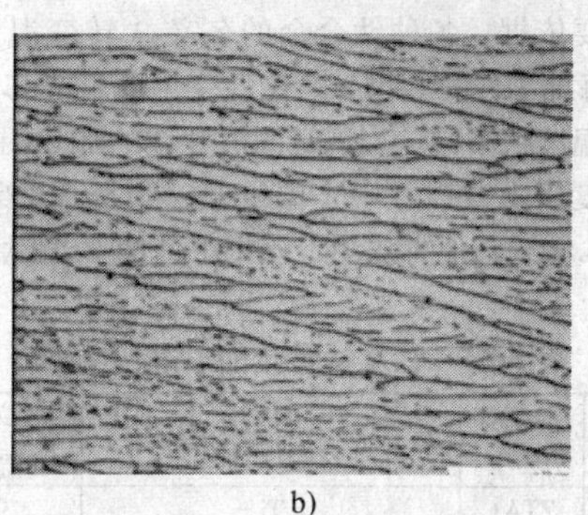

b)

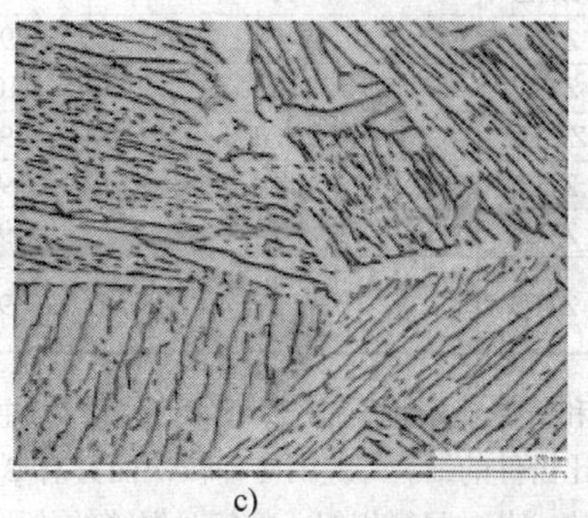

c)

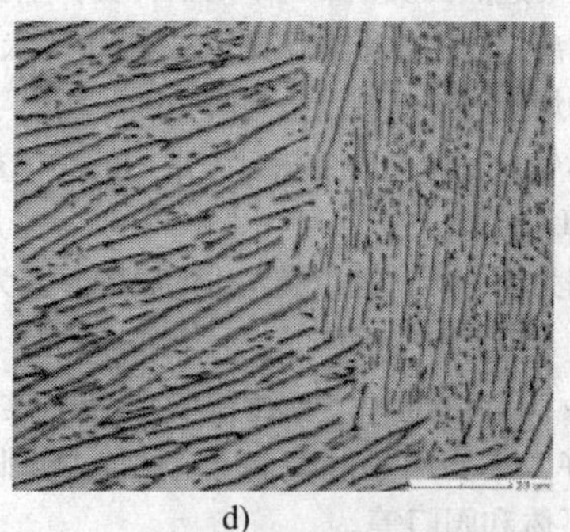

d)

图 5-18　α + β 型钛合金的显微组织

a）ZTC4 钛合金退火状态的晶界组织　b）ZTC4 钛合金退火状态的晶内组织　c）ZTC4 钛合金 HIP 状态的晶界组织　d）ZTC4 钛合金 HIP 状态的晶内组织

在β型钛合金的显微组织中，β晶粒被保留下来，呈较细小的等轴状。晶粒内部存在针状α析出物或金属间化合物的析出物。随着冷却速度的下降，析出物也变得粗大起来，这些针状α呈一定的位相排列，大部分集中在晶粒中央，晶界附近主要是β相。通常，β型合金铸态组织中的β相分界不够均匀，这是由于β稳定元素含量高时出现成分偏析的缘故。因此，在β型铸造合金中经常出现枝晶结构和显微偏析，ZTB32合金尤为明显。

β型钛合金转变温度是确定钛合金热处理工艺参数的重要依据，各种钛合金的名义β转变温度见表5-23。每批工件的β型钛合金转变温度可能与表5-23所列的温度值不同。当规定固溶处理的加热温度为β转变温度以上或以下一定温度时，则按HB 6623.1、HB 6623.2或其他方法测定该批工件的β型钛合金转变温度。

表5-23　钛及钛合金的β转变温度

合金类型	合金牌号	名义成分（质量分数，%）	名义β转变温度/℃
工业纯钛	ZTA1	Ti	900
	ZTA2	Ti	910
	ZTA3	Ti	930
α合金	ZTA5	Ti-4Al	990
	ZTA7	Ti-5Al-2.5Sn	1010
	ZTA15	Ti-6Al-2Zr-1Mo-1V	995
β合金	ZTC3	Ti-5Al-2Sn-5Mo-0.3Si-0.02Ce	980
	ZTC4	Ti-6Al-4V	995
	ZTC5	Ti-5.5Al-1.5Sn-3.5Zr-3Mo-1.5V-1Cu-0.8Fe	940

焊缝和铸件基体的显微组织有明显差异，主要是β初生晶粒比铸件的细。焊缝因冷却较快而具有β相转变成细小针状α′相的显微组织。冷却时焊缝的热影响区和临近焊缝的过热区发生β→α′完全转变，呈弥散细针状组织。远离焊缝的热影响区则由α相和针状α′相组成，这是因为焊接时该区域已达到两相区温度。

显示钛及其合金的金相组织常用的腐蚀剂为：氢氟酸1～3mL，硝酸2～6mL和水97～91mL。采用揩拭法的腐蚀时间为3～10s，采用浸入法的腐蚀时间为10～20s。

5.1.7　特点和应用

1. α型钛合金　工业纯钛的室温抗拉强度较低，塑性极好，主要用于制造各种耐腐蚀和非受力结构件，如泵体和阀门等。

ZTA7钛合金是一种中等强度的α型铸造钛合金，通常是在退火状态下使用。在室温下具有良好的断裂韧度，焊接性能良好。该合金可用于制造航空发动机的机匣壳体、泵体、叶轮和阀门等。该合金的长期工作温度为500℃，短时工作可达800℃。

ZTC6钛合金是一种具有α相稳定的Ti-Al固溶体的近α型铸造钛合金。合金中的铝当量的质量分数控制在8%以下是为了避免析出$Ti_3Al(\alpha_2)$相而引起脆化。合金中加入少量β稳定元素的目的是为了减缓α_2相的形成，以达到在不出现脆化的情况下提高合金中的铝当量。该合金是一种中温高强钛合金，工作稳定温度高达400℃。

ZTA15（BT20Л）钛合金是高铝当量近α型钛合金，具有良好的抗疲劳裂纹扩展的能力和断裂韧度，但室温塑性较低，可用于制造500℃下长期工作的航空发动机压气机机匣及其他静止结构件。

2. α+β型钛合金　α+β型钛合金具有较高的高温抗拉强度和韧性，较好的低周疲劳强度，可在400～500℃长期工作。由于这类合金含有较多的β相，可进行热处理强化，但其焊接性能比近α型热强钛合金差。

ZTC4钛合金具有中等强度和良好的综合性能，在退火状态下可在350℃长期工作。合金铸造性能和焊接性能良好，用于制造航空航天用静止结构件以及泵和阀门等铸件。

ZTC3钛合金在500℃以下具有优异的热强性能和较高的室温抗拉强度，由于含有微量稀土元素，使合金的高温持久性能得到改善。该合金可用于制造在500℃以下长期工作的发动机压气机机匣、叶轮和支架等异型铸件。

BT14Л钛合金可热处理强化，用于制造温度高达400℃长期工作的铸件。

BT9Л钛合金属于热强钛合金，可热处理强化，主要用于制造压气机铸件，在退火状态下可在450℃以下长期（6000h）工作；若在500℃，工作可达500h。

3. β型钛合金　全β型ZTB32钛合金的主要特点是耐腐蚀能力极高，可用各种方式进行焊接，但不能进行热处理强化。由于合金中含有大量钼，给熔炼工艺带来困难，也导致密度高达5.69g/cm³和弹性模量降低，在500℃以上的空气中加热时氧化非常剧烈。因此，ZTB32合金仅适用于制造耐强酸的泵和阀门一类的铸件。

作为铸造β型高强钛合金美国的Ti-15-3和βC钛合金，其抗拉强度可达1300MPa，在美国可用它取代高强度钢，在飞机结构上获得应用。

4. γTiAl金属化合物　它具有良好的高温持久性能和抗氧化性能，近年来国际上开展了广泛研究，在改善组织，提高塑性等方面取得了进展。Ti-48Al-

2Mn-2Nb等合金制作的航空发动机低压涡轮叶片与汽车排气阀等零件均通过了长期试验。

5.2　熔炼和浇注

由于钛的熔点高和化学活性强，钛液几乎能与所有耐火材料以及氧、氢、氮等气体起化学反应，因此熔炼自耗电极铸锭和浇注钛铸件必须在真空或惰性气体保护下和强制冷却的坩埚中进行。钛合金的熔炼方法按热源分类有真空自耗电极电弧熔铸法、真空非自耗电极电弧熔铸法、电子束熔铸法、真空感应熔铸法和等离子束熔铸法等。其中真空自耗电极电弧熔铸法，在国内外应用最广泛。制备真空自耗电极电弧炉见图5-19；浇注钛铸件的真空自耗电极电弧凝壳炉见图5-20。

由图5-19和图5-20可见，两者不同之处在于：真空电弧炉是将自耗电极直接熔化在坩埚内，然后铸成铸锭；真空凝壳炉虽然也是将自耗电极熔化在坩埚内，但先在坩埚壁上凝固为一薄层“凝壳”，起到保护钛液不被坩埚材料污染和隔热作用，一边在坩埚内形成一个熔池，当熔液达到需要量时便翻转坩埚，将金属液注入铸型，形成铸件。

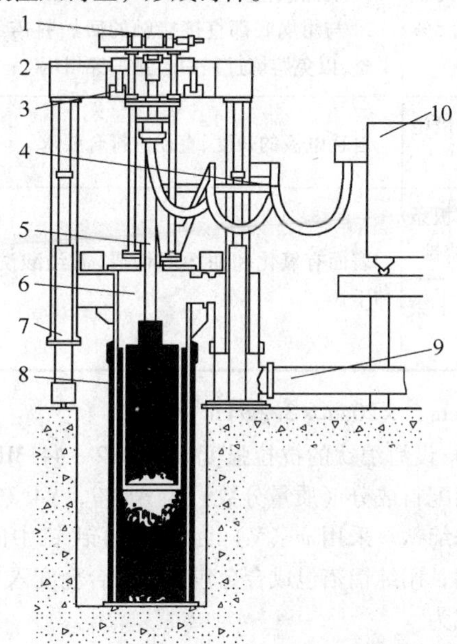

图5-19　真空自耗电极电弧炉示意图

1—电极驱动机构　2—调整电极机构　3—加料传感器系统　4—汇流排和电缆　5—导电杆　6—炉膛　7—炉体活动柱　8—坩埚水套　9—真空泵系统　10—空冷电源

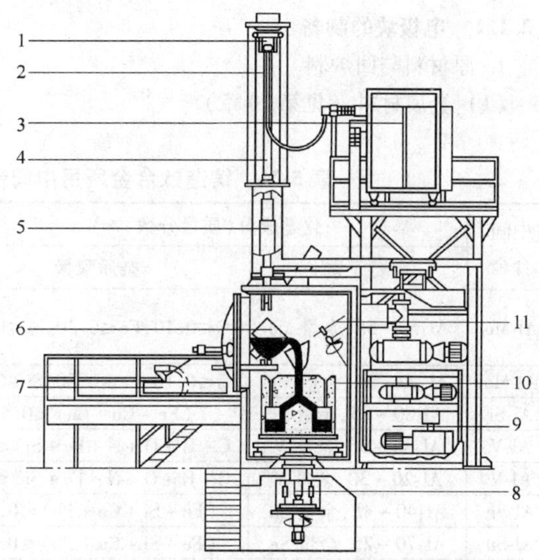

图5-20　真空自耗电极电弧凝壳炉示意图

1—快速提升系统　2—电源电缆　3—导电杆　4—电源　5—自耗电极　6—凝壳坩埚　7—坩埚翻转机构　8—离心浇注系统　9—真空泵系统　10—铸型装置　11—浇口杯屏蔽

5.2.1　自耗电极铸锭的制备工艺

自耗电极铸锭是将海绵钛和合金元素压制成电极，经两次真空熔炼而成。小规格铸锭可直接用做自耗电极；大规格铸锭经压力加工和机加工成棒材后方可作为真空凝壳炉用的自耗电极。钛合金铸锭的生产工艺流程见图5-21。

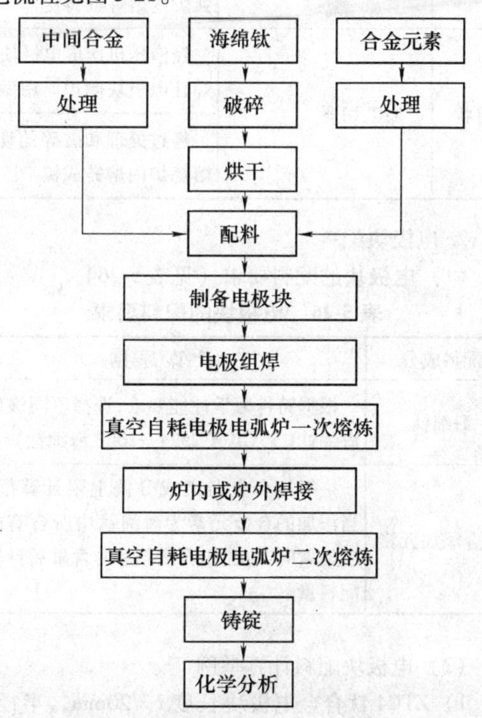

图5-21　钛合金铸锭的生产工艺流程

5.2.1.1 电极块的制备

1. 原材料与回炉料

（1）金属材料（见第10章）

（2）中间合金 铸造钛合金所用中间合金的化学成分、物理性能和制备工艺见表5-24。

（3）回炉料 回炉料的分类和用途见表5-25。

表5-24 铸造钛合金所用中间合金的化学成分、物理性能和制备工艺

中间合金	化学成分(质量分数,%)		熔点/℃	密度/$Mg\cdot m^{-3}$	脆性②	熔炼方法和设备
	主要元素①	杂质限量				
Al-Mo	Al:50~55,余量Mo	C≤0.10,Fe≤0.30,Si≤0.30	≈1400	5.7~6.46	A	铝热法或高频感应炉熔炼
Al-Mo	Al:20~30,余量Mo	C≤0.10,Fe≤0.30,Si≤0.10	—	7.98~8.7	A	铝热法
Al-Si	Al:80~85,余量Si	(Fe+Cu+Ca)<0.5	—	—	B	坩埚炉熔炼
Al-V	Al:45~55,余量V	(C+H+O+N+Fe+Si)≤0.50	≈1650	4.2~4.5	A	铝热法
Al-V	Al:20~30,余量V	(C+H+O+N+Fe+Si)≤0.50	≈1700	5.0~5.3	A	铝热法
Al-Sn	Al:40~45,余量Sn	(Fe+Si+Cu+Pb)≤0.30	≈230	5.45~5.95	C	坩埚炉熔炼
Al-Sn	Al:70~75,余量Sn	(Fe+Si+Cu+Pb)≤0.31	—	—	C	坩埚炉熔炼
Al-Cr	Al:90~95,余量Cr	Fe≤0.3,Si≤0.25	≈640	—	C	坩埚炉熔炼

① 中间合金的主要元素，余量为配制合金的添加元素。

② 中间合金的脆性程度分为：A、B、C三级。A为脆性大，B为脆性中等，C为脆性小。

表5-25 钛合金回炉料的分类和用途

分类	组成	用途	备注
块状	报废的铸铁、冒口、横浇道、直浇道和铸锭残头	切割成小块后作为凝壳炉熔炼时炉料的组成部分。添加量不超过炉料质量分数的5%~8%	1. 表面氧化严重者需经喷砂和酸洗 2. 与坩埚底部直接接触的回炉料需经加工平整，以免熔炼过程中起弧击穿坩埚
		用氩弧焊焊成自耗电极，再真空自耗电极电弧炉内熔炼成铸锭	自耗电极的长度、直径应符合要求
屑状	加工切屑	经液压机压成电极块。为加强连接，用板条焊在电极块侧边。用做自耗电极熔炼成铸锭	表面有氧化和油污的切屑，需经酸洗、水洗和干燥
		经过处理和破碎的切屑直接加入等离子束熔炼炉内熔铸成锭	

2. 电极块配料

（1）电极块的配料要求（见表5-26）

表5-26 电极块的配料要求

配料成分	计算原则
海绵钛	根据铸件力学性能要求，选择不同级别的海绵钛（见GB/T 2524—2002海绵钛）
合金添加元素	一般按合金名义成分偏上限计算配料。当添加的合金元素为海绵钛中所含有的杂质元素时，应在扣除该元素的含量后计算其配料量

（2）电极块配料计算举例

1）ZTC4钛合金电极块长度 $l=20$mm，半径 $r=5$cm，密度 $\rho=3.2g/cm^3$，则电极块的重量 $G=\pi r^2 l\rho=\pi(5cm)^2\times20cm\times3.2g/cm^3=5kg$。

2）设海绵钛的抗拉强度 $R_m=392\sim441$MPa，合金元素配料成分（质量分数）为Al6%，V4.3%，余料为海绵钛。采用 w（V）为50%的铝-钒中间合金和纯铝，用纯铝箔包成合金包。中间合金配入量的通用公式为

$$q_M=GC_A/C_M$$

式中 q_M——组元 M 所需中间合金或纯元素配入量（g）；

G——配料重量（g）；

C_A——合金中 M 组员的配料比（质量分数,%）；

C_M——合金中 M 组员的含量（质量分数,%），若以纯元素加入，则 $w(C_M)=100\%$。

3）满足钒所需的铝-钒中间合金配入量 q_v 为

$$q_v = 5000\text{g} \times \frac{4.3}{100} \div \frac{50}{100} = 430\text{g}$$

4）铝的配入量 q_{Al}

$q_{Al} = 5000\text{g} \times \dfrac{6}{100} = 300\text{g}$，因铝-钒中间合金中已配入铝，$q_{Al} = 430\text{g} \times \dfrac{50}{100} = 215\text{g}$，应加入纯铝量为 $q_{Al} = 300\text{g} - 215\text{g} = 85\text{g}$（包括铝箔重量）。

配料计算结果：

1）Al-V 中间合金：430g。

2）包括铝箔在内的纯铝：85g。

3）海绵钛：4485g。

3. 电极块的压制　压制工艺见表5-27；卧式及立式挤压电极法见图5-22和图5-23。

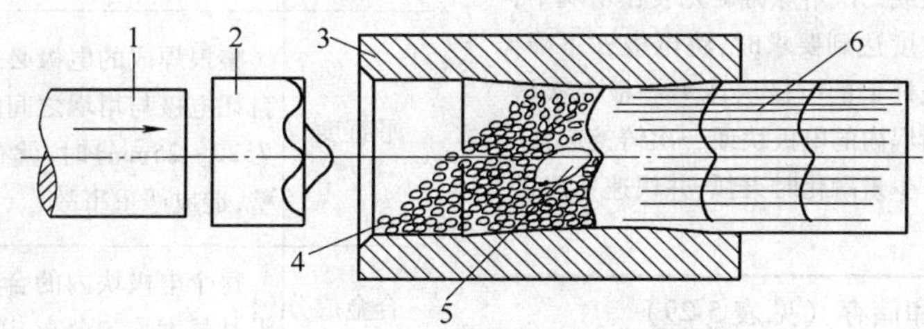

图5-22　卧式挤压电极法示意图

1—挤压杆　2—挤压头　3—挤压模　4—海绵钛　5—合金包　6—压成的海绵钛电极

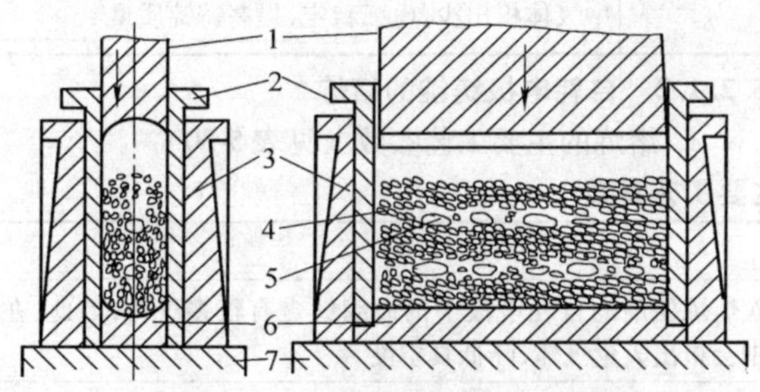

图5-23　立式压制电极法示意图

1—上模　2—内模板　3—外模框　4—海绵钛　5—合金包　6—下模　7—模垫

表5-27　钛合金电极块压制工艺

压制方法	特　点	技术要求
挤压法	原材料经立式或卧式挤压机逐段挤压成电极，长度不受限制。挤压面积小，可使用功率较小的压力机。电极份料之间结合不牢，易产生裂痕，质量较差 卧式挤压法因装料上下不均匀，造成电极截面上密度不同，导致电极弯曲	海绵钛和挤压筒在挤压前均须加热至180～200℃，防止潮气或水分在高压和高温下发生爆炸 挤压筒材料为CrNiMo或4CrNiW合金钢，内壁表面硬度为40～60HRC 海绵钛和合金元素应分批相间加入挤压筒内，使铸锭中合金成分均匀分布

（续）

压制方法	特　点	技术要求
压制法	有立式压或横式压两种，立式压可使用功率较小压力机，电极长度可在压机行程范围内调整，但在份料结合处易出现裂痕 横式压的电极密度均匀，外形平直，但需用功率较大的压力机	立式横压法要将每批组分的海绵钛分成两份。先将一份加入模具中，沿其长度均匀分布；然后将包装或散装的合金添加剂沿模具轴向长度内均匀；最后，将另一份海绵钛均匀加入模具中。如果合金元素分二次加入，则海绵钛分成三份与合金元素相间加入

4. 电极焊接工艺　为了获得需要长度的自耗电极，需要将电极块进行组焊。焊成的电极必须平直，无氧化污染，有足够的焊接面积，具有一定的强度，不致于在通过强大电流时产生过热。钛合金电极的焊接工艺见表5-28。

表5-28　钛合金电极焊接工艺

焊接方法	工艺特点
炉外氩弧焊接法	与一般氩弧焊接方法相同，设备简单，电极规格不受限制，但焊缝容易氧化污染

（续）

焊接方法	工艺特点
真空-充氩箱内焊接法	在装有待焊电极的焊接箱内进行，真空度先抽到 1.33×10^{-1}Pa，然后充入 $w(Ar)=99.95\%$ 氩气，用电弧焊或等离子焊将电极组焊成需要的长度。优点是电极不被污染；缺点是设备复杂，成本高，效率低
炉内自耗电极电弧焊接法	将电极块或二次熔炼铸锭先装在坩埚中，待炉内真空度达到要求时，将电极杆下降，使装在电极杆上的电极块或另一根一次熔炼铸锭与坩埚内的电极块或一次铸锭起弧。当两者均有少量融化时灭弧，并快速下降进行焊接

5. 电极的质量检验和储存（见表5-29）

表5-29　电极的质量检验和储存

检验项目	技术要求
强度	整根电极应能承受自身重量以及在搬运、装炉和熔炼过程中的升降振动和瞬时短路时的突然载荷。电极抗拉强度一般应大于10MPa
导电性能	电极不应在大电流密度下因过热而降低甚至折断，或使电极中易熔组元提前融化而流失，致使铸锭合金成分不均匀。电极的室温电阻率应小于1100μΩ·cm。单位面积的中最大截流量应大于150A/cm²。一次铸锭焊接成二次电极的焊接面积比横截面大1/3
平直度	整根焊成的电极必须平直，不得挠曲，否则，当自耗电极与坩埚之间的间隙小于电弧长度（一般为20～25mm）时，就有可能产生侧弧，击穿坩埚壁，造成严重事故
合金成分	每个电极块内的合金成分应按合金配料比例沿其长度均匀分布，以防铸锭成分偏析
储存	电极块应妥善储存，不得污染或受潮。必要时可放在100℃烘箱内储存，以有利于在熔炼过程中气体析出少，电弧稳定，提高铸锭质量

5.2.1.2　自耗电极铸锭的熔炼

1. 熔炼的主要工艺参数（见表5-30）

表5-30　熔炼的主要工艺参数

序号	工艺参数和技术要求	说　明
1	真空度：一次熔炼：6.65×10^{-2}Pa 二次熔炼：1.33×10^{-2}Pa	由于一次熔炼使用的自耗电极中的海绵钛含有较多气体，因此，在熔炼过程中会析出大量气体，降低真空度
2	功率 电流值计算：公式 $I=(18\sim33)D$ 式中　I——熔炼电流（A） D——坩埚直径（mm） 电压：28～36V	熔炼电源应由熔炼铸锭的规格和炉子容量决定。通常采用硒整流器提供大电流、低电压的直流电
3	自耗电极与坩埚内壁间隙：>30mm	周围的间隙必须均匀并应大于弧长
4	冷却水 水压大于0.03MPa 坩埚的进出口水温差小于10℃ 坩埚的最高允许出水温度小于40℃	冷却水应采用循环水。为防止坩埚内部形成水垢，水质的pH值应小于5.5～6.7
5	电极直径与坩埚直径的比值为0.5～0.9	比值过大，则电极的平直度要高。两者之间的间隙减小，会影响熔池除气，使电弧不稳，容易产生侧弧，击穿坩埚 比值过小，则电极的截面小，熔化速度太快，不容易操作，而且熔池内的气体也来不及析出。电极细了还会使熔池的过热度低，金属液还未达到坩埚内壁时便已凝固，结果铸锭表面质量变差
6	稳弧磁场	坩埚外表面的直流线圈产生的磁场可压缩弧柱，使其不散乱。当电弧较长时，仍能正常燃烧 磁场可起搅拌熔池的作用，使合金成分均匀并细化晶粒
7	铸锭出炉温度：200～400℃	铸锭出炉温度高时，表面会氧化，并增加二次熔炼铸锭或铸件的含氧量

2. 真空自耗电极电弧炉操作要点（见表5-31）

表5-31 真空自耗电极电弧炉操作要点

工艺程序	内 容
1. 装炉 坩埚的清理和检查	坩埚的法兰盘、内壁和底座都要用砂纸打磨光滑并用棉纱擦干净。认真检查坩埚的法兰盘与内壁的焊缝及其各部分的表面有无被电弧击中的烧伤痕迹或凹坑。如凹坑大而深则不能使用
铸锭底垫的准备	用同一牌号的电极残头放在坩埚底部作为底垫或配制一份与待熔炼的自耗电极成分相同的合金包和海绵钛摊放在坩埚底部作为底垫
引弧料的制备 电极的调整	在底垫上放置由铝箔折叠而成的大约300mm高的三角形引弧料 自耗电极与坩埚之间的周围间隙应一致，一般为30～40mm
2. 熔炼	为使化学成分均匀，将一次熔炼得到的铸锭作为自耗电极进行二次熔炼并将一次铸锭颠倒装卡，使其底部与电极夹头连接。一般，二次铸锭的直径等于一次铸锭的直径加两倍间隙尺寸
侧弧的处理	如果在电极与坩埚壁之间产生侧弧，多半是由电极偏移或电弧太长造成的，应加快电极下降的速度，缩短电弧
电极短路的处理	电极下降速度太快，容易产生短路，此时应迅速改变电极运动方向，向上提升，待电弧正常后应保持恒定速度下降。如果来不及提升电极，电极端部就会与熔池凝固在一起，这时只能待铸锭冷却后取出铸锭和电极，再将两者分开，重新装炉熔炼
电极断路的处理	电极下降速度太慢或其他原因电弧被切断，这时必须在铸锭上部熔池冷凝后再下降电极起弧。此时因没有引弧料，起弧困难，最好重新装炉
电极残头的处理	熔炼完毕后，电极残头温度较高，应放置在水冷炉体部分内冷却
3. 出炉 铸锭出炉	铸锭应冷却至较低温度出炉，避免被油腻等脏物污染
打标记	铸锭及其残头出炉后，应打上钢印标记，以免混料

5.2.1.3 铸锭的质量要求

1）在真空凝壳炉内融化并浇注铸件用的铸锭不作超声波检测，允许内部有冶金缺陷。熔铸过程中发生短路和断路后又继续熔炼的铸锭对以后的铸件质量没有影响。

2）真空凝壳炉用的自耗电极铸锭主要化学成分必须符合合金标准所规定的要求。如果氢含量超差，可在真空热处理炉内进行除氢处理，即在真空度小于或等于6.7×10^{-2}Pa的条件下，加热温度550～800℃，保温1～3h。

3）焊接自耗电极用的焊丝应与自耗电极的化学成分相同，也可以用纯钛丝代替，但不得用其他牌号的合金钛丝，以免影响铸件的合金成分和力学性能。

5.2.1.4 技术安全

在真空电弧炉熔炼过程中，由于冷却水供应不足，电极偏斜和真空度过低而使水冷铜坩埚或炉体内水冷结构件被电弧烧穿时会造成漏水而发生爆炸事故，为此：

1. 防止水冷铜坩埚被电弧击穿

1）采取短弧操作，使电弧长度小于电极与坩埚壁间的间隙。

2）炉内真空度必须大于6.65×10^{-1}Pa，以稳定电弧并防止产生侧弧。

3）采用Na-K共晶合金取代水冷。

4）必须严格控制冷却水。pH值应在5.5～6.7范围内，铁的质量分数应小于0.02%，以免在坩埚外表面上形成水垢，影响其导热性。通常，坩埚在使用30～50炉后就需清理一次水垢，可以使用稀盐酸除垢。

2. 水进入炉后的防爆措施

1）必须保护炉子的密封性。炉子应配有高抽速的机械泵和增压泵，真空系统的压力范围为$1\sim1\times10^{-1}$Pa，可使炉内产生的水蒸气和氢气被迅速抽走。

2）不要切断冷却水源，待炉内的高温金属急剧冷却至200～300℃后才可出炉。

3. 为避免伤人事故而采取的措施　炉子上应装有定向的防爆阀门，以便再炉内压力突然增大时，能自动泄压，而当压力下降后又能自动复位，以防止空气进入炉内。此外，炉子的其余方向应设有防爆墙。炉子应通过光学系统、工业电视和控制仪器进行遥控操作。

5.2.1.5 各种熔炼方法的工艺特性比较（见表3-32）

表5-32 各种熔炼方法的工艺特性比较

熔炼设备		真空自耗电极电弧炉	真空非自耗电极电弧炉	电子束熔炼炉	等离子束熔炼炉
原材料要求		需要压制成自耗电极	颗粒状海绵钛和合金元素或切屑	棒料、块状或颗粒状原材料	棒料、散碎颗粒状原材料或切屑
铸锭规格		大、中型	纽扣式小锭至几十千克或中型铸锭	中小型细长铸锭	大、中型
比电能消耗		最少	稍多	较多	较多
熔炼过程中炉内气压/Pa		6.65×10^{-1}	惰性气体	$1.33\times10^{-1}\sim10^{-3}$	1.33×10^{-1}
提纯效果	脱除气体	有限	良好	最优	良好
	去除杂质	有限	良好	最优	良好
电极材料对铸锭的污染		无	有	无	钽管阴极污染极少
坩埚材料对铸锭的污染		无	无	无	无
铸锭晶粒度		较粗	较粗	粗大	较粗
收得率		较高	较高	最低	较低
铸锭表面质量		良好	一般	较好	一般
铸锭断面形状		圆形	圆形	圆形	圆形或异形锭
铸锭合金成分的均匀性		良好	良好	成分烧损多，难控制	良好
回炉料的使用		较少	较多	较多	最多
熔炼速度控制范围		很小	较大	较大	较大
熔炼周期		最短	较长	最长	较长
应用范围		熔炼铸锭	熔炼试验用的纽扣锭和回收残料	熔炼铸锭	熔炼铸锭和回收残料

5.2.2 铸件的熔铸工艺

5.2.2.1 真空自耗电极电弧凝壳熔铸法

1）真空凝壳炉使用的自耗电极的类型和技术要求见表5-33。

2）真空凝壳熔铸的主要工艺参数见表5-34。

表5-33 真空凝壳炉使用的自耗电极的类型和技术要求

类型	技术要求
铸锭	铸锭必须经过两次真空熔炼，直径和长度符合真空自耗电极的要求。每一炉批的铸锭都要抽样检查其化学成分及杂质。铸锭顶端和表皮氧化严重者，必须以机加工方法切除
棒料	大尺寸铸锭经压力加工后制成的自耗电极棒料，可供真空凝壳炉使用。棒料表面的氧化皮必须以机加工方法除尽。棒料的化学成分和杂质含量应符合技术条件中规定的要求
回炉料铸锭	化学成分和杂质含量范围符合技术条件要求的回炉料经切成小块后装在石墨加工的铸锭模中，然后将真空自耗凝壳炉熔化的钛液浇入模中形成铸锭。若长度不够，可将铸锭组焊成自耗电极

表5-34 真空凝壳熔铸的主要工艺参数

序号	工艺参数和技术要求	说明
1	熔炼真空度:1.33×10^{-1}Pa	高真空有利于金属液的净化
2	熔炼电源:大电流、低电压直流电	通常由硒整流器提供直流电
3	电弧电压:30~50V	—
4	电流密度:0.4~0.6A/cm^2	电流强度由自耗电极的截面积确定
5	电极/坩埚直径的比值:0.45~0.88	坩埚内壁与电极之间的间隙应在30~40mm范围内
6	熔化速度:$v=KW$ 式中 v——熔化速率(g/s); W——电弧功率(kW); K——系数,0.33g/(s·kW)	—
7	电极熔化量:$\theta=9.5(t-1)$(kg/min) 式中 t——从起弧至灭弧的时间	—
8	熔池深度:$h\approx4.5I/1000$ 式中 h——熔池深度(cm); I——电流强度(A)	熔池深度与坩埚直径之比约为(1.2~1.3):1
9	坩埚直径/液面高度比≈1:1	坩埚中熔融金属液面的高度应为坩埚高度的70%~80%
10	金属的熔化浇注率:70%~80%	此值为浇注金属重量与电极熔化重量之比
11	金属液过热度:60~80℃(熔炼电流为5000~6000A)	金属液过热度大,可提高金属液流动性
12	浇注时间:3~6s	超过17~18s时金属液将凝固
13	电极预热时间:15~20min	起弧后采用小电流使电极预热,这样可以提高熔化速度和金属液的过热度
14	坩埚冷却水温:出水温度不得超过35℃;进、出水温差应不大于10℃	坩埚的出水温度过高时会出现电弧击穿坩埚壁的危险
15	出炉温度:铸件在炉内冷却至400℃以下时方可出炉	出炉温度过高时会使铸件表面氧化并影响其性能
16	离心盘转速范围:200~500r/min	在离心力作用下可提高金属液的充填性,但离心力过大时会损坏铸型,致使金属液外漏

3）各种主要熔炼工艺参数之间的相互影响见图5-24~图5-28。

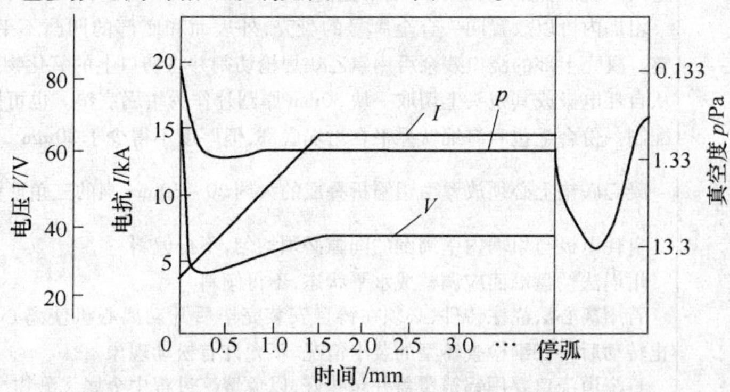

图5-24 电弧熔炼过程的主要工艺参数变化示意图

I—电流 p—真空度 V—电压

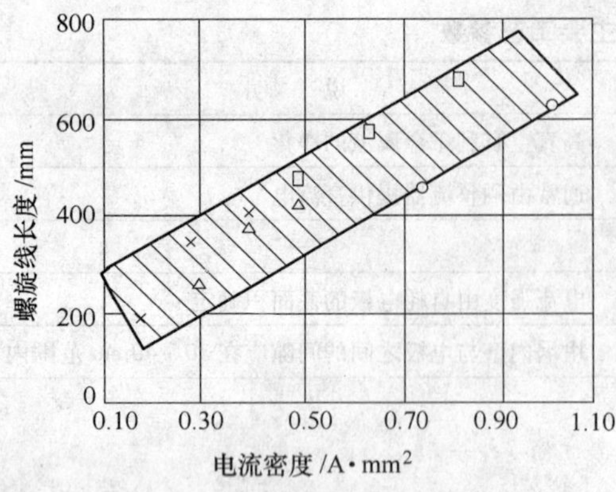

图 5-25 BT5Л 钛合金的电流密度与流动性的关系

○—电极直径 φ100mm □—φ130mm
△—φ160mm ×—φ170mm

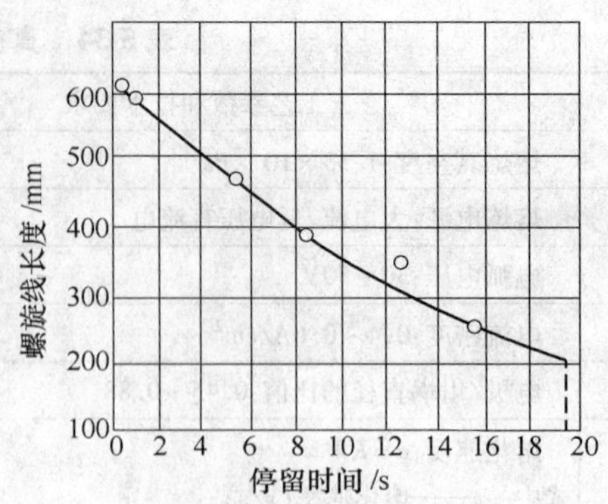

图 5-27 BT5Л 钛合金液在坩埚中停留时间对流动性的影响

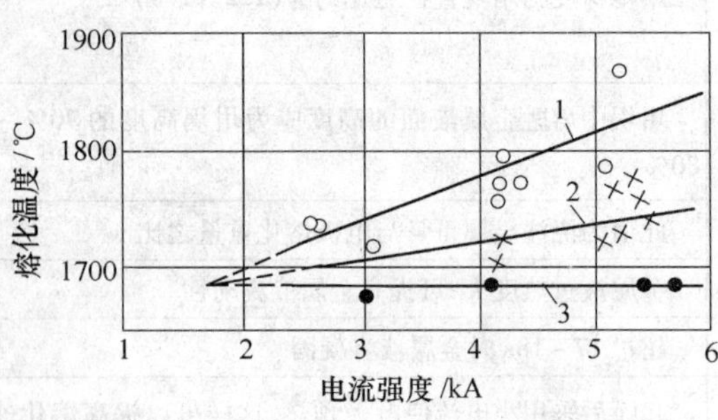

图 5-26 电流强度对钛的融化温度的影响

1—熔池表面温度 2—浇注时金属液的温度
3—凝壳表面温度

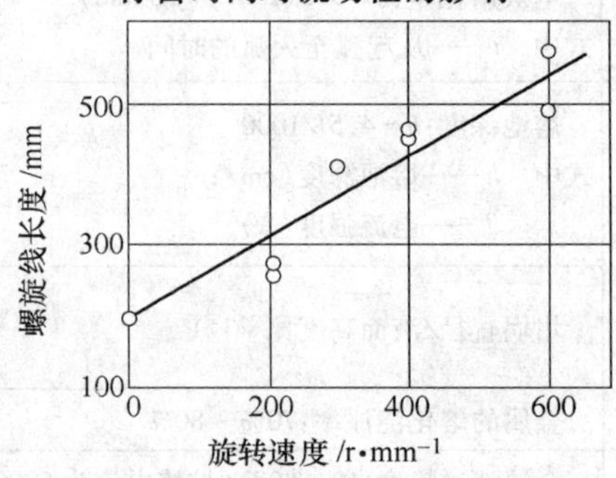

图 5-28 离心盘旋转速度对 BT5Л 钛合金流动性的影响

4）真空自耗电极电弧凝壳炉操作要点见表 5-35。

表 5-35 真空自耗电极电弧凝壳炉操作要点

程 序	内 容
1. 装炉	
清理和检查坩埚	坩埚内壁和底部必须用砂纸打磨光滑并用棉纱擦净，而且应认真检查有无被电弧烧坏的痕迹或凹坑。如果坑大又深，则不能使用
凝壳的处理	坩埚内可以放置同一合金牌号的凝壳，外表面和底部的凹凸不平处必须用手砂轮打磨平整。凝壳上部的浇口残余可用氧乙炔焊枪切割并将切口上的氧化物打磨干净若无凝壳时，可
坩埚底垫的制备	从自耗电极或其残头上切取一块 30mm 厚圆片作为坩埚底垫。也可按照自耗电极的化学成分配制一份合金包和海绵钛摊平在坩埚底部，但厚度不得少于 30mm
引弧料的制备	凝壳底垫上必须放置由铝箔折叠成的大约 20 ~ 30mm 高的三角形引弧料作为电极起弧用
电极的调整	自耗电极与坩埚内壁周围的间隙必须均匀，不得偏斜
坩埚位置的控制	坩埚法兰盘端面应调整成水平状态，不得倾斜
铸型装卡的检查	若用离心法浇注铸件，必须在铸型安装完毕后开动离心机使离心盘旋转至一定速度，待停止转动后再仔细检查铸型的装卡情况，不允许有松动现象
铸模内腔的保护	直浇道浇口要用铝箔覆盖并包扎好，以免熔炼过程中金属飞溅物掉进铸模内腔

（续）

程　序	内　容
2. 熔铸	
电极起弧和预热	自耗电极起弧后应逐渐增加电弧电流，使电极和底垫得到顶热，以利于加快融化速度，提高金属液的过热度
对真空度和坩埚水温的要求	熔炼过程中的真空度和坩埚的出水温度应在工艺参数规定的范围内。不得出现超过上限和突然变化的现象
防止侧弧发生	电极再融化下降过程中不得有摆动和偏移现象，也不得与坩埚内壁发生侧弧
离心盘的操作	离心盘的转速应在浇注前铸铁增加到规定值并在给定转速下保持一段时间，使其平稳旋转。浇注后离心盘应继续旋转3～5min，待铸件凝固后才能停转
浇注操作的协调	当坩埚内金属液以达到需要量时，应迅速切断电源，提升电极，立即旋转坩埚。这三项工序的顺序和时间必须协调配合，严格控制
电极残头的处理	浇注完毕后坩埚应返回原位：电极残头应下降至凝壳中间，以便由坩埚的冷却水吸收掉残头的热量
3. 出炉	浇注后铸件应在真空下冷却2h出炉，以免铸件外表面、凝壳和电极残头氧化
标记处	出炉后应将凝壳和电极残头打出标记，以便辨认它们的合金成分或牌号

5）熔铸质量控制，影响熔铸质量的主要因素见表5-36。

表5-36　影响熔铸质量的主要因素

序号	主要因素	说　明
1	熔池深度	电极直径与坩埚直径的比值大，电流强度大和熔化速度高都可加大熔池深度和直径，因为熔融金属量增多，过热量也高
2	浇注速度	浇注速度快时，金属液的热量损失少，流动性好。坩埚翻转过猛时金属液会冲出浇杯造成浪费
3	离心盘速度	转速过快时铸模会因金属液的离心力太大而损坏，甚至出现外漏
4	真空度	熔炼过程中真空度高有利于金属液的脱气和挥发物的析出
5	坩埚冷却	坩埚冷却过分激烈时凝壳厚度增大，熔融金属量减少。如果进出口冷却水的温差太小，坩埚就有被电弧烧坏的可能
6	导电杆密封圈的润滑	为了使电极在熔化结束后快速提升和尽快翻转坩埚并浇注铸件，电极杆的密封圈必须适当的润滑。真空润滑油加得过多时，因受电极杆的加热，油粘度降低而泄露；如润滑油滴入浇注完毕的坩埚内，会因受到高温凝壳的加热而挥发，产生大量的气体，导致凝壳和电极残头的严重氧化，影响以后的使用

6）真空凝壳炉的技术安全除与真空自耗电极熔炼炉相同之外，还应注意如下几点：

①铸型的直浇道口必须与离心盘同心，以免金属液被浇到外面而四处飞溅。

②铸型必须对称而平衡地安装牢固，以免在离心作用下松动而损坏。

③熔化完毕后切断电源，电极提升和坩埚翻转应密切配合，先后顺序必须一致，既要快又要准确；否则，有可能出现电弧将坩埚击穿或电极残头与坩埚相撞的危险。

5.2.2.2　电子束熔铸法

电子束炉的工作原理见图5-29。利用由高熔点金属制成的炽热灯丝阴极，在高真空、高电压下发射出的电子束通过磁透镜聚焦在炉料上，使炉料熔化。电子束可分散成较大面积的焦点，使熔池保温；也可通过转动磁场的方式进行扫描，控制熔炼过程，提高金属的过热度（金属液面温度升高到2145℃），改善流动性，可铸出形状复杂的薄壁件。电子束炉能有效的回收包括切屑在内的残料而且熔铸操作自动化的程度高而安全。

对于多室铳式电子枪，在熔炼过程中的真空度可保持在1.33～0.1Pa范围内。由于熔池液面是敞开

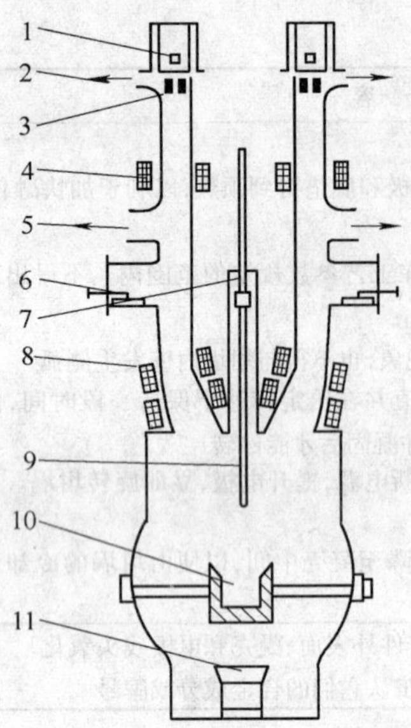

图5-29　电子束炉的工作原理图

1—阴极　2—抽真空　3—阳极　4—一级聚焦线圈　5—抽真空　6—阀门　7—导电杆　8—二级聚焦线圈　9—料棒　10—水冷铜坩埚　11—铸型

的，金属挥发量大，尤其是电子束炉的保温时间长，铸件化学成分难以控制。图5-30示出ESG50/80/500电子束凝壳炉的熔铸过程。为了减少易挥发元素的耗损，可在熔炼后期添加合金元素。

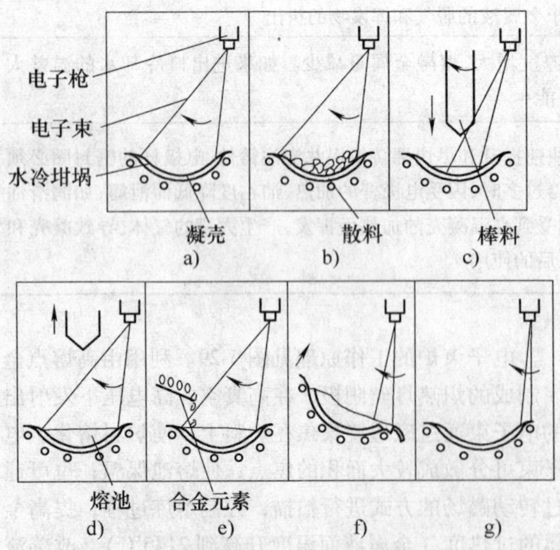

图5-30　ESG50/80/500电子束凝壳炉的熔铸过程

a）电子束预热　b）熔化散料　c）熔化棒料　d）形成熔池　e）添加合金元素　f）倾注溶液　g）坩埚复位

5.2.2.3　真空非自耗电极电弧凝壳熔铸法

真空非自耗电极电弧熔炼工艺是，熔炼前将炉膛抽真空至1.33～1.33×10^{-1}Pa，然后通入高纯惰性气体，使压力保持在4.66～9.97Pa，在水冷铜结晶器上，利用含钍的钨棒作阴极进行电弧熔炼。为了保证合金成分的均匀性，将熔化过程的纽扣锭翻转数次，重复熔炼。如果将熔炼好的纽扣锭放在带底浇孔的坩埚穴上，浇孔下方应放有石墨或铜锭模。当熔融金属有足够的流动性时，便从浇孔流入铸模内。

目前有两种生产型的非自耗电极电弧熔炼浇注装置：①旋转电弧熔炼法（Durarc法）装置。该装置在高压水冷铜电极端部的内腔中装有电磁线圈，产生磁场，使电弧的阴极斑点沿电极端部不断旋转，以防止电极局部过热和烧蚀并能减少熔融金属的污染。在熔炼速度为4.5kg/min的情况下，铜的沾污可忽略不计。②旋转电弧熔炼法（Schlienger法）的装置。是采用自身旋转的铜电极，不让电弧停留在电极的局部位置上，电极与坩埚轴线保持一定的斜度，以保证电极旋转时局部电极能与电弧接触。

1）真空非自耗电极电弧炉的示意图见图5-31。

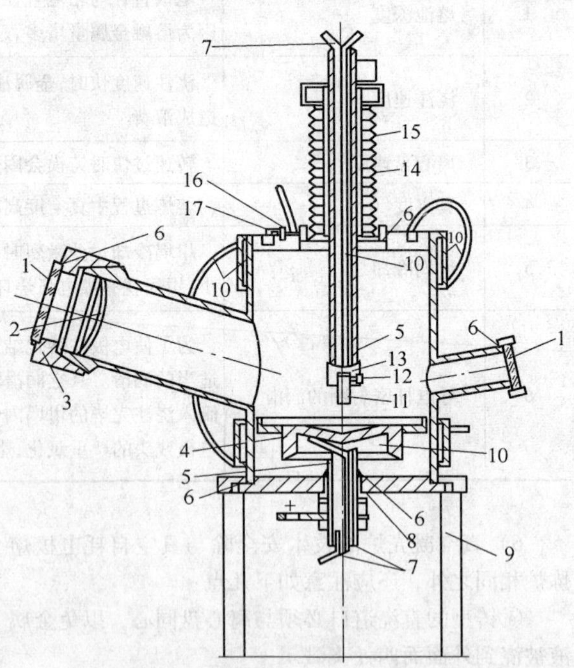

图5-31　真空非自耗电极电弧的示意图

1—观察玻璃　2—保护屏　3—观察窗法兰盘　4—铜坩埚　5—电极导管　6—密封装置　7—水冷导管　8—绝缘　9—护架　10—水冷系统　11—钨极　12—电极夹头　13—电极头　14—电极导管　15—金属波纹软管　16—通惰性气体阀　17—法兰盘

2）Durarc 旋转电弧熔炼法的电极示意图见图 5-32。

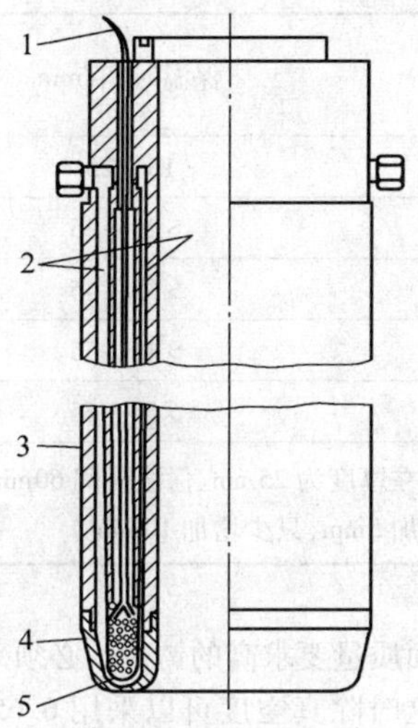

图 5-32 Durarc 旋转电弧熔炼法的电极示意图

1—磁力线圈导线 2—冷却水道 3—电极 4—铜头 5—电磁线圈

3）真空非自耗旋转电极电弧凝壳炉的示意图见图 5-33。

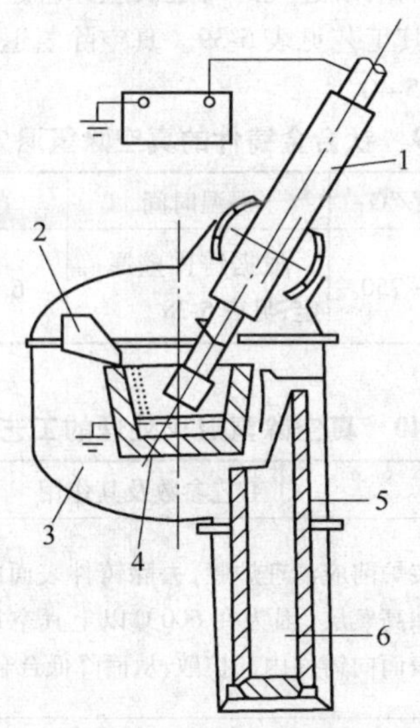

图 5-33 真空非自耗旋转电极电弧凝壳炉的示意图

1—电极 2—原料供给机构 3—熔炼室 4—水冷铜坩埚 5—铸锭模 6—铸锭室

5.2.2.4 真空感应熔铸法

在真空下用感应加热熔铸钛合金的方法有两种：①采用对融熔钛具有惰性的石墨或氧化物材料制造坩埚的感应炉，目前主要用于制造牙科等小型钛铸件。②采用水冷铜坩埚的感应熔铸法。这种坩埚由多块水冷铜扇形片组合而成（见图 5-34），相互绝缘，不形成感应电流回路，从而避免坩埚加热。由于水冷铜坩埚感应熔铸法（冷壁坩埚凝壳炉）能够控制钛熔铸过程，现已成功用于金属间化合物的研究和制造。此法也可用于熔模型壳吸铸法来制造超薄壁的小型钛合金精铸件。

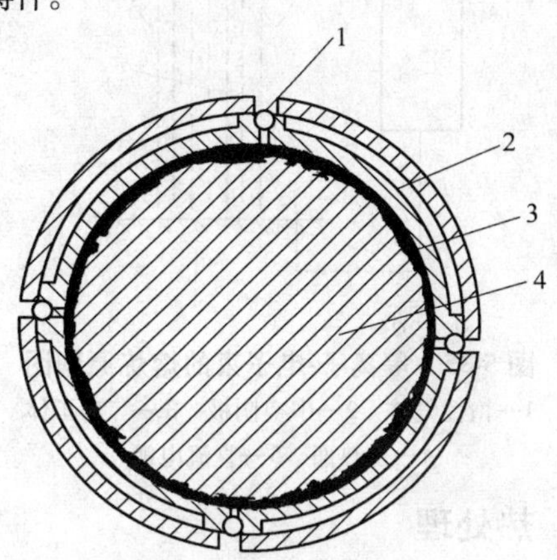

图 5-34 感应熔炼水冷扇形片铜坩埚的截面示意图

1—Al_2O_3 热电偶绝缘子 2—水冷套 3—固体熔渣 4—铸锭

5.2.2.5 等离子弧熔铸法

等离子弧熔铸法是用高压电弧产生的等离子体弧柱加热进行熔炼。等离子弧熔炼炉的结构简单、操作方便、熔融金属的温度高，但等离子体进入炉膛后会增高气压，有利于金属的除气。其次，引入的惰性气体会污染金属液，因此这种工艺只适合用于回收残料。

5.2.2.6 等离子-电子束熔铸法

基本原理是使一定流量的氩气通过空心阴极（钽管或钨管）在高频电场下离子化后于空心阴极里形成由电子、正离子和氩分子组成的混合气的等离子。等离子体中的正离子冲击阴极内壁，使阴极本身的温度上升到 2300～2500K，发射出一股强电子束，射向坩埚内炉料，使之熔化；与此同时，一部分电子与气体分子相碰撞，产生正离子又冲进空心阴极，再次激发出电子束。

等离子-电子束炉采用低压电源，设备结构简单，电子束的形状和位置可以调节和控制，成本低，无射线的危害，便于回收残料。但是，由于中空阴极的使用寿命短和惰性气体不纯容易污染金属，因此，仅用于残料的回收。

等离子-电子束的熔炼原理见图5-35。

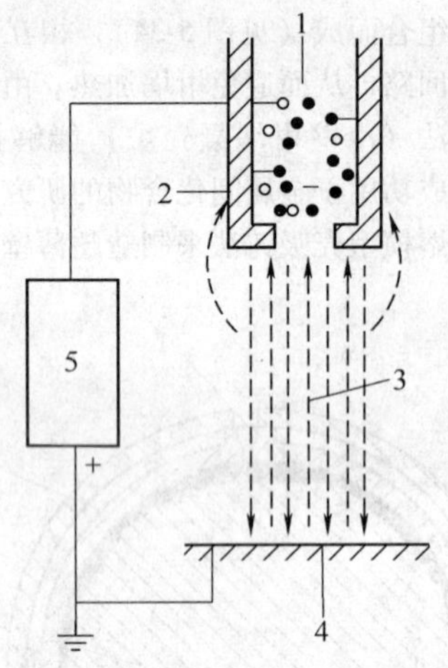

图5-35　等离子-电子束的熔炼原理图

1—惰性气体　2—中空阴极　3—等离子体　4—加热面　5—直流电源

5.3　热处理

钛合金铸件从液相冷却至固相过程中，除非有极快的冷却速度，通常生成比较粗大的晶粒。这种铸造晶粒的边界结构比较复杂，非常稳定，不可能通过相变再结晶处理而细化。

5.3.1　热处理的种类和工艺参数

5.3.1.1　退火处理

退火处理分为普通退火和消除应力退火。普通退火处理可使各种合金组织稳定并获得较均匀的性能。消除应力退火是消除铸件由于铸造、焊接、机加工等造成的残余内应力，其处理工艺参数见表5-37。退火保温时间与铸件截面厚度的关系见表5-38。

表5-37　铸造钛合金的退火工艺参数

合金代号	消除应力退火温度/℃	保温时间/min	冷却方式
ZTA1、ZTA2、ZTA3	500～600	60～240	炉冷或空冷
ZTA5	550～750	60～240	炉冷或空冷
ZTA7	600～800	60～240	炉冷或空冷
ZTA15	600～800	60～240	炉冷或空冷
ZTC4	600～800	60～240	炉冷或空冷
ZTC3	620～800	60～240	炉冷或空冷
ZTC5	550～800	60～240	炉冷或空冷
BT3-1Л	530～620	—	空冷
BT14Л	550～650	—	空冷

表5-38　退火保温时间与铸件断面厚度的关系

最大断面厚度/mm	保温时间/min
<3	15～25
>3～6	>25～35
>6～13	>35～45
>13～20	>45～55
>20～25	>55～65
>25	在厚度为25mm、保温时间60min的基础上，每增加5mm，只少增加10min

对于表面质量要求高的铸件，必须采用真空退火消除应力。这时除真空度可以采用6.65Pa外，其他方面与真空除氢退火相同。

5.3.1.2　真空除氢退火

钛合金铸件在电加工、化学铣切、酸洗、焊接以及热处理等过程中，由于与各种气氛和介质接触而吸氢，以致合金中氢含量过高，使铸件在使用过程中发生氢脆而提前失败。当氢含量超过规定值时，可以利用氢在钛中的溶解过程的可逆反应原理进行真空除氢退火处理。其工艺见表5-39。真空除氢退火处理的工艺要点见表5-40。

表5-39　钛合金铸件的真空除氢退火工艺

状态	温度/℃	保温时间	真空度/Pa
退火	700～750	根据铸件壁厚确定，见表5-38	6.65×10^{-2}

表5-40　真空除氢退火处理的工艺要点

工艺	工艺参数及其作用
装炉	装炉前应清理炉膛，去除铸件表面的油污、氧化皮和高氧层（因为在600℃以上真空加热时，氧会从表面向铸件内部扩散，从而降低合金的性能）
	为了避免铸件再加热过程中发生变形，要注意装料方式，即不能集中堆积，铸件间的间隔应在20mm以上；对形状复杂的铸件还应该用夹具固定
	室温装炉，并在铸件周围填满清洁无氧化皮的钛屑，以防止铸件增氧
抽真空	真空度达到6.65×10^{-2}Pa后开始升温

（续）

工艺	工艺参数及其作用
加热和冷却	为了防止铸件热处理后发生翘曲或变形，当铸件的壁厚差为50mm时，允许的加热和冷却速度为40℃/h；当铸件的壁厚差小于等于5mm时，冷却速度可以增到80℃/h
升温	当升温至80℃时，保温15min，以便除去铸件表面的吸附水分；升温至250℃时，保温15~30min，以便除去铸件表面上的残留有机物质
出炉	铸件的出炉温度为250~300℃，以便再铸件表面上形成一层氧化薄膜，有利于防止铸件在使用过程中表面与水蒸气起反应

5.3.1.3　热等静压处理

钛合金铸件经热等静压处理后，内部孔洞与疏松被挤压而焊合，致密度与力学性能均得到改善。热等静压机是一个内部加热的高压容器（见图5-36）。将铸件置于容器内，充高压惰性气体（如氩或氦）进行热等静压。热等静压工艺规范取决于合金在不同温度下的屈服强度，温度一般应比相变温度低15~20℃，以ZTC4钛合金铸件为例，其规范为920℃±10℃，100~140MPa，保温、保压2~2.5h。

热等静压时采用的介质通常为纯度 $w(Ar)=99.90\%$ 的氩气，处理后铸件表面的污染层约为0.1mm。热等静压处理前后的力学性能见图5-37和表5-41。

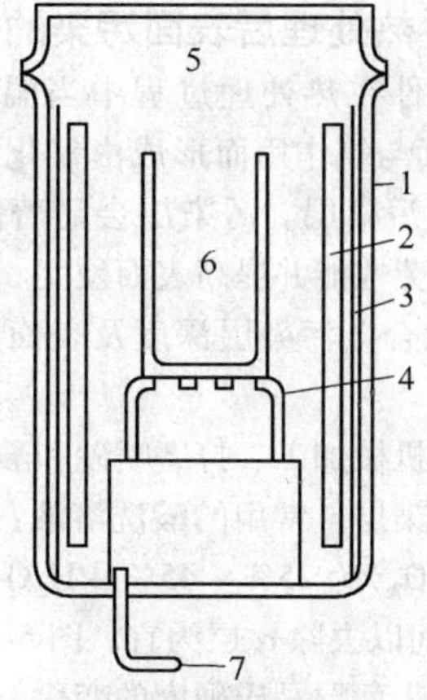

图5-36　热等静压机的示意图

1—高压热压器水冷壁炉　2—炉件
3—隔热屏　4—支撑架　5—流体静压力
6—装铸件的容器　7—高压惰性气体

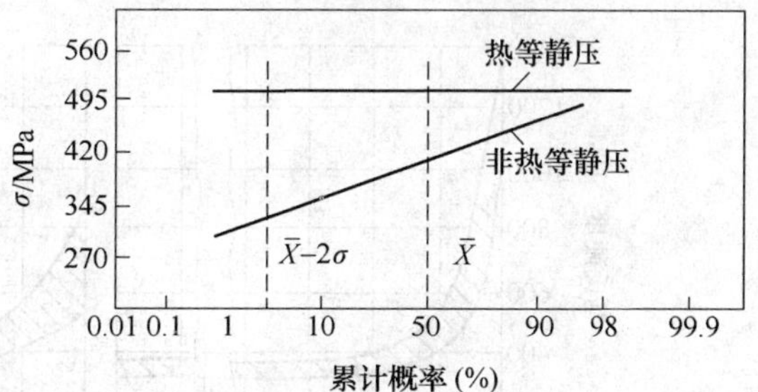

图5-37　ZTC4（Ti-6Al-4V）钛合金热等静压处理前后的室温疲劳强度

$\bar{X}$—样本均值　σ—标准差

试验条件：应力比 $R=1$，频率 $f=60$Hz 温度为室温

表5-41　热等静压处理前后的力学性能对比

合金	状态	力学性能						国家
		R_m/MPa	$R_{p0.2}$/MPa	A(%)	Z(%)	K_{IC}/MPa·$m^{3/2}$	σ_D/MPa	
BT5Л	铸态带缺陷	784	—	4.5	9	—	196	前苏联
	热等静压	882	—	12	22	—	470	
BT20Л	铸态带缺陷	1030	—	5.8	12.3	—	—	
	热等静压	1040	—	9.7	25.3	—	—	
Ti-6Al-4V	铸态	1000	896	8	16	107	—	美国
	热等静压	958	869	10	18	109	—	
ZTC4	铸态	948	849	7.8	17.7	—	196	中国
	热等静压	937	853.9	9.6	16.8	—	470	
ZTA15	铸态	939	845	9.2	17.4	—	—	
	热等静压	947	856	10.6	18.3	—	480	

5.3.2 铸件热处理后表面污染的处理

钛合金铸件在热处理过程中当温度高于550~600℃时，表面与氧作用而形成由氧化物薄膜和气体饱和层组成的污染层。污染层会显著降低合金的塑性、韧性及疲劳性能并提高表面硬度。加热温度和时间对BT14Л钛合金污染层深度及表面硬度的影响见图5-38。

可以采用机械加工、打磨喷砂和酸洗方法去除铸件表面上的污染层。常用的酸洗溶液：φ(HF)为3%~5%+φ(NHO_3)为25%~45%+H_2O余量（体积分数）。所用时间以去除α层为宜。图5-39示出铸件经不同的处理后表面层马氏硬度的变化。

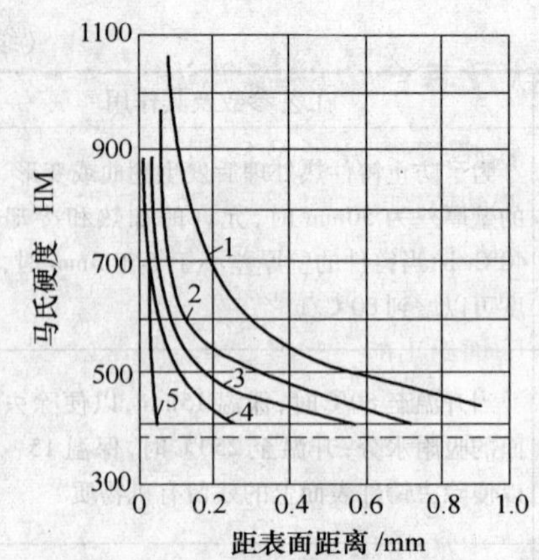

图5-38 保温4h对BT14Л钛合金污染层深度及表面硬度的影响

1—1100℃ 2—1000℃ 3—900℃ 4—800℃ 5—700℃

5.3.3 钛合金铸件热处理效果的评定（见表5-42）

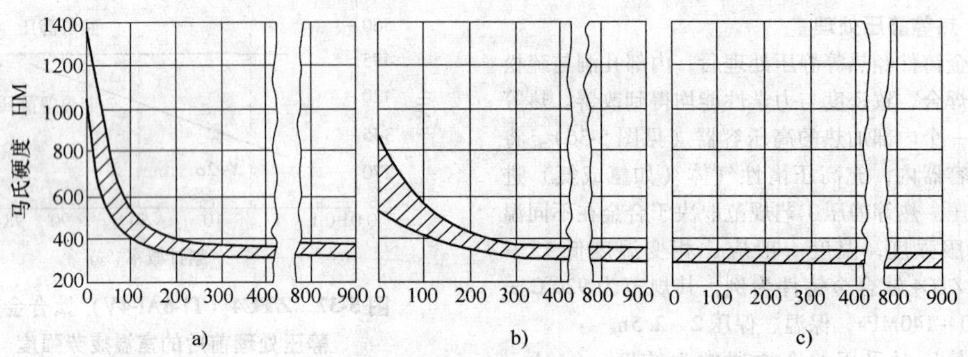

图5-39 铸件经不同的处理后表面层马氏硬度的变化

a）喷砂 b）喷砂+酸洗 c）喷砂+酸洗+真空退火

表5-42 钛合金铸件热处理效果的评定

项目	取样方法	测试方法及评定
硬度	取自同一热处理炉次和同一浇注炉次的附铸试样	按HB 5168—1996测定三个硬度值并以其平均值作为检测结果
马氏硬度	取上述同样试样制成金相试样镶块后抛光	从试样外表面相内部逐点测量，以此评定铸件表面污染层的厚度。当铸件外表面与其内部的马氏硬度值相差较大时，说明表面污染层没有除尽，应重新喷砂和酸洗，甚至进行真空退火处理
拉伸性能	取自同一熔炼炉次和同一热处理炉次从铸件上切取的试样	按HB 5143—1996测定三根试样，评定其是否符合技术条件要求
显微组织	金相试样经抛光，腐蚀后显露组织	表面富氧层的单相α固溶液呈光亮的初生α相时说明污染层每次除尽，同时还可以观察到明显的微裂纹，必须重新清洗
表面状态	目视检查铸件表面颜色	根据铸件表面颜色评定氧化程度。淡黄色为合格；淡紫色为不合格，应继续清除污染层

5.4 钛及其合金的铸件设计

5.4.1 铸造工艺分类及应用

钛合金的铸造工艺过程及铸件的工艺设计与普通铸件基本相似。但是，由于熔融钛的高度活性，熔炼铸造及造型工艺都比较复杂，对工艺设计的要求也较为苛刻。下面给出的一些参数与资料可在设计钛合金铸件的铸造工艺时参考。

1. 工艺分类　图 5-40 列出几种常见钛合金铸造工艺。其中的石墨捣实型铸造和陶瓷型熔模精密铸造是目前生产中常用的工艺方法。

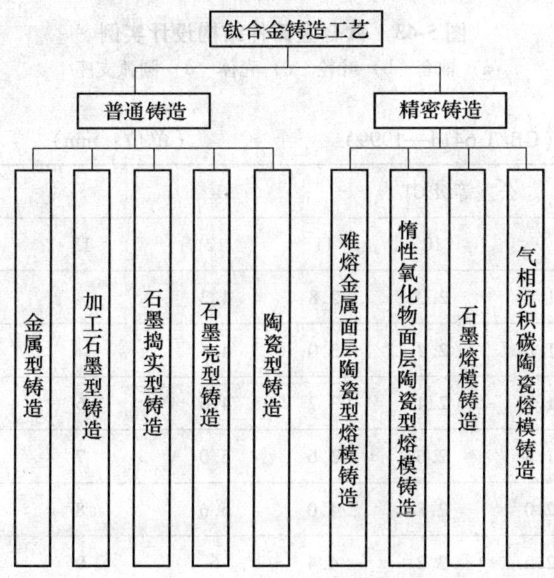

图 5-40　钛合金铸造工艺分类

2. 工艺流程　图 5-41、5-42 示出石墨捣实型铸造和陶瓷熔模铸造的典型工艺流程。

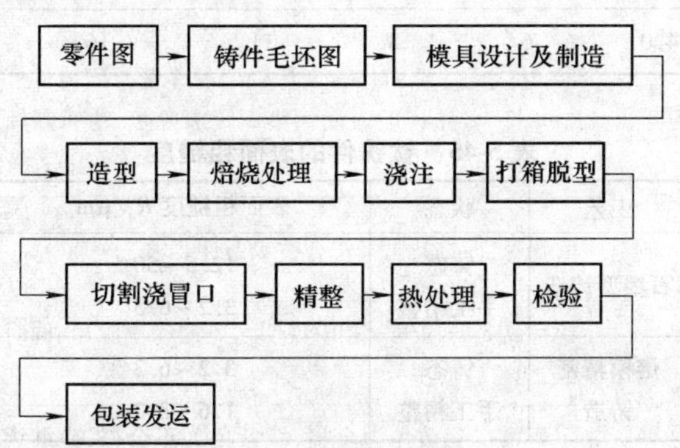

图 5-41　石墨捣实型铸造工艺流程

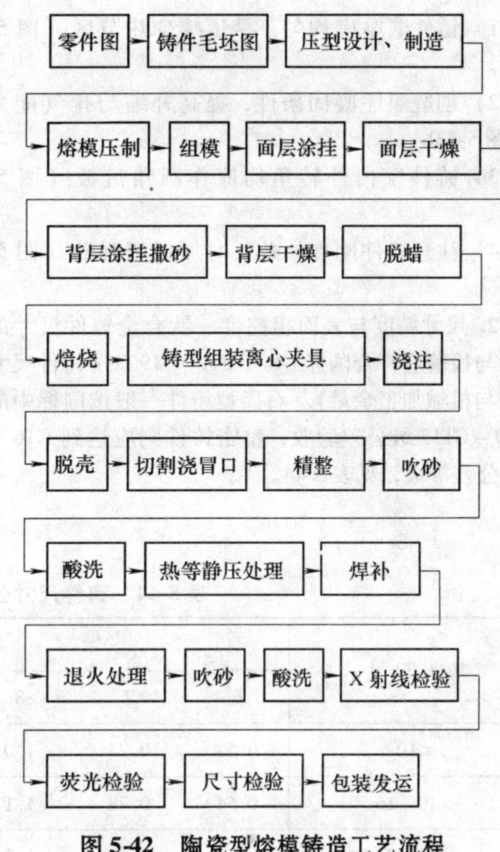

图 5-42　陶瓷型熔模铸造工艺流程

3. 应用范围　表 5-43 示出钛合金铸造工艺方法的主要应用范围。

表 5-43　钛合金铸造工艺方法的主要应用范围

工艺方法	应用范围
金属型铸造	小型简单件批量生产
加工石墨型铸造	单件生产或简单件批量生产
石墨捣实型铸造	大、中、小民用铸件批量生产
石墨加工捣实复合型	大、中、小民用铸件批量生产
石墨熔模精密铸造	中、小航空或民用铸件批量生产
陶瓷型熔模精密铸造	大、中、小航空铸件批量生产

5.4.2 铸件结构设计

1. 合理结构的选择　一般铸件的设计原则同样适用于钛合金铸件。由于钛存在导热性差、补缩距离短、浇注温度高以及在浇注时产生大量气体等特点，因此，结构设计时应注意以下几点：

1）铸件壁厚应均匀，尽量减少热节区（图5-43a）。

2）创造顺序凝固条件，提高补缩与排气能力（见图5-43b）。

3）铸件壁内外转角均应作圆角过渡（图5-43c）。

4）注意铸件刚度，必要时加设增强肋（图5-43d）。

2. 尺寸精度与表面粗糙度 钛合金铸件尺寸的设计与检验应符合国标GB/T 6414—1999《铸件尺寸公差与机械加工余量》。石墨型铸件一般按国标中的CT10～CT13级公差验收，精密铸件则应达到CT6～CT9公差等级，见表5-44。

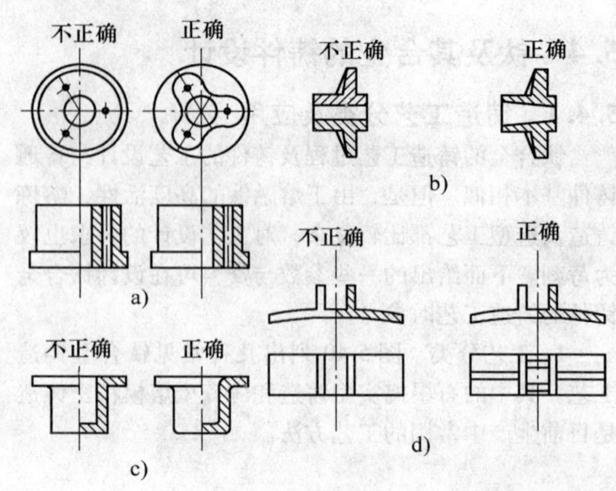

图5-43 钛合金铸件结构设计实例

a）轴套 b）叶轮 c）壳体 d）圆弧支座

表5-44 铸件尺寸公差值（GB/T 6414—1999）（单位：mm）

基本尺寸	公差等级CT							
	6	7	8	9	10	11	12	13
≤10	0.52	0.74	1.0	1.5	2.0	2.8	4.2	
>10～16	0.54	0.78	1.1	1.6	2.2	3.0	4.4	
>16～25	0.58	0.82	1.2	1.7	2.4	3.2	4.6	6
>25～40	0.64	0.90	1.3	1.8	2.6	3.6	5.0	7
>40～63	0.72	1.0	1.4	2.0	2.8	4.0	5.6	8
>63～100	0.78	1.1	1.6	2.2	3.2	4.4	6	9
>100～160	0.88	1.2	1.8	2.5	3.6	5.0	7	10
>160～250	1.0	1.4	2.0	2.8	4.0	5.6	8	11
>250～400	1.1	1.6	2.2	3.2	4.4	6.2	9	12
>400～630	1.2	1.8	2.6	3.6	5	7	10	14
>630～1000	1.4	2.0	2.8	4.0	6	8	11	16

钛合金铸件表面粗糙度的测定方法，可采用机加工零件的表面粗糙度，可根据工艺方法，参考表5-45选定。

3. 铸件壁厚 铸件壁厚主要决定于铸件大小与结构要求。铸造钛合金采用的电弧凝壳炉所浇注出来的钛液的过热度相对地比较小，而常用的铸型材料的导热性都比较高，这些因素使钛合金铸件的最小允许壁厚受到限制（见表5-46）。

表5-45 钛铸件的表面粗糙度

工艺	状态	表面粗糙度 R_a/μm
石墨型铸造	铸态	12.5～50
	手工精整	3.2～6.3
熔模精密铸造	铸态	3.2～6.3
	手工精整	1.6～3.2

表5-46 钛铸件的最小允许壁厚 （单位：mm）

铸件轮廓尺寸		<50		50~100		100~250		250~400		>400	
推荐值或最小允许值 / 铸造方法		推荐值	最小允许值①	推荐值	最小允许值①	推荐值	最小允许值①	推荐值	最小允许值①	推荐值	最小允许值①
机械加工石墨型		5	4	5	4	6	5	7	5	8	6
捣实石墨型或砂型铸造②		4	3	5	4	6	5	7	5	8	6
金属型铸造②		4	3	5	4	6	5	7	5	8	6
熔模精密铸造	石墨型壳	2.5	1.5	3	2.0	3	2.0	4	2.5	4	2.5
	钨面层陶瓷型壳	2.5	1.5	3	2.0	3	2.5	3.0	2.5	4	2.5
	氧化物陶瓷型壳	2.5	1.0	2.5	1.0	2.5~3.0	1.5	3.0	1.5	3	2.0

① 最小允许值指在特定条件下充满铸件局部的最小壁厚。

② 厚度的允许值：金属型优于捣实石墨型，捣实石墨型优于机械加工石墨型。

4. 铸造圆角 钛合金铸件壁内外转角处及厚薄断面过渡区易产生裂纹，粘砂与气孔等缺陷，因此所要求的铸造圆角应当比钢铸件大一些，但应避免形成大的热节区（见表5-47）。

表5-47 钛铸件的铸造圆角

工艺方法	外圆角/(°)	内圆角/(°)
石墨型铸造	≥2.5	≥4
熔模精密铸造	≥3	≥3

5. 孔间及壁间的最小间距（铸槽深度） 钛合金铸件的孔间及壁间最小距离（铸槽深度）主要受各种铸型强度及造型材料对钛液化学稳定性的影响，与钢铸件相比，尺寸要放宽一些，见表5-48。

表5-48 典型钛铸件允许的铸槽宽度和深度 （单位：mm）

槽宽 b		5	10	15	20
允许槽深 H 或 W	石墨型铸造	10	20	45	100
	陶瓷型熔模精密铸造	15	30	50	100

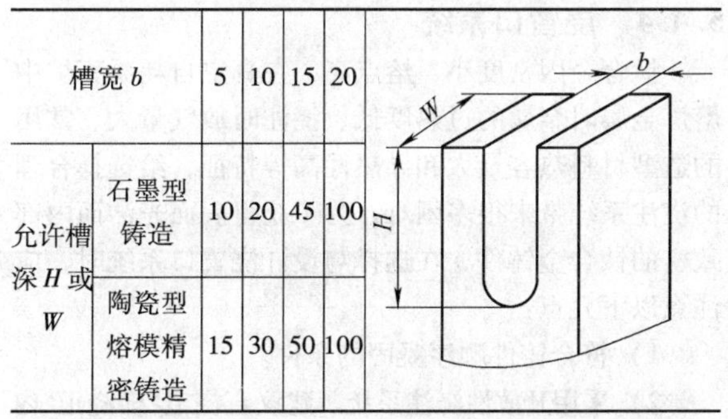

5.4.3 铸件工艺设计

1. 加工余量 加工余量是根据零件结构及铸件工艺设计要求确定的。石墨型铸件由于存在表面流痕和冷隔，应选择较大数值的加工余量，见表5-49。

表5-49 推荐的加工余量值 （单位：mm）

工艺方法	铸件尺寸	单面加工余量
石墨型铸造	≤400 ≥400	3~4 4~8
熔模精密铸造	≤250 ≥250	1.5~2.0 3~4

2. 基准面的选择 基准面是检查铸件尺寸和零件随后机械加工的重要依据，应由零件设计、零件加工与铸造工艺部门共同确定。选择基准面的原则是，基准面应光洁平整，尺寸稳定；避免在基准面上设置浇冒口；尽量不取加工面为基准面；基准面尺寸不易过小。磨具设计、铸件尺寸检查和以后的机械加工尽可能选择同一个基准面。

3. 分型面设计 设计金属型、捣实型木模及熔模压型时，分型面的选择与一般铸造工艺基本相同。同时也应考虑到钛铸造用造型材料都具有较高的强度，在铸件形状非常复杂的情况下，铸模可采用多分型面的组合结构。

4. 型芯设计 在制造有型孔或型腔的石墨型铸件时，一般采用石墨捣实型芯，在特殊的条件下，也可应用优质石墨加工型芯。熔模精密铸件的型孔一般是利用水溶性模料制壳工艺来实现，但也可以采用预制陶瓷型芯。表5-50列出预制型芯的典型技术参数。

表 5-50 预制型芯的典型技术参数

（单位：mm）

种 类	型孔直径或型腔的相应尺寸 d	单支点型芯		双支点型芯	
		型孔长度	芯头长度	型孔长度	芯头长度
石墨加工型芯	≥5	$2d$	$1d$	$1d$	$0.5d$
石墨捣实型芯	≥10	$1d$	$0.8d$	$2d$	$0.5d$
预制陶瓷型芯	≥5/6	$1.5d$	$1.5d$	$3d$	$0.4d$

对于细长的型孔，在用石墨型铸造时，允许放置钛制型芯撑（见图 5-44）。

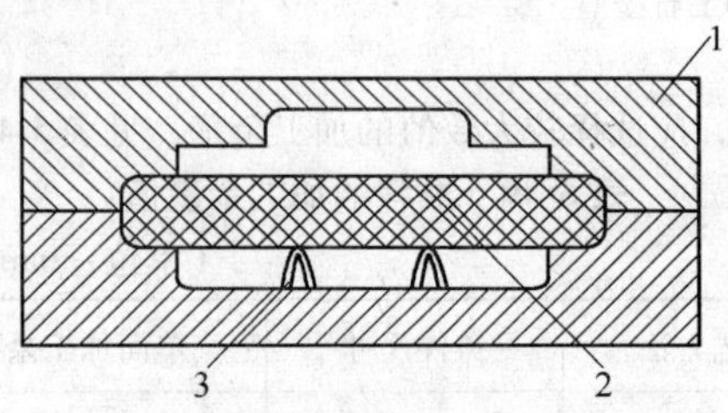

图 5-44 石墨钛制型芯撑

1—加工石墨型 2—石墨捣实型芯 3—钛制型芯撑

在精密铸造水溶型芯制壳工艺中，对于孔悬过大的铸件，可在铸件上设置工艺孔，以便在制壳时对型芯给予支撑。浇注后采用焊补方法堵塞工艺孔（见图 5-45）。

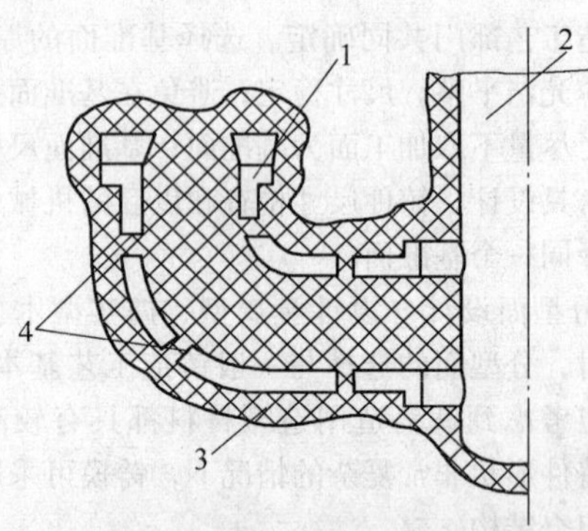

图 5-45 开设铸件工艺孔的熔模精密铸型壳剖面图

1—铸件型腔 2—浇道型腔
3—陶瓷型壳 4—工艺孔

5. 铸造孔 表 5-51 示出钛合金铸造孔尺寸。

表 5-51 铸造孔尺寸

（单位：mm）

工艺方法	针孔直径①	通孔长度	盲孔长度
石墨捣实型铸造	≥10	≤20	≤10
熔模精密铸造	≥5	≤15	≤7.5

① 未考虑孔径变化及异形铸造孔。

6. 铸造斜度 铸造斜度除了便于起模外，对改进钛合金铸件的补缩条件有显著作用，其值见表 5-52。

表 5-52 铸 造 斜 度

项目	石墨捣实型铸件/(°)	熔模精密铸件/(°)
推荐值	3	1.5
最小允许值	1	0.5

7. 收缩率 影响钛合金铸件总收缩率（铸型收缩率加金属收缩率）的因素很多，包括铸件尺寸的大小、形状的复杂程度、浇冒口系统的设置、造型工艺与浇注工艺的选择等因素，因而波动范围比较大。在一般情况下，都必须根据实际经验，并通过对具体铸件的多次试验，才能取得较为准确的数据。表 5-53 仅列出在自由收缩与受阻收缩两种条件下的典型参考数据。

表 5-53 典型钛合金铸件的总收缩率

工 艺 方 法	总收缩率(%)	
	自由收缩	受阻收缩
石墨加工型铸造	1.0～1.8	0.5～1.5
石墨捣实型铸造	1.5～2.5	0.5～2.2
石墨熔模精密铸造	3.5～4.8	1.5～3.5
陶瓷型熔模精密铸造	1.0～2.5	0.5～1.8

5.4.4 浇冒口系统

钛合金因密度小、熔点高、在真空自耗凝壳炉中熔炼金属时金属的过热度低、浇注时放气量大、常用的造型材料热容量大和导热性高等特征，给选择合理的浇注系统带来很多困难，为了获得表面光洁而内部致密的钛合金铸件，在选择与设计浇冒口系统时，应注意以下几点：

1）符合铸件顺序凝固的条件。

2）采用开放性浇注系统。建议直浇道∶横浇道∶内浇道（横截面积）比为1∶2∶2或1∶2∶4。

3）选择内浇道位置时，应注意避免金属液流直接冲刷铸型。

4）开设较大的冒口。

5）注意排气，应在冒口处或分型面上开设排气道。

石墨型通常采用重力浇注，一般尽量采用从底部浇注，使金属平稳充填，避免铸件产生冷隔与流痕。

对于薄壁复杂结构的钛合金精密铸件，一般都采用离心浇注法（图5-46）。离心浇注的工艺设计应当符合下列原则：

1）浇道尽可能短，并具有足够大的截面，以保证金属迅速充填铸型。

2）采用开放型浇注系统，保证内浇道不提前凝固，以便在充填完毕后的一段时间内离心力能对铸件的凝固起阻碍作用。

3）为了保证铸件的表面质量及气体的顺利排除，离心浇注也应尽量采用“底注”方式，即内浇道远离转轴，而冒口则靠近轴心，以保证铸型的平稳充填和铸件的顺序凝固。

图5-46　钛合金精密铸件的离心浇注

离心转速的选择决定于铸件的结构尺寸与质量要求以及铸型强度和组装的牢固程度。离心转数可按以下经验公式计算

$$n = 299\sqrt{\frac{G}{r_0}}$$

式中　n——离心转数（r/min）；

G——重力系数；

r_0——旋转半径（cm）。

离心浇注时钛合金铸件主要部位的重力系数 G 一般选择为30～50。经验表明，为了获得致密的铸件，各部位的 G 值都应大于10。对于内外表面都需要进行机械加工的环形铸件，可以采用石墨加工型或金属型自由表面无芯离心浇注工艺（图5-47）。

离心转数 n 可根据环形上下部位壁厚差的允许值来确定，按以下经验公式计算：

$$n = 423 \times \sqrt{\frac{h}{\delta(2R-\delta)}}$$

式中　n——离心转数（r/min）；

h——铸件高度（cm）；

δ——铸件上下壁厚差（cm）；

R——铸件上下部内圆半径（cm）。

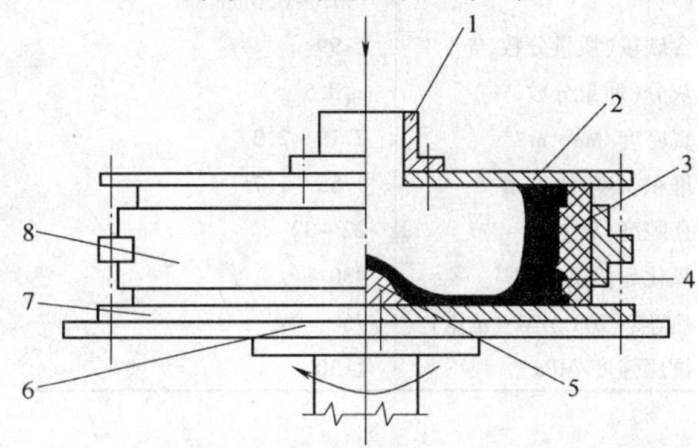

图5-47　无芯离心浇注

1—浇杯　2—上模板　3—加工石墨型　4—环形钛铸件　5—分流锥　6—离心盘　7—下模板　8—夹具

5.5　钛合金铸造用造型材料及造型工艺

5.5.1　造型材料的选择

1. 造型材料的技术要求

1）高的化学稳定性，不与熔融钛发生整体或表面反应。

2）高的耐火度及抗热冲击能力，在熔融钛的高温作用下不软塌，不破裂。

3）有足够的强度，在造型、搬运和装炉时不变形、不破碎。

4）材质细致，能形成表面光洁的铸型。

5）吸附气体与水分的能力小，避免浇注时大量放气。

6）低的导热性，以避免减少铸件激冷所造成的缺陷。

2. 耐火材料的种类与性能

（1）碳质耐火材料　铸钛时广泛使用的人造石墨块（电极）和石墨砂料都是以石油焦和沥青为主要原料，经压制成形后，再在2600～3000℃高温煅烧而成。这种材料在真空下的耐火度高，其强度随温度的升高而增大。石墨的线胀系数小，对熔融钛具有良好的化学稳定性。表5-54和表5-55列出人造石墨的主要技术性能。除人造石墨外，焦炭和沉积炭都是可用的碳质耐火材料。

表 5-54　钛合金铸造用人造石墨的技术性能

项　　目	技 术 基 础
晶体结构	六方晶格（$a=0.246$，$c=0.67$）
规格：块料	ϕ500mm，ϕ250mm 或 400mm × 400mm
砂料	0.15 ~ 0.6mm
含碳量（质量分数，%）	≥99
灰分（质量分数，%）	≤0.5
真密度/$Mg \cdot m^{-3}$	2.19 ~ 2.3
堆积密度/$Mg \cdot m^{-3}$	1.55 ~ 1.75
孔隙度（%）	22 ~ 32
氧化起始温度/℃	430
热导率(20℃)/$W \cdot (m \cdot K)^{-1}$	75
抗压强度/MPa	≥30

表 5-55　人造石墨的强度

温度/℃	20	500	1000	1500	2000	2500
抗拉强度/MPa	9	11.5	13.0	15.0	17.0	15.5
抗压强度/MPa	34	34.5	36.5	48.5	50.5	—

（2）氧化物耐火材料　氧化物耐火材料是制造陶瓷型壳的重要材料。常用的耐火氧化物按其对钛液的化学稳定性的高低依次递增排列为：SiO_2 Al_2O_3 MgO ZrO_2 Y_2O_3 ThO_2。造型时可以使用 ZrO_2、Y_2O_3 和 ThO_2 作面层或邻面层耐火材料，其余的只可用做背层材料。表 5-56 列出几种耐火氧化物的主要技术性能。

在实际生产中，通常使用的并不只是纯氧化物，而是由天然矿物制成的氧化物耐火材料。其物理化学性能见表 5-57。

表 5-56　几种耐火氧化物的主要技术性能

性　　能	耐火氧化物						
	SiO_2	Al_2O_3	MgO	CaO	ZrO_2	Y_2O_3	ThO_2
晶体结构	六方	六方	立方	立方	立方	单斜	立方
相对分子量质量	60.6	101.92	40.32	56.08	123.22	225.84	264.12
融化速度/℃	—	2015	2800	2600	2679	2410	3300
密度/$Mg \cdot m^{-3}$	2.32	3.97	3.58	3.32	5.56	4.84	9.63
热导率/$W \cdot (m \cdot K)^{-1}$							
100 ~ 1000℃	—	0.08	0.095	0.039	0.0054	—	0.0236
20 ~ 1000℃	—	0.0163	0.0186	0.0197	0.0067	—	0.007
线胀系数/$\times 10^{-6}K^{-1}$	13.9	8.6	13.8	13.8	7.7 ~ 8.1	—	10.2
孔隙度（%）	—	4.5 ~ 7.3	8.75	8.75	—	—	16.75
耐火的（氧化气氛）/℃	1680	1590	2400	2400	2500	—	2700

表 5-57　铸钛用的氧化物耐火材料性能

品　种 性　能	高岭土	电熔刚玉	氧化锆
成分（质量分数，%）	$Al_2O_3=40 \sim 46$ $SiO_2=49 \sim 55$	$Al_2O_3 \geqslant 98.8$	$ZrO_2 \geqslant 93.3$ $CaO \approx 5$
处理状态	烧结	电熔	电熔
耐火度/℃	≥1750	1950	2500
密度/$Mg \cdot m^{-3}$	2.7	3.85 ~ 3.9	—
线胀系数/$10^{-6}K^{-1}$	4.44（20 ~ 1000℃）	4.44（20 ~ 1000℃）	5.1（20 ~ 1250℃）

（3）其他造型材料　铸钛用的其他造型材料还有铸铁、钢、铜和难熔金属，以及碳化物、氮化物等高熔点化合物。前四种用于加工金属模，后两种用于熔模精密铸造。其性能对比见表 5-58。

表5-58 铸钛用几种造型材料的性能对比

性能	铸铁	(铸)钢	铜	钨	钼	陶瓷	石墨
熔点/℃	1220	1525	1082	3400	2615	2000	—
密度/$Mg \cdot m^{-3}$	6.8~7.0	7.8	8.9	19.3	10.2	2.6	1.6
导热率(20℃)/$W \cdot (m \cdot K)^{-1}$	54.43~58.61	58	390	174	137	0.87	149
抗拉强度 R_m/MPa	≥150	≥400	≥150	—	—	—	—
热容量/$J(kg \cdot K)^{-1}$	449~594	545	—	—	—	—	—
线胀系数/$\times 10^{-6}K^{-1}$	13	13.92	16.92	4.5	5.2	—	—

3. 黏结剂 黏结剂是制造捣实铸型与熔模精密铸造型壳的关键材料。钛合金造型用的黏结剂要求具有特殊的综合性能。

1）良好的室温粘接性能，以保证铸型制作及造型后的湿强度。

2）煅烧后结合强度高，收缩体积小，以保持铸型尺寸稳定、工艺强度好。

3）与耐火材料匹配，无化学反应，以保证型砂或料浆的良好工艺性能。

4）煅烧后产生的产物对钛液有较高的化学稳定性。表5-59列出几种常用的黏结剂的性能。

表5-59 钛合金陶瓷型熔模精密铸造用黏结剂性能

项目	硅溶胶	硅酸乙酯	锆有机化合物
用途	背层	背层	面层
成分(质量分数,%)	$SiO_2=31$	$SiO_2=32\sim34$	$ZrO_2=22\sim25$
密度/$Mg \cdot m^{-3}$	1.15~1.22	0.97~1.00	1.33
运动粘度/$m^2 \cdot s^{-1}$	$\leqslant 8\times10^{-4}$	1.6×10^{-6}	$(3.0\sim5.0)\times10^{-6}$
pH值	9~9.5	1~2	3.8~4.2

5.5.2 金属型及石墨加工型的铸造工艺

1. 金属型的特点及应用 铸钛用的金属型通常是由铸铁、钢或铜加工而成，使用于小型简单铸件，使用寿命一般可达40~60炉。金属型的铸造工艺简单，铸件尺寸容易保证，成本比较低廉。其缺点是，铸件表面容易出现冷隔和流痕；较大的铸件容易产生表面熔焊区；铸件出现α脆性层。

2. 石墨加工型的特点及应用 石墨加工型是由高纯度人造石墨块经机械加工而成，表面光洁，尺寸精确，新铸型浇注出的铸件精度较高。加工石墨型能多次使用，有的使用寿命可达50~60次。由于石墨的导热性高，对钛液又有良好的润滑性，所以浇入铸型中的熔融钛一旦与型壁接触立即凝固，因此铸件上容易产生流痕与冷隔缺陷。石墨加工型铸件表面上存在的一层渗氧、渗碳的α脆性层，在热应力作用下，容易出现表面龟裂（见图5-48）。这种情况对薄壁铸件尤为有害，因此只有厚壁铸件（$\delta>10$mm）才适合于选用石墨加工型铸造工艺。为了改善铸件表面质量，可以采用惰性耐火材料喷刷在石墨加工型的型腔表面。

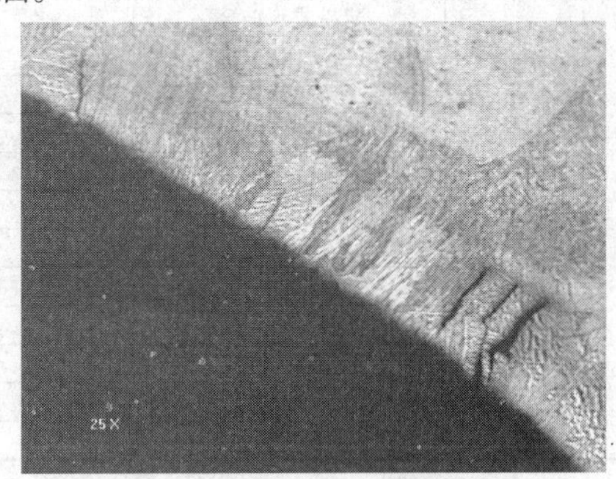

图5-48 铸件上的表面龟裂 ×25

石墨加工型不仅适合于重力浇注，还适合于无芯离心浇注。用于制造钛合金环形铸件或翼型铸件时具有较高的生产效率（见图5-49）。

图5-49　石墨加工型无芯离心浇注ZTC4合金压气机机匣铸件

5.5.3　石墨捣实型工艺

1. 分类及典型配比　石墨捣实型铸造与普通砂型铸造的工艺方法基本相同，不同的是造型材料。石墨型砂种类很多，根据不同的黏结剂可以分成：多组元黏结剂石墨混合料、单组元黏结剂石墨混合料和水溶性黏结剂石墨混合料。

表5-60列出上面3类石墨混合料的典型配比。

2. 造型工艺及特性　常用的石墨砂粒度为0.15~0.6mm。为了提高铸件表面质量，可选用较细的(0.11~0.21mm)石墨面砂。采用较粗的背砂则可改善铸型的透气性。

表5-60　石墨混合料的典型配比

种　类	成　分	配比(质量分数或质量份)	稀释剂	使用国家
多组元黏结剂混合料	石墨粉	70%	水	美国
	粉状沥青	10%		
	碳质水泥	10%		
	淀粉	其余		
	表面活性剂	其余(少量)		
单组元黏结剂混合料	石墨粉	100(质量份)	醇类	俄罗斯、德国、日本、中国
	可溶性酚醛树脂	7%~20%(以干残渣计算)		
	酸性固化剂	树脂质量的10%~30%		
	石墨粉	100(质量份)	醇类	俄罗斯
	酚醛树脂	7%~20%以干残渣计算		
	六亚甲基四胺	树脂质量的6%~14%		
	石墨粉	100(质量份)	煤油	中国
	HZ合脂	15(质量份)		
水溶性黏结剂混合料	石墨粉	100(质量份)	水	美国
	卤化物黏结剂	20(质量份)		
	淀粉或水玻璃	2(质量份)		
	水	10(质量份)		
	石墨粉	100(质量份)		
	卤化物黏结剂	20(质量份)		
	硅酸钠(水玻璃)	5(质量份)		
	水	10(质量份)		
	纸浆	8%~12%	水	俄罗斯
	淀粉	5%~10%		
	碳质黏结剂	8%~9.5%		
	表面活性剂	1%		
	水	5%~18%		
	石墨粉	余量		

将石墨混合量在碾砂机内混合均匀后采用手工或机械造型。将造好的铸型先放在托板上，然后装入烘箱，经120℃左右低温烘烤后，具有足够的强度，然后再装入高温炉进行烧结。为了防止石墨在高温下氧化，应将铸型放在添有石墨或木炭的箱中或在惰性气体（氮或氩气）保护下进行烧结。烘烤和焙烧的升温速度与保温时间，视铸型大小及复杂程度确定，保温时间可以在2~72h内变化。图5-50示出石墨砂型捣实型的典型焙烧工艺。总之，在烘烤和焙烧过程中，应特别注意防止铸型变形。对于内部质量要求严

格的钛铸件，焙烧后还应将石墨铸型再进行约1000℃、2h 的真空除气处理。

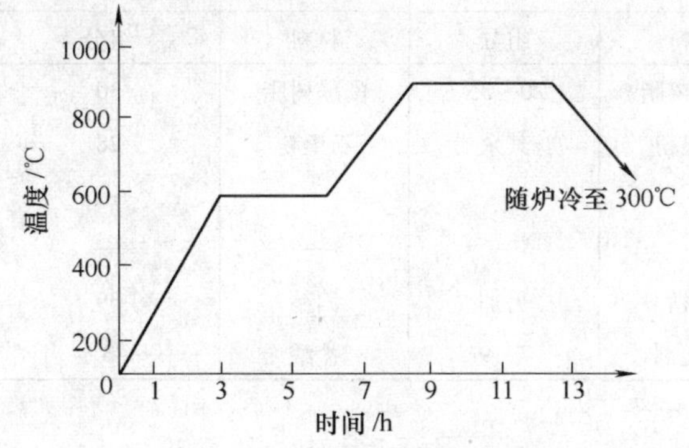

图 5-50　石墨砂型捣实型的焙烧工艺

石墨砂型捣实型在造型后具有足够的湿强度，在烘烤和焙烧后具有较高的断裂干强度（见表 5-61），即可用于重力浇注，也可用于离心浇注。

石墨砂型捣实型的制造工艺简单，成本低廉，与加工石墨型相比，导热性差，退让性较好，铸件不会产生裂纹，适合于机械化批量生产。因此石墨砂型捣实型已成为生产民用钛铸件的主要造型工艺。

表 5-61　石墨砂型捣实型的典型性能

造型方法	断裂干强度/MPa	密度/$Mg \cdot m^{-3}$	自由收缩率(%)
手工捣实	0.49~0.88	1.07~1.1	0.8~1.2
压型	0.69~1.18	1.1~1.2	0.8~0.9

石墨捣实型工艺的缺点是铸件表面质量较差，并且容易出现化学粘砂。未经真空除气的铸型所浇注出的铸件内部会存在气孔类的缺陷。

5.5.4　熔模精密铸造工艺

熔模精密铸造工艺可铸出形状复杂、表面光洁的钛合金精密铸件，并在航空航天工业及其他精密机械工业中获得广泛应用。现在不但可以生产中小型钛合金铸件，而且还能铸造大型整体薄壁铸件，具有明显的经济技术优势。

当前国际上常用于生产钛精密铸件的型壳工艺有三种：石墨熔模型壳工艺、钨面层陶瓷型壳工艺、惰性氧化物面层陶瓷型壳工艺，见表 5-62。

表 5-62　各种熔模型壳工艺的比较

项目	石墨熔模型壳	钨面层陶瓷型壳	氧化物面层陶瓷型壳
优点	材料价格低廉，工艺简单	收缩小，精度高，表面沾污层小	收缩小，精度高，工艺简单
缺点	收缩大，精度低，有渗碳层，表面冷却快	工艺复杂，材料价格高，表面冷却快	材料价格高，有气孔缺陷，有表面沾污层
适用范围	中、小铸件	大、中、小铸件	大、中、小铸件

5.5.4.1　石墨熔模型壳工艺

石墨熔模型壳工艺是最早用于生产的钛合金精铸工艺，美国 Howmet 公司是采用该工艺最早的厂商，目前俄罗斯、中国和意大利等国已广泛采用。这种工艺的流程与普通陶瓷熔模工艺基本相同，对模料无特殊要求，可以根据铸件的大小和复杂程度选择低温或中温模料（见表 5-63）。该工艺采用石墨耐火材料与碳质黏结剂。涂料由黏结剂、填料、表面活性剂和溶剂组成（见表 5-64）。常用的黏结剂为合成树脂或胶体石墨。石墨粉填料的粒度小于 0.08mm，面层撒砂料为 0.11~0.42mm 的石墨砂，背层为 0.6~1.68mm 石墨砂。为了降低型壳的激冷作用，也可采用焦炭作为耐火材料。

表 5-63　熔模工艺用模料性能

类别	熔点/℃	强度/MPa	收缩率(%)	灰分(质量分数,%)	用　途
低温模料	50	1.0~1.1	0.8	≤0.05	石墨型壳工艺
中温模料	79	3.7~3.8	1.3	≤0.1	石墨型壳工艺
高温模料	70~80	4.0~5.0	0.4~0.6	≤0.01	陶瓷型壳工艺

表 5-64　石墨熔模型壳工艺用不同黏结剂的典型涂料组分（质量分数,%）

名　称	胶体石墨黏结剂		合成树脂黏结剂		酚醛树脂黏结剂	
	材料	组分	材料	组分	材料	组分
黏结剂	胶体石墨	2.77	合成树脂	20～35	酚醛树脂	30
填料	石墨粉小于 200#	37.8	石墨粉	其余	石墨粉	28
乳化剂	黄胶	0.174	—	—	—	—
润湿剂	六烷基磺酸钠	0.003	—	—	—	—
溶剂	水	余	酒精	另加	酒精	39
固化剂	—	—	催化剂	7～9	盐酸	3

石墨料浆应在装有搅拌器的涂料桶中制备。在经过均匀稀释的黏结剂中加入干燥的石墨粉填料，搅拌均匀，然后增添固化剂。搅拌不宜过快，防止带入气体。料浆的粘度一般控制在 20～30s（4#粘度杯）范围内。

模组一般涂挂 7～9 层，此时的型壳厚度可达 8～12mm。离心浇注用的型壳最好涂挂 10～12 层。干燥后将模组放在烘箱内脱蜡，然后在石墨粉或惰性气体保护下进行高温烧结。为了除去表面上的吸附气体，浇注前应将石墨型壳进行高温真空处理。焙烧后的型壳性能见表 5-65。

表 5-65　石墨熔模型壳的典型性能

室温抗弯强度 σ_{bb}/MPa	收缩率(%)		抗变形能力(%)
	自由	受阻	
563～674	4.7	3.7	0.2～0.5

5.5.4.2　钨面层陶瓷型壳工艺

钨面层陶瓷型壳精密铸造工艺，首先是由美国 Rem 公司发明的，后来德国与我国也采用并加以发展，已用于批量生产。该工艺的主要特点是在型壳内表面创造一个与钛液接触但不发生反应的高熔点金属面层。采用的模料不含填料，灰分的允许含量低（见表 5-62）。面层料浆在专用的低温涂料桶中配制，料浆主要由细小分散的钨粉与金属有机黏结剂组成，并添加一定数量的阻化剂、润湿剂等辅助材料。模组涂挂面层后，可涂挂价格低廉的陶瓷背层材料。背层一般采用高岭土耐火材料、硅酸乙酯或硅溶胶黏结剂。背层一般涂挂 9～11 层，型壳厚度可达 12～15mm。由于面层涂料是水溶性的，所以模组应采用三氯乙烯蒸汽脱蜡。脱蜡后的型壳经预焙烧后，还应在氢气下进行高温焙烧（见图 5-51）。

钨面层陶瓷型壳的强度高，收缩小，沾污少，是当前制造航空大型整体精密钛合金铸件的主要铸型。

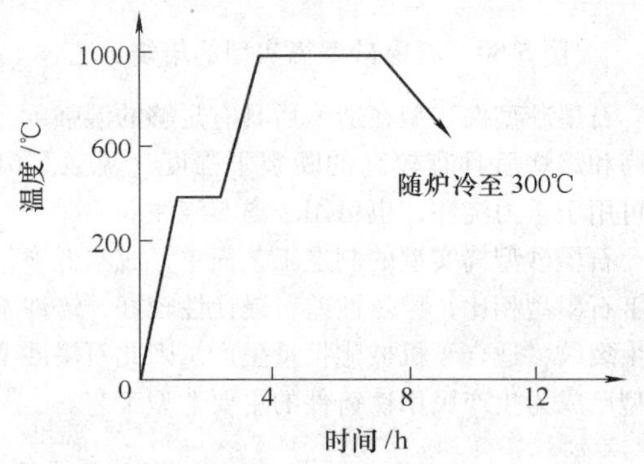

图 5-51　钨面层陶瓷型壳焙烧工艺

5.5.4.3　氧化物陶瓷型壳工艺

惰性氧化物面层陶瓷型壳熔模精铸工艺最早是由美国发展起来的，目前不少厂家采用这种工艺。该工艺的特点是使用对钛液不起反应的耐火氧化物（如 ThO_2、ZrO_2 或 Y_2O_3 等）和生成氧化物的黏结剂配制面层料浆。制造型壳时使用的工装设备与一般熔模精铸的工装相同。

氧化物陶瓷型壳的强度高，收缩小，铸件精度高，表面光洁，不容易产生冷隔缺陷，适合于铸造复杂结构钛合金精密铸件（见图 5-52）。

图 5-52　氧化物陶瓷型熔模钛铸件

但是此法生产的铸件表面上的α脆性层较厚，内部容易产生气孔，通常要求进行热等静压处理。

5.5.5 其他造型工艺

1. 氧化物陶瓷型　惰性耐火材料灌注式陶瓷型工艺可以取代石墨捣实型浇注精度要求更高的钛合金大型铸件。这种陶瓷铸型的收缩率比石墨捣实型小50%左右，强度高，表面光洁，适合于离心浇注。此种的工艺简单，不需要复杂的工装设备，制备周期短，缺点是工艺材料的成本高，生产效率较低。

陶瓷型芯用惰性耐火氧化物浇灌或挤压法制备。

2. 石墨壳型　用热固性合成树脂和石墨粉作为造型材料，在加热的金属型板上制造石墨壳型。该法的工艺简单，材料消耗少，生产效率高，是成批生产尺寸精度要求不高的小型钛合金铸件的好方法。

3. 石墨沉积陶瓷型壳　将焙烧后的普通熔模精铸陶瓷型壳至于石墨沉积炉内，加热至900~1300℃后，通入碳氢化合物气体（甲烷、乙烷或天然气），使型壳表面沉积一层单质的热介碳层。这种附着牢固、均匀致密的沉积层呈金属光泽，强度高，法线方向的热导率很小，对钛液具有一定的稳定性。这种铸型只可浇注小型钛铸件；若浇注大型铸件时，由于热冲击的作用，铸型容易与钛液发生相互反应。

5.6 钛铸件的清理精整

5.6.1 清理精整（见表5-66）

5.6.2 钛铸件的常见缺陷和修复

1. 常见缺陷　由于钛的活性和熔铸工艺条件的限制，钛铸件比其他金属铸件更容易产生各种冶金缺陷。表5-67列出钛合金铸件的常见缺陷和防止方法。

表5-66 钛合金铸件的清理精整工序及其设备和技术要求

工　序	工艺方法与设备	技术要求
脱壳(型)	手锤或风铲	勿损伤铸件
	振动落砂机(脱壳机)	—
切除浇冒口	氧乙炔火焰切割	切口与铸件间距大于10mm
	砂轮机切割	切口与铸件间距大于2mm
抛丸或喷砂	抛丸(钢球)机与喷砂(氧化铝或碳化硅)机	清除残留型壳与粘砂
水力清砂	水力清砂机水压约10MPa	清除型孔、内角粘砂
盐浴处理	活性金属盐浴槽	清除钨面层型壳铸件粘砂及氧化皮
手工铣	气动手工铣刀	铣削铸件浇冒口残根及表面缺陷
手工磨	气动手工磨具	磨削铸件表面缺陷与修整外形
机床加工	车床、铣床、磨床、锯床及钻床	切削浇冒口，铣、磨铸件局部缺陷
喷砂	喷砂机砂粒度约0.15mm	均匀地除去铸件表面上的α脆性层
酸洗	槽液配比： HNO_3(质量分数为65%)18.5%(体积分数) HF(质量分数为40%)5%(体积分数) H_2O　余量 工艺： 清理性酸洗3~5min 腐蚀性酸洗 速度：0.05~0.07mm/min 酸洗量：≤0.2~0.4mm	槽液温度控制在20~35℃，槽液变深蓝色时(含钛量>25g/L)，更换槽液，铸件应不断搅动，以防渗氢

表5-67 钛合金铸件的常见缺陷和防止方法

名称	特　征	产生原因	防止方法
缩孔	孔内表面光洁、孔洞圆滑	补缩冒口设置不当	正确设计浇注系统
缩松	连续或不连续海绵状缩松	铸件大面积薄壁部位补缩差	正确设计浇注系统
气孔	不同尺寸圆孔、内表面光亮	铸型除气不佳或钛液与造型材料发生交互反应	控制造型材料及铸型焙烧除气工艺

（续）

名称	特　征	产生原因	防止方法
表面裂纹	锯齿形的光洁的表面裂纹	表面α脆性层在铸造应力作用下开裂	正确设计工艺
跑火（型漏）	金属流失、铸件充填不满	型壳浇注时开裂，或石墨型装配不当	控制造型工艺
鼓胀	铸件局部突起或增厚	型壳强度不够，装配不良	控制造型工艺
表面针孔	圆形密集或非密集的表面小孔	铸型表面不洁或粗糙或局部反应	控制造型工艺
夹砂	铸件局部夹砂或突起的金属反应层	由型壳或砂型表面开裂起皮或脱落造成	控制造型工艺
夹杂	表面与内部的高低密度夹杂	铸型表面被损或型腔内存在外来夹杂物	控制造型工艺
变形	铸件尺寸和形状与图样不符	蜡模、铸型变形或浇冒口设置不当以及脱型精整时操作不当	正确设计工艺
冷隔、流痕	表面线形凹下或未焊合的金属痕迹	铸型激冷或浇注系统不合理	正确设计工艺
毛刺	表面上不光滑的小刺凸起物	铸型表面不致密	控制造型工艺

2. 焊补　焊补是修复钛合金铸件各种缺陷的重要方法。焊补是在有保护气氛的焊箱中进行。常用的保护气体为高纯度（质量分数为99.99%）氩气。钛合金铸件的缺陷部位在经过铣削或打磨后进行吹砂、酸洗或脱脂处理以净化表面，将焊补部位做上标志并装入焊补箱中。将焊箱封闭，预抽真空至6.6Pa，然后充氩气至100kPa。将铸件接通正极，用ϕ1.5～ϕ3mm钨电极进行电弧焊。起弧后用ϕ1.2～ϕ3mm钛丝熔化后填补铸件缺陷。为了保证焊接性能，焊丝必须采用与铸件同一牌号的低氧合金或下限成分合金。焊补工艺参数见表5-68。焊补工必须经过专门培训并定期考核。

表5-68　钛合金焊补工艺参数

补焊铸件厚度/mm	焊丝直径/mm	钨级（丝）直径/mm	焊枪喷嘴直径/mm	焊接弧压/V	焊接电流/A	氩气流量/L·min^{-1}	
						焊枪喷嘴	拖斗或背部
<3	1.0～2.0	2	8～12	—	50～130	8～12	4～12
3～10	1.6～3.0	2.0～3.0	16～20	—	90～130	12～16	4～12
>10	2.0～4.0	2.5～4.0	16～24	—	130～150	15～25	4～12

焊补后的铸件必须经过目视和*X*射线检查，不允许存在钨夹杂和冷隔缺陷。焊区不允许氧化，应呈银白色或淡黄色，不允许有蓝色和灰色的焊点。根据技术条件要求，同一位置重复焊补的次数一般不超过3次，对高温合金和有特殊要求的钛合金铸件，不允许超过2次。

3. 热等静压处理（参见5.3.1.3）

5.7　钛合金铸件的质量控制

钛合金石墨型铸件一般按国家通用标准*GB/T* 6614—1994进行检验验收；航空用熔模精密铸件暂按*HB* 5448—1990标准检验。

精整后的钛合金铸件根据上述标准及图样和用户要求，可进行目视、射线、荧光等对尺寸、化学成分及力学性能进行检查（见表5-69）。对有特殊要求的铸件，也可作高低倍金相检查。

表5-69 钛合金铸件质量检验项目

检验项目	采用的标准
着色	
X射线检查	HB/Z 60—1996
荧光渗透检查	HB/Z 61—1998
铸件尺寸公差与机械加工余量	GB/T 6414—1999
钛合金化学成分分析	GB/T 4698—1996
金属室温力学试验	GB/T 228—2002
金属室温冲击韧性试验	GB/T 229—2007
金属高温拉伸	GB/T 4338—2006

1. 尺寸检查　钛铸件的尺寸按照铸件图样或铸造工艺规程的规定进行检查。

2. 表面质量　所有钛铸件都必须进行100%目视检查。对于航空用精铸件，必须按HB/Z 61—1998规定进行荧光检查。所有钛铸件表面都应清理干净，不得有毛刺、飞边等，不允许有裂纹、冷隔及穿透性缺陷。航空精密铸件的表面质量应符合表5-70要求。

3. 内部质量　对于重要的航空精密铸件（Ⅰ、Ⅱ类）及用户提出要求的石墨型铸件应进行100%射线检查。钛铸件使用ASTM E 192—2004“宇航用熔模钢件射线标准参考底片”和ASTM E 1320—1995“钛合金铸件的标准参考照片”标准来评定内部缺陷，其要求见表5-71。

表5-70 钛合金铸件目视检验荧光渗透检验允许缺陷

质量级别	受检面积	单个孔洞			成组孔洞			线性缺陷			缺陷边沿距轮廓边沿、孔沿的最小距离
		最大尺寸	最大深度	最多数量	最大尺寸	最大深度	最多数量	最大尺寸	最大深度	最多数量	
		mm		个	mm		组	mm		个	mm
A	25mm×25mm	暂不定									
B		1.0	1.0	4	5	0.8	2	1.0	0.5	2	5
C		2.0	1.5	5	8	1.0	2	1.2	0.8	2	4
D		3.0	2.0	5	15	1.5	1	1.5	1.0	2	3

表5-71 钛合金铸件X射线检验内部缺陷允许级别（按ASTM E 192—2004）

质量级别	铸件壁厚/mm	标准板厚/mm	内部缺陷允许级别				
			气孔	缩孔	海绵状疏松	树枝状疏松	低密度夹杂
A	<3	3.2	暂不定				
	3~3.2	9.5					
	>9.5	19.0					
B	<3	3.2	6	不允许	4	5	4
	3~3.2	9.5	4	不允许	2	4	3
	>9.5	19.0	4	2	2	4	3
C	<3	3.2	7	不允许	5	7	5
	3~3.2	9.5	5	不允许	3	5	4
	>9.5	19.0	5	2	3	5	4

4. 化学成分检验　钛合金铸件必须按炉批检验化学成分。

5. 力学性能检验　民用的石墨型及熔模精密铸件，如果用户不提要求，可以不检验力学性能。重要的航空精密铸件（Ⅰ、Ⅱ类），应100%按炉批检测室温力学性能，如果用户提出要求，也可检验高温性能和冲击性能。

参 考 文 献

[1] 中国机械工程学会铸造分会. 铸造手册第3卷：铸造非铁合金［M］. 2版. 北京：机械工业出版社，2001.

[2] Hocek H J，et al. Aerospace Structual Metals Handbook［M］. V4. Code3106. Columbus：Ohio Battelle，1983.

[3] ASTM B 367-1993 Standard Specification for Titanium and Titanium Alloy Castings［S］. Annual Book of ASTM Standards. 2000.

[4] Бибиковь Е Л Производсмво фасонных отливок из титановых сдлавов，Москва：Металлургия，1983.

[5] Calvert E D，Kato H，Beall R A. Castability of Titanium and Seven Titanium Alloys. Proc. 4th Internat. Conf. on Vacuum Met.，Tokyo，June 1973：310-314.

[6] Eylon D，Froes F H，Cardinner R W. Developments in Titanium Alloy Casting Technology［J］，J. of Metals，1983，35（2）：35-47.

[7] E D Calvert，An Investment Mold for Titanium Casting. Bureau of Mines Report of Investigations，1981.

[8] 周彦邦. 钛合金铸造概论［M］. 北京：航空工业出版社，2000.

[9] 谢成木. 钛及钛合金铸造［M］. 北京：机械工业出版社，2004.

第 6 章　铸造铜及铜合金

铸造铜及铜合金，按其化学成分可分为纯铜、青铜、黄铜和白铜四类，按其功能又可分为一般用途铜和特殊用途铜两类。本章编写的主要铜合金见表 6-1。

表 6-1　铸造铜及铜合金的分类

类别	名　称	合金牌号		标　准
紫铜	纯铜	ZCu99.7 ZCu99.5		—
	高铜合金	ZCuFe0.1P0.03 ZCuSn0.15Y0.5 ZCuZn0.2Mg0.1 ZCuFe1P0.3Zn0.3		
青铜	锡青铜	ZCuSn3Zn8Pb6Ni1 ZCuSn3Zn11Pb4 ZCuSn5Pb5Zn5 ZCuSn10P1 ZCuSn10Zn2 ZCuSn10Pb5	(3-8-6-1 锡青铜) (3-11-4 锡青铜) (5-5-5 锡青铜) (10-1 锡青铜) (10-2 锡青铜) (10-5 锡青铜)	GB/T 1176—1987
		ZCuSn6Zn6Pb3	(6-6-3 锡青铜)	CB883—1986
		ZCuSn8Zn4		—
	铝青铜	ZCuAl8Mn13Fe3Ni2 ZCuAl9Mn2 ZCuAl9Fe4Ni4Mn2 ZCuAl10Fe3 ZCuAl10Fe3Mn2 ZCuAl8Mn13Fe3	(8-13-3-2 铝青铜) (9-2 铝青铜) (9-4-4-2 铝青铜) (10-3 铝青铜) (10-3-2 铝青铜) (8-13-3 铝青铜)	GB/T 1176—1987
		ZCuAl10Fe4Ni4	(10-4-4 铝青铜)	QJ171A—1996
		ZCuAl7Mn13Zn4Fe3Sn1	(7-13-4-3-1 铝青铜)	CB883—1986
		ZCuAl10Fe4Mn3Pb2 ZCuAl11Fe7Ni6Cr1		—
	铅青铜	ZCuPb10Sn10 ZCuPb15Sn8 ZCuPb17Sn4Zn4 ZCuPb20Sn5 ZCuPb30	(10-10 铅青铜) (15-8 铅青铜) (17-4-4 铅青铜) (20-5 铅青铜) (30 铅青铜)	GB/T 1176—1987
		ZCuPb12Sn8 ZCuPb25Sn5	(12-8 铅青铜) (25-5 铅青铜)	GB/T 13819—1992

（续）

类别	名　称	合金牌号		标　准
青铜	铍青铜	ZCuBe0.5Co2.5 ZCuBe0.5Ni1.5 ZCuBe2Co0.5Si0.25 ZCuBe2.4Co0.5 ZCuBe2Co1 ZCuBe0.4Ni1.5Ti0.5		—
		ZCuBe1Al8Fe1Co1	（1-8-1-1 铍青铜）	CB818—1984
	硅青铜	ZCuSi3Mn1 ZCuSi3Pb6Mn1 ZCuSi0.5Ni1Mg0.02		—
	锰青铜	ZCuMn5		—
	铬青铜	ZCuCr1		—
黄铜	普通黄铜	ZCuZn38	（38 黄铜）	GB/T 1176—1987
	铅黄铜	ZCuZn40Pb2 ZCuZn33Pb2	（40-2 铅黄铜） （33-2 铅黄铜）	
	硅黄铜	ZCuZn16Si4	（16-4 硅黄铜）	
	锰黄铜	ZCuZn38Mn2Pb2 ZCuZn40Mn2 ZCuZn40Mn3Fe1	（38-2-2 锰黄铜） （40-2 锰黄铜） （40-3-1 锰黄铜）	
	铝黄铜	ZCuZn24Al5Fe2Mn2	（24-5-2-2 铝黄铜）	CB818—1984
		ZCuZn25Al6Fe3Mn3 ZCuZn26Al4Fe3Mn3 ZCuZn31Al2 ZCuZn35Al2Mn2Fe1	（25-6-3-3 铝黄铜） （26-4-3-3 铝黄铜） （31-2 铝黄铜） （35-2-2-1 铝黄铜）	GB/T 1176—1987
白铜	铁白铜	ZCuNi10Fe1 ZCuNi30Cr2Fe1Mn1		—
	铌白铜	ZCuNi30Nb1Fe1		
	铝白铜	ZCuNi15Al11Fe1		
	铍白铜	ZCuNi30Be1.2		
	锌白铜	ZCuNi20Sn4Zn5Pb4 ZCuNi25Sn4Zn2Pb2 ZCuNi22Zn13Pb6Sn4Fe1		—
特殊铜合金	阻尼合金	ZCuMn51Al4Fe3Ni2Zn2Cr1 ZCuMn53Al4.5Fe4Ni2		—
	艺术铜合金	见 6.1.5.2		—

6.1　合金及其性能

6.1.1　纯铜

纯铜在室温条件下呈紫红色，习惯上称作紫铜。铸造纯铜既具有很高的导电、传热性能，又具有优良的耐蚀性和良好的力学性能，因此常用于制造导电环、导电颚板、电极夹持器、集电器、接线金具、氧枪喷嘴、高炉风口和渣口等导电、导热铸件。为了改善纯铜的熔铸工艺性、耐热性和抗氧化性能，有时也添加一些微量元素（如 P、Sn、Zn、Mg、Fe、B、RE 等）组成高铜合金，这类高铜合金的性能、用途和金属光泽与纯铜相近，在工程上也习惯称作紫铜。

6.1.1.1　化学成分

由于各种行业对铸造纯铜技术要求的侧重点不同，到目前为止铸造纯铜在国内还没有形成国家或行业标准。表 6-2 列出了电气、冶金、化工行业常用铸造纯铜的化学成分。其主要添加元素在铜中的作用如下：

1. Fe　铁能细化铜的晶粒，延缓铜的再结晶过程，提高铜的强度、硬度和热强性，但降低铜的塑性、导电性和导热性。当在含 Fe 铜中加入微量 P 时，Fe 与 P 能形成 Fe_3P 化合物，通过热处理可达到弥散强化的目的，这时 Fe 的存在对铜导电性能影响不大，因此铸造纯铜 Fe、P 是一起添加的。

2. P　磷显著降低铜的导电性和导热性，但能改善铜的力学性能和焊接性能。磷常用作铜的脱氧剂，并提高铜液的流动性。

3. Sn　锡稍降低铜的导电性和导热性，但对铜有很好的固溶强化作用。并能使纯铜的强度和导电性之间获得良好匹配。

4. Zn　锌稍降低铜的导电性和导热性，但对铜有很好的固溶强化作用。Zn 常代替 P 用作铜的脱氧剂，提高铜液的流动性，铜中加 Zn 是生产导电铜的一种低成本方法。

5. Mg　镁稍降低铜的导电性和导热性，对铜有良好脱氧作用，提高铜的高温抗氧化性。

6. B　硼稍降低铜的导电性和导热性，对铜有良好脱氧作用，能细化铜的晶粒，延缓铜的再结晶过程，提高铜的强度、硬度。铸造纯铜在熔炼时 B 加入质量分数一般不超过 0.05%。

7. RE　稀土主要包括 Ce、La、Y、Pr 等元素，它们几乎不溶于铜，但能与铜中的杂质 Pb、Bi 等形成高熔点化合物弥散分布于铜的内部，能细化晶粒，提高铜的高温塑性，同时稀土元素也是很好的脱硫、脱氧剂。稀土在铸造纯铜中作脱氧剂使用时加入的质量分数一般小于 0.05%。

表 6-2　铸造纯铜的化学成分（质量分数,%）

序号	合金牌号	主要元素						杂质限量≤		
		Cu	P	Fe	Zn	Sn	Mg	P	Sn	其他
1	ZCu99.7	99.7	—	—	—	—	—	0.03	0.09	0.15
2	ZCu99.5	99.5	—	—	—	—	—	0.05	0.3	0.15
3	ZCuFe0.1P0.03	余量	0.025～0.04	0.05～0.15	—	—	—	—	—	0.15
4	ZCuSn0.15Y0.5	余量	—	—	—	0.1～0.2	Y0.3～0.6	—	—	0.15
5	ZCuZn0.2Mg0.1	余量	—	—	0.1～0.2	—	0.05～0.15	—	—	0.15
6	ZCuFe1P0.3Zn0.3	余量	0.2～0.4	0.8～1.2	0.2～0.4	—	—	—	—	0.15

6.1.1.2　物理和化学性能

1. 物理性能　杂质和微量添加元素对纯铜物理性能的影响与其在铜中的存在形成和数量有关（见图 6-1 和图 6-2）。许多合金元素（如 Mg、Ti、Be、Zr、Cr、Mn、Fe、Co、Ni、Zn、Cd、Al 和 Si 等）都能溶入铜中形成固溶体，并在不同程度上提高铜的强度和硬度，降低其导电和导热性能。在合金元素中，Ti、P、Fe、Co、As 等对铜的导电性影响最为明显；Pb、Si、Mn、Be、Sn、Al、Sb 和 Ni 次之；Ag、Cr、Cd、Mg 和 Zn 等影响最小。

有些低熔点金属（如 Bi、As 等）微溶于铜，且和铜形成低熔共晶体，分布在铜晶粒的边界上，降低铜的室温塑性，但对铜的导电和导热性影响不大。

纯铜中的其他杂质和微量元素（如 O、S、Se、Te 等），能与铜形成熔点较高的脆性化合物（Cu_2O、Cu_2S、Cu_2Se、Cu_2Te），降低铜的塑性，但对铜的导电和导热性影响也不大。图 6-1、图 6-2 是杂质和微量元素对纯铜物理性能的影响曲线；图 6-3 是温度对纯铜热导率的影响曲线。铸造纯铜及高铜合金的物理性能见表 6-3。

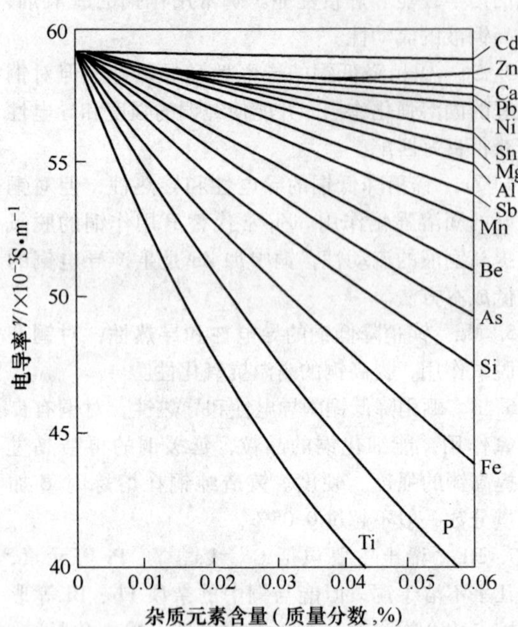

图 6-1 杂质对纯铜电导率的影响

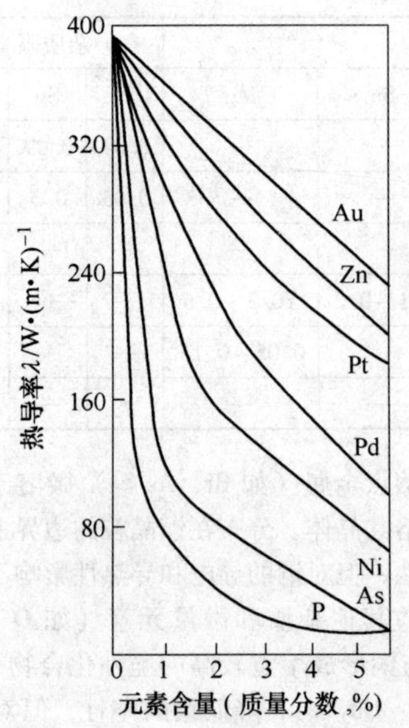

图 6-2 元素对纯铜热导率的影响

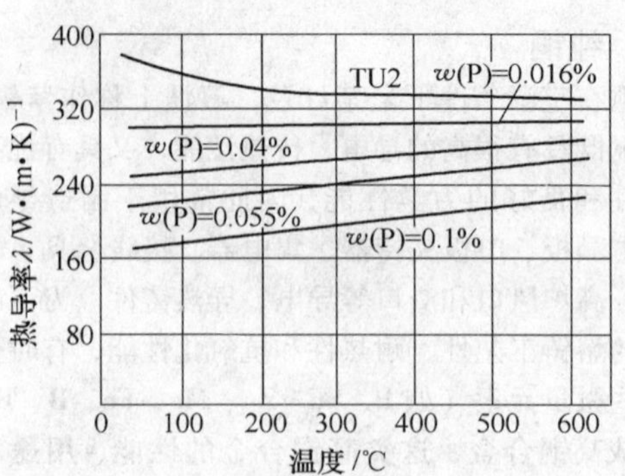

图 6-3 温度对纯铜热导率的影响

纯铜铸件在工程上主要是用作导电、传热零部件。在多数情况下紫铜内混入少量杂质能降低铸件的导电、传热性能，提高铸件的力学性能。因此以力学性能作为纯铜铸件质量判据的条件不够充分，纯铜铸件的质量指标应该包含电导率（或热导率）。铜及铜合金电导率测量方法主要包括涡流法、双电桥法和电位差法。对于紫铜铸件来说，电位差法采用的试样较短，具有取样容易、测量精度高的优点，因此应用较为广泛。铜及铜合金的热导率采用 GB/T 3651—2008 规定的方法测量。由于铸造纯铜热导率测量试样的加工有一定难度，因此工程上很少直接测量铸造纯铜的热导率。在一定温度条件下铜及铜合金的热导率与电导率的关系可用公式 $\lambda/\gamma = LT$ 来表述，其中 λ—热导率（W/（m·K））、γ—电导率（S/m）、L—材料的洛伦兹常数、T—测量的热力学温度。在某个温度条件下测量出材料的电导率，并查出该材料的洛伦兹常数就可以计算出材料的热导率。图 6-4 是铜材热导率与电导率的近似换算关系。

2. 化学性能　铜在大气和水介质中能生成与基体金属紧密结合的碱性硫酸铜［$CuSO_4 \cdot 3Cu(OH)_2$］和碱性碳酸铜［$CuCO_3 \cdot Cu(OH)_2$］薄膜，对铜的继续腐蚀起到保护作用，因此铜在大气、淡水和流速不大的海水中有良好的耐腐蚀性。

OH^-

Cu→Cu ＋e

|

|→Cu^{2+}＋e（阳极反应）

反应产生的亚铜离子（Cu^{2+}）是有毒离子，能有效地阻止和杀死海洋生物幼虫，所以有良好的防污性能。

表 6-3 铸造纯铜及高铜合金的物理性能

物理性能	ZCu99.7	ZCu99.5	ZCuFe0.1P0.03	ZCuFe1P0.3Zn0.3
液相线温度/℃	1082.7	1082.7	1082	1084
固相线温度/℃	1064.4	—	—	1078
比热容 c/J (kg · K)$^{-1}$	377	—	—	380
热导率 λ (20℃) /W · (m · K)$^{-1}$	346	339	320	250
线胀系数 (20～300℃) a_l/×10^{-6}K^{-1}	16.92	16.92	16.9	16.2
密度 ρ/Mg · m^{-3}	8.94	8.94	8.94	8.87
电阻率 ρ/μΩ · m	0.0187	0.0203	0.0216	0.0288
电导率 γ (%IACS)①	92	85	80	60

① γ 是以国际软铜 w(Cu + Ag) ≥99.9%，退火后(20℃时的电阻率为 0.01724/μΩ · m)的电导率(IACS)作为 100%。

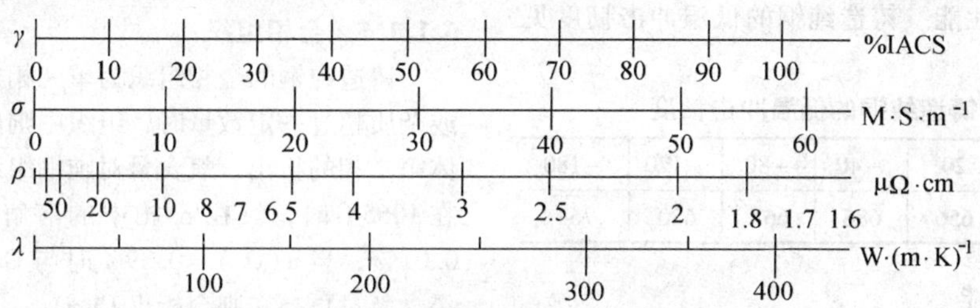

图 6-4 铜材热导率与电导率的近似换算关系

铜具有高的正电位，当 Cu 处于 Cu^{+} 和 Cu^{2+} 离子化状态时，其标准电极电位分别为 0.522V 和 0.345V，不能置换出水中的氢。铜在非氧化性酸(如盐酸)、有机酸（如乙酸、甲酸、柠檬酸、脂肪酸、乳酸、草酸、苯甲酸和石碳酸等)、碳氢化合物(如乙醛、乙醇、乙醚、乙二醇、乙炔、丙酮、苯、汽油、丁烷、丙烷、天然气、乙酸乙酯、二氧化碳、松香、石油、重油、石蜡和松节油等)、各种盐溶液(如硫酸钡、碳酸钡、硫酸钾、碳酸氢钠、硫酸氢钠、铬酸钠、磷酸钠、硅酸钠等）以及干燥的硫化氢、四氯化碳、三氯乙烯、二氧化硫、三氧化硫和二氯化硫等各种介质中都有良好的耐蚀性。铜在氯化铝、硫酸铝、氯化钡、次氯酸钙、氯化钙、二氯化铁、硫酸亚铁、氢氧化钾、氢氧化钠、硫酸铜、硫酸氢钠、氯化镁、氯化钠、次氯酸钠、硝酸钠、亚硫酸、甲酸、潮湿的三氯乙烯、二氧化硫、盐水以及煤气中有轻度腐蚀。

铜表面上的碱性化合物能在氧的作用下，生成二价铜盐，所形成的 Cu^{2+} 离子进入溶液，使铜继续腐蚀。因此，铜在氨、氯化铵、氰化物和汞盐的水溶液中以及潮湿的卤族元素中产生强烈腐蚀。

6.1.1.3 力学性能

1. 室温力学性能 铸造纯铜典型室温力学性能见表 6-4。

表 6-4 铸造纯铜的典型室温力学性能

合金牌号	铸造方法	抗拉强度 R_m	屈服强度 $R_{p0.2}$	断后伸长率 A (%)	硬度 HBW	疲劳极限 $\bar{\sigma}_{-1}$/MPa $N=10^8$	弹性模量 E/GPa
		MPa					
ZCu99.7	S	170	70	25	40	62	115
ZCu99.5	S	170	90	25	45	—	115
ZCuFe0.1P0.03	S	230	130	20	50	—	125
ZCuSn0.15Y0.5	S	280	160	20	50	—	—
ZCuZn0.2Mg0.1	S	200	100	20	45	—	—
ZCuFe1P0.3Zn0.3①	S	290	160	23	HRB36	—	118.2

① 各参数为参考值。

2. 高温力学性能 铸造纯铜不同温度下的力学性能见表6-5。

表6-5 铸造纯铜在不同温度下的力学性能

试验温度/℃	抗拉强度 R_m/MPa	断后伸长率 A	断面收缩率 Z	冲击韧度 a_{KU}/kJ·m^{-2}
		%		
20	150	55	81	656
93	115	47	77	546
204	105	31	38	463
290	78	17	19	—
371	71	19	18	491
537	44	18	23	308
704	22	36	36	335

3. 低温力学性能 铸造纯铜的低温冲击韧度见表6-6。

表6-6 铸造纯铜的低温冲击韧度

试验温度/℃	20	-40	-80	-120	-180
a_{KV}/kJ·m^{-2}	656	686	667	680	764

6.1.1.4 工艺性能

1. 铸造性能 纯铜熔点高，熔化时极易吸气，因此熔炼时应采取良好的保护措施，而且浇注前要进行脱氧处理。

纯铜的流动性好、凝固区间小，但凝固时收缩率大（全收缩为10.7%，凝固收缩为3.8%，固体收缩的体积收缩为6.9%，线收缩为2.32%），因此要用尺寸足够的冒口进行补缩。纯铜的氧化倾向大，在熔炼过程中容易被氧化，加之凝固时收缩较大，所以容易产生夹渣、缩松和裂纹等铸造缺陷。

纯铜可以用各种方法进行铸造，包括砂型、金属型、离心铸造、连续铸造、熔模和石膏模铸造，但不适合于压力铸造。

根据铸件壁厚的不同，浇注温度可在1150（大于50mm）~1250℃（小于12mm）之间变化。

2. 焊接性能 铸造纯铜易于钎焊。纯铜钎焊时应避免在还原性气氛中焊接，但无氧铜则要求在还原性气氛中焊接。

铸造纯铜易采用钨极、熔化极气体保护电弧焊，但不宜采用埋弧焊以及其他形式的电阻焊。铸造纯铜焊接时通常需要预热。

铸造纯铜通常不采用气焊，有时薄壁件采用气焊时，选用黄铜丝作填充材料。

6.1.1.5 金相组织

铸造纯铜的金相组织为单一相，当添加其他元素或杂质超过一定数量时，组织中则出现化合物或共晶体第二相的析出。氧含量对纯铜组织的影响见图6-5。在1065℃时，氧在α相中的溶解度的体积分数为0.01%，当$w(O_2)=0.39\%$时与Cu_2O形成共晶，如果含氧量再高，则会析出Cu_2O。

Cu_2O对铸件有害，在还原气氛和高温条件下工作时，铸件会自动破裂，这种象被称为“氢脆”。这是因为还原性气氛中的氢扩散到铜组织中后与Cu_2O发生下列反应的结果：

$$Cu_2O + H_2 = 2Cu + H_2O$$

所生成的水蒸气在热的作用下在晶粒间膨胀，从而导致铸件产生裂纹，见图6-6a。当脱氧至$w(O_2)<0.01\%$时，铜铸件就不会发生“氢脆”开裂，见图6-6b。

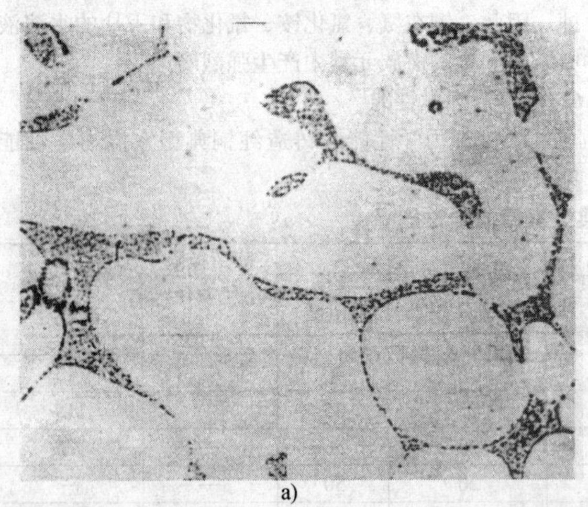

a)

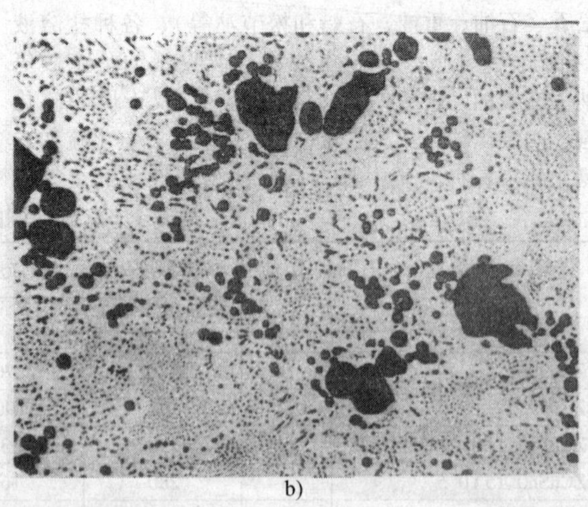

b)

图6-5 含氧铜的共晶组织 ×200

a）含氧铜的亚共晶组织α+（α+Cu_2O） b）含氧铜的过共晶组织（灰色块状物为Cu_2O初晶）

图6-6 含氧量对纯铜组织的影响 ×200

a) $w(O_2)>0.01\%$时退火后产生晶界开裂 b) $w(O_2)<0.01\%$时无“氢脆”开裂

6.1.2 青铜

按化学成分可分为锡青铜和无锡青铜。后者又可分为铝青铜、铅青铜、铍青铜、硅青铜、锰青铜和铬青铜等。

6.1.2.1 铸造锡青铜

锡青铜的历史悠久，是人类最早使用的金属材料之一。目前广泛应用的锡青铜中锡的质量分数一般为3%~11%。为了改善锡青铜的力学、物理和工艺性能，在Cu-Sn二元合金基础上，再添加一定数量的Zn、Pb、Ni或P等形成一系列的多元锡青铜。

1. 合金牌号 铸造锡青铜的合金牌号及国内外牌号对照见表6-7。

表6-7 铸造锡青铜的国内外牌号对照

序号	合金牌号 GB/T 1176—1987	国外相近牌号					
		俄罗斯 ГОСТ613—1979	美国 ASTM①	英国 BS1400—1985	德国 DIN1716②—1981	国际标准 ISO 1338—1977	日本 JISH5120—2006
1	ZCuSn3Zn8Pb6Ni1	БрО3Ц7С5Н1	C83800	LG1	G-CuSn2ZnPb	—	—
2	ZCuSn3Zn11Pb4	БрО3Ц12С5	C84500	—	—	—	BC1
3	ZCuSn5Pb5Zn5	БрО5Ц5С5	C83600	LG2	C-CuSn5ZnPb	CuPb5Sn5Zn5	BC6
4	ZCuSn6Zn6Pb3	БрО6Ц6С3	—	LG3	—	—	BC7
5	ZCuSn8Zn4	БрО8Ц4	C90300	—	—	—	BC2
6	ZCuSn10P1	БрО10Ф1	C90700	PB4	—	CuSn10P	PBC2B
7	ZCuSn10Zn2	БрО10Ц2	C90500	G1	G-CuSn10Zn	CuSn10Zn2	BC3
8	ZCuSn10Pb5	БрО10С5	—	—	G-CuPb5Sn	—	LBC2

① 美国材料试验学会（ASTM）标准：B22—2002、B584—2006、B763—2004、B505—2005。

② 等效采用EN1982—1998。

2. 合金的化学成分 铸造锡青铜的主要化学成分及允许的杂质元素限量分别见表6-8和表6-9。各种元素在锡青铜中的作用见表6-10。

表 6-8 铸造锡青铜的主要化学成分（质量分数,%）

序号	合金牌号	主要元素						所属标准
		Sn	Zn	Pb	P	Ni	Cu	
1	ZCuSn3Zn8Pb6Ni1	2.0~4.0	6.0~9.0	4.0~7.0	—	0.5~1.5	余量	GB/T 1176—1987
2	ZCuSn3Zn11Pb4	2.0~4.0	9.0~13.0	3.0~6.0	—	—	余量	
3	ZCuSn5Pb5Zn5	4.0~6.0	4.0~6.0	4.0~6.0	—	—	余量	
4	ZCuSn6Zn6Pb3	5.0~7.0	5.0~7.0	2.0~4.0	—	—	余量	CB883~1986
5	ZCuSn8Zn4	7.0~9.0	4.0~7.0	—	—	—	余量	GB/T 1176—1987
6	ZCuSn10P1	9.0~11.5	—	—	0.5~1.0	—	余量	
7	ZCuSn10Zn2	9.0~11.0	1.0~3.0	—	—	—	余量	
8	ZCuSn10Pb5	9.0~11.0	—	4.0~6.0	—	—	余量	

表 6-9 铸造锡青铜杂质元素限量（质量分数,%）

序号	合金牌号	杂质元素限量≤										
		Fe	Al	Sb	Si	P	S	Ni	Zn	Pb	Mn	总和
1	ZCuSn3Zn8Pb6Ni1	0.4	0.02	0.3	0.02	0.05	—	—	—	—	—	1.0
2	ZCuSn3Zn11Pb4	0.5	0.02	0.3	0.02	0.05	—	—	—	—	—	1.0
3	ZCuSn5Pb5Zn5	0.3	0.01	0.25	0.01	0.05	0.10	2.5*	—	—	—	1.0
4	ZCuSn6Zn6Pb3	0.4	0.05	0.3	0.05	0.05	—	—	—	—	—	1.0
5	ZCuSn8Zn4	0.3	0.02	0.5	0.02	—	0.05	—	Bi0.005	0.5	—	1.0
6	ZCuSn10P1	0.1	0.01	0.05	0.02	—	0.05	0.10	0.05	0.25	0.05	0.75
7	ZCuSn10Zn2	0.25	0.01	0.3	0.01	0.05	0.10	2.0*	—	1.5*	0.2	1.5
8	ZCuSn10Pb5	0.3	0.02	0.3	—	0.05	—	—	1.0*	—	—	1.0

注：1. 有*号的元素不计入杂质元素总和。

2. 未列出的杂质元素计入杂质元素总和。

表 6-10 各种元素在铸造锡青铜中的作用

元素	合金类型	作用			
		残余氧含量	流动性	铸态组织	力学性能
Sn	Cu-Sn	降低	改善	$w(Sn)<6\%$形成单相α固溶体；$w(Sn)>6\%\sim7\%$形成（α+δ）共析体，δ相硬且脆	明显提高强度、硬度和耐蚀性，并有良好的耐磨性
Zn	Cu-Sn Cu-Sn-P Cu-Sn-Pb	降低	改善	溶入α固溶体，增加（α+δ）共析体的数量，缩小凝固温度范围	减少分散缩孔，提高力学性能
P	CU-Sn-Zn	有很好的脱氧作用	改善	在固溶体中P的溶解度为0.1，$w(P)>0.1\%$时，形成（α+Cu_3P）共晶，Cu_3P硬且脆，常与α、δ相组成二元和三元共晶。扩大结晶温度区间，容易产生偏析	$w(P)<0.07\%$时，对力学性能有改善作用
	Cu-Sn-P				增加硬度和耐磨性

（续）

元素	合金类型	作用			
		残余氧含量	流动性	铸态组织	力学性能
Pb	Cu-Sn Cu-Sn-P Cu-Sn-Pb	不影响	稍有改善	以金属 Pb 的形式存在	降低强度和伸长率，改善耐磨性、切削性和耐水压性
Ni	所有 Cu-Sn 合金	不影响	稍有改善	溶入 α 固溶体，细化晶粒，使 Pb 分布均匀，增加（α + δ）数量；$w(\mathrm{Ni}) > 2.0\%$ 时形成 Ni_3Sn 化合物	提高力学性能，特别是提高冲击韧度，改善耐磨性和耐水压性、降低热脆性
Fe	所有 Cu-Sn 合金	稍降低	稍降低	Fe 在 Cu-Sn 固溶体中可溶解 0.2%。$w(\mathrm{Fe}) > 0.2\%$ 时形成金属化合物	$w(\mathrm{Fe}) \leqslant 0.3\%$ 时稍提高力学性能；$w(\mathrm{Fe}) > 0.8\%$ 时，降低塑性
Fe	Cu-Sn-Zn Cu-Sn-Pb Cu-Sn-Zn-Pb				提高强度和硬度
Al	Cu-Sn Cu-Sn-Pb Cu-Sn-Zn-Pb	降低	明显降低	增加（α + δ）数量	很有害
Si	Cu-Sn Cu-Sn-Zn	降低	降低	增加（α + δ）数量	很有害
Si	Cu-Sn-Zn-Pb		明显降低		
Mn	Cu-Sn Cu-Sn-Zn	降低	降低	$w(\mathrm{Mn}) < 0.5\%$ 时不影响	有害
Mn	Cu-Sn-Zn-Pb		明显降低		$w(\mathrm{Mn}) < 0.1\%$ 不影响；$w(\mathrm{Mn}) \geqslant 0.1\%$ 时有害
Sb	Cu-Sn Cu-Sn-Zn	不影响	不影响	增加（α + δ）数量	强烈降低
Sb	Cu-Sn-P Cu-Sn-Zn-Pb				$w(\mathrm{Sb}) \leqslant 0.1\%$ 不影响
S	不含或含 Pb 很少的 Cu-Sn	不影响	> 0.1% 降低	形成夹渣	较为有害
S	含 Pb 合金				稍有影响
As	Cu-Sn Cu-Sn-P	不影响	不影响	明显增加（α + δ）数量	较为有害
As	Cu-Sn-Zn Cu-Sn-Pb				稍有降低
Bi	无 Pb 合金	不影响	改善	沿晶界析出	明显降低
Bi	含 Pb 合金			与 Pb 形成低熔点共晶	影响不大

3. 物理性能　铸造锡青铜的物理性能见表 6-11、表 6-12 和表 6-13；铸造锡青铜的摩擦因数和磨痕长度见表 6-14；铸造方法对磨损量的影响见表 6-15；磨损量与试验时间的关系见图 6-7。

表 6-11　铸造锡青铜的物理性能

序号	合　金	固相线温度	液相线温度	密度 ρ/	比热容 c/ J·(kg·K)$^{-1}$	热导率 λ/ W·(m·K)$^{-1}$	电阻率 ρ/	电导率 γ	线胀系数
		℃		Mg·m^{-3}			μΩ·M	(%IACS)	α_l/×10^{-6}K^{-1}
1	ZCuSn3Zn8Pb6Ni1	837	1004	8.80	365	65	0.123	14	18.0 (20～300℃)
2	ZCuSn3Zn11Pb4	837	976	8.64	360	56	0.105	16.45	17.1 (20～300℃)
3	ZCuSn5Pb5Zn5	853	1009	8.83	376	48	0.123	14	18.1 (20～300℃)
4	ZCuSn6Zn6Pb3	—	976	8.82	376	47	0.15	11.5	17.1 (20℃) 18.2 (300℃)
5	ZCuSn8Zn4	854	1000	8.78	377	48	—	—	18.36 (20～300℃)
6	ZCuSn10P1	831	1000	8.76	396	70.5	0.170	10.1	19.0 (20～316℃)
7	ZCuSn10Zn2	854	1000	8.73	376	47	0.157	11	18.36 (20～300℃)
8	ZCuSn10Pb5	—	980	8.85	—	—	—	—	—

表 6-12　铸造锡青铜的物理性能与温度的关系

性　能	合金牌号	试验温度/℃								
		20	38	66	93	121	149	176	204	232
热导率 λ/W·(m·K)$^{-1}$	ZCuSn3Zn11Pb4	72.5	74.5	78.4	82.8	85.6	89.3	92.7	96.5	100.2
电阻率 ρ/μΩ·m		0.104	0.106	0.109	0.112	0.114	0.117	0.120	0.122	0.125
电导率 γ(%IACS)		16.4	16.3	15.4	15.4	15.1	14.7	14.4	14.1	13.8
热导率 λ/W·(m·K)$^{-1}$	ZCuSn5Pb5Zn5	72.0	73.4	75.8	78.2	81.0	84.0	87.0	91.0	95.0
电阻率 ρ/μΩ·m		0.114	—	0.119	0.121	0.124	0.127	0.130	0.133	0.136
电导率 γ(%IACS)		15.1	—	14.5	14.2	13.9	13.6	13.3	13.0	12.7

表 6-13　铸造锡青铜的线胀系数与温度关系

合金牌号	温度范围/℃							
	20～38	20～66	20～93	20～121	20～149	20～176	20～204	20～232
	线胀系数 α_l/×10^{-6}K^{-1}							
ZCuSn3Zn11Pb4	18.36	18.36	18.54	18.54	18.54	18.72	18.72	18.72
ZCuSn5Pb5Zn5	—	17.55	17.73	17.91	18.00	18.07	18.50	18.26
ZCuSn10P1	—	—	10.74	—	—	—	18.04	—

表 6-14　铸造锡青铜的摩擦因数和磨痕长度

序号	合金牌号	摩擦因数		磨痕长度 /mm
		有润滑	无润滑	
1	ZCuSn3Zn8Pb6Ni1	0.013	0.16	—
2	ZCuSn3Zn11Pb4	0.01	0.158	—
3	ZCuSn5Pb5Zn5	—	0.16	—
4	ZCuSn6Zn6Pb3	0.009	0.16	0.56
5	ZCuSn8Zn4	0.006	0.3	—
6	ZCuSn10P1	0.008	0.10	0.73
7	ZCuSn10Zn2	0.007	0.16 ~ 0.20	0.59
8	ZCuSn10Pb5	0.0045	0.10	—

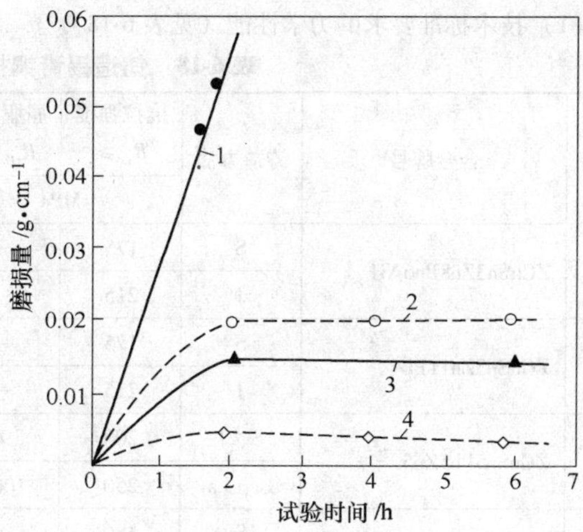

图 6-7　ZCuSn10Zn2 磨损量与试验时间的关系

1—ZCuSn10Zn2 干磨　2、4—含油的 ZCuSn10Zn2
3—ZCuSn10Zn2 油润滑

表 6-15　铸造方法对锡青铜磨损量的影响

合金牌号	ZCuSn6Zn6Pb3			ZCuSn10P1			ZCuSn10Zn2		
铸造方法	1	2	3	1	2	3	1	2	3
磨损量/g	3.683	6.381	4.540	0.281	0.356	0.371	0.186	0.225	0.296

注：1. 铸造方法栏中：1—预热 300℃铸铁模，2—铸铁模，3—砂模。
2. 试验条件：MN—1M 型试验机，无润滑，试样尺寸为 ϕ40mm × 10mm，载荷为 147N，磨损 20000 次，对磨件为 12CrNi3A 钢（55HRC）。

4. 化学性能　铸造锡青铜无论是在大气、淡水或海水中都有很高的化学稳定性，优于纯铜和黄铜。在过热蒸汽中（250℃），当压力不超过 20MPa 时也相当耐蚀。在常温下，与干燥的氯、溴、氟、二氧化碳等实际上不发生作用，但在高温或有水气存在时，腐蚀速度明显加快。铸造锡青铜在某些介质中的腐蚀速度见表 6-16。其空泡腐蚀性能见表 6-17。

表 6-16　铸造锡青铜在介质中的腐蚀速度

合金牌号	腐蚀介质	腐蚀速度 /g · m^{-2} · d^{-1}
ZCuSn5Pb5Zn5	海水	0.64
	H_2SO_4 10%	4.90
ZCuSn6Zn6Pb3	海水	0.67
	H_2SO_4 10%	4.90
ZCuSn10P1	HCl 1%	7.36
	H_2SO_4 1%	0.57
ZCuSn10Zn2	海水	0.92
	H_2SO_4 10%	0.14

（续）

合金牌号	腐蚀介质	腐蚀速度 /g · m^{-2} · d^{-1}
ZCuSn10Zn2	海雾	0.06
	200℃过热蒸气	0.02
	NaCl 20%	1.16
	NaCl 30%	0.51
	HCl 15%（100℃）	15.0
	HCl 30%（100℃）	15.0
ZCuSn10Pb5	H_3PO_4 5%	0.31
	H_2SO_4 5%	1.17
	HCl 6%	1.72

注：有%的均为质量分数。

表 6-17　铸造锡青铜的空泡腐蚀性能

合金牌号	试　样	重量损失/mg	
		2h	4h
ZCuSn10P1	金属型单铸试片	7.7	18.3
ZCuSn10Zn2	砂型单铸试片	5.8	15.3

注：采用磁致伸缩试验机，试验介质为海水。

5. 力学性能

（1）技术标准要求的力学性能（见表6-18）

（2）室温力学性能

1）典型的力学性能见表6-19。

表6-18 铸造锡青铜技术标准要求的力学性能

序号	合金牌号	铸造方法	抗拉强度 R_m ≥	屈服强度 $R_{p0.2}$ ≥	断后伸长率 A（%）	硬度 HBW	所属标准
			MPa		≥	≥	
1	ZCuSn3Zn8Pn6Ni1	S	175	—	8	60	
		J	215	—	10	70	
2	ZCuSn3Zn11Pb4	S	175	—	8	60	GB/T 1176—1987
		J	215	—	10	60	
3	ZCuSn5Pb5Zn5	S、J	200	90	13	60[①]	
		Li、La	250	100[①]	13	65	
4	ZCuSn6Zn6Pb3	S	180	—	8	60	GB 883—1986
		J	200	—	10	65	
5	ZCuSn8Zn4	S	196	118	4	65	—
6	ZCuSn10P1	S	220	130	3	80[①]	
		J	310	170	2	90[①]	
		Li	330	170[①]	4	90[①]	
		La	360	170[①]	6	90[①]	GB/T 1176—1987
7	ZCuSn10Zn2	S	240	120	12	70[①]	
		J	245	140[①]	6	80[①]	
		Li、La	270	140[①]	7	80[①]	
8	ZCuN10Pb5	S	195	—	10	70	—
		J	245	—	10	70	

① 为参考值。

表6-19 铸造锡青铜的典型室温力学性能

合金牌号	铸造方法	抗拉强度 R_m	屈服强度 $R_{p0.2}$	断后伸长率 A	断面收缩率 Z	硬度 HBW
		MPa		%		
ZCuSn3Zn8Pb6Ni1	S	228～261	94	26	20	60
	J	215～270	90～130	—	—	70～73
	石墨型	309	129	46	—	80
ZCuSn3Zn11Pb4	S	193～248	82～96	16～30	—	60
ZCuSn5Pb5Zn5	S	227～270	100～130	13～30	28	66～75
	J	200～280	110～140	13～15	—	80～95
	Li	250～310	110～140	13～30	—	80～95
	La	270～340	100～140	13～35	—	75～90
ZCuSn6Zn6Pb3	S	195	104	14	—	68
	J	210	—	—	—	—
	石墨型	357	160	37	—	95

（续）

合金牌号	铸造方法	抗拉强度 R_m	屈服强度 $R_{p0.2}$	断后伸长率 A	断面收缩率 Z	硬度 HBW
		MPa		%		
ZCuSn8Zn4	S	300	150	20	—	—
	Li	325 ~ 410	155 ~ 230	18 ~ 30	15 ~ 30	60 ~ 76
ZCuSn10P1	S	220 ~ 275	130 ~ 137	3 ~ 20	—	80 ~ 100
	J	310 ~ 330	170 ~ 245	6	—	110 ~ 120
	La	355	170	8	—	95
ZCuSn10Zn2	S	240 ~ 310	130 ~ 160	13 ~ 25	—	70 ~ 95
	J	245 ~ 310	130 ~ 170	3 ~ 18	—	75 ~ 130
	Li	270 ~ 310	130 ~ 170	5 ~ 16	—	70 ~ 95
	La	270 ~ 370	140 ~ 190	9 ~ 25	—	90 ~ 130
ZCuSn10Pb5	S	240 ~ 300	130 ~ 180	15 ~ 20	—	72

2）力学性能与含锡量的关系见图 6-8。

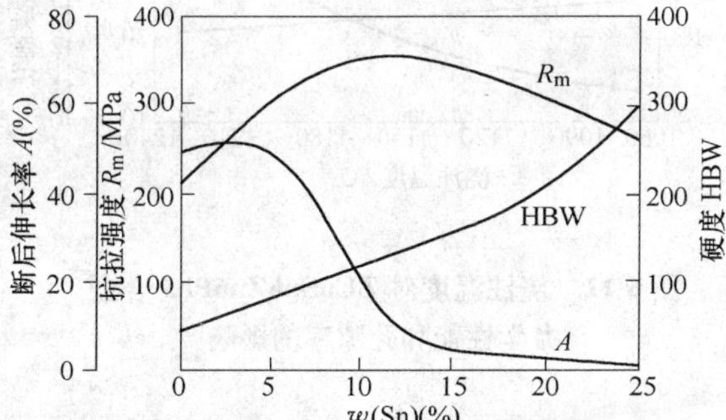

图 6-8 锡青铜的力学性能与含 Sn 量的关系

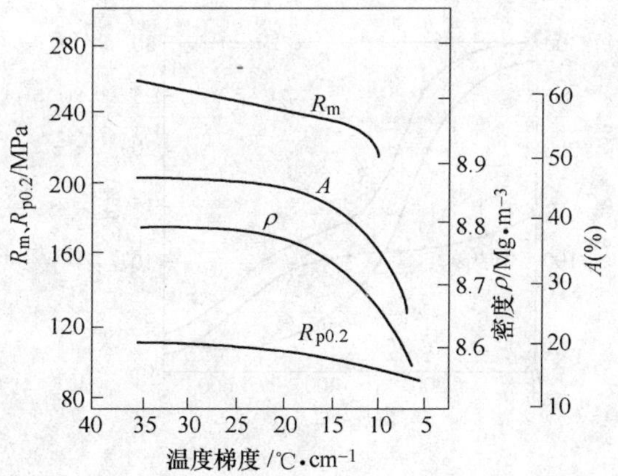

图 6-9 铸型温度梯度对 ZCuSn5Pb5Zn5 合金的力学性能和密度的影响

从图 6-8 看出：含 $w(Sn) < 5\%$ 的合金，其组织由单一的 α 相组成，在该范围内，随着含锡量的增加，合金的强度、硬度和断后伸长率同时增加，当 $w(Sn) \geqslant 5\% \sim 6\%$ 时，由于组织中析出（α + δ）共析体，合金的断后伸长率急剧下降。

3）铸造条件对锡青铜力学性能的影响，铸型温度梯度对锡青铜的力学性能和密度的影响分别见图 6-9、图 6-10。

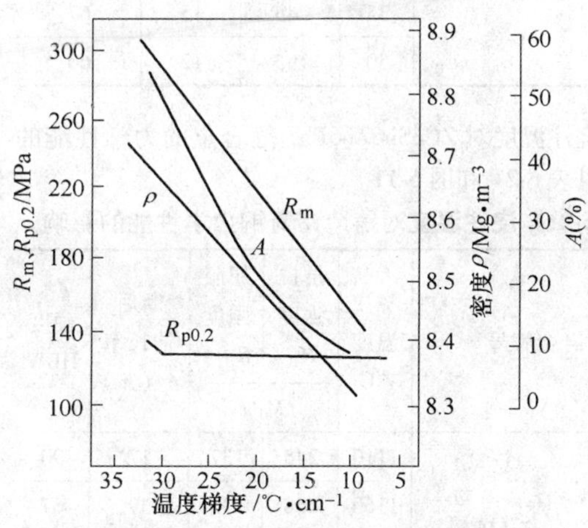

图 6-10 铸型温度梯度对 ZCuSn10Zn2 合金的力学性能和密度的影响

铸件壁厚对铸造锡青铜力学性能的影响见表 6-20。

表 6-20　壁厚对铸造锡青铜力学性能的影响

合金牌号	壁厚 /mm	抗拉强度 R_m /MPa	断后伸长率 A（%）	硬度 HBW
ZCuSn3Zn8Pb6Ni1	5	—	—	68
	10	235	18	67
	20	195	17	65
	35	155	16	60
	50	145	9	57
ZCuSn3Zn11Pb4	5	—	—	68
	10	205	21	67
	20	175	18	65
	35	155	12	62
	50	145	10	60
ZCuSn5Pb5Zn5	5	265	21	68
	10	245	24	65
	20	225	20	65
	35	185	16	62
	50	160	12	58
ZCuSn10Zn2	5	345	—	85
	10	315	25	80
	20	350	23	76
	35	245	15	67
	50	195	12	60

浇注温度对 ZCuSn6Zn6Pb3 等合金的力学性能的影响见表 6-21 和图 6-11。

表 6-21　浇注温度对铸造锡青铜力学性能的影响

合金牌号	浇注温度 /℃	抗拉强度 R_m	屈服强度 $R_{p0.2}$	断后伸长率 A（%）	硬度 HBW
		MPa			
ZCuSn6Zn6Pb3	1110	245	137	17	90
	1160	268	145	39	67
	1180	265	135	31	64
	1230	237	135	19	59
ZCuSn10P1	1000	225	115	14	90
	1050	285	165	21	89
	1070	250	155	15	82
	1100	215	150	18	80
ZCuSn10Zn2	1130	270	145	20	89
	1170	300	155	31	85
	1200	280	135	25	90
	1230	260	130	19	75

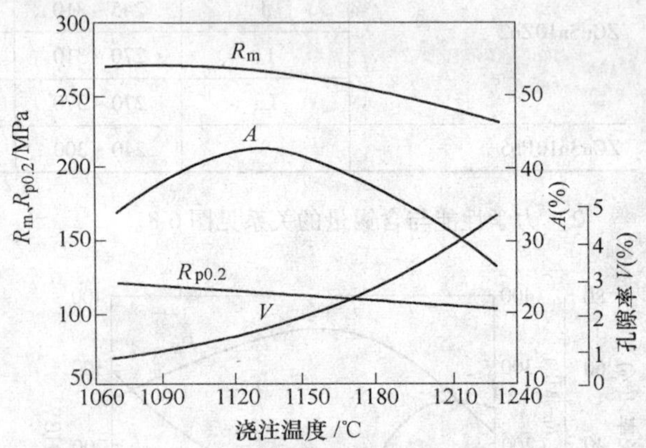

图 6-11　浇注温度对 ZCuSn6Zn6Pb3 合金力学性能和孔隙率的影响

（3）高温力学性能　高温力学性能见表 6-22、表 6-23 和图 6-12。长时间热暴露对 ZCuSn3Zn8Pb6Ni1 合金力学性能的影响见表 6-24。

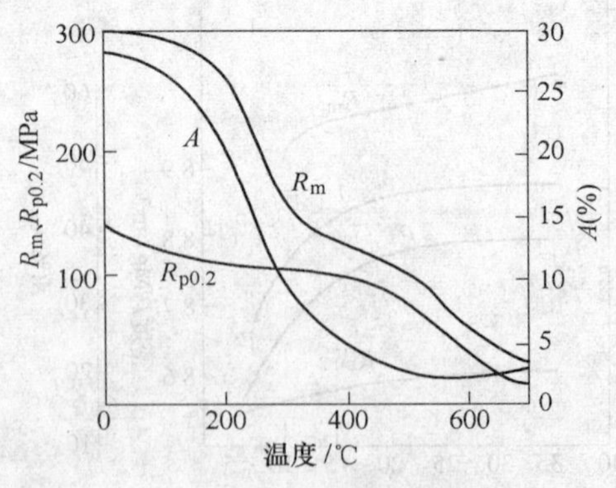

图 6-12　ZCuSn10Zn2 合金力学性能与温度的关系

表 6-22　铸造锡青铜在不同温度下的力学性能

合金牌号	试验温度/℃	抗拉强度 R_m	屈服强度 $R_{p0.2}$	断后伸长率 A	断面收缩率 Z	抗压强度 σ_{mc}/MPa			硬度 HBW
		MPa		%		$\varepsilon_p=0.1$①	$\varepsilon_p=0.01$①	$\varepsilon_p=0.001$①	
ZCuSn3Zn11Pb4	37	267	106	35	30	234	106	79	60
	93	233	85	32	28	223	99	77	55
	148	241	75	30	26	225	102	77	52
	204	236	75	25	22	228	102	79	51
	232	197	74	22	21	221	93	71	50
ZCuSn5Pb5Zn5	37	236	102	31	30	250	116	94	65
	93	227	93	27	30	232	110	87	62
	148	216	90	26	28	222	105	80	60
	204	213	86	26	27	215	105	80	
	232	207	80	26	23	212	100	78	

① ε_p—塑性应变（%）。

表 6-23　温度对铸造锡青铜冲击韧度的影响

合金牌号	ZCuSn3Zn11Pb4						ZCuSn5Pb5Zn5					
试验温度/℃	-40	37	93	148	204	232	-40	37	93	148	204	232
a_{KU}/kJ · m^{-2}	190	212	209	189	176	158	186	182	182	180	152	144

表 6-24　热暴露对 ZCuSn3Zn8Pb6Ni1 合金力学性能的影响

热暴露试验条件 温度/℃	时间/h	抗拉强度 R_m/MPa	屈服强度 $R_{p0.2}$/MPa	断后伸长率 A（%）
288	500	127	76	7
	1000	147	76	10
	5000	168	91	10
	10000	144	93	5
	78000①	122	117	1

① 在 30MPa 载荷下进行热暴露。

（4）低温力学性能（见表 6-25）

表 6-25　铸造锡青铜的低温力学性能

合金牌号	试验温度/℃	抗拉强度 R_m	屈服强度 $R_{p0.2}$	断后伸长率 A	断面收缩率 Z
		MPa		%	
ZCuSn5Pb5Zn5	-40	282	120	38	34
ZCuSn10Zn2	-250	392	313	18	—

（5）高温持久和蠕变性能（见表 6-26、表 6-27 和图 6-13）

表 6-26　铸造锡青铜的高温蠕变和持久性能

合金牌号	试验温度/℃	蠕变极限 σ^t/MPa（0.1%/h） 1000h	10000h	持久疲劳极限 σ_{-1}/MPa 100h	1000h	10000h
ZCuSn3Zn8Pb6Ni1	232	—	46	—	—	—
	288	—	27	—	—	—
ZCuSn3Zn11Pb4	176	113	82	190	105	124
	232	90	55	122	105	89
	260	—	37	—	—	—
	288	55	20	83	70	43

（续）

合金牌号	试验温度/℃	蠕变极限 σ^{t}/MPa（0.1%/h）		持久疲劳极限 σ_{-1}/MPa		
		1000h	10000h	100h	1000h	10000h
ZCuSn5Pb5Zn5	176	100	86	183	—	—
	232	93	77	131	106	—
	260	68	48	—	—	—
	288	—	31	86	66	46
ZCuSn6Zn6Pb3	232	—	62	—	—	—
	288	—	31	—	—	46

表 6-27　ZCuSn5Pb5Zn5 合金单铸试样在 205℃时的蠕变性能

应力/MPa	试验时间/h								试验持续时间/h
	100	500	1000	1500	3000	5000	7500	10000	
	塑性变形 ε_p（%）								
93	0.102	0.124	0.132	0.142	0.162	0.180	0.20	—	9576①
77	0.046	0.054	0.060	0.066	0.076	0.084	0.102	—	9000①
62	0.018	0.022	0.028	0.032	0.040	0.046	0.050	0.054	10000①
31	<0.002	0.004	0.006	0.008	0.010	0.012	—	—	5600①
15	<0.002	0.004	0.004	0.004	0.004	0.006	—	—	5600①

① 试样未断。

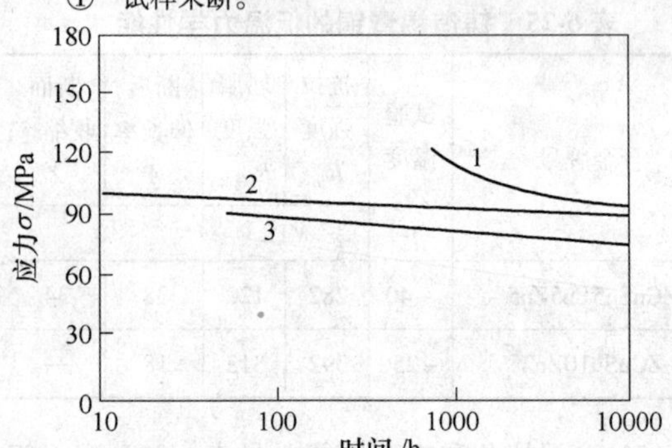

图 6-13　ZCuSn5Pb5Zn5 合金在 204℃时应力与时间的关系

1—断裂　2—$\varepsilon_p=0.2\%$　3—$\varepsilon_p=0.1\%$

（6）疲劳性能　ZCuSn5Pb5Zn5 合金的 σ-N 曲线见图 6-14。

（7）弹性性能（见表 6-28、图 6-15 和图 6-16）

6. 铸造锡青铜的工艺性能

（1）铸造性能　铸造锡青铜的结晶温度范围宽，呈糊状凝固，补缩困难，容易产生枝晶偏析和分散的微观缩孔。该合金具有较小的体积收缩率，因此只要放置较小的冒口即可铸出壁厚不均而形状复杂的铸件。但是，由于容易产生缩松，故不易得到组织致密的铸件。

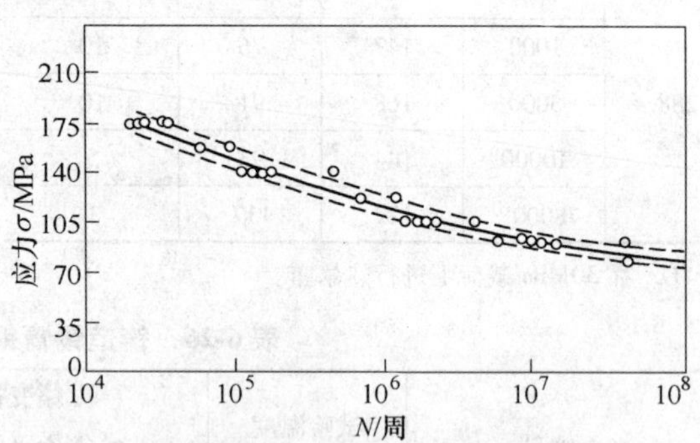

图 6-14　ZCuSn5Pb5Zn5 合金的 σ-N 曲线

表 6-28　铸造锡青铜的弹性性能

合金牌号	弹性模量 E	切变模量 G	泊松比 μ
	GPa		
ZCuSn3Zn8Pb6Ni1	93.8	35.1	0.336

（续）

合金牌号		弹性模量 E	切变模量 G	泊松比
		GPa		μ
ZCuSn3Zn11Pb4		96.5	36.5	0.322
ZCuSn5Pb5Zn5		93.8	35.1	0.336
ZCuSn6Zn6Pb3		88.3	—	—
ZCuSn10P1		103.4	36.6	—
ZCuSn10Zn2	砂型	113.4	44.1	—
	金属型	98.1	—	—

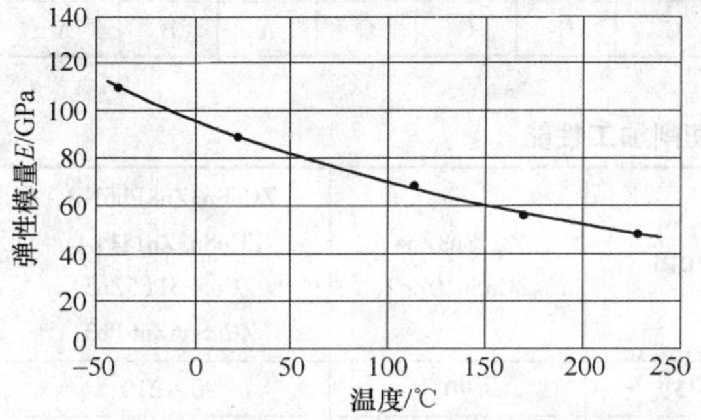

图 6-15　ZCuSn5Pb5Zn5 合金的弹性模量与温度的关系

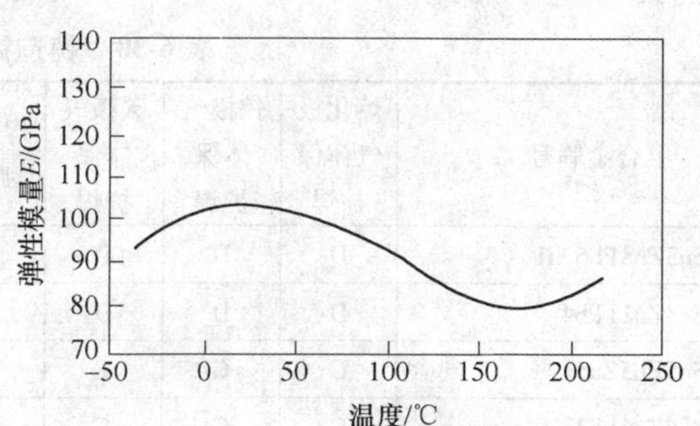

图 6-16　ZCuSn3Zn11Pb4 合金的弹性模量与温度的关系

铸造锡青铜在一般铸造条件下，容易产生反偏析，使铸件成分不均匀，内部形成许多小孔洞。降低铸件的力学性能和气密性。

铸造锡青铜的吸气倾向大，特别是锡磷青铜，常常在浇冒口等最后凝固部位发生铜液“上涨”现象。

尽管铸造锡青铜的体积收缩率较小，但由于结晶温度范围宽，因此当晶界尚有液相或刚刚凝固时，高温强度很低，如果铸造工艺又不合适，也会产生裂纹。铸造锡青铜的铸造工艺参数见表 6-29。

（2）焊接性能　铸造锡青铜的钎焊性能良好，其他形式的焊接性能一般。

表 6-29　铸造锡青铜的铸造工艺参数

合金牌号	流动性（螺旋线长度）/cm	线收缩率（%）	熔炼温度/℃	浇注温度/℃	
				壁厚＜30mm	壁厚≥30mm
ZCuSn3Zn8Pb6Ni1	40～55	1.45	1200～1250	1130～1180	1100～1130
ZCuSn3Zn11Pb4	50～65	1.60	1200～1250	1130～1180	1100～1130
ZCuSn5Pb5Zn5	40	1.60	1200～1250	1140～1180	1100～1140
ZCuSn6Zn6Pb3	40	1.46～1.59	1200～1250	1140～1180	1100～1140
ZCuSn8Zn4	54	1.54	1200～1250	1140～1180	1100～1140
ZCuSn10P1	50	1.44	1150～1200	1060～1100	1020～1150
ZCuSn10Zn2	21	1.4～1.5	1200～1250	1150～1200	1120～1150
ZCuSn10Pb5	—	—	1150～1200	1140～1200	1120～1150

含铅的铸造锡青铜，特别当含铅量高时，不适于进行气体保护电弧焊和焊条电弧焊，因为铅在熔池中的悬浮阻碍焊合。锡磷青铜和锡锌青铜有良好的焊接工艺性能，可进行气体保护焊。氧乙炔焊一般不适合于锡青铜铸件的补焊，原因是高温热量能引起焊缝产生裂纹和气孔。气体保护电弧焊，到目前还没有在铸造锡青铜方面得到普遍应用，特别是对含铅的锡青铜更需慎重，如果必须采用此种焊接工艺，推荐使用中等含锡量的焊丝。铸造锡青铜的焊接性能见表 6-30。

（3）切削加工性能　铸造锡青铜有优良的切削加工性能，见表 6-31。

表6-30　铸造锡青铜的焊接性能

合金牌号	熔化极气体保护焊	钨极气体保护焊	碳极气体保护焊	焊条电弧焊	氧乙炔气焊	电阻焊			钎焊		
						点焊	缝焊	闪光焊	锡钎焊	铜钎焊	银钎料
ZCuSn3Zn8Pb6Ni1	D	D	D	D	D	C	D	D	A	A	A
ZCuSn3Zn11Pb4	D	D	D	C	D	C	D	D	A	B	A
ZCuSn5Pb5Zn5	C	C	C	C	D	A	D	D	A	C	B
ZCuSn6Zn6Pb3	C	C	C	C	D	A	D	D	A	C	B
ZCuSn8Zn4	C	C	A	B	B	C	C	C	A	A	A
ZCuSn10P1	B	B	B	B	B	—	—	—	A	B	A
ZCuSn10Zn2	C	C	A	B	B	C	C	C	A	A	A
ZCuSn10Pb5	C	C	C	B	C	C	C	C	A	B	A

注：A—优，B—良，C—中，D—差。

表6-31　铸造锡青铜的切削加工性能

刀具类别	工　序	切削参数	ZCuSn10P1	ZCuSn8Zn4 ZCuSn10Zn2	ZCuSn3Zn8Pb6Ni1 ZCuSn3Zn11Pb4 ZCuSn5Pb5Zn5 ZCuSn6Zn6Pb3
高速钢刀具	粗加工	转速/$m \cdot min^{-1}$	25~45	90	90~210
		进给量/$mm \cdot r^{-1}$	0.38~1.0	0.50	0.20~0.38
	精加工	转速/$m \cdot min^{-1}$	25~45	135	90~210
		进给量/$mm \cdot r^{-1}$	0.13~0.50	0.25	0.13~0.20
硬质合金刀具	粗加工	转速/$m \cdot min^{-1}$	75	—	150~300
		进给量/$mm \cdot r^{-1}$	0.80	—	0.20~0.38
	精加工	转速/$m \cdot min^{-1}$	150	—	150~300
		进给量/$mm \cdot r^{-1}$	0.38	—	0.13~0.20
切削加工率（%）			20	30~40	80~90

注：转速以铸件外表面的每分钟线速度表示（后同）。

7. 合金的显微组织　铜与锡能形成有限的固溶体。锡在铜中溶解度的质量分数随温度的下降而显著减少，在520℃时为15.8%，至200℃时还不到1%，见第2章图2-124。

锡与铜能形成六种固溶体相：α、β、γ、δ、ε和ζ相。工业上应用的铸造锡青铜为α和δ两相或单相组织的合金，一般$w(Sn) \leqslant 20\%$。

α相是锡溶入铜中的固溶体，具有铜一样的面心立方晶格并保留其良好的塑性，而且由于锡的固溶强化，合金具有比纯铜更高的硬度。

δ相是以金属间化合物（$Cu_{31}Sn_8$）为基的固溶体，硬而脆。铸造锡青铜的显微组织如图6-17所示。

8. 特点和应用　铸造锡青铜有优良的耐蚀性，特别是在大气、淡水、海水、碱性溶液和过热的蒸汽中。因为锡青铜显微组织中的α和δ相有相近的电极电位，所以微电池作用甚微。另外，铸造锡青铜表面能形成致密的SnO_2薄膜，有很好的保护作用，因此在泵、阀、给排水管路和船舶设备方面有着广泛的用途。

铸造锡青铜的强度虽然比铝青铜和高强度黄铜低，但在耐磨和减摩性能上优于其他铜合金，主要是因合金显微组织中的（α+δ）、（α+Cu_3P）以及含铅锡青铜中的铅质点都具有良好的耐磨的减摩作用。

高锡青铜具有较高的强度，在300℃以下时有足够的稳定性，适于用作重载条件下工作的摩擦零件。含锌的低锡青铜兼有低成本和良好的耐磨性能，适合于作一般的轴瓦、衬套和薄壁铸件等。

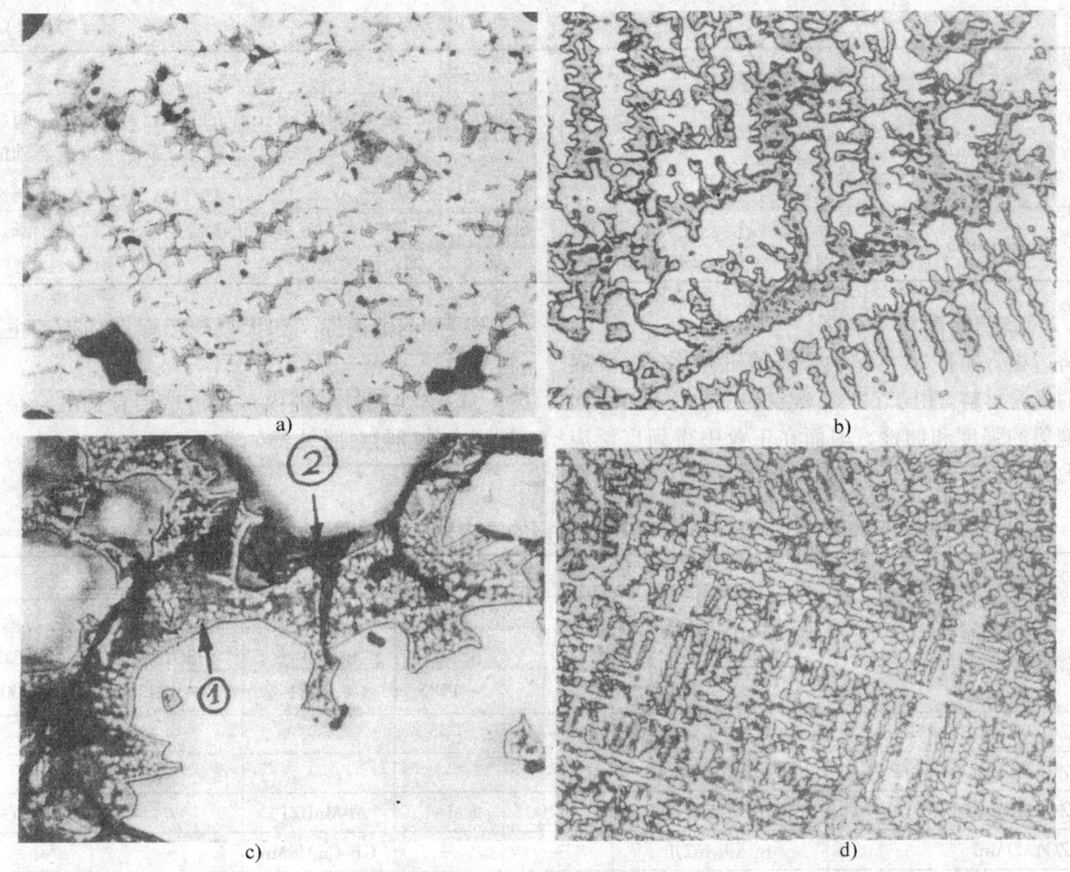

图 6-17　铸造锡青铜的显微组织

a）ZCuSn6Zn6Pb3 合金的铸态组织 α（α + δ）+ Pb　×200　b）ZCuSn10P1 合金的铸态组织 α +（α + δ + Cu_3P）　×500　c）ZCuSn10P1 合金的铸态组织　×100　①为（α + δ）共析体 ②为 Cu_3P　d）ZCuSn10Zn2 合金的铸态组织 α +（α + δ）　×100

Cu-Sn-Zn-Pb 系锡青铜，无论 w(Sn + Zn) 的总和大于 12% 的薄壁铸件，或 w(Sn + Zn) 的总和大于 10% 的厚壁铸件，因金属液与铸型反应所产生的气孔将明显增加，因此厚壁铸件的耐水压性在很大程度上取决于铸型反应所产生的气孔率，而薄壁铸件则主要取决于含铅量。铸造锡青铜的特点及其应用见表 6-32。

表 6-32　铸造锡青铜的特点及其应用

合金牌号	特　点	应　用
ZCuSn3Zn8Pb6Ni1	有优良的铸造工艺性能和耐蚀性，气密性好，可在流动海水中工作	在压力为 2.5MPa 的蒸汽、海水及淡水中工作的管配件，以及工作温度在 250℃左右的薄壁铸件（12mm 以下）、泵体、加油器、油承等
ZCuSn3Zn11Pb4	有良好的铸造工艺性能和耐蚀性，易加工	管路用配件、塞、止动器、污水管和燃气管接头等
ZCuSn5Pb5Zn5 ZCuSn6Zn6Pb3	有中等的强度，良好的耐磨性，易加工	压力 10MPa，速度 2.5m/s 条件下工作的轴承、轴套以及其他耐磨件
ZCuSn10P1	有良好的耐磨、耐蚀性、强度高，工作温度可达 260℃	电动机轴承、机床螺纹件、螺母、发动机进推气门导套、蜗杆、齿轮、轮缘、叶轮、轴套和衬套等

（续）

合金牌号	特 点	应 用
ZCuSn10Zn2	有良好的耐磨、耐蚀、耐压性、强度较高、致密性好	在1.5MPa下工作的重要管路配件，阀、旋塞、泵、叶轮，大型轴套以及船用推进器轴的摩擦件等
ZCuSn10Pb5	有较高强度、良好的耐磨性。耐蚀性，特别耐稀盐酸、盐酸和脂肪酸	适于在中高速、重载荷条件下工作的轴承、环体、耐蚀的配件

6.1.2.2 铸造铝青铜

铸造铝青铜是20世纪初才开始研究并迅速发展起来的优秀材料。由于它具有优良的耐蚀性和可以同钢相媲美的强度和韧性，因而在工业中得到广泛应用，尤其以镍铝青铜和高锰铝青铜更为重要，是制造高强度和耐蚀构件（如大型舰船螺旋桨）的主要材料。

1. 合金牌号 国内常用铸造铝青铜的合金牌号和国内外牌号对照见表6-33。

表6-33 铸造铝青铜的国内外牌号对照

序号	合金牌号	国外相近牌号					
		俄罗斯 ГОСТ493—1979	美国 ASTM①	英国 BS1400—1985	德国 DIN1714②—1981	国际标准 ISO1338—1977	日本 JISH5120—2006
1	ZCuAl7Mn13Zn4Fe3Sn1	—	—	—	—	—	—
2	ZCuAl8Mn13Fe3	БрА10Мп13Ж3Л	—	—	—	—	—
3	ZCuAl8Mn13Fe3Ni12	БрА8Мп15Ж3Н2Л	C95700	CMA1	Al-MnBZ13	—	AlBC4
4	ZCuAl9Mn2	БрА9Мп2Л	—	—	GB-CuAl8Mn	—	—
5	ZCuAl9Fe4Ni4Mn2	БрА9Ж4Н4Мп1	C95800	AB2	GB-CuAl9Ni	—	AlBC3
6	ZCuAl10Fe3	БрА9Ж4Л	C95200	AB1	GB-CuAl10Fe	GCuAl10Fe3	—
7	ZCuAl10Fe3Mn2	БрА10Ж3Мп2	—	—	—	—	A1BC1
8	ZCuAl10Fe4Ni4	БрА10Ж4Н4Л	C95500	—	GB-CuAl10Ni	GCuAl10Fe5Ni5	—
9	ZCuAl10Fe4Mn3Pb2	—	—	—	—	—	—
10	ZCuAl11Fe7Ni6Cr1	—	C95520	—	—	—	—

① 美国材料试验学会（ASTM）B505—2005，B148—2003，B427—2002。

② 等效采用EN1982—1998。

2. 合金的化学成分 铸造铝青铜的化学成分及允许的杂质限量见表6-34和表6-35。合金元素和杂质对铝青铜的影响见表6-36。

3. 物理性能 铸造铝青铜的物理性能见表6-37。

表6-34 铸造铝青铜的主要化学成分（质量分数，%）

序号	合金牌号	Al	Fe	Mn	Ni	Sn	Zn	Cu	所属标准
1	ZCuAl7Mn13Zn4Fe3Sn1	6.5~7.5	2.5~3.5	11.0~14.0	—	0.4~0.8	3.0~6.0	余量	—
2	ZCuAl8Mn13Fe3	7.0~9.0	2.0~4.0	12~14.5	—	—	—	余量	GB/T 1176—1987
3	ZCuAl8Mn13Fe3Ni12	7.0~8.5	2.5~4.0	11.5~14.0	1.8~2.5	—	—	余量	
4	ZCuAl9Mn2	8.0~10.0	—	1.5~2.5	—	—	—	余量	
5	ZCuAl9Fe4Ni4Mn2	8.5~10.0	4.0~5.0	0.8~2.5	4.0~5.0	—	—	余量	
6	ZCuAl10Fe3	8.5~11.0	2.0~4.0	—	—	—			
7	ZCuAl10Fe3Mn2	9.0~11.0	2.0~4.0	1.0~2.0	—	—			

（续）

序号	合金牌号	Al	Fe	Mn	Ni	Sn	Zn	Cu	所属标准
8	ZCuAl10Fe4Ni4	9.5～11.0	3.5～5.5	—	3.5～5.5	—	—	余量	QJ171—1996
9	ZCuAl10Fe4Mn3Pb2	9～10	3～4	2.0～3.0	—	—	Pb2	余量	—
10	ZCuAl11Fe7Ni6Cr1	10～12	6～8	Cr0.4～0.8	5～7	—	—	余量	—

表 6-35　铸造铝青铜杂质元素限量（质量分数,%）

序号	合金牌号	杂质限量≤										
		Sb	Si	P	As	C	Ni	Sn	Zn	Pb	Mn	总和
1	ZCuAl7Mn13Zn4Fe3Sn1	—	0.15	—	—	0.10	—	—	—	0.02	—	1.0
2	ZCuAl8Mn13Fe3	—	0.15	—	—	0.10	—	—	0.3①	0.02	—	1.0
3	ZCuAl8Mn13Fe3Ni2	—	0.15	—	—	0.10	—	—	0.3①	0.02	—	1.0
4	ZCuAl9Mn2	0.05	0.20	0.10	0.05	—	—	0.2	1.5①	0.1	—	1.0
5	ZCuAl9Fe4Ni4Mn2	—	0.15	—	—	0.10	—	—	—	0.02	—	1.0
6	ZCuAl10Fe3	—	0.20	—	—	—	3.0①	0.3	0.4	0.2	1.0	1.0
7	ZCuAl10Fe3Mn2	0.05	0.10	0.10	0.01	—	—	0.1	0.5①	0.3	0.5	0.75
8	ZCuAl10Fe4Ni4	0.05	0.20	0.1	0.05	—	—	0.2	0.5	0.05	0.5	1.5
9	ZCuAl10Fe4Mn3Pb2	0.05	—	0.1	0.05	—	2.0	0.2	1.0	—	—	4.0
10	ZCuAl11Fe7Ni6Cr1	0.05	—	0.1	0.05	—	—	—	0.5	0.05	0.5	1.0

① 不计入杂质总和。

表 6-36　合金元素和杂质对铸造铝青铜的影响

合金元素或杂质	工艺性能	铸态组织	性　能
Al	有脱氧作用，提高流动性，易形成悬浮性渣，增加吸气性和金属的收缩率	在平衡状态下，w（Al）=9.4%时为单相α；含 w（Al）为 9.4%～11.8%时为α+β两相；w（Al）>11.8%时为β相	提高强度、硬度和耐蚀性，α相塑性好，随着β相的出现和增多，塑性和耐蚀性下降
Fe	略为提高合金熔点	减缓共析转变，形成 Al_3Fe 作为结晶核心，细化晶粒	适量的 Fe 能提高强度、硬度、疲劳极限和耐磨性，过量的 Fe 则降低耐蚀性
Mn	有脱氧作用，降低合金熔点，改善铸造工艺性能，抑制缓冷脆性	缩小α相区，稳定β相，锰高时共析转变温度降到室温以下	提高强度、韧性和耐蚀性
Ni	增加合金的吸气倾向	扩大α相区，提高共析转变温度、细化晶粒，形成强化相（κ相）	提高强度、硬度、耐磨性、耐蚀性和热稳定性
Zn	降低熔化温度，有除气作用	溶入α固熔体，减少镍铝青铜中铁微粒的数量	提高强度、硬度，过量则会降低合金的耐蚀性和塑性
Sn	改善合金在液态下的氧化倾向	少量溶入固溶体，扩大β相区	提高耐磨性、耐蚀性和防污能力，降低塑性
Cr	提高合金熔点，降低流动性，易氧化	以颗粒状或化合物形式在基体上析出（固溶+时效处理）	提高硬度、降低塑性，阻止退火时晶粒长大

（续）

合金元素或杂质	工艺性能	铸态组织	性能
Pb	无明显影响	以游离状态存在	具有减磨作用，但降低塑性、韧性，影响铸件的表面质量
Si	提高流动性和高温抗氧化性	少量溶入固溶体，过量形成化合物	提高强度、硬度和耐蚀性，降低塑性
P	提高流动性，增大合金的凝固范围	形成磷化物	降低塑性和韧性

表6-37 铸造铝青铜的物理性能

序号	合金牌号	固相点	液相点	密度 ρ/ $Mg\cdot m^{-3}$	比热容 c/ $J\cdot(kg\cdot K)^{-1}$	热导率 λ/ $W(m\cdot K)^{-1}$	电阻率 ρ/ $\mu\Omega\cdot m$	电导率 γ (%IACS)	线胀系数 $\alpha_l/\times10^{-6}K^{-1}$
		℃							
1	ZCuAl7Mn13Zn4Fe3Sn1	944	980	7.4	—	—	0.164	10.5	17.35(0~100℃) 19.92(400℃)
2	ZCuAl8Mn13Fe3	950	980	7.5	400	32	0.55	3.1	17.6 (0~300℃)
3	ZCuAl8Mn13Fe3Ni2	949	987	7.50	439	30.1	0.478	3.6	17.74 (0~100℃)
4	ZCuAl9Mn2	1048	1061	7.60	435	71	0.110	19	17.0
5	ZCuAl9Fe4Ni4Mn2	1040	1060	7.64	418	34.3	0.248	6.8	—
6	ZCuAl10Fe3	1039	1047	7.45	377	59.0	0.143	12	16.2 (20~200℃)
7	ZCuAl10Fe3Mn2	1040	1045	7.50	418	59	0.164	10.5	—
8	ZCuAl10Fe4Ni4	1037	1054	7.52	377	55	0.191	9	15.3 (20~260℃)
9	ZCuAl10Fe4Mn3Pb2	1040	1045	7.7	—	—	—	—	—
10	ZCuAl11Fe7Ni6Cr1	1050	1070	7.6	—	40.1	—	—	18 (29~100℃)

4. 化学性能　铸造铝青铜在各种大气气氛中均有良好的耐蚀性能。虽然许多铜合金在含硫环境中腐蚀速度较快，但ZCuAl10Fe4Ni4和ZCuAl9Fe4Ni4Mn2合金在中等污染程度的环境中仍然有良好的耐蚀性能。

淡水对铸造铝青铜几乎无腐蚀。在酸性的矿井水中，铸造铝青铜，特别是镍铝青铜和高锰铝青铜显示出优良的耐蚀性。

在海水中，铸造铝青铜比高强度黄铜有更好的抗腐蚀疲劳性能。铸造铝铁青铜虽然也有良好的耐蚀性，但在某些情况下，如存在裂纹或在污浊不通气的条件下，能产生脱铝腐蚀。

铸造铝青铜在无机酸溶液中也有很好的耐蚀性，适用于在盐酸、硫酸和氢氟酸溶液中工作。在碱性溶液中，耐蚀性虽然没有像在酸性溶液中那样好，但也可以满意地工作。铸造铝青铜在腐蚀介质中腐蚀速度见表6-38和表6-39；空泡腐蚀性能见表6-40和表6-41；冲击腐蚀性能见表6-42；腐蚀率与海水流速的关系见图6-18；热处理对腐蚀性能的影响见表6-43；焊后的腐蚀性能见表6-44。

5. 力学性能

（1）技术标准要求的力学性能（见表6-45）

表 6-38 铸造铝青铜的腐蚀速度

合金牌号	介质（质量分数）	试验温度/℃	腐蚀速度 $g \cdot m^{-2} \cdot h^{-1}$	腐蚀速度 $mm \cdot a^{-1}$
ZCuAl7Mn13Zn4F3Sn1	海水	20	0.018	—
ZCuAl8Mn13Fe3Ni2	海水	20	—	0.051
ZCuAl9Mn2	人工海水	20	0.02	0.02
		40	0.03	0.03
	10%的 H_2SO_4 溶液	20	2.16	2.46
		40	5.14	5.86
ZCuAl9Fe4Ni4Mn2	海水	20	—	0.0153
ZCuAl10Fe3	10%的 H_2SO_4 溶液	20	0.01	0.012
		40	0.11	0.12
	20%的 NaCl 溶液	20	0.018	—
	30%的 NaCl 溶液		0.022	—
	35%的 NaCl 溶液		0.863	—
	50%的 NaCl 溶液		0.660	—
ZCuAl10Fe3Mn2	人工海水	20	0.012	0.013
		40	0.007	0.008
	10%的 H_2SO_4 溶液	20	1.35	1.35
		40	10.22	11.66
ZCuAl10Fe4Ni4	海水	20	—	0.004

表 6-39 ZCuAl9Fe4Ni4Mn2 在不同 pH 值 *w*（NaCl）为 3.5%溶液中的腐蚀速度

试样状态	腐蚀速度/$mm \cdot a^{-1}$ pH=7.5	pH=6.0	pH=5.5	pH=5.0	pH=4.0
金属型铸造	0.00264	0.00192	0.00840	0.01570	0.05293
金属型铸造+热处理	0.00058	0.00142	0.00153	0.00323	0.16175
砂型铸造	0.00050	0.00029	0.00104	0.00309	0.12202
砂型铸造+热处理	0.00040	0.00047	0.00147	0.00339	0.13355

表 6-40 铸造铝青铜磁致伸缩空泡腐蚀性能

合金牌号	试验条件	重量损失 $mm^3 \cdot h^{-1}$	重量损失 mg
ZCuAl8Mn13Fe3Ni2	25℃蒸馏水、频率 20kHz、振幅 51μm	1.4	—
ZCuAl9Fe4Ni4Mn2		1.1	—
ZCuAl7Mn13Zn4Fe3Sn1	25℃蒸馏水、频率 17kHz、振幅 55.6μm，时间 2h	—	9.4
ZCuAl8Mn13Fe3Ni2		—	8.4
ZCuAl8Mn13Fe3Ni2	*w*（NaCl）=3.5%的溶液、频率 10kHz 振幅 25.4μm	0.06	0.5mg/h
ZCuAl9Fe4Ni4Mn2		0.053	0.4mg/h

表 6-41 铸造铝青铜旋转圆盘空泡腐蚀性能

合金牌号	试样条件	厚度损失/mm		
		圆周	厚度 $d=50$mm	厚度 $d=100$mm
ZCuAl8Mn13Fe3Ni2	转速：1120r/min 介质：人工海水	0.060	0.025	0.025
ZCuAl9Fe4Ni4Mn2		0.076	0.040	0.040
ZCuZn35Al2Mn2Fe1		0.3	0.091	0.046

表 6-42 铸造铝青铜冲击腐蚀性能

合金牌号	试验状态	试验条件	重量损失/mg
ZCuAl10Fe3Mn2	砂型铸造，700℃炉冷	圆周速度 28m/s 间距 1.8mm 时间 2h	188
ZCuAl9Mn2	1000℃固溶后 480℃回火		57
ZCuAl8Mn13Fe3Ni2	砂型铸态	20℃海水 时间 12	2.4
ZCuAl9Fe4Ni4Mn2			2.4

表 6-43 热处理对铸造铝青铜腐蚀性能的影响

合金牌号	试样状态	原始性能			腐蚀 6 个月			腐蚀 1 年			表面情况	
		抗拉强度 R_m /MPa	屈服强度 $R_{p0.2}$ /MPa	断后伸长率 A (%)	抗拉强度 R_m /MPa	屈服强度 $R_{p0.2}$ /MPa	断后伸长率 A (%)	抗拉强度 R_m /MPa	屈服强度 $R_{p0.2}$ /MPa	断后伸长率 A (%)	6 个月	1 年
ZCuAl10Fe3	铸态	553	215	35.0	523	209	27.0	485	185	22.0	清洁	清洁
	607℃×1.5h，水淬	548	215	45.0	529	203	37.0	529	200	32.0	清洁	清洁
	850℃×2h，水淬+607℃×1.5h，水淬	592	230	37.0	570	222	31.5	560	205	31.0	清洁	清洁
ZCuAl10Fe4Ni4	铸态	634	334	6.5	607	338	5.5	516	328	3.0	清洁	清洁
	885℃×2h，水淬	796	549	5.0	784	537	4.0	745	518	3.0	清洁	清洁

表 6-44 铸造铝青铜焊后腐蚀性能

合金牌号	试样状态	焊接件			海水浸泡 6 个月			海水浸泡 1 年			表面情况	
		抗拉强度 R_m /MPa	屈服强度 $R_{p0.2}$ /MPa	断后伸长率 A (%)	抗拉强度 R_m /MPa	屈服强度 $R_{p0.2}$ /MPa	断后伸长率 A (%)	抗拉强度 R_m /MPa	屈服强度 $R_{p0.2}$ /MPa	断后伸长率 A (%)	6 个月	1 年
ZCuAl10Fe3	基体：铸态 焊后：未热处理	555	232	33	534	234	26	137	119	1.0	基体脱铝	焊缝热影响区脱铝
	基体：880℃×2h，水淬+607℃×1.5h，水淬 焊后：未热处理	593	245	32	485	244	17	155	—	1.0	焊缝脱铝	焊缝热影响区脱铝
	基体：885℃×2h，水淬+607℃×1.5h，水淬 焊后：607℃×1.5h，水淬	580	243	34	565	239	31	502	206	20	焊缝脱铝	焊缝脱铝

（续）

合金牌号	试样状态	焊接件			海水浸泡 6 个月			海水浸泡 1 年			表面情况	
		抗拉强度 R_m /MPa	屈服强度 $R_{p0.2}$ /MPa	断后伸长率 A（%）	抗拉强度 R_m /MPa	屈服强度 $R_{p0.2}$ /MPa	断后伸长率 A（%）	抗拉强度 R_m /MPa	屈服强度 $R_{p0.2}$ /MPa	断后伸长率 A（%）	6 个月	1 年
ZCuAl10Fe4Ni4	基体：铸态 焊后：未热处理	545	423	4.5	519	404	2.5	264	—	0	焊缝脱铝	焊缝热影响区脱铝
	基体：880℃ × 2h，水淬 + 607℃ × 1.5h，水淬 焊后：未热处理	727	479	3.0	730	445	3.0	407	—	1.0	焊缝脱铝	焊缝热影响区脱铝
	基体：885℃ × 2h，水淬 + 607℃ × 1.5h，水淬 焊后：607℃ × 1.5h，水淬	776	492	5.0	780	500	5.0	697	466	3.0	基体清洁	基体脱铝

注：焊接方法为钨极气体保护电弧焊，直流反接，24V，300A，焊丝直径为 ϕ2mm 的 Cu89Al10Fe1 和 Cu82Al10Fe4Ni4。

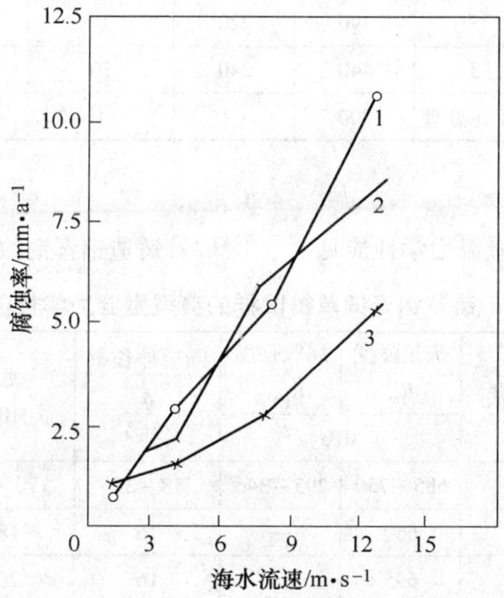

图 6-18　铸造铝青铜在海水中的腐蚀率与海水流速的关系

1—ZCuAl10Fe3　2—ZCuAl10Fe1　3—ZCuAl10Fe4Ni4（热处理后）

表 6-45　铸造铝青铜技术标准要求的力学性能

序号	合金牌号	铸造方法	抗拉强度 R_m ≥	屈服强度 $R_{p0.2}$ ≥	断后伸长率 A（%）	硬度 HBW	所属标准
			MPa		≥	≥	
1	ZCuAl7Mn13Zn4Fe3Sn1	S	637	—	18	160	CB818—1984

（续）

序号	合金牌号	铸造方法	抗拉强度 $R_m \geqslant$	屈服强度 $R_{p0.2} \geqslant$	断后伸长率 A（%）$\geqslant$	硬度 HBW $\geqslant$	所属标准
			MPa				
2	ZCuAl8Mn13Fe3	S	600	270①	15	160	GB/T 1176—1987
		J	650	280①	10	170	
3	ZCuAl8Mn13Fe3Ni2	S	645	280	20	160	
		J	670	310	18	170	
4	ZCuAl9Mn2	S	390	—	20	85	
		J	440	—	20	95	
5	ZCuAl9Fe4Ni4Mn2	S	630	250	16	160	
6	ZCuAl10Fe3	S	490	180	13	100①	
		J	540	200	15	110①	
		Li、La	540	200	15	110①	
7	ZCuAl10Fe3Mn2	S	490	—	15	110	
		J	540	—	20	120	
8	ZCuAl10Fe4Ni4	S	539	—	5	160	QJ171—1996
		J	588	—	5	170	
9	ZCuAl10Fe4Mn3Pb2	S	390	220	8	102	—
		J	440	240	10	122	
10	ZCuAl11Fe7Ni6Cr1	S+热处理	900	—	1	41HRC	

① 数据为参考值。

（2）室温力学性能

1）铸造铝青铜单铸试样的典型室温力学性能见表6-46。

2）铸造铝青铜的室温力学性能见表6-47。

表6-46 铸造铝青铜单铸试样的典型室温力学性能

合金牌号	铸造方法	抗拉强度 R_m	屈服强度 $R_{p0.2}$	断后伸长率 A（%）	硬度 HBW	冲击韧度 a_{KU}/ $kJ \cdot m^{-2}$	抗剪强度 τ_b/ MPa
		MPa					
ZCuAl7Mn13Zn4Fe3Sn1	S	685～750	295～345	18～30	170～220	10～49	392
ZCuAl8Mn13Fe3	S	660	—	16	188	—	—
	J	695	—	16	204	—	—
	Li	630	—	10	197	—	—
ZCuAl8Mn13Fe3Ni2	S	650～730	280～340	18～35	165～210	—	—
	J	670～740	310～370	27～40	—	34～47	—
	Li	660～725	305～345	30	188	—	331
ZCuAl9Fe4Ni4Mn2	S	640～710	250～300	15～30	160～188	—	—
	J	650～740	250～310	13～20	160～188	—	—
	Li	670～730	250～310	13～20	140～180	—	—
ZCuAl9Mn2	S	390	196	20	90～120	69	—
ZCuAl10Fe3	S	550	206	35	125	30	400

（续）

合金牌号	铸造方法	抗拉强度 R_m	屈服强度 $R_{p0.2}$	断后伸长率 A（%）	硬度 HBW	冲击韧度 a_{KU}/kJ·m^{-2}	抗剪强度 τ_b/MPa
		MPa					
ZCuAl10Fe3Mn2	J	540	216	20	135	69	373
ZCuAl10Fe4Ni4	J	635	275	8	180	20～39	441
	J＋热处理	685	345	6	200～240	—	—
ZCuAl10Fe4Mn3Pb2	J	525	241	17.8	145	18	—
ZCuAl11Fe7Ni6Cr1	S＋热处理	950	—	1.4	43HRC	—	—

表 6-47　铸造铝青铜铸件的室温力学性能

合金牌号	铸　件	取样部位截面厚度/mm	抗拉强度 R_m	屈服强度 $R_{p0.2}$	断后伸长率 A（%）
			MPa		
ZCuAl7Mn13Zn4Fe3Sn1	砂型铸件	截面厚度 40	735	—	23
		60	740	—	22
		80	720	—	18
		100	730	—	19
ZCuAl8Mn13Fe3Ni2	螺旋桨（60mm×330mm×330mm）	轮	676	267	15
		根部	700	300	15
		桨叶边缘	726	320	15
		平台	518	225	16.5
ZCuAl9Fe4Ni4Mn2	重 25000kg 砂型铸件	截面厚度 50	585～610	—	15～19
		125	435～550	—	7.6～14.2
		350	355～505	—	4.4～12
		附铸试样	662～682	—	16～22

3）浇注温度对铸造铝青铜单铸砂型试样力学性能的影响见表 6-48。

表 6-48　浇注温度对铸造铝青铜单铸砂型试样力学性能的影响

合金牌号	浇注温度/℃	抗拉强度 R_m	屈服强度 $R_{p0.2}$	断后伸长率 A(%)
		MPa		
ZCuAl8Mn13Fe3Ni2	1048	725	315	23
	1070	730	325	29
	1090	730	315	28
	1110	725	315	26
	1130	725	310	26
	1150	725	315	26
	1160	730	315	26
	1200	745	325	27

（续）

合金牌号	浇注温度/℃	抗拉强度 R_m	屈服强度 $R_{p0.2}$	断后伸长率 A(%)
		MPa		
ZCuAl9Fe4Ni4Mn2	1066	585	255	17
	1090	637	260	26
	1121	640	283	27
	1149	638	287	27
	1177	634	290	28
	1204	625	252	27
	1238	625	256	27

4）ZCuAl9Fe4Ni4Mn2 合金在各种温度下的应力-应变曲线见图 6-19。

（3）高温力学性能（见表 6-49～表 6-51 和图 6-20）

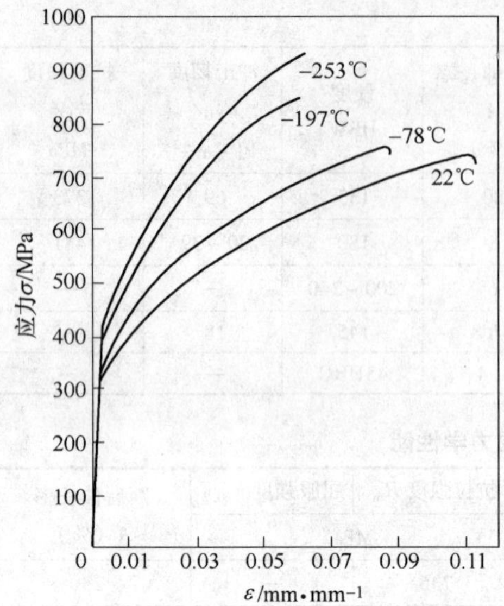

图6-19　ZCuAl9Fe4Ni4Mn2合金在各种温度下的应力-应变曲线

表6-49　ZCuAl10Fe3合金的高温力学性能

试验温度/℃	抗拉强度 R_m	屈服强度 $R_{p0.2}$	断后伸长率 A（%）
	MPa		
20	500	180	15
150	440	177	14
200	415	175	14
250	495	173	14
300	375	172	13

表6-50　ZCuAl8Mn13Fe3合金的高温力学性能

试验温度/℃	20	100	200	300	400	500
抗拉强度 R_m/MPa	725	690	685	635	615	295
断后伸长率 A（%）	14.5	14.5	16.8	8.6	11.8	31
硬度 HBW	229	215	207	207	119	71

表6-51　ZCuAl10Fe4Ni4合金的高温力学性能

试验温度/℃	铸造方法	抗拉强度 R_m	屈服强度 $R_{p0.2}$	断后伸长率 A	断面收缩率 Z	硬度 HBW	冲击韧度 a_{KU}/kJ·m^{-2}
		MPa		%			
20	S	500	220	12	—	—	—
	J	637	274	8	12	180	19.6

（续）

试验温度/℃	铸造方法	抗拉强度 R_m	屈服强度 $R_{p0.2}$	断后伸长率 A	断面收缩率 Z	硬度 HBW	冲击韧度 a_{KU}/kJ·m^{-2}
		MPa		%			
100	J	637	264	10	12	180	39.2
150	S	458	219	7	—	—	—
200	S	440	218	5	—	—	—
	J	637	245	10	15	180	39.2
250	S	425	218	—	—	—	—
300	S	410	217	—	—	—	—
	J	490	220	10	17	170	39.2
500	J	295	205	8	19	76	14.7

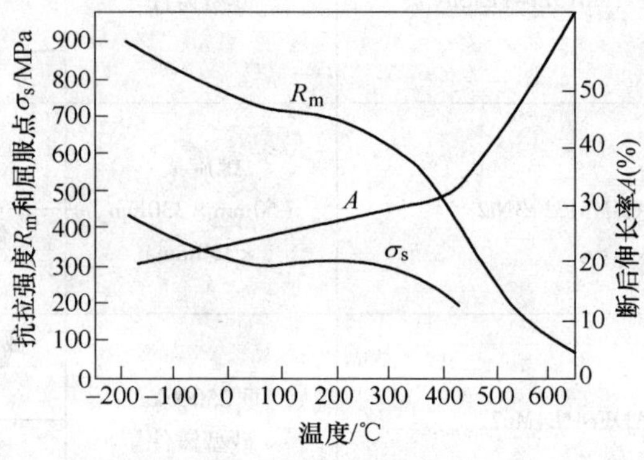

图6-20　ZCuAl8Mn13Fe3Ni2合金力学性能与温度的关系

（4）低温力学性能（见表6-52和表6-53）

表6-52　ZCuAl8Mn13Fe3Ni2合金的低温力学性能

试验温度/℃	抗拉强度 R_m/MPa	屈服强度 $R_{p0.2}$/MPa	断后伸长率 A（%）
20	724	320	25
0	749	339	26.5
-78	801	356	28
-140	815	383	28
-189	812	399	17

表 6-53 ZCuAl10Fe4Ni4 合金的低温力学性能

试验温度/℃	抗拉强度 R_m	屈服强度 $R_{p0.2}$	断后伸长率 A	断面收缩率 Z	缺口抗拉强度 σ_{bH}/MPa
	MPa		%		
20	700	303	11	9	725
-78	717	303	9	9	718
-197	807	379	6	7	814
-253	813	425	6	2	840
-269	900	414	6	5	816

(5) 高温持久和蠕变性能及高温零载应变和蠕变曲线（见表 6-54 ~ 表 6-56 和图 6-21、图 6-22）

表 6-54 ZCuAl8Mn13Fe3Ni2 合金的高温持久性能

试验温度/℃	持久极限 $/\sigma^t_{10}$	持久极限 $/\sigma^t_{100}$	持久极限 $/\sigma^t_{1000}$	持久极限 $/\sigma^t_{10000}$
	MPa			
204	614	558	538	503
260	524	469	372	296
316	345	290	200	148
371	194	128	86	58

表 6-55 铸造铝青铜的蠕变极限

合金牌号	铸造方法	试验温度/℃	蠕变极限 $\sigma^t_{0.1\%/10000}$/MPa
ZCuAl8Mn13Fe3Ni2	S	120	150
		175	122
		230	53
		290	31
ZCuAl9Fe4Ni4Mn2	La	204	132
		315	38
ZCuAl10Fe3	S	200	130
		300	37
ZCuAl10Fe4Ni4	S	120	138
		175	103
		230	76
		290	55
	La	204	200
		315	38

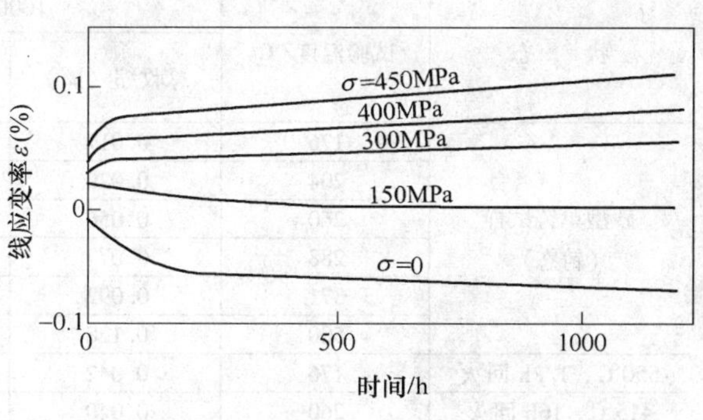

图 6-21 ZCuAl8Mn13Fe3Ni2 合金 288℃时的蠕变曲线

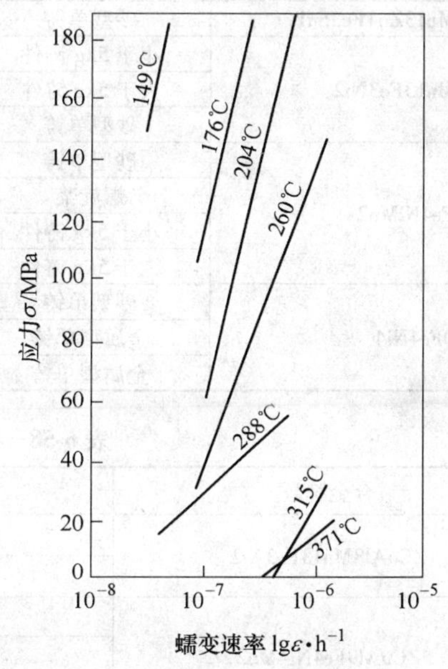

图 6-22 ZCuAl8Mn13Fe3Ni2 合金在各种温度下的蠕变曲线

(6) 疲劳性能和裂纹扩展速率（见表 6-57 ~ 表 6-59 和图 6-23 ~ 图 6-26）

(7) 弹性性能（见表 6-60）

6. 工艺性能

(1) 铸造性能

1) 凝固特点。铸造铝青铜的结晶温度范围小，约 30℃左右，属于层状凝固；流动性好；体积收缩大，容易形成集中缩孔，不容易产生枝晶偏析，能够获得组织致密的铸件。

表6-56 ZCuAl8Mn13Fe3Ni2合金的高温零载应变

状态	试验温度/℃	1000h时的收缩		试验结束时的收缩	
		总收缩（%）	第1000h时的收缩速度/$\times10^{-6}\varepsilon\cdot h^{-1}$	总收缩（%）	试验时间/h
砂型单铸试样（铸态）	176	0.017	0.036	0.022	1700
	204	0.029	0.048	—	—
	260	0.056	0.087	0.068	1800
	288	0.077	—	0.077	1500
	371	0.092	0.46	0.135	2000
	500	0.128	0.39	0.132	1300
550℃，1/2h回火	176	0.042	0.03	0.026	1600
415℃，16h回火	260	0.040	0.12		

表6-57 铸造铝青铜的旋转弯曲腐蚀疲劳性能

合金牌号	试样	介质（质量分数）	疲劳极限σ_D/MPa			
			$N=10^7$	$N=2\times10^7$	$N=5\times10^7$	$N=10^8$
ZCuAl7Mn13Zn4Fe3Sn1	砂型单铸	海水	—	—	—	113
ZCuAl8Mn13Fe3Ni2	小于5kg铸件	3% NaCl溶液	—	—	—	100～134
	大于5kg铸件		96	—	69	66～100
	砂型单铸	海水	96	—	69	62
ZCuAl9Fe4NiMn2	砂型单铸	海水	—	152	—	—
	螺旋桨		—	125	—	—
	小于5kg铸件	3% NaCl溶液	—	—	—	100～150
	大于5kg铸件		137	96	96	77～115
ZCuAl10Fe4Ni4	砂型单铸	3% NaCl溶液	—	206	130～146	—
	金属型单铸		—	—	146～162	—
	金属型单铸	盐雾	292	261	226	—

表6-58 铸造铝青铜的大气疲劳极限

合金牌号	试样	疲劳极限σ_D/MPa（$N=10^8$）
ZCuAl8Mn13Fe3Ni2	砂型单铸	227
	连铸棒	241
ZCuAl9Fe4Ni4Mn2	砂型单铸	210
	大型砂型铸件本体	125～45
	大型砂型铸造螺旋桨	137
ZCuAl10Fe4Ni4	砂型单铸	230

表6-59 铸造铝青铜的裂纹扩展速率

合金牌号	试样	介质	抗拉强度R_m	屈服强度$R_{p0.2}$	断后伸长率A（%）	疲劳裂纹扩展速率da/dN（mm/周）
			MPa			
ZCuAl8Mn13Fe3Ni2	螺旋桨本体	空气	615	280	20	0.9×10^{-15} $(\Delta K)^{6.4}$①
		海水				2.18×10^{-16} $(\Delta K)^{6.2}$
ZCuAl9Fe4Ni4Mn2	壁厚为260mm的砂型铸件	空气	630	250	16	1.87×10^{-13} $(\Delta K)^{4.5}$
		海水				2.95×10^{-13} $(\Delta K)^{4.5}$

① ΔK应力强度因子范围单位：$MN/m^{3/2}$。

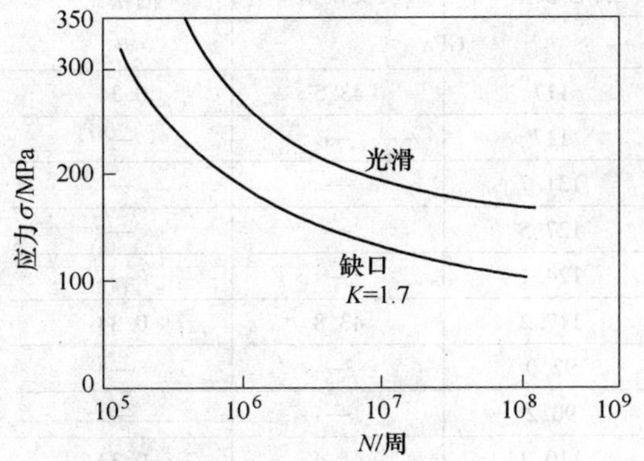

图 6-23 ZCuAl8Mn13Fe3Ni2 合金在大气中的 σ-N 曲线

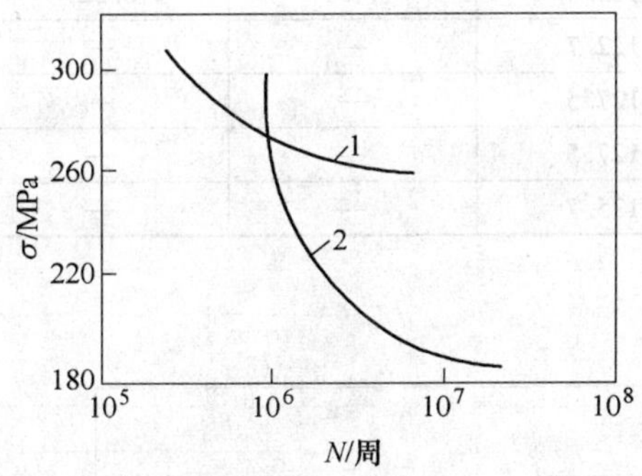

图 6-24 ZCuAl8Mn13Fe3Ni2 合金在 3% 的 NaCl 溶液中的 σ-N 曲线

1—空气中 2—3% 的 NaCl 溶液中

2）氧化倾向。合金含有较多的铝，极易氧化形成 Al_2O_3 悬浮性的夹渣；浇注过程中也易形成二次氧化渣，很难从铜液中去除。因此，无论是在熔炼过程中，还是在确定铸造工艺时，都要采取适当措施，防止氧化物进入铸件。

3）吸气倾向。铝青铜液的蒸汽压比黄铜和锡青铜都低，吸气倾向大。但当铜液表面有一层 Al_2O_3 薄膜覆盖时，能起保护作用，所以在熔炼过程中不应过分搅动铜液。图 6-27 为氢在铝青铜中的溶解度与其成分和温度的关系。

铸造铝青铜的铸造性能见表 6-61 及图 6-28。

（2）焊接性能 铸造铝青铜含铝量高，焊接时铝在高温下和氧极易产生高熔点的 Al_2O_3，影响熔池金属液的流动和焊合，恶化焊接性能，因此不宜采用火焰焊接工艺。

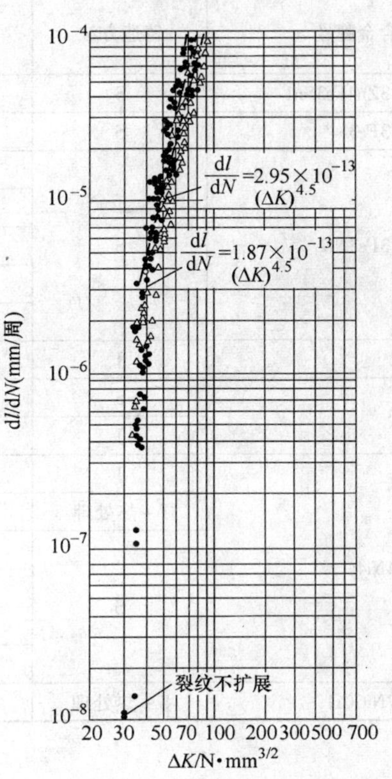

图 6-25 ZCuAl9Fe4Ni4Mn2 合金 dl/dN-ΔK 关系曲线

●—空气中 △—海水中

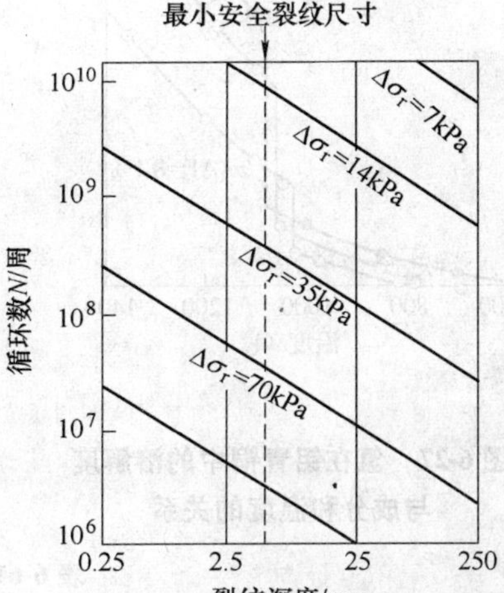

图 6-26 ZCuAl8Mn13Fe3Ni2 合金疲劳应力作用下的裂纹深度与寿命分析图

表 6-60 铸造铝青铜的弹性性能

合金牌号	铸造方法	试验温度/℃	弹性模量 E	切变模量 G	泊松比
			GPa		μ
ZCuAl7Mn13Zn4Fe3Sn1	S	20	117	43.5	0.34
ZCuAl8Mn13Fe3	S	20	117	—	—
ZCuAl8Mn13Fe3Ni2	S	-189	131.7	—	—
		-77	127.5	—	—
		0	124.1	—	—
		20	117.2	43.8	0.34
		375	92.0	—	—
ZCuAl9Mn2	J	20	90.2	—	—
ZCuAl10Fe3	S	20	110.3	41.4	0.33
	J	20	110	41.3	0.335
ZCuAl10Fe4Ni4	J	20	112.7	—	—
	J+热处理	20	123.0	—	—
	S	22	125.0	44.1	0.327
		-78	122.7	—	—
		-197	127.5	—	—
		-253	127.5	—	—
ZCuAl11Fe7Ni6Cr1	S+热处理	20	125.7	—	—

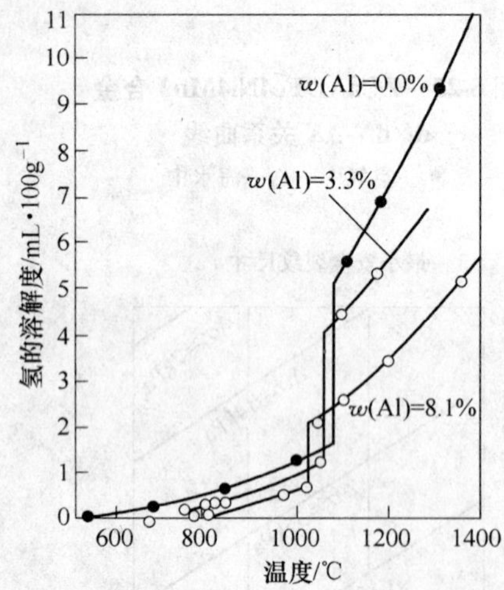

图 6-27 氢在铝青铜中的溶解度与成分和温度的关系

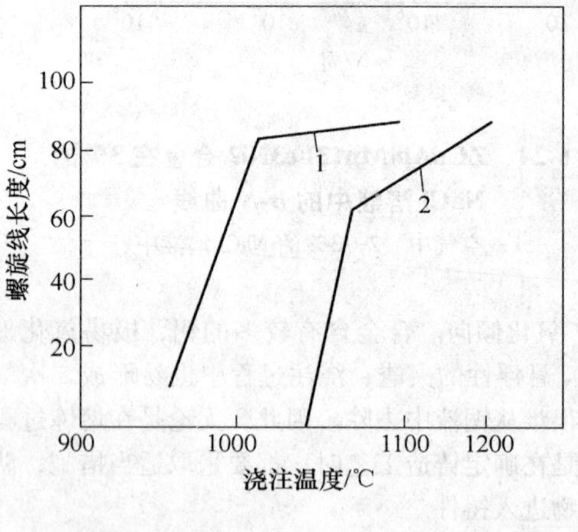

图 6-28 浇注温度对铝青铜流动性的影响

1—ZCuAl8Mn13Fe3Ni2 2—ZCuAl9Fe4Ni4Mn2

表 6-61 铝青铜的铸造性能

合金牌号	流动性（螺旋线长度）/cm	线收缩率（%）	浇注温度/℃	
			壁厚＜30mm	壁厚≥30mm
ZCuAl7Mn13Zn4Fe3Sn1	125	2.2	1060～1080	1040～1060
ZCuAl8Mn13Fe3	80	1.9	1060～1080	1050～1070

（续）

合金牌号	流动性（螺旋线长度）/cm	线收缩率（%）	浇注温度/℃	
			壁厚<30mm	壁厚≥30mm
ZCuAl8Mn13Fe3Ni2	85	2.0	1060~1080	1040~1060
ZCuAl9Mn2	48	1.7	1160~1200	1100~1140
ZCuAl9Fe4Ni4Mn2	70	1.8	1150~1180	1140~1150
ZCuAl10Fe3	80	2.5	1120~1160	1090~1120
ZCuAl10Fe3Mn2	70	2.4	1160~1200	1120~1160
ZCuAl10Fe4Ni4	75	1.8	1150~1180	1130~1160
ZCuAl10Fe4Mn3Pb2	—	1.7	1100~1180	
ZCuAl11Fe7Ni6Cr1	—	—	1150~1250	

铸造铝青铜宜采用熔化极气体保护焊和钨极气体保护焊，且以氩弧焊为主。用低铝焊料有助于得到热强性和热塑性较好的焊缝。

铝青铜有较高的电阻，适合于电阻焊，包括点焊、缝焊和对接焊等，在一定程度上可进行钎焊。

铸造铝青铜的焊接工艺性能见表6-62。钨极气体保护焊的典型工艺参数见表6-63。

表6-62 铸造铝青铜的焊接工艺性能

合金牌号	锡焊	铜焊	熔化极气体保护焊	钨极气体保护焊	碳极气体保护焊	焊条电弧焊	氧乙炔气焊	电阻焊
ZCuAl7Mn13Zn4Fe3Sn1 ZCuAl8Mn13Fe3Ni2 ZCuAl8Mn13Fe3	C	C	A	A	A	A	D	A
ZCuAl9Mn2 ZCuAl9Fe4Ni4Mn2	C	B	A	A	A	B	D	A
ZCuAl10Fe3	C	C	A	A	A	B	D	A
ZCuAl10Fe4Ni4	D	D	A	A	A	B	D	A

注：A—优，B—良，C—中，D—差。

表6-63 铸造铝青铜钨极气体保护电弧焊的典型工艺参数

铸件壁厚/mm	钨极直径/mm	氦气保护		氩气保护		预热温度/℃
		直流电流/A	用气量/L·min^{-1}	直流电流/A	用气量/L·min^{-1}	
0.5~1.0	0.8~1.0	—	—	15~16	3.5~5.5	—
1.0~1.5	1.0~1.5	50~125	5~7	60~150	3.5~5.5	—
3.0	2.4	125~225	6.5~10	140~280	5~7	50
5.0	3.8	200~300	7.5~10	250~375	5.5~8.5	50
6.5	4.7	250~350	10~15	300~475	7.5~12	200
12.5	6.5	300~550	12~16	400~600	10~14	350
19	6.5	300~550	14~19	400~600	14~19	400
25	6.5	300~600	14~19	450~650	14~19	400

（3）切削性能 铸造铝青铜多用于制造泵、阀、轴承、轴套和船舶螺旋桨等耐磨、耐蚀的复杂零部件，因此铸造铝青铜的磨削、切削加工性能非常重要。表6-64为铸造铝青铜的切削加工性能。

表 6-64 铸造铝青铜的切削加工性能

刀具种类	工序	切削参数	ZCuAl9Mn2 ZCuAl10Fe4Ni4	ZCuAl9Fe4Ni4Mn2 ZCuAl8Mn13Fe3Ni2 ZCuAl8Mn13Fe3	ZCuAl10Fe3
高速钢刀具	粗加工	转速/m·min^{-1}	22~45	—	70~150
		进给量/mm·r^{-1}	0.38~1.0	—	0.25~0.50
	精加工	转速/m·min^{-1}	22~45	—	70~150
		进给量/mm·r^{-1}	0.12~0.5	—	0.12~0.30
硬质合金刀具	粗加工	转速/m·min^{-1}	75~180	60~120	210~420
		进给量/mm·r^{-1}	0.38~0.76	0.13~0.18	0.05~0.12
	精加工	转速/m·min^{-1}	90~240	150~240	210~420
		进给量/mm·r^{-1}	0.20~0.38	0.05~0.13	0.03~0.06
切削加工率（%）			25	45~50	50

7. 合金的显微组织　常用的铸造铝青铜是在二元铝青铜的基础上添加一定数量的锰、铁、镍、锌和锡等元素而形成的多元铝青铜，组织比较复杂。各个元素在合金中的作用也不尽相同。例如镍，它能使Cu-Al合金共析点向高铝方向移动（见图2-98Cu-Al合金相图），同时提高合金的共析转变温度，还能形成κ相，强化合金并改善耐蚀性。如果再加入铁元素，能使组织细化。当w（Ni）/w（Fe）=0.9~1.1时，合金的性能最佳。κ相又分为$κ_{I}$、$κ_{II}$、$κ_{III}$相。其中$κ_{I}$为富铝的（CuAlFe）相、铸态时呈柳叶状析出，$κ_{II}$为（CuAlNi）相、铸态呈颗粒状析出，$κ_{III}$为富铁的（CuAlFe）相、铸态呈细小的弥散析出。为防止析出有害的γ相，需添加大于4%的w（Ni）和w（Fe）。另外，w（Al）>11%时，合金也会产生γ相，所以w（Al）≤11%。Cu-Al-Fe-Ni四元系的合金成分与组织的关系见图6-29。

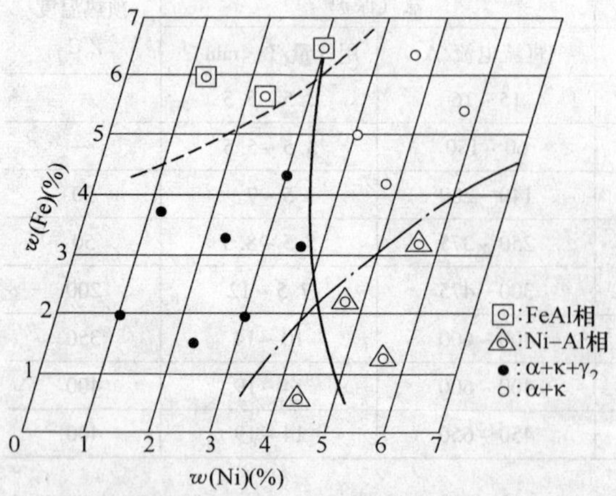

图 6-29　w（Al）为13.3%时 Cu-Al-Fe-Ni 四元素的成分与组织关系

锰能溶入α相，降低共析转变温度，对于高锰铝青铜来说，只有w（Mn）>6%、在大型铸件的冷却速度为0.02℃/min时，才不致析出γ相，从而防止铸件的缓冷脆性。

高锰铝青铜一般用铝当量来控制添加元素的量，锰的铝当量系数为1/6，锌的铝当量系数为1/4，铝当量的表达式质量比为

$$Al_{当量}=Al+\frac{1}{6}Mn+\frac{1}{4}Zn$$

当前广泛应用的高锰铝青铜的铝当量的质量分数控制在11.5%以内。铝青铜金相组织见图6-30~图6-36。

图 6-30　ZCuAl8Mn13Fe3Ni2 合金的显微组织　×360

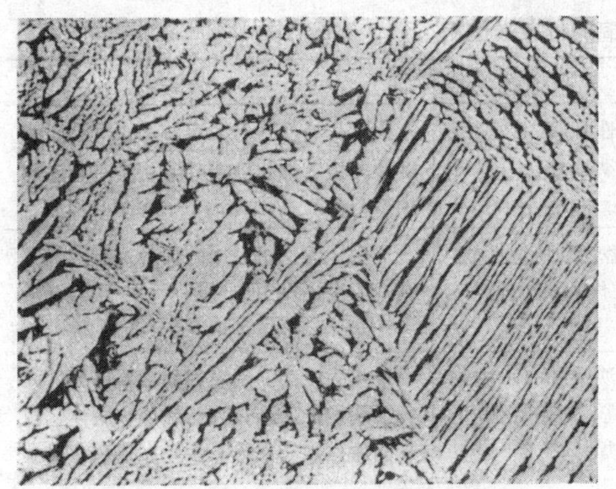

图 6-31　ZCuAl9Mn2 合金的显微组织
［α(白色) + (α + γ_2)(灰色)］　×70

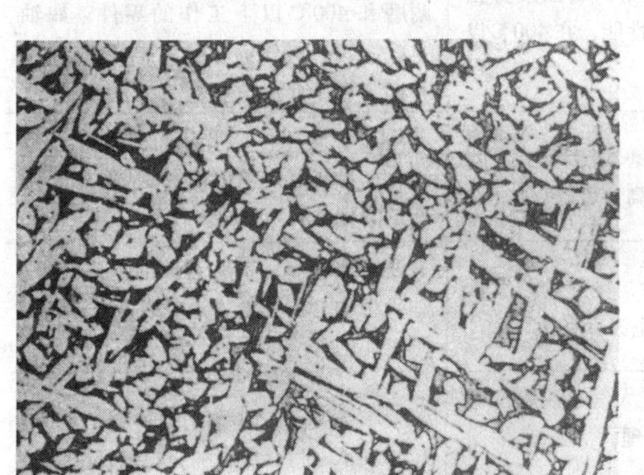

图 6-32　ZCuAl10Fe3 合金从显微组织
［α + (α + γ_2) + Fe］　×120

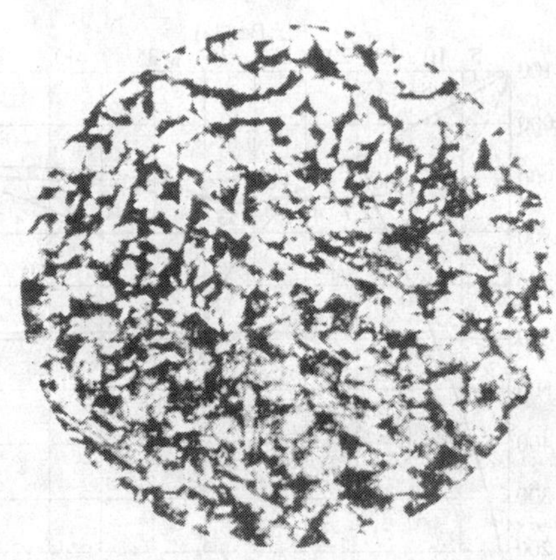

图 6-33　ZCuAl9Fe4Ni4Mn2 合金
的显微组织　×100

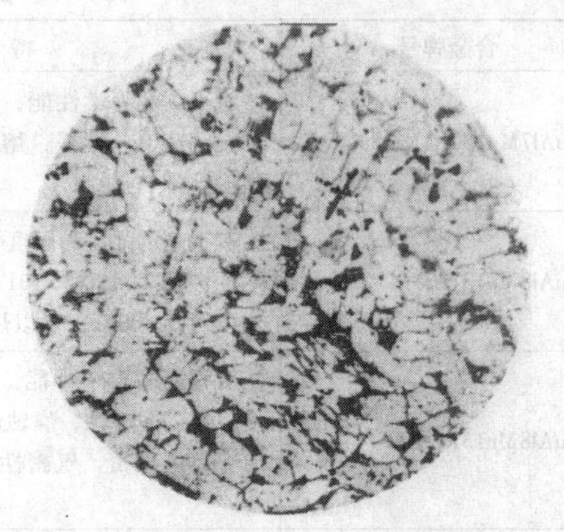

图 6-34　ZCuAl7Mn13Zn6Fe3Sn1
合金的显微组织　×100

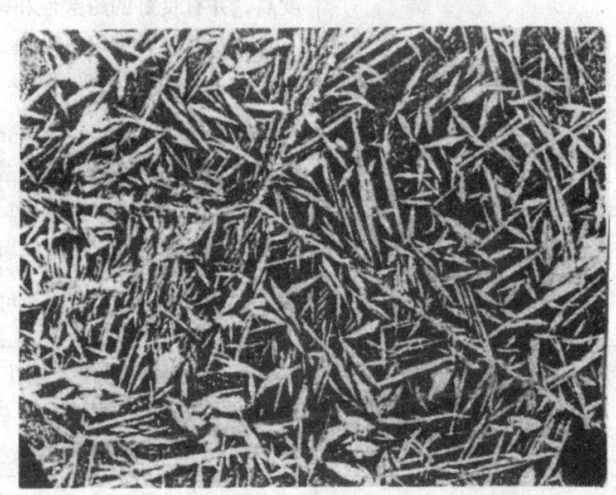

图 6-35　ZCuAl10Fe4Ni4 合金的显微组织
［α + (α + κ)］　×70

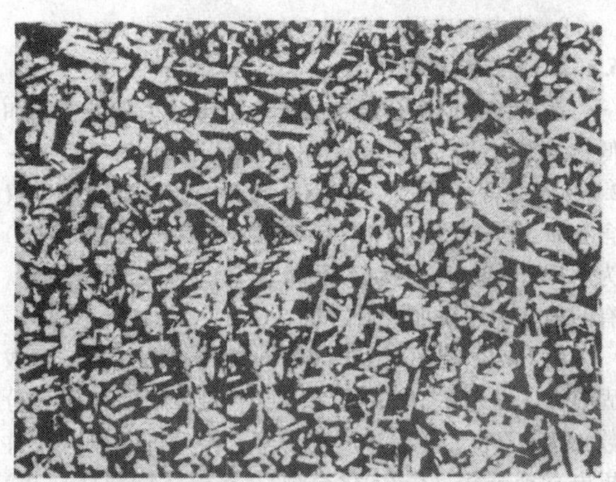

图 6-36　ZCuAl10Fe3Ni2 合金的显微组织
［α + (α + γ_2) + Fe］　×120

表6-65　铸造铝青铜的特点和应用

合金牌号	特　点	应　用
ZCuAl7Mn13Zn4Fe3Sn1	有很高的力学性能，高的耐蚀性和腐蚀疲劳强度，铸造工艺性好，熔点低、流动性好，可以焊接	要求高强度的耐蚀零件，如大型船舶螺旋桨等，是ZCuAl8Mn13Fe3Ni2的代用材料
ZCuAl8Mn13Fe3	有很高的强度和硬度，良好耐磨性和铸造性能，耐蚀性较ZCuAl8Mn13Fe3Ni2低，作为耐磨件工作温度可达400℃，可以焊接	适用于重型机械用的轴套，要求强度高、耐磨、耐压的零件，如衬套、法兰、阀体、泵体等
ZCuAl8Mn13Fe3Ni2	有很高的力学性能，在大气、淡水和海水中均有良好的耐蚀性，腐蚀疲劳强度高，铸造性能好，合金组织致密，气密性高，可以焊接，但不宜钎焊	要求强度高、耐腐蚀的重要铸件，如大型船舶螺旋桨，高压泵体、阀体，耐压耐磨件，如涡轮、齿轮、法兰、衬套等
ZCuAl9Fe4Ni4Mn2	有很高的力学性能，在大气、淡水和海水中均有良好的耐蚀性，抗空泡腐蚀性好，腐蚀疲劳强度高，并有良好的耐磨性和铸造性能，在400℃以下具有耐热性，可以热处理	要求强度高、耐腐蚀的重要铸件，是船舶螺旋桨的重要材料之一，也可用作耐磨和400℃以下工作的零件，如轴承、齿轮、涡轮、螺母、法兰、阀体、导向套管、管配件等
ZCuAl9Mn2	有较高的力学性能，良好的耐磨性能和耐蚀性，铸造性能好，组织致密，气密性高，可以焊接	耐蚀耐磨零件，形状简单的大型铸件，如衬套、齿轮，以及250℃以下工作的管配件、增压器零件等
ZCuAl10Fe3	有高的力学性能，高的耐磨性，良好的耐腐蚀性，大型铸件自700℃空冷可防止缓冷脆性	要求强度高，耐磨耐蚀的重要铸件，如大型轴套、螺母、涡轮以及250℃以下工作的管配件等
ZCuAl10Fe3Mn2	有高的力学性能和耐蚀性，在大气、淡水和海水中有良好的耐蚀性，可热处理，大型铸件自700℃空冷可防止缓冷脆性	要求强度高。耐磨耐蚀的零件，如齿轮、轴承、衬套、管嘴、耐热管配件等
ZCuAl10Fe4Ni4	有很高的力学性能，优良的耐蚀性，高的腐蚀疲劳强度，可以热处理强化，在400℃以下有高的耐热性。铸造性能不如ZCuAl9Fe4Ni4Mn2好	高温耐蚀零件，如齿轮、球形座、法兰、涡轮、搅拌器零件以及航空发动机的导套等

8. 特点和应用（见表6-65）

6.1.2.3　铸造铍青铜

铸造铍青铜按合金中的铍含量可分为高铍青铜和低铍青铜。铸造高铍青铜中 w（Be）为1.7%～2.8%，并含少量的Co或Ni、Si；铸造低铍青铜中仅含有 w（Be）为0.3%～0.8%，w（Co）或 w（Ni）为1.5%～2.6%。为了提高合金的强度和耐热性，有的合金中还添加少量的Ti、Cr。

由Cu-Be相图（见图6-37）可知，Cu与Be形成固溶体，在866℃时，Be在Cu中的溶解度（质量分数）为2.7%，随着温度的下降，溶解度急剧减小并析出γ′或γ相（CuBe化合物）。γ相（特别是γ′相）的析出能引起强烈的共格应变，使合金明显强化。

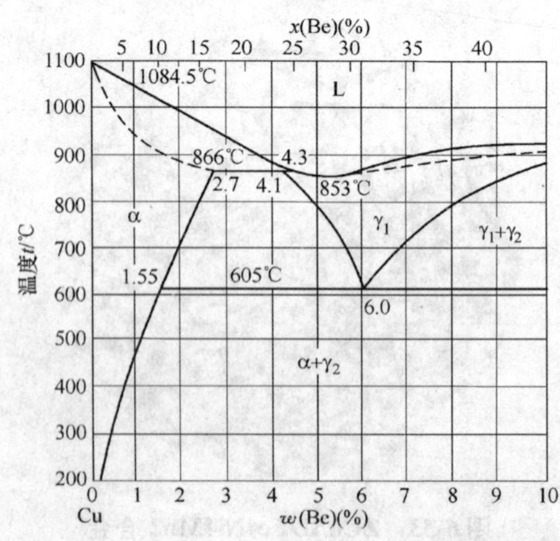

图6-37　Cu-Be（Cu侧）二元相图合金相图

铸造低铍青铜是以 NiBe 或 CoBe 化合物的析出而强化的。由图 6-38 和图 6-39 可知。NiBe 和 CoBe 的溶解度也具有随温度变化而明显下降的特点，可以通过适当热处理使合金得到强化。合金元素和杂质对铍青铜组织和性能的影响见表 6-66。

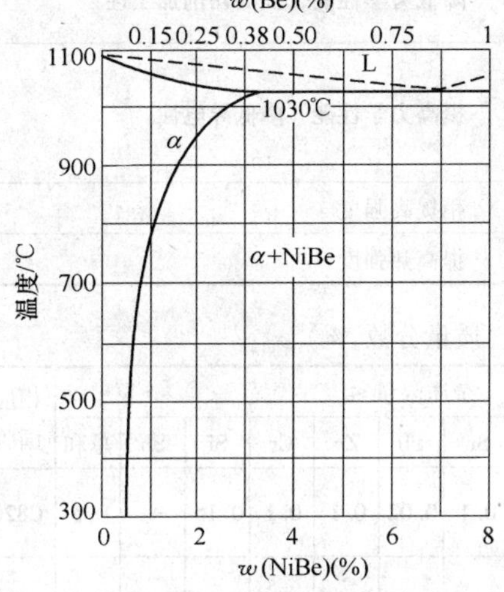

图 6-38 Cu-NiBe 伪二元相图

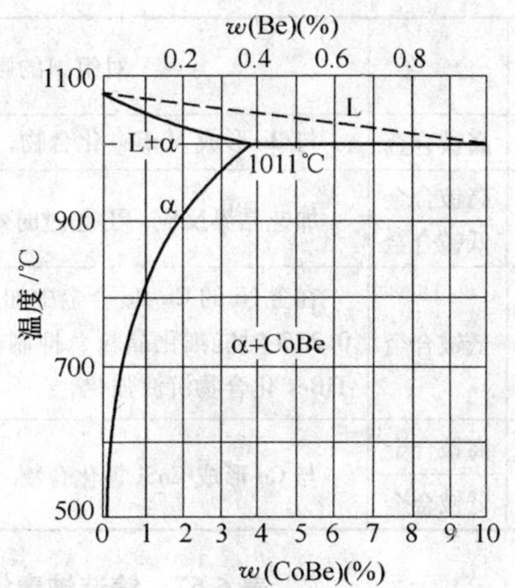

图 6-39 Cu-CoBe 伪二元相图

1. 合金牌号和化学成分（见表 6-67）
2. 物理性能（见表 6-68）
3. 化学性能 铸造铍青铜有优良的耐蚀性，在各种环境的大气中都是稳定的。在淡水、硬水和海水中腐蚀速度很小并能耐冲击腐蚀。

表 6-66 合金元素和杂质对铸造铍青铜组织和性能的影响

合金元素或杂质	合 金	对组织的影响	对性能的影响
Be	高铍合金	与 Cu 形成固溶体，866℃时 Be 在 Cu 中溶解度质量分数为 2.7%，室温时 w（Be）为 0.2%，同时析出 CuBe 化合物，使合金明显强化	提高强度、弹性、耐蚀性、耐磨性，降低导电、导热性
	低铍合金	少部分溶入铜中形成低铍含量的固溶体，部分与 Co 或 Ni 形成溶解度随温度变化的 CoBe 或 NiBe 化合物，使合金强化	提高强度、硬度、热强度和高温抗氧化性
Co、Ni	高铍合金	阻止加热时晶粒长大，抑制时效晶界反应，降低 Be 在 α 固熔体中的溶解度，缩小 α 相区，促使 β 相的产生，增加组织的不均匀性	提高热处理效果和疲劳强度
	低铍合金	与 Be 形成 CoBe 或 NiBe 化合物，是合金强化相的组成元素	提高强度、硬度、耐蚀和高温抗氧化性
Fe	高铍合金 低铍合金	少量 Fe 能细化晶粒，抑制晶界反应，铁的质量分数超过 0.4% 时，形成富 Fe 相	提高疲劳性能和弹性性能的均匀性，产生富 Fe 相时，合金的耐蚀性降低
Sn	高铍合金	少量 Sn 溶入固溶体，延缓相变过程并抑制晶界反应	影响不明显
Mg	高铍合金	微量 Mg 能强烈抑制晶界反应，当 w（Mg）> 0.2% 时，形成低熔点的共晶体	稍提高强度和硬度
P	高铍合金	微量 P 能强烈加速时效晶界反应和促使加热时晶粒长大	增加性能的不均匀性，提高切削加工性和导电性

（续）

合金元素或杂质	合 金	对组织的影响	对性能的影响
Mn	高铍合金	与Be形成$MnBe_2$化合物，有沉淀硬化作用	稍提高力学性能，降低导电性
As、Pb	高铍合金 低铍合金	加速晶界反应，引起过时效	降低力学性能，提高切削加工性
Ti	低铍合金	在含Ni的Cu-Be合金中加入w（Ti）=0.1%～0.25%时能细化晶粒、抑制晶界反应，同时形成$TiBe_2$化合物沉淀强化	提高力学性能，降低导电性
Si	高铍合金	与Co形成CoSi等化合物	稍提高强度
	低铍合金		提高热强度

表6-67 铸造铍青铜的牌号和化学成分（质量分数，%）

合金牌号	主要元素					杂质限量≤										相应美国牌号
	Be	Co	Ni	Si	Cu	Ni	Fe	Al	Sn	Pb	Zn	Cr	Si	Sb	总和	
ZCuBe0.5Co2.5	0.45～0.8	2.4～2.7①	—	—	余量	0.2	0.1	0.1	0.1	0.02	0.1	0.1	0.15	—	0.5	C82000
ZCuBe0.5Ni1.5	0.35～0.8	—	1.0～2.0	—	余量	—	0.1	0.1	0.1	0.02	0.01	0.1	0.15	—	0.5	C82200
ZCuBe2Co0.5Si0.25	1.90～2.15	0.35～0.70①	—	0.20～0.35	余量	0.2	0.25	0.15	0.1	0.02	0.1	0.1	—	—	0.5	C82500
ZCuBe2.4Co0.5	2.25～2.45	0.35～0.75	—	0.20～0.35	余量	0.2	0.25	0.15	0.1	0.02	0.1	0.1	—	—	0.5	C82600
ZCuBe2Co1	2～2.25	1～1.25	—	0.20～0.4	余量	0.2	0.25	0.15	0.1	0.02	0.1	0.1	—	—	0.5	C82510
ZCuBe0.4Ni1.5Ti0.5	0.15～0.65	—	1.10～1.85	—	余量	—	0.15	0.15	—	0.05	—	0.1	0.15	—	0.5	—
ZCuBe1Al8Fe1Co1②	0.7～1.2	0.7～1.2	Al7.0～8.0	Fe0.4	余量	—	—	—	—	0.05	—	—	0.1	0.05	1.0	—

① 包括Co+Ni。

② CB818—1984。

表6-68 铸造铍青铜的物理性能

合金牌号	液相线温度	固相线温度	密度 ρ/ $Mg\cdot m^{-3}$	比热容 c/J（kg·K）$^{-1}$	热导率 λ/W（m·K）$^{-1}$	电阻率 ρ/ $\mu\Omega\cdot m$	线胀系数 α_l/$\times10^{-6}$ K^{-1}	电导率 γ②（%IACS）
	℃							
ZCuBe0.5Co2.5	1088	971	8.62	418	215	0.0359①	17.80（20～300℃）	48①
ZCuBe0.5Ni1.5	1115	1040	8.75	420	277	0.0862 0.0359①	17.0（20～316℃）	20 48①
ZCuBe2Co0.5Si0.25	982	857	8.26	418	97	0.0862①	16.92（20～200℃）	20①
ZCuBe2.4Co0.5	954	857	8.06	418	94	0.091	17.0（20～200℃）	19①

(续)

合金牌号	液相线温度	固相线温度	密度 ρ/	比热容 c/J (kg·K)$^{-1}$	热导率 λ/ W (m·K)$^{-1}$	电阻率 ρ/	线胀系数 α_l/×10^{-6}	电导率 γ②
	%		Mg·m^{-3}			μΩ·m	K^{-1}	(%IACS)
ZCuBe2Co1	980	860	8.26	419	105	0.0862①	10.0 (20~200℃)	20①
ZCuBe0.4Ni1.5Ti0.5	1115	1040	8.75	420	183	0.0431	16.2 (20~200℃)	40
ZCuBe1Fe1Al8Co1	1040	1010	7.6	—	79.5 (150℃) 100.5 (400℃)	0.138	15.35 (0~100℃) 17.8 (200~300℃)	13

① 完全热处理。

② 见表6-3注①。

铍青铜在汽油、二氧化碳、四氯化碳、干燥的二氧化硫、海水、硬水、酒精等介质中的腐蚀速度小于0.025mm/a;室温条件下,在 w(盐酸)=5%、w(硫酸)=10%,w(氯化钠)=3%溶液和磷酸中腐蚀速度小于0.25mm/a。但在潮湿的氨、硫化氢、氯气和质量分数大于5%的盐酸溶液中的腐蚀速度明显增高。

铍青铜的高温抗氧化性优于纯铜和某些青铜。

4. 力学性能

1) 室温力学性能见表6-69。

2) 铸造ZCuBe0.5Co2.5合金的高温硬度见表6-70。

3) 弹性性能见表6-71。

表6-69 铸造铍青铜的室温力学性能

合金牌号	状态	抗拉强度 R_m	屈服强度 $R_{p0.2}$	断后伸长率 A (%)	硬度 HBW	硬度 洛氏
		MPa				
ZCuBe0.5Co2.5	Ⅰ	345	140	20	90	55HRB
	Ⅱ	450	225	12	120	70HRB
	Ⅲ	325	105	25	—	40HRB
	Ⅳ	670	515	8	195	95HRB
ZCuBe0.5Ni1.5	Ⅰ	310~370	85~175	12~25	95	45~60HRB
	Ⅱ	380~515	170~345	10~15	125	65~75HRB
	Ⅲ	275~345	70~105	20~30	—	35~45HRB
	Ⅳ	655~760	485~550	3~15	220	92~100HRB
ZCuBe2Co0.5Si0.25	Ⅰ	515~585	275~345	15~30	140	80~85HRB
	Ⅱ	690~725	485~575	10~20	240	20~25HRC
ZCuBe2.4Co0.5	Ⅰ	550~585	310~345	15~25	155	81~86HRB
	Ⅱ	655~725	415~450	5~15	250	20~25HRC
	Ⅲ	515~550	205~240	15~30	130	70~76HRB
	Ⅳ	1170~1240	1105~1170	1~3	405	40~43HRC
ZCuBe2Co1	Ⅰ	515	275	25	—	75HRB
	Ⅱ	825	725	5	—	30HRC
	Ⅲ	415	170	40	—	63HRB
	Ⅳ	1105	1305	1	—	42HRC
ZCuBe0.4Ni1.5Ti0.5	Ⅳ	650	515	3	—	85HRB
ZCuBe1Al8Fe1Co1	Ⅰ	645~735	295~355	20~30	155~186	—

注: Ⅰ—铸态,Ⅱ—铸态+时效,Ⅲ—固溶处理,Ⅳ—固溶处理+时效。

表 6-70　铸造 ZCuBe0.5Co2.5 合金的高温硬度

试验温度/℃	20	93	204	316	426	538	649
硬度 HRA	62	61	60	59	56	47	25

5. 工艺性能

（1）铸造性能　铸造铍青铜有较好的铸造工艺性能，高的流动性，易于充型，能得到尺寸准确的铸件。

铸造铍青铜适合于砂型和精密铸造，也可以进行金属型铸造、离心铸造和压力铸造。无论采取哪种铸造方法，都需要采用有效的防护措施，以防有害的铍化物对人身的危害。铸造铍青铜的熔铸特点及参数见表6-72。

表 6-71　铸造铍青铜的弹性性能

合金牌号	状态	弹性模量 E	切变模量 G	泊松比 μ
		GPa		
ZCuBe0.5Co2.5	完全热处理	117	44	0.33
ZCuBe0.5Ni1.5	完全热处理	124	50	—
ZCuBe2Co0.5Si0.25	完全热处理	127.5	50	0.30
ZCuBe2.4Co0.5	完全热处理	131	50	0.30
ZCuBe2Co1	完全热处理	128	50	0.30
ZCuBe1Al8Fe1Co1	S	120	46	0.34

表 6-72　铸造铍青铜的熔铸特点及参数

合金牌号	特　点	熔化温度/℃	浇注温度/℃ 小件	浇注温度/℃ 大件
ZCuBe0.5Co2.5	有比较好的铸造工艺性，低的造渣性，中等吸气、收缩和高的流动性，尺寸敏感性小	1250~1300	1150~1200	1120~1150
ZCuBe0.5Ni1.5			1170~1200	1140~1170
ZCuBe0.4Ni1.5Ti0.5			1170~1200	1160~1180
ZCuBe2Co0.5Si0.25	有比较好的铸造工艺性，中等的流动性、造渣性、吸气性和收缩性，尺寸敏感性中等	1200~1250	1060~1120	1010~1030
ZCuBe2.4Co0.5			1040~1080	1010~1030
ZCuBe2Co1			1050~1100	1010~1030
ZCuBe1Al8Fe1Co1	有良好的铸造工艺性，中等的吸气、收缩和流动性、造渣性较强	1200~1250	1080~1120	

（2）焊接性能　铸造铍青铜有良好的焊接性能，能够进行锡钎焊、银钎焊、铜钎焊和各种形式的电阻焊。在一定程度上也能进行熔焊，包括钨极气体保护焊、熔化极气体保护焊，但不推荐氧乙炔焊。

（3）切削性能　铸造铍青铜的切削加工性能类似铝青铜。切削加工率为30%（以易切削铅黄铜HPb63-3的切削加工率为100%计）。当使用高速钢刀具时，铸件外圆最大线速度为15~30m/min，进给量为0.38~0.76mm/r；使用硬质合金刀具时，进给量分别为37~82m/min和0.38~0.76mm/r。

（4）热处理工艺　铸造铍青铜是热处理强化型合金。固溶处理和时效处理后能显著提高合金的力学性能，但塑性相应降低。

需要焊补的铸件应在时效前进行。铸造铍青铜的热处理工艺见表6-73。

表 6-73　铸造铍青铜的热处理工艺

合金牌号	固溶处理 温度/℃	固溶处理 时间/h	时效处理 温度/℃	时效处理 时间/h
ZCuBe0.5Co2.5	900~925	每10mm厚保温1h，水淬	460~480	3~5
ZCuBe0.5Ni1.5	915~930			
ZCuBe0.4Ni1.5Ti0.5	930~960		450~480	2~4
ZCuBe2Co0.5Si0.25	775~785	每10mm厚保温0.5h，水淬	320~340	2~4
ZCuBe2.4Co0.5	775~785			
ZCuBe2Co1	790~800			

6. 合金的显微组织　ZCuBe2Co0.5Si0.25 合金的铸态组织为过饱和的 α 固溶体和少量因温度下降从 α 固溶体中析出的 γ_2 相（又称 γ 相），以及少量 γ_1 相（又称 β 相）。

固溶处理后 γ_2 溶解，其显微组织为 α 和少量 γ_1 相。

时效处理后 α 和 γ_1 相发生共析分解，共析分解的产物随时效条件有所不同，或为平衡的 γ_2 相，或为 γ_2' 或 γ_2'' 共格相。γ_2' 和 γ_2'' 尺寸极小，在金相显微镜下分辨不出，仅能见到由于 γ_2' 或 γ_2'' 析出引起应变而产生的魏氏组织。平衡的 γ_2 相优先从晶界处析出，然后向晶粒内部推进，金相照片上呈黑色浸区（即晶界反应区）。

γ_1 相是高温稳定相，温度下降分解为（$\alpha+\gamma_2$），但仍保留原先 γ_1 相，习惯上仍称之为 γ_1 相。

ZCuBe2.4Co0.5 合金的显微组织类似 ZCuBe2Co0.5Si0.25，只是 γ_1 相数量更多一些。

ZCuBe0.5Co2.5、ZCuBe0.5Ni1.5 和 ZCuBe0.4Ni1.5Ti0.5 合金的铸态组织为 α 固溶体和少量的 CoBe 或 NiBe、$TiBe_2$ 化合物。固溶处理后，CoBe 或 NiBe、$TiBe_2$ 化合物溶入 α 固溶体。时效处理后，NiBe、$TiBe_2$ 或 CoBe 呈高度弥散状态从固溶体中析出。

ZCuBe1Al8Fe1Co1 和 ZCuBe2Co0.5Si0.25 合金的显微组织见图 6-40 及图 6-41。

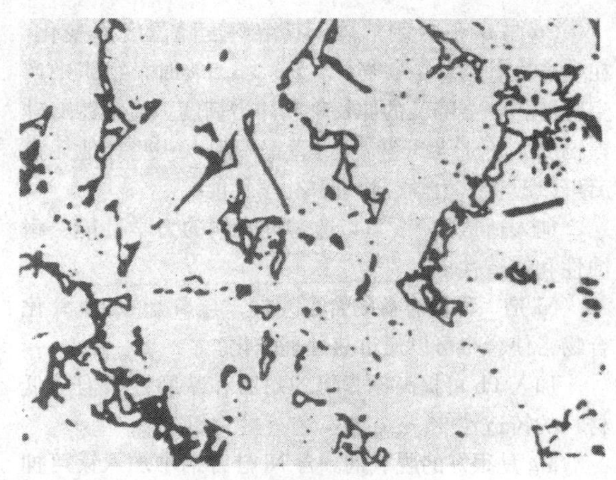

图 6-40　ZCuBe1Al8Fe1Co1 合金的显微组织　×100

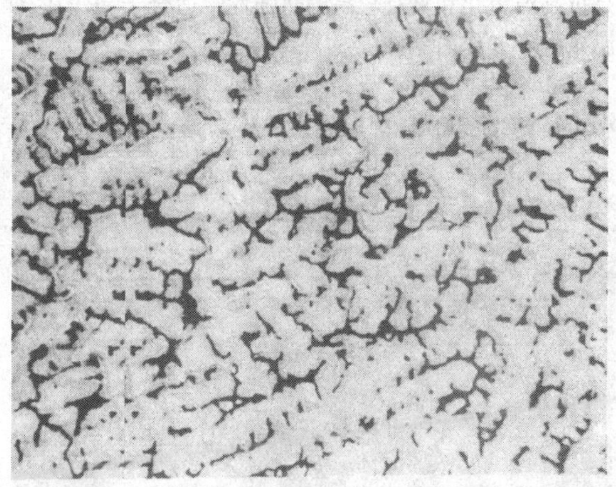

图 6-41　ZCuBe2Co0.5Si0.25 合金的显微组织 ［$\alpha+(\alpha+\gamma)$］　×120

7. 特点和应用　铸造铍青铜的特点和应用见表 6-74。

6.1.2.4　铸造硅青铜、锰青铜和铬青铜

（1）硅青铜　硅青铜有较高的力学性能，优良的耐蚀性、耐磨性和铸造性能，受冲击时不产生火花并能耐低温。

表 6-74　铸造铍青铜的特点和应用

合金牌号	特　点	应　用
ZCuBe0.5Co2.5 ZCuBe0.5Ni1.5 ZCuBe0.4Ni1.5Ti0.5	有高的导电导热性，较高的强度、硬度，良好的耐磨性和优良的高温抗氧化性以及较高的热强性	要求高强度高导电、导热的零件，如接触器触架，电阻焊电极和夹持器、水平臂，连铸机的水冷模、结晶器，压铸机的活塞头，电烙铁焊头等
ZCuBe2Co0.5Si0.25	有很高的强度和硬度，高的耐磨性和耐蚀性，受冲击时不产生火花	要求高强度的耐磨零件，如塑料成型模、压铸机零件、凸轮、衬套、轴承、阀、安全工具以及首饰等
ZCuBe2.4Co0.5 ZCuBe2Co1	比 ZCuBe2Co0.5Si0.25 合金的强度和硬度更高	塑料成型模、轴承、阀等
ZCuBe1Al8Fe1Co1	兼有铝青铜和铍青铜的特点，有很高的强度、优良的耐蚀性和抗海水冲击腐蚀性能，有良好铸造工艺性	船舶和化工结构件，如螺旋桨、叶片、泵体等

Cu与Si形成固溶体，其溶解度随温度而变化。在生产冷却条件下，当w（Si）>3.5%时，组织中产生脆性相，会降低的伸长率和冲击韧度。通常铸造硅青铜的w（Si）≤3.5%。硅青铜中加入一些其他元素后可以改善其力学、物理和化学性能。

加入适量的Mn可以改善硅青铜的力学性能、耐蚀性和铸造性能。

Ni是一种极有益的合金元素，与Si形成Ni_2Si化合物，使合金可以通过热处理强化。

加入Pb可提高硅青铜的耐磨和减磨性，但降低材料的铸造性能。

Mg是很好的脱氧剂。含Ni硅青铜中加入镁可抑制晶界反应，提高材料的耐热性。

（2）锰青铜 锰青铜有良好的力学性能，特别是抗高温氧化和具有较高的热强性，适合于制作在高温条件下工作的零件。

Mn能大量溶于Cu中，起固溶强化作用，ZCuMn5合金的显微组织见图6-42。

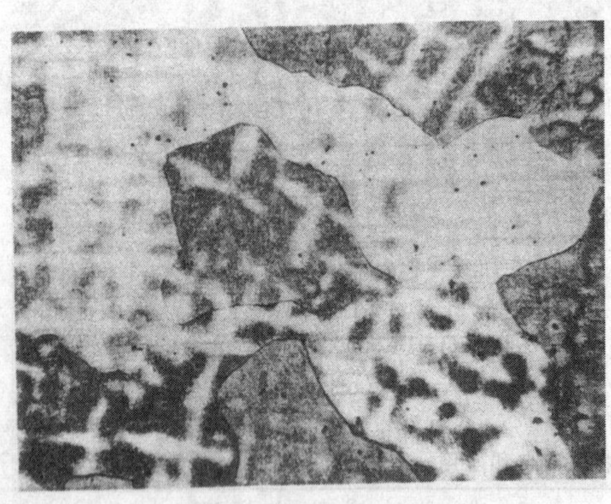

图6-42 ZCuMn5合金的显微组织
（α树枝晶） ×50

（3）铬青铜 铬青铜为高强度、高硬度，导电、导热性能好的热处理强化合金。适合于制作在室温和高温条件下工作的导电、导热和耐磨零件。

添加少量的Al和Mg可在合金表面形成高熔点的致密性氧化膜，能显著提高合金的抗高温氧化性和耐热性。

加入少量的Zr能进一步提高合金的热处理效果并显著改善其高温力学性能。

ZCuCr1合金的显微组织见图6-43。

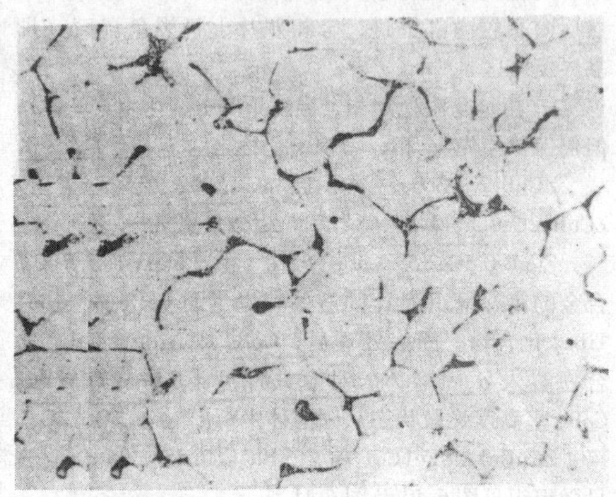

图6-43 ZCuCr1合金的显微组织
［α+（α+Cr）共晶］ ×120

1. 合金牌号和化学成分 铸造硅青铜、锰青铜及铬青铜的牌号和化学成分及杂质元素见表6-75和表6-76。

2. 物理性能 铸造硅青铜等的物理性能见表6-77。

3. 化学性能 硅青铜在大气、淡水和海水中有高的耐蚀性，腐蚀速度依次小于0.00025～0.0018mm/a，0.015mm/a和0.01mm/a，并能耐冷和热的稀硫酸、冷浓硫酸和盐酸的腐蚀。

表6-75 硅青铜、锰青铜和铬青铜的化学成分（质量分数，%）

名称	合金牌号	相应美国牌号	主要元素					
			Mn	Si	Ni	Cr	Pb	Cu
硅青铜	ZCuSi3Mn1	C87300	1.0～1.5	2.75～3.50	—	—	—	余量
	ZCuSi3Pb6Mn1	—	1.0～1.5	2.5～3.5	—	—	5.5～6.5	余量
	ZCuSi0.5Ni1Mg0.02	—	—	0.3～0.6	0.5～1.0	—	Mg0.01～0.03	余量
锰青铜	ZCuMn5	—	4.5～5.5	—	—	—	—	余量
铬青铜	ZCuCr1	C81500	—	—	—	0.5～1.2	—	余量

表 6-76 硅青铜、锰青铜和铬青铜杂质元素（质量分数,%）

合金牌号	杂质限量≤									
	Pb	P	Sn	Fe	Zn	As	Sb	Ni	Si	总和
ZCuSi3Mn1	0.03	0.05	0.25	0.3	0.5	0.02	0.02	0.2	—	1.1
ZCuSi3Pb6Mn1	—	0.05	0.25	0.3	0.5	0.02	0.02	0.2	—	1.1
ZCuSi0.5Ni1Mg0.02	0.03	0.05	—	—	—	0.02	0.02	—	0.05	0.3
ZCuMn5	0.03	0.01	0.1	0.35	0.4	0.01	0.002	0.5	0.1	0.9
ZCuCr1	0.02	—	0.10	0.10	0.10	Al: 0.10	—	—	0.15	0.3

表 6-77 硅青铜、锰青铜和铬青铜的物理性能

合金牌号	固相线温度/℃	液相线温度/℃	密度 ρ/Mg·m^{-3}	比热容 c/J (kg·K)$^{-1}$	热导率 λ/W (m·K)$^{-1}$	电阻率② ρ/μΩ·m	电导率② γ (%IACS)	线胀系数 α_l/×10^{-6} K^{-1}
ZCuSi3Mn1	971	1026	8.53	377	36.3	0.246	7	18.0 (20~300℃)
ZCuSi3Pb6Mn1①	950	1000	8.7	—	—	—	—	17.0 (20~300℃)
ZCuSi0.5Ni1Mg0.02	1075	1095	8.80	—	170	0.043	36	17.6 (20~300℃)
ZCuMn5	—	1047	8.60	—	108	0.197	8.7	20.4 (20~300℃)
ZCuCr1	1060	1085	8.86	384	312	0.022	80	17.0 (20~270℃)

① 参考数据。

② 热处理状态时。

4. 力学性能

（1）室温力学性能 铸造硅青铜，等的室温力学性能见表 6-78。

（2）高温力学性能 锰青铜 ZCuMn5 合金的高温力学性能与温度的关系见表 6-79。

表 6-78 硅青铜、锰青铜、铬青铜的室温力学性能

合金牌号	铸造方法和状态	抗拉强度 R_m	屈服强度 $R_{p0.2}$	断后伸长率 A (%)	硬度	弹性模量	切变模量
		MPa			HBW	GPa	
ZCuSi3Mn1	S	280	—	56	88	88.6	—
	J	345	100	25	90	102	—
ZCuSi3Pb6Mn1	S	330	—	24	78	—	—
	J	350	—	41	94	—	—
ZCuSi0.5Ni1Mg0.02	完全热处理	450	380	15	122	120	—
ZCuMn5	S	200~360	120~170	30~40	70~80	103	—
ZCuCr1	S	205	80	35	72	—	—
	完全热处理	365	250	11	107	110	41

表 6-79 锰青铜 ZCuMn5 合金力学性能与温度的关系

试验温度/℃	抗拉强度 R_m	屈服强度 $R_{p0.2}$	断后伸长率 A（%）	硬度 HBW
	MPa			
20	350	155	35	685
200	335	140	32	490
300	315	125	32	490
400	245	100	30	340
500	175	85	40	—
600	115	60	59	—

5. 工艺性能

（1）铸造工艺性能 硅青铜和锰青铜有良好的铸造性能，适合于砂型或金属型铸造。

铬青铜的吸气性和造渣性都很强，因此要实行快速熔炼，并控制加 Cr 的温度和时间，采用干型浇注以防止吸气和氧化。

硅青铜等的铸造性能参数见表 6-80。

（2）焊接性能 铸造硅青铜等的焊接性能见表 6-81。

（3）切削加工性能 硅青铜和铬青铜的切削加工率为 30%（以 HPb63-3 合金的切削加工率为 100% 计），锰青铜为 20%。

6. 特点和应用 铸造硅青铜等的特点和应用见表 6-82。

表 6-80 硅青铜、锰青铜、铬青铜的铸造性能

合金牌号	特点	流动性（螺旋线长度）/cm	线收缩率（%）	浇注温度/℃	
				壁厚 <30mm	壁厚 ≥30mm
ZCuSi3Mn1	中等流动性和造渣性，较强的吸气性，线收缩小	—	1.6	1120 ~ 1150	1080 ~ 1120
ZCuSi0.5Ni1Mg0.02		—	1.9	1180 ~ 1220	1150 ~ 1200
ZCuSi3Pb6Mn1	流动性好，易吸气，线收缩小	—	1.6	1100 ~ 1120	1050 ~ 1100
ZCuMn5	中等吸气性和造渣性，线收缩率大，流动性较差	25	1.96	1130 ~ 1150	1100 ~ 1130
ZCuCr1	吸气性和造渣性强，线收缩大，流动性中等	75	2.1	1200 ~ 1250	1170 ~ 1200

表 6-81 硅青铜、锰青铜、铬青铜的焊接性能

合金牌号	锡钎焊	铜钎焊	钨极气体保护焊	熔化极气体保护焊	焊条电弧焊	氧乙炔气焊	电阻焊
ZCuSi3Mn1	B	B	B	B	A	B	A
ZCuSi3Pb6Mn1	A	A	D	D	D	D	C
ZCuSi0.5Ni1Mg0.02	A	B	C	C	C	D	D
ZCuMn5	A	A	B	A	B	B	A
ZCuCr1	A	B	C	C	C	D	D

注：A—优，B—良，C—中，D—差。

表 6-82 硅青铜、锰青铜、铬青铜的特点和应用

合金牌号	特点	应用
ZCuSi3Mn1	有较高的强度，容易焊接，在大气、淡水和海水中有高的耐蚀性，撞击时不产生火花，耐低温	耐蚀铸件，齿轮、衬套等耐磨零件
ZCuSi3Pb6Mn1	有较高的强度，耐磨、耐蚀性好，砂型铸造时合金液与铸型会发生反应，使铸件表面质量恶化，加微量铝可以改善	代替锡青铜做轴瓦、轴套等耐磨零件
ZCuSi0.5Ni1Mg0.02	有较高的强度，导电、传热及耐热性能好，具有一定的抗高温氧化能力	高炉风口、渣口，导电腭板、电极夹持器，电力接线金具

（续）

合金牌号	特点	应用
ZCuMn5	在较高温度下仍保持高强度和硬度，耐蚀性好	蒸汽阀、火花塞、锅炉配件
ZCuCr1	在400℃以下有较高的强度、硬度，导电、导热性好，高的抗氧化性和耐蚀性	要求高温强度和导电、导热的结构零件，如导电腭板、电极夹持器和电力接线金具等

6.1.3 黄铜

以锌为主要合金元素的Cu-Zn二元合金通称为黄铜或普通黄铜。在此基础上再添加其他合金元素组成的多元合金称特殊黄铜。

锌在铜中的溶解度平衡状态下 w（Zn）≈37%（见图2-129），而在生产冷却条件下 w（Zn）≈30%。随锌含量的增高，依此形成α、β和γ相等，其特征见表6-83。

工业上实用的Cu-Zn合金 w（Zn）≤50%，其组织为α、α+β或β相，故又称α黄铜，α+β黄铜和β黄铜。

普通黄铜虽有一定的强度、硬度和良好的铸造性能，但耐磨性、耐蚀性，尤其是对流动海水、蒸汽和无机酸的耐蚀性能较差。所以，通常采用添加其他合金元素的方法来改善其力学、物理和化学性能，而且已形成众多牌号、能满足各种使用条件要求的特殊黄铜，包括著名的海军黄铜、易切削黄铜、高强度锰黄铜以及压铸黄铜等。合金元素和杂质对黄铜组织和性能的影响见表6-84。

表6-83 铜锌合金的相组成及其特征

x（Zn,%）	相名称	特征
0~38	α	有一定的强度，塑性好，能承受冷、热加工，应力腐蚀倾向小
45~49	β、β′	高温时为无序的β固溶体，塑性好，室温时为有序的β′固溶体，有较高的强度和硬度，但塑性低
56~66	γ	室温下硬而脆，增加合金脆性
74.5~75.5	δ	仅在高于558℃时存在，低于此温度时共析分解为（γ+ε）相

表6-84 合金元素和杂质对黄铜组织和性能的影响

合金元素或杂质	工艺性	显微组织	性能
Zn	有自然除气和脱氧作用，提高流动性	形成α、β（β′）固溶体，含量过高形成脆性γ相	提高强度、硬度
Fe	降低硅黄铜的流动性和气密性，对其他黄铜影响不明显	Fe在黄铜中溶解度的质量分数为0.02%，过多则形成富Fe相，可细化晶粒	提高强度、硬度，降低塑性。同时加入Al、Mn、Ni和Fe时，可提高强度、硬度和耐蚀性，稍降低塑性
Al	有脱氧作用，改善铸件表面质量，提高特殊黄铜的流动性	显著缩小α相区，增加β相数量，稳定铝黄铜的β相，防止脆性γ相析出	提高特殊黄铜的强度、硬度和耐蚀性，降低普通黄铜的塑性
Mn	有脱氧作用，增大收缩，稍降低流动性	Mn在α黄铜中溶解度的质量分数≤20%；高锌黄铜当 w（Mn）>4%时，形成富Mn的ε相	提高强度、硬度、耐磨性、耐蚀性和热强性
Sn	稍增加流动性，降低硅黄铜的耐水压性	Sn能少量溶入Cu-Zn固溶体中，w（Sn）>2%时形成脆性相	提高抗海水脱锌腐蚀和抗空泡腐蚀性能，提高强度和硬度
Ni	稍降低流动性	扩大α相区，细化晶粒	提高冲击韧性和耐蚀性能
Si	增加流动性，减少缩松	显著缩小α相区，低锌黄铜中产生 Cu_5Si 相，在添加Fe、Mn的高强黄铜中形成脆性 Mn_5Si_3 和 Fe_3Si_2 化合物	提高强度、硬度和耐蚀性，Si含量较高时，降低塑性
Pb	稍提高流动性	不溶或形成低熔点的化合物	提高切削性能。与Si共存时降低合金耐水压性，w（Pb）>0.5%时降低强度
P	增加流动性，容易产生虫食状表面缺陷	形成低熔点的共晶体	少量P能提高硬度，含量高时降低塑性和冲击韧性

为了定量地确定合金元素对 Cu-Zn 二元相图中相区的影响，以及借助 Cu-Zn 二元相图来估量多元黄铜的组织，所以黄铜常采用锌当量和元素锌当量系数进行定量分析。合金元素的锌当量系数见表 6-85。多元黄铜的锌当量由下式确定

$$X = \frac{A + \Sigma C_i \eta_i}{A + B + \Sigma C_i \eta_i} \times 100\%$$

式中　A——多元黄铜中锌的质量分数；

B——多元黄铜中铜的质量分数；

C_i——多元黄铜中各元素的质量分数（铜和锌除外）；

η_i——各元素的锌当量系数，见表 6-85。

表 6-85　合金元素的锌当量系数

合金元素	Si	Al	Sn	Pb	Cd	Fe	Mn	Ni
锌当量系数 η	10	6	2	1	1	0.9	0.5	-1.3

当合金中锌当量系数大的元素（如 Al、Si）含量较高时，由于合金元素的加入量对组织的影响不可能总是正比关系，所以会产生较大的误差。在此种情况下，采用铜、锌和主要添加元素所组成的三元相图来估量多元黄铜的组织是比较合适的。通常选择三元相图在较高温度（300 ~ 500℃）下的等温截面来确定合金在室温下的铸态组织，即采用三元锌当量 X 为

$$X = \frac{A + \Sigma D_i \eta_i}{A + B + C + \Sigma D_i \eta_i} \times 100\%$$

式中　A——多元黄铜中锌的质量分数；

B——多元黄铜中铜的质量分数；

C——多元黄铜中主加元素的质量分数；

D_i——除 A、B 和 C 以外所各元素的质量分数；

η_i——各元素的锌当量系数，见表 6-85。

6.1.3.1　合金牌号

大多数黄铜兼作压力加工和铸造合金使用，但高强度特殊黄铜则主要作铸造合金使用，其中熔点较低的合金用于压铸。表 6-86 列出常用铸造黄铜牌号及国外相近牌号；表 6-87 列出压铸黄铜牌号及国外相近牌号。

表 6-86　铸造黄铜牌号及国外相近牌号

序号	合金牌号 GB/T 1176—1987	国外相近牌号 俄罗斯 ГОСТ 17711—1993	美国②	英国 BS1400—1973	德国 DIN1705③—1981	日本 JIS5120、5121—2006	国际标准化组织 ISO 1338—1977
1	ZCuZn16Si4	ЛЦ16К4	C87400 C87800	—	G-CuZn15Si4 (2.0492.01)	—	—
2	ZCuZn24Al5Fe2Mn2①	ЛЦ24А6Ж2Мп2	C86100	—	—	—	—
3	ZCuZn25Al6Fe3Mn3	ЛЦ25А6Ж3Мп3	C86300	HTB—3	G-CuZn25Al5 (2.0598.01)	CAC304	CuZn25Al6Fe3Mn3
4	ZCuZn26Al4F3Mn3	ЛЦ26А4Ж3Мп3	C86200	HTB—2	—	CAC303	CuZn25Al6Fe3Mn3
5	ZCuZn31Al2	ЛЦ30А3	—	—	—	—	—
6	ZCuZn33Pb2	—	C85400	SCB3	—	CAC202	CuZn33Pb
7	ZCuZn38	ЛЦ38	C85500	DCB1	—	CAC203	—
8	ZCuZn35Al2Mn2Fe1	ЛЦ35А2Мп2Ж	C86500	HTB—1	G-CuZn35Al1 (2.0592.01)	CAC301	CuZn35AlFeMn
9	ZCuZn38Mn2Pb2	ЛЦ38Мп2С2	—	—	—	—	—
10	ZCuZn40Pb2	ЛЦ40С	C85700	DCB3	G-CuZn37Pb (2.0340.02)	—	CuZn40Pb
11	ZCuZn40Mn2	ЛЦ40Мп2	—	—	—	—	—
12	ZCuZn40Mn3Fe1	ЛЦ40Мп2Ж	C86800	—	—	CAC302	—

① 标准号为 CB818—1984。

② ASTMB584—2006 和 ASTMB763—763。

③ 等效采用 EU1982—1998。

表 6-87 压铸铜合金牌号及国外相近牌号

序号	合金牌号 GB/T 15116—1994	相近牌号		
		美国 ASTM B176—2004	英国 BS1400—1973	德国 DIN1705—1981①
1	YZCuZn16Si4	C87800	DCB3	G-CuZn15Si4
2	YZCuZn30Al3	—	—	—
3	YZCuZn40Pb3	C87900	DCB1	G-CuZn7Pb
4	YZCuZn35Al2Mn2Fe1	—	—	—

① 等效采用 EU1982—1998。

6.1.3.2 化学成分（见表 6-88 ~ 表 6-90）

表 6-88 铸造黄铜的主要化学成分（质量分数,%）

序号	合金牌号	主要化学成分						
		Cu	Pb	Al	Fe	Mn	Si	Zn
1	ZCuZn16Si4	79.0 ~ 81.0	—	—	—	—	2.5 ~ 4.5	余量
2	ZCuZn24Al5Fe2Mn2①	67.0 ~ 70.0	—	4.5 ~ 6.0	2.0 ~ 3.0	2.0 ~ 3.0	—	余量
3	ZCuZn25Al6Fe3Mn3	60.0 ~ 66.0	—	4.5 ~ 7.0	2.0 ~ 4.0	1.5 ~ 4.0	—	余量
4	ZCuZn26Al4Fe3Mn3	60.0 ~ 66.0	—	2.5 ~ 5.0	1.5 ~ 4.0	1.5 ~ 4.0	—	余量
5	ZCuZn31Al2	66.0 ~ 68.0	—	2.0 ~ 3.0	—	—	—	余量
6	ZCuZn33Pb2	63.0 ~ 67.0	1.0 ~ 3.0	—	—	—	—	余量
7	ZCuZn35Al2Mn2Fe1	57.0 ~ 65.0	—	0.5 ~ 2.5	0.5 ~ 2.0	0.1 ~ 3.0	—	余量
8	ZCuZn38	60.0 ~ 63.0	—	—	—	—	—	余量
9	ZCuZn38Mn2Pb2	57.0 ~ 60.0	1.5 ~ 2.5	—	—	1.5 ~ 2.5	—	余量
10	ZCuZn40Pb2	58.0 ~ 63.0	0.5 ~ 2.5	—	—	—	—	余量
11	ZCuZn40Mn2	57.0 ~ 60.0	—	—	—	1.0 ~ 2.0	—	余量
12	ZCuZn40Mn3Fe1	53.0 ~ 58.0	—	—	0.5 ~ 1.5	3.0 ~ 4.0	—	余量

① 标准号为 CB818—1984。后同。

表 6-89 铸造黄铜的杂质元素限量（质量分数,%）

序号	合金牌号	杂质限量≤									
		Fe	Al	Sb	Si	Ni	Sn	Pb	Mn	P	总和
1	ZCuZn16Si4	0.6	0.1	0.1	—	—	0.3	0.5	0.5	—	2.0
2	ZCuZn24Al5Fe2Mn2①	—	—	0.1	—	—	0.5	0.5	—	—	1.0
3	ZCuZn25Al6Fe3Mn3	—	—	—	0.1	3.0①	0.2	0.2	—	—	2.0
4	ZCuZn26Al4Fe3Mn3	—	—	—	0.1	3.0①	0.2	0.2	—	—	2.0
5	ZCuZn31Al2	0.8	—	—	—	—	1.0①	1.0①	0.5	—	1.5
6	ZCuZn33Pb2	0.8	0.1	—	0.05	1.0①	1.5①	—	0.2	0.05	1.5
7	ZCuZn35Al2Mn2Fe1	—	—	—	0.1	3.0①	1.0①	0.5	—	—	2.0
8	ZCuZn38	0.8	0.5	0.1	—	—	1.0①	Bi0.002	—	0.01	1.3
9	ZCuZn38Mn2Pb2	0.8	1.0①	0.1	—	—	2.0①	—	—	—	2.0
10	ZCuZn40Pb2	0.8	—	—	0.05	1.0①	1.0①	—	0.5	—	1.5
11	ZCuZn40Mn2	0.8	1.0①	0.1	—	—	1.0	—	—	—	2.0
12	ZCuZn40Mn3Fe1	—	1.0①	0.1	—	—	0.5	0.5	—	—	1.5

① 不计入杂质总和。

表 6-90 压铸黄铜的化学成分（质量分数,%）

序号	合 金	主要元素				杂质限量≤						
		Cu	Pb	Al	Si	Zn	Sn	Al	Pb	Mn	Fe	总和
1	YZCuZn16Si4	79.0~81.0	—	—	2.4~4.5	余	—	0.1	0.5	0.5	0.6	2.0
2	YZCuZn30Al3	66.0~68.0	—	2.0~3.0	—	余	1.0	—	1.0	0.5	0.8	3.0
3	YZCuZn40Pb	57.0~61.0	0.9~1.9	—	—	余	—	0.2	—	—	0.8	2.0
4	YZCuZn35Al2Mn2Fe1	57.0~65.0	Fe0.5~2.0	0.5~2.5	Mn0.1~3.0	余	1.0	—	0.5	—	—	2.0①

① 杂质总和中不含 Ni。

6.1.3.3 物理和化学性能

1. 物理性能（见表 6-91）

2. 化学性能 铸造黄铜有良好的抗大气腐蚀性能，但不适合于在浓度较高的二氧化硫环境中使用。

表 6-91 铸造黄铜的物理性能

序号	合金牌号	固相线温度/℃	液相线温度/℃	密度 ρ/ $Mg \cdot m^{-3}$	比热容 c/J (kg·K)$^{-1}$	热导率 λ/ W (m·K)$^{-1}$	电阻率 ρ/ $\mu\Omega \cdot m$	电导率 γ (%IACS)	线胀系数 $\alpha_l/\times10^{-6}K^{-1}$ (20~300℃)
1	ZCuZn16Si4 YZCuZn16Si4	821	917	8.32	404	80	0.265	6.5	20.0
2	ZCuZn24Al5Fe2Mn2	899	940	7.85	377	67	—	—	20.7 (20~200℃)
3	ZCuZn25Al6Fe3Mn3	885	922	7.70	376	88	0.216	8.0	17.8 (20~93℃)
4	ZCuZn26Al4Fe3Mn3	898	941	7.85	376	50	0.229	7.5	—
5	ZCuZn31Al2 YZCuZn30Al3	923	971	8.50	—	113	0.077	22.4	18.5
6	ZCuZn33Pb2	888	915	8.55	377	117	0.066	26.0	20.7
7	ZCuZn35Al2Mn2Fe1	860	882	8.50	376	101	0.072	24.0	20.3
8	ZCuZn38	899	906	8.43	387	115	0.069	24.9	20.6
9	ZCuZn38Mn2Pb2	885	900	8.50	—	71	0.091	19.0	19.8
10	ZCuZn40Pb2 YZCuZn40Pb2	888	900	8.50	377	105	0.066	26.0	20.3
11	ZCuZn40Mn2	866	881	8.50	377	70	0.082	21.0	21.0
12	ZCuZn40Mn3Fe1	855	875	8.50	372	50	0.088	22.0	19.2 (20~100℃)

天然水对黄铜的腐蚀速度一般可以不予考虑。黄铜铸件历来用于管道工程中的管接头。二元黄铜的管接头件，在某些场合用于供水时，可能有脱锌腐蚀的缺点，但末端接头件（如水龙头、散热器阀门）和闭路的中心供暖系统中的管接头不受影响。在酸性矿井水中，特别是含铁盐的矿井水中，腐蚀速度较快。

高锌黄铜在海水中有脱锌腐蚀倾向，但含 Mn、Sn、Al、Ni 和 Fe 的特殊黄铜因具有一定的抗脱锌腐蚀能力，因此可以作为船舶结构件使用，如螺旋桨等。

黄铜有脱锌腐蚀缺点，除锡黄铜和铝黄铜外，一般不适用锅炉给水系统。

在无氧化环境中，许多酸对黄铜的腐蚀不严重，根据浓度和通风条件的不同，腐蚀速度为 0.5~2mm/a。

黄铜有良好的耐有机酸及其盐类腐蚀的性能。镀锡黄铜可用于食品工业，但含铅黄铜不能用于食品工业。

高锌黄铜有应力腐蚀倾向，当铸件存在较大应力时，如浇注后快冷、焊后冷却或冷加工硬化等，应进行退火或作其他消除应力（振动时效）处理。

黄铜及其他铜合金抗应力腐蚀能力见表 6-92。铸造黄铜在各种介质中的腐蚀速度及性能见表 6-93 ~ 表 6-95 和图 6-44、图 6-45。

表 6-92 铜和铜合金的抗应力腐蚀能力

合 金	纯铜 铜镍合金	硅青铜 磷脱氧铜	铝青铜、锌白铜 w（Zn）<20% 的黄铜	w（Zn）>20% 的黄铜
抗应力腐蚀能力	最高	高	中等	较低

表 6-93 黄铜在各种介质中的腐蚀速度

合金牌号	介质（质量分数）	试验温度/℃	腐蚀速度/mm · a^{-1}
各种黄铜	大气	—	0.0013 ~ 0.0038
	淡水	—	0.0025 ~ 0.025
	干蒸汽	—	>0.0025
	甲醇、乙醇	20	0.0005 ~ 0.006
	醋酸	20	0.025 ~ 0.75
	磷酸	20	0.5
ZCuZn35Al2Mn2Fe1	0.5% 的硫酸溶液	190	0.14
	25% 的硫酸溶液	190	62.4
	10% 的硫酸溶液	20	0.0137
ZCuZn38	海 水	—	0.0258
	0.01% ~ 0.05% 的硫酸溶液	20	0.01 ~ 0.2
	0.5% 硫酸溶液	190	0.063
	25% 硫酸溶液	190	28.3
ZCuZn40Pb2	海 水	—	0.0148
	10% 的硫酸溶液	20	0.06
	50% 的硫酸溶液	20	0.02
	湿四氯化碳	20	0.00145
	湿四氯化碳	67	18.054
	40% 的硫酸溶液	20	0.04
	40% 的硫酸溶液	沸腾	0.48
	石碳酸	20	0.13 ~ 0.30
ZCuZn40Mn2	海 水	—	0.0169
	10% 的硫酸溶液	20	0.067
ZCuZn24Al5Fe2Mn2	海 水	—	0.0295
ZCuZn31Al2	3.4% 的氯化钠溶液	20	0.0004

表 6-94 ZCuZn35Al2Mn2Fe1 合金的腐蚀性能

试验方法	试验条件	重量损失	体积损失
空泡试验	介质：w（NaCl）为 3% 溶液 频率：10000Hz/s，振幅：0.25mm	108mg/h	1290mm³/h
冲击试验	介质：海水，暴露面积：6.5m² 速度：8.2m/s，试验温度：18 ~ 31.5℃	376mg/(cm² · d)	—

表 6-95　ZCuZn24Al5Fe2Mn2 等合金的抗空泡腐蚀性能

合　金	试验条件	重量损失/mg
ZCuZn24Al5Fe2Mn2	磁致伸缩试样机，振幅 55.6μm 介质：蒸馏水 试验时间：2h 试样尺寸：ϕ70mm	12.4
ZCuAl8Mn13Fe3Ni2		8.4
ZCuAl7Mn13Zn4Fe3Sn1		9.4

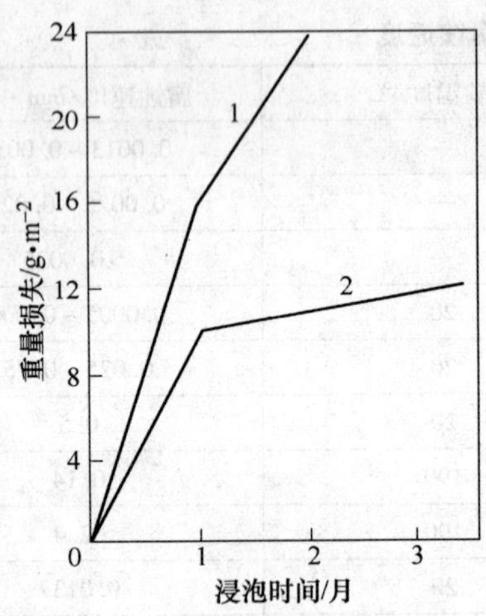

图 6-44　ZCuZn40Mn3Fe1 合金在海水中浸泡重量损失与时间的关系

1—ZCuZn40Mn3Fe1　2—ZCuAl9Fe4Ni4Mn2

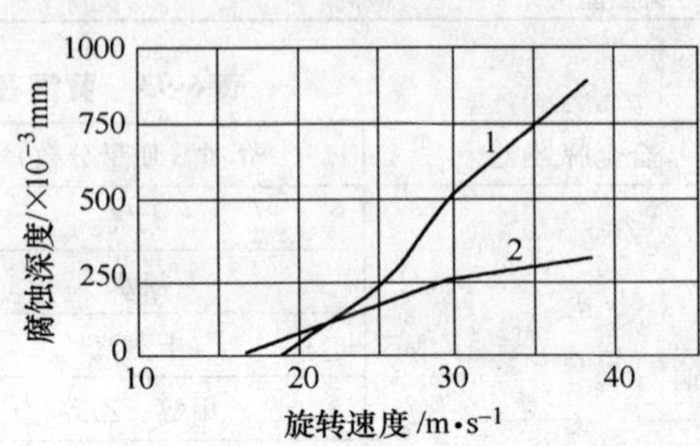

图 6-45　ZCuZn35Al2Mn2Fe1 合金的圆盘冲击试验（圆盘直径 200mm，圆周速度 30m/s，试验时间 500h）腐蚀深度与转速的关系

1—ZCuZn35Al2Mn2Fe1　2—ZCuAl9Fe4Ni4Mn2

6.1.3.4　力学性能

1. 技术标准规定的力学性能（见表 6-96 和表 6-97）

表 6-96　铸造黄铜的力学性能

序号	合金牌号	铸造方法	抗拉强度 R_m/MPa	屈服强度 $R_{p0.2}$/MPa	断后伸长率 A（%）	硬度 HBW
1	ZCuZn16Si4	S	345	—	15	90
		J	390	—	20	100
2	ZCuZn24Al5Fe2Mn2②	S	608	245	15	160
3	ZCuZn25Al6Fe3Mn3	S	725	380	10	160①
		J	740	400	7	170①
		Li、La	740	400	7	170①
4	ZCuZn26Al4Fe3Mn3	S	600	300	18	120①
		J	600	300	18	130①
		Li、La	600	300	18	130①
5	ZCuZn31Al2	S	295	—	12	80
		J	390	—	15	90
6	ZCuZn33Pb2	S	180	70①	12	50①
7	ZCuZn35Al2Mn2Fe1	S	450	170	20	100①
		J	475	200	18	110①
		Li、La	475	200	18	110①

（续）

序号	合金牌号	铸造方法	抗拉强度 R_m/MPa	屈服强度 $R_{p0.2}$/MPa	断后伸长率 A（%）	硬度 HBW
8	ZCuZn38	S	295	—	30	60
		J	295	—	30	70
9	ZCuZn38Mn2Pb2	S	245	—	10	70
		J	345	—	18	70
10	ZCuZn40Pb2	S	220	—	15	70
		J	280	120①	20	90
11	ZCuZn40Mn2	S	345	—	20	80
		J	390	—	25	90
12	ZCuZn40Mn3Fe1	S	440	—	18	100
		J	490	—	15	110

① 参考值。

② 标准为 CB818—1984。

表 6-97　压铸黄铜的力学性能

序号	合金牌号	铸造方法	抗拉强度 R_m/MPa	断后伸长率 A	硬度 HBW
				≥	
1	YZCuZn16Si4	Y	345	25	87
2	YZCu40Pb2	Y	300	6	87
3	YZCuZn30Al3	Y	400	15	112
4	YZCuZn35Al2Mn2Fe1	Y	475	3	132

2. 室温力学性能

1）铸造黄铜的典型室温力学性能见表 6-98。

2）热处理对 ZCuZn35Al2Mn2Fe1 合金力学性能的影响见表 6-99。

表 6-98　铸造黄铜的典型室温力学性能

合金牌号	铸造方法	抗拉强度 R_m	屈服强度 $R_{p0.2}$	断后伸长率 A	断面收缩率 Z	硬度 HBW
		MPa		%		
ZCuZn16Si4	S	390～540	220	20～50	20～55	102～122
ZCuZn24Al5Fe2Mn2	S	635～735	—	15～30	—	178～215
ZCuZn25Al6Fe3Mn3	S	758～860	450～520	10～18	9～15	217～255
	Li	740～930	400～500	13～21	—	217～260
ZCuZn26Al4Fe3Mn3	S	655	330	20	—	180
ZCuZn33Pb2	S	190～220	70～110	12～30	—	50～66
ZCuZn35Al2Mn2Fe1	S	450～570	195～280	20～35	20～40	100～150
	J	500～570	210～280	18～35	—	110～150
	Li	500～600	210～280	20～38	—	110～150
ZCuZn38	J	295～370	90～120	30～50	40～50	70～80
ZCuZn40Pb2	S	300～340	90～120	15～40	—	70～75
ZCuZn40Mn3Fe1	S	450～635	—	18～45	—	110～140

表 6-99　热处理对 ZCuZn35Al2Mn2Fe1 合金力学性能的影响

热处理条件	抗拉强度 R_m	屈服强度 $R_{p0.2}$	断后伸长率 A (%)
	MPa		
砂型单铸试样，铸态	538	190	29
砂型铸板（厚 64mm），铸态	536	185	26
铸板，320℃，75min，炉冷	523	184	33
铸板，540℃，75min，炉冷	502	167	38

3）浇注温度对铸造黄铜力学性能的影响见表 6-100。

表 6-100　浇注温度对铸造黄铜力学性能影响

合金牌号	浇注温度 /℃	抗拉强度 R_m	屈服强度 $R_{p0.2}$	断后伸长率 A (%)	硬度 HBW
		MPa			
ZCuZn33Pb2	960	252	83	29	63
	1000	226	75	28	60
	1040	142	93	24	65
ZCuZn35Al2Mn2Fe1	970	525	260	26	115
	1020	540	272	29	116
	1070	530	266	28	114

4）铸件壁厚对铸造黄铜力学性能的影响见表 6-101。

表 6-101　铸件壁厚对铸造黄铜力学性能的影响

合金牌号	壁厚 /mm	抗拉强度 R_m /MPa	断后伸长率 A (%)	硬度 HBW
ZCuZn16Si4	5	392	19	90
	10	362	20	87
	20	314	10	87
	50	275	18	83
ZCuZn24Al5Fe2Mn2	40	686	25	—
	60	677	19	—
	80	657	16	—
	100	686	17	—
ZCuZn25Al6Fe3Mn3	5	686	7	160
	10	637	7	160
	20	588	6	155
	50	568	7	153
	285①	695	6.5	240
ZCuZn40Pb2	10	305	23	61
	20	309	29	62
	30	314	30	63
	40	309	30	64

（续）

合金牌号	壁厚 /mm	抗拉强度 R_m /MPa	断后伸长率 A (%)	硬度 HBW
ZCuZn40Mn3Fe1	5	588	10	120
	10	490	13	120
	20	490	10	120
	50	470	10	110

①　该数据为离心铸造。

3. 高温力学性能　铸造黄铜在不同温度下的力学性能见表 6-102 ~ 表 6-104 和图 6-46、图 6-47。

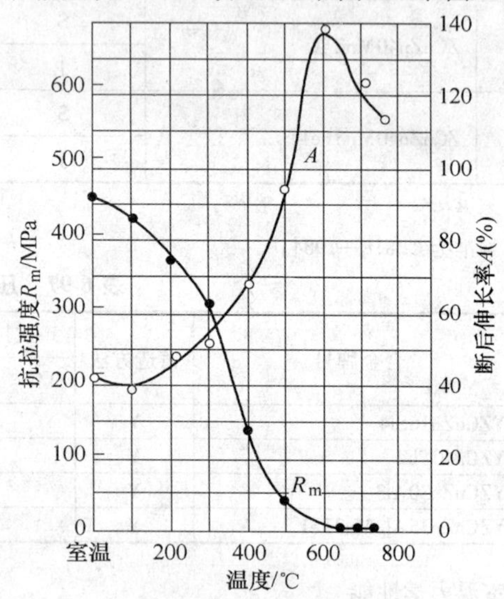

图 6-46　ZCuZn40Mn2 合金力学性能与温度的关系

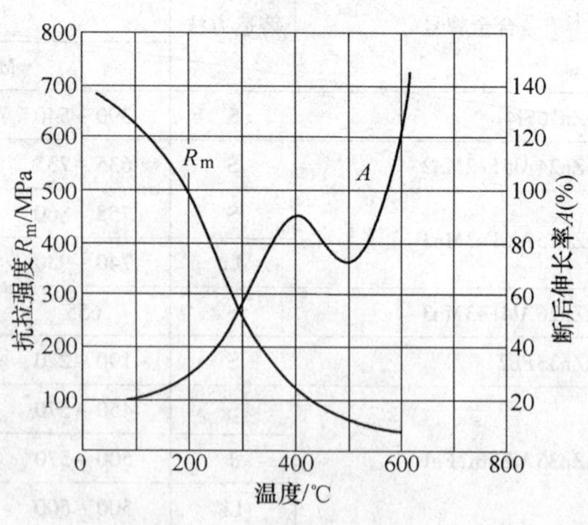

图 6-47　ZCuZn26Al4Fe3Mn3 合金力学性能与温度关系

表 6-102　铸造黄铜在不同温度下的力学性能

合金牌号	试验温度/℃	抗拉强度 R_m	条件屈服强度 $R_{p0.5}$	屈服强度 $R_{p0.2}$	断后伸长率 A	断面收缩 Z
		MPa			%	
ZCuZn16Si4	20	470	250	220	16	19
	93	470	250	220	18	20
	176	475	255	230	21	23
	232	380	255	235	11	16
ZCuZn25Al6Fe3Mn3	20	825	570	475	16	19
	93	795	560	465	20	24
	176	750	550	460	23	32
	232	640	505	440	31	42
ZCuZn35Al2Mn2Fe1	20	490	195	170	40	40
	93	435	200	175	51	55
	176	365	200	180	52	68
	232	315	205	185	55	66

表 6-103　铸造黄铜在不同温度下的压缩性能

合金牌号	试验温度/℃	抗压强度 σ_{mc}/MPa		
		$\varepsilon=0.1$ mm/mm	$\varepsilon=0.01$ mm/mm	$\varepsilon=0.001$ mm/mm
ZCuZn16Si4	20	565	295	185
	93	565	295	180
	232	530	295	175
	288	480	270	175
ZCuZn25Al6Fe3Mn3	20	540	240	160
	93	490	245	165
	176	440	245	175
	232	375	215	170
ZCuZn35Al2Mn2Fe1	20	690	590	415
	121	—	565	415
	187	—	540	395

4. 低温力学性能　铸造黄铜的低温力学性能见表 6-105 和图 6-48。

表 6-104　铸造黄铜在不同温度下的艾氏冲击吸收功

合金牌号	艾氏冲击吸收功 A_{IZd}/J				
	20℃	93℃	176℃	232℃	288℃
ZCuZn16Si4	43.6	43.8	—	43.8	42.9
ZCuZn25Al6Fe3Mn3	18.7	—	16.1	9.6	—
ZCuZn35Al2Mn2Fe1	44.7	38.4	32.2	27.6	—

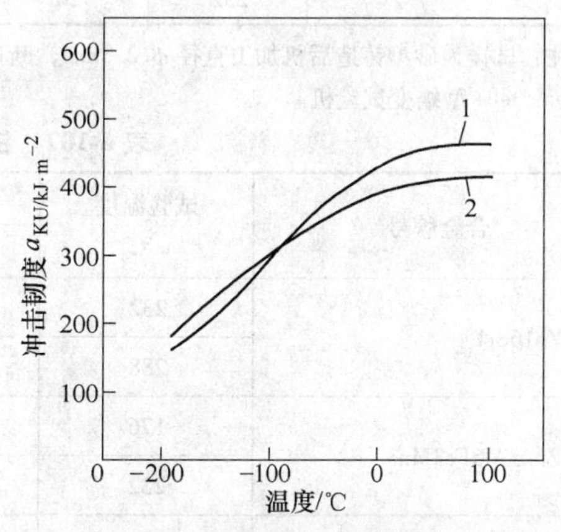

图 6-48　铸造黄铜的冲击韧度与温度的关系

1—ZCuZn24Al5Fe2Mn2 合金

2—ZCuZn21Al8Mn4Fe2 合金

表 6-105　铸造黄铜的低温力学性能

合金牌号	试验温度 /℃	抗拉强度 R_m	条件屈服强度 $R_{p0.5}$	屈服强度 $R_{p0.2}$	断后伸长率 A	断面收缩率 Z	抗压强度 R_{mc}/MPa		硬度 HBW
		MPa			%		ε = 0.1mm/mm	ε = 0.01mm/mm	
ZCuZn16Si4	-40	480	280	250	18	24	590	320	118
ZCuZn35Al2Mn2Fe1	-40	500	210	190	31	25	595	275	97
	-195	560	275	—	26	—	—	—	—

5. 高温持久和蠕变性能（见表 6-106 和表 6-107）

6. 疲劳性能（见表 6-108 和图 6-49 ~ 图 6-52）

表 6-106　铸造黄铜的蠕变性能

合金牌号	试验温度 /℃	压力 /MPa	试验时间 /h	应变 (%)	抗拉强度 R_m/MPa	断后伸长率 A (%)	断面收缩率 Z (%)
ZCuZn16Si4	20	—	—	—	470	18	20
	232	89	3410	0.15	—	—	—
	288	28	3000	0.17	—	—	—
ZCuZn25Al6Fe3Mn3	20	—	—	—	823	17	20
	149	241	1678	0.04	—	—	—
	176	152	2350	0.10	—	—	—
	232	35	3214	0.50	—	—	—
		20	3380	0.25	—	—	—
		6.9	3167	0.11	—	—	—
ZCuZn35Al2Mn2Fe1	20	—	—	—	553	36	29
	176	83	2206	0.71	—	—	—
	176	55	10003	0.68	—	—	—
	232	20	2023	0.16	—	—	—

注：试样为砂型铸造后机加工直径 ϕ12.8mm，断口为 90°V 形，槽深 0.2mm，计算长度 53.4mm，试样长 177.8mm，Battelle 型蠕变试验机。

表 6-107　铸造黄铜的蠕变和持久性能

合金牌号	试验温度 /℃	蠕变极限/MPa		持久极限/MPa	
		$\sigma^t_{0.1/10000}$	$\sigma^t_{1/10000}$	σ^t_{100}	σ^t_{1000}
ZCuZn16Si4	232	76	133	303	251
	288	10	47	174	112
ZCuZn25Al6Fe3Mn3	176	130	205	420	310
	232	45	—	165	103
ZCuZn35Al2Mn2Fe1	122	193	243	345	—
	176	43	66	255	—
	232	12	29	125	—

表 6-108　铸造黄铜的室温旋转弯曲疲劳极限

合金牌号	试验条件	弯曲疲劳极限 S_D/MPa		
		$N=10^7$	$N=5\times10^7$	$N=10^8$
ZCuZn16Si4	空气	172	162	158
ZCuZn25Al6Fe3Mn3	空气	195	185	172
	海水	—	—	100
ZCuZn26Al4Fe3Mn3 组织中 α=20%	空气	—	—	151
	海水	—	—	98
ZCuZn35Al2Mn2Fe1 α=30%	空气	158	—	—
	海水	—	—	82
ZCuZn35Al2Mn2Fe1 α=5%	空气	—	—	99
	海水	108	55	41
ZCuZn40Mn3Fe1	空气	—	—	100~155
	海水	—	—	65~80

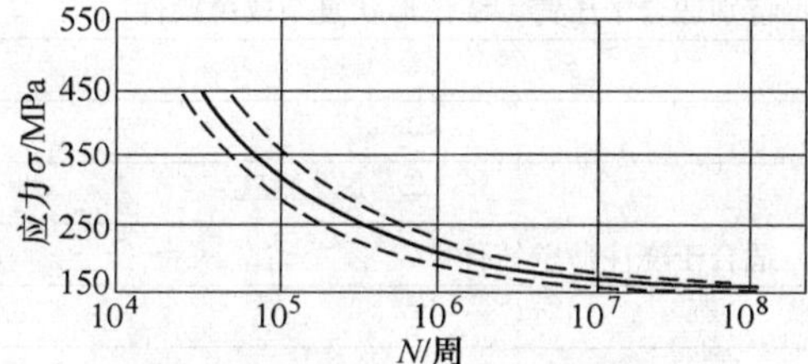

图 6-49　ZCuZn25Al6Fe3Mn3 合金的 σ-N 曲线（弯曲疲劳）

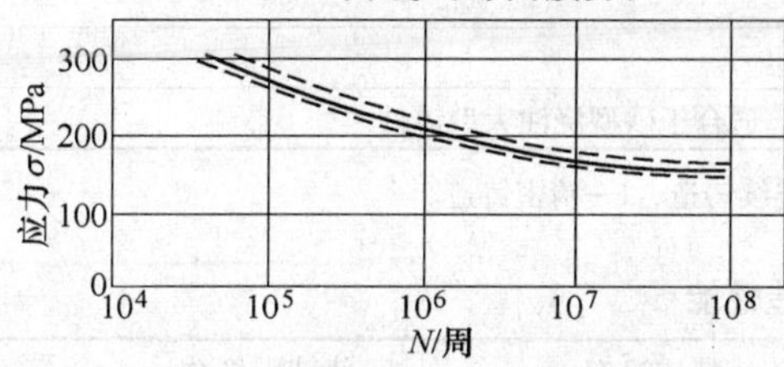

图 6-50　ZCuZn35Al2Mn2Fe1 合金的 σ-N 曲线（弯曲疲劳）

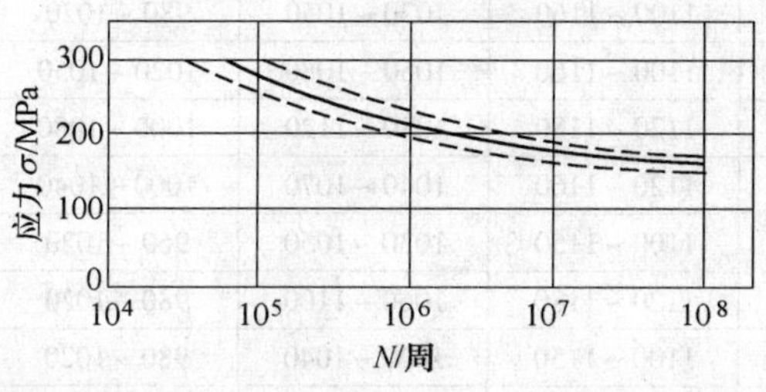

图 6-51　ZCuZn16Si4 合金的 σ-N 曲线（弯曲疲劳）

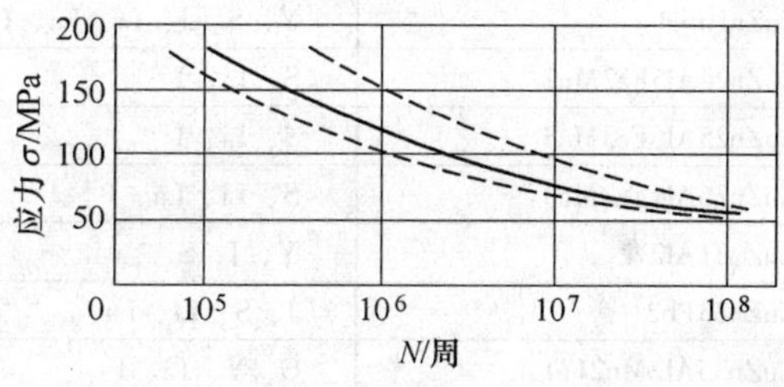

图 6-52　ZCuZn35Al2Mn2Fe1 合金在海水中的 σ-N 曲线（弯曲疲劳）

7. 弹性性能（见表 6-109 和表 6-110）

表 6-109　铸造黄铜的弹性性能

合金牌号	铸造方法	弹性模量 E	切变模量 G	泊松比 μ
		GPa		
ZCuZn16Si4	S	106.8	48.6	0.337
	J	137	51.7	0.325
ZCuZn24Al5Fe2Mn2	S	103	38.6	0.334
ZCuZn25Al6Fe3Mn3	S	98	36.5	0.344
ZCuZn26Al4Fe3Mn3	S	103	38.6	0.334
ZCuZn33Pb2	S	110	41	0.341
ZCuZn38	S	110	41.3	0.331
ZCuZn40Pb2	S	103.4	38.6	0.340
ZCuZn40Mn2	J	103	41.3	—
ZCuZn40Mn3Fe1	S	90	—	0.36
ZCuZn35Al2Mn2Fe1	S	102	—	—

表 6-110 铸造黄铜的弹性模量与温度的关系

合金牌号	弹性模量/GPa				
	20℃	149℃	176℃	232℃	288℃
ZCuZn16Si4	106.1	—	—	101.4	97.9
ZCuZn25Al6Fe3Mn3	97.9	106.0	102.7	120.6	—
ZCuZn35Al2Mn2Fe1	102	—	102.7	95.1	—

6.1.3.5 工艺性能

1. 铸造性能

(1) 铸造方法 各种牌号的铸造黄铜由于在熔点、流动性、凝固收缩、熔体对气体的敏感性、挥发性和热裂倾向上有一些差别所以适用的铸造方法也有所不同，表6-111 列出各种铸造黄铜宜选用的铸造方法。

(2) 铸造性能（见表6-112）

2. 焊接性能 铸造黄铜有较高的导热性、较大的线膨胀系数，基体金属熔点低，在熔化状态下流动性较高。如针对这些特点采取相应的工艺措施（例如采用较高的预热温度，焊枪较快的移动，选用适当的焊料和保护熔剂），就可以获得高质量的焊缝。

铅黄铜在高温下容易产生铅的悬浮，不宜采用熔焊，但容易钎焊；高强度锰黄铜能很好的熔焊，但不宜钎焊。

铸造黄铜的电阻较高，一般都可以进行电阻焊，铸造黄铜的焊接性能见表6-113。

3. 切削加工性能 铸造黄铜的切削加工性能见表6-114。

表 6-111 各种铸造黄铜宜选用的铸造方法

合 金 牌 号	宜选用铸造方法①	备 注
ZCuZn16Si4	Y、S、J、Li、La、I	特别适合于压铸，浇注形状复杂或薄壁件
ZCuZn24Al5Fe2Mn2	S、Li、I	—
ZCuZn25Al6Fe3Mn3	S、Li、I	—
ZCuZn26Al4Fe3Mn3	S、Li、La、I	—
ZCuZn31Al2	Y、J、S	适合于浇注薄壁铸件
ZCuZn33Pb2	J、S、Li、La	—
ZCuZn35Al2Mn2Fe1	S、Y、Li、I	—
ZCuZn38	S、Li	—
ZCuZn38Mn2Pb2	J、S、I	—
ZCuZn40Pb2	J、Li、Y	—
ZCuZn40Mn2	J、S、I	—
ZCuZn40Mn3Fe1	S、Y、Li	适合于砂型浇注大型铸件

① Y—压铸，S—砂型铸造，J—金属型铸造，Li—离心铸造，La—连续铸造，I—精密铸造。

表 6-112 铸造黄铜的铸造性能

合 金 牌 号	流动性（螺旋线长度）/cm	线收缩率（%）	精炼温度/℃	浇注温度/℃	
				壁厚<30mm	壁厚≥30mm
ZCuZn16Si4	60	1.65	1100~1150	1040~1080	980~1040
ZCuZn24Al5Fe2Mn2	—	2.0	1100~1160	1050~1080	1020~1050
ZCuZn25Al6Fe3Mn3	47	1.8	1100~1160	1030~1050	980~1020
ZCuZn26Al4Fe3Mn3	—	2.0	1100~1160	1050~1080	1020~1050
ZCuZn31Al2	57	1.25	1120~1180	1080~1120	1000~1080
ZCuZn33Pb2	—	2.2	1120~1160	1040~1070	1000~1040
ZCuZn35Al2Mn2Fe1	83	2.1	1100~1150	1030~1050	960~1020
ZCuZn38	65	1.8	1120~1180	1060~1100	980~1020
ZCuZn38Mn2Pb2	83	2.1	1100~1150	1020~1040	980~1020
ZCuZn40Pb2	60	2.23	1100~1150	1030~1060	980~1020
ZCuZn40Mn2	83	1.7	1100~1150	1020~1040	980~1020
ZCuZn40Mn3Fe1	70	1.5	1100~1160	1020~1040	980~1020

表 6-113　铸造黄铜的焊接性能

合金牌号	钎焊		熔焊				电阻焊		
	锡钎焊	铜钎焊	焊条电弧焊	钨极气体保护电弧焊	熔化极气体保护电弧焊	氧乙炔气焊	点焊	缝焊	对接焊
ZCuZn16Si4	—	C	D	D	D	—	B	B	B
ZCuZn31Al2	C	B	D	C	A	A	B	C	B
ZCuZn24Al5Fe2Mn2 ZCuZn25Al6Fe3Mn3 ZCuZn26Al4Fe3Mn3	C	D	A	B	C	A	A	A	A
ZCuZn35Al2Mn2Fe1	A	C	B	B	B	B	B	B	B
ZCuZn38	A	A	D	A	C	A	D	D	B
ZCuZn33Pb2 ZCuZn38Mn2Pb2 ZCuZn40Pb2	A	A	D	C	C	C	D	C	D
ZCuZn40Mn2	A	A	D	A	A	B	B	B	B
ZCuZn40Mn3Fe1	A	A		B	B	B	B	B	B

注：A—优，B—良，C—中，D—差。

表 6-114　铸造黄铜的切削加工性能

合金牌号	切削加工率（%）	高速钢刀具				硬质合金刀具			
		粗加工		精加工		粗加工		精加工	
		转速/m·min^{-1}	进给量/mm·r^{-1}	转速/m·min^{-1}	进给量/mm·r^{-1}	转速/m·min^{-1}	进给量/mm·r^{-1}	转速/m·min^{-1}	进给量/mm·r^{-1}
ZCuZn16Si4	30	45~90	0.07~0.20	60~105	0.08~0.16	90~150	0.07~0.20	120~180	0.07~0.16
ZCuZn24Al5Fe2Mn2 ZCuZn25Al6Fe3Mn3 ZCuZn26Al4Fe3Mn3	28	60~105	0.20~0.38	60~105	0.127~0.20	120~180	0.20~0.38	120~180	0.13~0.20
ZCuZn31Al2	30	25~45	0.38~1.0	30~60	0.13~0.5	75~180	0.38~0.80	—	—
ZCuZn35Al2Mn2Fe1	26	60~105	0.20~0.38	60~105	0.13~0.20	120~180	0.20~0.38	120~180	0.13~0.20
ZCuZn33Pb2 ZCuZn40Pb2	80	90~210	0.15~0.5	90~210	0.08~0.38	—	—	—	—
ZCuZn38	40	45~90	0.38~0.9	45~90	0.13~0.38	90~150	0.38~0.76	120~180	0.13~0.38
ZCuZn40Mn2	30	30~45	0.13~0.25	—	—	—	—	—	—
ZCuZn40Mn3Fe1	24	60~105	0.20~0.38	60~105	0.13~0.2	120~180	0.2~0.38	120~180	0.13~0.20

6.1.3.6　合金的显微组织（见表6-115和图6-53～图6-62）。

表6-115　铸造黄铜的显微组织

合金牌号	铸态显微组织
ZCuZn38	α+β两相组织，β相易被腐蚀，在金相照片上呈黑色，而α相为白色
ZCuZn31Al2	Al的Zn当量系数大，显著缩小α相区，为α+β两相组织
ZCuZn38Mn2Pb2 ZCuZn40Pb2	为α+β+Pb相组织，Pb以质点状态存在
ZCuZn40Mn2	为α+β两相组织，α相的数量和形状随铸型冷却速度的不同有所变化，冷却快时呈块状，数量较少；缓冷时呈针状，数量较多
ZCuZn25Al6Fe3Mn3 ZCuZn26Al6Fe3Mn3	当合金中的Zn和Al含量在上限时，合金的组织为β相的基体上分布着块状和星状的γ相及细小的富Fe质点相 当合金中的Zn和Al含量在下限时，合金的组织或为β+富Fe相，或为α+β+富Fe相
ZCuZn24Al5Fe2Mn2 ZCuZn40Mn3Fe1	为α+β+富Fe相，对于ZCuZn40Mn3Fe1合金，当锌的质量分数为42%～44%时，α相的数量约占30%～55%
ZCuZn35Al2Mn2Fe1	为α+β+富Fe相
ZCuZn16Si4	Si的Zn当量系数大，显著缩小α相区，为α+(α+γ)组织

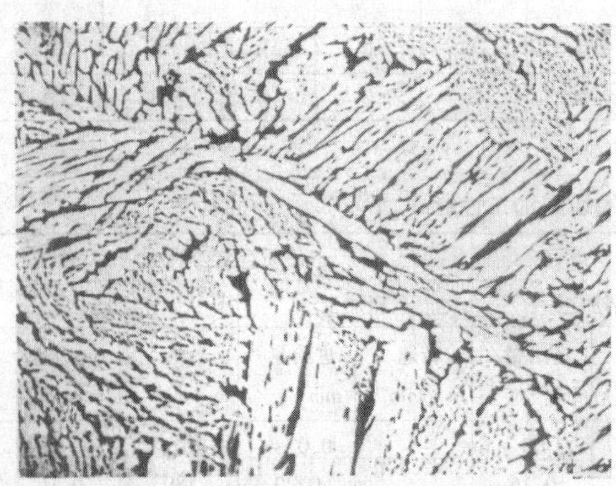

图6-53　ZCuZn38(α+β)　×200

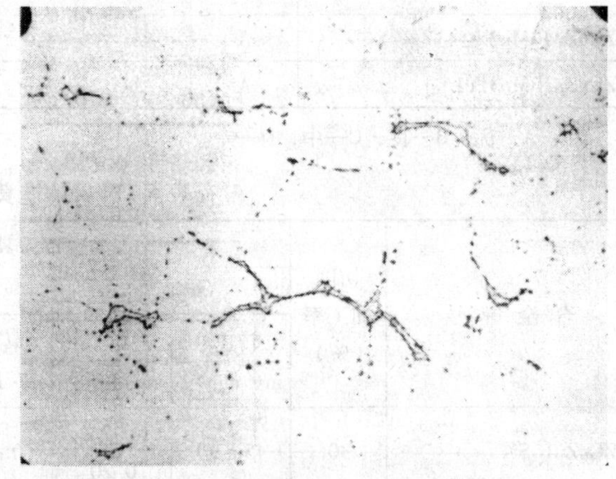

图6-55　ZCuZn33Pb2[α(白色)+β(网状)+Pb质点]　×120

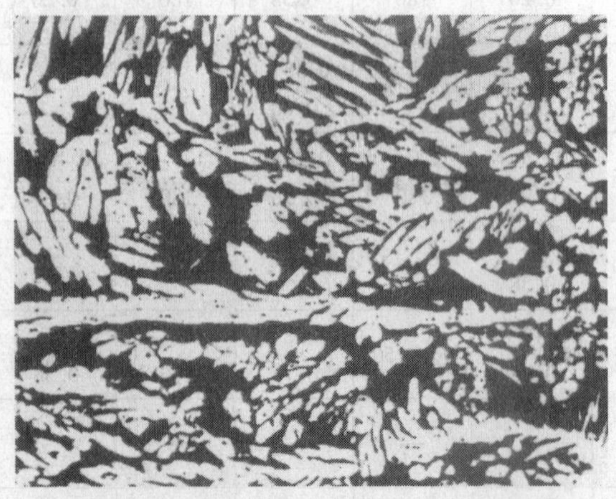

图6-54　ZCuZn40Pb2[α(白色)+β(黑色)+Pb质点]　×120

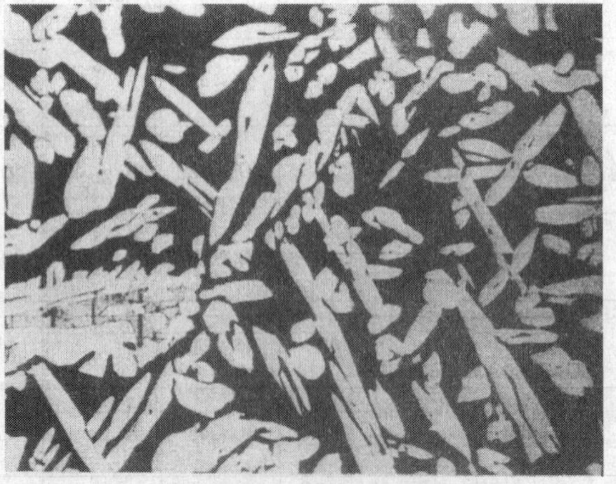

图6-56　ZCuZn40Mn2[α(白色条状)+β(黑色基体)]　×120

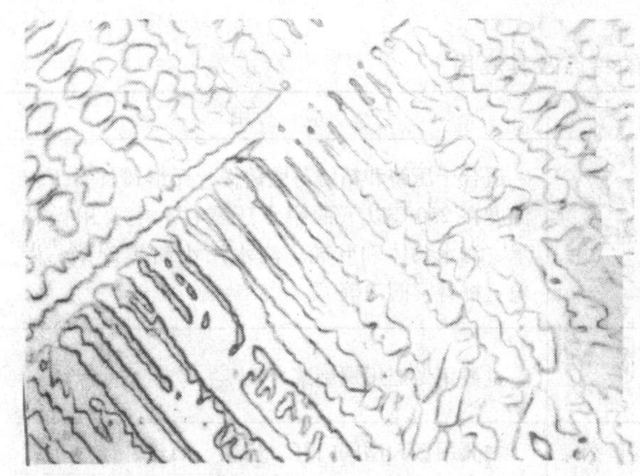

图 6-57　ZCuZn16Si4［α(基体)+μ相(树枝状)］　×100

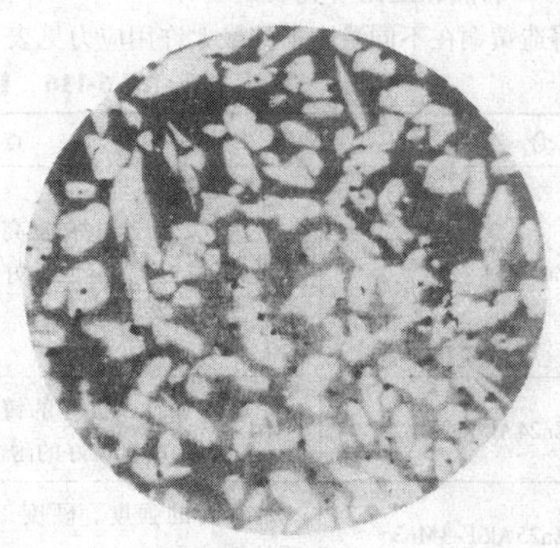

图 6-60　ZCuZn40Mn3Fe1［α(白色)+β(黑色基体)+Fe 相］　×100

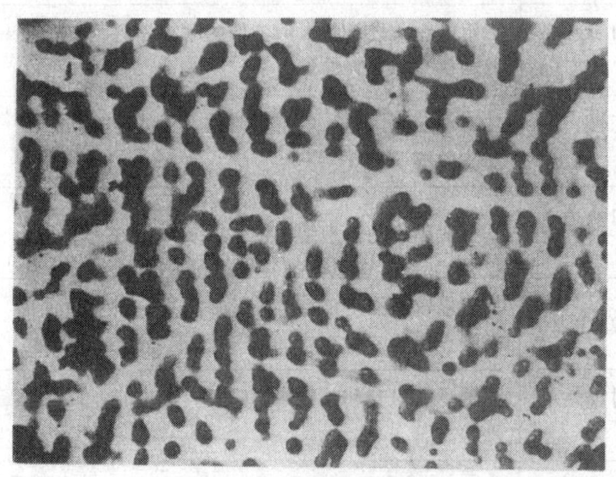

图 6-58　ZCuZn31Al2［树枝状偏析(富锌富铝区)的 α 单相固溶体］　×70

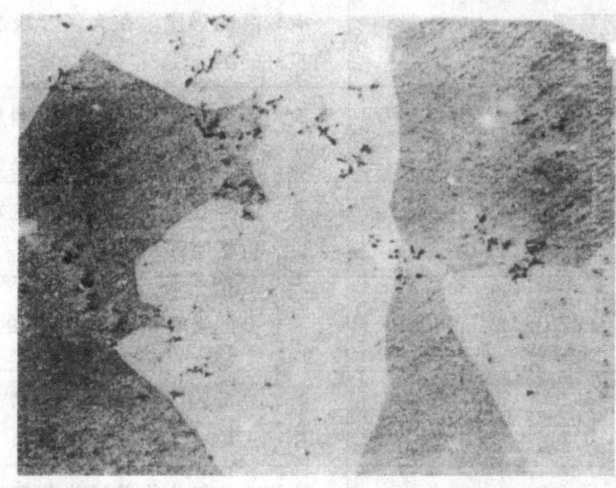

图 6-61　ZCuZn25Al6Fe3Mn3(单相 β)　×100

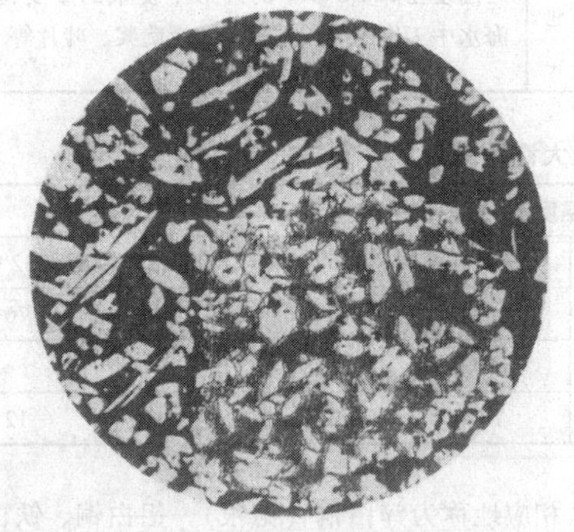

图 6-59　ZCuZn24Al5Fe2Mn2［α(白色)+β(黑色基体)+Fe 相］　×100

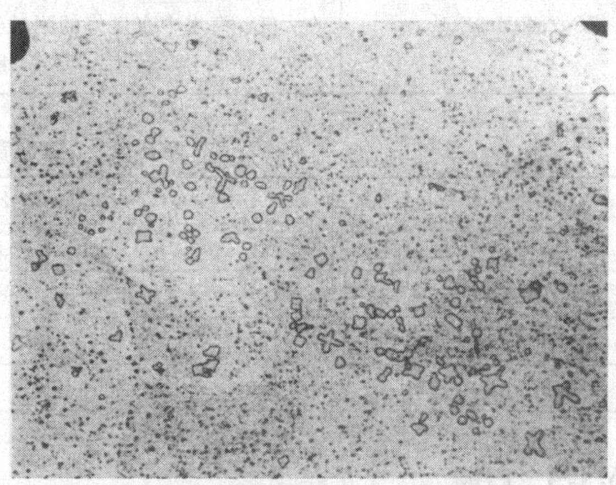

图 6-62　ZCuZn25Al6Fe3Mn3［β(基体)+γ(灰色星状)］　×200

6.1.3.7　特点和应用（见表6-116）

铸造黄铜在不同温度下的最大许用应力见表6-117。

表6-116　铸造黄铜的特点及其应用

合金牌号	特点	应用
ZCuZn16Si4	在大气、海水中有较高的耐蚀性，比一般黄铜的抗应力腐蚀性好，有较高的强度和优良的铸造工艺性	适合于压铸和精铸薄壁铸件，壳形铸件，工作温度在250℃以下的耐水压零件。主要用做轴承、海水泵体和叶轮、淡水用小船螺旋桨、齿轮、摇臂、阀门等
ZCuZn24Al5Fe2Mn2	有高的强度、良好的铸造和焊接性，在大气、海水中有良好的耐蚀性	主要用做船用螺旋桨
ZCuZn25Al6Fe3Mn3	有很高的强度、硬度，良好的耐磨性、耐蚀性	主要用做大型阀门杆、齿轮、凸轮、低速重载轴承、压紧螺母、液压缸套等
ZCuZn26Al4Fe3Mn3	有高的强度、良好的耐蚀性和铸造工艺性	海军铸件、齿轮、枪架、衬套、轴承等
ZCuZn31Al2	有较高的强度，在大气、淡水和海水中有良好的耐蚀性	用做在大气、海水中工作的耐蚀零件，如冷凝器和热交换器附件等
ZCuZn33Pb2	有一定的强度和良好的切削加工性，金属光泽呈金黄色	不承受高压的一般用途铸件，无线电接头、装饰铸件等
ZCuZn38	有一定的强度、耐蚀性、良好的铸造工艺性，价格便宜	一般用途的小型结构零件，装饰铸件
ZCuZn35Al2Mn2Fe1	有较高的强度和塑性，良好的耐磨性	要求较高强度和韧性的铸件，如杠杆摇臂、阀门杆、齿轮、衬套、轴承等
ZCuZn38Mn2Pb2	有较高的强度，良好的耐磨、耐蚀性和切削加工性	轴承、衬套和其他耐磨零件，车辆轴承的加强件等
ZCuZn40Mn2	在海水、氯化物及过热蒸汽中有良好的耐蚀性、焊接性和较高的强度	管道工程零件，支承止推轴承、骨架、衬套以及需镀锡的零件等
ZCuZn40Mn3Fe1	有较高的强度，良好的铸造性和焊接性，在大气、海水中有良好的耐蚀性，抗空泡和防污性低于镍铝青铜和高锰铝青铜	温度在300℃以下的外形不复杂的重要构件，海水中工作的船舶构件，如螺旋桨、叶片等

表6-117　铸造黄铜的最大许用应力

合金牌号	在各种工作温度下的最大许用应力/MPa						
	66℃	93℃	121℃	149℃	176℃	204℃	232℃
ZCuZn16Si4	103	103	103	103	103	103	76
ZCuZn25Al6Fe3Mn3	184	177	168	159	131	—	—
ZCuZn35Al2Mn2Fe1	105	100	93	76	43	23	12

6.1.4　白铜

白铜是以镍为主要合金元素的铜合金。在此基础上再添加第三种元素，如Zn、Al、Fe、Mn、Be、Nb等，相应地称为锌白铜（德银），铝白铜、铁白铜、锰白铜、铍白铜和铌白铜等。铸造白铜具有优良的耐蚀性和较高的强度、良好的铸造工艺性能，广泛用于制造耐蚀结构制品。

Cu 与 Ni 能无限互溶而形成连续的固溶体，见图 2-113。在 322℃以下存在一个产生亚稳态相区 $\alpha\rightarrow\alpha_1+\alpha_2$。添加某些元素后能改变亚稳态区域的大小和位置。

Zn 能大量溶于 Cu-Ni 固溶体，形成 Cu-Ni-Zn 三元 α 固溶体，提高固溶体的强度、硬度和抗大气腐蚀的能力，并使合金具有银白色。因此，锌白铜除作为耐蚀结构材料使用外，还广泛用做装饰材料。

Fe 在 Cu-Ni 合金中的溶解度很小，少量的 Fe 能提高合金的力学性能和耐蚀能力，特别是耐海水冲击腐蚀能力。但是，当 $w(\mathrm{Fe})>2\%$ 时，会引起腐蚀开裂。

Al 在 Cu-Ni 合金中的溶解度也不大，并随温度的下降而减少，由于 Ni_3Al 化合物的沉淀析出，可提高合金的强度和硬度。

Sn 与 Ni 能形成 $(Cu、Ni)_3Sn$（即 θ 相），提高强度、硬度和抗氧化性。

Be 在 Cu-Ni 合金中固溶度不高，Be 主要与合金中的 Ni 形成 NiBe 化合物，经沉淀强化而提高合金的强度、耐热性和耐磨性，Be 还可以改善材料的铸造性能，但合金抗应力腐蚀性能有所降低。

Nb 和 Si 同 Ni 能形成具有沉淀硬化的 Ni_3Nb 和 Ni_3Si 化合物。另外，Nb 还能提高合金的耐蚀性和焊接性能，改善合金的高温塑性。

Mn 与 Ni 能形成化合物 $MnNi_3$ 而沉淀硬化，提高铜-镍合金的强度和抗冲击腐蚀性能。

Cr 在 Cu-Ni 合金中可借助热处理来提高合金的弹性和硬度。

Pb 能提高 Cu-Ni-Zn 合金的切削加工性能，对 Cu-Ni-Zn 合金的导电传热性能无明显影响。

6.1.4.1　牌号和化学成分

铸造白铜的牌号很多，其中常用的合金牌号及其化学成分见表 6-118。

表 6-118　铸造白铜常用的合金牌号及其化学成分（质量分数,%）

合金牌号①	美国相近牌号	主要元素								杂质限量≤					
		Ni	Fe	Sn	Al	Nb	Zn	Pb	Cu	Mn	Si	Pb	C	P	其他
ZCuNi10Fe1	C96200	9.0~11.0	1.0~1.8	—	—	—	—	—	余量	1.5①	0.3	0.10	0.10	—	0.5
ZCuNi15Al11Fe1	C99300	13.5~16.5	0.4~1.0	—	10.7~11.5	Co 1.0~2.0	—	—	余量	—	0.02	0.02	—	Sn 0.05	0.5
ZCuNi20Sn4Zn5Pb4	C97600	19.5~21.5	—	3.5~4.5	—	—	3.0~9.0	3.0~5.0	63.0~67.0	1.0①	Fe② 1.5	—	—	—	0.5
ZCuNi25Sn5Zn2Pb2	C97800	24.0~27.0	—	4.5~5.5	—	—	1.0~4.0	1.0~2.5	64.0~67.0	1.0①	Sb 0.2	Al 0.05	—	0.05	0.5
ZCuNi22Zn13Pb6Sn4Fe1	—	20.0~24.0	0.4~1.0	2.0~4.0	—	—	11.0~15.0	4.0~7.0	余量	—	—	0.003	0.02	0.005	0.05
ZCuNi30Nb1Fe1	C96400	28.0~32.0	0.2~1.5	—	—	0.5~1.5	—	—	65.0~69.0	1.5①	0.5	0.03	0.15	—	0.5
ZCuNi30Be1.2	C96700	29.0~33.0	0.7~1.0	Be 1.10~1.30	Zr 0.1~2.0	Ti 0.1~2.0	—	—	余量	0.7	0.15	0.1	—	—	0.5
ZCuNi30Cr2Fe1Mn1	—	29.0~32.0	0.5~1.0	Cr 1.60~2.40	Si 0.2~0.4	Ti 0.1~2.0	0.05~0.15	—	余量	1.0①	—	0.003	0.02	0.005	0.05

① 不计入杂质总和。

6.1.4.2 物理和化学性能

1. 物理性能 铸造白铜的物理性能见表6-119；ZCuNi20Sn4Zn5Pb4合金的物理性能与温度的关系见表6-120。

2. 化学性能 铸造白铜在大气、淡水和海水中有很高的耐蚀性，在碱性盐溶液和有机化合物溶液中也有很好的耐蚀性。卤素和二氧化碳在室温下几乎对白铜不起作用。

白铜还有良好的抗生物污垢腐蚀性，其中以ZCuNi30Be1.2最好，ZCuNi10Fe1和高镍白铜次之。铸造白铜在各种介质中的腐蚀速度见表6-121。

表6-119 铸造白铜的物理性能

合金牌号	固相线温度/℃	液相线温度/℃	密度 ρ/Mg·m^{-3}	比热容 c/J(kg·K)$^{-1}$	热导率 λ/W(m·K)$^{-1}$	电阻率 ρ/μΩ·m	电导率 γ(%IACS)②	线胀系数 α_l/×10^{-6}K^{-1}
ZCuNi10Fe1	1149	1099	8.94	376	50	0.157	11	17.1 (20~200℃)
ZCuNi5Al11Fe1	1077	1068	8.45	418	47.7 (37℃) 705 (408℃)	0.191	9	16.56 (20~550℃)
ZCuNi20Sn4Zn5Pb4	1142	1108	8.85	376	22.8	0.359	4.8	16.82 (20~300℃)
ZCuNi25Sn5Zn2Pb2	1180	1140	8.85	377	25.4	0.345	5	15.66 (20~93℃) 16.92 (20~260℃)
ZCuNi22Zn13Pb6Sn4Fe1①	960	1100	8.80	—	—	—	—	—
ZCuNi30Nb1Fe1	1237	1171	8.94	376	50	0.345	5	16.20 (20~300℃)
ZCuNi30Be1.2	1065	1155	8.60	376	30	0.4	4.3	16 (20~300℃)
ZCuNi30Cr2Fe1Mn1	1170	1200	8.80	410	23	0.35	5	18 (20~250℃)

① 参考值。
② 见表6-3注①。

表6-120 ZCuNi20Sn4Zn5Pb4合金的物理性能与温度的关系

试验温度/℃	热导率 λ/W(m·K)$^{-1}$	电导率 γ(%IACS)①	电阻率 ρ/μΩ·m
20	22.8	4.8	0.360
37	24.4	4.8	0.360
93	27.8	4.7	0.368
149	30.9	4.6	0.375
260	36.0	4.5	0.387
288	36.9	4.4	0.390

① 见表6-3注①。

表6-121 铸造白铜在各种介质中的腐蚀速度

介质(质量分数)	腐蚀速度/mm·a^{-1} ZCuNi10Fe1	ZCuNi30Nb1Fe1
工业大气	0.002	0.002
海洋大气	0.001	0.001
淡水	0.003	0.003
海水	0.0116	0.03
3%的NaCl溶液	0.048	0.019
10%的H_2SO_4溶液	0.09	0.08
8%的H_3SO_4溶液	0.55	0.50
10%的NaOH溶液	0.15	0.005

6.1.4.3　力学性能

1. 室温力学性能　铸造白铜的室温力学性能见表 6-122。

2. 高温力学性能　两种铸造白铜的高温力学性能见表 6-123 和表 6-124。

3. 低温力学性能　ZCuNi20Sn4Zn5Pb4 合金的低温力学性能见表 6-125。

4. 疲劳性能　ZCuNi20Sn4Zn5Pb4 合金的 σ-N 曲线见图 6-63。

5. 弹性性能　铸造白铜的弹性性能见表 6-126。

表 6-122　铸造白铜的室温力学性能

合金牌号	抗拉强度 R_m	屈服强度 $R_{p0.2}$	断后伸长率 A	断面收缩率 Z	硬度 HBW
	MPa		%		
ZCuNi10Fe1	310 ~ 350	170 ~ 210	20 ~ 28	—	100
ZCuNi15Al11Fe1	655 ~ 690	345 ~ 365	1 ~ 3	—	202
ZCuNi20Sn4Zn5Pb4	275 ~ 345	140 ~ 205	15 ~ 25	85	90
ZCuNi25Sn5Zn2Pb2	310 ~ 380	150 ~ 205	15 ~ 16	—	130
ZCuNi30Nb1Fe1	415 ~ 470	220 ~ 255	20 ~ 28	—	140
ZCuNi30Be1.2	555 ~ 860	310 ~ 550	7 ~ 15	—	90HRB、26HRC
ZCuNi30Cr2Fe1Mn1	480 ~ 540	300 ~ 320	18 ~ 28	30 ~ 50	173 ~ 204

表 6-123　ZCuNi20Sn4Zn5Pb4 合金力学性能与温度的关系

试验温度 /℃	抗拉强度 R_m	屈服强度 $R_{p0.2}$	条件屈服强度 $R_{p0.5}$ ①	断后伸长率 A (%)	硬度 HBW	抗压强度 R_{mc}/MPa	
	MPa					$\varepsilon = 0.1$mm/mm	$\varepsilon = 0.1$mm/mm
37	325	170	180	21	835	400	165
93	305	145	150	20	815	370	145
149	290	135	145	18	805	360	135
232	255	135	145	16	785	350	130
288	160	140	160	—	775	345	130

① 0.5% 塑性变形下条件屈服强度。

表 6-124　ZCuNi5Al11Fe1 合金的力学性能与温度的关系

试验温度 /℃	抗拉强度 R_m	屈服强度 $R_{p0.2}$	断后伸长率 A (%)	硬度 HRA
	MPa			
93	620	—	—	60
204	550	—	—	59
316	415	—	—	57
427	380	330	4	2
538	240	185	5	39
593	170	—	—	30

表 6-125　ZCuNi20Sn4Zn5Pb4 合金的低温力学性能

试验温度 /℃	抗拉强度 R_m	屈服强度 $R_{p0.2}$	条件屈服强度 $R_{p0.5}$	断后伸长率 A (%)	硬度 HBW	抗压强度 R_{mc}/MPa $\varepsilon = 0.1$mm/mm	弹性模量 E/GPa
	MPa						
-40	350	185	195	22	85	425	121

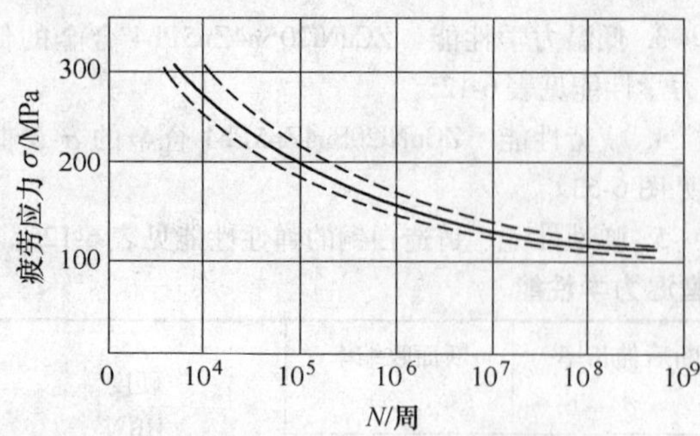

图 6-63　ZCuNi20Sn4Zn5Pb4 合金的 σ-N 曲线

表 6-126　铸造白铜的弹性性能

合金牌号	弹性模量 E	切变模量 G	泊松比
	GPa		μ
ZCuNi10Fe1	124	46.9	—
ZCuNi15Al11Fe1	124	—	—
ZCuNi20Sn4Zn5Pb4	131	—	—
ZCuNi25Sn5Zn2Pb2	138	—	—
ZCuNi30Nb1Fe1	145	—	—
ZCuNi30Be1.2	150	57	0.33
ZCuNi30Cr2Fe1Mn1	139	—	0.3

6.1.4.4　工艺性能

1. 铸造性能　铸造白铜有较好的铸造工艺性能，中等的造渣性、流动性和收缩性，但吸气性较强，浇注前需用 Cu-Mn（或 Mn）、Cu-Mg（或 Mg）和 Cu-P 脱氧。

铸造白铜的铸造性能见表 6-127。

2. 焊接性能　铸造白铜有良好的焊接性能，容易钎焊和进行各种形式的电阻焊，不含铅的白铜还能进行熔焊。其焊接性能见表 6-128。

3. 切削加工性能　铸造白铜的切削加工性能类似铝青铜。含铅白铜有良好的切削加工性，在充分润滑和冷却条件下可以进行高速切削加工。铸造白铜的切削加工性能见表 6-129。

表 6-127　铸造白铜的铸造性能

合金牌号	铸造方法	线收缩率（%）	熔炼温度/℃	浇注温度/℃	
				小件	大件
ZCuNi10Fe1	S、Li	—	1350 ~ 1400	1280 ~ 1320	1230 ~ 1280
ZCuNi15Al11Fe1	S、La	1.56	1300 ~ 1350	1220 ~ 1280	1200 ~ 1250
ZCuNi20Sn4Zn5Pb4	S、J、Li	1.40	1350 ~ 1400	1260 ~ 1320	1220 ~ 1280
ZCuNi25Sn5Zn2Pb2	S、J、Li	—	1380 ~ 1430	1300 ~ 1360	1260 ~ 1320
ZCuNi30Nb1Fe1	S、Li、La	1.82	1420 ~ 1480	1350 ~ 1400	1290 ~ 1350
ZCuNi30Be1.2	S、J	1.8	1320 ~ 1380	1220 ~ 1300	1200 ~ 1280
ZCuNi30Cr2Fe1Mn1①	S、J	1.8	1380 ~ 1430	1300 ~ 1350	1250 ~ 1300

① 参考值。

表 6-128　铸造白铜焊接性能

合金牌号	钎焊		熔焊			电阻焊
	锡焊	铜焊	钨极、熔化极气体保护焊	焊条电弧焊	氧乙炔气焊	
ZCuNi10Fe1	A	A	B	B	D	B
ZCuNi15Al11Fe1	D	B	B	B	D	B
ZCuNi20Sn4Zn5Pb4	C	B	D	D	D	B
ZCuNi25Sn5Zn2Pb2	B	B	D	D	D	B
ZCuNi30Nb1Fe1	A	A	B	B	D	A
ZCuNi30Be1.2	A	A	C	C	D	A
ZCuNi30Cr2Fe1Mn1	A	A	A	A	B	A

注：A—优，B—良，C—中，D—差。

表 6-129　铸造白铜的切削加工性能

刀具种类	工序	切削参数	ZCuNi10Fe1	ZCuNi15Al11Fe1 ZCuNi30Nb1Fe1 ZCuNi30Be1.2 ZCuNi30Cr2Fe1Mn1	ZCuNi20Sn4Zn5Pb4 ZCuNi22Zn13Pb6Sn4Fe1	ZCuNi25Sn5Zn2Pb2
高速钢刀具	粗加工	转速/m · min^{-1}	25 ~ 45	25 ~ 45	240	240
		进给量/mm · r^{-1}	0.38 ~ 1.0	0.38 ~ 1.0	1 ~ 1.5	0.8 ~ 1.5
	精加工	转速/m · min^{-1}	25 ~ 45	30 ~ 60	—	—
		进给量/mm · r^{-1}	0.13 ~ 0.50	0.13 ~ 0.50	—	—
硬质合金刀具	粗加工	转速/m · min^{-1}	—	70 ~ 180	—	—
		进给量/mm · r^{-1}	—	0.38 ~ 0.76	—	—
	精加工	转速/m · min^{-1}	—	90 ~ 240	—	—
		进给量/mm · r^{-1}	—	0.2 ~ 0.38	—	—
切削加工率(%)			10	20	—	—

6.1.4.5　合金的显微组织（见图 6-64）

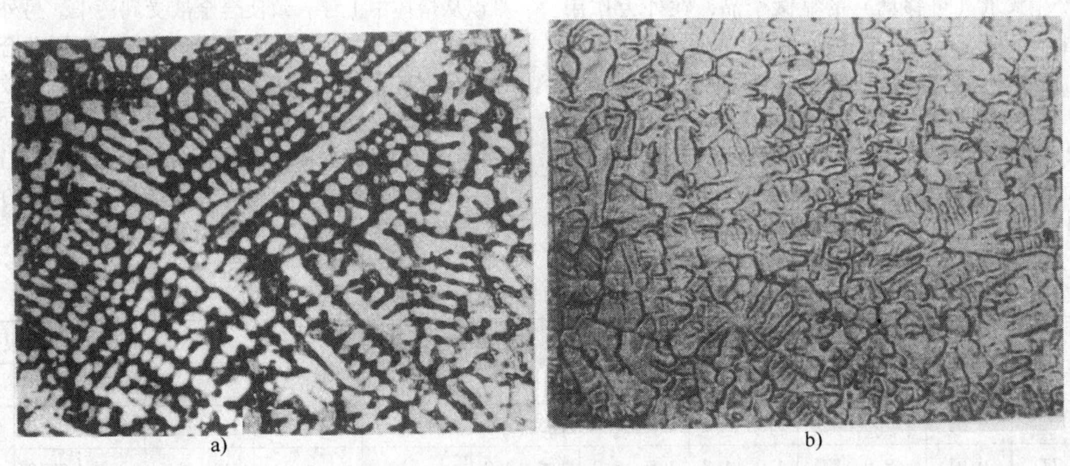

a)　　b)

图 6-64　铸造白铜的显微组织　×50

a) ZCuNi30NbFe1　b) ZCuNi10Fe1

6.1.4.6 特点和应用（见表6-130）

表6-130 铸造白铜的特点和应用

合金牌号	特点	应用
ZCuNi10Fe1	在大气、海水和酸、碱介质中有良好的耐蚀性，容易焊接	抗海水腐蚀和化工设备的零部件，压缩机阀体、泵壳、叶片、弯管、凸缘等
ZCuNi15Al11Fe1	有高的强度、硬度、足够的热强度，能在较高工作温度下工作	船舶结构零件，玻璃成形模具，平板玻璃轧辊等
ZCuNi20Sn4Zn5Pb4	有高的耐蚀性，容易钎焊，易切削加工，但流动性较低	船舶结构件和附件、保护装置、乐器和装饰结构零件等
ZCuNi25Sn5Zn2Pb2	在各种大气环境中有高的耐蚀性，容易钎焊和切削加工	船舶结构件、装饰、保护装置和食品加工设备零件以及泵体、阀等
ZCuNi22Zn13Pb6Sn4Fe1	在各种大气环境中有高的耐蚀性，容易钎焊和切削加工	船舶结构件、装饰和食品加工设备零件
ZCuNi30Nb1Fe1	在大气和海水中有优良的耐蚀性，较高的强度，良好的焊接性	抗海水腐蚀的零件、阀门座、泵壳体等
ZCuNi30Be1.2	在大气、海水、无机酸和氨气氛条件下有良好的耐蚀性、有很高的强度、耐磨和耐热性	抗海水腐蚀的零件、阀门座、泵壳体，玻璃成形模具，平板玻璃轧辊、陶瓷铸模和塑料模具
ZCuNi30Cr2Fe1Mn1	在大气、海水、无机酸和氨气氛条件下有良好的耐蚀性、有很高的强度、耐磨和耐热性	抗海水腐蚀的零件、阀门座、泵壳体，玻璃成形模具，平板玻璃轧辊、陶瓷铸模和塑料模具

6.1.5 特殊用途的铜合金

6.1.5.1 铜-锰基阻尼合金

铜-锰基阻尼合金属于孪晶型阻尼合金。阻尼机理是，合金在高温缓冷过程中因尼耳转变和马氏体相变而产生大量（可移动）的显微孪晶，在外力作用下，由于显微孪晶晶界的移动和磁矩的偏转使应力松弛。

1. 合金牌号及化学成分（见表6-131）

2. 合金的主要性能　合金的物理和化学性能见表6-132；力学性能、弹性和阻尼性能见表6-133和表6-134。

3. 合金元素的作用（见表6-135）

4. 工艺性能

（1）铸造性能　合金元素锰易氧化生成MnO_2。MnO_2的熔点高（1785℃），密度大（5.18Mg/m^3），难以从熔体中上浮，致使合金液受到污染。另外，锰的蒸汽压很高，污染环境，增大烧损量。因此合金宜在熔剂保护下进行熔炼，推荐用冰晶石熔剂做覆盖剂。合金的凝固区间较宽，易形成缩松和热裂，浇注时应适当提高浇注温度，采用保温冒口或发热冒口。合金的线收缩率为2.75%～3.2%，有较高的流动性，浇注温度为1200～1220℃。

表6-131 铜-锰阻尼合金的牌号及化学成分（质量分数，%）

合金牌号	国别	主要元素								杂质限量≤	
		Mn	Al	Fe	Ni	Zn	Cr	Mo	Cu	C	Si
2310	中国	49.0～53.0	3.5～4.5	2.5～3.5	1.5～3.0	1.0～3.5	0.3～0.9	—	余量	0.10	0.20
MC-77	中国	48.0～57	4.0～4.8	3.5～5.0	1.0～2.0	—	—	—	余量	0.10	0.20
Sonoston	英国	47.0～60.0	2.5～6.0	0～5.0	0.5～3.5	—	—	—	余量	0.10	0.20
Аврора	俄罗斯	50.0～53.0	1.5～2.3	2.0～3.0	1.5～2.5	2.0～4.0	—	0.2～0.7	余量	0.10	0.20

表 6-132　铜-锰阻尼合金的物理和化学性能

合金牌号	固相线温度 /℃	液相线温度 /℃	密度 ρ/Mg·m^{-3}	电极电位/ V	线胀系数 α_l/×10^{-6}K^{-1} (20~100℃)	耐蚀性能
2310	960	1070	7.2	-0.5	19.24	比一般铜合金差，在海水中有脱化学成分腐蚀和应力腐蚀现象。因此，在海水中使用时，应附加涂层或作阴极保护
MC-77	940	1060	7.1	-0.6	15.00	
Sonoston	940	1080	7.1	-0.7	16.50	
Аврора	900	1000	7.4	—	20.90	

表 6-133　铜-锰阻尼合理的力学性能

合金牌号	抗拉强度 R_m	屈服强度 $R_{p0.2}$	断后伸长率 A (%)	冲击韧度 a_{KU} /kJ·m^{-2}	硬度 HBW
	MPa				
2310	590~608	235~305	23~40	300~700	133~160
MC-77	540~590	250~280	25~40	340~680	140~170
Sonoston	540~590	250~280	13~40	340~680	130~170
Аврора	490	245	20	780	140~160

表 6-134　铜-锰合金的弹性和阻尼性能

合金牌号	弹性模量 E	切变模量 G	泊松比 μ	比阻尼 (%)
	GPa			
2310	84.1	29.8	0.42	20~37
MC-77	91.1	36.2	0.25	20~38
Sonoston	75.5~83.3	—	—	10~30
Аврора	78.4	—	—	—

表 6-135　铜-锰阻尼合金元素的作用

元素	作用
Al	缩小γ相区，w(Al)<2.5%时，完全溶入γ相中，对合金性能影响不大：w(Al)>2.5%时开始析出强化相β；w(Al)≥3.3%时开始析出硬脆相T3。随着β和T3相大量析出，合金的强度和硬度明显提高，而伸长率和冲击性能下降，阻尼性能也下降
Fe	缩小γ相区，几乎完全溶入γ相中，能细化合金组织，改善合金的综合性能，但对阻尼性能稍有不利的影响
Ni	扩大γ相区，可固溶于γ、β和T3三个相中，改善合金的耐蚀性能，提高强度而不降低伸长率；同时能使γ相稳定，延缓富Mn区形成，但对合金的阻尼性能有不利影响
Zn	促进富Mn区的形成，提高合金中面心正方晶的正方度和数量，明显提高合金的阻尼性能，提高强度，降低冲击性能
Cr	缩小γ相区，固溶度的质量分数为0.8%左右，对合金性能的影响类似于Fe，明显改善合金的耐蚀性，特别是能提高合金的抗应力腐蚀性能，但对阻尼性能有不利影响
Mo	细化合金组织，改善合金性能
C	含量过多时，形成碳化物聚集在孪晶晶界上，有碍孪晶移动，使阻尼下降
Si	提高合金流动性，降低阻尼性能

（2）焊接性能　铜-锰阻尼合金属于难焊接的金属材料，要选择合适的焊料和进行焊后热处理。英国 Sonoston 合金采用的焊丝成分为：$w(\text{Al})=7.5\%$，$w(\text{Mn})=12\%$，$w(\text{Fe})=3\%$ 和 $w(\text{Ni})=2\%$（即 ZCuAl8Mn12Fe3Ni2 合金）；俄罗斯 Аврора 合金采用 МцАЖ20-20-1-1 焊丝；我国 2310 合金采用焊丝成分为：$w(\text{Mn})=20\%\sim40\%$，$w(\text{Al})=1.0\%\sim5.0\%$，$w(\text{Fe})=0.5\%\sim4.0\%$，$w(\text{Ni})=0.5\%\sim4.0\%$，余量为 Cu。

该合金可采用惰性气体保护焊和焊条电弧焊。焊条电弧焊建议采用下面成分的药皮（均为质量分数）：冰晶石 67%，氯化钠 20%，氟石 10% 和木炭粉 3%。焊接的预热温度为 100～300℃。

（3）切削加工性能　合金的机械加工性能与不锈钢大体相同。由于合金的刚性较低，对于薄壁件，如车床卡盘夹得过紧或背吃刀量过大，都会使工件变形，影响尺寸精度。合金加工应使用硬质合金刀具，其镗孔成本比其他铜合金高 15%，铲削和抛光工时为其他铜合金的 1.5～2 倍。

（4）阻尼性能的恢复　合金经过焊接或加工变形后，阻尼性能大幅度下降，薄壁铸件和金属型铸件的阻尼性能也很低，为了恢复和获得阻尼性能，应进行恢复处理，即将铸件重新加热至 850℃，然后缓冷（约 100℃/h）至室温。

5. 合金显微组织　合金元素 Mn、Al、Fe、Ni、Cr、Zn、Mo 等在限定范围内，均不析出单独相。Cu-Mn-Al 三元相图见图 6-65。Cu-Mn-Al 合金的铸态组织见图 6-66。Cu-Mn-Al 阻尼合金组织中各相的特征见表 6-136。

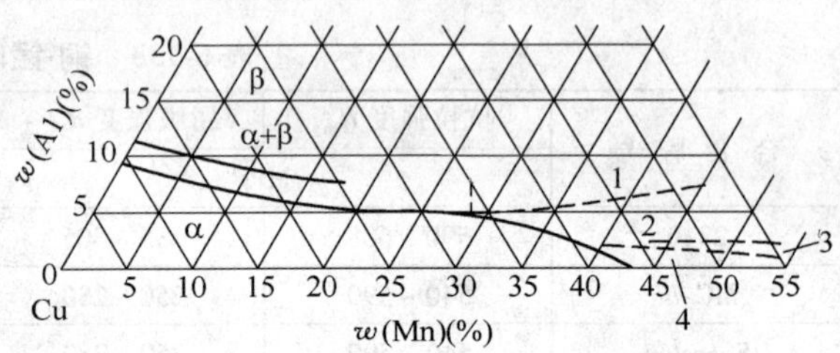

图 6-65　Cu-Mn-Al 三元相图（649℃）

1—α + β + Mn(β)　2—α + Mn(β)
3—α + Mn(α + β)　4—α + Mn(α)

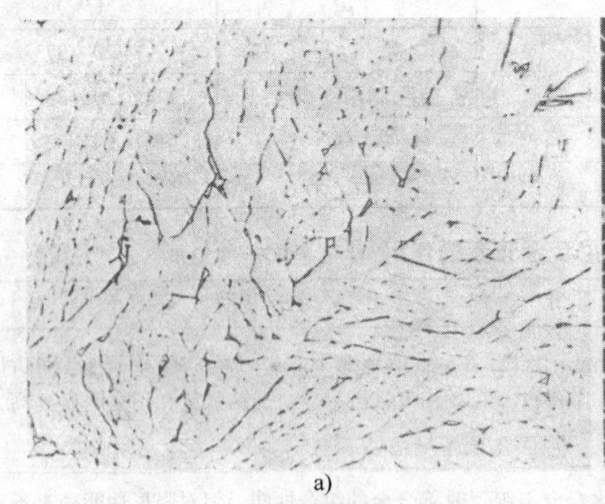

a)

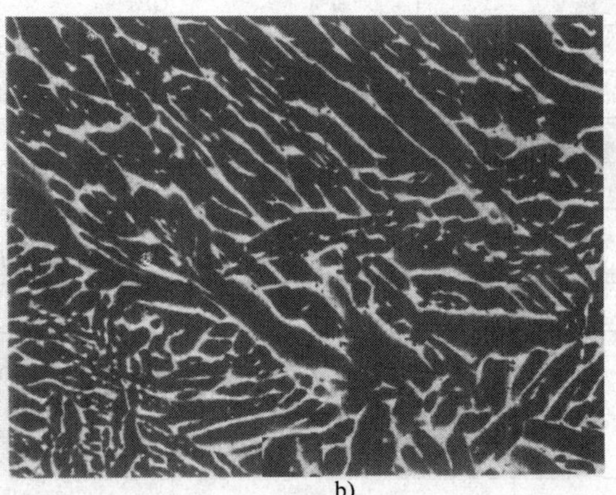

b)

图 6-66　Cu-Mn-Al 合金的铸态组织　×500

a）铸态组织 $\gamma+\beta+T_3$　b）γ 相的偏析

表 6-136　Cu-Mn-Al 阻尼合金显微组织中各相的特征

名称	特　征
γ	是由 γMn 和 γCu 组成的固溶体，面心立方或面心正方结构，晶格常数 $a_0=0.3782\text{nm}$，$c_0=0.3533\text{nm}$。γ 相有严重的晶内偏析，枝晶的枝干和分枝富 Mn，枝晶间富 Cu，γ 相质软而富有塑性
β	是以 Cu_2MnAl 为基的固溶体，体心立方结构，晶格常数 $a_0=0.549\text{nm}$，β 相呈韧性
T_3	是以 Cu_3Mn_2Al 为基的金属间化合物，复杂立方结构，晶格常数 $a_0=0.69046\text{nm}$，是个硬脆相

6. 应用　铜-锰阻尼合金能减振、降低噪声和提高疲劳寿命，在制作防振和消声设备方面有重要的用途，主要用于舰船螺旋桨和防振设备的紧固件、泵体、刀具支架、机座、框架、压缩机机体和减速器上的齿轮等。其应用实例和效果见表 6-137。

表 6-137　铜-锰阻尼合金应用实例和效果

用　　例	效　　果
潜艇用螺旋桨	已有 30 年的应用史。英国、法国、意大利、瑞典和丹麦等国的潜艇已经采用这种合金的螺旋桨，降噪声效果明显
凿岩机杆	降低噪声 13dB
机械滤波器	降低噪声 14dB
垃圾处理机	降低噪声 6 ~ 9dB
高速纸带穿孔打字机	降低噪声 14dB
滚珠轴承	降低噪声 6dB
消声车轮	降低噪声 6dB

6.1.5.2　艺术铜合金

艺术铜合金系指专门用于制造鼎、钟、鼓、镜、佛像、兵器和装饰等艺术品的铜合金，主要有锡青铜、黄铜、锌白铜和铍青铜等。艺术铜合金与普通铜合金的不同点是对其色调、耐蚀性和响度、磨削加工性等有特殊要求。

1. 青铜　锡青铜和铍青铜都是良好的艺术铸件材料，但铍青铜材料成本高，生产时对环境有污染，因此常见艺术铸件基本上都是锡青铜材料。其化学成分见表 6-138。

艺术品用锡青铜的 $w(Sn) < 20\%$，其组织为 $\alpha + (\alpha + \delta)$ 相。α 相是锡在铜中的固溶体；δ 相是以 $Cu_{31}Sn_8$ 金属间化合物为基的固溶体，硬而脆。合金元素对艺术锡青铜的影响见表 6-139。

（1）钟用锡青铜　钟用锡青铜一般 $w(Sn)$ 为 13% ~ 25%，偏低时 $w(Sn)$ 为 5.5% ~ 12.5%，基音强度弱，其他分音的强度也弱，而第二分音特别强，故音色单调而失锐。锡含量过高（$w(Sn) > 25\%$）时，冲击韧度太差，易被击破。通常，钟用锡青铜不应含铅，因为铅的衰减能力大、抑振，影响音响效果。但是，我国的古代钟铜中往往加质量分数为 0.6% ~ 1.95% 的 Pb，并发现：当 $w(Sn)$ 为 13% ~ 14% 时，少量的铅对基频影响很小，而且铅使声音适当衰减后还会改善音色。我国古代钟铜的化学成分见表 6-140。

表 6-138　艺术锡青铜化学成分（质量分数，%）

合金牌号	主要元素						色彩
	Sn	Al	Zn	Pb	Mn	Cu	
ZCuSn2Zn3	1.8 ~ 2.2	—	2.5 ~ 3.5	—	—	余量	金黄色
ZCuSn3Al2	2.5 ~ 3.5	1.5 ~ 3.5	—	—	—	余量	金黄色
ZCuSn12Mn1	10 ~ 15	—	0.15 ~ 0.25	0.2 ~ 0.3	1.0 ~ 1.25	余量	金黄色
ZCuSn5Zn5Pb5	4 ~ 6	—	4 ~ 6	4 ~ 6	—	余量	金黄色
ZCuSn10Zn2	9 ~ 11	—	1 ~ 2	—	—	余量	金黄色
ZCuSn18	17.0 ~ 19.0	—	—	—	—	余量	青铜色

表 6-139　合金元素对艺术锡青铜的影响

元　素	作　　用
Sn	砂型铸造时 $w(Sn)$ 为 7%，金属型铸造时 $w(Sn)$ 为 5%，便会出现 δ 相。锡含量过多，着色困难，而含 $w(Sn) \leqslant 5\%$ 的单一 α 相锡青铜容易着色
Zn	溶于 α 固溶体，缩小凝固温度范围，提高流动性，能还原 SnO_2，净化合金。$w(Zn) > 5\%$ 时难以生成温雅的绿膜，而且容易风化，有时还会使铸文不鲜明
Pb	不溶入合金中，以质点状分布，可以改善合金的耐磨性和切削加工性能，提高合金的耐水压性。过量的 Pb 会引起重力偏析。Pb 的衰减能力很大，所以响铜不得加入或混入 Pb

（续）

元 素	作 用
P	P的溶解度很小，超过一定量即析出Cu_3P。Cu_3P与δ相相似，硬而脆，常与α、δ相组成二元或三元共晶，一般认为P降低青铜的着色效果，但P有强烈的脱氧作用，因此适用于艺术品铸件
Fe	Fe在Cu中的溶解度也很小，常以游离的Fe或化合物硬质点存在，有利于青铜着色
Al	w(Al)为0.5%时就会使铸件表面从暗红色变成黄色
As	As对锡青铜煮沸着色有直接效果，但采用醋泡铁片的黑浆涂抹着色时效果不明显，如果先经胆矾醋处理，As的存在能使合金表面活化、使黑浆涂抹着色效果更好
Si	合金中含有Si，铸造件从暗红色变成茶色，有时变成葡萄色

表6-140 我国古代钟铜化学成分（质量分数,%）

钟名及文献	化学成分				备 注
	Cu	Sn	Pb	其他	
《考工记》钟鼎之齐	83.4	16.6	—	—	—
永乐大铜钟	80.54	16.4	1.12	—	—
《天工开物》钟条	93（响铜）	8.5（追加）	—	Au、Ag少量	响铜内已含有Sn，再补加纯铜和Sn
《明实录》朝钟制度	81.2（响铜）	5.4（追加）	—	Fe13.4，Au、Ag少量	—

(2) 镜用锡青铜 镜用锡青铜的锡含量很高，有的w(Sn)=30%。其金相组织基本上是由单一的δ相组成，非常脆，落地便碎。我国古代铜镜的化学成分见表6-141。

(3) 鼓用锡青铜 鼓用锡青铜和其他青铜器一样，都是铜、锡、铅三元合金。我国古代的铜鼓化学成分见表6-142。

(4) 钱用锡青铜 钱用锡青铜主要也是铜-锡-铅三元合金，其成分不稳定。我国古代铜钱的化学成分见表6-143。

2. 黄铜 黄铜因色泽金黄美观，所以也是艺术品常用的材料。w(Zn)为12%的黄铜，色似黄金，非常适合制造装饰品和佛具等物，另外，也是金箔和金粉的代用金属。w(Zn)为20%的黄铜，一经研磨，便会呈现出美丽的晶粒，在艺术品制造上将此种工艺称为点金。

近年来，亚金材料有重要的发展，其中主要的是添加有少量铝、锡或稀土的黄铜。艺术黄铜的化学成分见表6-144。

表6-141 我国古代铜镜化学成分
（质量分数,%）

序号	年代	Cu	Sn	Pb	Zn	其他
1	战国以前	66~71	19~21	2~3	—	—
2		66.33	21.99	3.36	—	—
3		71.44	19.62	2.69	—	—
4	汉魏时代	74	25	1	—	—
5		73	22	5	—	—
6		70	23.25	5.18	—	约1.0
7		68.82	24.65	5.25	—	—
8		69.24	22.94	6.48	—	—
9		67.82	22.35	6.09	—	约4.15
10		70.50	26.97	1.65	—	约0.88
11		72.64	24.16	2.06	—	约1.14
12	隋唐时代	69.55	22.48	5.86	—	—
13		68.95	23.65	6.08	—	—
14		70	25	5	—	—
15	宋代以后	69	12	14	5	—
16		69	8	15	6	—

表 6-142　我国古代铜鼓化学成分（质量分数,%）

出土地点	Cu	Sn	Pb
石家坝	87.96 ~ 95.63	4.64 ~ 6.87	—
石寨山	77.45 ~ 85.43	—	0.37 ~ 4.00
冷水冲	62.43 ~ 74.03	6.88 ~ 14.96	14.50 ~ 27.41
遵义	66.90 ~ 84.06	6.33 ~ 7.10	7.30 ~ 19.50
北流	61.78 ~ 70.45	6.16 ~ 14.24	9.94 ~ 23.0
灵山	60.12 ~ 70.56	8.84 ~ 12.80	7.60 ~ 19.76
麻江	63.85 ~ 82.73	9.22 ~ 13.16	0.73 ~ 6.90
西盟	70.12	2.22	23.36
容县	82.05	7.36	5.8

表 6-143　我国古代铜钱化学成分（质量分数,%）

年代	名称	Cu	Sn	Pb	Zn	Fe	总量
战国	布币	70.42	9.92	19.30	—	—	99.64
	齐刀	55.10	4.29	38.60	—	1.00	98.99
	明刀	45.05	5.90	45.82	—	2.00	98.77
新莽	大泉五十	86.72	3.41	4.33	4.11	0.13	98.70
	货泉	77.53	4.55	11.99	3.03	1.46	98.56
	小泉直一	89.27	6.39	0.37	2.15	1.50	99.68
	大布黄千	89.55	4.71	0.62	1.48	3.56	99.91
	货布	83.41	6.86	6.54	0.84	0.47	98.12
	契刀五百	81.13	6.96	6.17	1.0	1.39	96.66
西汉	吕后八铢	61.23	9.83	25.49	1.55	1.54	99.64
	文帝四铢	92.66	0.27	0.43	2.82	0.28	96.46
	文帝四铢	70.77	8.19	12.50	2.66	2.80	96.92
	文帝四铢	93.97	0.16	0.57	3.85	0.05	98.60

表 6-144　艺术黄铜化学成分（质量分数,%）

合金牌号	主要元素						色泽
	Cu	Zn	Sn	Al	Pb	Mn	
ZCuZn6Al0.5P0.2	余量	4 ~ 8	—	0.4 ~ 0.7	P0.1 ~ 0.3	—	金黄色
ZCuZn12	87 ~ 89	余量	—	—	—	—	
ZCuZn12Al1.5	87 ~ 89	余量	—	1.0 ~ 2.0	—	—	
ZCuZn24Sn1Pb3	70 ~ 74	余量	0.5 ~ 1.5	—	1.5 ~ 3.5	—	
ZCuZn27Mn3Pb2Sn0.5	余量	25 ~ 30	0.3 ~ 0.5	—	2.0 ~ 3.0	2.5 ~ 4.0	
ZCuZn29Ni3Mn1RE	余量	25 ~ 32	—	RE0.1	Ni2 ~ 3	0.8 ~ 1.5	
ZCuZn30	68.5 ~ 71.5	余量	—	—	—	—	
ZCuZn33Mn2Pb1	余量	32 ~ 34	0.3 ~ 0.5	—	0.5 ~ 1.0	1.5 ~ 2.7	
ZCuZn35Sn1Al0.3	64 ~ 66	余量	0.5 ~ 1.5	0.2 ~ 0.4	—	—	
ZCuZn38Sn1Pb1Al1	58 ~ 64	余量	0.5 ~ 1.5	0.5 ~ 1.0	0.3 ~ 1.5	—	
ZCuZn38Al1Mn0.5	57 ~ 62	余量	—	0.25 ~ 2.5	—	0.1 ~ 1.0	

（续）

合金牌号	主要元素						色泽
	Cu	Zn	Sn	Al	Pb	Mn	
ZCuZn12.5Sn1	余量	12.5	1	—	—	—	红黄色
ZCuZn9Pb7Sn3	余量	7~10	2.3~3.5	—	6~8	—	
ZCuZn20Mn2OSn1Al2	55~61	17~23	0.5~2.5	0.25~3.0	—	17~23	银白色
ZCuZn22Mn13Ni5Al2	余量	19~25	—	0.5~3	Ni4~6	11~15	

3. 白铜　白铜是Cu-Ni二元合金，实际使用的是$w(\mathrm{Ni})$为10%~30%的合金，色调为银白色而且光泽艳丽，$w(\mathrm{Ni})$为20%的白铜常用来制造银币和奖牌等。这些合金硬度较高。

锌白铜是Cu-Ni-Zn三元合金，色调类似银，是装饰品和乐器的理想材料。常用的锌白铜的牌号和化学成分见表6-145。

表6-145　艺术品用锌白铜牌号和化学成分（质量分数,%）

合金牌号	主要元素					杂质限量≤		
	Cu	Ni	Sn	Pb	Zn	Fe	Mn	Si
ZCuNi12Zn20Pb10	53.5~58.0	11.0~14.0	1.5~3.0	8.0~11.0	17~25	1.5	0.5	0.15
ZCuNi16Zn16Sn3Pb5	58.0~61.0	15.5~17.0	2.5~3.5	4.5~5.5	余量	1.5	0.5	—
ZCuNi20Zn5Sn4Pb4	63.0~67.0	19.0~21.5	3.5~4.5	3.0~5.0	3.0~9.0	1.5	1.0	0.15
ZCuNi25Zn2Sn5Pb2	64.0~67.0	24.0~27.0	4.5~5.5	1.0~2.5	1.0~4.0	1.5	1.0	0.15

6.2　熔炼和浇注

6.2.1　原材料和回炉料

6.2.1.1　金属材料（见第10章）

6.2.1.2　非金属材料及辅助材料（见第10章）

6.2.1.3　回炉料

1. 回炉料的分类（见表6-146）

表6-146　回炉料的分类

类　别	技术要求	应　用
同牌号的报废铸件、浇口和冒口等	清除泥沙、油污、熔渣等不洁物。尺寸应符合装炉要求	直接用做炉料
铸锭 铸造黄铜锭 铸造青铜锭	符合YS/T 544—2009规定	直接用做炉料。对技术要求是严格的，用量不超过30%
屑料	应经过除油、干燥和磁选	重熔成铸锭。少量时可直接用做炉料

2. 回炉料的鉴别方法　回炉料应严格管理，防止混料。对于牌号不明的回炉料，采用化学分析方法确定其成分外，生产上还可以采用其他的鉴别方法，以确定合金的种类、系列或牌号。其中外观鉴别法是依据浇冒口的收缩程度、颜色以及加热后的脆性大小来区分合金的种类和系列；熔滴鉴别法是依据熔滴形态和颜色特征来区分合金的种类和系列；磁性鉴别法是依据合金在一定磁场强度下的磁化率大小来区分合金的种类和牌号。较为实用的还有火焰鉴别法，是依据金属粉末在火焰气流中（煤气或乙炔气）加热时，粉末呈现的流线特征和特有的颜色来区分合金的种类、系列和牌号。铜合金火焰分类法见表6-147；火焰鉴别装置见图6-67。

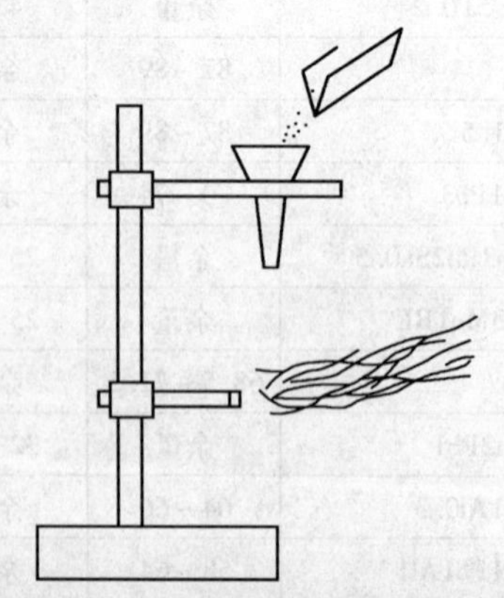

图6-67　铜合金火焰鉴别装置示意图

表 6-147　铜合金的火焰分类法

合金牌号	流线特征	颜　色	流线形状
锡青铜	细长的流线火花	橙色	
铅青铜	细长的流线火花和红色的下落火花	橙色和红紫色	
铝青铜	明亮的流线火花不产生分枝	橙色	
普通黄铜	活泼的曲折流线火花	淡橙色	
高强度黄铜	非常活泼的曲折流线火花，有分枝，伴有破裂声音	绿色	

6.2.2　中间合金

1. 牌号和化学成分　为了降低熔化温度，缩短熔炼时间和减少合金的烧损，生产上常将高熔点的合金元素（如 Fe、Mn、Ni 等）和易氧化的合金元素（如 Be、Mg、P、Cr、Zr、B 等）预先配制成二元或三元中间合金。

中间合金中所含的合金元素应尽可能地高，熔点应适当，成分应均匀并易破碎和储存。

铸造铜合金常用中间合金牌号和化学成分见表 6-148。

2. 中间合金的熔炼工艺（见表 6-149）

表 6-148　常用中间合金的牌号和化学成分（质量分数,%）

合金牌号	主要元素						杂质限量≤				熔点/℃	特征
	P	Be	Fe	Ni	Mn	Cu	Fe	Zn	Si	Al		
CuP14①	13 ~ 15	—	—	—	—	余量	0.15	—	—	—	900 ~ 1020	脆
CuP12①	11 ~ 13	—	—	—	—	余量	0.15	—	—	—		
CuP10①	9 ~ 11	—	—	—	—	余量	0.15	—	—	—		
CuP8①	8 ~ 9	—	—	—	—	余量	0.15	—	—	—		
CuBe4②	—	3.8 ~ 4.3	—	—	—	余量	0.2	—	0.18	0.13	870	韧
CuNi15①	—	—	—	14 ~ 18	—	余量	0.5	0.3	—	—	1130 ~ 1170	韧
CuMn28①	—	—	—	—	25 ~ 30	余量	1.0	Sb0.1	P0.1	—	870	韧
CuMn22①	—	—	—	—	20 ~ 25	余量	1.0	Sb0.1	P0.1	—	850 ~ 900	韧
CuFe10①	—	—	9 ~ 11	—	—	余量	Mn0.1	Ni0.1	—	—	1300 ~ 1400	韧
CuMg20①	Mg17 ~ 23	—	—	—	—	余量	0.15	—	—	—	1000 ~ 1100	脆
CuMg10①	Mg9 ~ 11	—	—	—	—	余量	0.15	—	—	—	750 ~ 800	脆
CuSi16①	Si 13.5 ~ 16.5	—	—	—	—	余量	0.5	0.1	Pb0.1	0.25	800	脆

（续）

合金牌号	主要元素						杂质限量≤				熔点/℃	特征
	P	Be	Fe	Ni	Mn	Cu	Fe	Zn	Si	Al		
CuCr5	Cr3 ~6	—	—	—	—	余量	0.3	Mg0.1	—	0.2	1170	韧
CuZr15	Cr13 ~16	—	—	—	—	余量	—	—	—	—	1060	韧
AlFe20	Fe18 ~22	—	—	—	—	Al 余量	—	Mn0.1		—	1000	韧
CuB4	B3 ~4	—	—	—	—	余量	—	—	—	—	1090	脆
CuTi20	Ti15 ~25	—	—	—	—	余量	—	—	—	—	920	韧
CuCd30	Cd28 ~32	—	—	—	—	余量	—	—	—	—	900	脆
CuAs30	As28 ~32	—	—	—	—	余量	—	—	—	—	770	脆
CuCe15	Ce13 ~17	—	—	—	—	余量	—	—	—	—	880	脆
CuSb50	Sb45 ~55		—	—	—	余量	—	—	—	—	680	脆

① YS/T 283—1994。

② YS/T 260—2004。

表 6-149 中间合金的熔炼工艺

合金及配料（质量分数）	炉型	熔 炼 工 艺	备 注
CuBe4 BeO：10% ~13% 炭粉：3% ~7% 阴极铜：余量	电弧炉	1. 将 BeO 粉和炭粉放入球磨机中混合均匀 2. 一层铜片、一层混合粉装入电弧炉内 3. 送电熔化 4. 反应完后，停电搅拌，扒渣 5. 降温至 1020℃左右浇入经预热的铁模内	应有良好的通风和防护装置。应防止有毒的铍化物危害人体和污染环境
CuZr15 Zr：15% ~16% 阴极铜：余量	真空感应电炉	1. 将阴极铜和 Zr 一齐装入炉内 2. 抽真空 3. 熔化并过热到 1300℃保温 15min 4. 调温至 1180℃左右浇入经预热的铁模内	
CuTi20 Ti：15% ~16% 阴极铜：余量	真空感应电炉	1. 将阴极铜和 Ti 一齐装入炉内 2. 抽真空 3. 熔化并过热到 1300℃保温 15min 4. 调温至 1180℃左右浇入经预热的铁模内	
CuCr5 Cr：5% ~7% 阴极铜：余量	感应炉 坩埚炉	一、合金化法 1. 坩埚预热 2. 在木炭保护下，将阴极铜熔化并过热至 1350 ~1400℃ 3. 用质量分数为 0.1% 的 Cu-Mg 合金脱氧 4. 分批压入 Cr（块度 2 ~5mm 用铜箔包好），用石墨棒充分搅拌 5. 扒渣，1300℃浇入经预热的铁模内	

（续）

<table>
<tr><th>合金及配料（质量分数）</th><th>炉型</th><th>熔炼工艺</th><th>备注</th></tr>
<tr><td>CuCr5
Cr：5%～7%
阴极铜：余量</td><td>坩埚炉或浇包</td><td>二、热还原法
1. 将粉状 Cr_2O_3、Cu-Al、CuO 和 KNO_3 混合，放在浇包内烘干
2. 将 KNO_3、Cu-Al 和镁屑混合，并将一螺旋状电阻丝埋入其中，再用铝箔包好，制成导热剂
3. 将浇包中的混合物堆挖一小孔，放置导热剂再将电阻丝两头接上 12V 电源，盖上衬有石棉的铁盖
4. 通电，发生热还原反应
5. 反应完成后扒渣，将 Cu-Cr 合金浇入经预热的铁模内</td><td>料的配比：
Cr_2C_3：Cu-Al：CuO：KNO_3 = 25:33:40:2（质量比）
KNO_3 ：Cu-Al ：Mg 屑 = 30:30:1（体积比）
Cu-Al 为 CuAl50 合金</td></tr>
<tr><td>CuB4
硼砂：85%
CuMg20：75%
或 B：3%～5%
阴极铜：余量</td><td>感应炉</td><td>1. 将 CuMg20 合金及脱水硼砂粉碎、混合，其块度为 2～3mm
2. 将混合料装入坩埚进行熔化，加热至 1450～1500℃保温
3. 用石墨棒充分搅拌，在保护渣覆盖下于 1140℃左右将 Cu-B 合金浇入经预热的铁模内或将压制成块的无定型硼分批连续压入铜液中熔制。加料过程中应连续搅拌</td><td>化学反应过程：$Na_2B_4O_7$ + 6Mg = 6MgO + Na_2O + 4B</td></tr>
<tr><td>CuCd30
Cd：28%～32%
阴极铜：余量</td><td>坩埚炉</td><td>1. 将铜在木炭覆盖下熔化，并升温至 1250℃左右
2. 将另一坩埚预热至 150℃左右，放入 Cd 和木炭，再将熔化的铜液浇入、搅拌
3. 将 Cu-Cd 合金浇入经预热的铁模内</td><td>—</td></tr>
<tr><td rowspan="2">CuSi16（或 CuSi25）
结晶硅：17%～18%
（或 27%～28%）
阴极铜：余量</td><td>坩埚炉
感应炉</td><td>一、先熔化铜法
1. 坩埚预热至暗红色
2. 在木炭保护下将阴极铜熔化并过热至 1180℃左右
3. 用质量分数为 0.1% 的 Cu-P 合金脱氧
4. 分批压入预热的结晶硅，搅拌
5. 取出坩埚，再搅拌，扒渣
6. 920℃左右浇入经预热的铁模内</td><td>结晶硅的块度为 20～30mm
Si 上浮时应压下，待第一批 Si 熔化后再加第二批</td></tr>
<tr><td>坩埚炉</td><td>二、铜、硅共熔法
1. 坩埚预热
2. 底部先装结晶硅，上面装阴极铜，再加经脱水的 Na_2CO_3
3. 升温熔化（1200～1250℃）
4. Si 熔化后搅拌、降温、扒渣
5. 在 920℃左右浇入经预热的铁模内</td><td>若出现 Si 不熔化现象，应继续升温并将 Si 压入铜液内，可用 $Na_2B_4O_7$ + NaO · CaO · 6SiO_2 熔剂代替脱水的 Na_2CO_3，用量（质量分数）为 1%～2%</td></tr>
</table>

（续）

合金及配料（质量分数）	炉型	熔炼工艺	备注
CuMn28 CuMn22 金属锰 30%（或23%～24%） 阴极铜：余量	坩埚炉 感应炉	一、先熔化铜法 1. 坩埚预热 2. 加阴极铜和质量分数为0.3%的 $Na_2B_4O_7$ 3. 升温熔化，于1150～1200℃分批压入预热的锰块 4. 搅拌、扒渣，于1000～1050℃浇入经预热的铁模内	可用质量分数为0.5%的 Na_3AlF_6 代替脱水的 $Na_2B_4O_7$
		二、铜、锰共熔法 1. 坩埚预热 2. 将锰块置于炉底部，上面放阴极铜和经脱水的质量分数为0.3%的 $Na_2B_2O_7$ 3. 升温熔化（1150～1200℃） 4. 充分搅拌，扒渣，调温至1000～1050℃浇入经预热的铁模内	
CuFe10	坩埚炉 感应炉	1. 坩埚预热，装阴极铜和木炭 2. 升温熔化，并过热至1300～1350℃保温 3. 分批加入经预热的低碳钢薄片或剪断的钢丝 4. 全部溶化后搅拌，用质量分数为0.1%～0.2%的Cu-P合金脱氧，扒渣，浇入经预热的铁模内	合金锭的厚度不应大于25mm
AlFe30 AlFe20	坩埚炉	一、先熔化铝法 1. 坩埚预热，装铝锭 2. 升温熔化，并过热至800～850℃保温 3. 将低碳钢薄片或剪断的钢丝分批加入 4. 全部熔化后升温至1150℃搅拌、扒渣 5. 加入质量分数为0.5%的 Na_3AlF_6 清渣 6. 浇入经预热的铁模内	也可以用质量分数为0.2%～0.3%的六氯乙烷除气清渣
		二、铝、铁共熔法 1. 坩埚预热 2. 铝锭装在坩埚中央，四周装铁片或钢丝 3. 升温熔化、搅拌 4. 于1150℃用质量分数为0.3%的 Na_3AlF_6 清渣 5. 浇入经预热的铁模内	炉料全部溶化后再搅拌，以防铝锭上浮，钢片下沉

（续）

合金及配料（质量分数）	炉型	熔炼工艺	备注
CuP14 CuP12 CuP10 CuP8	坩埚或浇包	一、渗透法 1. 将坩埚（或浇包）预热，冷却至 40～50℃ 2. 在坩埚内，一层赤磷、一层铜屑交替装料，最后一层为铜屑，上面再放一层草灰（厚度 10mm）和一层红砂（厚度 20～30mm） 3. 将坩埚置于炉坑内，自然通风熔化约 30min 4. 搅拌、扒渣、浇入经预热的铁模	不用草灰和红砂，而用一层炭粉并盖上废坩埚效果也相当好。使用草灰时应用木棒捣实
	坩埚炉	二、浇铜液法 1. 准备两个坩埚 2. 在一坩埚内将阴极铜在木炭保护下熔化，并过热至 1200～1300℃保温 3. 在另一坩埚（预热 60～80℃）的底部放赤磷，用木棒捣实，然后装上草木灰（厚度 50mm，用木棒捣实），再盖上碎木炭 4. 将铜液缓缓注入装赤磷的坩埚内，然后回炉加热 15～20min，搅拌、浇入经预热的铁模	此法的生产效率较高，但烟尘和磷的发挥量较高，应有良好的通风和磷的回收装置。可用焦炭粉替代炭粉

6.2.3 熔剂

铜及铜合金熔炼时所用的熔剂，按其使用目的不同，可分为覆盖剂、精炼剂、氧化剂、脱氧剂及晶粒细化剂。

1. 覆盖剂　覆盖剂的主要作用是使合金液与炉气隔绝，防止合金元素氧化、蒸发、熔液吸气和散热过多。

覆盖剂应具有稳定的化学性质、较低的熔点、适当的粘度和表面张力，密度应比合金液小，易于上浮，能形成与合金液分离的保护层。

木炭是铜和铜合金应用最普通的覆盖剂，具有防止合金元素氧化、脱氧和保温作用。但对高镍含量的铜合金，特别是白铜不应使用木炭，因为在高温下碳能溶于镍中，凝固时呈石墨片状析出，有损于合金性能。

玻璃与铜合金不产生化学反应，也不吸收空气中的水分和气体，有良好的覆盖作用，但因熔点较高（1000～1100℃），粘度又大，不宜单独使用。通常都是在玻璃中添加一些碱性物质，如苏打、石灰石、硼砂以及氟石或冰晶石等，形成熔点低和流动性好的复盐，以利于合金液与溶渣分离，从而降低金属的损耗。铜和铜合金常用覆盖剂见表 6-150。

2. 精炼剂　铜合金在熔炼过程中会不可避免地产生一些酸性或中性氧化物，如 Al_2O_3（铝青铜、铝黄铜）、SnO_2（锡青铜、铅锡青铜）、SiO_2（硅青铜、硅黄铜）、Cr_2O_3（铬青铜）、MnO_2（高锰铝青铜、铜锰合金、锰黄铜）和 BeO（铍青铜）等。这些氧化物用脱氧方法难以还原，而较为有效的方法是在铜合金液中加入碱性熔剂，使溶剂与合金内的氧化物在高温反应后生成低熔点复盐，再扩散上浮至液面，凝集成渣后被排出。

精炼熔剂的种类很多，一般由碱和碱土金属的卤盐或碳酸盐的混合物组成。其中最常用的熔剂有冰晶石、苏打、碳酸钙、食盐、氟化钠、氟石、硼砂、氧化钙及氟硅酸钠等。

铸造铜合金常用的精炼剂见表 6-151。

3. 氧化剂　氧化剂也可以认为是一种精炼剂，因为在一定温度和压力条件下，合金液中氢、氧浓度的乘积是常数，所以使用氧化剂能增加合金熔液中的含氧量，达到除氢目的。

对于吸氢倾向较强的纯铜、锡青铜、锡磷青铜和铅青铜等合金，在熔化过程中因炉内难以形成氧化性气氛，或因炉料潮湿、带锈等原因，宜采用氧化性熔剂。

氧化性熔剂通常是由氧化物和造渣剂组成。对氧化性熔剂的要求是在熔炼温度下能分解或溶入铜液中，并且容易被氢原子还原；组成氧化物的金属元素在进入合金液后对合金性能不产生有害影响；造渣剂应易于吸附反应生成物和排除反应生成的水蒸气。

铸造铜合金常用的氧化性熔剂见表 6-152。

表 6-150　铸造铜合金常用的覆盖剂

序号	覆盖剂组成（质量分数,%）											应　用
	木炭	碎石墨块	玻璃（$Na_2O \cdot CaO \cdot 6SiO_2$）	苏打（Na_2CO_3）	石灰石（$CaCO_3$）	硼砂（$Na_2B_4O_7$）	食盐（NaCl）	氟石（CaF_2）	硅酸钠（Na_4SiO_4）	长石（$K_2O \cdot Al_2O_3 \cdot 6SiO_2$）	冰晶石（Na_3AlF_6）	
1	100	—	—	—	—	—	—	—	—	—	—	铍青铜，高镍的镍铝青铜和白铜以外的铜及铜合金
2	—	100	—	—	—	—	—	—	—	—	—	
3	—	—	50	50	—	—	—	—	—	—	—	铜合金 Na_2CO_3 和 CaO 有脱 S 作用
4	—	—	90～95	—	5～10	—	—	—	—	—	—	
5	—	—	75	—	—	25	—	—	—	—	—	
6	—	—	37	—	—	63	—	—	—	—	—	硅黄铜
7	—	—	90	—	—	—	10	—	—	—	—	黄铜
8	—	—	90	—	—	—	—	10	—	—	—	
9	—	—	—	—	—	—	—	10	90	—	—	
10	—	—	—	—	—	50	—	—	—	50	—	铜合金
11	—	—	60	—	—	—	15	NaF：15	—	—	10	
12	—	—	—	—	—	—	84	KCl：8	—	—	8	铝黄铜
13	—	—	50	25	—	—	—	25	—	—	—	铬青铜
14	—	—	硼渣（$Na_2O \cdot B_4O_6 \cdot MgO$）:100	—	—	—	—	—	—	—	—	硅青铜

表 6-151　铸造铜合金常用精炼剂

序号	精炼剂组成（质量分数，%）									应用
	冰晶石（Na_3AlF_6）	食盐（NaCl）	石灰石（$CaCO_3$）	硼砂（$Na_2B_4O_7$）	氟石（CaF_2）	氧化锌（ZnO）	氯化钾（KCl）	苏打（Na_2CO_3）	其他	
1	40	60	—	—	—	—	—	—	—	黄铜
2	—	30	55	—	—	—	—	—	SiO_2:15	
3	—	—	—	30	20	50	—	—	—	锡青铜
4	20	—	—	10	50	20	—	—	—	特别适合于含杂质 Al 较高的锡青铜
5	—	—	—	B_2O_3:20	—	26	14	—	$BaSO_4$:34	
6	—	—	—	—	—	—	—	50	$BaSO_4$:50	适合于含杂质 Fe 或 S 较高的锡青铜
7	—	—	—	—	—	—	—	50	K_2SO_4:50	
8	7	—	—	—	33	—	—	60	—	锡青铜 硅青铜
9	12			6	—	—	—	70	K_2CO_3:12	
10	—		—	65	—	—	—	—	(Na_2O·CaO·$6SiO_2$):35	硅青铜
11	—	—	—	—	—	—	—	100	—	
12	—	10	—	10	—	—	—	60	(Na_2O·CaO·$6SiO_2$):25	
13	25	40	—		—	—	35	—	—	铝青铜 铝黄铜
14	40	40		—	20	—	—	—	—	
15	85	—	—	—	15	—	—	—	—	
16	20	—	—	—	20	—	—	—	NaF:60	
17	50	—	—	—	—	—	—	50	—	
18	50	—	—	20	—	—	—	—	NaF:30	铝青铜 铝黄铜
19	30	50	—	—	—	—	10	—	NaF:10	
20	—	—	—	$MgCl_2$·KCl:60	—	—	—	—	NaF:40	铝青铜
21	—	85	—	—	15	—	—	—	—	
22	6	—	—	—	—	—	—	40	SiO_2:54	黄铜
23	—	—	50	—	50	—	—	—	—	白铜
24	25	—	42	—	33	—	—	—		
25	—	—	—	60	—	—	—	—	(Na_2O·CaO·$6SiO_2$):40	铬青铜 白铜
26	—	—	—	25	—	—	—	—	石膏:75	铅青铜（除 Fe）

表 6-152　铸造铜合金常用的氧化性熔剂（质量分数,%）

序号	氧化物			造渣剂					应用
	软锰矿 MnO_2	铜锈 CuO	氧化锌 ZnO	玻璃 $Na_2O \cdot CaO \cdot 6SiO_2$	硅砂 SiO_2	硼砂 $Na_2B_4O_7$	苏打 Na_2CO_3	其他	
1	100	—	—	—	—	—	—	—	铜和铜合金
2	—	50	—	50	—	—	—	—	
3	50	—	—	50	—	—	—	—	
4	—	34	—	66	—	—	—	—	
5	34	—	—	66	—	—	—	—	
6	10	—	—	40	20	—	10	CaF_2: 20	铜合金兼有脱S作用
7	30	30	—	—	20	—	20	—	
8	—	50	—	—	—	—	—	KNO_3: 50	锡青铜兼有脱Fe、Al、S作用
9	—	50	—	—	—	50	—	—	
10	—	30	—	—	—	70	—	—	锡青铜兼有脱Fe、Al、S作用
11	—	50	—	—	32	—	18	—	
12	30	30	—	—	20	—	20	—	
13	50	—	—	—	32	—	18	—	
14	—	—	26	—	—	26	—	KCl: 14 Na_3AlF_6: 34	黄铜，兼有脱Al作用
15	—	—	20	—	—	10	—	CaF_2: 50 Na_3AlF_6: 20	
16	—	—	50	—	—	30	—	CaF_2: 20	

注：表内配比均为质量比。

4. 脱氧剂　铜和铜合金在氧化气氛中熔炼时，或者为了除氢而添加氧化性熔剂时，会使铜合金液中的氧浓度显著增高，并以 Cu_2O 形式溶入铜液中。Cu_2O 能引起“氢脆”和显著降低合金的力学性能，因此，必须对铜液进行脱氧处理。

脱氧处理即添加一种比铜与氧的亲和力更大的元素将 Cu_2O 中的 Cu 还原出来，并使所生成的脱氧产物上浮而被排除。脱氧剂可分为表面脱氧剂和溶解于金属的脱氧剂。

表面脱氧剂基本上不溶于金属，脱氧作用仅在与金属接触的表面进行，脱氧速度较慢。它的优点是不影响金属质量。常用表面脱氧剂有碳化钙（CaC_2）、硼化镁（Mg_3B_2）、木炭、硼酐（B_2O_3）等。

溶于金属的脱氧剂能在整个熔池内与熔融金属中的氧化物相互作用，脱氧效果显著。其缺点是留在金属中的残余脱氧剂将影响金属性能。

合金元素与氧亲和力的大小顺序如下：Ca、Be、Mg、Li、Al、V、Ti、Na、Si、B、Zr、Cr、Mn、Zn、P、Sn、Fe、Ni、Sb、As、Pb、Cu。

从理论上说，在 Cu 之前的金属元素都可以作为铜的脱氧剂，但考虑到脱氧产物的性质和元素自身的特点，实际上能作为铜脱氧剂使用的元素是有限的，见表 6-153。

5. 晶粒细化剂　晶粒细化是改善铜和铜合金铸件性能的重要手段，常用的晶粒细化方法是添加晶粒细化剂。另外，也有在凝固过程中采用机械振动、超声波振动、压力结晶以及快速冷却等措施细化晶粒。

晶粒细化剂的选择应满足以下的基本要求：

1）具有与合金成分组元，最好是与合金主要成分形成化合物，并能通过包晶反应形成大量的化合物质点。

2）加入的晶核或形成化合物质点的熔点应高于合金的熔点。

3）在合金结晶之前能以游离分散的质点形式均匀地分布在熔体中。

4）加入量要少，应不影响合金的成分。

表6-153　铜及铜合金用脱氧剂

脱氧剂	应用范围	使用要点
P	磷用于铜、锡青铜、铅青铜、黄铜、铬青铜、锌白铜等的脱氧以及无氧铜的预脱氧	1. 以Cu-P中间合金加入 2. 加入量（质量分数）： 磷脱氧铜0.06%～0.07%，锡青铜、铅青铜0.03%～0.04%（砂型）、0.05%～0.06%（金属型），黄铜0.003%～0.006%，锌白铜0.002%，铬青铜0.005%，无氧铜0.005%～0.03%
Mn	锰脱氧铜 铝青铜 锌白铜	1. 以金属锰或Cu-Mn中间合金加入 2. 加入量（质量分数）：锰脱氧铜0.2%～0.35%，铝青铜0.5%～1.0%，锌白铜0.005%～0.1%
Mg	纯铜、白铜、锌白铜 铬青铜	1. 以合金镁丝或Cu-Mg中间合金加入 2. 加入量（质量分数）0.01%～0.06%
Li	无氧铜等	1. 以Cu-Li或Li-Ca中间合金加入 2. 加入量（质量分数）0.01%～0.02%
Be	纯铜等	1. 以Cu-Be中间合金加入 2. 加入量（质量分数计）0.01%～0.02%
Si	锌白铜	1. 以结晶硅或Cu-Si中间合金加入 2. 加入量（质量分数）0.03%～0.05%
食盐 NaCl	铝青铜 特殊黄铜	浇注前加入食盐，其质量分数为0.5%～1%
硼砂 $Na_2B_4O_7$	黄铜 特殊黄铜	浇注前加入硼砂，其质量分数为0.05%～0.1%
硼渣 $Na_2 \cdot B_4O_6 \cdot MgO$	纯铜 硅青铜	浇注前加入硼渣，其质量分数为0.05%～0.1%

大多数铸造黄铜和铝青铜中含有一定数量的具有细化晶粒作用的铁。铁在铜中的溶解度很小，大部分以γFe树枝晶（在纯铜中）或以富铁化合物（在特殊黄铜中）或以κ相（铝青铜中的CuFeAl化合物）形式析出，成为结晶核心而使合金细化。

进行晶粒细化处理有助于进一步改进和提高铸造铜及铜合金（特别是不含Fe的铜合金）的力学、耐磨和耐蚀性能。

铸造铜及其合金的晶粒细化实例见表6-154。

表6-154　铸造铜及其合金晶粒细化实例

合金牌号	晶粒细化剂及用量（质量分数,%）	加入方式	效果	备注
纯铜	1. Li 0.005～0.02 2. Ti 0.05 3. Bi 0.05～0.2	以中间合金形式在出炉前加入	细化晶粒，提高塑性	在加Li之前应加Cu-P合金预脱氧
ZCuZn38	Fe 0.3～0.6	以Cu-Fe中间合金形式加入	细化晶粒	特殊应用
ZCuZn40Pb2	1. Ce 0.05 2. 混合稀土0.05	以Cu-Ce中间合金形式在出炉前加入	细化晶粒，提高切削性和耐磨性	适合于金属模和水冷模铸造

（续）

合金牌号	晶粒细化剂及用量（质量分数,%）	加入方式	效果	备注
ZCuZn16Si4	B 0.02	以Cu-B中间合金形式在出炉前加入	细化晶粒，提高强度和塑性	—
ZCuAl9Mn2	B 0.0025 ~0.03	以Cu-B中间合金形式在出炉前加入	细化晶粒	—
ZCuAl10Fe3 ZCuAl8Mn13Fe3Ni2	1. 混合稀土0.02 ~0.05 2. B 0.0025 ~0.03	以中间合金形式在出炉前加入	细化晶粒，提高强度、塑性和耐蚀性	—
无氧铜	1. Y 0.1 2. 混合稀土0.1	以中间合金形式在出炉之前加入	细化晶粒，提高抗氧化性和电导率	—
ZCuBe2	1. Zr 0.02 ~0.03 2. Ti 0.02 ~0.03	以中间合金形式在出炉前加入	细化晶粒，提高强度	—

6.2.4 熔炼准备

6.2.4.1 炉料和辅助材料的准备

1）金属炉料和回炉料应清洁，无油污、泥沙、锈蚀、水分和其他夹杂物，必要时应对锈蚀的阴极铜块进行吹砂处理。

2）根据熔炉大小，将料切成合适的尺寸。

3）熔炼用的各种熔剂应按工艺规程要求预先进行烘烤或脱水处理。

4）炉料在装料之前应进行预热，一般放在炉旁预热至200 ~300℃或更高。

6.2.4.2 熔炉及熔炼工具的准备

1. 反射炉熔炼

1）开炉前必须清除炉内和出铜口残留的金属和炉渣。

2）炉膛损坏的部分用磷酸盐泥浆修补，阴干24 ~48h后，再烘烤至500 ~600℃。

3）检查燃油嘴有无故障，燃烧通道有无阻塞。

4）出铜槽覆砂，并在出炉前用木炭烘干。

5）装料之前用泥堵（泥堵配比的质量分数：焦炭粉50%，硅砂30%，耐火泥20%，加适量水）将出铜口堵住，外压重物。

6）准备有足够容量的铜液槽。

2. 坩埚炉熔炼

1）新坩埚应进行预热处理（加热至600℃以上）。

2）旧坩埚应彻底清除残留的金属熔渣，使用前也应预热至暗红色。

3）不同种类合金最好采用专用坩埚，但在一定范围内坩埚可以互相调用，其允许调用范围见表6-155。

表6-155 熔炼铜合金坩埚互相调用表

合金种类	锡青铜	铝青铜	锰青铜	硅黄铜	铝黄铜
锡青铜	可以	不可以	不可以	不可以	不可以
铝青铜	不可以	可以	可以	不可以	可以
锰黄铜	不可以	可以	可以	不可以	可以
硅黄铜	不可以	不可以	不可以	可以	不可以
铝黄铜	不可以	可以	可以	不可以	可以

3. 感应电炉熔炼

1）根据熔炼合金的种类，选用酸性、碱性或中性炉衬，其成分见表6-156。

表6-156 感应电炉炉衬配料（质量分数,%）

炉衬	材料配比					
	硅砂	镁砂	高铝砂	硼砂	硼酸	水玻璃
酸性	96 ~97	—	—	3 ~4	—	—
碱性	—	97 ~98	—	—	2 ~3	6(外加)
中性	—	—	96	4	—	—

2）出铜口堵塞材料配比的质量分数为：型砂50% ~60%，焦炭40% ~50%，白泥20% ~25%（外加），水适量。

3）仔细检查回转机构、冷却水套和电气控制是否正常。

4）旧炉衬应清除残留的金属和熔渣，并对损坏的部分进行修补。

4. 浇包

1）根据投料量，准备相应容量的浇包和填补冒口的浇包。

2）新浇包使用前应经24h缓慢烘烤至600～700℃，使用前还应检查吊包架、吊轴等是否完好。

3）旧浇包要清除残留的金属和熔渣，损坏的部分用粒度为3～4mm的焦炭末和耐火泥的混合料修补，阴干并烘烤后才能使用。

4）出炉前应将浇包预热至樱红色。

5. 工具

1）熔化用工具，如钢钎、样勺、渣勺、搅拌扒子、钳子等应备齐，清理干净并放在炉旁预热。

无氧铜、硅黄铜和锡青铜用的搅棒应以石墨制造，钟罩和渣勺也应挂涂料。

2）吹氮气的钢管、风带预先备齐，并检查氮气汇流排、各种阀、流量计等是否工作正常。干燥氮气用的硅胶用前应烘烤（120℃，2h）。

3）清理并预热弯角试样和含气试样铁模以及力学性能试样用的砂型。

6.2.4.3 配料

1. 计算配料前需掌握的资料

1）合金牌号、主要化学成分范围和杂质限量。

2）所用新料、回炉料及中间合金的成分。

3）元素的烧损率。

4）为得到铸件所希望的力学性能和显微组织特征欲控制的锌当量（特殊黄铜）或铝当量（铝青铜），选用最佳成分配比。

5）每一炉的投料量，应考虑熔炼损耗。

2. 熔炼损耗　熔炼损耗主要包括烟尘损耗和造渣损耗。前者包括附在炉料表面上的物质，如油类、水分和其他有机物等的蒸发以及易挥发合金元素和杂质，如P、S、As、Cd、Zn、Be等的蒸发损耗；后者主要是合金元素的氧化和造渣。

熔炼损耗与熔炼条件有关，即与炉型、炉焰性质、熔化温度和时间，炉料组成以及所采用的熔炼工艺（加料顺序、熔剂使用等）有关。

一般来说，黄铜比青铜损耗大，批量小的比批量大的损耗大，屑料比块料损耗大。图6-68和图6-69示出炉料尺寸和熔炼时在高温下停留时间对黄铜熔炼损耗量的影响。表6-157给出各种铜合金在不同炉型和熔炼条件下的损耗率。

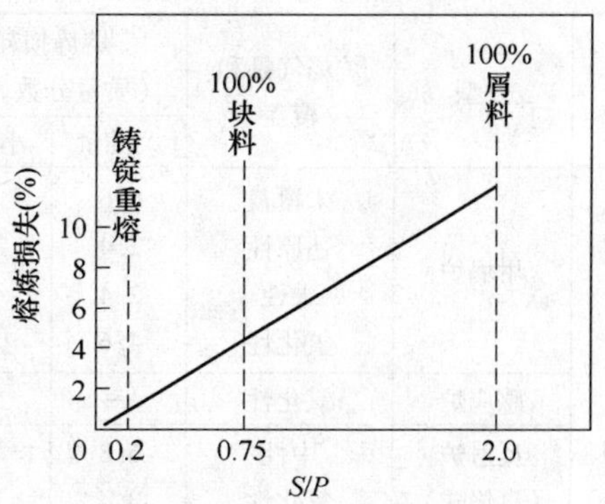

图6-68　炉料尺寸对黄铜熔炼氧化损失的影响

S—炉料表面积　P—炉料重量

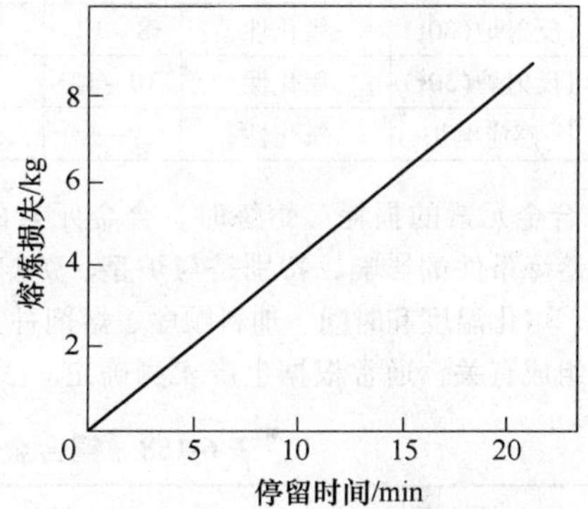

图6-69　黄铜熔炼（180kg坩埚炉、木炭覆盖）金属损失与在1100℃时的停留时间的影响

表6-157　铜合金在不同炉型的熔炼损耗率

合金	炉型	炉焰气氛和覆盖	熔炼损耗（质量分数，%）	
			大批量	小批量
纯铜	感应炉	还原性	1.0	3.0
锡青铜	坩埚炉	未覆盖	2.6	4.4
		还原性	2.1	2.5
		氧化性	2～3	—
		卤化物覆盖	3.4	—
	感应炉	氧化性	—	3.5
	反射炉	未覆盖	4.2	6.7
		中性	3.4	—
		氧化性	3.4	—
		卤化物覆盖	4.3	—
	电弧炉	未覆盖	1.4	—
		还原性	2.3	—
		卤化物覆盖	3.2	—

（续）

合金	炉型	炉焰气氛和覆盖	熔炼损耗（质量分数,%）	
			大批量	小批量
黄铜	坩埚炉	未覆盖	6.6	—
		还原性	2.4	—
		中性	2.4	—
		氧化性	4.6	—
	感应炉	氧化性	—	5.0
	反射炉（直焰式）	中性	6.8	—
		氧化性	3.4	—
	反射炉(4t)	还原性	3.6	—
		中性	4.7	—
		氧化性	6.9	—
	反射炉(30t)	氧化性	8~12	—
铝青铜	反射炉(30t)	氧化性	10~12	—
	感应电炉	氧化性	—	3~5

3. 合金元素的损耗　熔炼时，合金元素的烧损同样受熔炼条件的影响，特别是与炉型、炉焰气氛、熔化量、熔化温度和时间、加料顺序、熔剂种类以及炉料的组成有关，通常根据生产实测确定。表6-158所给出了铜合金主要元素烧损率。

4. 熔剂的消耗　覆盖剂通常先加入炉内，或在加阴极铜后加入，加入量约为炉料重量的0.5%~2%就足以覆盖整个熔池液面。

氧化性熔剂也先加入炉内，加入量约为炉料重量的1%~2%。

精炼熔剂是在合金全部熔化后加入，加入量约为炉料重量的0.2%~1%，当炉料含杂质较高时，加入量适当增加。

5. 推荐的配料成分　一般情况下可取合金牌号的名义成分配制合金，黄铜中易烧损的元素如Zn、Al、Mn等宜取标准成分的上限，不易烧损的元素如Cu、Sn、Ni、Fe等可取中限或下限。青铜中易烧损元素如P、Be、Mn、Al、Ti、Zn、Zr和Cr等可取标准成分的上限，不易烧损的元素如Cu、Ni、Fe、Sn和Pb等可取中限或下限。

但是，由于合金熔炼条件或使用要求不同，有时要求合金成分在一特定范围内（即给定锌当量或铝当量范围），以期得到所需的力学和物理化学性能，所以根据生产统计分析，推荐部分铸造铜合金的配料成分见表6-159。

表6-158　铜合金主要元素的烧损率（质量分数,%）

合金	Cu	Zn	Sn	Al	Si	Mn	Ni	Pb	Cr	Be	P
黄铜	0.5~1.5	2.0~8.0	1~3	2~4	5~10	2~3	1~2	1~2	—	—	—
青铜	0.5~1.5	10~15	1~4	4~10	3~5	4~15	1~2	1~3	5~10	6~20	20~40

表6-159　推荐部分铸造铜合金配料成分（质量分数,%）

合金牌号	元素含量									
	Zn	Al	Fe	Ni	Mn	Sn	Pb	P	Si	Cu
ZCuSn3Zn8Pb6Ni1	9.5	—	—	1.2	—	4.0	5.5	—	—	余量
	8.6	—	—	1.0	—	3.7	5.0	—	—	余量
ZCuSn3Zn11Pb6	12.0	—	—	—	—	3.0	5.0	—	—	余量
ZCuSn5Pb5Zn5	6.5	—	—	—	—	5.0	5.0	—	—	余量
	5.5	—	—	—	—	4.8	4.5	—	—	余量
ZCuSn6Zn6Pb3	7.0	—	—	—	—	6.0	3.5	—	—	余量
	5.5	—	—	—	—	6.5	2.8	—	—	余量
ZCuSn10P1	—	—	—	—	—	10	—	1.2	—	余量
	—	—	—	—	—	9.8	—	0.9	—	余量
ZCuSn10Zn2	3.0	—	—	—	—	10	0.5	—	—	余量
	3.5	—	—	—	—	9.8	—	—	—	余量
ZCuSn10Pb5	—	—	—	—	—	10.0	5.3	—	—	余量
ZCuSn10Pb10	—	—	—	—	—	9.5	10.0	—	—	余量
ZCuPb30	—	—	—	—	—	—	31.0	0.11	—	余量

（续）

合金牌号	元素含量									
	Zn	Al	Fe	Ni	Mn	Sn	Pb	P	Si	Cu
ZCuAl7Mn13Zn4Fe3Sn1	5.0	7.0	3.0	—	14	0.6	—	—	—	71.4
	4.0	7.8	3.3	—	15	0.5	—	—	—	69.4
ZCuAl8Mn13Fe3Ni2	—	8.0	3.5	2.0	15	—	—	—	—	72.0
ZCuAl9Mn2	—	9.5	—	—	2.4	—	—	—	—	余量
ZCuAl9Fe4Ni4Mn2	—	9.5	5.0	4.5	1.5	—	—	—	—	79.5
ZCuAl10Fe3Mn2	—	10.5	4.0	—	2.2	—	—	—	—	余量
	—	9.8	3.4	—	1.7	—	—	—	—	余量
ZCuAl10Fe3	—	9.6	3.5	—	—	—	—	—	—	余量
	—	9.8	3.4	—	—	—	—	—	—	余量
ZCuAl10Fe4Ni4	—	10.5	4.5	4.5	—	—	—	—	—	余量
	—	9.8	4.0	4.0	—	—	—	—	—	余量
ZCuBe0.5Co2.5	Be 0.9	—	—	Co 2.5	—	—	—	—	—	余量
ZCuBe0.5Ni1.5	Be 0.9	—	—	1.5	—	—	—	—	—	余量
ZCuBe2Co0.5Si0.25	Be 2.3	—	—	Co 0.5	—	—	—	—	0.4	余量
ZCuBe2.4Co0.5	Be 2.6	—	—	Co 0.5	—	—	—	—	0.4	余量
ZCuBe1Sl8Fe1Co1	Be 1.0	8.5	0.5	Co 1.0	—	—	—	—	—	余量
ZCuCr1	Cr 1.2	—	—	—	—	—	—	—	—	余量
ZCuSi3Mn1	—	—	—	—	1.2	—	—	—	3.2	余量
ZCuMn5	—	—	—	—	5.5	—	—	—	—	余量
ZCuZn16Si4	17.5	—	—	—	—	—	—	—	4.5	余量
ZCuZn24Al5Fe2Mn2	25.0	5.6	2.8	—	3.0	—	—	—	—	66
ZCuZn25Al6Fe3Mn3	余量	5.8	3.0	—	2.5	—	—	—	—	66
	余量	6.4	3.5	—	2.0	—	—	—	—	67.6
ZCuZn26Al4Fe3Mn3	余量	5.0	2.5	—	2.5	—	—	—	—	58.0
ZCuZn33Pb2	35.0	—	—	—	—	—	2.0	—	—	余量
ZCuZn35Al2Mn2Fe1	余量	1.1	1.2	—	0.5	—	—	—	—	57.0
ZCuZn38	40.0	—	—	—	—	—	—	—	—	余量
ZCuZn38Mn2Pb2	余量	—	—	—	1.9	—	2.0	—	—	58.0
ZCuZn40Pb2	41.0	—	—	—	—	—	2.0	—	—	余量
ZCuZn40Mn2	余量	0.2	—	—	2.0	—	—	—	—	58.0
ZCuZn40Mn3Fe1	余量	0.5	1.2	—	3.5	—	—	—	—	56.0
ZCuNi10Fe1	—	—	1.6	10.5	—	—	—	—	—	余量
ZCuNi5Al11Fe1	—	11.2	0.8	16	—	—	—	—	—	余量
ZCuNi120Sn4Zn5Pb4	5.5	—	—	20.5	—	4.2	4.0	—	—	余量
ZCuNi25Sn5Zn2Pb2	4.0	—	—	25.5	—	5.5	2.0	—	—	余量
ZCuNi30Nb1Fe1	Nb 1.5	—	1.2	31.0	—	—	—	—	—	余量

6. 炉料组成　用于合金熔炼的炉料有纯金属、合金预制锭、中间合金、回炉料、切屑重熔锭以及切屑等。依据合金品种和铸件使用要求来选择用料的品位，一般情况下生产导电用铜和铜合金铸件都采用高纯度的金属料（如 Cu-CATH-2、JCr99-A 等）。其他铜合金的炉料组成见表6-160。

7. 炉料计算　计算程序是首先算出 100kg 合金所需炉料，再与投料量的倍数相乘，即得出该炉所需的炉料。

1）选定合金最佳的配料成分。

2）确定各元素的烧损率。

3）计算各元素的烧损量。

4）确定炉料组成，包括新料、回炉和中间合金的种类和添加量。

5）求出减去回炉料各成分含量后尚需补加的各成分用量。

6）求出回炉料各成分的重量。

7）求出各中间合金的用量。

8）求出尚需补加的新料用量。

9）核算主要杂质含量是否符合要求。

10）填写配料单。计算举例见表6-161和表6-162。

表6-160 铜合金的炉料组成（质量分数,%）

炉料组成	铝青铜	白铜 锡青铜	铅青铜	黄铜
Cu	Cu-CATH-2 以上	Cu-CATH-2 以上	Cu-CATH-2 以上	Cu-CATH-2 以上
Al	Al 99.95 以上	—	—	Al 99.80 以上
Mn	DJMnD 99.5 以上	—	—	DJMnD 99.5 以上
Zn	Zn 99.99 以上	Zn 99.99 以上	Zn 99.95 以上	Zn 99.95 以上
Sn	—	Sn 99.95 以上	Sn 99.90 以上	Sn 99.90 以上
Pb	—	Pb 99.940 以上	Pb 99.940 以上	Pb 99.940 以上
Fe	含 C<0.1 的薄钢板、铁钉	—	—	—
Ni	Ni 9996 以上	Ni 9990 以上	Ni 9996 以上	Ni 9990 以上
铸锭，回炉料	<50	70	70	80~100

表6-161 熔炼100kg的ZCuAl9Mn2合金的炉料计算

合金成分	采用新料						采用回炉料和中间合金				
	目标含量		烧损量		炉料中应有含量		20kg回炉料中各成分含量	Cu50Al50中各成分含量	Cu70Mn30中各成分含量	回炉料和中间合金中各成分含量	尚需补加的新料
	%	kg	%	kg	%	kg	kg	kg	kg	kg	kg
Cu	88.1	88.1	1	0.88	87.99	88.98	$20\times\frac{88.1}{100}=17.62$	$7.79\times\frac{50}{50}=7.79$	$1.98\times\frac{70}{30}=4.62$	17.62+7.79+4.62=30.03	88.98-30.03=58.95
Al	9.5	9.5	2	0.19	9.58	9.69	$20\times\frac{9.5}{100}=1.90$	9.69-1.9=7.79	—	1.9+7.79=9.69	9.69-9.69=0
Mn	2.4	2.4	2.5	0.06	2.43	2.46	$20\times\frac{2.4}{100}=0.48$	—	2.46-0.48=1.98	0.48+1.98=2.46	2.46-2.46=0
总计	100	100	—	1.13	100	101.13	20	15.58	6.6	42.18	58.85

注：凡%的数值均为质量分数。

表 6-162　熔炼 100kg 的 ZCuZn40Mn3Fe1 合金的炉料计算

合金成分	采用新料						采用回炉料和中间合金				
	目标含量		烧损量		炉料中应有含量		30kg 炉回料中各成分含量	Cu-Mn (70:30) 中各成分含量	Cu-Fe (90:10) 中各成分含量	回炉料和中间合金中各成分含量	尚需补加的新料
	%	kg	%	kg	%	kg	kg	kg	kg	kg	kg
Cu	56.3	56.3	1	0.563	55.81	56.863	30 × 0.563 = 16.89	$2.516\times\frac{70}{30}$ = 5.871	$0.7\times\frac{90}{10}$ = 6.3	16.89 + 5.871 + 6.3 = 29.061	56.863 − 29.061 = 27.802
Zn	39.0	39.0	3	1.17	39.43	40.17	30 × 0.39 = 11.7			11.7	40.17 − 11.7 = 28.47
Mn	3.4	3.4	4	0.14	3.47	3.54	30 × 0.034 = 1.02	3.54 − 1.02 = 2.52		1.02 + 2.52 = 3.54	3.54 − 3.54 = 0
Fe	1.0	1.0	0	0	0.98	1.0	30 × 0.01 = 0.3		1.0 − 0.3 = 0.7	0.3 + 0.7 = 1.0	1.0 − 1.0 = 0
Al	0.3	0.3	3	0.01	0.31	0.31	30 × 0.003 = 0.09			0.09	0.31 − 0.09 = 0.22
总计	100	100	—	1.88	100	101.88	30	8.387	7.0	45.387	56.492

注：凡% 的数值均为质量分数。

6.2.5　熔炼工艺

熔炼前，应根据合金的特点、生产成本和熔化量来选择合适的熔化炉，确定合适的炉料组成、加料顺序、精炼和浇注工艺。

大型铸件用铜合金的熔化常选用燃油、燃气反射炉；中小型铸件则用燃油地坑炉、工频感应炉、中频感应炉，也可用焦炭地坑炉或电弧炉。对含有易氧化烧损或产生有害物质的某些合金，如铍青铜、铬青铜、锆青铜等，宜选用真空感应炉。

铜合金的熔炼按使用炉料的种类，可分为一次熔炼法（即以纯金属作炉料直接熔制合金）和二次熔炼法（即先熔制中间合金铸锭，然后熔炼合金或重熔）。两者相比，各有其优缺点。一次熔炼法能提高熔化效率，节约工时和能耗，但合金熔炼时间长，需要更高的过热度，增加了合金的氧化和吸气量，工艺控制难度较大。

熔炼过程的加料程序，一般是先加数量最多和熔点高的炉料，熔化后再分别加入熔点较低或具有较高挥发性的炉料；或依据合金化的原则，先加占炉料主要部分的低熔点炉料，再加高熔点的炉料，通过合金化的途径来降低温度和加快熔化速度，熔化时能产生很大热效应的金属（如 Al），不宜作最后一批炉料加入，以防金属熔体过分过热。

6.2.5.1　紫铜的熔炼

紫铜（包括纯铜和高铜合金）的熔炼质量和熔铸过程均比其他铜合金更难控制。

首先，紫铜铸件要求有高的导电、导热性，因此对杂质含量限制要严。微量的杂质（如 Fe、Mn、P、Sn 和 As 等）能显著降低紫铜的导电、导热性，所以在熔炼紫铜时，对炉料、熔化设备和工具的要求十分严格。例如，不能使用铁质工具，不能用熔化过其他铜合金的坩埚，不能使用已污染的回炉料等。对纯铜的要求则更高，要求选用 $w(Cu)\geqslant 99.97\%$，$w(Zn)\leqslant 0.003\%$、表面致密、含铜豆少的阴极铜。

其次，紫铜的熔点比黄铜和锡青铜高，熔化温度也高，熔炼过程中吸气和氧化倾向大，易导致铸件产生组织疏松和针孔。

紫铜的熔炼普遍采用木炭覆盖法。木炭的作用是防止氧化、保温和扩散脱氧。

木炭常随紫铜一起加在坩埚底部，使紫铜一旦熔化就被严密覆盖着，在整个熔炼过程中保持木炭一定的厚度（50 ~ 80mm）。木炭使用前，需经高温干馏（800℃以上，2 ~ 4h），以除去水分和有机物。

坩埚炉熔炼紫铜时应采用微氧化性气氛和快速熔化，以防铜液吸氢。

当铜液含氢量较高时，可添加少量氧化性熔剂或通压缩空气，除去氢气。

铸造紫铜一般不宜用 Cu-P 合金进行最终脱氧，宜采用二次脱氧法，即先用 Cu-P 合金预脱氧，然后用 Cu-Li，Cu-B 或 Mg 进行二次脱氧。

紫铜的熔炼工艺见表 6-163。

表 6-163　紫铜的熔炼工艺

合金	炉　型	熔炼工艺要点	备　注
紫铜	坩埚炉 感应炉 真空感应炉 电弧炉	1. 坩埚预热 2. 加木炭和阴极铜 3. 升温熔化，并过热至 1180～1220℃，用 Cu-P（磷脱氧铜）预脱氧 4. 出炉前用 Cu-Li 合金二次脱氧 5. 炉前检验，出炉浇注	木炭须经 800～850℃，2～4h 的干馏，覆盖厚度 50～100mm 真空炉不用木炭覆盖 可以用 Cu-B 合金和 Mg 丝代替 Cu-Li 合金
高铜合金	坩埚炉 感应电炉	1. 坩埚预热 2. 加木炭、阴被铜、高熔点合金元素（Fe）和回炉料 3. 升温熔化，并过热至 1180～1220℃，用 Cu-P 合金预脱氧后加入 Sn、Zn、Mg、Y 等元素 4. 出炉前 Cu-P（磷脱氧铜）或 Cu-Mn（锰脱氧铜）或 B（硼脱氧铜）脱氧 5. 炉前检验，出炉浇注	磷脱氧铜 P 的加入量（质量分数）：新料 0.06%～0.07%，回炉料 0.03% 锰脱氧铜 Mn 的加入量（质量分数）：新料 0.30%～0.35%，回炉料 0.20%
紫铜 高铜合金	反射炉	氧化还原法 1. 炉子预热 2. 加木炭、阴极铜和回炉料（或高熔点合金元素 Fe） 3. 在弱氧化性气氛下快速熔化 4. 铜液沸腾（1200～1220℃） 5. 在氧化性气氛条件下用压缩空气进行氧化处理（风压不低于 80kPa，氧化开始温度 1200～1220℃）氧化终止温度为 1150～1170℃ 6. 检验断口，确定氧化终止期 7. 扒渣，加木炭 8. 在强还原气氛下用青木还原、再加低熔点金属 9. 检验断口，断定还原终止期 10. 出炉浇注（1180～1200℃）	氧化终点期确定：断口结晶为较粗的柱状，呈砖红色，约占试样断面积的 30%～50% 还原终点确定：断口表面平整，有细皱纹，呈玫瑰红色，带有丝绢光泽 青木可用新鲜的榆木、白杨或松木

6.2.5.2　锡青铜和铅青铜的熔炼

锡青铜和铅青铜都含一定的低熔点合金元素 Sn、Zn、Pb、P 及少量高熔点金属 Ni，除 P 需制成 Cu-P 中间合金外，其他合金元素以纯金属直接加入。

锡青铜熔炼时加料顺序通常是在木炭或其他熔剂的保护下，先熔化高熔点金属 Cu 和 Ni，在 Cu-P 预脱氧后再加其他低熔点的合金元素，其目的在于防止合金元素氧化生成 SnO_2。

回炉料通常是在纯铜熔化并经脱氧后加入，但也可以先加入炉内，然后加纯铜。回炉料熔点较低，约 1000℃开始熔化，升温至 1150℃左右就可以添加其他合金元素，这样就缩短了熔炼时间，减少合金的吸气量。

另有一种工艺流程，其加料顺序与上不同，如先加锌，然后加铜和镍。通过低熔点的锌首先熔化后渗入纯铜表面，使纯铜合金化而显著降低熔化温度和提高熔化速度。另外，熔炼过程中逐渐挥发的锌蒸汽有助于防止合金液的吸气和氧化。如果温度控制得当，锌的烧损并不显著增加。

锡青铜有较强的吸气性，在熔炼温度下，气体

(氢)在熔体中有相当大的饱和溶解分压，见表6-164。

表6-164 气体在锡青铜中的溶解分压

合金牌号	温度/℃	熔化条件	气体溶解分压/Pa
ZCuSn3Zn8Pb6Ni1	1200	大气	7.6×10^3
ZCuSn3Zn11Pb4	1200	大气	8.0×10^3
ZCuSn5Pb5Zn5	1200	大气	7.0×10^3
ZCuSn8Zn4	1200	大气	6.1×10^3
ZCuSn10Zn2	1232	大气	5.8×10^3
ZCuSn10Pb1	1150	大气	6.5×10^3

为减少熔液吸氢，锡青铜宜在弱氧化性、氧化性气氛或在覆盖剂保护下进行快速熔炼。

当炉焰不易控制为氧化性或炉料中含屑料、边角碎料，特别是含油较多时，为了有效地除氢，应采用氧化熔炼法，即往合金液中通压缩空气，或添加氧化性熔剂，增加合金液中氧的浓度，以达到除氢的目的。

脱氧处理后，为了进一步除去合金液中的气体，宜采用除气处理，常用的方法有熔剂精炼、Cu-P脱氧或吹干燥氮气除气。锡青铜的熔炼工艺见表6-165。

表6-165 锡青铜的熔炼工艺

合金牌号	炉型	熔炼工艺要点	备注
ZCuSn3Zn8Pb6Ni1 ZCuSn5Pb5Zn5 ZCuSn10Zn2 ZCuSn10Pb5等	坩埚炉 感应电炉	一、先熔化铜，后加回炉料 1. 坩埚预热 2. 加覆盖剂、铜屑、阴极铜、电解镍（或Cu-Ni） 3. 升温熔化（弱氧化气氛），并过热至1200～1250℃ 4. Cu-P预脱氧 5. 加回炉料 6. 加锌、铅和锡，搅拌 7. 调整温度，加剩余的Cu-P 8. 除气 9. 炉前检验 10. 出炉浇注	预脱氧用总加入量的2/3 Cu-P，除气可用六氯乙烷（质量分数为炉料总量的0.2%～0.4%）或吹入干燥氮气
	坩埚炉 感应电炉	二、先熔化回炉料 1. 坩埚预热 2. 加覆盖剂、回炉料、铜屑、阴极铜、电解镍（或Cu-Ni） 3. 升温熔化（弱氧化气氛）并过热至1120～1160℃ 4. Cu-P脱氧 5. 加锌、铅、锡，搅拌 6. 调整温度，加剩余的Cu-P 7. 除气 8. 炉前检验 9. 出炉浇注	若回炉料中含P较高，不需进行脱氧
	坩埚炉	三、先熔化锌 1. 坩埚预热 2. 加覆盖剂、锌、阴极铜、电解镍（或Cu-Ni） 3. 升温熔化（弱氧化性气氛），并过热至1100～1150℃ 4. 加回炉料、铅、锡，搅拌 5. 升温至1180～1200℃，加Cu-P 6. 扒渣、除气 7. 炉前检验 8. 出炉浇注	

（续）

合金牌号	炉型	熔炼工艺要点	备注
ZCuSn10P	坩埚炉	1. 坩埚预热 2. 加覆盖剂、阴极铜 3. 升温熔化，过热至1150℃，加合金所需量1/5的Cu-P脱氧 4. 加回炉料，搅拌 5. 加剩余的Cu-P，加锡 6. 炉前检验 7. 出炉浇注	锡磷青铜吸气性很强，宜用氧化性熔剂
ZCuSn3Zn8Pb6Ni1 ZCuSn10Zn2 ZCuSn5Pb5Zn5 ZCuSn6Zn6Pb3	电弧炉	1. 加木炭，送电预热炉膛 2. 分批加阴极铜熔化 3. 温度至1150℃，加Cu-P脱氧 4. 加锌、铅和锡，搅拌 5. 除气 6. 炉前检验 7. 出炉浇注	
含油污和气体较多的炉料	坩埚炉	1. 坩埚预热 2. 加氧化性熔剂（放在坩埚底部） 3. 加铜屑、阴极铜、回炉料 4. 升温熔化（弱或较强氧化性气氛），过热至1120～1160℃ 5. 加精炼剂、搅拌、扒渣 6. Cu-P脱氧 7. 加锌、铅、锡并搅拌 8. 升温至1200℃左右 9. 出炉、扒渣、加剩余Cu-P 10. 浇注	用石墨坩埚，精炼熔剂成分根据杂质种类和数量多少确定

6.2.5.3　铝青铜的熔炼

铝青铜含有较多高熔点金属镍、铁、锰，以及溶解时能放出大量热能的铝，使用纯金属熔炼时，需要较高的熔化温度。

铝同氧的亲和力大，易氧化生成悬浮性的氧化渣，并在液面上形成致密性的氧化膜。为了防止合金液过多的氧化和吸气，铝青铜宜在弱氧化性气氛下进行快速熔炼。铜液也不应过分搅动，尽量保持液面上的氧化膜不被破坏。

Cu-Al合金的蒸汽压比黄铜和锡青铜小，因此吸气倾向大。在熔炼温度下氢在铝青铜中的溶解饱和分压高，不同牌号铝青铜在液态下氢溶解分压与停留时间的关系见图6-70。

选择合适的熔剂对铝青铜合金液进行保护和精炼是有效的。铝青铜的除气是在精炼后进行。铝青铜的除气方法很多，其中有熔剂精炼除气、真空精炼除气、真空吹氩除气等。但对大型熔炉，更为简便和有效的方法是包底吹氮除气法。

包底吹氮除气工艺依据是，当氮气以一定压力通过多孔透气砖进入铜液时，形成大量分散的小气泡，起初氮气泡内的分压为零，而在氮气泡和液体金属的界面上存在着氢的压力差。因此，在氢的分压逐渐趋于平衡的过程中，溶解在合金液中的氢便不断地通过界面向氮气泡内扩散，在氮气泡逐渐上浮、升向液面的同时，氢也随之被排除。

包底吹氮除气工艺装置由高压氮气瓶、减压阀、汇流排、干燥过滤器、气体流量计、导管和包底透气砖等组成，见图6-71。

包底吹氮除气工艺参数应根据要处理熔体的合金牌号、容量和熔炼等条件，通过试验确定，表6-166给出参考数据。

铝青铜的熔炼工艺见表6-167。

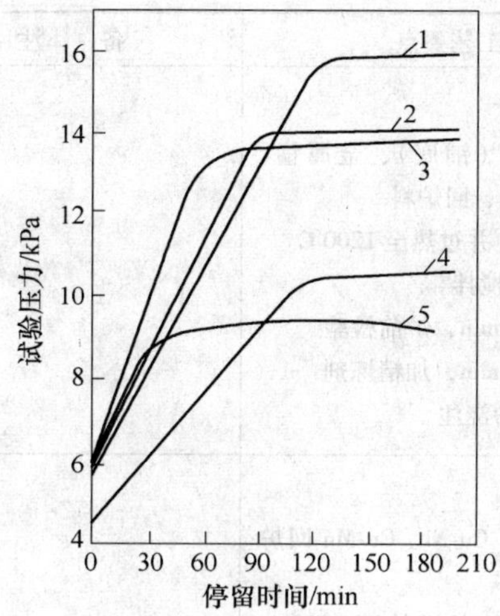

图 6-70 氢在铝青铜液中的溶解分压与停留时间的关系

1—ZCuAl9Fe3 2—ZCuAl10Fe1 3—ZCuAl10Fe3
4—ZCuAl10Fe4Ni4 5—ZCuAl9Fe4Ni4Mn2

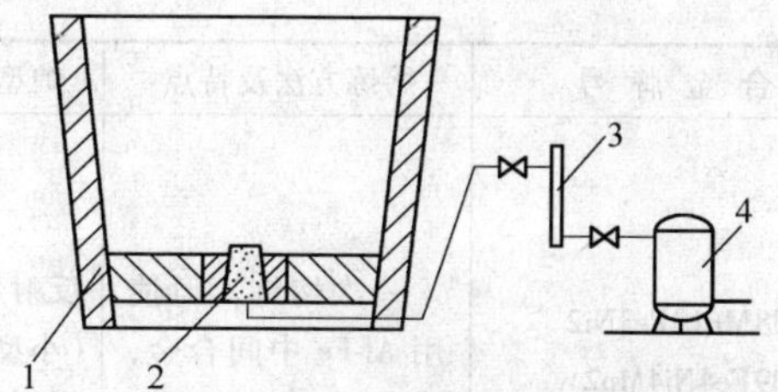

图 6-71 吹氮除气装置示意图

1—浇包 2—透气砖 3—气体流量计 4—干燥过滤器

表 6-166 30t 反射炉熔炼铝青铜包底吹氮除气工艺参数

参数	技术要求
出炉温度	比浇注温度高 50 ~ 70℃
吹氮压力	略高于合金液的静压，使合金液翻腾，但不产生飞溅
吹氮时间	至氢含量低于技术标准规定，约 30 ~ 40min
吹氮量	1.5 ~ 2m^3/t 合金液

表 6-167 铝青铜的熔炼工艺

合金牌号	熔炼方法及特点	炉型	熔炼工艺要点	备注
ZCuAl7Mn13Zn4Fe3Sn1 ZCuAl8Mn13Fe3Ni2 ZCuAl9Fe4Mn2 等	一次熔炼全部使用纯金属，熔化温度高，时间长，金属损耗大，不需熔制中间合金，节省能耗和工时	反射炉	1. 加铝锭、阴极铜、电解镍、钢片或钢丝、金属锰 2. 预热至约 800℃，加熔剂保护 3. 升温快速熔化（弱氧化气氛），并过热至 1250 ~ 1300℃ 4. 分批加铝锭和阴极铜 5. 加 Sn 6. 搅拌，静置 20 ~ 30min 7. 炉前检验 8. 测温出炉 9. 包内吹氮除气，检验含气量 10. 测温、浇注	ZCuAl7Mn13Zn4Fe3Sn1 熔炼时用铝铺底，预留总加入量（质量分数）10% 的阴极铜作降温用（加锌温度为 1100℃ 左右）
ZCuAl10Fe3 等	一次熔炼全部使用纯金属，但在加料顺序上是先熔制 Al-Fe，再熔制成合金	坩埚炉	1. 坩埚预热 2. 加总质量分数为 85% 的铝锭，覆盖剂 3. 升温预熔化，并过热至 850 ~ 900℃，加钢片或铁钉，搅拌 4. 铁片或钢丝全部熔化后，升温至 1180 ~ 1200℃，加剩余的铝锭，阴极铜，搅拌 5. 炉前检验，除气，检验含气量 6. 出炉、浇注	

（续）

合金牌号	熔炼方法及特点	炉型	熔炼工艺要点	备注
ZCuAl8Mn13Fe3Ni2 ZCuAl9Fe4Ni4Mn2 ZCuAl10Fe3Mn2 等	一次熔炼，但使用 Al-Fe 中间合金，降低了熔化温度，提高熔化速度	反射炉（小型） 坩埚炉 感应炉	1. 坩埚预热 2. 加阴极铜（铺底）、金属锰、电解镍、阴极铜、回炉料 3. 升温熔化，并过热至 1200℃ 4. 加 Al-Fe，搅拌 5. 静置 5 ~ 10min，炉前检验 6. 升温 5 ~ 10min，加精炼剂 7. 测温，出炉浇注	
ZCuAl8Mn13Fe3Ni3 ZCuAl10Fe3Mn2 ZCuAl9Mn2 等	二次熔炼全部或大部分使用中间合金，熔炼温度低，熔化速度快	坩埚炉 感应炉	1. 坩埚预热 2. 加阴极铜、Cu-Ni、Cu-Mn 回炉料，覆盖剂 3. 升温熔化，并过热至 1200 ~ 1250℃ 4. 加 Al-Fe(Al + Fe)，加降温铜 5. 搅拌，静置 20 ~ 30min 6. 炉前检验 7. 除气，检验含气量 8. 测温度，出炉浇注	

6.2.5.4 铍青铜和铬青铜的熔炼

铍青铜和铬青铜的吸气性较强，类似于纯铜。熔炼过程中必须防止吸气和进行除气处理。为了减少铍和铬的氧化烧损以及被化合物对人体的危害，铍和铬应以 Cu-Be、Cu-Cr 中间合金形式加入。当采用非真空感应电炉或燃料坩埚炉熔炼时，使用适当的熔剂加以保护是必要的，采用木炭作覆盖剂时，使用前应对木炭进行烘烤脱水，否则吸附在木炭中的潮气将增加合金的吸气量。铍青铜不宜在没有良好通风条件下使用卤盐熔剂，以免产生有毒的 $BeCl_2$ 或 BeF_2。研究表明，玻璃熔剂易使合金中的硅含量超标，因此在导电性能要求严格时，铍青铜和铬青铜的熔炼应避免使用玻璃熔剂，推荐使用硼砂、石墨粉混合熔剂。铬青铜采用感应电炉进行批量生产时，为了降低熔铸成本，可以在合金熔炼时直接加入金属 Cr。其加入 Cr 方法为：将 2 ~ 5mm 颗粒状的金属 Cr 与适量的冰晶石混合，在铜熔化至 1250℃ 左右时撒入铜液表面，并立即用炭粉覆盖，保温 15min 后搅拌出炉（金属 Cr 的收得率为 80% ~ 95%）。铍青铜和铬青铜的熔炼工艺见表 6-168。

表 6-168　铍青铜和铬青铜的熔炼工艺

合金	炉　型	熔炼工艺要求	备　注
铍青铜	真空感应炉	1. 加阴极铜、电解镍（钴）、钢片或钢丝 2. 抽真空熔化，并过热至 1250 ~ 1300℃ 3. 精炼 20 ~ 30min 4. 加 Cu-Be、Al 等，搅拌 5. 调整温度、浇注	真空度为 1 ~ 10Pa
铍青铜	坩埚炉 感应炉	1. 坩埚预热 2. 加阴极铜、电解镍（钴）、钢片或钢丝和覆盖剂 3. 升温熔化（中性或弱氧化性气氛，过热至 1200 ~ 1250℃） 4. 加回炉料、Cu-Be、Al 等，搅拌 5. 调整温度，浇注	

（续）

合金	炉型	熔炼工艺要求	备注
铬青铜	感应炉	1. 预热、加阴极铜和覆盖剂 2. 升温熔化（中性或还原性气氛，过热至1300～1350℃） 3. 加Cr或Cu-Cr中间合金（若相对电导率要求低于80%时，可用Cu-P预脱氧） 4. 调整温度，浇注	P加入量（以Cu-P中间合金折算）为新料质量的0.005%

6.2.5.5 黄铜的熔炼

黄铜的吸气性较纯铜低，加之含有大量易挥发的锌，熔炼过程中使铜液短时沸腾能自然地进行除气和脱氧。因此，通常不需对黄铜进行另外的脱氧和除气处理。气体在纯铜和黄铜中的溶解分压见表6-169。

高强度黄铜中含有锰、铁、铝等易氧化的合金元素，熔炼时宜用木炭或其他覆盖剂加以保护和进行精炼处理。

黄铜的熔炼工艺见表6-170。

表6-169 气体在纯铜和黄铜中的溶解分压

合金牌号	熔化温度/℃	气体在铜中的溶解分压/Pa	除气方法	除气后的气体溶解分压/Pa
ZCuZn38	1000	1.0×10^4	沸腾	$<4.0\times10^3$
ZCuZn35Al2Mn2Fe1	993	1.3×10^4	沸腾	$<7.0\times10^3$
ZCuZn25Al6Mn3Fe3	1038	1.1×10^4	沸腾	$<5.0\times10^3$
ZCuZn16Si4	1093	5.3×10^4	沸腾	$<3.0\times10^3$
Cu	1260	2.0×10^4	Cu-P脱氧	$<3.0\times10^3$

表6-170 黄铜的熔炼工艺

合金牌号	熔炼方法	炉型	熔炼工艺要点	备注
ZCuZn33Pb2 ZCuZn38 ZCuZn40Pb2	一次熔炼	坩埚炉	1. 坩埚预热 2. 加阴极铜、覆盖剂 3. 升温熔化并过热至1150～1180℃ 4. Cu-P脱氧 5. 加锌、铅、搅拌 6. 升温沸腾2min 7. 炉前检验 8. 调整温度，出炉浇注	覆盖剂在铜熔化之前加入，P加入量的质量分数为0.06%
ZCuZn24Al5Fe2Mn2 ZCuZn25Al6Fe3Mn3 ZCuZn26Al4Fe3Mn3 ZCuZn31Al2 ZCuZn38Mn2Pb2 ZCuZn40Mn2 ZCuZn40Mn3Fe1等	一次熔炼	反射炉 坩埚炉 感应炉	1. 预热 2. 加阴极铜（铺底）、钢片、金属锰、阴极铜 3. 升温熔化并过热至1120～1150℃ 4. 加铝和降温铜、搅拌 5. 分批加预热的锌锭和铅块 6. 升温沸腾2min 7. 炉前检验 8. 调整温度	

（续）

合金牌号	熔炼方法	炉型	熔炼工艺要点	备注
ZCuZn24Al5Fe2Mn2 等	二次熔炼用 Cu-Mn、Al-Fe 中间合金	反射炉	1. 加阴极铜、Cu-Mn 2. 升温熔化并过热至1180℃ 3. 分批加预热的锌，搅拌 4. 升温沸腾2min 5. 加入 Al-Fe，过热5~7min 6. 搅拌，炉前检验 7. 压入 NaF 精炼 8. 扒渣、静置10min 9. 调整温度，出炉浇注	w（NaF）为0.5%，出铜液一半后，另加质量分数为0.5%的 Na_2CO_3 + $Na_2Ba_4O_7$ 再次造渣
ZCuZn26Al4Fe3Mn3 等	二次熔炼用 Cu-Mn、Cu-Fe、Cu-Al 中间合金	坩埚炉	1. 坩埚预热 2. 加阴极铜、Cu-Fe 3. 升温熔化并过热至1200℃ 4. 加回炉料、Cu-Mn、锌 5. 升温沸腾2min 6. 加 Cu-Al，搅拌 7. 炉前检验 8. 出炉，静置10min 9. 调整温度，浇注	
ZCuZn16Si4	一次熔炼先熔化铜后加硅	坩埚炉 感应炉	1. 坩埚预热 2. 加阴极铜、覆盖剂 3. 升温熔化并过热至1200℃ 4. 加 Cu-P 脱氧 5. 分批压入预热的结晶硅，搅拌 6. 加回炉料和锌 7. 升温沸腾1~2min 8. 调整温度，出炉浇注	
ZCuZn16Si4	一次熔炼铜、硅共熔后加锌	坩埚炉	1. 坩埚预热 2. 加结晶硅（坩埚底的中央）、阴极铜、覆盖剂 3. 升温熔化，至硅全部熔化后充分搅拌 4. 分批加预热的锌，搅拌 5. 精炼或除气，炉前检验 6. 调整温度，出炉浇注	硅全部熔化后再搅拌，如有上浮应压下，可用吹氮方法除气

6.2.5.6 白铜和铜-锰合金的熔炼

白铜和铜-锰合金含有大量高熔点的镍和锰，需要在高温下熔炼。镍和锰也容易氧化，生成悬浮性夹渣，因此熔炼时应加入能溶解氧化镍、氧化锰的熔剂，其中以含冰晶石和硼砂的熔剂效果为好。

杂质碳是白铜和铜-锰合金最有害的元素，因此不宜使用木炭做覆盖剂，也不宜使用石墨坩埚熔炼合金，采用以镁砂为炉衬的感应电炉较为适宜。

白铜的吸气性较强，类似铝青铜。气体在白铜中的溶解分压见表6-171和图6-70。

表 6-171 气体在白铜中的溶解分压

合金牌号	温度/℃	熔炼条件	气体的溶解分压/Pa
ZCuNi10Fe1	1343	大气	2.1×10^4
ZCuNi15Al11Fe1	1260	大气	1.0×10^4
ZCuNi20Sn4Zn5Pb5	1315	大气	1.5×10^4
ZCuNi25Sn5Zn2Pb2	1350	大气	2.0×10^4
ZCuNi30Nb1Fe1	1370	大气	2.0×10^4

铜-锰合金因含有大量脱氧元素锰，所以不需要加其他脱氧剂，但是白铜则需采用 Cu-P 合金、Cu-Mn 合金（或 Mn）、Cu-Mg 合金（或 Mg）进行复合脱氧处理。

白铜和铜-锰合金的熔炼工艺见表 6-172。

6.2.5.7 熔炼工艺参数对铸造铜合金性能的影响

1）熔炼条件对 ZCuAl9Mn2 合金力学性能和夹渣量的影响，见表 6-173。

2）浇注温度对铸造铜合金力学性能的影响（砂型单铸试样），见表 6-174。

3）除气处理对铸造铜合金力学性能的影响见表 6-175。

4）晶粒细化对铸造铜及铜合金力学性能的影响，见表 6-176。

表 6-172 白铜和铜-锰合金的熔炼工艺

合金牌号	炉型	熔炼工艺要点
铜锰合金 ZCuMn51Al4Fe3Ni2Zn2Cr1 ZCuMn53Al4.5Fe4Ni2	感应电炉	一、铜、锰共熔法 1. 加覆盖剂、阴极铜（铺底）、金属锰、电解镍、阴极铜 2. 升温熔化（弱氧化性气氛），并过热至 1200～1250℃ 3. 加 Cu-Cr、铝、钢片，搅拌 4. 炉前检验 5. 必要时进行除气处理 6. 扒渣、调整温度、出炉浇注
		二、先熔化铜，后加锰 1. 加覆盖剂、阴极铜、电解镍 2. 升温熔化（弱氧化性气氛），并过热至 1200～1300℃ 3. 分批加预热的金属锰，直至加完，并完全熔化 4. 加 Cu-Cr、铝、钢片，搅拌 5. 加锌、搅拌、扒渣、炉前检验 6. 必要时进行除气处理（吹氮或压入精炼剂） 7. 调整温度，出炉浇注
ZCuNi10Fe1 ZCuNi30Cr2Fe1Mn1 ZCuNi30Nb1Fe1 ZCuNi30Be1.2	感应电炉	1. 加覆盖剂、阴极铜（铺底）、电解镍、钢片、阴极铜 2. 升温熔化（弱氧化性气氛）并过热至 1350～1450℃ 3. 加 Cu-P 脱氧 4. 加 Nb、Cr、Be、搅拌、炉前检验 5. 必要时进行除气处理 6. 加 Cu-Mg（或 Mg）脱氧 7. 调整温度，出炉浇注
ZCuNi15Al11Fe1	感应电炉	1. 加覆盖剂、阴极铜（铺底）、电解镍、钢片、阴极铜 2. 升温熔化（弱氧化性气氛）并过热至 1250～1300℃ 3. 加 Cu-P 脱氧 4. 加铝、钢片，搅拌 5. 除气，炉前检验 6. 加 Cu-Mn、Cu-Mg（或 Mg）合金脱氧 7. 调整温度，出炉浇注

（续）

合金牌号	炉型	熔炼工艺要点
ZCuNi20Sn4Zn5Pb5 ZCuNi25Sn5Zn2Pb2 ZCuNi22Zn13Pb6Sn4Fe1	感应电炉	1. 加覆盖剂、阴极铜（铺底）、电解镍、铁片、阴极铜 2. 升温熔化（弱氧化性气氛）并过热至 1300～1350℃ 3. 加 Cu-P 脱氧 4. 加锌、铅、锡，搅拌 5. 炉前检验 6. 必要时进行除气处理 7. 加 Cu-Mn、Cu-Mg（或 Mg）、Cu-Si 合金脱氧（浇注前 3min 内进行） 8. 调整温度，出炉浇注

表 6-173　熔炼条件对 ZCuAl9Mn2 合金力学性能和夹渣量的影响

熔炼条件	加料顺序	抗拉强度① R_m/MPa	断后伸长率 A(%)	硬度 HBW	合金污染度 /$mm^2 \cdot cm^{-2}$	渣中金属损失(%)
电炉 未覆盖	Cu→(Cu-Mn)→Al	575/530	17①/34	111	4～5	4.0
	Cu→Al→(Cu-Mn)	355～360	12～16	85	70～80	4.0
电炉 硼砂覆盖(2%)	Cu→(Cu-Mn)→Al	610～560	21～34	121	2～3	3.1
	Cu→Al→(Cu-Mn)	525～515	17～26	115	<1	2.3
电炉 冰晶石覆盖(2%)	Cu→(Cu-Mn)→Al	600～400	19～37	107	<1	1.2
	Cu→Al→(Cu-Mn)	530～500	11～31	105	<1	1.3
电炉 $KF+MgF_2$ 覆盖(2%)	Cu→(Cu-Mn)→Al	465～465	11～31	92	<1	0.7
	Cu→Al→(Cu-Mn)	520～485	20～30	120	<1	0.8
电炉 木炭覆盖	Cu→(Cu-Mn)→Al	—	—	—	4～5	3.0
	Cu→Al→(Cu-Mn)	—	—	—	60～70	3.7
电炉 未覆盖	回炉料→Cu→(Cu-Mn)→Al	—	—	—	8～10	5.9
	铸锭重熔	—	—	—	<1	2.6

① 分子为单铸砂型试样测定值，分母为从砂型铸件上取样测定值。

表 6-174　浇注温度对铸造铜合金力学性能的影响

合金牌号	浇注温度 /℃	抗拉强度 R_m	屈服强度 $R_{p0.2}$	断后伸长率 A (%)	硬度 HBW
		MPa			
ZCuZn33Pb2	960	250	85	39	62
	1000	225	75	38	60
	1040	140	93	24	65
ZCuZn35Al2Mn2Fe1	970	525	260	26	115
	1020	540	270	29	116
	1070	530	265	28	114
ZCuAl10Fe3	1100	507	—	35	94
	1170	510	—	35	90
	1220	495	—	34	90

（续）

合金牌号	浇注温度/℃	抗拉强度 R_m	屈服强度 $R_{p0.2}$	断后伸长率 A（%）	硬度 HBW
		MPa			
ZCuSn6Zn6Pb3	1100	245	137	17	71
	1160	267	145	39	67
	1180	265	135	31	64
	1230	235	135	19	56
ZCuSn10P1	1000	225	155	14	91
	1050	285	165	21	89
	1070	250	155	15	83
	1100	215	150	18	80
ZCuSn10Zn2	1130	270	145	20	89
	1170	300	150	31	84
	1200	280	135	25	80
	1230	260	130	19	75

表6-175　除气处理对铜合金力学性能的影响

合金牌号	除气前			除气后		
	抗拉强度 R_m	屈服强度 $R_{p0.2}$	断后伸长率 A	抗拉强度 R_m	屈服强度 $R_{p0.2}$	断后伸长率 A
	MPa		（%）	MPa		（%）
纯铜	165	62	27	180	70	29
ZCuZn35Al2Mn2Fe1	495	205	29	455①	180①	47①
ZCuZn16Si4	485	245	13	500	240	14
ZCuAl10Fe3Mn2	510	255	6	655	250	17
ZCuAl10Fe4Ni4	705	318	8	805	340	9
ZCuAl9Fe4Ni4Mn2	605	245	23	585①	230①	26①
ZCuSn3Zn11Pb4	135	75	16	200	90	18
ZCuSn5Pb5Zn5	125	65	16	205	95	20
ZCuSn8Zn4	235	115	24	340	140	66
ZCuPb10Sn10	145	115	6	310	150	35
ZCuNi10Fe1	460	250	23	610	370	21
ZCuNi15Al11Fe1	655	485	3	815	400	5
ZCuNi20Sn4Zn5Pb4	—	—	—	655	540	5
ZCuNi30Nb1Fe1	540	300	18	795	420	32

①　除气后，晶粒粗化。

表 6-176　晶粒细化对铜合金力学性能的影响

合金牌号	晶粒细化剂及用量（质量分数,%）	抗拉强度 R_m/MPa	断后伸长率 A（%）
纯铜	—	189	24
	Li：0.05	217	26
ZCuZn16Si4	—	470	15
	B：0.02	522	30
ZCuAl10Fe3	—	520	16
	混合稀土 0.084	560	41
ZCuAl8Mn13Fe3Ni2	—	716	29
	混合稀土 0.02	724	29
	混合稀土 0.05	742	28
ZCuZn26Al4Fe3Mn3	—	710	24
	B：0.01	720	23

6.2.5.8　炉前控制和检验

出炉浇注前应严格按照工艺规程的要求测定出炉温度、弯折角、断口、化学成分和气体含量。

1. 温度测量　使用经校验合格的热电偶或光学高温计测量。用光学高温计测量时，应扒开金属液面上的浮渣。

2. 炉前弯角检验　炉前弯角试验是熔炼铸造铜合金时的常用质量检验方法，对高强度黄铜和铝青铜更有重要意义。根据弯角的大小可以评估合金的锌当量和铝当量及其力学性能的大小。

炉前弯角试验是在金属型中浇注出直径为 ϕ10mm 长度为 120mm 的试样，在型中冷却 2～3min 后即投入水中冷却（暗红色），不允许淬水过早。然后将试样一端夹在半圆形台钳上，用锤打击至断裂。其折断角控制范围应符合表 6-177 规定的范围。

表 6-177　铸造铜合金折断角控制范围

合金牌号	折断角/(°)	锌当量($\overline{Zn}$)或铝当量($\overline{Al}$)①（质量分数,%）
ZCuSn5Pb5Zn5 ZCuSn6Zn6Pb3 ZCuSn10P1	30～60	—
ZCuAl7Mn13Zn4Fe3Sn1	>30	—
ZCuAl8Mn13Fe3Ni2	50～80	Al＝9.5～10.5
ZCuAl9Fe4Ni4Mn2	40～70	Al＝9.3～10.0
ZCuAl9Mn2	60～100	Al＝8.5～9.6
	50～80	Al＝9.5～10.0
ZCuAl10Fe3	70～80	—
ZCuZn16Si4	60～90	Zn＝39～42
ZCuZn24Al5Fe2Mn2	40～70	Zn＝41～44
	30～50	Zn＝43.5～46
ZCuZn25Al6Fe3Mn3	40～60	—
ZCuZn35Al2Mn3Fe1	120～170	—
ZCuZn40Mn2	90～135	Zn＝40～42.5
	120～180	Zn＝39.5～41.5
ZCuZn40Mn3Fe1	50～80	Zn＝42～44

① 按 6.1.2.2 和 6.1.3 所列公式计算。

3. 断口检验　断口检验也是生产中检验合金熔炼质量的一种简便方法，用以评估合金熔炼和精炼效果、有无夹渣、气孔、组织是否细密，同时根据断口的颜色和形貌特征评估合金的力学性能。表 6-178 给出铸造铜合金的断口特征。

表 6-178　铸造铜合金的断口特征

合金牌号	合格断口特征
ZCuSn5Pb5Zn5 ZCuSn6Zn6Pb3	断口细密、色调均匀、灰黄、无夹渣
ZCuSn10P1	断口细密、色调均匀、灰白、无夹渣
ZCuAl8Mn13Fe3Ni2	断口细密、呈细绒状、浅银灰色、带有滑晶面、无夹渣
ZCuAl19Fe4Ni4Mn2	断口细密、呈细绒状、无夹渣、色泽介于银灰和淡黄之间
ZCuAl10Fe3	断口细密、色调均匀、淡黄、有点发亮、无夹渣

（续）

合金牌号	合格断口特征
ZCuZn16Si4	断口细密、色调均匀、稍黄略暗、无夹渣
ZCuZn35Al2Mn2Fe1	断口细密、色调均匀、淡黄、无夹渣
ZCuZn38Mn2Pb2	断口细密、色调均匀、淡黄、略带绒状、无夹渣
ZCuZn40Mn2	断口细密、色调均匀、淡黄、有点发亮、无夹渣
ZCuZn40Mn3Fe1	断口细密、色调均匀、浅黄、略带暗色、呈细绒状、带有滑晶面、无夹值
纯铜	断口细密、呈玫瑰红色、带有丝绢光泽、无夹渣

4. 炉前分析　对大型熔炉熔炼的合金和重要用途的铸件（如螺旋桨等）需作炉前分析，主要化学成分合格后才能浇注。

对小型熔炉熔炼的合金和次要用途的铸件可每班次选一炉作主要化学成分分析。

5. 含气量试验

1）常压下的含气量检验，用预热的取样勺，自坩埚（或其他炉子）底部舀取合金液浇入 ϕ50mm × 60mm 干燥的铁模内，撇去表面的氧化膜和渣子，凝固后观察其表面收缩情况，收缩显著，表面凹下为合格；收缩不明显或凸出者不合格。

2）减压凝固检验。将浇好的试样置于真空度为 4 ~ 5kPa 的真空室中冷却并凝固，观察其表面收缩情况。收缩显著，表面稍凹下或稍凸出但不破裂者为合格；收缩不明显，表面凸出或破裂者为不合格。

6.2.5.9　铜合金熔化和浇注温度（见表 6-179）

表 6-179　铸造铜及铜合金的熔化和浇注温度

序号	合金牌号	熔化温度/℃	浇注温度/℃	
			壁厚 < 30mm	壁厚 ≥ 30mm
1	紫铜	1230 ~ 1280	1200 ~ 1300	1150 ~ 1200
2	ZCuSn3Zn8Pb6Ni1	1200 ~ 1250	1150 ~ 1200	1100 ~ 1150
3	ZCuSn3Zn11Pb4	1200 ~ 1250	1150 ~ 1200	1100 ~ 1150
4	ZCuSn5Pb5Zn5	1200 ~ 1250	1150 ~ 1200	1100 ~ 1150
5	ZCuSn6Zn6Pb3	1200 ~ 1250	1150 ~ 1200	1100 ~ 1150
6	ZCuSn8Zn4	1200 ~ 1250	1150 ~ 1200	1100 ~ 1150
7	ZCuSn10P1	1150 ~ 1200	1040 ~ 1090	980 ~ 1040
8	ZCuSn10Zn2	1200 ~ 1250	1150 ~ 1200	1100 ~ 1150
9	ZCuSn10Pb5	1150 ~ 1200	1140 ~ 1200	1120 ~ 1150
10	ZCuAl7Mn13Zn4Fe3Sn1	1180 ~ 1220	1060 ~ 1100	1020 ~ 1060
11	ZCuAl8Mn13Fe3	1180 ~ 1220	1100 ~ 1150	1040 ~ 1080
12	ZCuAl8Mn13Fe3Ni2	1200 ~ 1250	1060 ~ 1100	1020 ~ 1060
13	ZCuAl9Mn2	1200 ~ 1250	1140 ~ 1180	1120 ~ 1150
14	ZCuAl9Fe4Ni4Mn2	1230 ~ 1300	1200 ~ 1250	1160 ~ 1200
15	ZCuAl10Fe3Mn2	1200 ~ 1250	1140 ~ 1200	1110 ~ 1150
16	ZCuAl10Fe3	1200 ~ 1250	1140 ~ 1200	1110 ~ 1150
17	ZCuAl10Fe4Ni4	1250 ~ 1300	1180 ~ 1230	1160 ~ 1200
18	ZCuAl10Fe4Mn3Pb2	1200 ~ 1250	1120 ~ 1180	1100 ~ 1150
19	ZCuAl11Fe7Ni6Cr1	1250 ~ 1300	1200 ~ 1250	1150 ~ 1200
20	ZCuBe0.5Co2.5	1240 ~ 1300	1170 ~ 1200	1120 ~ 1150
21	ZCuBe0.5Ni1.5	1240 ~ 1300	1170 ~ 1200	1140 ~ 1170
22	ZCuBe2Co0.5Si0.25	1200 ~ 1250	1060 ~ 1120	1010 ~ 1050
23	ZCuBe2.4Co0.5	1200 ~ 1250	1040 ~ 1090	1010 ~ 1050
24	ZCuBe2Co1	1200 ~ 1250	1050 ~ 1100	1010 ~ 1030
25	ZCuBe0.4Ni1.5Ti0.5	1200 ~ 1250	1060 ~ 1120	1010 ~ 1030

（续）

序 号	合金牌号	熔化温度/℃	浇注温度/℃	
			壁厚＜30mm	壁厚≥30mm
26	ZCuBe1Al8Fe1Co1	1200～1250	1100～1150	1080～1120
27	ZCuSi3Mn1	1180～1220	1120～1150	1080～1120
28	ZCuSi3Pb6Mn1	1160～1220	1100～1120	1050～1100
29	ZCuSi0.5Ni1Mg0.02	1250～1300	1180～1220	1150～1200
30	ZCuCr1	1300～1350	1230～1260	1200～1230
31	ZCuMn5	1250～1300	1130～1170	1100～1140
32	ZCuZn16Si4	1100～1150	1040～1080	980～1040
33	ZCuZn24Al5Fe2Mn2	1100～1160	1040～1080	1000～1060
34	ZCuZn25Al6Fe3Mn3	1100～1160	1030～1080	980～1040
35	ZCuZn26Al4Fe3Mn3	1100～1160	1030～1080	980～1040
36	ZCuZn31Al2	1120～1180	1080～1120	1000～1080
37	ZCuZn33Pb2	1120～1160	1050～1120	1010～1060
38	ZCuZn35Al2Mn2Fe1	1100～1150	1030～1080	960～1020
39	ZCuZn38	1120～1180	1060～1100	980～1060
40	ZCuZn38Mn2Pb2	1100～1150	1020～1060	980～1040
41	ZCuZn40Pb2	1100～1150	1030～1060	980～1040
42	ZCuZn40Mn2	1100～1150	1020～1060	980～1040
43	ZCuZn40Mn3Fe1	1100～1160	1020～1060	980～1040
44	ZCuNi10Fe1	1350～1400	1280～1320	1230～1280
45	ZCuNi15Al11Fe1	1300～1350	1220～1280	1200～1250
46	ZCuNi20Sn4Zn5Pb4	1350～1440	1260～1320	1220～1280
47	ZCuNi25Sn5Zn2Pb2	1380～1430	1300～1360	1260～1320
48	ZCuNi30Nb1Fe1	1420～1480	1350～1400	1290～1350
49	ZCuNi30Be1.2	1320～1380	1220～1300	1200～1280
50	ZCuNi30Cr2Fe1Mn1	1380～1430	1300～1350	1250～1300

6.3 热处理和表面处理

6.3.1 热处理

大多数铸造铜合金都不能热处理强化，而是在铸造状态下使用。但也有少数铸造铜合金在热处理后使用，如铍青铜、铬青铜、硅青铜和部分高铜合金是热处理强化合金。此外，$w(\mathrm{Al})\geqslant 9.4\%$的铝青铜，经过适当的热处理后能在一定程度上改善其力学性能，特别是耐蚀性能。

6.3.1.1 热处理分类

铸造铜合金的热处理按其应用可分为：

1. 消除应力退火　目的在于消除铸造和焊补后产生的内应力。

2. 强化热处理　包括固溶处理和时效处理，目的在于提高合金的物理性能、力学性能和耐蚀性。

3. 消除铸造缺陷的热处理　铸造锡青铜当加热至400～500℃时，α枝晶间的δ相扩散溶入α相中，引起合金的体积膨胀，从而堵塞锡青铜的显微缩孔，改善其耐压性。

6.3.1.2 热处理工艺

1. 热处理工艺规范（见表6-180）

2. 热处理操作要点

（1）加热速度　铜合金虽有良好的导热性，但为了防止铸件表面晶粒粗化和厚截面铸件内部产生过大的热应力，加热和冷却速度都要控制适当，并使之均匀加热和冷却。

（2）温度控制　某些铜合金的固溶处理温度很接近其固相线温度，容易产生过热和过烧，应当精确地控制热处理温度。淬火转移速度对可热处理强化的铜合金的性能有较大的影响，因此要求固溶处理后迅速淬火。

表 6-180　铸造铜合金的热处理规范

合金牌号	应用的种类	规　范
ZCuSi0.5Ni1Mg0.02	强化	固溶：940～960℃，每 10mm 厚保温 1h，水淬 时效：480～520℃，保温 1～2h，空冷
ZCuBe0.5Co2.5	强化	固溶：900～925℃，每 10mm 厚保温 1h，水淬 时效：460～480℃，保温 3～5h，空冷
ZCuBe0.5Ni1.5	强化	固溶：915～930℃，每 10mm 厚保温 1h，水淬 时效：460～480℃，保温 3～5h，空冷
ZCuBe2Co0.5Si0.25 ZCuBe2.4Co0.5	强化	固溶：700～790℃，每 25mm 厚保温 1h，水淬 时效：310～330℃，保温 2～4h，空冷
ZCuCr1	强化	固溶：980～1000℃，每 25mm 厚保温 1h，水淬 时效：450～520℃，保温 2～4h，空冷
ZCuAl10Fe4Ni4	强化	淬火：870～925℃，每 10mm 厚保温 1h，水淬 回火：565～645℃，每 25mm 厚保温 1h，空冷
ZCuAl10Fe3	强化	淬火：870～925℃，每 10mm 厚保温 1h，水淬 回火：700～740℃，保温 2～4h，空冷
ZCuAl8Mn13Fe3Ni2	改善耐蚀性	淬火：870～925℃，每 10mm 厚保温 1h，水淬 回火：535～545℃，保温 2h，空冷
铝青铜	焊后热处理 （消除内应力）	炉内退火： 以不大于 100℃/h 的升温速率升至 450～550℃，保温 4～8h，然后以不大于 50℃/h 的降温速率冷却至 200℃以下，打开炉门冷却 局部退火： 将焊补区加热至退火温度 450～550℃，保温时间的分钟数应大于该处厚度的毫米数，然后用石棉布覆盖缓冷
ZCuZn24Al5Mn2Fe2	焊后热处理 （消除内应力）	以不大于 100℃/h 的加热速率升温至 500～550℃，保温 4～8h，然后以不大于 50℃/h 的降温速率随炉降至 200℃以下，打开炉门冷却
ZCuZn40Mn3Fe1	焊后热处理 （消除内应力）	以不大于 100℃/h 的加热速率升温至 300～400℃，保温 4～8h，然后以不大于 50℃/h 的降温速率随炉降至 200℃以下，打开炉门冷却
ZCuAl10Fe3	回火 （消除缓冷脆性）	850～870℃保温 2h，空冷
ZCuSn10P1	退火 （消除内应力）	500～550℃保温 2～3h，空冷或随炉冷
锡青铜	退火 （消除内应力）	650℃保温 3h，随炉冷或空冷
特殊黄铜	退火 （消除内应力）	250～350℃，2～3h，空冷

（3）防止变形　铍青铜等时效处理时，伴随着产生较大的体积应变，容易产生翘曲和变形，为减少变形，时效处理可分为两阶段进行，即先在200～250℃保温一段时间后再升到规定的时效温度；也可以采取较高的时效温度，即轻度过时效。

（4）防止裂纹　沉淀强化铜合金存在热处理开裂倾向，其原因是在严重过时效情况下，部分强化相在晶界上析出并长大，产生了相变应力而导致沿晶开裂。主要防止办法是在不影响合金力学性能的条件下，将合金化元素的成分范围向中下线控制，时效处理时严格控制时效温度和时间。

6.3.1.3 热处理质量检验

1. 检验项目

（1）外观尺寸　根据图样要求，采用合适的量具检测铸件尺寸是否符合规定。

（2）硬度　检验铸件（或用同炉的试块）的硬度是否符合工艺规程的要求。

（3）金相组织　检验晶粒度和析出相的分布情况，是否产生过热、过烧或过时效，并按有关专用标准进行评定。

铜及铜合金金相检验时所用的电解抛光、化学抛光、化学腐蚀和电解腐蚀的工艺参数和方法分别见表6-181～表6-184。

2. 热处理缺陷及消除方法（见表6-185）

表6-181　铜及铜合金的电解抛光工艺参数

成　分	阴极材料	电压/V	时间	适用合金
正磷酸2份 水1份	铜	1.5～2.0	15～30min	黄铜、铝青铜、锡青铜、铍青铜、铬青铜
正磷酸670mL 硫酸100mL 水300mL	铜	2～3	15min	铜、锡青铜
正磷酸250mL 甲醇250mL 丙醇50mL 尿素3g 水500mL	不锈钢	3～6	40～60s	铜、铜合金

表6-182　铜及铜合金的化学抛光工艺参数

成　分	时间	温度/℃	适用合金
正磷酸10mL 硝酸30mL 盐酸10mL 醋酸50mL	1～2min	70～80	铜合金
氢氧化氨20mL 过硫酸铵1g 水60mL	试验确定	室温	铜合金
硝酸铁3g 水100mL	试验确定	室温	铜合金

表6-183　铜及铜合金的化学腐蚀方法

序号	腐蚀剂成分	浸 蚀 方 法	适 用 合 金	备　注
1	氯化铁5g（或19g） 盐酸10mL（或6mL） 水100mL	先擦拭后浸蚀（0.5～2min）	铜、黄铜、锡青铜、铅青铜的晶界和一般组织	使用时加1g氯化铜、0.05g氯化锡
2	A. 氯化铁3g、盐酸2mL、乙醇95mL B. 氯化铜10g、氯化镁20g、盐酸20mL	先A后B双重浸蚀	铝青铜、铍青铜的一般组织	去膜剂： 硝酸10mL 氢氟酸5mL 水75mL
3	体积分数为3%～4%的正磷酸溶液100mL，铬酐0.1～0.2g（或0.3～0.4g）	黄铜和锡青铜浸蚀30～60s，铝青铜和铍青铜浸蚀3min	铜合金	使用前加2～3滴双氧水
4	重铬酸钠钾2g、硫酸8mL、水100mL、饱和盐水4滴	浸蚀30s以上	特殊黄铜，硅黄铜等	可用4滴盐酸代盐水
5	硝酸50mL、水50mL	擦拭并重抛光15～30s	青铜的枝晶组织及铜合金的一般组织	—

（续）

序号	腐蚀剂成分	浸蚀方法	适用合金	备注
6	硝酸75mL、醋酸15mL	擦拭并重抛光15~30s	锡青铜、铝青铜、铍青铜	—
7	硫酸10mL 饱和重铬酸钾溶液100mL	擦拭或浸入30~60s	特殊黄铜的一般组织	—
8	氯化铜8g、质量分数为25%的氨水100mL	浸入20s~1min	青铜的偏析和晶界	—
9	饱和氨水25mL 双氧水10~15mL、水25mL	浸入或擦拭	铜合金	双氧水的用量随合金含铜量增高而增加
10	氯化铜8~20g 饱和氨水8~100mL	浸入	铍青铜、白铜	
11	硝酸高铁2g 乙醇50mL	擦拭	铜合金	去痕能力强
12	硝酸高铁5g、硝酸1mL 硝酸氨10g、水250mL	擦拭	多元铝青铜	
13	氯化铁5g、盐酸10mL 甘油50mL、水30mL	浸入	铜合金	反应太强时可减少甘油
14	氯化铁20g、盐酸5mL 铬酐1g、水100mL	擦拭、浸入	铜合金	—
15	醋酸50mL、水50mL 双氧水1滴	浸入1~3min	焊缝组织	—

表6-184 铜合金金相的电解腐蚀工艺参数

序号	腐蚀剂成分	阴极材料	电压/V	时间/s	适用合金
1	质量分数为1%的铬酐水溶液	铝片	2~6	3~15	铍青铜
2	质量分数为5%~15%的磷酸水溶液	铝片	1~4 1~8	10 5~10	纯铜 黄铜
3	硫酸亚铁30g、氢氧化钠4g 硫酸100mL、水1900mL	铝片	8~10	<15	铜合金
4	醋酸5mL、硝酸10mL、水30mL	铝片	0.5~1.0	5~15	白铜

表6-185 热处理缺陷及消除方法

缺陷	产生原因	消除方法
翘曲、变形	加热和冷却速度过快，产生较大应力的铸件装炉放置不当	调整加热和冷却速度，调整铸件在炉中的安置方向或采用夹具
过热、过烧	固溶处理温度过高、控温系统不正常	调整固溶处理温度，检测控温系统、热电偶、指示仪表是否正常

（续）

缺　陷	产 生 原 因	消 除 方 法
硬度低	淬火（固溶处理）温度过低，时效温度过低或过高、时效时间不足	调整淬火温度，时效温度或时间，允许重新固溶处理
表面亮度差	光亮热处理时，使用的保护气体（离解氨）含有水分或离解度低、降低了保护作用	更换气体干燥剂、调整氨气的分解温度

6.3.2 表面处理

铜及铜合金铸件经机加工后可直接使用，有时为了提高铸件的耐磨、抗蚀性能或改变艺术铜铸件的色调，需要对铜铸件进行表面处理。常见的表面处理方法有氧化处理、钝化处理和着色处理。

6.3.2.1 氧化处理

铜及铜合金铸件在机加工后可用化学或电化学方法进行氧化处理，使铸件表面生成一层黑色或蓝黑色的氧化膜，膜的一般厚度为0.5～2μm。铸件氧化处理后应涂油或涂透明漆以提高氧化膜的防护能力。

1. 化学氧化法

（1）铜及铜合金铸件化学氧化的溶液成分及工艺条件（见表6-186）

表6-186 化学氧化的溶液成分及工艺条件

溶　液		1号溶液（过硫酸盐）	2号溶液（铜氨盐）
溶液成分 /g·L^{-1}	过硫酸钾($K_2S_2O_8$)	10～20	—
	氢氧化钠(NaOH)	45～50	—
	碱式碳酸铜［$CuCO_3 \cdot Cu(OH)_2$］		40～50
	氨水($NH_3 \cdot H_2O$)（体积分数25%）	—	200mL/L
工艺条件	温度/℃	60～65	15～40
	时间/min	5～10	5～15

（2）工艺控制

1）1号溶液采用的过硫酸盐是一种强氧化剂，在溶液中分解为H_2SO_4和极活泼的氧原子，使铸件表面氧化，生成黑色氧化铜保护膜。由于氧原子的不断供给，氧化膜也不断增厚，当生成紧密的氧化膜后便冒出气泡，表明氧化处理已完成。

若溶液中过硫酸盐含量不足，分解产生的原子氧有限，会影响氧化膜的生成，当含量过高时，分解产生的H_2SO_4过多，会加剧对氧化膜的溶解，造成膜层疏松易脱落。

NaOH在溶液中的主要作用是中和氧化过程中过硫酸盐分解产生的H_2SO_4，减少H_2SO_4对膜的溶解，保证膜的厚度。若NaOH含量不足，H_2SO_4不能完全被中和，氧化膜会变成微红色或微绿色。因此要获得优质的黑色氧化膜，必须保持NaOH和H_2SO_4恰当比例。

温度过高将促使过硫酸盐加快分解，使氧化膜生成速度急剧增加，从而不能获得致密氧化膜。温度过低，反应速度减慢，延长氧化时间，并使氧化质量下降。

氧化时间对氧化膜质量也有较大影响，时间过长氧化膜反遭溶解，膜层变薄，而且疏松；时间过短，达不到应有的氧化膜厚度。

1号溶液适合于纯铜铸件的氧化。为了保证质量，铜合金铸件氧化前应先镀3～5μm厚的纯铜。

1号溶液的缺点是稳定性较差，使用寿命短，在溶液配制后应立即进行氧化。

2）2号溶液适用于黄铜铸件的氧化处理，能得到亮黑色或深蓝色的氧化膜。装挂夹具只能用铝、钢、黄铜等材料制成，不能用纯铜做挂具，以防止溶液质量恶化。

在氧化过程中溶液内氨的浓度会逐渐下降，使膜产生缺陷，故要经常调整溶液的浓度。

黄铜铸件生成氧化膜层的速度与合金中锌含量有关，锌含量低的铜合金氧化膜生成的速度慢，锌含量高的铜合金氧化膜生成的速度较快。

黄铜铸件氧化前最好在含有70g/L的$K_2Cr_2O_7$和40g/L的H_2SO_4组成的溶液中浸泡15～20s，然后再在50～100g/L的H_2SO_4溶液中浸蚀5～15s，以保证氧化膜的质量。在氧化过程中要经常翻动铸件，以避免产生斑点。氧化后的制品需彻底洗清，残留氧化液后在100℃左右烘干30～60min，然后再浸油处理，以提高氧化膜的抗蚀性能。

2. 电化学氧化法　电化学氧化工艺简便、溶液稳定，氧化膜的力学性能和抗蚀性能都较好，适用于各种铜及铜合金铸件的氧化处理。

（1）铜及铜合金铸件电化学氧化溶液成分及工艺条件（见表6-187）

表 6-187 铜及铜合金铸件电化学氧化溶液成分及工艺条件

氢氧化钠（NaOH）	温度	阳极电流密度	时间	阴阳极面积比	阴极材料
100～250g/L	80～90℃	0.6～1.5A/dm²	20～30min	(5～8):1	不锈钢

（2）工艺控制

1）新配制的电解液用铜阳极处理至溶液呈浅绿色再进行铸件氧化。

2）将铸件放入槽液中预热 1～2min，先以 0.3～0.6A/dm² 的电流密度处理 3～5min 后，再将电流密度升至正常工艺范围内继续处理。

3）NaOH 含量过高成膜快，但膜层疏松，结合力差；若含量过低，则氧化膜薄，且允许电流密度的范围变窄。

4）为获得优质的氧化膜，温度宜控制在规定范围的上限。

5）为获得深黑色的氧化膜，可在溶液中加入 0.1～0.3g/L 的钼酸氨或钼酸钠。

6）在氧化过程中，阴极上会产生海绵状铜的沉淀物，必须定期取出清洗。

7）氧化后铸件应在 100～110℃温度下烘干，然后涂上工业凡士林或浸涂清漆，以提高防护能力。

3. 不合格氧化膜的退除　不合格的氧化膜可在下列任何一种溶液中退除：

1）浓 HCl 溶液。

2）质量分数为 10% 的 H_2SO_4 溶液。

3）30～90g/L 的 CrO_3 和 15～30g/L 的 H_2SO_4 混合溶液。

6.3.2.2 钝化处理

铜及铜合金铸件加工后在较好的环境条件下使用时，可采用酸洗钝化处理的方法来提高铸件的抗蚀能力，它的特点是操作简便，生产效率高，成本低。

1. 铜及铜合金铸件钝化处理的溶液成分及工艺条件（见表 6-188）

表 6-188 铜及铜合金铸件钝化处理的溶液成分及工艺条件

溶液		1	2	3	4
溶液成分/g·L⁻¹	重铬酸钠（$Na_2Cr_2O_7$）	100～150	—	—	—
	重铬酸钾（$K_2Cr_2O_7$）	—	—	150	—
	铬酐（CrO_3）	—	80～90	—	—
	硫酸（H_2SO_4）	5～10	25～30	18	—
	氯化钠（NaCl）	4～7	1～2	—	—
	苯骈三氮唑	—	—	—	0.05～0.15
工艺条件	温度/℃	室温	室温	室温	50～60
	时间/s	3～8	15～30	2～3	2～3min

2. 生产工艺控制

1）溶液中重铬酸盐及铬酐是主要成膜物质，它是强氧化剂，浓度高、氧化力强，钝化膜光亮。

2）钝化膜的厚度和形成速度与溶液中酸度和阴离子种类有关，当加入穿透能力较强的氯离子后，才能得到厚度较大的膜层。当硫酸含量太高时膜层疏松、不光亮、易脱落；而含量太低时膜的生成速度较慢。

3）在 4 号溶液中钝化处理前需在表 6-189 所示的溶液中漂洗。

表 6-189 铸件漂洗液成分及工艺条件

漂洗液成分/g·L⁻¹				工艺条件		
草酸	氢氧化钠	双氧水	苯骈三唑	pH 值	温度/℃	时间/min
40	16	80	0.2	3～4	30～40	1～3

3. 工艺条件

化学除油→热水洗→流动冷水洗→预腐蚀（$w(HCl)=10\%$ 或 $w(H_2SO_4)=10\%$，室温 30s）→流动冷水洗→强腐蚀（$H_2SO_4$1L + $HNO_3$1L + NaCl3g，室温 3～5s，精密铸件不进行此工序）→流动冷水洗→光亮处理（30～90g/LCrO_3 + 15～30g/LH_2SO_4，15～30s）→流动冷水洗→弱腐蚀（$w(H_2SO_4)=10\%$）→流动冷水洗→钝化处理→流动冷水洗→吹干→烘干（70～80℃）→检验。

4. 质量检验及不合格品退除

（1）质量检验

1）外观检验：钝化膜应具有均匀的彩虹色到古铜色，深褐色为不合格。

2）结合力检验：当用滤纸或棉布轻擦时膜层不

应脱落。

3）抗蚀性检验：用 $w(HNO_3)=5\%$ 溶液滴在铸件表面，观察气泡产生的时间，大于6s为合格。

（2）不合格钝化膜的退除

1）在热的300g/L的 HNO_3 液中退除。

2）在 $w(HCl)=10\%$ 或 $w(H_2SO_4)=10\%$ 的溶液中退除。

6.3.2.3　着色处理

铜和铜合金的着色处理是借助化学药品、颜料和艺术加工的综合作用，使铜及铜合金表面呈现古铜色、装饰纹或其他颜色。

着色处理包括化学着色处理和表面涂料处理。

着色处理过程包括预处理、染色处理和后处理。预处理是将制件先抛光、热水冲洗、冷水冲洗、氰化物溶液侵蚀，然后再用冷水冲洗。染色处理是将预处理的制件在染色用的溶液中浸渍，使其着色。后处理是着色之后，依次用热水、碱水、冷水、酒精冲洗，再用锯末吸干，最后涂上透明树脂，以增加耐磨性和艺术效果。铜及铜合金着色处理工艺见表6-190。

表6-190　铜及铜合金化学着色处理工艺

序号	合金	颜色	着色溶液成分		工艺要点
1	铜	古铜色	K_2S $(NH_4)_2SO_4$	5g/L 20g/L	室温 浸30s
2	铜	古铜色	$K_2S_2O_8$ NaOH	15g/L 50g/L	60～65℃ 浸5min
3	铜	黑色	K_2SO_4 H_2O	15g 1000g	40℃ 浸5～10s
4	黄铜	黑色	溶液A： NaOH 溶液B： NaOH KS_2O	 60g/L 60g/L 7.5g/L	先在溶液A中浸2～5min，然后在加热至沸腾的溶液B中浸10min
5	铜	蓝色	As_2O_3 H_2O HCl	453g 16cm³ 8cm³	室温浸泡至出现所需颜色，清洗后用50℃、体积分数为10%的 H_2SO_4 溶液冲洗
6	铜	绿色	$CuCl_2$ NH_4Cl	40g/L 40g/L	室温，浸1～5min
7	铜及黄铜	铜绿色	$Cu(NO_3)_2$ NH_4Cl $CaCl_2$ H_2O（含Cl）	113g 113g 113g 16cm³	室温涂刷，为防止溶液流掉，可加入少量 $CuCO_3$ 使之成为糊状
8	铜及黄铜	氧化古绿色	$FeCl_3$ NH_4Cl NaCl 铜绿粉 酒石酸氢钠 H_2O	85g 450g 284g 226g 113g 16cm³	涂刷或浸泡，然后用软毛笔勾画
9	铜及黄铜	红色	$CuSO_4$ NaCl	240g/L 240g/L	80～95℃，浸5min

（续）

序号	合金	颜色	着色溶液成分		工艺要点
10	铜及黄铜	巧克力色	$K_2S_2O_8$ $CuSO_4$	7.5g/L 60g/L	90～100℃，浸2～3min
11		褐色	$Na_2Cr_2O_7$ HNO_3 HCl H_2O 气溶胶	150g $20cm^3$ $5cm^3$ $1000cm^3$ 0.75g	室温，浸1min，每隔15s翻动一次
12		古铜色	$CuCO_3$ NH_4OH	40～200g/L 200g/L	室温，浸5～15min
13		古铜色	$K_2S_2O_8$ NaOH	5～15g/L 60～70g/L	65～70℃，浸20min
14		古绿色	$(NH_4)_2Ni(SO_4)_2$ $Na_2S_2O_8$	60g/L 60g/L	70℃，浸2min
15		金色	$NaCr_2O_7$ HNO_3 HCl H_2SO_4 H_2O 气溶胶	150g $20cm^3$ $5cm^3$ $3cm^3$ $1000cm^3$ 0.75g	室温，浸1min
16		浅绿色	$Na_2Cr_2O_7$ H_3PO_4 H_2O 气溶胶	150g $10cm^3$ $1000cm^3$ 0.75g	室温，浸10～15min
17		蓝黑色	$CuCO_3$ NH_4OH（密度$0.9g/cm^3$） H_2O	120g $200cm^3$ $750cm^3$	80～95℃，浸10s，溶液中必须有过量的$CuCO_3$
18		铁灰色	As_2O_3 HCl H_2SO_4 H_2O	30g $65cm^3$ $16cm^3$ $1000cm^3$	室温，浸5～10s
19		雕像青铜色	$CuCO_3$ NH_4OH（密度$0.9g/cm^3$） H_2O	120g $250cm^3$ $750cm^3$	80～95℃，浸10s
20		小五金绿色	$Na_2S_2O_8$ $Fe(NO_3)_3$ H_2O	60g/L 60g/L $16cm^3$	80℃，浸泡至出现绿色

表面涂料处理是在着色处理后，涂以保护层，防止表面锈蚀、磨损和褪色。常采用无色透明树脂作涂料，根据不同的使用条件可采用不同种类的涂料，见表6-191。

表6-191 着色处理后涂料的选择

使用条件	纤维素树脂	乙烯基树脂	丙烯酸树脂
正常的室外大气	+	+	+
海洋环境	-	+	-
水下环境	-	+	-
化学烟气	-	+	-
烈日暴晒	-	+	+
摩擦	-	+	-
冲击	-	+	-
弯曲	-	+	-
酸液	-	+	-
洗涤剂	-	-	+
锈蚀		-	+
汽油	+	+	+

注：+适用，-不适用。

6.4 铸造缺陷及修补

6.4.1 铸造缺陷及防止方法（见表6-192）

6.4.2 修补

铸件的各种铸造缺陷以及使用过程中制件的损伤均可进行修补。常用的修补方法有焊补、浸渗（充填）、填塞、补铸、热等静压和热处理方法等。铸造缺陷及其修补方法见表6-193。

表6-192 铸造缺陷及防止方法

缺陷种类	产生原因	防止方法
气孔	1. 合金液吸气严重 2. 浇注温度太高 3. 型砂中水分、粘土或细砂含量过高，或舂的太实、透气性差，油砂含油量过高 4. 型砂、砂芯未烘干 5. 浇注系统设计不当，或浇注时操作不当，卷入了空气 6. 浇包吸水 7. 冷铁表面有锈、潮湿或敷料脱落 8. 金属型涂油过多 9. 金属型温度过高或过低，排气不良 10. 出气孔被堵塞或数量不足	1. 严格控制炉料和造型材料成分，特别注意控制水分含量 2. 改进设计，留足出气孔 3. 干型要烘透 4. 控制浇注温度 5. 浇注时不能断流，液柱要短 6. 冷铁除锈、烘干 7. 金属型温度要适当，锡青铜80～120℃，黄铜和无锡青铜150～200℃ 8. 金属型分型面上多开一些通气槽，气体不易排除的部位用通气塞将气体引出
针孔	1. 炉料潮湿、含油污、锈蚀 2. 熔炼时炉内气氛为还原性 3. 熔炼温度过高、时间长、吸气严重 4. 除气不良，熔剂脱水不足 5. 浇注系统设计不当	1. 在弱氧化性或氧化性气氛下快速熔炼 2. 对吸气严重的锡青铜、磷青铜使用氧化性熔剂 3. 电弧炉熔炼时应采用覆盖剂 4. 适时进行除气处理
铸件表面出现虫蛀状或局部发黑	1. 铅青铜中含杂质铝或硅，且含量过高 2. 铅铜黄铜中含杂质磷，且含量过高 3. 浇注温度太高 4. 型腔透气性差	1. 降低杂质含量，或采用熔剂精炼 2. 调整浇注温度 3. 增加型腔的透气性

（续）

缺陷种类	产生原因	防止方法
锡汗和铅汗	1. 杂质铝或磷含量过高 2. 在还原性气氛下熔炼 3. 浇注温度太高 4. 型砂含水分高，型腔透气性差	1. 降低杂质含量，或采用熔剂精炼 2. 调整浇注温度 3. 在弱氧化或氧化性气氛下快速熔炼，充分除气 4. 增加型砂的透气性 5. 使用涂料
夹渣	1. 炉料沾污严重 2. 加料顺序不合适，渣量大 3. 精炼质量不高 4. 浇注系统撇渣能力低 5. 二次氧化 6. 浇注温度太低、熔渣浮不上来	1. 严格执行熔炼工艺，限制回炉料的用量 2. 调整加料顺序 3. 选用合适的精炼剂精炼 4. 改进浇注系统设计，采用过滤网和集渣包 5. 防止二次氧化
偏析	1. 搅拌不均 2. 浇注温度偏高 3. 冷却速度太慢	1. 浇注前充分搅拌 2. 降低浇注温度 3. 提高铸型的冷却速度，如采用石墨型、金属型或水冷模 4. 采用搅拌铸造、振动铸造、压力铸造等技术
缩孔、缩松	1. 浇注温度过高或过低 2. 浇注速度过快或过慢 3. 浇注系统设计不合适，冒口补缩作用不强，冷铁位置不当，不利于顺序凝固	1. 调整浇注温度和浇注速度 2. 改进浇注系统设计，以利于顺序凝固，增大冒口补缩能力，合理设置暗冒口或使用冷铁芯子，防止金属型个别部位过热 3. 底注时，浇注速度不宜过慢；顶注时，浇注速度不宜过快，以防局部过热
浇不到（缺肉）	1. 杂质含量高，流动性低 2. 浇注温度太低，浇注速度太慢或产生漏箱 3. 型砂含水分高，型腔透气性差 4. 冒口小、静压不足 5. 芯子上浮，浇道不畅通	1. 严格控制炉料杂质含量 2. 提高浇注温度 3. 改进浇注系统设计，增加冒口高度。加快金属液的流动速度和增加补给量 4. 降低铸型水分，增开出气孔 5. 对锡青铜薄壁件采用分层分散的浇口
冷隔	1. 金属液吸气严重 2. 浇注温度太低，浇注速度太慢 3. 型砂含水分高、透气性差，型腔排气能力不足 4. 冒口太小，静压不足，浇道阻力大	1. 适当提高浇注温度和浇注速度 2. 改进浇注系统设计，增大充型速度 3. 防止浇注时断流 4. 对锡青铜薄壁件，采用分层分散的浇口
裂纹	1. 铸件的厚薄截面过渡圆角半径太小 2. 铸件补缩不足，收缩时将铸件拉裂 3. 砂型和型芯热强度高，退让性差，砂型、型芯、冷铁和芯骨妨碍铸件收缩	1. 正确设计铸型工艺，冒口和冷铁位置及尺寸要适当，保证充分补缩 2. 铸件厚薄过渡处的圆角半径在技术条件允许范围内尽量加大 3. 内浇道分布应尽量分散，使热量分布均匀，边冒口要靠近铸件

（续）

缺陷种类	产生原因	防止方法
裂纹	4. 落砂过早 5. 冷铁放置不当 6. 浇注温度过高 7. 金属型温度过低，冷却太快，起模斜度小	4. 对厚壁铸件要适当降低浇注温度 5. 型芯内整圈冷铁应分块放置，留间隙，并用砂填补，芯骨不应妨碍铸件收缩 6. 提高型砂的溃散性，加入粘土不能过量 7. 正确把握开箱、落砂时间和温度 8. 控制合金的杂质含量 9. 提高金属型的工作温度，增加起模斜度，保证自由收缩

表 6-193 铸造缺陷及其修补方法

缺陷种类	修补方法					
	焊补	浸渗	填塞①	补铸	热等静压	热处理
裂纹	可用	—	可用	可用	—	—
冷隔	可用	—	可用	—	—	—
气孔	可用	可用	可用	—	—	—
显微缩松、细小的气孔、针孔	—	可用	—	—	可用	可用
缺肉、铸件断折	可用	—	可用	可用	—	—
表面夹渣物	可用	—	可用	—	—	—

① 指用铸件修补剂修补。

6.4.2.1 焊补法

虽然铜合金有高的导热性、大的线胀系数和在高温下容易氧化和吸气等缺点，给焊补工艺的实施带来一定的困难，但是由于焊补法能修补多种缺陷，且焊缝致密能达到接近铸件本体的力学性能，因此铸件的焊补得到了较为普遍的应用。

焊补法包括钎焊、熔焊和电阻焊，其中以熔焊用得最多。

不同种类铜合金的焊接性能不同，因此应选用最适宜的焊接方法。

1. 铸造铜合金的焊补程序（见表 6-194）

表 6-194 铸造铜合金的焊补程序

序号	工序名称	主要内容
1	确定焊补的部位	确定铸件缺陷的性质和焊补的部位
2	焊前准备	1. 清铲，彼此相距较大的缺陷可分别清铲，密集的缺陷应将整个缺陷区清铲 2. 焊补裂纹缺陷时，应在裂纹的两端打止裂孔 3. 对较深的裂纹，推荐用U形坡口，根部半径为5~7mm，边角斜度10°~20°；大型件采用双U形坡口，坡口应平滑，无毛刺 4. 仔细清理焊补区域附近的金属屑、油污、泥砂、水迹、氧化物及其他污物；多层焊时应逐层仔细清理
3	选择焊接工艺	根据合金的焊接性能和焊补要求，选择合适的捍接工艺设备，若有多种工艺可以采用，应选择最经济的一种。对高强度黄铜推荐手工钨极氩弧焊和电弧焊
4	选择焊接材料	根据合金的焊接性能和铸件应用要求来选择焊接材料
5	预热	小型和薄壁铸件用远红外加热器、气焊火焰或喷灯等预热至100℃左右，大型铸件则应充分预热，预热温度见表 6-195

（续）

序号	工序名称	主要内容
6	中间过程温度控制	多层堆焊时要控制过程（层间）温度，以防产生红热脆性和焊接缺陷，层间温度控制见表 6-195
7	金属沉积技术	金属的沉积应根据焊补量、尺寸大小以及合金焊接性能来确定，其方法有： 1. 直线运条焊接：该方法渗透性强，但残余应力较大 2. 退焊：可防止热量集中和金属过热 3. S 形运条焊接：焊枪左右移动的宽度约为电极直径的 3～5 倍 4. 8 字形运条焊接：适用薄壁件，能较好地控制焊区熔池深度 5. 堆积焊接：用于多层焊，可减少内应力
8	敲击	焊前用锤子或风动工具锤击焊接坡口区，以后每焊接一道都要锤击焊缝和热影响区，借以提高焊缝的致密性和减少内应力
9	冷却	大多数铜合金铸件焊补后不需要强制冷却，而是在静止的空气中冷却至室温，但磷青铜则要求迅速冷却至 200℃以下，以防开裂
10	焊后热处理	焊后热处理（退火）可以消除焊接应力，调整焊缝和热影响区的组织，以提高焊缝的塑性、冲击性能和耐蚀性
11	焊接质量检验	包括目视、着色探伤和必要时的射线探伤或超声波检验

2. 焊接材料的选择　选择焊接材料时应充分注意下面几点：

1）抗海水腐蚀性能必须接近或超过铸件本体。

2）如果化学成分与铸件本体不同，在使用时，为了避免电化学腐蚀，相对铸件本体来说焊缝金属必须成为阴极。

3）焊缝的力学性能应接近或超过铸件本体的力学性能。

4）焊缝的气体和杂质含量应尽可能低，并具有良好的抗裂性，使用焊剂应含有足够的还原剂，以便使焊缝不产生裂纹和气孔等缺陷。

5）有适当的熔点和流动性，与铸件本体能很好的熔合。

大多数情况都选用和铸件化学成分相同或接近的金属作为焊接材料。各种铜合金焊补时，焊补预热温度及层间温度控制见表 6-195；焊接材料的选择见表 6-196。

表 6-195　焊补预热温度及层间温度控制　（单位:℃）

合金及牌号	氧乙炔焊		焊条电弧焊		气体保护电弧焊	
	预热	层间	预热	层间	预热	层间
紫铜	427	427	500	500	500	500
低锌黄铜、锰青铜	200	200	200	200	200	200
硅黄铜	80	100	80	100	80	100
ZCuZn40Mn3Fe1	150～350	150～350	150～350	150～350	150～350	150～350
ZCuZn24A15Mn2Fe2	150～250	150～250	150～250	150～250	150～250	150～250
锡青铜、磷青铜	180	180	180	180	180	180
铅青铜	—	—	200	<250	200	<250
铝青铜	—	—	100～250	100～250	100～250	100～250
高锰铝青铜	—	—	100～250	100～250	100～250	100～250
镍铝青铜	—	—	140～200	140～200	140～200	140～200
铍青铜	—	—	150	150	150	150
硅青铜	—	—	—	80	—	80
白铜	—	50	—	50	—	50

表6-196 铜合金铸件熔焊焊接材料的选择

合金	氧乙炔焊	焊条电弧焊	气体保护电弧焊
紫铜	1. 含微量硅、锰、锡的纯铜丝 2. 低铁铝青铜焊丝 3. 铜-镍合金焊丝	含微量硅、锰、锡的纯铜焊条	1. 含微量硅、锰、锡的纯铜丝 2. 低铁铝青铜焊丝 3. 铜-镍合金焊丝
黄铜	1. 同牌号的合金焊丝 2. 锡磷焊丝 3. 当要求颜色一致时，低锌黄铜用 $w(Si)$ 为1.5%的Cu-Zn-Si-Sn-Fe焊丝，高锌黄铜用锡黄铜焊丝	1. 锡磷焊条 2. 含锡黄铜焊条 3. 要求高强度和高耐蚀性的用低铁铝青铜焊条 4. 要求高强度焊缝的低锌黄铜铸件用 $w(Sn)$ 为4%~9%的锡磷青铜焊条	1. $w(Sn)$ 为4%~9%的锡青铜焊丝 2. 高强度锰黄铜用低铁铝青铜焊丝 3. 低锌黄铜当要求颜色一致时用硅青铜或 $w(Sn)$ 为8%的锡磷青铜焊丝
铝青铜	—	1. 同牌号合金的焊条 2. 各种铝青铜焊条 3. 低铝型焊丝可得到好的热强度和热塑性焊缝	1. 同牌号合金的焊丝 2. 低铝型焊丝无裂纹敏感性
锡青铜 磷青铜	1. 不含铅的锡青铜可以用中锡含量的锡青铜焊丝 2. 磷青铜用锡黄铜焊丝	1. 用 $w(Sn)$ 为4%~6%或7%~9%的锡磷青铜焊条 2. 含硅的磷青铜焊条：$w(Sn)$ 为8%，$w(P)$ 为0.2%，$w(Si)$ 为0.2%~0.6%可以消除气孔	1. 低锡青铜用 $w(Sn)$ 为4%~6%的锡磷青铜焊丝 2. 高锡青铜用含 $w(Sn)$ 为7%~9%的锡磷青铜焊丝
锰青铜	1. 含Si、Sn、Fe、Mn等元素的铜锌焊丝 2. 低铁铝青铜焊丝	1. 含Si、Sn、Fe、Mn等元素的铜锌焊条 2. 低铁铝青铜焊条	1. 含Si、Sn、Fe、Mn等元素的铜锌焊丝 2. 低铁铝青铜焊丝
硅青铜	1. 同牌号合金焊丝 2. 含硅的锡黄铜焊丝	1. 同牌号合金焊条 2. Cu-Si焊条 3. 低铝型铝青铜焊条	1. 同牌号合金焊丝 2. Cu-Si焊丝
铰青铜	含微量硅、锰、锡的纯铜丝	含微量硅、锰、锡的纯铜焊条	含微量硅、锰、锡的纯铜丝
白铜	$w(Ni)$ 为3%~30%的铜-镍焊丝	$w(Ni)$ 为3%~30%的铜-镍焊条	$w(Ni)$ 为3%~30%的铜-镍焊丝

3. 焊接条件和举例　铜及铜合金铸件的焊补条件应符合GB/T 13819—1992的规定。焊补举例见表6-197；铜及铜合金常用填充丝的成分、用途及相应国外牌号见表6-198。

6.4.2.2 浸渗法

铸件的显微缩松、细小的气孔等缺陷可以采用浸渗充填的方法进行修补。

1. 充填剂　浸渗法所用的充填剂有电木清漆、水玻璃、环氧树脂和厌氧密封剂等。其特点及配方见表6-199。

2. 浸渗充填方法（见表6-200）

3. 电木清漆浸渗充填铸件工艺举例（见表6-201）

6.4.2.3 补铸

铸件出现欠铸，若尺寸较大，特别是较深时，采用补铸较为合适。

补铸时应彻底清除要补铸部位表面的外来物和氧化皮，然后造型。在补铸部位的上方设置浇口（兼作冒口），下面设置集液槽，注入的金属液在预热铸件后经铸型下面的流道充在集液槽内。当补铸部位达到一定温度，开始熔化后，即可堵住下面的流道，停止补浇，让铸件和补浇的金属液熔合。

补铸金属液的温度应尽量高一些，但是为了避免产生过大的铸造应力，必须缓冷。

表 6-197　铸造铜合金焊补举例

合金或牌号	焊接方法	焊接材料		电流/A	保护气体流量/L·min^{-1}	焊补工艺要点
		焊丝（条）	熔剂或药皮成分（质量分数,%）			
紫铜	焊条电弧焊	T107 T207	大理石 45 氟石 15 石英 10 钛白粉 8 铝铜 10 硅铜 10 纯碱 1.5 水玻璃 28 ~ 34[①]	110 ~ 150 （d[②] = 3.2mm） 150 ~ 200 （d = 4mm） 200 ~ 380 （d = 4 ~ 7mm）	—	开坡口大于 45°，焊前应预热至 500 ~ 600℃，焊后立即在焊缝区域锤击，大件焊后在 500 ~ 600℃条件下水冷
锡青铜	焊条电弧焊	T227	大理石 40 氟石 18 石英 15 冰晶石 7 铝铜 4 菱苦土 5 纯碱 2 电解锰 3 水玻璃 30 ~ 35[①]	100 ~ 350 （d = 3.2 ~ 6mm）	—	开坡口大于 45°，焊前应预热（≤ 200℃），焊后立即在层间或焊缝区域锤击
铝青铜	焊条电弧焊	T237	大理石 40 氟石 24 石英 15 冰晶石 8 锰铁 8 石墨 1 纯碱 2 水玻璃 28 ~ 34[①]	100 ~ 300 （d = 3.2 ~ 6mm）	—	开坡口大于 45°，焊前应预热至 300 ~ 400℃，焊后立即在焊缝区域锤击，大件焊后在 500 ~ 600℃条件下水冷
ZCuZn24Al5Fe2Mn2	焊条电弧焊	T227 焊条	大理石 40 氟石 18 石英 15 冰晶石 7 铝铜 4 菱苦土 5 电解锰 3 纯碱 2 水玻璃 30 ~ 35[①]	120 ~ 140 （d = 4mm 打底层） 180 （d = 6mm）	—	1. 坡口准备，用碳弧气刨、风铲加工 2. 柴油喷射加热器局部预热 200 ~ 300℃ 3. 多层道退步焊，横向摆动不超过 20mm 4. 用 0.4 ~ 0.8MPa 压力的风铲铲击焊缝 5. 焊后热处理：500℃，3h，缓冷

（续）

合金或牌号	焊接方法	焊接材料		电流/A	保护气体流量/L · min^{-1}	焊补工艺要点
		焊丝（条）	熔剂或药皮成分（质量分数,%）			
ZCuZn40Mn3Fe1	焊条电弧焊	相同牌号合金焊丝	氟石粉 30 长石 14 银色石墨 16 锰铁 8 硅铝铜 27 碳酸钾 5	25 ~ 30 (d = 2.5mm) 直流正接	—	1. 坡口大于 45° 2. 预热 150 ~ 250℃ 3. 短弧焊，不作横向摆动，焊速不低于 0.2 ~ 0.3m/min
ZCuZn16Si4	焊条电弧焊	相同牌号合金焊丝	氟石粉 30 长石 14 银色石墨 8 硅铝铜 43 碳酸钾 5	25 ~ 30 (d = 2.5mm) 直流正接	—	1. 坡口大于 45° 2. 预热 150 ~ 250℃ 3. 短弧焊，不作横向摆动，焊速不低于 0.2 ~ 0.3m/min
ZCuSn10P1 ZCuSn10Zn2	焊条电弧焊	SCuSn7P1 焊丝	大理石 9.7 石墨 4.6 粘土 3.4 铝粉 2.3 锰铁 72 氟石 3	230 ~ 240 (d = 5mm) 330 ~ 340 (d = 7mm)	—	1. 坡口 90° ~ 100° 2. 局部预热 100℃ 3. 短弧 8 字形运条焊接
ZCuZn38 ZCuZn16Si4 ZCuZn35Al2Mn2Fe1 ZCuZn40Mn2 ZCuZn40Mn3Fe1	氧乙炔焊	1. 相同牌号合金焊丝 2. HS221 3. HS222 4. SCuAl9Fe1	1. 硼砂 100 2. 硼砂 70 硼酸 10 食盐 20 3. 硼砂 50 硼酸 35 磷酸氢钠 15	—	—	1. 氧化性焰氧：乙炔 = 1: 1.3 ~ 1.4 2. 采用左焊法，焊速尽可能快 3. 厚大件预热 300 ~ 400℃ 4. 火焰的焰心末端距铸件表面 15 ~ 20mm
紫铜	氧乙炔焊	HS201	硼砂 100	—	—	一般不开坡口，焊前应预热至 500 ~ 600℃，焊后立即在焊缝区域锤击，大件焊后在 500 ~ 600℃条件下水冷
	钨极气体保护焊	HS201	硼砂 100	200 ~ 420 (d = 3 ~ 5mm)	14 ~ 24	开坡口大于 45°，焊前应预热至 500 ~ 600℃，焊后立即在焊缝区域锤击，大件焊后在 500 ~ 600℃条件下水冷

（续）

合金或牌号	焊接方法	焊接材料		电流/A	保护气体流量 /L · min^{-1}	焊补工艺要点
		焊丝（条）	熔剂或药皮成分（质量分数，%）			
ZCuZn24Al5Fe2Mn2	钨极气体保护焊	1. 相同牌号合金焊丝 2. SCuAl9Fe1	—	140～240（d=4mm） 200～320（d=5mm）	Ar 气 18～24 20～26	1. 坡口大于 45° 2. 丙酮清洗 3. 多层焊 4. 逐层锤击
锡青铜	钨极气体保护焊	SCuSn7P1	—	120～330（d=2～4mm）	12～16	开坡口但不预热
ZCuAl8Mn3Fe3Ni2 ZCuAl9Fe4Ni4Mn2	钨极气体保护焊	相同牌号合金焊丝	—	200～240（d=4mm）	15～25	1. 坡口大于 45° 2. 预热 400～230℃，层间小于 100℃ 3. 多层多道退步焊 4. 焊速 50～72mm/min
硅青铜	钨极气体保护焊	1. 同牌号合金焊丝 2. SCuSi3	—	150～320（d=2～4mm）	12～24	开坡口，但不预热，焊速 150mm/min
白铜	钨极气体保护焊	1. 同牌号合金焊丝 2. SCuNi30Mn1Fe1	—	250～320（d=1.5～4mm）	12～16	开坡口，但不预热，焊速 150mm/min
铬青铜	熔化极气体保护焊	HS201	硼砂 100	300～750（d=1.6～2mm）	16～40	坡口大于 45°，焊前应预热至 500～600℃，焊后立即在焊缝区域锤击。铬青铜焊后应重新进行热处理
ZCuAl9Fe4Ni4Mn2	熔化极气体保护焊	1. 同牌号合金焊丝 2. SCuAl9Fe1	—	300（d=2mm）	20～25	1. 坡口大于 45° 2. 预热 150℃，层间小于 150℃ 3. 多层多道退步焊 4. 送丝速度 4.8m/min

（续）

合金或牌号	焊接方法	焊接材料		电流/A	保护气体流量/L·min^{-1}	焊补工艺要点
		焊丝（条）	熔剂或药皮成分（质量分数,%）			
硅青铜	熔化极气体保护焊	1. 同牌号合金焊丝 2. SCuSi3	—	250～350 （d=1.6～2.5mm）	16～20	开坡口，但不预热，焊速150mm/min
白铜	熔化极气体保护焊	1. 同牌号合金焊丝 2. SCuNi30Mn1Fe1	—	250～420 （d=1.6～2mm）	16	开坡口但不预热

① 水玻璃为外加。

② d—焊条直径。

表6-198　铜及铜合金铸件焊补用的填充焊丝

焊丝牌号	名　称	主要化学成分（质量分数,%）	熔点/℃	适用母材	相应美国牌号
HS201（SCu-2）	纯铜焊丝	Sn：1.1，Si：0.4 Mn：0.4，Cu余量	1050	纯铜，黄铜 高铜合金	ERCu
HS202（SCu-1）	低磷铜焊丝	P：0.3，Cu余量	1060	纯铜，高铜合金	ERCu
HS220（SCuZn-2）	锡黄铜焊丝	Cu：59，Sn：1，Zn余量	886	黄铜	—
HS221（SCuZn-3）	锡黄铜焊丝	Cu：60，Sn：0.9 Si：0.1，Fe：0.8 Zn余量	890	黄铜	—
HS222（SCuZn-4）	铁黄铜焊丝	Cu：58，Sn：1 Si：0.3，Zn余量	860	黄铜	—
HS224（SCuZn-5）	硅黄铜焊丝	Cu：65，Si：0.5 Zn余量	905	黄铜	—
HCuSi3	硅青铜焊丝	Si：2.75～3.5，Cu余量	1026	硅青铜，黄铜	ERCuSi-A
SCuSn7P1	锡青铜焊丝	Sn：6～8，P：0.15～0.35 Cu余量	996	锡青铜 低锌黄铜	ERCuSn-A
SCuAl8Mn1	铝青铜焊丝	Al：7～9，Mn：1～1.5 Cu余量	1061	铝青铜 特殊黄铜	ERCuAl-A1
SCuAl9Fe1	铝青铜焊丝	Al：8～10，Fe：0.5～1.5 Cu余量	1047	铝青铜，硅青铜 特殊黄铜	ERCuAl-A2
SCuAl10Fe4	铝青铜焊丝	Al：9～11，Fe：3～5 Cu余量	1047	铝青铜，黄铜	ERCuAl-A3

（续）

焊丝牌号	名称	主要化学成分（质量分数,%）	熔点/℃	适用母材	相应美国牌号
SCuAl9Fe4Ni4Mn2	镍铝青铜焊丝	Al：8～10，Fe：3～5 Ni：3～5，Mn：0.5～2.5 Cu 余量	1060	镍铝青铜 高锰铝青铜	ERCuNiAl
SCuAl8Mn13Fe3Ni2	高锰铝青铜焊丝	Al：7～9，Fe：2～4 Ni：1.5～3，Mn：10～13 Cu 余量	987	高锰铝青铜	ERCuMnNiAl
SCuNi3TiMnSi	白铜焊丝	Ni：3～3.5，Ti：0.1～0.3 Si：0.2～0.3，Mn：0.2～0.3 Cu 余量	1120	白铜，纯铜 铝青铜，硅青铜	—
SCuNi10Fe1	白铜焊丝	Ni：9～11，Fe：1～1.5 Cu 余量	1150	白铜，纯铜 铝青铜，硅青铜	—
SCuNi30Mn1Fe1	白铜焊丝	Ni：29～33，Mn：0.5～1 Fe：0.5～1，Cu 余量	1228	白铜	ERCuNi

表 6-199 充填剂的特点及配方

充填剂	特点	配方
电木清漆	易渗透细小的孔洞，需高温固化	福尔马林50%，石碳酸50%，氨水1.5%（外加），酒精或丙，酮适量（外加）（体积分数）
水玻璃	可室温固化，易储存、耐酸、耐热、耐油，但因含大量水分，随水分的蒸发微孔仅部分被充填。自由浸渗时，需多次浸渗才能使气孔完全充填	根据孔洞大小配料
环氧树脂	生产效率高，耐化学腐蚀，可密封很小（ϕ0.2mm）的微孔	环氧树脂100份，二乙烯三胺或三乙烯四胺25份，丙酮若干
厌氧密封剂	与空气接触时不固化，仅当隔绝空气和有金属离子存在的条件下才固化，可密封微孔、耐油、耐酸、耐碱、耐压	—

表 6-200 铜合金铸造缺陷的浸渗充填方法

序号	充填方法	工艺要点	应用
1	自由浸渗法	铸件经脱脂、清洗和加热暴露微孔后，浸入65～80℃的水玻璃溶液中，保持2～6h，取出后，水洗、自然干燥或在100～105℃固化2h	适用于不承受大的工作压力、工作条件不恶劣的铸件
2	内压法	铸件经脱脂、清洗和加热暴露微孔后，固定在夹具上，除浸渗液进出口外，其余孔堵住，将热的充填剂压入铸件内腔并保持一定时间，强迫充填剂往微孔内渗透（最低压力为1MPa），当外表面出现充填剂后，解除压力、水洗、干燥、固化	适用于受力较大的铸件。根据微孔尺寸大小适当调整水玻璃的密度，或环氧树脂充填剂的溶剂量

（续）

序号	充填方法	工艺要点	应用
3	外压法	铸件经脱脂、清洗和加热暴露微孔后，置于高压釜内，用泵打入热的充填剂，加压至7MPa并保持一段时间，去压、取出铸件、清洗、干燥或加热固化	该法当压力除去后，微孔内被压缩的空气膨胀，大部分充填物又被挤出来，降低密封效果
4	干真空法	铸件经脱脂、清洗和加热暴露微孔后，放入真空釜内，抽真空，打开阀门，放入充填剂，加压（0.6～6MPa）保持15min后去压，取出铸件、清洗、干燥或加热固化	—
5	湿真空法	铸件经脱脂、清洗和加热暴露微孔后，放入盛有充填剂的真空釜内，抽真空并维持10min，当釜内压力和大气压相等时，取出铸件、清洗、干燥或加热固化	—

表6-201 电木清漆充填铸件工艺举例

工序	工艺要点
准备	1. 对铸件进行水压试验，用白漆圈标记漏水部位 2. 用稀热碱液清洗铸件，除去油污 3. 在120～140℃下烘干，除去水分
内压法充填	1. 将铸件预热到40～50℃ 2. 密封（除最上面的一个孔外）所有的孔，注满电木清漆，然后封闭最上面的孔 3. 用手泵由侧面盖板中的小孔压入电木清漆，并将压力提高到铸件试验压力的1.2倍，保压15～20min 4. 除去压力，拆除密封夹具，倒出电木清漆，并用纱布擦净加工表面和螺孔，置于阴凉处风干1.5～2h
加热固化	1. 以60℃/h的升温速度升至120℃，保温1h 2. 再以60℃/h的升温速度升至170～180℃，保温2h 3. 随炉冷却至80℃后空冷

6.4.2.4 其他修补方法

1. 热处理法 此法仅用于锡的质量分数大于6%的小型锡青铜铸件，目的在于改善铸件有耐压性。热处理法是将铸件在700～800℃下加热3h以上，并通过氧化作用使微孔闭合。

2. 热等静压法 此法能有效地降低或消除铸件的细小气孔和缩松等缺陷。热等静压前，应将铸件中的穿透性孔洞或裸露在表面上的孔洞和裂纹预先焊补。

热等静压对ZCuSn8Zn4合金筒形铸件空隙率的影响见表6-202。

表6-202 热等静压对ZCuSn8Zn4铸件空隙率的影响

状态和等静压条件	空隙率（体积分数,%）		
	最小	最大	平均
铸态分离的气孔	0.01	0.18	0.06
铸态互相结合的气孔	0.006	0.14	0.05
675℃，103MPa处理3h	0.0002	0.0025	0.001
760℃，103MPa处理3h	0	0.0028	0.0006
815℃，103MPa处理3h	0	0	0

注：随机取50个试样的分析结果。

参考文献

[1] 中国机械工程学会铸造分会. 铸造手册：第3卷，铸造非铁合金［M］. 2版. 北京：机械工业出版社，2002.

[2] 黄伯云，李成功，石力开，等. 中国材料工程大典，第4卷：有色金属材料工程（上）［M］. 北京：化学工业出版社，2006.

[3]　柳百成. 中国材料工程大典第18卷：材料铸造成形工程（上）[M]. 北京：化学工业出版社，2006.

[4]　袁承人，浦志成. 铜液中的气体及除气[J]. 有色冶金设计与研究，2009（4）：26-28.

[5]　曹延军，孙刚毅，汪瑶. 大型铜螺母的离心铸造[J]. 特种铸造及有色合金，2007（7）：543-544.

[6]　胡小红，江卫东. 大型铜套类铸件的金属型铸造工艺[J]. 铸造技术，2005（9）：834-835.

[7]　刘志虎，周亚军，王真亮. 铸造铜合金熔炼新工艺[J]. 铸造技术，2008（3）：51.

[8]　潘锦华. 艺术品铸造铜合金的应用[J]. 铸造技术，2004（7）：563-565.

[9]　董超群. 铍铜合金熔铸工艺及设备的发展[J]. 宁夏工程技术，2004（3）：93-97.

[10]　Li Hailan, Sun Xun, Zhang Shiyan, Liu Xiaofu, Qi Xiaobing, Wang Penghua, Yu Bo. Effect of pressure on the feeding characteristics of ZCuZn16Si4 alloy [J]. Chian Foundly, 2005Vol. 5No. 2：92-94.

[11]　Zhao Yuechao, Fan Shiping, Zhang Lianyong, Ma Zhuang. Absorptivity and Effect of Rare Earth on Pure Copper and Its Alloys [J]. Journal of Rare Earths, 2004Vol. 22：157-159.

第7章　铸造锌合金

锌合金已形成铸造锌合金、变形锌合金和镀用锌合金三大系列。铸造锌合金又分为压力铸造锌合金和重力铸造锌合金。传统的压铸锌合金是 w(Al) 为4%左右的Zn-Al系合金。与压铸铝合金相比，压铸锌合金的熔点较低、压铸型的使用寿命长、压铸件的尺寸精度高、力学性能优良并且容易电镀，广泛应用于汽车、拖拉机和仪表等许多工业部门。

锌合金也适用于重力铸造，重力铸造的锌合金主要用于轴承，并可作为冲压成形用模具。与巴氏合金相比，锌基轴承合金(w(Al) >9%)具有价格便宜、密度较小、硬度较高、容易铸造及加工等优点。与青铜相比，锌合金对油的亲和力较大、摩擦因数较低、力学性能优良而且具有减振性能。其缺点是热膨胀系数较大、室温韧性和高温强度较差。其次，锌合金还可用来铸造简易冲压模具。与压铸锌合金相比，模具锌合金的含铜量较高（w(Cu) =2.5% ~3.5%)，故强度较高。用锌合金模具代替钢模具可节约大量加工工时，缩短模具制造周期。此外，锌合金还可用凝壳铸造法制作灯具、艺术品和装饰工艺品。这类铸件 w(Al) =4.5% ~5.5%，并对杂质含量有较严格的要求。

由于锌铝系合金具有内摩擦大、能吸收振动能量的特性，还可作为减振材料，具有与铸铁相当的减振性能和优良的力学性能，目前在国外（如日本）已形成商品化生产。

在我国，锌是非铁金属工业中重点发展的主要金属之一。用锌合金取代铜合金和铝合金，在节约能源和降低原材料成本以及合理使用本国资源方面具有重要意义。

7.1　合金及其性能

7.1.1　合金牌号

我国原来的铸造锌合金的标准（GB/T 13818—1992、GB 1175—1974）已不适应铸造锌合金发展的需要，全国铸造标准化技术委员会在1997年和2009年分别完成了铸造锌合金和压铸锌合金标准的修订工作。新修订的标准（GB/T 1175—1997、GB/T 13818—2009）参考了美国和德国有关标准。铸造锌合金的牌号见表7-1。

7.1.2　化学成分（见表7-2和表7-3）

合金元素和其他元素对锌合金组织性能的影响见表7-4和表7-5。

表7-1　铸造锌合金的牌号

合金牌号	合金代号	相近国外牌号				
(GB/T 1175—1997)		国际	美国	欧洲	日本	俄罗斯
ZZnAl4CulMg	ZA4-1	—	Alloy 5	ZP0410	ZDC1	IIAM4-1
ZZnAl4Cu3Mg	ZA4-3	—	Alloy 2	ZP0430	—	ZnAl4Cu3A
ZZnAl6Cul	ZA6-1	—	—	—	—	—
ZZnAl8CulMg	ZA8-1	ZP0810	ZA8	ZP0810	—	—
ZZnAl9Cu2Mg	ZA9-2	—	—	—	—	—
ZZnAl11Cu1Mg	ZA11-1	ZP1110	ZA12	ZP1110	—	—
ZZnAl11Cu5Mg	ZA11-5	—	—	—	—	—
ZZnAl27Cu2Mg	ZA27-2	ZP2720	ZA27	ZP2720	—	—

表7-2　铸造锌合金的化学成分（质量分数,%）（GB/T 1175—1997）

合金牌号	合金代号	主要成分				其他元素≤					
		Al	Cu	Mg	Zn	Fe	Pb	Cd	Sn	其他	总和
ZZnAl4Cu1Mg	ZA4-1	3.5 ~ 4.5	0.75 ~ 1.25	0.03 ~ 0.08	其余	0.1	0.015	0.005	0.003	—	0.2

（续）

合金牌号	合金代号	主要成分				其他元素≤					
		Al	Cu	Mg	Zn	Fe	Pb	Cd	Sn	其他	总和
ZZnAl4Cu3Mg	ZA4-3	3.5 ~ 4.3	2.5 ~ 3.2	0.03 ~ 0.06	其余	0.075	Pb + Cd 0.009		0.002	—	—
ZZnAl6Cu1	ZA6-1	5.6 ~ 6.0	1.2 ~ 1.6	0.005	其余	0.075	Pb + Cd 0.009		0.002	—	—
ZZnAl8Cu1Mg	ZA8-1	8.0 ~ 8.8	0.8 ~ 1.3	0.015 ~ 0.030	其余	0.075	0.006	0.006	0.003	Mn0.01 Cr0.01 Ni0.01	—
ZZnAl9Cu2Mg	ZA9-2	8.0 ~ 10.0	1.0 ~ 2.0	0.03 ~ 0.06	其余	0.2	0.03	0.02	0.01	Si0.1	0.35
ZZnAl11Cu1Mg	ZA11-1	10.5 ~ 11.5	0.5 ~ 1.2	0.015 ~ 0.030	其余	0.075	0.006	0.006	0.003	Mn0.01 Cr0.01 Ni0.01	—
ZZnAl11Cu5Mg	ZA11-5	10.0 ~ 12.0	4.0 ~ 5.5	0.03 ~ 0.06	其余	0.2	0.03	0.02	0.01	Si0.05	0.35
ZZnAl27Cu2Mg	ZA27-2	25.0 ~ 28.0	2.0 ~ 2.5	0.010 ~ 0.020	其余	0.075	0.006	0.006	0.003	Mn0.01 Cr0.01 Ni0.01	—

表7-3　压铸锌合金的化学成分（质量分数,%）（GB/T 13818—2009）

合金牌号	合金代号	主要成分				其他元素≤			
		Al	Cu	Mg	Zn	Fe	Pb	Sn	Cd
YZZnAl4A	YX040A	3.9 ~ 4.3	≤0.1	0.030 ~ 0.060	余量	0.035	0.004	0.0015	0.003
YZZnAl4B	YX040B	3.9 ~ 4.3	≤0.1	0.010 ~ 0.020	余量	0.075	0.003	0.0010	0.002
YZZnAl4Cu1	YX041	3.9 ~ 4.3	0.7 ~ 1.1	0.030 ~ 0.060	余量	0.035	0.004	0.0015	0.003
YZZnAl4Cu3	YX043	3.9 ~ 4.3	2.7 ~ 3.3	0.025 ~ 0.050	余量	0.035	0.004	0.0015	0.003
YZZnAl8Cu1	YX081	8.2 ~ 8.8	0.9 ~ 1.3	0.020 ~ 0.030	余量	0.035	0.005	0.0050	0.002
YZZnAl11Cu1	YX111	10.8 ~ 11.5	0.5 ~ 1.2	0.020 ~ 0.030	余量	0.050	0.005	0.0050	0.002
YZZnAl27Cu2	YX272	25.5 ~ 28.0	2.0 ~ 2.5	0.012 ~ 0.020	余量	0.070	0.005	0.0050	0.002

注：YZZnAl4B 中的 Ni 质量分数为 0.005% ~ 0.020%。

表7-4　合金元素对锌合金组织性能的影响

元素	加入量（质量分数,%）	对性能的影响	存在形式
Al	<2	能减轻 Zn 的氧化倾向,有细化晶粒的作用,但力学性能的提高不显著	以铝基固溶体的形式形成枝晶和共晶体,冷却时转变为共析体;少量固溶于锌中
	2 ~ 4.5	提高含 Al 量,合金的强度和韧性显著提高。亚共晶合金在 $w(\mathrm{Al})=4\%$ 时综合力学性能最好	
	4.5 ~ 28	含 Al 量进一步提高,合金强度仍可提高,但塑性、韧性下降	

（续）

元素	加入量（质量分数,%）	对性能的影响	存在形式
Cu	1~5.5	Zn-Al合金易发生晶间腐蚀,加入Cu后,抗晶间腐蚀的能力明显增强。Cu还有细化晶粒,提高合金强度的作用。含Cu量较高的锌合金,会因时效而发生体积变化,故使铸件尺寸不稳定	固溶于铝和锌中,含量提高至一定数量时形成富铜 ε 相（$CuZn_4$）
Mg	0.02~0.1	含Cu的Zn合金中加入Mg,可减少体积变化,改善铸件尺寸的稳定性。Mg可提高合金抗晶间腐蚀的能力,并能细化晶粒提高强度、硬度,但显著降低塑性、韧性,增大热裂、冷裂倾向	固溶于Zn中,过量则形成金属间化合物

表7-5 其他元素对锌合金组织性能的影响

元素	允许含量（质量分数,%）	存在形式	对性能的影响
Pb	≤0.006~0.03	呈细小球形粒子或表面膜分布于晶界和枝晶间	引起晶间腐蚀
Sn	≤0.002~0.01	与Zn形成低溶点（198℃）共晶体	引起晶间腐蚀,降低韧性,引起热脆性
Cd	≤0.006~0.02	存在于固溶体中	引起热脆性并降低耐蚀性和铸造性能
Fe	≤0.075~0.2	与Zn形成化合物$FeZn_7$,在锌铝合金中形成$FeAl_3$	降低流动性、加工性能和电镀性能

7.1.3 物理和化学性能

1. 物理性能（见表7-6）

2. 耐蚀性 锌铝合金容易发生晶间腐蚀。化学成分对锌铝合金腐蚀性的影响见表7-7。

Pb、Sn、Cd是锌中最常出现而又公认有害的杂质元素，在不含铝的Zn-Pb，Zn-Sn合金中没有晶间腐蚀倾向，但当Pb，Sn出现在Zn-Al合金中时，则显著加速腐蚀，其含量越高,危害性越大,且Sn比Pb更为有害。因此，在各国有关Zn-Al合金标准中，对Sn的限制也总比Pb要严。Cd同Pb、Sn一样，也是加速合金腐蚀的，但因其在富锌β相中的固溶度略大，以及与Zn、Al的电极电位差别略小而决定了它的危害性较Pb、Sn要小些。

同量杂质元素Pb、Sn、Cd对不同含量的Zn-Al合金的影响也不一样。从图7-1来看，杂质对共析合金的危害比对共晶合金的要大。

表7-6 铸造锌合金的物理性能

合金牌号	20℃时的密度 ρ/Mg·m^{-3}	热导率 λ/W $(m·K)^{-1}$	线胀系数（20~100℃）$\alpha_l/\times10^{-6}K^{-1}$	比热容 c（24~29℃）/J·$(kg·K)^{-1}$	电导率 γ（%IACS）①	凝固温度范围/℃
ZZnAl4Cu1Mg	6.7	109	27.0	418.7	26	379~388
ZZnAl4Cu3Mg	6.8	105	26~29	419	25	378~390
ZZnAl8Cu1Mg	6.3	115	23.2	435	27.7	375~404
ZZnAl9Cu2Mg	6.2	—	26.9	—	—	380~410
ZZnAl11Cu1Mg	6.0	116	24.1	450	28.3	377~432
ZZnAl11Cu5Mg	6.3	100.5	27.0	—	—	378~395
ZZnAl27Cu2Mg	5.0	125.5	25.9	525	29.7	375~487

① %IACS，相对于标准退火铜线电导率的百分比。

表 7-7 化学成分对锌铝合金耐蚀性的影响

元素	对耐蚀性的影响
Al	共晶成分（$w(\mathrm{Al})=5\%$）锌铝合金的耐蚀性最差，其次是 $w(\mathrm{Al})=15\%$ 锌合金，铝的质量分数大于15%时，锌合金的耐蚀性随含铝量的增大而提高
Cu	改善合金的耐蚀性，二元 Zn-Al 合金最佳含铜量为 $w(\mathrm{Cu})=1\%$，若提高含 Cu 量，并不能使 Zn 合金的耐蚀性得到进一步的提高
Mg、Cr、Ce、Ni、Be	只需少量即可改善锌合金的耐蚀性
Pb、Sn、Cd	降低锌合金的耐蚀性，但在高铝锌合金中的影响比在 $w(\mathrm{Al})=4\%$ 锌合金中小

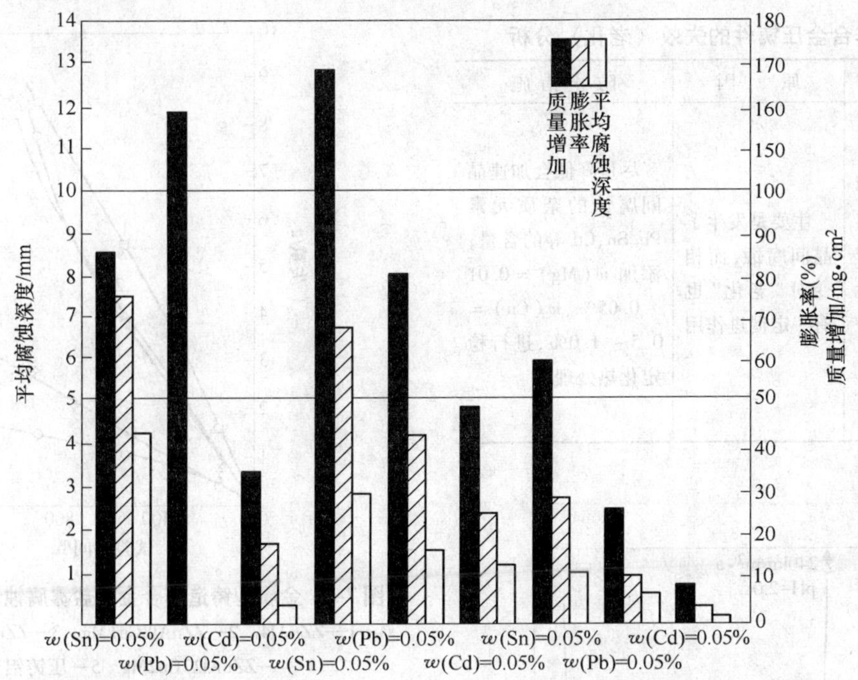

图 7-1 $w(\mathrm{Pb})=0.05\%$、$w(\mathrm{Sn})=0.05\%$、$w(\mathrm{Cd})=0.05\%$ 的 Zn-Al 合金在95°C 水蒸汽中的膨胀、增重和平均腐蚀深度

压铸锌合金在不同介质中的腐蚀速度见表 7-8。压铸锌合金的失效（老化）分析见表 7-9。

重力铸造 Zn 合金在大气、许多水溶液和工业化学物质（如无水润滑剂、汽油、柴油、酒精、甘油、洗涤剂、苛性清洁剂、三氯乙烯等）中都有良好的耐蚀性，但在酸性溶液中是不耐蚀的（见图 7-2）。

金属型铸造锌合金在盐雾试验中的失重见图 7-3。铝的质量分数低于 11% 的锌合金失重较大，耐蚀性较差。ZZnAl27Cu2Mg 的失重稍大于压铸铝合金。

表 7-8 压铸锌合金的腐蚀速度

介质	腐蚀反应特征	腐蚀速度大小
潮湿、纯净的空气（农村大气）	形成碱性碳酸盐保护膜	腐蚀速度仅为碳钢的 1/25，典型值为 0.0013mm/a
在 SO_2 的潮湿空气（污染严重的工业区大气）	生成白色硫酸锌沉积物，腐蚀加剧	腐蚀速度是在未污染的农村大气中的 10 倍

（续）

介　质	腐蚀反应特征	腐蚀速度大小
水	在硬水中因碳酸盐结垢腐蚀速度减小。在50℃流水和水蒸气中发生晶间腐蚀	典型值为 0.001 ~ 0.013mm/a
各种酸（包括强酸和弱有机酸）	强烈腐蚀	很大
氢氧化钠溶液（pH = 7.0 ~ 12.5）	发生阳极钝化而形成氧化物保护膜	很小
无水中性有机液体（浓缩酒精、醚、丙酮、甘油、汽油、苯等）	耐蚀性较好。但在含有水分的汽油和酒精中耐蚀性降低	小

表 7-9　锌合金压铸件的失效（老化）分析

失效形式	原　因	防止措施
在湿热环境中使用较长时间后，零件发生膨胀变形、强度大大降低，甚至开裂	主要是发生了晶间腐蚀，而相变对“老化”也有一定促进作用	尽量降低会加速晶间腐蚀的杂质元素Pb、Sn、Cd 等的含量；添加 w(Mg) = 0.01 ~ 0.05%、w(Cu) = 0.5 ~ 1.0%，进行稳定化热处理

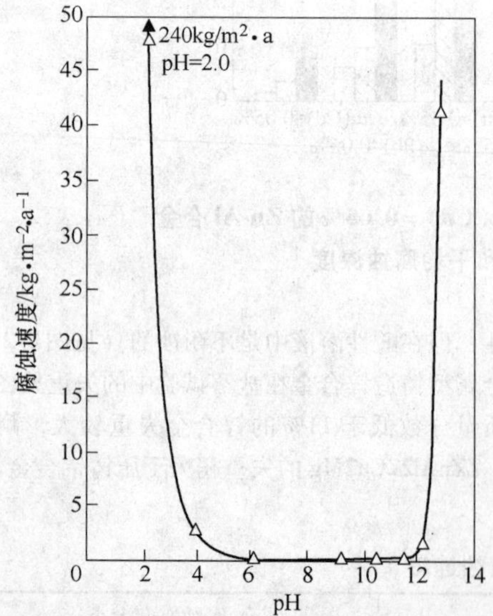

图 7-2　ZZnAl27Cu2Mg 室温下的腐蚀速度与水溶液 pH 值的关系（试样浸泡 4 ~ 15 昼夜）

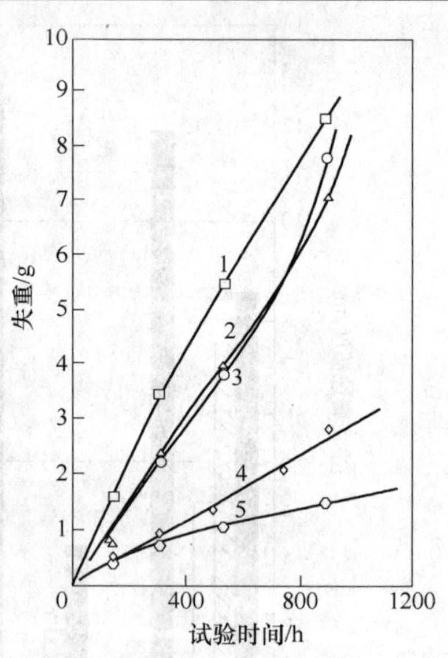

图 7-3　金属型铸造锌合金在盐雾腐蚀试验中的失重

1—ZZnAl4　2—ZZnAl8Cu1Mg　3—ZZnAl11Cu1Mg
4—ZZnAl27Cu2Mg　5—压铸铝合金

7.1.4　力学性能

1. 室温力学性能（见表 7-10 和表 7-11）　锌合金的室温力学性能因自然时效作用而随时间缓慢变化。表 7-12 和表 7-13 分别为时效对压铸锌合金和 ZZnAl11Cu1Mg 合金力学性能的影响。此外，由于锌合金在室温下具有蠕变倾向，所以应力-应变关系取决于试验速度。通常的抗拉强度值是在快速应变条件下测得的，不适用于按静载荷进行设计计算的场合。图 7-4 为压铸锌合金的室温蠕变特性。

三种铸造锌合金的疲劳强度见表 7-14。化学成分及热处理对锌合金疲劳曲线的影响见图 7-5。ZA27-2 合金的疲劳强度最高。360℃、20h 加热后空冷可使 ZA27-2 合金的疲劳强度大约提高 20%。

2. 温度对力学性能的影响　温度的影响对锌合金是很重要的，表 7-15 和图 7-6 ~ 图 7-8 分别示出几种典型锌合金的冲击韧度、硬度、断后伸长率和抗拉强度随温度的变化。锌合金的强度、硬度随温度的上升而下降，而断后伸长率和冲击值则提高。ZA11-1 合金的使用温度不宜超过 100℃，而 ZA27-2 也不能超过 150℃。

表 7-10　铸造锌合金室温力学性能（GB/T 1175—1997）

序号	合金牌号	合金代号	铸造方法及状态	抗拉强度 R_m/MPa≥	断后伸长率 A(%)≥	布氏硬度 HBW
1	ZZnAl4Cu1Mg	ZA4-1	J、F	175	0.5	80
2	ZZnAl4Cu3Mg	ZA4-3	S、F	220	0.5	90
			J、F	240	1	100
3	ZZnAl6Cu1	ZA6-1	S、F	180	1	80
			J、F	220	1.5	80
4	ZZnAl8Cu1Mg	ZA8-1	S、F	250	1	80
			J、F	225	1	85
5	ZZnAl9Cu2Mg	ZA9-2	S、F	275	0.7	90
			J、F	315	1.5	105
6	ZZnAl11Cu1Mg	ZA11-1	S、F	280	1	90
			J、F	310	1	90
7	ZZnAl11Cu5Mg	ZA11-5	S、F	275	0.5	80
			J、F	295	1.0	100
8	ZZnAl27Cu2Mg	ZA27-2	S、F	400	3	110
			S、T3	310	8	90
			J、F	420	1	110

注：1. 工艺代号：S—砂型，J—金属型，F—铸造，T3—均匀化处理。

2. T3 工艺为 320℃，3h，炉冷。

表 7-11　压铸锌合金室温力学性能（GB/T 13818—1992）

牌号	合金代号	抗拉强度 R_m/MPa	断后伸长率 A(%)	硬度 HBW	冲击吸收能量/J
		≥			
YZZnAl4	YX040	255	1	80	35
YZZnAl4Cul	YX041	270	2	90	39
YZZnAl4Cu3	YX043	320	2	95	42

注：GB/T 13818—2009 中删除了力学性能要求，保留 GB/T 13818—1992 的数据作为参考。

表 7-12　时效对 YZZnAl4 和 YZZnAl4Cul 合金室温（20℃）力学性能的影响

状态	抗拉强度 R_m/MPa				断后伸长度 A(%)				冲击吸收能量/J				硬度 HBW			
	YX040	YX040(W)	YX041	YX041(W)	YX040	YX040(W)	YX041	YX041(W)	YX040	YX040(W)	YX041	YX041(W)	YX040	YX040(W)	YX041	YX041(W)
初始值(压铸后5周)	286	273	335	312	15	17	9	10	141	171	228	141	83	69	92	83

（续）

状　　态	抗拉强度 R_m/MPa				断后伸长度 A(%)				冲击吸收能量/J				硬度 HBW			
	YX040	YX040（W）	YX041	YX041（W）	YX040	YX040（W）	YX041	YX041（W）	YX040	YX040（W）	YX041	YX041（W）	YX040	YX040（W）	YX041	YX041（W）
自然时效 12 个月后	264	264	320	290	25	24	12	14	144	134	184	179	67	54	74	72
自然时效 5 年后	260	242	295	—	27	19	12	—	146	151	191	—	65	61	77	—
自然时效 8 年后	247	—	292	—	20	—	14	—	149	—	184	—	65	—	74	—
95℃、干燥空气时效 12 个月后	—	232	—	245	—	30	—	20	—	124	—	141	—	50	—	57

注：YX040、YX041 为压铸锌合金代号，W 表示稳定化状态：100℃ ±5℃、6h，空冷。

表 7-13　时效对 ZZnAl11Cu1Mg 合金（砂型铸造）力学性能的影响

状　　态	抗拉强度 R_m/MPa	断后伸长度 A(%)	冲击吸收能量 /J
铸态	300	3	20
100℃、200d 后	240	6	8

a)

b)

图 7-4　压铸锌合金的室温（20°C）蠕变特性

a）YZZnAl4　b）YZZnAl4Cu1

表 7-14　铸造锌合金的疲劳强度（旋转弯曲疲劳试验，5×10^8 周）

合金代号	状　　态	疲劳强度 S/MPa
ZA8-1	J、F	51.7
ZA11-1	S、F	103.4
ZA27-2	S、F	172.4
ZA27-2	S、热处理①	103.4

①　320℃、3h，炉冷。

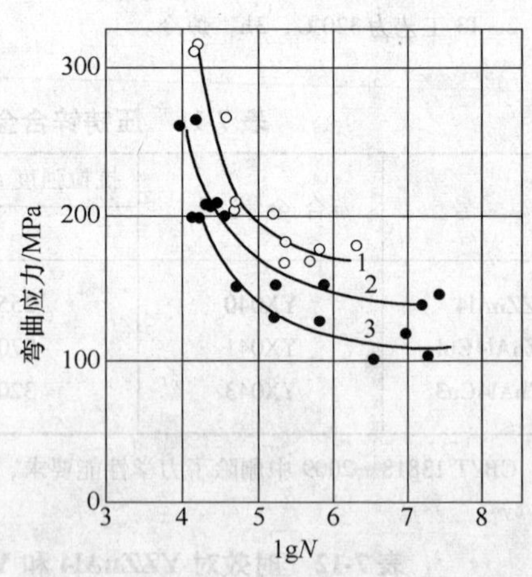

图 7-5　化学成分和热处理对锌合金疲劳曲线的影响

1—ZZnAl27Cu2Mg，360°C、20h 加热后空冷

2—ZZnAl27Cu2Mg，铸态

3—ZZnAl11Cu1Mg，铸态

表 7-15　温度对压铸锌合金力学性能的影响

温度/℃	抗拉强度 R_m/MPa		断后伸长度 A(%)		冲击吸收能量/J	
	YZZnAl4	YZZnAl4Cu1	YZZnAl4	YZZnAl4Cu1	YZZnAl4	YZZnAl4Cu1
95	196	240	30	23	134	144
40	248	294	16	13	141	156
20	280	348	11	8	141	149
0	296	375	9	8	126	134
−40	318	375	4.5	3	7	8

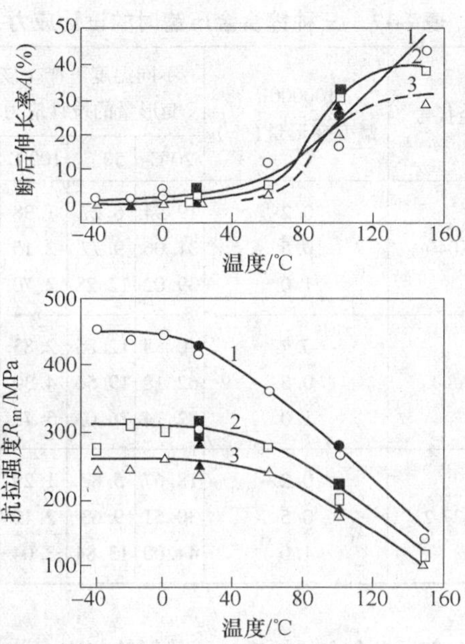

图 7-6　重力铸造锌合金的抗拉强度和断后伸长率与温度的关系

1—ZA27-2(S)　2—ZA11-1(S)　3—ZA8-1(J)

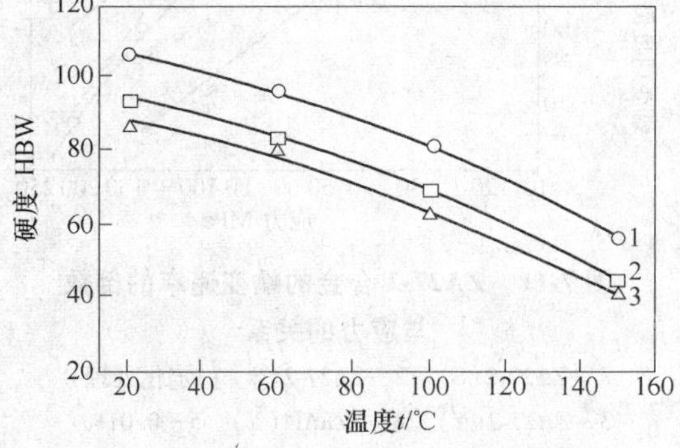

图 7-7　重力铸造锌合金的布氏硬度与温度的关系

1—ZA27-2(S)　2—ZA11-1(S)　3—ZA8-1(J)

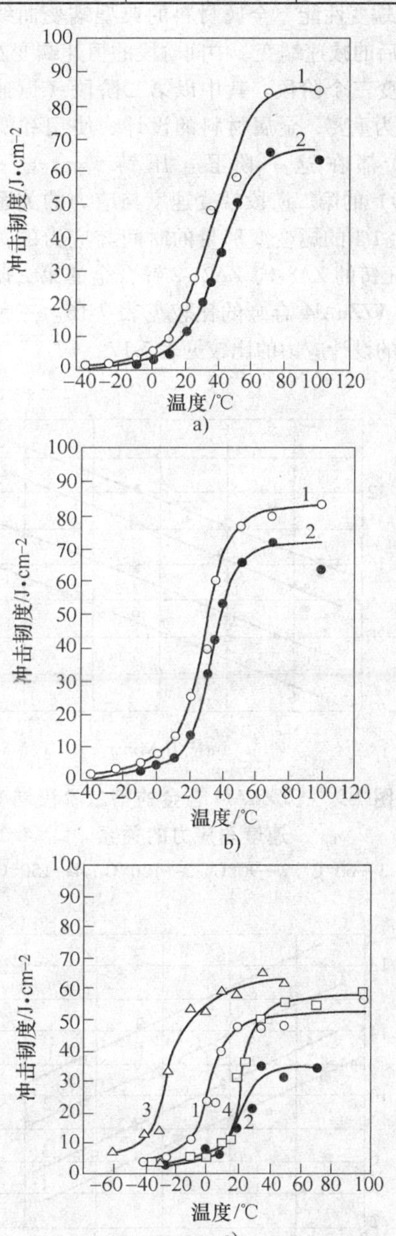

图 7-8　砂型铸造锌合金的冲击韧度与温度的关系

a) ZA8-1　b) ZA11-1　c) ZA27-2

1—铸态　2—时效状态。3—均匀化处理　4—稳定化处理锌合金性能随温度变化这一现象可用来去除压铸件的飞边和浇冒口，以取代较费时的传统精整法。锌合金的冲击韧度在室温以下会激剧降低（见图7-8），这样在锌合金脆化的情况下，借助于附加的机械振打或翻滚，就能将飞翅、浇冒口和溢流块从铸件上去除。这就是所谓的“冷冻精整法”，有时也叫“冷冻滚筒精整法”。

3. 蠕变性能 金属材料的典型蠕变曲线包括开始加载后的减速蠕变、中间阶段的恒速蠕变及最后的加速蠕变三个阶段。其中以第二阶段（恒速蠕变阶段）最为重要，金属材料的设计、使用和蠕变变形的测试都在这一阶段。压铸锌合金YZZnAl4（YX040）的第二阶段蠕变速度与应力的关系见图7-9。产生1%的蠕变变形量的时间与应力的关系见图7-10。压铸的ZA8-1、ZA27-2锌合金的第二阶段蠕变速度与YZZnAl4合金的比较见表7-16。三种锌合金压铸时的设计应力的比较见表7-17。

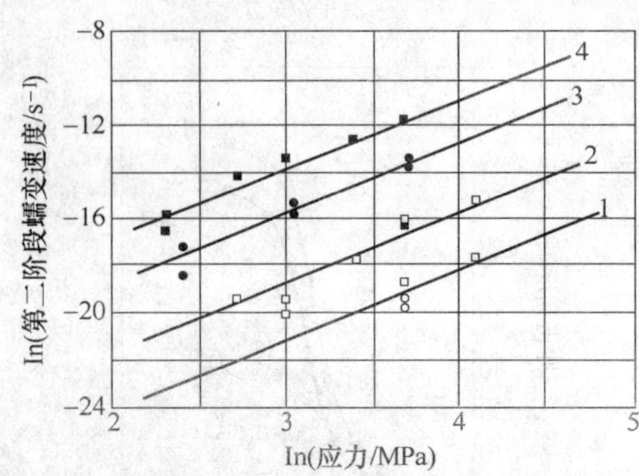

图7-9 YZZnAl4合金的第二阶段蠕变速度与应力的关系

1—60°C 2—90°C 3—120°C 4—150°C

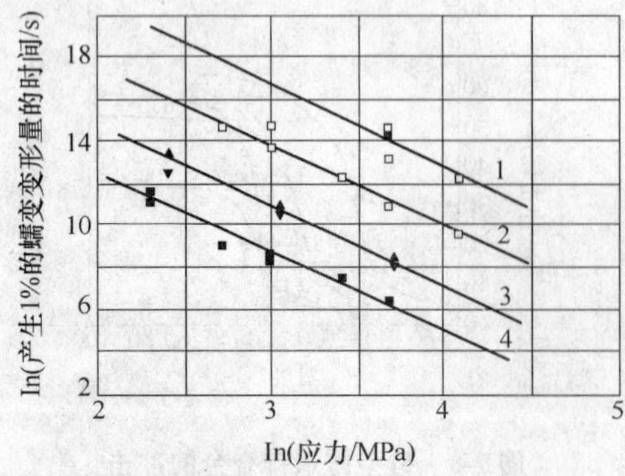

图7-10 YZZnAl4合金产生1%的蠕变变形量的时间与应力的关系

1—60°C 2—90°C 3—120°C 4—150°C

表7-16 在20MPa应力下三种锌合金压铸件的第二阶段蠕变速度

合金代号	在不同温度下的第二阶段蠕变速度/s^{-1}			
	60℃	90℃	120℃	150℃
YX040	7.58×10^{-10}	7.2×10^{-9}	13.7×10^{-8}	11.3×10^{-7}
ZA8-1	—	0.8×10^{-9}	1.1×10^{-8}	1.2×10^{-7}
ZA27-2	1.03×10^{-10}	1.7×10^{-9}	6.8×10^{-8}	3.7×10^{-7}

表7-17 三种锌合金压铸时的设计应力

合金代号	100000h 蠕变变形量(%)	不同温度下产生该蠕变变形量的设计应力/MPa			
		20℃	50℃	100℃	120℃
YX040	0.2	19.94	6.27	1.38	0.84
	0.5	31.06	9.77	2.15	1.31
	1.0	39.02	12.28	2.70	1.64
ZA8-1	0.2	40.85	12.85	2.83	1.74
	0.5	62.18	19.56	4.30	2.61
	1.0	82.74	26.03	5.73	3.48
ZA27-2	0.2	18.67	5.87	1.29	0.79
	0.5	30.51	9.63	2.12	1.29
	1.0	44.00	13.84	3.04	1.85

ZA27—2合金的蠕变速度的倒数与应力的关系见图7-11。

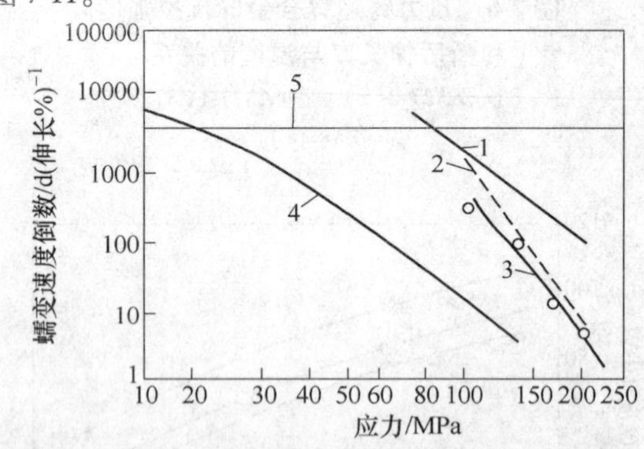

图7-11 ZA27-2合金的蠕变速率的倒数与应力的关系

1—ZA27-2(S) 2—ZA27-2(S+稳定化处理) 3—ZA27-2(Y) 4—ZZnAl4(Y) 5—0.01%/1000h蠕变速度(ASME锅炉标准)

7.1.5 摩擦磨损特性

代用铜合金制造耐磨零件是铸造锌合金的主要用途之一。锌合金中的铝含量提高，其耐磨性也提高。

1. *PV*（压力-速度）特性　在锌合金中，ZA11-1、ZA27-2 均具有良好的 *PV* 特性，图 7-12 为 ZA11-1、ZA27-2 合金与锡青铜的 *PV* 特性的比较。ZA11-1 的 *PV* 特性与锡青铜相当，而 ZA27-2 则优于锡青铜。但锌合金作为轴套材料，会受到工作温度的限制，ZA27-2 的最高工作温度为 150℃，ZA11-1 则为 120℃。尽管如此，在低速重载及润滑良好的条件下，ZA11-1、ZA27-2 不失为锡青铜良好的代用轴承材料。

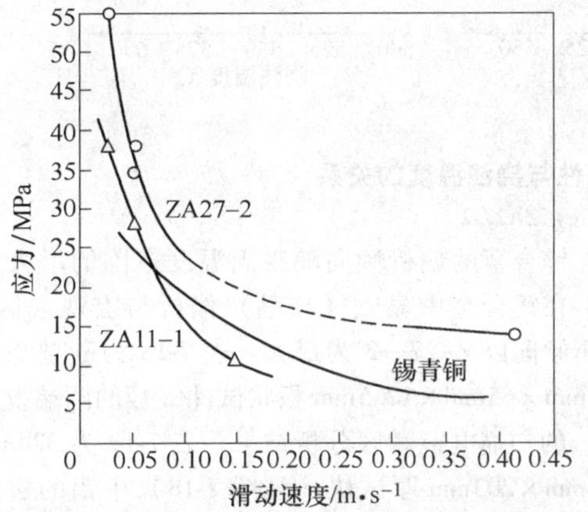

图 7-12　ZA11-1 和 ZA27-2 与锡青铜（$w(Sn)=4.5\%\sim6.0\%$、$w(Pb)=8\%\sim10\%$）的 *PV* 特性比较

2. 摩擦因数　ZA27-2 合金与锡青铜的比较结果显示，两种材料的边界摩擦极限相同，但锡青铜轴承的摩擦因数随时间而不断增大。相比之下，ZA27-2 合金轴承的摩擦因数要稳定得多，同时其平均摩擦因数也较低。

3. 摩损率　从图 7-13 可以看出，达到同一磨损量（如 0.05mm）时锡青铜的滑动距离比 ZA11-1 和 ZA27-2 要小得多，即锡青铜的磨损率较大。

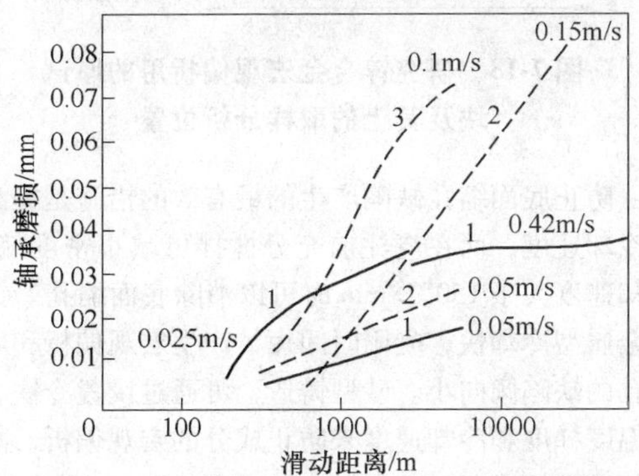

图 7-13　ZA11-1、ZA27-2 与锡青铜轴套磨损量比较（轴承应力为 6.85MPa）

1—ZA27-2　2—ZA11-1　3—锡青铜
（$w(Sn)=4.5\%\sim6.0\%$、$w(Pb)=8\%\sim10\%$）

另外少量 Si、Mn、Ti 对 ZA11-1，ZA27-2 合金的耐磨性有改善。

7.1.6　工艺性能

1. 铸造性能　Zn-Al 二元合金的流动性和凝固温度范围与含铝量的关系见图 7-14。

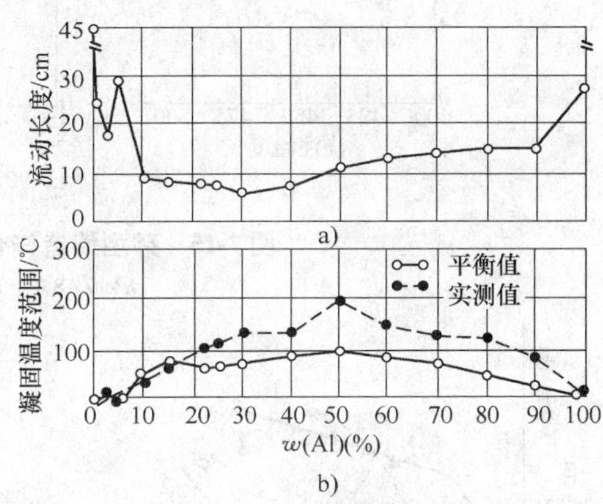

图 7-14　Zn-Al 合金的流动性及凝固温度范围与含铝量的关系

a）流动性　b）凝固温度范围（平衡值与实测值）

压铸锌合金接近共晶成分（Zn-Al 二元合金的共晶点位于 $w(Al)=5\%$ 处），凝固温度范围很窄，铸造性能好。在标准压铸合金的成分范围内含铝量越高，流动性越好。铜扩大锌铝合金的凝固温度范围，降低流动性。镁在金属液表面形成氧化膜，也降低合金的流动性，要求较高的压射速度。压铸锌合金的线收缩率为 1.2%，镁还增大锌合金的热脆倾向，$w(Mg)>0.06\%$ 时压铸锌合金具有热脆性。

三种重力铸造锌合金的流动性与浇注温度的关系见图 7-15。在相同的过热度下锌合金的流动性与铝硅合金相当。

重力铸造锌合金铸件在缓慢冷却的条件下凝固时容易发生底面缩孔缺陷和密度偏析。这是由于先结晶出的富铝 α′相枝晶因密度小上浮而使铸件凝固顺序发生颠倒的缘故。在铸件底部，当低熔点的富锌液相最后凝固时其体积收缩得不到补偿，就会形成缩孔和密度偏析。底面缩孔缺陷的大小与过热温度和冒口体积的关系分别见图 7-16 和图 7-17。在砂型中浇注 304mm×152mm×52mm 板状试件，并在板的中央设置保温冒口进行补缩，结果在冒口下方的板件底面上观察到环状或螺旋状图案的缩孔缺陷。

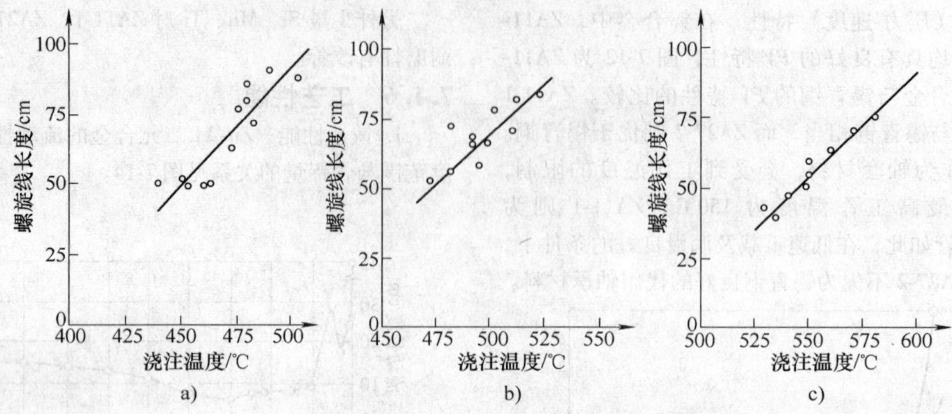

图7-15　砂型铸造锌合金的流动性与浇注温度的关系

a）ZA8-1　b）ZA11-1　c）ZA27-2

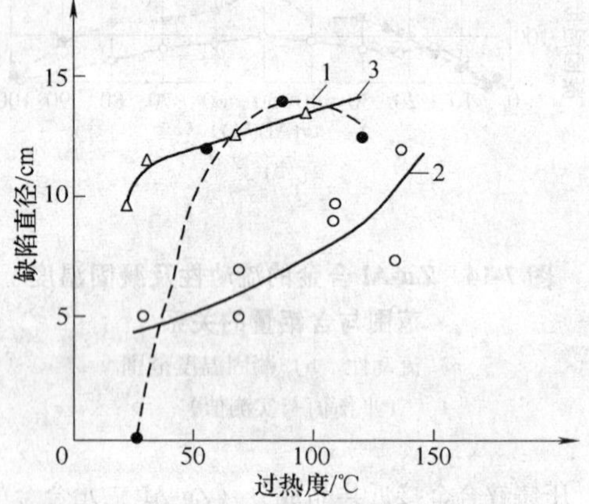

图7-16　重力铸造锌合金板状试件的底面缩孔缺陷直径与浇注时过热度的关系（ZA8-1和ZA11-1）采用湿型、ZA27-2采用CO_2砂型，保湿冒口的直径为（63mm）

1—ZA8-1　2—ZA11-1　3—ZQ27-2

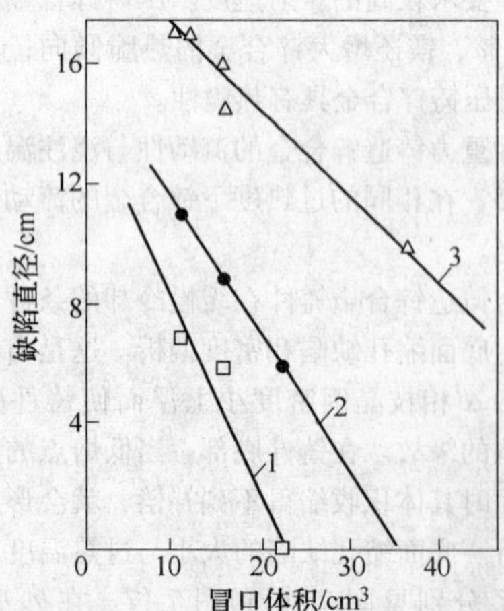

图7-17　重力铸造锌合金板状试件底面缩孔缺陷的直径与冒口体积的关系（湿型浇注）

1—ZA8-1　2—ZA11-1　3—ZA27-2

锌合金的偏析倾向随凝固温度范围的增大而增大。在锌合金中显微（枝晶）偏析与宏观（区域）偏析倾向以ZA27—2为最大。表7-18为砂型浇注的180mm×65mm×12.5mm板状试件（板的两端设置冒口）的扫描电镜微区分析结果。表7-19为324mm×133mm×203mm厚试块（见图7-18）中铝的宏观偏析情况。试块底面放有石墨激冷板。

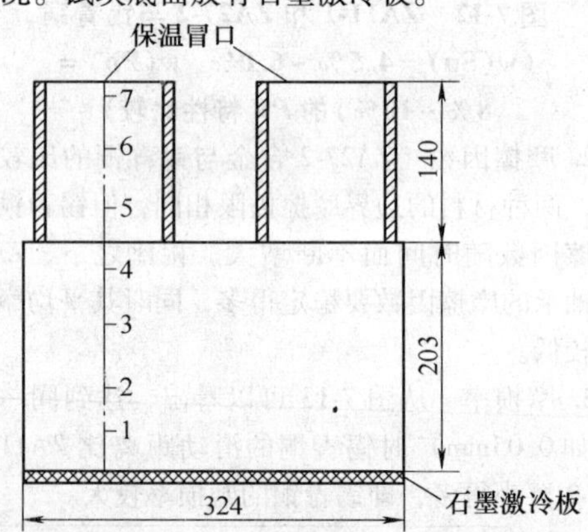

图7-18　研究锌合金宏观偏析用的厚试块及其上的取样分析位置

防止底面缩孔缺陷产生的最有效的措施是提高铸件冷却速度，而在浇注前充分搅拌可减小密度偏析。冷却速度大于150℃/min时可以消除底面缩孔。锌合金金属型冷却快，凝固时间短、产生宏观偏析和底面缩孔的缺陷倾向小。砂型铸造，可通过设置冷铁、控制温度梯度和冷却速度来防止成分的宏观偏析，减小底面缩孔倾向。

铸造锌合金线收缩率的测定结果（在水玻璃砂型中测定）见表7-20。

锌合金的吸气倾向小。液态锌实际上不溶解氮和氧，氢在液态锌合金中的溶解度也不大。但氢在液态锌合金中的溶解度随含铝量的提高而增大。不过，即使含 Al 量较高的锌合金铸件，在通常熔炼条件下不进行除气处理也极少出现析出性气孔。但是，含氢量对锌合金的性能仍有不良影响（见表 7-21）。

表 7-18　ZA27-2 的典型扫描电镜微区分析结果

试件冷却速度		25K/min(未激冷)		100K/min(石墨块激冷)		晶界处的
分析位置		枝晶中心	枝晶边缘	枝晶中心	枝晶边缘	$CuZn_4$ 粒子
元素含量（质量分数,%）	Al	45.8	25.1	52.9	21.9	0.5
	Zn	53.0	72.8	46.0	75.8	83.5
	Cu	1.2	2.1	1.1	2.3	16.0

表 7-19　厚试块（图 7-18）及冒口中铝的偏析情况（质量分数,%）

合金代号	合金中的含 Al 量	不同位置的含 Al 量分析值						
		1	2	3	4	5	6	7
ZA8-1	8.0	8.36	6.60	6.94	8.04	9.01	9.94	10.80
ZA11-1	11.4	11.70	10.80	8.12	11.40	25.50	12.60	12.40
ZA27-2	26.0	26.70	21.40	26.80	28.80	29.10	29.70	29.70
	26.0	25.50	25.00	22.66	25.90	26.50	28.20	28.20

表 7-20　铸造锌合金的线收缩率　（%）

浇注温度/℃	ZA8-1	ZA11-1	ZA27-2	ZA4-1	ZA4-3
650	—	—	1.23	—	—
600	—	—	1.18	—	—
550	0.91	1.06	1.15	0.87	0.91
500	0.89	0.99	—	0.94	0.91

表 7-21　含氢量对 ZA11-5 合金性能的影响

100g 中含氢量/cm^3	密度 ρ/g · cm^{-3}	孔隙率(%)	抗拉强度 R_m/MPa	断后伸长率 A(%)	布氏硬度 HBW
0.14	6.28	0.27	372	1.50	131
0.20	6.27	0.42	370	1.20	126
0.24	6.25	0.50	343	0.90	122
0.34	6.23	0.92	319	0.60	119
0.37	6.21	1.30	308	0.30	118

2. 焊接性能　压铸锌合金因含有铝，在焊接时会形成很厚的氧化皮而给操作带来困难，故仅限于进行铸件的焊补。

目前惟一获得实际应用的焊接方法是气焊。焊接时火焰应为中性或略带还原性，同时火焰应尽可能小，并要对着焊条而不要对着铸件，防止过热。焊条可用压铸合金预制。焊剂（$w(ZnCl_2)=50\%$、$w(NH_4Cl)=50\%$）对防止氧化和抑制锌的气化有一定作用。焊接时为防止铸件塌陷应将铸件底面及四周用耐火粘土、造型石膏或其他耐火材料支承。当金属起皱严重或铸件有塌陷迹象时，应将火焰移开，待金属凝固后再重新进行焊接。焊接结束时不宜立即移动铸件而应让其缓慢冷却。

对于镀镍表面，还可使用 Cd-Zn 共晶合金（$w(Cd)=82.5\%$、$w(Zn)=17.5\%$，溶点 265℃）进行钎焊。

3. 切削性能　铸造锌合金具有优良的切削性能，在许多情况下青铜、铝合金甚至铸铁使用的切削条件对锌合金都适用。其切削速度比灰铸铁高几倍，与易切削黄铜相当，刀具的磨损也较小。另外，锌合金铸件不会因切削加工而产生残余应力。

加工锌合金时最好使用切削液（水溶性润滑液），切削工艺和刀具与加工低碳钢时相似。通常可采用有锐利切削刃和正前角的高碳钢或高速钢刀具。钻头、丝锥、铰刀、面铣刀等槽式刀具应有大而光滑的出屑槽以减少磨损并使切屑容易排除。刀具的前倾面和各侧面均应研磨。加工锌合金铸件时建议采用表 7-22 的切削速度和进给量。

表7-22　锌合金的切削速度和钻孔进给速度的推荐值

操作类型	切削速度/m · min^{-1}	孔径/mm	进给速度/mm · r^{-1}
钻　孔	60～90	3.18	0.1
攻螺纹	60	6.35	0.2
铰　孔	30～60	9.53	0.28
车　削	60～90	12.70	0.33
磨　削	30～100	19.05	0.41
锯　切	90～120	钻孔切削速度:60～90m/min	

7.1.7　显微组织

含 w(Al) = 4%左右的压铸锌合金属于亚共晶合金，凝固时首先析出初生富锌固溶体β相，随后在约382℃发生共晶反应而形成由β相和高温α相组成的层片状共晶体。冷却时从β相中析出铝，α相则在低于共析温度（275℃）时转变为由α和β组成的共析体。但是，由于压铸件冷却迅速加之铜和镁对共析转变有抑制作用，所以在铸态下获得介稳定组织。脱溶和共析分解在室温下需要相当一段时间才能完成。

由于铝的晶粒细化作用和压铸的快速凝固特点，压铸锌合金具有相当细的等轴晶组织，图7-19为YZZnAl4和YZZnAl4Cul的铸态显微组织（由富锌固溶体和共晶体所组成）。

YZZnAl4Cu3的含铜量较高，与YZZnAl4和YZZnAl4Cul不同，结晶时的初生相为ε相（$CuZn_4$），然后发生二元共晶（β+ε）和三元共晶（α′+ε+β）（参见图7-20 Zn-Al-Cu三元状态图）。YZZnAl4Cu3的铸态显微组织见图7-21。

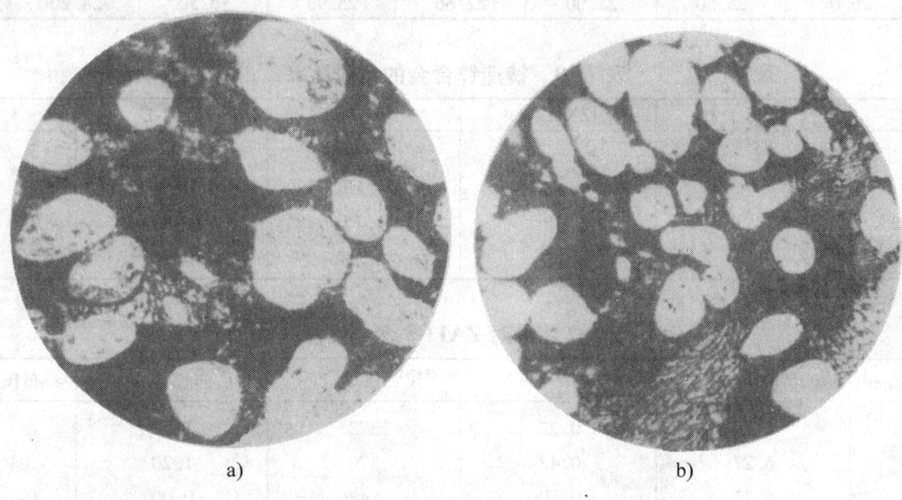

a)　　　　　　　　b)

图7-19　压铸锌合金的铸态组织　×1000

a) YZZnAl4(w(Al) = 4.1%、w(Mg) = 0.03%)　b) YZZnAl4Cu1(w(Al) = 4.1%、w(Cu) = 1.0%、w(Mg) = 0.055%)

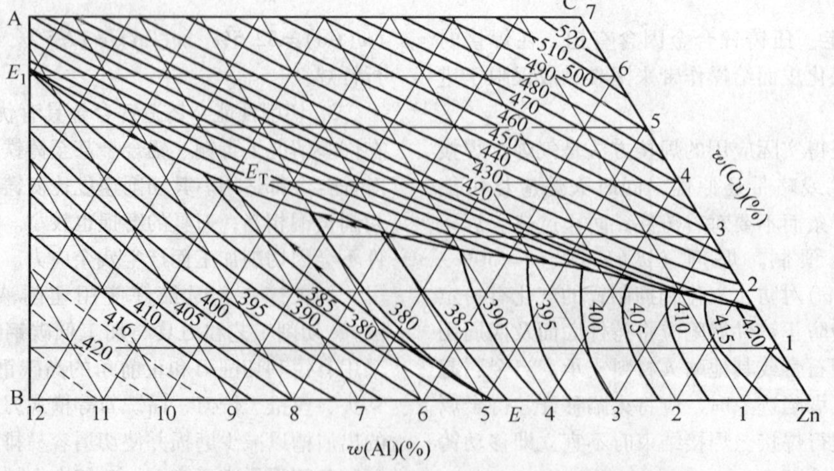

图7-20　Zn-Al-Cu三元状态图的液相面投影图

含 Al 量较高（w(Al)≥8%）的锌合金的初生相均为 α′相。共晶体的数量随合金含铝量的提高而减少。ZA27-2 合金中的晶界共晶体是枝晶偏析的结果，属于非平衡凝固组织。在铜的质量分数超过 1% 的锌合金中，ε 呈枝晶间相析出。其显微组织见图 7-22 ~ 图 7-25。添加元素对初生 α′相的形貌也有重要影响，加 Mn、Ni 使树枝晶等晶化，加 Zr 使树枝晶粒状化，而加 Ti 则可使枝晶变成花瓣状。

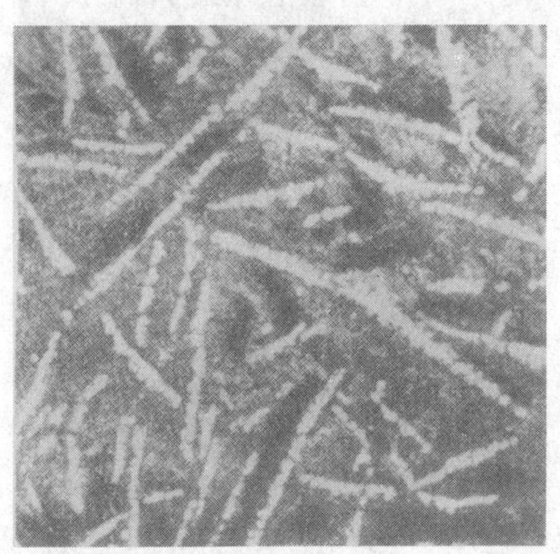

图 7-21　YZZnAl4Cu3 合金的显微组织　×100

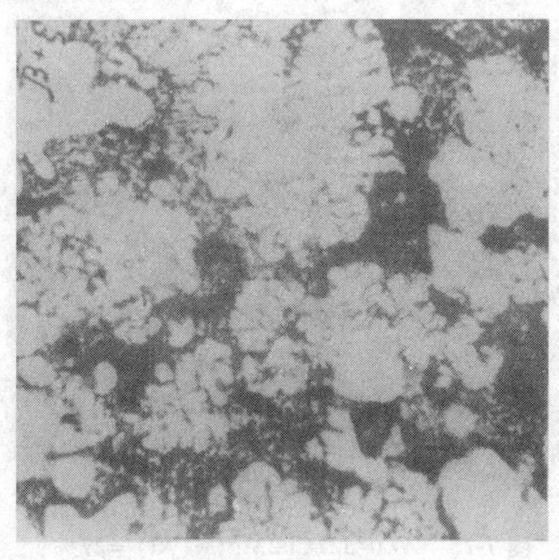

图 7-22　ZZnAl11Cu5Mg 合金的显微组织　×100

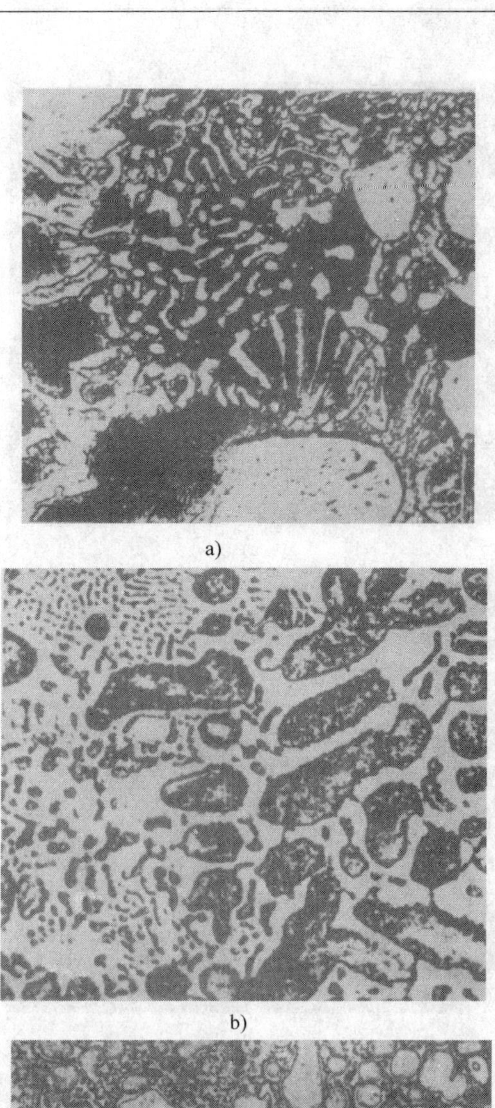

a)

b)

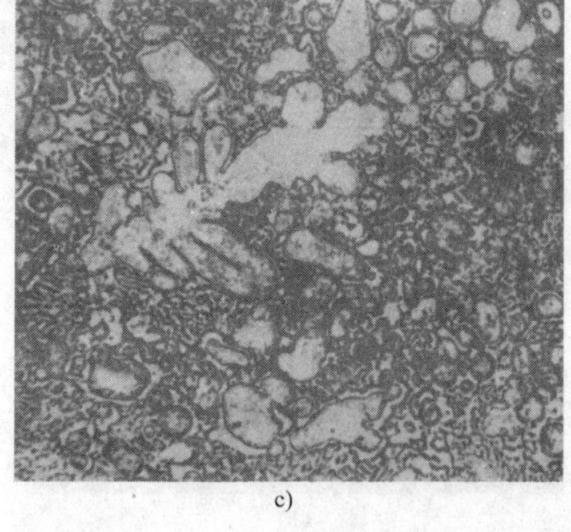

c)

图 7-23　ZZnAl8Cu1Mg 合金（w(Al) = 8%、w(Cu) = 1%、w(Mg) = 0.02%）的显微组织　×500

a）砂型铸造　b）金属型铸造　c）压力铸造

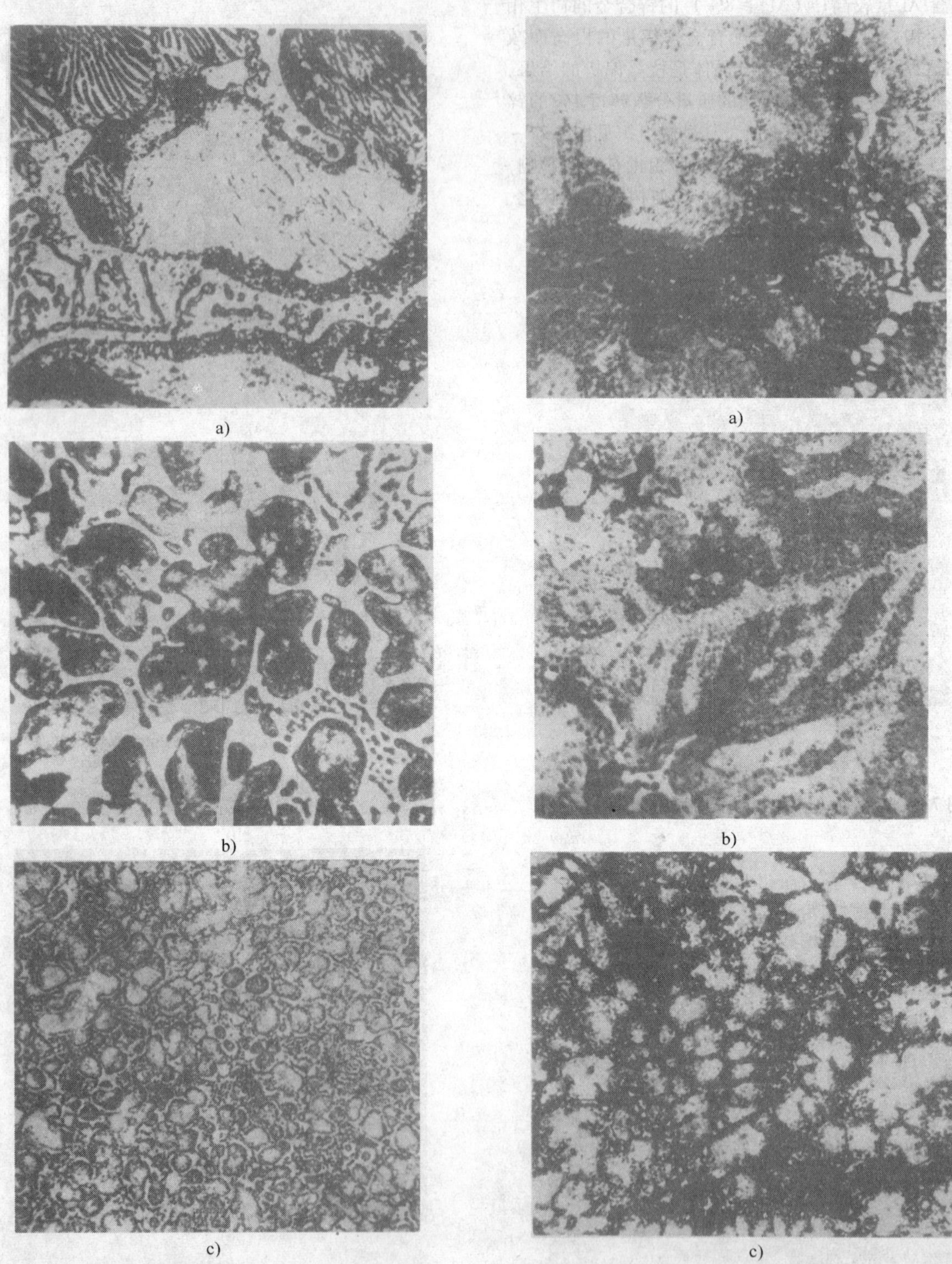

图 7-24　ZZnAl11Cu1Mg 合金（$w(Al)=11\%$、$w(Cu)=0.9\%$、$w(Mg)=0.02\%$）的显微组织　×500）

a）砂型铸造　b）金属型铸造　c）压力铸造

图 7-25　ZZnAl27Cu2Mg（$w(Al)=27\%$、$w(Cu)=2\%$、$w(Mg)=0.01\%$）的显微组织　×500

a）砂型铸造　b）金属型铸造　c）压力铸造

7.1.8 特点和用途（见表7-23）

表7-23 铸造锌合金的特点和用途

合金代号	特点和用途
ZA4-1	铸造性好、耐蚀性好、强度较高,但尺寸稳定性稍差,适用于汽车、拖拉机、电气等工业部门,不要求高精度的装饰性零配件及壳体铸件
ZA4-3	铸造性好、强度较高,常用做模具,如注塑模、吹塑模及简易冲压模具等。还可用于汽车及其他工业部门用的各种砂型及金属型铸件
ZA6-1	铸造性好,用于技术难度要求高的砂型和金属型铸件,如军械铸件、仪表铸件
ZA9-2 ZA11-5	铸造性好、强度较高、耐磨性较好,可用做锡青铜及低锡轴承合金的代用品,制造在80℃以下工作的各种起重运输设备、机床、水泵、鼓风机等的轴承
ZA8-1	铸造性好,特别适合于金属型铸造,也可用热室压铸。可用于管接头、阀、电气开关和变压器铸件,工业用滑轮和带轮、客车和运输车辆零件、灌溉系统零件、小五金零件
ZA11-1	铸造性好,强度较高,耐磨性好,适合于金属型、砂型铸造,也可用于冷室压铸。可制造有润滑的轴承、轴套、抗擦伤的耐磨零件、气压及液压配件、工业设备及农机具零件、运输车辆和客车零件
ZA27-2	重量较轻、强度高、耐磨性好、工作温度可至150℃。可用于砂型、金属型铸造,也可用冷室压铸。适合于制造高强度薄壁零件、抗擦伤的耐磨零件、轴套、气压及液压配件、工业设备及农机具零件、运输车辆和客车零件

7.2 熔炼和浇注

7.2.1 熔炼用的金属材料和非金属材料（见表7-24）

表7-24 熔炼锌合金用的主要金属和非金属材料

材料类别	材料名称	牌　号
工业纯金属	锌锭	Zn99.95以上
	铝锭	Al99.90以上
	阴极铜	Cu—CATH-2
	镁锭	Mg99.95以上

（续）

材料类别	材料名称	牌　号
中间合金	铝铜	AlCu50
	铝镁	AlMg10
	铝钛	AlTi5
	铝硼	AlB1
	铝钛硼	AlTi4B1
	铝铈	AlCe10
	铝稀土	AlRE10
覆盖剂	木炭	—
精炼剂	氯化铵 氯化锌 六氯乙烷	—
变质剂	氟钛酸钾 氟硼酸钾	

7.2.2 熔炼工艺

1. 熔炼设备　熔炼铝合金用的熔炉，包括焦炭炉、煤气炉、电阻炉、感应炉等，一般均适用于熔炼锌合金。因锌合金的熔炼温度较低，炉衬或坩埚所受到的浸蚀大大减轻，故使用寿命延长。由于铅和锡对锌合金的耐蚀性有不良影响，因此熔炼锌合金与熔炼铜合金的坩埚应严格分开。此外，锌合金在通常熔炼温度下与铁发生反应，为避免铁对合金的污染不宜采用铸铁坩埚，所用工具也应涂刷适当的耐火涂料。

2. 熔炼前的准备　所有金属炉料的化学成分必须符合要求、外观干净、无油污及泥砂。入炉前应预热至200~300℃。

新的石墨坩埚在使用前应缓慢升温至900℃进行焙烧。旧坩埚应首先检查是否已损坏，然后清除坩埚壁上附着的炉渣和金属。装料前要预热至500~600℃。

所有与锌合金液接触的工具，都必须清理干净，喷刷涂料（配方见表7-25）并充分干燥后方可使用。

表7-25 熔炼锌合金时坩埚和工具用涂料的配方（质量分数,%）

序　号	氧化锌	滑石粉	石墨粉	水玻璃	水
1	25~30	—	—	3~5	余量
2	—	20~30	—	6	余量
3	—	—	20~30	5	余量

3. 配料　锌合金一般可不进行精炼处理，烧损率较小（质量分数为1% ~2%）。进行精炼处理时，烧损率加大，有时可达8%。配料计算所需的各元素的烧损率可参考表7-26。

表7-26　熔炼锌合金时各元素的烧损率

元　素	Zn	Al	Cu	Mg
烧损率（质量分数,%）	1 ~ 3	1.0 ~ 1.5	0.5 ~ 1.0	10 ~ 30

4. 熔炼操作要点（见表7-27）

表7-27　锌合金的熔炼操作要点

直接熔炼法	两步熔炼法
1. 将石墨坩埚预热至暗红色(约500 ~600℃)并加入一铲木炭作为覆盖剂(电炉熔化时可以不加) 2. 加入电解铜或铜锭熔化后用占 $w(Cu) = 0.6\% \sim 1.0\%$ 量的磷铜脱氧 3. 加入全部铝 4. 铝熔清后加入锌的质量分数为90%及回炉料 5. 待金属液温度达到650℃以上时,用钟罩压入所需的镁量 6. 当回炉料用量较大时,可压入质量分数为0.2% ~0.3%的 C_2Cl_6 或质量分数为0.1% ~0.15%的 $ZnCl_2$ 进行精炼,待反应停止后扒渣并静置5 ~10min 7. 加入剩余的锌降温,搅拌、扒渣并测温。当温度符合要求时即可浇注	第一步: 熔炼Al-Cu中间合金(操作要点见第3章) 第二步: 熔炼锌合金 1. 将坩埚预热至暗红色,加入质量分数为90%左右的锌和回炉料,再加入中间合金 2. 加热熔化。待金属液温度达到650℃以上时,加入所需镁量 3. 必要时加入质量分数为0.1% ~0.15%的 $ZnCl_2$ 或质量分数为0.2% ~0.3%的 C_2Cl_6 进行精炼 4. 加入剩余的锌和回炉料,搅拌、扒渣 5. 取样检验、测温。合金成分合格、温度合适时即可出炉浇注

7.2.3　净化与变质处理

1. 净化处理　锌合金可采用静置澄清、氯盐处理、惰性气体吹炼以及过滤等净化方法。其中应用最广的是氯盐处理法。在待合金熔化后用钟罩压入质量分数为0.1% ~0.2%的氯化铵或质量分数为3% ~4%的六氯乙烷。用细粒陶瓷过滤器过滤金属液可以获得更好的净化效果。使用平均粒径2 ~3μm、层厚10mm过滤器可以去除ZA4-1合金中质量分数将近90%的氧化物和质量分数85%的金属间化合物。使用时将过滤器置于钟罩中，加热至500℃，放入保温炉内（见图7-26）或浇包内。过滤对ZA27-2合金断后伸长率和冲击韧度的影响见图7-27。图7-28为ZA4-1合金的不同净化方法的净化效果比较。

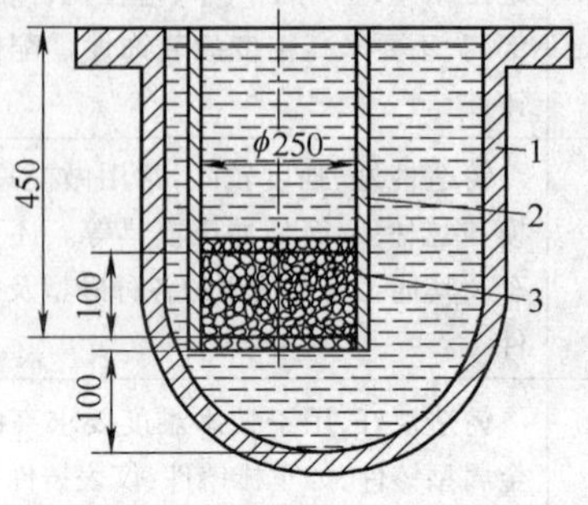

图7-26　装在保温炉内的过滤器

1—坩埚　2—钟罩　3—过滤器

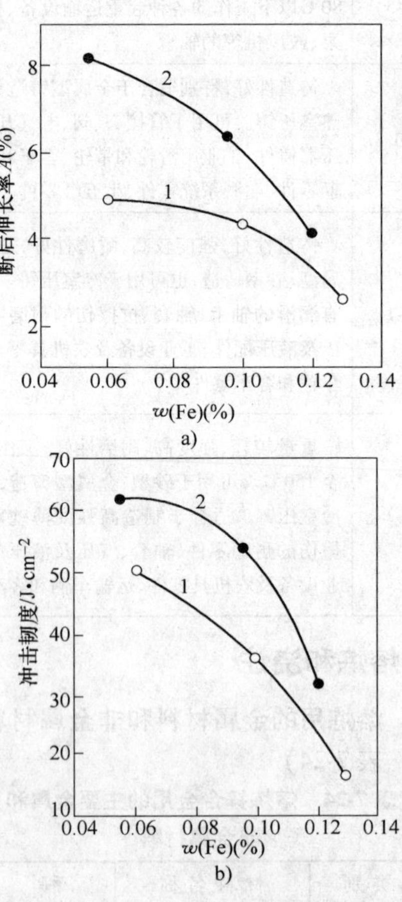

图7-27　过滤对ZA27-2合金断后伸长率和冲击韧度的影响

a）断后伸长率　b）冲击韧度

1—未过滤　2—过滤

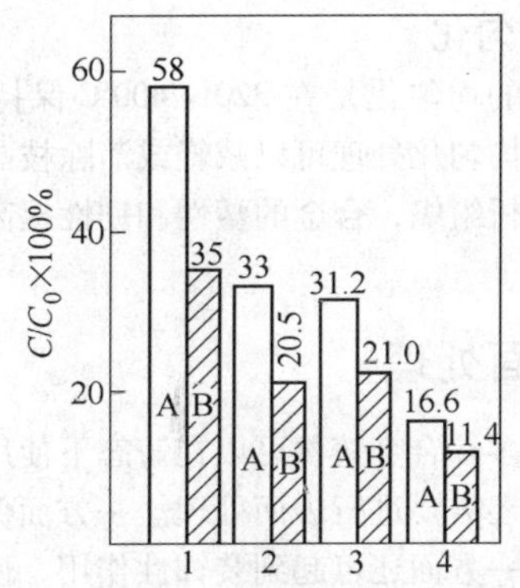

图 7-28　ZA4-1 合金液的不同净化方法的净化效果比较

1—静置澄清法　2—吹氮法　3—用六氯乙烷处理
4—通过粒状氯化钠过滤　A—金属间化合物
B—氧化物　C—净化后夹杂物含量
C_0—净化前夹杂物含量

2. 变质处理　变质处理可以细化 ZA27-2 合金的 α′固溶体枝晶组织从而提高断后伸长率。表 7-28 为不同变质剂对金属型铸造 ZA27-2 合金力学性能的影响。图 7-29 为 ZA27-2 合金的晶粒尺寸对断后伸长率的影响。

表 7-28　不同变质剂对 ZA27—2 合金（金属型铸造）力学性能的影响

序号	变质元素	抗拉强度 R_m/MPa	断后伸长率 A(%)
0	—	398 ~ 401	2 ~ 6
1	B	396 ~ 409	8 ~ 20
2	Ti-B	398 ~ 418	6 ~ 19
3	Zr	361 ~ 385	<1
4	La	393 ~ 401	12 ~ 16
5	Ce	392	13

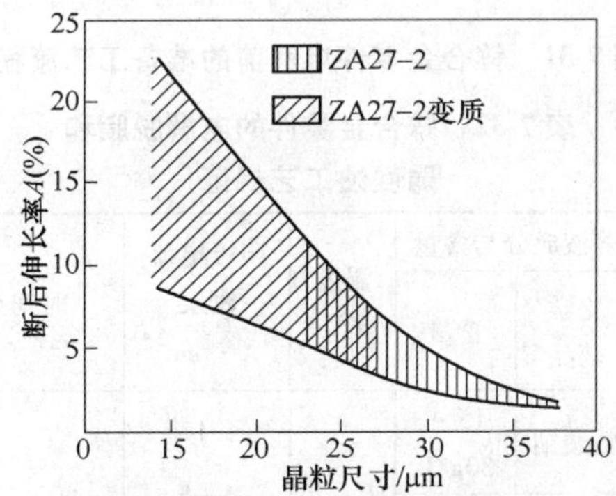

图 7-29　ZA27-2 合金的晶粒尺寸对断后伸长率的影响

7.2.4　炉前检查

1. 温度测量　锌合金液的温度测量可采用镍铬-镍铝热电偶，配以毫伏计、电位差计或智能式数字显示仪表等。采用保护管可以延长热电偶的使用寿命。较好的保护管材料是工业纯铁，应用时保护管应喷刷涂料并充分干燥。需要快速测温时可以不使用保护管。

2. 化学成分分析　对于具备炉前快速分析条件的车间，可在出炉前取样进行分析以确定合金的化学成分是否合格。常用的分析法有化学分析法和光谱分析法。

3. 炉前试验　由于锌合金吸气性小，一般并不进行含气试验，但可参照铜合金炉前检验法用金属型浇注弯曲试样来检查合金质量。浇注后 2 ~ 3min 将已凝固的试样从铸型中取出水冷，然后将试样一端夹持在虎钳上用锤击断。根据击断时用力的大小及试样的折断角来判断合金的力学性能并结合观察断口的晶粒大小、有无偏析、氧化、夹渣等，可以判断合金质量。

7.2.5　浇注

锌合金的浇注一般在 40 ~ 80℃ 过热度下进行，浇注温度见表 7-29。

表 7-29　铸造锌合金的浇注温度

合金代号	ZA4-1	ZA4-3	ZA8-1	ZA9-2	ZA11-5	ZA11-1	ZA27-2
浇注温度/℃	400 ~ 430	410 ~ 440	425 ~ 480	430 ~ 485	415 ~ 470	450 ~ 530	510 ~ 590

7.3　热处理

7.3.1　稳定化处理（低温时效）

铸造锌合金的固相脱溶分解与共析转变因冷却较快和合金元素（Cu、Mg）的作用而受到抑制，从而获得介稳定组织。在室温下介稳态会逐渐缓慢地向稳定态转变而引起铸件尺寸和力学性能的变化。在低温下进行稳定化处理可加速这种组织转变，使尺寸和性能稳定，处理的温度越高，则稳定化所需的时间越短。100℃ 下保温，需 3 ~ 6h；85℃ 下，需 5 ~ 10h；70℃ 下，则需 10 ~ 20h。时效后即可空气冷却。表 7-30 为锌合金压铸件在铸态下和稳定化处理后的尺寸收缩情况。

表 7-30　锌合金压铸件的尺寸收缩

（单位：mm/m）

铸　态			稳定化处理①后		
时间	YZZnAl4	YZZnAl4Cu1	时间	YZZnAl4	YZZnAl4Cu1
5 周后	0.32	0.69	5 周后	0.20	0.22
6 月后	0.56	1.03	3 月后	0.30	0.26
5 年后	0.73	1.36	2 年后	0.30	0.27
8 年后	0.79	1.41	—	—	—

① 100℃ ±5℃、6h，空冷。

含铝量较高的铸造锌合金时效时介稳富铜相的转变将使铸件尺寸显著增大。ZA27-2 的含铜量较高，尺寸膨胀也较大。表 7-31 为时效对 ZA11-1 和 ZA27-2（重力铸造）试件尺寸的影响。图 7-30 为时效时 ZA8-1、ZA11-1、ZA27-2 三种锌合金压铸件的尺寸和力学性能的变化。

表 7-31　时效对重力铸造锌合金试件尺寸的影响

时效温度与时间	尺寸变化（%）	
	ZA11-1	ZA27-2
室温，30d	-0.005	-0.005
室温，1000d	-0.03	-0.015
95℃，1000d	0（先收缩后膨胀）	+0.1

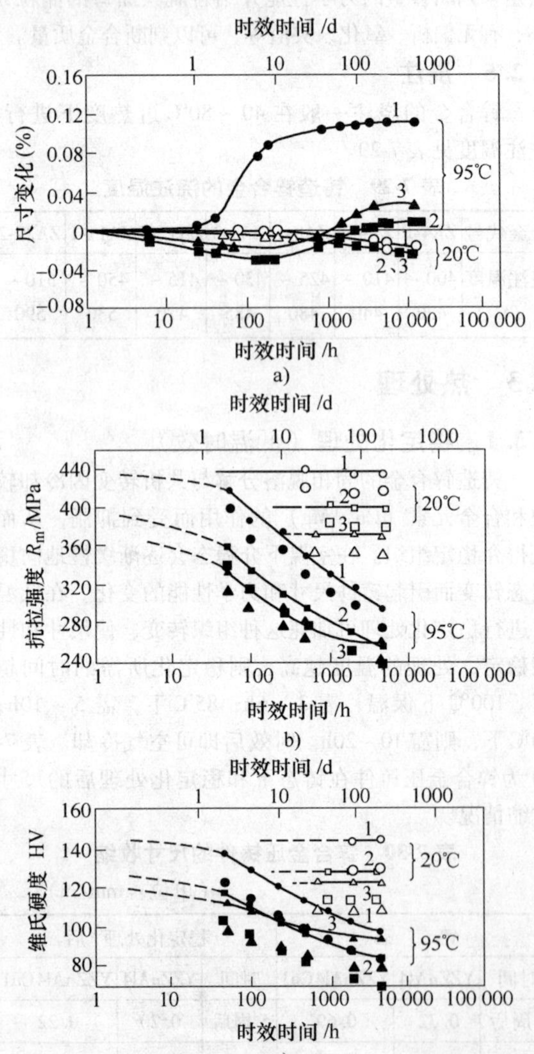

图 7-30　锌合金（压铸）时效时尺寸和力学性能的变化

a）尺寸变化　b）抗拉强度的变化　c）维氏硬度的变化

1—ZA27-2　2—ZA11-1　3—ZA8-1

7.3.2　均匀化

锌合金的均匀化是在 320～400℃ 保持 3～8h 后随炉冷却。均匀化处理可以减轻或消除枝晶偏析并获得细片状共析组织，合金的塑性和韧性提高而强度降低。

7.4　表面处理

虽然许多锌合金铸件可以在铸态下使用，但是在某些情况下还需要进行表面处理。一方面保护铸件不受腐蚀；另一方面还可起到装饰性作用，使之外表更加美观。

7.4.1　电镀

刚抛光过的锌合金铸件，看起来就像镀过铬的，但很快就会失去光泽。锌合金铸件的常用电镀工艺为在铜的底镀层上镀镍，并最后用铬处理。此外，锌合金铸件也可以直接镀铬，直接镀铬可提高硬度和耐磨性，降低摩擦因数并改善耐蚀性。

1. 零件表面准备　锌合金零件电镀前的准备工艺流程见图 7-31。其中的电解脱脂和弱侵蚀工艺规范见表 7-32。

2. 电镀工艺参数　锌合金压铸件的防蚀装饰性镀层多为铜-镍-铬镀层，即在预镀铜后按一般工艺进行加厚镀铜以及镀光亮镍和镀铬。电镀工艺参数见表 7-33。

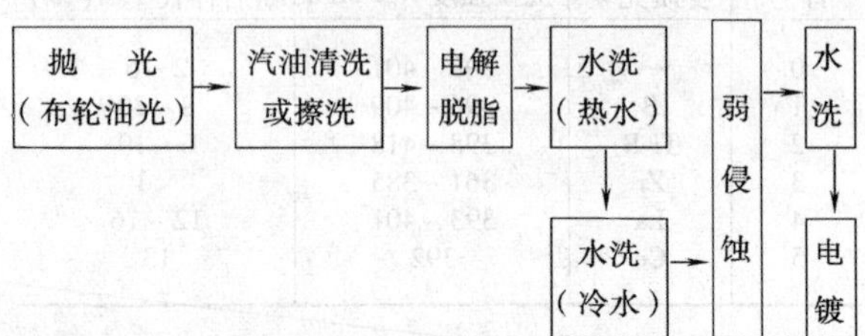

图 7-31　锌合金零件电镀前的准备工艺流程

表 7-32　锌合金零件的电解脱脂和弱侵蚀工艺规范

工序	溶液成分与含量		温度/℃	阳极电流密度/A·dm^{-2}	时间/s
	化学药品	含量			
电解脱脂	碳酸钠	15～30g/L	50～70	4～5	60～120
	磷酸钠	25～30g/L			
弱侵蚀	氢氟酸	2%～3%①	室温	—	5

① 体积分数。

表7-33 锌合金电镀工艺参数

工序	溶液成分 化学药品	含量/g·L⁻¹	pH值	温度/℃	阳极电流密度/A·dm⁻²	时间/min
预镀铜	氰化亚铜	20~30	10.5~11.5	40	0.5~0.8	5
	氰化钠	6~8				
镀铜（加厚镀层）	1. 硫酸铜	175~250	≈1	20~50	1~3	10~20
	硫酸	45~70				
	2. 硫酸铜	175~250	≈1	20~30	1~2	10~20
	硫酸	40~70				
	酚磺酸	1~1.5				
	3. 硫酸铜	200~250	≈1	20~30	1~3	10~20
	硫酸	50~70				
	葡萄酸	30~40				
镀光亮镍	1. 硫酸镍	250~300	3.8~4.6	40~50	1.5~4.0	—
	氯化镍	30~50				
	硼酸	35~45				
	糖精	0.6~1.0				
	1.4-丁炔二醇	0.3~0.5				
	香豆素	0~0.3				
	十二烷基硫酸钠	0.1~0.2				
	2. 硫酸镍	250~300	4.0~4.5	40~50	1.5~3.0	—
	氯化钠	10~20				
	硼酸	35~40				
	糖精	1~2				
	香豆素	0.5~1.0				
	十二烷基硫酸钠	0.1~0.2				
镀铬	1. 铬酐	230~270	—	48~53	15~30	—
	硫酸	2.3~2.7				
	2. 铬酐	320~360	—	48~56	15~25	—
	硫酸	3.2~3.6				

7.4.2 涂漆

锌合金铸件可涂敷各种不同的漆料。涂漆前零件通常需经磷酸盐或铬酸盐溶液处理。对于某些较便宜的零件，可使用附着力不强并含有酸性腐蚀成分的丙稀酸油漆；对于耐蚀性要求高的零件，最好采用环氧树脂漆或各种胺基漆，涂漆后进行烘烤。

7.4.3 金属喷镀

金属喷镀法是在高真空下使经过处理的零件表面涂敷上一层很薄的金属膜。金属喷镀法可以模拟出铜、银、黄铜、金等外观颜色。这种工艺已用于锌合金压铸件。如果脱脂后涂上底漆就可以掩饰表面缺陷，则待处理的零件无需抛光，经低温烘烤后，使铝蒸汽在真空下沉积到零件上形成薄膜。等二次喷清漆后经过烘烤得到银白色的涂层，可以染成任何颜色。

7.4.4 阳极氧化处理

锌合金的阳极氧化处理是在阳极氧化处理液（见表7-34）内，在不超过200V的电压下进行的。处理后铸件的表面是多孔性的，但可在加热的水玻璃稀溶液内或者用有机涂料进行密封。阳极氧化处理能有效地提高锌合金的耐蚀性。

表 7-34　锌合金阳极氧化处理液

配方	溶液成分		pH 值	温度/℃
	化学药品	含　量		
1	CrO_3 $w(NH_4OH)=25\%$ $w(H_3PO_4)=25\%$ NH_4F	60g/L 245mL/L 66mL/L 18.5g/L	6.8 ~ 7.0	65 ~ 80
2	$Na_2O_7Si_3$ $Na_2B_4O_7 \cdot 10H_2O$ $Na_2WO_4 \cdot 2H_2O$ NaOH	180g/L 90g/L 73g/L 30g/L	11.4	20 ~ 30

7.5　质量控制

7.5.1　质量检查

1. 化学成分　通过化学分析和光谱分析检验铸件的主要成分和杂质含量是否符合质量标准。

2. 力学性能　力学性能测定用试样有 3 种不同的制取方法：①单铸。②附铸。③铸件上切取。生产中一般均以同炉浇注的单铸试样的性能作为评定铸件性能的依据。单铸试样可以采用砂型铸造、金属型铸造和压铸法制取。锌合金试样原则上可采用与铝合金试样相同的铸造方法。力学性能可按有关标准测定。

3. 金相组织　锌合金试样的制备过程有以下特点：①试样的切取方法与其他金属相同，但锌合金较软，有时要采用砂轮切割以减小塑性变形。②在砂带机或磨光机上磨样时，要采用水冷以避免试样局部过热，否则，组织变化的深度可能过大而不能在抛光时去除。③在抛光机上抛光时，为避免试样过热，抛光速度要低（最大 250r/min），抛光时加水并间歇地操作。④精抛可采用精细不同的氧化镁或氧化铝抛光粉分步进行。操作者在各抛光工序之间操作时不但要清洗试样，而且要洗手。

锌合金金相分析所用浸蚀剂见表 7-35。

表 7-35　锌合金相分析所用浸蚀剂

序　号	浸蚀剂成分		使用要点	适用范围
1	盐酸 水	100mL 100mL	浸蚀 1 ~ 10min	显示锌合金的低倍组织
2	铬酐 硫酸钠 水	200g 15g 1000mL	在轻微搅动下浸蚀 1 ~ 5s 或更长时间，浸蚀后立即在质量分数为 20% 铬酐水溶液中清洗	显示压铸锌合金的显微组组织。也可用来显示压铸锌合金的低倍组织
3	铬酐 硫酸钠 水	50g 4 ~ 5g 1000mL		
4	铬酐 硫酸钠 水	50g 2g 48 ~ 500mL	浸蚀后立即在质量分数为 20% 的铬酐水溶液中清洗	显示高铝锌合金的显微组织
5	硝酸 甲醇或乙醇	1 ~ 2mL 98 ~ 99mL	抛光后立即浸蚀，浸渍或擦洗 5 ~ 10s	显示压铸锌合金的显微组织
6	硝酸 盐酸 氢氟酸 水	20mL 20mL 5mL 60mL	浸渍或擦洗 10 ~ 30s	显示高铝锌合金的显微组织
7	磷酸(质量分数为 85%) 乙醇 水	400mL 380mL 250mL	于小于 10℃ 下混合，于 20℃、3 ~ 10V、20A/dm² 的规范下抛光，在稀硝酸中去膜	用于纯锌及低合金化锌合金的电解抛光
8	硫酸 氢氟酸 水	15mL 1mL 100mL	浸蚀时间不超过 30min	显示锌合金中的晶界并评定晶粒尺寸

（续）

序号	浸蚀剂成分	使用要点	适用范围
9	氯化铁 10g 硫酸铁 2g 铁矾 10g 盐酸 10mL 酒石酸 10mL 乙醇 50mL 水 100mL	使用前在10mL浸蚀剂中添加50mL乙醇，浸蚀时间10～20s	显示富铁锌合金中共析体的组织

7.5.2 铸造缺陷分析

锌合金铸造时应遵循顺序凝固原则。锌合金铸件易出现裂纹、缩孔、缩松、冷隔、气孔、重力偏析等缺陷（见表7-36）。

表7-36 锌合金铸件中常见的铸造缺陷分析

名称	特征	产生原因	防止方法
冷隔	为线条状、深浅不一样的槽，棱角呈圆角。常发生于铸件的宽大表面、难充填的薄壁断面或金属流在型腔中的汇合处	浇注温度过低 金属液氧化、流动性差 浇注速度过低或浇注中断 铸型排气不良 压铸时型腔中的两股金属液流未完全熔合	适当提高浇注温度 改善合金的流动性 改进浇注系统以提高充型速度 改进铸型排气 适当提高铸型温度或对产生缺陷部位的型壁加强温度控制
气孔	孔洞大小不一、可能是单个的，也可能是成群的，不规则地分布于铸件内部、表面或接近表面处（属外源性或侵入性气孔）	铸型、砂芯水分过高 金属型涂料未烘透 金属液在浇注系统中产生紊流，卷入了气体 型腔中的气体未及时排出	严格控制型、芯砂的含水量 金属型、芯必须先经预热、再喷涂料，喷涂料及补喷涂料后均应烘透 改进浇注系统设计并采用合理的浇注工艺使金属液平稳充型 从工艺设计上保证型、芯排气畅通
缩孔与缩松	为敞露或封闭的孔洞，通常内壁粗糙并常见树枝状结晶。缩孔可以是集中的，也可以是分散的。高铝锌合金缓慢冷却时缩孔常位于铸件底面（底面缩孔）。缩孔附近常见缩松区	铸造工艺设计不合理，未能保证顺序凝固，铸件凝固时在局部冷却缓慢处未得到充分补缩	设置冷铁加速局部冷却 冒口尺寸应适当并提高冒口补缩效率 降低浇注温度 使高铝锌合金铸件的重要表面朝上 进行变质处理
裂纹	裂口呈波浪形或直线形，纹路狭长，穿透壁厚或不穿透壁厚	铅、锡、铁、镉等有害杂质的含量超过允许值 铸件厚薄悬殊、转变突然，交接处圆角半径过小 金属型铸造或压铸时开型过早，铸件在出型时开裂 金属型芯歪斜或导向装置不良，取出型芯时铸件开裂	熔炼时严格控制杂质含量，还可对合金进行晶粒细化处理 改进铸件设计并正确设置浇冒口和冷铁 延长开型时间 调整好型芯和推杆

（续）

名　称	特　征	产生原因	防止方法
夹渣	呈不规则明孔或暗孔，孔内充塞着渣	金属液中混入或析出金属或非金属夹杂物 金属液表面的熔渣未清除干净并被浇入型腔	使用清洁的炉料，必要时进行精炼 彻底清渣，使用清洁的浇注工具并防止浇注时带入熔渣
重力偏析	铸件下部含锌量较高，而上部含铝量较高	金属液未充分搅拌 浇注温度过高 冷却速度过慢	浇注前充分搅拌金属液 降低浇注温度 加快冷却速度 进行变质处理

7.6　其他铸造锌合金

7.6.1　减振锌合金

这是一种很有发展前途的新型结构材料。国外称之为阻尼锌合金，它可以降低工业噪声和减轻机械振动。减振锌合金的成分范围（质量分数）为：Al13% ~ 62%、Cu0.05% ~ 3%、Mg0 ~ 0.02%、Si0.5 ~7%，其余为 Zn。铝是锌合金中的主要添加元素，其含量对合金的减振性能影响很大（见图 7-32）。铝的质量分数从 13% 上升到 20% 时，锌合金的减振能力增加近四倍，继续增加含铝量，锌合金的减振性能下降，在合金中加入铜、镁、硅均降低合金的减振能力。铜、镁对铸态合金内摩擦值影响很小，但明显降低热处理后的内摩擦值。

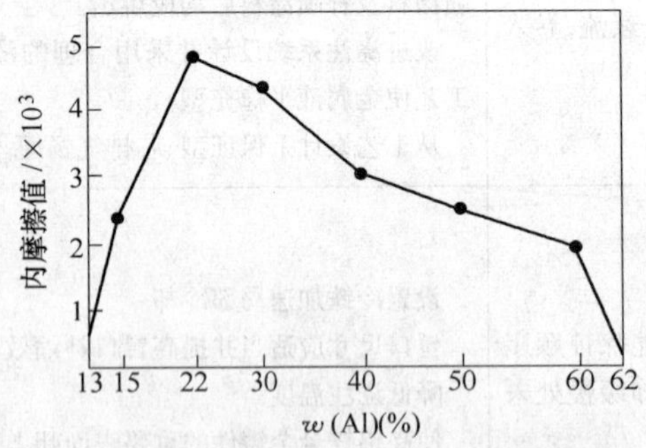

图 7-32　铝含量对 Zn-Al 合金减振性能的影响

温度对锌合金减振能力影响较大，在 200℃ 时达到最佳值，然后随温度的上升而减小。

锌合金经均匀化处理（加热至 360℃，保温 1 ~ 2h，紧接着水淬）后，减振能力大幅度提高。此外，将铸型预热到 150 ~ 300℃，然后浇注，凝固后取出试块直接水淬也能大幅度提高合金的减振能力。上述措施主要是通过消除共晶组织，形成共析组织而提高内摩擦值。此外，添加少量稀土元素、硼或锆均能提高 Zn-Al 合金的减振性能和强度。

7.6.2　耐磨锌合金

作为耐磨材料是锌基合金的主要用途之一，在很多领域取代了铜合金。在低速（小于或等于 27.44m/min）大压力（6.89MPa）条件下，锌基合金的耐磨性明显优于铝青铜，其摩擦因数也比青铜的小得多，并且有良好的跑合性能、优异的嵌入性和抗咬合性。但锌基合金也存在明显的不足，即允许的工作温度不高（ZA27-2 为 120 ~ 150℃，ZAl1-1 为 90 ~ 120℃），故主要用于低速重载工况。在一定载荷下提高滑动速度，即增大 PV 值，则单位时间产生的磨擦热量增大，工作表面的温度升高，从而使锌铝合金的强度、硬度降低，耐磨性下降。

进一步提高锌铝合金的含 Al 量时，Zn 合金的常温抗拉强度及断后伸长率虽有所降低但常温硬度、高温硬度以及耐磨性提高，因此 ZZnAl43Cu2Mg 合金作为耐磨材料比 ZA27-2 和 ZA11-1 具有广泛的应用前景。ZZnAl43Cu2Mg 合金的化学成分为 w(Al) = 42.5% ~43.6%，w(Cu) = 2.0% ~2.5%，w(Mg) = 0.01% ~0.02%，w(Pb) < 0.04%，w(Cd) < 0.003%，w(Sn) < 0.03%，w(Fe) < 0.010%，其余为 Zn。其力学性能见表 7-37。

表 7-37　ZZnAl43Cu2Mg 合金的力学性能

工艺方法	抗拉强度 R_m /MPa	断后伸长率 A(%)	硬度 HBW
J、S	260.5	1.0	114
Y、S	414.5	2.0	117

采用 Si、Mg 合金化也可改善 ZZnAl43Cu2Mg 的高温性能和耐磨性。挤压铸造可消除晶间缩松，获得致密铸件，合金的力学性能和耐磨性能提高。

7.7　铸造锌基复合材料

7.7.1　分类

锌基复合材料的硬度、刚度、耐磨性及尺寸稳定性等方面均优于锌铝合金，因而在轴承、轴瓦及模具等方面具有广泛的应用前景。锌基复合材料可采用不同的分类方法，根据增强体形态的不同，锌基复合材料可分为颗粒增强、晶须增强和纤维增强三类；根据成形或制备方法的不同，锌基复合材料可分为挤压铸造法、压力浸渗法、机械搅拌加压力成形法、原位反应法等；根据基体合金的不同，锌基复合材料可分为ZA-8基、ZA-12基、ZA-22基、ZA-27基、ZA-43基的等。目前锌基复合材料研究和应用较多的是颗粒增强的。其增强颗粒主要有SiC、TiC、SiO_2和Al_2O_3等。

7.7.2 制备方法

1. 挤压铸造法　在高速搅动的锌合金液中加入增强相，待增强相得到润湿、分散均匀后将混合熔体浇入金属型，用挤压铸造方法加压成形。该工艺设备简单、成本低，但增强相与锌铝合金熔体间的润湿性成为该工艺的关键。因为通常非金属增强体与金属熔液是不润湿的，所以采用普通搅拌法制备复合材料时因二者相互排斥而使增强相分散不均匀。为改善增强相的分散均匀性，开发了半固态搅熔铸造新工艺，该工艺是将金属液温度控制在液相线和固相线之间进行搅拌，这时熔液中含有一定组份的固相粒子，即使增强相与合金熔体间润湿不好，由于固相粒子阻挡和滞留，也不会聚集和偏聚，可得到颗粒分布较均匀的复合材料。

2. 压力浸渗法　首先将纤维或颗粒增强相用黏结剂粘结起来，制成预制件，放入模腔，然后用机械装置或惰性气体（气压1～10MPa）作为媒体将金属熔体压入模腔，使金属溶液浸渗到预制件中，快速却冷后脱模即可得复合材料。文献［6］采用该法制备了SiC颗粒和短碳纤维混杂增强的ZA-27复合材料，通过透射电镜对复合材料的界面特性和微观结构观察发现：SiC颗粒与基体之间的界面部分区域有不连续的界面析出物；碳纤维与基体之间的界面结合较好；在增强体SiC颗粒和碳纤维与基体之间以及增强体之间的界面处均未发现Al_4C_3的形成。该制备方法成本低，设备简单，适用于制备长纤维、短纤维和颗粒增强的锌基复合材料，但也存在着预制型易变形、浸渗不完全、界面反应难以控制等问题。

3. 机械搅拌加压力成形法　先用机械搅拌使增强体与基体复合，然后挤压成形或复合浆料凝固后，再加热到一定温度后以一定挤压比使复合材料毛坯挤压成形。采用该方法制备锌基复合材料，可使气孔、缩松减少，使颗粒重新分布，减少颗粒聚集的几率，但所制备的复合材料具有各向异性的特点。

4. 原位反应法　该法是在一定的条件下，通过元素之间或者元素与化合物之间的化学反应，在金属基体内原位生成一种或几种高硬度、高弹性模量的陶瓷增强相，从而达到强化金属基体的目的。文献［5］制备了Al_2O_3颗粒增强锌基复合材料，试验结果表明：利用$Al_2(SO_4)_3$分解可以原位生成Al_2O_3颗粒，与基体合金ZA-35相比，Al_2O_3颗粒增强ZA-35锌基复合材料的硬度、耐磨减磨性能明显提高。采用该方法制备锌基复合材料的优点是成本较低；颗粒在金属液的内部生成，表面无污染；基本上没有界面反应发生；颗粒在基体的熔体中热稳定性好；增强颗粒细小。但增强相的成分和体积分数不易控制。

此外，还有喷射沉积法、离心铸造法和粉末冶金法等制备方法。

7.7.3 性能

1. 力学性能　典型锌基复合材料的力学性能见表7-38。

锌基复合材料的力学性能主要与基体合金，增强体的种类、大小、含量以及复合材料的制备工艺有关。随基体合金中Al含量的增加，不管是基体合金还是复合材料，其力学性能尤其是高温强度随之增大，这是因为基体合金的熔点随Al含量的增加而升高。另外，基体合金中Cu、Mg、Re等元素含量即使有微小的变化，也会急剧地影响材料力学性能的变化。

一般来说，同一类增强体（如SiC），纤维、晶须增强的材料，其各种力学性能优于颗粒增强的，同为颗粒或纤维增强的，增强体的抗拉强度高、弹性模量大所对应的复合材料的抗拉强度、弹性模量和硬度也较高。

增强体的含量对复合材料的影响较复杂，对于机械搅拌法制备的颗粒增强锌基复合材料，随着颗粒含量的增加，室温抗拉强度减小，而高温抗拉强度则提高；采用机械搅拌加压力成形的或纤维增强的复合材料，则室温和高温抗拉强度都增大；对于目的是为了提高力学性能的增强型复合材料，无论哪一种复合材料其弹性模量和硬度都随增强体含量的增加而增大。

在增强体分布均匀的条件下，增强体含量相同时，增强体的粒度或直径越小，其复合材料的力学性能越好，但越细小的增强体，往往存在聚集现象或浸渗不完全的缺陷，则会出现相反的情况。对于纤维或晶须增强的，有一个参数即长径比，长径比越大的复合材料的弹性模量越大，而抗拉强度除与长径比有关外，还与基体合金的塑性有关。对于伸长率，长径比则往往存在一个最佳值。

表7-38　典型锌基复合材料的力学性能

基体合金	增强体			抗拉强度 R_m/MPa	布氏硬度 HBW	弹性模量 E/MPa	断后伸长率 A(%)	制备工艺
	种类	含量/(体积分数,%)	粒度/μm					
ZA-8	TiB_2 颗粒	0	10	368	102(150℃)	—	—	机械搅拌+压力成形
		15		344	114(150℃)	—	—	
		30		334	131(150℃)	—	—	
ZA-12	SiC 纤维	0	3~4	320.0	125	82	—	压力浸渗
		10		368.9	189	89	—	
		20		407.0	210	120	—	
		30		468.0	240	138	—	
ZA-22	Al_2O_3 颗粒	5	0.5	443	83.4	91	8.7	高能超声波法
			2	457	86.8	88	5.3	
			5	453	91.8	89	5.4	
			10	461	97.2	89	4.9	
			65	468	140	90	3.1	
ZA-27	SiC 颗粒	0	16	433	—	75	18	机械搅拌
		5		462	—	81	4.5	
		10		446	—	89	1.5	
		15		427	—	95	0	

制备工艺不同，复合材料中缺陷的种类及其严重程度也不同，从而影响复合材料的力学性能。如采用机械搅拌法制备的复合材料一般存在增强体聚集、气孔、氧化夹杂和杂质污染等；采用压力浸渗法则容易出现纤维缠结、浸渗不完全和不良的界面反应等现象；而采用机械搅拌加压力成形法时，材料的气孔和缩松倾向较小，且增强体分布均匀。

此外，锌基复合材料的力学性能随使用温度的升高而降低，但与基体合金相比，下降幅度较缓慢，这主要与复合材料中的应力分布和位错密度有关。

2. 摩擦磨损性能　典型锌基复合材料的摩擦磨损性能见表7-39。

表7-39　典型锌基复合材料的摩擦磨损性能

基体合金	增强体	粒度/μm	含量/(体积分数,%)	试验条件	磨损量/mg	摩擦因数
ZA-12	C 纤维	6~7	0	室温 F=150N v=0.253m/s	35	0.62
			10		23	0.24
			20		17	0.20
			30		11	0.18
ZA-27	SiC 颗粒	20	10	F=29.4N		
				室温	3.80	0.340
				50℃	5.80	—
				100℃	6.88	0.312
				v=0.4m/s		
		10	10	100℃ F=29.4N v=0.4m/s	8.80	—
		20			5.88	—
		40			6.87	—
		100			6.30	—

文献［2］认为增强型锌基复合材料的耐磨性远远优于基体合金，且随增强体含量的增加而提高，这是由于增强体的加入，减小了材料与对偶的直接接触面积，提高了基体抵抗变形的能力，从而使粘着、严重剥离倾向减小；在基体合金发生严重粘着或剥离而复合材料未发生时，摩擦因数随增强体含量的增加而减小，当基体未发生严重粘着或剥离时，情况则相反，随着增强体颗粒的增大，其耐磨性提高并趋于恒定；随着载荷的增大和环境温度的升高，耐磨性减小，磨损将从微磨损转向剧烈磨损；另外，对于纤维增强的材料，耐磨性还与纤维排列方向有关。减磨型锌基复合材料的耐磨性、减磨性都随增强体含量的增加而提高，这是由于磨面上形成富C的磨层所致，且在高载荷或高速下其优越性越突出。有人利用 Al_2O_3 颗粒增强 ZA-27，研究其高温摩擦磨损特性，发现复合材料在高温下的耐磨性明显高于 ZA-27 合金，复合材料的高温摩擦因数随增强颗粒体积分数增加而降低，但均高于 ZA-27 合金的摩擦因数，复合材料在高温边界润滑条件下的摩擦磨损失效形式均为犁削和疲劳磨损。文献［5］利用原位反应法制备的 Al_2O_3 颗粒增强 ZA-35 锌基复合材料与基体合金相比，耐磨减磨性能明显提高。

国外对颗粒增强锌基复合材料的摩擦磨损研究成果较多，但多集中于干燥边界条件下滑动摩擦磨损行为研究。

3. 阻尼性能　锌基复合材料具有很高的阻尼性能，同时其力学性能也比锌合金有很大改善。文献［7］采用喷雾共沉积法制备了石墨颗粒、碳化硅颗粒增强的锌基复合材料，研究发现石墨颗粒、碳化硅颗粒的复合材料的阻尼能力较常规铸造 ZA-27 合金分别提高 2.90 倍和 3.38 倍。文献［8］采用空气加压渗流技术制备了宏观石墨颗粒增强的锌铝共析合金复合材料，运用内耗手段和热分析技术研究了宏观石墨颗粒增强的锌铝共析合金的阻尼行为及其阻尼机制，宏观石墨颗粒的加入大大提高了材料的阻尼性能。

4. 热膨胀性　锌合金的一大弱点是热膨胀系数较大，使其应用受到限制。Dellis M A 发现在锌基合金中加入陶瓷颗粒，不仅使复合材料的高温强度显著提高，而且复合材料的尺寸稳定性也得到明显改善。文献［9］采用原位反应法制备了 TiB_2 颗粒增强 ZA-27 复合材料，研究了 TiB_2 颗粒对复合材料弹性模量及热膨胀系数的影响，结果见表 7-40，从表可见，$\varphi(TiB_2)$ 为 2.1% 颗粒的 ZA-27 复合材料与 ZA-27 合金相比，弹性模量提高了 7%，热膨胀系数降低了 7%。

表 7-40　φ（TiB_2）为 2.1%的颗粒对复合材料弹性模量及热膨胀系数的影响

性能	TiB_2 颗粒	ZA-27	ZA-27 复合材料
弹性模量 E/MPa	530×10^3	79	85
热膨胀系数/$10^{-6}\cdot K^{-1}$	8.1	28	26

参考文献

［1］ 中国机械工程学会铸造分会. 铸造手册：第3卷，非铁合金［M］. 2版. 北京：机械工业出版社，2002.

［2］ 陈体军，郝远. 铸造锌基复合材料的研究现状［J］. 材料导报，2000，14(3)：29-31.

［3］ 郝斌，崔华，李永兵，等. 锌基复合材料制备工艺研究进展［J］. 铸造，2005，54(12)：1179-1182.

［4］ 刘敬福，李荣德. 颗粒增强锌基复合材料研究现状与展望［J］. 铸造，2007，56(8)：784-788.

［5］ 牛玉超，边秀房，耿浩然，等. Al_2O_3(p)/ZA35 锌基复合材料的制备及其磨擦性能［J］. 中国有色金属学报，2004，14(4)：602-606.

［6］ 陶晓东，施忠良，顾明元. SiC 颗粒和短碳纤维混杂增强 ZA27 复合材料界面微结构研究［J］. 复合材料学报，1997，14(3)：20-24.

［7］ 刘永长，张忠明，吕衣礼，等. 喷雾共沉积 SiC 增强锌基复合材料的阻尼特征［J］. 复合材料学报，1999，16(3)：62-66.

［8］ 魏健宁，宋士华，胡孔刚，等. 宏观石墨颗粒增强的锌铝共析合金复合材料阻尼行为的研究［J］. 中国科学 G 辑，2008，38(11)：1552-1557.

［9］ 崔峰，耿浩然，钱宝光，等. 原位生成 TiB_2/ZA-27复合材料的制备与性能［J］. 复合材料学报，2004，21(4)：87-91.

第8章 铸造轴承合金

用来制造滑动轴承、轴瓦的金属材料称为轴承合金。

根据轴承的工作条件，轴承合金应具备以下一些基本性能：

（1）减摩性和耐磨性　轴承合金具有较低的摩擦因数和较小摩擦阻力。

（2）耐磨性　轴承合金在负载运转条件下具有较好的抵抗磨损的能力。

（3）承载能力　轴承合金在正常运转时所能够承受的最大载荷。

（4）抗疲劳性　轴承合金在交变载荷下抵抗疲劳破坏的能力。

（5）抗咬合性　轴承合金在运转时，防止和轴颈表面相互咬粘或烧伤的性能。

（6）可嵌入性　轴承合金能够容许硬质颗粒嵌入而减轻刮伤或磨损的性能。

（7）顺应性　轴承合金依靠表面的弹塑性变形来补偿滑动表面初始配合不良的性能。

（8）亲油性　轴承合金易被润滑油润湿并在工作表面上形成边界油膜的能力。

（9）耐蚀性　轴承合金在工作条件下抵抗各种介质腐蚀的能力。

（10）导热性　轴承合金使摩擦表面产生的热量散失的能力。

以上的轴承合金的性能，有些是相互矛盾的，实际上没有一种合金材料能同时满足这些性能要求。为尽可能多地满足以上的对轴承合金各种性能的要求，轴承合金通常具有两相或多相的组织，轴承合金的显微组织类型和性能特点见表8-1。

轴承合金可分为铁基和非铁基轴承合金两类，本章仅介绍目前工业中最常见的锡基、铅基、铜基和铝基非铁铸造轴承合金。

锡基和铅基轴承合金都是低熔点合金，统称为巴氏合金，这是一种性能优良、历史悠久、使用广泛的轴承合金。迄今为止，巴氏合金仍然是承受中等负荷的轴承合金中比较理想的材料，因为它具有在软的基体上均匀分布着硬质点的显微组织，硬质点可以用来承载和抵抗磨损，而软的基体则能够满足减摩和其他性能要求。但是巴氏合金的质地软而强度低，不适于制造整体轴承，而是将其浇注在低碳钢表面上，成为薄壁双金属轴瓦材料。

表8-1　轴承合金的组织类型和性能特点

组织类型	组织特性		性能特点	举例
	基体	质点相		
Ⅰ	软	硬	合金的表面性能（嵌入性，摩擦顺应性等）较好，但承载能力和抗疲劳性较差	锡基及铅基轴承合金，锡青铜，铝青铜等
Ⅱ	硬	软	合金的力学性能较好，但表面性能不如Ⅰ类	铝锡、铝铅轴承合金，铜铅合金等

随着动力机械设备向高速、高压和重载方向发展，对轴承合金也提出了更高的要求，尤其是，近年来随着汽车工业的发展，传统的巴氏合金及铜基合金作为汽车轴承合金正在被铝基轴承合金所取代。在铝基合金中，铝铅合金具有疲劳强度高、耐蚀性强、抗咬合性好、强度适中等优点，是目前各国材料工作者重点研制和开发的轴承合金材料之一。

常用轴承合金的性能比较见表8-2；各种轴承合金的特点及应用见表8-3。

表8-2　常用轴承合金的性能比较

种类	摩擦相容性	顺应性与嵌入性	抗疲劳性	耐蚀性	导热性	合金硬度 HBW	轴颈最小硬度 HBW	最大容许压力 [p]/MPa	最高容许温度 /℃
锡基合金	B	B	D	A	E	20～30	150	6～10	150
铅基合金	A	A	E	E	E	18～39	150	6～8	150
铜铅合金	C	D	C	D	B	25～60	200	20～32	250～280
锡青铜	C	E	A	B	C	60～90	200	7～20	280

（续）

种类	摩擦相容性	顺应性与嵌入性	抗疲劳性	耐蚀性	导热性	合金硬度 HBW	轴颈最小硬度 HBW	最大容许压力 [p]/MPa	最高容许温度 /℃
铝青铜	E	E	B	A	D	100～110	280	15	300
黄铜	C	E	A	A	D	70～95	200	7～20	200
锌合金	E	E	C	A	C	80～105	200	20	80～120
铝基合金	C	C	B	A	A	22～32	200～280	20～28	150～170
三层金属轴瓦	A	B	B	B	B	—	200～300	14～35	170

注：A—优、B—良、C—中、D—较差、E—差。

表8-3　各种轴承合金的特点及其应用

类　型	特　点	应　用
锡基轴承合金	具有较高的减摩性能、很好的嵌入性、摩擦顺应性和耐蚀性。强度、硬度和疲劳强度均较低	适用于汽车、拖拉机、汽轮机等高速轴承
铅基轴承合金	比锡基轴承合金便宜,耐磨性、强度和耐蚀性比锡基合金差,热膨胀系数比锡基合金大,工作温度稍高于锡基合金,其他性能与锡基轴承合金相似	适用于低速、低载荷或静载下工作的中载荷机械设备
铜铅合金	在高压和高速工作条件下具有较高的疲劳强度,与其他减摩合金相比,在冲击载荷下开裂倾向小,有高的导热性,优越的亲油性、减摩性和耐磨性,但摩擦顺应性、嵌入性比锡基或铅基轴承合金差	适用于高速、高载荷的轴承,例如,航空发动机、大马力柴油机、拖拉机等发动机曲轴连杆轴承
铝基轴承合金	密度小,导热性好,承载能力大,疲劳强度高,抗咬合性好,有较高的高温硬度,优良的耐蚀性和耐磨性,但摩擦因数较大,要求轴颈有较高的硬度	用于高速高载荷机械设备,也用铸造铝锡合金制造一般机床轴套
锡青铜	疲劳强度较高,耐磨性、减摩性和耐蚀性很好。和锡基或铅基轴承合金相比,表面性能较差,要求轴颈有较高的硬度	用于低速中等载荷或受冲击的轴承,例如,减速器、起重机电动机和泵的一般轴承
铝青铜	强度和硬度最高,耐蚀、耐磨、价格便宜。缺点和锡青铜类似,表面性能较差,要求轴颈有较高的硬度	用于润滑充分的低速重载荷或受冲击载荷的轴承,例如,减速器、破碎机、压力机的轴承
黄铜	疲劳强度高,耐蚀性较好,容易加工,价格便宜。减摩性和耐磨性比青铜差	用于低速中等载荷的轴承,例如,运输机械、挖掘机的整体轴承

近年来，由低碳钢衬背、轴承合金中间层和电镀减摩层所组的三层金属轴瓦获得广泛应用。电镀减摩层一般为锡的质量分数为8%～11%的铅锡合金或铟的质量分数为5%的铅铟合金，具有良好的表面性能，可以提高轴瓦的使用寿命。

8.1　锡基和铅基轴承合金

8.1.1　锡基轴承合金

锡基轴承合金（锡基巴氏合金）是一种软基体硬质点类型的低熔点轴承合金，它是以锡和锑为基础，并加入少量其他元素的合金。锡基轴承合金具有良好的磨合性、抗咬合性、嵌入性和耐蚀性，其摩擦因数低、膨胀系数小、导热性良好，并且，锡基轴承合金的浇注性能也很好。锡基轴承合金适于制造高速重负荷条件的轴承，因而普遍用于浇注汽车发动机、气体压缩机、冷冻机和船用低速柴油机的轴承和轴瓦。锡基轴承合金的缺点是疲劳强度低，允许温度也较低（不高于150℃），一旦润滑条件不正常，轴承极易烧损，同时它的抗压强度也不够高，在承受重载荷高速运转的条件下易于损坏。

1. 合金牌号和化学成分　GB/T 1174—1992 规定的铸造锡基轴承合金牌号与化学成分见表 8-4，共有 5 个牌号。同时，表 8-5 列出了一些国家和国际标准中的锡基轴承合金牌号对应的牌号。

表 8-4　锡基轴承合金的牌号与化学成分（GB/T 1174—1992）（质量分数,%）

合金牌号	Sn	Pb	Cu	Zn	Al	Sb	Ni	Mn	Si	Fe	Bi	As	其他	其他元素总和
ZSnSb12Pb10Cu4	其余	9.0 ~ 11.0	2.5 ~ 5.0	0.01	0.01	11.0 ~ 13.0	—	—	—	0.1	0.08	0.1	—	0.55
ZSnSb12Cu6Cd1		0.15	4.5 ~ 6.8	0.05	0.05	10.0 ~ 13.0	0.3 ~ 0.6	—	—	0.1	—	0.4 ~ 0.7	Cd1.1 ~ 1.6 Fe + Al + Zn≤0.15	—
ZSnSb11Cu6		0.35	5.5 ~ 6.5	0.01	0.01	10.0 ~ 12.0	—	—	—	0.1	0.03	0.1	—	0.55
ZSnSb8Cu4		0.35	3.0 ~ 4.0	0.005	0.005	7.0 ~ 8.0	—	—	—	0.1	0.03	0.1	—	0.55
ZSnSb4Cu4		0.35	4.0 ~ 5.0	0.01	0.01	4.0 ~ 5.0	—	—	—	—	0.08	0.1	—	0.50

表 8-5　锡基轴承合金国内外牌号对照表

中国	相近牌号						
GB/T 1174—1992	国际标准	俄罗斯	美国	日本	德国	英国	法国
ZSnSb12Pb10Cu4	—	—	—	WJ4	—	—	—
ZSnSb11Cu6	—	Б83	—	—	—	—	—
ZSnSb8Cu4	SnSb8Cu4	Б89	UNS-55193	WJ1	LgSn89	BS3332-A	—
ZSnSb4Cu4	—	Б91	UNS-55191	—	—	—	—
ZSnSb12Cu6Cd1	—	—	—	—	—	—	J9A-W

除了 GB/T 1174—1992 规定的铸造锡基轴承合金牌号与化学成分外，国标 GB/T 18326—2001 还等效采用了 ISO4383：2000《滑动轴承　薄壁滑动轴承用金属多层材料在薄壁滑动轴承用多层材料》，规定了薄壁滑动轴承用锡基和铅基多层材料的成分和牌号，见表 8-6。GB/T 18326—2001 在技术内容上与 ISO4383：2000 基本相同。可见，在 ISO4383：2000 和 GB/T 18326—2001 中，只有一个锡基轴承合金牌号 SnSb8Cu4。

表 8-6　锡基和铅基轴承合金的牌号、化学成分（GB/T 18326—2001）

化学元素	化学成分(质量分数,%)			
	PbSb10Sn6	PbSb15SnAs	PbSb15Sn10	SnSb8Cu4
Pb	余量	余量	余量	0.35
Sb	9.0-11.0	13.5-15.5	14.0-16.0	7.0-8.0
Sn	5.0-7.0	0.9-1.7	9.0-11.0	余量
Cu	0.70	0.7	0.7	3.0-4.0
As	0.25	0.8-1.2	0.6	0.1
Bi	0.1	0.1	0.1	0.08
Zn	0.01	0.01	0.01	0.01
Al	0.01	0.01	0.01	0.01
Fe	0.1	0.1	0.1	0.1
其他元素总和	0.2	0.2	0.2	0.2

2. 物理性能（见表 8-7）

3. 力学性能（见表 8-8 ~ 表 8-10）

4. 工艺性能（见表 8-11）

表 8-7　锡基轴承合金的物理性能

合金牌号	密度 ρ/Mg · m^{-3}	线胀系数 α_l/×$10^{-6}k^{-1}$	热导率 λ/W(m · K)$^{-1}$	电导率 γ/MS · m^{-1}	摩擦因数 μ	
					有润滑	无润滑
ZSnSb12Pb10Cu4	7.70	—	50.24	—	—	—
ZSnSb11Cu6	7.88	23.0	33.49	—	0.005	0.28
ZSnSb8Cu4	7.39	23.2	38.52	6.65	—	—
ZSnSb4Cu4	7.34	—	56.24	—	—	—

表 8-8　锡基轴承合金的力学性能

名　称		ZSnSb12Pb10Cu4	ZSnSb11Cu6	ZSnSb8Cu4	ZSnSb4Cu4
抗拉强度 R_m/MPa		83	88	78	63
屈服强度 $R_{p0.2}$/MPa		38	66	61	29
断后伸长率 A(%)		—	6.0	18.6	7.0
断面收缩率 Z(%)		—	38	25	—
抗压强度 R_{mc}/MPa		112	113	112	88
抗压屈服强度 $R_{pc0.2}$/MPa		37	80	42	29
疲劳极限 σ_D/MPa		30	24	27	26
弹性模量 E/GPa		53	48	57	51
冲击韧度 α_K/kJ · m^{-2}	有缺口 α_{KV}	—	58.8	114.7	—
	无缺口 α_K	—	104.9	294.2	539.4
硬度 HBW	17 ~20℃	24.5	30.0	24.3	22.0
	25℃	—	29.0	22.3	—
	50℃	—	22.8	18.2	16.4
	75℃	—	18.5	14.8	12.7
	100℃	12	14.5	11.3	9.2
	125℃	—	10.9	—	6.9
	150℃	—	8.2	6.4	6.4

表 8-9　ZSnSb11Cu6 合金在不同温度下的力学性能

温度/℃	抗拉强度 R_m/MPa	断后伸长率 A(%)	断面收缩率 Z(%)	抗压强度 R_{mc}/MPa	抗压屈服强度 $R_{pc0.2}$/MPa	冲击韧度 a_K/kJ · m^{-2}
15	88	6.0	—	117	89	61.80
100	53	15.2	26.3	60	54	66.70
150	31	8.4	13.5	54	43	65.70

表 8-10　ZSnSb8Cu4 合金在不同温度下的力学性能

温度/℃	抗拉强度 R_m/MPa	断后伸长率 A(%)	断面收缩率 Z(%)
20	77	18	25
50	62	24	27
100	41	23	28
150	27	32	38
175	20	38	44

表 8-11　锡基轴承合金的工艺性能

合金牌号	液相线温度/℃	固相线温度/℃	最合适浇注温度/℃	线收缩率(%)	流动性(螺旋线长度)/cm
ZSnSb12Pb10Cu4	380	217	450	—	—
ZSnSb11Cu6	370	240	440	0.65	73
ZSnSb8Cu4	354	241	430	—	—
ZSnSb4Cu4	371	223	440	—	—

5. 金相组织　从锡-锑二元合金相图（见图 2-157）上可知，平衡条件下，温度为 246℃时，锑在锡中的最大固溶量可达 10.4%（质量分数）。锑的质量分数小于 10.4% 时，合金的显微组织为单一的 α 固溶体。但在铸造生产条件下，由于冷却速度较快，当锑的质量分数超过 9% 时，合金组织中就会出现 β 相（SbSn 化合物），这时的相组织为 α + β。α 固溶体具有良好的塑性成为合金的软基体，而 β 相则是硬脆的质点分布于 α 相中，起支承和减摩作用，成为较理想的减摩材料。

在锡-锑合金凝固过程中，由于 β 相密度比 α 相小，在结晶过程中容易上浮，造成严重的密度偏析，为消除这种缺陷，必须采用适当措施以抑制这种缺陷的发生，提高合金的力学性能，通常是在合金中加入适量的铜。从 Cu-Sn 二元合金相图（见图 2-124）可知，当铜的质量分数超过 0.8% 时，组织中便会出现针状或星形的 η 相（Cu_3Sn）或 ε 相（Cu_6Sn_5），当 Cu-Sn 合金结晶时，通常是 ε 相作为初生相析出形成骨架，然后再析出 β 相，由于受到 ε 相骨架的阻碍，从而有效地克服密度偏析，使组织均匀性得到改善。但 ε 相是硬脆相，当铜的质量分数超过 6% 时，合金会因含有过多的 ε 相而变脆，降低力学性能，因此锡基轴承合金中铜的质量分数一般控制在 3% ~5%。

锡基轴承合金主要是锡锑铜三元合金相图（见图 8-1）。图 8-2 是 ZSnSb11Cu6 合金的显微组织，其相组成是 Su_6Sn_5 + SnSb + α。图 8-3 是 ZSnSb8Cu4 合金的显微组织，其相组成为 Cu_6Sn_5 + α。

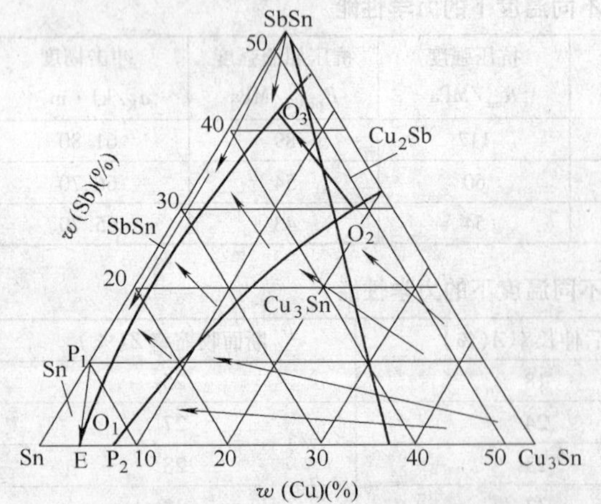

图 8-1　Sn-Sb-Cu 三元合金相图

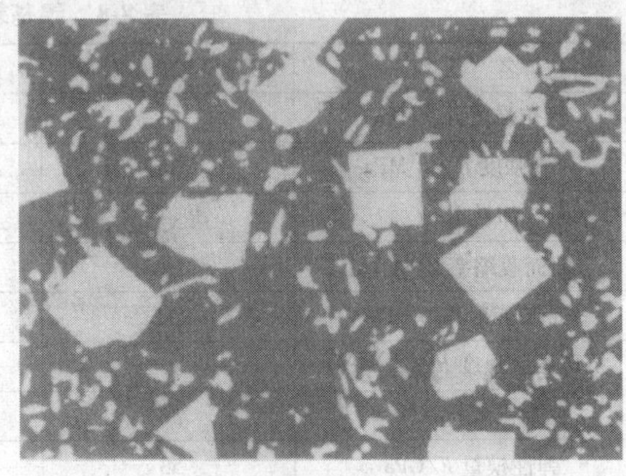

图 8-2　ZSnSb11Cu6 合金的显微组织　×100

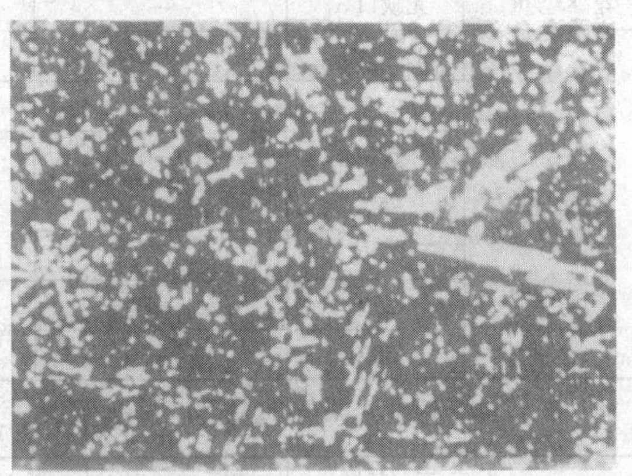

图 8-3　ZSnSb8Cu4 合金的显微组织　×100

6. 特点和应用（见表 8-12）

8.1.2　铅基轴承合金

锡基轴承合金的性能虽然较好，但由于锡的价格昂贵，因此工业上就出现了用价格相对较低的铅替代锡的铅基轴承合金。铅基轴承合金也是一种软基体硬质点类型的轴承合金，加入锑、锡和铜等合金元素组成的合金。铅基轴承合金的强度、硬度、导热性和耐蚀性均比锡基轴承合金低，而且摩擦因数较大，但价格便宜。适合于制造中低载荷的轴瓦，如汽车、拖拉机曲轴轴承及铁路车辆轴承等。

表 8-12　锡基轴承合金的特点和应用

合金牌号	特　点	应　用
ZSnSb12Pb10Cu4	含锡量最低的锡基轴承合金,价格便宜。特点是软而韧、耐压。但因含铅而热强性较低	用于中速中等载荷的轴承,如一般机器的主轴承及电机轴承。不适用于高温部件
ZSnSb11Cu6	锡含量较低,铜和锑含量较高。特点是强度和硬度较高,有良好的嵌入性、减摩性和耐磨性,线胀系数较小。但疲劳强度、冲击韧度较低,故不能用于浇注薄层和承受较大振动载荷的轴承	它是工业中应用较广泛的轴承合金。用于重载荷高速工作温度低于 110℃ 的重要轴承,例如,1400kW 以上的高速蒸汽机、360kW 的涡轮压缩机和 880kW 以上的发动机轴承
ZSnSb8Cu4	和 ZSnSb11Cu6 相比,韧性较高,强度和硬度较低,其他性能相近。但由于含锡量较高,价格较贵	适用于载荷较小的内燃机主轴和连杆轴承、止推垫圈、凸轮轴承
ZSnSb4Cu4	在锡基轴承合金中,该合金塑性和韧性最高、强度和硬度较低。由于含锡量最高,因而价格最贵	用于要求韧性较大和浇注层厚度较薄的重载荷高速轴承,例如,涡轮内燃机的高速轴承和轴衬、航空和汽车发动机的高速轴承
ZSnSb12Cu6Cd1	综合性能优越	大型汽轮发电机主轴轴瓦等

铅的晶体结构是面心立方晶格，具有良好的塑性，断后伸长率达 45%，断面收缩率达 90%，但强度和硬度较低（R_m = 18MPa，4HBW），是工业上常用金属中最软的金属，在受到轴颈的负荷后，很容易自轴承中被挤压出来，为了提高其强度和硬度，必须加入其他的合金元素。加入锡溶入铅中强化基体，并能形成硬质点；加入铜能防止密度偏析，同时形成硬质点 Cu_2Sb，提高合金的耐磨性。由图 8-4 可知，钠、钡、钙、镁和镉能明显提高铅的硬度，对改善铅的性能具有良好的作用。铅基轴承合金可以分为两类：

铅-锑系合金：含锑、锡、铜等元素。

铅-钙钠系合金：含钙、钠、锡等元素。

8.1.2.1　铅锑轴承合金

1. 合金牌号与化学成分　GB/T 1174—1992 规定的铸造铅锑轴承合金的牌号与化学成分见表 8-13，共有 5 个牌号。同时，表 8-14 列出了一些国家和国际标准中的铸造铅锑轴承合金牌号的对应牌号。

除了 GB/T 1174—1992 规定的铸造铅锑轴承合金的牌号与化学成分外，国标 GB/T 18326—2001 也等效采用了 ISO4383：2000《滑动轴承　薄壁滑动轴承用金属多层材料在薄壁滑动轴承用多层材料》，规定了薄壁滑动轴承用铅基多层材料的成分和牌号，见表 8-6。GB/T 18326—2001 在技术内容上与 ISO4383：2000 基本相同，其中，铅锑轴承合金共有 3 个牌号。

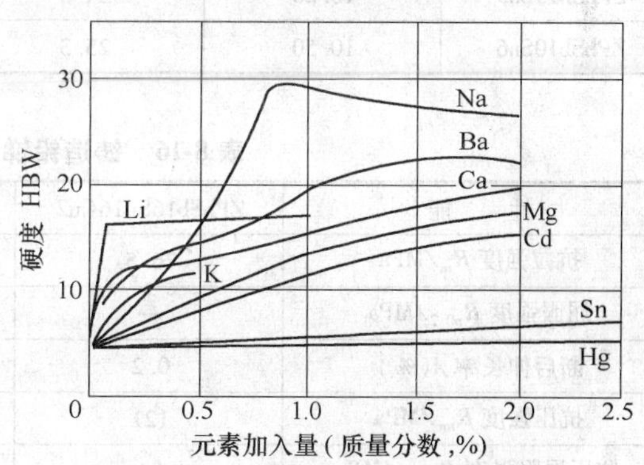

图 8-4　一些添加元素对铅的硬度的影响

表 8-13　铸造铅锑轴承合金的牌号与化学成分（质量分数,%）（GB/T 1174—1992）

合金牌号	Sn	Pb	Cu	Zn	Al	Sb	Fe	Bi	As	Cd	其他元素总和
ZPbSb16Sn16Cu2	15.0 ~ 17.0	其余	1.5 ~ 2.0	0.15	—	15.0 ~ 17.0	0.1	0.1	0.3	—	0.6
ZPbSb15Sn5Cu3Cd2	5.0 ~ 6.0		2.5 ~ 3.0	0.15	—	14.0 ~ 16.0	0.1	0.1	0.6-1.0	1.75-2.25	0.4
ZPbSb15Sn10	9.0 ~ 11.0		0.7①	0.005	0.005	14.0 ~ 16.0	0.1	0.1	0.6	0.05	0.45
ZPbSb15Sn5	4.0 ~ 5.5		0.5 ~ 1.0	0.15	0.01	14.0 ~ 15.5	0.1	0.1	0.2	—	0.75
ZPbSb10Sn6	5.0 ~ 7.0		0.7①	0.005	0.005	9.0 ~ 11.0	0.1	0.1	0.25	0.05	0.7

① 不计入其他元素总和。

表 8-14　铅锑轴承合金国内外牌号对照表

中国 GB/T 1174—1992	相近牌号					
	国际标准	俄罗斯	美国	日本	德国	英国
ZPbSb16Sn16Cu2	—	Б16	—	—	—	—
ZPbSb15Sn5Cu3Cd2	—	Б6	—	—	—	—
ZPbSb15Sn10	PbSb15Sn10	—	UNS-53581	WJ7	WM10	BS3332-E
ZPbSb15Sn5	—	—	UNS-53565	—	WM5	BS3332-G
ZPbSb10Sn6	PbSb10Sn6	—	UNS-53546	WJ9	—	BS3332-F

2. 物理性能（见表 8-15）

3. 力学性能

1）常温力学性能（见表 8-16）。

2）锑含量对铅锑二元合金力学性能的影响（见表 8-17 和图 8-5）。

3）不同温度下 ZPbSb16Sn16Cu2 的力学性能（见表 8-18）。

4. 工艺性能（见表 8-19）

5. 添加元素与其他元素对合金性能的影响（见表 8-20、表 8-21）

表 8-15　铸造铅锑轴承合金的物理性能

合金牌号	密度 ρ/Mg · m^{-3}	线胀系数 $\alpha_l/\times10^{-6}K^{-1}$	热导率 λ/W(m · K)$^{-1}$	摩擦因数 μ	
				有润滑	无润滑
ZPbSb16Sn16Cu2	9.29	24.0	25.12	0.006	0.25
ZPbSb15Sn5Cu3Cd2	9.60	28.0	20.93	0.005	0.25
ZPbSb15Sn10	9.60	24.0	23.86	0.009	0.38
ZPbSb15Sn5	10.20	24.3	24.28	—	—
ZPbSb10Sn6	10.50	25.3	—	—	—

表 8-16　铸造铅锑轴承合金的常温力学性能

性能		ZPbSb16Sn16Cu2	ZPbSb15Sn5Cu3Cd2	ZPbSb15Sn10	ZPbSb15Sn5	ZPbSb10Sn6
抗拉强度 R_m/MPa		76.5	67	59	—	78.5
屈服强度 $R_{p0.2}$/MPa		—	—	57	—	—
断后伸长率 A(%)		0.2	0.2	1.8	0.2	5.5
抗压强度 R_{mc}/MPa		121	133	125.5	108	—
抗压屈服强度 $R_{pc0.2}$/MPa		84	81	61	78.5	—
疲劳极限 σ_D/MPa		22.5	—	27.5	17	25.5
弹性模量 E/GPa		—	—	29.4	29.4	29.0
冲击韧度 a_K/kJ · m^{-2}		13.70	14.70	43.15	—	46.10
硬度 HBW	17 ~ 20℃	34.0	32.0	26.0	20.0	23.7
	50℃	29.5	24.9	24.8	—	18.0
	70℃	22.8	21.3	22.1	—	—
	100℃	15.0	14.0	14.3	9.5	11.0
	125℃	6.9	12.1	—	—	—
	150℃	6.4	8.1	—	—	8.0

表 8-17　锑含量对铸造铅锑二元合金力学性能的影响

化学成分(质量分数,%)		抗拉强度 R_m/MPa	断后伸长率 A(%)	硬度 HBW
Pb	Sb			
100	0	13.7	47	4.2
99	1	23.0	38	7.0
96	4	38.6	22	10
94	6	46.9	24	12
92	8	51.0	19	15
88	12	56.0	—	13

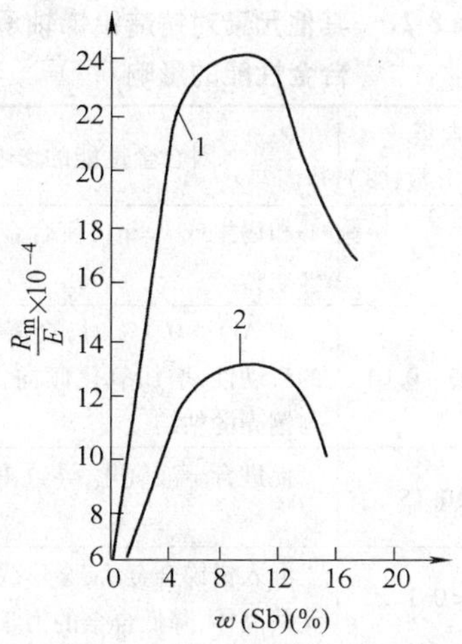

图 8-5　锑含量对铅锑二元合金抗拉强度与弹性模量比值的影响

1—试验温度 20°C　2—试验温度 100°C

表 8-18　ZPbSb16Sn16Cu2 在不同温度下的力学性能

温度/℃	20	80	100	150	200
抗拉强度 R_m/MPa	76.5	60	54	41	24.5
断后伸长率 A(%)	0.2	1.0	1.4	2.4	7.0

表 8-19　铸造铅锑轴承合金的工艺性能

合 金 牌 号	液相线温度/℃	固相线温度/℃	浇注温度范围/℃	体收缩率(%)	流动性(螺旋线长度)/cm
ZPbSb16Sn16Cu2	410	240	450~470	—	54
ZPbSb15Sn5Cu3Cd2	416	232	450~470	—	—
ZPbSb15sn10	268	240	380~400	2.3	—
ZPbSb15Sn5	380	237	450~470	2	—
ZPbSb10Sn6	256	240	380~400	2	—

表 8-20　添加元素对铸造铅锑轴承合金性能的影响

添加元素	含量(质量分数,%)	在合金中存在的形式	对合金性能的影响
锡	5~16	部分固溶在铅里,其余以 SnSb 和 Cu_5Sn_5 金属间化合物形式存在	可提高合金的强度、硬度、耐磨性和耐蚀性。当 w(Sn) > 16% 时,合金形成低熔点的三元共晶体,降低合金性能
铜	1~2	以 Cu_6Sn_5 金属间化合物形式存在	可消除合金的偏析,增加合金的耐磨性。过量的铜会扩大合金的结晶温度范围,恶化合金的铸造性能,并使合金变脆
砷	0.3~1.2	固溶在基体内	细化晶粒,提高合金的强度。过量时,使合金变脆
镉	1.25~2.25	固溶在锑内,在有 As 存在的条件下,生成 AsCd 化合物	可提高合金的强度、硬度和耐蚀性,过多时,使合金变脆
镍	0.2~0.6	少量镍固溶在锑内,主要以 $NiSb_3$ 化合物的形式存在	可细化组织,提高合金的耐磨性,改善合金的力学性能,提高合金的硬度和韧性

表 8-21　其他元素对铸造铅锑轴承合金性能的影响

其他元素	含量（质量分数,%）	对合金性能的影响
铁	<0.1	和锡生成 $FeSn_2$,使合金液的流动性变差
铝	0.005~0.01	w(Al)>0.1%时,会降低合金液的流动性,增加氧化倾向,削弱合金与钢壳的粘结
锌	<0.15	促进合金液氧化,导致铸件产生气孔
铋	<0.1	混入铅锑合金后,会形成低熔点三元共晶体,降低合金的力学性能

6. 金相组织　铅锑二元合金为简单的共晶型合金，其相图见图 2-175。

通常为了提高铅锑合金强度、硬度与耐磨性，在合金中添加锡及其他元素。Pb-Sb-Sn 三元合金相图液相面的投影图见图 8-6。

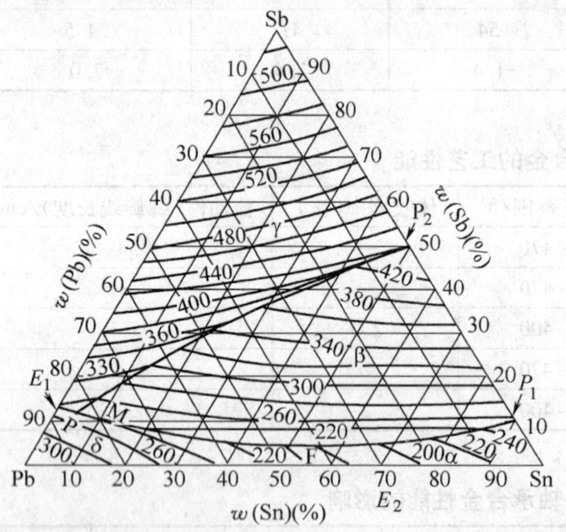

图 8-6　Pb-Sb-Sn 三元合金相图液相面投影图

从图中可看出，合金在 240℃ 时形成三元共晶体（其成分为 w(Pb) = 85%、w(Sb) = 11.5%、w(Sn) = 3.5%）。当锡的质量分数超过 8% 时，合金的金相组织里就会出现硬度较高金属间化合物（SnSb）。

图 8-7 是 ZPbSb16Sn10 合金显微组织，基体为 Pb 与固溶体 Sn（Sb）的共晶，白色方块为 β 相（SnSb），白色针状为 η 相（Cu3Sn）或 Cu_2Sb。

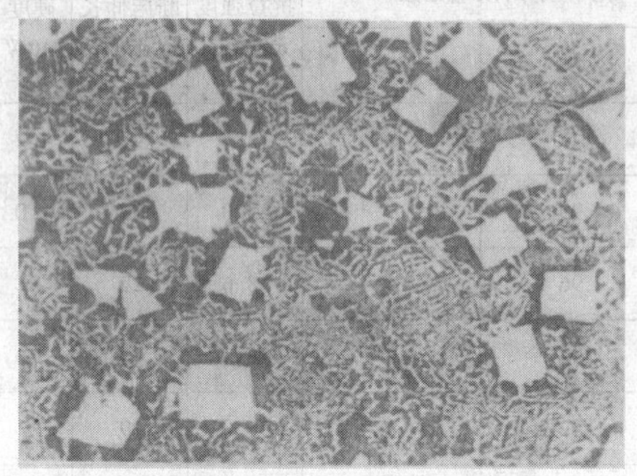

图 8-7　ZPbSb15Sn10 合金的显微组织　×250

ZPbSb16Sn16Cu2 合金的显微组织见图 8-8，基体是由铅和锑固溶体组成的共晶体，白色方形组织为 SnSb 相，白色针状晶体为 Cu_2Sb 或 Cu_6Sn_5 金属间化合物。

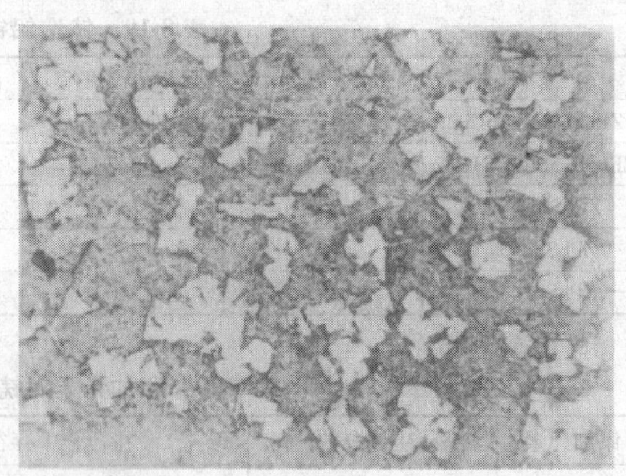

图 8-8　ZPbSb16Sn16Cu2 合金的显微组织　×100

7. 特点和应用（见表 8-22）

表 8-22　铸造铅锑轴承合金的特点和应用

合金牌号	主要特点	应　用
ZPbSb16Sn16Cu2	和 ZSnSb11Cu6 相比,抗压强度较高,价格较便宜,耐磨性较好,使用寿命较长,缺点是塑性和冲击韧度较差,在室温下比较脆,经受冲击载荷时容易形成裂纹和剥落。承受静载荷的性能较好	适用于工作温度小于 120℃ 的条件下承受无显著冲击载荷的重载高速轴承,例如,汽轮机,小于 750kW 的电动机、小于 500kW 的发电机、350kW 以上的压缩机以及轧钢机等的轴承

（续）

合金牌号	主要特点	应用
ZPbSb15Sn5Cu3Cd2	与ZPbSb16Sn16Cu2相比，含锡量约低2/3，但因加有镉和砷，性能无多大差别，可代替ZPbSb16Sn16Cu2合金	用于浇注汽车、拖拉机、船舶机械、小于250kW的电动机、抽水机、球磨机和金属切削机床的轴承
ZPbSb15Sn10	冲击韧度高于ZPbSb16Sn16Cu2，具有良好的嵌入性和摩擦顺应性，但摩擦因数较大	用于浇注中速中等载荷的轴承，如汽车、拖拉机发动机的曲轴和连杆轴承，也适用于高温轴承
ZPbSb15Sn5	为含锡量最低的铅锑合金。与ZSnSb11Cu6相比，抗压强度相当，但塑性和热导率较差。在温度不超过80～100℃和冲击载荷较低的条件下，使用寿命不低于ZSnSb11Cu6	用于低速载荷的机械轴承。一般多用于矿山水泵轴承，也可用于汽轮机中等功率电动机、拖拉机发动机、空气压缩机等轴承和轴衬
ZPbSb10Sn6	为含铅量最高的铅锑合金，主要特点：①强度与弹性模量的比值较大，抗疲劳能力较强。②具有良好的嵌入性。③合金硬度较低，对轴颈的磨损较小。④软硬适中，韧性好，装配时容易刮削加工。⑤原材料价廉，制造工艺简单，浇注质量容易保证。缺点是合金本身的耐磨性和耐蚀性不如锡基轴承合金	可代替ZSnSb4Cu4用于工作温度不超过120℃，承受中等载荷或高速低载荷的机械轴承。例如，汽车汽油发动机、高速转子发动机、空气压缩机、制冷机和高压液压泵等的主机轴承，也可用于金属切削机床、通风机、真空泵、离心泵、燃气泵、涡轮机和一般农机上的轴承

8.1.2.2 铅钙钠轴承合金

1. 合金成分与组织 加入钙和钠能提高合金的强度和硬度，因而铅钙钠合金又称为碱性硬化轴承合金，主要分为含锡和无锡两种。其化学成分见表8-23。

表8-23 铅钙钠轴承合金的化学成分（质量分数，%）

类型	Ca	Na	Sn	Mg	Pb
无锡	0.85～1.15	0.6～0.9	—	—	其余
含锡	0.35～0.55	0.25～0.5	1.5～2.5	0.01～0.09	其余

铅和钠的相图见图8-9；铅和钙的相图见2-169。

铅钙钠轴承合金的显微组织均由铅固溶体和Pb_3Ca化合物组成。铅固溶体构成了合金的软基体，Pb_3Ca构成合金的硬质点。该合金也是比较典型的轴承合金。

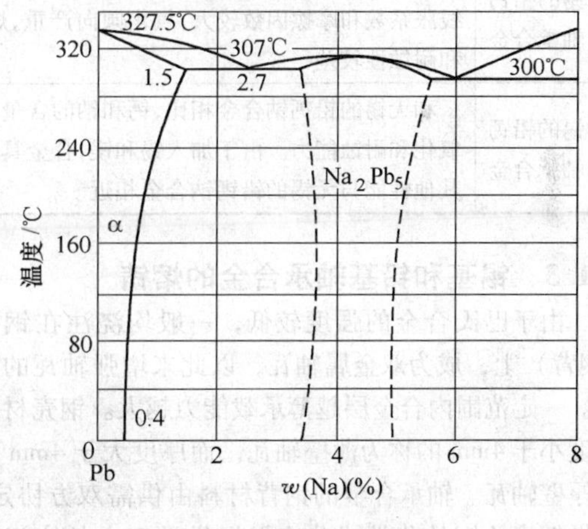

图8-9 Pb-Na系相图

2. 无锡铅钙钠轴承合金的物理和工艺性能（见表8-24）

3. 铅钙钠轴承合金的力学性能（见表8-25和表8-26）

4. 铅钙钠轴承合金的主要特点和应用（见表8-27）

表8-24 无锡的铅钙钠轴承合金的物理与工艺性能

密度 ρ/Mg·m^{-3}	液相线温度 /℃	固相线温度 /℃	线收缩率 (%)	线胀系数 α_l/×10^{-4}K^{-1}	热导率 λ/W(m·K)$^{-1}$	摩擦因数μ 有润滑	摩擦因数μ 无润滑
10.5	440	320	0.75	32	20.93	0.004	0.44

表 8-25　铅钙钠轴承合金的力学性能

类别	抗拉强度 R_m/MPa	断后伸长率 A(%)	抗压强度 R_{mc}/MPa	抗压屈服强度 $R_{pc0.2}$/MPa	疲劳极限 σ_D/MPa	硬度 HBW	弹性模量 E/GPa	冲击韧度 a_K/kJ · m^{-2}
无锡	98	2.5	157	116	25	32	22	78.45
含锡	91	8.1	148	80	—	17.5	—	114.70

表 8-26　添加元素对铅钙钠合金力学性能的影响

添加元素	含量(质量分数,%)	对合金性能的影响
钠	0.25 ~ 0.90	固溶在铅基体里,可提高基体的硬度和强度,在铅里的溶解度变化较大,合金的强度可通过热处理提高
钙	0.35 ~ 1.20	在铅里的溶解度较小,当钙的质量分数超过 1% 时,以 Pb_3Ca 形式存在。Pb_3Ca 是较硬的质点,可提高合金的耐磨性
镁	0.02 ~ 0.01	少量的镁固溶在铅里,能减少熔炼时钙和钠的烧损,提高抗大气腐蚀的能力,提高合金的硬度。但随着镁含量的增加,合金塑性降低
锡	1.5 ~ 2.5	锡固溶在铅基体里,提高基体的硬度和耐蚀能力,可加强合金与钢壳的粘合

表 8-27　铅钙钠轴承合金的主要特点和应用

类　别	主 要 特 点	应　用
无锡的铅钙钠轴承合金	具有较好的高温强度、冲击韧度和摩擦相容性,价格便宜。缺点是线胀系数和摩擦因数较大,氧化倾向严重,熔炼工艺较复杂,耐磨性和耐蚀性较差	适用于低速重载和受冲击的轴承,如铁路客货车辆及机车的轴瓦
含锡的铅钙钠轴承合金	和无锡的铅钙钠合金相比,钙和钠的含量较低,具有比较稳定的抗氧化和耐蚀能力。由于加入锡和镁,合金具有良好的耐磨性和强度。其他性能与无锡的铅钙钠合金相近	常用于制造 730kW 内燃机车用的柴油机轴承和 880kW 发动机轴承

8.1.3　锡基和铅基轴承合金的熔铸

由于巴氏合金的强度较低，一般均浇注在钢壳（钢背）上，成为双金属轴瓦，以此来增强轴瓦的强度。一定范围内合金层越薄承载能力越大。钢壳材料厚度小于 4mm 的称为薄壁轴瓦，而厚度大于 4mm 称为厚壁轴瓦。轴承合金的钢背材料由供需双方协定，用做钢壳的钢的化学成分应根据供需双方的协议商定，一般使用低碳钢，如 08 钢或 10 钢等。

巴氏合金的熔铸工艺包括钢壳的清洗与镀锡、合金的熔炼、合金的双金属浇注等过程。

1. 轴承钢壳的清洗与镀锡　为了使轴承合金与钢壳结合牢固，在浇注前必须把钢壳表面清洗干净并镀锡。其工艺过程为：脱脂→水洗→酸洗→水洗→沸水清洗→涂保护层→涂溶剂→镀锡。

（1）脱脂方法

1）溶剂脱脂。常用的溶剂有四氯乙烯、三氯乙烯和三氯乙烷等。三氯乙烯的脱脂能力最强，而四氯乙烯能力最弱。

2）碱溶液脱脂（碱洗）。常用的碱性化学试剂有氢氧化钠、碳酸钠、磷酸三钠和硅酸钠等。其中氢氧化钠的碱性最强，脱脂效果最佳，且价格便宜，使用方便，因此工厂普遍采用摩尔分数为 4.6% ~ 7.4% 的 NaOH 水溶液作为清洗剂。

经碱液浸洗后的钢壳，必须用清水冲洗，去除碱痕。

3）电解脱脂。将钢壳浸入油脂清洗剂里，通过电解作用除去油污。此法的脱脂效果最好。电解油脂清洗剂可以使用碱溶液，但浓度可以稍为稀一些。

脱脂效果直接影响合金与钢壳的结合强度，因此，脱脂处理后要进行检验。检验方法如下：

①肉眼观察钢壳表面有无污物，油脂等。

②用干净的白色绸布（或白纸）擦拭钢壳的表面，检查有无污物。

③用水浸润，如工作表面能被水全部浸润，表示脱脂干净；若有“旱斑”应继续脱脂。

（2）酸洗　为了清除钢壳的锈迹，已去脂的钢壳，用清水冲洗后立即酸洗。常用的酸洗方法有酸液酸洗和电解酸洗两种。

1）酸液酸洗。最常用的酸液是盐酸和硫酸。其两种酸洗液的比较见表 8-28。

表 8-28　两种酸洗液的比较

类　别	优　点	缺　点
盐酸溶液（HCl 的摩尔分数为 4.6% ~ 7.4%）	酸洗速度快，去锈效果显著，在常温下也能有效地去除铁锈，使用方便	盐酸容易蒸发，其蒸汽对人体有害，并对附近设备有强烈腐蚀作用
硫酸溶液（H_2SO_4 的摩尔分数为 3.1% ~5.8%）	价格便宜，运输和储存方便，在较高的酸洗温度下，几乎不产生蒸汽。对金属的腐蚀比盐酸溶液轻	酸洗速度比较低，为了有效的除锈，硫酸溶液需要加热到 70 ~85℃

硫酸溶液酸洗适用于大批量生产的连续酸洗；盐酸溶液酸洗则用于非连续性酸洗。

酸洗一般采用浸入法，即将钢壳浸入酸洗水溶液槽内 2 ~5min。对于大型轴瓦的钢壳，如不能在酸洗槽内酸洗，可用刷子浸酸液后擦拭。

2）电解酸洗：一般采用摩尔分数为 1.0% ~3.1% 的硫酸水溶液作为电解液。它与用酸液去锈相比，去锈更迅速，对基体金属的腐蚀小，操作方便，缺点是需要电解设备。

酸洗后钢壳表面应呈现均匀的银灰色光泽，酸洗后不能再用手触摸钢壳的内表面，否则会沾上手指上的油脂。

（3）涂保护剂　轴承钢壳不挂锡的外表面应涂上一层保护剂起保护作用，保护剂有以下几种：

1）泥浆。

2）白垩粉一份，水三份，外加总质量分数为 1% ~2% 的水胶。

3）白垩粉二份，水玻璃二份，水一份。

进行涂刷时调成稀糊状，要注意在镀锡表面不可粘着涂料。

（4）涂溶剂　镀锡前在钢壳内表面涂刷一层 $ZnCl_2$ 饱和溶液，以便消除钢壳表面清洗后形成的氧化膜，而进一步清洁镀锡表面。

（5）镀锡　热镀锡时铁和锡在钢壳表面形成 $FeSn_2$ 和 FeSn 过渡层，在浇注轴承合金时，过渡层使轴承合金和钢壳表面牢固地粘结在一起，增加轴承合金与钢壳的结合强度。锡化合物具有很大脆性，所以过渡层不宜太厚，否则会影响轴承合金与钢壳的结合强度。因此钢壳的镀锡层应该是薄而均匀。

锡基轴承合金镀锡时需要使用纯锡，铅基轴承合金镀锡用焊锡（w(Sn) =60%，w(Pb) =40%）。

镀锡方法有浸入法和锡条涂抹法两种。

1）浸入法：将纯锡或焊锡放在镀锡槽内熔化并升温到 270 ~300℃之间。然后将预热到 120℃左右的钢壳全部浸入槽内，使锡液停止冒泡时将钢壳取出。

2）锡条涂抹法：若钢壳尺寸较大或没有镀锡槽时可采用此法。将清洗后的钢壳加热到 300 ~350℃，然后涂刷一层氯化锌溶液，接着再用纯锡条或焊锡条在钢壳表面往复涂抹，使其熔化并用刷子把已熔化的锡液均匀地涂挂于钢壳表面上。若镀不上锡时，可再刷一次溶剂，这样一直到全部钢壳表面镀上为止。

镀锡表面的质量检查：若钢壳镀锡表面呈银白色镜面，锡液能在整个工作表面滚动，说明镀锡良好；若钢壳镀锡表面呈淡蓝色，说明镀锡温度过高，镀锡表面已氧化；如果有镀不上锡的斑点，应该用刮刀除去或重新清洗，然后再刷上 ZnCl 溶液，重新镀锡。

2. 合金的熔炼　锡基和铅基轴承合金的熔炼设备可以用电炉、油炉和焦炭炉。

为了减少轴承合金的杂质含量，熔炼时对金属原材料的纯度有一定得要求。大批量生产时，为了合金成分均匀，防止合金液过热，采用预制合金锭，然后将合金锭重熔并升温到规定温度后浇注轴瓦。

GB/T 8740—2005《铸造轴承合金锭》对 GB/T 8740—1988 旧标准进行了修订，采用 ASTM B 23—2000《巴氏轴承合金》标准，锡基合金牌号由原来的 7 个减少到 5 个，铅基合金牌号由 9 个减少到 4 个，与 ASTM B23—2000 标准一致。锡基、铅基轴承合金锭中杂质成分低于 ASTM B23—2000 标准部分则保留，高于部分则采用以保证标准的先进性。GB/T 8740—2005《铸造轴承合金锭》规定的铸造锡基和铅基轴承合金的牌号及其化学成分见表 8-29 和表 8-30。锡基和铅基轴承合金熔炼工艺见表 8-31。

表 8-29　铸造锡基轴承合金锭的牌号及其化学成分

合金牌号	化学成分（质量分数，%）										
	Sn	Pb	Sb	Cu	Fe	As	Bi	Zn	Al	Cd	总和
SnSb4Cu4	余量	0.35	4.0 ~5.0	4.0 ~5.0	0.06	0.1	0.08	0.005	0.005	0.05	0.5
SnSb8Cu4	余量	0.35	7.0 ~8.0	3.0 ~4.0	0.06	0.1	0.08	0.005	0.005	0.05	0.5

（续）

合金牌号	化学成分（质量分数，%）										
	Sn	Pb	Sb	Cu	Fe	As	Bi	Zn	Al	Cd	总和
SnSb8Cu8	余量	0.35	7.5~8.5	7.5~8.5	0.06	0.1	0.08	0.005	0.005	0.05	0.55
SnSb11Cu6	余量	0.35	10.0~12.0	5.5~6.5	0.08	0.05	0.05	0.005	0.005	0.05	0.3
ZSnSb12Pb10Cu4	余量	9.0-11.0	11.0~13.0	2.5~5.0	0.08	0.1	0.08	0.005	0.005	0.05	0.5

表 8-30　铸造铅基轴承合金锭的牌号及其化学成分

合金牌号	化学成分（质量分数，%）										
	Sn	Pb	Sb	Cu	Fe	As	Bi	Zn	Al	Cd	总和
PbSb16Sn1As1	0.8~1.2	余量	14.5~17.5	0.6	0.1	0.8~1.4	0.1	0.005	0.005	0.05	0.5
PbSb15Sn10	9.3~10.7	余量	14.06~16.0	0.5	0.1	0.3~0.6	0.1	0.005	0.005	0.05	0.5
PbSb15Sn5	4.5~5.5	余量	14.06~16.0	0.5	0.1	0.3~0.6	0.1	0.005	0.005	0.05	0.55
PbSb10Sn6	5.5~6.5	余量	9.5~10.5	0.5	0.1	0.25	0.1	0.005	0.005	0.05	0.3

表 8-31　锡基和铅基轴承合金熔炼工艺

合金	熔炼工艺要点	特　点
锡基轴承合金	工艺一： 1. 先熔炼锑、铜各50%的中间合金　将电解铜加入预热的石墨坩埚内，上面覆盖木炭。当铜熔化并升温到1200℃左右时，加入质量分数为0.1%~0.3%磷铜脱氧，然后分批加入块度为5~10mm锑块，同时用铁棒不断搅拌，使其熔化。待合金液冷却到800℃，立即去除炉渣，浇注成锭 2. 熔炼锡基轴承合金　先加锡和旧料（加入量不超过30%），同时上面覆盖木炭。当料熔化后加入中间合金、锑和其他金属料。加热到浇注温度，充分搅拌合金液，并用脱水氯化铵精炼，加入量为合金质量的0.05%~0.1%。静置一定时间后扒去炉渣即可浇注	第一种工艺是传统的熔炼工艺。铜熔点高，因而先熔炼Cu-Sb中间合金锭，再熔炼轴承合金。这种方法虽然合金成分容易掌握，但工时长，能耗大
	工艺二： 1. 熔炼铜锑中间合金　按轴承合金牌号要求称取所需的电解铜、锑、锡。将电解铜放在石墨坩埚内熔化并升温至1100~1200℃，然后分批加入预热过的锑块，同时不断搅拌合金液，使锑全部熔化。然后将炉温控制在900~950℃之间 2. 在熔化中间合金的同时，将全部锡放在铁锅中熔化，使锡液温度保持在400℃ 3. 然后用铁勺盛取中间合金液，逐渐倒入锡锅中并用铁棒均匀搅拌。再在500℃保温1h。最后用质量分数0.05%~0.1%的氯化铵精炼，静置一定时间后扒渣浇注	该工艺是将分别熔炼的Cu-Sb中间合金液和锡液混合。中间合金在液态时就加入锡液中，可节省熔炼时间和燃料消耗。缺点是占用的熔炼设备较多，熔炼温度较高，合金容易过热
	工艺三： 1. 将干燥的木炭加在坩埚底部，坩埚预热到200℃左右加入1/2的总锡量和全部铜。当料全部熔化后加入预热过的锑粒，并不断搅拌，等锑全部熔化后进行清渣 2. 加入剩余的锡，当合金液升温到浇注温度时，可恒温1h以便使合金成分均匀 3. 将合金液搅拌后用占合金质量0.05%~0.1%的脱水氯化铵精炼。如果长时间连续浇注，可以每隔1h精炼一次。静置一定时间后扒去炉渣即可浇注	特点是直接熔炼轴承合金。铜不是依靠高温熔化，而是利用液体锡和固体铜的相互溶解作用，促进铜很快熔化。该法可缩短熔炼时间，减少能源消耗，避免合金过热

（续）

合金	熔炼工艺要点	特　点
铅锑轴承合金	工艺一： 熔炼工艺和锡基轴承合金工艺三基本相同。不同处是：1. 熔炼开始时，一次加入全部锡和铜。2. 锑全部熔化并在清渣后加入全部铅	熔炼特点和锡基轴承合金熔炼工艺三相同，适用于含铜的铅锑合金
	工艺二： 1. 将坩埚预热到暗红色，先加入1/3纯铅、加热至700～750℃，然后分批加入锑粒，使锑全部熔化 2. 然后清除掉合金液表面上的氧化层，在660℃时加入块状砷，并用力搅拌促使其熔化。然后加入其余的铅。在420～450℃时，最后加入镉和锡 3. 如果炉渣过多，可在合金液上撒适量的白蜡，使氧化渣还原，并与合金液分离 4. 用占合金质量0.05%～0.1%的脱水氯化铵精炼，静置2～4min后扒渣浇注	该工艺适用于不含铜的铅锑合金。其成分主要是铅、锑和锡，其中锑的熔点最高，因而先加部分铅再加锑有助于锑的熔化，可缩短熔炼时间，避免合金液过热
铅钙钠轴承合金	1. 熔炼铅钠中间合金：先在铸铁坩埚内加入占全部配料重量30%的铅，加热使铅熔化。然后把熔融的铅倒入盛有液态金属钠的坩埚内，在此形成铅钠中间合金 2. 熔炼轴承合金：将含有质量分数为64%的氯化钙装入炉内，进行脱水处理、熔化并过热到800℃。然后将氯化钙倒入铅钠中间合金液中，仔细搅拌，并扒去液面盐类夹杂物，加入其余的铅，搅拌后立即浇注	用氯化钙代替金属钙，依靠Pb-Na中间合金和氯化钙的相互作用获得Pb-Na-Ca合金，可降低轴承合金成本，但合金成分较难掌握

3. 合金的浇注

（1）锡基和铅基轴承合金的浇注方法，过程、特点及应用（见表8-32）。

（2）重力浇注　半圆形轴瓦和圆形轴瓦的重力浇注工艺示意图见图8-10和图8-11。

重力浇注时应该注意的事项：①浇注工具应在浇注前预热。②金属芯应涂上一层石墨并在装配前预热。③严格控制镀锡轴瓦的温度，应达到250～270℃，使锡层处于液体状态。④严格控制浇注温度，应在合金液相线温度以上70℃左右。⑤浇注时金属液要连续不断并均匀快速地流入型腔，避免卷入空气和氧化。⑥浇注后需用红热的铁棒在型腔内轻轻搅动，以利于合金液里的夹杂物上浮、气体的排出和合金液的收缩。当凝固接近顶部时，应补浇一些合金液进行补缩。⑦应在轴瓦底部喷水冷却，促使合金液自下而上地顺序凝固。

（3）离心铸造　离心机转速应根据轴瓦内径确定，转速和轴瓦内径的关系可参照表8-33。

生产实践证明，锡基轴承合金薄壁轴瓦内表面比较合适的线速度为2.6～3.2m/s；铅锑轴承合金轴瓦内表面的线速度以3～5m/s较为合适。离心机转速也可以根据轴瓦表面的线速度确定。

表8-32　锡基和铅基轴承合金的浇注方法、过程、特点及应用

浇注方法	过　程	特　点	应　用
重力浇注	固定已镀锡的钢壳，然后浇注轴承合金	工艺装备简单，易于投产，生产率较低	适用于单件小批量生产和制作大型轴承
离心铸造	将合金液浇注到正在旋转的钢壳中，以便在离心力作用下布满钢壳表面而随之转动，最后凝固成双金属轴瓦	合金组织致密，力学性能较高，铸件无气孔夹渣等缺陷，节约金属，生产率高，容易产生偏析	适用于中小型轴瓦的成批和大批量生产
锡基、铅基合金双金属钢带连续浇注	将轴承合金液连续浇注在表面已经过清洗和镀锡的冷轧钢带上制成双金属带。双金属带经过退火处理后即可作为轴瓦材料	合金液连续快速冷却，合金组织致密，力学性能较高，粘结可靠，质量稳定，生产率高。但设备结构复杂，投产前一次投资较大	适用于轴瓦的大批量生产

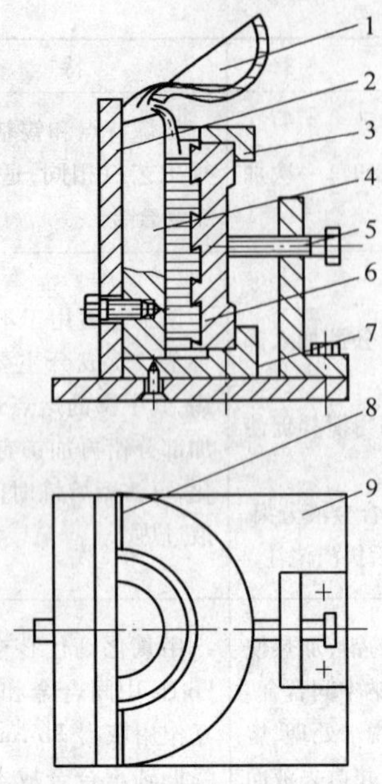

图 8-10　半圆形轴瓦的重力浇注工艺示意图

1—勺子　2—主板　3—半圆铁环　4—金属芯
5—压紧螺钉　6—钢壳　7—底座
8—石棉底板　9—底板

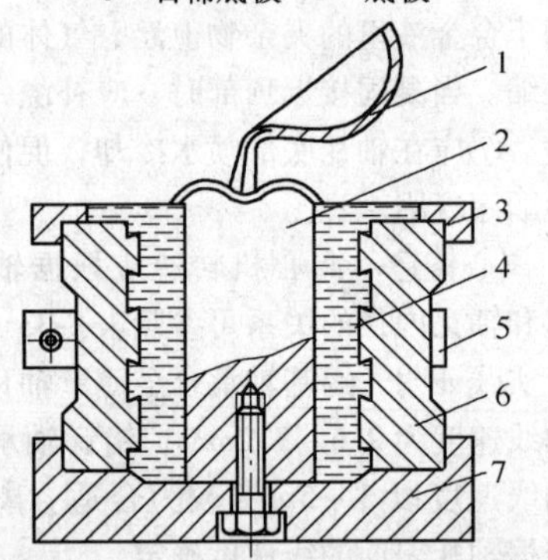

图 8-11　圆形轴瓦的重力浇注工艺示意图

1—勺子　2—金属芯　3—铁环　4—金属液
5—夹紧环　6—钢壳　7—底座

表 8-33　双金属轴瓦离心浇注时离心机转速和轴瓦内径的关系

轴瓦直径/mm	离心机转速/r · min^{-1}
75 ~ 100	700 ~ 800
>100 ~ 125	650 ~ 720
>125 ~ 150	600 ~ 650
>150 ~ 175	580 ~ 620
>175 ~ 200	560 ~ 600
>200 ~ 225	560 ~ 580
>225 ~ 250	510 ~ 550
>250 ~ 270	480 ~ 500
>270 ~ 285	430 ~ 470
>285 ~ 320	400 ~ 450

注：铅基轴承合金的转速应比表内下限值高 15% ~ 25%。

离心浇注时的注意事项：浇注时必须核对离心机转速，要严格控制浇注温度和轴瓦温度，合金液必须严格定量。

为了使轴承合金和钢壳粘结良好，镀锡钢壳安装到离心机上的时间应尽可能缩短；安装时间从镀锡结束起，一般薄壁轴瓦的安装时间不超过 7 ~ 10s，厚壁轴瓦不超过 30 ~ 90s；浇注完毕，经过 50 ~ 60s 空冷后用水冷却钢壳，促使合金由外向内地顺序凝固。

8.1.4　锡基和铅基合金轴承的质量检验

8.1.4.1　质量检验项目和方法（见表 8-34）

8.1.4.2　金相检验

（1）金相试样的制备　首先从轴瓦规定部位截取试样，经镶嵌、磨制和抛光，然后在腐蚀剂内进行浸蚀。由于钢壳和轴承合金的硬度差别较大，试样磨削面容易形成台阶。为了防止出现台阶现象，每次磨制或抛光时，都不要固定在一个方向上，应使试样的结合线与磨制方向或抛光方向呈 15°交角变换角度进行磨制或抛光。

（2）锡基和铅基轴承合金金相试样的腐蚀试剂（见表 8-35）

表 8-34　锡基和铅基合金轴承的质量检验项目和方法

项　目	方法和内容
化学成分	薄壁轴瓦在离钢壳 0.5mm 处，厚壁轴瓦在规定的合金层处取样，分析锡、锑、铜和铅等元素。分析值应符合轴承合金牌号的技术要求
金相组织	在轴承工作面和横截面处截取试样并作金相检查，具体要求按 QC/T 516—1999《汽车发动机轴瓦锡基和铅基合金金相标准》评定
硬度	可直接在金相试样上测定布氏硬度。当合金层厚度很小时可采用维氏硬度检验。合金的硬度应符合合金牌号技术要求
铸造缺陷	宏观检测轴承工作表面上有无裂纹、气孔、缩孔等缺陷。铸件的内部缺陷由无损探伤确定

（续）

项　目	方法和内容
钢壳与轴承合金的粘结检验	无损检测： 1. 声响法　用小锤打击轴瓦，如粘结良好，声音应清脆响亮；如果是破裂的哑声，就表明轴承合金和钢壳粘结不好 2. 油浸法　将轴瓦浸入油中，然后取出擦干，用滑石粉涂抹结合处，若滑石粉一直很干，表明粘结良好；若局部地方的滑石粉被油润湿或有油渗出，就表明粘结不完善 3. 电阻法　用两个触头压在轴瓦内表面上，通电并用电阻表测量两触头之间的电阻，如粘结不连续，电阻就会变化 4. 超声波法　将探头放在轴瓦内表面上，然后在示波管上观察探头所接受的反射超声波。根据反射脉冲的图形，就可以检验轴承合金和钢壳的粘结质量 具体的超声波检测方法可以按照 GB/T 18329. 1—2001《多层金属滑动轴承结合强度的超声波无损检验》进行和结合质量的评估 破坏性检验： （1）弯曲法　可先将轴瓦压平，再压至钢壳相互贴紧，然后观察合金层与钢壳裂开处，如钢壳表面呈灰白色或留有绒毛状合金，表明粘结良好 （2）结合强度测定法　先直接从轴瓦或轴瓦双金属板带上取样并加工成形状、尺寸和表面粗糙度一定的试样。轴瓦双金属结合强度的测定应在万能材料试验机上进行。试验可选用拉伸或压缩方法。具体操作规程可按部颁标准 QC/T 558—1999《汽车发动机轴瓦双金属结合强度破坏性试验方法》进行

表 8-35　锡基和铅基轴承合金金相试样的腐蚀试剂

名　称	成　分	方　法	用　途
盐酸溶液	w(HCl) = 5% ~ 10% 水溶液	浸蚀 30s 后，用水、酒精清洗并干燥	显示锡、铅和锑及其合金的晶界
硝酸酒精溶液	$w(HNO_3)$ = 1.4%　1 ~ 5mL C_2H_5OH 或 CHO_3OH　100mL	用蘸有硝酸溶液的棉球擦拭试样 10 ~ 30s	锡基和铅基合金组织
硝酸和醋酸溶液	HNO_3　4 份 CH_3COOH　3 份 H_2O　16 份	浸蚀 4 ~ 30s（40 ~ 42℃），揩干，加热到 80℃，反复浸蚀和抛光（10 ~ 15s）	显示铅和铅基合金组织
苦味酸溶液	$C_6H_2(NO_2)_3$　4g C_2H_5OH　100mL	浸蚀 20s ~ 2min	显示铅基和锡基合金组织
硝酸和氢氟酸溶液	HNO_3　1 滴 HF　2 滴	加热到 35 ~ 40℃，浸蚀 1min	显示锡基和铅基合金上锡覆盖层的组织
双氧水醋酸溶液	CH_3COOH　3 份 H_2O_2（质量分数为 9%）　1 份	浸蚀 10 ~ 30s，用硝酸、酒精洗涤	显示含锑、钠和钙的铅基合金组织
酒石酸-过硫酸铵溶液	$(NH_4)_2S_2O_8$ 水溶液　质量分数为 10%　50 份 酒石酸水溶液　质量分数为 28%　2 份	浸蚀揩拭 20s ~ 2min	显示锡基合金及铁基合金的锡覆盖层组织
钼酸溶液	MoO_3　40g NH_4OH　60mL H_2O　100mL 过滤后加 HNO_3　25mL	浸蚀揩拭 20s ~ 2min	各种成分的锡基和铅基合金组织

8.1.5　锡基和铅基轴承合金的铸造缺陷分析（见表 8-36）

表 8-36　锡基和铅基轴承合金的铸造缺陷分析

名　称	特　征	产生原因	防止方法
与钢壳粘结不良	敲击时有破裂声音，撬开合金后，钢壳表面灰黑色无毛绒、或有白色块状锡层未与合金粘结	钢壳清洗不干净，镀锡温度过高，夹具预热不够，钢壳镀锡后未立即浇注合金，合金温度太低，合金浇注凝固后，冷却速度过快，合金间产生较大的收缩热应力	检查钢壳清洗和镀锡工艺，钢壳预热温度提高到 400℃左右，夹具预热温度达到 200℃以上，钢壳镀锡后立即浇注合金，检查合金的浇注温度，凝固后立即将轴瓦装入炉温为 120～160℃保温炉内随炉冷却至常温
晶粒粗大	显微组织中弥散相尺寸粗大	浇注温度太高，冷却速度太慢	调整合金浇注温度、加快冷却速度
成分偏析	合金层的内外层成分和组织不一致，显微组织中硬相化合物聚集在合金层外层	离心机转速太快，冷却速度太慢，合金液浇注温度过高	降低离心机转速，浇注前应将合金液搅拌均匀，合金液浇注温度不应太高，一般 470℃以下，浇注后加快冷却速度
裂纹	轴瓦合金层表面或合金与钢壳交界处沿侧面的圆周方向有裂纹	锡基合金的钢壳镀锡时误用了焊锡，冷却不均匀并过快，离心机夹具松动、两端不同心，转动中有振动	锡基合金的钢壳镀锡时需用纯锡，调整冷却速度，检查冷却方式是否均匀合理，检修离心机和夹具
缩孔	合金层表面沿圆周方向有细小的孔眼或隐藏在表面皮下层	冷却速度太慢，而浇注速度太快，合金层太薄，不能形成从外向内的顺序凝固	提高离心机转速，加快合金冷却速度，凝固后期浇注速度减慢，适当增加合金层厚度
气孔	合金表面或表面层有不规则分布的孔洞	熔炼温度过高，合金液过热，浇注温度过高或过低，冷却速度过快，夹具预热温度不够，预热不均匀	合金浇注温度要适当，不能过高或过低，调整冷却速度，夹具预热温度达 200℃以上，浇注工艺要正确，防止浇注时卷入气体，熔炼时要防止合金液过热
夹渣	合金层表面或内部有非金属夹杂物	合金浇注温度过低，合金液内熔渣未除净，钢壳加热温度过高，加热时间过长，溶剂表面生成熔渣浮于表面	调整浇注温度和钢壳预热温度，合金液表面熔渣应扒干净或用氯化铵进行精炼处理

8.1.6　锡基和铅基轴承合金废料的回收

1. 废料的分类（见表 8-37）

2. 废料的重熔工艺　废料必须经过重熔，用溶剂进行处理，浇注成锭，经化学分析合格后才能使用。废料重熔工艺有两种方法：

1）先将坩埚预热至暗红色，把大块废料装入坩埚，熔化后再逐渐地加入切屑，使切屑熔化到一定数量后加入少许白蜡，使熔渣和合金液分离，接着扒去熔渣，待合金液升温到 420～450℃时，用质量分数为 0.05% 的氯化铵精炼去气，然后再次撇净熔渣，静置 2～4min，即可浇注成锭。若合金液成分和轴承合金牌号不符，熔炼时应用中间合金补充不足元素，调整化学成分后，方能浇注。

2）废料全部由杂屑组成时，先在坩埚底部铺一层氯化铵粉，用量为杂屑质量的 5%～10%。然后再加入杂屑，坩埚加热到 430～450℃时，用铁铲定时搅拌坩埚里的配料。在加热时，氯化铵分解，使合金和杂质氧化物分离，并使部分氧化物还原。搅拌时合金液逐渐沉积在坩埚底部，然后把得到的合金液浇注成锭。对坩埚内还剩下的一部分杂屑仍需要重新加热到较高温度，再按上述工序处理，直到铸出合金锭为止。

表 8-37 锡基和铅基轴承合金废料的分类

分类	熔炼前预处理	用途
切屑	按合金牌号分类并根据废料状况进行去油、分离铁质杂物等工作，然后重熔并浇注成锭	可作为二次合金锭使用，熔炼时的用量一般不超过（质量分数）30%
从旧轴承中回收的旧料	旧轴承合金的回收可采用喷灯熔化法。大批旧轴承在回收时可浸入温度为460℃已熔有旧合金液的槽内进行回收，然后重熔和精炼并浇注成锭	可作为二次合金锭使用
废铸件和浇冒口	浇废的双金属轴瓦可按上述方法处理，按合金牌号分类堆放	可直接做轴承合金的回炉料
浇注后多余的合金	按合金牌号分类堆放，并进行成分分析	

8.2 铜基轴承合金

铜基合金包括铜锡合金、铜铅合金和铜铝合金。铜基轴承合金具有高的疲劳强度和承载能力，优良的耐磨性，良好的导热性，摩擦因数低，能在250℃以下正常工作，适合于制造高速、重载下工作的轴承，如高速柴油机、航空发动机轴承等。

1. 合金牌号及化学成分 GB/T 1174—1992 规定的铸造铜基轴承合金牌号和一些国家及国际标准中的铜基轴承合金牌号见表 8-38。其化学成分见表 8-39。主要元素和其他元素对铜基轴承合金组织性能的影响见表 8-40。

除了 GB/T 1174—1992 规定的铸造锡基轴承合金牌号与化学成分外，国标 GB/T 18326—2001 还等效采用了 ISO4383：2000《滑动轴承 薄壁滑动轴承用金属多层材料在薄壁滑动轴承用多层材料》，规定了薄壁滑动轴承用铜基多层材料的牌号和化学成分，见表 8-41。GB/T 18326—2001 在技术内容上与 ISO4383：2000 基本相同。

表 8-38 铸造铜基轴承合金牌号及国外相近牌号

中国牌号 GT/T 1174—1992	相近牌号					
	国际标准	俄罗斯	美国	日本	德国	英国
ZCuSn5Pb5Zn5	CuPb5Sn5Zn5	Б$_р$О5Ц5С5	C83600	BC6	G-CuSn5ZnPb	LG2
ZCuSn10P1	CuSn10P	Б$_р$О10Ф1	C90700	PBC2B	—	PB4
ZCuPb10Sn10	CuPb10Sn10	Б$_р$О10С10	C93700	LBC3	G-CuPb10Sn	LB2
ZCuPb15Sn8	CuPb15Sn8	—	C93800	LBC4	G-CuPb15Sn	LB1
ZCuPb20Sn5	CuPb20Sn5	—	C94100	—	G-CuPb20Sn	KB5
ZCuPb30	—	Б$_р$С30	—	KJ3	—	—
ZCuAl10Fe3	CuAl10Fe3	Б$_р$Al10Fe3	C95200	ALBC1	G-GuAl10Fe	AB1

表 8-39 铸造铜基轴承合金化学成分（质量分数，%）

合金牌号	Sn	Pb	Cu	Zn	Al	Sb	Ni	Mn	Si	Fe	Bi	As	P、S	其余元素总和
ZCuSn5Pb5Zn5	4.0~6.0	4.0~6.0	其余	4.0~6.0	0.01	0.25	2.5*	—	0.01	0.30	—	—	P0.05，S0.10	0.7
ZCuSn10P1	9.0~11.5	0.25	其余	0.05	0.01	0.05	0.10	0.05	0.02	0.10	0.005	—	P0.5-1.0，S0.05	0.7
ZCuPb10Sn10	9.0~11.0	8.0~11.0	其余	2.0*	0.01	0.5	2.0*	0.2	0.01	0.25	0.005	—	P0.05，S0.10	1.0

（续）

合金牌号	Sn	Pb	Cu	Zn	Al	Sb	Ni	Mn	Si	Fe	Bi	As	P、S	其余元素总和
ZCuPb15Sn8	7.0 ~ 9.0	13.0 ~ 17.0	其余	2.0*	0.01	0.5	2.0*	0.2	0.01	0.25	—	—	P0.10，S0.10	1.0
ZCuPb20Sn5	4.0 ~ 6.0	18.0 ~ 23.0	其余	2.0*	0.01	0.75	2.5*	0.2	0.01	0.25	—	—	P0.10，S0.10	1.0
ZCuPb30	1.0	27.0 ~ 33.0	其余	—	0.01	0.2	—	0.3	0.02	0.5	0.005	0.1	P0.08	1.0
ZCuAl10Fe3	0.3	0.2	其余	0.4	8.5 ~ 11.0	—	3.0*	1.0*	0.20	2.0 ~ 4.0	—	—	—	1.0

注：1. 凡表格中所列两个数值者，系指该合金主要含量范围，表格中所列单一数值者，系指允许的最高含量。

2. 表中有 * 号的数值，不计入其他元素之和。

表 8-40　元素对铜基轴承合金组织性能的影响

元素	含量（质量分数，%）	对合金组织性能的影响
Pb	4 ~ 33	在 Cu 中以游离状态分布，增加合金的耐磨性、切削性和耐水压性；易产生密度偏析，局部聚集成粒块后，降低合金的耐磨性、强度和伸长率
Sn	4 ~ 10	固溶在 Cu 里，使 Cu 呈树枝晶析出，能防止 Pb 的偏析，提高合金强度、硬度和耐磨性。加入量过大时，Pb 呈粗块，会降低合金强度，并使合金硬度增加，使合金的嵌入性和顺应性下降
Zn	2 ~ 6	固溶于铜，可提高合金的强度和硬度，能缩小凝固温度范围，改善流动性，减少分散缩孔，降低合金液中的气体含量，减少铸件中气孔缺陷。在含锡量较高的铜铅合金中，过多的锌会增加合金的脆性
Ni	1 ~ 3	固溶于铜，细化晶粒，减轻铅偏析；能提高合金的屈服强度、高温强度、耐磨以及耐蚀性。当镍的质量分数超过 2% 时，合金的冲击韧性降低
S	0.05 ~ 0.25	S 和 Cu 能形成 Cu_2S，在合金凝固时形成骨架阻碍铅的聚集，减少铅的偏析。当 $w(S) > 0.3\%$ 时，合金的力学性能显著降低，切削加工性能恶化
Mn	0.05 ~ 1.0	具有脱氧效果，能防止铜铅合金中铅的偏析，在铝青铜中具有稳定 β（Cu_3Al）固溶体，提高强度、韧性和耐蚀性的作用
P	0.05 ~ 1.0	有很好的脱氧作用，能改善合金液的流动性，在固溶体中 P 的溶解度质量分数为 0.1%，$w(P) > 0.1\%$ 时，形成（$\alpha + Cu_3P$）共晶。Cu_3P 硬而脆，增加硬度和耐磨性，但降低合金塑性和韧性
Al	≤0.01	Al 强烈促进 Pb 的偏析，并容易形成氧化夹渣，降低合金液的流动性，影响铜铅合金的力学性能。铝青铜中的 $w(Al) = 8.5\% \sim 11\%$ 可形成 β（Cu_3Al）固溶体，提高合金强度和塑性
Fe	0.1 ~ 0.5	微量 Fe 固溶于 Cu，当 $w(Fe) > 0.25\%$ 会形成富铁相 ε，降低合金的塑性和冲击韧性。铝青铜中铁的质量分数为 2% ~ 4% 可形成 Fe_3Al 相作为晶核，细化晶粒，提高合金的力学性能
Sb	≤0.75	会降低铜铅合金的冲击韧性和耐磨性。当 $w(Sb) > 2\%$ 时，Sb 和 Cu 形成 Cu_2Sb，能阻碍铜铅合金中 Pb 的聚集，减轻 Pb 的偏析
As	≤0.1	使合金的强度和塑性降低，增加合金的热脆性

表 8-41　铜基轴承合金的牌号、化学成分（GB/T18326—2001）

化学元素	化学成分(质量分数,%)				
	CuPb1Sn10	CuPb17Sn5	CuPb24Sn4	CuPb24Sn	CuPb30
Cu	余量	余量	余量	余量	余量
Pb	9.0~11.0	14.0~20.0	19.0~27.0	19.0~27.0	26.0~33.0
Sn	9.0~11.0	4.0~6.0	3.0~4.5	0.6~2.0	0.5
Zn	0.5	0.5	0.5	0.5	0.5
P	0.1	0.1	0.1	0.1	0.1
Fe	0.7	0.7	0.7	0.7	0.7
Ni	0.5	0.5	0.5	0.5	0.5
Sb	0.2	0.2	0.2	0.2	0.2
其他元素总量	0.5	0.5	0.5	0.5	0.5

2. 物理性能　物理性能见表 8-42。

3. 温度对 ZCuPb10Sn10 合金物理性能的影响（见图 8-12）

4. 力学性能

（1）技术标准规定的力学性能见表 8-43；典型室温力学性能见表 8-44。

硫和稀土元素对 ZCuPb30 轴承合金力学性能的影响见表 8-45。

表 8-42　铸造铜基轴承合金的物理性能

合金牌号	密度 ρ /$Mg \cdot m^{-3}$	线胀系数 α_l/ $\times 10^{-6}K^{-1}$	热导率 λ (15℃) /$W \cdot (m \cdot K)^{-1}$	比热容 c/ $J(kg \cdot K)^{-1}$	电导率 γ(%IACS)		电阻率 ρ/$\mu\Omega \cdot m$		摩擦因数 μ	
					15℃	200℃	15℃	200℃	有润滑	无润滑
ZCuSn5Pb5Zn5	8.7	19.1	71	377	15	13	0.113	0.133	0.190	0.16
ZCuSn10P1	8.7	18.5	50	396	—	—	—	—	0.008	0.10
ZCuPb10Sn10	8.9	18	47	—	10	9	0.17	0.19	0.0045	0.18
ZCuPb15Sn8	9.1	17.1	47	—	11	10	0.16	0.17	—	—
ZCuPb20Sn5	9.4	18.0	59	—	14	10	0.11	0.13	0.004	0.14
ZCuPb30	9.5	18.5	142.4	—	—	—	—	—	0.008	0.18
ZCuAl10Fe3	7.5	18.1	59	—	—	—	—	—	—	—

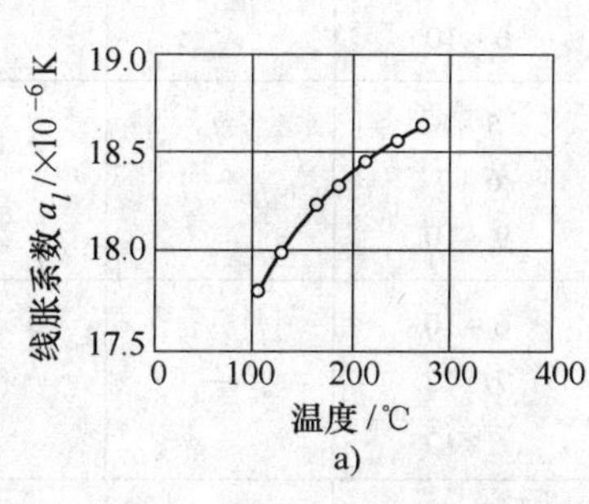

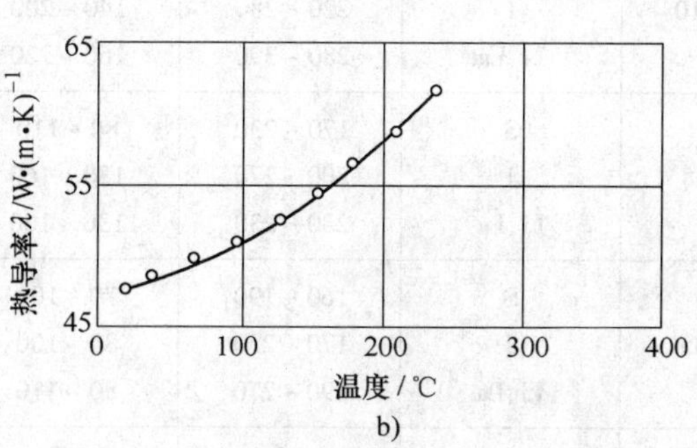

图 8-12　温度对 ZCuPb10Sn10 合金物理性能的影响

a）对线胀系数的影响　b）对热导率的影响

表8-43　技术标准规定的铸造铜基轴承合金力学性能（GB/T 1174—1992）

合金牌号	铸造方法	力学性能 ≥		
		抗拉强度 R_m/MPa	断后伸长率 A(%)	布氏硬度 HBW
ZCuSn5Pb5Zn5	S、J	220	13	60
	Li	250	13	65
ZCuSn10P1	S	200	3	80
	J	310	2	90
	Li	330	4	90
ZCuPb10Sn10	S	180	7	65
	J	220	5	70
	Li	220	6	70
ZCuPb15Sn8	S	170	5	60
	J	200	6	65
	Li	220	8	65
ZCuPb20Sn5	S	150	5	45
	J	150	6	55
ZCuPb30	J	—	—	25
ZCuAl10Fe3	S	490	13	100
	J、Li	540	15	110

表8-44　铸造铜基轴承合金的典型室温力学性能

合金牌号	铸造方法	抗拉强度 R_m/MPa	屈服强度 $R_{p0.2}$/MPa	断后伸长率 A(%)	硬度 HBW	弹性模量 E/GPa
ZCuSn5Pb5Zn5	S	227~270	100~130	13~30	650~735	—
	J	200~280	110~140	6~15	780~930	—
	Li	220~310	110~140	8~30	780~930	—
	La	270~340	100~140	13~35	735~880	—
ZCuSn10P1	S	196~275	124~237	3~20	785~980	—
	J	250~300	157~245	6	1080~1175	—
	La	355	150	18	930	—
ZCuPb10Sn10	S	190~270	80~130	7~12	—	—
	J	220~280	140~200	5~7		75~83
	Li、La	280~390	160~220	6~10		—
ZCuPb15Sn8	S	170~230	80~110	5~8	—	—
	J	200~270	130~160	6~7		75~80
	Li、La	230~230	130~160	9~10		—
ZCuPb20Sn5	S	160~190	70~100	6~10	—	—
	J	170~230	80~100	7~12		74~78
	Li、La	190~270	80~110	7~15		—
ZCuPb30	J	75	47	5.0	—	77
ZCuAl10Fe3	S	550	206	35	1225	—

表 8-45 硫和稀土元素对 ZCuPb30 轴承合金力学性能的影响

化学成分(质量分数,%)				抗拉强度	抗压强度	硬度	冲击韧度
Pb	S	RE	Cu	R_m/MPa	R_{mc}/MPa	HBW	α_K/kJ · m^{-2}
27 ~ 33	—	—	余量	74.5 ~ 93	206 ~ 255	27 ~ 32	52 ~ 56
27 ~ 33	0.2 ~ 0.25	—	余量	59 ~ 74.5	216 ~ 255	28 ~ 31	39 ~ 49
27 ~ 33	—	0.05 ~ 0.08	余量	68 ~ 88	245 ~ 363	32 ~ 38	—

(2) 高温力学性能

1) 温度对铜铅轴承合金硬度的影响见表 8-46。

表 8-46 温度对铜铅轴承合金硬度的影响

试验温度/℃	ZCuPb15Sn8	ZCuPb20Sn5
	硬度 HBW	
20	60.0	50.0
150	56.0	45.0
200	54.0	43.0
250	52.0	41.0
300	50.0	39.0

2) ZCuPb10Sn10 合金的力学性能与温度关系及其高温力学性能见图 8-13、图 8-14 和表 8-47。

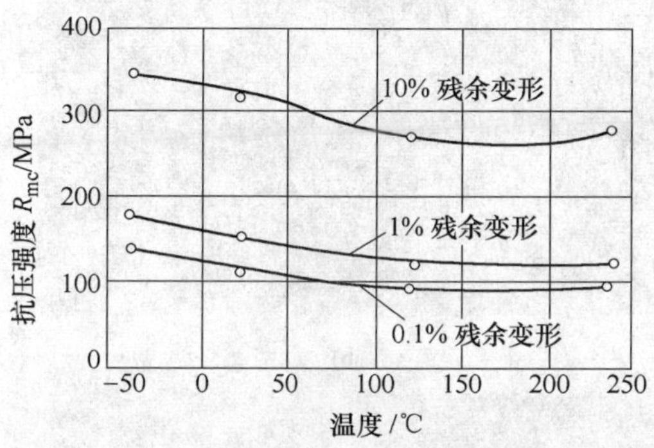

图 8-13 ZCuPb10Sn10 合金的抗压强度与温度的关系

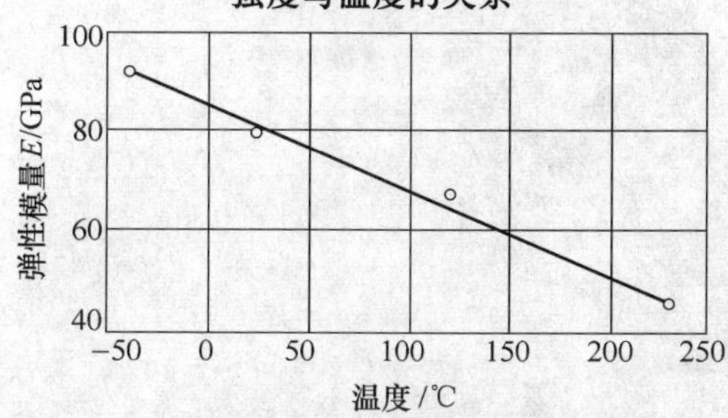

图 8-14 ZCuPb10Sn10 合金的弹性模量与温度的关系

表 8-47 ZCuPb10Sn10 合金的高温力学性能(砂型铸造)

试验温度/℃	抗拉强度 R_m/MPa	屈服强度 $R_{p0.2}$/MPa	断后伸长率 A(%)	硬度 HBW
20	180	80	8	65
150	148	73	5	58
200	138	71	3	56
250	126	68	—	54
300	102	65	—	53

3) ZCuPb10Sn10 轴承合金的蠕变极限见表 8-48。其蠕变断裂特性曲线见图 8-15。

表 8-48 ZCuPb10Sn10 合金的蠕变极限

试验温度/℃	蠕变极限 $\sigma^t_{1/10000}$/MPa
176	70
232	31
288	11

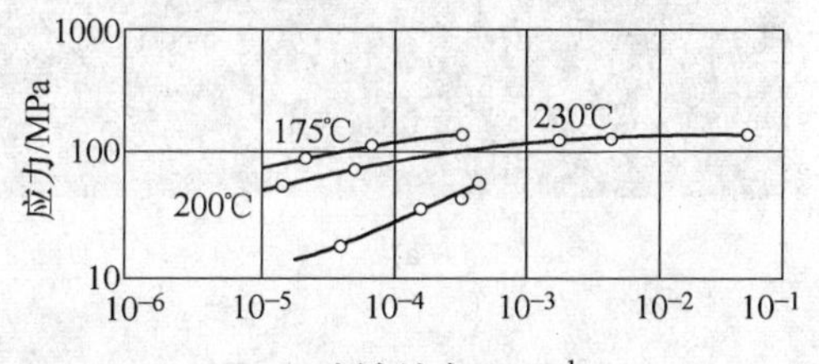

图 8-15 ZCuPb10Sn10 合金的蠕变断裂特性曲线

a) 蠕变速度与应力曲线 b) 断裂时间与应力曲线

5. 工艺性能　铜基轴承合金 ZCuSn5Pb5Zn5、ZCuSn10P1 以及 ZCuAl10Fe3 合金的工艺性能可参阅第 6 章中铸造锡青铜、铸造铝青铜的相关内容，本节主要讨论铜铅轴承合金的工艺性能。

（1）铸造性能　铜铅合金在铸造凝固过程中有一个较突出的问题就是易产生重力偏析，所以浇注前应仔细搅拌，浇注后快速冷却，通常将冷水喷射到刚浇好的铜铅合金轴瓦的钢壳上进行快速冷却。合金中加入少量锡和镍等第三元素也可以减少铅的偏析。铸造铜铅合金的铸造性能见表 8-49。

表 8-49　铸造铜铅合金的铸造性能

合金牌号	流动性（螺旋线长度）/mm	线收缩率（%）	液相线温度/℃	熔化温度/℃	浇注温度/℃
ZCuPb10Sn10	—	1.6	925	1100 ~ 1150	1000 ~ 1100
ZCuPb15Sn8	450	1.4	930	1100 ~ 1150	1000 ~ 1100
ZCuPb20Sn5	450	1.5	940	1100 ~ 1200	1000 ~ 1100
ZCuPb30	350	1.6	950	1150 ~ 1200	1030 ~ 1060

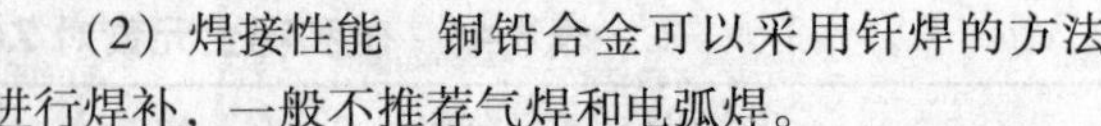

（2）焊接性能　铜铅合金可以采用钎焊的方法进行焊补，一般不推荐气焊和电弧焊。

6. 显微组织　铜基轴承合金中的 ZCuSn5Pb5Zn5、ZCuSn10P1 以及 ZCuAl10Fe3 合金的显微组织可参阅第 6 章中铸造锡青铜、铸造铝青铜中的相关部分，这里着重介绍铜铅轴承合金的金相组织。Cu-Pb 二元合金平衡图见图 2-116，液态时在一定区域内形成均一液相，固态下铜铅元素互不溶解，其显微组织是纯铜基体中有铅粒存在。铅在这类合金中的形状分布，对轴承性能起决定性作用。图 8-16 为 ZCuPb30 轴承合金三种类型金相组织：①网状组织（见图 8-16a）。铅以网络状分布。网状铅可供给连续的润滑，因而减摩性较好，但疲劳性能和耐蚀性较差。②点块状组织（见图 8-16b）。铅以均匀的点或块分布在连贯的铜基体上。合金具有较高的疲劳强度、耐蚀性，但减摩性不如网状组织。③树枝状组织（见图 8-16c）。基体为树枝状偏析的固溶体，铅为网状。树枝状组织合金的疲劳强度及其他性能介于点块状和网状之间。

a)

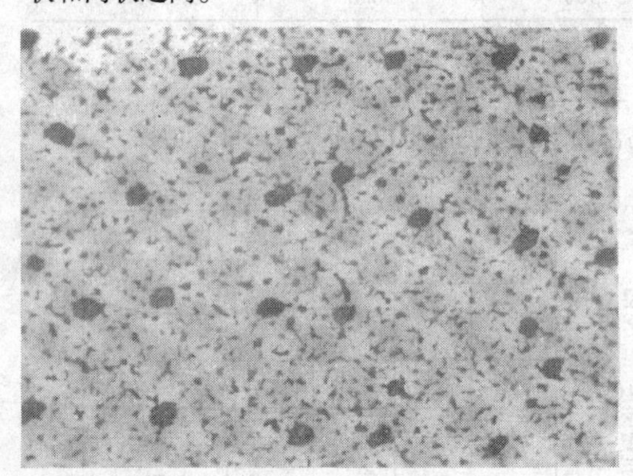

b)

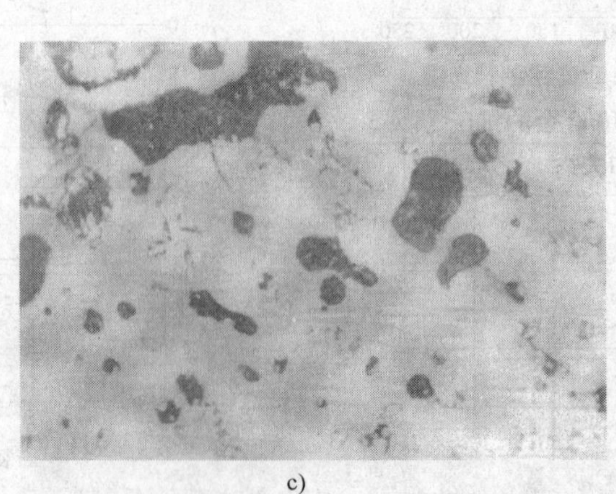

c)

图 8-16　ZCuPb30 合金的三种典型组织

a）网络状组织　×100　b）点块状组织　×100　c）树枝状组织　×250

7. 特点和应用（见表8-50）

8. 合金的熔炼 铜基轴承合金多制成双金属轴瓦使用。轴承双金属的熔铸过程包括钢壳的清洗和涂挂硼砂、合金的熔炼以及合金的双金属浇注。

表8-50 铸造铜基轴承合金的特点和应用

合金牌号	轴承双金属一般制造方法	特性	一般用途
ZCuSn5Pb5Zn5	浇注或烧结在钢壳上或金属型浇注	较高的硬度、耐磨性和耐腐蚀性,高的抗冲击和耐高温能力,较差的抗擦伤能力,相匹配轴颈的硬度一般不低于250HBW	做一般用途的轴承材料,适用于低载非重要工作条件下工件的轴承、止推垫圈,如汽车发动机、活塞销、变速箱轴套等
ZCuSn10P1	浇注在钢壳上或金属型浇注	有高的硬度和耐腐蚀性,耐磨性好	适用于中到重载、高速有冲击载荷工况条件下工作的轴承,轴颈要淬硬,硬度一般不低于300HBW。要求良好的润滑和装配
ZCuPb10Sn10	浇注或烧结在钢壳(带)上,或金属型浇注	有高的疲劳强度和承载能力,高的硬度和耐磨性,好的耐腐蚀性。增加含锡量可提高合金的硬度和耐磨性;增加含铅量可改善合金承受装配不良和间歇润滑的能力。与淬硬轴匹配,轴颈的硬度一般不低于250HBW	适用于中载、中到高速以及由于摆动或旋转运动引起有很大的冲击载荷的轴承。一般用于汽车、发动机、机床用轴承、内燃机活塞销、汽车转向器和差速器用轴套、止推垫圈等
ZCuPb15Sn8	浇注或烧结在钢壳(带)上,或金属型浇注	有高的疲劳和承载能力,较高的硬度和耐磨性,耐腐蚀。增加含锡量可提高合金的硬度和耐磨性,增加含铅量可改善合金承受装配不良和间歇润滑的能力,可用水润滑。相匹配轴颈的硬度一般不低于200HBW	适用于中载、中到高速的单层、双层金属轴承、轴套和单层金属止推垫圈,冷轧机用轴承
ZCuPb20Sn5	浇注或烧结在钢壳(带)上	有较高的承载能力和疲劳强度、较高的含铅量可改善合金在高速下的表面性能,耐腐蚀性却略有下降;增加锡含量可提高合金硬度和耐磨性,可用水润滑。相匹配轴颈的硬度一般不低于150HBW	适用于中载、中到高速,以及因摆动或旋转运动引起有中等冲击载荷的轴承。一般用于汽车的变速箱、农机具和内燃机摇臂轴上轴套
ZCuPb30	浇注或烧结在钢壳(带)上	具有很小的摩擦因数和很高的耐磨性,疲劳强度也很高,在冲击载荷下不易开裂,导热能力较好。缺点是铸造性能差,容易产生重力偏析,无表面镀层的耐蚀性较差	适用于高速高载荷轴承,如航空发动机、拖拉机发动机的曲轴轴承、连杆轴承及凸轮轴轴承
ZCuAl10Fe3	金属型浇注	属于硬轴承合金,耐磨性高,耐腐蚀性较好,嵌入性差	适用于制造作滑动运动的结构元件,及在海洋等腐蚀性环境中工作的轴承,高载荷轴套,但轴颈必须硬化

(1) 钢壳的清洗及涂挂硼砂

1) 钢壳的清洗。清洗工艺可参阅锡基和铅基轴承合金中的有关部分。

2) 涂挂硼砂。在钢壳内表面涂挂一层硼砂保护层，以防止钢壳内表面再次氧化，使钢壳和铜基合金粘合牢固。

涂挂硼砂的方法可分为浸入法和涂刷法。

①浸入法。首先将硼砂放在坩埚炉内熔化，温度控制在980～1000℃，然后把经过清洗并预热到750～800℃钢壳浸入到硼砂中10～30s取出。

②涂刷法。用毛刷在钢壳清净的内表面涂刷一层厚度0.1～0.15mm、温度80～90℃、质量分数为3%～4%的硼砂水溶液，然后于高温炉内在还原性气氛下加热到900℃。

(2) 熔炼　熔炼设备主要有焦炭炉、油炉和电炉。

铜基轴承合金的熔炼工艺可参阅第6章铜合金熔炼部分的有关锡青铜、铝青铜和铅青铜的熔炼的内容。在熔炼的过程中要尽量减少合金液的氧化和吸气。对于铜铅合金，浇注前要充分搅拌，以防止成分偏析。

(3) 浇注　铜基轴承合金的浇注方法主要有离心铸造和重力铸造两种。这两种方法的浇注过程、特点及应用可参阅表8-32。

重力铸造时的注意事项：

1) 铸型在装配时应严禁用手接触钢壳的内孔和铁模的外表面，不得碰伤钢壳内孔的硼砂层。

2) 铸型应在电炉内加热，温度为1000～1100℃。

3) 铸型加热后应立即浇注，浇注时不得断流，一般应在5～10s内浇完。

4) 合金浇完后4～6s内立即喷水冷却。喷水5～6min，手能摸及钢壳外表面时即可停止。

离心浇注时的注意事项：

1) 钢壳自高温硼砂炉中取出后应立即装入离心机，时间不超过10s。钢壳被卡紧后，开动离心机进行浇注，一般在5s内浇完。

2) 在浇注过程中要随时撇渣并经常搅拌。

3) 对于铜铅轴承合金，要严格控制离心机速度，因为在一般情况下转速越高，径向铅偏析越大。因此，在保证足够冷却速度的前提下，尽可能降低离心机的转速。离心机的转速 n 可参考下式选用：

$$n = \frac{5520}{\sqrt{R\rho}}$$

式中　n——离心机转数（r/min）；

R——钢壳内表面半径（cm）；

ρ——合金密度（g/cm^3）。

4) 合金液浇入后让钢壳空冷旋转10～20s，即开始大量喷水进行快速冷却，冷却时间过短，不利于合金液中非金属夹杂物的排除。

5) 喷水冷却时，应保证合金液均匀冷却，冷却速度一般控制在30～60℃/s。待钢壳温度冷却至40～60℃左右时停止喷水。

9. 质量检验及缺陷分析

1) 质量检验项目及方法见表8-51。

表8-51　铜基合金轴承的质量检验项目及方法

项　目	方法和内容
化学成分	在离钢壳1mm处的合金层中车取试样，化验铅、锡和铁等元素的含量，分析值应符合合金牌号的技术要求
金相组织	在轴瓦中心一侧30°处，由边缘向中心截取两块试样(长10～30mm，宽6～8mm)。一块以工作面为金相磨面；另一块以横截面为金相磨面，对工作面和横截面进行金相检验，显微组织的级别评定可参照部颁标准JB/T 9749—1999《内燃机铸造铜铅合金轴瓦金相检验标准》
硬度	用检验金相的试样测定布氏硬度。试验条件可参照JB/T 7925.1—1995《滑动轴承、单层轴承减摩合金的硬度检验方法》或GB/T 10453—1995《滑动轴承多层轴承减摩合金的硬度检验方法》，合金硬度应符合牌号技术要求
钢壳与合金的粘接检验	听声：用锤轻击轴瓦钢壳时，声音应清脆响亮，不得有哑声 破坏性检验：将轴承沿直径方向剖开成两片，将其中一片压平至钢壳相互贴紧，合金层上允许有裂纹，但合金层和钢壳没有脱离，则表面粘接良好，两者若脱离，则表面粘接质量较差 双金属结合强度的测定：试样要求和具体操作规程详见部颁标准QC/T 558—1999《汽车发动机轴瓦双金属结合强度破坏性试验方法》
铸造缺陷	宏观检验：肉眼检查合金层表面是否有裂纹、气孔、疏松和铅偏析等缺陷 X射线检验：检查合金层内部有无裂纹、疏松、夹杂和铅粒偏析等缺陷。适用于成品检验 荧光检验：检查合金表面层有无裂纹、气孔和疏松等缺陷

2) 铸造缺陷分析见表8-52。

表 8-52　铜基合金轴承的铸造缺陷分析

缺陷		特征	产生原因	防止方法
裂纹	表面裂纹	合金层表面存在着方向性或不规则分布的裂纹	冷却速度过大或不均匀，合金的含磷量过高，离心机转速过大或夹具不同心	控制水温、水压或水的流量，避免冷却速度过大，合理设计和安装冷却喷嘴，使钢壳均匀冷却，调整离心机转速和夹具
	内裂纹	轴瓦横截面的铜层之间沿圆周方向产生圆弧形裂纹	产生内裂纹的主要原因是由于在冷却过程中轴瓦内产生的热应力超过合金在该温度下的强度极限	在不影响钢壳和合金结合强度的前提下尽可能降低钢壳的加热温度
铅偏析	组织偏析	铅分布不均匀，局部区域呈微观或宏观聚集，铅块较大	加入的第三元素不适当，合金的浇注温度较低，冷却速度过慢，冷却不均匀	合理选择第三元素，加入量要适当。提高浇注温度及冷却速度，合理设置冷却喷嘴，使钢壳均匀冷却
	成分偏析	铅含量沿合金层断面分布不均匀	合金液成分布不均匀，离心机转速太大，浇注温度过高或过低，冷却速度过慢，喷水过晚	浇注前应加强搅拌，降低离心机转速，浇注温度要合适，及时喷水增加冷却速度
与钢壳粘结不良		敲击时有破裂声，破坏性检验时合金层与钢壳脱离	钢壳清洗不干净，钢壳或硼砂温度过高或过低，合金温度过低，合金中含磷量过高，硼砂质量差，钢壳从高温硼砂中取出后操作速度太慢，未立即进行浇注	钢壳应清洗干净，严格控制钢壳、硼砂和合金温度，合金磷的质量分数勿超过 0.1%，严格控制硼砂质量，不用质量不合格的硼砂，操作速度要快，避免钢壳降温
缩孔		合金表面沿圆周方向或隐藏在表面皮下层有细小的孔眼	合金或钢壳的温度过高，冷却速度太慢，不能形成从外向内的顺序凝固	降低合金或钢壳的温度，提高冷却速度
夹渣		合金表面或内部存在着非金属夹杂物	合金浇注温度过低，硼砂或钢壳的温度过高或过低，硼砂质量低劣，熔炼时脱氧不充分	合金浇注温度、硼砂或钢壳温度应适当控制，严格控制硼砂质量，金属炉料要干净，熔炼时脱氧要充分
气孔		合金表面或表面层有不规则分布的小孔洞	合金熔炼时间过长，熔炼和浇注温度过高，冷却速度过快或过慢	熔炼时所用的炉料要干燥清洁，熔炼时间不宜过长，合金浇注温度不宜过高，应正确控制冷却速度

8.3　铝基轴承合金

1. 铝基轴承合金的性能特点及分类　铝基轴承合金具有密度小、承载能力和疲劳强度高、导热性好的特点，并有优良的耐磨性和耐蚀性，适用于高速、高载荷下工作的轴承。主要缺点是线胀系数较大，运转过程中容易与轴咬死，而且硬度较高，容易擦伤轴颈，因此与铝基轴承合金配合的轴颈硬度应不低于 230HBW。

国标 GB/T 18326—2001 等效采用了 ISO4383：2000《滑动轴承　薄壁滑动轴承用金属多层材料在薄壁滑动轴承用多层材料》，规定了薄壁滑动轴承用铝基多层材料的牌号和成分，见表 8-53。GB/T 18326—2001 在技术内容上与 ISO4383：2000 基本相同。

按添加元素分类，铝基轴承合金可分为铝锡、铝硅、铝锑、铝铅、铝铜、铝镍、和铝-石墨轴承合金。本节仅介绍目前常用的铝锡、铝锑和铝铅轴承合金。

2. 铝锡轴承合金

(1) 合金化学成分　铝锡轴承合金含锡量可分为两类：$w(Sn)<9\%$ 的低锡铝合金和 $w(Sn)>15\%$ 的高锡铝合金。其牌号（代号）和国外牌号对照表见表 8-54，化学成分见表 8-55。合金元素对铝锡合金性能的影响见表 8-56。

(2) 物理性能（见表 8-57）

(3) 力学性能

1) 铝锡轴承合金的典型力学性能见表8-58和表8-59。

2) 高锡铝合金轴瓦材料和其他轴瓦材料的性能对比见表8-60。

3) 铝锡二元合金的力学性能见表8-61。铝锡二元合金塑性较好，强度和硬度较低，为了增加合金的强度和硬度，可加入少量硅、铜和镍。

4) 硅对 $w(Sn)=6\%$ 铝锡合金力学性能的影响见表8-62。

表8-53 铝基轴承合金的牌号和化学成分（GB/T 18326—2001）

化学元素	化学成分(质量分数,%)				
	AlSn20Cu	AlSn12Si2.5Pb1.7	AlSn6Cu	AlSi11Cu	AlZn5Si1.5Cu1Pb1Mg
Al	余量	余量	余量	余量	余量
Cu	0.7-1.3	0.4-1.3	0.7-1.3	0.7-1.3	0.8-1.2
Sn	17.5-22.5	10.0-14.0	5.5-7.0	0.2	0.2
Ni	0.1	0.1	0.1	0.1	0.1
Si	0.7	2.0-3.0	0.7	10.0-12.0	1.0-2.0
Fe	0.7	1.8-3.5	0.7	0.3	0.6
Mn	0.7	0.35	0.7	0.1	0.3
Ti	0.2	0.1	0.2	0.1	0.2
Pb	—	1.0-2.5	—	—	0.7-1.3
Zn	—	—	—	—	4.4-5.5
Mg	—	—	—	—	0.6
其他元素总量	0.5	0.5	0.5	0.3	0.4

表8-54 铝锡轴承合金的国内外牌号对照表

中国牌号	中国代号	相近牌号				
GB/T 1174—1992		国际标准	俄罗斯	美国	日本	德国
—	ZLSn1	—	AO9-2	852.0	AJ2	
—	ZLSn2	—	—	851.0	—	—
—	ZLSn3	—	—	—	—	—
—	ChAlSn20-1	AlSn20Cu	AO20-1	SAE783	—	AlSn20
ZalSn6Cu1Ni1	—	AlSn6CuNi	AO6-1	850.0		AlSn6

表8-55 铝锡轴承合金化学成分

合金牌号	代号	化学成分(质量分数,%)											
		Sn	Cu	Si	Ni	Mg	Al	Fe	Si	Mn	Zn	Pb	Ti
—	ZLSn1	6.0~9.0	2.0~3.0	—	1.0~1.5	<1	其余	0.3①	0.5①	0.5①	0.1①	0.1①	0.5①
—	ZLSn2	6.5~7.0	1.0~1.5	2.0~2.5	0.5~1.0	1.0~2.0	其余	0.4①	—	—	0.1①	0.1①	
—	ZLSn3	2.0~4.0	3.5~4.5	—	—	—	其余	0.8①	0.5①	0.5①	0.1①	0.1①	0.5①
—	ChAlSn20-1	17.5~22.5	0.8~1.2	—	—	—	其余	0.7①	0.7①	0.7①	—	—	0.2①
ZAlSn6Cu1Ni1	—	5.5~7.1	0.7~1.3	0.7	0.7~1.3	—	其余	0.7①	0.7①	0.1①	—	—	Ti0.2 Fe+Si+Mn≤1.0

① 为最大值。

表8-56　合金元素对铝锡合金性能的影响

元素	含量(质量分数,%)	在合金中存在的形式	对合金性能的影响
硅	2~2.5	以共晶硅的形式存在	可提高合金的硬度和耐磨性。加入量过大时会降低合金的力学性能,轴颈会遭到强烈磨损
铜	0.8~4.5	一部分固溶在铝基体中,其余部分形成 $CuAl_2$	可提高合金的硬度和强度。加入量过大时合金的线胀系数会增大,铸造性能变坏
镍	0.5~1.5	以 $NiAl_3$ 形式存在	可提高合金的硬度、强度和热强性
铈	1~1.5	以 Al_4Ce 形式存在	可提高合金的硬度、耐磨性、强度和热强性
镁	1~2	固溶在铝基体里并形成 Mg_2Sn 相	可提高合金的硬度和耐磨性

表8-57　铝锡轴承合金的物理性能

合金牌号(代号)	密度 ρ/$Mg\cdot m^{-3}$	线胀系数 α_l/$\times10^{-6}K^{-1}$	热导率 λ/$W(m\cdot K)^{-1}$	固液共存区温度/℃
ZLSn1	2.88	23.2	180	210~635
ZLSn2	2.83	22.7	167	229~630
ZLSn3	—	—	—	—
ChAlSn20-1	3.1	24	—	229~630
ZAlSn6Cu1Ni1	2.9	23.1	184	225~650

表8-58　铝锡轴承合金的典型力学性能

合金牌号(代号)	状　态	抗拉强度 R_m/MPa	双金属间的结合强度 R_g/MPa	断后伸长率 A(%)	硬度 HBW
ZlSn1	J、T2	147①	—	10①	45①
ZlSn2	J、T2	147①	—	10①	45①
ZlSn3	J、T7	—	—	—	100①
ChAlSn20-1	连同钢板一起扎成双金属轴瓦材料	98~108	78.5~98	—	22~32
ZAlSn6Cu1Ni1	S	110①	—	10①	35②
	J	130①	—	15①	40②

① 最小值。

② 参考值。

表8-59　国外铝锡轴承合金的力学性能

合金牌号	铸造方法	热处理	抗拉强度 R_m/MPa	屈服强度 $R_{p0.2}$/MPa	断后伸长率 A(%)	硬度 HBW	疲劳强度极限 S_D/MPa
850.0	J	T5	159	76	12.0	45	62
851.0	J	T5	138	76	5.0	45	62
852.0	J	T5	221	159	5.0	70	76

表8-60　高锡铝合金轴瓦材料和其他轴瓦材料的性能对比

轴瓦材料	合金层厚度/mm	疲劳强度 S/MPa	承载能力/MPa	备　注
锡基轴承合金	0.38	34.9	11.0	—
铜铅合金	—	75.5	23.0	w(Pb)=30%
铝锑镁合金	—	—	24.0	—
w(Sn)=20%的高锡铝合金	0.38	98~127.5	27.5	轧制加工成双金属轴瓦

表 8-61　铝锡二元合金的力学性能（金属型铸造）

化学成分(质量分数,%)		硬度 HBW	冲击韧度	抗拉强度	屈服强度	断后伸长率
Al	Sn		α_K/kJ·m^{-2}	R_m/MPa	$R_{p0.2}$/MPa	A(%)
99	1	24.3	473.7	66.7	33.0	31.1
97	3	24.0	200.0	74.5	28.0	32.6
95	5	22.8	270.7	67.7	29.0	26.3
93	7	23.5	306.0	70.6	24.5	25.0
90	10	21.5	368.7	68.6	26.5	29.8

表 8-62　硅对 w(Sn)=6%铝锡合金力学性能的影响

化学成分(质量分数,%)			硬度 HBW	冲击韧度	屈服强度	抗拉强度	断后伸长率	断面收缩率	抗压屈服强度
Al	Sn	Si		α_K/kJ·m^{-2}	$R_{p0.2}$/MPa	R_m/MPa	A(%)	Z(%)	$R_{pc}0.2$/MPa
94	6.0	—	22.8	262.8	24.5	77.5	28.2	69.4	38
93	6.0	1.0	29.2	313.8	39	114	24.8	32.0	71.5
92	6.0	2.0	31.5	205.9	59	119	20.5	26.5	74.5
91	6.0	3.0	32.8	166.7	44	128.5	14.1	22.4	86.0
90	6.0	4.0	32.5	107.9	49	136	—	12.7	95
89	6.0	5.0	38.2	91.2	—	135	—	10.0	113

（4）铸造性能　随着含锡量的增加，合金液相线温度下降，结晶温度范围不断减小，合金的流动性显著提高。常有铝锡轴承合金的线收缩率约1.5%～1.7%。

由于铝和锡的密度差别甚大，铝锡合金在凝固过程中容易产生密度偏析合金的密度偏析倾向主要取决于合金的化学成分和冷却速度。铜和镍的加入可减少合金偏析，含锡量增加，合金的偏析倾向增大。铸件的冷却速度对铝锡二元合金偏析的影响见表8-63。

表 8-63　铸件冷却速度对铝锡二元合金偏析的影响（质量分数,%）

试样取样位置	w(Sn)=25%浇注温度660℃		w(Sn)=65%浇注温度600℃		w(Sn)=85% 浇注温度580℃	
	金属型温度100℃	金属型温度700℃	金属型温度100℃	金属型温度600℃	金属型温度100℃	金属型温度600℃
上	24.66	23.31	64.40	62.06	83.80	82.12
下	25.50	26.47	65.90	67.47	88.13	90.06
Sn差值	0.84	3.16	1.50	5.41	4.83	7.94

注：试样的直径为ϕ20mm，高度为200mm。

铸件冷却速度越缓慢，合金偏析倾向越大，为了避免合金偏析，制造铝锡合金整体轴承时必须采用金属型铸造。

（5）显微组织　铝锡二元合金相图见图2-36。铝锡轴承合金均是亚共晶成分合金，其铸态组织是共晶体呈网状分布在铝基体晶界上。共晶体主要组成是锡，可近似看成是纯锡相，因而铝锡合金是有硬基体铝和软质点锡所组成。为了提高合金的强度和硬度，在铝锡轴承合金中还可加入铜、硅、镍和稀土等元素。ChAlSn20-1合金的铸态显微组织见图8-17。若经冷轧和退火处理，锡相则以分散颗粒状均匀地分布在铝基体上。

图 8-17　ChAlSn20-1 合金的铸态显微组织 ×100

（6）特点和应用（见表8-64）

表 8-64 铝锡轴承合金的主要特点及应用

合金牌号(代号)	主要特点	应用
ZAlSn6Cu1Ni1	耐磨性超过锡基和铅基轴承合金,抗疲劳性和承载能力较高,密度较小,耐蚀性良好,在受重载荷作用时,轴承工作表面的温度较低。其缺点是嵌入性和摩擦顺应性不如锡基和铅基轴承合金	若制成有钢壳的双金属轴瓦,可用于高速和重载荷轴瓦,如重载荷柴油机和压缩机曲轴轴承、齿轮箱和自动传动装置轴承。也可用于铸造一般机床的轴套
ZlSn1	主要性能同 ZAlSn6Cu1Ni1 相近,力学性能略高	同 ZAlSn6Cu1Ni1
ZlSn2	和 ZAlSn6Cu1Ni1 相比,耐磨性和减摩性较好,其他性能相近	同 ZAlSn6Cu1Ni1
ZlSn3	含锡量最低的铝合金,价格低廉,强度较高,接近于锡青铜的强度,耐磨性较好。主要缺点是嵌入性和摩擦顺应性较差,摩擦因数较大	适用于中速中载荷轴承,如切削机床、水泵、鼓风机等机械设备的一般轴套和轴瓦
ChAlSn20-1	有高的疲劳强度和承载能力,良好的耐热性,耐蚀性和导热性;摩擦顺应性和嵌入性较好,还有良好的切削加工性能,硬度较低,也适用于淬火的曲轴	连同钢板一起扎成双金属轴瓦板材,可用于压强28MPa、滑动线速度为13m/s条件下工作的各种轴承,如高速和大功率内燃机机车、重载汽车和拖拉机柴油机上的轴承

3. 铝锑轴承合金

(1) 合金牌号及化学成分(见表 8-65)

(2) 显微组织和元素作用 根据铝锑二元合金相图(见图 2-33),铝和锑不能形成固溶体。将少量的锑添加到铝中时形成含 $w(\mathrm{Sb})=1.1\%$ 的共晶体。当锑的质量分数大于 1.1% 时铝锑合金成为过共晶合金,其铸态组织则由 AlSb 初晶及共晶体基体组成。AlSb 化合物为针状硬脆相,而共晶体基体为软基体,因此铝锑合金也是比较典型的轴承合金。

为了改善铝锑合金的力学性能,向合金中添加镁、铜和镍等元素,这些元素对铝锑轴承合金性能的影响见表 8-66。

(3) 物理性能(见表 8-67)

(4) 力学性能

1) 铝锑轴承合金的典型力学性能见表 8-68。

2) 镁对含 $w(\mathrm{Sb})=4\%$ 铝锑合金力学性能的影响见表 8-69。

(5) 特点和应用 见表 8-70。

表 8-65 铝锑轴承合金的牌号和化学成分(质量分数,%)

合金牌号	俄罗斯 ГОСТ 14113—1978	Sb	Mg	Cu	Ti	Te	Al	Fe①	Si①	Cu①	Mn①	Zn①	总和
LSb5-0.6	АСМ	3.5 ~ 5.5	0.3 ~ 0.7	—	—	—	其余	0.75	0.5	0.1	0.2	0.1	1.5
—	АМСТ	4.6 ~ 6.5	—	0.7 ~ 1.2	0.03 ~ 0.12	0.03 ~ 0.3	其余	0.75	0.5	—	0.2	0.1	2.0

① 最大值。

表 8-66 元素对铝锑轴承合金性能的影响

元素	含量(质量分数,%)	对合金性能的影响
镁	0.5 ~ 0.7	使 AlSb 化合物的形状从针状变为球状,改善耐磨性和塑性,提高屈服强度和冲击韧性
镍	0.5 ~ 1.5	提高硬度、强度和热强性。加入量过大时会降低合金的冲击韧性
铜	0.5 ~ 1.5	提高强度和硬度,加入量过大时合金摩擦因数较大,表面性能较差
钛	0.03 ~ 0.2	细化组织,提高力学性能

表 8-67　铝锑轴承合金的物理性能

合　　金	液相线温度/℃	固相线温度/℃	密度 ρ/Mg · m^{-3}	线胀系数 α_l/×10^{-6}K^{-1}
LSb5-0.6	750	657	2.8	24

表 8-68　铝锑轴承合金的典型力学性能

合　　金	硬度 HBW	冲击韧度 α_K/kJ · m^{-2}	抗拉强度 R_m/MPa	屈服强度 $R_{p0.2}$/MPa	断后伸长率 A(%)
LSb5-0.6	28.6	490	72.6	31.4	24.4

表 8-69　镁对含 w(Sb) =4%铝锑合金力学性能的影响

化学成分(质量分数,%)			冲击韧度	屈服强度	抗拉强度	断后伸长率	断面收缩率	抗压屈服强度	抗压强度
Al	Sb	Mg	α_K/kJ · m^{-2}	$R_{p0.2}$/MPa	R_m/MPa	A(%)	Z(%)	$R_{pc0.2}$/MPa	R_{mc}/MPa
96	4	—	166.70	17.7	75.5	20.5	35.8	53	523
95.7	4	0.3	387.35	37.0	70.6	26.3	46.2	54	486
95.5	4	0.5	303.00	31.4	72.6	24.4	45.0	95	566
95.0	4	1.0	304.00	32.4	81.4	29.5	54.7	71.6	228

表 8-70　铝锑轴承合金的特点及应用

合　　金	特　　点	应　　用
LSb5-0.6	具有较高的抗疲劳性和耐蚀性,较好的耐磨性、工作寿命较长而且价格较低。缺点是摩擦相容性和摩擦顺应性比锡基轴承合金差、承载压力较小(p < 19.6MPa)、允许的滑动线速度较低(v < 10m/s)	作为双金属轴瓦材料,适用于低速、中载荷的轴承,如拖拉机柴油机轴承、内燃机发动机连杆轴瓦
AMCT	承载能力和允许的滑动线速度均大于 LSb5-0.6,冲击韧性和硬度较高,耐磨性较好,但表面性能较差	作为双金属轴瓦材料,适用于高速、高载荷机械设备的轴承。如压缩机曲轴轴承。也可用来浇注整体轴承

4. 铝铅轴承合金

(1) 概述　铝铅轴承合金是一种较新的轴瓦材料，具有优良的表面性能和可靠的承载能力，主要适用于轿车和轻型车，在美国、日本应用普遍。目前国外多采用粉末冶金法来生产铝锑合金轴瓦，并已使其系列化。由于金属铝和铅的密度和熔点相差悬殊，两金属在固态下溶解度极小，液态下也难以互溶，因此，熔铸时合金中的铅极易产生偏析，给铸造铝铅合金的生产带来一定的困难。铸造铝铅轴承合金目前各国尚没有国家标准。

(2) 物理性能（见表 8-71）　铅对 Al-Pb-Cu 合金摩擦因数和磨痕宽度的影响，见图 8-18。

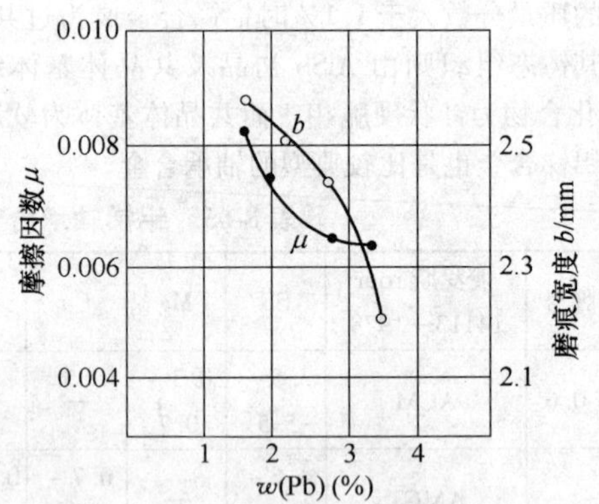

图 8-18　铅对 AlPbCu 摩擦因数和磨痕宽度的影响

表 8-71　铸造 Al-Pb-Cu 合金的物理性能

合金	密度 ρ /Mg · m^{-3}	线胀系数 α_l(20 ~ 100℃)/×10^{-6}K^{-1}	摩擦因数 μ	
			有润滑	无润滑
Al-Pb-Cu①	2.9 ~ 3.5	22.4	0.183	0.0062

① 化学成分：w(Pb) = 3% ~ 5%，w(Cu) = 2% ~ 4%，w(Si) = 1.0% ~ 2.0%，w(Mn) = 0.2% ~ 0.4%，Al 余量。

(3) 力学性能（见表 8-72）　铅对 Al-Pb-Cu 合金抗拉强度和断后伸长率的影响见图 8-19。

表 8-72　铸造 Al-Pb-Cu 合金的力学性能

合金	状态	抗拉强度 R_m/MPa	断后伸长率 A(%)	硬度 HBW	弹性模量 E/GPa
Al-Pb-Cu①	J	176 ~ 296	4 ~ 6	52 ~ 56	72.5
Al-Pb-Cu	T6	325	7.6	85	—

① 化学成分同表 8-71 注。

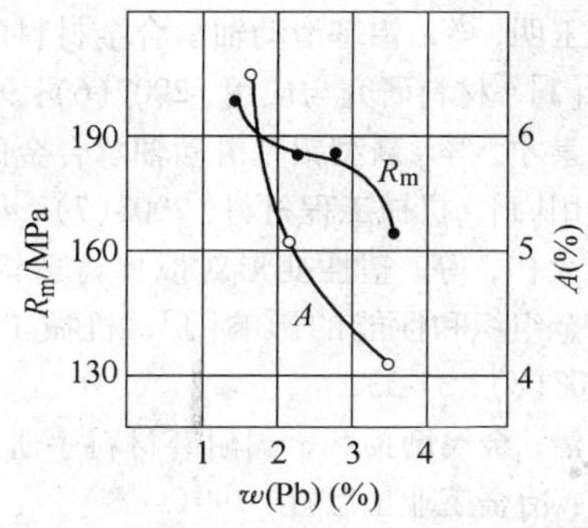

图 8-19　铅对 AlPbCu 合金性能的影响

（4）铸造性能（见表 8-73）

表 8-73　铸造 Al-Pb-Cu 合金的铸造性能

合金	流动性（螺旋线长度）/mm	线收缩率（%）	结晶温度范围/℃
Al-Pb-Cu	1100	1.4	605 ~ 625

5. 铝基轴承合金的生产

（1）铝锡和铝锑合金轴承的生产

1）铝锡和铝锑合金轴承的生产方式见表 8-74。

2）铝锡和铝锑合金轴承的熔炼。铝基轴承合金的熔炼过程与一般铸造铝合金相同。

表 8-74　铝锡和铝锑合金轴承的生产方式

方　式	过　程	特　点
铸造法	采用金属型铸造、离心铸造和连续铸造等方法制成整体轴承、双金属轴瓦和双金属带	工艺过程简单，可用极少的投资，较短的时间制造出轴承。主要用于低锡铝合金整体轴承
复合轧制法	首先将铝锡和铝锑轴承合金锭轧制成一定厚度的板材。然后将表面经过预处理（脱脂和酸洗）的铝合金板和钢板重叠在一起，在轧机上轧制成铝合金-钢板双金属轴瓦材料。为了使高锡铝合金能与钢板粘牢，在高锡铝合金和钢板之间包覆一层纯铝过渡层，轧制成钢板-纯铝-高锡铝合金轴瓦材料	复合轧制可改善合金组织，提高其力学性能，增强轴承合金和钢带的结合强度并能提高铝基合金轴承的生产率，但设备投资较大，生产工艺较复杂

铝锡轴承合金熔炼时，铜和镍以中间合金形式加入，而锡则直接加入。加料顺序为：铝锭—铝铜和铝镍中间合金—锡。炉料全部熔化后，精炼除气，静置，扒渣，浇注铸件或合金锭。

铝锑镁轴承合金熔炼时，锑可以直接加入或以中间合金形式加入。

直接加入锑的熔炼工艺是，将铝锭装炉熔化并过热至 850 ~ 900℃，然后分批加入小块的锑，每加入一批后要进行搅拌，直至炉底没有块状的沉淀为止。待锑全部熔化后，就可用钟罩压入镁锭。最后进行精炼除气，反应完毕后静置 5 ~ 6min 即可扒渣浇注。

（2）铝铅合金的熔铸　先将除铅以外的元素配成 Al 基合金，将其加热至 830 ~ 900℃左右，将专门制作的多层搅拌桨放入坩埚熔池中，以 1100 ~ 1500r/min 速度进行强制搅拌，与此同时，一边搅拌一边分批加入 Pb。每次加入的时间间隔约 5s，加完后继续搅拌 5min，以便获得均匀的铝-铅合金乳浊液。升起搅拌桨，从炉中取出坩埚，用普通的铸造法进行高温浇注。为减少铅偏析的倾向，还可对合金液进行活性溶剂处理，如加入钠等活性元素，以增加铝铅之间的润湿性，提高铅相在合金中均匀分布的稳定性。采用金属型急冷凝固也有助于防止铅偏析。

参 考 文 献

[1]　中国机械工程学会铸造分会. 铸造手册：第 3 卷，铸造非铁合金[M]. 2 版. 北京：机械工业出版社，2002.

[2]　全国铸造标准化技术委员会. 最新铸造标准应用手[M]. 北京：机械工业出版社，1994.

[3]　中国第一汽车集团公司编写组. 机械工程材料手册：金属材料[M]. 5 版. 北京：机械工业出版社，1998.

[4]　机械工程手册电机工程手册编辑委员会. 机械工程材料：工程材料卷[M]. 2 版. 北京：机械工业出版社，1996.

[5]　朱仙鼎. 中国内燃机工程师手册[M]. 上海：上

海科学技术出版社，2000.

[6] 全国铸造标准化技术委员会秘书处. 最新国际铸造标准[M]. 北京：机械工业出版社，1998.

[7] 海钦，等. 中国工业材料大全中卷：有色金属[M]. 上海：上海科学技术文献出版社，1999.

[8] ASM Hardbook Committee. Metal Handbook[M], ninth edition. Vol2, Properties and Selection: nonferrous Alloys and Pure Metal, ASM, 1979.

[9] 蒋玉琴. 国内外汽车滑动轴承材料发展现状及趋势[J]. 汽车工艺与材料. 2009(3)：10-13.

[10] 尹延国，等. 滑动轴承材料的研究进展[J]. 润滑与密封. 2006(5)：183-187.

[11] 国际标准. 滑动轴承—薄壁轴承用多层材料[J]. 内燃机配件，2003(3)：43-46.

[12] 石云山. 内燃机曲轴轴承减摩材料的发展动态[J]. 内燃机配件. 2003(6)：39-41.

[13] 章金法，等. 巴氏合金球面轴瓦缺陷及补焊[J]. 特种铸造及有色合金，1988(4)：57-58.

[14] 陈玉明，等. 铝基滑动轴承合金材料的研究进展[J]. 材料研究与应用，2007(6)：95-98.

[15] 张崇才，等. 新型铝基滑动轴承合金的性能与应用[J]. 机械工程材料，2003(7)：45-48.

[16] 孙大仁，等. 塑性变形对搅拌铸造铝-铅轴承合金组织和性能的影响[J]. 机械工程材料，2003(8)：31-33.

[17] 张清. 金属磨损和金属耐磨材料手册[M]. 北京：冶金工业出版社，1991.

[18] 王军，安健，杨晓红，等. 热挤压态 Al2Si2Pb 轴承合金的摩擦学行为[J]. 摩擦学学报，2002，22(4)：268-272.

[19] 耿浩然，等. Al-Pb-Cu 减摩合金的研制. 特种铸造及有色合金[J]，1989(6)：12-16.

[20] 李溪滨，刘如铁，杨慧敏. 铝铅石墨固体自润滑复合材料的性能[J]，中国有色金属学报，2003(1)13，No12：465-468.

第9章 铸造高温合金

高温合金又称耐热合金、热强合金或超合金，是在20世纪40年代随着航空涡轮发动机的出现而发展起来的一种重要金属材料，能在600～1100℃，甚至更高的氧化气氛和燃气腐蚀条件下长时间承受较大的工作负荷，主要用于燃气轮机的热端部件，是航空、航天、舰船、发电、石油化工和交通运输工业的重要结构材料。其中有些合金也可用于生物工程作骨科和齿科材料。

高温合金按合金基体可分为镍基、铁基和钴基合金。按生产工艺可分为变形、铸造、粉末冶金和机械合金化合金。铸造高温合金是其中的重要分支，随着精密铸造工艺和冷却技术的发展，其用途越来越广泛。20世纪60年代中期以来，又发展出一系列性能更高的定向凝固合金和单晶合金，至今已被广泛用做先进航空发动机和地面燃气涡轮机零件的高温材料。

一般来说，铸造高温合金都含有多种合金化元素，有的多达十余种。所加入的元素在合金中分别起固溶强化、弥散强化、晶界强化和表面稳定化等作用，使合金能在高温下具有高的力学性能和适应环境性能。

铸造高温合金因成分中活性元素较多，对杂质含量要求严格，故多采用双真空熔铸工艺，即将原材料先在真空感应炉内熔炼并铸成预制母合金锭，然后再在真空感应炉内重熔并浇注成铸件。也可根据生产设备和零件要求分别采用真空电子束重熔浇注、常压感应炉重熔翻转浇注或电渣重熔浇注工艺。

选用铸造高温合金时应考虑如下因素：

1）铸件的正常工作温度、最高和最低的工作温度以及温度变化的频率。

2）铸件本身的温差范围及合金的膨胀性能。

3）铸件承受的载荷性能，加载、支承和外部约束方式。

4）对铸件的使用寿命要求和容许的变形量。

5）铸件的工作环境和性质。

6）铸件的成形方法和成本因素。

7）铸件的重量要求。

我国的高温合金已自成体系，仅铸造高温合金就有40多种，本章只选入其中的26种。

9.1 合金牌号、标准、成分和性能

9.1.1 合金牌号和标准（见表9-1）

表9-1 合金的牌号和标准

类别	牌号	曾用牌号	标准	国外相应牌号		备注
				美国	俄国斯	
镍基	K403	K3	HB7763—2005	—	ЖС6К	
	K406	K6	HB7763—2005	GMR235D	ВЖЛ-8	
	K6C	—	Q/6S290—1987[①]	—	—	
	K417	K17，M17	HB7763—2005	IN100	—	
	K417G	K17G，M17G	HB5531—1988	Rene'100	—	
	K418	K18，518	HB7763—2005	IN713C	—	
	K18B	518B	HB7763—2005	IN713LC	—	
	K438	K38，M38	YB/T 5248—1993	IN738	—	
	K38G	M38G	SGZM38G—1983—1[②]	IN738LC	—	
	K80	—	Q/GYB504—1999[③]	Rene'80	—	
	K416	—	Q/5B453—1995[④]	IN718C	—	
	K91	—	Q/KJ. J02. 08—1995[②]	B1914	—	
	K465	K465，M963	Q/6S 1966—2004		ЖС6У	
	DZ125	—	Q/6S 1321—1997	DSRene125		定向凝固合金
	DZ4	DK4	HB7762—2005	—	—	定向凝固合金

（续）

类别	牌号	曾用牌号	标准	国外相应牌号		备　注
				美国	俄国斯	
镍基	DZ22	DK22	HB7762—2005	PWA1422	—	定向凝固合金
	DZ17G	—	Q/KJ. J02. 03—1994②	—	—	定向凝固合金
	DZ38G	—	SGDZ38G—1985—1②	—	—	定向凝固合金
	IC6	—	Q/6S1053—1999①	—	—	定向凝固 Ni_3Al 基合金
	DD3	—	Q/6S366—1990①	—	—	单晶合金
	DD402	—	Q/GYB505—1999③	CMSX—2	—	单晶合金
铁镍基	K211	K11	HB5158—1988	—	ВЛ7—45у	
	K213	130B	Q/GYB502—1999③	—	—	
	K214	K14，TL-1	HB5160—1988	—	—	
钴基	K21	CoCrMo	Q/6S481—1988①	HS21	—	
	K640	K40	YB/T 5248—1993	HS-31，X—40	—	

① 北京航空材料研究院标准。

② 中国科学院金属研究所标准。

③ 钢铁研究总院标准。

④ 西安航空发动机制造（集团）公司标准。

9.1.2　合金化学成分（见表 9-2）

表 9-2　合金化学成分（质量分数，%）

合金牌号	C	Cr	Ni	Co	W	Mo	Al	Ti	Fe	V	Nb	Hf
K403	0.11 ~ 0.18	10.0 ~ 12.0	余量	4.5 ~ 6.0	4.8 ~ 5.5	3.8 ~ 4.5	5.3 ~ 5.9	2.3 ~ 2.9	≤2.0	—	—	—
K406	0.10 ~ 0.20	14.0 ~ 17.0	余量	—	—	4.5 ~ 6.0	3.25 ~ 4.0	2.0 ~ 3.0	≤5.0	—	—	—
K6C	0.03 ~ 0.08	18.0 ~ 19.5	余量	—	—	4.5 ~ 6.0	3.25 ~ 4.0	2.0 ~ 3.0	≤1.0	—	—	—
K417	0.13 ~ 0.22	8.5 ~ 9.5	余量	14 ~ 16	—	2.5 ~ 3.5	4.8 ~ 5.7	4.5 ~ 5.0	≤1.0	0.6 ~ 0.9	—	—
K417G	0.13 ~ 0.22	8.5 ~ 9.5	余量	9.0 ~ 11.0	—	2.5 ~ 3.5	4.8 ~ 5.7	4.1 ~ 4.7	≤0.5	0.6 ~ 0.9	—	—
K418	0.08 ~ 0.16	11.5 ~ 13.5	余量	—	—	3.8 ~ 4.8	5.5 ~ 6.4	0.5 ~ 1.0	≤1.0	—	1.8 ~ 2.5	—
K18B	0.03 ~ 0.07	11.0 ~ 13.0	余量	—	—	4.0 ~ 5.0	5.5 ~ 6.4	0.4 ~ 0.9	≤0.5	—	1.5 ~ 2.5	—
K438	0.10 ~ 0.20	15.7 ~ 16.3	余量	8.0 ~ 9.0	2.4 ~ 2.8	1.5 ~ 2.0	3.2 ~ 3.7	3.0 ~ 3.5	≤0.5	—	0.6 ~ 1.1	—
K38G	0.13 ~ 0.20	15.3 ~ 16.3	余量	8.0 ~ 9.0	2.3 ~ 2.9	1.4 ~ 2.0	3.5 ~ 4.5	3.2 ~ 4.0	≤0.2	—	0.4 ~ 1.0	—
K80	0.15 ~ 0.19	13.7 ~ 14.3	余量	9.0 ~ 10.0	3.7 ~ 4.3	3.7 ~ 4.5	2.8 ~ 3.2	4.8 ~ 5.2	≤0.35	≤0.10	≤0.10	≤0.10
K465	0.13 ~ 0.20	8.0 ~ 9.5	余量	9.0 ~ 10.5	9.5 ~ 11.0	1.2 ~ 2.4	5.1 ~ 6.0	2.0 ~ 2.9	≤1.0	—	0.8 ~ 1.2	—

（续）

合金牌号	C	Cr	Ni	Co	W	Mo	Al	Ti	Fe	V	Nb	Hf
DZ125	0.07~0.12	8.4~9.4	余量	9.5~10.5	6.5~7.5	1.5~2.5	4.8~5.4	0.7~1.2	≤0.30	—	—	1.2~1.8
DZ4	0.10~0.16	9.0~10.0	余量	5.5~6.0	5.1~5.8	3.5~4.2	5.6~6.4	1.6~2.2	≤2.0	—	—	—
DZ22	0.12~0.16	8.0~10.0	余量	9.0~11.0	11.5~12.5	—	4.75~5.25	1.75~2.25	≤0.35	—	0.75~1.25	1.0~2.0
DZ17G	0.15~0.22	8.6~9.5	余量	9.1~11.0	—	2.5~3.5	4.9~5.7	4.2~4.7	≤0.5	0.6~0.9	—	—
DZ38G	0.08~0.14	15.5~16.4	余量	8.0~9.0	2.4~2.8	1.5~2.0	3.5~4.3	3.5~4.3	≤0.3	—	0.4~1.0	—
IC6	≤0.02	—	余量	—	—	13.5~14.3	7.4~8.0	—	≤1.0	—	—	—
DD3	≤0.01	9.0~10.0	余量	4.5~5.5	5.0~6.0	3.5~4.5	5.5~6.2	1.7~4.2	≤0.5	—	—	—
DD402	≤0.006	7.0~8.2	余量	4.3~4.9	7.6~8.4	0.3~0.7	5.45~5.75	0.8~1.2	—	—	—	≤0.0075
K4169	0.02~0.08	17.0~21.0	50~55	≤1.0	—	2.8~3.3	0.3~0.7	0.65~1.15	余量	Nb+Ta 4.4~5.4	—	—
K91	≤0.02	9.5~10.5	余量	9.5~10.5	—	2.75~3.25	5.25~5.75	5.0~5.5	≤0.5	—	—	—
K211	0.10~0.20	19.5~20.5	45~47	—	7.5~8.5	—	—	—	余量	—	—	—
K213	≤0.10	14.0~16.0	34~38	—	4.0~7.0	—	1.5~2.0	3.0~4.0	余量	—	—	—
K214	≤0.10	11.0~13.0	40~45	—	6.5~8.0	—	1.8~2.4	4.2~5.0	余量	—	—	—
K21	0.20~0.35	27~30	≤2.5	余量	—	5.0~7.0	—	—	≤0.75	—	—	—
K640	0.45~0.55	24.5~26.5	9.5~11.5	余量	7.0~8.0	—	—	—	≤2.0	—	—	—

合金牌号	Ta	B	Zr	Ce	Si	Mn	S	P	Pb	Bi	As	Sn	Sb
					≤								
K403	—	0.012~0.022	0.03~0.08	0.01	0.50	0.50	0.01	0.02	0.0005	0.0001	0.005	0.002	0.001
K406	—	0.05~0.10	0.03~0.08	—	0.30	0.10	0.01	0.02	0.0005	0.00005	0.005	0.002	0.001
K6C	—	0.05~0.10	0.03	—	0.30	0.10	0.01	0.02	0.0005	0.00005	0.001	0.001	0.001
K417	—	0.012~0.022	0.05~0.09	—	0.50	0.50	0.01	0.015	0.0005	0.00005	0.001	0.001	0.001
K417G	—	0.012~0.022	0.05~0.09	—	0.20	0.20	0.01	0.01	0.0005	0.0001	—	—	—

（续）

合金牌号	Ta	B	Zr	Ce	Si	Mn	S	P	Pb	Bi	As	Sn	Sb
					≤								
K418	—	0.008 ~ 0.020	0.06 ~ 0.15	—	0.50	0.50	0.01	0.015	0.0005	0.00005	0.001	0.001	0.001
K18B	—	0.005 ~ 0.015	0.06 ~ 0.15	—	0.50	0.25	0.01	0.015	0.001	0.0001	Cu0.4	—	—
K438	1.5 ~ 2.0	0.005 ~ 0.015	0.05 ~ 0.15	—	0.30	0.20	0.015	0.015	0.001	0.001	0.005	0.002	0.001
K38G	1.4 ~ 2.0	0.005 ~ 0.015	0.05 ~ 0.15	Cu≤0.2	0.01	0.20	0.01	0.0005	0.001	0.0001	0.005	0.002	0.001
K80	≤0.10	0.01 ~ 0.02	0.02 ~ 0.10	—	0.10	0.10	0.0075	0.015	0.001	0.0001	Cu0.10	Mg0.01	—
K465③	—	≤0.035	≤0.04	≤0.02	0.4	0.4	0.01	0.015	0.001	0.0005	—	—	—
DZ125	—	0.01 ~ 0.02	≤0.08	—	0.15	0.15	0.01	0.01	0.0005	0.00005	—	—	—
DZ4	—	0.012 ~ 0.025	≤0.02	—	0.50	0.50	0.01	0.02	0.001	0.0001	0.005	0.002	0.002
DZ22	—	0.01 ~ 0.02	≤0.10	—	0.20	0.20	0.015	0.015	0.0005	0.00005	0.0002	0.0001	0.0001
DZ17G	—	0.012 ~ 0.024	—	—	0.20	0.20	0.008	0.005	0.0005	0.001	0.005	0.002	0.001
DZ38G	1.5 ~ 2.0	0.005 ~ 0.015	—	—	0.15	0.15	0.015	0.0005	0.001	0.0001	—	0.002	0.001
IC6	—	0.02 ~ 0.06	—	—	0.5	0.5	0.01	0.015	0.001	0.0001	0.005	0.002	0.001
DD3①	—	≤0.005	≤0.0075	—	0.2	0.2	0.002	0.01	0.0005	0.00005	0.001	0.001	0.001
DD402②	5.8 ~ 6.2	≤0.003	≤0.0075	—	0.04	0.04	0.002	0.005	0.0002	0.00003	0.005	0.0015	0.0005
K4169	—	≤0.006	≤0.05	Cu≤0.3	0.35	0.35	0.015	0.015	0.001	0.0001	0.005	0.002	0.001
K91	—	0.08 ~ 0.12	≤0.04	—	0.1	0.1	0.01	0.01	0.0005	0.00005	Ag 0.0005	Mg 0.005	—
K211	—	0.03 ~ 0.05	—	—	0.40	0.50	0.04	0.04	—	—	—	—	—
K213	—	0.05 ~ 0.10	—	—	0.50	0.50	0.015	0.015	—	—	—	—	—
K214	—	0.10 ~ 0.15	—	—	0.50	0.50	0.015	0.015	0.001	0.0001	0.005	0.002	0.001
K21	—	—	—	—	1.0	1.0	—	—	—	—	—	—	—
K640	—	—	—	—	1.0	1.0	0.04	0.04	—	—	—	—	—

① DD3 还规定（均质量分数）Cu≤0.1，Mg≤0.003，Ag≤0.0005，[O]≤0.001，[N]≤0.0012。

② DD402 还规定（均质量分数）Cu≤0.05，Mg≤0.008，Ag≤0.0005，Ga≤0.002，Tl≤0.00003，Te≤0.00003，[O]≤0.001，[N]≤0.0012。

③ K465 合金还规定（质量分数）Y≤0.01。

9.1.3 物理和化学性能

9.1.3.1 密度和熔化温度（见表 9-3）

表 9-3 合金的密度和熔化温度

合金牌号	密度 /Mg·m^{-3}	熔化温度 /℃
K403	8.10	1260 ~ 1338
K406	8.05	1260 ~ 1345
K6C	8.05	1260 ~ 1340
K417	7.80	1260 ~ 1340
K417G	7.85	1220 ~ 1330
K418	8.09	1295 ~ 1345
K18B	8.01	1288 ~ 1321
K438	8.16	1260 ~ 1330
K38G	8.20	1220 ~ 1320
K80	8.16	1270 ~ 1320
K465	8.341	1330 ~ 1338
DZ125	8.48	1295 ~ 1377
DZ4	8.15	1310 ~ 1365

（续）

合金牌号	密度 /Mg·m^{-3}	熔化温度 /℃
DZ22	8.56	1307 ~ 1366
DZ17G	7.84	1286 ~ 1342
DZ38G	8.10	1242 ~ 1332
IC6	7.90	1340 ~ 1410
DD3	8.20	1328 ~ 1376
DD402	8.67	1330 ~ 1382
K4169	8.22	1243 ~ 1359
K91	7.75	—
K211	8.30	—
K213	8.14	1324 ~ 1361
K214	8.03	1330 ~ 1376
K21	8.30	≈1350
K640	8.68	1340 ~ 1396

9.1.3.2 热导率（见表 9-4）

表 9-4 合金的热导率 λ ［单位：W/（m·K）］

合金牌号 \ 温度/℃	100	200	300	400	500	600	700	800	900	1000
K403	14.27	14.52	17.12	18.25	19.72	20.43	22.27	23.53	24.82	—
K406	13.82	15.07	18.00	19.26	19.68	20.93	22.61	24.28	25.54	—
K6C	11.30	12.56	14.24	15.49	16.75	18.84	20.93	22.19	22.61	—
K417	10.87	12.23	13.80	15.10	16.50	18.80	20.15	24.90	30.10	38.20
K417G	—	13.86	14.40	15.28	16.83	18.80	21.35	23.86	24.91	25.25
K418	10.05	11.72	12.98	14.65	16.33	18.42	20.52	22.61	24.28	—
K18B	10.25	11.93	13.81	15.48	17.15	18.83	20.50	22.18	23.85	25.73
K438	—	11.85	14.03	15.91	17.67	20.39	23.15	26.63	30.10	33.08
K38G	—	11.20	13.10	14.90	16.50	18.00	19.20	20.20	21.00	22.10
K80	11.30	12.56	13.82	15.49	16.75	17.16	18.42	20.51	22.61	—
K465	7.07	9.16	11.3	13.4	15.5	17.5	19.4	21.1	22.7	24.1
DZ125	—	9.67	11.47	13.44	14.99	16.79	17.96	19.63	19.51	19.43
DZ4	13.39	15.07	16.32	17.58	19.25	20.51	21.77	23.02	24.70	—
DZ22	8.09	9.53	11.59	14.06	16.92	19.88	22.09	24.09	25.6	26.77
DZ17G	—	10.54	12.43	14.53	16.32	18.41	20.54	22.72	24.98	27.20
DZ38G	—	—	14.64	16.75	18.59	20.45	22.20	22.45	26.25	28.80
IC6	11.66	12.73	13.88	15.03	16.27	17.51	18.83	20.15	20.98	21.56
DD3	10.19	11.82	13.94	—	18.07	20.16	22.14	24.62	27.23	30.04
DD402	—	12.70	14.60	16.50	18.30	20.30	21.90	24.10	26.20	28.20
K4169	—	13.30	14.96	16.68	18.40	19.99	21.33	22.29	—	—

（续）

合金牌号＼温度/℃	100	200	300	400	500	600	700	800	900	1000
K91	—	8.88	10.68	12.56	15.82	18.55	21.23	23.32	24.20	—
K211	12.14	13.82	15.81	18.00	20.00	22.61	23.87	26.00	28.38	—
K213	10.88	12.14	13.40	14.65	15.91	17.58	18.84	20.51	—	—
K214	9.63	11.72	13.39	15.49	17.58	19.67	21.77	23.44	25.53	—
K21	—	14.5	15.2	16.8	18.7	20.4	—	—	—	—
K640	13.40	15.32	16.83	17.67	18.97	19.97	24.03	25.04	28.89	—

9.1.3.3 线胀系数（见表9-5）

表9-5 合金的线胀系数 a_l （单位：$\times10^{-6}$/K）

合金牌号＼温度/℃	20~100	20~200	20~300	20~400	20~500	20~600	20~700	20~800	20~900	20~1000
K403	11.30	12.30	12.30	12.60	12.90	13.00	13.40	13.80	14.30	15.10
K406	11.82	12.44	12.94	13.30	13.59	13.93	14.27	14.82	15.48	—
K6C	9.73	11.89	13.06	13.62	14.05	14.34	14.61	15.09	15.76	—
K417	—	13.20	13.50	13.50	13.50	13.60	14.30	15.20	16.10	17.20
K417G	10.71	11.89	12.92	13.51	14.03	14.24	14.51	14.77	15.16	—
K418	12.60	12.70	12.90	12.90	13.40	13.70	14.20	14.70	15.50	15.50
K18B	12.60	12.70	12.90	12.90	13.40	13.70	14.20	14.70	15.50	15.50
K438	9.78	10.70	12.60	14.20	14.60	15.00	15.40	15.60	16.10	16.60
K38G	9.90	12.00	12.90	13.20	13.40	13.50	13.60	14.00	15.20	16.10
K80	12.25	12.12	12.29	12.48	12.94	13.45	14.25	14.36	14.89	15.82
K465	11.6	11.9	12.2	12.7	13.1	13.6	14.1	14.6	15.1	15.6
DZ125	—	—	12.45	12.86	13.26	13.53	14.04	14.55	15.06	16.02
DZ4	9.17	10.68	11.48	12.22	12.81	13.07	13.53	14.09	14.81	15.10
DZ22	—	—	11.37	12.57	12.85	13.01	13.63	14.08	14.60	15.44
DZ17G	12.5	12.9	13.0	13.1	13.3	13.5	13.7	14.0	14.3	14.7
DZ38G	10.82	11.95	12.42	13.09	13.29	13.64	13.74	13.84	14.50	—
IC6	9.67	11.46	12.27	12.73	13.02	13.31	13.57	14.08	14.61	15.14
DD3	—	—	12.38	12.96	13.38	13.92	14.36	14.66	15.30	16.14
DD402	9.62	11.45	12.26	12.88	13.29	13.66	14.08	14.58	15.23	—
K4169	13.20	13.70	14.00	14.40	14.80	15.20	15.80	16.80	—	—
K91	12.19	12.39	12.86	13.09	13.41	13.53	13.88	14.19	14.67	—
K211	13.19	13.85	14.56	14.89	15.34	15.68	16.07	16.38	16.68	—
K213	12.36	13.98	15.22	15.32	15.97	16.35	17.16	18.61	—	—
K214	13.20	13.8	14.0	14.5	14.7	14.9	15.0	15.3	16.7	—
K21	—	7.6	7.8	8.1	8.3	8.5	8.7	—	—	—
K640	—	—	13.8	14.1	14.5	14.9	15.3	15.5	16.1	—

9.1.3.4　比热容（见表 9-6）

表 9-6　合金的比热容 c　[单位：J/（kg·K）]

合金牌号 \ 温度/℃	100	200	300	400	500	600	700	800	900	1000
K418	439	460	481	490	502	515	544	556	569	—
DZ17G	—	468	485	502	527	560	594	631	673	732
DZ38G	—	—	483	504	528	554	584	620	664	714
IC6	405	417	429	441	453	464	476	488	496	507
DD3	481	484	490	494	507	525	557	603	662	733
DD402	—	456	456	456	473	490	507	532	561	595
K4169	—	460	481	506	527	548	573	594	—	—
K91	—	402	423	477	553	599	636	661	687	—
K417	—	445	460	470	485	490	505	515	525	535
K417G	—	476	490	506	528	555	595	654	699	760
K438	—	465	477	494	515	557	611	682	766	833
K38G	—	460	477	486	498	507	515	532	553	582
K465	587	417	446	475	505	534	563	593	622	651
DZ125	—	385	427	456	481	498	506	506	489	473
DZ4	658	661	668	654	695	662	668	673	721	—
DZ22	393	398	423	456	494	540	573	599	624	645
K214	435	477	489	498	523	569	602	912	—	—

9.1.3.5　抗氧化性能（见表 9-7 和图 9-1）

表 9-7　合金的氧化速率　[单位：g/（m^2·h）]

合金牌号 \ 温度和时间	800℃			900℃			1000℃		
	100h	1000h	2000h	100h	1000h	2000h	100h	1000h	2000h
K403	0.0025	0.0033	0.0025	0.0376	0.0099	0.0065	0.089	0.0015（1050℃）	0.0013（1050℃）
K406	—	—	—	0.054	0.025	—	0.327	—	—
K6C	—	—	—	0.038	0.023	—	0.117	—	—
K417	—	0.012	0.009	0.195	0.047	0.032	—	—	—
K417G	—	—	—	0.124	—	—	0.326	—	—
K418	—	—	—	—	—	—	0.04（1050℃）	—	—
K18B	—	—	—	—	—	—	0.066（1050℃）	—	—
K438	0.012（850℃）	—	—	0.055	—	—	0.16	—	—
K38G	—	—	—	0.033	—	—	0.203	—	—
K80	—	—	—	—	—	—	0.022（1100℃）	—	—
K465	0.0306	—	—	0.0552	—	—	0.1633	—	—
DZ125	—	—	—	—	—	—	0.043	—	—
DZ4	—	—	—	0.035（950℃）	—	—	0.049	—	—

（续）

合金牌号 \ 温度和时间	800℃			900℃			1000℃		
	100h	1000h	2000h	100h	1000h	2000h	100h	1000h	2000h
DZ22	—	—	—	0.068（950℃）	—	—	0.091	—	—
DZ17G	—	—	—	—	—	—	0.45	—	—
IC6	—	—	—	—	—	—	1.6~4.3（1100℃）	—	—
DD3	0.006	—	—	0.014	—	—	0.030	—	—
DD402	—	—	—	0.06（950℃）	—	—	0.12（1100℃）	—	—
K211	—	—	—	0.05	—	—	0.075	—	—
K213	0.011（850℃）	—	—	—	—	—	—	—	—
K214	—	—	—	0.169	—	—	0.316	—	—
K640	—	—	—	0.038（950℃）	—	—	—	—	—

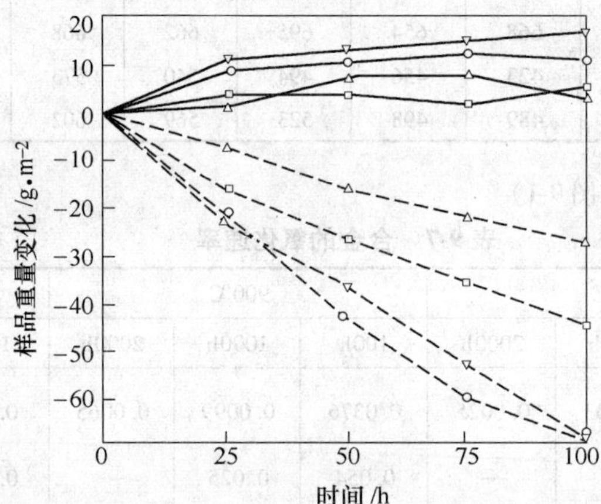

图 9-1 K418 合金的氧化曲线

——1000℃ ----1100℃ △—静态等温 □—静态循环

○—动态等温 ▽—动态循环

9.1.3.6 耐腐蚀性能（见表 9-8）

表 9-8 合金的耐腐蚀性能

合金牌号	试验条件 温度/℃	试验条件 腐蚀气氛及时间	腐蚀失重率 /mg·cm^{-2}·h^{-1}
K403	900	0 号轻柴油，盐雾浓度（质量分数）为 0.0001%，燃气腐蚀 25h	0.0036
K417			0.0074
K417G			0.0112
K418			0.0075
K438			0.0008
K80			0.0022

（续）

合金牌号	试验条件		腐蚀失重率 /mg·cm^{-2}·h^{-1}
	温度/℃	腐蚀气氛及时间	
K406	900	0 号轻柴油，盐雾浓度（质量分数）为 0.0005%，燃气腐蚀 100h	0.837
K6C			0.269
K465	900	燃气热腐蚀，油量 0.2L/h，盐浓度 20×10^{-6}，油气比 1/45，试验时间 100h	1.04
DZ125	900	燃气热腐蚀，油量 0.2L/h，盐浓度 20×10^{-6}，油气比 1/45，试验时间 100h	9.06
DZ38G	900	0 号轻柴油，空气与燃油之比为 41∶1，盐分浓度（质量分数）为 0.0005%，燃气腐蚀 150h	0.92
K38G			1.08
DD3			5.95
K214	800	人造海水，盒腐蚀①100h	0.004
K640	900	空气∶燃油 = 18∶1，盐雾浓度（质量分数）为 6×10^{-6}，燃气腐蚀 50h	0.627

① 盒腐蚀就是将试片放在盛有人造海水的坩埚内，然后装入铁盒并用砂子密封，再把铁盒放进电炉中加热到 800℃，保温 100h。

9.1.4 力学性能

9.1.4.1 技术标准中规定的性能（见表 9-9）

表 9-9 技术标准规定的性能

合金牌号	瞬时力学性能					持久性能					备　注
	温度/℃	抗拉强度 R_m/MPa	屈服强度 $R_{p0.2}$/MPa	断后伸长率 A（%）	断面收缩率 Z（%）	温度/℃	应力/MPa	寿命/h	断后伸长率 A（%）	断面收缩率 Z（%）	
K403	800	≥785	—	≥2.0	≥3.0	975	195	≥40	—	—	
K406	800	≥666	—	≥4.0	≥8.0	850	275	≥50	—	—	
K6C	800	≥666	—	≥4.0	≥8.0	850	275	≥50	—	—	
K417	900	≥635	—	≥6.0	≥8.0	750 900 950	686 315 235	≥30 ≥70 ≥40	≥2.5 — —	— — — —	750℃的 A 值不作验收标准，900℃和950℃持久性能可任选一项作为验收标准
K417G	900	≥635		≥6.0	≥8.0	760 900 950	645 315 235	≥23 ≥70 ≥40	≥2 — —	— — —	750℃的 A 值暂不作验收标准，900℃和950℃持久性能可任选一项作为验收标准
K418	20 800	≥755 ≥755	≥686 —	≥3.0 ≥4.0	— ≥6.0	750 800	605 490	≥40 ≥45	≥3.0 ≥3.0	— —	
K18B	20	≥760	≥690	≥5.0	—	760 980	530 150	≥50 ≥30	≥2.0 ≥4.0	— —	
K438	800	≥785	—	≥3.0	≥3.0	815 850	420 365	≥70 ≥50	— —	— —	
K38G	800	≥785	—	≥3.0	≥3.0	850	420	≥40	—	—	
K80	870	≥620	≥482	—	≥15.0	982	189	≥23	—	≥5.0	
K465	20	≥830	—	≥3	—	975	225	≥40	—		

（续）

合金牌号	瞬时力学性能					持久性能					备　注
	温度/℃	抗拉强度 R_m /MPa	屈服强度 $R_{p0.2}$ /MPa	断后伸长率 A（%）	断面收缩率 Z（%）	温度/℃	应力/MPa	寿命/h	断后伸长率 A（%）	断面收缩率 Z（%）	
DZ125	20	≥980	≥840	≥5	≥5	760	725	≥48	≤4	—	
	—	—	—	—	—	980	235	≥20	≤2	—	
	—	—	—	—	—	980	235	≥38	≥10	—	
DZ4	800	≥785	—	≥2.0	≥3.0	975	196	≥30	—	—	
DZ22	20	≥980	—	≥5.0	—	760	690	48	≤4.0	—	760℃ 48h 的 A 值和 980℃ 20h 的 A 值在室温下测量
						980	220	20	≤2.0	—	
						980	220	≥32	≥10	—	
DZ17G	900	≥700	—	≥6.0	≥8.0	760	725	≥48	—	—	
						980	216	≥24			
DZ38G	800	≥784		≥8.0	≥10	700	784	≥100		—	
						800	422	≥60			
IC6	—	—	—	—	—	1100	90	≥30	—	—	
DD3	760	≥1030	—	≥3.0	≥3.0	760	785	≥70			
	980	≥835		≥6.0	≥6.0	1000	195	≥70			
						1040	165	≥70			
DD402	760	≥980	≥900	≥5.0	—	760	780	≥30	—	—	
						980	260	≥30			
K4169	20	≥825	≥640	≥5.0	≥8.0	650	620	≥23	≥3.0	—	
K91	600	≥960	≥690	≥8.0	—	900	314	≥70	—	—	
K211	20	≥440	—	≥5.0	≥6.0	650	245	≥100	—	—	
	800	≥295	—	≥6.0	≥7.0	800	137	≥100	—	—	
							147	≥50	—	—	
K213	700	≥627	—	≥6.0	≥10.0	700	490	≥40	—	—	瞬时和持久性能分别任选一项作为验收标准
	750	≥588	—	≥4.0	≥8.0	750	372	≥80	—	—	
K214	—	—	—	—	—	850	245	≥60	—	—	
K21	20	≥588		≥4.0	≥6.0	—	—	—	—	—	
K640	—	—	—	—	—	816	205	≥15	≥6.0	—	室温硬度小于等于 34HRC

注：所有力学性能试样都是由熔模精密铸件加工而成，试样的状态除有特别说明者外，均为标准状态。定向合金取样为纵向，即试样应力轴与柱晶生长方向平行，单晶试样取向皆为［001］取向，即应力轴与单晶生长方向平行，试样取向偏离度小于15°。

9.1.4.2　室温和高温瞬时力学性能

1. 单铸试棒瞬时力学性能（见表9-10和图9-2～图9-9）

表9-10　单铸试棒的典型瞬时力学性能

合金牌号	试验温度/℃	抗拉强度 R_m /MPa	屈服强度 $R_{p0.2}$ /MPa	断后伸长率 A（%）	断面收缩率 Z（%）	冲击韧度 a_{KU} /kJ · m^{-2}	硬度 HRC
K403	20	902	—	6.1	12.9	—	40
	600	902	—	5.2	12.5	—	—
	700	1006	—	4.0	10.8	191	—
	800	991	—	3.6	4.7	—	—
	900	834	—	4.0	5.5	130	—
	1000	539	—	2.8	2.8	—	—

（续）

合金牌号	试验温度/℃	抗拉强度 R_m/MPa	屈服强度 $R_{p0.2}$/MPa	断后伸长率 A（%）	断面收缩率 Z（%）	冲击韧度 a_{KU}/kJ·m^{-2}	硬度 HRC
K406	20	790	—	5.0	6.5	—	37
	600	736	—	9.5	11.5	—	—
	700	805	—	4.5	8.5	—	—
	800	814	—	8.0	13.5	—	—
	900	559	—	21.0	44.0	—	—
K6C	20	958	—	6.6	9.3	87	35
	600	918	—	10.8	19.8	—	—
	700	955	—	11.9	16.5	—	—
	800	876	—	17.9	28.0	91	—
	900	560	—	25.9	38.6	—	—
K417	20	990	765	11.5	19.0	350	37
	600	971	784	10.5	23.0	—	—
	700	1000	774	13.0	20.0	270	—
	800	975	878	9.0	15.0	240	—
	900	745	642	10.0	15.0	200	—
	1000	490	424	10.0	20.0	150	—
K417G	20	1028	824	11.2	14.0	270	—
	600	1029	798	11.7	16.9	—	—
	700	1048	804	13.3	17.9	263	—
	800	961	858	7.2	10.9	250	—
	900	763	635	9.3	12.9	170	—
	1000	536	451	10.0	10.8	179	—
K418	20	902	760	9.6	14.6	280	35
	600	923	—	7.7	13.1	—	—
	700	966	781	8.4	14.7	200	—
	800	888	744	9.0	13.3	215	—
	900	669	454	9.3	13.3	160	—
	1000	429	—	14.4	22.4	95	—
K18B	20	936	759	13.4	15.7	470	34.5
	600	901	665	14.5	18.2	420	—
	700	855	—	17.1	24.0	410	—
	800	865	676	10.9	18.2	350	—
	900	631	—	13.3	29.0	300	—
	1000	364	260	22.9	27.0	260	—
K438	20	1030	878	7.3	11.0	460	40
	600	982	811	7.5	12.0	740	—
	700	1065	835	8.0	14.0	750	—
	800	1020	854	10.7	15.0	430	—
	900	833	585	11.4	15.0	650	—
	1000	487	377	23.0	64.0	600	—
K38G	20	1040	970	9.0	13.0	—	40
	600	1010	804	7.0	11.0	—	—
	700	1089	902	9.4	13.0	—	—
	800	941	892	9.0	14.0	—	—
	900	696	618	13.4	30.0	—	—
	1000	333	324	12.0	25.0	—	—

（续）

合金牌号	试验温度/℃	抗拉强度 R_m/MPa	屈服强度 $R_{p0.2}$/MPa	断后伸长率 A（%）	断面收缩率 Z（%）	冲击韧度 a_{KU}/kJ·m^{-2}	硬度 HRC
K80	20	1002	783	5.0	8.9	100	40.5
	600	986	631	9.5	10.7	115	—
	700	1003	607	15.5	18.1	165	—
	800	852	668	18.4	21.9	150	—
	900	661	430	16.2	22.0	125	—
	1000	341	209	25.2	41.3	130	—
K465	20	931	766	5.8	11.4	136	—
	600	1033	832	4.8	9.1	—	—
	700	1015	847	4.6	9.6	—	—
	800	1035	910	4.3	7.2	76.6	—
	900	813	719	7.0	9.8	81.7	—
	1000	544	368	14.3	17.5	—	—
DZ125	20	1320	985	13.0	14.5	86	42.8
	600	—	—	—	—	—	—
	700	1220	930	13.0	15.5	—	—
	800	—	—	—	—	—	—
	900	850	580	25.0	29.0	—	—
	1000	575	395	31.0	41.0	—	—
DZ4	20	1059	947	6.0	8.5	90	38
	760	1187	996	6.0	10.5	90	—
	900	887	—	9.5	14.0	100	—
	1000	574	—	19.5	37.0	110	—
DZ22	20	1224	975	6.8	10.2	121	41.5
	760	1271	1068	10.0	12.5	139	—
	950	739	556	24.0	33.0	—	—
	1000	584	432	25.2	38.1	—	—
DZ17G	20	1050	760	14.0	16.0	200	315HBW
	700	1050	850	12.0	17.0	—	—
	800	1000	895	13.0	26.0	—	—
	900	785	665	26.0	43.0	—	—
	950	640	540	34.0	50.0	—	—
DZ38G	20	1180	990	8.5	13.5	200	315HBW
	750	1140	915	11.0	18.0	—	—
	850	920	795	15.0	21.0	140	—
	950	630	545	17.0	33.0	—	—
	1000	480	420	18.0	41.0	—	—
IC6	20	1140	815	15.0	16.5	420	36
	760	1180	1100	6.5	17.0	240	—
	850	1110	1040	3.0	7.5	—	—
	950	840	765	10.0	22.0	—	—
	1050	585	520	26.0	32.0	125	—
	1150	310	280	—	—	—	—
	1200	180	165	—	—	—	—

（续）

合金牌号	试验温度 /℃	抗拉强度 R_m /MPa	屈服强度 $R_{p0.2}$ /MPa	断后伸长率 A（%）	断面收缩率 Z（%）	冲击韧度 a_{KU} /kJ · m^{-2}	硬度 HRC
DD3	20	1000	925	26.0	25.0	867	369HBW
	750	1190	920	6.5	6.0	400	—
	850	1040	860	27.0	44.0	423	—
	980	705	525	22.0	40.0	—	—
	1000	620	440	31.0	55.0	840	—
DD402	20	1170	1040	16.0	10.5	—	—
	760	1240	1220	14.0	32.0	—	—
	850	1150	1130	20.0	34.0	—	—
	980	715	595	19.0	50.0	—	—
	1050	565	495	23.0	56.0	—	—
K4169	-196	1460	1240	15.0	18.5	320	38
	-105	1270	1080	14.0	29.0	340	—
	20	1100	935	16.0	26.0	325	—
	500	905	810	16.0	30.0	440	—
	700	790	680	12.0	24.0	540	—
K91	20	1010	780	12.0	15.0	—	37
	600	1020	770	13.0	20.0	—	—
K211	20	490	294	7.0	10.0	220	21
	700	392	177	5.5	9.0	—	—
	800	294	142	10.0	12.0	—	—
K213	20	980	745	4.0	4.8	390	36
	600	764	578	18.0	24.5	390	—
	700	755	647	11.6	22.9	196	—
	800	637	—	5.8	9.7	225	—
	900	392	—	15.6	22.2	157	—
K214	20	1128	—	2.5	4.5	84	45.5
	750	1054	—	2.5	6.0	—	—
	800	873	—	4.5	8.0	—	—
	900	545	—	11.5	17.5	104	—
K21	20	690	509	9.5	9.0	—	30
	500	517	296	20.0	21.0	—	—
	600	483	262	18.0	30.0	—	—
	700	469	276	9.0	15.0	—	—
	800	428	—	14.0	40.0	—	—
	900	276	—	28.0	50.0	—	—
K640	20	735	422	12.5	—	235	25
	580	579	265	20.0	—	550	—
	760	588	255	25.5	—	515	—
	816	500	284	20.7	—	535	—

注：试样状态见表 9-9 的注。

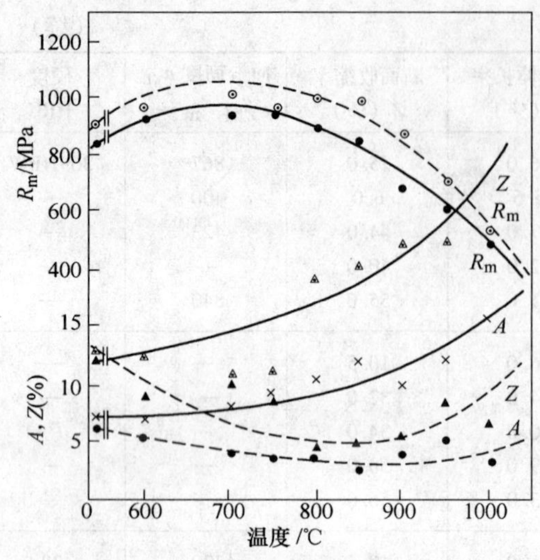

图 9-2 K403 合金的瞬时力学性能

----固溶状态 ——铸态

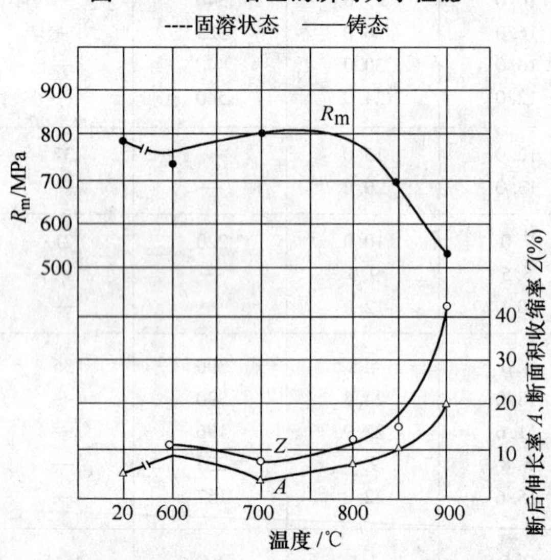

图 9-3 K406 合金的瞬时力学性能

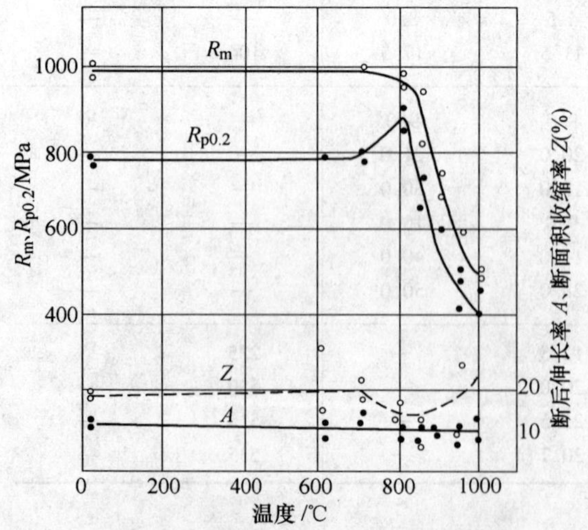

图 9-4 K417 合金的瞬时力学性能

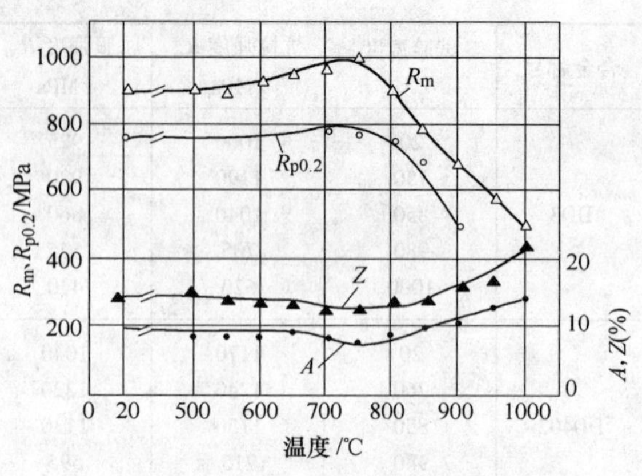

图 9-5 K418 合金的瞬时力学性能

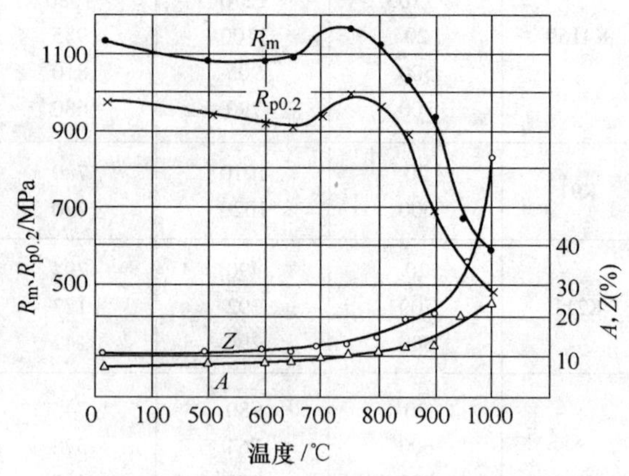

图 9-6 K438 合金的瞬时力学性能

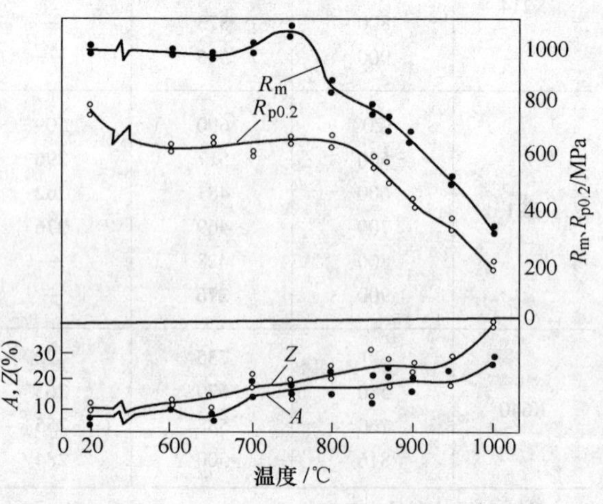

图 9-7 K80 合金的瞬时力学性能

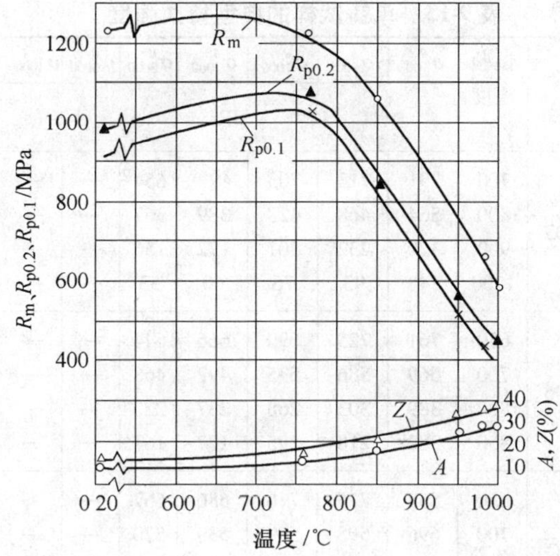

图 9-8　DZ22 合金的瞬时力学性能

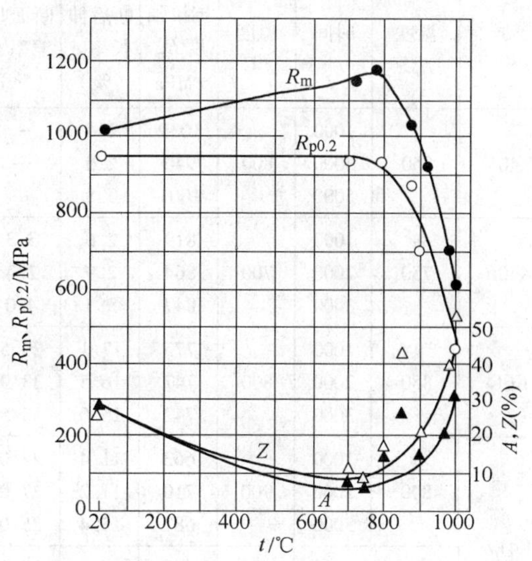

图 9-9　DD3 合金的瞬时力学性能

2. 从铸件切取试样的力学性能　由于凝固条件不同，从铸件上切取试样的性能一般都要低于单铸试样大约 1/3 ~ 1/2。表 9-11 列出从叶片上切取的薄壁试样的瞬时力学性能。

表 9-11　从叶片上取样的瞬时力学性能

合金牌号	取样部位及试样尺寸	试验温度/℃	抗拉强度 R_m/MPa	断后伸长率 A（%）	断面收缩率 Z（%）
K406	从叶片榫头取 $\phi = 3$mm	800	742	6.9	11.2
	从叶身取 $\delta = 1$mm	800	725	9.6	—
K6C	从叶片取 $\delta = 1.5$mm	800	740	10.8	—
	从外环取 $\phi = 3$mm	800	730	14.0	25.2
K417	从叶身取 $\phi = 3$mm	900	735	3.7	6.4
K417G	从叶身取 $\phi = 3$mm	900	717	5.7	11.2
K418	从叶片榫头取 $\phi = 2$mm	20	852	8.3	8.0
		800	847	7.8	10.0
DZ22	从叶片上取 $\delta = 1$mm	20	1098	5.5	—
	$\delta = 1.5$mm	20	1103	9.2	—
K214	从叶片取 $\phi = 3$mm	20	934	5.0	—
		800	837	3.0	—
		900	687	5.7	—

注：δ—厚度。

3. 长期时效后的力学性能　合金在高温下长时间加热后，组织会发生变化，从而使性能也相应地发生变化。表 9-12 列出合金长期时效后的瞬时力学性能。

9.1.4.3　高温持久性能

1. 单铸试样的持久性能　合金在不同温度和持久寿命时的持久强度 $\sigma_{\varepsilon t}^{\theta}$ 值见表 9-13。典型合金的拉逊-米勒曲线见图 9-10 ~ 图 9-17。拉逊-米勒曲线综合说明合金在高温下的工作温度、承受的应力和持久寿命三者之间的关系。拉逊-米勒参数 P 是温度和时间的函数，由下式表示：

$$P = \theta(A + \lg t) \times 10^{-3}$$

式中　P——拉逊-米勒参数；

θ——温度（℃）；

t——时间（h）；

A——与合金性能有关的系数。

表 9-12 长期时效后的瞬时力学性能

合金牌号	时效制度		瞬时力学性能			
	温度/℃	时间/h	温度/℃	抗拉强度 R_m/MPa	断后伸长率 A(%)	断面收缩率 Z(%)
K403	850	1000	800	1039	2.4	—
		3000		940	2.5	—
		5000		1001	3.8	—
K406	750	1000	700	819	2.6	3.3
		2000		864	2.9	2.4
		3000		847	3.3	4.0
K6C	850	1000	800	775	17.1	29.5
		2000		747	16.5	33.9
		3000		742	25.0	38.5
K417	800	1000	900	663	11.4	24.0
		2000		710	11.2	27.0
		5000		682	15.4	25.0
	850	1000	900	665	15.4	24.0
		2000		676	13.6	18.0
		5000		682	7.2	12.0
K417G	850	1000	900	845	9.5	13.4
		3000		818	12.8	22.3
		5000		720	10.4	9.8
		10000		670	8.0	6.3
K418	800	3000	20	855	8.0	7.5
		50000		840	8.5	8.5
K438	850	1000	800	834	17.0	26.0
		3000		745	16.0	29.0
		6900		804	11.0	21.0
K465	950	500	20	955	4	4.83
		1000		900	3	4.5
		1500		910	3	3.83
		2000		883	2.33	2.67
DZ17G	900	5000	20	1100	24.0	20.0
IC6	900	750	20	985	6.5	6.0
DZ4	850	1000	760	1069	6.3	8.6
		3000		1136	6.6	12.0
		5000		1069	13.3	16.1
K214	600℃加应力441MPa	1000	20	1104	2.0	—
K640	750	1500	816	647	14.0	24.0
		2250	816	697	10.7	16.7
	800	1500	816	628	11.5	15.7
		2250	816	628	18.0	36.0

表 9-13 单铸试样的典型持久强度

合金牌号	试验温度/℃	σ^{θ}_{100}	σ^{θ}_{500}	σ^{θ}_{1000}	σ^{θ}_{2000}	σ^{θ}_{3000}	σ^{θ}_{5000}	σ^{θ}_{10000}
		MPa						
K403	700	791	713	703	673	654	—	—
	800	564	468	428	389	367	—	—
	900	320	232	201	172	156	—	—
	1000	148	93	76	60	53	—	—
K406	650	761	725	699	666	644	—	—
	700	669	586	535	497	468	—	—
	800	389	303	268	237	220	—	—
	850	382	218	195	177	167	—	—
K6C	650	858	775	736	686	667	—	—
	700	696	598	569	539	520	—	—
	800	402	333	294	270	255	—	—
	900	206	157	127	123	108	—	—
K417	700	760	730	710	—	—	—	—
	800	570	510	480	—	—	—	—
	900	314	250	220	—	—	—	—
	1000	150	110	95	—	—	—	—
K417G	700	785	726	696	—	—	—	—
	800	569	490	451	—	—	—	—
	900	324	245	216	—	—	—	—
	1000	147	—	—	—	—	—	—
K418	650	833	804	774	—	—	—	—
	700	725	666	627	610	—	—	—
	800	480	412	363	340	—	294	255
	900	274	216	176	160	—	137	108
	1000	118	88	—	—	—	—	—
K18B	700	690	635	595	535	510	480	—
	800	485	350	335	300	275	255	—
	900	240	185	156	90	60	—	—
K438	650	863	—	775	740	—	696	647
	700	726	—	628	598	—	559	510
	800	451	—	358	314	—	275	255
	900	265	—	177	147	—	123	108
K38G	650	—	—	824	—	785	—	—
	700	800	—	686	—	618	—	—
	800	530	—	407	—	353	—	—
	900	299	—	201	—	162	—	—
	1000	135	—	84	—	—	—	—
K80	650	—	803	755	—	676	647	598
	700	775	—	637	600	579	559	530
	760	598	—	490	455	441	422	382
	870	343	—	245	210	206	177	157
	980	167	—	88	55	49	—	—

（续）

合金牌号	试验温度/℃	σ_{100}^{θ}	σ_{500}^{θ}	σ_{1000}^{θ}	σ_{2000}^{θ}	σ_{3000}^{θ}	σ_{5000}^{θ}	σ_{10000}^{θ}
		MPa						
K465	700	833.6	752.5	717	681.5	—	—	—
	800	575.3	488	451.7	416.6	—	—	—
	900	339.8	265.1	236.2	209.3	—	—	—
	1000	166.9	117	99.2	83.5	—	—	—
	1050	108.2	71.2	58.6	47.9	—	—	—
DZ125	760	815	715	672	—	—	—	—
	850	522	430	394	—	—	—	—
	980	218	164	144	—	—	—	—
	1000	187	139	121	—	—	—	—
	1040	138	97	84	—	—	—	—
DZ4	700	912	—	—	—	—	—	—
	800	677	627	578	550	—	—	—
	900	353	299	274	255	240	—	—
	1000	181	137	125	118	111	—	—
	1040	142	—	112	109	101	—	—
DZ22	760	804	725	686	666	—	—	—
	980	207	—	118	110	—	—	—
	1040	137	—	93	79	—	—	—
DZ17G	760	725	640	605	—	—	—	—
	980	185	135	110	—	—	—	—
DZ38G	700	863	795	765	—	730	—	—
	800	569	505	480	—	430	—	—
	900	334	275	135	—	80	—	—
	1000	142	80	—	—	—	—	—
IC6	760	824	—	—	—	—	—	—
	950	220	—	—	—	—	—	—
	1040	140	—	—	—	—	—	—
	1100	110	—	—	—	—	—	—
DD3	760	814	735	696	666	—	—	—
	900	368	275	237	207	—	—	—
	1000	201	162	147	132	—	—	—
	1093	118	84	74	66	—	—	—
DD402	760	859	780	745	—	—	—	—
	850	574	471	428	—	—	—	—
	950	326	229	187	—	—	—	—
	1050	166	122	103	—	—	—	—
K4169	550	850	—	—	—	—	—	—
	650	660	—	—	—	—	—	—
	700	515	—	—	—	—	—	—

（续）

合金牌号	试验温度/℃	σ_{100}^{θ}	σ_{500}^{θ}	σ_{1000}^{θ}	σ_{2000}^{θ}	σ_{3000}^{θ}	σ_{5000}^{θ}	σ_{10000}^{θ}
		MPa						
K91	700	740	—	—	—	—	—	—
	800	519	440	—	—	—	—	—
	900	274	—	193	—	—	—	—
	1000	115	—	—	—	—	—	—
K211	700	245	—	—	—	—	—	—
	800	137	—	—	—	—	—	—
	900	49	—	—	—	—	—	—
K213	600	736	—	696	—	—	—	637
	650	735	—	588	—	—	—	382
	700	510	—	441	—	—	—	353
	800	226	—	235	—	—	—	—
	850	216	—	—	—	—	—	—
K214	650	—	540	480	450	—	—	390
	750	—	450	420	400	—	—	335
	800	—	310	290	270	—	—	200
	850	—	230	200	190	—	—	140
K21	650	282	—	207	—	—	—	—
	760	186	—	117	—	—	—	—
	870	131	—	103	—	—	—	—
	980	65	—	50	—	—	—	—
K640	700	380	—	315	300	—	—	—
	800	240	—	180	170	—	—	—
	900	125	—	—	—	—	—	—

注：$\sigma_{\varepsilon t}^{\theta}$—持久强度，下标 t 为小时数，如 σ_{100}^{θ} 为 100h 持久强度。

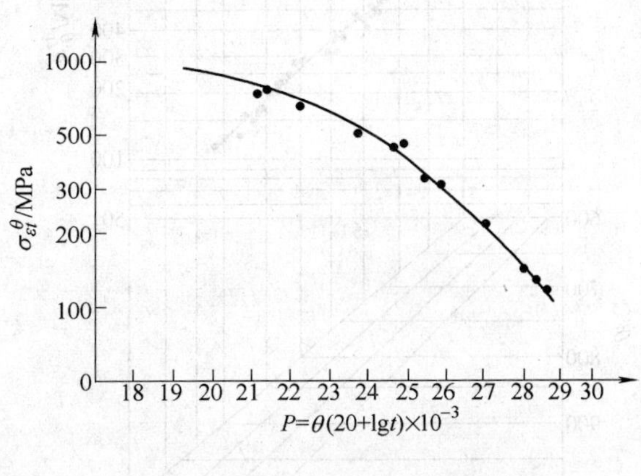

图 9-10　K403 合金的拉逊-米勒曲线

θ—单位℃　t—单位 h

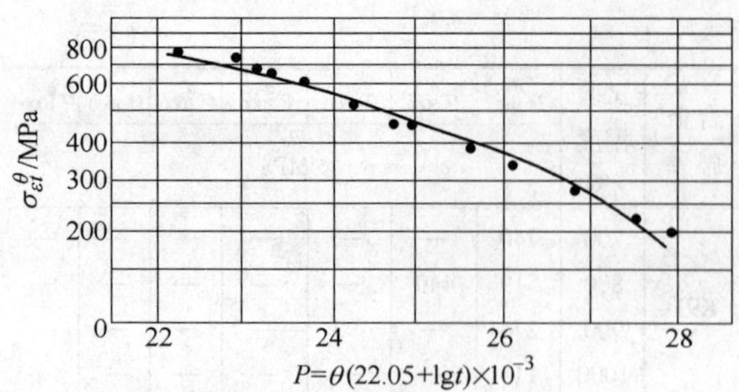

图 9-11　K406 合金的拉逊-米勒曲线

θ—单位℃　t—单位 h

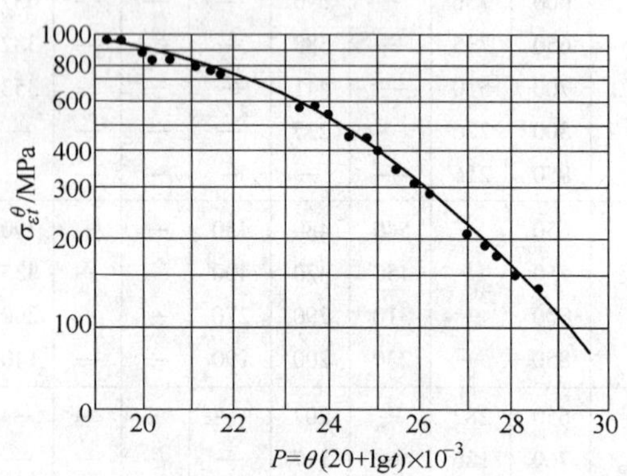

图 9-12　K417 合金的拉逊-米勒曲线

θ—单位℃　t—单位 h

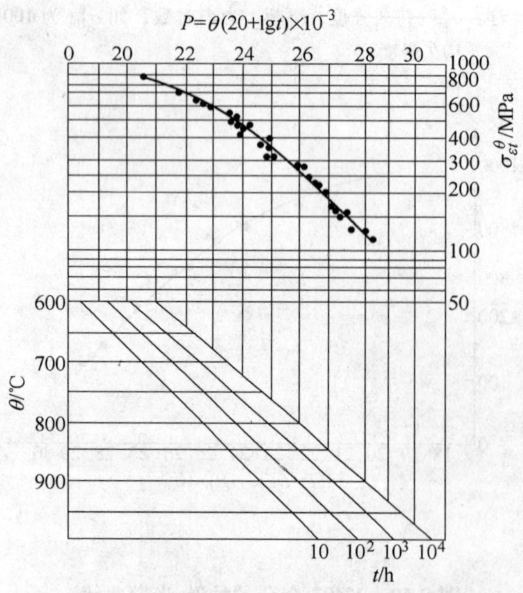

图 9-13　K418 合金的拉逊-米勒曲线

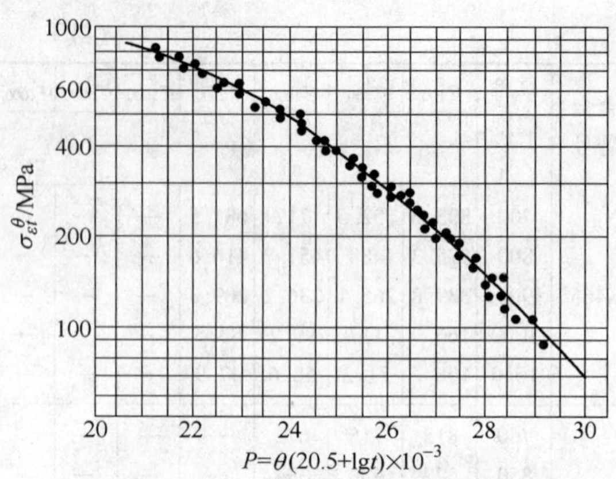

图 9-14　K438 合金的拉逊-米勒曲线

θ—单位℃　t—单位 h

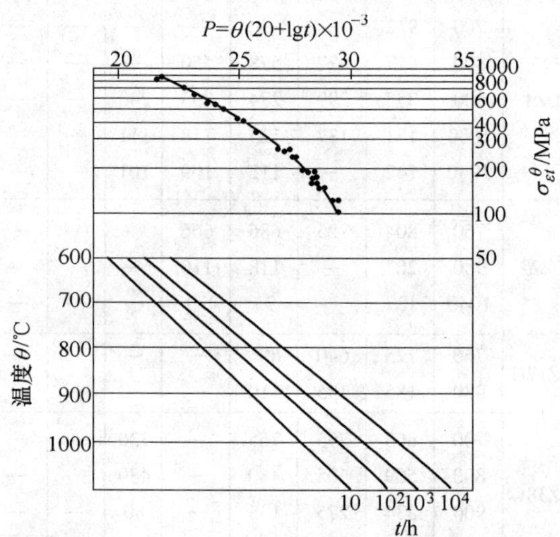

图 9-15　K80 合金的拉逊-米勒曲线

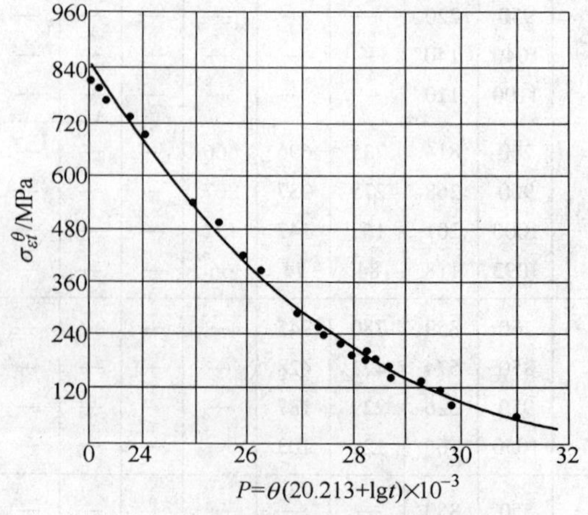

图 9-16　DZ22 合金的拉逊-米勒曲线

θ—单位℃　t—单位 h

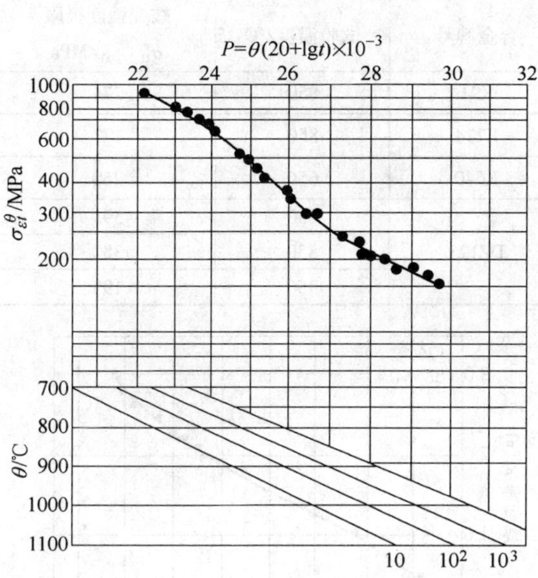

图9-17 DD3合金的拉逊-米勒曲线

2. 长期时效后的持久性能 合金在高温下经不同时效时间后的持久性能见表9-14。

表9-14 不同时效时间后的持久性能

合金牌号	时效制度		持久性能				
	温度/℃	时间/h	温度/℃	应力/MPa	断裂寿命/h	A(%)	Z(%)
K403	850	1000	975	196	79	3.8	4.4
		2000			85	3.8	4.3
		3000			47	3.2	3.9
		4000			40	6.0	9.7
K406	750	1000	700	657	92	12.6	11.6
		2000			82	14.2	20.7
		3000			33	18.4	19.0
	850	1000	850	245	261	20.3	35.9
		2000			373	16.0	27.5
		3000			269	17.6	29.6
K6C	850	1000	850	245	435	13.8	18.8
		2000			319	10.4	13.3
		3000			309	10.6	22.8
K417G	850	1000	900	314	102	12.0	—
		3000			91	6.8	—
K417G	850	5000	900	314	98	5.2	—
		10000			74	9.0	—

（续）

合金牌号	时效制度		持久性能				
	温度/℃	时间/h	温度/℃	应力/MPa	断裂寿命/h	A(%)	Z(%)
K418	800	1000	750	608	75	8.0	—
		3000			69	8.0	—
		5000			70	6.8	—
K438	850	1000	815	422	47	9.0	—
		3000			52	15.0	—
		6900			42	17.0	—
		10000			41	15.0	—
K465	950	500	975	225	49.24	—	—
		1000			32.35	—	—
		1500			21.97	—	—
		2000			26.92	—	—
DZ125	900	1000	980	220	107-112	—	—
		2000			86-114	—	—
		3000			69-88	—	—
IC6	1000	500	1100	90	123	—	—
		1000			101	—	—
DD402	850	500	980	260	120	—	—
		1500			66	—	—
		3000			57	—	—
K640	700	500	815	207	173	9.6	8.0
		1500			191	5.0	8.2
		2250			239	6.7	6.7
	800	500			300	8.4	11.5
		1500			187	12.0	17.5
		2250			141	15.4	19.2

9.1.4.4 高温蠕变性能

高温蠕变强度极限见表9-15，蠕变曲线见图9-18~图9-23。

表9-15 合金的蠕变强度极限

合金牌号	试验温度/℃	蠕变强度极限 $\sigma^{t}_{0.2/100}$/MPa
K403	800	373
	900	190
K406	800	226
	900	157
K6C	800	248
	900	108
K417	800	412
	900	206

（续）

合金牌号	试验温度/℃	蠕变强度极限 $\sigma^{t}_{0.2/100}$/MPa
K417G	800	420
	900	210
K418	800	370
	900	186
K18B	900	176
K465	800	483
	900	268
	1000	118
DZ22	760	530
	850	363
	980	78
IC6	900	200
	1100	73
DD3	1000	78
DD402	760	609
	1000	115

（续）

合金牌号	试验温度/℃	蠕变强度极限 $\sigma^{t}_{0.2/100}$/MPa
K91	850	274
K214	850	177
K640	650	260
DZ125	750	595
	850	380
	950	195

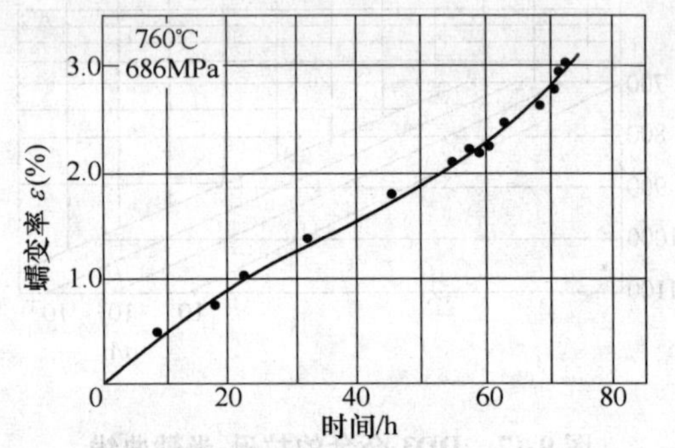

图 9-18 K417G 合金的蠕变曲线

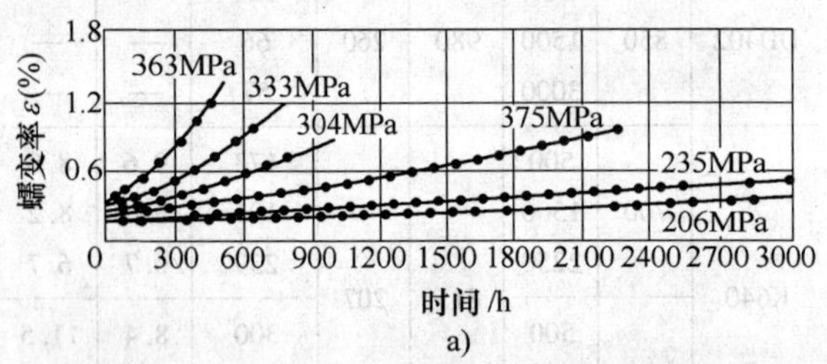

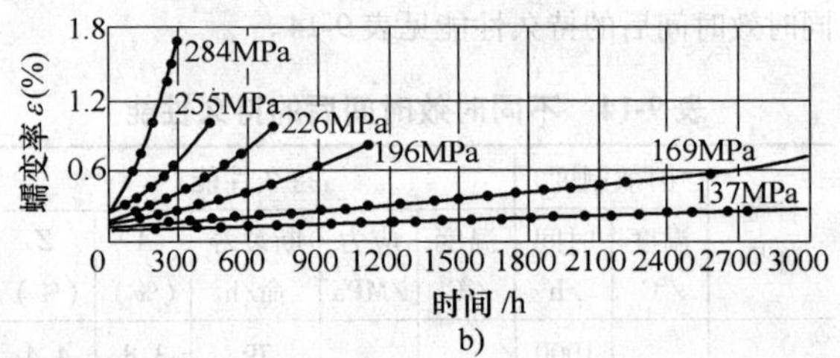

图 9-19 K438 合金的蠕变曲线

a）800℃ b）850℃

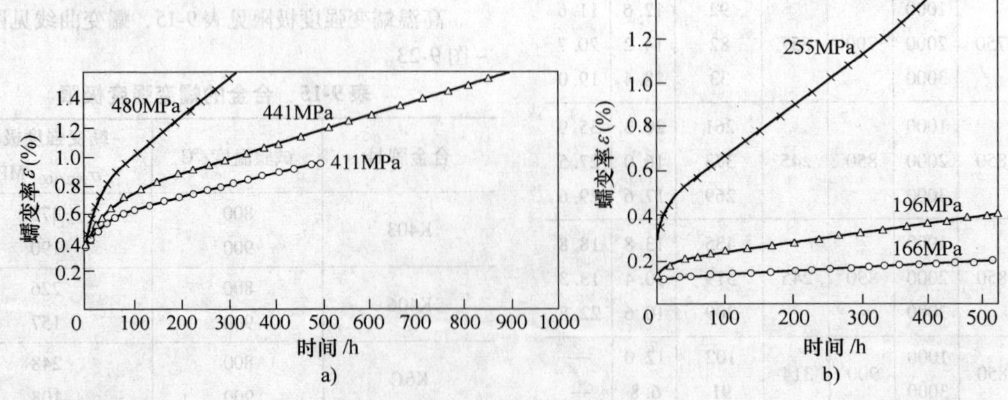

图 9-20 K80 合金的蠕变曲线

a）760℃ b）870℃

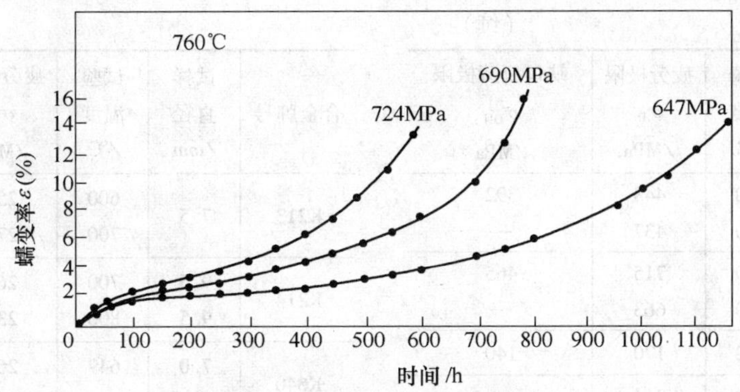

图 9-21　DZ4 合金的蠕变曲线

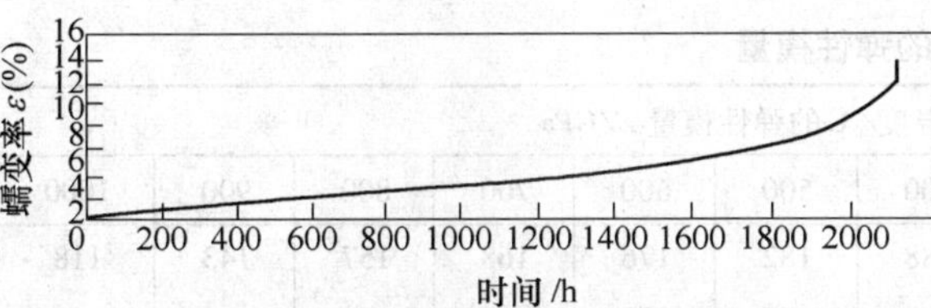

图 9-22　DZ22 合金的蠕变曲线
（760℃，647MPa）

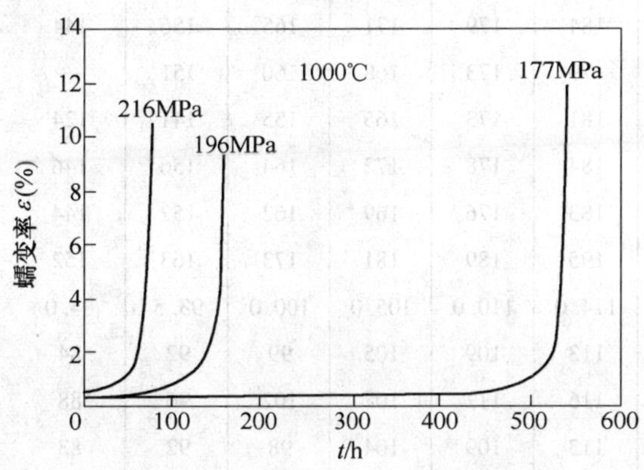

图 9-23　DD3 合金 1000℃蠕变曲线

9.1.4.5　高温疲劳性能（见表 9-16）

表 9-16　合金的疲劳强度极限

合金牌号	试样直径 /mm	试验温度 /℃	疲劳极限 σ_D /MPa	缺口疲劳极限 σ_{DH}① /MPa
K403	4.0	700	373	—
	9.5	700	304	255
	9.5	900	304	265

（续）

合金牌号	试样直径 /mm	试验温度 /℃	疲劳极限 σ_D /MPa	缺口疲劳极限 σ_{DH}① /MPa
K406	4.0	650	392	343
	4.0	750	373	314
K6C	9.5	700	314	—
K417	7.0	700	255	255
	7.0	900	294	284
K417G	7.0	700	294	275
	7.0	900	294	275
K418	7.5	600	314	274
	7.5	700	314	—
	7.5	900	274	—
K18B	7.5	600	274	235
	7.5	700	323	256
K438	7.0	650	275	255
	7.0	850	284	226
K38G	7.0	650	294	255
	7.0	850	314	245
K80	7.5	700	421	284
	7.5	850	265	216
DZ4	4.0	700	352	—
	4.0	930	382	—
DZ22	4.0	700	408	385
	4.0	900	417	388
DZ17G	7.0	800	400	—
	7.0	910	390	—
DZ38G	7.0	650	275	275
	7.0	850	392	314
IC6	4.0	700	380	340
	4.0	930	320	380

（续）

合金牌号	试样直径 /mm	试验温度 /℃	疲劳极限 σ_D /MPa	缺口疲劳极限 $\sigma_{DH}^{①}$ /MPa
DD3	4.0	700	448	392
	4.0	930	437	—
DD402	5.0	700	715	465
		870	663	—
K4169	5.0	482	170	140
K91	7.0	600	314	—
	7.0	750	294	—
K211	9.5	800	177	157
K213	7.5	600	255	196
		700	274	196
K214	9.5	700	265	—
	9.5	800	235	—
K640	7.0	649	269	—
	7.0	816	221	—

① 缺口半径为0.75mm。

9.1.4.6 弹性性能（见表9-17～表9-19）

表9-17 合金的弹性模量

合金牌号	下列温度/℃的弹性模量 E/GPa										
	20	100	200	300	400	500	600	700	800	900	1000
K403	204	202	197	193	188	182	176	168	157	143	118
K406	203	195	190	185	179	175	170	162	156	—	—
K6C	189	187	182	177	173	168	163	156	150	—	—
K417	220	—	—	—	—	—	187	177	172	163	155
K417G	214	204	199	193	183	178	171	163	153	141	—
K418	211	205	200	195	190	184	179	171	165	156	144
K18B	205	199	195	190	185	179	173	168	160	151	—
K438	207	204	199	193	187	181	173	165	155	141	124
K38G	208	—	199	—	190	184	178	172	164	156	146
K80	206	201	198	193	189	183	176	169	162	152	144
K465	217.6	215	211	206	201	195	189	181	173	163	152
DZ125	127.6	126.2	124	121	118	114.0	110.0	105.0	100.0	93.5	84.0
DZ4①	128	125	122	119	116	113	109	105	99	92	84
DZ22①	130	128	126	123	119	116	112	107	102	96	88
DZ17G①	128	127	124	121	117	113	109	104	98	92	83
DZ38G①	118	114	111	108	106	103	100	95	91	85	75
IC6①	132	131	129	127	124	121	117	115	110	104	93
DD3①	115	—	—	—	—	—	—	89	85	80	61
DD402①	143	140	137	133	130	126	122	118	113	108	105
K4169	186	181	176	170	164	159	153	146	—	—	—
K211	177	—	—	—	—	—	—	127	88	—	—
K213	178	—	—	—	—	147	140	135	125	—	—
K214	178	—	—	—	—	—	—	—	138	127	—
K21	248	—	—	—	—	214	179	145	110	—	—
K640	224	—	—	206	198	189	180	171	162	—	—

① 纵向取样值。

表 9-18　合金的切变模量

合金牌号	下列温度/℃的切变模量 G/GPa										
	20	100	200	300	400	500	600	700	800	900	1000
K406	76	75	73	72	70	68	66	63	60	—	—
K6C	75	75	73	70	69	66	64	61	58	—	—
K417	82	79	76	74	72	70	68	65	64	59	—
K417G	88	80	78	76	73	71	68	63	53	48	—
K418	84	83	80	78	76	74	72	69	66	62	—
K18B	77	76	74	72	70	68	64	58	50	45	—
K438	82	81	79	77	75	72	69	66	61	56	—
K38G	78	—	75	—	71	69	65	64	61	58	—
K465	81.5	80	79	77	75	72	70	67	64	60	55
DZ125	58.9	58.3	57.2	55.9	54.6	53.0	52.1	48.9	46.5	43.5	—
DZ4①	36	36	35	34	33	32	30	29	28	26	24
DZ22①	44	44	43	42	40	39	38	36	35	32	29
DZ17G①	60	60	59	58	56	54	52	50	47	44	—
IC6①	52	51	50	49	48	47	46	45	43	41	36
K640	92	—	—	83	78	76	72	68	63	—	—

①　纵向取样值。

表 9-19　合金的泊松比 μ

合金牌号	下列温度/℃的泊松比 μ										
	20	100	200	300	400	500	600	700	800	900	1000
K406	0.33	0.30	0.30	0.29	0.29	0.29	0.30	0.29	0.29	—	—
K6C	0.26	0.25	0.25	0.26	0.25	0.27	0.27	0.28	0.29	—	—
K417	0.27	0.27	0.28	0.28	0.29	0.29	0.29	0.29	0.30	0.31	0.31
K417G	0.26	0.27	0.27	0.28	0.27	0.27	0.28	0.29	0.30	0.32	—
K418	0.26	0.25	0.25	0.25	0.25	0.25	0.25	0.25	0.26	0.26	—
K18B	0.29	0.28	0.29	0.28	0.29	0.30	0.29	0.31	0.30	0.34	—
K438	0.27	0.26	0.25	0.25	0.25	0.25	0.25	0.26	0.26	0.26	0.26
K38G	0.32	—	0.33	—	0.33	0.34	0.34	0.34	0.34	0.34	—
K465	0.335	0.34	0.34	0.34	0.34	0.35	0.35	0.35	0.35	0.36	0.38
DZ125	0.41	—	—	—	—	0.410	0.415	0.430	0.430	0.435	0.450
DZ4①	0.325	—	—	0.329	—	0.340	0.344	0.352	0.361	—	—
DZ22①	0.336	0.337	0.339	0.342	0.346	0.349	0.351	0.352	0.354	—	—
DZ17G①	0.39	—	0.39	—	—	0.39	0.40	0.42	0.41	0.45	—
DD3①	—	—	0.31	—	0.31	0.32	0.32	0.32	0.33	—	—
K640	0.22	—	—	0.24	0.24	0.26	0.26	0.26	0.26	—	—

①　纵向取样值。

9.1.5　工艺性能（见表 9-20）

表 9-20　合金的工艺特性

合金牌号	铸造性能	焊接性能	切削加工性能
K403	用熔模精铸法可以铸出形状复杂的零件。其线收缩率约 2%	采用真空钎焊或脉冲氩弧焊进行焊接	可采用普通硬质合金刀具进行切削加工

（续）

合金牌号	铸造性能	焊接性能	切削加工性能
K406	流动性好，热裂倾向性小。用熔模精铸法可以铸出复杂铸件	采用氩弧焊，焊接裂纹倾向性比 K403 和 K214 低	容易切削加工，磨削时需用超软砂轮或缓进磨削法，以避免磨削裂纹
K6C	铸造性能比 K406 好	采用自动氩弧焊（不填丝），热裂倾向性比 K418 小	容易切削加工，磨削性能比 K406 好
K417	用熔模精铸法可以铸成壁厚小于1mm 的铸件。合金有一定的疏松倾向性。其线收缩率约 2%	可进行氩弧堆焊	要求在较低速度下进行车、铣、刨、磨、钻等
K417G	铸造性能比 K417 好	采用氩弧焊和微束等离子焊作局部堆焊	与 K417 相同
K418	可用熔模精铸法铸成复杂的薄壁零件和整体涡轮。其线收缩率约 2%	可采用氩弧焊和电子束焊与异类合金焊接；也可用瞬间液相扩散焊与本合金焊接。接头抗拉强度约 723MPa	可采用普通硬质合金刀具进行切削加工
K18B	热裂倾向性小，可铸成壁厚小于1mm 的铸件和整体涡轮	可进行电子束焊、氩弧焊、扩散焊和摩擦焊	可采用普通硬质合金刀具进行切削加工
K438	采用熔模精铸法可铸成形状复杂的铸件。其线收缩率约 2%	可进行氩弧焊、等离子弧焊和钎焊	要求在较低速度下进行车、铣、刨、磨等
K38G	采用熔模精铸法可以铸成薄壁空心铸件。其线收缩率约为 2%	与 K438 相同	与 K438 相同
K80	采用熔模精铸法可以铸成形状复杂的铸件	可进行真空钎焊、扩散焊，焊缝强度与本体合金相当	要求在低应力下进行磨削
K465	可用熔模精铸法铸出外形和内腔复杂、具有薄壁结构的高难度零件	可真空钎焊	可采用普通硬质合金刀具进行切削加工
DZ125	可铸成厚度小至 0.6mm 的带有复杂内腔的无余量定向凝固铸件	可真空钎焊	可采用普通硬质合金刀具进行切削加工
DZ4	采用熔模精铸法可以铸成壁厚小至 0.6mm 的铸件。其热裂倾向性小	在 1000～1200℃进行真空钎焊	可采用普通硬质合金刀具进行切削加工
DZ22	采用熔模精铸法可以铸成壁厚小至 0.6mm 的定向凝固铸件。其线收缩约 2%	可进行真空钎焊和氩弧焊	可采用普通硬质合金刀具进行切削加工
DZ17G	采用熔模精铸法铸造定向凝固铸件。热裂倾向性小	可进行真空钎焊	可采用普通硬质合金刀具进行切削加工
DZ38G	采用熔模精铸法铸造定向凝固铸件。热裂倾向性小	可进行真空钎焊和氩弧焊	与 K438 相同
IC6	具有较好的铸造性能，可铸造形状复杂的定向定固铸件	可进行真空钎焊	可采用普通硬质合金刀具进行切削
DD3	可采用熔模精铸法铸造形状复杂的单晶铸件	可进行真空钎焊和扩散焊	与 K403 相同

（续）

合金牌号	铸造性能	焊接性能	切削加工性能
DD402	可铸成形状复杂的单晶熔模铸件	可进行真空钎焊	可采用普通硬质合金刀具进行切削
K4169	可采用熔模精铸法铸造大型薄壁铸件	焊接性能好，可进行氩弧焊、钎焊等。铸件可焊补	切削加工性能比一般铸造高温合金好
K91	可采用熔模精铸法铸造较复杂铸件，疏松倾向小。其线收缩率约为2%	可进行真空钎焊和氩弧焊	可采用普通硬质合金刀具进行切削加工
K211	铸造性能较好。其线收缩率约2.0%～2.5%	可进行氩弧焊	容易切削加工
K213	铸造性能较好。其线收缩率约1.4%；体收缩率约3.8%	可与40Cr钢等进行摩擦焊	可采用普通硬质合金刀具进行切削加工
K214	采用熔模精密铸造法可以铸成形状较复杂的铸件。其线收缩率约2%	可用GH113、D275、BXH—1等焊丝进行氩弧焊	推荐用下列刀具 车刀：W4、BK—6、BK—8 铣刀：P9ϕ5、P10K，M42、P9K5
K21	铸造性能较好，可以铸成形状复杂的铸件	焊接性能比镍基合金好	比较容易切削加工
K640	铸造性能好，可以铸成形状复杂的铸件	焊接性能好	推荐如下参数： 切削速度：42～169mm/s 背吃刀量：0.081～0.31mm 加工深度：0.36～1.27mm

9.1.6 显微组织

铸造高温合金的显微组织较为复杂，其组成相有：γ相、γ′相、碳化物、硼化物等，根据合金成分不同，这些相的形态、数量、尺寸和分布有所差异，但相的种类基本相同。在一般的凝固条件下，合金为树枝状晶组织（见图9-24），TCP相为有害相。

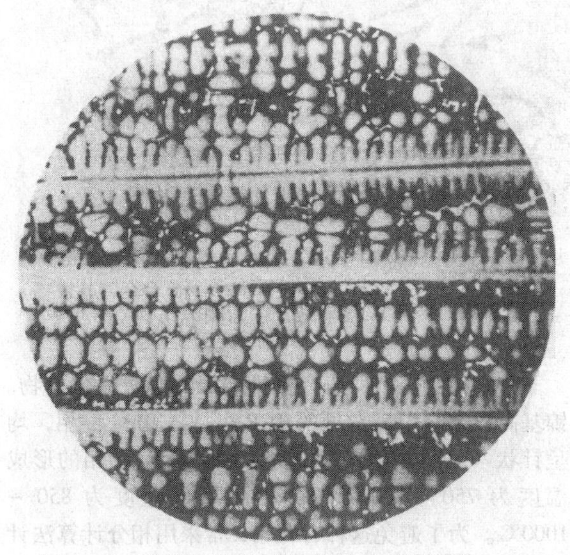

图9-24 铸造镍基高温合金的枝晶组织 ×50

γ相：是合金的基体，是溶解了大量金属元素（Ni、Cr、Co、W、Ta等）的固溶体。依成分不同，其含量占合金质量的40%～80%。这种相极其稳定，直到合金熔化才溶解。

γ′相：是镍基和铁-镍基高温合金的主要强化相，其组成为Ni_3（Al、M），其中M为Ti、Nb、Hf、W等。γ′相的形态有两种：一种是细小颗粒状，尺寸为0.1～2μm，弥散地密布于整个基体中（见图9-25），在1230℃左右全部溶入基体，又在随后的冷却过程中再次析出为更细小的颗粒；另一种是大块的共晶相（见图9-26），其尺寸和数量与合金的成分和凝固条件有关，由几十微米至几百微米，数量占合金体积的0.5%～10%，主要分布在枝晶间和晶界上。随着固溶温度的提高，逐渐溶解，大约到1260～1300℃时全部溶解完。

碳化物：在普通熔模精密铸造镍基高温合金中碳化物的量约占合金质量的1%～2%，而在钴基合金中则为3%～5%。有几种类型：MC型碳化物是从液态凝固析出的，呈块状或骨架状（见图9-27），多出现在晶内枝晶间，在高温下可逐渐分解转变成M_6C型碳化物或$M_{23}C_6$型碳化物；M_6C型碳化物多出现在W、Mo含量较高的合金中，呈针状或颗粒状，形成温度为 850 ~ 1210℃；$M_{23}C_6$ 型碳化物常出现在晶界上，呈细小颗粒状，形成温度为 750 ~ 1080℃；M_7C_3 型碳化物是钴基高温合金的主要强化相，呈骨架状，分布在枝晶间和晶界上（见图 9-27），大约在 1230℃ 溶解。

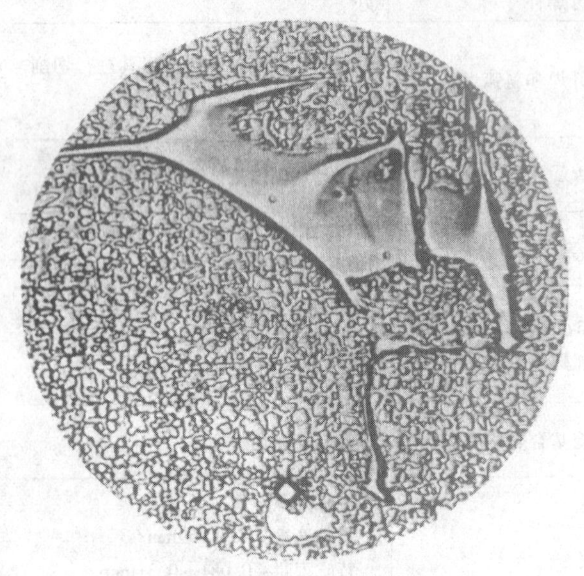

图 9-25 铸造镍基高温合金的 γ′相和碳化物 ×1000

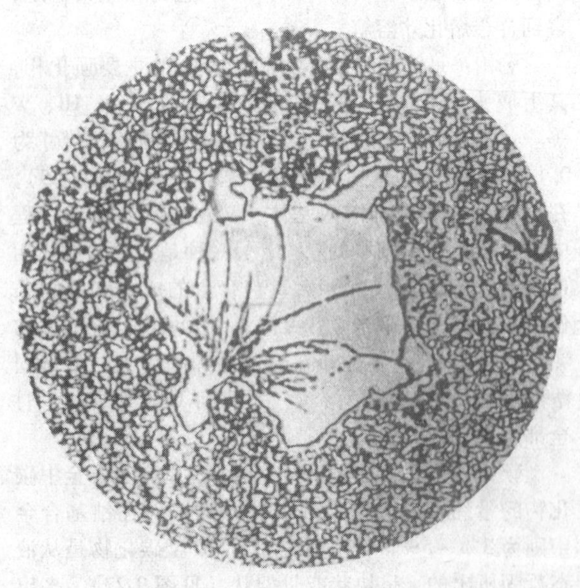

图 9-26 铸造镍基高温合金的 γ/γ′共晶相 ×1000

硼化物：根据合金含硼量的多少，硼化物总质量分数可在 0.01% ~ 0.5% 范围内变化，多半呈骨架状分布在枝晶间和晶界上（见图 9-28 和图 9-29）。最常见的类型是 M_3B_2 型（M 为 W、Mo、Cr、Ti、Ni 等）。这种相在 1150℃ 开始溶解，若在 1220℃ 保温 10h，则全部溶解。

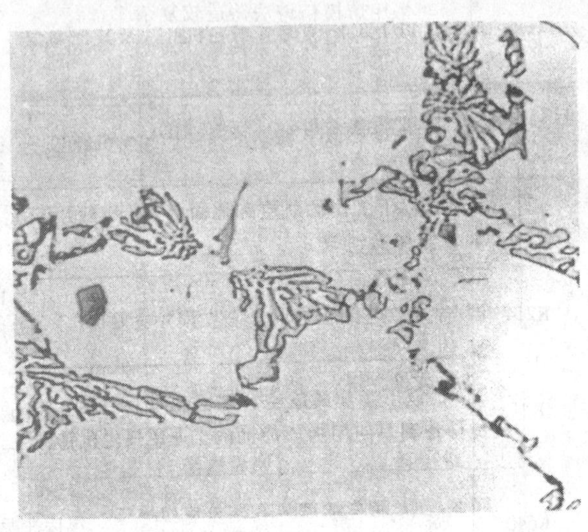

图 9-27 铸造钴基高温合金的碳化物 ×600

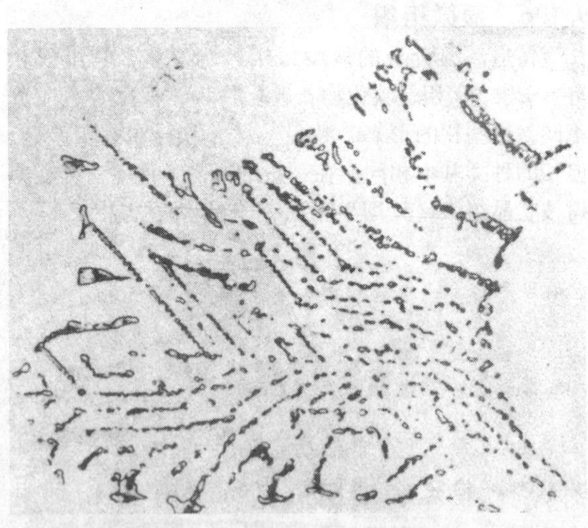

图 9-28 铸造镍基高温合金的硼碳化物 ×1000

TCP 相：是一种拓扑密排结构的金属间化合物。镍基高温合金中最常见的 TCP 相是 σ 相和 μ 相，均呈针状（见图 9-30），对合金性能不利。σ 相的形成温度为 750 ~ 1000℃，μ 相的形成温度为 850 ~ 1000℃。为了避免这种有害相，常采用相分计算法计算合金基体的平均电子空位数，以控制合金的成分。

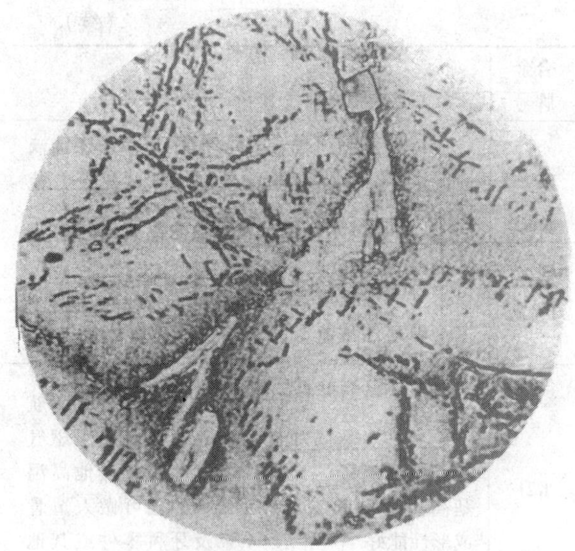

图9-29 铸造铁-镍基高温合金的硼化物和碳化物 ×500

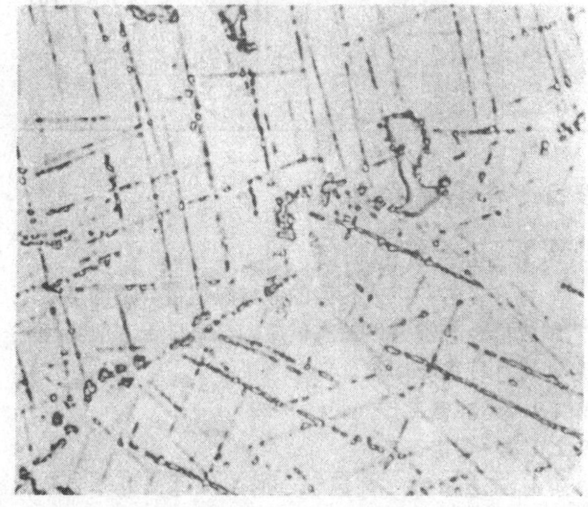

图9-30 铸造镍基高温合金的σ相 ×1000

9.1.7 特点和应用（见表9-21）

表9-21 合金主要特点和应用

合金牌号	主要特点	应用
K403	高温强度高，塑性较低，成分较复杂	1000℃以下工作的航空和地面燃气轮机叶片，高温试验机夹具及其他高温用铸件
K406	成分较简单，价格便宜，高温强度较低	850℃以下工作的航空和地面燃气轮机叶片，汽车和拖拉机的增压器叶轮等
K6C	同K406。但耐腐蚀性能比K406好	同K406。还可用于船用燃气轮机的高温铸件
K417	高温强度高，密度较小，高温长期工作时组织稳定性稍差	950℃以下工作的燃气涡轮机叶片及其他高温铸件
K417G	高温强度高，密度较小，组织稳定性比K417好	适用作950℃以下长期工作的燃气轮机叶片
K418	成分较简单，密度较小，但高温强度较低	850℃以下工作的航空和地面燃气轮机叶片、叶轮、整体涡轮等
K18B	同K418。但塑性比K418好	同K418。与此相当的合金在国外应用很广
K438	高温强度与K418相当。耐腐蚀性能很好	850℃以下工作的航空、地面和海上用燃气轮机铸件特别是使用劣质燃油的工业燃气轮机铸件
K38G	同K438。但塑性比K438好	同K438。相应的牌号在国外应用很广
K80	高温强度高，耐腐蚀性能仅次于K438，价格适中	900℃以下工作的航空、地面和船用燃气轮机叶片及其他长寿命的高温铸件。相当的牌号在国外应用很广
K465	强度高于K403合金，成分复杂，但不含稀贵元素，综合性能好	1050℃以下工作的航空和地面燃气轮机叶片以及其他高温铸件
DZ125	具有良好的中、高温综合性能、优异的热疲劳性能以及良好的铸造性能	适合于制造1000℃以下工作的燃气涡轮转子叶片和1050℃以下工作的导向叶片以及其他高温零件
DZ4	高温强度高、延性好，密度小，价格适中	1000℃以下工作的先进航空和地面燃气轮机铸件

（续）

合金牌号	主要特点	应　用
DZ22	高温强度高，成分较复杂，价格较高，密度较大	1000℃以下工作的先进航空和地面燃气轮机长期工作的铸件，高温试验机夹具等
DZ17G	力学性能水平比K417G高，组织稳定性好，密度较低	980℃以下长期工作的航空和地面燃气轮机动、静叶片等高温铸件
DZ38G	工作温度比K38G约高45℃。其余特点与K38G相同	900℃以下的热腐蚀环境特别是海洋性气氛条件下工作的铸件
IC6	成分较简单，高温强度高，密度较小，价格较低，但抗氧化性较差	1150℃以下工作的航空和地面燃气轮机静态铸件
DD3	力学性能高于DZ22，成分较简单，密度较小。但抗高温氧化和腐蚀性能较差	适合于制造1040℃以下工作的燃气涡轮转动件和1100℃以下工作的静态件
DD402	高温强度与DD3相当，具有良好的抗高温氧化及热腐蚀性能	1050℃以下工作的燃气轮机铸件等
K4169	合金在很宽的温度范围（-253~700℃）内具有较高的强度、塑性、优良的耐热腐蚀性及良好焊接性能	650℃以下工作的航空、航天、核反应堆及化工领域用的各类铸件，与其相应的牌号在国外应用广泛
K91	力学性能与K417相当，具有良好的组织稳定性和铸造性能	850℃以下工作的涡轮增压器及其他高温铸件
K211	成分较简单，价格较低，高温强度较低	800℃以下工作的航空和地面燃气轮机叶片及其他高温铸件

（续）

合金牌号	主要特点	应　用
K213	成分较简单，高温性能与K418相当，但塑性较低	850℃以下工作的涡轮增压器叶轮及其他高温铸件
K214	高温性能比K211和K213高，塑性较低	900℃以下工作的航空和地面燃气轮机叶片及其他高温铸件
K21	抗氧化、耐腐蚀性能好，高温强度比镍基高温合金低，铸造成形性能好	900℃以下使用的航空和地面及船用燃气轮机叶片及其他高温铸件，也可做人造骨骼及牙科零件或其他耐生物腐蚀的铸件
K640	高温强度比K21高，抗氧化、耐硫化腐蚀性能好	1000℃以下使用的燃气轮机静叶片及其他耐腐蚀铸件。相应牌号在国外应用很广

9.2　合金的熔炼

9.2.1　母合金的制备

将合金的各组成元素的原材料通过合适的熔炼工艺制成母合金锭并以铸态供应。母合金锭一般为圆柱形，尺寸视需要而定。

9.2.1.1　准备工作（见表9-22）

9.2.1.2　熔炼工艺

1. 工艺参数　高温合金的熔炼过程可分为熔化期、精炼期、合金化期和浇注期四个阶段。每一阶段的工艺参数必须严格控制。表9-23列出典型合金的重要熔炼参数。图9-31~图9-35示出典型合金的熔炼工艺曲线。

表9-22　熔炼母合金的准备工作

项　目	内　容
原材料	1. 根据有关标准选用所需的金属原材料（参见第10章） 2. 各类原材料的成分、尺寸和表面状态可按照航空工业部标准HB/Z 131—2004《铸造高温合金选用原材料技术要求》 3. 按配料单准确地称料，并在装炉前由专人校核
熔炉	1. 根据合金的批量及技术要求选用容量合适的真空感应熔炼炉（参见第11章） 2. 熔炉的真空度和漏气率应在熔炼前检测，并应符合技术要求 3. 熔炉的各种辅助设备如测温装置、加料系统、搅拌机构等均应处于正常状态

（续）

项 目	内 容
坩埚	1. 按专用工艺采用优质电熔镁砂打结，镁砂成分（质量分数）为：MgO ≥96%，SiO_2 ≤1.5%，Fe_2O_3 ≤1.5%，Al_2O_3 ≤0.2%，CaO≤1.8%，呈白色或米黄色 2. 打结的坩埚应自然干燥 24h 以上，然后按专用工艺送电焙烧。烧成的坩埚内表面应光滑平整 3. 坩埚使用前采用成分相近的合金或回炉料进行洗炉。洗炉温度应高于合金精炼温度，一般为 1580 ~ 1600℃，可在低真空下进行
锭模	1. 将组合式铸铁模或整体式无缝钢管模装配严实，防止泄漏 2. 仔细清理锭模内表面使之平整、清洁、无油污、灰砂等
过滤器	在浇注漏斗上设置规格合适的挡板式陶瓷过滤器，以去除合金液中的浮渣及氧化夹杂物

表 9-23 典型合金的熔炼参数

合金牌号	化清后真空度 /Pa ≤	精炼温度 /℃	精炼时间 /min	合金化温度 /℃	浇注温度 /℃
K403	0.65	1560 ~ 1590	10 ~ 12	≈1500	1390 ~ 1410
K406	1.95	1560 ~ 1590	≈20	≈1480	1390 ~ 1410
K417	0.65	1500 ~ 1530	≈15	≈1450	1390 ~ 1410
K418	0.65	1540 ~ 1600	≈15	≈1450	1380 ~ 1400
K214	1.95	1550 ~ 1600	12 ~ 15	≈1520	1440 ~ 1460

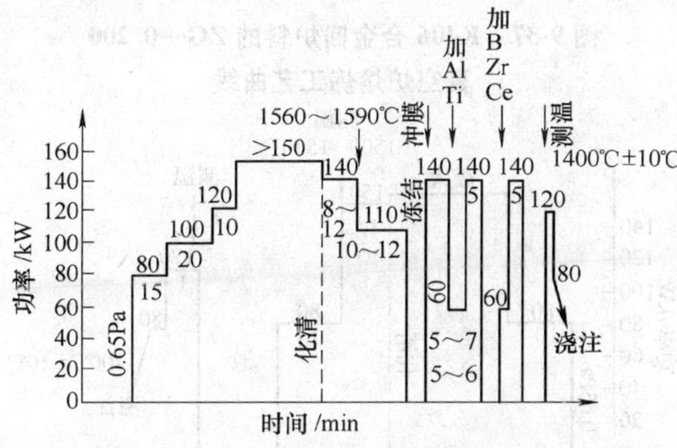

图 9-31 K403 合金的 ZG—0.200 真空炉熔炼工艺曲线

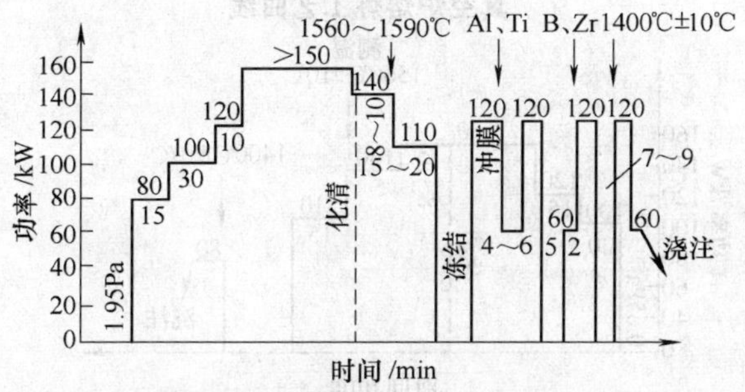

图 9-32 K406 合金的 ZG—0.200 真空炉熔炼工艺曲线

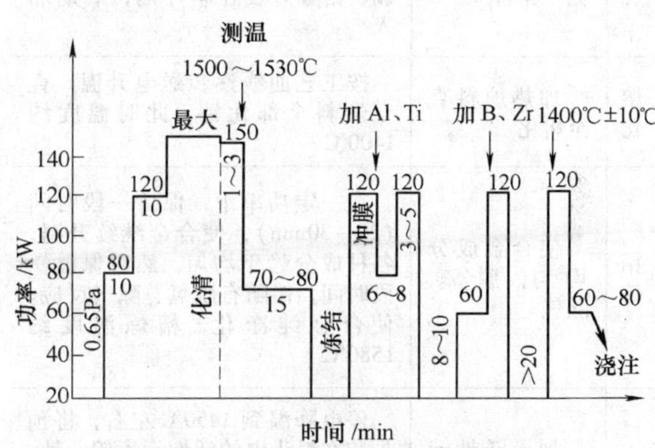

图 9-33 K417 合金的 ZG—0.200 真空炉熔炼工艺曲线

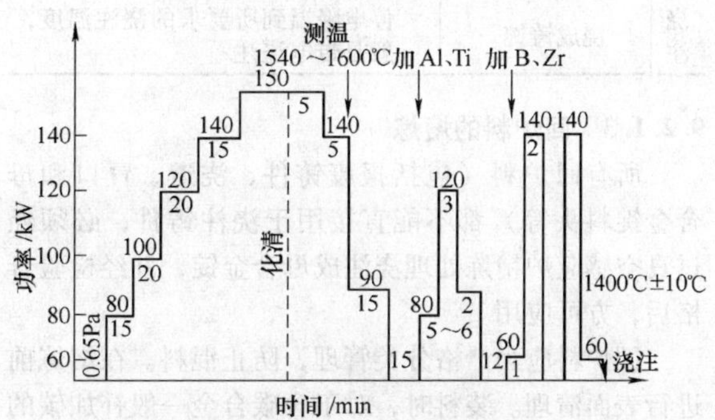

图 9-34 K418 合金的 ZG—0.200 真空炉熔炼工艺曲线

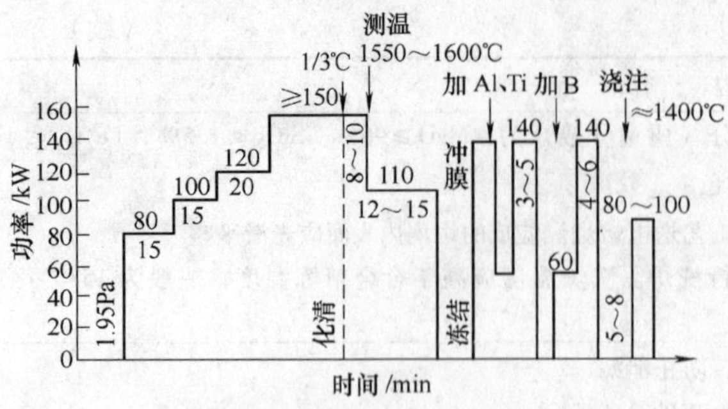

图 9-35　K214 合金的 ZG—0. 200 真空炉熔炼工艺曲线

2. 操作要点（见表 9-24）

表 9-24　母合金熔炼操作要点

工序	要　求	操 作 内 容
装料	尽量紧密，便于熔化，避免"架桥"	按顺序加料，一般装料顺序为：镍—钴—铁—铬—钼—钨—铌—钽—碳；活性元素铝、钛、铪、硼、锆等另装在料斗内，后期加入
熔化	加热炉料直至熔化	按工艺曲线逐步送电升温，直至炉料全部化清，此时温度约 1400℃
精炼	使合金成分均匀，脱氧、除气	在一定功率下，保持一段时间（20～30min），使合金继续升温，各种成分趋于均匀，然后保温一段时间，伴随有脱氧、除气反应，使合金纯净化，精炼温度约 1580℃
合金化	加入活性元素，达到最终成分	停电降温到 1450℃ 左右，将预先装在料斗中的活性元素铝、钛、铪、硼等加入已精炼的合金液中，送电并加搅拌，使元素熔化和均匀化
浇注	浇成铸锭	停电降温到所要求的浇注温度，一般是带电浇注

9. 2. 1. 3　回炉料的熔炼

所有回炉料（包括报废铸件、浇道、冒口和母合金锭料头等）都不能直接用于浇注铸件，必须经过真空感应炉精炼处理浇注成母合金锭，并经检验合格后，方可应用。

回炉料应当严格分类管理，防止混料。在熔炼前进行表面清理。装料时，对于含碳合金一般补加碳的质量分数约为 0.02%，也允许补加少量合金化元素以调整合金成分。

回炉料的熔炼按预定的工艺进行。图 9-36～图 9-40 示出典型合金的回炉料熔炼工艺曲线。

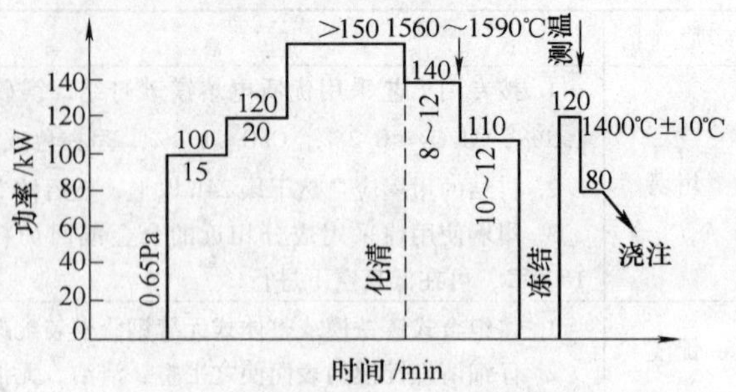

图 9-36　K403 合金的回炉料 ZG—0. 200 真空炉熔炼工艺曲线

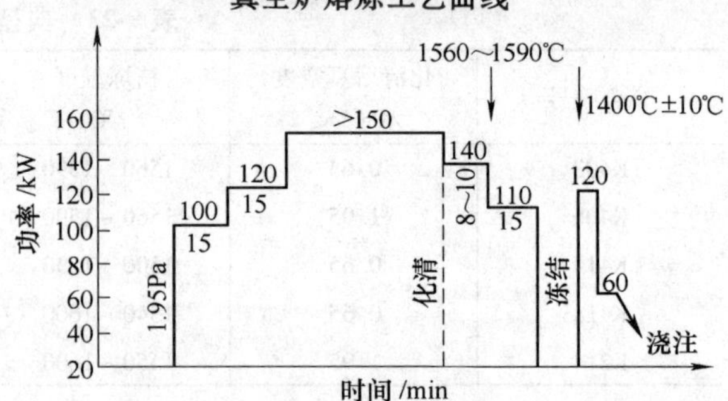

图 9-37　K406 合金回炉料的 ZG—0. 200 真空炉熔炼工艺曲线

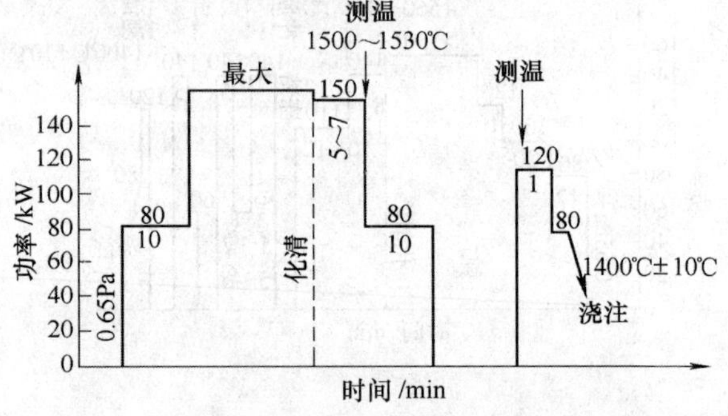

图 9-38　K417 合金回炉料的 ZG—0. 200 真空炉熔炼工艺曲线

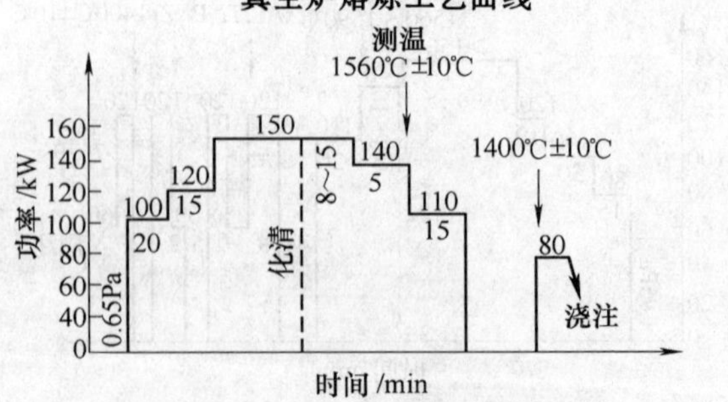

图 9-39　K418 合金回炉料的 ZG—0. 200 真空炉熔炼工艺曲线

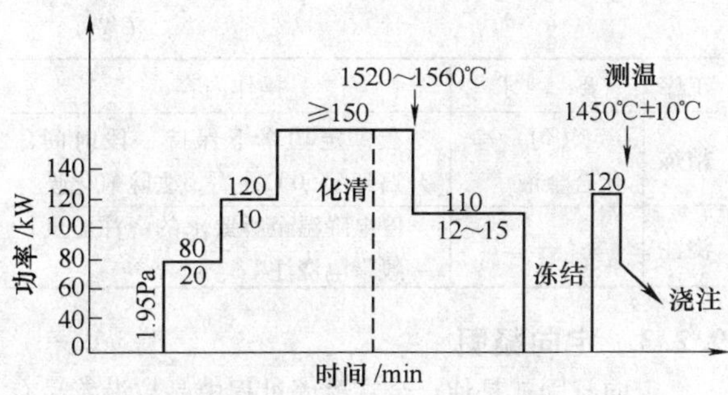

图 9-40　K214 合金回炉料的 ZG—0.200 真空炉熔炼工艺曲线

9.2.2　母合金的重熔

将母合金锭在真空感应炉内按专用工艺重熔后浇注成铸件，在一般凝固条件下获得多晶组织铸件。

9.2.2.1　准备工作

母合金重熔的准备工作见表 9-25。等静压预制坩埚的规格见表 9-26。

表 9-25　母合金重熔的准备工作

项目	内　容
炉料	1. 母合金锭的成分、尺寸及表面状态应符合专用技术标准，例如，航空工业部标准 HB/Z42—1993《K403 合金重熔工艺说明书》等 2. 所用的回炉料（浇、冒口和废零件等）应预先经过处理才可加入 3. 可加入少量的碳和合金元素，以调整成分
坩埚	1. 采用等静压预制成形坩埚，可按表 9-26 所列规格选用 2. 也可采用干法捣制的电熔镁砂坩埚，镁砂成分（质量分数）为 $MgO \geqslant 96\%$，$SiO_2 \leqslant 1.5\%$，$Fe_2O_3 \leqslant 1.5\%$，$CaO \leqslant 1.8\%$，$Al_2O_3 \leqslant 0.2\%$，呈白色或米黄色 3. 坩埚使用前一般应采用同种合金或回炉料洗炉，洗炉温度应高于重熔精炼温度
熔炉	1. 根据铸件模组大小选用合适容量的真空感应炉，参见第 11 章 2. 熔炉的真空系统、供电系统和测温装置等应处于正常状态
铸型	1. 采用熔模法制备刚玉或铝钒土壳型，填砂浇注或单壳浇注，一般为蜡制熔模或快速成形熔模 2. 在铸型的浇口杯或内浇道设置陶瓷过滤器，净化合金液 3. 铸型使用前经 900℃焙烧

表 9-26　等静压预制坩埚的规格

坩埚型号	平均参考尺寸/mm				名义容量/kg
	外径	内径	外高	内高	
M—02 MA—02	80	60	145	135	2
M—04 MA—04	119	95	135	115	4.5
M—08 MA—08	130	106	200	180	8.5
M—09 MA—09	130	106	225	200	9.5
M—12 MA—12	140	116	245	220	13
M—14 MA—14	160	130	225	210	15
M—22 MA—22	170	140	280	265	23
M—150 MA—150	335	285	520	475	170

注：M 为镁质坩埚，MA 为镁铝质坩埚。

9.2.2.2　重熔工艺

1. 工艺参数　母合金重熔过程分熔化、精炼和浇注三个阶段。每一阶段的工艺参数必须严格控制。表 9-27 示出典型合金的重熔工艺参数。图 9-41 ~ 图 9-45 示出典型合金的重熔工艺曲线。

表 9-27　典型合金的重熔工艺参数

合金牌号	真空度/Pa	精炼温度/℃	精炼时间/min	浇注温度①/℃
K403	0.65	1580	3	1440 ~ 1460
K406	1.95	1560 ~ 1590	3	1410 ~ 1430
K417	1.33	1550	1 ~ 2	1390 ~ 1410
K418	1.33	1520 ~ 1540	3	1430 ~ 1450
K214	1.33	1560	3	1480 ~ 1500

① 可根据合金成分及铸件尺寸稍作改变。

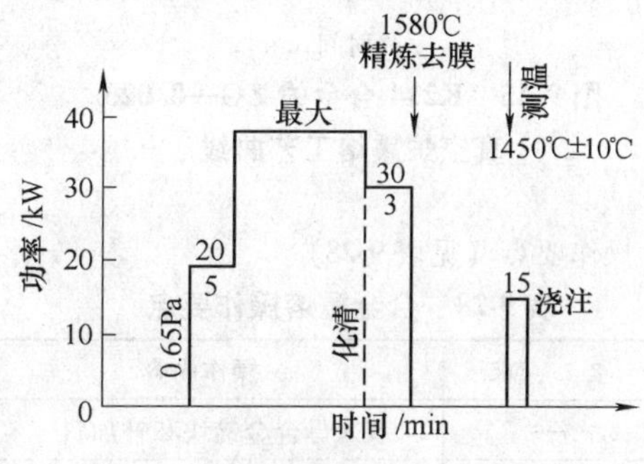

图 9-41　K403 合金的 ZG—0.025 真空炉重熔工艺曲线

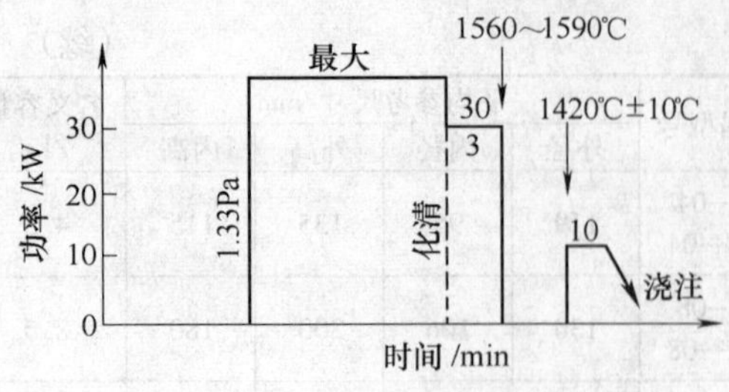

图 9-42　K406 合金的 ZG—0.025 真空炉重熔工艺曲线

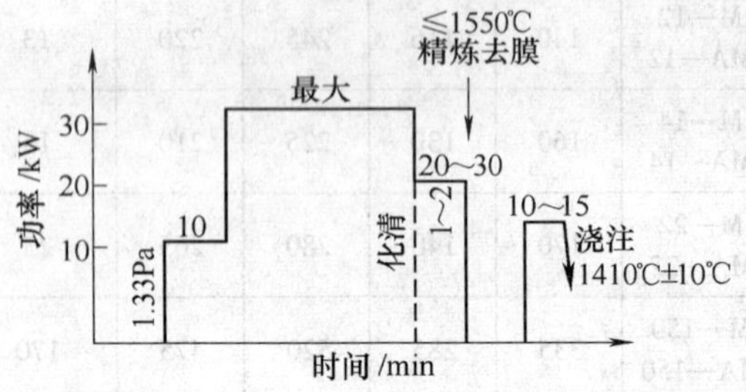

图 9-43　K417 合金的 ZG—0.025 真空炉重熔工艺曲线

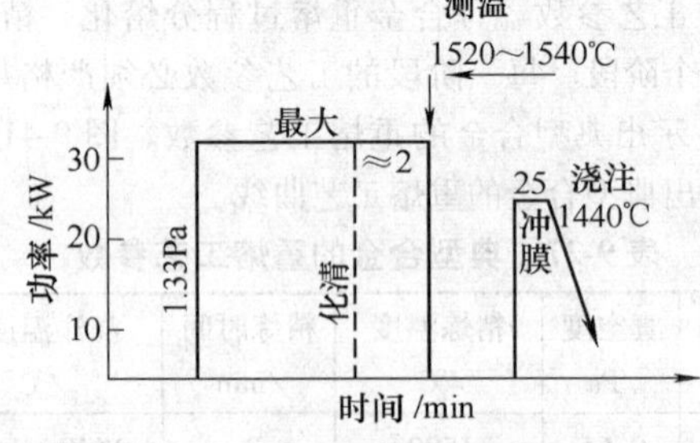

图 9-44　K418 合金的 ZG—0.025 真空炉重熔工艺曲线

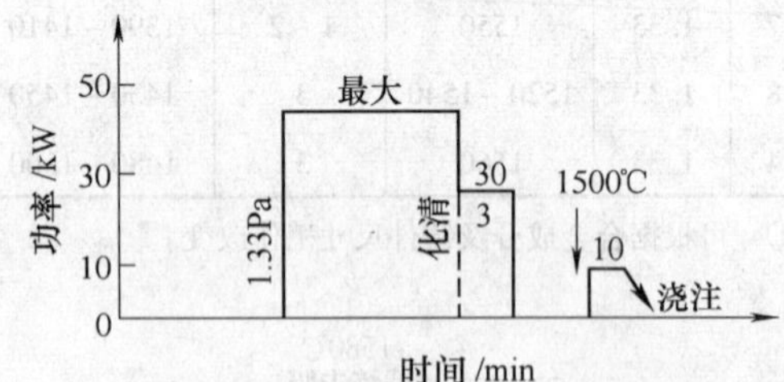

图 9-45　K214 合金的 ZG—0.025 真空炉重熔工艺曲线

2. 操作要点（见表 9-28）

表 9-28　合金重熔操作要点

工序	要　求	操作内容
装料	—	装入母合金锭块和补加料
熔化	加热熔化炉料	按工艺曲线逐步送电升温，直至炉料化清
精炼	均匀、净化合金液	在一定功率下保持一段时间，升温到 1550℃左右，去除氧化膜
浇注	—	停电降温至所要求的浇注温度，一般带电浇注

（续）

9.2.3　定向凝固

定向凝固就是使合金在凝固过程中晶粒沿着最有利的方向生长的工艺。原理是利用合金凝固时晶粒朝着热流相反的方向生长的规律，控制热流方向，就可使晶粒沿一定方向生长。定向凝固设备具有一个单方向散热的冷源和一个能保证液-固界面前沿的液相中不产生新的结晶核心的热源，形成一个有效的温度梯度，使合金随着热流的导出，晶粒不断地向液体中生长。用这种方法制成的铸件，其晶粒形状为一束平行排列的柱状晶组织，基本上消除了横向晶界。若柱状晶的晶界与零件的主应力方向平行，就可防止由于晶界薄弱而造成的零件过早开裂，因而延长了使用寿命。定向凝固的高温合金叶片在燃气轮机中获得广泛应用。图 9-46 示出定向凝固高温合金零件的晶粒。

图 9-46　定向凝固精铸零件的晶粒（经腐蚀显露）

采用定向凝固工艺可以大大提高高温合金的纵向性能。表9-29示出K403合金采用普通铸造工艺和定向凝固工艺的持久性能比较。

应用上述的定向凝固原理也可以制出高温合金单晶铸件，即在铸件凝固过程中只有一个晶粒通过晶粒选择器向上生长。由于单晶零件没有晶界，因而强度更高。图9-47示出带有螺旋式晶粒选择器的单晶叶片铸件。

表9-29 K403合金用普通铸造工艺和定向凝固工艺的持久性能比较

铸造方法	温度/℃	持久强度 σ_{gt}^{θ}/MPa		
		σ_{100}	σ_{500}	σ_{1000}
普通熔模精密铸造	700	791	713	703
	800	564	468	428
	900	320	232	201
	1000	148	93	76
定向凝固熔模精密铸造	700	922	883	863
	800	628	569	536
	900	343	293	271
	1000	176	144	132

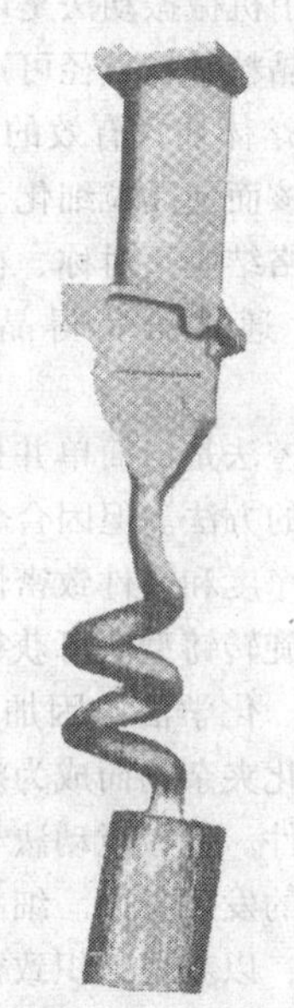

图9-47 带有螺旋式晶粒选择器的单晶叶片铸件（经腐蚀显露晶粒）

定向凝固工艺方法主要有三种：功率降低法、快速凝固法和液体金属冷却法。

1. 功率降低法（PD法） 将一个底部开口的壳型放在水冷铜结晶底盘上，装在配有石墨感应加热器的感应圈内，感应圈分上下两个区域。加热模壳时，感应圈全区通电，使模壳加热到预定温度（1520℃左右），然后浇入过热的合金液（约1520℃）。此时，感应圈的下区停电，使模壳内建立起轴向温度梯度（7~20℃/cm）。通过调节输入感应圈上区的功率使合金液定向凝固。合金液的热量主要靠水冷底盘以热传导的方式散失。

2. 快速凝固法（HRS法） 将一个底部开口的壳型置于水冷铜结晶底盘上，并送入石墨感应加热器内。待加热到预定温度（1520℃左右）后，浇入过热的合金液（约1520℃），然后以预定速度（4~10mm/min）从加热器移出浇满合金液的壳型。在移动过程中实现定向凝固。合金液的热量，除底盘的热传导散失外，还靠热辐射传热散失，所以凝固速度较大。

3. 液态金属冷却法（LMC法） 与快速凝固法一样，浇满过热合金液的壳型以预定速度向下移动，逐渐进入保持一定温度的低熔点金属（如锡）液中。此法传热快而稳定，凝固速度也快，但设备较复杂，还可能带来低熔点金属对铸件的污染。

上述三种方法中，目前最常用的是快速凝固法。图9-48示出一种快速凝固法定向凝固炉的结构简图。图9-49示出一种典型的定向凝固工艺曲线，图中上部曲线为壳型的加热曲线，下部曲线为合金料的熔化和浇注、凝固曲线。

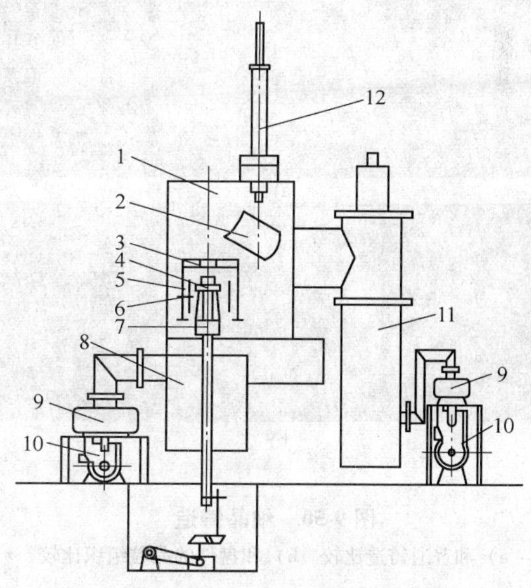

图9-48 ISP2/Ⅲ—DS型定向凝固炉结构简图

1—熔炼室 2—坩埚 3—浇盘 4—铸型 5—石墨加热器 6—热电偶 7—结晶器 8—铸型室 9—罗茨泵 10—机械泵 11—扩散泵 12—加料杆

9.2.4　细晶铸造

细晶铸造是通过控制普通熔模铸造工艺参数以强化合金的形核机制，使铸件在凝固过程中形成大量结晶核心，并阻止晶粒长大，而获得晶粒均匀细化的铸件。广泛用于制造中、低温条件下工作的燃气涡轮低压叶片、整体涡轮或转子以及机匣、扩压器等薄壁铸件。图 9-50 示出细晶铸造和普通铸造盘件的晶粒组织。细晶铸造工艺的突出优点是可显著提高镍基高温合金铸件在中、低温的低周疲劳寿命，并显著减小力学性能的数据分散性，从而提高铸件的设计容限。

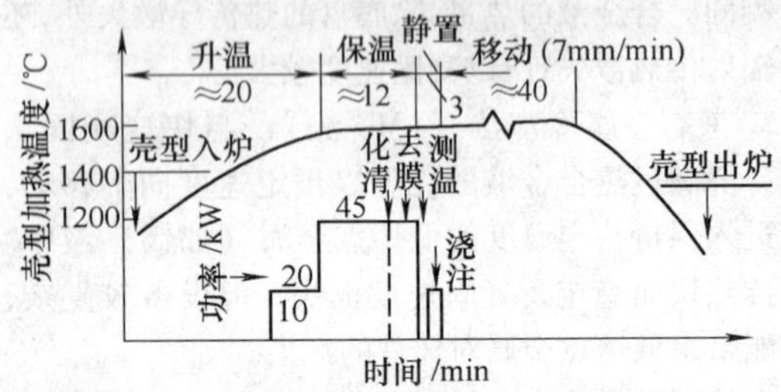

图 9-49　DZ22 合金的定向凝固工艺曲线（在 ISP2/Ⅲ—DS 定向炉内进行）

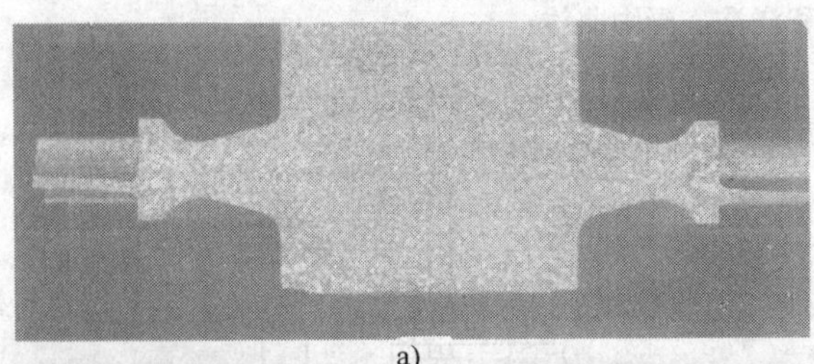

a)

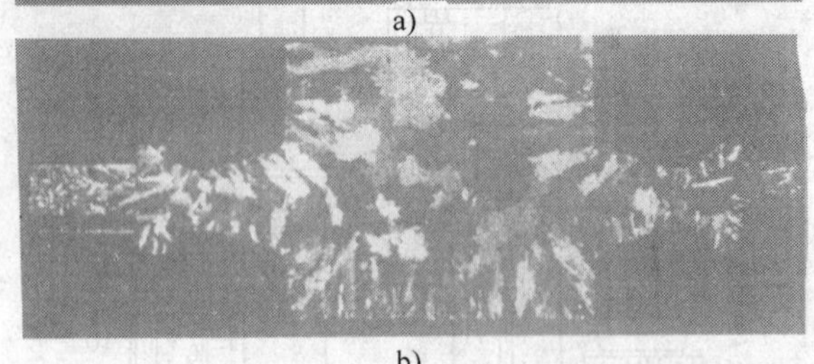

b)

图 9-50　细晶铸造

a）和普通铸造比较　b）和盘件的晶粒组织比较

表 9-30 示出细晶铸造和普通铸造 IN713C 合金的性能比较。

细晶铸造的工艺方法主要有热控法、动力学法和化学法三种。

1. 热控法　在普通的熔模铸造条件下通过控制铸型温度、降低合金精炼温度和时间，使分散在熔体中作为形核基底的碳化物保留下来，并较大幅度地降低浇注温度，增大冷却速度，以达到限制晶粒长大和细化晶粒的目的。采用此方法可获得晶粒平均直径约 0.5mm 的铸件。

表 9-30　细晶铸造 IN713C 合金的力学性能与普通铸造的比较

铸造方法	室温力学性能			260℃低周疲劳寿命①
	R_m /MPa	A (%)	Z (%)	N_f/周
细晶铸造（热控法）	917	6.9	9.4	35000
普通铸造	848	6.1	10.5	20000

①　细晶铸造低周疲劳寿命的标准偏差为 0.1，而普通铸造的为 0.45。

2. 动力学法　在合金浇注和凝固过程中，施加外力迫使合金熔体振动或搅动，使已凝固的枝晶破碎并遍布在熔体中，形成更多的有效晶核，限制晶粒长大。具体方法有超声波振动法、机械振动法、旋转铸型法和电磁搅拌法等。其中机械振动法是最适用于熔模铸造的晶粒细化方法。晶粒平均直径可达 0.18～0.36mm。

3. 化学法　向熔体加入有效的固溶形核剂质点，形成大量非均质晶核而使晶粒细化。加入的形核剂必须具有熔点高、晶格结构不对称、在低的过冷度下形核能力强等特点。通常可获得晶粒直径为 0.5～1.5mm 的铸件。

上述方法中热控法是最简单并且易在普通熔模铸造工艺基础上实施的方法。但因合金精炼温度和浇注温度低，使合金纯净度和铸件致密性较差。动力学法中的机械振动法和旋转铸型法可获得高质量的细晶铸件，但设备较复杂。化学法中因加入外来形核质点，易在合金中形成氧化夹杂物而成为疲劳起源，故不宜用于铸造重要受力件。机械搅动法与热控法的有机结合是细晶铸造工艺的发展方向。细晶铸造工艺一般都辅以热等静压处理，以获得组织致密且性能水平高的铸件。

9.3　合金的热处理

合金经过热处理使其中各种相的形态、尺寸和分布呈更为有利的状态，从而提高其力学性能。

高温合金最重要的热处理是固溶和时效，有时还要进行消除内应力的退火处理。固溶处理的目的是，消除或减轻铸件凝固时的枝晶偏析，并使粗大的初生相全部或部分地溶入基体，然后在冷却过程中析出细小而均匀分布的次生相。时效处理的目的是使合金进一步析出细小弥散质点，使基体更趋稳定。

9.3.1　热处理设备

铸造高温合金热处理用的设备主要是电热炉。例如，固溶处理用碳硅棒式箱式炉（KO—9、KO—11等），时效处理用电阻丝式箱式炉（H30、H45 等）。对于表面不再加工的铸件和易发生表面元素贫化的合金，则要采用真空热处理炉（如 WZG—30 等）或氩气保护炉。

9.3.2　热处理工艺

9.3.2.1　工艺参数

各种合金的热处理工艺参数由试验确定，既要有利于合金性能的提高，又要适合于现有的生产条件。表 9-31 示出各种合金的标准热处理制度。

9.3.2.2　操作要点

1）装炉前要校正炉膛温度，区域温差范围应符合标准要求。控温和记录机构均应处于正常状态。

表 9-31　合金的标准热处理制度

合金牌号	热处理制度	备　注
K403	1210℃，4h，空冷	也可铸态用
K406	980℃，5h，空冷	—
K6C	980℃，5h，空冷	—
K417	—	铸态用
K417G	—	铸态用
K418	1180℃，2h，空冷 +930℃，16h，空冷	—
K18B	1180℃，2h，空冷	也可铸态用
K438	1120℃，2h，空冷 +850℃，24h，空冷	也可铸态用
K38G	1120℃，2h，空冷 +850℃，24h，空冷	
K80	1210℃，2h，空冷 +1090℃，4h，空冷 +1050℃，4h，缓冷 +840℃，16h，空冷	
DZ4	1220℃，4h，空冷 +870℃，32h，空冷	
DZ22	1205℃，2h，空冷 +870℃，32h，空冷	
DZ17G	1220℃，4h，空冷 +980℃，16h，空冷	
DZ38G	1190℃，2h，空冷 +1090℃，2h，空冷 +850℃，2h，空冷	
IC6	真空下 1260℃，10h，氩冷	
DD3	1250℃，4h，空冷 +870℃，32h，空冷	
DD402	1315℃，3h，空冷 +1080℃，6h，空冷 +870℃，20h，空冷	
K4169	1095℃，1 ~ 2h，空冷或更快 + 955℃，1h，空冷 + 720℃，8h，炉冷（56℃/h）至 620℃，保温 18h，空冷	
K91	1080℃，4h，空冷 +900℃，10h，空冷	
K211	900℃，5h，空冷	
K213	1100℃，4h，空冷	
K214	1100℃，5h，空冷	
K21	—	铸态用
K640	—	铸态用

2）装炉要用专用托盘或支架，铸件之间有一定间隙。注意铸件与加热元件之间不能靠得太近。形状复杂的铸件要采取防止变形的措施。

3）一般是随炉升温。升温速度应按专用说明书控制。保温过程要注意温度波动。真空炉要注意真空度的变化。

4）铸件一般在空气中冷却。要注意出炉后将铸件散开。真空炉处理铸件一般是通氩气冷却，要保证足够的氩气压力和纯度。

9.3.3　热等静压处理

铸造高温合金对工艺因素的变化颇为敏感，因此，不可避免地会在铸件中产生缩孔、疏松等缺陷，这就会降低铸件的质量，甚至导致铸件报废。

热等静压法处理工艺是消除或减少铸件内部孔穴、提高致密度从而提高铸件力学性能的有效手段。

热等静压处理是根据帕斯卡定律在高压密封容器中，以高纯氩气为介质，对装入其内的铸件在高温下施以各向均等的静压力，从而获得内部无孔穴的致密铸件。

由于热等静压处理是蠕变-扩散的复合过程，故工艺参数的选择极其重要。同时还要考虑设备能力的限制和生产效率。

常用的工艺参数如下：

温度：1170～1210℃

压力：100～120MPa

时间：3～5h

热等静压处理后，还要进行相应的热处理，以获得合乎需要的显微组织结构和良好的力学性能。

图 9-51 示出 K418 合金热等静压处理前后的疲劳性能。

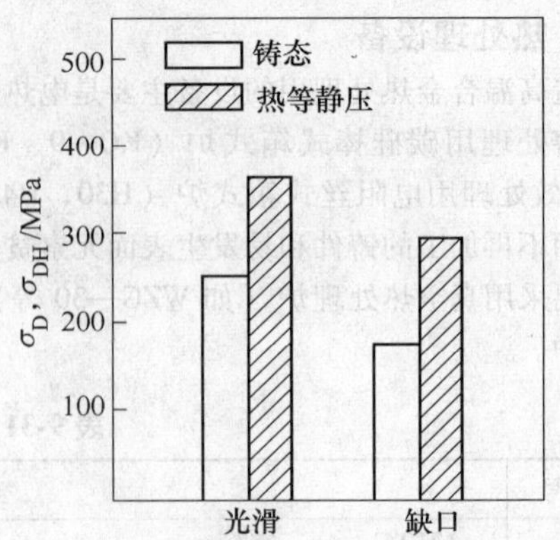

图 9-51　K418 合金热等静压处理前后的疲劳强度

σ_D—疲劳极限　σ_{DH}—缺口疲劳极限

9.3.4　表面防护处理

高温合金铸件在高温大气中工作。由于氧化和腐蚀作用，合金性能会急剧下降。为了防止氧化和腐蚀，以延长铸件的工作寿命，一般都要对高温合金铸件进行表面防护处理。防护处理的方法主要是在铸件表面上施加涂层或渗层。

高温合金涂层材料可分为三类：

1. 金属间化合物涂层　它包括：①简单铝化物涂层，即渗铝涂层。②改进型铝化物涂层，即添加有 Cr、Si、Pt 等其他元素的铝化物涂层。③硅化物涂层，即金属与硅组成的化合物涂层。

2. 合金涂层　即 MCrAlY 型（M = Ni、Fe、Co）合金包覆涂层。

3. 复合涂层　又称热障涂层，它具有隔热和防护双重作用。

表 9-32 列出部分铝化物涂层的种类、名称、成分、工艺和用途。表 9-33 列出防护涂层的涂覆方法和应用范围。

表 9-32　部分铝化物涂层的名称及用途

类别	名　称	主要成分	工　艺	用　途
简单铝化物涂层	AG—1	Al	Fe-Al 合金粉埋渗	镍基合金叶片
	AG—2	Al	Al 粉 + Al_2O_3 粉埋渗	镍基合金叶片
	Al-4	Al	Al 粉 + Al_2O_3 粉料浆渗	只能在 750℃以下渗铝的铁基和镍基合金铸件
	Al-8	Al	Fe-Al 合金粉 + Al_2O_3 粉料浆渗	镍基合金转子叶片
	AZ—1	Al	真空蒸镀扩散渗铝	镍基合金铸件
	AZ—2	Al	真空蒸镀扩散渗铝	镍基合金转子叶片
	离子镀铝扩散渗铝	Al	偏压真空蒸发扩散渗铝	镍基合金导向叶片
	气相渗铝	Al	气相渗铝	镍基合金叶片
改进型铝化物涂层	ACL	Al + Cr	料浆渗	镍基合金铸件
	ASL—4	Al + Si	料浆渗	镍基合金叶片
	ASWL—1	Al + Si	无机盐料浆熔渗	镍基合金叶片

表 9-33　防护涂层的涂覆方法及应用范围

类　别	方　法①	应　用
热渗法	填料埋渗（固渗）	简单铝化物涂层，改进铝化物涂层，硅化物涂层
	料浆渗	简单铝化物涂层，改进铝化物涂层，硅化物涂层
	气相渗（化学气相沉积）	简单铝化物涂层
	熔渗	简单铝化物涂层，改进铝化物涂层
电化学法	电镀	与其他方法结合可获得改进铝化物涂层或合金涂层
	电泳	铝化物涂层，与其他方法结合可获得改进铝化物涂层或合金涂层

（续）

类别	方法①	应用
物理法	真空蒸发沉积和偏压真空蒸发沉积（离子镀）阴极溅射沉积	金属镀层，合金涂层，合金-氧化物复合涂层，铝化物涂层
热喷涂方法	低压等离子喷涂	合金涂层，合金-氧化物复合涂层

① 详细内容见参考文献［5］。

9.4 质量控制和检验方法

9.4.1 质量检验方法

9.4.1.1 浮渣检验

1. 目的 检查母合金的纯净度。

2. 方法 从母合金锭上切取4～5kg炉料放在容量为10～20kg的连续作业式或间歇作业式真空感应炉中，采用等静压成形坩埚重熔，炉内真空度高于1.33Pa，精炼温度为1525℃±10℃，精炼后降温到1470℃，在此温度下观察液面并摄影记下液面浮渣的总面积，然后对照评级标准图片确定该炉母合金锭的浮渣等级。

9.4.1.2 化学分析

1. 目的 分析合金中各主量元素和杂质元素的含量。

2. 方法 按HB5220.1～5220.48—1995—2008《高温合金化学分析方法》进行。

9.4.1.3 力学性能测试

1. 目的 测试合金的各种力学性能。

2. 方法 按标准方法进行（见表9-34）。

9.4.1.4 金相试验

1. 目的 检查各金的显微组织和低倍组织。

2. 方法 按普通方法制备金相试样，并选用合适的试剂（见表9-35）显露合金组织，然后进行高倍或低倍观察。

9.4.2 常见的铸造缺陷及防止方法

铸造高温合金常用熔模精密铸造法制造铸件，铸件中常见的缺陷、产生的原因及防止的方法见表9-36。

表9-34 力学性能测试方法

测试项目	测试方法
瞬时拉伸	GB/T 4338—2006《金属材料高温拉伸试验方法》 HB5195—1996《金属高温拉伸试验方法》 GB/T 228—2002《金属材料 室温拉伸试验方法》 HB5143—1996《金属室温拉伸试验方法》
持久·蠕变	GB/T 2039—1997《金属拉伸蠕变及持久试验方法》 HB5150—1996《金属高温拉伸持久试验方法》 HB5151—1996《金属高温拉伸蠕变试验方法》
高周疲劳	GB/T 4337—2008《金属材料 疲劳试验 旋转弯曲方法》 HB5153—1996《金属高温旋转弯曲疲劳试验方法》
冲击	GB/T 229—2007《金属材料 夏比摆锤冲击试验方法》 HB5144—1996《金属室温冲击韧性试验方法》
硬度	GB/T 231.1—2009《金属材料 布氏硬度试验 第1部分：试验方法》 GB/T 230.1—2009《金属材料 洛氏硬度试验 第1部分：试验方法》 HB5168—1996《金属布氏硬度试验方法》 HB5172—1996《金属洛氏硬度试验方法》

表9-35 高温合金常用金相试剂

名称	配比（质量比）	方法	显示的组织
磷酸-硝酸-硫酸溶液	3:10:12	电解或化学浸蚀	一般组织
硝酸-氢氟酸溶液	15:1	化学浸蚀	一般组织
硝酸-氢氟酸-甘油溶液	1:3:5	电解或化学浸蚀	一般组织
硫酸铜-盐酸-硫酸水溶液	4:20:1:20	化学浸蚀	一般组织

（续）

名　称	配比（质量比）	方　法	显示的组织
氢氧化钾（钠）水溶液	40%	电解	碳化物，σ相
铁氰化钾-氢氧化钾水溶液	1:2:10	化学（热）浸蚀	碳化物，σ、μ相
氢氧化钠-苦味酸水溶液	2:20:100	化学（热）浸蚀	硼化物
乳酸-盐酸-硝酸溶液	3:2:1	化学浸蚀	一般组织
盐酸-过氧化氢溶液	1:1	化学浸蚀	低倍晶粒
盐酸-氯化铁水溶液	20:15:30	化学浸蚀	低倍晶粒

表9-36　常见的铸造缺陷、产生原因及防止方法

序号	名　称	产生原因	防止方法
1	疏松	1. 合金液含气量大，凝固时析出气体，妨碍补缩 2. 铸件冷却过慢，枝晶粗大，妨碍补缩 3. 铸件冷却过快，来不及补缩	1. 加强脱气和除气，炉子真空度要足够 2. 严格控制浇注温度 3. 适当提高壳型温度
2	缩松	1. 合金本身结晶温度范围较宽，倾向于糊状凝固方式 2. 浇注系统和铸件结构不利于顺序凝固 3. 浇注温度不合适 4. 壳型材料导热性差，铸件冷却缓慢	1. 适当调整合金成分，缩小结晶温度范围 2. 改善铸件结构和浇注系统以利顺序凝固 3. 严格控制浇注温度 4. 改善浇注方法，提高铸件冷却速度
3	夹渣	1. 造渣不良，除渣不干净 2. 炉料太脏 3. 炉子真空度过低	1. 铸锭表面要清理干净，最好“扒皮”处理后使用 2. 采用陶瓷过滤器挡渣
4	氧化夹杂	1. 炉料不干净，熔炼浇注操作不当，合金液氧化物过多 2. 合金液与坩埚壁或壳型材料发生反应	1. 选用干净炉料，最好经喷砂或滚筒清理后使用 2. 仔细清理坩埚 3. 选用化学稳定性好的坩埚材料和壳型材料
5	化学粘砂	1. 合金液中氧化物较多 2. 合金液与壳型材料发生严重反应 3. 壳型材料选用不当，或涂料配比不合适 4. 浇注温度过高	1. 严格执行熔铸工艺，减少氧化物 2. 选用合适的壳型材料，杂质含量要低 3. 适当降低浇注温度和型壳预热温度
6	氧化物斑疤	真空炉重熔前，母合金锭块未经打磨或清理	母合金使用前要经“扒皮”处理，去掉表面氧化层
7	气孔	1. 炉料不干净 2. 熔炼工艺不合适，脱氧、除气不够充分 3. 浇注温度过高	1. 炉料要经过清理，表面要干净 2. 控制合金液的过热温度和时间，充分脱氧和除气 3. 严格控制浇注温度
8	热裂	1. 合金的凝固区间大或合金液中夹杂多 2. 铸件壁厚相差大，浇注系统不合理 3. 壳型或型芯的退让性差 4. 铸型温度偏低，而浇注温度偏高	1. 合理选用合金，炉料要干净，熔炼工艺要合适 2. 改进铸件设计，采用合理的浇注系统，减少铸件收缩阻力 3. 选用合适的壳型材料或加入适量添加剂，提高其退让性 4. 掌握合适的浇注工艺

参 考 文 献

[1] 颜鸣皋，等. 中国航空材料手册. 2 卷 [M]. 2 版. 北京：中国标准出版社，2002.

[2] C. T. 西姆斯，等. 高温合金 [M]. 赵杰，等译. 大连：大连理工大学出版社，1991.

[3] 黄乾尧，李汉康，等. 高温合金 [M]. 北京：冶金工业出版社，2000.

[4] 姜不居，等. 熔模铸造手册 [M]. 北京：机械工业出版社，2000.

[5] 李金桂，赵闺彦，等. 腐蚀和腐蚀控制手册 [M]. 北京：国防工业出版社，1988.

[6] 师昌绪，仲增墉，等. 高温合金五十年 [M]. 北京：冶金工业出版社，2006.

[7] 郭建亭. 高温合金材料学 [M]. 北京：科学出版社，2008.

第10章 金属及非金属原材料

大量的生产实践证明，为获得高质量的铸造非铁合金及其优质铸件，不只是取决于非铁合金熔炼、铸造及热处理工艺参数的选择，而且与所使用的金属及非金属原材料的质量有关。由于篇幅限制，本章主要节录了金属及非金属原材料的技术规格，以供选用。

10.1 纯金属

10.1.1 普通轻金属（见表10-1～表10-8）

表10-1 重熔用铝锭（质量分数,%）（GB/T 1196—2008）

牌 号	Al ≥	杂质含量≤								
		Si	Fe	Cu	Ga	Mg	Zn①	Mn	其他每种	其他总和
Al99.90②	99.90	0.05	0.07	0.005	0.020	0.01	0.025	—	0.010	0.10
Al99.85②	99.85	0.08	0.12	0.005	0.030	0.02	0.030	—	0.015	0.15
Al99.70②	99.70	0.10	0.20	0.01	0.03	0.02	0.03	—	0.03	0.30
Al99.60②	99.60	0.16	0.26	0.01	0.03	0.03	0.03	—	0.03	0.40
Al99.50②	99.50	0.22	0.30	0.02	0.03	0.05	0.05	—	0.03	0.50
Al99.00②	99.00	0.42	0.50	0.02	0.05	0.05	0.05	—	0.05	1.00
Al99.7E②③	99.70	0.07	0.20	0.01	—	0.02	0.04	0.005	0.03	0.30
Al99.6E②④	99.60	0.10	0.30	0.01	—	0.02	0.04	0.007	0.03	0.40

注：1. 铝的质量分数为100%与表中所列有数值要求的杂质元素的质量分数实测值及等于或大于0.010%的其他杂质总和的差值，求和前数值修约至与表中所列极限数位一致，求和后将数值修约至0.0*X*%再与100%求差。

2. 对于表中未规定的其他杂质元素含量，如需方有特殊要求时，可由供需双方另行协议。

3. 分析数值的判定采用修约比较法，数值修约规则按GB/T 8170的有关规定进行。修约数位与表中所列极限值数位一致。

① 若铝锭中杂质锌的质量分数不小于0.010%时，供方应将其作为常规分析元素，并纳入杂质总和；若铝锭中杂质锌的质量分数小于0.010%时，供方可不作常规分析，但应监控其含量。

② Cd、Hg、Pb、As元素，供方可不作常规分析，但应监控其含量，要求 $w(Cd+Hg+Pb)\leqslant 0.0095\%$；$w(As)\leqslant 0.009\%$。

③ $w(B)\leqslant 0.04\%$；$w(Cr)\leqslant 0.004\%$；$w(Mn+Ti+Cr+V)\leqslant 0.020\%$。

④ $w(B)\leqslant 0.04\%$；$w(Cr)\leqslant 0.005\%$；$w(Mn+Ti+Cr+V)\leqslant 0.030\%$。

表10-2 高纯铝（质量分数,%）（YS/T 275—2008）

牌 号	Al ≥	杂质含量/×10⁻⁴ ≤											
		Cu	Si	Fe	Ti	Zn	Pb	Ga	Cd	Ag	In	Cu+Si+Fe+Ti+Zn+Ga	总和
Al-5N	99.999	2.8	2.5	2.5	1.0	0.9	0.5	0.5	0.2	0.2	0.2	—	10
Al-5N5	99.9995	2.8	2.5	2.5	1.0	0.9	0.5	0.5	0.2	0.2	0.2	5	5

注：1. 铝质量分数为100%与表中质量分数等于或大于 $0.10\times10^{-4}\%$ 的杂质总和的差值。

2. 分析数值的判定采用修约比较法，数值修约规则按GB/T 8170的有关规定进行。修约位数与表中所列极限值位数一致。

3. 对杂质元素As、Hg、Cr或其他杂质需方如有要求，可由供需双方协商。

4. 如需方有特殊要求，供需双方另行商定，但质量分数小于 $0.10\times10^{-4}\%$ 的杂质，不计入杂质总和。

表 10-3　结晶铝锭（质量分数,%）（YST 489—2005）

牌　号	Ti	杂质含量≤							Al[④]
		Fe	Si	Cu	Ga	Mg	Zn[①]	其他[②③]		
								每种	总和	
XAl99.70A—1	0.01 ~ 0.05	0.20	0.10	0.01	0.03	0.02	0.03	0.03	0.30	余量
XAl99.70A—2	>0.05 ~ 0.10	0.20	0.10	0.01	0.03	0.02	0.03	0.03	0.30	
XAl99.70A—3	>0.10 ~ 0.15	0.20	0.10	0.01	0.03	0.02	0.03	0.03	0.30	
XAl99.70A—4	>0.15 ~ 0.20	0.20	0.10	0.01	0.03	0.02	0.03	0.03	0.30	

注：1. 对于表中未规定的其他杂质元素含量，如需方有特殊要求时，可由供需双方另行协议。

2. 分析数值的判定采用修约比较法，数值修约规则按 GB/T 8170 的有关规定进行。修约数位与表中所列极限数位一致。

① 杂质 Zn 的质量分数不小于 0.010% 时，供方应将其作为常规分析元素，并纳入杂质总和；若杂质 Zn 的质量分数小于 0.010% 时，供方可不作常规分析，但应每季度分析一次，监控其含量。

② 用于食品、卫生、工业用的细晶铝锭，其杂质 Pb、As、Cd 的质量分数均不大于 0.01%。

③ 表中未规定的其他杂质元素，如 Mn、V，供方可不作常规分析，但应定期分析，每年至少两次。

④ 铝的质量分数为 100% 与 Ti 的质量分数及等于或大于 0.010% 的所有杂质总和的差值。

表 10-4　原生镁锭（质量分数,%）（GB/T 3499—2003）

牌　号	Mg ≥	杂质含量≤									
		Fe	Si	Ni	Cu	Al	Mn	Cl	Ti	Pb	Zn	其他单个杂质
Mg9998	99.98	0.002	0.003	0.0005	0.0005	0.004	0.002	0.002	0.001	0.001	—	0.005
Mg9995	99.95	0.003	0.01	0.001	0.002	0.01	0.01	0.003	—	—	0.01	0.005
Mg9990	99.90	0.04	0.02	0.001	0.004	0.02	0.03	0.005	—	—	—	0.01
Mg9980	99.80	0.05	0.03	0.002	0.02	0.05	0.05	0.005	—	—	—	0.05

注：1. 镁含量（质量分数）为 100% 减去表中所列杂质总和的差值。

2. 其他元素是指在本表表头中列出了元素符号，但在本表中却未规定极限数值含量的元素。

3. 数值修约按 GB/T 8170 的规定进行。极限数值的表示和判定按 GB/T 1250 的规定进行。

表 10-5　金属钠（质量分数,%）（GB 22379—2008）

项　目		指　标		
		优等品	一等品	合格品
金属钠(以 Na 计)	≥	99.7	99.5	99.2
钾(K)	≤	0.04	0.10	—
钙(Ca)	≤	0.04	0.07	0.10
铁(Fe)	≤		0.001	
重金属(以 Pb 计)	≤		0.005	
氯化物(以 Cl 计)	≤		0.005	

表 10-6 金属钙（质量分数,%）（GB/T 4864—2008）

牌号	Ca 含量 ≥	活性钙 ≥	杂质含量≤								
			Cl	N	Mg	Cu	Ni	Mn	Si	Fe	Al
Ca99.99	99.99	99.0	0.005	0.0015	0.0005	0.0005	0.0005	0.0005	0.0005	0.0005	0.0005
Ca99.90	99.9	98.5	0.07	0.01	0.02	0.005	0.001	0.001	0.001	0.001	0.001
Ca99.50	99.5	98.0	0.20	0.05	0.10	0.03	0.003	0.008	0.008	0.02	0.008
Ca99.00	99.0	97.5	0.35	0.10	0.30	0.08	0.004	0.02	0.01	0.04	0.01

注：钙含量为100%减去表列杂质元素含量总和之差。

表 10-7 金属锂（质量分数,%）（GB/T 4369—2007）

牌号	Li ≥	杂质含量≤										
		K	Na	Ca	Fe	Si	Al	Ni	Cu	Mg	Cl	N
Li-1	99.99	0.0005	0.001	0.0005	0.0005	0.0005	0.0005	0.0005	0.0005	0.0005	0.001	0.004
Li-2	99.95	0.001	0.010	0.010	0.002	0.004	0.005	0.003	0.001	—	0.005	0.010
Li-3	99.90	0.005	0.020	0.020	0.005	0.004	0.005	0.003	0.004	—	0.006	0.020
Li-4	99.00	—	0.200	0.040	0.010	0.040	0.020	—	0.010	—	—	—
Li-5	98.00	—	0.800 ~ 1.600	0.100	0.030	0.050	0.040	—	—	—	0.010	—

注：1. 锂含量（质量分数）为100%减去表中杂质实测总和后的余量。

2. 需方如对锂的化学成分有特殊要求时，由供需双方商定。

表 10-8 金属铍珠（质量分数,%）（YS/T 221—1994（2005））

产品牌号		Be-02	Be-01	Be-1
杂质含量≤	Fe	0.05	0.105	0.25
	Al	0.02	0.15	0.25
	Si	0.006	0.06	0.10
	Cu	0.005	0.015	—
	Pb	0.002	0.003	0.005
	Zn	0.007	0.01	—
	Ni	0.002	0.008	0.025
	Cr	0.002	0.013	0.025
	Mn	0.006	0.015	0.028
	Co	—	0.0005	—
	B	—	0.0001	—
	Cd	—	0.00004	—
	Ag	—	0.0003	—
	Mg	1.0	1.0	1.1
	Sm	—	0.00001	—

（续）

产品牌号		Be-02	Be-01	Be-1
杂质含量≤	Eu	—	0.00001	—
	Gd	—	0.00001	—
	Dy	—	0.0001	—
	Li	—	0.00015	—

注：1. Be-01中的杂质硼、镉、镍、铬、锰、铜、银在热中子总吸收截面不大于128Pa的条件下，允许单个杂质含量波动范围为50%；铁、铝、硅、钴、锌、铅在热中子总吸收截面不大于67.3Pa的条件下，允许单个杂质含量波动范围为5%。每次提供的产品允许1/3有铁、铬、镍、锰、硼的超限波动。钐、铕、钆、镝、锂在热中子总吸收截面不大于53Pa的条件下，允许单个杂质波动范围为100%，每次供货时作抽查分析，抽查量为供货量的1/3～1/4。

2. Be-02中铁、铝、硅、铜、铅、锌、镍、铬、锰杂质总量不超过0.10%的条件下，允许铁、铝含量波动范围为20%；硅、铜、铅、锌、镍、铬、锰含量波动范围为50%。

3. 铍珠粒度不得小于1mm。

10.1.2　普通重金属（见表 10-9 ~ 表 10-17）

表 10-9　阴极铜（质量分数,%）（GB/T 467—1997）

<table>
<tr><td colspan="5">高纯阴极铜(Cu-CATH-1)化学成分</td></tr>
<tr><td>元素组</td><td>杂质元素</td><td>含量≤</td><td colspan="2">元素组总含量≤</td></tr>
<tr><td rowspan="3">1</td><td>Se</td><td>0.00020</td><td rowspan="3">0.00030</td><td rowspan="3">0.0003</td></tr>
<tr><td>Te</td><td>0.00020</td></tr>
<tr><td>Bi</td><td>0.00020</td></tr>
<tr><td rowspan="6">2</td><td>Cr</td><td>—</td><td colspan="2" rowspan="6">0.0015</td></tr>
<tr><td>Mn</td><td>—</td></tr>
<tr><td>Sb</td><td>0.0004</td></tr>
<tr><td>Cd</td><td>—</td></tr>
<tr><td>As</td><td>0.0005</td></tr>
<tr><td>P</td><td>—</td></tr>
<tr><td>3</td><td>Pb</td><td>0.0005</td><td colspan="2">0.0005</td></tr>
<tr><td>4</td><td>S</td><td>0.0015①</td><td colspan="2">0.0015</td></tr>
<tr><td rowspan="6">5</td><td>Sn</td><td>—</td><td colspan="2" rowspan="6">0.0020</td></tr>
<tr><td>Ni</td><td>—</td></tr>
<tr><td>Fe</td><td>0.0010</td></tr>
<tr><td>Si</td><td>—</td></tr>
<tr><td>Zn</td><td>—</td></tr>
<tr><td>Co</td><td>—</td></tr>
<tr><td>6</td><td>Ag</td><td>0.0025</td><td colspan="2">0.0025</td></tr>
<tr><td colspan="2">杂质元素总含量</td><td colspan="3">0.0065</td></tr>
</table>

<table>
<tr><td colspan="11">标准阴极铜(Cu-CATH-2)化学成分</td></tr>
<tr><td rowspan="2">Cu + Ag ≥</td><td colspan="10">杂质≤</td></tr>
<tr><td>As</td><td>Sb</td><td>Bi</td><td>Fe</td><td>Pb</td><td>Sn</td><td>Ni</td><td>Zn</td><td>S</td><td>P</td></tr>
<tr><td>99.95</td><td>0.0015</td><td>0.0015</td><td>0.0006</td><td>0.0025</td><td>0.002</td><td>0.001</td><td>0.002</td><td>0.002</td><td>0.0025</td><td>0.001</td></tr>
</table>

注：供方需按批测定标准阴极铜中的铜、砷、锑、铋含量，并保证其他杂质符合本标准的规定。

① 需在铸样上测定。

表 10-10　粗铜（质量分数,%）（YS/T 70—2005）

<table>
<tr><td rowspan="2">牌　号</td><td rowspan="2">Cu ≥</td><td colspan="7">杂质含量≤</td></tr>
<tr><td>As</td><td>Sb</td><td>Bi</td><td>Pb</td><td>Ni</td><td>Zn</td><td>杂质总和</td></tr>
<tr><td>Cu99.40</td><td>99.40</td><td>0.06</td><td>0.03</td><td>0.01</td><td>0.06</td><td>0.03</td><td>0.04</td><td>0.60</td></tr>
<tr><td>Cu99.00</td><td>99.00</td><td>0.12</td><td>0.10</td><td>0.02</td><td>0.12</td><td>0.06</td><td>0.05</td><td>1.00</td></tr>
<tr><td>Cu98.50</td><td>98.50</td><td>0.20</td><td>0.15</td><td>0.04</td><td>0.20</td><td>0.14</td><td>0.10</td><td>1.50</td></tr>
<tr><td>Cu97.50</td><td>97.50</td><td>0.34</td><td>0.30</td><td>0.08</td><td>0.40</td><td>—</td><td>—</td><td>2.50</td></tr>
</table>

注：粗铜中金、银含量不作规定，但需按批进行分析，报出分析结果。如有特殊情况，可由供需双方协商确定。

表 10-11 电解镍（质量分数,%）（GB/T 6516—1997）

牌号			Ni9999	Ni9996	Ni9990	Ni9950	Ni9920
化学成分	镍和钴总量 ≥		99.99	99.96	99.9	99.5	99.2
	钴≤		0.005	0.02	0.08	0.15	0.50
	杂质含量≤	C	0.005	0.01	0.01	0.02	0.10
		Si	0.001	0.002	0.002	—	—
		P	0.001	0.001	0.001	0.003	0.02
		S	0.001	0.001	0.001	0.003	0.02
		Fe	0.002	0.01	0.02	0.20	0.30
		Cu	0.0015	0.01	0.02	0.01	0.15
		Zn	0.001	0.0015	0.002	0.005	—
		As	0.0008	0.0008	0.001	0.002	—
		Cd	0.0003	0.0003	0.0008	0.002	—
		Sn	0.0003	0.0003	0.0008	0.0025	—
		Sb	0.0003	0.0003	0.0008	0.0025	—
		Pb	0.0003	0.001	0.001	0.002	0.005
		Bi	0.0003	0.0003	0.0008	0.0025	—
		Al	0.001	—	—	—	—
		Mn	0.001	—	—	—	—
		Mg	0.001	0.001	0.002	—	—

表 10-12 锑锭（质量分数,%）（GB/T 1599—2002）

牌号	Sb ≥	杂质含量≤							
		砷	铁	硫	铜	硒	铅	铋	杂质总和
Sb99.90	99.90	0.02	0.015	0.008	0.01	0.003	0.03	0.0030	0.10
Sb99.85	99.85	0.05	0.02	0.04	0.015	—	—	0.0050	0.15
Sb99.65	99.65	0.10	0.03	0.06	0.05	—	—	—	0.35
Sb99.50	99.50	0.15	0.05	0.08	0.08	—	—	—	0.50

表 10-13 镉锭（质量分数,%）（YB/T 72—2005）

牌号	Cd ≥	杂质含量≤										
		Pb	Zn	Fe	Cu	Tl	Ni	As	Sb	Sn	Ag	总和
Cd99.995	99.995	0.002	0.001	0.0010	0.0007	0.0010	0.0005	0.0005	0.0002	0.0002	0.0005	0.0050
Cd99.99	99.99	0.004	0.002	0.002	0.001	0.002	0.001	0.002	0.0015	0.002	—	0.010
Cd99.95	99.95	0.02	0.03	0.003	0.01	0.003	—	—	—	—	—	0.050

表 10-14　金属钴（质量分数,%）（YS/T 255—2000（2005））

牌　号			Co9998	Co9980	Co9965	Co9925	Co9830
Co≥			99.98	99.8	99.65	99.25	98.30
化学成分	杂质含量≤	C	0.004	0.005	0.009	0.03	0.1
		S	0.001	0.002	0.003	0.004	0.01
		Mn	0.001	0.005	0.01	0.07	0.1
		Fe	0.003	0.006	0.05	0.2	0.5
		Ni	0.005	0.1	0.2	0.3	0.5
		Cu	0.001	0.003	0.02	0.03	0.08
		As	0.0003	0.0005	0.001	0.002	0.005
		Pb	0.0003	0.0004	0.001	0.002	—
		Zn	0.001	0.002	0.002	0.006	—
		Si	0.001	0.003	—	—	—
		Cd	0.0002	0.0003	0.001	0.001	—
		Mg	0.001	0.002	—	—	—
		P	0.001	0.001	0.001	—	—
		Al	0.001	0.002	—	—	—
		Sn	0.0003	0.0003	0.003	—	—
		Sb	0.0002	0.0003	0.0005	—	—
		Bi	0.0002	0.0003	0.0003	—	—
		杂质总量	0.02	0.20	0.35	0.75	1.70

表 10-15　锌锭（质量分数,%）（GB/T 470—2008）

牌　号	Zn ≥	杂质含量≤						
		Pb	Cd	Fe	Cu	Sn	Al	总和
Zn99.995	99.995	0.003	0.002	0.001	0.001	0.001	0.001	0.005
Zn99.99	99.99	0.005	0.003	0.003	0.002	0.001	0.002	0.01
Zn99.95	99.95	0.030	0.01	0.02	0.002	0.001	0.01	0.05
Zn99.5	99.5	0.45	0.01	0.05	—	—	—	0.5
Zn98.5	98.5	1.4	0.01	0.05	—	—	—	1.5

表 10-16　锡锭（质量分数,%）（GB/T 728—1998）

牌　号		Sn99.90	Sn99.95	Sn99.99
Sn≥		99.90	99.95	99.99
杂质含量≤	As	0.008	0.003	0.0005
	Fe	0.007	0.004	0.0025
	Cu	0.008	0.004	0.0005
	Pb	0.040	0.010	0.0035
	Bi	0.015	0.006	0.0025
	Sb	0.020	0.014	0.002
	Cd	0.0008	0.0005	0.0003
	Zn	0.001	0.0008	0.0005
	Al	0.001	0.0008	0.0005
	总和	0.10	0.050	0.010

表 10-17 铅锭（质量分数,%）（GB/T 469—2005）

牌号	Pb ≥	杂质含量≤										
		Ag	Cu	Bi	As	Sb	Sn	Zn	Fe	Cd	Ni	总和
Pb99.994	99.994	0.0008	0.001	0.004	0.0005	0.0008	0.0005	0.0004	0.0005	—	—	0.006
Pb99.990	99.990	0.0015	0.001	0.010	0.0005	0.0008	0.0005	0.0004	0.0010	0.0002	0.0002	0.010
Pb99.985	99.985	0.0025	0.001	0.015	0.0005	0.0008	0.0005	0.0004	0.0010	0.0002	0.0005	0.015
Pb99.970	99.970	0.0050	0.003	0.030	0.0010	0.0010	0.0010	0.0005	0.0020	0.0010	0.0010	0.030
Pb99.940	99.940	0.0080	0.005	0.060	0.0010	0.0010	0.0010	0.0005	0.0020	0.0020	0.0020	0.060

10.1.3 贵金属（见表 10-18 ~ 表 10-23）

表 10-18 银锭（质量分数,%）（GB/T 4135—2002）

牌号	Ag ≥	杂质含量≤								
		Cu	Bi	Fe	Pb	Sb	Pd	Se	Te	杂质总和
IC-Ag99.99	99.99	0.003	0.0008	0.001	0.001	0.001	0.001	0.0005	0.0005	0.01
IC-Ag99.95	99.95	0.025	0.001	0.002	0.015	0.002	—	—	—	0.05
IC-Ag99.90	99.90	0.05	0.002	0.002	0.025	—	—	—	—	0.10

注：1. IC-Ag99.99、IC-Ag99.95 牌号，银的质量分数是以 100% 减去表中杂质实测质量分数所得。IC-Ag99.90 牌号银质量分数是直接测定。

2. 铅系统回收银，IC-Ag99.99 牌号中的铋质量分数可不大于 0.001%。

表 10-19 金锭（质量分数,%）（GB/T 4134—2003）

牌号	Au ≥	杂质含量≤													
		Ag	Cu	Fe	Pb	Bi	Sb	Si	Pd	Mg	As	Sn	Cr	Ni	Mn
IC-Au99.995	99.995	0.001	0.001	0.001	0.001	0.001	—	0.001	0.001	0.001	—	0.001	0.0003	—	0.0003
IC-Au99.99	99.99	0.005	0.002	0.002	0.001	0.002	0.001	0.005	0.005	0.003	0.003	0.001	0.0003	0.0003	0.0003
IC-Au99.95	99.95	0.020	0.015	0.003	0.003	0.002	0.002	—	0.02	—	—	—	—	—	—
IC-Au99.5	99.50	—	—	—	—	—	—	—	—	—	—	—	—	—	—

表 10-20 铑粉（质量分数,%）（GB/T 1421—2004）

牌号		SM-Rh99.99	SM-Rh99.95	SM-Rh99.9
铑含量≥		99.99	99.95	99.9
杂质含量≤	Pt	0.003	0.02	0.03
	Ru	0.003	0.02	0.04
	Ir	0.003	0.02	0.03
	Pd	0.001	0.01	0.02
	Au	0.001	0.02	0.03
	Ag	0.001	0.005	0.01
	Cu	0.001	0.005	0.01
	Fe	0.002	0.005	0.01
	Ni	0.001	0.005	0.01
	Al	0.003	0.005	0.01
	Pb	0.001	0.005	0.01
	Mn	0.002	0.005	0.01
	Mg	0.002	0.005	0.01
	Sn	0.001	0.005	0.01
	Si	0.003	0.005	0.01
	Zn	0.002	0.005	0.01
	Ca	—	—	—
杂质总量≤		0.01	0.05	0.1

注：1. 本表中未规定的元素和挥发物的控制限及分析方法，由供需双方共同协商确定。

2. Ca 为非必测元素。

表 10-21 铱粉（质量分数,%）（GB/T 1422—2004）

牌号		SM-Ir99.99	SM-Ir99.95	SM-Ir99.9
铱含量≥		99.99	99.95	99.9
杂质含量≤	Pt	0.003	0.02	0.03
	Ru	0.003	0.02	0.04
	Rh	0.003	0.02	0.03
	Pd	0.001	0.01	0.02
	Au	0.001	0.01	0.02
	Ag	0.001	0.005	0.01
	Cu	0.002	0.005	0.01
	Fe	0.002	0.005	0.01
	Ni	0.001	0.005	0.01
	Al	0.003	0.005	0.01
	Pb	0.001	0.005	0.01
	Mn	0.002	0.005	0.01
	Mg	0.002	0.005	0.01
	Sn	0.001	0.005	0.01
	Si	0.003	0.005	0.01
	Zn	0.002	0.005	0.01
	Ca	—	—	—
杂质总量≤		0.01	0.05	0.1

注：1. 本标准未规定的元素和挥发物的控制限及分析方法，由供需双方共同协商确定。

2. Ca 为非必测元素。

表 10-22　海绵铂（质量分数,%）（GB/T 1419—2004）

牌号		SM-Pt99.99	SM-Pt99.95	SM-Pt99.9
铂含量≥		99.99	99.95	99.9
杂质含量≤	Pd	0.003	0.01	0.03
	Rh	0.003	0.02	0.03
	Ir	0.003	0.02	0.03
	Ru	0.003	0.002	0.04
	Au	0.003	0.01	0.03
	Ag	0.001	0.005	0.01
	Cu	0.001	0.005	0.01
	Fe	0.001	0.005	0.01
	Ni	0.001	0.005	0.01
	Al	0.003	0.005	0.01
	Pb	0.002	0.005	0.01
	Mn	0.002	0.005	0.01
	Cr	0.002	0.005	0.01
	Mg	0.002	0.005	0.01
	Sn	0.002	0.005	0.01
	Si	0.003	0.005	0.01
	Zn	0.002	0.005	0.01
	Bi	0.002	0.005	0.01
	Ca	—	—	—
杂质总量≤		0.01	0.05	0.1

注：1. 本表中未规定的元素和挥发物的控制限及分析方法，由供需双方共同协商确定。
2. Ca 为非必测元素。

表 10-23　海绵钯（质量分数,%）（GB/T 1420—2004）

牌号		SM-Pd99.99	SM-Pd99.95	SM-Pd99.9
钯含量≥		99.99	99.95	99.9
杂质含量≤	Pt	0.003	0.02	0.03
	Rh	0.002	0.02	0.03
	Ir	0.002	0.02	0.03
	Ru	0.003	0.02	0.04
	Au	0.002	0.01	0.03
	Ag	0.001	0.005	0.01
	Cu	0.001	0.005	0.01
	Fe	0.001	0.005	0.01
	Ni	0.001	0.005	0.01
	Al	0.003	0.005	0.01
	Pb	0.002	0.005	0.01
	Mn	0.002	0.005	0.01
	Cr	0.002	0.005	0.01
	Mg	0.002	0.005	0.01
	Sn	0.002	0.005	0.01
	Si	0.003	0.005	0.01
	Zn	0.002	0.005	0.01
	Bi	0.002	0.005	0.01
	Ca	—	—	—
杂质总量≤		0.01	0.05	0.1

注：1. 本表中未规定的元素和挥发物的控制限及分析方法，由供需双方共同协商确定。
2. Ca 为非必测元素。

10.1.4　稀有难熔金属（见表 10-24 ~ 表 10-33）

表 10-24　海绵钛（GB/T 2524—2002）

产品等级	产品牌号	化学成分(质量分数,%)											布氏硬度 HBW/10/14700/30 ≤
		Ti ≥	杂质含量≤										
			Fe	Si	Cl	C	N	O	Mn	Mg	H		
0 级	MHT-100	99.7	0.06	0.02	0.06	0.02	0.02	0.06	0.01	0.06	0.005		100
1 级	MHT-110	99.6	0.10	0.03	0.08	0.03	0.02	0.08	0.01	0.07	0.005		110
2 级	MHT-125	99.5	0.16	0.03	0.10	0.03	0.03	0.10	0.02	0.07	0.005		125
3 级	MHT-140	99.3	0.20	0.03	0.15	0.03	0.04	0.15	0.02	0.08	0.010		140
4 级	MHT-160	99.1	0.30	0.04	0.15	0.04	0.05	0.20	0.03	0.09	0.012		160
5 级	MHT-200	98.5	0.40	0.06	0.30	0.05	0.10	0.30	0.08	0.15	0.030		200

表 10-25　钒（质量分数,%）（GB/T 4310—1984）

产品牌号	V 含量≥	杂质含量≤						
		Fe	Cr	Al	Si	O	N	C
V-1	余量	0.005	0.006	0.005	0.004	0.025	0.006	0.01
V-2	余量	0.02	0.02	0.01	0.004	0.035	0.01	0.02
V-3	99.5	0.10	0.10	0.05	0.05	0.08	—	—
V-4	99.0	0.15	0.15	0.08	0.08	0.10	—	—

表 10-26　钼条和钼板（质量分数,%）
（GB/T 3462—2007）

产品牌号		Mo-1	Mo-2	Mo-3	Mo-4
杂质含量 ≤	Pb	0.0001	0.0001	0.0001	0.0005
	Bi	0.0001	0.0001	0.0001	0.0005
	Sn	0.0001	0.0001	0.0001	0.0005
	Sb	0.0005	0.0005	0.0005	0.0005
	Cd	0.0001	0.0001	0.0001	0.0005
	Fe	0.0050	0.0050	0.0060	0.050
	Ni	0.0030	0.0030	0.0030	0.050
	Al	0.0020	0.0020	0.0020	0.0050
	Si	0.0020	0.0020	0.0030	0.0050
	Ca	0.0020	0.0020	0.0020	0.0040
	Mg	0.0020	0.0020	0.0020	0.0040
	P	0.0010	0.0010	0.0010	0.0050
	C	0.010	0.0050	0.0050	0.050
	O	0.0030	0.0030	0.0030	0.0070
	N	0.0030	0.0030	—	—

注：钼含量用杂质减量法测定。

表 10-27　海绵锆（质量分数,%）
（YS/T 397—2007）

产品级别		原子能级		工业级	
产品牌号		HZr-01	HZr-02	HZr-1	HZr-2
Zr + Hf 含量 ≥		—	—	99.4	99.2
杂质含量 ≤	Hf	0.010	0.015	3.0	4.5
	Co	0.002	0.002	—	—
	Sn	0.005	0.020	—	—
	Ni	0.007	0.030	0.010	—
	Cr	0.020	0.050	0.020	—
	Al	0.0075	0.0075	0.010	—
	Mg	0.060	0.060	0.060	—
	Mn	0.005	0.005	0.010	—
	Pb	0.010	0.010	0.005	—
	Ti	0.005	0.005	0.005	—
	V	0.005	0.005	0.005	—
	Fe	0.150	0.150	—	—
	Cl	0.060	0.080	0.130	—
	Si	0.010	0.010	0.010	—
	B	0.00005	0.00005	—	—
	Cd	0.00005	0.00005	—	—
	Cu	0.003	0.003	—	—
	W	0.005	0.005	—	—
	Mo	0.005	0.005	—	—
	O	0.140	0.140	0.10	0.140
	C	0.030	0.030	0.050	0.050
	N	0.005	0.005	0.010	0.025
	H	0.0075	0.0125	0.0125	0.005
	Fe + Cr	—	—	—	0.20

表 10-28　钨条（质量分数,%）
（GB/T 3459—2006）

产品牌号		TW-1	TW-2	TW-4
主　含　量		余量	余量	余量
杂质含量 ≤	Pb	0.0001	0.0005	0.0005
	Bi	0.0001	0.0005	0.0005
	Sn	0.0003	0.0005	0.0005
	Sb	0.0010	0.0010	0.0010
	As	0.0015	0.0020	0.0020
	Fe	0.0030	0.0040	0.030
	Ni	0.0020	0.0020	0.050
	Al	0.0020	0.0020	0.0050
	Si	0.0020	0.0020	0.0050
	Ca	0.0020	0.0020	0.0050
	Mg	0.0010	0.0010	0.0050
	Mo	0.0040	0.0040	0.050
	P	0.0010	0.0010	0.0030
	C	0.0030	0.0050	0.010
	O	0.0020	0.0020	0.0070
	N	0.0020	0.0020	0.0050

表 10-29　铌条（质量分数,%）
（GB/T 6896—2007）

化学成分		产品牌号	
		TNb1	TNb2
杂质含量 ≤	Ta	0.10	0.15
	O	0.05	0.15
	N	0.03	0.05
	C	0.02	0.03
	Si	0.003	0.0050
	Fe	0.0050	0.02
	W	0.005	0.01
	Mo	0.0050	0.0050
	Ti	0.0050	0.01
	Al	0.0030	0.0050
	Cu	0.0020	0.0030
	Cr	0.0050	0.0050
	Ni	0.005	0.010
	Zr	0.020	0.020

表 10-30 海绵铪（质量分数,%）（YS/T 399—1994（2005））

牌号	Hf≥	杂质含量≤							
		Zr	Al	Co	Cr	Mg	Mn	Ni	Pb
HHf-01	96.0	3.0	0.015	0.001	0.015	0.080	0.003	0.005	0.001

牌号	Hf≥	杂质含量≤								
		Sn	Ti	B	Cd	Cu	Fe	Mo	Si	W
HHf-01	96.0	0.001	0.003	0.0005	0.0005	0.005	0.050	0.001	0.002	0.001

牌号	Hf≥	杂质含量≤								
		Cl	Na	P	V	U	O	C	N	H
HHf-01	96.0	0.030	0.002	0.002	0.001	0.0005	0.0120	0.010	0.005	0.005

注：杂质分析的 Cl、Na、P、V、U 的质量分数（%）仅供参考，不作出厂依据。

表 10-31 冶金用钽粉（质量分数,%）（YS/T 259—1996）

元素 \ 指标 \ 牌号		FTa-01	FTa-1	FTa-2	FTaNb-3	FTaNb-20
杂质含量≤	Nb	0.005	0.01	0.03	2.5~3.5	17~23
	O	0.18	0.20	0.30	0.30	0.30
	H	0.003	0.005	0.01	0.01	0.01
	N	0.005	0.008	0.02	0.02	0.02
	C	0.008	0.015	0.05	0.05	0.05
	Fe	0.005	0.005	0.02	0.03	0.03
	Ni	0.005	0.005	0.02	0.02	0.02
	Si	0.005	0.015	0.02	0.02	0.02
	Ti	0.001	0.001	0.01	0.01	0.01
	W	0.003	0.003	0.01	0.01	0.01
	Mo	0.002	0.002	0.01	0.01	0.01
	Mn	0.001	0.001	—	—	—
	Cr	0.003	0.005	—	—	—

表 10-32 铟（质量分数,%）（YS/T 257—1998（2005））

牌 号	In ≥	杂质含量≤								
		Cu	Pb	Zn	Cd	Fe	Tl	Sn	As	Al	杂质总和
In99.993	99.993	0.0005	0.001	0.0015	0.0015	0.0008	0.001	0.0015	0.0005	0.0007	0.007
In99.97	99.97	0.001	0.005	0.003	0.004	0.001	0.001	0.002	0.001	0.001	0.03
In99.9	99.9	0.001	0.02	—	0.02	0.01	0.01	0.02	—	—	0.1

表 10-33 镓（质量分数,%）（GB/T 1475—2005）

级别	牌号	Ga≥	杂质含量≤										
			Cu	Pb	Zn	Fe	Ni	Si	Mg	Cr	Co	Mn	总和
高纯镓	Ga6N	99.9999	1.5	0.50	1.0	1.2	0.50	2.0	1.0	0.50	0.50	0.50	10
工业镓	Ga3N	99.9	(Cu + Pb + Zn + Al + In + Cs + Fe + Sn + Ni)≤0.10										
	Ga4N	99.99	(Cu + Pb + Zn + Al + In + Ca + Fe + Sn + Ni + 其他杂质)≤0.010										
	Ga5N	99.999	(Cu + Pb + Zn + Al + In + Ca + Fe + Sn + Ni + 其他杂质)≤0.0010										

注：1. 表中镓的质量分数为 100% 减去表中所列杂质总和的余量。

2. 表中未规定的其他杂质元素，可由供需双方协商确定。

3. 表中杂质含量数值修约按 GB/T 8170 的有关规定进行，修约后保留两位有效数字。

10.1.5 稀土金属（见表10-34～表10-37）

表10-34 混合稀土（质量分数,%）（GB/T 4153—2008）

产品牌号	RE ≥	稀土元素RE					非稀土杂质≤							
		La	Ce	Pr	Nd	Sm	Mg	Zn	Fe	Si	W + Mo	Ca	C	Pb
194025A	99.5	>80	—	—	—	<0.1	0.05	0.05	0.1	0.03	0.035	0.01	0.05	0.02
194025B	99.5	33～37	51～59	2.5～3.2	6.0～9.3	<0.1	0.05	0.05	0.1	0.03	0.035	0.01	0.03	0.02
194025C	99.5	25～29	49～53	4～7	—	<0.1	0.05	0.05	0.1	0.03	0.035	0.01	0.05	0.02
194020A	99	61～65	24～28	—	—	<0.1	0.1	0.05	0.2	0.05	0.035	0.02	0.02	0.05
194020B	99	>33	>62	—	—	<0.1	0.1	0.05	0.2	0.05	0.035	0.02	0.02	0.05
194020C	99	>30	>60	4～8	—	<0.1	0.1	0.05	0.2	0.05	0.035	0.02	0.05	0.05

表10-35 金属钕（质量分数,%）（GB/T 9967—2001）

产品牌号			044030	044025	044020A	044020B	044015
RE≥			99.5	99.5	99	98.5	98.5
Nd/RE≥			99.9	99.5	99	99	95
杂质含量≤	稀土杂质	(La + Ce + Pr + Sm + Y)/RE	0.1	0.5	1	1	5
	非稀土杂质	Fe	0.2	0.3	0.5	1	1
		Si	0.03	0.05	0.05	0.05	—
		Mg	0.02	0.02	0.02	0.03	0.03
		Ca	0.01	0.02	0.02	0.03	0.03
		Al	0.05	0.05	0.05	0.05	0.07
		O	0.03	0.05	0.05	0.05	0.1
		Mo	0.03	0.05	0.05	0.05	—
		W	0.03	0.05	0.05	0.05	—
		C	0.03	0.03	0.05	0.05	0.05
		Cl	0.02	0.02	0.03	0.03	—
		S	0.01	0.01	0.01	0.01	—
		P	0.01	0.03	0.05	0.05	—

表10-36 金属钪（质量分数,%）（GB/T 16476—1996）

产品牌号	Sc含量 ≥	Sc/RE ≥	杂质含量/$\times 10^{-6}$≤											
			定值元素										不定值元素	
			稀土杂质(1)	非稀土杂质(2)									非稀土杂质(3)	
			La + Ce + Pr + Nd + Sm + Eu + Gd + Tb + Dy + Ho + Er + Tm + Yb + Lu + Y	Fe	Si	Ca	Al	Th	Ta	Cu	Mg	Ni	Zr	Li、Be、B、Na、K、Ti、V、Cr、Mn、Co、Zn、Ga、Ge、As、Se、Rb、Sr、Nb、Mo、Ru、Rh、Pd、Ag、Cd、In、Sn、Sb、Te、Cs、Ba、Hf、W、Re、Os、Ir、Pt、Au、Hg、Ti、Pb、Bi
Sc-055	99.995	99.9995	5	30	15	15	20	15	20	10	5	25	10	报各元素实测数据
Sc-05	99.99	99.999	10	80	30	30	30	20	50	15	10	45	25	报各元素实测数据
Sc-045	99.95	99.995	50	100	40	50	40	25	80	20	15	60	40	报各元素实测数据
Sc-04	99.9	99.99	100	150	80	100	50	30	100	25	20	80	80	报各元素实测数据

注：1. Sc质量分数等于100% －总杂质[（1）+（2）+3）]的质量分数。

2. Sc/RE等于100% －稀土杂质(1)的质量分数

表 10-37　金属钆（质量分数,%）（XB/T 212—2006）

产品牌号	RE ≥	Gd/RE ≥	杂质含量≤										
			稀土杂质	非稀土杂质									
			(Sm+Eu+Tb+Dy+Y)/RE	Fe	Si	Ca	Mg	Al	Cu	Ni	(W+Ta+Nb+Mo+Ti)	C	O
084040	99.0	99.99	0.01	0.01	0.005	0.005	0.005	0.005	0.005	0.005	0.05	0.01	0.05
084030	99.0	99.9	0.1	0.02	0.01	0.03	0.03	0.01	0.05	0.1	0.10	0.03	0.10
084025	99.0	99.5	0.5	0.03	0.01	0.03	0.05	0.02	0.05	0.1	0.15	0.05	0.15
084020	98.5	99	1	0.05	0.02	0.05	0.1	0.05	0.1	0.1	0.20	0.08	0.20

10.1.6　钢铁材料（黑色金属）（见表 10-38～表 10-42）

表 10-38　原料纯铁（质量分数,%）（GB/T 9971—2004）

统一数字代号	牌号	杂质含量≤								
		C	Si	Mn	P	S	Al	Ni	Cr	Cu
M00108	YT1	0.010	0.06	0.20	0.015	0.012	0.50	0.02	0.02	0.10
M00088	YT2	0.008	0.03	0.12	0.012	0.009	0.05	0.02	0.02	0.08
M00058	YT3	0.005	0.01	0.07	0.009	0.007	0.03	0.02	0.02	0.05

表 10-39　金属锰（质量分数,%）（GB/T 2774—2006）

牌　号	Mn≥	杂质含量≤				
		C	Si	Fe	P	S
JMn98	98.0	0.05	0.3	1.5	0.03	0.02
JMn97-A	97.0	0.05	0.4	2.0	0.03	0.02
JMn97-B	97.0	0.08	0.6	2.0	0.04	0.03
JMn96-A	96.5	0.05	0.5	2.3	0.03	0.02
JMn96-B	96.0	0.10	0.8	2.3	0.04	0.03
JMn95-A	95.0	0.15	0.5	2.8	0.03	0.02
JMn95-B	95.0	0.15	0.8	3.0	0.04	0.03
JMn93	93.5	0.20	1.5	3.0	0.04	0.03
JCMn98	98.0	0.04	0.3	1.5	0.02	0.04
JCMn97	97.0	0.05	0.4	2.0	0.03	0.04
JCMn95	95.0	0.06	0.5	3.0	0.04	0.05

表 10-40　电解金属锰（质量分数,%）（YB/T 051—2003）

牌　号	Mn≥	杂质含量≤					
		C	S	P	Si	Se	Fe
DJMnA	99.95	0.01	0.03	0.001	0.002	0.0003	0.006
DJMnB	99.9	0.02	0.04	0.002	0.004	0.001	0.01
DJMnC	99.88	0.02	0.02	0.002	0.004	0.06	0.01
DJMnD	99.8	0.03	0.04	0.002	0.01	0.08	0.03

注：锰含量由减量法减去产品中表列杂质含量总和得到，即 $w(\mathrm{Mn}) = 100 - [w(\mathrm{C+S+P+Si+Se+Fe})]$（%）。

表10-41 金属铬（质量分数,%）（GB/T 3211—2008）

牌号	Cr ≥	杂质含量≤															
		Fe	Si	Al	Cu	C	S	P	Pb	Sn	Sb	Bi	As	N		H	O
														Ⅰ	Ⅱ		
JCr99.2	99.2	0.25	0.25	0.10	0.003	0.01	0.01	0.005	0.0005	0.005	0.0008	0.0005	0.001	0.01		0.005	0.20
JCr99-A	99.0	0.30	0.25	0.30	0.005	0.01	0.01	0.005	0.0005	0.001	0.001	0.0005	0.001	0.02	0.03	0.005	0.30
JCr99-B	99.0	0.40	0.30	0.30	0.01	0.02	0.02	0.01	0.0005	0.001	0.001	0.001	0.001	0.05		0.01	0.50
JCr98.5	98.5	0.50	0.40	0.50	0.01	0.03	0.02	0.01	0.0005	0.001	0.001	0.001	0.001	0.05		0.01	0.50
JCr98	98.0	0.80	0.40	0.80	0.01	0.03	0.03	0.01	0.001	0.001	0.001	0.001	0.001	—		—	—

注：铬的质量分数为99.9%减去表中杂质实测值总和后的余量，其他未测杂质元素含量按0.1%计。

表10-42 铝及铝合金箔（GB/T 3198—2003）

牌号		状态	规格尺寸/mm	
			厚度	宽度
1×××系列牌号	1100、1200	O、H22、H14、H24、H16、H26、H18、H19	0.006~0.200	40.0~2000.0
	其他	O、H18		
2A11、2A12、2024		O、H18	0.030~0.200	50.0~1000.0
3003		O	0.030~0.200	
		H14、H24	0.050~0.200	
		H16、H26	0.100~0.200	
		H18	0.020~0.200	
4A13		O、H18	0.030~0.200	
5A02		O	0.030~0.200	
		H16、H26	0.100~0.200	
		H18	0.020~0.200	
5052		O	0.030~0.200	
		H14、H24	0.050~0.200	
		H16、H26	0.100~0.200	
		H18	0.050~0.200	
5082、5083		O、H18、H38	0.100~0.200	
8011、8011A、8079		O、H22、H14、H24、H16、H26、H18、H19	0.006~0.200	40.0~2000.0
8006		O、H18		

注：1. 经过供需双方协商，可供应其他牌号、状态、规格的铝箔。

2. 新旧牌号、状态对照表见GB/T 3198—2003标准中附录A。

10.2 非金属原材料（见表10-43～表10-49）

表10-43 工业硅（质量分数,%）（GB/T 2881—2008）

类别	牌号	Si≥	杂质含量≥		
			Fe	Al	Ca
化学用硅	Si-A	99.60	0.20	0.10	0.01
	Si-B	99.20	0.20	0.20	0.02
	Si-C	99.00	0.30	0.30	0.03
	Si-D	98.70	0.40	0.10	0.05

（续）

类　别	牌　号	Si≥	杂质含量≥		
			Fe	Al	Ca
冶金用硅	Si-1	99.60	0.20	—	0.05
	Si-2	99.30	0.30	—	0.10
	Si-3	99.30	0.50	—	0.20

注：1. 化学用硅指经化学处理后用于制取有机硅等所用的工业硅，冶金用硅是指冶金方面用于配制铝硅等各种合金所用的工业硅。

2. 硅的质量分数以 100% 减去杂质含量总和来确定。

3. 分析结果的判定采用修约比较法，数值修约按 GB/T 8170 的规定进行，修约数位与表中所列极限值数位一致。

4. 如有特殊要求，供需双方另行议定。

表 10-44　砷（质量分数,%）（YS 68—2004）

牌　号	As ≥	杂质含量≤		
		Sb	Bi	S
As99.5	99.5	0.2	0.08	0.1
As99.0	99.0	0.4	0.1	0.2
As98.5	98.5	0.6	0.2	0.3

表 10-45　碲锭（质量分数,%）（YS/T 222—1996）

牌号	Te 含量 ≥	杂质含量≤											
		Cu	Pb	Al	Bi	Fe	Na	Si	S	Se	As	Mg	杂质总和
Te-1	99.99	0.001	0.002	0.0009	0.0009	0.0009	0.003	0.001	0.001	0.002	0.0005	0.0009	0.01
Te-2	99.9	0.003	0.004	0.003	0.002	0.004	0.006	0.002	0.005	0.02	0.001	0.002	0.1
Te-3	99	—	—	—	—	—	—	—	—	—	—	—	1.0

表 10-46　碲锭（YS/T 222—2010）

牌号	Te ≥	杂质含量≤											
		Cu	Pb	Al	Bi	Fe	Na	Si	S	Se	As	Mg	总和
Te-1	99.99	0.0009	0.002	0.0009	0.0009	0.0009	0.003	0.001	0.0009	0.002	0.0005	0.0009	0.01
Te-2	99.9	0.002	0.004	0.003	0.002	0.004	0.006	0.002	0.004	0.015	0.001	0.002	0.1
Te-3	99	—	—	—	—	—	—	—	—	—	—	—	1.0

表 10-47　鳞片石墨分类及代号（GB/T 3518—2008）

名　称	高纯石墨	高碳石墨	中碳石墨	低碳石墨
固定碳 w(C)(%)	w(C)≥99.9	94.0≤w(C)<99.9	80.0≤w(C)<94.0	50.0≤w(C)<80.0
代号	LC	LG	LZ	LD

表 10-48 工业赤磷（质量分数,%）
（GB 4947—2003）

项目		指标		
		优等品	一等品	合格品
赤磷（以 P 计）	≥	99.0	98.5	97.5
黄磷（以 P 计）	≤	0.005	0.005	0.010
游离酸（以 H_3PO_4 计）	≤	0.30	0.50	0.80
水分	≤	0.20	0.25	0.30
细度		供需协商		

表 10-49 工业硫磺（GB/T 2449—2006）

项目			技术指标（质量分数,%）		
			优等品	一等品	合格品
硫（S）		≥	99.95	99.50	99.00
水分	固体硫磺	≤	2.0	2.0	2.0
	液体硫磺	≤	0.10	0.50	1.00
灰分		≤	0.03	0.10	0.20
酸度［以硫酸（H_2SO_4）计］		≤	0.003	0.005	0.02
有机物		≤	0.03	0.30	0.80
砷（As）		≤	0.0001	0.01	0.05

（续）

项目			技术指标（质量分数,%）		
			优等品	一等品	合格品
铁（Fe）		≤	0.003	0.005	—
筛余物①	粒度大于 150μm	≤	0	0	3.0
	粒度为 75～150μm	≤	0.5	1.0	4.0

① 表中的筛余物指标仅用于粉状硫磺。

10.3 非金属辅助材料

10.3.1 氧化物（见表 10-50～表 10-58）

表 10-50 氧化铝（质量分数,%）
（YS/T 274—1998）

牌号	Al_2O_3 ≥	杂质含量≤			
		SiO_2	Fe_2O_3	Na_2O	灼减
AO-1	98.6	0.02	0.02	0.50	1.0
AO-2	98.4	0.04	0.03	0.60	1.0
AO-3	98.3	0.06	0.04	0.65	1.0
AO-4	98.2	0.08	0.05	0.70	1.0

注：1. Al_2O_3 的质量分数为 100.0% 减去表所列杂质总和的余量。
2. 表中化学成分按在 300°C ±5°C 温度下烘干 2h 的干基计算。
3. 表中杂质成分按 GB 8170 处理。

表 10-51 冶金用二氧化钛技术条件（质量分数,%）（YS/T 322—1994（2005））

等级	牌号	化学成分											
		TiO ≥	杂质含量 ≤										
			Cu	Pb	Sn	As	Sb	Bi	SO_3	P_2O_5	Fe_2O_3	SiO_2	C
一级	YTi0-1	99.5	0.02	0.001	0.001	0.001	0.001	0.001	0.05	0.05	0.1	0.25	0.05
二级	YTi0-2	99	0.02	0.0015	0.0015	0.001	0.001	0.001	0.05	0.05	0.1	0.35	0.1

表 10-52 氧化锌（质量分数）（GB/T 3494—1996）

指标项目（有%的为质量分数）		ZnO-X1	ZnO-X2	ZnO-T1	ZnO-T2	ZnO-T3
氯化锌（以干品计）（%）	≥	99.5	99.0	99.5	99.0	98.0
氧化铅（PbO）（%）	≤	0.12	0.20	—	—	—
氧化镉（CdO）（%）	≤	0.02	0.05	—	—	—
氧化铜（CuO）（%）	≤	0.006	—	—	—	—
锰（Mn）（%）	≤	0.0002	—	—	—	—
金属锌		无	无	无	—	—
盐酸不溶物（%）	≤	0.03	0.04	—	—	—
灼烧减量（%）	≤	0.4	0.6	0.4	0.6	—
水溶物（%）	≤	0.4	0.6	0.4	0.6	0.8
筛余物（45μm 湿筛）（%）	≤	0.28	0.32	0.28	0.32	0.35

（续）

指标项目（有%的为质量分数）		ZnO-X1	ZnO-X2	ZnO-T1	ZnO-T2	ZnO-T3
105°C 挥发物（%）	≤	0.4	0.4	0.4	0.4	0.4
遮盖力/$g \cdot m^{-2}$	≤	—	—	150	150	150
吸油量/$g(100g)^{-1}$	≤	—	—	18	20	20
消色力（%）	≥	—	—	100	95	95
颜色（与标准样品比）		—		符合标样		

注：如有特殊要求，由供需双方协商。

表 10-53　工业轻质氧化镁（HG/T 2573—2006）

项　目		指标（除密度外，质量分数，%）					
		Ⅰ类			Ⅱ类		
		优等品	一等品	合格品	优等品	一等品	合格品
氧化镁（MgO）	≥	95.0	93.0	92.0	95.0	93.0	92.0
氯化钙（CaO）	≤	1.0	1.5	2.0	0.5	1.0	1.5
盐酸不溶物	≤	0.10	0.20	—	0.15	0.2	—
硫酸盐（以 SO_4 计）	≤	0.2	—	—	0.5	0.8	1.0
筛余物（150μm 试验筛）	≤	0	0.03	0.05	0	0.05	0.1
铁（Fe）	≤	0.05	0.06	0.10	0.05	0.06	0.10
锰（Mn）	≤	0.003	0.010	—	0.003	0.010	—
氯化物（以 Cl 计）	≤	0.07	0.20	0.30	0.15	0.20	0.30
灼烧失量	≤	3.5	5.0	5.5	3.5	5.0	5.5
堆积密度/$g \cdot mL^{-1}$	≤	0.16	0.20	0.25	0.20	0.20	0.25

表 10-54　氧化钨（质量分数，%）（GB/T 3457—1998）

品　级		特　级	一　级	二　级
牌　号		WO_3-0 WO_x-0	WO_3-1 WO_x-1	WO_3-2 WO_x-2
杂质≤	Al	0.0005	0.001	0.001
	As	0.001	0.001	0.003
	Bi	0.0001	0.0001	0.0005
	Ca	0.001	0.001	0.003
	Co	0.001	0.001	0.002
	Cr	0.001	0.001	0.001
	Cu	0.0003	0.0005	0.001
	Fe	0.001	0.001	0.003
	K	0.001	0.0015	0.002
	Mg	0.0007	0.001	0.002
	Mn	0.001	0.001	0.001
	Mo	0.002	0.005	0.02
	Na	0.001	0.0015	0.003
	Ni	0.0007	0.0007	0.001
	P	0.0007	0.001	0.002
	Pb	0.0001	0.0001	0.0005
	S	0.0007	0.001	0.001
	Sb	0.0005	0.001	0.002
	Si	0.001	0.001	0.003
	Sn	0.0002	0.0005	0.001
	Ti	0.001	0.001	0.002
	V	0.001	0.001	0.002
WO_3 煅烧损失		0.5	0.5	0.5

注：1. WO_3-0、WO_3-1 和 WO_3-2 为三氧化钨，简称黄钨。WO_x-0、WO_x-1 和 WO_x-2 为蓝色氧化钨，简称蓝钨。

2. 蓝钨是指以 $W_{20}O_{58}$ 为主的混合氧化钨。蓝钨的相组成中，$W_{20}O_{58}$ 的质量分数不少于 70%。

表 10-55　工业三氧化二铬（HG/T 2775—1996）

项　目		指　标					
		Ⅰ类　颜料用			Ⅱ类　颜料用		
		优等品	一等品	合格品	优等品	一等品	合格品
三氧化二铬（Cr_2O_3）的质量分数（%）	≥	99.0	98.0	97.0	99.0	98.0	97.0
水的质量分数（%）	≤	0.15	0.30	0.50	0.15	0.30	0.50
水溶物的质量分数（%）	≤	0.1	0.4	0.7	0.2	0.4	0.7
水溶液 pH		6～8	5～8		不规定		
吸油量/$g \cdot 100g^{-1}$		15～25			≤20	≤25	
色光		符合要求			不规定		
相对着色力（%）		符合要求			不规定		
筛余物 45μm 的质量分数（%）	≤	0.1	0.3	0.5	0.3	0.5	75μm 0.5

注：色光标准和相对着色力标准由生产厂与用户协商。

表 10-56　石灰石（质量分数，%）（YB/T 5279—2005）

类　别	牌　号	CaO	CaO + MgO	MgO	SiO_2	P	S
					≤		
普通石灰石	PS540	54.0	—	3.0	1.5	0.005	0.025
	PS530	53.0			1.5	0.010	0.035
	PS520	52.0			2.2	0.015	0.060
	PS510	51.0			3.0	0.030	0.100
	PS500	50.0			3.5	0.040	0.150
镁质石灰石	GMS545	—	54.5	8.0	1.5	0.005	0.025
	GMS540		54.0		1.5	0.010	0.035
	GMS535		53.5		2.2	0.020	0.060
	GMS525		52.5		2.5	0.030	0.100
	GMS515		51.5		3.0	0.040	0.150

表 10-57　二氧化锆（质量分数，%）（HG/T 2773—2004）

指　标		指　标						
		Ⅰ类		Ⅱ类	Ⅲ类			
					Ⅰ型		Ⅱ型	
		粉体	颗粒		优等品	一等品	一等品	合格品
锆铪含量（以 ZrO_2 计）	≥	99.5	99.5	99.5	99.5	99.0	98.0	97.0
氧化铁（Fe_2O_3）	≤	0.01	0.01	0.005	0.02	0.05	0.10	0.10
二氧化硅（SiO_2）	≤	0.02	0.02	—	0.05	0.10	1.0	2.0
氧化铝（Al_2O_3）	≤	0.01	—	—	0.001	—	0.8	0.8
二氧化钛（TiO_2）	≤	0.01	0.01	0.005	0.10	—	0.22	0.25
氧化钙（CaO）	≤	—	—	—	0.03	0.05	—	—

（续）

指　　标		指　　标						
		Ⅰ类		Ⅱ类	Ⅲ类			
					Ⅰ型		Ⅱ型	
		粉体	颗粒		优等品	一等品	一等品	合格品
氧化镁（MgO）	≤	—	—	—	0.02	—	—	—
氧化钠（Na_2O）	≤	0.01	0.01	—	0.02	0.05	—	—
灼烧减量	≤	0.40	0.30	0.30	0.50	0.50	—	—
五氧化二磷（P_2O_5）	≤	—	—	—	0.15	0.20	—	—
氯化物（以 Cl 计）*	≤	0.10	—	—	—	—	—	—
水分	≤	0.10	—	0.30	—	—	—	—

注：粒径（D_{50}）、堆积密度、比表面积在用户有要求时按本标准方法测定，其指标应符合用户要求。

表 10-58　长石（质量分数,%）（JC/T 859—2000）

种　　类	技术指标		优等品	一等品	合格品
钾长石	K_2O+Na_2O	≥	13.50	12.00	10.50
	K_2O	≥	11.00	9.50	8.00
	$Fe_2O_3+TiO_2$	≤	0.18	0.22	0.25
	TiO_2	≤	0.03	0.05	0.10
钠长石	Na_2O	≥	10.50	10.00	8.00
	Fe_2O_3	≤	0.20	0.25	0.30

10.3.2　氯化物和氟化物（见表 10-59～表 10-71）

表 10-59　工业氯化钙（HG/T 2327—2004）

指标项目		指　　标					
		固体氯化钙					液体氯化钙
		Ⅰ型	Ⅱ型	Ⅲ型	Ⅳ型	Ⅴ型	
氯化钙（$CaCl_2$）（质量分数,%）	≥	94	90	77	74	68	协商
总碱金属氯化物（以 NaCl 计）（质量分数,%）	≤	7.0					11.0
总镁（以 $MgCl_2$ 计）（质量分数,%）	≤	0.5					0.5
碱度[以 $Ca(OH)_2$ 计]（质量分数,%）	≤	0.4					0.4
水不溶物（质量分数,%）	≤	0.3					0.1
粒度		协商					

注：如果固体氯化钙产品中氯化钙质量分数小于 90.5%，产品中杂质指标按下式计算：

$$A=A_1\frac{B}{90.5}$$

式中　A——产品中容许杂质的最高质量分数；

B——产品中氯化钙的实际质量分数；

A_1——表中规定的各项指标的数值。

表 10-60 工业盐（质量分数,%）（GB/T 5462—2003）

指标		日晒工业盐			精制工业盐		
		优级	一级	二级	优级	一级	二级
氯化钠	≥	96.00	94.50	92.00	99.10	98.50	97.50
水分	≤	3.00	4.10	6.00	0.30	0.50	0.80
水不溶物	≤	0.20	0.30	0.40	0.05	0.10	0.20
钙镁离子	≤	0.30	0.40	0.60	0.25	0.40	0.60
硫酸根离子	≤	0.50	0.70	1.00	0.30	0.50	0.90

表 10-61 工业氯化镁（QB/T 2605—2003）

项目名称		白色氯化镁	普通氯化镁
氯化镁的质量分数(以 $MgCl_2$ 计)(%)	≥	46.00	44.50
钙离子的质量分数(以 Ca^{2+} 计)(%)	≤	0.15	—
硫酸根的质量分数(以 SO_4^{2-} 计)(%)	≤	1.00	2.80
碱金属氯化物的质量分数(以 Cl^- 计)(%)	≤	0.50	0.90
水不溶物的质量分数(%)	≤	0.10	—
色度/(°)	≤	50	—

注：1mg 铂在 1L 水中所具有的色度为 1 度。

表 10-62 工业氯化铁（GB/T 1621—2008）

项目		指标		
		无水氯化铁		氯化铁溶液
		一等品	合格品	
氯化铁($FeCl_3$)(质量分数,%)	≥	96.0	93.0	38.0
氯化亚铁($FeCl_2$)(质量分数,%)	≤	2.0	4.0	0.4
不溶物(质量分数,%)	≤	1.5	3.0	0.5
游离酸(以 HCl 计)(质量分数,%)	≤	—	—	0.5
密度(25°C)/$g \cdot cm^{-3}$	≥	—	—	1.4

表 10-63 工业氯化锰（质量分数,%）（HG/T 3816—2006）

项目		Ⅰ类		Ⅱ类	
		一等品	合格品	一等品	合格品
主含量	≥	99.0	99.0	98.0	97.0
硫酸盐(以 SO_4^{2-} 计)	≤	0.01	0.02	0.01	0.02
铁(Fe)	≤	0.002	0.01	0.002	0.01
重金属(以 Pb 计)	≤	0.001	0.01	0.001	0.01
镍(Ni)	≤	0.01	0.02	0.01	0.02
水不溶物	≤	0.02	0.06	0.02	0.06
水分	≤	—	—	1.0	2.0

表 10-64　工业氯化钡（质量分数,%）（GB/T 1617—2002）

项目		指标			
		Ⅰ类	Ⅱ类		
			优等品	一等品	合格品
氯化钡($BaCl_2 \cdot 2H_2O$)	≥	99.5	99.0	98.0	97.0
锶(Sr)	≤	0.05	0.45	0.90	—
钙(Ca)	≤	0.030	0.036	0.090	—
硫化物(以 S 计)	≤	0.002	0.003	0.008	—
铁(Fe)	≤	0.001	0.001	0.003	0.02
水不溶物	≤	0.05	0.05	0.10	0.20
钠(Na)	≤	0.10	—	—	—

注：如用户对Ⅰ类中的锶含量另有要求，由供需双方协商解决。

表 10-65　工业氯化铵（除 pH 外，质量分数,%）（GB/T 2946—2008）

项目		优等品	一等品	合格品
氯化铵(NH_4Cl)(以干基计)	≥	99.5	99.3	99.0
水分①	≤	0.5	0.7	1.0
灼烧残渣	≤	0.4	0.4	0.4
铁(Fe)	≤	0.0007	0.0010	0.0030
重金属(以 Pb 计)	≤	0.0005	0.0005	0.0010
硫酸盐(以 SO_4 计)	≤	0.02	0.05	—
pH 值(200g/L 溶液)		4.0～5.8		

①　水分质量分数指出厂检验结果。当需方对水分有特殊要求时，可由供需双方协商确定。

表 10-66　工业氯化钾（GB/T 7118—2008）　（单位：g/100g）

项目		化学指标		
		优级	一级	二级
氯化钾	≥	93.0	90.0	88.0
氯化钠	≤	1.75	2.60	3.60
钙、镁离子总量	≤	0.27	0.38	0.45
硫酸根	≤	0.20	0.35	0.65
水不溶物	≤	0.05	0.10	0.15
水分	≤	4.73	6.57	7.15

表 10-67　工业氯化锌（HG/T 2323—2004）

项目		指标				
		Ⅰ型		Ⅱ型		Ⅲ型
		优等品	一等品	一等品	合格品	
硫酸盐(以 SO_4 计)质量分数(%)	≤	0.01		0.01	0.05	0.004
铁(Fe)质量分数(%)	≤	0.0005		0.001	0.003	0.0002
铅(Pb)质量分数(%)	≤	0.0005		0.001		0.0002
碱和碱土金属质量分数(%)	≤	1.0		1.5		0.5
锌片腐蚀试验		通过		—		通过
pH 值		—		—		3～4

表 10-68　氟石（萤石，CaF_2）（质量分数,%）（YB/T 5217—2005）

牌　号	化学成分						
	CaF_2 ≥	SiO_2 ≤	$CaCO_3$ ≤	S ≤	P ≤	As ≤	有机物 ≤
FC-98	98.0	0.6	0.7	0.05	0.05	0.0005	0.1
FC-97A	97.0	0.8	1.0	0.05	0.05	0.0005	0.1
FC-97B	97.0	1.0	1.2	0.05	0.05	0.0005	0.1
FC-97C	97.0	1.2	1.2	0.05	0.05	0.0005	0.1
FC-95	95.0	1.4	1.5	—	—	—	—
FC-93	93.0	2.0	—	—	—	—	—

表 10-69　氟化钠（质量分数,%）（YS/T 517—2006）

等　级	NaF ≥	杂质含量≤					H_2O ≤
		SiO_2	Na_2CO_3	硫酸盐(SO_4^{2-})	酸度(HF)	水中不溶物	
一级	98	0.5	0.5	0.3	0.1	0.7	0.5
二级	95	1.0	1.0	0.5	0.1	3	1.0
三级	84	—	2.0	2.0	0.1	10	1.5

注：1. 表中“—”表示不作规定。

2. 表中化学成分按干基计算。

表 10-70　工业无水氟化钾（质量分数,%）（HG/T 2829—2008）

项　目			指　标		
			优等品	一等品	合格品
氟化钾		≥	99.0	98.5	98.0
氯化物(以 Cl 计)		≤	0.3	0.5	0.7
水分		≤	0.2	0.4	0.5
游离酸或游离碱	(以 HF 计)	≤	0.05	0.1	0.1
	(以 KOH 计)	≤	0.05	0.1	0.2
硫酸盐(以 SO_4 计)		≤	0.1	0.2	0.3
氟硅酸盐(以 SiO_2 计)		≤	0.05	0.2	0.3

表 10-71　氟化铝（GB/T 4292—2007）

牌　号	化学成分(质量分数,%)							物理性能	
	≥		杂质含量≤						
	F	Al	Na	SiO_2	Fe_2O_3	SO_4^{2-}	P_2O_5	烧减量(质量分数,%) ≤	堆积密度/$g \cdot cm^{-3}$ ≥
AF—0	61	31.5	0.30	0.10	0.06	0.10	0.03	0.5	1.5
AF—1	60	31.0	0.40	0.30	0.10	0.6	0.04	1.0	1.3
AF—2	58	29.0	2.8	0.30	0.12	1.0	0.04	5.5	0.7
AF—3	58	29.0	2.8	0.35	0.12	1.0	0.04	5.5	0.7

注：1. 测定值或计算值与表中规定的极限数值作比较的方法按 GB/T 1250 中第 5.2 条的规定进行。

2. 需方如对表中规定的各指标有特殊要求时，可由供需双方另行商定，并在合同中注明。

10.3.3　盐类（见表 10-72 ~ 表 10-90）

表 10-72　工业沉淀碳酸钙（HG/T 2226—2000）

项　目		指　标		
		优等品	一等品	合格品
碳酸钙($CaCO_3$)含量(干基计)的质量分数(%)	≥	98.0	97.0	96.0
pH 值(10%悬浮液)		9.0 ~ 10.0	9.0 ~ 10.5	9.0 ~ 11.0
105°C 下挥发物含量的质量分数(%)	≤	0.40	0.70	1.00
盐酸不溶物含量的质量分数(%)	≤	0.10	0.20	0.30
沉降体积/$mL \cdot g^{-1}$	≥	2.8	2.6	2.4
铁(Fe)的质量分数(%)	≤	0.08	0.10	0.12
锰(Mn)的质量分数(%)	≤	0.006	0.008	0.010
筛余物的质量分数(%)：125μm 试验筛	≤	0.005	0.010	0.015
45μm 试验筛	≤	0.30	0.40	0.50
白度/度	≥	90.0	90.0	
水溶物的质量分数(%)	≤	0.2		

表 10-73　工业水合碱式碳酸镁（HG/T 2959—2000）

项　目		指　标		
		优等品	一等品	合格品
水的质量分数(%)	≤	2.0	3.0	4.0
盐酸不溶物的质量分数(%)	≤	0.10	0.15	0.20
氧化钙(CaO)的质量分数(%)	≤	0.43	0.70	1.0
氧化镁(MgO)的质量分数(%)	≥	41.0	40.0	38.0
灼烧减量的质量分数(%)		54 ~ 58	54 ~ 58	>52.0
氯化物(以 Cl 计)的质量分数(%)	≤	0.10	0.15	0.30
铁(Fe)的质量分数(%)	≤	0.02	0.05	0.08
镉(Mn)的质量分数(%)	≤	0.004	0.004	—
硫酸盐(以 SO_4 计)的质量分数(%)	≤	0.10	0.15	0.30
筛余物的质量分数(%)：150μm	≤	0.025	0.03	0.05
75μm	≤	1.0	—	—
堆积密度/$g \cdot mL^{-1}$	≤	0.12	0.14	—

注：优等品的水分是指包装时的数值，水分应在明显地方标出。

表 10-74　工业碳酸钾（质量分数,%）（GB/T 1587—2000）

项　目		指　标			
		Ⅰ型			Ⅱ型
		优等品	一等品	合格品	
碳酸钾(K_2CO_3)	≥	99.0	98.5	96.6	99.0
氯化物(以 KCl 计)	≤	0.01	0.10	0.20	0.03
硫化合物(以 K_2SO_4 计)	≤	0.01	0.10	0.15	0.04
铁(Fe)	≤	0.001	0.003	0.010	0.001
水不溶物	≤	0.02	0.05	0.10	0.04
烧减量	≤	0.60	1.00	1.00	0.80

注：烧减量指标仅适用于产品包装时检验用。

表 10-75 工业碳酸钠（GB 210.1—2004）

指标项目			Ⅰ类	Ⅱ类		
			优等品	优等品	一等品	合格品
总碱量(以干基的 $NaCO_3$ 的质量分数)(%)		≥	99.4	99.2	98.8	98.0
总碱量(以湿基的 $NaCO_3$ 的质量分数①)(%)		≥	98.1	97.9	97.5	96.7
氯化钠(以干基的 NaCl 的质量分数)(%)		≤	0.30	0.70	0.90	1.20
铁(Fe)的质量分数(干基计)(%)		≤	0.003	0.0035	0.006	0.010
硫酸盐(以干基的 SO_4 的质量分数)(%)		≤	0.03	0.03		
水不溶物的质量分数(%)		≤	0.02	0.03	0.10	0.15
堆积密度②/$g \cdot mL^{-1}$		≥	0.85	0.90	0.90	0.90
粒度③,筛余物(%)	180μm	≥	75.0	70.0	65.0	60.0
	1.18mm	≤	2.0			

① 为包装时含量，交货时产品中总碱量乘以交货产品的质量再除以交货清单上产品的质量之值不得低于此数值。

② 为氨碱产品控制指标。

③ 为重质碳酸钠控制指标。

表 10-76 工业碳酸锶（质量分数,%）（HG/T 2969—1999）

项目		指标	
		Ⅰ型	Ⅱ型
锶钡($SrCO_3+BaCO_3$)	≥	98.0	
碳酸锶($SrCO_3$)	≥		95.0
碳酸钙($CaCO_3$)	≤	0.5	1.0
碳酸钡($BaCO_3$)	≤	2.0	3.0
钠(以 Na_2O 计)	≤	0.3	—
铁(以 Fe_2O_3 计)	≤	0.01	0.01
氯(Cl)	≤	0.12	—
总硫(以 SO_4 计)	≤	0.35	0.45
水分	≤	0.3	0.5
氧化铬(Cr_2O_3)	≤	0.0005	—
粒度		协商	

表 10-77 工业氯酸钠（质量分数,%）（GB/T 1618—2008）

项目		指标		
		Ⅰ类	Ⅱ类	
			一等品	合格品
氯酸钠(以干基计)	≥	99.5	99.0	98.0
水分	≤	0.30	0.50	0.80
水不溶物	≤	0.01	0.03	0.03
氯化物(以 Cl 计)	≤	0.15	0.20	0.30
硫酸盐(以 SO_4 计)	≤	0.01	0.1	
铬酸盐(以 CrO_4 计)	≤	0.01	0.02	
铁(Fe)	≤	0.005	0.05	

表 10-78 工业氯酸钾（质量分数,%）（GB/T 752—2006）

项目		指标		
		优等品	一等品	合格品
氯酸钾($KClO_3$)	≥	99.5	99.2	99.0
水分	≤	0.05	0.10	0.10
水不溶物	≤	0.02	0.10	0.10
氯化物(以 KCl 计)	≤	0.04	0.06	0.10
溴酸盐(以 $KBrO_3$ 计)	≤	0.05	0.10	0.15
次氯酸盐试验		通过		
亚氯酸盐试验		通过		
重金属试验		通过		
碱土金属试验		通过		
125μm 试验筛筛余物	≤	0.5	1.0	1.0

表 10-79　硝酸锶（质量分数,%）（GB/T 669—1994）

指　　标		分析纯	化学纯
硝酸锶[$Sr(NO_3)_2$]　≥		99.5	99.0
杂质含量≤	澄清度试验	合格	合格
	水不溶物	0.005	0.01
	干燥失重	0.1	0.5
	游离酸(以 HNO_3 计)	0.013	0.013
	氯化物(Cl)	0.0005	0.002
	硫酸盐(SO_4)	0.005	0.01
	钠(Na)	0.03	0.05
	镁(Mg)	0.005	0.01
	钾(K)	0.02	0.05
	钙(Ca)	0.03	0.05
	铁(Fe)	0.0002	0.0005
	钡(Ba)	0.02	0.1
	重金属(以 Pb 计)	0.0005	0.001

表 10-80　工业硝酸钾（质量分数,%）（GB/T 1918—1998）

项　　目		指　　标		
		优等品	一等品	合格品
硝酸钾(KNO_3)	≥	99.7	99.4	99.0
水分	≤	0.10	0.10	0.30
氯化物(以 Cl 计)	≤	0.01	0.02	0.10
水不溶物	≤	0.01	0.02	0.05
硫酸盐(以 SO_4 计)	≤	0.005	0.01	—
吸湿率	≤	0.25	0.30	—
铁(Fe)	≤	0.003	—	—

注：1. 吸湿率、铁含量用户有要求时按本标准方法测定。

2. 用户可按合同要求规定铵盐含量，并可按本标准规定的方法进行测定。

表 10-81　硫酸铵（质量分数,%）（GB/T 535—1995）

项　　目		指　　标		
		优等品	一等品	合格品
外观		白色结晶，无可见机械杂质	无可见机械杂质	
氮(N)(以干基计)	≥	21.0	21.0	20.5
水分(H_2O)	≤	0.2	0.3	1.0
游离酸(H_2SO_4)	≤	0.03	0.05	0.20
铁(Fe)①	≤	0.007	—	—
砷(As)①	≤	0.00005	—	—
重金属(以 Pb 计)①	≤	0.005	—	—
水不溶物①	≤	0.01	—	—

①　硫酸铵作农业用时可不检验铁、砷、重金属和水不溶物含量等指标。

表 10-82　工业七水硫酸镁（质量分数,%）（HG/T 2680—1995）

项　　目		指　　标	
		一等品	合格品
主含量(以 $MgSO_4 \cdot 7H_2O$ 计)	≥	98.0	95.0
铁(Fe)	≤	0.005	0.01
氯化物(以 Cl 计)	≤	0.30	0.50
水不溶物	≤	0.10	0.15

表 10-83　工业沉淀硫酸钡（GB/T 2899—2008）

项　　目			指　　标		
			优等品	一等品	合格品
硫酸钡($BaSO_4$)(以干基计)质量分数(%)	≥		98.0	97.0	95.0
105°C 挥发物质量分数(%)	≤		0.30	0.30	0.50
水溶物质量分数(%)	≤		0.30	0.30	0.50
铁(Fe)质量分数(%)	≤		0.004	0.006	—
白度	≥		94.0	92.0	88.0
吸油量/g(100g)$^{-1}$			10~30	10~30	—
pH 值(100g/L 悬浮液)			6.5~9.0	5.5~9.5	5.5~9.5
细度(0.045mm 试验筛筛余物)质量分数(%)	≤		0.2	0.2	0.5
粒径分布	≥	小于 10μm	80	—	—
		小于 5μm	60	—	—
		小于 2μm	25	—	—

表10-84　工业硅酸钠（GB/T 4209—2008）

分类	指标项目		液—1			液—2			液—3			液—4		
			优等品	一等品	合格品	优等品	一等品	合格品	优等品	一等品	合格品	优等品	一等品	合格品
液体	铁(Fe)的质量分数(%)	≤	0.02	0.05	—	0.02	0.05	—	0.02	0.05	—	0.02	0.05	—
	水不溶物的质量分数(%)	≤	0.10	0.40	0.50	0.10	0.40	0.50	0.20	0.60	0.80	0.20	0.80	1.00
	密度(20°C)/g(mL)$^{-1}$		1.336~1.362			1.368~1.394			1.436~1.465			1.526~1.559		
	氧化钠(Na_2O)的质量分数(%)	≥	7.5			8.2			10.2			12.8		
	二氧化硅(SiO_2)的质量分数(%)	≥	25.0			26.0			25.7			29.2		
	模数		3.41~3.60			3.10~3.40			2.60~2.90			2.20~2.50		

分类	指标项目		固—1			固—2			固—3	
			优等品	一等品	合格品	优等品	一等品	合格品	一等品	合格品
固体	可溶固体的质量分数(%)	≥	99.0	98.0	95.0	99.0	98.0	95.0	98.0	95.0
	铁(Fe)的质量分数(%)	≤	0.02	0.12	—	0.02	0.12	—	0.10	—
	氧化铝的质量分数(%)	≤	0.30	—	—	0.25	—	—		
	模数		3.41~3.60			3.10~3.40			2.20~2.50	

表10-85　工业偏硅酸钠（HG/T 2568—2008）

项目 \ 指标		Ⅰ类	Ⅱ类		Ⅲ类	
		零水偏硅酸钠	五水偏硅酸钠		九水偏硅酸钠	
			优等品	一等品	优等品	一等品
二氧化硅(SiO_2)的质量分数(%)		≥45.0	27.8~29.2	27.3~29.0	21.0~22.5	20.0~22.5
总碱量(以Na_2O计)的质量分数(%)		50.0~52.0	28.7~30.0	28.2~30.0	21.5~23.0	20.5~23.0
水不溶物的质量分数(%)	≤	0.25	0.05	0.10	0.05	0.30
铁(Fe)的质量分数(%)	≤	0.03	0.01	0.02	0.015	0.05
白度	≥	75	80	75	80	70

表10-86　工业氟硅酸钠（质量分数,%）（GB/T 23936—2009）

项目		指标		
		优等品	一等品	合格品
氟硅酸钠(Na_2SiF_6)	≥	99.0	98.5	97.0
游离酸(以HCl计)	≤	0.10	0.15	0.20
105°C干燥减量		0.30	0.40	0.60
氯化物(以Cl计)		0.15	0.20	0.30
水不溶物	≤	0.4	0.5	—
硫酸盐(以SO_4计)	≤	0.25	—	—
铁(Fe)	≤	0.02	—	—
五氧化二磷(P_2O_5)	≤	协商		—
细度(通过250μm试验筛)	≥	90	90	90

表10-87　工业氟硅酸钠（质量分数,%）（HG/T 3252—2000（2007））

项目		指标		
		优等品	一等品	合格品
氟硅酸钠	≥	99.0	98.5	97.0
105°C干燥失量	≤	0.30	0.40	0.60
游离酸(以HCl计)	≤	0.10	0.15	0.20
氯化物(以Cl计)	≤	0.15	—	—
硫酸盐(以SO_4计)	≤	0.25	—	—
铁(Fe)	≤	0.02	—	—
细度(通过250μm试验筛)	≥	90	90	90

表 10-88 工业磷酸三钠（质量分数,%）（HG/T 2517—1993）

项目		指标		
		优等品	一等品	合格品
磷酸三钠(以 $Na_3PO_4 \cdot 12H_2O$ 计)	≥	98.5	98.0	95.0
甲基橙碱度(以 Na_2O 计)		16.5 ~ 19.0	16.0 ~ 19.0	15.5 ~ 19.0
不溶物	≤	0.05	0.10	
硫酸盐(以 SO_4 计)	≤	0.50		0.80
氯化物(以 Cl 计)	≤	0.30	0.40	0.50
铁(Fe)	≤	0.01	—	—
纯(As)	≤	0.005	—	—

表 10-89 工业重铬酸钠（质量分数,%）（GB/T 1611—2003）

项目		指标		
		优等品	一等品	合格品
重铬酸钠(以 $Na_2Cr_2O_7 \cdot 2H_2O$ 计)	≥	99.5	98.3	98.0
硫酸盐(以 SO_4 计)	≤	0.20	0.30	0.40
氯化物(以 Cl 计)	≤	0.07	0.10	0.20

注：如用户对铁含量有要求，按本标准规定的方法进行测定。

表 10-90 工业重铬酸钾（质量分数,%）（HG/T 2324—2005）

项目		指标		
		优等品	一等品	合格品
重铬酸钾($K_2Cr_2O_3$)	≥	99.7	99.5	99.0
硫酸盐(以 SO_4 计)	≤	0.02	0.05	0.05
氯化物(以 Cl 计)	≤	0.05	0.05	0.08
钠(Na)	≤	0.5	1.0	1.5
水分	≤	0.03	0.05	0.05
水不溶物	≤	0.02	0.02	0.05

10.3.4 气体（见表 10-91 ~ 表 10-97）

表 10-91 工业用液氯（GB 5138—2006）（%）

项目		指标		
		优等品	一等品	合格品
氯的体积分数	≥	99.8	99.6	99.6
水分的质量分数	≤	0.01	0.03	0.04
三氯化氮的质量分数	≤	0.002	0.004	0.004
蒸发残渣的质量分数	≤	0.015	0.10	—

注：水分、三氯化氮指标强制。

表 10-92 高纯氯（体积分数,%）（GB/T 18994—2003）

项目		指标
氯(Cl_2)	≥	99.996×10^{-2}
氧(O_2)	≤	4×10^{-6}
氮(N_2)	≤	20×10^{-6}
一氧化碳(CO)	≤	1×10^{-6}
二氧化碳(CO_2)	≤	10×10^{-6}
烃($C_1 \sim C_2$)	≤	1×10^{-6}
水(H_2O)	≤	3×10^{-6}

注：1. $C_1 \sim C_2$ 系指 CH_4、C_2H_2、C_2H_4、C_2H_6。
2. 高纯氯中金属和颗粒的要求及检验由供方与用户商定。

表 10-93 工业氮（GB/T 3864—2008）

项目		指标
氮气(N_2)纯度(体积分数)(%)	≥	99.2
氧(O_2)含量(体积分数)(%)	≤	0.8
游离水		无

表 10-94 纯氮、高纯氮和超纯氮（GB/T 8979—2008）

项目		指标		
		纯氮	高纯氮	超纯氮
氮气(N_2)纯度(体积分数)/$\times 10^{-2}$	≥	99.99	99.999	99.9999
氧(O_2)含量(体积分数)/$\times 10^{-6}$	≤	50	3	0.1
氩(Ar)含量(体积分数)/$\times 10^{-6}$	≤	—	—	2
氢(H_2)含量(体积分数)/$\times 10^{-6}$	≤	15	1	0.1
一氧化碳(CO)含量(体积分数)/$\times 10^{-6}$	≤	5	1	0.1
二氧化碳(CO_2)含量(体积分数)/$\times 10^{-6}$	≤	10	1	0.1
甲烷(CH_4)含量(体积分数)/$\times 10^{-6}$	≤	5	1	0.1
水(H_2O)含量(体积分数)/$\times 10^{-6}$	≤	15	3	0.5

表 10-95　纯氧、高纯氧和超纯氧（GB/T 14599—2008）

项　目	指　标		
	纯氧	高纯氧	超纯氧
氧(O_2)纯度(体积分数)/ $\times 10^{-2}$ ≥	99.995	99.999	99.9999
氢(H_2)含量(体积分数)/ $\times 10^{-6}$ ≤	1	0.5	0.1
氩(Ar)含量(体积分数)/ $\times 10^{-6}$ ≤	10	2	0.2
氮(N_2)含量(体积分数)/ $\times 10^{-6}$ ≤	20	5	0.1
二氧化碳(CO_2)含量(体积分数)/ $\times 10^{-6}$ ≤	1	0.5	0.1
总烃含量(体积分数)(以甲烷计)/ $\times 10^{-6}$ ≤	2	0.5	0.1
水(H_2O)含量(体积分数)/ $\times 10^{-6}$ ≤	3	2	0.5

表 10-96　工业液体二氧化碳（GB/T 6052—1993）

项　目	指　标		
	优级品	一级品	合格品
二氧化碳含量(体积分数)(%) ≥	99.8	99.5	99.0
游离水含量(质量分数)(%) ≤	0.05	0.2	0.4
油分	不得检出	不得检出	—
气味	无异味	无异味	—

表 10-97　氩（GB/T 4842—2006）

分类	项　目		指标
纯氩	氩气(Ar)纯度(体积分数)/ $\times 10^{-2}$	≥	99.99
	氢(H_2)含量(体积分数)/ $\times 10^{-6}$	≤	5
	氧(O_2)含量(体积分数)/ $\times 10^{-6}$	≤	10
	氮(N_2)含量(体积分数)/ $\times 10^{-6}$	≤	50
	甲烷(CH_4)含量(体积分数)/ $\times 10^{-6}$	≤	5
	一氧化碳(CO)含量(体积分数)/ $\times 10^{-6}$	≤	5
	二氧化碳(CO_2)含量(体积分数)/ $\times 10^{-6}$	≤	10
	水分(H_2O)含量(体积分数)/ $\times 10^{-6}$	≤	15
高纯氩	氩气(Ar)纯度(体积分数)/ $\times 10^{-2}$	≥	99.999
	氢(H_2)含量(体积分数)/ $\times 10^{-6}$	≤	0.5
	氧(O_2)含量(体积分数)/ $\times 10^{-6}$	≤	1.5
	氮(N_2)含量(体积分数)/ $\times 10^{-6}$	≤	4
	甲烷(CH_4)含量+一氧化碳(CO)含量+二氧化碳(CO_2)含量(体积分数)/ $\times 10^{-6}$	≤	1
	水分(H_2O)含量(体积分数)/ $\times 10^{-6}$	≤	3

注：甲烷（CH_4）含量、一氧化碳（CO）含量、二氧化碳（CO_2）含量可单独测量。

10.3.5　氢氧化物（见表 10-98～表 10-100）

表 10-98　工业氢氧化镁（HG/T 3607—2007）

项　目		指　标			
		Ⅰ类	Ⅱ类		Ⅲ类	
			一等品	合格品	一等品	合格品
氢氧化镁[$Mg(OH)_2$](质量分数,%)	≥	97.5	94.0	93.0	93.0	92.0
氧化钙(CaO)(质量分数,%)	≤	0.10	0.05	0.1	0.5	1.0
盐酸不溶物(质量分数,%)	≤	0.10	0.2	0.5	2.0	2.5
水分(质量分数,%)	≤	0.5	2.0	2.5	2.0	2.5
氯化物(以 Cl 计)(质量分数,%)	≤	0.10	0.4	0.5	0.4	0.5
铁(Fe)(质量分数,%)	≤	0.005	0.02	0.05	0.2	0.3
筛余物(75μm 试验筛)(质量分数,%)	≤	—	0.02	0.05	0.5	1.0
激光粒径(D_{50})/μm		0.5～1.5	—	—	—	—
烧减量(质量分数,%)	≥	30.0	—	—	—	—
白度	≥	95	—	—	—	—

表 10-99　工业用氢氧化钠（质量分数,%）（GB 209—2006）

项目	型号规格														
	IS—IT						IS—DT						IS—CT		
	Ⅰ			Ⅱ			Ⅰ			Ⅱ			Ⅰ		
	优等品	一等品	合格品	优等品	一等品	合格品	优等品	一等品	合格品	优等品	一等品	合格品	优等品	一等品	合格品
氢氧化钠（以 NaOH 计）	≥99.0	≥98.5	≥98.0	72.0±2.0			≥96.0		≥95.0	72.0±2.0			≥97.0		≥94.0
磷酸钠（以 Na_2CO_3 计）≤	0.5	0.8	1.0	0.3	0.5	0.8	1.2	1.3	1.6	0.4	0.8	1.0	1.5	1.7	2.5
氯化钠（以 NaCl 计）≤	0.03	0.05	0.08	0.02	0.05	0.08	2.5	2.7	3.0	2.0	2.5	2.8	1.1	1.2	3.5
三氯化二铁（以 Fe_2O_3 计）≤	0.005	0.008	0.01	0.005	0.008	0.01	0.008	0.01	0.02	0.008	0.01	0.02	0.008	0.01	0.01

表 10-100　氢氧化铝（质量分数,%）（GB/T 4294—1997）

牌号	Al_2O_3 ≥	灼减 ≤	杂质含量 ≤		
			SiO_2	Fe_2O_3	Na_2O
AH-1	64.5	35	0.02	0.02	0.4
AH-2	64.0	35	0.04	0.03	0.5
AH-3	63.5	35	0.08	0.05	0.6

注：1. Al_2O_3 的质量分数为 100% 减去灼减和表所列杂质的实际含量之差。

2. 表中化学成分按在 110°C±5°C 温度下烘干 2h 的干基计算。

3. 表中杂质成分按 GB 8170 数字修约规则处理。

10.3.6　其他（见表 10-101～表 10-123）

表 10-101　冰晶石（Na_3AlF_6）（质量分数,%）（GB/T 4291—2007）

牌号	化学成分									烧减量
	F	Al	Na	SiO_2	Fe_2O_3	SO_4^{2-}	CaO	P_2O_5	湿存水	
	≥			≤						
CH-0	52	12	33	0.25	0.05	0.6	0.15	0.02	0.20	2.0
CH-1	52	12	33	0.36	0.08	1.0	0.20	0.03	0.40	2.5
CM-0	53	13	32	0.25	0.05	0.6	0.20	0.02	0.20	2.0
CM-1	53	13	32	0.36	0.08	1.0	0.6	0.03	0.40	2.5

注：1. 数值修约比较按 GB/T 1250 第 5.2 条规定进行，修约数位与表中所列极限数位一致。

2. 表中规定的各指标，需方如有特殊要求，可由供需双方协商解决。

表 10-102　工业用二氟二氯甲烷（F12）（GB/T 7372—1987）

指标名称＼级别	优级品	一级品	合格品
（1）外观	无色、不浑浊		
（2）气味	无异臭		
（3）纯度（%）≥	99.8	99.5	99.0
（4）水分（质量分数,%）≤	0.0005	0.001	0.003

（续）

指标名称＼级别	优级品	一级品	合格品
（5）酸度（以 HCl 计）（质量分数,%）≤	0.00001	0.0001	0.0001
（6）蒸发残留物（质量分数,%）≤	0.01	0.01	0.02

表 10-103　工业十水合四硼酸二钠（硼砂）
（质量分数,%）（GB/T 537—2009）

项　　目		指　标	
		优等品	一等品
主含量 $Na_2B_4O_7 \cdot 10H_2O$	≥	99.5	95.0
碳酸盐（以 CO_2 计）	≤	0.1	0.2
水不溶物	≤	0.04	0.04
硫酸盐（以 SO_4 计）	≤	0.1	0.2
氯化物（以 Cl 计）	≤	0.03	0.05
铁（Fe）	≤	0.002	0.005

表 10-104　石墨电极（YB/T 4088—2000）

（单位：mm）

公称直径	实际直径			长　度
	最大	最小	黑皮部分最小	
25	78	73	72	1000
100	103	98	97	1200
130	132	127	126	1200
150	154	149	146	1600
200	205	200	197	1600
225	230	225	222	1600
250	256	251	248	1600、1800
300	307	302	299	1600、1800
350	357	352	349	1600、1800
400	409	403	400	1600、1800、2000、2200
450	460	454	451	1600、1800、2000、2200
500	511	505	502	1800、2000、2200、2400
550	562	556	553	1800、2000、2200、2400
600	613	607	604	2000、2200、2400

表 10-105　陶瓷级滑石粉（GB 15342—1994）

理化性能		优等品	一等品	合格品
白度	≥	80.0	75.0	70.0
细度,45μm 通过率（质量分数,%）	≥	99.0	98.0	97.0
粒度分布累积含量（质量分数,%） ≥	<20μm	95	80	70
	<10μm	70	50	40
	<5μm	40	30	20
水分（质量分数,%）	≤	0.5~1.0		
吸油量（质量分数,%）		20.0~50.0		
烧减量（1000°C）（质量分数,%）	≤	7.00	8.00	28.00
水溶物（质量分数,%）	≤	0.5		
pH		8.0~10.0		
二氧化硅（质量分数,%）	≥	61.0	60.0	58.0
氧化镁（质量分数,%）	≥	31.0	30.0	29.0
三氧化二铝（质量分数,%）	≤	1.00	2.00	4.00
氧化钙（质量分数,%）	≤	0.50	1.00	1.50
三氧化二铁（质量分数,%）	≤	0.30	1.00	1.50
氧化钾和氧化钠（质量分数,%）	≤	0.40		0.50
烧失量（1000°C）（质量分数,%）	≤	6.00	7.00	8.00
酸溶钙（以 CaO 计）（质量分数,%）	≤	1.00		
细度,45μm 通过率（质量分数,%）	≥	95.0		

表 10-106　菱镁石（质量分数,%）
（YB/T 5208—2004）

牌　号	化学成分				
	MgO≥	CaO≤	SiO_2≤	Fe_2O_3≤	Al_2O_3≤
M47A	47.30	—	0.15	0.25	0.10
M47B	47.20	—	0.25	0.30	0.10
M47C	47.00	0.60	0.60	0.40	0.20
M46A	46.50	0.80	1.00	—	—
M46B	46.00	0.80	1.20	—	—
M46C	46.00	0.80	2.5	—	—
M45	45.00	1.50	1.50	—	—
M44	44.00	2.00	3.50	—	—
M41	41.00	6.00	2.00	—	—
M33	33.00	—	4.00	—	—

表10-107　工业用四氯化碳（GB/T 4119—2008）

项　　目		指标	
		优等品	一等品
四氯化碳的质量分数(%)	≥	99.80	99.50
三氯甲烷的质量分数(%)	≤	0.05	0.3
四氯乙烯的质量分数(%)	≤	0.03	0.1
水的质量分数(%)	≤	0.005	0.007
酸(以HCl计)的质量分数(%)	≤	0.0002	0.0008
色度/Hazen单位(Pt-Co色号)	≤	15	25

表10-108　工业丙酮（GB/T 6026—1998）

项　　目		指标		
		优等品	一等品	合格品
色度,Hazen单位(铂-钴号)	≤	5	5	10
密度(20°C)/$g\cdot cm^{-3}$		0.789～0.791	0.789～0.792	0.789～0.793

表10-109　工业硼酸（质量分数,%）（GB/T 538—2006）

项　　目		指标		
		优等品	一等品	合格品
硼酸(H_3BO_3)		99.6～100.8	99.4～100.8	≥99.0
水不溶物	≤	0.010	0.040	0.060
硫酸盐(以SO_4计)	≤	0.10	0.20	0.30
氯化物(以Cl计)	≤	0.010	0.050	0.10
铁(Fe)	≤	0.0010	0.0015	0.0020
氨(NH_3)①	≤	0.30	0.50	0.70
重金属(以Pb计)	≤	0.0010	—	—

① 为碳氨法产品控制指标。

表10-110　工业用六氯乙烷（HG/T 3261—2002）

项　　目		指标		
		优等品	一等品	合格品
纯度(%)	≥	99.5	99.0	98.0
初熔点/°C	≥	184	183	
水分(质量分数,%)	≤	0.02	0.06	0.08
灰分(质量分数,%)	≤	0.02	0.04	0.06
铁(以Fe计)含量(质量分数,%)	≤	0.006	0.008	0.015

（续）

项　　目		指标		
		优等品	一等品	合格品
游离氯(Cl_2)试验		合格		
氯化物(以Cl计)含量(质量分数,%)	≤	0.01	0.04	0.06
醇不溶物含量(质量分数,%)	≤	0.02	0.05	0.10

表10-111　氟硅酸钠Na_2SiF_6（质量分数,%）（GB 23936—2009）

项　　目		指标		
		优等品	一等品	合格品
氟硅酸钠(Na_2SiF_6)	≥	99.0	98.5	97.0
游离酸(以HCl计)	≤	0.10	0.15	0.20
105°C干燥减量		0.30	0.40	0.60
氯化物(以Cl计)		0.15	0.20	0.30
水不溶物	≤	0.4	0.5	—
硫酸盐(以SO_4计)	≤	0.25	—	—
铁(Fe)	≤	0.02	—	—
五氧化二磷(P_2O_5)	≤	协商		—
细度(通过250μm试验筛)	≥	90	90	90

表10-112　氟硅酸钠Na_2SiF_6（质量分数,%）（HG/T 3252—2000（2007））

项　　目		指标		
		优等品	一等品	合格品
氟硅酸钠	≥	99.0	98.5	97.0
105°C干燥失量	≤	0.30	0.40	0.60
游离酸(以HCl计)	≤	0.10	0.15	0.20
氯化物(以Cl计)	≤	0.15	—	—
硫酸盐(以SO_4计)	≤	0.25	—	—
铁(Fe)	≤	0.02	—	—
细度(通过250μm试验筛)	≥	90	90	90

表 10-113　氟硼酸钾 KBF_4（GB/T 22667—2008）

牌　号	化学成分(质量分数,%)							
	KBF_4	FH_3BO_3	Si	Na	Ca	Mg	Cl^-	湿存水
	≥	≤						
PFB-1	98	0.4	0.2	0.10	0.05	0.05	0.10	0.2
PFB-2	97	0.5	0.4	0.15	0.10	0.10	0.20	0.3

注：1. 测定值或其计算值与表中规定的极限数值作比较的方法按 GB/T 1250 中第 5.2 的规定进行。

2. 需方如对表中规定的各指标有特殊要求时，可由供需双方另行商定，并在合同中注明。

3. 表中 FH_3BO_3 为游离硼酸。

表 10-114　氟钛酸钾 K_2TiF_6（GB/T 22668—2008）

牌　号	化学成分(质量分数,%)						
	K_2TiF_6	Si	Fe	Cl	Ca	Pb	H_2O
	≥	≤					
PFT-1	99	0.05	0.02	0.05	0.05	0.01	0.10
PFT-2	97	0.30	0.10	0.10	0.10	0.05	0.30

注：1. 测定值或其计算值与表中规定的极限数值作比较的方法按 GB/T 1250 中第 5.2 的规定进行。

2. 需方如对表中规定的各指标有特殊要求时，可由供需双方另行商定，并在合同中注明。

表 10-115　工业硫化钠（GB 10500—2009）

指 标 项 目		指标(质量分数,%)				
		1 类			2 类	
		优等品	一等品	合格品	优等品	一等品
硫化钠(Na_2S)	≥	60.0	60.0	60.0	60.0	60.0
亚硫酸钠(Na_2SO_3)	≤	1.0	—	—	—	—
硫代硫酸钠($Na_2S_2O_3$)	≤	2.5	—	—	—	—
铁(Fe)	≤	0.0020	0.0030	0.0050	0.015	0.030
水不溶物	≤	0.05	0.05	0.05	0.15	0.20
碳酸钠	≤	2.0	—	—	3.5	—

表 10-116　工业硅溶胶（HGT 2521—2008）

项　目		指　标						
		碱 性 钠 型				酸性无稳定剂型		
		JN-20	JN-25	JN-30	JN-40	SW-20	SW-25	SW-30
二氧化硅(SiO_2)(质量分数,%)		20.0～21.0	25.0～26.0	30.0～31.0	40.0～41.0	20.0～21.0	25.0～26.0	30.0～31.0
氧化钠(Na_2O)(质量分数,%)	≤	0.30			0.40	0.04	0.05	0.06
pH 值		9.0～10.0				2.0～4.0		
粘度(25°C)/mPa·s	≤	5.0	6.0	7.0	25.0	5.0	6.0	7.0
密度(25°C)/g·cm^{-3}		1.12～1.14	1.15～1.17	1.19～1.21	1.28～1.30	1.12～1.14	1.15～1.17	1.19～1.21
平均粒径/nm	Ⅰ	<10						
	Ⅱ	10～20						
	Ⅲ	21～40						
	Ⅳ	41～100						

注：平均粒径小于 10 的产品粘度值由供需双方商定。

表 10-117　耐火材料用电熔刚玉（YB/T 102—2007）

产品代号		WFA		DFA		SWA		BFA	
		>0.1mm	≤0.1mm	>0.1mm	≤0.1mm	>0.1mm	≤0.1mm	>0.1mm	≤0.1mm
化学成分（质量分数,%）	Al_2O_3	≥99.0	≥98.5	≥99.0	≥98.5	≥97.5	≥97.0	≥95.0	≥94.5
	SiO_2	—	—	≤1.00	≤1.00	≤0.80	≤1.00	≤1.00	≤1.20
	Fe_2O_3	≤0.15	≤0.30	≤0.15	≤0.30	≤0.20	≤0.50	≤0.20	≤0.50
	TiO_2	—	—	—	—	≤1.20	≤1.50	≤3.20	≤3.50
	R_2O	≤0.45	≤0.50	≤0.10	≤0.10	—	—	—	—
	T.C	—	—	<0.08	<0.08	<0.13	<0.13	<0.04	<0.04
体积密度/g·cm^{-3}		≥3.50		≥3.90		≥3.80		≥3.80	
密度/g·cm^{-3}		≥3.90		≥3.95		≥3.90		≥3.90	

注：R_2O 表示碱金属氧化物氧化钠和氧化钾合量，T.C 表示总碳量。

表 10-118　天然石膏（GB/T 5483—2008）

级　别	品位(质量分数,%)		
	石膏(G)	硬石膏(A)	混合石膏(M)
特级	≥95	—	≥95
一级	≥85		
二级	≥75		
三级	≥65		
四级	≥55		

表 10-119　陶瓷工业用高岭土（GB/T 14563—2008）

代号	Al_2O_3（质量分数,%）≥	杂质(质量分数,%)≤			筛余量≤	1280°C 烧成白度≥
		Fe_2O_3	TiO_2	SO_2		
TC-0	35.00	0.40	0.10	0.20	1.0(45μm)	90
TC-1	33.00	0.60	0.10	0.30	1.0(45μm)	88

（续）

代号	Al_2O_3（质量分数,%）≥	杂质(质量分数,%)≤			筛余量≤	1280°C 烧成白度≥
		Fe_2O_3	TiO_2	SO_2		
TC-2	32.00	1.20	0.40	0.80	1.0(63μm)	—
TC-3	28.00	1.80	0.60	1.00	1.0(63μm)	—

表 10-120　亚麻籽油（GB/T 8235—2008）

项　目		质量指标
气味、滋味		具有亚麻籽油固有的气味和滋味,无异味
水分及挥发物(质量分数,%)	≤	0.20
不溶性杂质(质量分数,%)	≤	0.20
酸值(以 KOH 计)/mg·g^{-1}	≤	4.0
过氧化值/mmol·kg^{-1}	≤	7.5
溶剂残留量/mg·kg^{-1}	≤	100

表 10-121　油漆及清洗用溶剂油（GB 1922—2006）

序号	项　目	1号		2号			3号			4号			5号		试验方法
		中芳型	低芳型	普通型	中芳型	低芳型	普通型	中芳型	低芳型	普通型	中芳型	低芳型	中芳型	低芳型	
1	芳烃含量(体积分数,%)	2~8	0~<2	8~22	2~<8	0~<2	8~22	2~<8	0~<2	8~22	2~<8	0~<2	2~8	0~<2	GB/T 11132 SH/T 0166 SH/T 0245 SH/T 0411 SH/T 0693
2	外观	透明,无沉淀及悬浮物													目测
3	闪点(闭口)/°C　≥	4		38			38			60			65		SH/T 0733 GB/T 261

（续）

序号	项　目		1 号		2 号			3 号			4 号			5 号		试验方法
			中芳型	低芳型	普通型	中芳型	低芳型	普通型	中芳型	低芳型	普通型	中芳型	低芳型	中芳型	低芳型	
4	颜色	不深于	赛波特色号 +28 或铂-钴色号 10		赛波特色号 +25 或铂-钴色号 25			赛波特色号 +25 或铂-钴色号 25			赛波特色号 +25 或铂-钴色号 25			赛波特色号 +25		GB/T 3555 GB/T 3143
5	溴值(gBr/100g)	≤	5											—		GB/T 11135 SH/T 0236
6	博士试验		—		通过											SH/T 0174
7	馏程 初馏点/°C 50% 蒸发温度/°C 干点/°C 残留量(体积分数)(%)	 ≥ ≤ ≤ ≤	 115 130 155 —		 150 175 185 1.5			 150 180 215 1.5			 175 200 215 1.5			 200 — 300 —		GB/T 6536
8	水溶性酸碱		—		无											GB/T 259
9	铜片腐蚀/级 100°C,3h 50°C,3h	≤	 — 1		 — 1			 — 1			 — 1			 1 —		GB/T 5096
10	密度(20°C)/kg · m^{-3}		报告													GB/T 1884 GB/T 1885

注：1. 表中第 1 项和第 3 项技术要求为强制性，其他为推荐性。

2. 如果用户要求溶剂油的贝壳松脂丁醇值，技术指标由供需双方协商，试验方法采用 GB/T 11134。

表 10-122　脂松节油（GB/T 12901—2006）

级别	外观	颜色①	相对密度 d_4^{20} <	折光率① n^{20}	蒎烯含量②/(%) ≥	初馏点/°C ≥	馏程③/(%) ≥	酸值/mg · g^{-1} ≤
优级	透明、无水、无杂质和悬浮物	无色	0.870	1.4650 ~ 1.4740	85	150	90	0.5
一级			0.880	1.4670 ~ 1.4780	80	150	85	1.0

① 必要时可通过铂-钴颜色号来判定松节油的颜色，优级应在 0 ~ 35（含 35），一级松节油色号在 35 ~ 70（不含 35，含 70）。

② 蒎烯包括 α-蒎烯和 β-蒎烯含量之总和。

③ 至 170°C 时馏出脂松节油的体积分数的数值，以% 表示。

表 10-123　车用汽油（GB 17930—2006）

项　目		质量指标			试验方法
		90	93	97	
抗爆性： 研究法辛烷值(RON) 抗爆指数(RON + MON)/2	 ≥ ≥	 90 85	 93 88	 97 报告	 GB/T 5487 GB/T 503、GB/T 5487
铅含量①/g · L^{-1}	≥	0.005			GB/T 8020
馏程： 10% 蒸发温度/°C 50% 蒸发温度/°C 90% 蒸发温度/°C 终馏点/°C 残留量(体积分数,%)	 ≤ ≤ ≤ ≤ ≤	 70 120 190 205 2			GB/T 6536

（续）

项目		质量指标			试验方法
		90	93	97	
蒸汽压/kPa					GB/T 8017
11 月 1 日至 4 月 30 日	≤		88		
5 月 1 日至 10 月 31 日	≤		74		
实际胶质/(mg/100mL)	≤		5		GB/T 8019
诱导期/min	≥		480		GB/T 8018
硫含量[②](质量分数,%)	≤		0.05		GB/T 380、GB/T 11140、GB/T 17040、SH/T 0253、SH/T 0689、SH/T 0742
硫醇(需要满足下列要求之一)：					
博士试验			通过		SH/T 0174
硫醇硫含量(质量分数,%)	≤		0.001		GB/T 1792
铜片腐蚀(50°C,3h)/级	≤		1		GB/T 5096
水溶性酸或碱			无		GB/T 259
机械杂质及水分			无		目测[③]
苯含量[④](体积分数,%)	≤		2.5		SH/T 0693、SH/T 0713
芳烃含量[⑤](体积分数,%)	≤		40		GB/T 11132、SH/T 0741
烯烃含量[⑤](体积分数,%)	≤		35		GB/T 11132、SH/T 0741
氧含量(质量分数,%)	≤		2.7		SH/T 0663
甲醇含量(质量分数,%)	≤		0.3		SH/T 0663
锰含量[⑥]/g·L^{-1}	≤		0.018		SH/T 0711
铁含量[①]/g·L^{-1}	≤		0.01		SH/T 0712

① 车用汽油中，不得人为加入甲醇以及含铅或含铁的添加剂。

② 在有异议时，以 GB/T 380 方法测定结果为准。

③ 将试样注入 100mL 玻璃量筒中观察，应当透明，没有悬浮和沉降的机械杂质和水分。在有异议时，以 GB/T 511 和 GB/T 260 方法测定结果为准。

④ 在有异议时，以 SH/T 0713 方法测定结果为准。

⑤ 对于 97 号车用汽油，在烯烃、芳烃总含量控制不变的前提下，可允许芳烃的最大值为 42%（体积分数）。在含量测定有异议时，以 GB/T 11132 方法测定结果为准。

⑥ 锰含量是指汽油中以甲基环戊二烯三羰基锰形式存在的总锰含量，不得加入其他类型的含锰添加剂。

第 11 章　铸造非铁合金熔炼炉

11.1　对熔炼设备的要求、分类和选用

11.1.1　对熔炼设备的基本要求

非铁合金熔炼过程中的突出问题是元素容易氧化和合金容易吸气。为获得含气量低和夹杂物少、化学成分均匀而合格的高质量合金液以及优质、高产、低消耗地生产铝、铜、镍等非铁合金铸件，对熔炼设备的要求是：

1）有利于金属炉料的快速熔化和升温，熔炼时间短，元素烧损和吸气少，合金液纯净。

2）燃料、电能消耗低，热效率和生产率高，坩埚、炉衬使用寿命长。

3）操作简便，炉温便于调节和控制，劳动卫生条件好，对环境污染小，便于生产组织及管理。

11.1.2　熔炼炉的分类和选用

非铁合金熔炼炉可分为燃料炉和电炉两大类。燃料炉用煤、焦炭、煤气、天然气、燃油等作为燃料。燃料炉又有坩埚炉和反射炉两种。电炉通常是按电能转变为热能的方法不同来分类的，可分为电阻熔炼炉、感应熔炼炉和电弧炉等。电阻熔炼炉又可细分为坩埚电阻炉、反射电阻炉和箱式电阻炉；感应炉又可细分为有心炉与无心炉两种，而按频率高低又可细分为工频炉、中频炉和高频炉三种；电弧炉可分为非自耗炉和自耗炉两种。

非铁合金熔炼炉的种类很多。其分类见表 11-1。

表 11-1　非铁合金熔炼炉的分类

类型		特　　点	用　　途
电炉	电阻炉	坩埚电阻炉	铝合金、镁合金、低熔点轴承合金
		反射电阻炉	
		箱式电阻炉	

（续）

类型		特　　点	用　　途
电炉	感应炉	有心工频感应炉	铜、铝、锌及其合金
		无心工频感应炉	铜、铝、镁及其合金
		中频无心感应炉	
		真空感应炉	铁、镍、钴基高温合金
		真空感应熔炼定向凝固炉	铁、镍、钴基高温合金
		冷坩埚感应凝壳熔炼炉	钛合金
	电弧炉	真空电弧炉	铁、镍基高温合金
		真空电弧凝壳炉	钛、锆及其合金
燃料炉（固、液、气）	坩埚炉	固定式、可倾式	铜、铝、镁及其合金
	反射炉	固定式、可倾式	铜、铝合金

11.2　电阻熔炼炉

电阻熔炼炉简称为电阻炉。常用的电阻熔炼炉可以分为坩埚电阻炉，反射电阻炉和箱式电阻炉三大类。可以熔炼低熔点的非铁金属及其合金。

11.2.1　电阻炉用主要材料

制造电阻炉时，除了机械制造中的一般材料外，还需要特殊的材料。其中主要的有电加热元件材料、耐火材料、绝热材料和耐热钢，分别列于表 11-2 ~ 表 11-5。

表 11-2　电加热元件材料

名称	牌　　号	主要元素（质量分数，%）	最高使用温度/℃	特　　点
铁铬铝合金	0Cr27Al7Mo2	Cr26.5 ~ 27.8，Al6.0 ~ 7.0，Mo1.8 ~ 2.2，其余 Fe	1400	电阻率大，耐热性好，高温强度较低，冷却后有脆性
	0Cr25Al5	Cr23.0 ~ 26.0，Al4.5 ~ 6.5，其余 Fe	1250	
	0Cr23Al5	Cr20.5 ~ 23.5，Al4.2 ~ 5.3，其余 Fe	1250	

（续）

名称	牌　号	主要元素（质量分数，%）	最高使用温度/℃	特　点
镍铬合金	Cr20Ni80 Cr15Ni60	Cr20.0～23.0，Ni73～76.86，其余 Fe Cr15.0～18.0，Ni55.0～61.0，其余 Fe	1200 1150	电阻率大，耐热性好，高温强度较高，冷却后无脆性
碳化硅元件	—	SiC	1450	电阻高，耐热性好，电阻温度系数较大，冷态时硬而脆
硅钼元件	—	MoSi2	1650	
钼	—	Mo	2200	高度耐热，在空气中容易氧化，只能在真空炉或保护气体中使用
钨	—	W	2500	
石墨	—	C	2480	

表 11-3　耐 火 材 料

名称	密度/$Mg \cdot m^{-3}$	耐火度/℃	0.2MPa 荷重软化开始温度/℃	主 要 用 途
耐火粘土砖	2.07	1580～1750	1300～1400	电阻炉的炉底用砖，受负荷的砖等
粘土质隔热耐火砖	0.4～1.5	0.2～0.7	—	1000℃电阻炉的炉膛内层；1200～1400℃电阻炉砌砖体的中间层
抗渗碳砖	重质：2.1～2.3 轻质：0.8	—	—	渗碳用电阻炉直接接触渗碳气体的炉衬内层
刚玉砖	2.9～3.4	>1790	1650～1700	高温电阻炉用耐火零件
碳化硅制品	2.0～2.4	>1800	>1620	1200℃以上电阻炉的炉底，实验室用电炉的成形炉芯
石墨制品	—	2800	—	真空高温电阻炉用耐火零件

表 11-4　绝 热 材 料

名　称	密度/$Mg \cdot m^{-3}$	最高使用温度/℃	主 要 用 途
硅藻土砖	0.5～0.65	900	电阻炉保温层用砖
石棉板	1.0～1.4	600	电阻炉炉底、炉壳、炉顶等用密封衬垫
矿渣棉	0.125～0.20	600	电阻炉保温层填料
玻璃棉	0.02～0.06	250～600	低温电阻炉保温层填料
蛭石	0.1～0.3	1000	电阻炉保温层填料
膨胀珍珠岩	0.065～0.30	800	电阻炉保温层填料

表 11-5　耐　热　钢

名称	牌　号	主要元素（质量分数，%）	特性和应用范围
铬钢	12Cr13，20Cr13，30Cr13	C≤0.112，Cr=11.50～13.50	不锈，可用温度 600～700℃

（续）

名称	牌　　号	主要元素(质量分数,%)	特性和应用范围
镍铬合金钢	06Cr18Ni9 12Cr18Ni9 17Cr18Ni9 07Cr18Ni11Ti	C≤0.06,Cr=17.00~19.00,Ni=8~11 C<0.072,Ti≤0.8,其余同上	不锈,作为受负荷的零件可以用到700~800℃
镍铬合金钢	06Cr18Ni13Si4	C≤0.06,Si=3.00~5.00 Cr=15~20,Ni=11.5~15.0	高温抗氧化,并且具有一定机械强度,作为受荷的零件可以用到1000℃
铬锰氮钢	ZGCr17Mn13Ni	Cr=16.5~18.0,Mn=12~14, N=0.2~0.35	一般用作铸件,如炉底板,炉罐等,可用温度1000℃

11.2.2 电气配套和温度控制

电阻炉除炉体外一般还包括一些配套设备。绝大多数的电阻炉都配有温度控制设备，部分电阻炉还配有电炉变压器。采用碳化硅、二硅化钼元件、石墨、钨、钼或钽等作为加热元件时，由于电阻值小或电阻温度系数变化大，一般都需配备电炉变压器。

电阻炉用的温度控制仪表主要有动圈式调节仪表和电子式调节仪表两大类。绝大多数电阻炉都配备有温度自动控制系统，其控制方法分位式控制和连续控制两类，连续控制又分变压器调压式和晶体管调压或调功式，可进行电阻炉温度的自动控制。

11.2.3 电阻炉的技术发展趋势

电阻炉的技术发展趋势综合地归纳如下：

1）采用优质耐火材料和绝热材料，主要是在保证足够强度和耐火度的情况下，减轻所用材料单位体积的重量，以提高电阻炉的技术经济指标。

2）改进电加热元件以提高电阻炉的工作温度和电加热元件的使用温度，借此扩大电阻炉的工作温度范围。

3）提高电阻炉的机械化自动化程度，以减轻工人的体力劳动，提高电阻炉的生产能力和控制性能。对一些大量生产的电阻炉采用电子计算机进行温度、气氛、时间、传动等多因素的综合自动控制。

11.2.4 坩埚电阻炉

1. 概述　坩埚电阻炉供熔炼如铝、锌、铅、锡、镉以及巴氏合金等低熔点的非铁金属和合金。

坩埚电阻炉是利用电流通过电加热元件而发热以熔化金属，炉子的容量一般为30~400kg。电加热元件有金属（镍铬合金或铁铬铝合金）和非金属（碳化硅或硅钼元件）两种。

坩埚电阻炉主要由电炉本体和控制柜（包括控温仪表）组成。坩埚电阻炉又分为回转式和固定式两种。图11-1为固定式坩埚电阻炉。因为坩埚和炉体回转会造成电阻丝的移动、变形甚至断裂等，从而降低了电阻丝的使用寿命，所以一般为固定式的。浇注中、小型铸件用手提浇包直接自坩埚中舀取金属液；浇注较大的铸件时，可吊出铸铁坩埚进行浇注。

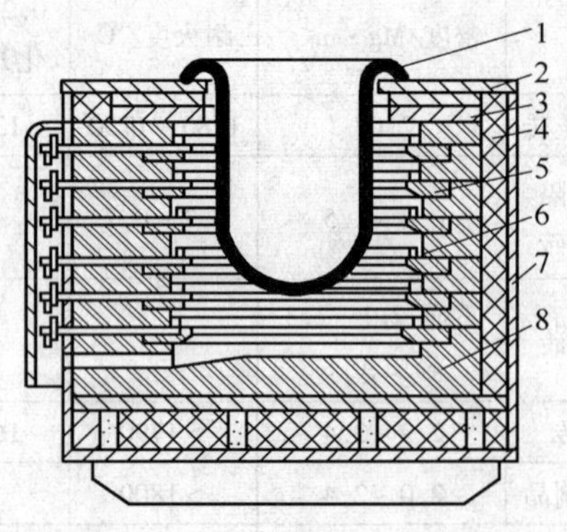

图11-1 坩埚电阻炉

1—坩埚　2—坩埚托板　3—耐热铸铁板
4—石棉板　5—电阻丝托砖　6—电阻丝
7—炉壳　8—耐火砖

这种电炉的结构紧凑，电气配套设备简单、价廉。与工频感应熔炼炉相比，设备投资少，更适用于很小容量的非铁金属及其合金的熔炼。这种炉子的最大缺点是熔炼时间长，如熔炼150~200kg铝液时，第一炉需要5~5.5h，耗电较多，生产率低。从发展趋势来看，较大容量的坩埚电阻炉将被工频感应炉所代替。

2. 产品系列

（1）QR系列倾斜式熔化电阻炉　倾斜式熔化电阻炉供熔炼或熔化低熔点的非铁金属和合金如铝、锌、铅、锡、镉以及巴氏合金等，技术数据见表11-6。

成套供应范围：炉体、控制柜（包括控温仪表）、热电偶、补偿导线、随机文件。

（2）坩埚熔化电阻炉　主要供低熔点非铁金属及合金如铝、锌、铅、镉及巴氏合金等熔化或熔炼用。FSL 型号技术数据见表 11-7，ZL 型号技术数据见表 11-8，GR2、GR、RXL、RRG、JL 型号技术数据见表 11-9，RR 型号技术数据见表 11-10。

（3）SL 镁合金电阻熔化炉　它主要供镁合金的熔化。技术数据见表 11-11。

表 11-6　QR 系列倾斜式熔化电阻炉技术数据

型号	额定功率 /kW	额定温度 /℃	额定电压 /V	相数	容铝量 /kg	坩埚尺寸（直径/mm）×（深度/mm）	外形尺寸（长/mm）×（宽/mm）×（高/mm）	重量 /kg
QR2-30	12	800	220	1	30	$\phi240\times443$	1554×1080×1316	1500
QR2-150	60	800	380	3	150	$\phi500\times600$	1890×1690×1390	1700
QR2-270	75	800	380	3	270	$\phi400\times870$	2020×1689×1710	2000
QR-1500①	120	850	380	3	1500	$\phi300\times1800$	2600×2100×2100	4000

① QR-1500 型倾斜式电阻熔化炉为哈尔滨龙江电炉厂独家生产。

表 11-7　FSL 系列坩埚熔化电阻炉技术数据

型号	额定功率 /kW	额定温度 /℃	额定电压 /V	相数	炉膛尺寸（直径/mm）×（深/mm）	外形尺寸（长/mm）×（宽/mm）×（高/mm）	重量 /kg	成套供应范围	生产厂
FSL81-16	20	800	380	3	$\phi300\times430$	1162×990×1124	1250	炉体、控制柜、热电偶、补偿导线、随机文件	佛山市兆科工业炉有限公司、上海中加电炉有限公司、北京电炉厂、西安电炉研究所有限公司
FSL81-17	36	800	380	3	$\phi300\times600$	1162×990×1305	1500		
FSL81-18	60	800	380	3	$\phi500\times600$	1330×1160×1305	2000		
GR2-40	20	800	380	单	$\phi280\times430$	990×1180×1080	800		
GR2-150	60	800	380	3	$\phi460\times600$	1160×1380×1300	1200		
GR2-270	75	800	380	3	$\phi460\times872$	1284×1500×1600	1650		

表 11-8　ZL 系列坩埚熔化电阻炉技术数据

型号	额定容量 /kg	额定功率 /kW	额定电压 /V	相数	工作温度 /℃	坩埚（直径/mm）×（高度/mm）	外形尺寸（长/mm）×（宽/mm）×（高/mm）	电炉重量 /kg	备注	生产厂
ZL80-11/1	30	12	220	单	800	$\phi330\times365$	1180×1280×925	760	保温	株洲电炉厂
ZL80-11/2	50	12	220	单	800	$\phi350\times445$	1180×1280×925	770	保温	
ZL86-78	150	35	380	3	700	$\phi460\times645$	1420×1240×1550	1630	保温	
ZL83-45	100	24	380	3	800	$\phi390\times695$	1400×1200×1159	800	保温	
ZL86-75	150	50	380	3	800	$\phi460\times645$	1420×1240×1550	1630	熔化	
ZL83-42	270	75	380	3	800	$\phi460\times870$	1500×1284×1600	1830	—	
ZL89-90	50	18	380	3	800	$\phi350\times435$	—	—	熔化	
ZL86-79	150	35	380	3	800	$\phi460\times645$	—	—	保温	
ZL86-77	35	25	380	3	400	$\phi300\times430$	—	—	熔化	
ZL97-158	250(Cd)	35	380	3	600	$\phi350\times520$	—	—	倾动式	
ZL96-156	600(Zn)	80	380	3	800	$\phi460\times850$	—	—	倾动式	

表 11-9 GR2、GR、RXL、RRG、JL 系列坩埚熔化电阻炉技术数据

旧型号或厂定型号	额定功率/kW	额定温度/℃	额定电压/V	相数	炉膛(直径/mm)×(高度/mm)	容量/kg	外形尺寸(长/mm)×(宽/mm)×(高/mm)	重量/kg	成套供应范围	产品名称	生产厂
GR2-40	20	800	380	1	ϕ280×430	熔铝量 40	1330×1000×1000	1300	炉体、控制柜、热电偶、补偿导线	坩埚熔化电阻炉	上海中加电炉有限公司、重庆电炉股份有限公司
GR2-150	60	800	380	3	ϕ480×600	熔铝量 150	1380×1160×1350	1500		坩埚熔化电阻炉	
GR2-270	75	800	380	3	ϕ460×870	熔铝量 270	1500×1285×1635	1800		坩埚熔化电阻炉	
GR-40	20	800	380	3		熔铝量 40	1180×990×1850	900	随机文件	坩埚熔化电阻炉	哈尔滨龙江电炉厂 南京电炉厂 武汉工业电炉厂 哈尔滨松江电炉厂有限责任公司
GR-150	60	800	380	3		熔铝量 150	1380×1160×1300	1360		坩埚熔化电阻炉	
GR-270	75	800	380	3		熔铝量 270	1500×1284×1600	1830		坩埚熔化电阻炉	
RXL-525-8	30	700	380	3	ϕ420×550		1430×1380×1738	1850		熔铝炉	
RXL-800-8	525	950	380	3	5060×2500×300		7319×6132×4798	79400		6t 电阻熔化炉	
RRG-30-7	600	900	380	3	7300×2500×6800		9020×5740×3375	119000		18t 电阻熔化炉	
JL78-01	48	850	380	3	ϕ520×670		1620×1326×1530	—	炉体、控制柜、温控仪表、热电偶、补偿导线	坩埚式铝合金熔炼炉、熔锡炉	
JL77-02	30	350	380	3	550×500×600		1202×1002×927	200			

表 11-10 RR 系列坩埚熔化电阻炉技术数据

型号	额定功率/kW	容量/t	额定电压/V	相数	额定温度/℃	有效工作①空间尺寸(直径/mm)×(深度/mm)	外形尺寸(长/mm)×(宽/mm)×(高/mm)	重量/t	用途	产品名称	生产厂
RR-135-8	135	1.5	380	3	850	ϕ950×1450	3290×1950×4170	6	铝合金熔炼,铝熔液保温静置,起吊,可倾斜浇注	吊包式熔铝炉	南京长江工业炉科技有限公司
RR-220-8	220	2	380	3	850	ϕ1130×1950	4400×2475×3600	12		可倾式熔铝炉	
RR-240-8	240	3	380	3	850	3000×1000×500	5000×2000×2500	10		箱式熔铝炉	
RR-160-8B	160	3	380	3	800	3000×1000×500	5000×2000×2500	10		箱式铝液静置炉	

① 三个数据者为长/mm×宽/mm×深/mm。

表 11-11　SL 镁合金电阻炉技术数据

旧型号或厂定型号	额定功率/kW	额定温度/℃	额定电压/V	相数	炉膛尺寸（直径/mm）×（高/mm）	容量/kg	外形尺寸（长/mm）×（宽/mm）×（高/mm）	重量/kg	成套供应范围	产品名称	生产厂
SL64-15A	36	850	380	3	$\phi350\times685$	熔镁量 50	2266×1910×2051	2370	炉体、控制柜、热电偶、补偿导线	镁合金电阻熔炉	上海中加电炉有限公司
SL69-66A	50	850	380	3	$\phi390\times750$	熔镁量 100	2266×1910×2051	2400		镁合金电阻熔炉	
SL67-56A	60	850	380	3	$\phi450\times800$	熔镁量 150	2750×1817×2266	2900		镁合金电阻熔炉	
NSL85-221	45	850	380	3	$\phi450\times550$	120	1410×1210×1980	3000	炉体、控制柜、中圆图自动平衡调节仪、热电偶、补偿导线、随机文件	镁合金电阻熔炉	
NSL86-223	70	850	380	3	$\phi600\times600$	200	1560×1360×2000	4180			
NSL86-224	90	850	380	3	$\phi650\times700$	300	1630×1530×3100	5500			
NSL86-225	24	850	380	3	$\phi350\times450$	100	1320×1230×1820	1500			
NSL86-226	36	850	380	3	$\phi400\times600$	保温 150	1380×1280×2030	2000			
NSL86-227	70	850	380	3	$\phi600\times650$	保温 250	1580×1480×2070	4000			

（4）双室坩埚熔铝保温炉　它主要供铝及铝合金熔液保温用，是各类压铸机，尤其是进口压铸机（如 cast200、cast300、cast400）浇注机械手必不可少的配套设备。技术数据见表 11-12。

成套供应范围：炉体、控制柜、控温仪表、热电偶、补偿导线、随机文件。

（5）铝液保温炉　它主要供液体铝、铝合金精炼保温加热用。技术数据见表 11-13。

表 11-12　双室坩埚熔炼炉技术数据

型号	额定功率/kW	额定电压/V	相数	加热元件联结	额定温度/℃	工作室尺寸（长/mm）×（宽/mm）×（高/mm）	最大装载量/kg	外形尺寸（长/mm）×（宽/mm）×（高/mm）	重量/kg
NSL88-221	12	380	3	Y	680	400×620×300 380×330×350 380×180×350	300	1500×1040×750	800
NSL88-222	15	380	3	Y	680	400×700×300 190×420×350 450×420×350	400	1500×1200×1100	1000

表11-13 铝液保温炉技术数据

型号	额定功率/kW	额定温度/℃	额定电压/V	相数	容量/kg或(直径/mm)×(深度/mm)	外形尺寸(长/mm)×(宽/mm)×(高/mm)	重量/kg	成套供应范围	生产厂
RXB-240-9	240	900	380	3	6000	3370×2500×510	54000	炉体、温度控制柜、热电偶、补偿导线	哈尔滨松江电炉厂有限责任公司
RXB-325-9	325	900	380	3	9000	4500×2500×500	74000		
RXB-600-9	600	900	380	3	18000	7300×2500×680	110000		
JL80-15	45	800	380	3	ϕ750×670	1435×1470×1235	2500		

11.2.5 反射电阻炉

1. 概述 反向电阻炉主要用于熔炼铝、镁及其合金。

在这种电炉中，加热元件装在炉顶，被熔炼的金属靠从上到下的辐射加热进行熔化。为了避免熔化的金属液溅射到加热元件上和免受侵蚀，加热元件通常应安装在炉顶砖的槽沟内。炉室由熔池和一个或两个倾斜前室构成。前室是一块向熔池倾斜的斜坡面。被熔的铝原料先是放在斜坡上，随着熔化，熔液流进熔池，而氧化物却被留在前室的底面上。这种电炉又可细分为固定式和倾倒式两种。固定式电炉的炉身固定不动。浇注时，熔液从溢流口流出，或用虹吸装置吸出。倾倒式电炉的底部有倾动机构。浇注时，把炉子倾倒，熔液就从出料口流出。图11-2是一种炉身固定的反射电阻炉的结构简图。

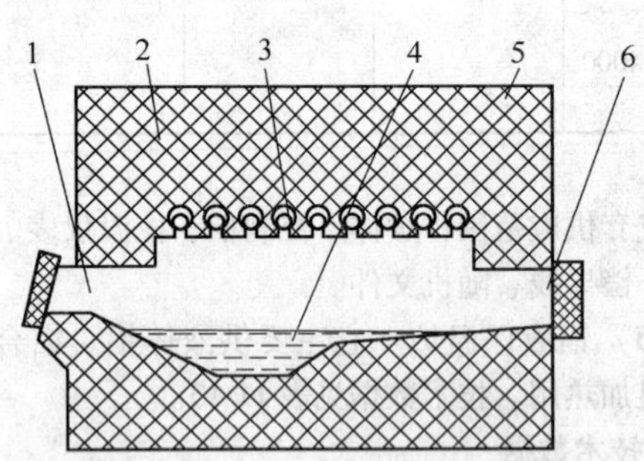

图11-2 反射式电阻炉结构简图
1—出料口 2—炉衬 3—加热元件 4—熔池 5—前室 6—装料口

反射式电阻炉的优点是炉气稳定，氧化吸气少，熔液干净，容量大（1~10t），劳动条件好，适用于生产大型铸件和大批量生产的铸造车间。这种炉子不能使用熔剂，不能在炉内进行精炼及变质处理，其最大缺点是熔化时间长，生产效率低，耗电量大，有“电老虎”之称。如每熔1t铝，需600kW以上的电量。其次是电热元件使用寿命短，为了提高使用寿命可以把电阻丝改为硅碳棒，但改后炉顶须用楔形普通耐火砖砌成拱顶，以代替异形砖构成的平顶。直接利用炉子侧墙上原电阻丝引线砖上的孔座安装硅碳棒，其结构示于图11-3。尺寸按硅碳棒允许的表面负荷计算。在使用过程中，由于硅碳棒老化（电阻值增大），炉子功率会下降。为了保证炉子功率基本不变，最好使用自耦变压器增大相电压；也可以采用改变接线(由星形改为三角形接法)的方法。硅碳棒的使用寿命比电阻丝长，调换也比较方便。实践证明，与电阻丝相比，硅碳棒炉的大修次数和每次的大修工时均大大减少，提高了设备利用率，每吨金属的耗电量降低8%左右，熔化速度快，生产率提高近一倍。

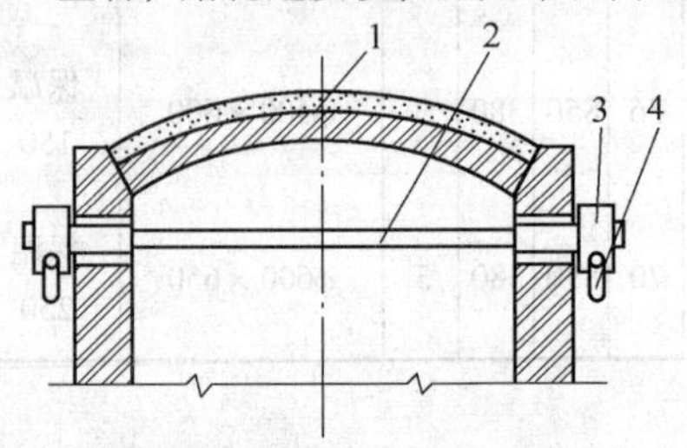

图11-3 硅碳棒安装示意图
1—拱顶 2—硅碳棒
3—接线夹 4—导线

从发展趋势上看，反射电阻炉正逐步被工频感应炉所代替。

2. 产品系列

(1) RLF系列反射熔炼炉 主要用于铝及其合金的熔化。技术数据见表11-14。

表11-14 RLF系列反射熔炼炉技术数据

型号	RLF-40-8	RLF-90-8	RLF-120-8
额定容量/kg	150	300	380
额定功率/kW	40	90	120
额定电压/V	380	380	380

（续）

型　　号	RLF-40-8	RLF-90-8	RLF-120-8
相数	1	3	3
额定温度/℃	850	850	850
炉膛尺寸（长/mm）×（宽/mm）×（高/mm）	7500×700×150	2516×1160×234	2516×1200×260
重量/kg	5000	18000	17300

（2）反射电阻保温炉　用于铝液的保温。技术数据见表 11-15。

表 11-15　反射电阻保温炉技术数据

型　　号	6t 电阻保温炉	9t 电阻保温炉
容量/t	6+0.9	9
铝液出炉温度/℃	—	700～740
铝液注入温度/℃	720～760	—
炉膛温度/℃	800～850	—
熔池面积/m^2	—	8.74
熔池深度/mm	560	—
炉子功率/kW	180	210
加热元件材料	Cr20Ni80	Cr20Ni80
加热元件表面负荷/W·cm^{-2}	1.63	1.3

（续）

型　　号	6t 电阻保温炉	9t 电阻保温炉
炉温控制	晶体管自动控制	自动控制
供电电压/V	380	380

11.2.6　箱式电阻炉

箱式熔铝（保温）电阻炉的炉壳是由型钢及钢板焊接成长方形结构，内有高铝质耐火材料砖砌成的加热室。在加热室与炉壳之间砌有保温砖并用其他高性能保温材料填满，以减少热损失。由高电阻合金加工成螺旋状的加热元件布置在加热室上部的搁丝管上，通过引出棒与外线路的电源接通。炉壁一侧有两个出铝液孔，一孔为正常生产用，另一偏低孔为检修出液孔，可将炉内铝液流尽。

在电炉上端两侧各装有保护罩壳，罩壳内系加热元件的接线装置，供380V 电源接入。

电炉两端设有两个灵活启闭的炉门，供加料及扒渣用。炉门上的联锁装置在炉门打开时能自动切断电源，以保证操作安全。

每台电炉配置两支热电偶，通过补偿导线与控制柜上的测温仪表连接，可自动控制和记录工作温度，超温时可自动报警。

电炉的功率可由控制柜切换为三档功率加热。其外形如图 11-4 所示；产品系列技术数据见表 11-16。

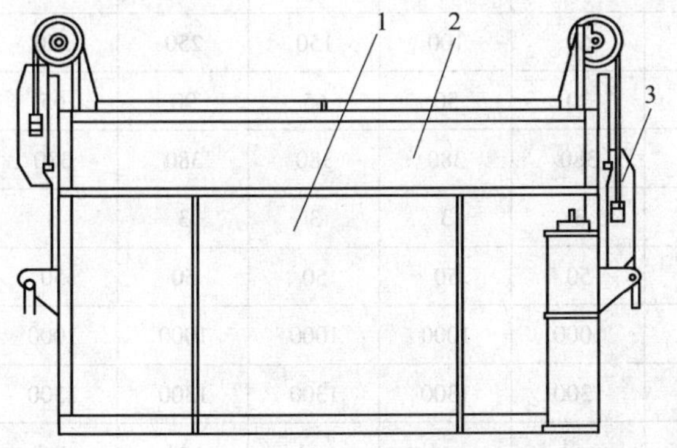

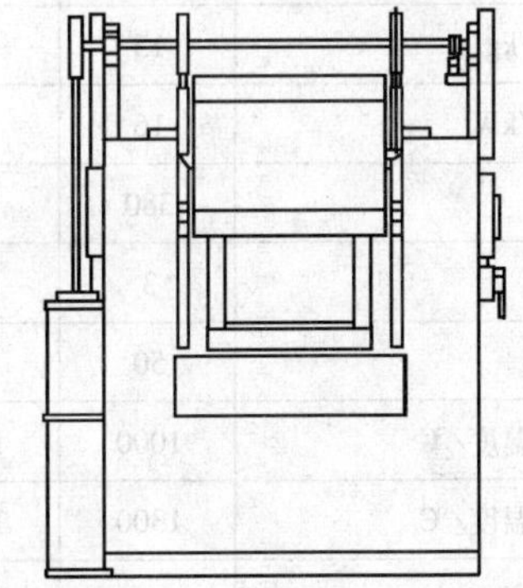

图 11-4　箱式熔铝（保温）电阻炉外形图

1—加热室　2—加热元件安装处　3—炉门

11.2.7　红外熔炼炉

1. 概述　红外熔炼炉主要用于非铁合金如铝、铜及其合金的熔化，采用硅碳棒作为电热元件。

红外熔炼炉主要由电炉本体和电器控制柜组成。红外熔炼炉有可倾式和地坑式两种，可倾式安装在地面上有倾倒装置。炉的内壁涂有红外涂料，加热后形成红外辐射，以提高加热效率，有利于温度场均化，同时采用先进的保温材料做炉衬，因此热效率高，金属熔化快，烧损量少，单位电耗也低。又由于采用石墨坩埚，消除了铁、硅杂质对合金的污染，从而保证了合金的高纯度。

表 11-16　箱式电阻炉技术数据

名称		额定功率/kW	额定温度/℃	额定电压/V	相数	容铝量/kg	外形尺寸(长/mm)×(宽/mm)×(高/mm)	重量/kg	成套供应范围	生产厂
3t箱式电阻炉	熔化	240	850	380	3	3000	5000×2000×2500	80000		南京电炉厂
	保温	160	800	380	3	3000	5000×2000×2500			
6t箱式电阻炉	熔化	525	950	380	3	6000	5000×5080×3290		1. 炉体 2. 温度控制柜 3. 热电偶 4. 补偿导线	哈尔滨松江电炉厂有限责任公司
	保温	240	900	380	3	6000	5000×5080×3290			
9t箱式电阻炉	熔化	380	950	380	3	9000	5470×4978×3320	110000		
	保温	325	900	380	3	9000	5470×4978×3320			
12t箱式电阻保温炉		375	900	380	3	12000				
18t箱式电阻保温炉		600	900	380	3	180000	8930×5068×3485			

采用的晶体管调压控制柜具有快速起动、精密控温、送电功率和炉温可任意调节的优点，能使合金液在最佳状态时浇注，能提高合金铸件的质量和成品率。红外熔炼炉是当前较理想的熔化合金设备并可取代坩埚电阻炉及反射炉等。

2. 产品系列

（1）HRL系列红外熔铝炉（可倾式）　主要用于铝及其合金的熔炼。技术数据见表11-17。

（2）HRT系列红外熔铜炉　主要用于铜及其合金的熔炼。技术数据见表11-18。

（3）RL系列红外熔铝炉　主要用于铝及其合金的熔炼。技术数据见表11-19。

表 11-17　HRL系列红外熔铝炉技术数据

型　号	HRL-15	HRL-30	HRL-60	HRL-100	HRL-150	HRL-250	HRL-K①-150	HRL-K①-250
额定容量/kg	15	30	60	100	150	250	150	250
平均功率/kW	16	20	30	50	65	90	65	90
电压/V	380	380	380	380	380	380	380	380
相数	3	3	3	3	3	3	3	3
频率/Hz	50	50	50	50	50	50	50	50
正常使用温度/℃	1000	1000	1000	1000	1000	1000	1000	1000
最高使用温度/℃	1300	1300	1300	1300	1300	1300	1300	1300
合金烧损率(%)	<1	<1	<1	<1	<1	<1	<1	<1
外形尺寸(直径/mm)×(高/mm)	ϕ900×1300	ϕ1000×1400	ϕ1200×1642	ϕ1260×1752	ϕ1340×1872	ϕ1450×1752	ϕ1340×1872	ϕ1450×1752
单位耗电量/kW·h·kg^{-1}	0.35~0.5(连续熔化)							
电器控制柜	额定电流/A:100、200、300 输入电压/V:380 输出电压:无级变压				最高温控/℃:1600 温度误差(%):0.2 尺寸:800mm×500mm×1800mm			

① K—可倾。

表 11-18 HRT 系列红外熔铜炉技术数据

型号	HRT-30	HRT-50	HRT-100	HRT-200	HRT-300	HRT-500
额定容量/kg	30	50	100	200	300	500
平均功率/kW	20	30	35	45	55	65
电压/V	380	380	380	380	380	380
相数	3	3	3	3	3	3
频率/Hz	50	50	50	50	50	50
正常使用温度/℃	1250	1250	1250	1250	1250	1250
最高使用温度/℃	1400	1400	1400	1400	1400	1400
合金烧损率(%)	<3	<3	<3	<3	<3	<3
外形尺寸(直径/mm)×(高/mm)	ϕ850 ×1300	ϕ900 ×1400	ϕ1000 ×1400	ϕ1200 ×1642	ϕ1260 ×1752	ϕ1340 ×1872
单位耗电量/kW·h·kg^{-1}	0.32~0.35(连续熔化)					
电器控制柜	额定电流/A:100、200、300 输入电压/V:380 输出电压:无级变压			最高控温/℃:1600 温度误差(%):0.2 尺寸:800mm×500mm×1800mm		

型号	HRT-K①-50	HRT-K①-100	HRT-K①-200	HRT-K①-300	HRT-K①-500
额定容量/kg	50	100	200	300	500
平均功率/kW	30	35	45	55	65
电压/V	380	380	380	380	380
相数	3	3	3	3	3
频率/Hz	50	50	50	50	50
正常使用温度/℃	1250	1250	1250	1250	1250
最高使用温度/℃	1400	1400	1400	1400	1400
合金烧损率(%)	<3	<3	<3	<3	<3
外形尺寸(直径/mm)×(高/mm)	ϕ900 ×1400	ϕ1000 ×1400	ϕ1200 ×1640	ϕ1260 ×1752	ϕ1340 ×1872
单位耗电量/kW·h·kg^{-1}	0.32~0.35(连续熔化)				
电器控制柜	额定电流/A:100、200、300 输入电压/V:380 输出电压:无级变压			最高控温/℃:1600 温度误差(%):0.2 尺寸:800mm×500mm×1800mm	

① K—可倾。

表 11-19 RL 系列红外熔铝炉技术数据

型号	RL100-60H	RL150-80H	RL200-120H
额定功率/kW	60	80	120
电源电压/V	380	380	380
最大装炉量/kg	100	150	200
坩埚型号	300#/300异型	500#	750#

(续)

型号	RL100-60H	RL150-80H	RL200-120H
正常使用温度/℃	960		
最高使用温度/℃	1300		
冷炉升温时间/min	<120(0~960℃)		
单位耗电量/kW·h·kg^{-1}	<1		
铝耗率(%)	<1		

11.3　感应熔炼炉

从感应炉的加热、熔炼原理来看，它很少限制被熔金属的种类或形状，没有像燃料炉那样的排烟问题，因此有助于防止公害，并具有熔炼质量好、金属损失少、功率控制方便、易于实现机械化、自动化和劳动条件好等一系列优点，已在冶金工业、机械工业以及其他许多工业部门中得到日益广泛的应用。

从结构上来看，感应炉分为有心感应炉和无心感应炉两类。无心感应炉分为直接使用工业频率(50Hz) 的工频无心炉和配备变频装置的更高频率的中高频感应炉。也就是说，可以分为工频无心感应炉、中高频无心感应炉和有心感应炉三种。

11.3.1　工频无心感应熔炼炉

1. 概述　无心感应熔炼炉又叫坩埚感应熔炼炉，用于熔炼铜、铝及其合金。

工频感应炉的最大特点之一是坩埚内的金属液受电磁搅拌作用产生激烈的流动。对一定容量的炉子来说，输入的功率越大，频率越低，电磁效应越显著，所以在工频炉里金属液的运动激烈，对促使金属液成分均匀、合金化及温度均匀化很有利；反之，也会由于过度搅拌而将氧气卷入金属液内，使金属氧化，造成金属损失。考虑到上述情况，在设计非铁金属用的工频炉时，必须认真选择合适的输入功率和能抑制金属液流动的感应线圈的高度。在熔炼过程中，为了能连续地将冷料装到规定的液面高度，应尽量实现低温熔炼。表 11-20 列出日本各种熔炼炉的纯铜液中氧气和氢气含量实例。表中工频炉金属液中的氢气含量与其他炉型相比并不显得数值很高。表 11-21 列出关于熔炼铝的工频炉和反射炉的熔炼损失率。例中，工频熔炼炉的熔炼损失为反射炉的 1/2 ~ 1/3。

表 11-20　各种熔炼炉中纯铜液吸收气体量的比较

炉型	名　　称	容量/t	熔化温度/℃	氧气量/ $\times 10^{-6}$	氢气量/ $\times 10^{-6}$
无心感应炉	工频真空熔炼炉	0.5	1230 ~ 1250	14 ~ 20	0.66
	工频感应炉	0.5	1230 ~ 1270	160 ~ 220	1.2
	三倍频感应炉	2.5	1200 ~ 1250	100 ~ 120	1.5 ~ 1.9
	十倍频感应炉	1.0	1200 ~ 1285	140 ~ 230	1.4 ~ 1.8
燃料坩埚炉	烧重油的坩埚炉	0.35	1260 ~ 1280	90 ~ 340	2.5 ~ 3.5
	烧丁烷气的坩埚炉	0.35	1250 ~ 1300	100 ~ 200	1.8 ~ 2.1
	烧城市煤气的坩埚炉	0.10	1250	190	2.1
	烧碎焦的坩埚炉	0.3	1250	100	1.8
火焰反射炉	烧重油的回转炉	2.5	1200 ~ 1220	120 ~ 270	2.5 ~ 3.0
	烧丁烷的回转炉	2.5	1200 ~ 1250	—	—
	带挡渣板的重油反射炉	2.0	1210	—	—

表 11-21　铝的熔炼损失

炉　型	入炉材料	熔炼损失(%)
工频感应炉	返回料	2.37
	干燥车屑粉	3.87
	金属锭	0.8
反射炉	返回料	7.82
	车屑粉	8.1
	金属锭	1.35

全套无心感应熔炼炉主要由电炉炉体、电气配套设备以及相应的机械传动、保护装置等组成。

无心感应炉炉体主要由炉架、感应线圈和坩埚所组成。其基本结构如图 11-5 所示。感应线圈一般都是用纯铜管绕制的，再用紧固零件与炉架装配成一个结实的整体。在线圈外侧装上磁轭，使外部磁束形成磁路，以防止炉架等发热。工作时，铜管中通水冷却。铜管表面一般要进行绝缘处理。无心炉的坩埚因熔炼的金属不同而采用不同的材料。用石墨坩埚熔炼铜合金的最多。因制造上的原因，石墨坩埚的容量在450kg以下。如用不定形耐火材料捣打成形作炉衬，多数使用含碳化硅的莫来石做耐火材料。至于铝，常用含 SiO_2 少的高铝质、镁质、莫来石质、铝锆质耐火材料，以干燥或半湿的方式使用。倾炉装置视炉子大小而异，小型炉采用手摇卷扬机构，有的采用电动卷扬机构，较大炉子多采用液压装置。

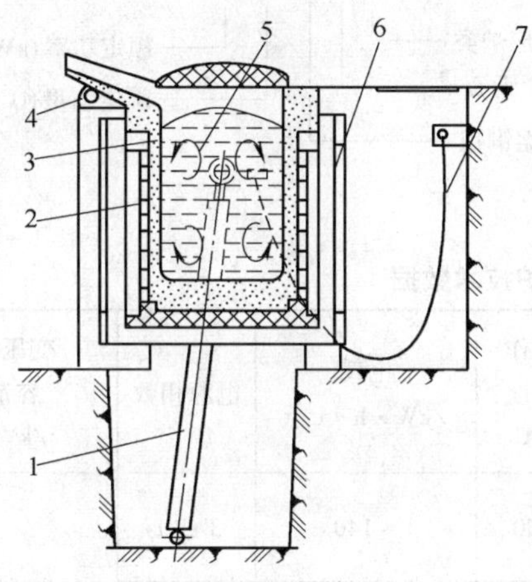

图 11-5 无心感应熔炼炉结构图

1—倾炉用液压缸 2—感应线圈 3—坩埚 4—转动轴 5—熔融金属的搅拌方向 6—炉架 7—电源线

工频电源的设备比较简单，一般由受电柜、带分接开关的变压器、三相平衡器，用以改善功率因数的电容器、控制屏等组成。组成的这些设备要充分注意以下几点：

1）应能经受频繁的开关操作。

2）应能进行适当范围的功率调整，使适于升温、加热、保温等需要。

3）应具有阻抗匹配的功能，使能适应于负载阻抗的变化。

4）因是单相负载，当负载容量大时，三相不平衡就大，所以必须使用三相平衡器。

图 11-6 表示工频电路的一个例子。

受电柜进行电源的通、断和切除事故。一般多利用装有电力熔断器和频繁操作式接触器的组合开关；带分接开关的变压器，由于感应炉的输入电压范围为380～1000V级，所以要从受电电压进行降压。同时引出分接头，以调整炉子功率；炉子的感应线圈因是单相负载，如接在电网上则三相负载不平衡，会在系统中引起受电设备利用率差等各种弊病，所以必须使用三相平衡器。三相平衡器是由电容器和电抗器组成。为使三相随时平衡，必须随着炉子电阻的变化而改变三相平衡器的容量。实际上，三相平衡器的容许容量被确定后，选定适当的固定容量及其可调容量即可达到上述要求。工频感应炉的功率因数极低，通常只有0.1～0.25之间。因此，为了把炉子的功率因数提高到1左右，需要并联上大量的补偿电容器。为适应炉子功率因数的变化。将炉子总容量30%左右作为可切合的，并用接触器切合适当的级段；控制屏一般安装在炉子附近，用以安装仪表（电压表、电流表、无功功率表等）、操作开关、指示灯、故障显示器等。

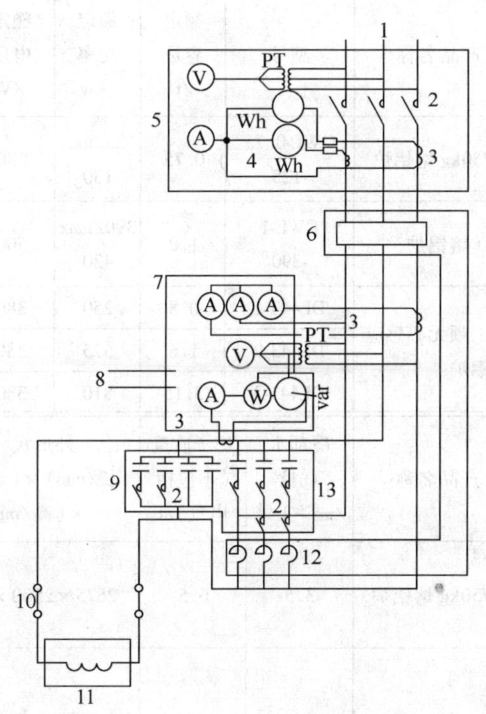

图 11-6 工频电源基本电路图

1—主电源 2—接触器 3—电流互感器 4—过电流继电器 5—受电柜 6—带分接开关的变压器 7—控制屏 8—控制电源 9—改善功率因数的电容器 10—水冷电缆 11—低频炉 12—平衡电抗器 13—平衡电容器

为了使工频无心炉对炉料的功率传递具有一定的效率，坩埚不能做得太小，否则炉子的电效率会显著下降。国产铜合金熔炼炉的最小经济容量为 300kg，熔铝的为 120kg；而日本熔铜炉最小为 500kg，熔铝的为 300kg。

2. 产品系列

（1）GWL 系列工频无心感应熔铝炉

用途：熔铝及保温。技术数据见表 11-22。表中型号含义为

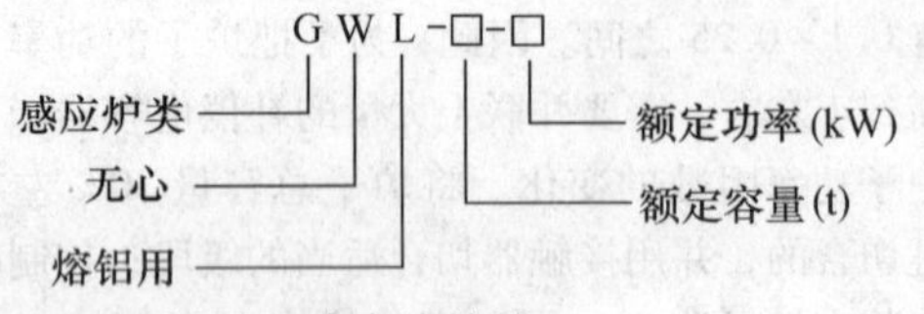

（2）工频无心感应熔锌炉

用途：该工频无心感应熔锌炉专供锌及锌合金等熔化之用。技术数据见表 11-23，表中型号含义为

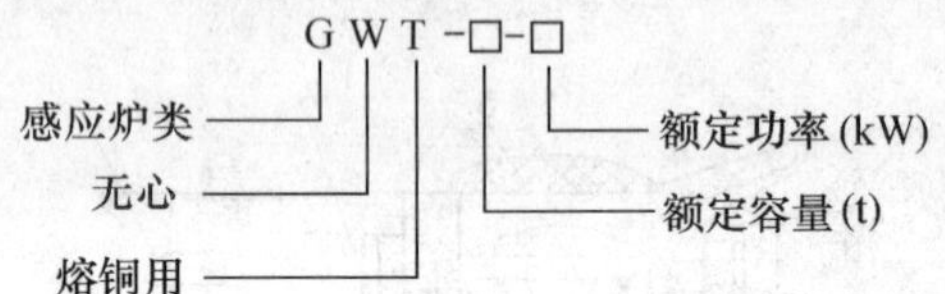

（3）工频无心感应熔铜炉

用途：该工频无心感应熔铜炉专供青铜、黄铜等熔化之用。技术数据见表 11-24，表中型号含义为

GWT-□-□

感应炉类 —— G；无心 —— W；熔铜用 —— T；额定容量(t)；额定功率(kW)

表 11-22　工频无心感应熔铝炉技术数据

产品名称	型号	额定容量/t	额定功率/kW	额定电压/V	熔化率/t·h^{-1}	工作温度/℃	电耗/kW·h·t^{-1}	电源相数	变压器容量/kVA
750kg 熔铝炉	GWL-0.75-125	0.75	125/max 130	380	~0.375	750	~140	3 或 1	
1t 熔铝炉	GWL-1-390	1.0	390/max 420	500	0.69	780	600	3	560
工频无心感应熔铝炉	DL443-1	0.8	250	380	0.4	780	700	3	460
	DL443-2	1.6	525	380	0.3	780	650	3	630
	DL443-3	3.15	810	380	1.3	780	650	3	1000

产品名称	冷却水耗量/m^3·h^{-1}	炉子质量（不包括电气）/t	外形尺寸（长/mm）×（宽/mm）×（高/mm）	成套供应范围	生产厂	备　注
750kg 熔铝炉	3.5	6.5	2675×2500×3540	1. 炉体 2 台 2. 电抗器、电控 1 套	西安鹏远重型电炉制造有限责任公司	（铁坩埚）
1t 熔铝炉	6.6	13.5	3155×3500×3410	1. 炉体 2 台 2. 调压器、电抗器、电控等 1 套		（砂打结）
工频无心感应熔铝炉	6	10	3120×2820×4046	炉体 2 台、变压器式调压器 1 台、电抗器 1 台、电容器组 1 套、液压系统 1 套、水冷系统（水冷电缆）1 套、电控系统 1 套、随机文件 1 套	西安电炉研究所	炉子重量（包括金属液）
	6.5	14	3520×3200×4040			
	12	32	3900×3600×4500			

表 11-23　工频无心感应熔锌炉技术数据

产品名称	型号	额定容量/t	额定功率/kW	额定电压/V	熔化率/$t \cdot h^{-1}$	工作温度/℃	电耗/$kW \cdot h \cdot t^{-1}$	电源相数	变压器容量/kVA	冷却水耗量/$m^3 \cdot h^{-1}$	炉子重量(不包括电气)/t	外形尺寸(长/mm)×(宽/mm)×(高/mm)	成套供应范围	生产厂
750kg熔锌炉	GWX-0.75-80	0.75	80	380/220	0.4	600	200	1	无		4.65	2050×1800×2335	炉体2台电气1套（包括、变压器、电抗器、电控系统）随机文件1套	西安鹏远重型电炉制造有限责任公司
1.5t熔锌炉	GWX-1.5-250	1.5	250	380	1.1	600	230	3	300	7	14.2	2600×2500×3300		

表 11-24　工频无心感应熔铜炉技术数据

产品名称	型号	额定容量/t	额定功率/kW	额定电压/V	熔化率/$t \cdot h^{-1}$	工作温度/℃	电耗/$kW \cdot h \cdot t^{-1}$	电源相数	变压器容量/kVA
750kg熔铜炉	GWT-0.75-250 DL442-2①	0.75	250	380	0.5	1200	380～420	3	调压器 300
1.5t熔铜炉	GWT-1.5-350 DL442-3①	1.5 1.6①	350①/ 420	380	0.78	1200/ 1600	450	3	630
3t工频无心感应熔铜炉	SL73-117 DL442-4①	3.0	720① 750		1.75①	1600 1200①	350①	3①	1350 1000①

产品名称	冷却水耗量/$m^3 \cdot h^{-1}$	炉子重量(不包括电气)/t	工作间空间尺寸(直径/mm)×(深度/mm)	外形尺寸(长/mm)×(宽/mm)×(高/mm)	成套供应范围	生产厂
750kg熔铜炉	4.6	3.4		2590×2500×3000	炉体2台、电气1套(变压器、电抗器、电控柜等)、电容器、水冷系统、随机文件	西安鹏远重型电炉制造有限责任公司、西安电炉研究所有限公司、上海中加电炉有限公司
1.5t熔铜炉	8.0	6.3	ϕ580×1190	2445×3000×2755		
3t工频无心感应熔铜炉	8～10 10①	16 15.5①	ϕ730×1430	3440×3500×3460①		

① 为西安电炉研究所的产品型号及技术数据。

11.3.2　工频有心感应熔炼炉

1. 对熔炼设备的要求、分类和选用　有心感应炉有一个用硅钢片叠成的闭合铁心。这种电炉按变压器原理工作，采用工频电源，不需要特殊的变频设备。

现在的有心感应熔炼炉几乎都做成暗沟式，即熔沟是暗藏的，埋在熔融金属里，如图 11-7 所示。这种电炉最早出现在 1915 年，不久就在铜、青铜、黄铜、锌、铝等熔点较低的金属和合金的熔炼和保温方面得到广泛应用。据估计，全世界有 90% 以上的黄铜是在这种电炉中熔炼。

工频有心感应熔炼炉主要由电炉本体和电器配套设备两大部分组成。

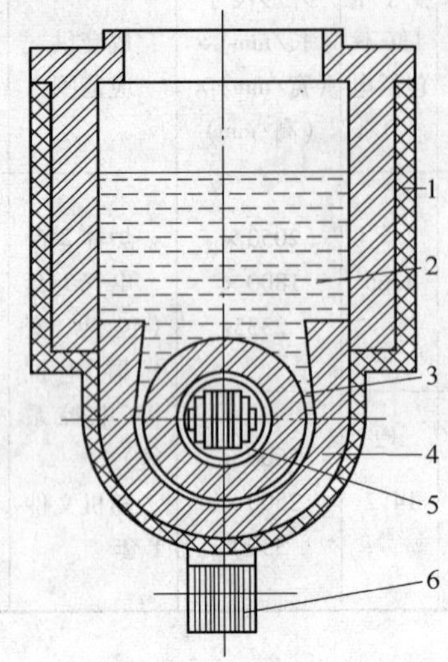

图 11-7　暗沟式有心感应熔炼炉示意图

1—保温层　2—炉室　3—熔沟
4—耐火层　5—感应线圈　6—铁心

电炉本体主要由炉室、感应线圈、熔沟和铁心四部分构成，能够倾倒的电炉还应有倾炉装置。

有心感应熔炼炉的电气配套设备视电炉容量的大小和自动化、机械化程度的不同而繁简不一。图 11-8 示出这种电炉的几种主要电路接法。图 a 和图 b 适用于功率较小的感应器；图 c 和图 d 采用高压供电，适用于大功率的感应器。一般都配有调节电炉输入功率的电炉变压器。由于电炉本身是电感性负载，所以为了补偿功率因数，常在电炉的感应线圈中并联上补偿电容器，为适应电炉工作过程中功率因数的变化，常把补偿电容做成可调的。当把大功率的单相电炉接到三相电力网上时，为了使三相电流平衡，线路中还配备平衡电容器和平衡电抗器，如图 11-8c 所示。

工频有心感应炉已成为非铁金属的熔炼和保温用的基本炉种。这种电炉由于在开始熔炼和浇注时都需

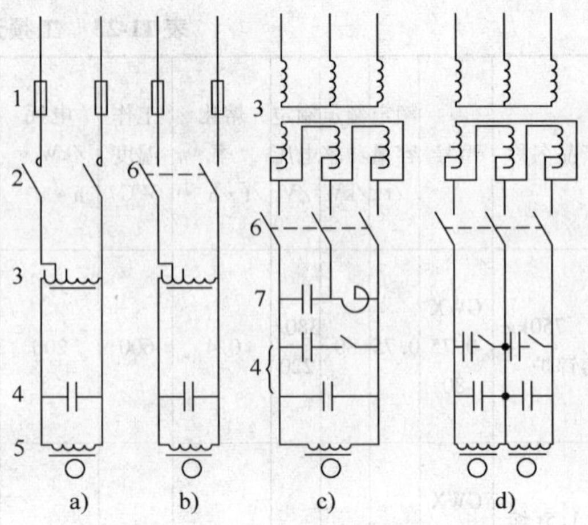

图 11-8　有心感应熔炼炉的主电路

1—熔断器　2—接触器　3—电炉变压器　4—补偿电容器　5—电炉（示出感应器和熔沟）　6—自动开关　7—平衡电容器和平衡电抗器

要有液态金属填满熔沟，以此形成通电回路，所以只适宜于单种金属的大批量熔炼或保温。

在有心感应炉的技术发展上，除采用卷制铁心，成形熔沟，可拆换的感应器，机械化装、出料并配合冲天炉进行双联法熔炼外，还研制成了熔沟内的金属熔液能作单方向流动的炉子。这将会显著降低熔沟和熔室中的金属温差，改善熔沟的工作条件，扩大有心感应炉的使用范围。

2. 产品系列

（1）DL 系列工频有心感应熔炼炉　DL 系列有心感应熔炼炉用于铜及铜合金，铝及铝合金和锌合金。技术数据见表 11-25。

（2）工频有心感应熔锌炉 DL432 系列见表 11-26；DL433 系列见表 11-27。

（3）工频有心感应熔炼（保温）炉　该系列工频有心感应熔炼（保温）炉，分别供铸铁保温和过热、熔铜和铜合金、熔锌和锌合金等用。技术数据见表 11-28。表中型号含义为

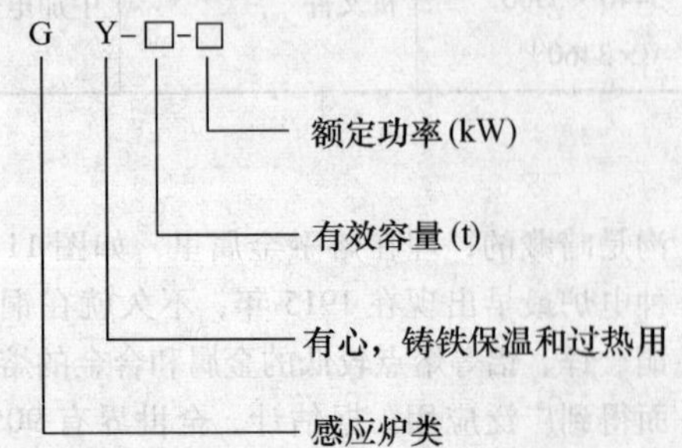

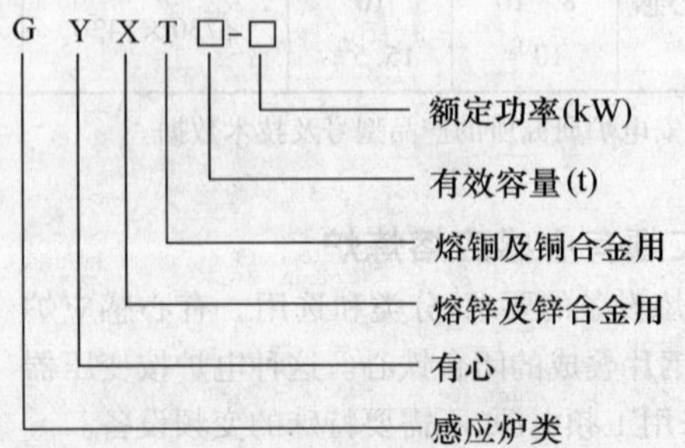

表 11-25　DL 系列工频有心感应熔炼炉的技术数据

型号	额定容量/t	额定功率/kW	额定温度/℃	额定电压/V	相数	变压器容量/kVA	熔化率/$t \cdot h^{-1}$	冷却水耗量/$m^3 \cdot h^{-1}$	外形尺寸(长/mm)×(宽/mm)×(高/mm)
DL431-2	0.8	190	1000	380	1	400	0.73	5.8	3228×2100×2975
DL431-3	1.6	320	—	—	3	400	1.45	—	—
DL431-4	2.5	500	1180~1300	380	1	400	1.5~2	—	—
DL431-5	3.15	600	—	—	3	800	2.5	—	—
DL431-6	5	600	—	—	3	800	2.45	—	—
DL431-7	10	2×600	—	—	3	2×800	4.8	—	—
DL431-8	26	1800	1135	380	3		7	—	—

注：1. 成套供应范围：炉体、感应器（2 只）、调压变压器、补偿电容器组、电抗器、水冷系统、控制台及低压开关柜、随机文件。

2. 电源为三相者，带相平衡装置。

3. 变压器为高压进线者，带高压开关柜。

4. 供应范围可随用户要求增减。

表 11-26　DL432 系列工频有心感应熔锌炉技术数据

型号	额定容量/t	额定功率/kW	额定温度/℃	电源电压/V	相数	变压器容量/kVA	熔化率/$t \cdot h^{-1}$	冷却水耗量/$m^3 \cdot h^{-1}$	炉膛尺寸(长/mm)×(宽/mm)×(高/mm)	外形尺寸(长/mm)×(宽/mm)×(高/mm)	生产厂
DL432-2	0.8	80	—	380	1	100	0.85	3	—	—	西安电炉研究所有限公司
DL432-3	1.6	160	—	380	3	200	1.6	4.5	—	—	
DL432-4	2	160	—	380	3	200	1.55	—	—	—	
DL432-5	3.15	320	—	380	3	400	3.15	—	—	—	
DL432-6	5	320	—	380	3	400	3.1	—	—	—	
DL432-7	10	480	—	380	3	630	4	—	—	—	
DL432-8	20	2×320	—	380	3	2×400	6	—		—	
DL432-9	30	160	520	380	1	200	镀 1t 钢丝耗锌 200kg	—	1900×2100×1150	—	
DL432-11	120	800	460~490	380	3	2×400	钢管镀锌	—	8500×1300×1550	10350×3110×2375	
DL432-10	60	500		500	—	—	—	—	—	6500×4500×4500	

注：1. 成套供应范围：炉体、感应器（2 只）、调压变压器、补偿电容器组、电抗器、水冷系统、控制台及低压开关柜、随机文件。

2. 电源为三相者，带相平衡装置。

3. 变压器为高压进线者，带高压开关柜。

4. 供应范围可随用户要求增减。

表 11-27　DL433 系列工频有心感应熔锌炉技术数据

型号	额定容量/t	额定功率/kW	额定温度/℃	额定电压/V	相数	变压器容量/kVA	熔化率/t·h^{-1}
DL433-1	1	160	750	380	3	200	0.32
DL433-2	1.6	240		380	3	400	0.48
DL433-3	3.15	400		380	3	630	0.8
DL433-4	5	450		380	3	800	1.2
DL433-5	10	2×600		380	3	2×600	2.3
DL433-6	16	3×600		380	3	3×800	3.45
DL433-7	20	4×600		380	3	4×800	4.55

表 11-28　工频有心感应熔炼（保温）炉技术数据

产品名称	型　号	结构形式	容量/t		功率/kW		电压/V		工作温度/℃	升温电耗/kW·h·t^{-1}
			有效容量	总容量	额定	保温	额定	保温		
3t 铁保温炉	GY-3-250	立式	3	4.2	250	40	344	137	1450	50
15t 铁保温炉	GY-15-600		5	21	600	170	380	205	1500	57.6
30t 铁保温炉	GY-30-1100	卧式	30	49	1100	295	365	190	1500	70
45t 铁保温炉	GY-45-700	立式	45	64	700	280	740	470	1500	64
300kg 熔铜炉	GYT-0.3-75	立式	0.3	0.5	75	21	380	197	1225	237
750kg 熔铜炉	GYT-0.6-180	立式	0.6	0.75	180	25	350		1083～1225	219
1.5t 熔铜炉	GYT-1.5-600	立式	1.5	2.5	600		380		1250	268
10t 熔铜炉	GYT-10-1300	卧式	10	15	1300	222	290		1200	223
1t 熔锌炉	GYX-1-75	立式	1	1.9	75	14	380	164	500	110
2t 熔锌炉	GYX-2-150	立式	2	2.6	150	20	380	139	500	110
23t 熔锌炉	GYX-23-540	卧式	23	23	540		500		475	120

产品名称	型　号	热　料		主变压器/kVA	烘炉变压器/kVA	电抗器容量/kVA	冷却水耗量/t·h^{-1}	炉重(不包括电气)/t
		升温/℃	生产率/t·h^{-1}					
3t 铁保温炉	GY-3-250	150	5	300	30/20	200	5.5	21.8
15t 铁保温炉	GY-15-600	150	10	1000	50		6	50.4
30t 铁保温炉	GY-30-1100	200	15.2	2000	400		10	178
45t 铁保温炉	GY-45-700	200	10.9	1000	100	500	6	72
300kg 熔铜炉	GYT-0.3-75	熔化率 0.317		50			0.15	4.4
750kg 熔铜炉	GYT-0.6-180	熔化率 0.625		300		180	0.5	7.4
1.5t 熔铜炉	GYT-1.5-600	熔化率 2			250		1.6	20
10t 熔铜炉	GYT-10-1300	熔化率 5		200/500	3×100		7.6	3.5
1t 熔锌炉	GYX-1-75	熔化率 0.5		100		56		7.1
2t 熔锌炉	GYX-2-150	熔化率 1.4		200				10.3
23t 熔锌炉	GYX-23-540	熔化率 4.5					0.27	16

11.3.3　中频无心感应熔炼炉

1. 概述　中频无心感应熔炼炉主要用于钢铁、非铁金属及其合金的熔炼。

这种电炉主要由电炉本体、电气配套设备等组成。

电炉本体的基本结构如图 11-5 所示。炉体主要由炉架、感应线圈、倾炉机构、炉衬等部分组成。在电气配套上采用中频发电机组或晶闸管变频器作为电源。电炉所需要的补偿电容器相当多，所以一般都配有独立的补偿电容器架，另外还有中频熔炼控制柜或控制台等。较大电炉的电气配套设备也较多。为了提高电气配套设备的利用率，常采用一套电气设备配用两个炉体的布局方式。

中频电源设备在很长一段时间内几乎都采用中频发电机组。近年来，随着晶闸管技术的发展，出现了用晶闸管变频器的中频电源设备。由于晶闸管变频器具有很多优点，所以除了一些特殊情况如要求电源频率严格固定者外，中频发电机组有可能被晶闸管变频器代替的趋势。

中频无心感应熔炼炉具有加热快、金属消耗少、使用灵活方便的特点。另外，中频炉也不需要工频炉那样多的电容器。因此，如果今后中频电源设备能得到进一步的发展，其价格会进一步降低，有可能在相当大的范围内取代工频炉。

中频无心感应熔炼炉的技术发展是，实现电炉功率因数的自动调节；实现坩埚损坏前的预先报警；改进坩埚材料和制造工艺，以延长其使用寿命和提高电炉的功率因数；实现金属熔液的自动称重；实现包括电炉输出功率调节、熔液温度控制、熔液成分控制和熔液搅拌力控制等在内的综合电子计算机控制。

2. 产品系列

(1) 中频系列感应电炉成套设备　用于钢铁、非铁金属及其合金的熔炼和保温，如熔炼碳素钢、磁性合金、铝合金等。技术数据见表 11-29。

表 11-29　中频系列感应电炉成套设备的技术数据

型　　号	GLW-0.15	CTW-0.17	GWT-0.17-100/2.5X	GWJ-0.17-100/2.5X
容量/kg	150	170	170	170
中频功率/kW	100	100	100	100
频率/Hz	2500	2500	2500	2500
感应器电压/V	1500	1500	1500	1500
输入电压/V	380	380	380	380
工作温度/℃	1300	1350	1225	1300
熔炼时间/min	150	70	60	153
主要用途	炼铝及其合金	炼铜及其合金	炼铜及其合金	炼铝及其合金
外形尺寸（长/mm）×（宽/mm）×（高/mm）	2080×1311×2860	1245×1030×1038	1580×1200×1347	2150×1560×1870

(2) BPS、BPW、BPL 系列旋转变频机组　旋转变频机组主要是为冶炼、铸造加热和焊接等中频感应设备提供中频电源。技术数据见表 11-30。表中型号含义为

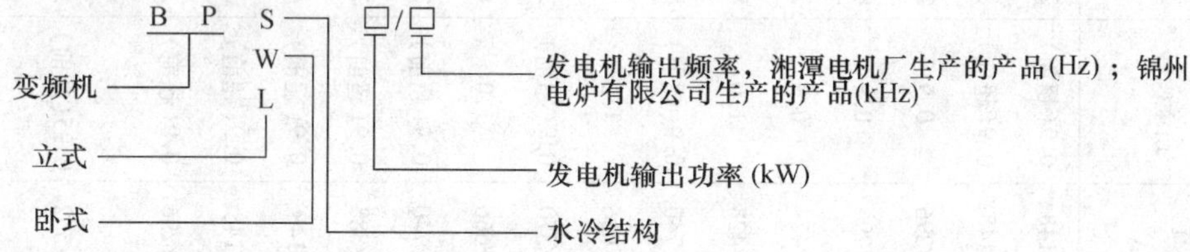

3. 电源装置

(1) KGPS 系列晶闸管中频电源装置　该装置可用做中频感应熔炼、加热、淬火、退火钎焊及烧结设备的电源。技术数据见表 11-31。

(2) KGPS-A 系列全集成化晶闸管中频电源装置　该装置可用做中频感应锻造、冶炼、精密铸造、热处理、焊接弯管等设备的电源。技术数据见表 11-32 及表 11-33。

4. 三倍频器　三倍频器有电抗器式和变压器式两种。其接线图见图 11-9。电抗器式是将三个饱和电抗器接成星形，把产生在电抗器中性 A 和电源中性点 B 之间的高频输出加到负载上，接入的电容器 C 完成超前补偿电容器的作用，同时起动作为流回高次谐波电位变动，从变压器二次侧三角形接线的开口处取出产生在未饱和铁心绕组上的高次谐波。这时，电容器 C 只起超前补偿作用。

不论哪一种方法的工作原理，都是利用铁心饱和来改变中性点。这里将电抗器式的一个负载电路的电压波形例子示于图 11-10。至于负载电压的波形要根据饱和电抗器的特性及电源电压的大小来决定。功率

表 11-30　BPS、BPW、BPL 系列旋转变频机组

型号	单相中频输出					三相工频输入				直流励磁		转速 /r · min^{-1}	满载效率 (%)	耗水量 /t · h^{-1}	外形尺寸 (直径×高) (长/mm)×(宽/mm)×(高/mm)	机组重量 /kg	生产厂
	功率 /kW	电压 /V	电流 /A	功率因数	频率 /Hz	功率 /kW	电压 /V	电流 /A	功率因数 (cosφ)	电压 /V	电流 /A						
BPS-50/2500	50	750/375	74/148	0.9(超前)	2670	65	380	110	0.9	110/55	3.48/6.96	2970	77	1.5	900×1200	1550	锦州新生变压器有限责任公司
BPS-50/8000	50	750/375	74/148	0.9(超前)	8500	70	380	110	0.9	110/55	4.4/8.8	2970	77.4	2	1000×1308	2340	
BPS-100/2500	100	750/375	148/296	0.9	2670	130	380	217	0.91	110/55	3.57/7.14	2970	77	2.0	1000×1458	2600	
BPS-100/8000	100	750/375	148/296	0.9	8600	135	380	226	0.9	110/55	4.45/8.9	2970	74	2.8	1000×1458	2950	
BPS-160/2600	160	750/375	237/474	0.9	2670	208	380	348	0.91	110/55	4/8	2970	77	3	1000×1558	2900	
BPS-160/8000	160	750/375	214/428	1.0	8600	216	380	342	0.936	110/55	5.64/11.28	2970	74	4	1000×1558	3200	
BPS-250/8000	250	750/375	370/740	0.9(超前)	8000	305	300	510	0.91	220/110	4/8	2970	82	6.5	1180×1950	5000	
BPS-250/1000	250	750/375	333/666	1.0	990	290	6000	31.7	0.91	220/110	3.1/6.2	2970	86	3.5	1100×2070	4700	
BPS-250/2500	250	1500/750	185/370	0.9(超前)	2575	290	6000	31.7	0.91	110/55	3.25/6.5	2970	86	5.5	1100×2070	4700	
BPS-500/1000	500	1500/750	333/666	1.0	990	592	6000	62.5	0.912	220/110	3.54/7.08	2972	84	7.5	1460×2195	7140	
BPS-500/2500	500	1500/750	370/740	0.9(超前)	2575	600	6000	62.5	0.91	220/110	4.45/8.9	2972	84	9.5	1460×2195	7300	
BPS-600/2500	600	1500/750	444/888	0.9(超前)	2575	715	6000	76.5	0.917	220/110	5.75/11.5	2972	84	9.5	1460×2195	7300	
BPW-40/4	40	600/300	74/148	0.9(超前)	4000	54	380	94	0.88	60	4.5	2970	74	0.6	1130×1160×1090	2000	
BPW-50/2.5	50	750/375	74/148	0.9(超前)	2500	65	380	114	0.87	60	5	2970	77	0.6	1130×1160×1090	2000	
BPW-100/2.5	100	750/375	148/296	0.9(超前)	2500	125	380	211	0.9	60	5	2970	80	1	1390×1160×1090	2800	
BPL-200/2.5	200	750/375	281/562	0.95(超前)	2500	250	6000 或 3000	26.8 或 53.6	0.9	110	6.5	2970	80	3.5	1100×2800	4700	
BPL-500/1	500	750/375	352/704	0.95(超前)	1000	295	6000 或 3000	31.5 或 63	0.9	110	6.5	2970	84.8	4	1100×2800	4700	

表 11-31 KGPS 系列晶闸管中频电源装置技术数据

型号	输入电压/V	输入电流/A	输出功率/kW	逆变器输出电压/V	输出频率/kHz	感应器电压/V	柜体外形尺寸(长/mm)×(宽/mm)×(高/mm)	成套范围	生产厂
$KGPS_1$-500/0.5	3N~380	897	500	700	0.5	1400	3100×2000×850	变频柜1套：补偿变压器1台(当变频柜不包括补偿电容器时)整流变压器1台(当输入电压为660V时)高压开关柜1组(当输入电压为660V时)随机文件1套	西安电炉研究所有限公司、锦州新生变压器有限责任公司
$KGPS_2$-500/0.5	3N~660	571	500	1000	0.5	2000			
KGPS-750/0.5	3N~660	816	760	1000	0.5	2000			
KGPS-1000/0.5	3N~660	1142	1000	1000	0.5	2000			
KGPS-100/1	3N~380	204	100	700	1	700	1300×2000×850		
KGPS-160/1	3N~380	326	160	700	1	700			
KGPS-250/1	3N~380	449	250	700	1	1400			
$KGPS_1$-500/1	3N~380	898	500	700	1	1600	3100×2000×850		
$KGPS_2$-500/1	3N~660	571	500	1000	1	2000			
KGPS-750/1	3N~660	816	750	1000	1	2000			
KGPS-1000/1	3N~660	1142	1000	1000	1	2000			
KGPS-100/2.5	3N~380	201	100	700	2.5		1300×2000×850		
KGPS-160/2.5	3N~380	326	160	700	2.5				
KGPS-250/2.5	3N~380	449	250	700	2.5				
$KGPS_1$-500/2.5	3N~380	898	500	700	2.5		3100×2000×850		
$KGPS_1$-500/2.5	3N~660	571	500	1000	2.5				
KGPS-100/4	3N~380	204	100	700	4		1300×2000×850		
KGPS-160/4	3N~380	326	160	700	4				
KGPS-250/4	3N~380	449	250	700	4				
KGPS-100/8	3N~380	204	100	700	8				
KGPS-160/8	3N~380	326	160	700	8				
KGPS-250/8	3N~380	449	250	700	8		2200×2000×850		

表 11-32 KGPS-A 系列全集成化晶闸管中频电源装置技术数据

型号	输入电压/V	输入电流/A	输出功率/kW	逆变器输出电压/V	输出频率/kHz	柜体外形尺寸(长/mm)×(宽/mm)×(高/mm)	感应器电压/V	成套范围
KGPS-A-100	3N~380	200	100	750	1~8	1600×1900×800	650	变频柜一套，补偿变压器一组(当变频柜不包括补偿电容器时)，整流变压器一组(当输入电压为660V时)、高压开关柜一组(当输入电压为660V时)、随机文件一套
KGPS-A-160	3N~380	300	160	750	1~8	1600×1900×800	750	
KGPS-A-250	3N~380	450	250	750	1~8	1600×1900×800	1400	
KGPS-A-500	3N~380	900	500	750	1~8	1600×1900×800	1400	

表 11-33　KGPS 系列全集成化晶闸管中频电源装置技术数据

型　号	输入电压 /V	输入电流 /A	输出功率 /kW	输出频率 /kHz	输出电流 /A	输出电压 /V	外形尺寸 (长/mm)×(宽/mm)×(高/mm)	重量 /t	生产厂
KGPS1/50~25	380	90~45	50~25	1	110~55	750	1865×980×2065	1.2	无锡电炉有限责任公司
KGPS1~2.5/100	380	200	100	1~2.5	250	750	1865×980×2065	1.2	
KGPS1~8/125~50	380	225~90	125~50	1~8	275~110	750	1865×980×2065	1.2	
KGPS1/160	380	280	160	1	350	750	1865×980×2065	1.2	
KGPS1/250	380	450	250	1	550	750	1865×980×2065	1.2	
KGPS1~8/250~100	380	450~180	250~100	1~8	550~220	750~1000	2745×980×2065	1.2	
KGPS1/500	380	900	500	1	1100	750	2745×980×2065	1.2	
KGPS1~8/500~200	380	900~560	500~200	1~8	1100~440	750~1000	2745×980×2065	1.5	
KGPS1/750	380	1320	750	1	1650	750	2745×980×2065	1.5	
KGPS1/1000	380	1800	1000	1	2200	750	2745×980×2065	2.0	

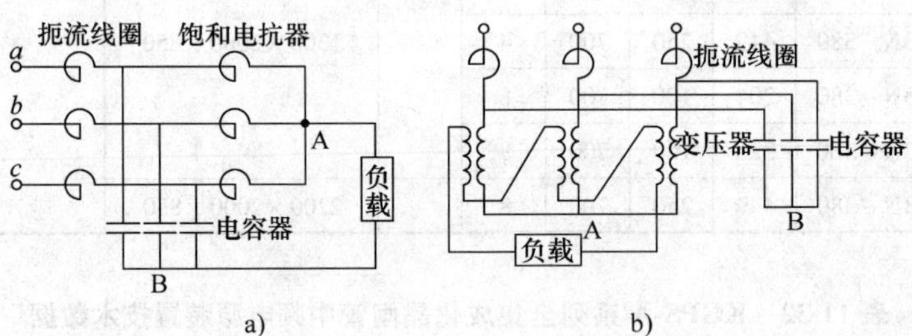

图 11-9　三倍频器接线图

a）电抗器式　b）变压器式

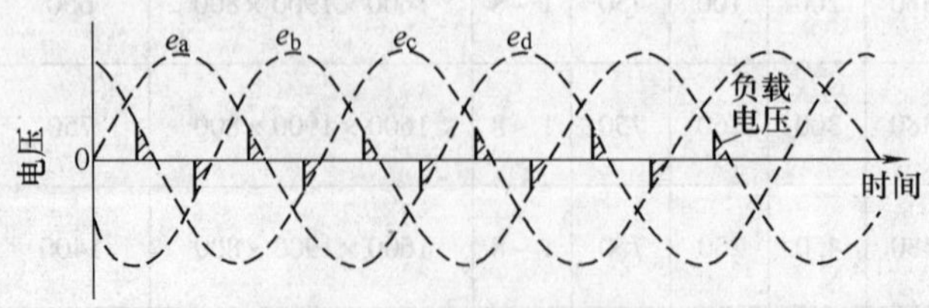

图 11-10　三倍频器的电压波形

因数实际上为 50% 左右，变频效率如图 11-11 所示，轻负载时的效率也较高。频率虽是电源频率的 3 倍，但在利用饱和电抗器的组合方式时，也可以是 5 倍、7 倍或 9 倍等。

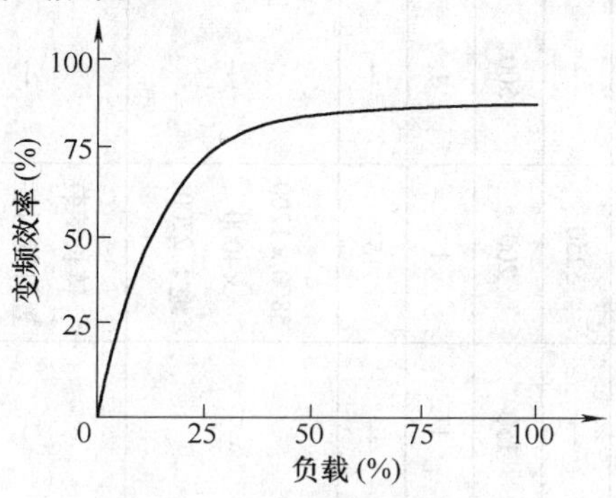

图 11-11 三倍频器的变频效率

11.3.4 真空感应熔炼炉

1. 概述 真空感应熔炼炉也是一种无心感应熔炼炉，只是坩埚被装在一个真空室里。熔炼时，真空室内被抽成真空，炉料在真空中熔炼和浇注。这种电炉适用于科研与生产部门作为镍基、铁基和钴基高温合金浇注铸锭和铸件及其他精密合金等的真空或充气熔炼及真空浇注。

这种电炉主要是由双层水冷壁构成的炉体、感应线圈和坩埚等组成的电炉本体；由真空机组以及附设的放气、充气阀门和真空指示仪表构成的真空系统；由中频或高频电源设备和控制柜等组成的电气配套设备所组成。

用真空感应熔炼炉熔炼金属材料主要有两个好处。一是可以把材料中的大部分气体如氢、氧和氮等清除掉，从而提高材料的性能；二是金属材料氧化损失少。这种电炉是 20 世纪 50 年代才开始在工业上应用。随着真空技术的进展和喷气发动机对高温合金需要的增长，这种电炉得到了相当大的发展，产品数量虽不多，但单台容量相当大。目前世界上已有容量为 54t（以钢计）的真空感应熔炼炉。这种大型电炉通常采用半连续式作业，能在不破坏熔炼室真空度的情况下进行加料、浇注和出锭，如图 11-12 所示。这是一种结构复杂的真空感应炉，价格为同容量真空电弧炉的 2~3 倍。

2. 产品系列

（1）ZG 系列真空感应熔炼炉 真空感应熔炼炉是在真空条件下利用中频感应加热熔化金属的成套真空冶炼设备。适用于科研与生产部门在真空或保护气氛下进行熔炼和浇注。技术数据见表 11-34。

（2）半连续式真空中频感应炉 半连续式真空感应熔炼炉是在真空条件下利用中频感应加热熔化金属、半连续作业、自动化程度较高的成套真空冶炼设备。该设备具有控制温度严格、合金成分精确、电磁搅拌和强大的高真空除气作用的特点，适用于工业生产部门对镍基、钴基、铁基高温合金及其他精密合金，高纯金属和含有活泼元素的合金进行真空或充气熔炼及真空浇注。技术数据见表 11-35。

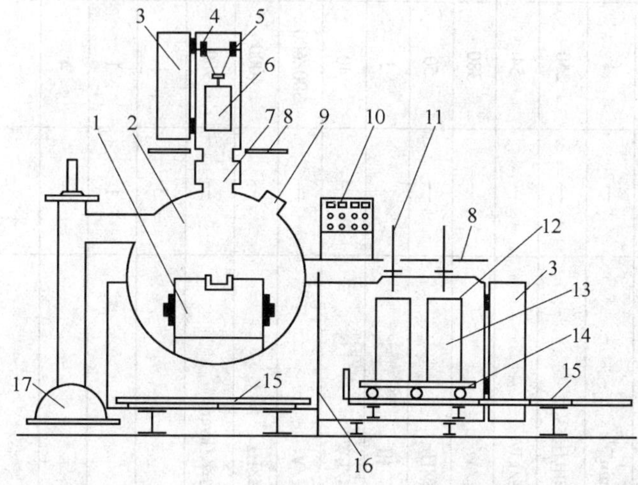

图 11-12 一种大型真空感应熔炼炉的结构示意图

1—感应炉 2—熔炼室 3—门 4—装料室 5—加料机构 6—料筐 7—真空阀 8—工作平台 9—观察孔 10—控制台 11—电弧加热装置 12—锭模室 13—锭模 14—锭模车 15—轨道 16—内闸门 17—真空系统

表 11-34 ZG 系列真空感应熔炼炉

型号	ZG-0.003	ZG-0.01	ZG-0.01A	ZG-0.025	ZG-0.025A	ZG-0.05	ZG-0.150	ZG-0.200	ZG-0.500	ZG-1.500
容量/kg	3	10	10	25	25	50	150	200	500	1500
最高工作温度/℃	1700	1600	1600	1600	1600	1600	1600	1600	1600	1600
极限真空度/Pa	—	6.65×10^{-2}	—	6.65×10^{-2}	—	6.65×10^{-2}	—	—	6.65×10^{-2}	—
工作真空度/Pa	6.65×10^{-1}	1.33×10^{-1}	1.33×10^{-1}	1.33×10^{-1}	1.33×10^{-1}	1.33×10^{-1}	1.33×10^{-2}	1.33×10^{-1}	1.33×10^{-2}	1.33×10^{-2}
压升率/$Pa\cdot min^{-1}$	—	1	—	1	—	1	—	1	—	—
线圈最高工作电压/V	—	250	—	250	—	250	—	250	—	—
变频电源 输入 功率/kW	—	54	—	67	60	130	—	250	—	—
变频电源 输入 电压/V	—	380	—	380	380	380	—	3000 或 6000	—	—
变频电源 输入 频率/Hz	—	50	—	50	50	50	—	50	—	—
变频电源 相数	3	3	3	3	3	3	—	3	—	—
变频电源 输出 功率/kW	—	40	50	50	50	100	—	200	—	—
变频电源 输出 电压/V	—	300/600	375/700	380/760	375/750	380/760	—	380/760	—	—
变频电源 输出 频率/Hz	—	4000	2500	2500	2500	2500	—	2500	—	—
电容器无功功率/kvar	—	980	—	1250	—	2750	—	5250	—	—
铸锭重量/kg	3	10	10	25	25	50	150	200	500	500
铸锭个数/个	1	1	1	1	1	1	1	1	1	1
炉体重量/t	—	4	—	4.5	—	7	—	15	—	—
外形尺寸(长/mm)×(宽/mm)×(高/mm)	—	1300×1300×1700	—	1500×1500×2300	—	3000×2000×3700 地下2500	—	5800×1200×4000 地下2700	—	—
备注	—	配400Hz变频机	—	配高轴速真空机组	—	铸长锭装置订货时注明	—	铸长锭装置订货时注明	—	—

表 11-35　ZG-1.5-B_2 半连续式真空中频感应炉的技术数据

型　号			ZG-1.5-B_2
最高温度/℃			1600
容量/kg			1500
熔化时间/min			90
耗电量/$kW \cdot h \cdot kg^{-1}$			0.8
极限真空度/Pa			6.65×10^{-2}
工作真空度/Pa			1.33×10^{-1}
压升率/$Pa \cdot min^{-1}$			—
静止变频机	输入	功率/kW	750
		电压/V	380
		频率/Hz	50
	输出	功率/kW	600
		电压/V	380
		频率/Hz	150
铸锭	直径/mm		$\phi420/\phi430$、$\phi350/\phi215$、$\phi260/\phi170$
	长度/mm		2000、2000、2000
	数量/个		1、2、3
	重量/t		1.5
电容器无功功率/kvar			4500
耗水量/$t \cdot h^{-1}$			80
炉体容量/m^3			27
设备总重量/t			100
外形尺寸（长/mm）×（宽/mm）×（高/mm）			11700 × 11000 × 7500

11.3.5　真空感应熔炼定向凝固炉

1. 概述　真空感应熔炼定向凝固炉（以下简称定向炉），是一种用途特殊的炉型。其熔炼过程与真空感应炉相同，但它在熔炼室内完成浇注，在铸造室内完成定向或单晶铸件的凝固过程。它主要用于生产定向或单晶高温合金叶片。

目前国内外普遍应用的定向炉，铸型加热分为石墨加热器或感应加热器两种；冷却分为水冷结晶器或液态金属冷却器两种。

1）铸型为石墨加热器加热，由水冷结晶器冷却的，又分为如下几种情况：

铸型为石墨加热器，采用单区加热的，其温度梯度为 30～40℃/cm；铸型石墨加热采用双区加热的，其温度梯度为 60～100℃/cm，如德国 ALD 生产的 ISP05/DS 定向炉，采用铸型快速移动法（HRS 法）就是其中一例，北京航空材料研究院自行研制的国产单晶炉，采用二区加热，其温度梯度可达 64～94℃/cm；铸型石墨加热器采用三区加热的，其温度梯度可达 100～150℃/cm，下区温度可达 1700～1800℃；三区加热定向炉对大尺寸叶片更为合适，特别是对地面燃机涡轮叶片生产，有着广泛的应用前景。

2）铸型加热为感应加热器加热，由水冷结晶器冷却的定向炉。目前国内外感应加热的定向炉温度梯度都比较低，然而，感应加热的定向炉很容易制造成大尺寸，更适用于大叶片的生产，而使用和维护费用比较低而受到关注。

3）液态金属冷却的定向炉，分为液铝、液锡冷却的定向炉。液铝冷却的定向炉温度梯度为 70～80℃/cm，如俄罗斯的 УВНК-8Л 定向炉；液锡冷却的定向炉温度梯度为 150～200℃/cm，如俄罗斯的 УВНС-5 定向炉。

2. 采用铸型快速移动法（HRS 法）定向炉　炉体由熔炼室和铸型室组成，用转阀或翻板阀将两室分开，两室均采用双层水冷壁结构，一般内层采用不锈钢结构，外层采用碳钢结构。由于受到电化学腐蚀作用，外层为负极，很快被腐蚀。一般只有 10 年使用寿命。如果外层也采用不锈钢结构，寿命可提高 1 倍。为维修和操作方便，两室都设有侧门，其结构如图 11-13 所示。

（1）熔炼室　熔炼室熔炼采用感应熔炼，坩埚浇注为翻转浇注或底注，底注更适合批量生产。感应线圈电源采用 IGBT 晶闸管中频电源供电。引电采用同轴电缆转轴，可手控翻转或采用液压随动系统控制翻转，使线圈及内装坩埚同时翻转。熔炼室上方装有转塔调节器，并通过阀门与熔炼室分开，可通过手动转阀开关，分别操作转塔上的加料机构或浸入式热电偶，完成熔炼室内的加料或测量坩埚内的熔液温度。

在熔炼室内设有型壳加热器，该部分安装在熔炼室内的炉底板上，两区加热的石墨加热器，上、下加热的功率和高度需要合理匹配，两区加热器采用钨-铼热电偶作为控温热电偶。该加热系统由 SR25 温控仪表实现自动控制。为保持加热区有较稳定的温度梯度，采用了高温耐火材料制件，新型高温绝缘材料及不锈钢外套组成的保温套。其上方开口处设有可移动的保温盖。在保温套下方开口处设有辐射挡板，安装在石墨加热器与水冷结晶器之间。辐射挡板的结构形式、材质及尺寸等对提高温度梯度都至关重要。

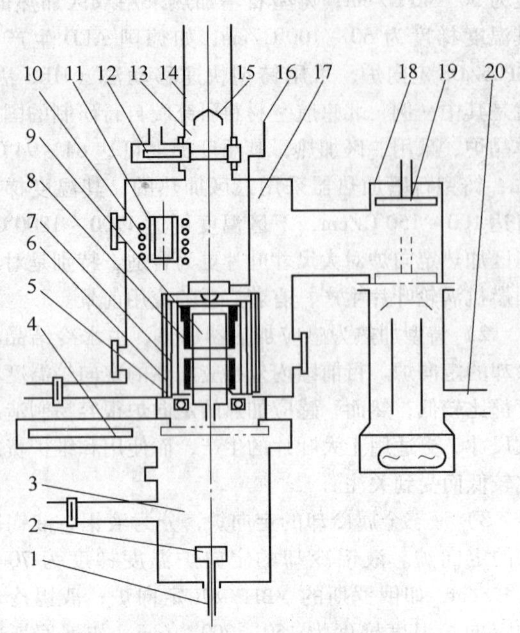

图 11-13　真空感应熔炼定向炉结构示意图

1—抽拉机构　2—结晶器　3—铸造室　4—大转阀　5—水冷套　6—辐射挡板　7—下加热器　8—上加热器　9—壳体　10—感应线圈　11—坩埚　12—转阀　13—加料室　14—转塔　15—加料装置　16—盖转动机构　17—熔炼室　18—扩散泵　19—高真空阀　20—接罗茨泵

结晶器上安装有型壳，型壳下端有开口，使铸件通过开口直接与水冷结晶器接触。水冷结晶器的结构、尺寸对改善传热有重要影响，也直接影响定向炉的温度梯度。

在辐射挡板下方设有多圈冷却水套，以加快凝固金属的冷却，可以提高凝固前沿的温度梯度。

（2）铸造室　铸造室连接在熔炼室底部，用转阀或翻板阀与熔炼室隔开。铸造室设有侧门，通过侧门可以送入或取出型壳，型壳放在水冷结晶器上，用升降机构将型壳送到或撤离铸造位置。

抽拉系统采用两根滚珠丝杠和三根光杠结构，由 TS-2 直流调速电动机拖动，具有电源电压及速度反馈，调速精度可达 1%，或采用伺服电动机拖动，可进一步提高抽拉系统工作的稳定性。

（3）真空系统　高真空系统采用滑阀真空泵、罗茨泵和油增压泵或油扩散泵及其气动挡板阀连接，并配有真空继电器、真空仪表等。该机组也可以直接选用相应结构所组成的带有油增压泵的高真空系统的真空配套机组。该机组主要抽熔炼室真空，在打开转阀或挡板阀后，也可以抽铸造室真空。为了防止误操作引起油增压泵或油扩散泵爆炸，将主阀、前置阀、预抽阀、放气阀互锁，当主阀、前置阀、预抽阀只要有一个阀门未关闭就打不开放气阀，另外在高真空管路上增设一个维持泵，这样从根本上解决了误操作引起的油增压泵或油扩散泵爆炸。其结构如图 11-14 所示。

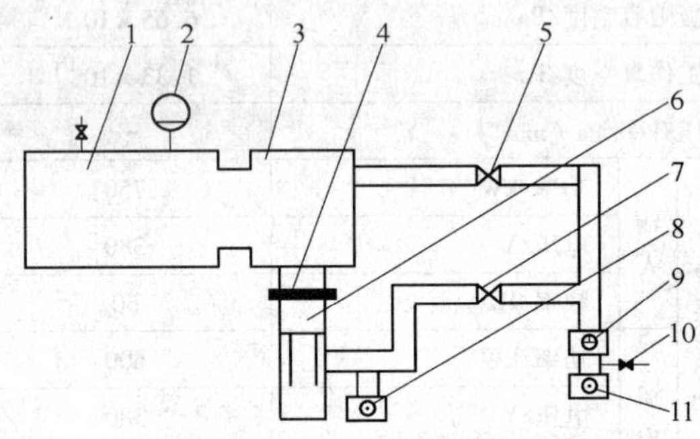

图 11-14　高真空系统结构示意图

1—炉子　2—高真空测量规管　3—主阀　4—冷井　5—预抽阀　6—扩散泵　7—前置阀　8—维持泵　9—罗茨泵　10—放气阀　11—前级阀

低真空机组采用滑阀真空泵和罗茨泵及真空蝶阀连接，并配有真空控制仪表等，也可以直接选用相应的低真空配套机组。它主要用于铸造室和加料室抽真空。

（4）水冷系统　水冷系统包括炉体双层水冷壁，感应线圈，水冷结晶器及冷却水套等水冷部件及机组。分别由集水器集中供水，回水返回回水集收器。该系统还包括水泵，冷却塔，流量继电器及压力表等。

（5）控制系统　定向炉控制系统以工控机、可编程序控制器（PLC）为核心，人机界面为显示和操作终端，应用可靠的西门子公司产品硬件和优化组合软件功能，结合强电系统组成。该系统易操作，安全互锁，易于功能扩展和故障排除，为整机设备的运行提供可靠保障。

操作系统配置隔离变压器，通过 UPS 电源供电，避免电网对 PLC 及控制系统的干扰，防止供电系统故障或断电引发动作混乱和保留现场数据。

电气系统所有强电元件均采用中间继电器隔离，以保护 PLC 模块的安全可靠。

在整机画面上显示真空的获得、金属熔化、保温加热过程、结晶器抽拉过程、整机动作状态、工艺参数信息、报警信息、生产过程及相关信息的报表、数据存储及打印。

该系统可用于单晶合金凝固过程的现场分析计算，能迅速获得各种热参数，并通过动态模拟图，曲线数据等形式显示凝固过程。

该系统集分析研究和过程控制为一体，采用实用性强，有较强的工艺试验的分析功能，系统软件操作均采用人机对话和菜单显示方式进行。微机控制系统的配置如图 11-15 所示。

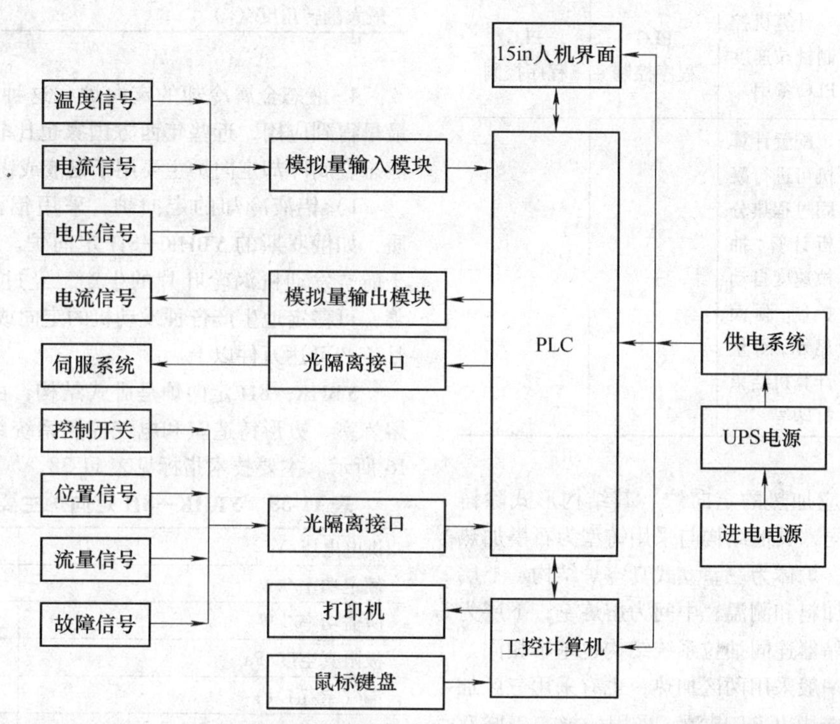

图 11-15　定向炉微机控制系统框图

国产定向炉与德国产的两种定向炉主要技术指标比较见表 11-36。

表 11-36　国产 ZGD-1 定向炉与德国产的两种定向炉主要技术指标

主要技术指标	国产 ZGD-1	德国 ISP05/DS	德国 ISP2Ⅲ/DS
极限真空度/Pa	1.05×10^{-2} （抽空实测）	1.05×10^{-3} （设计指标）	10^{-3} （设计指标）
漏气率/$\mu L\cdot s^{-1}$	5.5	1.5	1.5
工作真空度/Pa	3×10^{-1}	5×10^{-1}	5×10^{-1}
浇注方式	翻转	底注	翻转
铸型加热器 内径/mm 高度/mm	二区 $\phi250$ 300	二区 $\phi200\sim\phi250$ 300	单区 $\phi320$ 380

（续）

主要技术指标	国产 ZGD-1	德国 ISP05/DS	德国 ISP2Ⅲ/DS
挡板内径	$\phi150$	$\phi150\sim530$	$\phi180$
冷却水套 内径/mm 外径/mm	螺旋管式 $\phi250$ $\phi60$	单环式 $\phi250\sim\phi300$ $\phi15$	单环式 $\phi275$ $\phi15$
额定容量/kg	8	5	8
结晶器最大直径/mm	$\phi130$	$\phi200$	$\phi160$
抽拉速度/$mm\cdot min^{-1}$	0.5~10	0.5~20	0.25~10
热电偶插座/对	16	20	4

（续）

主要技术指标	国产 ZGD-1	德国 ISP05/DS	德国 ISP2Ⅲ/DS
温度梯度 /℃·cm^{-1}	64~94	60~100	30~40
自动控制	计算机控制抽拉速度 PLC备用	PLC 程序控制	PLC 程序控制
其他功能	配置计算机可进行凝固过程热分析计算，抽拉速度自动控制，画面显示，测量计算机结果打印等	—	—

3. 铸型为感应加热的定向炉　其结构形式除铸型的加热方式不同，其他结构与采用铸型为石墨加热器的定向炉相同。炉体为三室立式真空炉结构。上层为转塔装置用于加料和测温；中间为熔炼室；下层为铸造室。水冷结晶器连同抽拉系统结构也基本相同。

感应加热器一般采用两区加热，也有采用三区加热的，中频电源选用IGBT电源，采用一拖二串联双逆变方式供电。在满足总功率前提下，功率可在两个感应线圈之间自由无级调配。但是，由于两个逆变器的频率拉不开，致使加热到高温段互相干扰严重。上区温度急剧上升，使上、下区温度拉开，直接影响温度梯度提高。目前国内外感应加热的定向炉，温度梯度比较低。然而，感应加热的定向炉很容易制造成大尺寸的加热器，更适用大叶片的生产，尤其是对地面燃气涡轮叶片的生产有着广泛的应用前景。另一方面该炉型的使用和维护费用也比较低而受到关注。

德国ALD公司生产的VIM-IC 5 DS/SC定向炉就是其中一例。其主要技术指标见表11-37。

表11-37　VIM-IC 5 DS/SC定向炉主要技术指标

指标	数值
额定熔量/kg	5~15
极限真空度/Pa	10^{-3}
漏气率/Pa·L·s^{-1}	0.65
熔炼功率/kW	175
感应加热功率/kW	125
最高熔炼温度/℃	1700
铸型加热最高温度/℃	1700
结晶器直径/mm	250
抽拉速度/mm·min^{-1}	0.2~20
复位速度/mm·min^{-1}	1500
浇注方式	翻转
最大翻转角度/(°)	−30~105

4. 液态金属冷却的定向炉　这种炉型在俄罗斯最早得到应用，近些年西方国家也比较广泛的应用。液态金属冷却定向炉主要用于铝液或锡液冷却。

1）铝液冷却的定向炉，采用铝液作为冷却介质，如俄罗斯的УВНК—8П定向炉。它广泛地应用于航空发动机涡轮叶片的生产，经过不断改进和完善，可稳定地生产各种发动机的定向或单晶叶片，每月生产可达万件以上。

УВНК—8П定向炉是卧式结构，由后盖电源车、熔炼室、方形铸造室和电气控制系统组成，如图11-16所示。主要技术指标见表11-38。

表11-38　УВНК—8П定向炉主要技术指标

指标	数值
供电电压/V	380
额定功率/kW	435
所需功率/kW	247
极限真空度/Pa	6.7×10^{-2}
漏气率/μL·s^{-1}	2.5
工作真空度/Pa	6.7×10^{-1}
感应线圈	
功率/kW	120
频率/Hz	2400
型壳加热温度/℃	
上区	1500~1550
下区	1700
型壳加热功率/kW	
上区	100
下区	100
下区与上区高度比	1:8
温度梯度/℃·cm^{-1}	70~80
型壳抽拉速度/mm·min^{-1}	4~50
空程抽拉速度/mm·min^{-1}	500~600
结晶器温度/℃	700~850
冷却池用铝量/kg	70~80
坩埚容量/kg	10~20
坩埚金属温度/℃	1550±10
坩埚工作温度/℃	1500~1700
生产率/件·d^{-1}	144
冷却水流量/m^3·h^{-1}	9~10

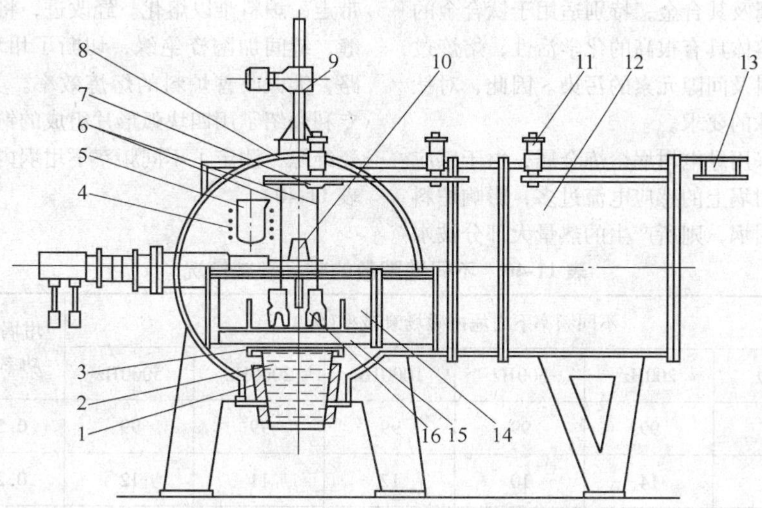

图 11-16 УВНК—8П 定向炉结构示意图

1—液态金属槽 2—铝液 3—辐射挡板 4—感应线圈 5—坩埚 6—吊杆 7—挂架 8—熔炼室炉壳 9—垂直传动机构 10—浇口杯 11—水平传动机构 12—铸造室 13—外挂架 14—上加热器 15—下加热器 16—型壳

该炉熔炼室用地脚螺栓固定在地基基础上，后盖电源车和方形铸造室分别用法兰与熔炼室连接，并支撑在地面轨道上，便于安装和维修。

熔炼室采用圆形双层水冷壁结构，外部设有观察窗，测温采用光学高温计和插入式热电偶，炉内装有水平传送轨道并与升降机构连接。用直流调速电动机拖动，可左右或上下移动。熔炼室内装有型壳加热器，为双区加热。上加热器为两片槽形石墨加热器，下加热器为环带式加热器；下加热器与液态金属槽之间装有辐射挡板。液态金属槽装在炉体的支撑座上。

经过几代的改进，将液态金属槽的加热器和保温层均去掉，直接用型壳加热器来熔化冷却的金属铝。熔化坩埚翻转机构采用直流调速电动机拖动。方型铸造室内装有隔离真空转阀，并装有水平传动机构，将型壳传至熔炼室。

后盖电源车上装有电源箱，两区加热和感应熔炼的电源线由后盖引入。

真空系统由两台机械泵、一台扩散泵、真空阀门和测量仪表等组成。

两区加热的温度控制和抽拉系统控制采用 CM-7209 微型计算机控制。微型计算机还可以完成参数的输入、修改、采集和显示，但没有数据处理和打印功能。

该炉操作方便。型壳用吊具悬挂在外吊架上，用手工推入方形铸造室，抽真空后，打开侧门，经水平传送机构送至熔炼室的工作位置上完成浇注。型壳由升降机构送入液态金属冷却槽冷却，然后提起型壳，沿水平轨道送到铸造室冷却，关闭转门、破真空取出已浇注铸型。

2）锡液冷却的定向炉。采用锡液为冷却介质，温度梯度为 150～200℃/cm，其结构形式与铝液定向炉基本相同，УВНС—5 定向炉就是其中一例。因锡液冷却介质温度只有 280～300℃，远远低于液铝冷却介质温度，所以可大大提高温度梯度。其主要技术指标见表 11-39。

表 11-39 УВНС—5 定向炉主要技术指标

电压/V		380
使用功率/kW		200
工作真空度/Pa		5×10^{-1}
额定熔量/kg		10～15
熔炼金属温度/℃		1700
型壳预热温度/℃		1700
锡液冷却介质温度/℃		280～300
冷却介质重量/kg		150
抽拉速度/$mm\cdot min^{-1}$		0.1～10
温度梯度/$℃\cdot cm^{-1}$		150～200
生产能力/个·班$^{-1}$	叶片高 100mm	36
	叶片高 300mm	6

11.3.6 冷坩埚感应凝壳熔炼炉

1. 概述 冷坩埚感应凝壳熔炼炉主要用于熔炼

高熔点、高活性金属及其合金，特别适用于钛合金的熔炼。因为钛合金熔体具有很高的化学活性，熔炼过程中极易受耐火材料及间隙元素的污染。因此，对钛合金熔炼提出了特殊的要求。

这种炉子原先采用导电坩埚熔炼金属，由于感应电流的集肤效应，坩埚上的感应电流过多，影响炉料的吸收。若用水冷坩埚，则所产生的热量大部分被水带走，炉料难以熔化。经改进，将坩埚开一条或几条缝，缝间加陶瓷绝缘，切断了坩埚中的感应电流回路，大大改善炉料的熔炼效率。美国 BMI 研究所的专利介绍了用四块弧形片组成的铜坩埚，块间的加陶瓷绝缘，测定了不同频率下坩埚内磁场衰减情况，见表 11-40。

表 11-40　不同缝隙数的磁场衰减情况

缝隙数	不同频率下坩埚内磁场衰减率(%)						坩埚消耗功率/kW	加炉料后理论功率/kW
	60Hz	200Hz	500Hz	1000Hz	2000Hz	5000Hz		
0	97	99	99	99	99	99	0.576	0.016
1	12	14	10	12	11	12	0.238	13.4
2	10	12	9	12	11	12	0.294	14.2
4	8	9	11	13	10	11	0.384	15.6

20 世纪 70 年代，美国采用 CaF_2 熔渣作为绝缘层的感应熔炼工艺，用于回收钛屑，该装置见图 11-17。该工艺是在多块组合的水冷铜坩埚中，随炉料加入经真空熔融处理过的 CaF_2 首先熔化，并被金属炉料排挤到水冷坩埚壁上形成薄的渣壳，起到了绝缘作用，可以防止坩埚组合块间的短路或起弧。

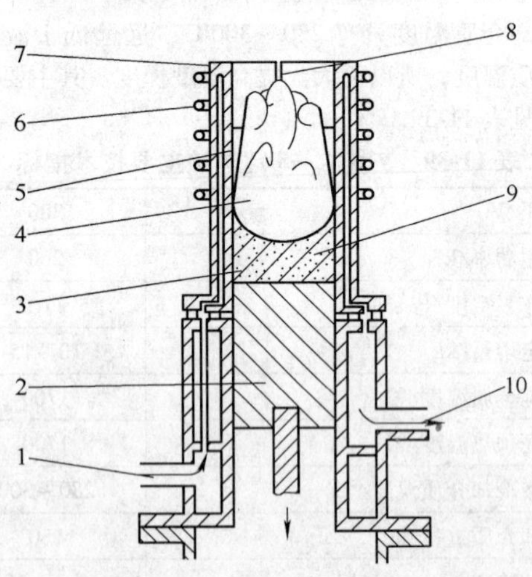

图 11-17　带渣感应熔炼的凝壳炉装置简图

1—冷却水入口　2—冷却器　3—已凝炉渣　4—熔体　5—炉渣　6—感应线圈　7—扇块　8—槽　9—已凝金属　10—冷却水出口

采用感应熔炼的冷坩埚熔炼时，当感应线圈的瞬时电流 i 为逆时针方向时，则在每根管的截面内同时产生顺时方向的感生电流 i'，在相邻两管的邻近断面上，电流方向相反，彼此在管间建立的磁场方向相同。由纸面向外显示出磁场增强效应（见图 11-18）。因此，组合坩埚的每一缝隙处都是一个强磁场，由于环状效应所致在坩埚内形成强化磁场，将磁力线聚集在坩埚内的炉料上。随着组合块数及输入功率的增加，强化的磁场促进炉料迅速熔化并产生强烈的搅拌作用，使金属熔体的温度和成分均匀，并能获得均匀的过热度。

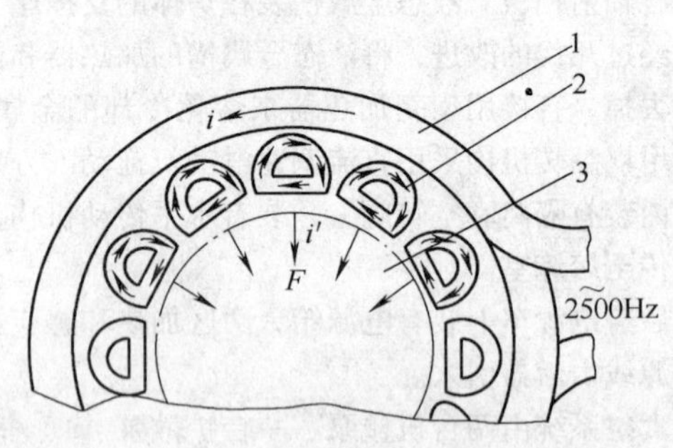

图 11-18　感应电流、磁场及磁力线方向

1—水冷铜坩埚 D 型管　2—金属熔体　3—感应线圈

采用不同熔炼方法熔炼钛合金时的经济指标见表 11-41。

表 11-41　不同熔炉熔炼钛时的经济指标比较

熔炼方法	耗电量 /kW·h·kg⁻¹	熔化速率 /kg·h⁻¹
带渣感应熔炼炉	1.4	300
非自耗电极电弧炉	1.8	200
自耗电极电弧炉	1.1	320
电子束炉	3.3	200
等离子炉	2.2	300

从表 11-41 中可以看出，除自耗电极电弧炉外，用带渣感应熔炼炉是最经济的熔炼方法。

在现有的熔炼方法中唯有感应凝壳熔炼可以严密地控制合金熔体的过热度，而且合金熔体的温度、成分均匀。

由于采用冷坩埚技术熔炼，水冷坩埚与金属熔体之间存在一层由金属熔体凝固而成的凝壳，避免了坩埚对金属熔体的污染。

综上所述，冷坩埚感应凝壳熔炼炉是非常有前途的炉型，也最适应钛合金的熔炼。

2. 冷坩埚感应凝壳熔炼炉（ISM）的结构　该设备主要由控制系统、气动系统、冷却水系统、反应惰性气体系统及中频电源等组成，如图 11-19 所示。

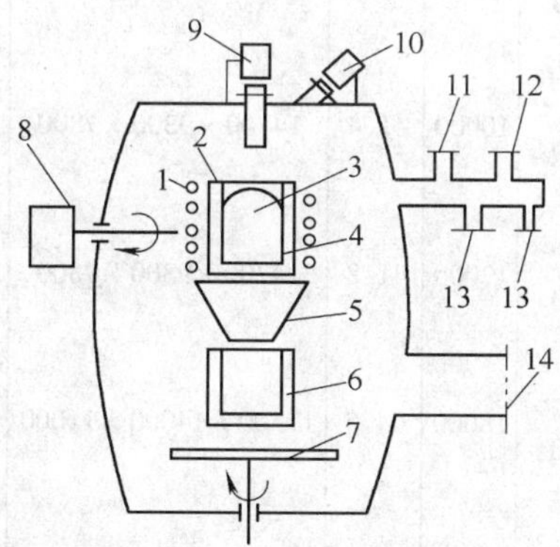

图 11-19　冷坩埚感应凝壳熔炼炉示意图

1—感应线圈　2—水冷坩埚　3—液态金属　4—凝壳　5—浇注流道　6—钢锭模　7—离心浇注盘　8—坩埚倾转装置　9—光学高温计　10—摄像机箱　11—惰性气体进口　12—空气进口　13—真空计接口　14—连接真空系统

11.4　真空电弧炉

真空电弧炉分为非自耗和自耗两种。工业上用真空电弧炉绝大多数是自耗炉。下面所指的是真空自耗电极电弧炉。此外，还介绍一种真空自耗电极电弧凝壳炉。

11.4.1　真空自耗电极电弧炉

1. 概述　真空自耗电极电弧炉主要用来熔炼铸造钛合金、活泼金属、难熔金属以及铁基、镍基高温合金等。

这种电炉成套设备包括电炉本体、电源设备、真空系统、电控系统、光学观察系统、水冷系统等部分，如图 11-20 所示。

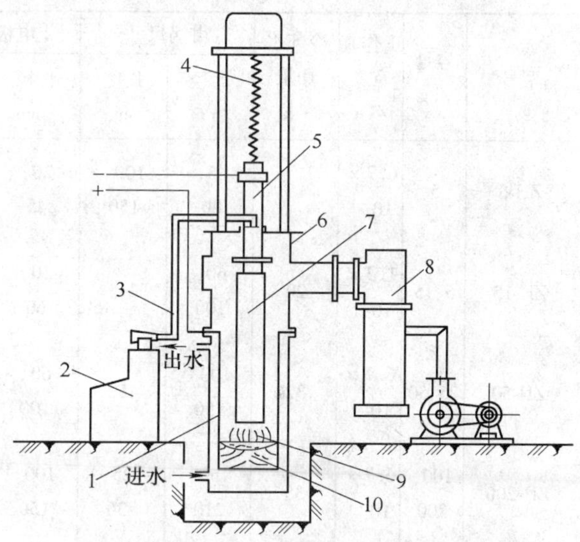

图 11-20　真空自耗电极电弧炉示意图

1—水冷铜坩埚（水冷铜结晶器）　2—操作台　3—光学观察系统　4—电极升降装置　5—电极杆　6—炉壳　7—电极　8—真空系统　9—电弧　10—锭子

电炉本体主要由炉壳、电极、电极杆、电极升降装置和坩埚等组成。

这种电炉是直流供电，电炉电源过去由直流发电机提供，现在大多数用硅整流电源。电炉的电弧电压只有 20~28V，因此都需要在硅整流器之前配备降压变压器。

电炉的真空系统由扩散泵、增压泵、机械泵以及相应的真空阀门、真空测量仪表等组成。

电炉的电控系统用来控制电弧的长度，现在多数采用脉冲调节系统，即以熔炼过程中金属熔滴通过电弧等离子区时产生的电压脉冲次数和大小作为信号来控制电弧的长度。

光学系统一般采用潜望镜结构，即通过棱镜的反射把坩埚口的现象反映到操作台的荧光屏上。

水冷系统主要是通过水冷却纯铜坩埚和电极杆等零部件进行冷却。

这种电炉在熔炼中有很多优点。①能把高熔点活性金属用廉价的方法制成大锭，比高真空烧结法和电子束熔炼法好。②由于被熔炼的材料熔化成熔滴后再落到熔池中，所以电极中原有的杂质会浮到熔池表面而被清除掉。③由于高温高真空的作用，炉料中的氮化物和氧化物会因高温而分解，气体成分和挥发杂质会被真空泵抽除，所以最后可以得到质地特别纯净的锭子。④由于锭子是从下到上逐渐凝结，所以合金元素的偏析很小，也不会产生一般锭中常见的疏松现象。因此，锭子的组织结构均匀。经过真空自耗电极电弧炉重熔的合金钢，其抗拉强度、蠕变性能和疲劳强度都有显著提高。

真空自耗电炉的缺点是金属合金化元素成分的控制比较困难。

2. 产品系列　ZH 系列真空自耗电极电弧炉是用于熔炼高熔点、高纯度和活泼性较强的金属如钨、钼、钽、铌及其合金，或熔炼铸造钛合金电极以及高级合金钢。技术参数见表 11-42。

表 11-42　ZH 系列真空自耗电极电弧炉技术参数

型号	容量/kg	工作真空度/Pa	冷却水耗量/t·h^{-1}	坩埚尺寸		电极尺寸		工作电压/V	最大电流/A	设备重量/t	外形尺寸(长/mm)×(宽/mm)×(高/mm)	生产厂
				直径/mm	长度/mm	直径/mm	长度/mm					
ZH-5	5	6.7×10^{-1}	15	45，80	100，150	20，45	600，500	20～40	3000	1.3	1880×1250×2500	
ZH-15	5，15	1.3×10^{-2}	20	60，100	245	30，60	1000，735	20～40	3000	4.2	3370×2700×4100	
ZH-50	25，50	6.7×10^{-1}	32	100，150	450	60，100	1250，900	20～40	10000	9.0	4500×3700×5850	
ZH-200	100，200	6.7×10^{-1}	35	150，210	725，736	100，150	1650，1442	20～40	10000	9.3	4500×3700×6350	
ZH-500	250，500	6.7×10^{-1}	40	210，280	925，1042	150，210	1825，1850	20～40	10000	41.4	14700×9300×7800	长春电炉成套设备有限责任公司
ZH-1000	500，1000	6.7×10^{-1}	45	280，380	1042，1130	210，280	1850，2040	20～40	12000	41.8	14700×9300×7800	
ZH-3000	1500，3000	6.7×10^{-1}	65	380，480	1700，2126	280，380	3130，3400	20～40	18000	64.5	17500×14000×11000	
ZH-5000	2500，5000	6.7×10^{-1}	70	480，600	1700，2270	380，480	2830，3400	20～40	24000	65.5	17500×14000×11000	
ZH-7000	3500，7000	6.7×10^{-1}	80	600，720	1600，2200	480，600	2480，3180	20～40	30000	82	18500×15000×12000	
ZH-10000	7000，10000	6.7×10^{-1}	95	720，840	2270，2480	600，720	3200，3400	20～40	36000	104	19200×1580×12500	

注：供货范围：炉体部分、真空系统、液压系统、光学观察系统、二次水冷电缆、电极自动控制系统、高压开关柜、硅整流电源。

表中的型号含义为

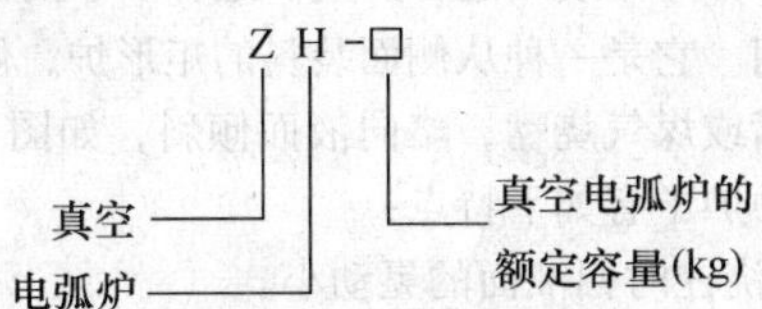

11.4.2　真空自耗电极电弧凝壳炉

1. 概述　真空电弧凝壳炉，在工业上主要用来熔炼钛、锆及其他合金。

这种电炉的结构如图 11-21 所示。电炉的坩埚呈半球形，由被熔炼的材料本身做成，外面通水冷却，所以这种坩埚实际上是一层凝固了的被熔金属的壳体，故称之为凝壳炉。

这种电炉通过加料装置把炉料加到水冷坩埚里。炉内设有铸型，金属熔化后倒入铸型中。

2. 产品系列　ZHN 系列真空电弧凝壳炉用于真空状态下浇注钛、锆及其合金。技术参数见表 11-43。

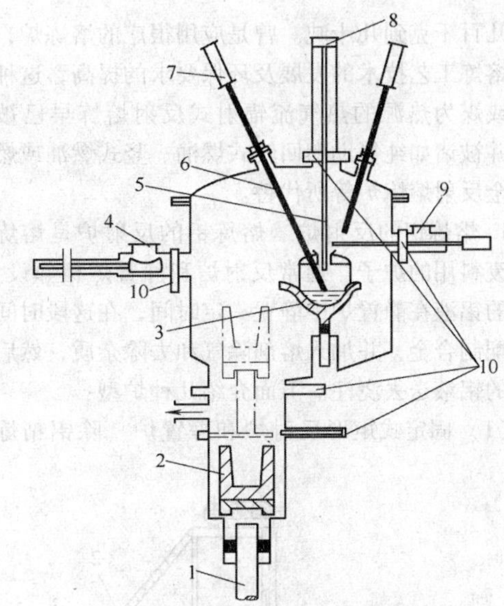

图 11-21　真空自耗电极电弧凝壳炉

1—液压缸活塞　2—铸型　3—凝壳式水冷坩埚　4—装料室　5—自耗电极　6—非自耗电极　7—电极控制装置　8—自耗电极进给机构　9—合金料填加口　10—真空闸阀

表 11-43　ZHN 系列真空电弧凝壳炉技术参数

型号	额定容量（以钛液计）/kg	最大电流/A	工作电压/V	极限真空度/Pa	工作真空度/Pa	结晶器直径/mm	外形尺寸(长/mm)×(宽/mm)×(高/mm)	重量/t	生产厂
ZHN-10	10	3000	20~40	6.65×10^{-2}	$6.65\sim6.65\times10^{-1}$	150	—	—	
ZHN-20	10,20	6000	20~40	6.65×10^{-2}	$6.65\sim6.65\times10^{-1}$	150,200	—	—	
ZHN-50	20,50	12000	20~40	6.65×10^{-2}	$6.65\sim6.65\times10^{-1}$	200,260	—	17.8	长春市电炉成套设备有限责任公司
ZHN-100	50,100	18000	20~60	6.65×10^{-2}	$6.65\sim6.65\times10^{-1}$	260,320	—	32.5	
ZHN-100B	50,100	18000	20~60	6.65×10^{-2}	$6.65\sim6.65\times10^{-1}$	260,320	8600×4200×7500	44.0	
ZHN-200	100,200	20000	20~40	6.65×10^{-2}	$6.65\sim6.65\times10^{-1}$	450,550	10120×7950×6570	—	
ZHN-500	200,500	30000	20~40	6.65×10^{-2}	$6.65\sim6.65\times10^{-1}$	550,750	10200×9000×6570	—	

11.5　火焰炉

火焰炉用焦炭、煤气、天然气和燃油等燃料作为能源。常用的火焰炉有反射炉和坩埚炉两种。

11.5.1　火焰反射炉

火焰反射炉可以用来熔炼铝合金和铜合金等，容量为几百千克到几十吨。曾是应用很广的熔炼炉，但由于熔炼工艺技术的发展及环保要求的提高，这种以焦炭或煤为热源的热气流辐射式反射熔炼早已被淘汰，并被诸如纯氧助燃回转式燃油、竖式燃油或燃气铝合金反射熔炼炉等所代替。

1. 熔炼铝的反射炉　熔炼铝的反射炉是熔炼铝锭和废料用的炉子。通常反射炉和静置炉相邻设置。熔炼的铝液在静置炉中静置一定时间，在这段时间里可以配制合金，并加入熔剂除气和去除杂质，然后将精炼的铝液送去浇注。下面介绍几种炉型：

(1) 固定式矩形反射炉和静置炉　除铝精炼厂外，一般轧制厂、挤压厂和再生铝厂重熔用的反射炉和静置炉都广泛使用这种炉型。这种炉子的侧壁设有装料炉门。它是一种从侧面装料的矩形炉，侧壁上安装油喷嘴或煤气烧嘴，略向液面倾斜，如图11-22所示。这种炉子有如下特点：

1) 浇注时铝液面的晃动小。

2) 设备费用比倾动式炉低。

3) 能随意设计炉子容量。

4) 可能留出较大的装料口和清扫口。

5) 易于小修。

6) 可将炉床面积扩大，以增大熔化能力。

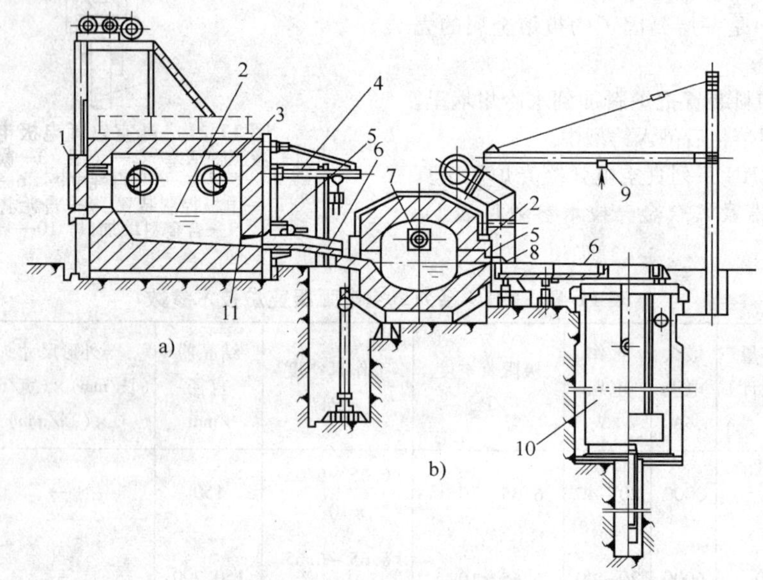

图11-22　矩形反射炉和静置炉

a) 固定式矩形反射炉　b) 倾动式矩形静置炉

1—装料口的门　2—金属液面　3—烧嘴　4—出料槽升降用简易提升机　5—金属液出口　6—出料槽　7—喷嘴　8—轴承　9—起重机　10—浇铸机　11—放料口

(2) 圆形反射炉　这种炉型分固定式和倾动式两种。固定式圆形反射炉比矩形反射炉的历史短，是广泛采用的大型炉种，如图11-23所示。圆形炉与矩形炉的区别是炉顶能活动，打开和关闭均由一个专用的起重机构完成。冷料可用料斗装炉，一次可装大量炉料。这种炉子有如下特点：

1) 炉体由圆筒形炉壁和钟形炉盖组成，具有理想的热辐射条件。

2) 冷料容易装炉，短时间内即可完成装料。

3) 可在恰当的位置上安装烧嘴。

4) 顶部能打开，修炉时炉子冷却快，易于修补。

倾动式圆形反射炉设有倾动装置，熔炼过程结束后，用液压缸倾动炉体，使金属液流入静置炉，以适应熔化量的变化。这种炉子有如下特点：

1) 容易运转和操作。

2) 液体金属靠倾动方式倒出，所以操作安全。

3) 容易靠倾动角度来控制液体流出量。

4) 可以在短时间内洗炉和更换金属液的种类。

(3) 倾动式反射炉　在精炼厂里当静置炉使用。炉子结构如图11-24所示。炉子是圆形或舟底形，由炉子下部的1～2组液压缸倾动炉体倒出液体金属，并根据铸造设备的布置情况，炉子可以单倾动也可以双倾动。这种炉子熔化量趋向大型化。

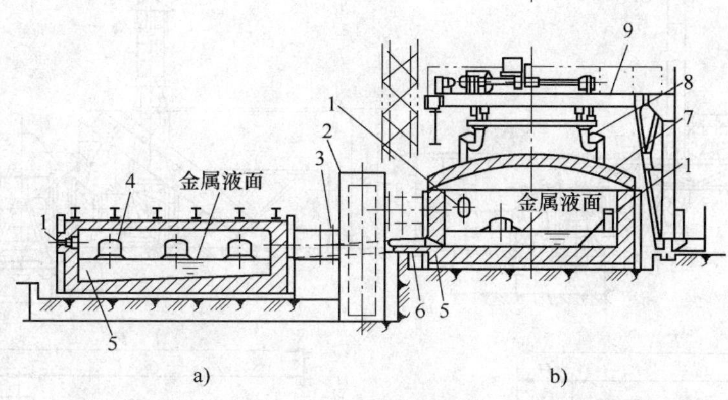

图 11-23　圆形反射炉

a）固定式圆形反射炉　b）固定式矩形静置炉

1—烧嘴　2—烟道　3—烟道闸板　4—检查口　5—出料口

6—出料槽　7—炉顶盖　8—吊钩　9—炉盖专用起重机

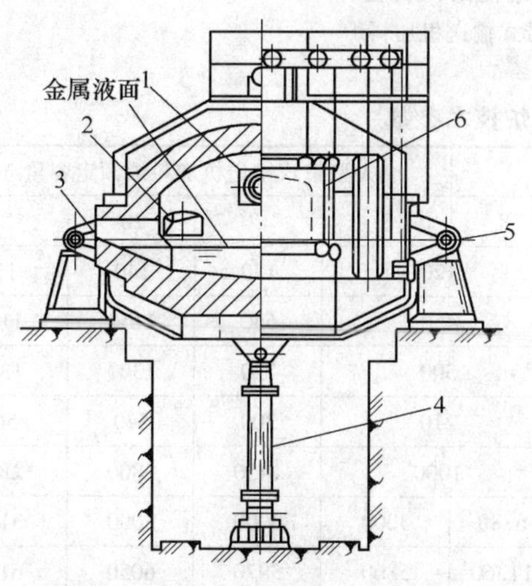

图 11-24　两侧倾动式反射炉、静置炉

1—烧嘴　2—检查口　3—出料口　4—倾动用液压缸　5—轴承　6—装料口门

这种炉子的特点是能控制液体金属的流量，可以用传感器测量炉内炉料的重量，以便准确地配制合金。

（4）带前床的反射炉（敞开式炉）　这种炉子就是把固定式矩形反射炉的侧面和称之为前床的加热室相连，并有一个敞开式液体金属槽，如图 11-25 所示。前床部分主要是为熔炼再生铝而设置的。将废料装入前床，靠熔融液体本身的热量来熔化。加热室和前床之间的隔墙用能升降的撇渣门隔开，一边用泵使融液在此时循环，一边促使废料熔化。从节省资源的观点来看，这是日趋普及的炉子。

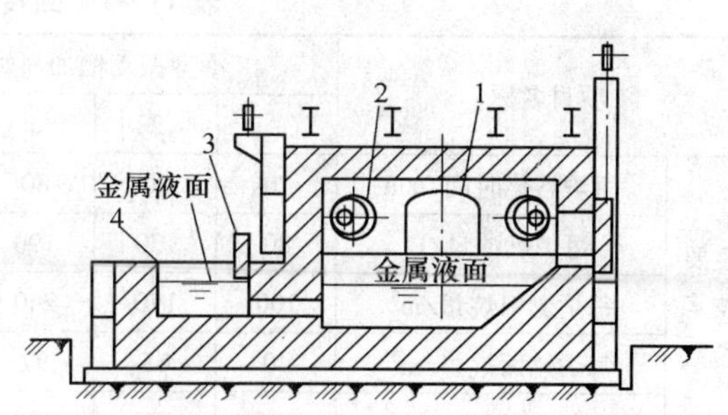

图 11-25　带前床的反射炉

1—检查口　2—烧嘴　3—撇渣门　4—前床

（5）回转式火焰反射炉　这是专门用来熔炼废铝料的炉子，分为固定式回转炉和倾动式回转炉。这些炉子在熔剂便宜的欧洲使用得较多，在日本的再生铝厂也有应用。炉子的炉体是圆筒形的，如图 11-26 所示，在炉子的一端装有能拆卸的烧嘴，也可以从烧嘴安装口装料。炉子的另一端设排烟口，有时也可以从排烟口装料。炉子在装入熔剂进行熔炼后，再将废料装入熔化的熔剂中，废料被熔剂包围，虽然用煤气燃烧，也很少产生氧化物，熔炼效率很高。

这种炉子的特点是，除金属液出炉时外，都在旋转，所以冷料的受热面积大，又不需要搅拌。目前常用的容量为 5 ~ 10t。

回转式火焰反射炉技术参数见表 11-44。

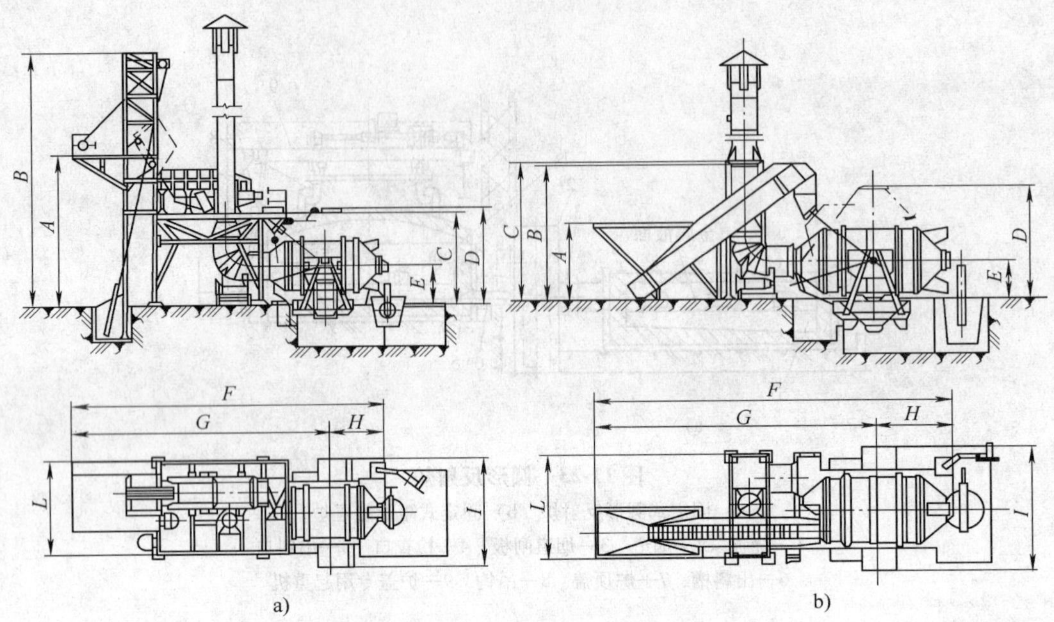

图 11-26　回转式火焰反射炉结构形式简图

a) 小型振动槽加料炉　b) 大型带式输送机加料炉

表 11-44　回转式火焰反射炉技术参数

<table>
<tr><td colspan="2" rowspan="2">项目名称</td><td colspan="5">小型振动槽加料炉额定容量/t</td><td colspan="4">大型带式输送机加料炉额定容量/t</td></tr>
<tr><td>1</td><td>2</td><td>3</td><td>5</td><td>8</td><td>8</td><td>12</td><td>20</td><td>25</td></tr>
<tr><td rowspan="5">主要技术参数</td><td>每炉熔化时间/min</td><td>70</td><td>80</td><td>80</td><td>100</td><td colspan="2">120</td><td>130</td><td>140</td><td>150</td></tr>
<tr><td>每炉燃油量/L</td><td>80</td><td>130</td><td>190</td><td>280</td><td colspan="2">450</td><td>650</td><td>1150</td><td>1185</td></tr>
<tr><td>每炉燃甲烷量/m³</td><td>100</td><td>170</td><td>240</td><td>320</td><td colspan="2">500</td><td>720</td><td>1300</td><td>1340</td></tr>
<tr><td>每炉燃丙烷量/m³</td><td>40</td><td>65</td><td>92</td><td>120</td><td colspan="2">210</td><td>300</td><td>540</td><td>560</td></tr>
<tr><td>氧气耗量/m³</td><td>195</td><td>320</td><td>480</td><td>640</td><td colspan="2">1000</td><td>1450</td><td>2800</td><td>2880</td></tr>
<tr><td rowspan="10">主要尺寸/mm</td><td>A</td><td>6000</td><td>6000</td><td>6020</td><td>6240</td><td>6780</td><td>3000</td><td>3000</td><td>3000</td><td>3150</td></tr>
<tr><td>B</td><td>8900</td><td>8900</td><td>8980</td><td>9200</td><td>11360</td><td>5800</td><td>5970</td><td>6050</td><td>6150</td></tr>
<tr><td>C</td><td>3760</td><td>3760</td><td>3780</td><td>4000</td><td>4150</td><td>5850</td><td>6020</td><td>6100</td><td>6200</td></tr>
<tr><td>D</td><td>3825</td><td>3805</td><td>3845</td><td>4080</td><td>4285</td><td>4280</td><td>4865</td><td>4985</td><td>5265</td></tr>
<tr><td>E</td><td>1580</td><td>1580</td><td>1600</td><td>1675</td><td>1675</td><td>1675</td><td>1675</td><td>1675</td><td>1675</td></tr>
<tr><td>F</td><td>10645</td><td>10645</td><td>10645</td><td>11000</td><td>13645</td><td>11500</td><td>14985</td><td>15240</td><td>15400</td></tr>
<tr><td>G</td><td>8540</td><td>8540</td><td>8540</td><td>8680</td><td>11275</td><td>9130</td><td>11965</td><td>12065</td><td>12225</td></tr>
<tr><td>H</td><td>2105</td><td>2105</td><td>2105</td><td>2320</td><td>2370</td><td>2370</td><td>3020</td><td>3175</td><td>3335</td></tr>
<tr><td>I</td><td>3570</td><td>3570</td><td>3570</td><td>4430</td><td>4900</td><td>4920</td><td>4920</td><td>5580</td><td>5580</td></tr>
<tr><td>L</td><td>3450</td><td>3450</td><td>3450</td><td>3790</td><td>4235</td><td>3800</td><td>3800</td><td>3800</td><td>3800</td></tr>
</table>

(6) 竖式火焰反射炉　竖式火焰反射炉是一种以油或气体为燃料的，采用集预热熔化保温于一体的铝合金熔炼保温炉。

按熔化室和保温池的布置方式分为上下垂直式和左右平行式两种，前者为MH型，占地面积略小，后者为MHⅡ型，高度略低，两者烧嘴均为自动控制。

竖式火焰反射炉的炉料从炉子上部加料口加入，利用熔化产生的废气进行预热，并除掉附着在炉料上的油污和水污，以降低铝液的含氢量，同时减少部分熔化能耗和铝的烧损率，一般可由其他反射炉的3%降至0.3%～1.5%；在熔化室铝熔化后随即流入保温池，回炉料中难熔的钢铁嵌件或其他高温材料，则被留在熔化室底面上得以分离排除，确保铝液的纯洁。炉衬为优质耐火材料，可三班连续运行，4～8 年不用更换。MHⅡ型竖式火焰反射炉的结构形式见图 11-27；竖式火焰反射炉的主要技术参数见表 11-45。此炉由德国 Striko wostofen 公司制造，北京兰佩铸造设备有限公司、法信有限公司代理，我国已进口 10 余台，代表用户有上海大众汽车公司等。目前国内也有类似的产品，其主要技术参数见表 11-46。

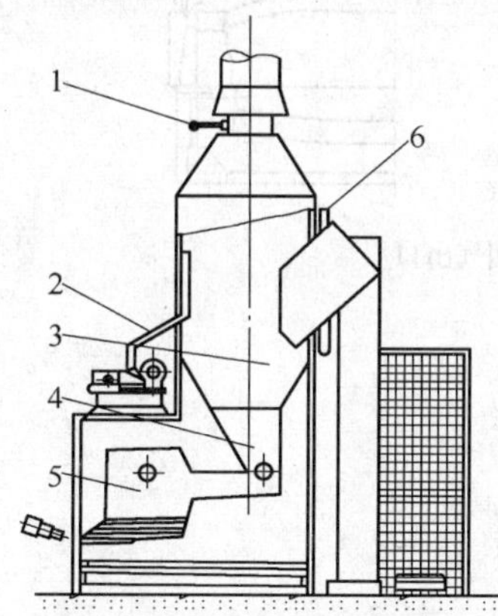

图 11-27　MHⅡ型竖式火焰反射炉结构简图

1—废气温度控制　2—炉盖　3—预热区　4—炉身　5—保温池　6—加料门

表 11-45　竖式火焰反射炉主要技术参数

额定容量/kg	MH 型	500	700	1000	1500	2000	—
	MHⅡ型	500	750	1000	1500	2000	3000
额定熔化率/kg·h⁻¹		300	500	750	1000	1250	1500

表 11-46　国产类似竖式火焰反射炉主要技术参数

熔化率/kg·h^{-1}	耗油量/kg·h^{-1}	外形尺寸/mm			重量/t ≈
		长	宽	高	
250	≤25	1900	1200	3000	6
350	≤35	2400	1200	3500	8
500	≤50	2600	1400	4000	11
750	≤75	2900	1500	4500	13
1000	≤100	3100	1500	4500	15
生产厂家	北京沃克应用技术有限公司				

（7）熔铝反射炉的典型温控曲线　熔炼铝的反射炉所具有的典型温度控制曲线如图 11-28 所示。控制方式是设定最大的供热量，控制炉顶附近的炉气温度 t_H；材料熔化后如果进入保温阶段，则转为控制金属液的温度 t_L。主要是按熔液温度进行控制，也有用时间函数进行程序控制。炉气的温度在熔炼时控制在 1100～1200℃，静置时则改为 700～750℃。

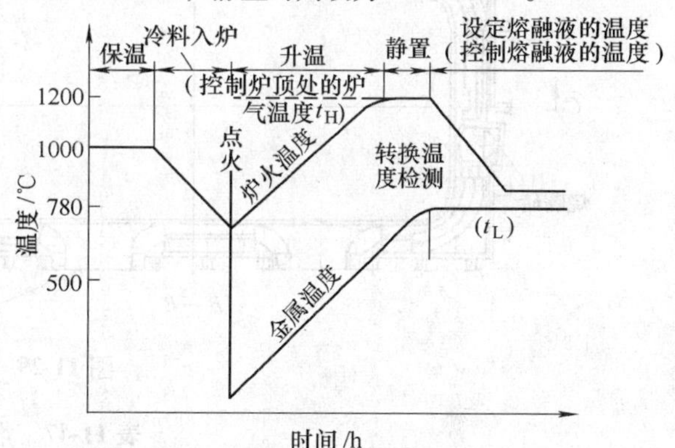

图 11-28　熔铝反射炉的典型温度控曲线图

对熔炼铝的反射炉，今后应在节能和防止污染上作些研究。节能措施应是有效利用烟气热量和改善燃烧技术，改进炉型和熔炼工艺。防止污染主要应解决由于金属烟尘及有害物质造成的污染。目前国外采用的真空静置炉是密闭的，经抽气后达到要求的真空度，并使熔炼炉送出的金属液在经过真空炉进料口的特殊喷嘴时经雾化状态被吹入炉内，连续进行除气。这既提高了除气效果，又防止了污染产生。

2. 熔炼铜的反射炉　目前熔炼的反射炉多用于混合熔炼，炉料为电解铜和电线等废料，为了进一步提高铜的纯度可配合使用氧化还原作业，筑炉材料所承受的条件恶劣，熔池部位以下容易被浸蚀而漏铜。因而对筑炉材料要求较高，炉底用硅砖，熔池周围和煤气区炉壁用烧成的镁铬砖、铬镁砖，炉顶用同等材质的烧成或不烧成的砖。炉顶大部分是吊挂式结构。这些部分的外侧与炉壳钢板之间，用硅砂、耐火粘土、不定型耐火材料和红砖等组成。为了防止装料机碰伤炉衬，装料口周边设冷却水套。燃烧产物通过接在压下拱后面的上升烟道排出炉外，该烟气的温度较高，对大型炉一般应设置余热锅炉，而对小型炉应设置预热器，预热燃烧用的空气，以便余热利用。炼铜反射炉如图11-29所示。

3. 产品系列

（1）熔炼铝的反射炉 用以熔化铝锭和废料。技术数据见表11-47。

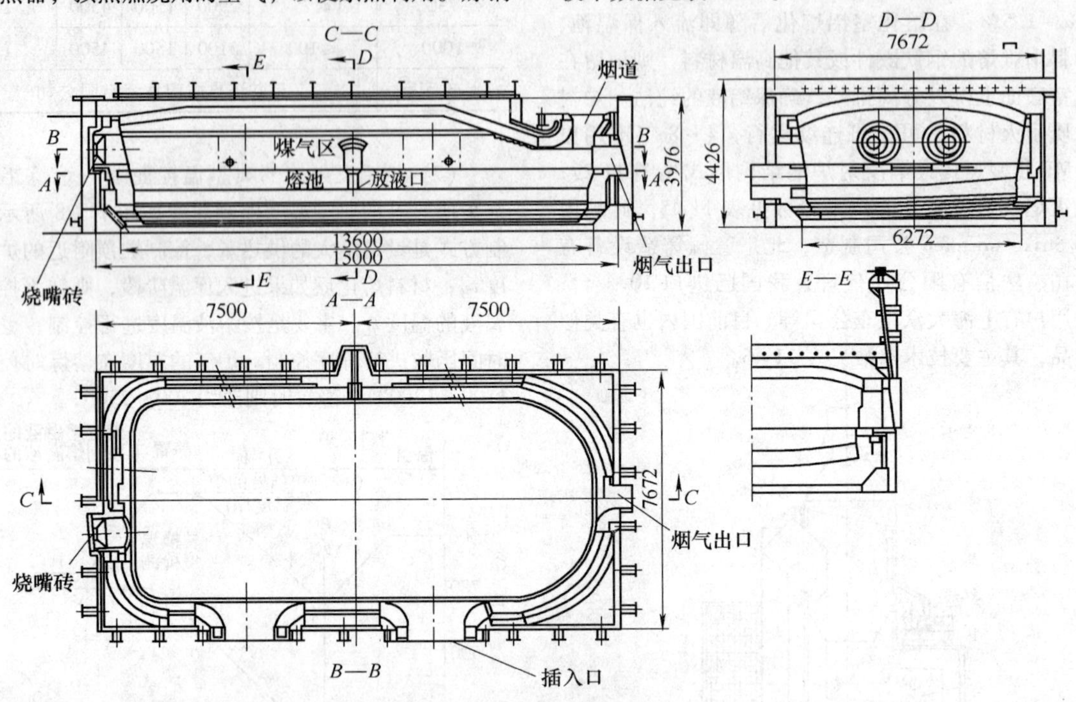

图11-29 炼铜反射炉

表11-47 燃油熔铝反射炉

型 号	6t轻柴油熔铝反射炉	8t柴油熔铝反射炉	12t重油熔铝反射炉
装炉量/t	6	8	12
铝液出炉温度/℃	700~740	700~750	700~760
熔化时间/h	3	4	3.6~4.5
熔池面积/m^2	7.14	8.58	12.31
熔池深度/mm	475	500	—
燃油低发热值/$J\cdot h^{-1}$	40150.4×10^3	40150.4×10^3	41714.48×10^3
喷嘴能力/$kg\cdot h^{-1}$	50~100	18.4~110	18.4~110
喷嘴个数	2	2	3
燃料	轻柴油	柴油	重油
耗油量/$kg\cdot h^{-1}$	150~180	150~180	—
喷嘴前油压/MPa	449×10^4	$4.9\times10^4\sim29\times10^4$	$4.9\times10^4\sim29\times10^4$
空气过剩系数	1.1~1.15	1.1	—
空气消耗量/$m^3\cdot h^{-1}$	1800~2300	1800~2350	—
烟气生成量/$m^3\cdot h^{-1}$	2000~2500	2000~2500	—
喷嘴前空气压力/Pa	2911.9125	6864.4625	6864.4625
空气预热温度/℃	350~450	300~350	250~400

(2) 熔炼静置炉　兼备熔炼和静置的双重性能。技术参数见表 11-48。

表 11-48　13t 熔炼静置炉技术参数

型　　号	13t 熔炼静置炉
容量/t	13
铝液出炉温度/℃	720 ~ 750
熔化时间/h	5 ~ 6
熔池面积/m²	10.78
燃料	轻柴油
柴油低发热值/J · h⁻¹	40150.4 × 10³
喷嘴能力/kg · h⁻¹	50 ~ 100
空气消耗量/m³ · h⁻¹	1800 ~ 2300
喷嘴前油压/Pa	49 × 10⁴
喷嘴个数/个	2
空气预热温度/℃	350

11.5.2　燃料坩埚炉

燃料坩埚炉主要用于材质品种较多、产品批量不大的非铁合金铸件的熔炼。燃料坩埚炉的发展主要围绕改善劳动条件和工作环境进行的，因此传统简易的燃焦、燃煤、燃油、燃气石墨坩埚被淘汰，一种新型的燃油坩埚炉得以开发。

坩埚炉的形式，按作业方式可以分为：

1. 固定式坩埚炉　图 11-30 所示是烧重油的熔炼铜合金的固定式坩埚炉结构。助燃系统包括一次空气和二次空气。表 11-49 是其主要尺寸。

表 11-49　固定式坩埚炉的主要尺寸

（单位：mm）

型号	标准熔炼量/kg	*D*	*E*	*F*	*G*
150	150	1088	898	700	550
250	250	1257	987	700	600
350	350	1257	1037	800	625
450	450	1257	1087	800	650
550	550	1424	1124	800	670

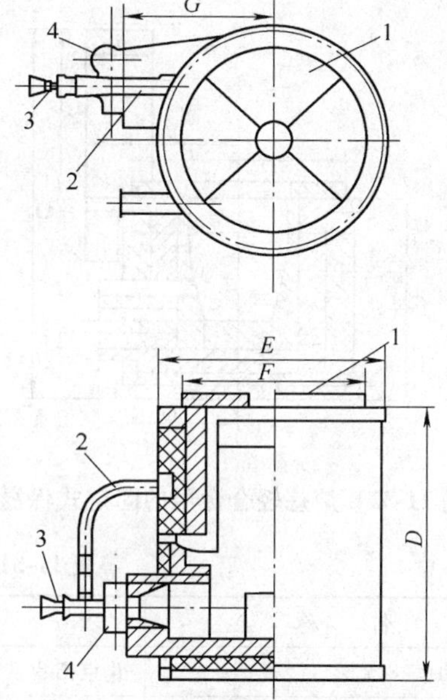

图 11-30　熔炼铜合金的固定式坩埚炉结构

1—炉盖　2—一次空气管道　3—喷嘴　4—二次空气调节装置

2. 倾动式坩埚炉　倾动式坩埚炉，按其倾动支点的位置可大致分为中心倾动与前方倾动两类。除中心倾动支点用人力者外，都使用电力、液压和水压操作，如前方支点液压倾动式，中心支点电力倾动式等。

图 11-31 为前方支点液压倾动式坩埚炉。

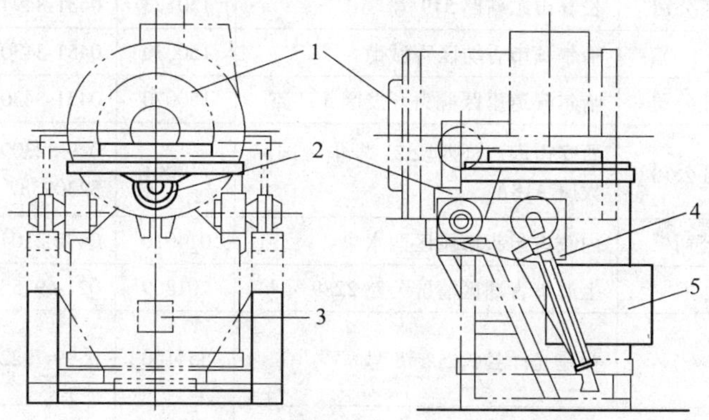

图 11-31　前方支点液压倾动式坩埚炉

1—炉盖　2—出液口　3—出渣口　4—液压缸　5—燃烧室

3. 熔炼轻合金用的固定式保温炉　上述固定式和倾动式坩埚炉的炉盖上部都是敞开的，而保温炉因注意改善操作条件，竭力减少从上部排烟，所以采用烟囱排烟法。图 11-32 所示是在压铸工业中广泛使用的小型熔炼轻合金用的固定式保温炉。其主要尺寸见表 11-50。

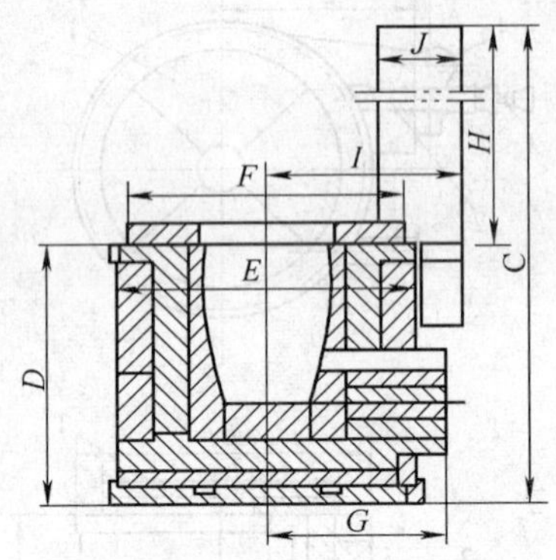

图 11-32　熔炼轻合金用的固定式保温炉

表 11-50　熔炼轻合金用固定式保温炉的主要尺寸　（单位：mm）

型号	标准熔化量/kg	C	D	E	F	G	H	I	J
120	120	1980	988	1037	800	625	992	725	230
150	150	2037	1037	1084	1000	640	1000	740	230
180	180	2104	1104	1123	1000	662	1000	787	230
200	200	2170	1170	1210	1000	705	1000	830	230
250	250	2170	1170	1237	1200	710	1000	844	230
300	300	2170	1170	1260	1200	730	1000	855	230

11.6　我国主要电炉及其配套厂家（见表 11-51）

表 11-51　我国主要电炉及其配套厂家

名　称	地　址	邮编	电　话	传真
北京电炉厂	北京市宣武区南菜园乙 15 号	100054	010-63540944	63545050
天津市中达电热设备有限公司	天津市西青区南河工业园	300382	022-23811661	23811991
沈阳市工业电炉厂	沈阳市满融工业园	110117	024-23319369，23736571	23319369，23736573
沈阳真空技术研究所	沈阳市沈河区万柳塘路 2 号	110142	024-24116259，24141990	24805081，24809927
沈阳市电炉厂	沈阳市和平区玉屏一路 2 号	110005	024-24116259	24805081
锦州电炉有限责任公司	锦州市和南区山里 86 号	121013	0416-3496192	3496192
锦州航星真空设备有限责任公司	锦州市古塔区士英里 74 号	121001	0416-4792900	4790147
辽阳电炉厂	辽阳市三道街刚家胡同 23 号	111000	0419-3153896	3157913
长春电炉成套设备有限责任公司	长春市东新路 519 号	130123	0431-84942773	84942773
哈尔滨龙江电炉厂	哈尔滨市香坊区香城街	150030	0451-84307217	84307217
哈尔滨松江电炉厂有限责任公司	哈尔滨道里区群力开发区 3 环路	150070	0451-84307217	84307217
西安新达炉业工程有限责任公司	西安市南二环西段 21 号华融国际大厦 A18A	710061	029-82309087，82309387	82309087-804
包头市宝丰电炉有限责任公司	内蒙古包头市昆区西水泉	014010	0472-2104108	2104968
上海中加电炉有限公司	上海市青浦区清屏公路 2289 号	201809	021-69755201	69755203
福建炉业有限公司	福建光泽县鸽君街 8 号	354100	0599-7922834	7922276 7921247
武汉工业电炉厂	武汉市东西湖台商开发区九通路武汉银湖科技产业园 18 号	430040	027-83372766	85879039

（续）

名　　称	地　　址	邮编	电　　话	传真
西安电炉研究所有限公司	西安市朱雀大街南端222号	710061	029-85271114	85265538
西安重型电炉厂	西安市丰登路	710073	029-86743610，84246397	86743610
西安中意高频设备厂	西安市幸福路幸福商城49号	710043	029-88225142	88255143
张家港沙洲特种变压器制造有限公司	张家港市新泾西路1-2号	215617	0512-58298405	58298385
宝鸡稀有金属装备设计研制所	宝鸡市渭滨区钛城路1号	721014	0917-3382302	3385593
佛山市兆科工业炉有限公司	广东省佛山市禅城区石湾凤凰路隔田坊64号	528031	757-82272752 82276886	82262497
上海嘉益电炉有限公司	上海市杭州路912号	200090	021-65432012、35080132	65730374
天津市天骄工业有限公司（天津市电炉制造总厂）	天津市北辰区普济河道	300400	022-26340661	26342800
丹阳市恒力炉业有限公司	江苏省丹阳市里庄工业园	212300	0511-86672920	86679183
西安中频电炉设备有限公司	西安市经济开发区凤城二路16号新世纪大厦19层		0137-09149591	
西安银海电炉有限公司	西安市环城西路北段218号	710082	029-88632095	88632095
武汉海顿（HARDUN）电炉有限公司	武汉市武昌铁机都市制造工业园18号	430063	027-83391089	63805417
天津市金能电力电子有限公司	河西区大任庄路3号	300221	022-88241662	88242246
南京长江工业炉科技有限公司	南京市栖霞区靖安镇上坝街2号	210028	025-85704170	85704181
郑州科佳电炉有限公司	郑州市郑上路北岗工业园	—	0371-67197091	67197091
宜兴市飞达电炉有限公司	宜兴市万石镇工业园区	214212	0510-87846768	87842186
北京沃克应用技术有限公司	北京市朝阳区平房东口北街132号	100025	010-65489656	65489299
西安鹏远重型电炉制造有限责任公司	西安市大庆路485号	710077	029-84264266	84205806
北京华翔电炉技术有限责任公司	北京市大兴区旧宫工业区北西甲10号	100076	010-87969196	87969563
南京东升电炉厂	南京市栖霞经济开发区	210028	025-85765980	85761809
江西科欣电炉有限公司	南昌市高新区高新大道589号南大科技园A404	330029	0791-8104475	5870289
开封工业电炉厂	开封市法院街41号	475000	0378-5650123	5650123
开封中宇科技电炉工程有限公司	开封市东京大道东段小李庄路西1号	475000	0378-2810123	2810456
深圳市中达电炉厂	深圳市龙岗区龙东社区南通道利好工业园7栋	—	0755-33353798	81700525

（续）

名　　称	地　　址	邮编	电　　话	传真
上海西波工业炉有限公司	上海市宝山区富联一路21号	201906	021-36040318	36040488
长春电炉成套设备有限责任公司	长春市二道区东新路519号	—	0431-84941901	84940425
南京电炉厂	南京市白下区光华东街8号		025-84590097	
南京光英炉业有限责任公司	南京市玄武区东杨坊120号	210042	025-85561438	85561422
南京新光英炉业有限公司	南京市麒麟工业园四号路10号	211135	025-84124618 84199367	84124058 84810763
株洲电炉厂	株洲市石峰区湘天桥	412005	0733-8640841	8640841
北京华翔电炉技术有限责任公司	北京市大兴区旧宫工业区北西甲10号	100076	010-87969563	87969186
南京广德电炉厂	南京市栖霞镇霞天工业园	210028	025-85767576	85767926

参 考 文 献

[1] 王秉铨．工业炉设计手册［M］．3版．北京：机械工业出版社，2010.

[2] 国家机械工业局．中国机械产品目录［M］．17册．北京：机械工业出版社，2000.

[3] 郭景杰，苏彦庆．钛合金ISM熔炼过程热力与动力学分析［J］．哈尔滨：哈尔滨工业大学出版社，1998.

[4] 郎业方，陈秉圆．УВНК—8П定向单晶炉［J］．北京：航空材料学报专题资料（2），1992.

[5] 郎业方，殷克勤．单晶炉单晶技术对苏合作和访苏考察汇报［J］．北京：航空材料学报专题资料（2），1992.

[6] 李思琪，殷经星，张武城．铸造用感应电炉［M］．北京：机械工业出版社，1997.

[7] 铸造工程师手册编写组．铸造工程师手册［M］．北京：机械工业出版社，1997.

[8] 铸造设备选用手册编委会．铸造设备选用手册［M］．2版．北京：机械工业出版社，2001.

附　录

国外常用铸造铝合金、铸造镁合金、铸造铜合金、铸造锌合金的化学成分、力学性能、标准号同国内合金牌号（代号）和相应的标准号列表如后。

附录 A　铸造铝合金国外标准

铸造铝合金国际标准见 A. 1，美国标准见 A. 2，欧洲标准见 A. 3，日本标准见 A. 4。

A. 1　铸造铝合金国际标准（ISO 3522：2006（E））

合金组	合金牌号	化学成分（质量分数，%）														铸造方法	状态	力学性能[①]				相近国内牌号或代号（标准号）
		Si	Fe	Cu	Mn	Mg	Cr	Ni	Zn	Pb	Sn	Ti	其他 单个	其他 总和	Al			R_m/MPa	$R_{p0.2}$/MPa	A（%）	HBW	
Al	Al99.7	0.10	0.20	0.01	0.05	0.02	0.004	—	0.04	—	—	—	0.03	—	Al≥99.7	—	—	—	—	—	—	—
	Al99.5	0.15	0.30	0.02	0.03	0.005	—	—	0.05	—	—	0.02	0.03	—	Al≥99.5							
AlCu	AlCu4Ti	0.18 (0.15)	0.19 (0.15)	4.2～5.2	0.55	—	—	—	0.07	—	—	0.15～0.30 (0.15～0.25)	0.03	0.10	余量	S	T6	300	200	3	95	
																S	T64	280	180	5	85	
																K	T6	330	220	7	95	
																K	T64	320	180	8	90	
	AlCu4MgTi	0.20 (0.15)	0.35 (0.30)	4.2～5.0	0.10	0.15～0.35 (0.20～0.35)	—	0.05	0.10	0.05	0.05	0.15～0.30 (0.15～0.25)	0.03	0.10	余量	S	T4	300	200	5	90	
																K	T4	320	200	8	95	
																L	T4	300	220	5	90	
	AlCu5MgAg[b]	0.05	0.10	4.0～5.0	0.20～0.40	0.15～0.35 (0.20～0.35)	—	—	0.05	—	—	0.15～0.35	0.03	0.10	余量	S	T6	480	430	3	115	
																K	T6	480	430	3	115	

（续）

合金组	合金牌号	化学成分(质量分数,%)														铸造方法	状态	力学性能①				相近国内牌号或代号（标准号）
		Si	Fe	Cu	Mn	Mg	Cr	Ni	Zn	Pb	Sn	Ti	其他 单个	其他 总和	Al			R_m/MPa	$R_{p0.2}$/MPa	A(%)	HBW	
AlSi	AlSi9	8.0~11.0	0.65 (C.55)	0.10 (0.08)	0.50	0.10	—	0.05	0.15	0.05	0.05	0.15	0.05	0.15	余量	D	F	220	120	2	55	
AlSi	AlSi11	10.0~11.8	0.19 (0.15)	0.05 (0.03)	0.10	0.45	—	—	0.07	—	—	0.15	0.03	0.10	余量	S	F	150	70	6	45	
																K	F	170	80	7	45	
AlSi	AlSi12(a)	10.5~13.5	0.55 (0.40)	0.05 (0.03)	0.35	—	—	—	0.10	—	—	0.15	0.05	0.15	余量	S	F	150	70	5	50	ZL102(GB/T 1173—1995)
																K	F	170	80	6	55	
AlSi	AlSi12(b)	10.5~13.5	0.65 (0.65)	0.15 (0.10)	0.55	0.10	—	0.10	0.15	0.10	—	0.20 (0.15)	0.05	0.15	余量	S	F	150	70	4	50	
																K	F	170	80	5	55	
																L	F	150	80	4	50	
AlSi	AlSi12(Fe)	10.5~13.5	1.0 (0.45~0.90)	0.10 (0.08)	0.55	—	—	—	0.15	—	—	0.15	0.05	0.25	余量	D	F	240	130	1	60	YL102(GB/T 5115—2009)
AlSiMgTi	AlSi2MgTi	1.6~2.4	0.50 (0.50)	0.10 (0.08)	0.30~0.50	0.45~0.65 (0.50~0.65)	—	0.05	0.10	0.05	0.05	0.05~0.20 (0.07~0.15)	0.05	0.15	余量	S	F	140	70	3	50	
																S	T6	240	180	3	85	
																K	F	170	70	5	50	
																K	T6	260	180	5	85	
AlSi7Mg	AlSi7Mg	6.5~7.5	0.55 (0.45)	0.20 (0.15)	0.35	0.20~0.65 (0.25~0.65)	—	0.15	0.15	0.15	0.05	0.05~0.25 (0.05~0.20)	0.05	0.15	余量	S	F	140	80	2	50	
																S	T6	220	180	1	75	
																K	F	170	90	2.5	55	ZL101(GB/T 1173—1995)
																K	T6	260	220	1	90	
																K	T64	240	200	2	80	
																L	F	150	80	2	50	
																L	T6	240	190	1	75	

（续）

合金组	合金牌号	化学成分（质量分数，%）														铸造方法	状态	力学性能①				相近国内牌号或代号（标准号）
		Si	Fe	Cu	Mn	Mg	Cr	Ni	Zn	Pb	Sn	Ti	其他 单个	其他 总和	Al			R_m/MPa	$R_{p0.2}$/MPa	A（%）	HBW	
AlSi7Mg	AlSi7Mg0.3	6.5~7.5	0.19 (0.15)	0.05 (0.03)	0.10	0.25~0.45 (0.30~0.45)	—	—	0.07	—	—	0.08~0.25 (0.10~0.18)	0.03	0.10	余量	S	T6	230	190	2	75	ZL101A (GB/T 1173—1995)
																K	T6	290	210	4	90	
																K	T64	250	180	8	80	
																L	T6	260	200	3	75	
	AlSi7Mg0.6	6.5~7.5	0.19 (0.15)	0.05 (0.03)	0.10	0.45~0.70 (0.50~0.70)	—	—	0.07	—	—	0.08~0.25 (0.10~0.18)	0.03	0.10	余量	S	T6	250	210	1	85	ZL114A (GB/T 1173—1995)
																K	T6	320	240	3	100	
																K	T64	290	210	6	90	
	AlSi9Cu3(Fe)	8.0~11.0	1.3 (0.6~1.1)	2.0~4.0	0.55	0.05~0.55 (0.15~0.55)	0.15	0.55	1.2	0.35	0.25	0.25 (0.20)	0.05	0.25	余量		F	240	140	a^b	80	
	AlSi9Cu3(Fe)(Zn)	8.0~11.0	1.3 (0.6~1.2)	2.0~4.0	0.55	0.05~0.55 (0.15~0.55)	0.15	0.55	3.0	0.35	0.25	0.25 (0.20)	0.05	0.25	余量	D	F	240	140	a^b	80	
	AlSi11Cu2(Fe)	10.0~12.0	1.1 (0.45~1.0)	1.5~2.5	0.55	0.30	0.15	0.45	1.7	0.25	0.25	0.25 (0.20)	0.05	0.25	余量		F	240	140	a^b	80	
	AlSi11Cu3(Fe)	9.6~12.0	1.3	1.5~3.5	0.60	0.35	—	0.45	1.7	0.25	0.25	0.25	—	—	余量		F	240	140	a^b	80	
AlSi12Cu	AlSi12(Cu)	10.5~13.5	0.8 (0.7)	1.0 (0.9)	0.05~0.55	0.35	0.10	0.30	0.55	0.20	0.10	0.20 (0.15)	0.05	0.25	余量	S	F	150	80	1	50	ZL108(GB/T 1173—1995)
																K	F	170	90	2	55	

（续）

合金组	合金牌号	化学成分（质量分数，%） Si	Fe	Cu	Mn	Mg	Cr	Ni	Zn	Pb	Sn	Ti	其他 单个	其他 总和	Al	铸造方法	状态	力学性能① R_m/MPa	$R_{p0.2}$/MPa	A（%）	HBW	相近国内牌号或代号（标准号）
AlSi12Cu	AlSi12Cu1(Fe)	10.5～13.5	1.3 (0.6～1.2)	0.7～1.2	0.55	0.35	0.10	0.30	0.55	0.20	0.10	0.20 (0.15)	0.05	0.25	余量	D	F	240	140	1	70	YL108 (GB/T 15115—2009)
	AlSi12CuNiMg	10.5～13.5	0.7 (0.6)	0.8～1.5	0.35	0.8～1.5 (0.9～0.15)	—	0.7～1.3	0.35	—	—	0.25 (0.20)	0.05	0.15	余量	K	T5	200	185	a^b	90	
																	T6	280	240	a^b	100	
AlSi17Cu	AlSi17Cu4Mg	16.0～18.0	1.3 (1.0)	4.0～5.0	0.50	0.45～0.65	—	0.3	1.5	—	0.3	—	—	—	余量	L	F	200	180	1	90	
																	T5	295	260	1	125	
																D	F	200	180	a^b	90	
AlMg	AlMg3	0.55 (0.45)	0.55 (0.45)	0.10 (0.08)	0.45	2.5～3.5 (2.7～3.5)	—	—	0.10	—	—	0.20 (0.15)	0.05	0.15	余量	S	F	140	70	3	50	
																K	F	150	70	5	50	
	AlMg5	0.55 (0.45)	0.55 (0.45)	0.10 (0.05)	0.45	4.5～6.5 (4.8～6.5)	—	—	0.10	—	—	0.20 (0.15)	0.05	0.15	余量	S	F	160	90	3	55	
																K	F	180	100	4	60	
																L	F	170	95	3	55	

（续）

合金组	合金牌号	化学成分(质量分数,%) Si	Fe	Cu	Mn	Mg	Cr	Ni	Zn	Pb	Sn	Ti	其他 单个	其他 总和	Al	铸造方法	状态	力学性能① R_m/MPa	$R_{p0.2}$/MPa	A(%)	HBW	相近国内牌号或代号(标准号)
AlMg	AlMg5(Si)	1.5(1.3)	0.55(0.45)	0.05(0.03)	0.45	4.5~6.5(4.8~6.5)	—	—	0.10	—	—	0.20(0.15)	0.05	0.15	余量	S	F	160	100	3	60	ZL303(GB/T 1173—1995)
																K	F	180	110	3	65	
	AlMg9	2.5	1.0(0.5~0.9)	0.10(0.08)	0.55	8.0~10.5(8.5~10.5)	—	0.10	0.25	0.10	010	0.20(0.15)	0.05	0.15	余量	D	F	200	130	a^b	70	
AlZnMg	AlZn5Mg	0.30(0.25)	0.80(0.70)	0.15~0.35	0.40	0.40~0.70(0.45~0.70)	0.15~0.60	0.05	4.50~6.00	0.05	0.05	0.10~0.25(0.12~0.20)	0.05	0.15	余量	S	T1	190	120	4	60	ZL402(GB/T 1173—1995)
																K	T1	210	130	4	65	
AlZnSiMg	AlZn10Si8Mg	7.5~9.0(7.7~8.3)	0.30(0.27)	0.10(0.08)	0.15(0.10)	0.2~0.4(0.25~0.4)	—	—	9.0~10.5	—	—	0.15	0.05	0.15	余量	S	T1	220	200	1	90	
																K	T1	280	210	2	105	

注：1. 化学成分括号中的数值表示该元素的铸锭含量。

2. 化学成分表中只有一个数值表示该元素的最大含量。

3. 力学性能的断后伸长率按照 ISO2379 或相当的标准测定。

4. 力学性能的断后伸长率为 a 表示断后伸长率测定数值小于 1，测量精度不够。

① R_m—抗拉强度；$R_{p0.2}$—屈服强度；A—断后伸长率；HBW—布氏硬度。后同。

A.2　铸造铝

合金牌号	化学成分(质量分数,%)									
	Si	Mg	Fe	Cu	Mn	Zn	Ti	其余	其他	
									单个	总量
201.0	0.10	0.15～0.55	0.15	4.0～5.2	0.20～0.50	—	0.15～0.35	Ag:0.40～1.0	0.05	0.10
204.0	0.20	0.15～0.35	0.35	4.2～5.0	0.10	0.10	0.15～0.30	Ni:0.05 Sn:0.05	0.05	0.15
208.0	2.5～3.5	0.10	1.2	3.5～4.5	0.50	1.0	0.25	Ni:0.35	—	0.50
213.0	1.0～3.0	0.10	1.2	6.0～8.0	0.6	0.25	0.25	Ni:0.35	—	0.50
222.0	2.0	0.15～0.35	1.5	9.2～10.7	0.50	0.8	0.25	Ni:0.50	—	0.35
242.0	0.7	1.2～1.8	1.0	3.7～4.5	0.35	0.35	0.25	Ni:1.7～2.3 Cr:0.25	0.05	0.15
A242.0	0.6	1.2～1.7	0.8	3.7～4.5	0.10	0.10	0.07～0.20	Ni:1.8～2.3 Cr:0.15～0.25	0.05	0.15
295.0	0.7～1.5	0.03	1.0	4.5～5.0	0.35	0.35	0.25	—	0.05	0.15
319.0	5.5～6.5	0.10	1.0	3.0～4.0	0.50	1.0	0.25	Ni:0.35	—	0.50

合金美国标准

铸造方法	状态	力学性能 ≥				标 准 号	相近国内牌号或代号（标准号）
		R_m /MPa	$R_{p0.2}$ /MPa	A (%)	HBW[①]		
S	T7	415	345	3.0	—	ASTMB26M—2009	—
R	T6	414	345	5.0	—	ASTMB618M—2008	
	T7	414	345	3.0			
S	T4	310	195	6.0	—	ASTMB26M—2009	—
R	T4	310	193	6.0	—	ASTMB618M—2008	
J	T4	331	200	8.0	—	ASTMB108M—2008	
S	F	130	85	1.5	55	ASTMB26M—2009	—
R	F	131	83	1.5	55	ASTMB618M—2008	
J	T4	228	103	4.5	75	ASTMB108M—2008	
	T6	241	152	2.0	90		
J	F	159	—	—	—	ASTMB108M—2008	—
S	T2	160	—	—	80	ASTMB26M—2009	—
	T61	205	—	—	115		
R	T2	159	—	—	80	ASTMB618M—2008	
	T6	207	—	—	115		
J	T551[②]	207	—	—	115	ASTMB108M—2008	
	T65	276	—	—	140		
S	T6	160	—	—	70	ASTMB26M—2009	—
	T61	220	140	—	105		
R	T2	159	—	—	70	ASTMB618M—2008	
	T61	221	138	—	105		
J	T571[②]	234	—	—	105	ASTMB108M—2008	
	T61	276	—	—	110		
S	T75	200	—	1.0	75	ASTMB26M—2009	—
S	T4	200	90	6.0	60	ASTMB26M—2009	—
	T6	220	140	3.0	75		
	T62	250	195	—	95		
	T7	200	110	3.0	70		
R	T4	200	90	6.0	60	ASTMB618M—2009	
	T6	221	138	3.0	75		
	T62	248	193	—	95		
	T7	200	110	3.0	70		
S	F	160	90	1.5	70	ASTMB26M—2009	—
	T1	170	—	—	80		
	T6	215	140	1.5	80		
R	F	159	90	1.5	70	ASTMB618M—2008	
	T6	214	138	1.5	80		
J	F	186	97	2.5	95	ASTMB108M—2008	

合金牌号	化学成分(质量分数,%)								其他	
	Si	Mg	Fe	Cu	Mn	Zn	Ti	其余	单个	总量
328.0	7.5~8.5	0.20~0.6	1.0	1.0~2.0	0.20~0.6	1.5	0.25	Ni:0.25 Cr:0.35	—	0.50
332.0	8.5~10.5	0.50~1.5	1.2	2.0~4.0	0.50	1.0	0.25	Ni:0.50	—	0.50
333.0	8.0~10.0	0.05~0.50	1.0	3.0~4.0	0.50	1.0	0.25	Ni:0.50	—	0.50
336.0	11.0~13.0	0.7~1.3	1.2	0.50~1.5	0.35	0.35	0.25	Ni:2.0~3.0	0.50	—
354.0	8.6~9.4	0.4~0.6	0.2	1.6~2.0	0.10	0.10	0.20	—	0.05	0.15
355.0	4.5~5.5	0.40~0.6	0.6④	1.0~1.5	0.50④	0.35	0.25	Cr:0.25	0.05	0.15
C355.0	4.5~5.5	0.40~0.6	0.20	1.0~1.5	0.10	0.10	0.20	—	0.05	0.15
356.0	6.5~7.5	0.20~0.45	0.6④	0.25	0.35④	0.35	0.25	—	0.05	0.15

（续）

铸造方法	状态	R_m /MPa	$R_{p0.2}$ /MPa	A (%)	HBW①	标　准　号	相近国内牌号或代号（标准号）
S	F	170	95	1.0	60	ASTMB26M—2009	ZL106(GB/T 1173—1995)
S	T6	235	145	1.0	80	ASTMB26M—2009	ZL106(GB/T 1173—1995)
R	F	172	97	1.0	60	ASTMB618M—1998	ZL106(GB/T 1173—1995)
R	T6	234	145	1.0	80	ASTMB618M—1998	ZL106(GB/T 1173—1995)
J	T1	214	—	—	105	ASTMB108M—2008	—
J	F	193	—	—	90	ASTMB108M—2008	—
J	T1	207	—	—	100	ASTMB108M—2008	—
J	T6	241	—	—	105	ASTMB108M—2008	—
J	T7	214	—	—	90	ASTMB108M—2008	—
J	T551②	214	—	—	105	ASTMB108M—2008	ZL106(GB/T 1173—1995)
J	T65	276	—	—	125	ASTMB108M—2008	ZL106(GB/T 1173—1995)
J	T61③	331	255	3.0	—	ASTMB108M—2008	—
J		324	248	3.0	—	ASTMB108M—2008	—
J		297	228	2.0	—	ASTMB108M—2008	—
J	T62③	359	290	2.0	—	ASTMB108M—2008	—
J		344	290	2.0	—	ASTMB108M—2008	—
J		297	228	—	—	ASTMB108M—2008	—
S	T6	220	140	2.0	80	ASTMB26M—2009	ZL105(GB/T 1173—1995, HB962—2001)
S	T51②	170	125	—	65	ASTMB26M—2009	ZL105(GB/T 1173—1995, HB962—2001)
S	T71	205	150	—	75	ASTMB26M—2009	ZL105(GB/T 1173—1995, HB962—2001)
R	T6	221	138	2.0	80	ASTMB618M—1998	ZL105(GB/T 1173—1995, HB962—2001)
R	T51②	172	124	—	65	ASTMB618M—1998	ZL105(GB/T 1173—1995, HB962—2001)
R	T71	207	152	—	75	ASTMB618M—1998	ZL105(GB/T 1173—1995, HB962—2001)
J	T51①	186	—	—	75	ASTMB108M—2008	ZL105(GB/T 1173—1995, HB962—2001)
J	T62	290	—	—	105	ASTMB108M—2008	ZL105(GB/T 1173—1995, HB962—2001)
J	T7	248	—	—	90	ASTMB108M—2008	ZL105(GB/T 1173—1995, HB962—2001)
J	T71	234	186	—	80	ASTMB108M—2008	ZL105(GB/T 1173—1995, HB962—2001)
S	T6	250	170	2.5	—	ASTMB26M—2009	ZL105A(GB/T 1173—1995, HB5480—1991)
R	T6	248	172	2.5	—	ASTMB618M—1998	ZL105A(GB/T 1173—1995, HB5480—1991)
J	T61③	276	207	3.0	85～90	ASTMB108M—2008	ZL105A(GB/T 1173—1995, HB5480—1991)
J		276	207	3.0	—	ASTMB108M—2008	ZL105A(GB/T 1173—1995, HB5480—1991)
J		255	207	1.0	85	ASTMB108M—2008	ZL105A(GB/T 1173—1995, HB5480—1991)
S	F	130	65⑤	2.0	55	ASTMB26M—2009	ZL101(GB/T 1173—1995, HB962—2001)
S	T6	205	140	3.0	70	ASTMB26M—2009	ZL101(GB/T 1173—1995, HB962—2001)
S	T7	215	—	—	75	ASTMB26M—2009	ZL101(GB/T 1173—1995, HB962—2001)
S	T51②	160	110	—	60	ASTMB26M—2009	ZL101(GB/T 1173—1995, HB962—2001)
S	T71	170	125	3.0	60	ASTMB26M—2009	ZL101(GB/T 1173—1995, HB962—2001)

合金牌号	化学成分(质量分数,%)								其他	
	Si	Mg	Fe	Cu	Mn	Zn	Ti	其余	单个	总量
356.0	6.5~7.5	0.20~0.45	0.6④	0.25	0.35④	0.35	0.25	—	0.05	0.15
A356.0	6.5~7.5	0.25~0.45	0.20	0.20	0.10	0.10	0.20	—	0.05	0.15
357.0	6.5~7.5	0.45~0.6	0.15	0.05	0.03	0.05	0.20	—	0.05	0.15
A357.0	6.5~7.5	0.40~0.7	0.20	0.20	0.10	0.10	0.04~0.20	Be:0.04~0.07	0.05	0.15
359.0	8.5~9.5	0.50~0.7	0.20	0.20	0.10	0.10	0.20	—	0.05	0.15
443.0	4.5~6.0	0.05	0.8	0.6	0.50	0.50	0.25	Cr:0.25	—	0.35
B443.0	4.5~6.0	0.05	0.8	0.15	0.35	0.35	0.25	—	0.05	0.15
A444.0	6.5~7.5	0.05	0.20	0.10	0.10	0.10	0.20	—	0.05	0.15
512.0	1.4~2.2	—	0.6	0.35	0.8	0.35	0.25	—	0.05	0.15
513.0	0.30	3.5~4.5	0.40	0.10	0.30	1.4~2.2	0.20	Cr:0.25	0.05	0.15
514.0	0.35	3.5~4.5	0.50	0.15	0.35	0.15	0.25	—	0.05	0.15
520.0	0.25	9.5~10.6	0.30	0.25	0.15	0.15	0.25	—	0.05	0.15
535.0	0.15	6.2~7.5	0.15	0.05	0.10~0.25	—	0.10~0.25	Be:0.003~0.007 B:0.005	0.05	0.15

（续）

铸造方法	状态	力学性能 ≥ R_m /MPa	$R_{p0.2}$ /MPa	A (%)	HBW①	标 准 号	相近国内牌号或代号（标准号）
R	F	131	—	2.0	55	ASTMB618M—2008	ZL101(GB/T 1173—1995, HB962—2001)
	T6	207	138	3.0	70		
	T7	214	—	—	75		
	T51②	159	110	—	60		
	T71	172	124	3.0	60		
J	F	145	69⑤	3.0	—	ASTMB108M—2008	
	T6	228	152	3.0	85		
	T71	172	—	3.0	70		
S	T6	235	165	3.5	80	ASTMB26M—2009	ZL101A(GB/T 1173—1995, HB962—2001, HB5480—1991)
R	T6	234	166	3.5	80	ASTMB618M—2008	
J	T61③	262	179	5.0	80~90	ASTMB108M—2008	
		228	179	5.0			
		193	179	3.0			
J	T6	310	—	3.0	—	ASTMB108M—2008	—
J	T61③	310	248	3.0	100	ASTMB108M—2008	ZL114A(GB/T 1173—1995, HB962—2001, HB5480—1991)
		317	248	3.0	—		
		283	214	3.0	—		
J	T61⑥	310	234	4.0	90	ASTMB108M—2008	—
	T62⑥	310	234	4.0	—		
		276	207	3.0	—		
		324	262	3.0	100		
		324	262	3.0	—		
		276	207	3.0	—		
S	F	115	50	3.0	40	ASTMB26M—2009	—
R	F	117	48	3.0	40	ASTMB618M—2008	
J	F	145	49	2.0	45	ASTMB108M—2008	
S	F	115	40	3.0	40	ASTMB26M—2009	—
R	F	117	41	3.0	40	ASTMB618M—2008	
J	F	145	41	2.5	45	ASTMB108M—2008	
J	T4③	138	—	20	—	ASTMB108M—2008	
		138	—	20	—		
S	F	11.5	70	—	50	ASTMB26M—2009	—
J	F	152	83	2.5	60	ASTMB108M—2008	—
S	F	150	60	6.0	50	ASTMB26M—2009	—
R	F	152	62	6.0	50	ASTMB618M—2008	
S	T4	290	150	12.0	75	ASTMB26M—2009	ZL301(GB/T 1173—1995, HB962—2001)
R	T4	290	152	12.0	75	ASTMB618M—2008	
S	F	240	125	9.0	70	ASTMB26M—2009	—
R	F	241	124	9.0	70	ASTMB618M—2008	
J	F	241	124	8.0	—	ASTMB108M—2008	

合金牌号	化学成分(质量分数,%)								其他	
	Si	Mg	Fe	Cu	Mn	Zn	Ti	其余	单个	总量
705.0	0.20	1.4~1.8	0.8	0.20	0.4~0.6	2.7~3.3	0.25	Cr:0.20~0.40	0.05	0.15
707.0	0.20	1.8~2.4	0.8	0.20	0.40~0.6	4.0~4.5	0.25	Cr:0.20~0.40	0.05	0.15
710.0[⑧]	0.15	0.6~0.8	0.50	0.35~0.65	0.05	6.0~7.0	0.25	—	0.05	0.15
711.0	0.30	0.05	0.25~0.45	0.35~0.65	0.05	6.0~7.0	0.20	—	0.05	0.15
712.0	0.30	0.50~0.65	0.50	0.25	0.10	5.0~6.5	0.15~0.25	Cr:0.40~0.6	0.05	0.20
713.0	0.25	0.20~0.50	1.1	0.40~1.0	0.6	7.0~8.0	0.25	Ni:0.15 Cr:0.35	0.10	0.25
771.0[⑧]	0.15	0.8~1.0	0.15	0.10	0.10	6.5~7.5	0.10~0.20	Cr:0.06~0.20	0.05	0.15
850.0	0.7	0.10	0.7	0.7~1.3	0.10	—	0.20	Ni:0.7~1.3 Sn:5.5~7.0	—	0.30
851.0	2.0~3.0	0.10	0.7	0.7~1.3	0.10	—	0.20	Ni:0.3~1.7 Sn:5.5~7.0	—	0.30
852.0	0.40	0.6~0.9	0.7	1.7~2.3	0.10	—	0.20	Ni:0.9~1.5 Sn:5.5~7.0	—	0.30

（续）

铸造方法	状态	力学性能 ≥ R_m /MPa	$R_{p0.2}$ /MPa	A (%)	HBW①	标准号	相近国内牌号或代号（标准号）
S	T1	205	115⑥	5.0	65	ASTMB26M—2009	—
R	F⑥或T1	207	117	5.0	65	ASTMB618M—2008	
J	F或T1	255	117	10.0	—	ASTMB108M—2008	
S	T7	255	205⑦	1.0	80	ASTMB26M—2009	—
R	F⑥	228	152	2.0	85	ASTMB618M—2008	
	T7	255	207	1.0	80		
J	F⑥	290	173	4.0	—	ASTMB108M—2008	
	T7	310	241	3.0	—		
S	T1	220	140	2.0	75	ASTMB26M—2009	—
R	F⑤	221	138	2.0	75	ASTMB618M—2008	
J	F⑥	193	124	7.0	70	ASTMB108M—2008	—
S	T1	235	170⑥	4.0	75	ASTMB26M—2009	ZL402(GB/T 1173—1995)
R	F⑥或T1	234	172	4.0	75	ASTMB618M—2008	
S	T1	220	150	3.0	75	ASTMB26M—2009	
R	F⑥或T1	221	152	3.0	75	ASTMB618M—2008	—
J	F⑥或T1	221	152	4.0	—	ASTMB108M—2008	
S	T1	290	260	1.5	100	ASTMB26M—2009	—
	T51②	220	185	3.0	85		
	T52②	250	205	1.5	85		
	T6	290	240	5.0	90		
	T71	330	310	2.0	120		
R	T1	290	262	1.5	100	ASTMB618M—2008	
	T51②	221	186	3.0	85		
	T52②	248	207	1.5	85		
	T6	290	241	5.0	90		
	T71	331	310	2.0	120		
S、R	T1	110	—	5.0	45	ASTMB26M—2009 ASTMB618M—2008	—
J	T1	124	—	8.0	—	ASTMB108M—2008	
S	T1	115	—	3.0	45	ASTMB26M—2009	—
R	T1	117	—	3.0	45	ASTMB618M—2008	
J	T5	117	—	3.0	—	ASTMB108M—2008	
	T6	124	—	8.0	—		
S	T1	165	125	—	60	ASTMB26M—2009	—
R	T1	166	124	—	60	ASTMB618M—2008	
J	T1	186	—	3.0	—	ASTMB108M—2008	

合金牌号	化学成分(质量分数,%)								其他	
	Si	Mg	Fe	Cu	Mn	Zn	Ti	其余	单个	总量
360.0	9.0~10.0	0.40~0.6	2.0	0.6	0.35	0.50	—	Ni:0.50 Sn:0.15	—	0.25
A360.0	9.1~10.0	0.40~0.6	1.3	0.6	0.35	0.50	—	Ni:0.50 Sn:0.15	—	0.25
380.0	7.5~9.5	0.10	2.0	3.0~4.0	0.50	3.0	—	Ni:0.50 Sn:0.35	—	0.50
A380.0	7.5~9.5	0.10	1.3	3.0~4.0	0.50	3.0	—	Ni:0.50 Sn:0.35	—	0.50
383.0	9.5~11.5	0.10	1.3	2.0~3.0	0.50	3.0	—	Ni:0.30 Sn:0.15	—	0.50
384.0	10.5~12.0	0.10	1.3	3.0~4.5	0.50	3.0	—	Ni:0.50 Sn:0.35	—	0.50
390.0	16.0~18.0	0.45~0.65	1.3	4.0~5.0	0.10	0.10	0.20	—	—	0.20
B390.0	16.0~18.0	0.45~0.65	1.3	4.0~5.0	0.50	1.5	0.10	Ni:0.10	—	0.20
392.0	18.0~20.0	0.80~1.2	1.5	0.40~0.80	0.20~0.60	0.50	0.20	Ni:0.50 Sn:0.30	—	0.50
413.0	11.0~13.0	0.10	2.0	1.0	0.35	0.50	—	Ni:0.50 Sn:0.15	—	0.25
A413.0	11.0~13.0	0.10	1.3	1.0	0.35	0.50	—	Ni:0.50 Sn:0.15	—	0.25
C443.0	4.5~6.0	0.10	2.0	0.6	0.35	0.50	—	Ni:0.50 Sn:0.15	—	0.25
518.0	0.35	7.5~8.5	1.8	0.25	0.35	0.15	—	Ni:0.15 Sn:0.15	—	0.25

注：表中有上下限数值的为主要元素，只有一个数值的为杂质限量的上限值。

① 硬度值仅供参考，不作验收依据。

② 这些状态均为美国状态，属于T5状态，而美国的T5状态相当于我国的T1状态。

③ 该栏性能第一行为该合金的单铸试样性能，第二行为铸件指定部位性能，第三行为铸件非指定部位性能。

④ 当铁的质量分数超过0.45%时，锰含量应不少于铁含量的一半。

⑤ 1999年标准增加的数据。

⑥ 该F状态在美国列为T1状态，其含意是“从高温成形过程中冷却下来，然后自然时效到基本稳定状态”，这与我国

⑦ 当合同或订货单有要求时，才测定屈服强度。

⑧ 合金710.0牌号以前是A712.0牌号，712.0牌号以前是D712.0牌号，851.0牌号以前是A850.0牌号，852.0以前

⑨ 表中所列压铸合金所规定的力学性能在美国均为典型值，不是最低值。其中τ_b为抗剪强度，S为疲劳强度，表中S

（续）

铸造方法	状态	力学性能 ≥ R_m /MPa	$R_{p0.2}$ /MPa	A (%)	τ_b /MPa	S /MPa	标准号	相近国内牌号或代号（标准号）
Y[9]	F	300	170	2.5	190	140	ASTMB85M—2009	YL104(GB/T 15115—2009) ZL104Y(HB 5012—1986)
Y	F	320	170	3.5	180	120	ASTMB85M—2009	YL104(GB/T 15115—2009) ZL104Y(HB 5012—1986)
Y	F	320	160	2.5	190	140	ASTMB85M—2009	YL112(GB/T 15115—2009) ZL112Y(HB 5012—1986)
Y	F	320	160	3.5	190	140	ASTMB85M—2009	YL112(GB/T 15115—2009) ZL112Y(HB 5012—1986)
Y	F	310	150	3.5	—	—	ASTMB85M—2009	—
Y	F	330	170	2.5	200	140	ASTMB85M—2009	YL113(GB/T 15115—2009) ZL113Y(HB 5012—1986)
Y	F	280	240	<1	—	—	ASTMB85M—2009	YL117(GB/T 15115—2009)
Y	F	320	250	<1	—	—	ASTMB85M—2009	YL117(GB/T 15115—2009)
Y	F	290	270	<1	—	—	ASTMB85M—2009	—
Y	F	300	140	2.5	170	130	ASTMB85M—2009	YL102(GB/T 15115—2009) ZL102Y(HB 5012—1986)
Y	F	290	130	3.5	170	130	ASTMB85M—2009	YL102(GB/T 15115—2009) ZL102Y(HB 5012—1986)
Y	F	230	100	9.0	130	120	ASTMB85M—2009	—
Y	F	310	190	5	200	140	ASTMB85M—2009	—

的 T1 状态不同。

是 B852.0 牌号。

为 5×10^8 周的值。

A.3　铸造铝合金欧洲

合金组	合金代号	合金牌号	化学成分							
			Si	Fe	Cu	Mn	Mg	Cr	Ni	Zn
AlCu	ENAC-21000	ENACAlCu4MgTi	0.20 (0.15)	0.35 (0.30)	4.2～ 5.0	0.10	0.15～0.35 (0.20～0.35)	—	0.05	0.10
AlCu	ENAC-21100	ENACAlCu4Ti	0.18 (0.15)	0.19 (0.15)	4.2～ 5.2	0.55	—	—	—	0.07
AlSiMgTi	ENAC-41000	ENAC-AlSi2MgTi	1.6～2.4	0.60 (0.50)	0.10 (0.08)	0.30～ 0.50	0.45～0.65 (0.50～0.65)	—	0.05	0.10
AlSi7Mg	ENAC-42000	ENAC-AlSi7Mg	6.5～7.5	0.55 (0.45)	0.20 (0.15)	0.35	0.20～0.65 (0.25～0.65)	—	0.15	0.15
AlSi7Mg	ENAC-42100	ENAC-AlSi7Mg0.3	6.5～7.5	0.19 (0.15)	0.05 (0.03)	0.10	0.25～0.45 (0.30～0.45)	—	—	0.07
AlSi7Mg	ENAC-42200	ENAC-AlSi7Mg0.6	6.5～7.5	0.19 (0.15)	0.05 (0.03)	0.10	0.45～0.70 (0.50～0.70)	—	—	0.07
AlSi10Mg	ENAC-43000	ENAC- AlSi10Mg(a)	9.0～ 11.0	0.55 (0.40)	0.05 (0.03)	0.45	0.20～0.45 (0.25～0.45)	—	0.05	0.10
AlSi10Mg	ENAC-43100	ENAC- AlSi10Mg(b)	9.0～ 11.0	0.55 (0.45)	0.10 (0.08)	0.45	0.20～0.45 (0.25～0.45)	—	0.05	0.10
AlSi10Mg	ENAC-43200	ENAC- AlSi10Mg(Cu)	9.0～ 11.0	0.65 (0.55)	0.35 (0.30)	0.55	0.20～0.45 (0.25～0.45)	—	0.15	0.35

标准（EN 1706—1998）

（质量分数,%）						铸造方法	状态	抗拉强度 R_m /MPa	屈服强度 $R_{p0.2}$ /MPa	断后伸长率 A（%）	布氏硬度 HBW	相近国内牌号或代号（标准号）
Pb	Sn	Ti	其他 单个	其他 总和	Al							
0.05	0.05	0.15～0.30（0.15～0.25）	0.03	0.10	余量	S	T4	300	200	5	90	
						K	T4	320	200	8	95	
						L	T4	300	220	5	90	
		0.15～0.30（0.15～0.25）	0.03	0.10	余量	S	T6	300	200	3	95	
						S	T64	280	180	5	85	
						K	T6	330	220	7	95	
						K	T64	320	180	8	90	
0.05	0.05	0.05～0.20（0.07～0.15）	0.05	0.15	余量	S	F	140	70	3	50	
						S	T6	240	180	3	85	
						K	F	170	70	5	50	
						K	T6	260	180	5	85	
0.15	0.05	0.05～0.25（0.05～0.20）	0.05	0.15	余量	S	F	140	80	2	50	ZL101（GB/T 1173—1995）
						S	T6	220	180	1	75	
						K	F	170	90	2.5	55	
						K	T6	260	220	1	90	
						K	T64	240	200	2	80	
						L	F	150	80	2	50	
						L	T6	240	190	1	75	
		0.08～0.25（0.10～0.18）	0.03	0.10	余量	S	T6	230	190	2	75	ZL101A（GB/T 1173—1995）
						K	T6	290	210	4	90	
						K	T64	250	180	8	80	
						L	T6	260	200	3	75	
		0.08～0.25（0.10～0.18）	0.03	0.10	余量	S	T6	250	210	1	85	ZL114A（GB/T 1173—1995）
						K	T6	320	240	3	100	
						K	T64	290	210	6	90	
						L	T6	290	240	2	85	
0.05	0.05	0.15	0.05	0.15	余量	S	F	150	80	2	50	
						S	T6	220	180	1	75	
						K	F	180	90	2.5	55	
						K	T6	260	220	1	90	
						K	T64	240	200	2	80	
0.05	0.05	0.15	0.05	0.15	余量	S	F	150	80	2	50	
						S	T6	220	180	1	75	
						K	F	180	90	2.5	55	
						K	T6	260	220	1	90	
						K	T64	240	200	2	80	
0.10		0.20（0.15）	0.05	0.15	余量	S	F	160	80	1	50	
						S	T6	220	180	1	75	
						K	F	180	90	1	55	
						K	T6	240	200	1	80	

合金组	合金代号	合金牌号	化学成分							
			Si	Fe	Cu	Mn	Mg	Cr	Ni	Zn
AlSi10Mg	ENAC-43300	ENAC-AlSi9Mg	9.0 ~ 10.0	0.19 (0.15)	0.05 (0.03)	0.10	0.25 ~ 0.45 (0.30 ~ 0.45)	—	—	0.07
	ENAC-43400	ENAC-AlSi10Mg(Fe)	9.0 ~ 11.0	1.0(0.45 ~0.9)	0.10 (0.08)	0.55	0.20 ~ 0.50 (0.25 ~ 0.50)	—	0.15	0.15
AlSi	ENAC-44000	ENAC-AlSi11	10.0 ~ 11.8	0.19 (0.15)	0.05 (0.03)	0.10	0.45	—	—	0.07
	ENAC-44100	ENAC-AlSi12(b)	10.5 ~ 13.5	0.65 (0.55)	0.15 (0.10)	0.55	0.10	—	0.10	0.15
	ENAC-44200	ENAC-AlSi12(a)	10.5 ~ 13.5	0.55 (0.40)	0.05 (0.03)	0.35	—	—	—	0.10
	ENAC-44300	ENAC-AlSi12(Fe)	10.5 ~ 13.5	1.0(0.45 ~0.9)	0.10 (0.08)	0.55	—	—	—	0.15
	ENAC-44400	ENAC-AlSi9	8.0 ~ 11.0	0.65 (0.55)	0.10 (0.08)	0.50	0.10	—	0.05	0.15
AlSi5Cu	ENAC-45000	ENAC-AlSi6Cu4	5.0 ~ 7.0	1.0 (0.9)	3.0 ~ 5.0	0.20 ~ 0.65	0.55	0.15	0.45	2.0
	ENAC-45100	ENAC-AlSi5Cu3Mg	4.5 ~ 6.0	0.60 (0.50)	2.6 ~ 3.6	0.55	0.15 ~ 0.45 (0.20 ~ 0.45)	—	0.10	0.20
	ENAC-45200	ENAC-AlSi5Cu3Mn	4.5 ~ 6.0	0.8 (0.7)	2.5 ~ 4.0	0.20 ~ 0.55	0.40	—	0.30	0.55
	ENAC-45300	ENAC-AlSi5Cu1Mg	4.5 ~ 5.5	0.65 (0.55)	1.0 ~ 1.5	0.55	0.35 ~ 0.65 (0.40 ~ 0.65)	—	0.25	0.15
	ENAC-45400	ENAC-AlSi5Cu3	4.5 ~ 6.0	0.60 (0.50)	2.6 ~ 3.6	0.55	0.05	—	0.10	0.20
AlSi9Cu	ENAC-46000	ENAC-AlSi9Cu3(Fe)	8.0 ~ 11.0	1.3(0.6 ~1.1)	2.0 ~ 4.0	0.55	0.05 ~ 0.55 (0.15 ~ 0.55)	0.15	0.55	1.2
	ENAC-46100	ENAC-AlSi11Cu2(Fe)	10.0 ~ 12.0	1.1(0.45 ~1.0)	1.5 ~ 2.5	0.55	0.30	0.15	0.45	1.7
	ENAC-46200	ENAC-AlSiBCu3	7.5 ~ 9.5	0.8 (0.7)	2.0 ~ 3.5	0.15 ~ 0.65	0.05 ~ 0.55 (0.15 ~ 0.55)	—	0.35	1.2
	ENAC-46300	ENAC-AlSi7Cu3Mg	6.5 ~ 8.0	0.8 (0.7)	3.0 ~ 4.0	0.20 ~ 0.65	0.30 ~ 0.60 (0.35 ~ 0.60)	—	0.30	0.65

（续）

（质量分数，%）						铸造方法	状态	抗拉强度 R_m /MPa	屈服强度 $R_{p0.2}$ /MPa	断后伸长率 A （%）	布氏硬度 HBW	相近国内牌号或代号（标准号）
Pb	Sn	Ti	其他		Al							
			单个	总和								
—	—	0.15	0.03	0.10	余量	S	T6	230	190	2	75	
						K	T6	290	210	4	90	
							T64	250	180	6	80	
0.15	0.05	0.20 (0.15)	0.05	0.15	余量	D	F	240	140	1	70	
—	—	0.15	0.03	0.10	余量	S	F	150	70	6	45	
0.10	—	0.20 (0.15)	0.05	0.15	余量	S	F	150	70	4	50	
						L	F	150	80	4	50	
—	—	0.15	0.05	0.15	余量	S	F	150	70	5	50	ZL102 （GB/T 1173—1995）
—	—	0.15	0.05	0.25	余量	D	F	240	130	1	60	ZL102 （GB/T 15115—2009）
0.05	0.05	0.15	0.05	0.15	余量	D	F	220	120	2	55	
0.30	0.15	0.25 (0.20)	0.05	0.35	余量	S	F	150	90	1	60	
						K	F	170	100	1	75	
0.10	0.05	0.25 (0.20)	0.05	0.15	余量	K	T4	270	180	2.5	85	
							T6	320	280	<1	110	
0.20	0.10	0.20 (0.15)	0.05	0.25	余量	S	F	140	70	1	60	
							T6	230	200	<1	90	
						K	F	160	80	1	70	
							T6	280	230	<1	90	
						L	F	160	80	1	60	
0.15	0.05	0.05～0.25 (0.05～0.20)	0.05	0.15	余量	S	T4	170	120	2	80	
							T6	230	200	<1	100	
						K	T4	230	140	3	85	
							T6	280	210	<1	110	
0.10	0.05	0.25 (0.20)	0.05	0.15	余量	K	T4	230	110	6	75	
0.35	0.25	0.25 (0.20)	0.05	0.25	余量	D	F	240	140	<1	80	
0.25	0.25	0.25 (0.20)	0.05	0.25	余量	D	F	240	140	<1	80	
0.25	0.15	0.25 (0.20)	0.05	0.25	余量	S	F	150	90	1	60	YL112 （GB/T 15115—2009）
						K	F	170	100	1	75	
						D	F	240	140	1	80	
0.15	0.10	0.25 (0.20)	0.05	0.25	余量	K	F	180	100	1	80	

（续）

合金组	合金代号	合金牌号	化学成分 Si	Fe	Cu	Mn	Mg	Cr	Ni	Zn
AlSi9Cu	ENAC-46400	ENAC-AlSi9Cu1Mg	8.3～9.7	0.8 (0.7)	0.8～1.3	0.15～0.55	0.25～0.85 (0.30～0.65)	—	0.20	0.8
	ENAC-46500	ENAC-AiSi9Cu3(Fe)(Zn)	8.0～11.0	1.3(0.6～1.2)	2.0～4.0	0.55	0.05～0.55 (0.15～0.66)	0.15	0.55	3.0
	ENAC-46600	ENAC-AlSi7Cu2	6.0～8.0	0.8 (0.7)	1.5～2.5	0.15～0.65	0.35	—	0.35	1.0
AlSi10Mg		AlSi9Mg	9.0～10.0	0.19 (0.15)	0.05 (0.03)	0.10	0.25～0.45 (0.30～0.45)	—	—	0.07
		AlSi100Mg	9.0～11.0	0.55 (0.45)	0.10 (0.08)	0.45	0.20～0.45 (0.25～0.45)	—	0.05	0.10
		AlSi10Mg(Fe)	9.0～11.0	1.0(0.45～0.9)	0.10 (0.08)	0.55	0.20～0.50 (0.25～0.50)	—	0.15	0.15
		AlSi10Mg(Cu)	9.0～11.0	0.65 (0.55)	0.35 (0.30)	0.55	0.20～0.45 (0.25～0.45)	—	0.15	0.35
AlSi5Cu		AlSi5Cu1Mg	4.5～5.5	0.65 (0.55)	1.0～1.5	0.55	0.35～0.65 (0.40～0.65)	—	0.25	0.15
		AlSi5Cu3	4.5～6.0	0.60 (0.50)	2.6～3.6	0.55	0.05	—	0.10	0.20
		AlSi5Cu3Mg	4.5～6.0	0.60 (0.50)	2.6～3.6	0.55	0.15～0.45 (0.20～0.45)	—	0.10	0.20
		AlSi5Cu3Mn	4.5～6.0	0.8 (0.7)	2.5～4.0	0.20～0.55	0.40	—	0.30	0.55
		AlSi6Cu4	5.0～7.0	1.0 (0.9)	3.0～5.0	0.20～0.65	0.55	0.15	0.45	2.0
AlSi9Cu		AlSi7Cu2	6.0～8.0	0.8 (0.7)	1.5～2.5	0.15～0.65	0.35	—	0.35	1.0

（续）

（质量分数,%）						铸造方法	状态	抗拉强度 R_m /MPa	屈服强度 $R_{p0.2}$ /MPa	断后伸长率 A （%）	布氏硬度 HBW	相近国内牌号或代号（标准号）
Pb	Sn	Ti	其他		Al							
			单个	总和								
0.10	0.10	0.10～0.20 （0.10～0.18）	0.05	0.25	余量	S	F	135	90	1	60	
						K	F	170	100	1	75	
							T6	275	235	1.5	105	
0.35	0.25	0.25 （0.20）	0.05	0.25	余量	D	F	240	140	<1	80	
0.25	0.15	0.25 （0.20）	0.05	0.15	余量	S	F	150	90	1	60	
						K	F	170	100	1	75	
						L	T6	290	240	2	85	
—	—	0.15	0.03	0.10	余量	S	T6	230	190	2	75	
						K	T6	290	210	4	90	
							T64	250	180	6	80	
0.05	0.05	0.15	0.05	0.15	余量	S	F	150	80	2	50	ZL104（GB/T 1173—1995）
							T6	220	180	1	75	
						K	F	180	90	2.5	55	
							T6	260	220	1	90	
							T64	240	200	2	80	
0.15	0.05	0.20 （0.15）	0.05	0.15	余量	D	F	240	140	1	70	YL104（GB/T 15115—2009）
0.10	—	0.20 （0.15）	0.05	0.15	余量	S	F	160	80	1	50	
							T6	220	180	1	75	
						K	F	180	90	1	55	
							T6	240	200	1	80	
0.15	0.05	0.05～0.25 （0.05～0.20）	0.05	0.15	余量	S	T4	170	120	2	80	ZL105A（GB/T 1173—1995）
							T6	230	200	*a*[b]	100	
						K	T4	230	140	3	85	
							T6	280	210	*a*[b]	110	
0.10	0.05	0.25 （0.20）	0.05	0.15	余量	K	T4	230	110	6	75	ZL106（GB/T 1173—1995）
0.10	0.05	0.25 （0.20）	0.05	0.15	余量	K	T4	270	180	2.5	85	
							T6	320	280	*a*[b]	110	
0.20	0.10	0.20 （0.15）	0.05	0.25	余量	S	F	140	70	1	60	
							T6	230	200	*a*[b]	90	
						K	F	160	80	1	70	
							T6	280	230	*a*[b]	90	
						L	F	160	80	1	60	
0.30	0.15	0.25 （0.20）	0.05	0.35	余量	S	F	150	90	1	60	ZL107（GB/T 1173—1995）
						K	F	170	100	1	75	
0.25	0.15	0.25 （0.20）	0.05	0.15	余量	S	F	150	90	1	60	
						K	F	170	100	1	75	

合金组	合金代号	合金牌号	化学成分 Si	Fe	Cu	Mn	Mg	Cr	Ni	Zn
AlSi9Cu		AlSi7Cu3Mg	6.5~8.0	0.8 (0.7)	3.0~4.0	0.20~0.65	0.30~0.60 (0.35~0.60)	—	0.30	0.65
		AlSi8Cu3	7.5~9.5	0.8 (0.7)	2.0~3.5	0.15~0.65	0.05~0.55 (0.15~0.55)	—	0.35	1.2
		AlSi9Cu1Mg	8.3~9.7	0.8 (0.7)	0.8~1.3	0.15~0.55	0.25~0.65 (0.30~0.65)	—	0.20	0.8
AlSi(Cu)	ENAC-47000	ENAC-AlSi12(Cu)	10.5~13.5	0.8 (0.7)	1.0 (0.9)	0.05~0.55	0.35	0.10	0.30	0.55
	ENAC-47100	ENAC-AlSi12Cu1(Fe)	10.5~13.5	1.3(0.6~1.1)	0.7~1.2	0.55	0.35	0.10	0.30	0.55
AlSiCuNiMg	ENAC-48000	ENAC-AlSi12CuNiMg	10.5~13.5	0.7 (0.6)	0.8~1.5	0.35	0.8~1.5 (0.9~1.5)	—	0.7~1.3	0.35
AlMg	ENAC-51000	ENAC-AlMg3(b)	0.55 (0.45)	0.55 (0.45)	0.10 (0.08)	0.45	2.5~3.5 (2.7~3.5)	—	—	0.10
	ENAC-51100	ENAC-AlMg3(a)	0.55 (0.45)	0.55 (0.40)	0.05 (0.03)	0.45	2.5~3.5 (2.7~3.5)	—	—	0.10
	ENAC-51200	ENAC-AlMg9	2.5	1.0(0.45~0.9)	0.10 (0.08)	0.55	8.0~10.5 (8.5~10.5)	—	0.10	0.25
	ENAC-51300	ENAC-AlMg5	0.55 (0.35)	0.55 (0.45)	0.10 (0.05)	0.45	4.5~6.5 (4.8~6.5)	—	—	0.10
	ENAC-51400	ENAC-AlMg5(Si)	1.5 (1.3)	0.55 (0.45)	0.05 (0.03)	0.45	4.5~6.5 (4.8~6.5)	—	—	0.10
AlZnMg	ENAC-71000	ENAC-AlZn5Mg	0.30 (0.25)	0.80 (0.70)	0.15~0.35	0.40	0.40~0.70 (0.45~0.70)	0.15~0.60	0.05	4.50~6.00

注：1. 化学成分括号中的数值表示该元素的铸锭含量。

2. 化学成分表中只有一个数值表示该元素的最大含量。

3. 化学成分中其他项目不包含变质和晶粒细化元素，如 Na、Sr、Sb 和 P。

4. 力学性能的断后伸长率的测量标距为 50mm。

5. 力学性能的断后伸长率为 a 表示断后伸长率测定数值小于 1，测量精度不够。

6. 铸造工艺符号

S——砂型铸造；

K——金属型铸造；

D——压力铸造；

L——精密铸造。

（续）

（质量分数，%）						铸造方法	状态	抗拉强度 R_m /MPa	屈服强度 $R_{p0.2}$ /MPa	断后伸长率 A （%）	布氏硬度 HBW	相近国内牌号或代号（标准号）
Pb	Sn	Ti	其他		Al							
			单个	总和								
0.15	0.10	0.25 (0.20)	0.05	0.25	余量	K	F	180	100	1	80	
0.25	0.15	0.25 (0.20)	0.05	0.25	余量	S K D	F F F	150 170 240	90 100 140	1 1 1	60 75 80	YL112（GB/T 15115—2009）
0.10	0.10	0.10～0.20 (0.10～0.18)	0.05	0.25	余量	S K	F F T6	135 170 275	90 100 235	1 1 1.5	60 75 105	
0.20	0.10	0.20 (0.15)	0.05	0.25	余量	K	F	170	90	2	55	ZL108（GB/T 1173—1995）
0.20	0.10	0.20 (0.15)	0.05	0.25	余量	D	F	240	140	1	70	YL108（GB/T 15115—2009）
—	—	0.25 (0.20)	0.05	0.15	余量	K	T5 T6	200 280	185 240	<1 <1	90 100	
—	—	0.20 (0.15)	0.05	0.15	余量	S K	F F	140 150	70 70	3 5	50 50	
—	—	0.20 (0.15)	0.05	0.15	余量	S K	F F	140 150	70 70	3 5	50 50	
0.10	0.10	0.20 (0.15)	0.05	0.15	余量	D	F	200	130	1	70	
—	—	0.20 (0.15)	0.05	0.15	余量	S K L	F F F	160 180 170	90 100 95	3 4 3	55 60 55	
—	—	0.20 (0.15)	0.05	0.15	余量	S K	F F	160 180	100 110	3 3	60 65	
0.05	0.05	0.10～0.25 (0.12～0.20)	0.05	0.15	余量	S K	T1 T1	190 210	120 130	4 4	60 65	

A.4 铸造铝

合金牌号	化学成分(质量分数,%)									
	Si	Mg	Fe	Cu	Mn	Zn	Ti	其余	其他	
									单个	总量
AC1B	0.30	0.15~0.35	0.35	4.2~5.0	0.10	0.10	0.05~0.35	Ni:0.05 Pb:0.05 Sn:0.05 Cr:0.05	—	—
AC2A	4.0~6.0	0.25	0.8	3.0~4.5	0.55	0.55	0.20	Ni:0.30 Pb:0.15 Sn:0.05 Cr:0.15	—	—
AC2B	5.0~7.0	0.50	1.0	2.0~4.0	0.50	1.0	0.20	Ni:0.35 Pb:0.20 Sn:0.10 Cr:0.20	—	—
AC3A	10.0~13.0	0.15	0.8	0.25	0.35	0.30	0.20	Ni:0.10 Pb:0.10 Sn:0.10 Cr:0.15	—	—
AC4A	8.0~10.0	0.30~0.6	0.55	0.25	0.30~0.6	0.25	0.20	Ni:0.10 Pb:0.10 Sn:0.05 Cr:0.15	—	—
AC4B	7.0~10.0	0.50	1.0	2.0~4.0	0.50	1.0	0.20	Ni:0.35 Pb:0.20 Sn:0.10 Cr:0.20	—	—
AC4C	6.5~7.5	0.20~0.4	0.5	0.20	0.6	0.3	0.20	Ni:0.05 Pb:0.05 Sn:0.05	—	—
AC4D	4.5~5.5	0.4~0.6	0.6	1.0~1.5	0.5	0.5	0.2	Ni:0.3 Pb:0.1 Sn:0.1	—	—
AC4H	6.5~7.5	0.25~0.45	0.20	0.10	0.10	0.10	0.20	Ni:0.05 Pb:0.05 Sn:0.05 Cr:0.05	0.05	0.05
AC5A	0.7	1.2~1.8	0.7	3.5~4.5	0.6	0.1	0.2	Ni:1.7~2.3 Pb:0.05 Sn:0.05 Cr:0.2	—	—

合金日本标准

铸造方法	状态	力学性能 ≥ R_m /MPa	$R_{p0.2}$ /MPa	A (%)	HBW①	标准号	相近国内牌号或代号(标准号)
S	T4	290	—	4	90	JIS H5202:1999	—
J	T4	330	—	8	95		
S	F T6	150 230	— —	— —	70 90	JIS H5202:1999	—
J	F T6	180 270	— —	2 1	75 90		
S	F T6	130 190	— —	— —	60 80	JIS H5202:1999	—
J	F T6	150 240	— —	1 1	70 90		
S	F	140	—	2	45	JIS H5202:1999	ZL102(GB/T 1173—1995,HB962—1986)
J	F	170	—	5	50		
S	F T6	130 220	— —	— —	45 80	JIS H5202:1999	ZL104(GB/T 1173—1995,HB962—1986)
J	F T6	170 240	— —	3 2	60 90		
S	F T6	140 210	— —	— —	80 100	JIS H5202:1999	—
J	F T6	170 240	— —	— —	80 100		
S	F T5 T6	140 150 210	— — —	2 — 1	55 60 75	JIS H5202:1999	ZL101(GB/T 1173—1995,HB962—1986)
J	F T5 T6	150 170 230	— — —	3 3 2	55 65 85		
S	F T5 T6	130 170 220	— — —	— — 1	60 65 80	JIS H5202:1999	ZL105(GB/T 1173—1995,HB962—1986)
J	F T5 T6	160 190 290	— — —	— — —	70 75 95		
S	F T5 T6	140 150 230	— — —	2 2 2	50 60 75	JIS H5202:1999	ZL101A(GB/T 1173—1995,HB962—1986)
J	F T5 T6	160 180 250	— — —	3 3 5	55 65 80		
S	T2 T6	150 220	— —	— —	65 90	JIS H5202:1999	—
J	T2 T6	180 260	— —	— —	65 100		

合金牌号	化学成分(质量分数,%)									
	Si	Mg	Fe	Cu	Mn	Zn	Ti	其余	其他 单个	其他 总量
AC7A	0.20	3.5～5.5	0.30	0.10	0.6	0.15	0.20	Ni:0.05 Pb:0.05 Sn:0.05 Cr:0.15	—	—
AC8A	11.0～13.0	0.7～1.3	0.8	0.8～1.3	0.15	0.15	0.20	Ni:0.8～1.5 Pb:0.05 Sn:0.05 Cr:0.10	—	—
AC8B	8.5～10.5	0.50～1.5	1.0	2.0～4.0	0.50	0.50	0.20	Ni:0.10～1.0 Pb:0.10 Sn:0.10 Cr:0.10	—	—
AC8C	8.5～10.5	0.50～1.5	1.0	2.0～4.0	0.50	0.50	0.20	Ni:0.50 Pb:0.10 Sn:0.10 Cr:0.10	—	—
AC9A	22～24	0.50～1.5	0.8	0.50～1.5	0.50	0.20	0.20	Ni:0.50～1.5 Pb:0.10 Sn:0.10 Cr:0.10	—	—
AC9B	18～20	0.50～1.5	0.8	0.50～1.5	0.50	0.20	0.20	Ni:0.5～1.5 Pb:0.10 Sn:0.10 Cr:0.10	—	—
ADC1	11.0～13.0	0.3	1.3	1.0	0.3	0.5	—	Ni:0.5 Sn:0.1	—	—
ADC3	9.0～10.0	0.4～0.6	1.3	0.6	0.3	0.5	—	Ni:0.5 Sn:0.1	—	—
ADC5	0.3	4.0～8.5	1.8	0.2	0.3	0.1	—	Ni:0.1 Sn:0.1	—	—
ADC6	0.1	2.5～4.0	0.8	0.1	0.4～0.6	0.4	—	Ni:0.1 Sn:0.1	—	—
ADC10	7.5～9.5	0.3	1.3	2.0～4.0	0.5	1.0	—	Ni:0.5 Sn:0.3	—	—
ADC10Z	7.5～9.5	0.3	1.3	2.0～4.0	0.5	3.0	—	Ni:0.5 Sn:0.3	—	—
ADC12	9.6～12.0	0.3	1.3	1.5～3.5	0.5	1.0	—	Ni:0.5 Sn:0.3	—	—
ADC12Z	9.6～12.0	0.3	1.3	1.5～3.5	0.5	3.0	—	Ni:0.5 Sn:0.3	—	—
ADC14	16.0～18.0	0.45～0.65	1.3	4.0～5.0	0.5	1.5	—	Ni:0.3 Sn:0.3	—	—

注：表中有上下限数值的为主要元素，只有一个数值的为杂质限量的上限值。

① 硬度值仅供参考。

② 该值为平均值，其标准偏差为 20MPa。

③ 该值为平均值，其标准偏差为 39MPa。

（续）

铸造方法	状态	力学性能 ≥ R_m /MPa	$R_{p0.2}$ /MPa	A (%)	HBW①	标 准 号	相近国内牌号或代号（标准号）
S	F	140	—	6	50	JIS H5202:1999	—
J	F	210	—	12	60		
J	F T5 T6	170 190 270	— — —	— — —	85 90 110	JIS H5202:1999	—
J	F T5 T6	170 190 270	— — —	— — —	85 90 110	JIS H5202:1999	—
J	F T5 T6	170 180 270	— — —	— — —	85 90 110	JIS H5202:1999	—
J	T5 T6 T7	150 190 170	— — —	— — —	90 125 95	JIS H5202:1999	—
J	T5 T6 T7	170 270 200	— — —	— — —	85 120 90	JIS H5202:1999	—
Y	F	—	—	—	—	JIS H5302—1990	YL102（GB/T 15115—2009），ZL102Y（HB5012—1986）
Y	F	—	—	—	—	JIS H5302—1990	YL104（GB/T 15115—2009），ZL104Y（HB5012—1986）
Y	F	—	—	—	—	JIS H5302—1990	—
Y	F	—	—	—	—	JIS H5302—1990	—
Y	F	245②	—	2.0②	—	JIS H5302—1990	YL112（GB/T 15115—2009），ZL112Y（HB5012—1986）
Y	F	—	—	—	—	JIS H5302—1990	YL112（GB/T 15115—2009），ZL112Y（HB5012—1986）
Y	F	225③	—	1.5③	—	JIS H5302—1990	YL113（GB/T 15115—2009），ZL113Y（HB5012—1986）
Y	F	—	—	—	—	JIS H5302—1990	YL113（GB/T 15115—2009），ZL113Y（HB5012—1986）
Y	F	—	—	—	—	JIS H5302—1990	YL117（GB/T 15115—2009）

附录B 铸造镁

铸造镁合金国际标准见B.1，铸造镁合金欧洲标准见B.2，铸造镁合金美国标准见B.3，铸造镁合金日本

B.1 铸造镁

合金牌号	化学成分(质量分数,%)										
	Al	Zn	Mn①	RE②	Zr	Ag	Y	Si	Fe	Cu	Ni
MgAl9Zn1(A)	8.5~9.5	0.45~0.9	0.17~0.4					≤0.08	≤0.004	≤0.025	≤0.001
MgZn6Cu3Mn	≤0.2	5.5~6.5	0.25~0.75					≤0.20	≤0.05	2.4~3.0	≤0.01
MgZn4RE1Zr③		3.5~5.0	≤0.15	1.0~1.75	0.1~1.0			≤0.01	≤0.01	≤0.03	≤0.005
MgRE3Zn2Zr③		2.0~3.0	≤0.15	2.4~4.0	0.1~1.0			≤0.01	≤0.01	≤0.03	≤0.005
MgAg2RE2Zr④		≤0.2	≤0.15	2.0~3.0	0.1~1.0	2.0~3.0		≤0.01	≤0.01	≤0.03	≤0.005
MgRE2Ag1Zr④		≤0.2	≤0.15	1.5~3.0	0.1~1.0	1.3~1.7		≤0.01	≤0.01	0.05~0.10	≤0.005
MgY5RE4Zr⑤⑥		≤0.20	≤0.15	2.0~4.0	0.1~1.0	Li (≤0.20)	4.75~5.5	≤0.01	≤0.01	≤0.03	≤0.005
MgY4RE3Zr⑤⑥		≤0.20	≤0.15	2.4~4.4	0.1~1.0	Li (≤0.20)	3.7~4.3	≤0.01	≤0.01	≤0.03	≤0.005
MgAl2Mn	1.7~2.5	≤0.20	0.35~0.60					≤0.05	≤0.04	≤0.08	≤0.001
MgAl5Mn	4.5~5.3	≤0.30	0.28~0.50					≤0.08	≤0.04	≤0.08	≤0.001
MgAl6Mn	5.6~6.4	≤0.30	0.26~0.50					≤0.08	≤0.04	≤0.08	≤0.001
MgAl2Si	1.9~2.5	≤0.20	0.2~0.6					0.7~1.2	≤0.04	≤0.08	≤0.001
MgAl4Si	3.7~4.8	≤0.20	0.2~0.6					0.7~1.2	≤0.04	≤0.08	≤0.001

① 在含铝的镁合金中加锰可以减少熔融状态下铁的溶入，锰的加入量取决于特定合金在给定的铸造温度下锰的溶解

② RE为稀土。

③ 富铈。

④ 富钕。

⑤ 富钕和重稀土。

⑥ 通过减少最高锰的质量分数至0.03%，最高铁的质量分数至0.01%，最高铜的质量分数至0.02%，最高锌和银的质

⑦ 这些值适用于单铸试件。对于厚度不大于20mm的单铸试件，铸件性能约为上述值的70%。

⑧ 表中值对应于截面积为20mm^2，最小厚度为2mm的圆截面单铸试件。

合金国外标准

标准见 B.4。

合金国际标准

铸造方法	状态	力学性能 ≥			标准号	相近国内牌号（标准号）
		R_m/MPa	$R_{p0.2}$/MPa	A(%)		
S⑦	F	160	90	2	ISO—16220—2005	
	T4	240	110	6		
	T6	240	150	2		
J⑦	F	160	110	2		ZM5
	T4	240	120	6		
	T6	240	150	2		
Y⑧	F	220 ~ 260	140 ~ 170	1 ~ 9		
S	T6	195	125	2	ISO—16220—2005	
J	T6	195	125	2		
S	T5	200	135	2.5	ISO—16220—2005	
J	T5	210	135	3		
S	T5	140	95	2.5	ISO—16220—2005	
J	T5	145	100	3		
S	T6	240	175	2	ISO—16220—2005	
J	T6	240	175	3		
S	T6	240	175	2	ISO—16220—2005	
J	T6	240	175	2		
S	T6	250	170	2	ISO—16220—2005	
J	T6	250	170	2		
S	T6	220	170	2	ISO—16220—2005	
Y	F	15 ~ 220	80 ~ 100	8 ~ 25	ISO—16220—2005	
Y	F	180 ~ 230	110 ~ 130	5 ~ 20	ISO—16220—2005	
Y	F	190 ~ 250	120 ~ 150	4 ~ 18	ISO—16220—2005	
Y	F	170 ~ 230	110 ~ 130	4 ~ 14	ISO—16220—2005	
Y	F	200 ~ 250	120 ~ 150	3 ~ 12	ISO—16220—2005	

度，铸造温度越高，加锰量应越大，然而保持锰量较低仍是适宜的。

量分数至 0.2%，可提高耐腐蚀性。

B.2　铸造镁

合金牌号	化学成分(质量分数,%)										
	Al	Zn	Mn	RE①	Zr	Ag	Y	Si	Fe	Cu	Ni
MgAl8ZnL	7.2 ~ 8.5	0.45 ~ 0.9	≥0.17					≤0.05	≤0.004	≤0.025	≤0.001
MgAl9Zn1(A)	8.5 ~ 9.5	0.45 ~ 0.9	≥0.17					≤0.05	≤0.004	≤0.025	≤0.001
MgZn6Cu3Mn		5.5 ~ 6.5	0.25 ~ 0.75					≤0.20	≤0.05	2.4 ~ 3.0	≤0.01
MgZn4RE1Zr②		3.5 ~ 5.0	≤0.15	1.0 ~ 1.75	0.1 ~ 1.0			≤0.01	≤0.01	≤0.03	≤0.005
MgRE3Zn2Zr②		2.0 ~ 3.0	≤0.15	2.4 ~ 4.0	0.1 ~ 1.0			≤0.01	≤0.01	≤0.03	≤0.005
MgAg2RE2Zr③		≤0.2	≤0.15	2.0 ~ 3.0	0.1 ~ 1.0	2.0 ~ 3.0		≤0.01	≤0.01	≤0.03	≤0.005
MgRE2Ag1Zr③		≤0.2	≤0.15	1.5 ~ 3.0	0.1 ~ 1.0	1.3 ~ 1.7		≤0.01	≤0.01	0.05 ~ 0.10	≤0.005
MgY5RE4Zr④		≤0.20	≤0.15	1.5 ~ 4.0	0.1 ~ 1.0	Li (≤0.20)	4.75 ~ 5.5	≤0.01	≤0.01	≤0.03	≤0.005
MgY4RE3Zr④		≤0.20	≤0.15	2.4 ~ 4.4	0.1 ~ 1.0	Li (≤0.20)	3.7 ~ 4.3	≤0.01	≤0.01	≤0.03	≤0.005
MgAl2Mn	1.7 ~ 2.5	≤0.20	≥0.35					≤0.05	≤0.04	≤0.08	≤0.001
MgAl5Mn	4.5 ~ 5.3	≤0.20	≥0.27					≤0.08	≤0.04	≤0.08	≤0.001
MgAl6Mn	5.6 ~ 6.4	≤0.20	≥0.23					≤0.08	≤0.04	≤0.08	≤0.001
MgAl7Mn											
MgAl2Si	1.9 ~ 2.5	≤0.20	≥0.20					0.7 ~ 1.2	≤0.04	≤0.08	≤0.001
MgAl4Si	3.7 ~ 4.8	≤0.20	≥0.20					0.7 ~ 1.2	≤0.04	≤0.08	≤0.001

① RE = 稀土。

② 富铈。

③ 富钕。

④ 富钕和重稀土。

⑤ 这些值适用于单铸试件。

⑥ 表中值对应于截面积为 20mm^2，最小厚度为 2mm 的圆截面单铸试件。

合金欧洲标准

铸造方法	状态	力学性能 ≥			标准号	相近国内牌号（标准号）
		R_m/MPa	$R_{p0.2}$/MPa	A(%)		
S⑤	F	160	90	2	EN—1753—1997	
	T4	240	90	8		
JE	F	160	110	2		
	T4	240	120	6		
Y⑥	F	200～250	140～160	1～7		
S	F	160	90	2	EN—1753—1997	
	T4	240	110	6		
	T6	240	150	2		
J	F	160	110	2		
	T4	240	120	6		
	T6	240	150	2		
Y	F	200～260	140～170	1～6		
S	T6	195	125	2	EN—1753—1997	
J	T6	195	125	2		
S	T5	200	135	2.5	EN—1753—1997	
J	T5	210	135	3		
S	T5	140	95	2.5	EN—1753—1997	ZM4
J	T5	145	100	3		
S	T6	240	175	2	EN—1753—1997	
J	T6	240	175	3		
S	T6	240	175	2	EN—1753—1997	
J	T6	240	175	2		
S	T6	250	170	2	EN—1753—1997	
J	T6	250	170	2		
S	T6	220	170	2	EN—1753—1997	
J	T6	220	170	2		
Y	F	150～220	80～100	8～18	EN—1753—1997	
Y	F	180～230	110～130	5～15	EN—1753—1997	
Y	F	190～250	120～150	4～14	EN—1753—1997	
		200～260	130～160	3～10	EN—1753—1997	
Y	F	170～230	110～130	4～14	EN—1753—1997	
Y	F	200～250	120～150	3～12	EN—1753—1997	

B.3　铸造镁

合金牌号	化学成分(质量分数,%)									
	Fe	Al	Mn	Zn	Y	RE	Zr	Si	Cu	Ni
AJ21A										
AJ52A	≤0.004[⑥]	4.5 ~ 5.5	0.24 ~ 0.6[⑥]	0.22			Sr(1.7 ~2.3)	0.1	≤0.010	0.001
AJ62A	≤0.004[⑥]	5.5 ~ 6.6	0.24 ~ 0.6[⑥]	0.22			Sr(2.0 ~2.8)	0.1	≤0.010	0.001
AM100A		9.3 ~ 10.7	0.10 ~ 0.35	0.3				0.3	0.1	0.01
AM50A	≤0.004[⑥]	4.4 ~ 5.4	0.26 ~ 0.6[⑥]	0.1				0.1	≤0.01	0.002
AM60A		5.5 ~ 6.5	0.13 ~ 0.6	0.22				0.5	≤0.35	0.03
AM60B	≤0.005[⑥]	5.5 ~ 6.5	0.24 ~ 0.6[⑥]	0.1				0.1	≤0.010	0.002
AS21B	≤0.0035	1.8 ~ 2.5	0.05 ~ 0.15	0.25		0.06 ~ 0.25		0.7 ~ 1.2	≤0.008	0.001
AS41A		3.5 ~ 5.0	0.20 ~ 0.50	0.12				0.50 ~ 1.5	≤0.06	0.03
AS41B	≤0.0035[⑥]	3.5 ~ 5.0	0.35 ~ 0.7[⑥]	0.12				0.50 ~ 1.5	≤0.02	0.002
AZ63A		5.3 ~ 6.7	0.15 ~ 0.35	2.5 ~ 3.5				0.3	0.25	0.01
AZ81A		7.0 ~ 8.1	0.13 ~ 0.35	0.40 ~ 1.0				0.3	0.1	0.01
AZ91A		8.3 ~ 9.7	0.13 ~ 0.50	0.35 ~ 1.0				0.5	≤0.10	0.03

合金美国标准

铸造方法	状态	力学性能 ≥			标准号	相近国内牌号(标准号)
		R_m/MPa	$R_{p0.2}$/MPa	A(%)		
	F	33(230)	17(120)	12	ASTM—B—94—2005	
Y	F	32(221)	20(141)	7	ASTM—B—94—2005	
Y	F	34(232)	20(141)	7	ASTM—B—94—2005	
S	T6	35.0(241)	17.0(117)	⑦	ASTM—B—80—2001	
J	F	20.0(138)	10.0(69)	⑦	ASTM—B—199—1999(2005)	
	T4	34.0(234)	10.0(69)	6		
	T6	34.0(234)	15.0(103)	2		
	T61	34.0(234)	17.0(117)	⑦		
R	F	20.0(138)	10.0(69)	⑦	ASTM—B—403—2002	
	T4	34.0(234)	10.0(69)	6		
	T6	34.0(234)	15.0(103)	2		
	T7	34.0(234)	17.0(117)	⑦		
Y	F	29(200)	16(110)	10	ASTM—B—94—2005	
Y	F	32(220)	19(130)	8	ASTM—B—94—2005	
Y	F	32(220)	19(130)	8	ASTM—B—94—2005	
	F	34(231)	18(122)	13	ASTM—B—94—2005	
Y	F	31(210)	20(140)	6	ASTM—B—94—2005	
Y	F	31(210)	20(140)	6	ASTM—B—94—2005	
S	F	26.0(179)	11.0(76)	4	ASTM—B—80—2001	
	T4	34.0(234)	11.0(76)	7		
	T5	26.0(179)	12.0(83)	2		
	T6	34.0(234)	16.0(110)	3		
S	T4	34.0(234)	11.0(76)	7	ASTM—B—80—2001	
J	T4	34.0(234)	11.0(76)	7	ASTM—B—199—1999(2005)	
R	T4	34.0(234)	10.0(69)	7	ASTM—B—403—2002	
Y	F	34(230)	23(160)	3	ASTM—B—94—2005	

合金牌号	化学成分(质量分数,%)									
	Fe	Al	Mn	Zn	Y	RE	Zr	Si	Cu	Ni
AZ91B		8.3~9.7	0.15~0.50	0.35~1.0				0.5	≤0.35	0.03
		8.1~9.3	0.13~0.35	0.40~1.0				0.3	0.1	0.1
AZ91D	≤0.005①	8.3~9.7	0.15~0.50⑥	0.35~1.0				0.1	≤0.030	0.002
AZ91E	0.005①	8.1~9.3	0.17~0.35	0.40~1.0				0.2	0.015	0.001
AZ92A		8.3~9.7	0.10~0.35	1.6~2.4				0.3	0.25	0.01
		8.3~9.7	0~0.35	1.6~2.4				0.3	0.1	0.01
EQ21A②						1.5~3.0③	0.40~1.0		0.05~0.10	0.01
						1.5~3.0	0.40~1.0		0.05~0.10	0.1

（续）

铸造方法	状态	力学性能 ≥			标准号	相近国内牌号（标准号）
		R_m/MPa	$R_{p0.2}$/MPa	A(%)		
Y	F	34(230)	23(160)	3	ASTM—B—94—2005	
	T4	34.0(234)	11.0(76)	7		
	T5	23.0(158)	12.0(83)	2		
	T6	34.0(234)	16.0(110)	3		
J	F	23.0(158)	11.0(76)	⑦	ASTM—B—199—1999(2005)	
	T4	34.0(234)	11.0(76)	7		
	T5	23.0(158)	12.0(83)	2		
	T6	34.0(234)	16.0(110)	3		
R	F	20.0(138)	10.0(69)	⑦	ASTM—B—403—2002	
	T4	34.0(234)	10.0(69)	7		
	T5	23.0(158)	11.0(76)	2		
	T6	34.0(234)	16.0(110)	3		
Y	F	34(230)	23(160)	3	ASTM—B—94—2005	
S	T6	34.0(234)	16.0(110)	3	ASTM—B—80—2001	
J	T6	34.0(234)	16.0(110)		ASTM—B—199—1999(2005)	
R	T6	34.0(234)	16.0(110)	3	ASTM—B—403—2002	
S	F	23.0(158)	11.0(76)	⑦	ASTM—B—80—2001	
	T4	34.0(234)	11.0(76)	6		
	T5	23.0(158)	12.0(83)	⑦		
	T6	34.0(234)	18.0(124)	1		
J	F	23.0(158)	11.0(76)	⑦	ASTM—B—199—1999(2005)	
	T4	34.0(234)	11.0(76)	6		
	T5	23.0(158)	12.0(83)	⑦		
	T6	34.0(234)	18.0(124)	⑦		
R	F	20.0(138)	10.0(69)	6	ASTM—B—403—2002	
	T4	34.0(234)	10.0(69)	⑦		
	T5	20.0(138)	11.0(76)	⑦		
	T6	34.0(234)	18.0(124)			
S	T6	34.0(234)	25.0(172)	2	ASTM—B—80—2001	
J	T6	34.0(234)	25.0(172)		ASTM—B—199—1999(2005)	
R	T6	34.0(234)	25.0(172)	2	ASTM—B—403—2002	

合金牌号	化学成分(质量分数,%)									
	Fe	Al	Mn	Zn	Y	RE	Zr	Si	Cu	Ni
EZ33A				2.0 ~ 3.1		2.5 ~ 4.0	0.50 ~ 1.0		0.1	0.01
K1A							0.40 ~ 1.0			
QE22A④						1.8 ~ 2.5③	0.40 ~ 1.0		0.1	0.01
						1.8 ~ 2.5	0.40 ~ 1.0		0.1	0.1
WE43A	0.01		0.15	0.2	3.7 ~ 4.3	2.4 ~ 4.4⑤	0.40 ~ 1.0		0.03	0.005
WE43B	0.01		0.03	0.2	3.7 ~ 4.3	2.4 ~ 4.4⑤	0.40 ~ 1.0		0.02	0.005
WE54A			0.03	0.2	4.75 ~ 5.5	1.5 ~ 4.0⑤	0.40 ~ 1.0		0.03	0.005
ZC63A			0.25 ~ 0.75	5.5 ~ 6.5					2.4 ~ 3.0	0.01
ZE41A			0.15	3.5 ~ 5.0		0.75 ~ 1.75	0.40 ~ 1.0		0.1	0.01
			0.15	3.5 ~ 5.0		0.75 ~ 1.75	0.40 ~ 1.0		0.1	0.1
ZE63A				5.5 ~ 6.0		2.1 ~ 3.0	0.40 ~ 1.0		0.1	0.01
ZK51A				3.6 ~ 5.5			0.50 ~ 1.0		0.1	0.01
ZK61A				5.5 ~ 6.5			0.6 ~ 1.0		0.1	0.01
				5.5 ~ 6.5			0.6 ~ 1.0		0.1	0.1

① 若铁的质量分数超过0.005%，铁与镁的比例不应超过0.032。

② 合金 EQ21A 中银的质量分数应为1.3% ~1.7%。

③ 稀土为钕镨混合物，钕的质量分数不少于70%，其余主要为镨。

④ 合金 QE22A 中银的质量分数为2.0% ~3.0%。

⑤ 合金WE43A、WE43B、WE54A中稀土钕的质量分数分别为2.0% ~2.5%,2.0% ~2.5%,1.5% ~2.0%,其余稀

⑥ 在合金AS41B、AM50A、AJ52A、AM60B、AJ62A、AZ91D中任何锰的最小值与铁的最大值不相符时,那么锰与铁

⑦ 不作要求。

（续）

铸造方法	状态	力学性能 ≥			标 准 号	相近国内牌号（标准号）
		R_m/MPa	$R_{p0.2}$/MPa	A(%)		
S	T5	20.0(138)	14.0(96)	2	ASTM—B—80—2001	ZM4
J	T5	20.0(138)	14.0(96)	2	ASTM—B—199—1999(2005)	
S	F	24.0(165)	6.0(41)	14	ASTM—B—80—2001	
R	F	22.0(152)	7.0(48)	14	ASTM—B—403—2002	
S	T6	35.0(241)	25.0(172)	2	ASTM—B—80—2001	
J	T6	35.0(241)	25.0(172)	2	ASTM—B—199—1999(2005)	
R	T6	35.0(241)	25.0(172)	2	ASTM—B—403—2002	
S	T6	32.0(221)	25.0(172)	2	ASTM—B—80—2001	
S	T6	32.0(221)	25.0(172)	2	ASTM—B—80—2001	
S	T6	37.0(255)	26.0(179)	2	ASTM—B—80—2001	
S	T6	28.0(193)	18.0(125)	2	ASTM—B—80—2001	
S	T5	29.0(200)	19.5(133)	2.5	ASTM—B—80—2001	ZM2
R	T5	29.0(200)	19.5(133)	2.5	ASTM—B—403—2002	
S	T6	40.0(276)	27.0(186)	5	ASTM—B—80—2001	
S	T5	34.0(234)	20.0(138)	5	ASTM—B—80—2001	
S	T6	40.0(276)	26.0(179)	5	ASTM—B—80—2001	
R	T6	40.0(276)	25.0(172)	5	ASTM—B—403—2002	

土主要为重稀土。

的比率均分别不应超过0.010，0.015，0.015，0.021，0.021和0.032。

B.4　铸造镁

合金牌号	化学成分(质量分数,%)										
	Al	Zn	Zr	Mn	RE①	Y	Ag	Si	Cu	Ni	Fe
MC1	5.3 ~ 6.7	2.5 ~ 3.5		0.15 ~ 0.35				≤0.3	≤0.25	≤0.01	
MC2C	8.1 ~ 9.3	0.40 ~ 1.0		0.13 ~ 0.35				≤0.3	≤0.10	≤0.01	
MC2E	8.1 ~ 9.3	0.40 ~ 1.0		0.17 ~ 0.35				≤0.2	≤0.15	≤0.001	≤0.005②
MC3	8.0 ~ 10.0	1.5 ~ 2.5		0.10 ~ 0.5				≤0.3	≤0.20	≤0.01	≤0.05
MC5	9.3 ~ 10.7	≤0.30		0.10 ~ 0.35				≤0.3	≤0.10	≤0.01	
MC6		3.5 ~ 5.5	0.40 ~ 1.0						≤0.10	≤0.01	
MC7		5.5 ~ 6.5	0.60 ~ 1.0						≤0.10	≤0.01	
MC8		2.0 ~ 3.1	0.50 ~ 1.0		2.5 ~ 4.0				≤0.10	≤0.01	
MC9		≤0.20	0.4 ~ 1.0		1.8 ~ 2.8		2.0 ~ 3.0		≤0.10	≤0.01	
MC10		3.5 ~ 5.0	0.40 ~ 1.0		0.75 ~ 1.75				≤0.10	≤0.01	
MC11		5.5 ~ 6.5		0.25 ~ 0.75				≤0.2	2.4 ~ 3.0	≤0.01	
MC12		≤0.20	0.40 ~ 1.0	≤0.15	2.4 ~ 4.4	3.7 ~ 4.3		≤0.01	≤0.03	≤0.005	≤0.01
MC13		≤0.20	0.40 ~ 1.0	≤0.15	1.5 ~ 4.0	4.75 ~ 5.5		≤0.01	≤0.03	≤0.005	

① RE 指稀有稀土元素。

② 如果铁和锰的比率小于0.032，那么在采购商和供货商共同商定下铁的质量分数可以超过0.005%。

合金日本标准

铸造方法	状态	力学性能 ≥ R_m/MPa	力学性能 ≥ $R_{p0.2}$/MPa	力学性能 ≥ A(%)	标　准　号	相近国内牌号（标准号）
	F	≥180	≥70	≥4	JIS—H—5203—2000	
	T4	≥240	≥70	≥7		
	T5	≥180	≥80	≥2		
	T6	≥240	≥110	≥3		
	F	≥160	≥70		JIS—H—5203—2000	
	T4	≥240	≥70	≥7		
	T5	≥160	≥80	≥2		
	T6	≥240	≥110	≥3		
	F	≥160	≥70		JIS—H—5203—2000	
	T4	≥240	≥70	≥7		
	T5	≥160	≥80	≥2		
	T6	≥240	≥110	≥3		
	F	≥140	≥75	≥1	JIS—H—5203—2000	
	T4	≥230	≥75	≥6		
	T5	≥160	≥80			
	T6	≥235	≥110	≥1		
	F	≥140	≥70		JIS—H—5203—2000	
	T4	≥240	≥70	≥6		
	T5	≥160	≥80			
	T6	≥240	≥110	≥2		
	T5	≥235	≥140	≥4	JIS—H—5203—2000	
	T5	≥270	≥180	≥5	JIS—H—5203—2000	
	T6	≥275	≥180	≥4		
	T5	≥140	≥100	≥2	JIS—H—5203—2000	
	T6	≥240	≥175	≥2	JIS—H—5203—2000	
	T5	≥200	≥135	≥2	JIS—H—5203—2000	
	T6	≥190	≥125	≥2	JIS—H—5203—2000	
	T5	≥220	≥170	≥2	JIS—H—5203—2000	
	T6	≥255	≥175	≥2	JIS—H—5203—2000	

附录C　铸造铜

铸造铜合金国际标准见C.1，美国标准见C.2，俄罗斯标准见C.3，日本标准见C.4，为便于对比，国外

C.1　铸造铜

合金牌号	化学成分（质量分数,%）										
	Cu	Sn	Pb	Zn	Fe	Al	Mn	Si	Ni	Sb	P
CuZn33Pb2	63.0~67.0	1.5	1.0~3.0	余量	0.8	0.1	0.2	0.05	1.0	—	0.05
CuZn40Pb	58.0~63.0	1.0	0.5~2.5	余量	0.8	0.2~0.8	0.5	0.05	1.0	—	—
CuZn35AlFeMn	57.0~65.0	1.0	0.5	余量	0.5~2.0	0.5~2.5	0.1~3.0	0.10	3.0	—	—
CuZn26Al4Fe3Mn3	60.0~66.0	0.20	0.20	余量	1.5~4.0	2.5~5.0	1.5~4.0	0.10	3.0	—	—
CuZn25Al6Fe3Mn3	60.0~66.0	0.20	0.20	余量	2.0~4.0	4.5~7.0	1.5~4.0	0.10	3.0	—	—
CuAl10Fe3	83.0~89.5	0.30	0.20①	0.40	2.0②~5.0	8.5~11.0	1.0	0.20	3.0	—	—
CuAl10Fe5Ni5	>76.0	0.20	0.10①	0.50	3.5~5.5	8.0~11.0	0.30	0.10	3.5~6.5	—	—
CuSn10P	87~89.5	10.0~11.5	0.25	0.05	0.10	0.01	0.05	0.02	0.10	0.05	0.5~1.0
CuPb10Sn10	78.0~82.0	9.0~11.0	8.0~11.0	2.0	0.25	0.01	0.2	0.01	2.0	0.5	0.05⑤
CuPb15Sn8	75.0~79.0	7.0~9.0	13.0~17.0	2.0	0.25	0.01	0.2	0.01	2.0	0.5	0.10⑤
CuPb20Sn5	70.0~78.0	4.0~6.0	18.0~23.0	2.0	0.25	0.01	0.2	0.01	2.5	0.75	0.10
CuSb10Zn2	86.0~89.0	9.0~11.0	1.5	1.0~3.0	0.25	0.01	0.2	0.01	2.0	0.3	0.05⑤

合金国外标准

的铸造方法和状态（除国内无此状态外）均转化成相应的中国代号。

合金国际标准

S	其他	铸造方法	力学性能 ≥ R_m /MPa	$R_{p0.2}$ /MPa	A (%)	标准号	相近国内牌号（标准号）
—	—	S	180	70	12	ISO1338—1977	ZCuZn33Pb2 (GB/T 1176—1987)
—	—	S	220	—	15	ISO1338—1977	ZCuZn40Pb2 (GB/T 1176—1987)
		J	280	120	15		
		Y	280	120	15		YZCuZn40Pb2 (GB/T 15116—1994)
—	Sb + P + As：0.40	S	450	170	20	ISO1338—1977	ZCuZn35Al2Mn2Fe1 (GB/T 1176—1987)
		J	475	200	18		
		La，Li	475	200	18		
		Y	475	200	18		—
—	—	S	600	300	18	ISO1338—1977	ZCuZn26Al4Fe3Mn3 (GB/T 1176—1987)
		La，Li	600	300	18		
—	—	S	725	400	10	ISO1338—1977	ZCuZn25Al6Fe3Mn3 (GB/T 1176—1987)
		La，Li	740	400	10		
—	—	S	500	180	13	ISO1338—1977	ZCuAl10Fe3 (GB/T 1176—1987)
		J	550	200	15		
		La，Li	550	200	15		
—	Cu + Fe + Ni + Al + Mn >99.2	S	600	250	10	ISO1338—1977	ZCuAl9Fe4Ni4Mn2 (GB/T 1176—1987)
		La，Li	680	280	12		
0.05	—	S	220	130	3	ISO1338—1977	ZCuSn10P1[4] (GB/T 1176—1987)
		J	310	170	2		
		La	330	170[3]	6		
		Li	330	170	4		
0.10	—	S	180	80	7	ISO1338—1977	ZCuPb10Sn10 (GB/T 1176—1987)
		J	220	140	3		
		La，Li	220	110[3]	6		
0.10	—	S	170	80	5	ISO1338—1977	ZCuPb15Sn8 (GB/T 1176—1987)
		La，Li	220	100[3]	8		
0.10	—	S	150	60	5	ISO1338—1977	ZCuPb20Sn5 (GB/T 1176—1987)
		La	180	80[3]	7		
0.10	—	S	240	120	12	ISO1338—1977	ZCuSn10Zn2 (GB/T 1176—1987)
		La，Li	270	140[3]	7		

合金牌号	化学成分（质量分数,%）										
	Cu	Sn	Pb	Zn	Fe	Al	Mn	Si	Ni	Sb	P
CuPb5Sn5Zn5	84.0 ~ 86.0	4.0 ~ 6.0	4.0 ~ 6.0	4.0 ~ 6.0	0.30	0.01	—	0.01	2.5	0.25	0.05
CuAl9	88.0 ~ 92.0	0.30	0.30	0.50	1.2	8.0 ~ 10.5	0.50	0.20	1.0	—	—
CuSn12	85.0 ~ 88.5	10.5 ~ 13.0	1.0	2.0	0.25⑥	0.01	0.2	0.01	2.0	0.2	0.05 ~ 0.40⑤
CuSn12Ni2	84.5 ~ 87.5	11.0 ~ 13.0	0.3	0.4	0.20⑥	0.01	0.2	0.1	1.5 ~ 2.5	0.1	0.05 ~ 0.40
CuSn12Pb2	84.5 ~ 87.5	11.0 ~ 13.0	1.0 ~ 2.5	2.0	0.20⑥	0.01	0.2	0.01	2.0	0.2	0.05 ~ 0.40⑤
CuSn11P	86.0 ~ 89.0	10.0 ~ 12.0	0.5	0.5	0.10⑥	0.01		0.02	0.2	—	0.15 ~ 1.5
CuPb9Sn5	80.0 ~ 87.0	4.0 ~ 6.0	8.0 ~ 10.0	2.0	0.25	0.01	0.2	0.01	2.0	0.5	0.10⑤
CuSn8Pb2	82.0 ~ 91.0	6.0 ~ 9.0	0.5 ~ 4.0	3.0	0.2	0.01	—	0.01	2.5	0.25	0.05⑤
CuSn7Pb7Zn3	81.0 ~ 85.0	6.0 ~ 8.0	5.0 ~ 8.0	2.0 ~ 5.0	0.20	0.01	—	0.01	2.0	0.35	0.10⑤

注：表中有上下限数值的为主要组元，只有一个数值的为杂质限量的上限值。

① 对焊接件铅的质量分数不应超过 0.02%。

② 对金属型铸件，其铁的最低质量分数按协议可降低至 1.0%。

③ 除需方要求外，该值仅供参考。

④ 有的标准将该合金牌号写成 ZCuSn10Pb1 是错误的。

⑤ 磷的质量分数对 La（连续铸造）和 Li（离心铸造）按协议可达 1.5% 的最大值。

⑥ 在特殊情况下（对磁性敏感），铁的质量分数最大值为 0.05%。

⑦ 低的断后伸长率值适用于磷的质量分数大于 0.10%。

（续）

S	其他	铸造方法	力学性能 ≥ R_m /MPa	$R_{p0.2}$ /MPa	A (%)	标准号	相近国内牌号（标准号）
0.10	—	S，J	200	90	13	ISO1338—1977	ZCuSn5Pb5Zn5 (GB/T 1176—1987)
		La，Li	250	100③	13		
—	—	J	450	—	15	ISO1338—1977	—
0.05	—	S	240	130	7或5⑦	ISO1338—1977	—
		J	270	150	5或3⑦		
		La，Li	270	150③	6或3⑦		
0.05	—	S	280	160	12	ISO1338—1977	—
		Li	300	180③	8		
		La	300	180	6		
0.05	—	S	240	130	7或5⑦	ISO1338—1977	—
		Li	280	150③	5		
		La	280	150③	7		
—	—	S	220	—	3	ISO1338—1977	—
		J	270	—	2		
		La	320	—	6		
		Li	300	—	4		
0.10	—	S	160	60	7	ISO1338—1977	—
		J	200	80	5		
		Li	220	80③	6		
		La	230	130③	9		
0.10	—	S	250	130	16	ISO1338—1977	—
		J	220	130	2		
		Li	230	130③	4		
		La	270	130③	5		
0.10	—	S，J	210	100	12	ISO1338—1977	—
		Li，La	260	120③	12		

C.2　铸造铜

合金牌号	化学成分（质量分数，%）											
	Cu	Sn	Pb	Zn	Fe	Al	Mn	Si	Ni	Sb	P	S
C83450	87.0 ~ 89.0	2.5 ~ 3.5	1.5 ~ 3.0	5.5 ~ 7.5	0.30	0.005	—	0.005	0.75 ~ 2.0	0.25	0.05	0.08
C83600	84.0 ~ 86.0	4.0 ~ 6.0	4.0 ~ 6.0	4.0 ~ 6.0	0.30	0.005	—	0.005	1.0	0.25	0.05 1.5	0.08
C83800	82.0 ~ 83.8	3.3 ~ 4.2	5.0 ~ 7.0	5.5 ~ 8.0	0.30	0.005	—	0.005	1.0	0.25	0.03 1.5	0.08
C84200	78.0 ~ 82.0	4.0 ~ 6.0	2.0 ~ 3.0	10.0 ~ 16.0	0.40	0.005	—	0.005	0.8	0.25	1.5	0.08
C84400	78.0 ~ 82.0	2.3 ~ 3.5	6.0 ~ 8.0	7.0 ~ 10.0	0.40	0.005	—	0.005	1.0	0.25	0.02 1.5	0.08
C84800	75.0 ~ 77.0	2.0 ~ 3.0	5.5 ~ 7.0	13.0 ~ 17.0	0.40	0.005	—	0.005	1.0	0.25	0.02 1.5	0.08
C85200	70.0 ~ 74.0	0.7 ~ 2.0	1.5 ~ 3.8	20.0 ~ 27.0	0.6	0.005	—	0.05	1.0	0.20	0.002	0.05
C85400	65.0 ~ 70.0	0.5 ~ 1.5	0.8 ~ 1.5	32.0 ~ 40.0	0.7	0.80	—	0.05	1.0	—	—	—
C85700	58.0 ~ 64.0	0.50 ~ 1.5	0.8 ~ 1.5	32.0 ~ 40.0	0.70	0.80	—	0.05	1.0	—	—	—
C85800	≥57	1.5	1.5	31.0 ~ 41.0	0.50	0.55	0.25	0.25	0.50	0.05	0.01	0.05
C86200	60.0 ~ 66.0	0.20	0.20	22.0 ~ 28.0	2.0 ~ 4.0	3.0 ~ 4.9	2.5 ~ 5.0	—	1.0	—	—	—
C86300	60.0 ~ 66.0	0.20	0.20	22.0 ~ 28.0	2.0 ~ 4.0	5.0 ~ 7.5	2.5 ~ 5.0	—	1.0	—	—	—

合金美国标准

其他	铸造方法	力学性能 ≥ R_m/MPa	$R_{p0.5}$/MPa	A(%)	HBW	标准号	相近国内牌号（标准号）
—	S	207	97	25	—	ASTMB584—2008a ASTMB763—2008a	—
—	S	207	97	20	—	ASTMB584—2008a	ZCuSn5Pb5Zn5（GB/T 1176—1987）
	La	248	131	15		ASTMB505—2008a	
—	S	207	90	20	—	ASTMB584—2008a ASTMB763—2008a	—
	La	207	97	16		ASTMB505—2008a	
—	La	221	110	13	—	ASTMB505—2008a	—
—	S	200	90	18	—	ASTMB584—2008a ASTMB763—2008a	—
	La	207	103	16		ASTMB505—2008a	
—	S	193	86	16	—	ASTMB584—2008a ASTMB763—2008a	—
	La	207	103	16		ASTMB505—2008a	
—	S	241	83	25	—	ASTMB763—2008a	—
—	S	207	76	20	—	ASTMB763—2008a	—
—	S	276	97	15	—	ASTMB763—2008a	—
	Y①	—	—	—		ASTMB176—2008	
	La	276	97	15		ASTMB505—2008a	
—	Y①	379	207	15	55 ~ 60	ASTMB176—2008	—
—	S	621	310	18	—	ASTMB584—2008a ASTMB763—2008a	ZCuZn26Al4Fe3Mn3（GB/T 1176—1987）
	La	621	310	18		ASTMB505—2008a	
—	S	758	414	12	—	ASTMB584—2008a ASTMB763—2008a	ZCuZn26Al6Fe3Mn3（GB/T 1176—1987）
	La	758	427	14		ASTMB505—2008a	
	S	760	415	12	223 σ_{bc}：380	ASTMB22—2008	

合金牌号	化学成分（质量分数,%）											
	Cu	Sn	Pb	Zn	Fe	Al	Mn	Si	Ni	Sb	P	S
C86400	56.0 ~ 62.0	0.50 ~ 1.5	0.5 ~ 1.5	34.0 ~ 42.0	0.40 ~ 2.0	0.50 ~ 1.5	0.10 ~ 1.0	—	1.0	—	—	—
C86500	55.0 ~ 60.0	1.0	0.40	36.0 ~ 42.0	0.4 ~ 2.0	0.50 ~ 1.5	0.10 ~ 1.5	—	1.0	—	—	—
C86700	55.0 ~ 60.0	1.5	0.50 ~ 1.5	30.0 ~ 38.0	1.0 ~ 3.0	1.0 ~ 3.0	1.0 ~ 3.5	—	1.0	—	—	—
C87300	≥94.0	0.20	0.25	—	0.20	—	0.8 ~ 1.5	3.6 ~ 5.0	—	—	—	—
C87400	≥79.0	—	1.0	12.0 ~ 16.0	—	0.80	—	2.5 ~ 4.0	—	—	—	—
C87500	≥79.0	—	0.50	12.0 ~ 16.0	—	0.50	—	3.0 ~ 5.0	—	—	—	—
C87600	≥88.0	—	0.50	4.0 ~ 7.0	—	—	—	3.5 ~ 5.5	—	—	—	—
C87610	≥90.0	—	0.20	3.0 ~ 5.0	0.20	—	0.25	3.0 ~ 5.0	—	—	—	—
C87800	≥80.0	0.25	0.15	12.0 ~ 16.0	0.15	0.15	0.15	3.8 ~ 4.2	0.20	0.05	0.01	0.05
C87900	≥63	0.25	0.25	30.0 ~ 36.0	0.40	0.15	0.15	0.80 ~ 1.2	0.50	0.05	0.01	0.05
C89320	87.0 ~ 91.0	5.0 ~ 7.0	0.09	1.0	0.20	0.005	—	0.005	1.0	0.35	0.30	0.08
C89520	85.0 ~ 87.0	5.0 ~ 6.0	0.25	4.0 ~ 6.0	0.20	0.005	—	0.005	1.0	0.25	0.05	0.08
C89844	83.0 ~ 86.0	3.0 ~ 5.0	0.2	7.0 ~ 10.0	0.30	0.005	—	0.005	1.0	0.25	0.05	0.08
C90300	86.0 ~ 89.0	7.5 ~ 9.0	0.30	3.0 ~ 5.0	0.20	0.005	—	0.005	1.0	0.20	0.05 1.5	0.05

（续）

其他	铸造方法	力学性能 ≥ R_m /MPa	$R_{p0.5}$ /MPa	A (%)	HBW	标 准 号	相近国内牌号（标准号）
—	S	414	138	15	—	ASTMB584—2008a ASTMB763—2008a	—
—	S	448	172	20	—	ASTMB763—2008a	ZCuZn40Mn2 (GB/T 1176—1987)
	La	483	172	25		ASTMB505—2008a	
	Y①	—	—	—		ASTMB176—2008	—
—	S	552	221	15	—	ASTMB584—2008a ASTMB763—2008a	ZCuZn35Al2Mn2Fe1 (GB/T 1176—1987)
—	S	310	124	20	—	ASTMB584—2008a ASTMB763—2008a	—
—	S	345	145	18	—	ASTMB584—2008a ASTMB763—2008a	ZCuZn16Si4 (GB/T 1176—1987)
—	S	414	165	16	—	ASTMB584—2008a ASTMB763—2008a	—
	J	550	205	15		ASTMB806—2008a	
—	S	414	207	16	—	ASTMB584—2008a ASTMB763—2008a	—
—	S	310	124	20	—	ASTMB584—2008a ASTMB763—2008a	—
—	J	550	205	15	—	ASTMB806—2008a	ZCuZn16Si4 (GB/T 1176—1987)
	Y①	586	345	25	85~90	ASTMB176—2008	YZCuZn16Si4 (GB/T 15116—1994)
—	Y①	483	241	25	68~72	ASTMB176—2008	—
Bi：4.0~6.0	La	241	124	15	—	ASTMB505—2008a	—
Bi：1.6~2.2 Se：0.8~1.1	S	176	120	6	—	ASTMB584—2008a	—
Bi：2.0~4.0	S	193	90	15	—	ASTMB584—2008a ASTMB763—2008a	—
—	S	276	124	20	—	ASTMB584—2008a ASTMB763—2008a	—
	La	303	152	18		ASTMB505—2008a	

合金牌号	化学成分（质量分数,%）											
	Cu	Sn	Pb	Zn	Fe	Al	Mn	Si	Ni	Sb	P	S
C90500	86.0 ~ 89.0	9.0 ~ 11.0	0.30	1.0 ~ 3.0	0.20	0.005	—	0.005	1.0	0.20	0.05 1.5 0.05	0.05
C90700	88.0 ~ 90.0	10.0 ~ 12.0	0.50	0.50	0.15	0.005	—	0.005	0.50	0.20	1.5	0.05
C91000	84.0 ~ 86.0	14.0 ~ 16.0	0.20	1.5	0.10	0.005	—	0.005	0.8	0.20	1.5	0.05
C91100	82.0 ~ 85.0	15.0 ~ 17.0	0.25	0.25	0.25	0.005	—	0.005	0.50	0.20	1.0	0.05
C91300	79.0 ~ 82.0	18.0 ~ 20.0	0.25	0.25	0.25	0.005	—	0.005	0.5	0.20	1.5 1.0	0.05
C92200	86.0 ~ 90.0	5.5 ~ 6.5	1.0 ~ 2.0	3.0 ~ 5.0	0.25	0.005	—	0.005	1.0	0.25	0.05 1.5	0.05
C92210	86.0 ~ 89.0	4.5 ~ 5.5	1.7 ~ 2.5	3.0 ~ 4.5	0.25	0.005	—	0.005	0.7 ~ 1.0	0.20	0.03	0.05
C92300	85.0 ~ 89.0	7.5 ~ 9.0	0.30 ~ 1.0	2.5 ~ 5.0	0.25	0.005	—	0.005	1.0	0.25	0.05 1.5	0.05
C92500	85.0 ~ 88.0	10.0 ~ 12.0	1.0 ~ 1.5	0.50	0.30	0.005	—	0.005	0.8 ~ 1.5	0.25	1.5	0.05
C92600	86.0 ~ 88.5	9.3 ~ 10.5	0.8 ~ 1.5	1.3 ~ 2.5	0.20	0.005	—	0.005	0.7	0.25	0.03	0.05
C92700	86.0 ~ 89.0	9.0 ~ 11.0	1.0 ~ 2.5	0.7	0.20	0.005	—	0.005	1.0	0.25	1.5	0.05
C92800	78.0 ~ 82.0	15.0 ~ 17.0	4.0 ~ 6.0	0.8	0.20	0.005	—	0.005	0.8	0.25	1.5	0.05
C92900	82.0 ~ 86.0	9.0 ~ 11.0	2.0 ~ 3.2	0.25	0.20	0.005	—	0.005	2.8 ~ 4.0	0.25	1.5	0.05
C93200	81.0 ~ 85.0	6.3 ~ 7.5	6.0 ~ 8.0	2.0 ~ 4.0	0.20	0.005	—	0.005	1.0	0.35	0.15 1.5	0.08

（续）

其他	铸造方法	力学性能　≥				标　准　号	相近国内牌号（标准号）
		R_m /MPa	$R_{p0.5}$ /MPa	A （%）	HBW		
—	S	276	124	20	—	ASTMB584—2008a ASTMB763—2008a	ZCuSn10Zn2 （GB/T 1176—1987）
	La	303	172	10		ASTMB505—2008a	
	S	275	125	20	—	ASTMB22—2008	
—	La	276	172	10		ASTMB505—2008a	ZCuSn10P1 （GB/T 1176—1987）
—	La	207	—	—	160	ASTMB505—2008a	—
—	S	R_{mc}②：125	—	—	—	ASTMB22—2008	—
—	La	—	—	—	—	ASTMB505—2008a	—
	S	R_{mc}②：165	—	—	—	ASTMB22—2008	
—	S	234	110	22	—	ASTMB584—2008a	—
	La	262	131	18		ASTMB505—2008a	
—	S	225	103	20	—	ASTMB584—2008a	—
—	S	248	110	18	—	ASTMB584—2008a ASTMB763—2008a	—
	La	276	131	16		ASTMB505—2008a	
—	La	276	165	10	—	ASTMB505—2008a	—
—	S	276	124	20	—	ASTMB763—2008a	—
—	La	252	138	8	—	ASTMB505—2008a	—
—	La	—	—	—	72～82	ASTMB505—2008a	—
—	La	310	172	8	—	ASTMB505—2008a	—
—	S	207	97	15	—	ASTMB584—2008a ASTMB763—2008a	—
	La	241	138	10		ASTMB505—2008a	

（续）

合金牌号	化学成分（质量分数,%）											
	Cu	Sn	Pb	Zn	Fe	Al	Mn	Si	Ni	Sb	P	S
C93400	82.0~85.0	7.0~9.0	7.0~9.0	0.8	0.20	0.005	—	0.005	1.0	0.05	1.5	0.08
C93500	83.0~86.0	4.3~6.0	8.0~10.0	2.0	0.20	0.005	—	0.005	1.0	0.30	0.05 1.5	0.08
C93600	79.0~83.0	6.0~8.0	11.0~13.0	1.0	0.20	0.005	—	0.005	1.0	0.55	1.5	0.08
C93700	78.0~82.0	9.0~11.0	8.0~11.0	0.8	0.15	0.005	—	0.005	1.0	0.50	0.15 1.5	0.08
C93800	75.0~79.0	6.3~7.5	13.0~16.0	0.8	0.15	0.005	—	0.005	1.0	0.80	0.05 1.5	0.08
C93900		5.0~7.0	14.0~18.0	1.5	0.40	0.005	—	0.005	0.8	0.50	1.5	0.08
C94000	69.0~72.0	12.0~14.0	14.0~16.0	0.50	0.25	0.005	—	0.005	0.5~1.0	0.50	1.5	0.08
C94100	72.0~79.0	4.5~6.5	18.0~22.0	1.0	0.25	0.005	—	0.005	1.0	0.8	1.5	0.08
C94300	67.0~72.0	4.5~6.0	23.0~27.0	0.8	0.15	0.005	—	0.005	1.0	0.80	0.05 1.5 0.05	0.08
C94700	85.0~90.0	4.5~6.0	0.10	1.0~2.5	0.25	0.005	0.20	0.005	4.5~6.0	0.15	0.05	0.05
C94800	84.0~89.0	4.5~6.0	0.30~1.0	1.0~2.5	0.25	0.005	0.20	0.005	4.5~6.0	0.15	0.05	0.05

（续）

其他	铸造方法	力学性能 ≥				标 准 号	相近国内牌号（标准号）
		R_m /MPa	$R_{p0.5}$ /MPa	A (%)	HBW		
—	La	234	138	8	—	ASTMB505—2008a	—
—	S	193	83	15	—	ASTMB584—2008a ASTMB763—2008a	—
	La	207	110	12		ASTMB505—2008a	
—	La	227	138	10	—	ASTMB505—2008a	
—	S	207	83	15	—	ASTMB584—2008a ASTMB763—2008a	ZCuPb10Sn10（GB/T 1176—1987）
	S	207	83	15		ASTMB22—2006	
	La	241	138	6		ASTMB505—2008a	
—	S	179	97	12	—	ASTMB584—2008a ASTMB763—2008a	ZCuPb15Sn8（GB/T 1176—1987）
	—	—	—	—		ASTMB66—2006	
	La	172	110	5		ASTMB505—2008a	
—	La	172	110	5	—	ASTMB505—2008a	—
—	S	414	207	20	—	ASTMB763—2008a	—
	La	—	—	—	80	ASTMB505—2008a	
—	La	172	117	7	—	ASTMB505—2008a	ZCuPb20Sn5（GB/T 1176—1987）
—	S	165	—	10	—	ASTMB584—2008a ASTMB763—2008a	—
	La	145	103	7		ASTMB505—2008a	
	—	—	—	—		ASTMB66—2006	
—	S	310	138	25	—	ASTMB584—2008a ASTMB763—2008a	—
	La HT③	517	345	5		ASTMB505—2008a	
—	S	276	138	20	—	ASTMB584—2008a ASTMB763—2008a	—
	La	276	138	20		ASTMB505—2008a	

合金牌号	化学成分（质量分数,%）										
	Cu	Sn	Pb	Zn	Fe	Al	Mn	Si	Ni	Sb	P	S
C94900	79.0~81.0	4.0~6.0	4.0~6.0	4.0~6.0	0.30	0.005	0.10	0.005	4.0~6.0	0.25	0.05	0.08
C95200	≥86.0	—	—	—	2.5~4.0	8.5~9.5	—	—	—	—	—	—
C95300	余量 ≥83.0	—	—	—	0.75~1.5	9.0~11.0	—	—	—	—	—	—
C95400	余量 ≥83.0	—	—	—	3.0~5.0	10.0~11.5	0.50	—	1.5	—	—	—
C95410	余量 ≥83.0	—	—	—	3.0~5.0	10.0~11.5	0.50	—	1.5~2.5	—	—	—
C95500	≥78.0	—	—	—	3.0~5.0	10.0~11.5	3.5	—	3.0~5.5	—	—	—
C95520	≥74.5	0.25	0.03	0.30	4.0~5.5	10.5~11.5	1.5	0.15	4.2~6.0	—	—	—
C95600	≥88.0	—	—	—	—	6.0~8.0	—	1.8~3.2	0.25	—	—	—
C95700	余量	—	0.03	—	2.0~4.0	7.0~8.5	11.0~14.0	0.1	1.5~3.0	—	—	—

（续）

其他	铸造方法	力学性能 ≥				标 准 号	相近国内牌号（标准号）
		R_m /MPa	$R_{p0.5}$ /MPa	A （%）	HBW		
—	S	262	103	15	—	ASTMB584—2008a ASTMB763—2008a	ZCuSn5Pb5Zn5 （GB/T 1176—1987）
—	S	450	170	20	110[4]	ASTMB148—2009 ASTMB763—2008a	ZCuAl10Fe3 （GB/T 1176—1987）
	La	469	179	20	—	ASTMB505—2008a	
—	S HT[3]	450 550	170 275	20 12	110[4] 160[4]	ASTMB148—2009 ASTMB763—2008a	—
	La HT[3]	586 655	221 310	12 10	—	ASTMB505—2008a	
	J	550	205	20		ASTMB806—2008a	
—	S HT[3]	515 620	205 310	12 6	150[4] 190[4]	ASTMB148—2009 ASTMB763—2008a	—
	La HT[3]	586 655	221 310	12 10	—	ASTMB505—2008a	
	J	690	275	10		ASTMB806—2008a	
—	S HT[3]	515 620	205 310	12 6	150[4] 190[4]	ASTMB148—2009 ASTMB763—2008a	—
	La HT[3]	586 655	221 310	12 10	—	ASTMB505—2008a	
	J	690	275	10		ASTMB806—2008a	
—	S HT[3]	620 760	275 415	6 5	190[4] 200[4]	ASTMB763—2008a ASTMB148—2009	—
	La HT[3]	655 758	290 427	10 8	—	ASTMB505—2008a	
	J	760	415	5		ASTMB806—2008a	
Cr：0.05 Co：0.20	La HT[3]	862	655	2	262	ASTMB505—2008a	—
—	S	415	195	10	—	ASTMB763—2008a	
—	S	620	275	20	—	ASTMB148—2009	ZCuAl8Mn13Fe3Ni2 （GB/T 1176—1987）
	La	620	275	15		ASTMB505—2008a	

合金牌号	化学成分（质量分数,%）											
	Cu	Sn	Pb	Zn	Fe	Al	Mn	Si	Ni	Sb	P	S
C95800	≥79.0	—	0.03	—	3.5 ~ 4.5⑤	8.5 ~ 9.5	0.80 ~ 1.5	—	4.0 ~ 5.0⑤	—	—	—
C95900	余量	—	—	—	3.0 ~ 5.0	12.0 ~ 13.5	1.5	—	0.5	—	—	—
C96400	65.0 ~ 69.0	—	0.03	—	0.25 ~ 1.50	—	1.5	—	28.0 ~ 32.0	—	0.02	0.02
C96800	余量	7.5 ~ 8.5	0.005	1.0	0.50	0.10	0.05 ~ 0.30	—	9.5 ~ 10.5	0.02	0.005	0.0025
C96900	余量	5.8 ~ 8.5	0.02		0.5		0.05 ~ 0.40	0.30	11.0 ~ 15.5			
C97300	53.0 ~ 58.0	1.5 ~ 3.0	8.0 ~ 11.0	17.0 ~ 25.0	1.5	0.005	0.50	0.15	11.0 ~ 14.0	0.35	0.05	0.08
C97600	63.0 ~ 67.0	3.5 ~ 4.5	3.0 ~ 5.0	3.0 ~ 9.0	1.5	0.005	1.0	0.15	19.0 ~ 21.5	0.25	0.05	0.08
C97800	64.00 ~ 67.0	4.0 ~ 5.5	1.0 ~ 2.5	1.0 ~ 4.0	1.5	0.005	1.0	0.15	24.0 ~ 27.0	0.20	0.05	0.08
C99500	余量	—	0.25	0.5 ~ 2.5	3.0 ~ 5.0	0.5 ~ 2.0	0.5	0.5 ~ 2.0	3.5 ~ 5.5	—	—	—
C99700	≥54.0	1.0	2.0	19.0 ~ 25.0	1.0	0.50 ~ 3.0	11.0 ~ 15.0	—	4.0 ~ 6.0	—	—	—
C99750	55.0 ~ 61.0	—	0.50 ~ 2.5	17.0 ~ 23.0	1.0⑤	0.25 ~ 3.0	17.0 ~ 23.0	—	5.0	—	—	—

注：表中有上下限数值的为主要元素，只有一个数值的为杂质限量的上限值。

① 压铸合金的力学性能为典型值。

② R_{mc} 为抗压强度

③ HT 为该合金在热处理状态下的性能。

④ 仅供参考。

⑤ 铁含量不应超过镍含量。

⑥ 系 $R_{p0.2}$ 值。

（续）

其他	铸造方法	力学性能 ≥ R_m /MPa	$R_{p0.5}$ /MPa	A (%)	HBW	标准号	相近国内牌号（标准号）
—	S	585	240	15	—	ASTMB763—2008a ASTMB148—2009	ZCuAl9Fe4Ni4Mn2 (GB/T 1176—1987)
	La	586	241	18		ASTMB505—2008a	
	J	620	275	15		ASTMB806—2008a	
—	La	—	—	—	241	ASTMB505—2008a	—
—	La	448	241	25	—	ASTMB505—2008a	—
—	S HT③	862 931	689⑥ 821⑥	3 —	—	ASTMB584—2008a	—
Mg：0.15 Nb：0.10	La HT③	758	724⑥	4	—	ASTMB505—2008a	—
—	S	207	103	8	—	ASTMB584—2008a ASTMB763—2008a	—
	La					ASTMB505—2008a	
—	S	276	117	10	—	ASTMB584—2008a ASTMB763—2008a	—
	La	276	138	10		ASTMB505—2008a	
—	S	345	152	10	—	ASTMB584—2008a ASTMB763—2008a	—
	La	310	152	8		ASTMB505—2008a	
—	S	483	276	12	—	ASTMB763—2008a	—
	La	483	276	12		ASTMB505—2008a	
—	Y①	—	—	—	—	ASTMB176—2008	—
—	Y①	—	—	—	—	ASTMB176—2008	—

C.3　铸造铜

合金牌号	化学成分（质量分数,%）											
	Cu	Sn	Pb	Zn	Fe	Al	Mn	Si	Ni	Sb	P	S
ЛЦ40С	57.0 ~ 61.0	0.5	0.8 ~ 2.0	余量	0.8	0.5	0.5	0.3	1.0	0.05	—	—
ЛЦ40СД	58.0 ~ 61.0	0.3	0.8 ~ 2.0	余量	0.5	0.2	0.2	0.2	1.0	0.05	—	—
ЛЦ40Мц1.5	57.0 ~ 60.0	0.5	0.7	余量	1.5	—	1.0 ~ 2.0	0.1	1.0	0.1	0.03	—
ЛЦ40Мц3Ж	53.0 ~ 58.0	0.5	0.5	余量	0.5 ~ 1.5	0.6	3.0 ~ 4.0	0.2	0.5	0.1	0.05	—
ЛЦ40Мц3А	55.0 ~ 58.0	0.5	0.2	余量	1.0	0.5 ~ 1.5	2.5 ~ 3.5	0.2	1.0	0.05	0.03	—
ЛЦ38Мц2С2	57.0 ~ 60.0	0.5	1.5 ~ 2.5	余量	0.8	0.8	1.5 ~ 2.5	0.4	1.0	0.1	0.05	—
ЛЦ37Мц2С2К	57.0 ~ 60.0	0.6	1.5 ~ 3.0	余量	0.7	0.7	1.5 ~ 2.5	0.5 ~ 1.3	1.0	0.1	0.1	As:0.05 Bi:0.01
ЛЦ30А3	66.0 ~ 68.0	0.7	0.7	余量	0.8	2.0 ~ 3.0	0.5	0.3	0.3	0.1	0.05	—
ЛЦ25С2	70.0 ~ 75.0	0.5 ~ 1.5	1.0 ~ 3.0	余量	0.7	0.3	0.5	0.5	1.0	0.2	—	—
ЛЦ23А6Ж3Мц2	64.0 ~ 68.0	0.7	0.7	余量	2.0 ~ 4.0	4.0 ~ 7.0	1.5 ~ 3.5	0.3	1.0	0.1	—	—
ЛЦ14К3С3	77 ~ 81	0.3	2.0 ~ 4.0	余量	0.6	0.3	1.0	2.5 ~ 4.5	0.2	0.1	—	—
ЛЦ16К4	78.0 ~ 81.0	0.3	0.5	余量	0.6	0.04	0.8	3.0 ~ 4.5	0.2	0.1	0.1	—
БрО3Ц12С5	余量	2.0 ~ 3.0	3.0 ~ 6.0	8.0 ~ 15.0	0.4	0.02	—	0.02	—	0.5	0.05	—
БрО3Ц7С5Н1	余量	2.5 ~ 4.0	3.0 ~ 6.0	6.0 ~ 9.5	0.4	0.02	—	0.02	0.5 ~ 2.0	0.5	0.1	—
БрО4Ц7С5	余量	3.0 ~ 5.0	4.0 ~ 7.0	6.0 ~ 9.0	0.4	0.05	—	0.05	—	0.5	0.1	—
БрО4Ц4С17	余量	3.5 ~ 5.5	14.0 ~ 20.0	2.0 ~ 6.0	0.4	0.05	—	0.05	—	0.5	0.1	—

合金俄罗斯标准

杂质总量	铸造方法	力学性能 ≥ R_m /MPa	$R_{p0.2}$ /MPa	A (%)	HBW	标准号	相近国内牌号（标准号）
2.0	S	215	—	12	70	ГОСТ17711—1993	—
	J，Li	215	—	20	80		
1.5	J	264	—	18	100	ГОСТ17711—1993	ZCuZn40Pb2（GB/T 1176—1987）
	Y	196	—	6	70		YZCuZn40Pb（GB/T 15116—1994）
2.0	S	372	—	20	100	ГОСТ17711—1993	ZCuZn40Mn2（GB/T 1176—1987）
	J，Li	392	—	20	110		
1.7	S	441	—	18	90	ГОСТ17711—1993	ZCuZn40Mn3Fe1（GB/T 1176—1987）
	J	490	—	10	100		
	Y	392	—	—	—		—
1.5	J，Li	441	—	15	115	ГОСТ17711—1993	
2.2	S	245	—	15	80	ГОСТ17711—1993	ZCuZn38Mn2Pb2（GB/T 1176—1987）
	J	343	—	10	85		
1.7	J	343	—	2	110	ГОСТ17711—1993	
2.6	S	294	—	12	80	ГОСТ17711—1993	ZCuZn31Al2（GB/T 1176—1987）
	J	392	—	15	90		
1.5	S	146	—	8	60	ГОСТ17711—1993	—
1.8	S	686	—	7	160	ГОСТ17711—1993	ZCuZn25Al6Fe3Mn3（GB/T 1176—1987）
	J，Li	705	—	7	165		
2.3	S	245	—	7	90	ГОСТ17711—1993	—
	J	294	—	15	100		
2.5	S	294	—	15	100	ГОСТ17711—1993	ZCuZn16Si4（GB/T 1176—1987）
	J	343	—	15	110		
1.3	S	176.2	—	8	60	ГОСТ613—1979	ZCuSn3Zn11Pb4（GB/T 1176—1987）
	J	206	—	5	60		
1.3	S	176.2	—	8	60	ГОСТ613—1979	ZCuSn3Zn8Pb6Ni1（GB/T 1176—1987）
	J	206	—	5	60		
1.3	S	147	—	6	60	ГОСТ613—1979	—
	J	176.2	—	4	60		
1.3	S	147	—	5	60	ГОСТ613—1979	ZCuPb17Sn4Zn4（GB/T 1176—1987）
	J	147	—	12	60		

合金牌号	化学成分（质量分数,%）											
	Cu	Sn	Pb	Zn	Fe	Al	Mn	Si	Ni	Sb	P	S
БрО5Ц5С5	余量	4.0~6.0	4.0~6.0	4.0~6.0	0.4	0.05	—	0.05	—	0.5	0.1	—
БрО5С25	余量	4.0~6.0	23.0~26.0	—	0.2	0.02	—	0.02	—	0.5	0.05	—
БрО6Ц6С3	余量	5.0~7.0	2.0~4.0	5.0~7.0	0.4	0.05	—	0.02	—	0.5	0.05	—
БрО8Ц4	余量	7.0~9.0	0.5	4.0~6.0	0.3	0.02	—	0.02	—	0.3	0.05	—
БрО10Ф1	余量	9.0~11.0	0.3	0.3	0.2	0.02	—	0.02	—	0.5	0.4~1.1	—
БрО10Ц2	余量	9.0~11.0	0.5	1.0~3.0	0.3	0.02	—	0.02	—	0.5	0.05	—
БрО10С10	余量	9.0~11.0	8.0~11.0	0.5	0.2	0.02	—	0.02	—	0.5	0.05	—
БрА9Мц2Л	余量	0.2	0.1	1.5	1.0	8.0~9.5	1.5~2.5	0.2	1.0	0.05	0.1	—
БрА10Мц2Л	余量	0.2	0.1	1.5	1.0	9.6~11.0	1.5~2.5	0.2	1.0	0.05	0.1	—
БрА9Ж3Л	余量	0.2	0.1	1.0	2.0~4.0	8.0~10.5	0.5	0.2	1.0	0.05	0.1	—
БрА10Ж3Мц2	余量	0.1	0.3	0.5	2.0~4.0	9.0~11.0	1.0~3.0	0.1	0.5	0.05	0.01	—
БрА10Ж4Н4Л	余量	0.2	0.05	0.5	3.5~5.5	9.5~11.0	0.5	0.2	3.5~5.5	0.05	0.1	—
БрА11Ж6Н6	余量	0.2	0.05	0.6	5.0~6.5	10.5~11.5	0.5	0.2	5.0~6.5	0.05	0.1	—
БрА9Ж4Н4Мц1	余量	0.2	0.05	1.0	4.0~5.0	8.8~10.0	0.5~1.2	0.2	4.0~5.0	0.05	0.03	—
БрС30	余量	0.1	27.0~31.0	0.1	0.25	—	—	0.02	0.5	0.3	0.1	—
БрА7Мц15-Ж3Н2Ц2	余量	0.1	0.05	1.5~2.5	2.5~3.5	6.6~7.5	14.0~15.5	0.1	1.5~2.5	0.05	0.02	—
БрСУ3Н3ц3-С20Ф	余量	0.5	18.0~22.0	3.0~4.0	0.3	0.02	—	0.02	3.0~4.0	3.0~4.0	0.15~0.30	Bi: 0.025

注：表中有上下限数值的为主要元素，只有一个数值的为杂质限量的上限值。

（续）

杂质总量	铸造方法	力学性能 ≥				标　准　号	相近国内牌号（标准号）
		R_m /MPa	$R_{p0.2}$ /MPa	A (%)	HBW		
1.3	S	147	—	6	60	ГОСТ613—1979	ZCuSn5Pb5Zn5 (GB/T 1176—1987)
	J	176.2	—	4	60		
1.2	S	147	—	5	45	ГОСТ613—1979	—
	J	137.2	—	6	45		
1.3	S	147	—	6	60	ГОСТ613—1979	—
	J	176.2	—	4	60		
1.0	S，J	190	—	10	75	ГОСТ613—1979	—
1.0	S	215.5	—	3	80	ГОСТ613—1979	ZCuSn10P1 (GB/T 1176—1987)
	J	245	—	3	90		
1.0	S	215.5	—	10	65	ГОСТ613—1979	ZCuSn10Zn2 (GB/T 1176—1987)
	J	225.2	—	10	75		
0.9	S	176.2	—	7	65	ГОСТ613—1979	ZCuPb10Sn10 (GB/T 1176—1987)
	J	196	—	6	78		
2.8	S，J	392	—	20	80	ГОСТ493—1979	ZCuAl9Mn2 (GB/T 1176—1987)
2.8	S，J	490	—	12	110	ГОСТ493—1979	—
2.7	S	392	—	10	100	ГОСТ493—1979	ZCuAl10Fe3 (GB/T 1176—1987)
	J	490	—	12	100		
1.0	S	392	—	10	100	ГОСТ493—1979	ZCuAl10Fe3Mn2 (GB/T 1176—1987)
	J	490	—	12	120		
1.5	S	587	—	6	160	ГОСТ493—1979	—
	J	587	—	6	170		
1.5	S，J	587	—	2	250	ГОСТ493—1979	—
1.2	S，J	587	—	12	160	ГОСТ493—1979	ZCuAl9Fe4Ni4Mn2 (GB/T 1176—1987)
0.9	J	58.7	—	4	25	ГОСТ493—1979	ZCuPb30 (GB/T 1176—1987)
0.5	J	157	—	2	65	ГОСТ493—1979	—
0.9	S	607	—	18	—	ГОСТ493—1979	—

表 C.4 铸造铜

合金牌号	化学成分（质量分数,%）										
	Cu	Sn	Pb	Zn	Fe	Al	Mn	Si	Ni	Sb	P
CAC101	≥99.5	0.4	—	—	—	—	—	—	—	—	0.07
CAC102	≥99.7	0.2	—	—	—	—	—	—	—	—	0.07
CAC103	≥99.9	—	—	—	—	—	—	—	—	—	0.04
CAC201	83.0 ~ 88.0	0.1	0.5	11.0 ~ 17.0	0.2	0.2	—	—	0.2		—
CAC202	65.0 ~ 70.0	1.0	0.5 ~ 3.0	24.0 ~ 34.0	0.8	0.5	—	—	1.0	—	—
CAC203	58.0 ~ 64.0	1.0	0.5 ~ 3.0	30.0 ~ 41.0	0.8	0.5	—	—	1.0	—	—
CAC301	55.0 ~ 60.0	1.0	0.4	33.0 ~ 42.0	0.5 ~ 1.5	0.5 ~ 1.5	0.1 ~ 1.5	0.1	1.0	—	—
CAC301C											
CAC302	55.0 ~ 60.0	1.0	0.4	30.0 ~ 42.0	0.5 ~ 2.0	0.5 ~ 2.0	0.1 ~ 3.5	0.1	1.0	—	—
CAC302C											
CAC303	60.0 ~ 65.0	0.5	0.2	22.0 ~ 28.0	2.0 ~ 4.0	3.0 ~ 5.0	2.5 ~ 5.0	0.1	0.5	—	—
CAC303C											
CAC304	60.0 ~ 65.0	0.2	0.2	22.0 ~ 28.0	2.0 ~ 4.0	5.0 ~ 7.5	2.5 ~ 5.0	0.1	0.5		
CAC304C											
CAC401	79.0 ~ 83.0	2.0 ~ 4.0	3.0 ~ 7.0	8.0 ~ 12.0	0.35	0.01	—	0.01	1.0	0.2	0.05
CAC401C											0.5
CAC402	86.0 ~ 90.0	7.0 ~ 9.0	1.0	3.0 ~ 5.0	0.2	0.01	—	0.01	1.0	0.2	0.05
CAC402C											0.5
CAC403	86.0 ~ 89.5	9.0 ~ 11.0	1.0	1.0 ~ 3.0	0.2	0.01	—	0.01	1.0	0.2	0.05
CAC403C											0.5

合金日本标准

S	其他	铸造方法	力学性能 ≥ R_m /MPa	$R_{p0.2}$[①] /MPa	A (%)	HBW	标准号	相近国内牌号（标准号）
—	—	S、J、Li、R[②]	175	③	35	35	JIS H5120：2006	—
—	—	S、J、Li、R	155	④	35	35	JIS H5120：2006	—
—	—	S、J、Li、R	135	⑤	40	30	JIS H5120：2006	—
—	—	S、J、Li、R	145	—	25	—	JIS H5120：2006	—
—	—	S、J、Li、R	195	—	20	—	JIS H5120：2006	ZCuZn33Pb2（GB/T 1176—1987）
—	—	S、J、Li、R	245	—	20	—	JIS H5120：2006	ZCuZn33Pb2（GB/T 1176—1987）
—	—	S、J、Li、R	430	140	20	90[⑥]	JIS H5120：2006	ZCuZn35Al2Mn2Fe1（GB/T 1176—1987）
		La	470	170	25	90[⑥]	JIS H5121：2006	
—	—	S、J、Li、R	490	175	18	100[⑥]	JIS H5120：2006	ZCuZn35Al2Mn2Fe1（GB/T 1176—1987）
		La	530	200	20	100[⑥]	JIS H5121：2006	
—	—	S、J、Li、R	635	305	15	165	JIS H5120：2006	ZCuZn26Al4Fe3Mn3（GB/T 1176—1987）
		La	655	310	18	165[⑥]	JIS H5121：2006	
—	—	S、J、Li、R	755	410	12	200	JIS H5120：2006	ZCuZn25Al6Fe3Mn3（GB/T 1176—1987）
		La	765	420	14	200[⑥]	JIS H5121：2006	
—	—	S、J、Li、R	165	—	15	—	JIS H5120：2006	ZCuSn3Zn11Pb4（GB/T 1176—1987）
		La	195	90	15	—	JIS H5121：2006	
—	—	S、J、Li、R	245	—	20	—	JIS H5120：2006	—
		La	275	150	15	—	JIS H5121：2006	
—	—	S、J、Li、R	245	—	15	—	JIS H5120：2006	—
		La	275	170	13	—	JIS H5121：2006	

合金牌号	化学成分（质量分数,%）										
	Cu	Sn	Pb	Zn	Fe	Al	Mn	Si	Ni	Sb	P
CAC406	83.0~87.0	4.0~6.0	4.0~6.0	4.0~6.0	0.3	0.01	—	0.01	1.0	0.2	0.05
CAC406C											0.5
CAC407	86.0~90.0	5.0~7.0	1.0~3.0	3.0~5.0	0.2	0.01	—	0.01	1.0	0.2	0.05
CAC407C											0.5
CAC502A	87.0~91.0	9.0~12.0	0.3	0.3	0.2	0.01	—	0.01	1.0	0.05	0.05~0.20
CAC502B											0.15~0.50
CAC502C											0.05~0.50
CAC503A	84.0~88.0	12.0~15.0	0.3	0.3	0.2	0.01	—	0.01	1.0	0.05	0.05~0.20
CAC503B											0.15~0.50
CAC503C											0.05~0.50
CAC602	82.0~86.0	9.0~11.0	4.0~6.0	1.0	0.3	0.01	—	0.01	1.0	0.3	0.1
CAC603	77.0~81.0	9.0~11.0	9.0~11.0	1.0	0.3	0.01	—	0.01	1.0	0.5	0.1
CAC603C											0.5
CAC604	74.0~78.0	7.0~9.0	14.0~16.0	1.0	0.3	0.01	—	0.01	1.0	0.5	0.1
CAC604C											0.5
CAC605	70.0~76.0	6.0~8.0	16.0~22.0	1.0	0.3	0.01	—	0.01	1.0	0.5	0.1
CAC605C											0.5
CAC701	85.0~90.0	0.1	0.1	0.5	1.0~3.0	8.0~10.0	0.1~1.0	—	0.1~1.0	—	—
CAC701C											
CAC702	80.0~88.0	0.1	0.1	0.5	2.5~5.0	8.0~10.5	0.1~1.5	—	1.0~3.0	—	—
CAC702C											

（续）

S	其他	铸造方法	力学性能 ≥ R_m /MPa	$R_{p0.2}$① /MPa	A (%)	HBW	标准号	相近国内牌号（标准号）
—	—	S、J、Li、R	195	—	15	—	JIS H5120：2006	ZCuSn5Pb5Zn5（GB/T 1176—1987）
		La	245	100	15	—	JIS H5121：2006	
—	—	S、J、Li、R	215	—	18	—	JIS H5120：2006	—
		La	255	130	15	—	JIS H5121：2006	
—	—	S、Li、R	195	120	5	60	JIS H5120：2006	ZCuSn10P1（GB/T 1176—1987）
		J、Li	295	145	5	80	JIS H5120：2006	
		La	295	165	10	80	JIS H5121：2006	
—	—	S、Li、R	195	135	1	80	JIS H5120：2006	—
		J、Li	265	145	3	90	JIS H5120：2006	
		La	295	160	5	90	JIS H5121：2006	
—	—	S、J、Li、R	195	100	10	65	JIS H5120：2006	ZCuSn10Pb5（GB/T 1176—1987）
—	—	S、J、Li、R	175	80	7	60	JIS H5120：2006	ZCuPb10Sn10（GB/T 1176—1987）
		La	225	135	10	65	JIS H5121：2006	
—	—	S、J、Li、R	165	80	5	55	JIS H5120：2006	ZCuPb15Sn8（GB/T 1176—1987）
		La	220	100	8	60	JIS H5121：2006	
—	—	S、J、Li、R	145	60	5	45	JIS H5120：2006	—
		La	175	80	7	50	JIS H5121：2006	
—	—	S、J、Li、R	440	—	25	80	JIS H5120：2006	—
		La	490	170	20	90	JIS H5121：2006	
—	—	S、J、Li、R	490	—	20	120	JIS H5120：2006	—
		La	540	220	15	120	JIS H5121：2006	

合金牌号	化学成分（质量分数,%）										
	Cu	Sn	Pb	Zn	Fe	Al	Mn	Si	Ni	Sb	P
CAC703 CAC703C	78.0 ~ 85.0	0.1	0.1	0.5	3.0 ~ 6.0	8.5 ~ 10.5	0.1 ~ 1.5	—	3.0 ~ 6.0	—	—
CAC704	71.0 ~ 84.0	0.1	0.1	0.5	2.0 ~ 5.0	6.0 ~ 9.0	7.0 ~ 15.0	—	1.0 ~ 4.0	—	—
CAC801	84.0 ~ 88.0	—	0.1	9.0 ~ 11.0	—	0.5	—	3.5 ~ 4.5	—	—	—
CAC802	78.5 ~ 82.5	—	0.3	14.0 ~ 16.0	—	0.3	—	4.0 ~ 5.0	—	—	—
CAC803	80.0 ~ 84.0	—	0.2	13.0 ~ 15.0	0.3	0.3	0.2	3.2 ~ 4.2	—	—	—
CAC804	74.0 ~ 78.0		0.25	18.5 ~ 22.5	0.3	—	0.1	2.7 ~ 3.4	0.05 ~ 0.2	0.1	
CAC901	86.0 ~ 90.6	4.0 ~ 6.0	0.25	4.0 ~ 8.0	0.3	0.01	—	0.01	1.0	0.3	0.05
CAC902	84.5 ~ 90.0	4.0 ~ 6.0	0.25	4.0 ~ 8.0	0.3	0.01	—	0.01	1.0	0.3	0.05
CAC903B	83.5 ~ 88.5	4.0 ~ 6.0	0.25	4.0 ~ 8.0	0.3	0.01	—	0.01	1.0	0.3	0.5
CAC911	83.0 ~ 90.6	3.5 ~ 6.0	0.25	4.0 ~ 9.0	0.3	0.01	—	0.01	1.0	0.2	0.05

注：表中有上下限数值的为主要元素，只有一个数值的为杂质限量的上限值。

① $R_{p0.2}$为参考值。

② GB/T 1176—1987 中无精密铸造（R）方法的力学性能数据。

③ 电导率大于等于 50% IACS。

④ 电导率大于等于 60% IACS。

⑤ 电导率大于等于 80% IACS。

⑥ 该硬度值仅供参考。

（续）

S	其他	铸造方法	力学性能 ≥				标 准 号	相近国内牌号（标准号）
			R_m /MPa	$R_{p0.2}$① /MPa	A (%)	HBW		
—	—	S、J、Li、R	590	245	15	150	JIS H5120：2006	ZCuAl9Fe4Ni4Mn2（GB/T 1176—1987）
		La	610	245	12	160	JIS H5121：2006	
—	—	S、J、Li、R	590	270	15	160	JIS H5120：2006	ZCuA18Mn13Fe3（GB/T 1176—1987）
—	—	S、J、Li、R	345	—	25	—	JIS H5120：2006	—
—	—	S、J、Li、R	440	—	12	—	JIS H5120：2006	—
—	—	S、J、Li、R	390	—	20	—	JIS H5120：2006	ZCuZn16Si4（GB/T 1176—1987）
—	—		300	—	15	—	JISH5120：2006	—
—	—		215	—	18	—	JISH5120：2006	—
—	—		195	—	15	—	JISH5120：2006	—
—	—		215	—	15	—	JISH5120：2006	—
—	—		195	—	15	—	JISH5120：2006	—

附录D　铸造锌合金国外标准

铸造锌合金的国际标准见D.1，美国标准见D.2，欧洲标准见D.3，日本标准见D.4，俄罗斯标准见D.5。

D.1　铸造锌合金国际标准

合金牌号	化学成分(质量分数,%)								铸造方法	力学性能 ≥					标准号	相近国内牌号(标准号)
	Al	Cu	Mg	Pb ≤	Cd ≤	Sn ≤	Fe ≤	Zn		R_m/MPa	$R_{p0.2}$/MPa	A(%)	冲击强度 K/J	HBW		
ZP0400	3.7~4.3	≤0.1	0.02~0.06	0.005	0.004	0.002	0.05	余量		280	200	10	57	83	ISO15201:2006(E)	—
ZP0410	3.7~4.3	0.7~1.2	0.02~0.06	0.005	0.004	0.002	0.05	余量		330	250	5	65	92	ISO15201:2006(E)	—
ZP0430	3.7~4.3	2.6~3.3	0.02~0.06	0.005	0.004	0.002	0.05	余量		355	270	5	47	102	ISO15201:2006(E)	—
ZP0810	8.0~8.8	0.8~1.3	0.01~0.03	0.006	0.006	0.003	0.075	余量		370	220	8	40	100	ISO15201:2006(E)	ZA8-1(GB/T 1175—1997)
ZP1110	10.5~11.5	0.5~1.2	0.01~0.03	0.006	0.006	0.003	0.075	余量		400	300	5	30	100	ISO15201:2006(E)	ZA11-1(GB/T 1175—1997)
ZP2720	25.0~28.0	2.0~2.5	0.01~0.03	0.006	0.006	0.003	0.075	余量		425	370	2.5	10	120	ISO15201:2006(E)	ZA27-2(GB/T 1175—1997)

D.2　铸造锌合金美国标准

合金牌号	化学成分(质量分数,%)								铸造方法	状态	力学性能 ≥					标准号	相近国内牌号(标准号)
	Al	Mg	Cu	Pb ≤	Cd ≤	Sn ≤	Fe ≤	Zn			R_m/MPa	$R_{p0.2}$/MPa	A(%)	冲击强度 K/J	HBW		
Alloy 3	3.7~4.3	0.02~0.06	0.1max	0.005	0.004	0.002	0.05	余量	Y	F	283	221	10	58	82	ASTM B86—2010	—
Alloy 7	3.7~4.3	0.005~0.020	0.1max	0.003	0.002	0.001	0.05	余量	Y	F	283	221	13	58	80	ASTM B86—2010	—

（续）

合金牌号	化学成分（质量分数，%）								铸造方法	状态	力学性能 ≥					标准号	相近国内牌号（标准号）
	Al	Mg	Cu	Pb ≤	Cd ≤	Sn ≤	Fe ≤	Zn			R_m /MPa	$R_{p0.2}$ /MPa	A (%)	冲击强度 K/J	HBW		
Alloy 5	3.7 ~ 4.3	0.02 ~ 0.06	0.7 ~ 1.2	0.005	0.004	0.02	0.05	余量	Y	F	328	228	7	65	91	ASTM B86—2010	ZA4-1（GB/T 1175—1997）
Alloy 2	3.7 ~ 4.3	0.02 ~ 0.06	2.6 ~ 3.3	0.005	0.004	0.02	0.05	余量	Y	F	359	—	7	47	100	ASTM B86—2010	ZA4-3（GB/T 1175—1997）
ZA-8	8.0 ~ 8.8	0.01 ~ 0.03	0.8 ~ 1.3	0.006	0.006	0.003	0.075	余量	S J Y	F F F	263 221 ~ 255 374	198 208 290	1 ~ 2 1 ~ 2 6 ~ 10	20 — 42	85 87 103	ASTM B86—2010	ZA8-1（GB/T 1175—1997）
ZA-12	10.5 ~ 11.5	0.01 ~ 0.03	0.5 ~ 1.2	0.006	0.006	0.003	0.075	余量	S J Y	F F F	276 ~ 317 310 ~ 345 404	211 268 320	1 ~ 3 1 ~ 3 4 ~ 7	25 29 —	94 89 100	ASTM B86—2010	ZA11-1（GB/T 1175—1997）
ZA-27	25.0 ~ 28.0	0.01 ~ 0.02	2.0 ~ 2.5	0.006	0.006	0.003	0.075	余量	S S Y	F T3 F	400 ~ 441 310 ~ 324 425	371 257 376	3 ~ 6 8 ~ 11 1 ~ 3	48 58 12.8	113 94 119	ASTM B86—2010	ZA27-2（GB/T 1175—1997）

注：1. 工艺代号：S—砂型铸造，J—金属型铸造，Y—压力铸造，F—铸造，T3—均匀化处理。

2. Alloy 7 Ni 质量分数为 0.005% ~0.020%。

3. T3 工艺为 320℃，3h，炉冷。

D.3 铸造锌合金欧洲标准

合金牌号	化学成分（质量分数，%）										铸造方法	力学性能 ≥					标准号	相近国内牌号（标准号）
	Al	Cu	Mg	Pb	Cd	Sn	Fe	Ni	Si	Zn		R_m /MPa	$R_{p0.2}$ /MPa	A (%)	冲击强度 K/J	HBW		
ZP0400	3.7 ~ 4.3	≤0.1	0.025 ~ 0.06	0.005	0.005	0.002	0.05	0.02	0.03	余量	Y	280	200	10	57	83	EN12844:1998	—
ZP0410	3.7 ~ 4.3	0.7 ~ 1.2	0.025 ~ 0.06	0.005	0.005	0.002	0.05	0.02	0.03	余量	Y	330	250	5	58	92	EN12844:1998	ZA4-1（GB/T 1175—1997）

（续）

合金牌号	化学成分(质量分数,%)										铸造方法	力学性能 ≥					标 准 号	相近国内牌号（标准号）
	Al	Cu	Mg	Pb	Cd	Sn	Fe	Ni	Si	Zn		R_m /MPa	$R_{p0.2}$ /MPa	A (%)	冲击强度 K/J	HBW		
ZP0430	3.7 ~ 4.3	2.7 ~ 3.3	0.025 ~ 0.06	0.005	0.005	0.002	0.05	0.02	0.03	余量	Y	355	270	5	59	102	EN12844:1998	ZA4-3（GB/T 1175—1997）
ZP0610	5.4 ~ 6.0	1.1 ~ 1.7	≤0.005	0.005	0.005	0.002	0.05	0.02	0.03	余量	Y	—	—	—	—	—	EN12844:1998	—
ZP0810	8.0 ~ 8.8	0.8 ~ 1.3	0.015 ~ 0.03	0.006	0.006	0.003	0.06	0.02	0.045	余量	Y	370	220	8	40	100	EN12844:1998	ZA8-1（GB/T 1175—1997）
ZP1110	10.5 ~ 11.5	0.5 ~ 1.2	0.015 ~ 0.03	0.006	0.006	0.003	0.07	0.02	0.06	余量	Y	400	300	5	30	100	EN12844:1998	ZA11-1（GB/T 1175—1997）
ZP2720	25.0 ~ 28.0	2.0 ~ 2.5	0.01 ~ 0.02	0.006	0.006	0.003	0.1	0.02	0.08	余量	Y	425	370	2.5	10	120	EN12844:1998	ZA27-2（GB/T 1175—1997）
ZP0010	0.01 ~ 0.04	1.0 ~ 1.5	≤0.02	0.005	0.005	0.004	0.05	—	0.05	余量	Y	220	—	—	—	—	EN12844:1998	—

注：1. 表中有上下限数值的为主要元素，只有一个数值的杂质元素的上限值。

2. 工艺代号：Y—压力铸造，温度20℃。

D.4 铸造锌合金日本标准

合金牌号	化学成分(质量分数,%)								铸造方法	力学性能 ≥					标 准 号	相近国内牌号（标准号）
	Al	Cu	Mg	Fe	Zn	杂质(≤)				R_m /MPa	$R_{p0.2}$ /MPa	A (%)	冲击强度 K/J	HBW		
						Pb	Cd	Sn								
DZC1	3.5 ~ 4.3	0.75 ~ 1.25	0.020 ~ 0.060	≤0.10	余量	0.005	0.004	0.003	Y	325	—	7	160	91	JIS H5301:2009	ZA4-1（GB/T 1175—1997）
ZDC2	3.5 ~ 4.3	≤0.25	0.020 ~ 0.060	≤0.10	余量	0.005	0.004	0.003	Y	285	—	10	140	82	JIS H5301:2009	—

D.5 铸造锌合金俄罗斯标准

合金牌号	化学成分(质量分数,%)										铸造方法	力学性能 ≥			标准号	相近国内牌号(标准号)
	Al	Cu	Mg	Zn	杂质(≤)							拉抗强度 R_m /MPa	断后伸长率 A(%)	布氏硬度 HBW		
					Cu	Pb	Fe	Sn	Cd	Si						
ZnAl4A	3.5~4.3	—	0.03~0.06	余量	0.03	0.003	0.03	0.001	0.002	—	—	—	—	—	ГОСТ 19424—1997	—
ЦА4о	3.9~4.3	—	0.03~0.06	余量	0.03	0.004	0.05	0.001	0.002	0.015	—	—	—	—	ГОСТ 19424—1997	—
ЦА4	3.5~4.3	—	0.03~0.06	余量	0.03	0.01	0.05	0.002	0.005	0.015	—	—	—	—	ГОСТ 19424—1997	—
ZnA14Cu1A	3.5~4.3	0.7~1.2	0.03~0.06	余量	—	0.003	0.03	0.001	0.002	—	—	—	—	—	ГОСТ 19424—1997	—
ЦАМ4-1о	3.9~4.3	0.7~1.2	0.03~0.06	余量	—	0.004	0.05	0.001	0.002	0.015	—	—	—	—	ГОСТ 19424—1997	—
ЦАМ4-1	3.5~4.3	0.7~1.2	0.03~0.06	余量	—	0.01	0.05	0.002	0.005	0.015	—	—	—	—	ГОСТ 19424—1997	ZA4-1(GB/T 1175—1997)
ZnA14Cu3A	3.5~4.3	2.5~3.5	0.03~0.06	余量	—	0.003	0.03	0.001	0.002	—	—	—	—	—	ГОСТ 19424—1997	ZA4-3(GB/T 1175—1997)
ZnAl4Cu3	3.5~4.3	2.5~3.5	0.03~0.06	余量	—	0.005	0.05	0.001	0.002	—	—	—	—	—	ГОСТ 19424—1997	—
ЦАМ4-1в	3.5~4.3	0.6~1.2	He ≥0.1	余量	—	0.02	0.10	0.005	0.015	0.03	—	—	—	—	ГОСТ 19424—1997	—

附录E　元素周期表

原子序数—92 U—元素符号
元素名称—铀
注＊的是人造元素
$5f^36d^17s^2$—外围电子层排布，括号指可能的电子层排布
238.0—原子量

金属　惰性气体　非金属　过渡元素

周期＼族	ⅠA	ⅡA	ⅢB	ⅣB	ⅤB	ⅥB	ⅦB	Ⅷ			ⅠB	ⅡB	ⅢA	ⅣA	ⅤA	ⅥA	ⅦA	0	电子层	0族电子数
1	1 H 氢 $1s^1$ 1.008																	2 He 氦 $1s^2$ 4.003	K	2
2	3 Li 锂 $2s^1$ 6.941	4 Be 铍 $2s^2$ 9.012											5 B 硼 $2s^22p^1$ 10.81	6 C 碳 $2s^22p^2$ 12.01	7 N 氮 $2s^22p^3$ 14.01	8 O 氧 $2s^22p^4$ 16.00	9 F 氟 $2s^22p^5$ 19.00	10 Ne 氖 $2s^22p^6$ 20.18	L K	8 2
3	11 Na 钠 $3s^1$ 22.99	12 Mg 镁 $3s^2$ 24.31											13 Al 铝 $3s^23p^1$ 26.98	14 Si 硅 $3s^23p^2$ 28.09	15 P 磷 $3s^23p^3$ 30.97	16 S 硫 $3s^23p^4$ 32.06	17 Cl 氯 $3s^23p^5$ 35.45	18 Ar 氩 $3s^23p^6$ 39.95	M L K	8 8 2
4	19 K 钾 $4s^1$ 39.10	20 Ca 钙 $4s^2$ 40.08	21 Sc 钪 $3d^14s^2$ 44.96	22 Ti 钛 $3d^24s^2$ 47.88	23 V 钒 $3d^34s^2$ 50.94	24 Cr 铬 $3d^54s^1$ 52.00	25 Mn 锰 $3d^54s^2$ 54.94	26 Fe 铁 $3d^64s^2$ 55.85	27 Co 钴 $3d^74s^2$ 58.93	28 Ni 镍 $3d^84s^2$ 58.69	29 Cu 铜 $3d^{10}4s^1$ 63.55	30 Zn 锌 $3d^{10}4s^2$ 65.38	31 Ga 镓 $4s^24p^1$ 69.72	32 Ge 锗 $4s^24p^2$ 72.59	33 As 砷 $4s^24p^3$ 74.92	34 Se 硒 $4s^24p^4$ 78.96	35 Br 溴 $4s^24p^5$ 79.90	36 Kr 氪 $4s^24p^6$ 83.80	N M L K	8 18 8 2
5	37 Rb 铷 $5s^1$ 85.47	38 Sr 锶 $5s^2$ 87.62	39 Y 钇 $4d^15s^2$ 88.91	40 Zr 锆 $4d^25s^2$ 91.22	41 Nb 铌 $4d^45s^1$ 92.91	42 Mo 钼 $4d^55s^1$ 95.94	43 Tc 锝 $4d^55s^2$ 〔98〕	44 Ru 钌 $4d^75s^1$ 101.1	45 Rb 铑 $4d^85s^1$ 102.9	46 Pd 钯 $4d^{10}$ 106.4	47 Ag 银 $4d^{10}5s^1$ 107.9	48 Cd 镉 $4d^{10}5s^2$ 112.4	49 In 铟 $5s^25p^1$ 114.8	50 Sn 锡 $5s^25p^2$ 118.7	51 Sb 锑 $5s^25p^3$ 121.8	52 Te 碲 $5s^25p^4$ 127.6	53 I 碘 $5s^25p^5$ 126.9	54 Xe 氙 $5s^25p^6$ 131.3	O N M L K	8 18 18 8 2
6	55 Cs 铯 $6s^1$ 132.9	56 Ba 钡 $6s^2$ 137.3	57—71 La—Lu 镧系	72 Hf 铪 $5d^26s^2$ 178.5	73 Ta 钽 $5d^36s^2$ 180.9	74 W 钨 $5d^46s^2$ 183.9	75 Re 铼 $5d^56s^2$ 186.2	76 Os 锇 $5d^66s^2$ 190.2	77 Ir 铱 $5d^76s^2$ 192.2	78 Pt 铂 $5d^96s^1$ 195.1	79 Au 金 $5d^{10}6s^1$ 197.0	80 Hg 汞 $5d^{10}6s^2$ 200.6	81 Tl 铊 $6s^26p^1$ 204.4	82 Pb 铅 $6s^26p^2$ 207.2	83 Bi 铋 $6s^26p^3$ 209.0	84 Po 钋 $6s^26p^4$ 〔209〕	85 At 砹 $6s^26p^5$ 〔210〕	86 Rn 氡 $6s^26p^6$ 〔222〕	P O N M L K	8 18 32 18 8 2
7	87 Fr 钫 $7s^1$ 〔223〕	88 Ra 镭 $7s^2$ 226.0	89—103 Ac—Lr 锕系	104 ＊ $(6d^27s^2)$ 〔261〕	105 ＊ $(6d^37s^2)$ 〔262〕	106 ＊ $(6d^47s^2)$ 〔263〕	107 ＊ $(6d^57s^2)$ 〔262〕													

镧系	57 La 镧 $5d^16s^2$ 138.9	58 Ce 铈 $4f^15d^16s^2$ 140.1	59 Pr 镨 $4f^36s^2$ 140.9	60 Nd 钕 $4f^46s^2$ 144.2	61 Pm 钷 $4f^56s^2$ 〔145〕	62 Sm 钐 $4f^66s^2$ 150.4	63 Eu 铕 $4f^76s^2$ 152.0	64 Gd 钆 $4f^75d^16s^2$ 157.3	65 Tb 铽 $4f^96s^2$ 158.9	66 Dy 镝 $4f^{10}6s^2$ 162.5	67 Ho 钬 $4f^{11}6s^2$ 164.9	68 Er 铒 $4f^{12}6s^2$ 167.3	69 Tm 铥 $4f^{13}6s^2$ 168.9	70 Yb 镱 $4f^{14}6s^2$ 173.0	71 Lu 镥 $4f^{14}5d^16s^2$ 175.0
锕系	89 Ac 锕 $6d^17s^2$ 227.0	90 Th 钍 $6d^27s^2$ 232.0	91 Pa 镤 $5f^26d^17s^2$ 231.0	92 U 铀 $5f^36d^17s^2$ 238.0	93 Np 镎 $5f^46d^17s^2$ 237.0	94 Pu 钚 $5f^67s^2$ 〔244〕	95 Am 镅＊ $5f^77s^2$ 〔243〕	96 Cm 锔＊ $5f^76d^17s^2$ 〔247〕	97 Bk 锫＊ $5f^97s^2$ 〔247〕	98 Cf 锎＊ $5f^{10}7s^2$ 〔251〕	99 Es 锿＊ $5f^{11}7s^2$ 〔252〕	100 Fm 镄＊ $5f^{12}7s^2$ 〔257〕	101 Md 钔＊ $(5f^{13}7s^2)$ 〔258〕	102 No 锘＊ $(5f^{14}7s^2)$ 〔259〕	103 Lr 铹＊ $(5f^{14}6d^17s^2)$ 〔260〕